3.5 卡通驴子

3.6 休闲沙发

3.7 旧木板房

10.6 日式客厅

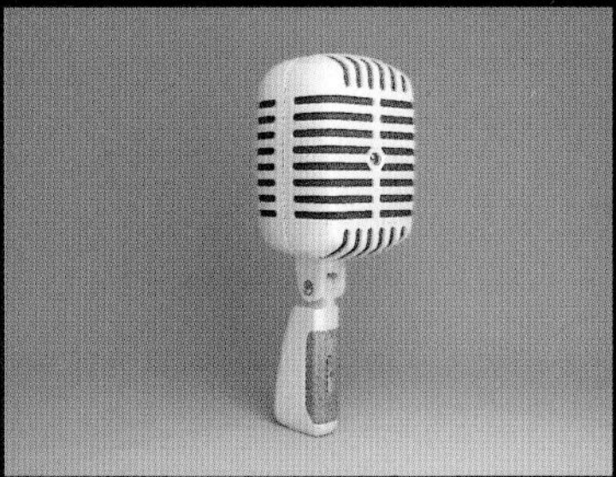

4.5 麦克风

4.6 欧式挂钟

5.8 单体休闲椅

5.9 树墩与木桶

5.10 木箱吉他

5.11 憨态熊猫

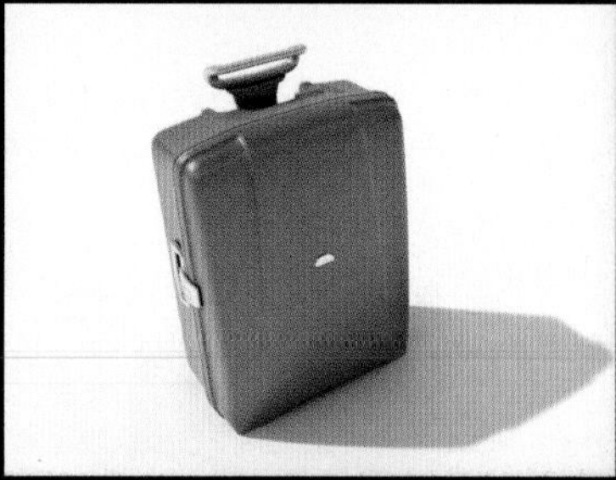

6.3 旅行箱

6.4 卡通熊

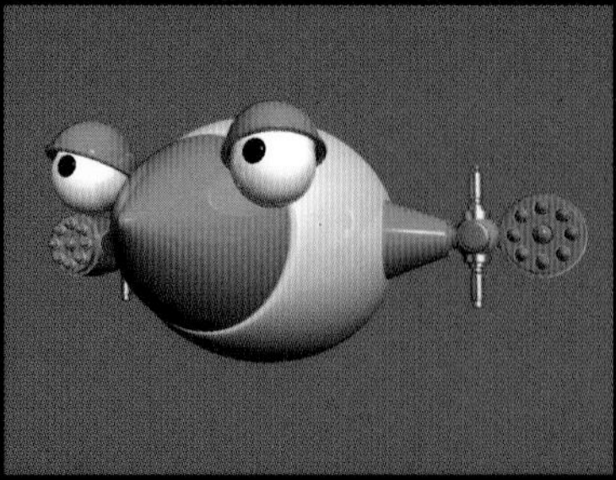

7.4 卡通飞船

7.5 三维鲤鱼

8.6 卡通角色

9.7 木屋场景

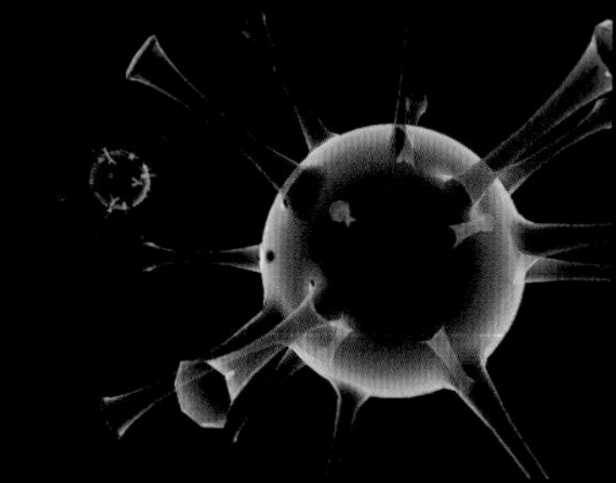
9.8 蓝色细胞

9.9 水面荷花

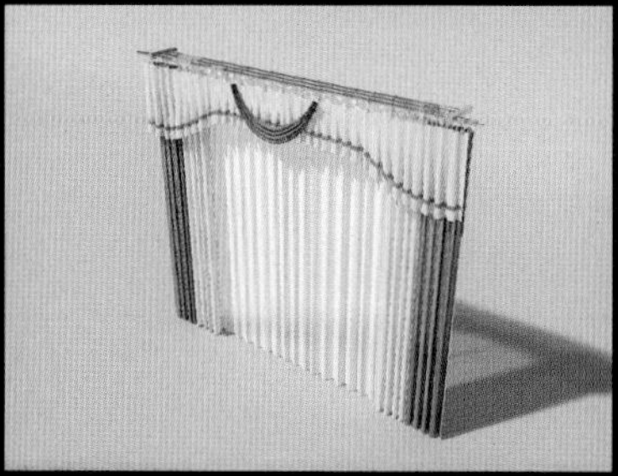
4.4 布艺窗帘

10.7 古朴小镇

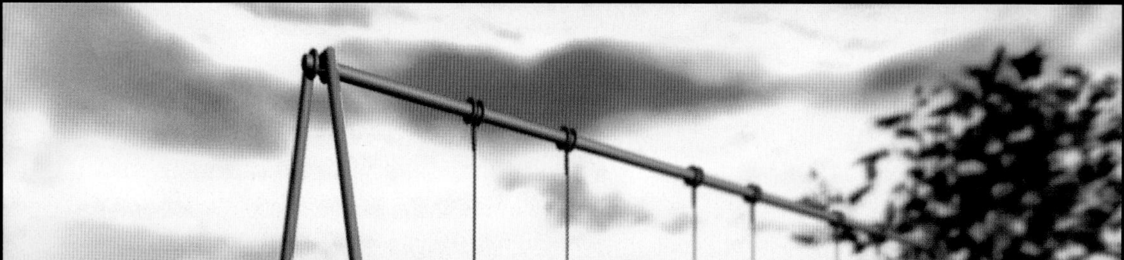
11.5 秋千场景

12.3 鸡尾酒杯

13.5 角色表情

12.4 阳光餐厅

13.6 工程机械

14.7 四肢骨骼

14.8 CS 两足骨骼

15.8 天坛环境

16.3 喷泉粒子

16.5 煤气罐爆炸

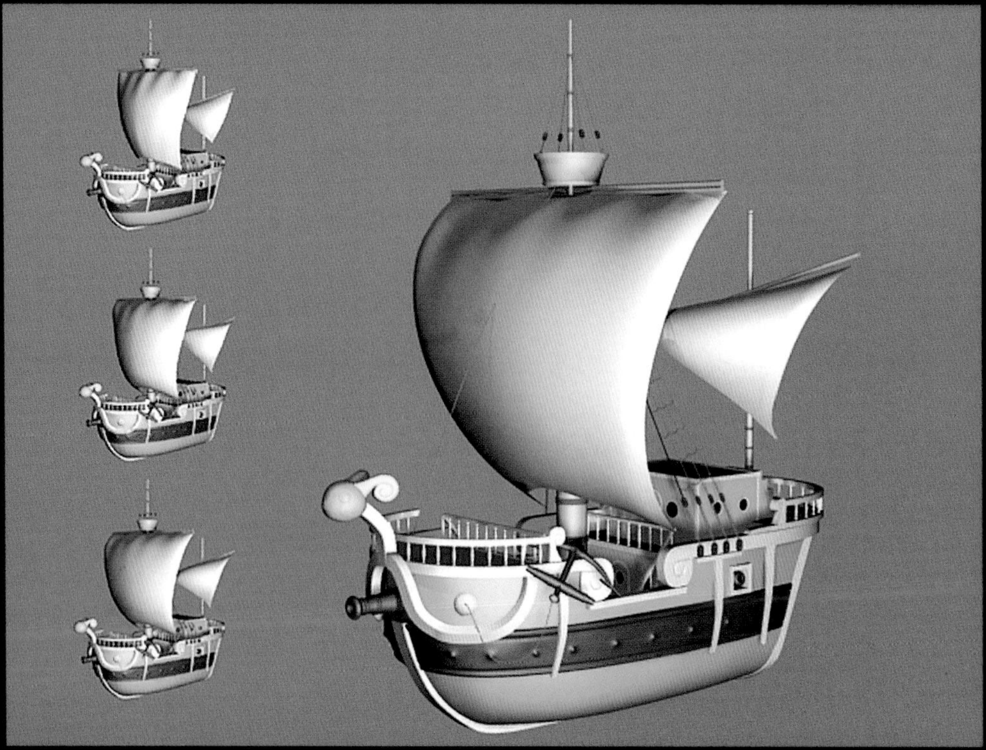

17.6 风吹帆船

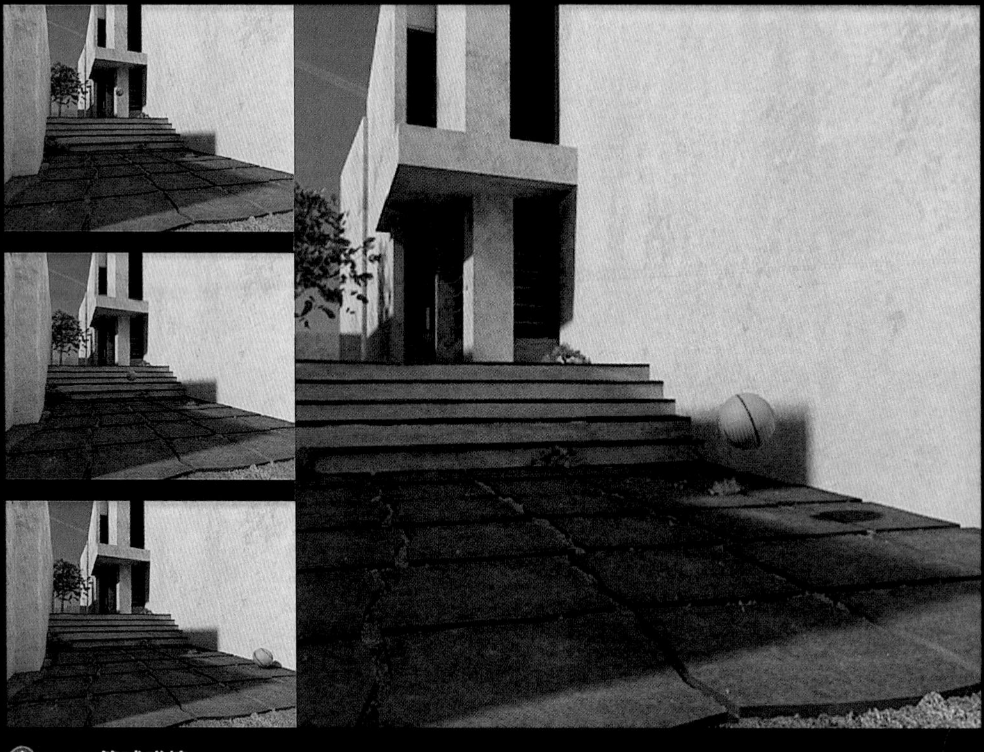

17.7 篮球碰撞

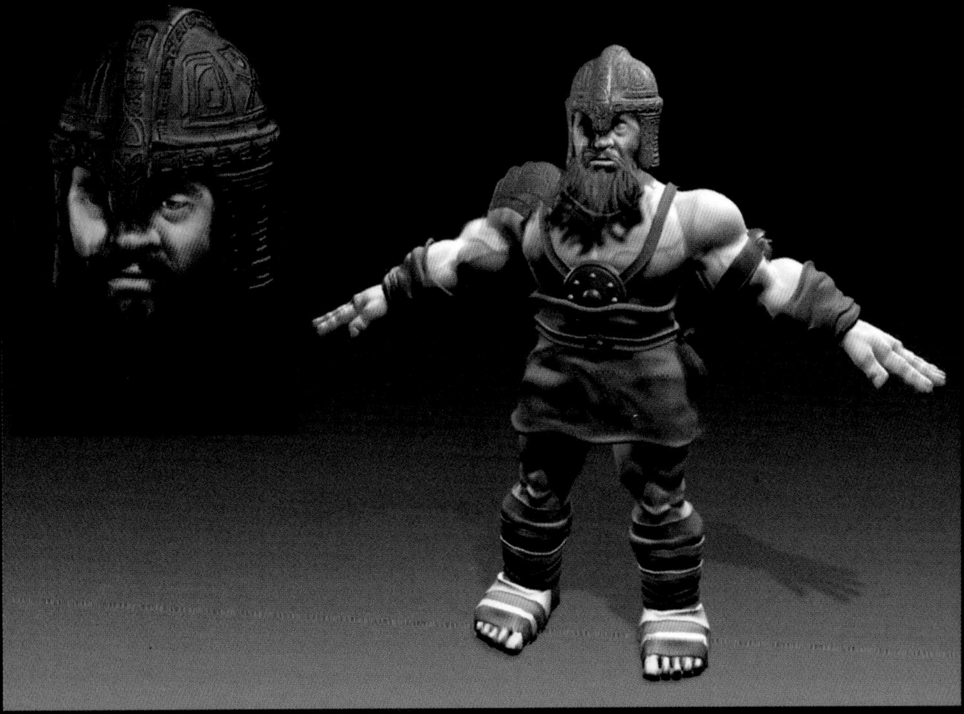

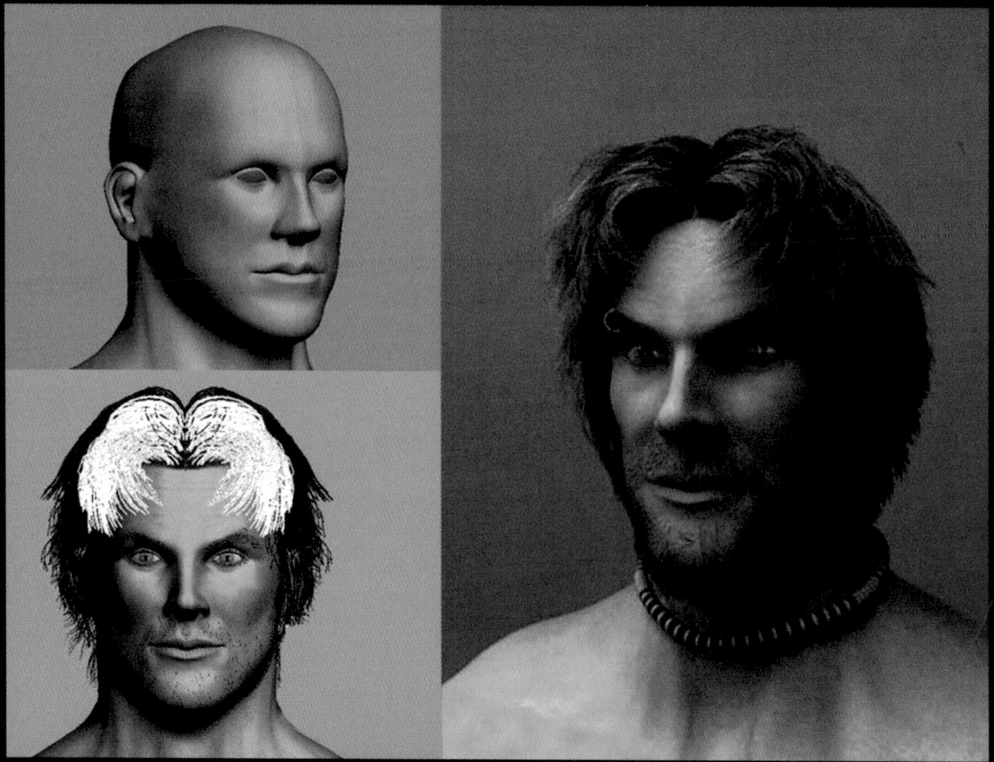

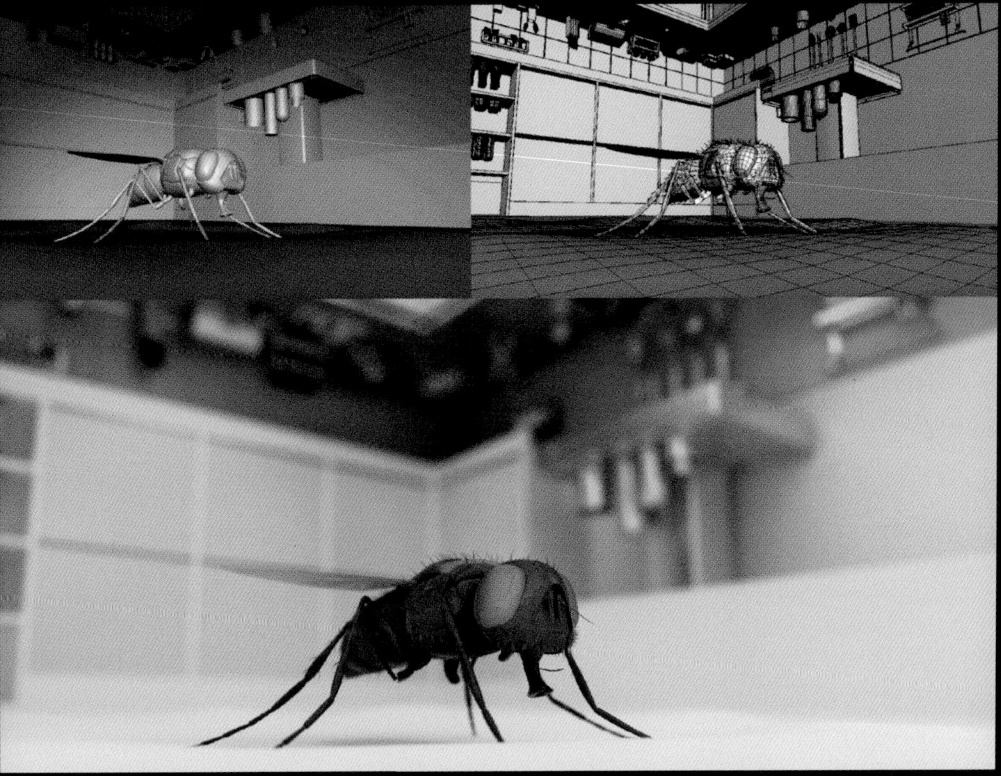

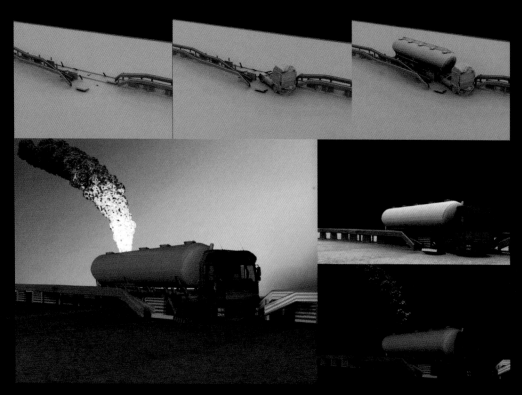

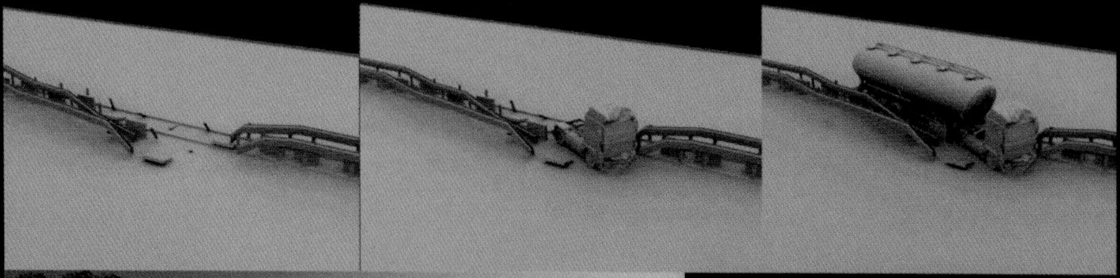

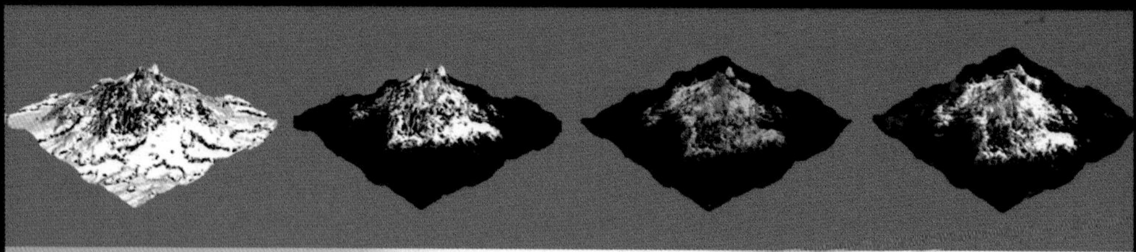

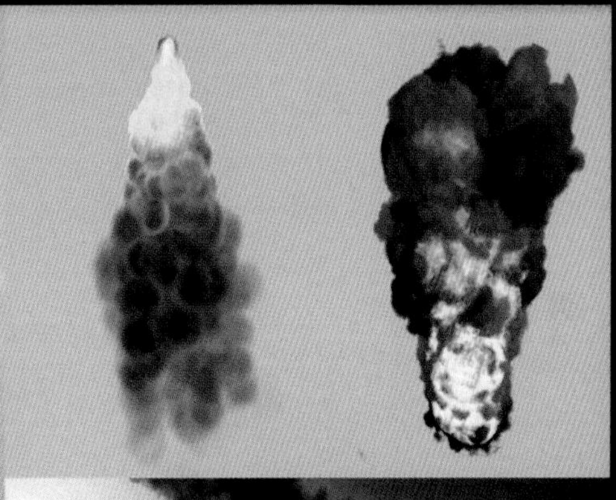

光盘使用说明（1DVD）

32个案例的源文件和效果文件、33段视频教学、390分钟教学视频录像、超值赠送7大类共计1251个模型文件、超值赠送15大类共计2015个贴图素材

本书附赠1DVD配套光盘，其中包含了范例文件、视频教学和赠送文件3部分内容，建议将光盘内容复制到本机的硬盘中，以便快速读取文件。

1 范例文件

“范例文件”文件夹中提供了本书全部案例的源文件和效果文件，可按照本书对应的章节调用所需文件。本书范例文件请使用3ds Max 的2011及以上版本打开。

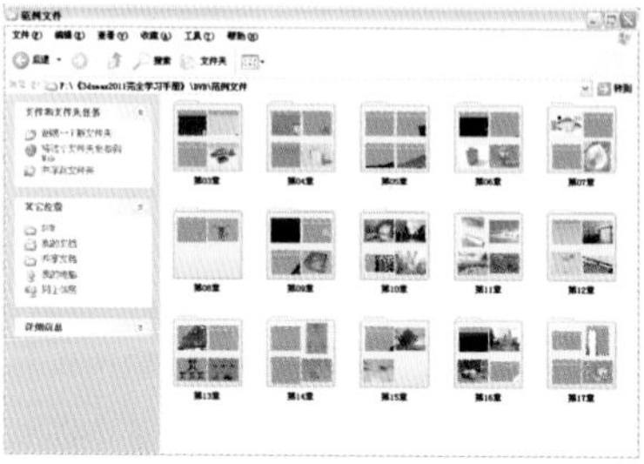

2 视频教学

“视频教学”文件夹中提供了**33**段AVI格式的多媒体教学文件，在学习前请正确安装视频解码播放器，这样才能正常观看动画演示和教学录像。

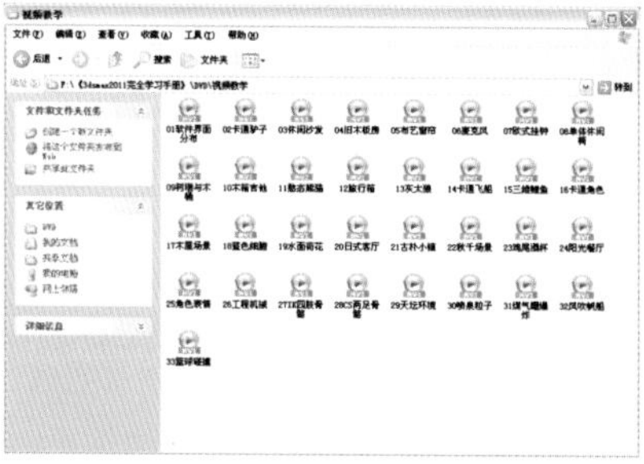

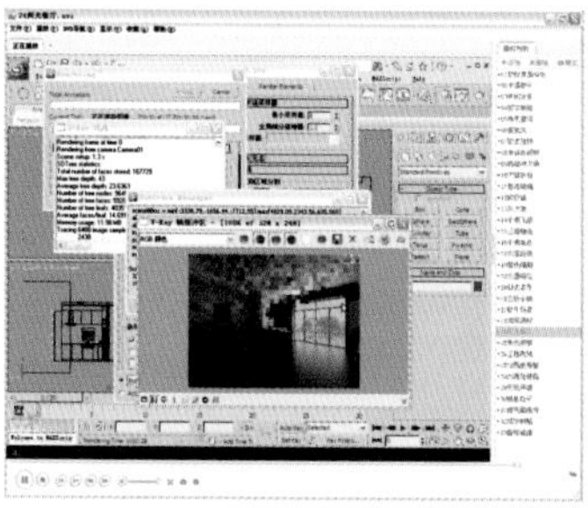

3 赠送文件

“赠送文件”文件夹包含“贴图素材”和“模型库”两个文件。

“贴图素材”文件夹提供了三维制作常用的**15**类素材，其中包括玻璃、布纹、瓷砖、地毯、吉祥、交通、金属、木板、木纹、皮纹、其他、石材、天空、纸纹和字画。

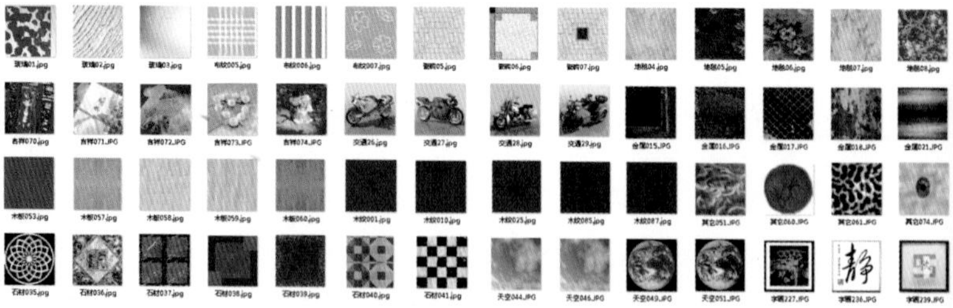

“模型库”文件夹提供了三维制作常用的**7**类模型素材，其中包括灯具模型、家居模型、家具模型、建筑模型、交通模型、生物模型和植物模型。

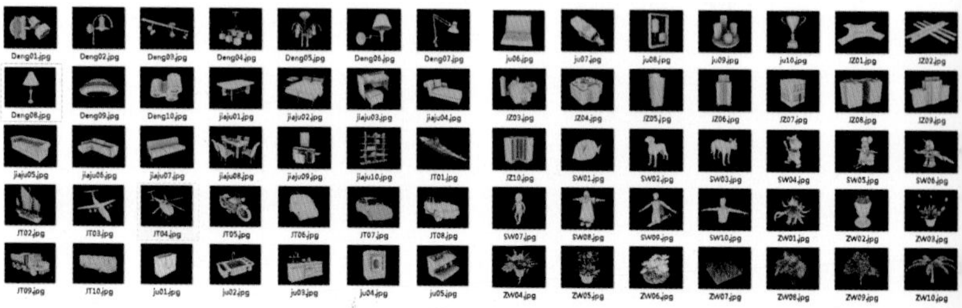

01 视频导读 3ds Max 2011

SHIPINDAODU

第2章

› 01 软件界面分布 00:05:16

第3章

› 02 卡通驴子 00:11:40
› 03 休闲沙发 00:13:31
› 04 旧木板房 00:10:14

第4章

› 05 布艺窗帘 00:12:11
› 06 麦克风 00:11:22
› 07 欧式挂钟 00:17:37

第5章

› 08 单体休闲椅 00:10:49
› 09 树墩与木桶 00:10:15
› 10 木箱吉他 00:09:00
› 11 憨态熊猫 00:07:58

第6章

› 12 旅行箱 00:13:48
› 13 卡通熊 00:19:35

第7章

› 14 卡通飞船 00:24:15
› 15 三维鲤鱼 00:41:14

第8章

› 16 卡通角色 00:02:11

第9章

› 17 木屋场景 00:05:12
› 18 蓝色细胞 00:08:31
› 19 水面荷花 00:22:24

02 视频导读 3ds Max 2011

SHIPINDAODU

第10章

20	日式客厅	00:26:44
21	古朴小镇	00:15:14

第11章

22	秋千场景	00:05:13

第12章

23	鸡尾酒杯	00:12:53
24	阳光餐厅	00:14:16

第13章

25	角色表情	00:04:00
26	工程机械	00:02:14

第14章

27	IK 四肢骨骼	00:06:30
28	CS 两足骨骼	00:08:13

第15章

29	天坛环境	00:05:41

第16章

30	喷泉粒子	00:05:16
31	煤气罐爆炸	00:04:46

第17章

32	风吹帆船	00:14:36
33	篮球碰撞	00:08:21

3ds Max 2011
完全学习手册

子午视觉文化传播 主编
彭超 齐羽 荆涛 编著

超值版

人民邮电出版社
北京

图书在版编目（CIP）数据

3ds Max 2011完全学习手册 ：超值版 / 子午视觉文化传播主编 ；彭超，齐羽，荆涛编著. -- 北京 ：人民邮电出版社，2012.6
ISBN 978-7-115-27841-8

Ⅰ. ①3… Ⅱ. ①子… ②彭… ③齐… ④荆… Ⅲ. ①三维动画软件，3DS MAX 2011－手册 Ⅳ. ①TP391.41-62

中国版本图书馆CIP数据核字(2012)第046458号

内 容 提 要

《3ds Max 2011 完全学习手册》一经上市便受到了广大读者的好评，但由于是彩书，相对来说定价较高，影响了读者的购买力。一段时间销售之后，经过市场调查和研究决定推出超值版，以便读者能够更好地感受设计的魅力。

本书是“完全学习手册”系列图书中的一本。本书遵循人们的学习规律和方法，精心设计章节内容的讲解顺序，循序渐进地介绍了 3ds Max 2011 软件的使用方法和范例制作技巧。

全书共分 4 篇 17 章，第 1 篇为基本操作篇，包含第 1～2 章的内容，主要讲解了 3ds Max 2011 的软件界面分布；第 2 篇为模型制作篇，包含第 3～8 章的内容，主要讲解了物体的基础建模、复合建模、修改器建模、多边形建模、NURBS 建模及其他方式建模等内容；第 3 篇为渲染设置篇，包含第 9～12 章的内容，主要讲解了 3ds Max 中的材质与贴图、灯光系统、摄影机系统、渲染器等知识点；第 4 篇为动画特效篇，包含第 13～17 章的内容，主要讲解了动画与约束、角色骨骼与蒙皮、特效与环境、空间扭曲和粒子系统、reactor 动力学等知识。本书还附带 1 张 DVD 光盘，包含书中所有案例的源文件、素材文件和多媒体教学文件。

本书案例丰富，讲解细致，注重激发读者兴趣和培养动手能力，适合从事动画设计、效果图设计、游戏设计、影视后期编辑与合成的广大初、中级从业人员作为自学教材，也适合相关院校动画设计、建筑效果图设计和影视后期合成专业作为配套教材。

3ds Max 2011 完全学习手册（超值版）

◆ 主　　编　子午视觉文化传播
　编　　著　彭　超　齐　羽　荆　涛
　责任编辑　郭发明

◆ 人民邮电出版社出版发行　　北京市崇文区夕照寺街 14 号
　邮编　100061　　电子邮件　315@ptpress.com.cn
　网址　http://www.ptpress.com.cn
　北京鑫正大印刷有限公司印刷

◆ 开本：787×1092　1/16
　印张：24.5　　彩插：8
　字数：866 千字　　2012 年 6 月第 1 版
　印数：1- 3 500 册　　2012 年 6 月北京第 1 次印刷

ISBN 978-7-115-27841-8

定价：49.80 元（附 1 DVD）

读者服务热线：(010)67132692　印装质量热线：(010)67129223
反盗版热线：(010)67171154
广告经营许可证：京崇工商广字第 0021 号

本书编委会

主　编：彭　超

编　委：赵云鹏　韩　雪　齐　羽
黄永哲　荆　涛　张付兰
解嘉祥　王戊军　王海波
左铁慧　李　刚　张国华
李　鹏　林振江　周　旭

策　划：哈尔滨子午视觉文化传播

前 言

3ds Max 由 Autodesk 公司出品，它提供了强大的基于 Windows 平台的实时三维建模、渲染和动画设计等功能，被广泛应用于广告、影视、建筑表现、工业设计、多媒体制作及工程可视化领域。3ds Max 是国内也是世界上应用最广泛的三维建模、动画制作与渲染软件之一，可以完全满足用户制作高质量影视动画、最新游戏设计等的需要，受到全世界上百万设计师的喜爱。

为了能让更多喜爱三维动画制作、效果图设计、影视动漫设计等领域的读者快速、有效、全面地掌握 3ds Max 2011 的使用方法和技巧，“哈尔滨子午视觉文化传播有限公司”、“哈尔滨子午影视动画培训基地”、“哈尔滨子午空间动画工作室”的多位专家联袂出手，精心编写了本书。

全书共 4 篇 17 章，具体特点如下。

1. **完全自学手册**。书中详细地讲解了 3ds Max 2011 的若干核心技术，包括 7 种建模方法、20 种典型材质、24 种典型贴图、8 种着色类型、2 种贴图坐标、13 种灯光与照明系统、2 种典型的渲染器、7 种动画约束方法、7 种 IK 解算器、10 多种特效、7 种粒子系统及骨骼、蒙皮、动力学、刚体、柔体、布料、绳索等，还有中英文软件命令对照，是一本完全适合自学的工具手册。

2. **激发兴趣，提高技能**。书中从简单的基本模型到复杂的骨骼模型，从简单的移动动画到复杂的动力学动画，都从读者感兴趣的角度进行了设计，可以使读者在不断的动手练习中提高实战技能。

3. **专业、丰富的实用案例**。全书有 32 个综合案例和上百个动手练习，通过这些案例与练习，读者可以自由畅游在卡通驴子、休闲沙发、旧木板房、布艺窗帘、麦克风、欧式挂钟、单体休闲椅、树墩与木桶、木箱吉他、憨态熊猫、旅行箱、卡通熊、卡通飞船、三维鲤鱼、卡通角色、木屋场景、蓝色细胞、水面荷花、日式客厅、古朴小镇、秋千场景、鸡尾酒杯、阳光餐厅、角色表情、工程机械、IK 四肢骨骼、CS 两足骨骼、天坛环境、喷泉粒子、煤气罐爆炸、风吹帆船、篮球碰撞的美妙三维世界里。

4. **细致、全面的视频教学**。书中附带的超大容量 DVD 多媒体教学视频，可以让您在专业老师的指导下轻松学习、掌握 3ds Max 2011 的使用，并且可以快速制作出具有一定专业水准的作品。

本书采用了“详细的手册对比讲解 + 丰富的案例 +DVD 光盘视频教学”的全新教学模式，使整个学习过程紧密连贯，范例环环相扣，一气呵成。读者学习时可以一边看书一边观看 DVD 光盘的多媒体视频，在掌握三维设计创作技巧的同时，享受着学习的乐趣。

本书由彭超、齐羽、荆涛执笔编写，另外，解嘉祥、张国华、王戊军、王海波、左铁慧、李刚、林振江、李鹏、周旭、赵云鹏、韩雪、黄永哲、张付兰等老师也参与了本书的编写工作。如果读者在学习本书的过程中有需要咨询的问题，请访问子午网站 www.ziwu3d.com 或发送电子邮件至 ziwu3d@163.com 了解相关信息并进行技术交流。同时，也欢迎广大读者就本书提出宝贵意见与建议，我们将竭诚为您提供服务，并努力改进今后的工作，为读者奉献品质更高的图书。

编 者

2012 年 5 月

目 录

基本操作篇

- 3ds Max 2011软件介绍

3ds Max 2011简介
3ds Max的发展
3ds Max的应用
硬件系统配置
软件安装与启动
3ds Max 2011新特色
第三方程序插件

- 软件界面分布

标题栏
菜单栏
主工具栏
命令面板
视图与导航器
提示状态栏
时间和动画控制
视图控制
四元菜单
浮动工具栏

第 1 章 3ds Max 2011 软件介绍

本章内容

- 3ds Max 2011简介
- 3ds Max的发展
- 3ds Max的应用
- 硬件系统配置
- 软件安装与启动
- 3ds Max 2011新特色
- 第三方程序插件

1.1 3ds Max 2011简介

Autodesk 3ds Max 2011 是一款功能强大、集成 3D 建模、动画和渲染解决方案的软件，其方便使用的工具使艺术家能够迅速展开制作工作，如图 1-1 所示。3ds Max 能让设计可视化专业人员、游戏开发人员、电影与视频艺术家、多媒体设计师及三维爱好者在更短的时间内制作出令人难以置信的作品。

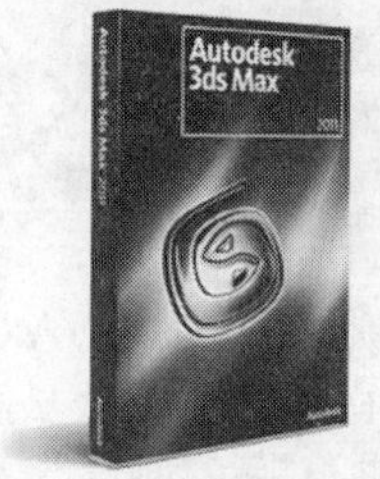

图1-1　3ds Max 2011

1.2 3ds Max的发展

从最开始的 3D Studio 到过渡期的 3D Studio MAX，再到现在的 3ds Max 2011，这款三维动画软件的发展历史已有 10 多年，如图 1-2 所示。

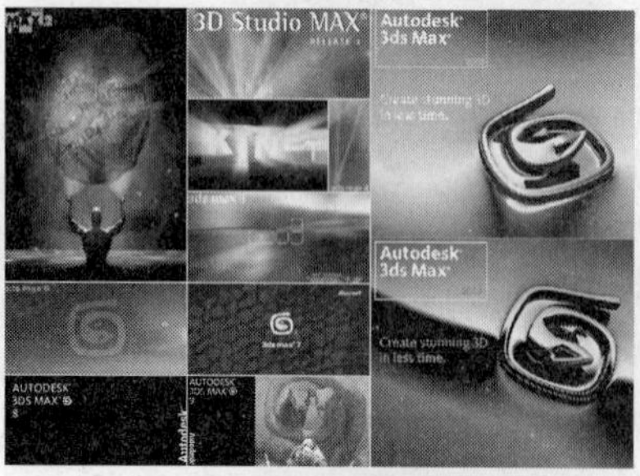

图1-2　3ds Max的发展

3ds Max 是目前 PC 平台上最流行、使用最广泛的三维动画软件，它的前身是运行在 PC 机器 DOS 平台上的 3D Studio。3D Studio 曾是 DOS 平台上风光无限的三维动画软件，它使 PC 平台用户也可以方便地制作三维动画。

20 世纪 90 年代初，3D Studio 在国内得到了很好的推广，它的版本一直升级到 4.0 版。此后随着 DOS 系统向 Window 系统的过渡，3D Studio 也发生了质的变化，几乎全新改写了代码。1996 年新的 3D Studio MAX 1.0 诞生了，与其说是 3D Studio 版本的升级换代，倒不如说是一个全新软件的诞生，它只保留了一些 3D Studio 的影子，加入了全新的历史堆栈功能。1997 年又一次重新改写代码推出 3D Studio MAX 2.0，在原有基础上进行了上千处的改进，加入了逼真的光线跟踪材质、NURBS 曲面建模等先进功能。此后的 2.5 版又对 2.0 版做了 500 多处的改进，使 3D Studio MAX 2.5 成为了十分稳定和流行的版本。3D Studio 原本是 Autodesk 公司的产品，到了 3D Studio MAX 时代，它成为 Autodesk 公司子公司 Kinetix 的专属产品，并一直持续到 3D Studio MAX 3.1 版，使原有的软件在功能上得到了很多改进和增强，并且非常稳定。

面对同类三维动画软件的竞争，3D Studio MAX 以广大的中级用户为主要销售对象，不断提升其自身的功能，逐步向高端软件领域发展。在这段时间里，面对 SGI 工作站在销售方面日益萎缩的局面，一些原来 SGI 工作站上的高端软件开始抢占 PC 平台市场，Power Animator 演变出了 PC 版的 Maya，Softimage|3D 演变出了 PC 版的 Softimage|XSI，还有同为工作站软件转变来的 Houdini 等，再加上同为 PC 平台优秀的 LightWave 和 Cinema 4D 等同类软件，使 PC 平台三维动画软件的竞争异常激烈。在电影特技制作的市场中，Maya、Softimage|XSI、Houdini 有着坚实的基础，但在游戏开发、动画电影、电视制作和建筑装饰设计领域中，3D Studio MAX 却占据着主流坚实的地位，远远超过了同类软件，数百个插件的开发使 3D Studio MAX 更是如虎添翼、接近完美，也使 3D Studio MAX 成为 PC 平台广泛应用的三维动画软件。

从 4.0 版开始 3D Studio MAX 更名为 3ds Max，相继开发了 3ds Max 4.0，开发公司也变为 Discreet，Discreet 在 SGI 平台的影响力是不言而喻的。2002 年 3ds Max 5.0 发布，2003 年末 3ds Max 6.0 发布，2004 年末 3ds Max 7.0 发布，预示着 3ds Max 在朝更高的目标前进，定位的领域更加明确。Discreet 公司的 combustion 等软件对 3ds Max 的支持，使 3ds Max 在影视领域达到了一个崭新的高度。

2005 年以后 Autodesk 又相即开发了 3ds Max 7.5、3ds Max 8，2006 年开发了 3ds Max 9，2007 年开发了 3ds Max 2008，2008 年 2 月 12 日发布了两个版本的 3ds Max，分别是 3ds Max 2009 和 3ds Max Design 2009。2009 年，在旧金山举行的游戏开发者大会上，Autodesk 公司推出了旗下著名 3ds Max 的 2010 新版本。

Autodesk 公司在 2010 年宣布 4 月份正式发布其 3ds Max 软件的最新版本 3ds Max 2011，如图 1-3 所示；新版软件的售价定为 3495 美元，软件的升级价则为 1745 美元。

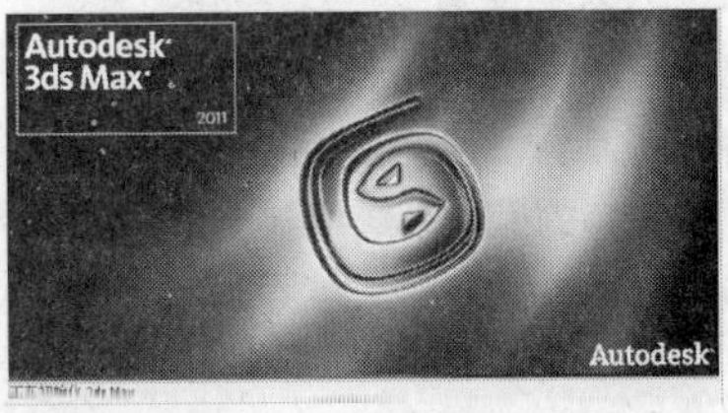

图1-3　3ds Max 2011

新版的 3ds Max 2011 显示出强大的软件交互操作性和卓越的产品线整合性，可以帮助艺术家和视觉特效师们更加轻松地管理复杂的场景；特别是该版本强大的创新型创作工具功能，可支持包括渲染效果视窗显示功能以及上百种新的 Graphite 建模工具。据了解，本次发布的新版本 3ds Max 将增加近 300 项新功能，这无疑让这款传奇性的三维软件如虎添翼。

1.3 3ds Max的应用

3ds Max 是欧特克旗下最著名的三维产品之一，它能够在更短的时间内打造令人难以置信的三维特效，快速高效地打造逼真的角色、无缝的 CG 特效或令人惊叹的游戏场景，广泛适用于游戏开发、电影特效、动画和广告片三维制作。由于 3ds Max 可向艺术家和视觉特效师们提供功能齐全的 3D 建模、动画、渲染和特效解决方案，因此在 CG 界被冠以“无所不能的神兵利器”称号，如图 1-4 所示。

图1-4　3ds Max部分作品

目前，3ds Max 与欧特克旗下另一款著名三维产品 Maya 已经成为视觉特效师在行业立足的必修课。从好莱坞的科幻大片到卖座的国产大片，从风靡全球的交互式游戏到耳熟能详的日本动漫作品，这些让人过目不忘，同时创造了巨大财富的视觉作品都离不开三维的技术支持。3ds Max 曾参与制作过的作品包括《X 战警》、《谍中谍 2》、《黑客帝国》、《最后的武士》、《后天》、《钢铁侠》、《变形金刚》和《2012》等好莱坞大片；《功夫》、《十面埋伏》、《赤壁》和《海角七号》等华语大片；《攻壳机动队 2》和《蒸汽男孩》等著名日本动画片；《辐射 3》、《波斯王子》、《古墓丽影》、《法老王》和《战争机器 2》等著名游戏作品。

3ds Max 软件的未来肯定是美好的，原始开发商 Autodesk 是软件设计的“巨人”，Discreet 公司是 SGI 平台上影视和后期的“老大”，这两个实力雄厚的团队做后盾，发展潜力是可想而知的。不要在选择软件上存在困惑了，因为每一款三维软件都是很全面的，相互之间的差距已经非常小，无论学好哪一款三维软件都足可满足工作的需要，别让软件束缚住自己。

1.4 硬件系统配置

3ds Max 2011 是应用在 Windows 平台的一款三维软件，对硬件的配置要求不算特别高，但是理想的硬件配置会大大地提高工作效率和减少等待时间，以下是推荐配置仅供参考。

选择操作系统主要考虑系统的稳定性和对硬件的支持程度，支持的操作系统取决于您正在运行的是 32 位还是 64 位版本的产品，推荐使用 Windows XP 以上的操作系统。

CPU 是计算速度快慢的决定性硬件，32 位版本支持 Intel Pentium4 或更高速度处理器、AMD Athlon64、AMD Opteron 或更高速度处理器；64 位版本支持 Intel EM64T、AMD Athlon64 或 AMD Opteron 或更高速度处理器。

内存也是影响速度的重要硬件之一，场景的复杂性会影响维持性能所需要的内存量，推荐使用内存 1GB 以上。

主板的选择主要需要考虑日后的扩展升级和稳定性，尽量选择大厂商的主板。

显示卡可以选择支持 OpenGL 图形加速，但必须支持 DirectX 10 图形加速，3ds Max 2011 的某些功能只有在与支持 Shader Model 3.0 的显示卡配合使用时才能启用。硬件加速采用显存至少为 128MB 的图形卡提供支持。可以根据自己的经济实力选择 500-2000 的游戏卡或 1000-10000 的专业显示卡。显示内存当然也是越大越好，因为足够大的显存能保证图像显示平滑和对贴图的良好处理。

显示器可以根据需要进行选择。3ds Max 的标准分辨率为 1280×1024，推荐使用 19 寸以上的珑管显示器或液晶显示器。

硬盘的容量不是问题，因为现在的硬盘生产厂家最小的硬盘容量也在 80GB 以上，要注意的是硬盘转数和缓存大小，至少要有 1GB 的交换空间。可以使用普通的 IDE、SATA 硬盘或双硬盘构建 RAID。

最好选择三键或带有滑轮的鼠标，通过键盘的配合，可以更快捷地控制视图并完成操作。

声卡、音箱、键盘、绘图板等可以根据个人的喜好进行选择。

1.5 软件安装与启动

Step01 将 3ds Max 2011 的安装光盘放入光驱中，运行“Setup.exe”文件，然后会弹出欢迎安装向导程序对话框，在对话框中选择“Install Products（安装产品）”选项进行安装，如图 1-5 所示。

Step02 在选择安装产品项目中设置与操作系统相同的 32 位或 64 位，然后单击“Next（下一步）”按钮进行安装，如图 1-6 所示。

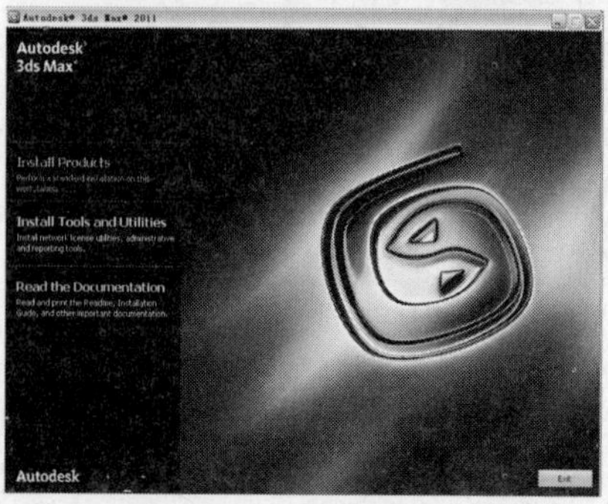

图1-5 安装产品

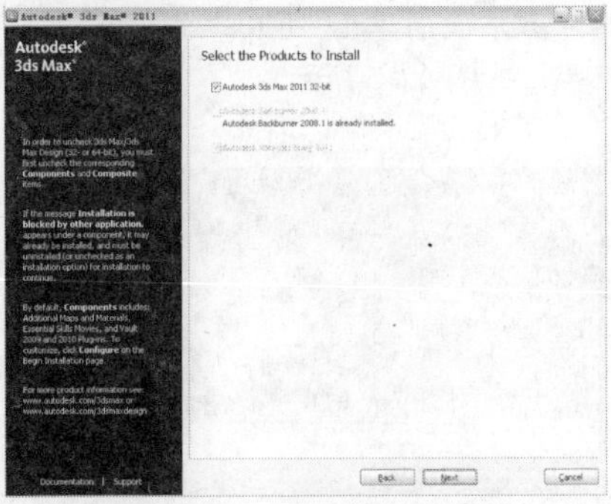

图1-6 选择安装产品

Step03 将 3ds Max 2011 安装程序对话框中的国家或区域设置为 China（中国），然后选择“I Accept（我接受）”许可协议，继续单击“Next（下一步）”按钮进行安装，如图 1-7 所示。

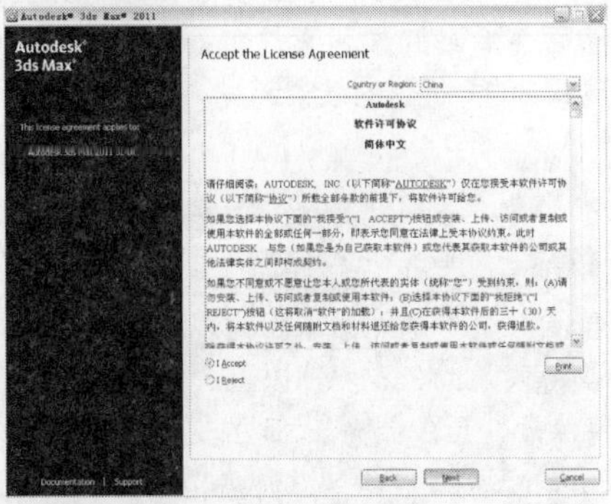

图1-7 设置国家和许可协议

Step04 在产品和用户信息中添加序列号和个人信息后继续单击“Next（下一步）”按钮进行安装，如图 1-8 所示。

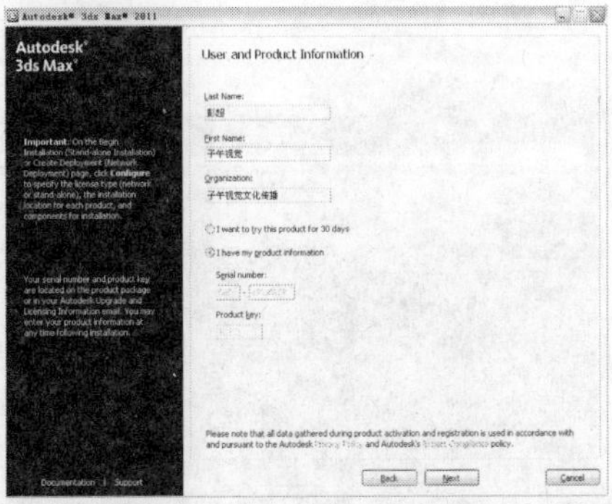

图1-8 添加名字等个人信息

Step05 在提示对话框中设置路径安装位置和个人信息设置显示，然后单击“Install（安装）”按钮继续进行安装，如图 1-9 所示。

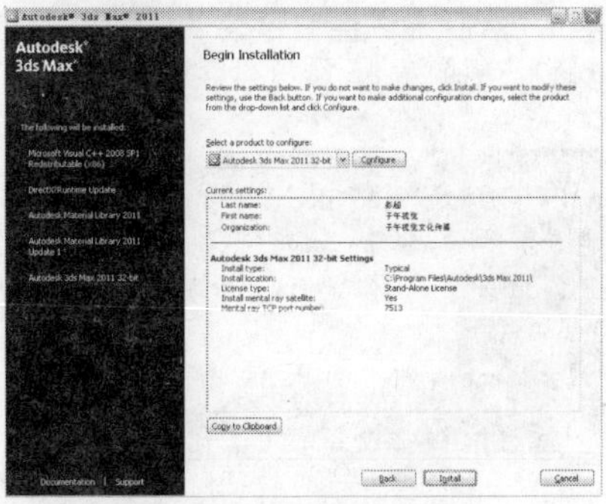

图1-9 设置路径安装位置

Step06 在安装组件中集合了 3ds Max 2011 软件所需的相应程序，更新系统左下角位置上显示的是安装进度，如图 1-10 所示。

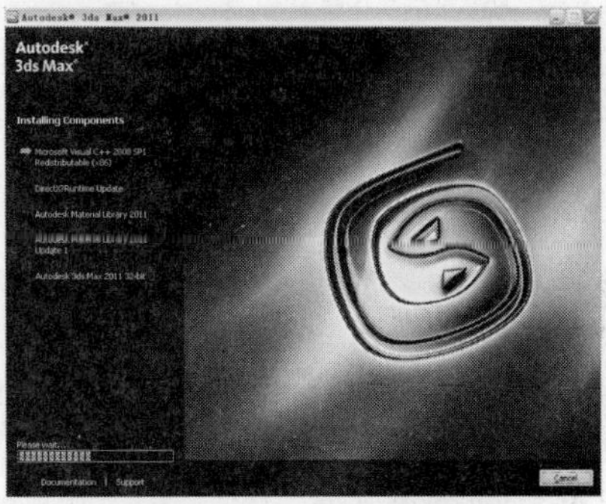

图1-10 安装组件进度

Step07 安装完毕后会弹出成功安装对话框，单击“Finish（完成）”结束安装，如图 1-11 所示。

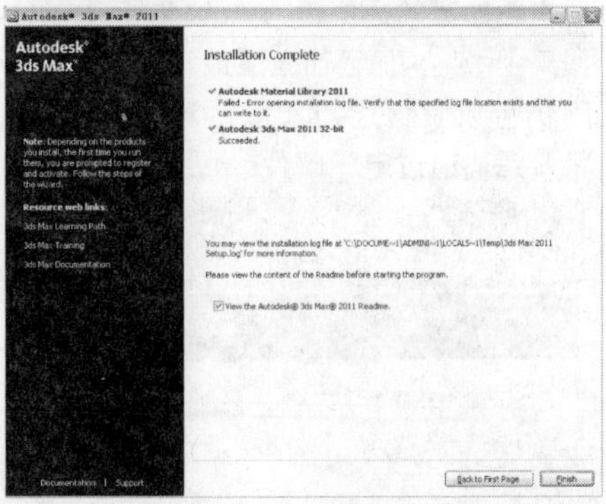

图1-11 完成安装

Step08 成功完成安装后，桌面会自动建立 3ds Max 2011 的快捷启动图标，双击快捷启动图标或在开始菜单中选择【开始】→【程序】→【Autodesk】→【Autodesk 3ds Max 2011】→【Autodesk 3ds Max 2011 32 位】都会将软件启动，然后系统会验证您的许可与注册信息，如图 1-12 所示。

图1-12　启动软件

Step09 在启动软件后会自动弹出欢迎与产品激活对话框，在对话框中可以设置“Activate（激活）”产品或“Try（试用）”30 天，进行下一步的激活操作，如图 1-13 所示。

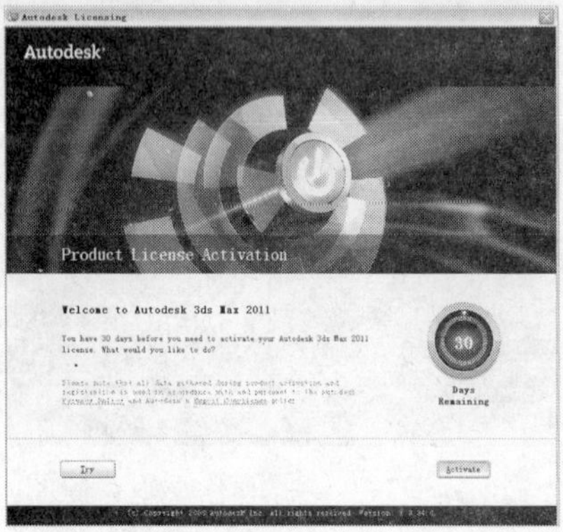

图1-13　产品激活对话框

Step10 在弹出的现在注册对话框中设置注册号码，然后在粘贴激活码中输入 Autodesk 提供的代码。如果由于某种原因而无法进行联机注册和激活，则仍可以脱机注册和激活产品，Autodesk 会将激活码通过电子邮件或传真发送给您，如图 1-14 所示。

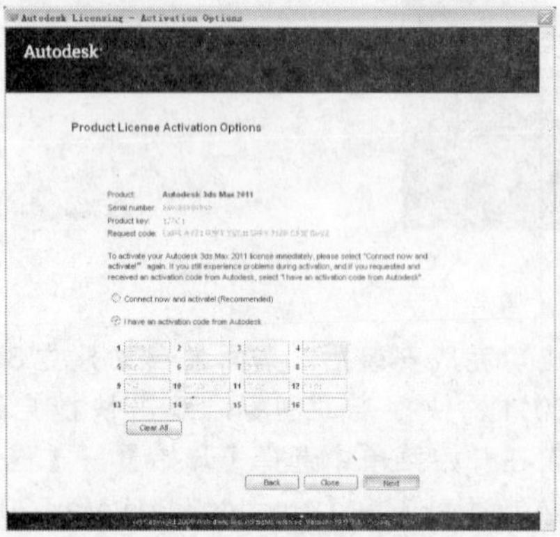

图1-14　输入激活码

Step11 输入激活码后单击“Finish（完成）”按钮激活产品，如图 1-15 所示。

图1-15　完成激活产品

Step12 完成激活产品后系统会自动弹出启动进度界面，然后在弹出的学习影片对话框中可以观看 3ds Max 2011 所需的教学影片，如图 1-16 所示。

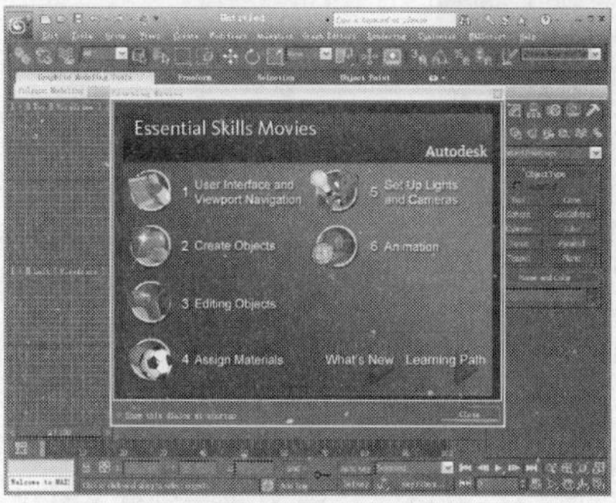

图1-16　知识教学影片

Step13 启动后的 3ds Max 2011 标准工作界面如图 1-17 所示。

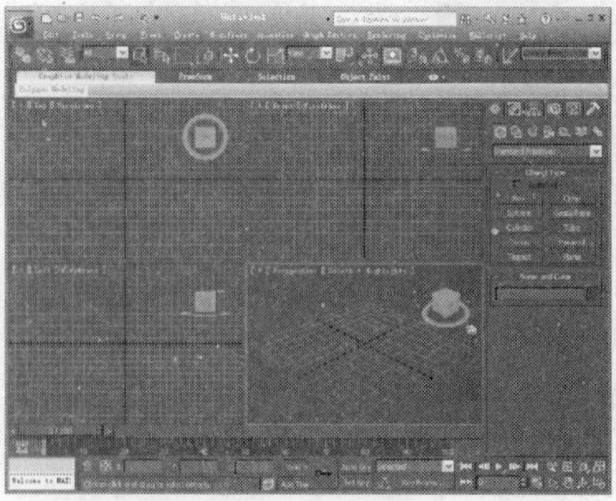

图1-17　3ds Max 2011标准工作界面

Step14 3ds Max 2011 新的深色 UI 风格，会随着你所需要的工作而调整 UI 选项，如需还原浅色 UI 风格可以在菜单中选择【Customize（自定义）】→【Custom UI and Defaults Switcher（自定义UI与默认设置切换）】命令，在弹出的对话框中可以选择所需UI风格，如图1-18所示。

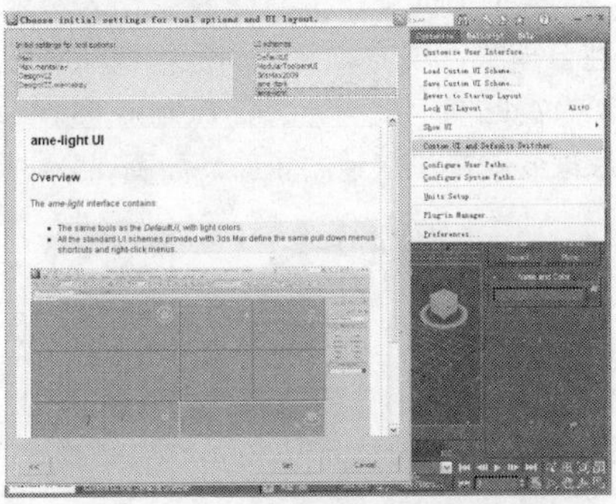

图1-18 界面UI风格切换

Step15 将3ds Max 2011切换为浅色的UI风格工作界面如图1-19所示。

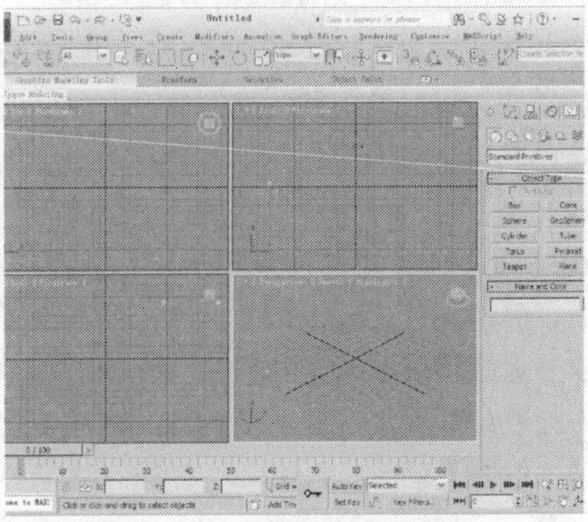

图1-19 3ds Max 2011浅色UI风格

1.6 3ds Max 2011新特色

3ds Max 2011和3ds Max Design 2011两种产品之间仍存在一些关键的差异。3ds Max Design 2011面向建筑和可视化行业的客户；3ds Max 2011除了面向建筑和可视化行业外，还在电影、游戏和电视相关领域中应用。可以在同一计算机上同时安装3ds Max 2011和3ds Max Design 2011，若要在30天试用期过后仍能运行这些产品，则需要使用每个产品的唯一序列号和产品密钥激活相应软件，如图1-20所示。

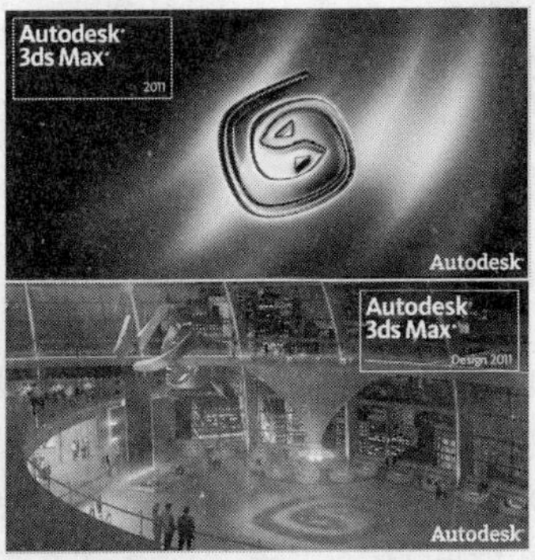

图1-20 3ds Max 2011和3ds Max Design 2011

3ds Max 2011新的Graphite（石墨建模）工具提供了一种现代化的3D建模方法和百种自由雕刻、纹理绘画和高级多边形建模工具，全部统一在一个创新的用户界面中。现在，制作人员可以使用这个扩展的新工具包体验超凡的创造力，将多边形建模工具提升到全新的高度，如图1-21所示。

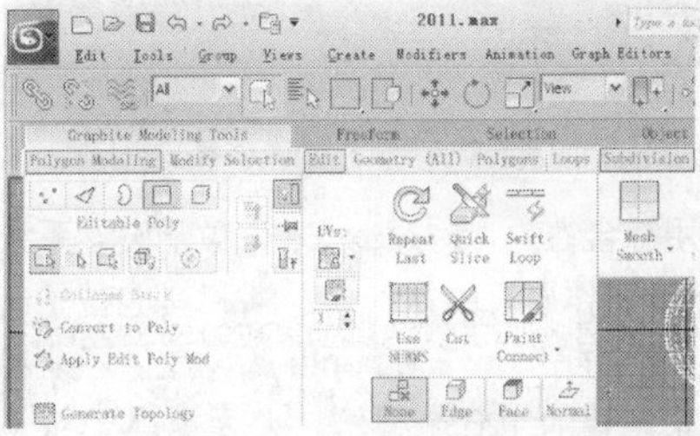

图1-21 石墨建模工具

使用新的Material Explorer（材质资源管理器）轻松管理复杂的场景，提高生产力的材质资源管理器彻底改变了制作人员在3ds Max中与对象和材质交互的方式。用户现在可以快速浏览场景中的所有材质和替换材质，还可以查看材质属性和关系，如图1-22所示。

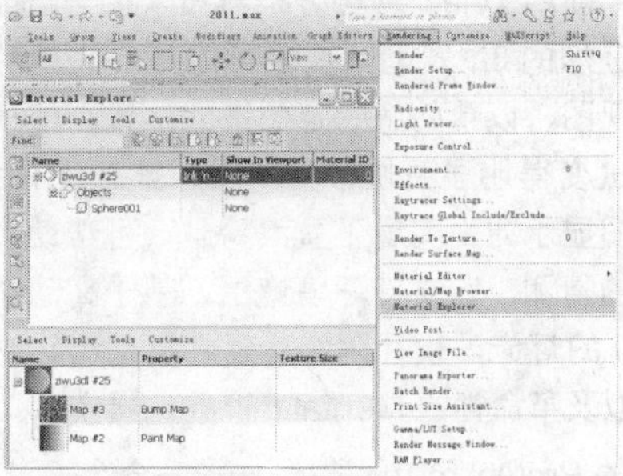

图1-22 材质资源管理器

设计人员现在可以向对象指定一个Microsoft DirectX材质，将Adobe Photoshop的psd文件中的单个层参照为纹理输入，从而改进与 Photoshop 的协同工作能力。此外，视图画布也支持 Photoshop 融合模式以及 3ds Max 模型上纹理的快速更新。

基于节点式编辑方式的新 Slate Material Editor 是一套可视化的节点材质编辑器，通过节点方式让使用者能以图形接口产生材质原型，并更直觉容易地编辑复杂材质进而提升生产力，而这样的材质是可以跨平台的。因此 Autodesk 3ds Max 的材质编辑方式可以说是有了飞跃性的提升，已迎头赶上其他市面上流行的节点式三维软件。此次节点式材质编辑器的加入也代表了 3ds Max 节点化的一个初步尝试。同时之前版本的材质编辑器模式也被保留，以便于老用户的使用，如图 1-23 所示。

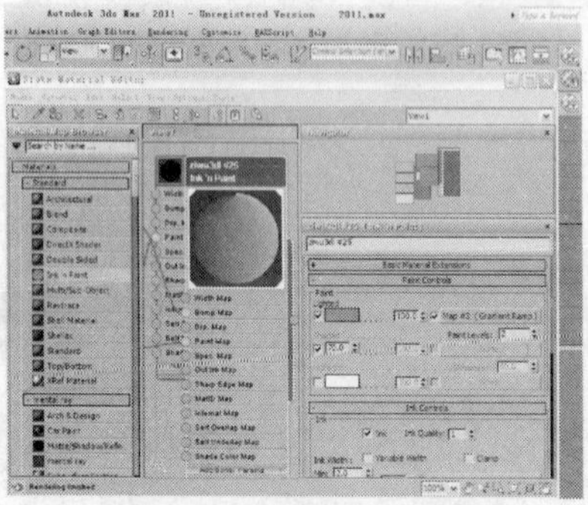

图1-23　节点材质编辑器

使用综合性的 3ds Max 2011 粒子设计系统 PFlow Advanced 制作逼真的水、火、烟和其他粒子特效，其中还包括新的 PFlow Elements 库，提供了业界领先特效艺术家创建的 100 个样例，大大提高了粒子特效的创造效率。其中还包括新的精度绘画工具（用于精确的粒子放置）、Shape Plus 算子（用于定义粒子的形状）以及广泛的 Grouping 算子（用于创建粒子的子集），而且，它还扩展和优化了以前的 PFlow 功能，同时降低了用户界面复杂性，可为用户带来大大改进的性能以及一个彻底简化的 3ds Max 工作流程。

使用新的 xView 网格分析器技术在导出或渲染之前会验证您的 3D 模型。获得可能存在问题的地点的交互式视图，以帮助您制定关键的决策，使模型与贴图的测试变得明显更快、更高效。第三代 Review 技术在视图显示方面实现了重大跨越，可帮助消除最终渲染中的猜测。它支持环境遮挡、基于高动态范围图像 HDRI 的灯光、软性阴影、硬件抗锯齿、交互式曝光控制以及革命性的 Mental mill 着色器技术。

新的 ProOptimizer 技术十分适合为数字雕刻软件（如 Autodesk Mudbox）快速智能地优化高多边形数 3D 模型。它能使用户精确地控制其场景模型的面数或点数，场景可以实时优化或进行批量优化。ProOptimizer 技术能够保存 UV 纹理通道信息和顶点色彩通道信息，尊重对称模型的对称性，保留显式法向，并为用户提供了保护或删除对象边界的选项。

3ds Max 2011 的新功能使制作人员可以直接在视图中在 3D 模型上绘画，这意味着制作人员能够使用笔刷、融合模式、填充、克隆和擦除快速创建新贴图或扩展现有的贴图。视图还为在 Adobe Photoshop 中进行的纹理修改提供快速的更新，如图 1-24 所示。

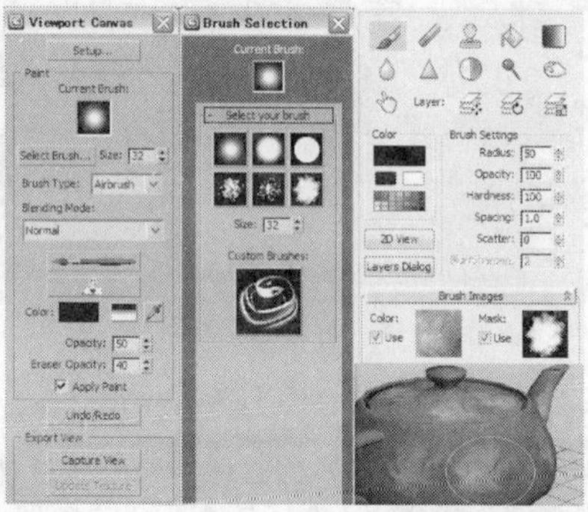

图1-24　视图画布

ProBooleans 工具包增加了一个新的 Quadify 修改器，使建模人员能够清理模型中的三角形，从而更好地进行细分和平滑操作。另外还增加了一个新的 Merge Boolean 操作，能让它们将一个对象附着到另一个对象，同时保持每个对象的转换、拓扑和修改器堆栈，如图 1-25 所示。

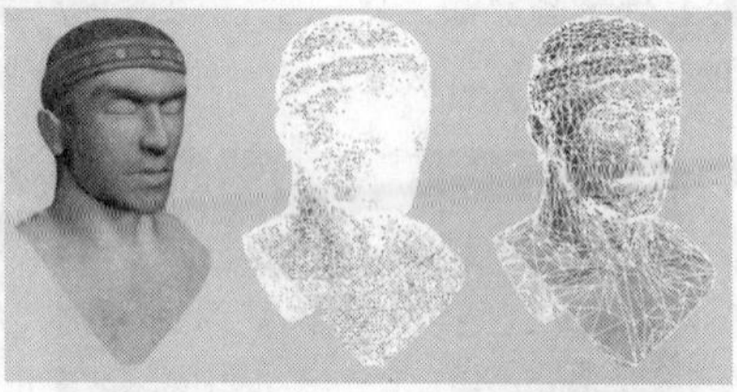

图1-25　增强优化

UVW 展开工具包进行了大量的扩展，在视图中操纵 UV 贴图现在就像在视图中建模一样容易。新功能包括诸如 Growing/Shrinking Rings 和 Loops 的 UV 选择工具以及用于对齐、间隔和缝合 UV 的快速编辑工具，如图 1-26 所示。

3ds Max 2011 是第一个集成了 mental images 的强大软件包，这意味着用户将能够开发、测试和维护着色器及复杂的着色器图形，来进行提供实时可视反馈的硬件和软件渲染，而无需编程技能。3ds Max 2011 还支持高分辨率的渲染输出，自动内存管理功能的改进使制作人员能够在 32-bit 系统上渲染大型照片级分辨率图像。

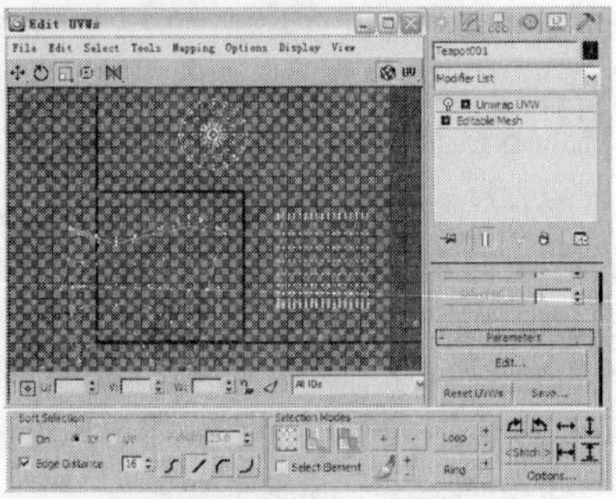

图1-26 UVW展开工具

mental ray中的全局质量旋钮Global Quality Knobs也进行了改善，制作人员现在可以使用全局质量旋钮以及图像抗锯齿和间接照明质量，快速调节阴影、光面折射或光面反射的总体质量设置。3ds Max 2011使用户能够运用间接亮度计算在mental ray中渲染动画序列，从而大大减少或消除传统的闪烁问题。新增加的Final Gather可以为逐行扫描反馈功能，可帮助制作人员更快地评估他们的渲染结果，如图1-27所示。

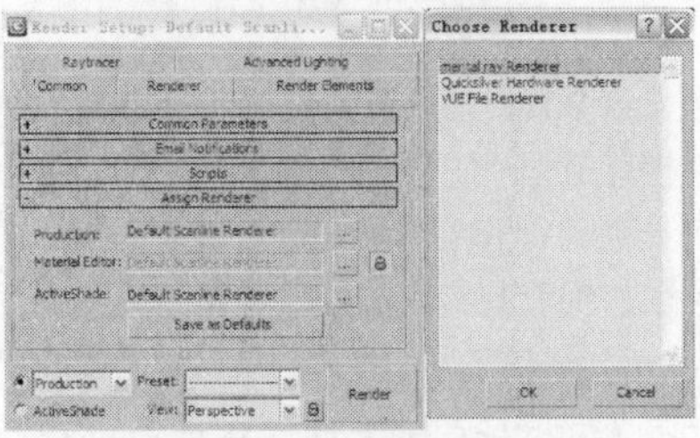

图1-27 mental ray渲染器

3ds Max 2011能使制作人员根据几何体的表面生成位图（密度贴图、脏点贴图、子表面贴图和凹洞贴图），这些位图可以用作遮罩以融合纹理。贴图也可以从子对象选择和预先包装的纹理生成，其中有边缝的地方会自动融合。这些贴图为位图中的绘画或层细节提供了一个良好的起点。例如，制作人员可以生成一个凹洞灰度级位图（其中对象上的裂缝颜色最暗），把它用作遮罩以融合脏点或通过着色强调轮廓。

线性色彩空间工作流程的Gamma校正已进行了改进，可以为要求颜色一致性的物理上精确的渲染工作流程正确地处理图像和纹理。Gamma设置现在能够正确地加载文件并在网络渲染解决方案上正确传播，如图1-28所示。

3ds Max 2011新增的Containers工具包促进了协作和灵活的工作流程，使用户能够在处理复杂的场景时将多个物体聚集到一个容器中。相关的物体可以放在一个容器中，并作为一个元素处理。为了改进场景性能，可以从视图显示临时卸载容器，同时保持它们与场景的关系，然后在需要时重新载入，这些工作流程可以节省内存，提高视图性能并减少负荷和节省时间。容器节点可以转换、删除、复制或保存将影响容器中的所有内容，并且超越了物体属性。因此用户可以使用容器属性来组织场景显示，而不会影响层组织，如图1-29所示。

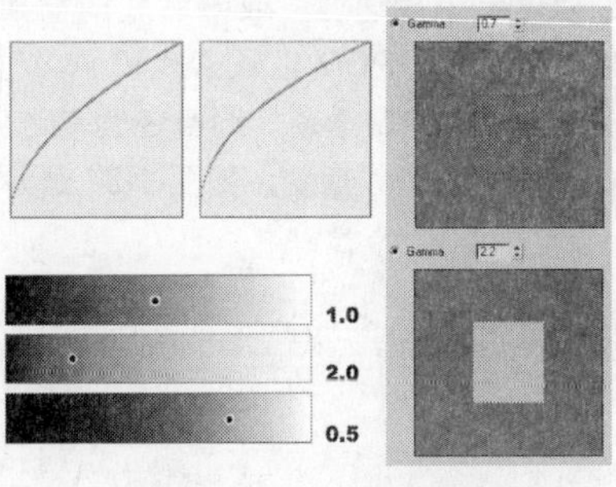

图1-28 Gamma校正工具

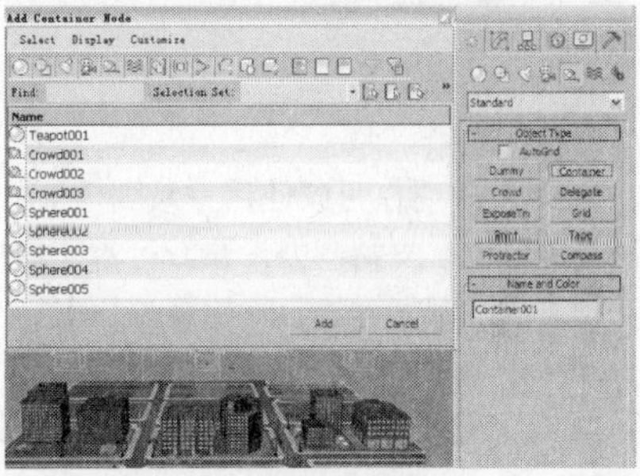

图1-29 Containers工具

在3ds Max 2010中，Autodesk继续扩展了Scene Explorer的功能性，并提高了它与该软件其他功能的集成水平。这个强大的场景管理工具包现在能与视图、Track View以及Material Explorer协同工作。此外，Scene Explorer现在还提供了改进的管理工具使得更容易导航、检查和修改场景中物体的属性。扩展的OBJ文件格式支持促进了Autodesk Mudbox及其他第三方3D数字雕刻软件之间的模型数据导入和导出。新的3ds Max插件使用户能够导入和导出Open Flight格式的场景FLT文件，如图1-30所示。

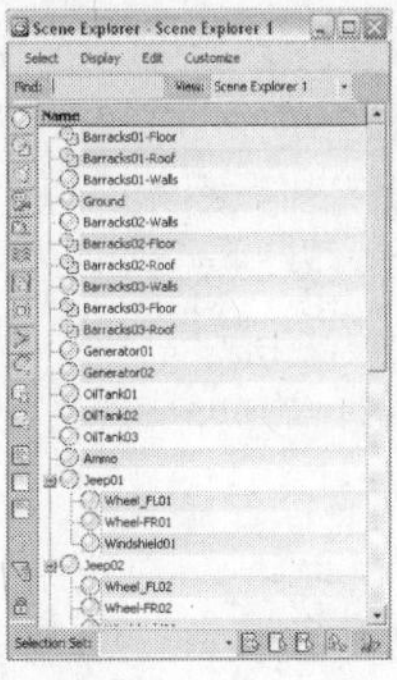

图1-30 Scene Explorer工具

动画师和其他人员现在可以向他们的动画场景增加多达100个音频轨，3ds Max将Sound Trax插件集成为ProSound多轨音频工具包，这意味着他们现在有了一个解决声音同步问题的永久性解决方案。ProSound使他们能够将其音频与视图播放速度同步，渲染音频以匹配播放速度，或向后和向前播放音频。3ds Max该技术支持PCM以及AVI和WAV格式的压缩音频，最多6个输出通道，而且还为动画师提供了46个可编写脚本的音频指令，如图1-31所示。

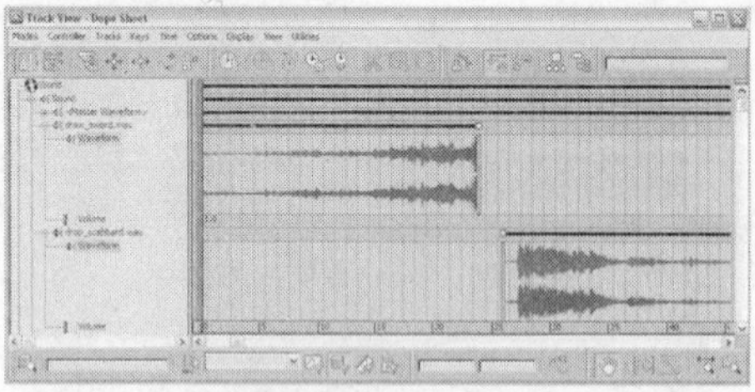

图1-31　音效工具

3ds Max用户现在可以使用一系列全新的衣物特效。衣物工具包现在支持压力设置，可用于模拟蓬松、内封的衣物表面（例如衬垫、气球等），而且衣物现在可以通过不同的强度和定时撕裂（例如裁切、撕裂衣物和拉开拉链）。碰撞物体甚至可以设置成在它们碰撞时裁切衣物。最后，新的Inherit Velocity工具融合了一个新模拟和以前帧的一个模拟，可为分阶段模拟创造平滑的转场。

3ds Max毛发工具包现在得到了改进，可使制作人员更精确地控制毛发的定型和动画。新的Spline Deform功能使他们能够向一组毛发添加样条曲线作为控制辅助线，这样就可以给毛发定姿、锁上或指定一个动态目标。毛发工具包现在也显示在软件开发工具箱中，使得可以利用第三方渲染器渲染毛发，如图1-32所示。

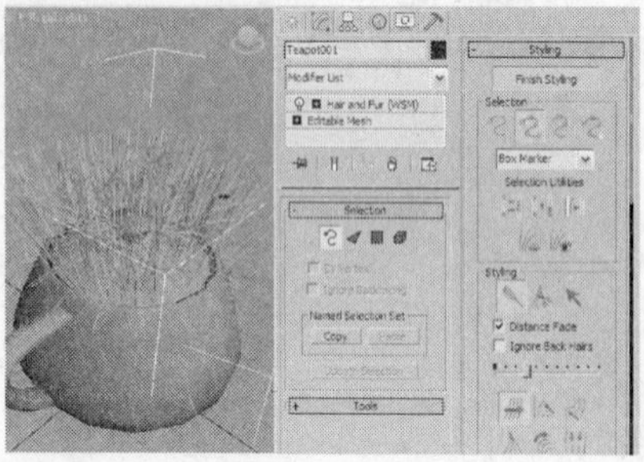

图1-32　毛发工具

Biped现在为角色动画师制作角色手的动画提供了更高水平的解剖学精度，包括所有手指的三种自由度、Euler相切曲线控制以及通过与人类解剖学更密切协调的骨骼提供更高的机械精度。这些数据可通过FBX至Motion Builder和Maya进行转换。

CAT是一个角色动画的插件，内建了二足、四足与多足骨架，可以轻松的创建与管理角色，以往就因为简单容易操作的制作流程而著称，在之前版本中一直以插件的形式存在，现在完成整合至3ds Max 2011中，其操作的稳定性和兼容性得到了很大的提高，可谓CG用户的一大福音，如图1-33所示。

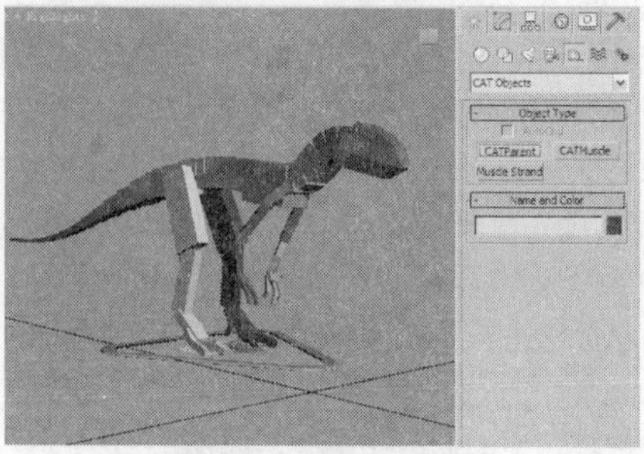

图1-33　CAT骨骼

3ds Max 2011支持新的关联约束，使用户能够使用标准关键帧动画用户界面快速制作物体之间关联的动画。该工具能让他们在Trackbar、摄影表编辑器和曲线编辑器中快速观看其约束的帧数和访问关联的关键帧。

3ds Max 2011与3ds Max Design 2011可以储存上一个3ds Max 2010版本档案格式，这样向下支持的转文件功能，相信大部分的使用者已经等好多年了，Autodesk公司终于解决了兼容的问题，如图1-34所示。

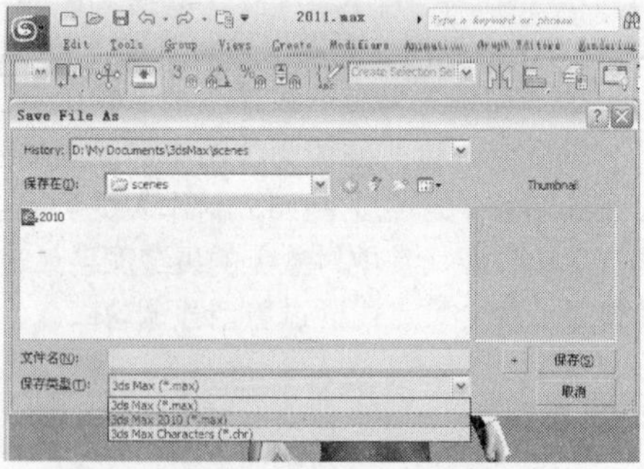

图1-34　存储兼容以往版本

软件开发工具箱SDK只作为3ds Max 2011的一部分提供，并且不随3ds Max Design 2011所提供。此版本的稳定性改进着重解决由客户以及通过可选的客户信息计划发现的众多问题。CIP也得到了改进，可提取有关问题发生时间的更有用的信息，从而使问题更快地得到解决。

1.7 第三方程序插件

3ds Max 的插件就是另外一个程序在 3ds Max 中可以应用，提升原软件的功能，可以帮助设计者提高工作效能。3ds Max 拥有大量的插件，而且许多优秀的外部插件（像 Lens Effect 系列、mental ray 渲染器、Character studio 和树木等）已经被 3ds Max 收购，在新版本中嵌入软件中一同发布。

3ds Max 的外部插件存在有版本问题，为 3ds Max 5 编写的插件不能被 3ds Max 6 使用，这是因 3ds Max 5 和 3ds Max 6 使用了不同的编程语言，而为 3ds Max 6 编写的部分插件可以被 3ds Max 7、3ds Max 8、3ds Max 9 使用。另外，大多数为 3ds Max 编写的外部插件都能在 3ds VIZ 中正常使用。

3ds Max 对外部插件的管理已经相当规范，打开 3ds Max 2011 所在的文件夹可以看到 Plugcfg 和 Plugins 两个文件夹，如图 1-35 所示。

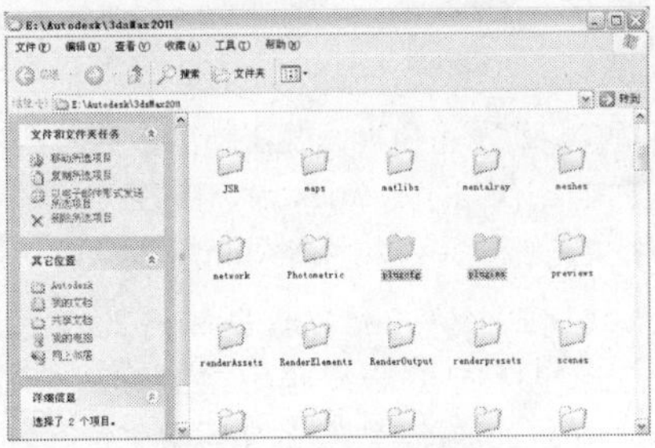

图1-35 插件存放位置

3ds Max 的插件有许多类型，不同的类型扩展名也不同，在 3ds Max 中出现的位置也不同，可以根据扩展名知道在哪里能找到此插件。

- DLO 格式位于“创建”面板中，将被用来创建对象。
- DLM 格式位于“修改”面板中，属于新的编辑修改器。
- DLT 格式位于“材质编辑器”中，是特殊的材质或者贴图。
- DLR 格式代表渲染插件，一般在【渲染】菜单栏中，也可能位于“环境编辑器”中，属于特殊大气效果。
- DLE 格式位于【文件】→【导出】菜单中，可以定义新的输出格式。
- DLI 格式位于【文件】→【导入】菜单中，可以定义新的输入文件格式。
- DLU 格式在“程序”命令面板中，作特殊用途。
- FLI 格式位于“Vidoo Post”视频合成器中，属特技滤镜，被用来做后期处理。

如果安装插件比较多，将会占用一部分系统资源，因此可以在【自定义】→【插件管理器】菜单中对安装的插件进行加载控制，如图 1-36 所示。

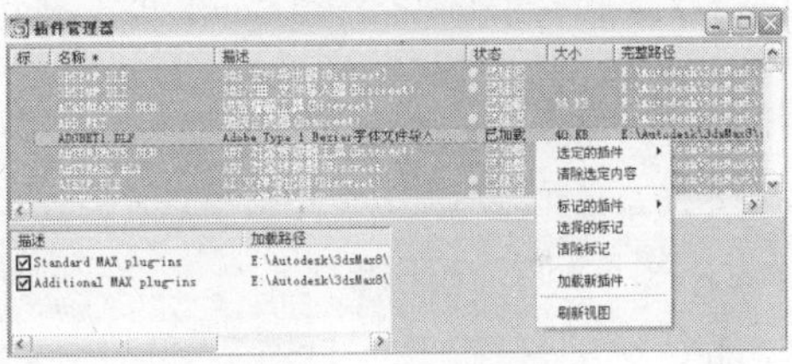

图1-36 插件管理器

1.8 本章小结

3ds Max 2011 终于浮出水面，较之 2010 版本，2011 具有突破性的发展，在 2010 版本中我们已经看到 Autodesk 公司在 3ds Max 软件上的企图心，然而 2011 版本中节点式材质、CAT Character 和硬件渲染等更可以说是一个突破性的发展。

第 2 章 软件界面分布

本章内容

- 标题栏
- 菜单栏
- 主工具栏
- 命令面板
- 视图与导航器
- 提示状态栏
- 时间和动画控制
- 视图控制
- 四元菜单
- 浮动工具栏

运行3ds Max 2011之后，主界面初始布局与以往版本的最大变化是其不再是灰色UI风格了，改为黑色的UI风格，并且图示也变大了，可以在菜单中选择【Customize（自定义）】→【Custom UI and Defaults Switcher（自定义UI与默认设置切换）】命令进行设置。左上角位置的3ds Max图标是以往的【File（文件）】菜单，新增的快速存取工具栏让用户可以快速执行指令，也可以自行增加按钮。3ds Max 2010的主界面初始布局如图2-1所示。

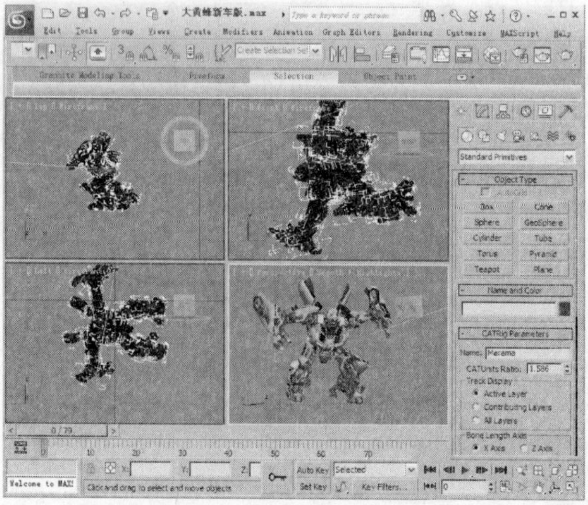

图2-1　主界面初始布局

2.1 标题栏

3ds Max 2011 窗口的标题栏包含常用的控件，用于管理文件和查找信息。其中应用程序按钮可显示文件处理命令的应用程序菜单，快速访问工具栏提供用于管理场景文件的常用命令按钮，信息中心可用于访问有关 3ds Max 和其他 Autodesk 产品的信息，最右侧的窗口控件与所有的 Windows 应用程序一样，有 3 个用于控制窗口最小化、最大化和关闭的命令，如图 2-2 所示。

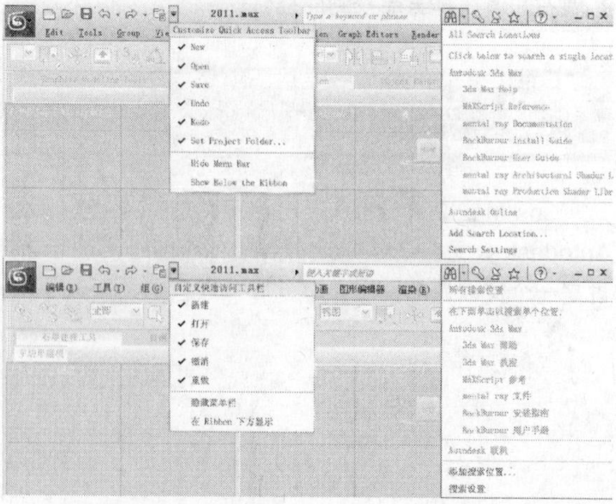

图2-2　标题栏

2.2 菜单栏

3ds Max 2010 的标准菜单栏中包括文件、Edit（编辑）、Tools（工具）、Group（组）、Views（视图）、Create（创建）、Modifiers（修改器）、Animation（动画）、Graph Editors（图形编辑器）、Rendering（渲染）、Customize（自定义）、MAX Script（脚本）和 Help（帮助），如图 2-3 所示。

图2-3　菜单栏

2.2.1 文件菜单

左上角位置的 3ds Max 图标是文件菜单，可以在文件菜单中完成打开或者保存 max 文件的操作。输入和输出扩展名不是 max 的文件，用于检查场景中的多边形数目并对文件进行其他操作，文件菜单如图 2-4 所示。

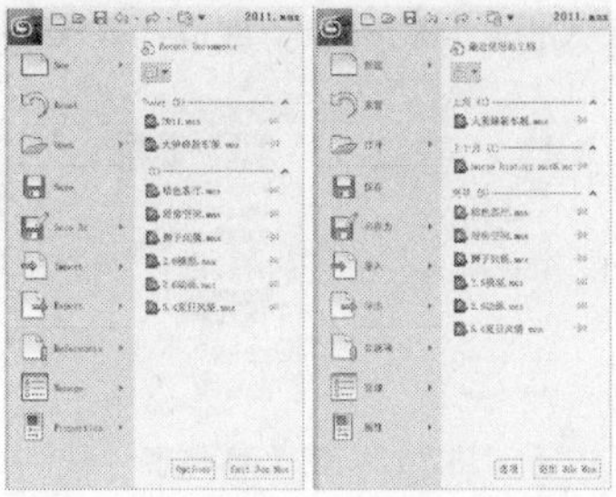

图2-4　文件菜单

2.2.2 编辑菜单

Edit（编辑）菜单主要用于编辑场景，也可以用于撤销和重做等操作，如图 2-5 所示。

图2-5　编辑菜单

2.2.3 工具菜单

Tools（工具）菜单大部分在主工具栏中设置了相应的快捷图标，可帮助您更改或管理对象，特别是对象集合的对话框，如图 2-6 所示。

图2-6　工具菜单

2.2.4 组菜单

Group（组）菜单包含了一些将多个对象组，或者将组分解成独立对象的命令，组是在场景中组织对象的好方法。组菜单包含用于将场景中的对象成组和解组的功能，其中包括成组、解组、打开、关闭、附加、分离、炸开、集合，如图 2-7 所示。

图2-7　组菜单

2.2.5 视图菜单

Views（视图）菜单包含视图最新导航控制命令的撤销和重复、网格控制选项等工具，并允许显示适用于特定命令的一些功能。例如，可以在轨迹线上显示关键时间或者隐藏坐标。视图菜单还包含在视图背景中显示 2D 图像的命令。2D 图像可以是静态文件，也可以是动画文件。这是建模和动画的重要选项。在制作角色或者人物动画时，经常需要使用参考图像作为背景，如图 2-8 所示。

图2-8　视图菜单

2.2.6　创建菜单

Create（创建）菜单可以创建某种几何体、灯光、摄影机和辅助对象等，该菜单包含各种子菜单，与创建面板功能相同，如图 2-9 所示。

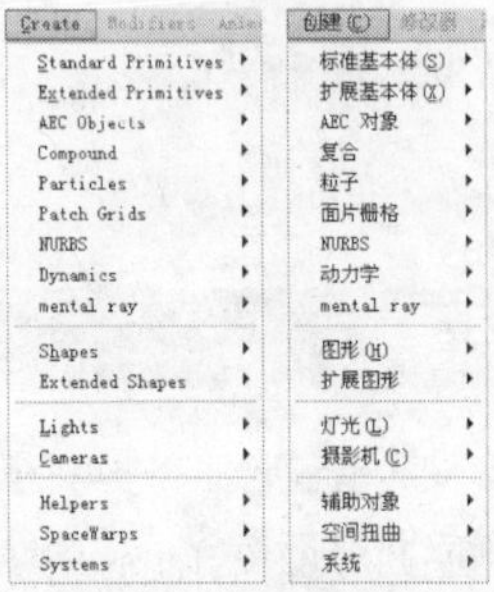

图2-9　创建菜单

2.2.7　修改器菜单

Modifiers（修改器）菜单提供了快速应用修改器的方式，该菜单划分了一些子菜单。此菜单上各项的可用性取决于当前选择，如果修改器不适用于当前选定的对象，则在该菜单上不可用，与修改面板功能相同，如图 2-10 所示。

图2-10　修改器菜单

2.2.8　动画菜单

Animation（动画）菜单提供了一组有关动画、约束、控制器以及反向运动学解算器的命令，如图 2-11 所示。

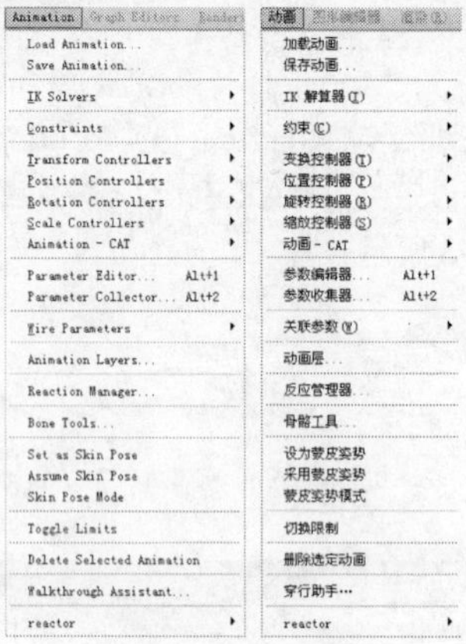

图2-11　动画菜单

2.2.9　图形编辑器菜单

Graph Editors（图形编辑器）菜单用于访问管理场景及其层次和动画的图表子窗口，如图 2-12 所示。

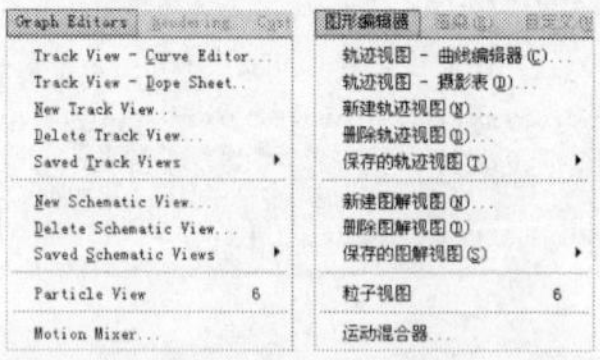

图2-12　图表编辑器

2.2.10　渲染菜单

Rendering（渲染）菜单包含了用于渲染场景、设置环境和渲染效果、使用 Video Post 合成场景以及访问 RAM 播放器的命令，如图 2-13 所示。

图2-13　渲染菜单

2.2.11 自定义菜单

Customize（自定义）菜单包含了用于自定义3ds Max用户界面（UI）的命令，利用这些命令可以创建自定义用户界面布局，包括自定义键盘快捷键、颜色、菜单和四元菜单。用户可以在“自定义用户界面”对话框中单独加载或保存所有设置，或使用方案同时加载或保存所有设置。使用方案可以一次加载UI的所有自定义功能，如图2-14所示。

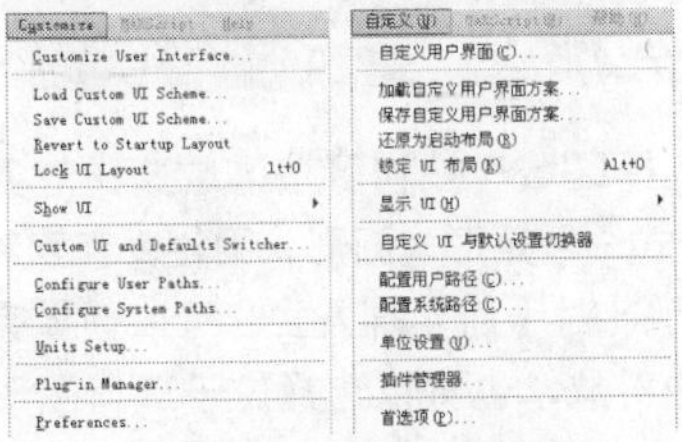

图2-14 自定义菜单

2.2.12 脚本菜单

MAX Script（脚本）菜单包含用于处理脚本的命令，这些脚本是用户使用软件内置脚本语言创建而来的，如图2-15所示。

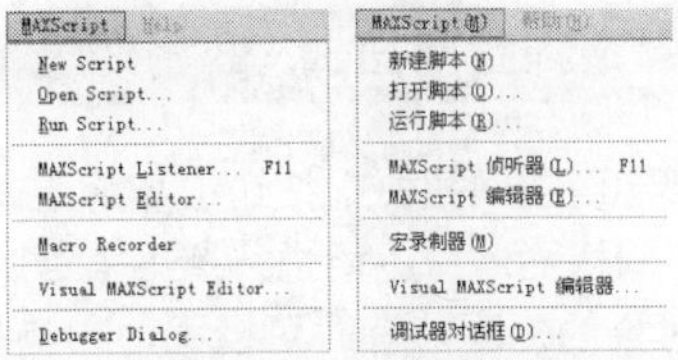

图2-15 脚本菜单

2.2.13 帮助菜单

Help（帮助）菜单可以访问3ds Max联机参考系统，其中包括新功能指南、用户参考、MAXS cript帮助、教程等，如图2-16所示。

图2-16 帮助菜单

2.3 主工具栏

3ds Max中的很多命令可由工具栏上的按钮实现。通过主工具栏可以快速访问3ds Max中很多常见任务的工具和对话框，其中包括选择并链接、取消链接选择、绑定到空间扭曲、选择过滤器列表、选择对象等31个功能按钮，如图2-17所示。

图2-17 主工具栏

2.3.1 选择并链接

“选择并链接”按钮可以通过将两个对象链接作为子和父，定义它们之间的层次关系。可以从当前选定对象（子）链接到其他任何对象（父），还可以将对象链接到关闭的组。执行此操作时，对象将成为组父级的子级，而不是该组的任何成员，整个组会闪烁，表示已链接至该组。子级将继承应用于父级的变换（移动、旋转、缩放），但是子级的变换对父级没有影响，如图2-18所示。

图2-18 选择并链接

2.3.2 取消链接选择

“取消链接选择”按钮可移除两个对象之间的层次关系，可将子对象与其父对象分离开来，还可以链接和取消链接图解视图中的层次。

2.3.3 绑定到空间扭曲

“绑定到空间扭曲”按钮把当前选择附加到空间扭曲。空间扭曲本身不能进行渲染，可以使用它们影响其他对象的外观，有时可以同时影响很多对象。空间扭曲可以为场景中其他对象提供各种力场效果的对象，如图 2-19 所示。

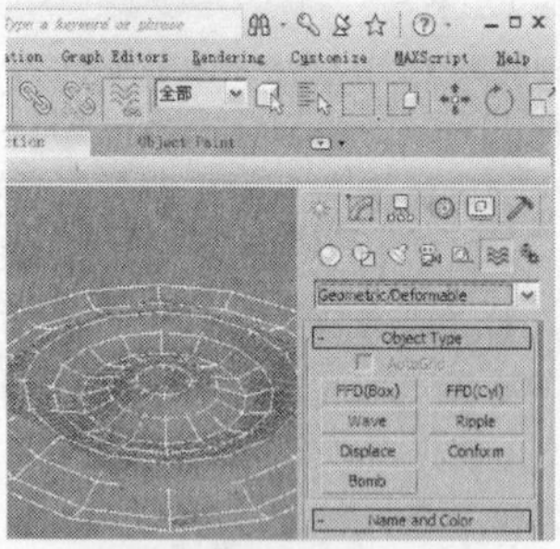

图2-19 绑定到空间扭曲

2.3.4 选择过滤器

All “选择过滤器”列表可以限制选择工具选择对象的类型和组合。如果选择摄影机，则使用选择工具只能选择摄影机，其他对象将不会响应。使用下拉列表可选择单个过滤器，从下拉列表中选择组合，可通过过滤器组合对话框使用多个过滤器，如图 2-20 所示。

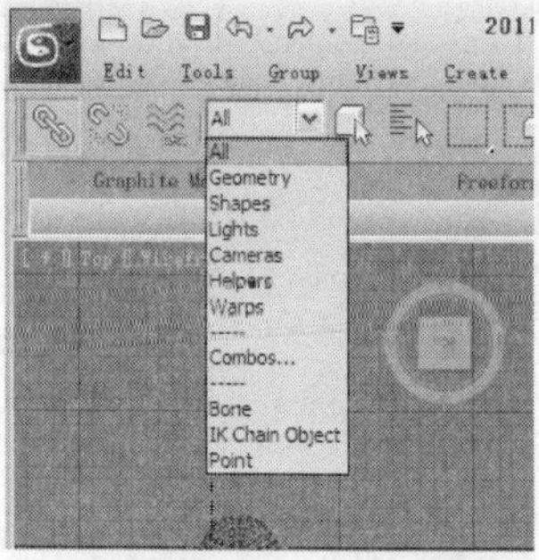

图2-20 选择过滤器列表

2.3.5 选择对象

“选择对象”可用于选择一个或多个操控对象。对象选择受活动的选择区域类型、活动的选择过滤器、交叉选择工具的状态所影响。

2.3.6 从场景选择

“从场景选择”可以利用选择对象对话框从当前场景中所有对象的列表中选择对象，如图 2-21 所示。

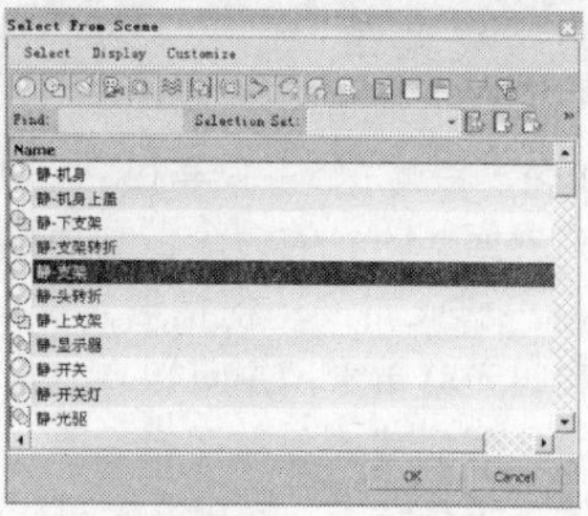

图2-21 从场景选择

2.3.7 选择区域

“选择区域”按钮可按区域选择对象，其中有 5 种选择方式——矩形、圆形、围栏、套索和绘制，如图 2-22 所示。对于前 4 种方式，可以选择完全位于选择区域中的对象，也可以选择位于选择图形内或与其触及的对象。如果在指定区域时按住“Ctrl”键则影响的对象将被添加到当前选择中；反之，在指定区域时按住“Alt”键则影响的对象将从当前选择中移除。

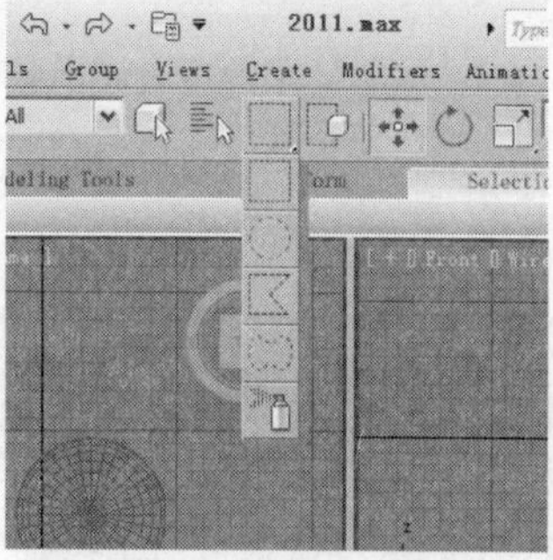

图2-22 选择区域

2.3.8 窗口/交叉选择

“窗口 / 交叉”按钮可以在窗口和交叉模式之间进行切换。在窗口模式中，只能对选择区域内的对象进行选择；在交叉模式中，可以选择区域内的所有对象，以及与区域边界相交的任何对象，对于子对象选择也是如此。

2.3.9 选择并移动

“选择并移动”按钮可以选择并移动对象，如图 2-23 所示。当该按钮处于激活状态时，单击对象进行选择，拖动鼠标以移动该对象。要将对象的移动限制到 *x*、*y* 或 *z* 轴或者任意两个轴，请单击“轴约束”工具栏上的相应按钮，或使用“变换 Gizmo”和右键单击对象从“变换”子菜单中选择约束。

图2-23 选择并移动

2.3.10 选择并旋转

"选择并旋转"按钮可以选择并旋转对象，如图 2-24 所示。当该按钮处于激活状态时，单击对象进行选择，拖动鼠标即会旋转该对象。围绕一个轴旋转对象时，不要旋转鼠标以期望对象按照鼠标运动来旋转，只要直上直下地移动鼠标即可，朝上旋转对象与朝下旋转对象方式相反。

图2-24 选择并旋转

2.3.11 选择并缩放

"选择并缩放"按钮包含用于更改对象大小的 3 种工具，按从上到下的顺序，这些工具依次为选择并均匀缩放、选择并非均匀缩放和选择并挤压，如图 2-25 所示。使用"选择并均匀缩放"按钮可以沿所有 3 个轴以相同量缩放对象，同时保持对象的原始比例；使用"选择并非均匀缩放"按钮可以根据活动轴约束以非均匀方式缩放对象；"选择并挤压"工具可用于创建卡通片中常见的"挤压和拉伸"样式动画的不同相位，挤压对象势必牵涉到在 1 个轴上按比例缩小，同时在另 2 个轴上均匀地按比例增大。

图2-25 选择并缩放

2.3.12 参考坐标系

"参考坐标系"按钮可以指定变换所用的坐标系。选项包括"视图"、"屏幕"、"世界"、"父对象"、"局部"、"万向"、"栅格"和"拾取"。在"屏幕"坐标系中，所有视图都使用视图屏幕坐标。"视图"是"世界"和"屏幕"坐标系的混合体。使用"视图"时，所有正交视图都使用"屏幕"坐标系，而透视视图使用"世界"坐标系。因为坐标系的设置基于逐个变换，所以先选择变换再指定坐标系。

2.3.13 使用中心

"使用中心"按钮用于确定缩放和旋转操作几何中心的 3 种方法的设置。按从上到下的顺序，这 3 种方法依次为使用轴点中心、使用选择中心和使用变换坐标中心。"使用轴点中心"按钮可以围绕其各自的轴点旋转或缩放一个或多个对象，三轴架显示了当前使用的中心；"使用选择中心"按钮可以围绕其共同的几何中心旋转或缩放一个或多个对象，如果变换多个对象，该软件会计算所有对象的平均几何中心，并将此几何中心用作变换中心；"使用变换坐标中心"按钮可以围绕当前坐标系的中心旋转或缩放一个或多个对象。

2.3.14 选择并操纵

"选择并操纵"按钮可以通过在视图中拖动"操纵器"来编辑某些对象、修改器和控制器的参数。用户可以将这些自定义操纵器（锥体角度操纵器、平面角度操纵器和滑块操纵器），添加到场景中。这些内置的操纵器，可以用来更改对象上的参数。

2.3.15 快捷键覆盖切换

使用"快捷键覆盖切换"按钮可以在只使用"主用户界面"快捷键和同时使用主快捷键和组（编辑 / 可编辑网格、轨迹视图、NURBS 等）快捷键之间进行切换。

2.3.16 对象捕捉

"对象捕捉"按钮提供了捕捉 3D 空间的控制范围，如图 2-26 所示。2D 捕捉为光标仅捕捉到活动构建栅格，包括该栅格平面上的任何几何体，将忽略 *z* 轴或垂直尺寸；2.5D 捕捉为光标仅捕捉活动栅格上对象投影的顶点或边缘；3D 捕捉是默认设置，光标直接捕捉到 3D 空间中的任何几何体，用于创建和移动所有尺寸的几何体，而不考虑构造平面。用右键单击该按钮可显示“栅格和捕捉设置”对话框，其中可以更改捕捉类别和设置其他选项。

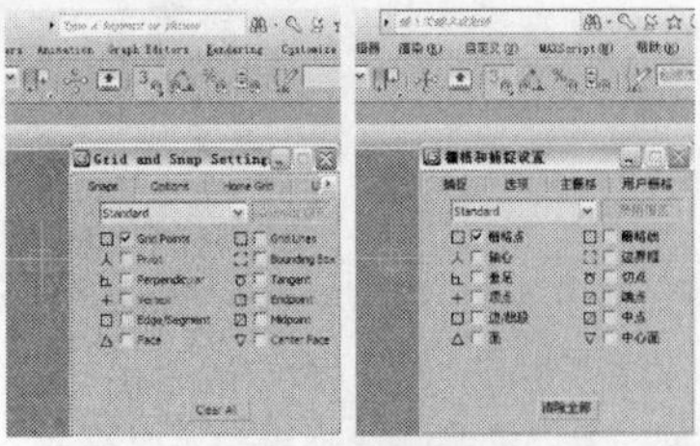

图2-26　对象捕捉

2.3.17　角度捕捉

“角度捕捉”按钮用于多数功能的增量旋转，包括标准“旋转”变换。“角度捕捉”也影响摇移 / 环游摄影机控制、FOV 和侧滚摄影机及聚光区 / 衰减区聚光灯角度，如图 2-27 所示。

图2-27　角度捕捉

2.3.18　百分比捕捉

“百分比捕捉”按钮通过指定的百分比增加对象的缩放，如图 2-28 所示。在“栅格和捕捉设置”对话框中设置捕捉百分比增量，默认设置为 10%，右键单击“百分比捕捉切换”以显示“栅格和捕捉设置”对话框。这是通用捕捉系统，该系统应用于涉及百分比的任何操作，如缩放或挤压。

图2-28　百分比捕捉

2.3.19　微调器捕捉

“微调器捕捉”按钮主要用于设置 3ds Max 中所有微调器的单击增加或减少值，也就是数值的设置。通过“首选项”对话框“常规”面板上的设置可以控制微调器捕捉的量，默认设置为 1。

2.3.20　编辑命名选择

“编辑命名选择”按钮用于管理子对象的命名选择集。与“命名选择集”对话框不同，它仅适用于对象，它是一种模式对话框，这意味着必须关闭此对话框才能在 3ds Max 的其他区域中工作。此外，只能使用现有的命名子对象选择，不能使用该对话框创建新选择。

2.3.21　命名选择集

Create Selec “命名选择集”按钮可以命名选择集，以便重新调用选择再次进行使用。如果命名选择集的所有对象已从场景中删除，或者如果其所有对象已从“命名选择集”对话框的命名集中移除，则该命名选择集将从列表中移除。对象层级和子对象层级的命名选择均区分大小写。可以将子对象命名选择从堆栈中的一个层级传输到另一个层级。使用“复制”和“粘贴”按钮可以将命名选择从一个修改器复制到另一个修改器。当处于特定子对象层级时，可以进行选择并在工具栏的命名选择字段中命名这些选择。

2.3.22　镜像

“镜像”按钮可以调出“镜像”对话框，使用该对话框可以在镜像一个或多个对象的方向时移动这些对象。“镜像”对话框还可以用于围绕当前坐标系中心镜像进行当前选择。使用“镜像”对话框可以同时创建克隆对象。如果镜像分级链接，则可使用镜像 IK 限制的选项。

2.3.23　对齐

“对齐”按钮提供了 6 种不同对齐对象的工具。按从上到下的顺序，这些工具依次为对齐、快速对齐、法线对齐、放置高光、对齐摄影机和对齐到视图。

2.3.24　层管理器

“层管理器”按钮可以创建和删除层的无模式对话框，也可以查看和编辑场景中所有层的设置，以及与其相关联的对象。使用“层”对话框可以指定光能传递解决方案中的名称、可见性、渲染性、颜色、对象和层的包含。在该对话框中，对象在可扩展列表中按层组织，通过单击“+”或“-”，可以分别展开或折叠各个层的对象列表，也可以单击列表的任何部位对层进行排序。

2.3.25 石墨建模工具

“石墨建模”工具控制视图是否显示 3ds Max 2010 增加的多边形石墨建模工具，可以通过此工具切换视图顶部的显示。

2.3.26 曲线编辑器

“曲线编辑器”工具是一种“轨迹视图”模式，采用图表上的功能曲线来表示运动。该模式可以使运动的插值以及软件在关键帧之间创建的对象变换直观化。使用曲线上关键点的切线控制柄，可以轻松观看和控制场景中对象的运动和动画，如图 2-29 所示。

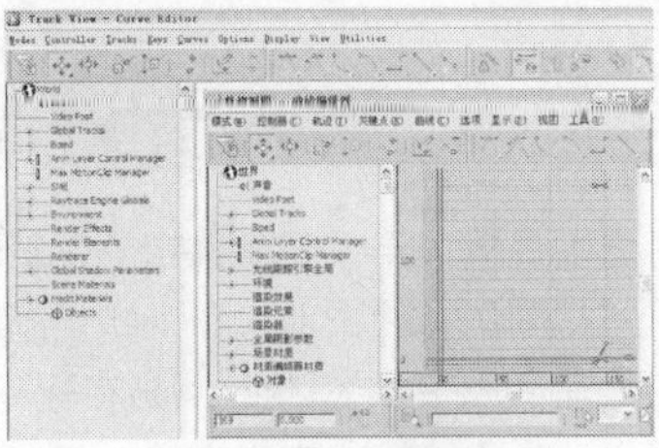

图2-29 曲线编辑器

2.3.27 图解视图

“图解视图”按钮将打开基于节点的场景图，通过它可以访问对象属性、材质、控制器、修改器、层次和不可见场景关系，也可以查看、创建并编辑对象间的关系，还可以创建层次、指定控制器、材质、修改器或约束，如图 2-30 所示。

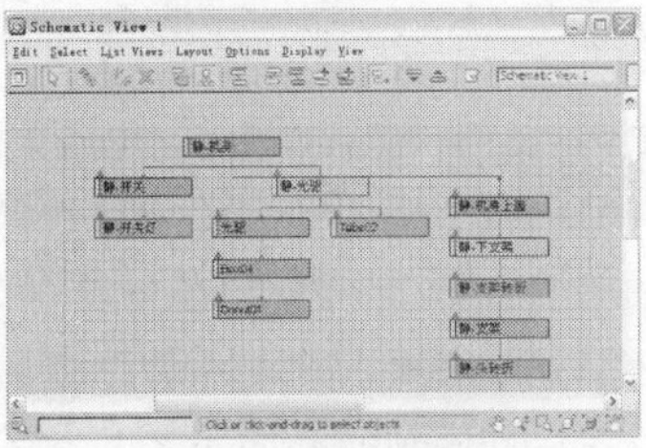

图2-30 图解视图

2.3.28 材质编辑器

“材质编辑器”按钮用于打开 3ds Max 的材质编辑器与节点材质编辑器，以创建和编辑材质以及贴图，如图 2-31 所示。材质可以在场景中创建更为真实的效果，也可以描述对象反射或透射灯光的方式。材质属性与灯光属性相辅相成，着色或渲染将两者合并，用于模拟对象在真实世界设置下的情况。用户可以将材质应用于单个对象或选择集。一个场景可以包含许多不同的材质。

图2-31 材质编辑器

2.3.29 渲染场景

“渲染场景”按钮用于打开“渲染场景”对话框。该对话框具有多个面板，面板的数量和名称因渲染器而异。公用面板包含任何渲染器的主要控制，如渲染静态图像还是动画，设置渲染输出的分辨率等。渲染器面板包含当前渲染器的主要控制。渲染元素面板包含用于将各种图像信息渲染到单个图像文件的控制，在使用合成、图像处理或特殊效果软件时，该功能非常有用。

2.3.30 渲染帧窗口

“渲染帧窗口”按钮可以打开上次渲染完成的图像，从而节省预览上次渲染效果的操作。

2.3.31 快速渲染

“快速渲染”按钮可以使用当前渲染设置来渲染场景，而无需显示渲染场景对话框，如图 2-32 所示。用户可以在渲染场景对话框的公用面板，指定渲染器卷展栏上指定要用于渲染的渲染器。

图2-32 快速渲染

2.4 命令面板

命令面板由 6 个用户界面面板组成，其中包括创建面板、修改面板、层次面板、运动面板、显示面板、工具面板。使用这些面板可以访问 3ds Max 的大多数建模功能，以及一些动画功能、显示选择和其他工具，如图 2-33 所示。

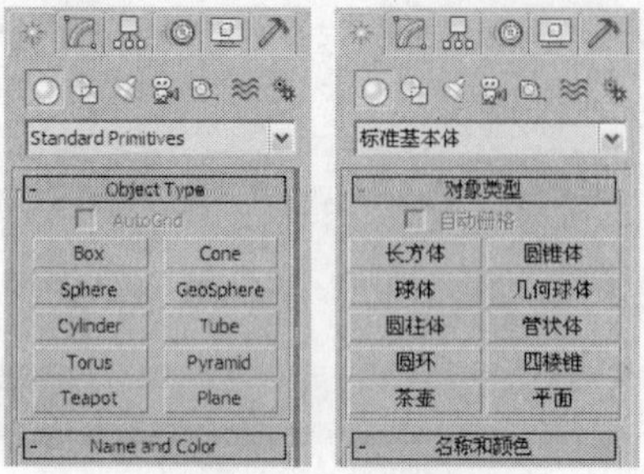

图2-33 命令面板

2.4.1 创建面板

创建面板提供了用于创建对象的控制，这是在 3ds Max 中构建新场景的第 1 步。创建面板将所创建的对象分为 7 个类别，其中包括几何体、图形、灯光、摄影机、辅助对象、空间扭曲对象和系统。每一个类别有自己的按钮，每一个类别内都包含几个不同的对象子类别。使用下拉列表可以选择对象子类别，每一类对象都有自己的按钮，单击该按钮即可开始创建。

2.4.2 修改面板

通过 3ds Max 的创建面板，可以在场景中放置一些基本对象，包括 3D 几何体、2D 形状、灯光和摄影机、空间扭曲以及辅助对象。这时，可以为每个对象指定一组自己的创建参数，该参数根据对象类型定义其几何和其他特性。放到场景中之后，对象将携带其创建参数。

用户可以在修改面板中更改这些参数。通过单击另一个命令面板的选项卡将其消除，否则修改面板将一直保留在视图中。当选择一个对象，面板中选项和控件的内容会更新，从而只能访问该对象所能修改的内容。可以修改的内容取决于对象是否是几何基本体（如球体）还是其他类型对象（如灯光或空间扭曲）。每一类别都拥有自己的修改范围。修改面板的内容始终特定于类别及决定的对象。从修改面板进行更改之后，可以立即看见传输到对象的效果。

2.4.3 层次面板

通过层次面板可以访问用来调整对象间层次链接的工具。通过将一个对象与另一个对象相链接，可以创建父子关系。应用到父对象的变换同时将传递给子对象。通过将多个对象同时链接到父对象和子对象，可以创建复杂的层次。层次面板分为轴、IK、链接信息。

2.4.4 运动面板

运动面板提供了用于调整选定对象运动的工具，还提供了轨迹视图的替代选项，用来指定动画控制器。如果指定的动画控制器具有参数，则在运动面板中显示其他卷展栏。如果路径约束指定给对象的位置轨迹，则路径参数卷展栏将添加到运动面板中。链接约束显示链接参数卷展栏，位置 XYZ 控制器显示位置 XYZ 参数卷展栏等。

2.4.5 显示面板

通过显示面板可以访问场景中控制对象显示方式的工具。使用显示面板可以隐藏和取消隐藏、冻结和解冻对象、改变其显示特性、加速视图显示以及简化建模步骤。

2.4.6 工具面板

使用工具面板可以访问各种工具程序。3ds Max 工具作为插件提供，因为一些工具由第三方开发商提供，所以 3ds Max 的设置中包含某些未加以说明的工具，可通过选择帮助，查找描述这些附加插件的文档。

2.5 视图与导航器

视图是设计师与软件交流最直接的区域，除了用户操作以外还是预览制作效果的主要区域。

2.5.1 视图

启动 3ds Max 2011 之后，主屏幕包含 4 个同样大小的视图，如图 2-34 所示。透视视图位于右下部，其他 3 个视图的相应位置为顶部、前部和左部。默认情况下，透视图以平滑并高亮显示。用户可以选择在这 4 个视图中显示不同的视图，也可以在视图右键单击菜单中选择不同的布局。

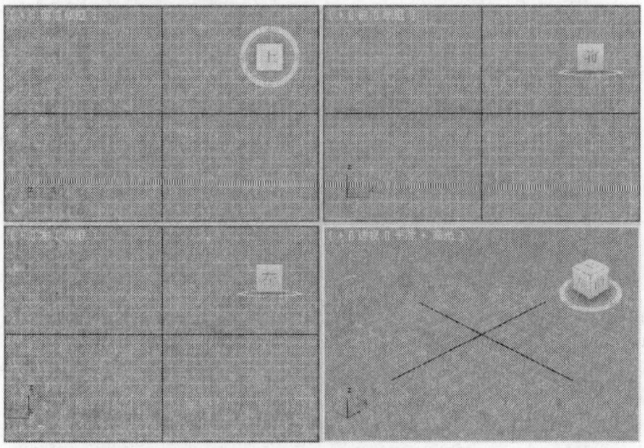

图2-34 标准视图布局

● **视图布局**

可以选择其他不同于默认配置的布局。要选择不同的布局，鼠标右键单击视图标签再选择配置命令。选择视图配置对话框的布局选项卡来查看并选择其他布局。

● **活动视图边框**

4 个视图都可见时，带有高亮显示边框的视图始终处于活动状态。

● **视图标签**

在视图左上角显示标签。可以通过右键单击视图标签来显示视图菜单，以便控制视图的多个方面。

● **动态调整视图的大小**

可以调整 4 个视图的大小，它们能够以不同的比例显示。要恢复到原始布局，右键单击分隔线的交叉点并在菜单中选择“重置布局”命令。

● **世界空间三轴架**

三色世界空间三轴架显示在每个视图的左下角。世界空间三个轴的颜色分别为 *x* 轴为红色、*y* 轴为绿色、*z* 轴为蓝色。轴使用同样颜色的标签，三轴架通常指世界空间，而无论当前是什么参考坐标系。

● **对象名称的视图工具提示**

当在视图中处理对象时，如果将光标停留在任何未选定对象上，那么将显示带有对象名称的工具提示。

2.5.2 视图与导航器

View Cube 视图导航器是 3ds Max 增加的视图功能，可以快速、直观地切换标准工作视图，还可以控制工作视图的旋转操作，如图 2-35 所示。

图2-35 视图导航器

如果想控制导航器的大小和显示信息，可以在导航器上单击鼠标右键选择“配置”命令进行导航器设置，如图 2-36 所示。

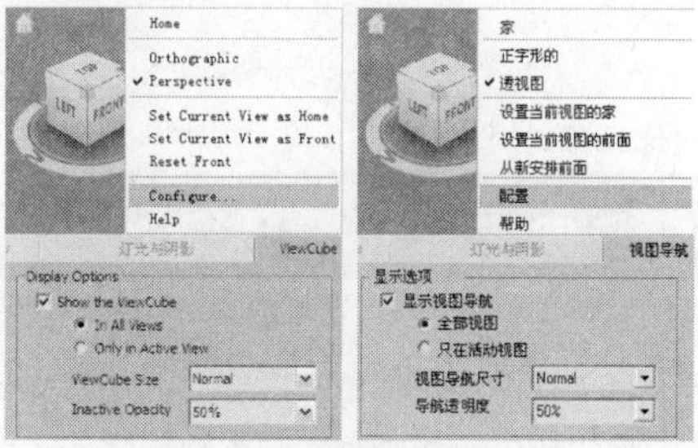

图2-36 设置导航器显示

2.6 提示状态栏

3ds Max 2010 窗口底部包含一个区域，提供有关场景和活动命令的提示及状态信息。这是一个坐标显示区域，可以在此输入变换值，左边有一个到 MAXS cript 侦听器的两行接口，如图 2-37 所示。

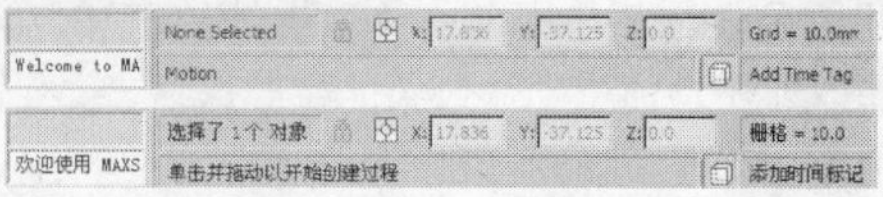

图2-37　提示状态栏

2.7 时间和动画控制

位于状态栏和视图导航控制之间的是动画控制，以及用于在视图中进行动画播放的时间控制，如图 2-38 所示。

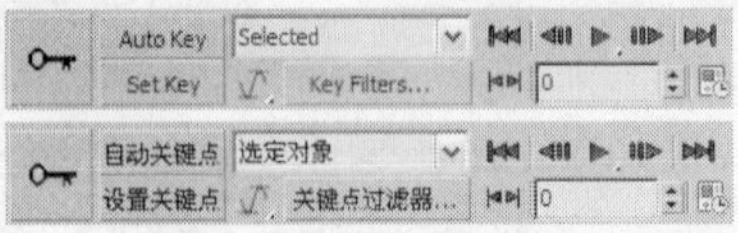

图2-38　时间和动画控制

在制作动画的过程中必须设置时间配置。在时间控制区域单击鼠标右键，在弹出的“时间配置”对话框中提供了帧速率、时间显示、播放和动画的设置。可以使用此对话框来更改动画的长度，还可以用于设置活动时间段和动画的开始帧、结束帧，如图 2-39 所示。

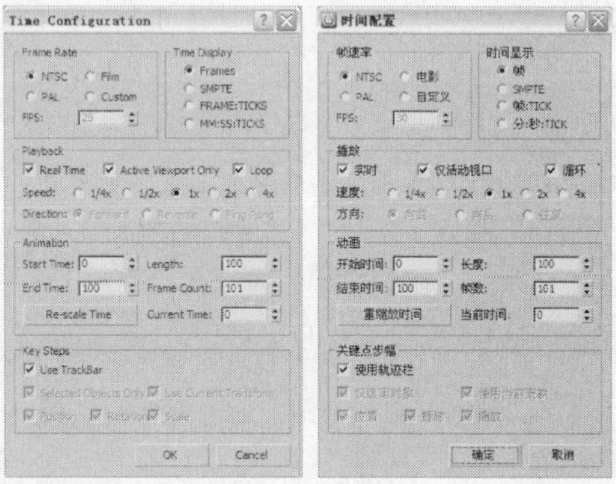

图2-39　时间配置

2.8 视图控制

在状态栏的右侧部分按钮用于控制视图显示和导航，还有一些按钮针对摄影机和灯光视图进行更改，如图 2-40 所示。

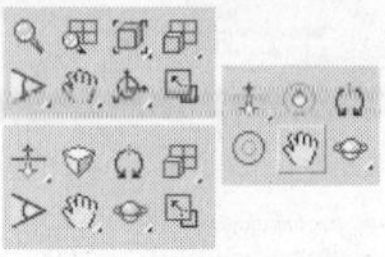

图2-40　视图控制

2.9 四元菜单

当在活动视图中单击鼠标右键时，将在光标所在的位置上显示一个四元菜单，视图标签除外。四元菜单最多可以显示 4 个带有各种命令的四元区域。使用四元菜单可以查找和激活大多数命令，而不必在视图和命令面板上的卷展栏之间相互移动。

2.9.1 标准四元菜单

默认四元菜单右侧的两个区域显示可以在所有对象之间共享的通用命令，左侧的两个区域包含特定上下文的命令。四元菜单的内容取决于所选择的内容，以及在自定义 UI 对话框的四元菜单面板中设置的自定义选项。用户可以将菜单设置为只显示可用于当前选择的命令，所以选择不同类型的对象将在区域中显示不同的命令。如果未选择对象，则将隐藏所有特定对象的命令。

如果一个区域的所有命令都被隐藏，则不显示该区域。层级联合菜单采用与右键单击菜单相同的方式显示子菜单。在展开时，包含子菜单的菜单项将高亮显示，当在子菜单上移动光标时，子菜单将高亮显示。在四元菜单中的一些命令旁边拥有一个小图标，单击此图标即可打开一个对话框，可以在此设置该命令的参数。要关闭菜单，右键单击屏幕上的任意位置或将鼠标光标移离菜单，然后单击鼠标左键。要重新选择最后选中的命令，单击最后菜单项的区域标题即可。显示区域后，选中的最后菜单项将高亮显示，如图 2-41 所示。

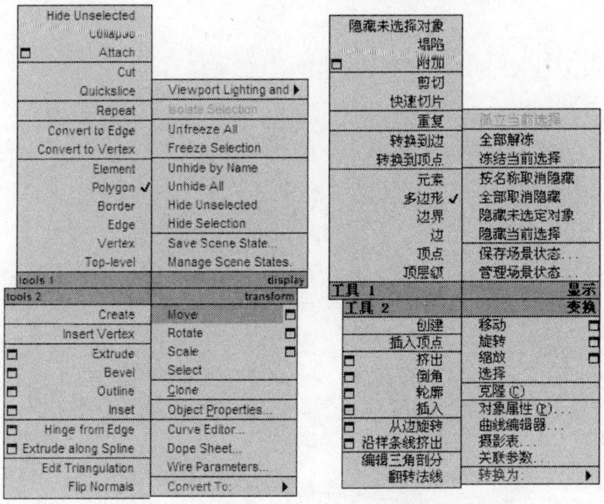

图2-41 标准四元菜单

2.9.2 其他四元菜单

当以某些模式（如 Active Shade、编辑 UVW、轨迹视图）执行操作或按“Shift”、“Ctrl”或“Alt”的任意组合键，同时右键单击任何标准视图时，可以使用一些专门的四元菜单。用户可以在自定义用户界面对话框上四元菜单面板中，创建或编辑四元菜单设置列表中的任何菜单，但是无法将其删除。

2.9.3 动画四元菜单

按住“Alt”键的同时右键单击，出现的四元菜单可以提供对动画有所帮助的命令，如图 2-42 所示。

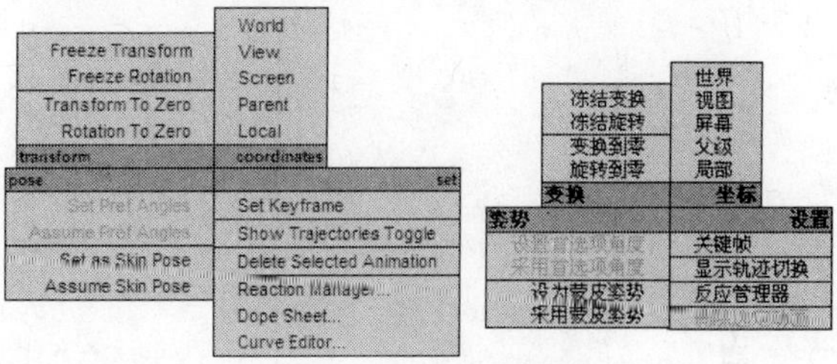

图2-42 动画四元菜单

2.10 浮动工具栏

3ds Max 2011 中除了在主工具栏上一些命令按钮之外，其他一些工具栏也可从固定位置分离，重新定位在桌面的其他位置，并使其处于浮动状态，这些工具栏就是浮动工具栏。包括轴约束工具栏、层工具栏、reactor 工具栏、附加工具栏、渲染快捷工具栏和捕捉工具栏，如图 2-43 所示。

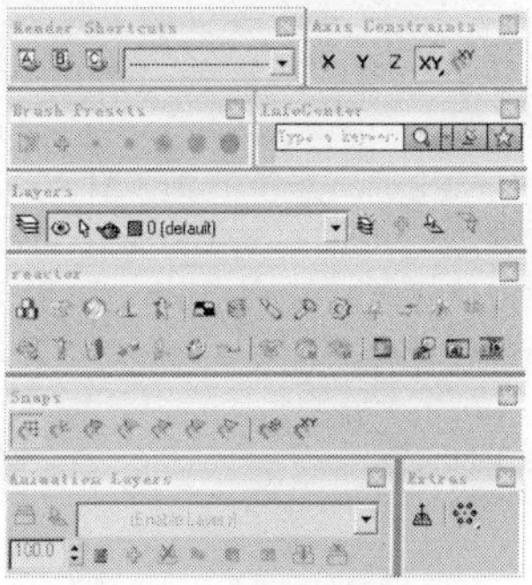

图2-43 浮动工具栏

2.11 本章小结

3ds Max 的菜单可以分为两种，一种是下拉式菜单，即菜单栏中包含的各个菜单项；另一种是单击右键时弹出的四元菜单，它可以更加灵活、方便地进行操作。在 3ds Max 中，同一命令，往往会出现在不同的地方，如镜象、对齐等命令就同时出现在菜单和工具栏中，而创建对象的命令除了在菜单中以外，还存在于命令面板中，此外还可以使用快捷键进行操作。对视图控制要灵活使用，这样对提高工作效率会起到帮助。

模型制作篇

- 物体组合建模
- 复合物体建模
- 修改器建模
- 编辑多边形建模
- NURBS建模
- 其他方式建模

第 3 章 物体组合建模

本章内容

- 标准基本体
- 扩展基本体
- 建筑对象
- 创建样条线
- 范例——卡通驴子
- 范例——休闲沙发
- 范例——旧木板房

创建面板主要用于创建对象，这是在3ds Max中构建新场景的第1步。创建面板将所创建的对象按种类分为7个类别，每一个类别有自己的按钮，每一个类别内又包含几个不同的对象子类别。使用下拉列表可以选择对象子类别，单击按钮即可开始创建，如图3-1所示。

图3-1 创建面板

3.1 标准基本体

标准基本体在现实世界中就像皮球、管道、长方体、圆环和圆锥形冰淇淋杯等对象。在 3ds Max 中可以使用单个基本体对很多这样的对象进行建模，还可以将基本体结合到更复杂的对象中，如图 3-2 所示。

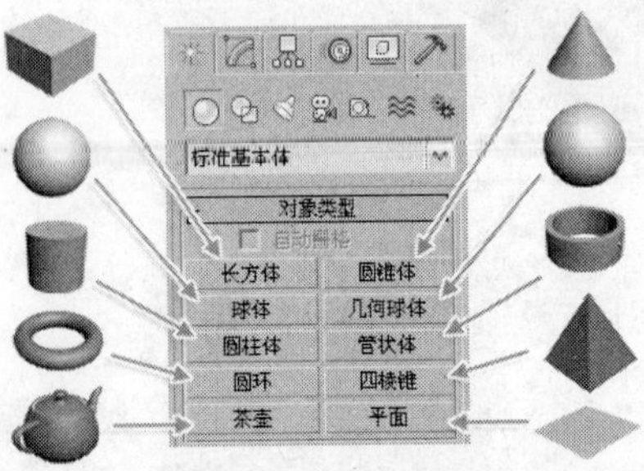

图3-2 标准基本体

3.1.1 长方体

使用 Box（长方体）可以生成最简单的基本体，立方体也是长方体的一种，可以改变宽度比例制作不同比例的矩形对象，如图 3-3 所示。长方体的参数卷展栏如图 3-4 所示。

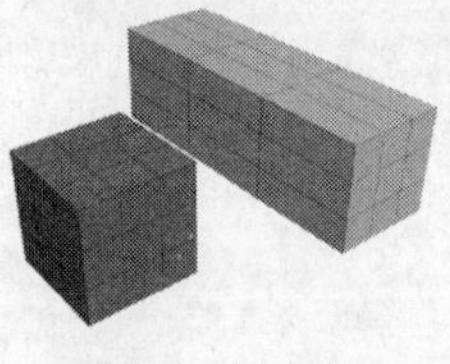

图3-3 长方体

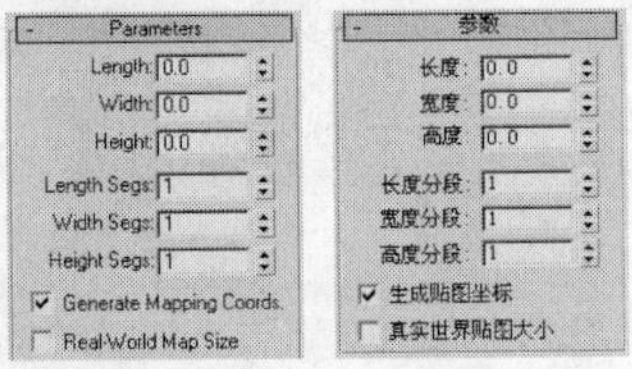

图3-4 参数卷展栏

- 长度 / 宽度 / 高度：设置长方体对象的长度、宽度和高度。
- 长度分段 / 宽度分段 / 高度分段：设置沿着对象每个轴的分段数量，在创建前后均可设置，如图 3-5 所示。

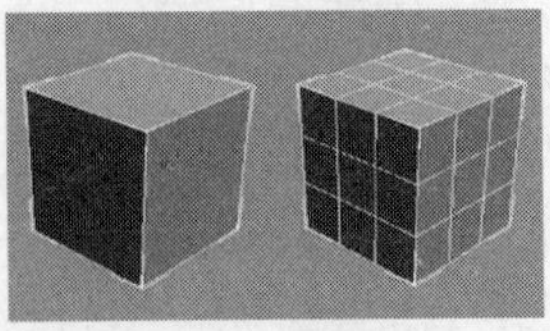

图3-5 分段设置

- 生成贴图坐标：将生成长方体的坐标，以便以后为长方体赋纹理贴图。

3.1.2 圆锥体

使用创建命令面板上的 Cone（圆锥体）可以产

生直立或倒立的圆锥体，如图 3-6 所示。圆锥体的参数卷展栏如图 3-7 所示。

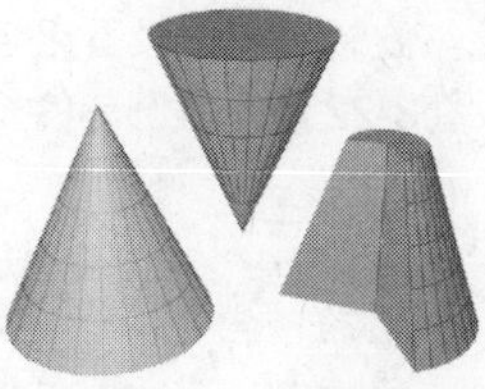

图3-6　圆锥体

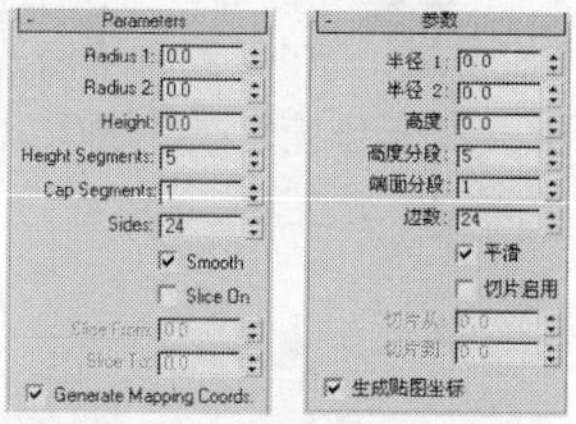

图3-7　圆锥体参数卷展栏

● 半径 1/2：设置圆锥体的第 1 个半径和第 2 个半径，最小设置为 0，负值将转换为 0。可以组合这些设置以创建直立或倒立的尖顶圆锥体或平顶圆锥体。

● 高度：设置沿中心轴的高度，负值将在构造平面下方创建圆锥体。

● 高度分段：设置沿着圆锥体主轴的分段数。

● 端面分段：设置围绕圆锥体顶部和底部的中心的同心分段数。

● 边数：设置圆锥体圆周的边数，如图 3-8 所示。

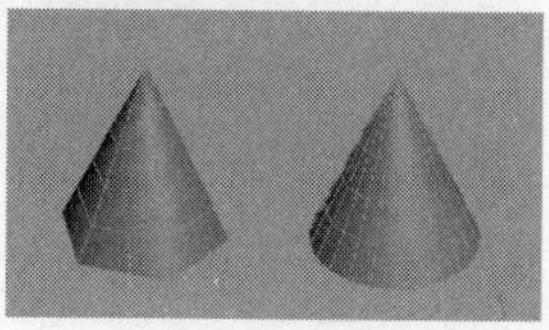

图3-8　边数

● 平滑：混合圆锥体的面，从而在渲染视图中产生平滑的外观，如图 3-9 所示。

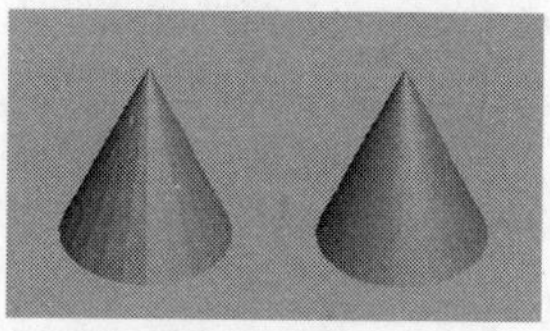

图3-9　平滑

● 切片启用：启用切片功能。创建切片后，禁用切片启用项，将重新显示完整的圆锥体。

● 切片从 / 切片到：设置从局部 *x* 轴的零点开始围绕局部 *z* 轴的度数。

3.1.3　球体

Sphere（球体）可以生成完整的球体、半球体或球体局部，还可以围绕球体的垂直轴对其进行切片，如图 3-10 所示。球体的参数卷展栏如图 3-11 所示。

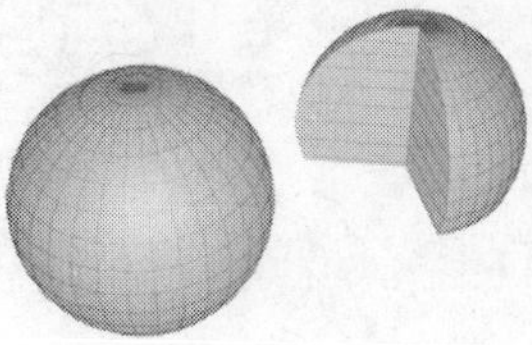

图3-10　球体

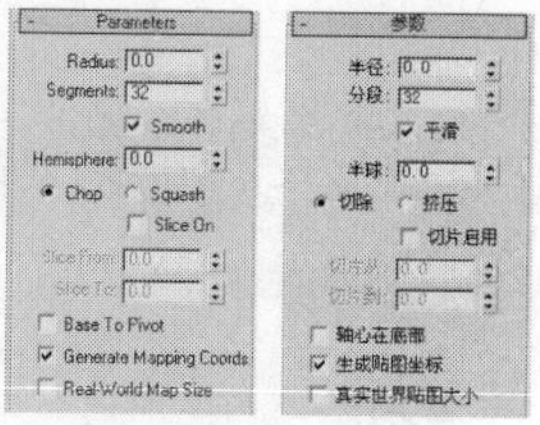

图3-11　球体参数卷展栏

● 半径：指定球体的半径。

● 分段：设置球体多边形分段的数目。

● 半球：该值设置过大将从底部切断球体，以创建部分球体，如图 3-12 所示。

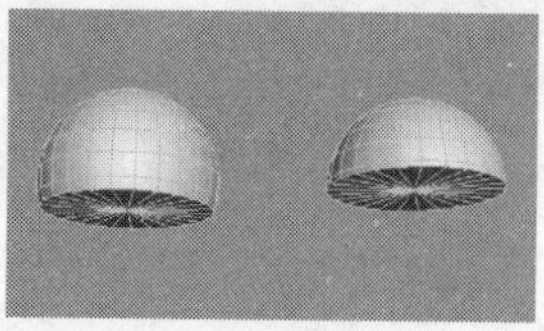

图3-12　半球

● 切除：通过在半球断开时将球体中的顶点数和面数切除来减少它们的数量。

● 挤压：保持原始球体中的顶点数和面数，将几何体向着球体的顶部挤压为越来越小的体积。

● 切片启用：启用切片功能可以使用“切片从”和“切片到”创建部分球体，如图 3-13 所示。

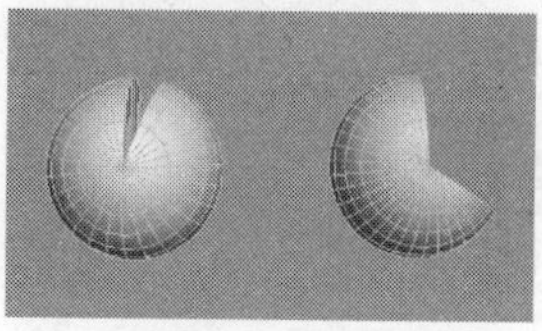

图3-13　切片启用

● 轴心在底部：将球体沿着其局部 *z* 轴向上移动，以便轴点位于其底部，如图 3-14 所示。

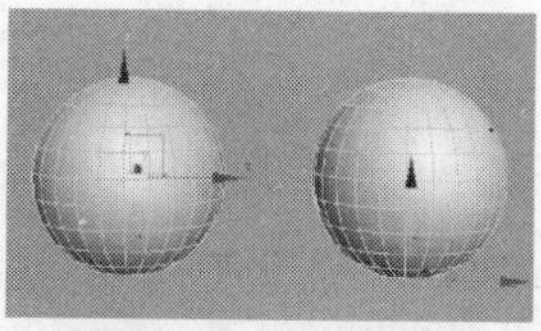

图3-14　轴心在底部

3.1.4　几何球体

使用 GeoSphere（几何球体）可以基于 3 类规则多面体制作球体和半球，如图 3-15 所示。几何球体的参数卷展栏如图 3-16 所示。

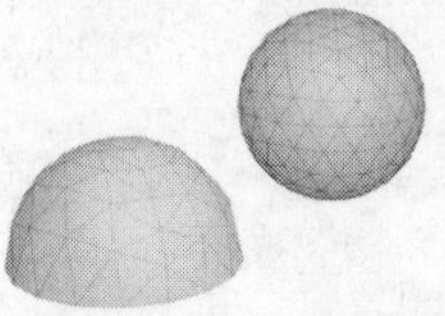

图3-15　几何球体

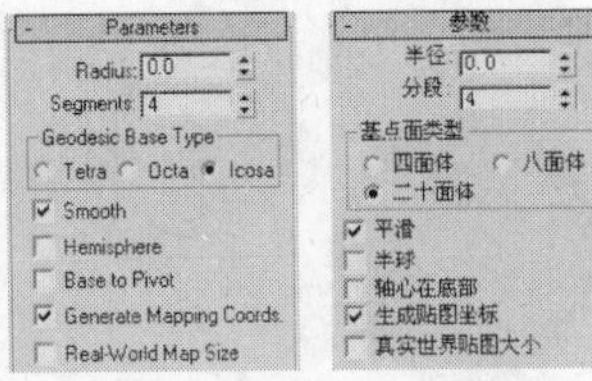

图3-16　几何球体参数卷展栏

● 基点面类型：基点面类型中提供了3种分布方式，分别是四面体、八面体和二十面体，如图3-17所示。

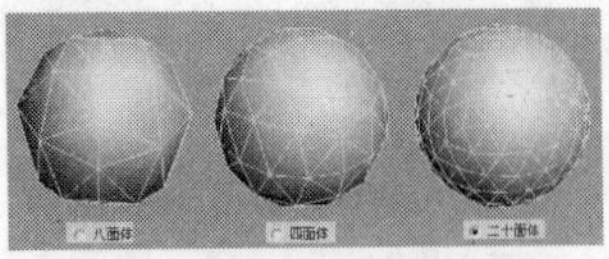

图3-17　基点面类型

● 半球：创建对称的半个球体。

3.1.5　圆柱体

Cylinder（圆柱体）用于生成圆柱型对象，可以围绕其主轴进行切片，如图3-18所示。圆柱体的参数卷展栏如图3-19所示。

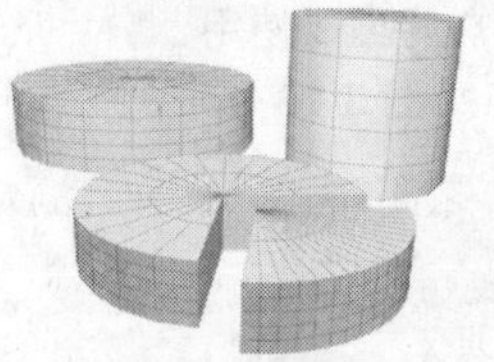

图3-18　圆柱体

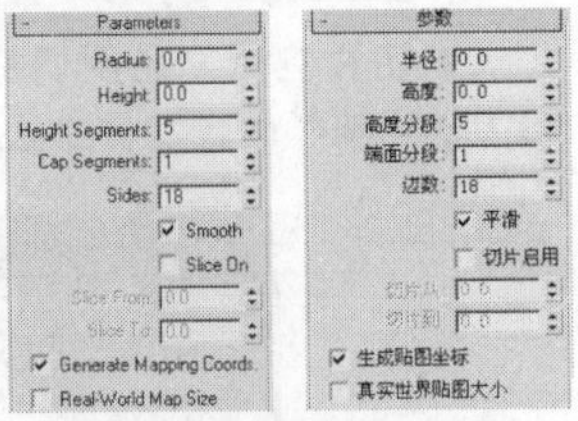

图3-19　圆柱体参数卷展栏

3.1.6　管状体

Tube（管状体）可生成圆形和棱柱管道，管状体类似于中空的圆柱体，如图3-20所示。管状体的参数卷展栏如图3-21所示。

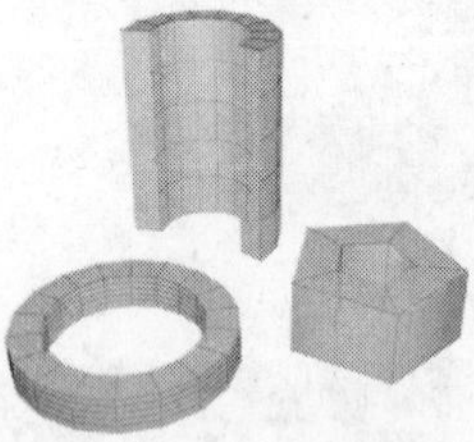

图3-20　管状体

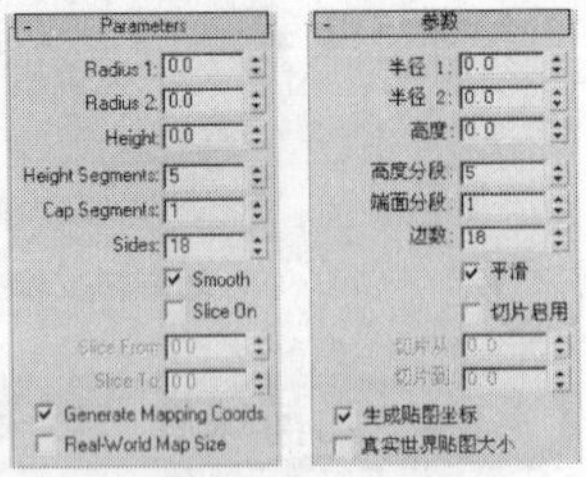

图3-21　管状体参数卷展栏

● 半径1：较大的设置将指定管状体的外部半径。

● 半径2：较小的设置则指定内部半径。

3.1.7　圆环

Torus（圆环）可以生成一个环形或具有圆形横截面的环体，还可以将平滑选项与旋转和扭曲设置组合使用，以创建复杂的变体，如图3-22所示。圆环的参数卷展栏如图3-23所示。

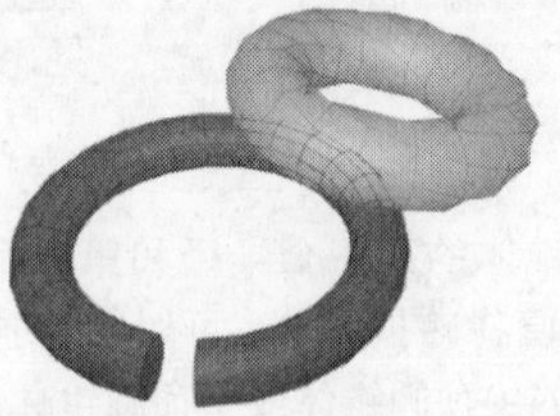

图3-22　圆环

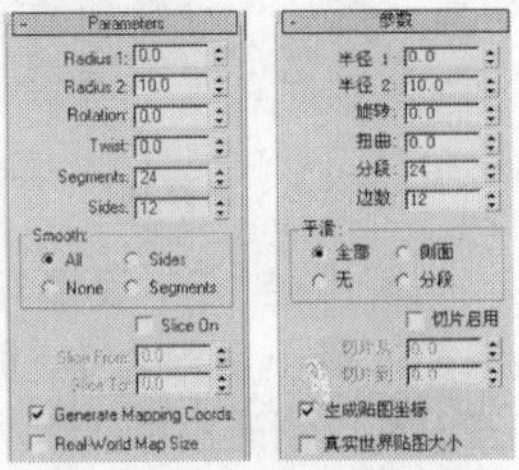

图3-23　圆环参数卷展栏

● 扭曲：设置扭曲的度数。横截面将围绕通过环形中心的圆形逐渐旋转，从扭曲开始，每个后续横截面都将旋转，直至最后一个横截面具有指定的度数，如图3-24所示。

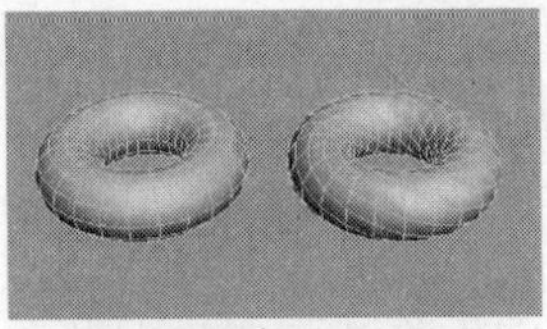

图3-24　扭曲

● 平滑：选择四个平滑层级之一，其分别是全部、侧面、无和分段，如图3-25所示。

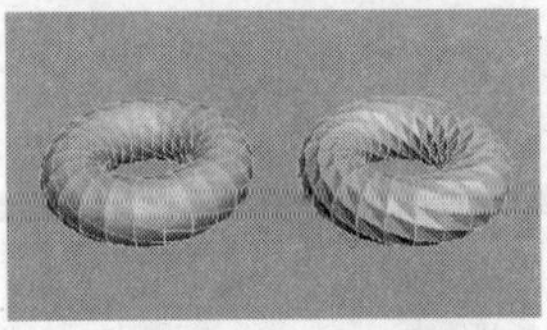

图3-25　平滑

3.1.8　四棱锥

Pyramid（四棱锥）可以生成具有方形或矩形底部和三角形侧面，如图3-26所示。四棱锥的参数卷展栏如图3-27所示。

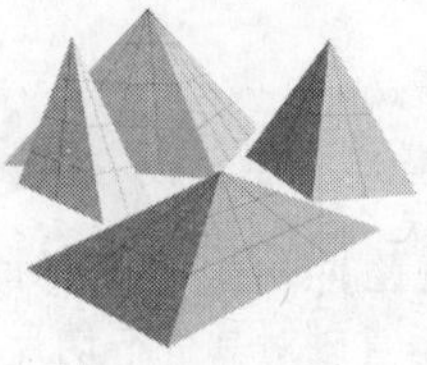

图3-26　四棱锥

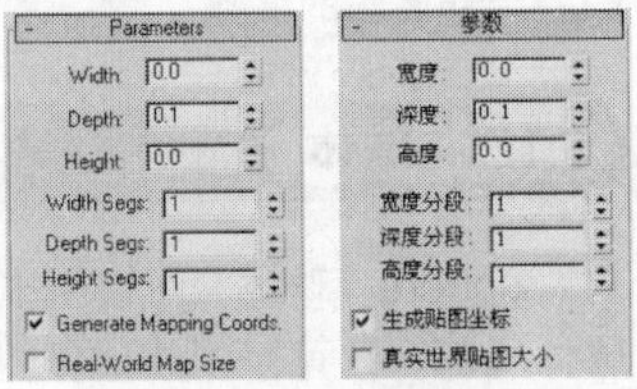

图3-27　四棱锥参数卷展栏

● 宽度 / 深度 / 高度：设置四棱锥对应面的高度。

● 宽度分段 / 深度分段 / 高度分段：设置四棱锥对应面的分段数。

3.1.9 茶壶

Teapot（茶壶）可以生成一个茶壶形状，也可以选择一次制作整个茶壶或茶壶的一部分。茶壶是参量对象，可以选择创建之后显示茶壶的任意部分，如图 3-28 所示。茶壶的参数卷展栏如图 3-29 所示。

图3-28 茶壶

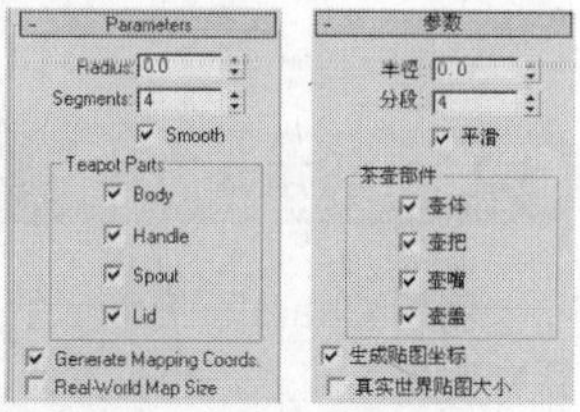

图3-29 茶壶的参数卷展栏

● 半径：设置茶壶的半径。

● 分段：设置茶壶或其单独部件的分段数。

● 平滑：混合茶壶的面，从而在渲染视图中创建平滑的外观。

● 茶壶部件：启用或禁用茶壶部件的复选框，部件包括壶体、壶把、壶嘴和壶盖。

3.1.10 平面

“平面”是特殊类型的平面多边形网格，可在渲染时无限放大，可以指定放大分段大小或数量的因子，用于创建大型地面等对象，如图 3-30 所示。平面的参数卷展栏如图 3-31 所示。

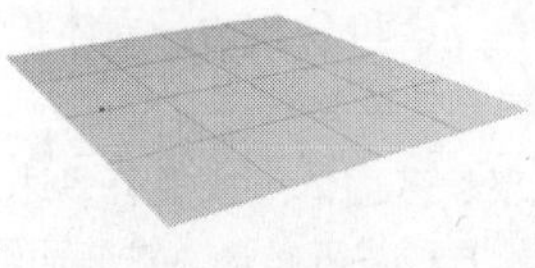

图3-30 平面

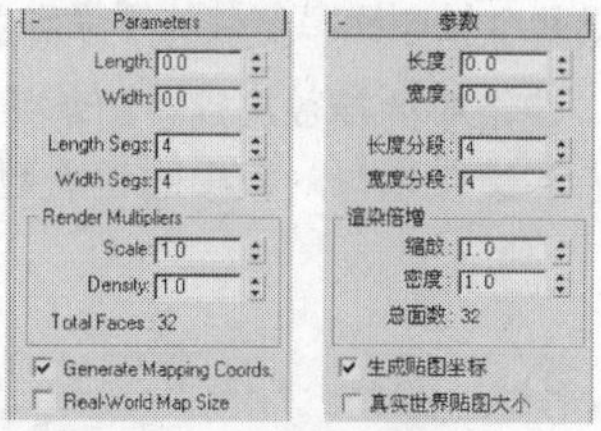

图3-31 平面的参数卷展栏

● 缩放：指定长度和宽度在渲染时的倍增因子，可以从中心向外执行缩放。

● 密度：指定长度和宽度分段数在渲染时的倍增因子，也就是渲染分段。

3.2 扩展基本体

扩展基本体是 3ds Max 复杂基本体的集合，可以通过创建面板上的对象类型卷展栏或【Create（创建）】→【Extended Primitives（扩展基本体）】菜单创建这些基本体，如图 3-32 所示。

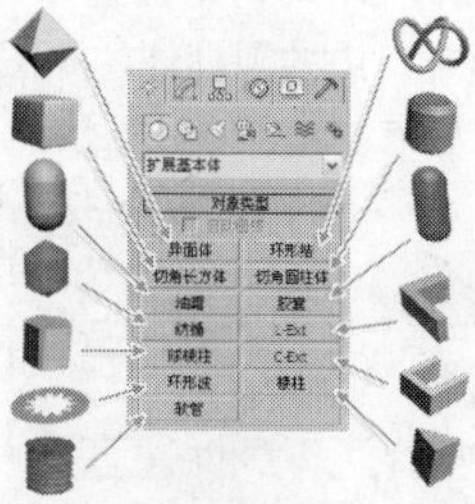

图3-32 扩展基本体

3.2.1 异面体

Hedra（异面体）基本体可通过几个系列的多面体生成的对象，如图 3-33 所示。异面体的参数卷展栏如图 3-34 所示。

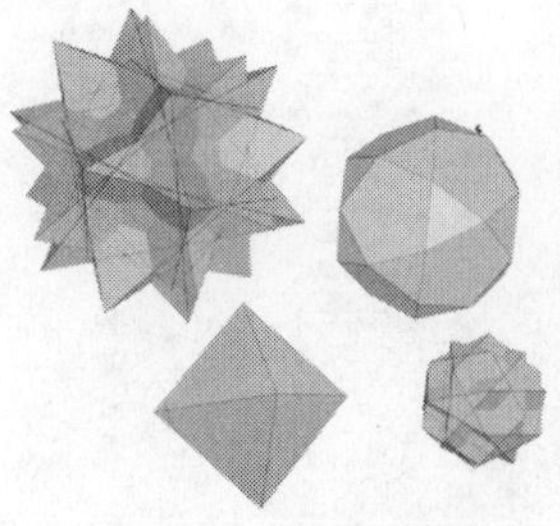

图3-33 异面体

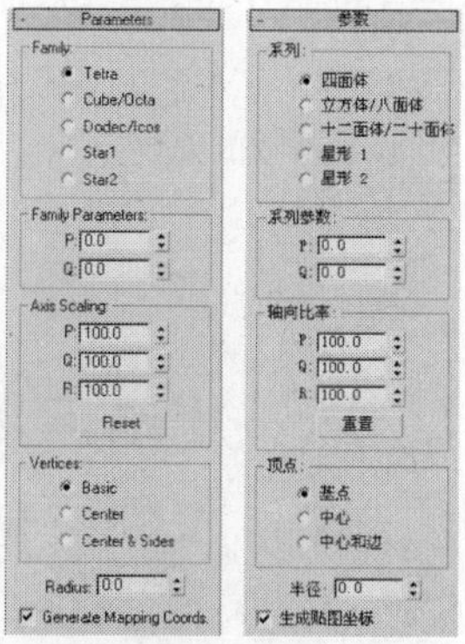

图3-34 异面体的参数卷展栏

● 系列：使用该组可选择要创建多面体的类型，其中有四面体、立方体 / 八面体、十二面体 / 二十面体、星形 1 和星形 2，如图 3-35 所示。

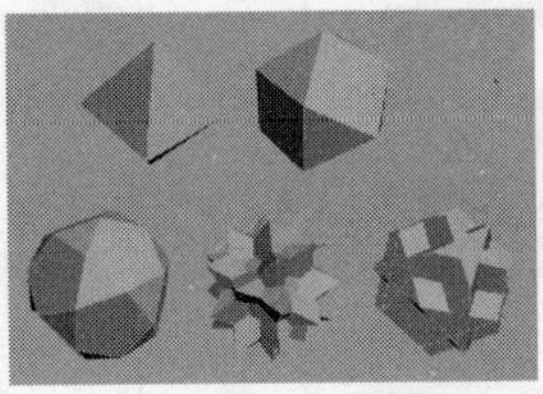

图3-35　系列

● 系列参数：P 和 Q 是为多面体顶点和面之间提供两种方式变换的关联参数。

● 轴向比率：多面体可以拥有多达 3 种多面体的面，如三角形、方形或五角形。这些面可以是规则的，也可以是不规则的。如果多面体只有一种或两种面，则只有一个或两个轴向比率参数处于活动状态。

● 顶点：该组中的参数决定多面体每个面的内部几何体。中心和边会增加对象中的顶点数，因此增加面数。

3.2.2　环形结

Torus Knot（环形结）基本体可以通过在正常平面中围绕 3D 曲线绘制 2D 曲线来创建复杂或带结的环形物体。3D 曲线既可以是圆形，也可以是环形结，如图 3-36 所示。环形结基本体的参数卷展栏如图 3-37 所示。

图3-36　环形结

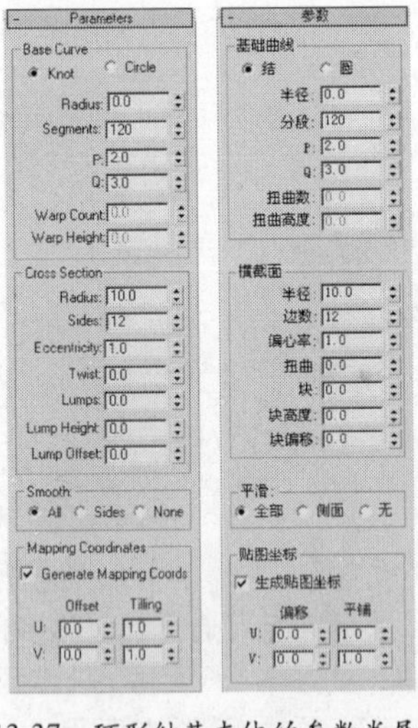

图3-37　环形结基本体的参数卷展栏

● 基础曲线：该组中提供影响基础曲线的参数，其中有结 / 圆形、半径、分段、P、Q、扭曲数和扭曲高度。

● 横截面：该组中提供影响环形结横截面的参数，其中有半径、边数、偏心率、扭曲、块、块高度和块偏移。

● 平滑：该组中提供用于改变环形结平滑显示或渲染的选项，这种平滑不能移动或细分几何体，只能添加平滑组信息。

● 贴图坐标：该组中提供指定和调整贴图坐标的方法。

3.2.3　切角长方体

使用 Chamfer Box（切角长方体）基本体来创建具有倒角或圆形边的长方体，如图 3-38 所示。切角长方体的参数卷展栏如图 3-39 所示。

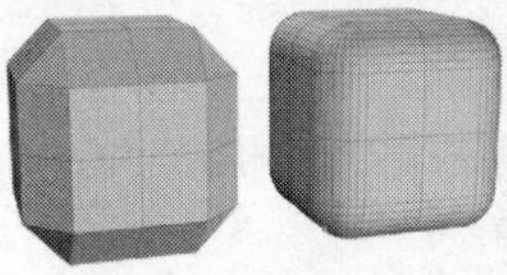

图3-38　切角长方体

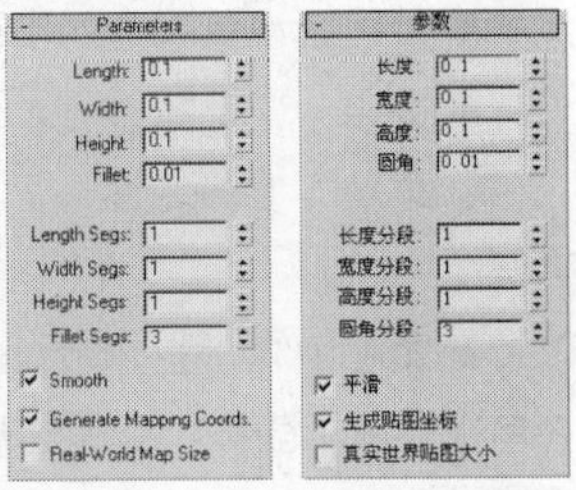

图3-39　切角长方体的参数卷展栏

● 圆角：切开切角长方体的边，值越高切角长方体边上的圆角将更加精细。

● 圆角分段：设置长方体圆角边时的分段数，添加圆角分段将增加圆形边。

3.2.4　切角圆柱体

使用 Chamfer Cyl（切角圆柱体）基本体来创建具有倒角或圆形封口边的圆柱体，如图 3-40 所示。切角圆柱体的参数卷展栏如图 3-41 所示。

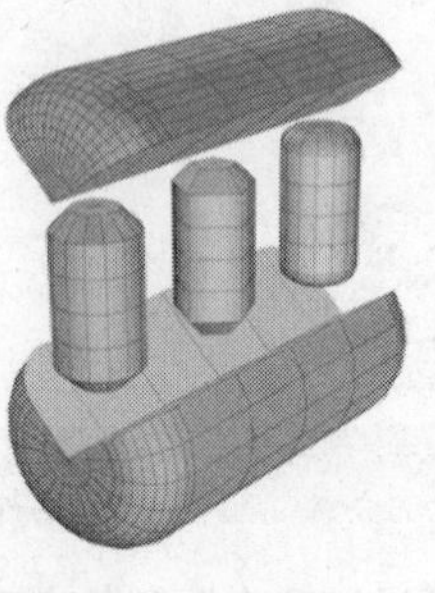

图3-40　切角圆柱体

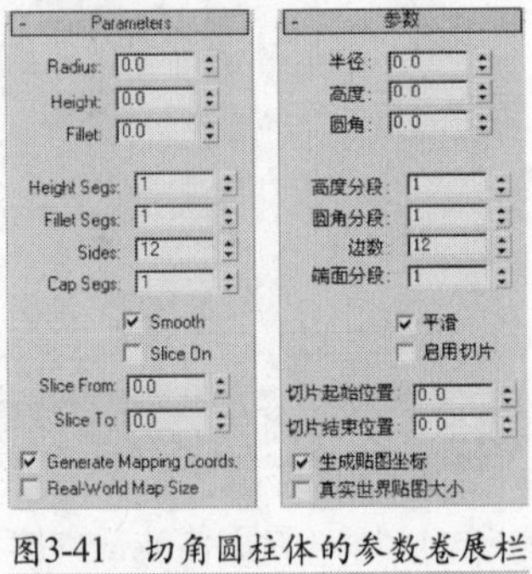

图3-41　切角圆柱体的参数卷展栏

● 圆角：斜切切角圆柱体的顶部和底部封口边，数量越多，将使沿着封口边的圆角更加精细。

● 圆角分段：设置圆柱体圆角边时的分段数，添加圆角分段将增加圆形边。

● 端面分段：设置沿着倒角圆柱体顶部和底部的中心，同心分段的数量。

3.2.5 油罐

使用 Oil Tank（油罐）基本体可创建带有凸面封口的圆柱体，如图 3-42 所示。油罐的参数卷展栏如图 3-43 所示。

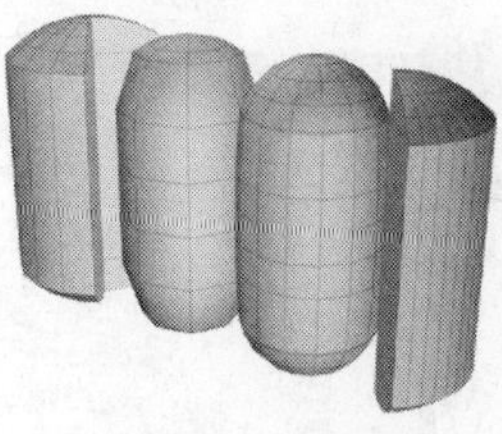

图3-42　油罐

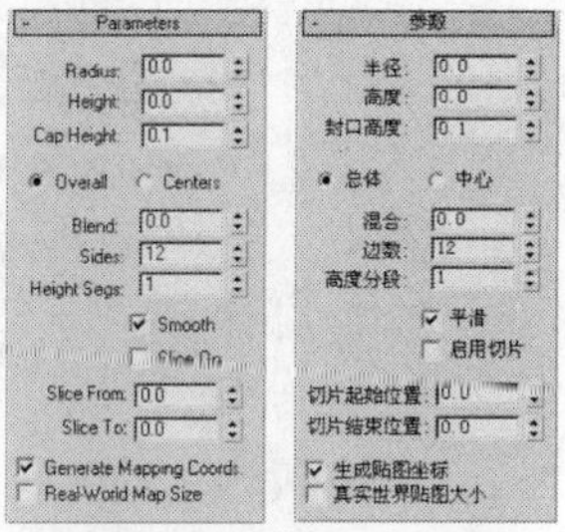

图3-43　油罐的参数卷展栏

● 封口高度：设置凸面封口的高度。最小值是半径设置的 2.5%。除非高度设置的绝对值小于两倍半径设置，在这种情况下，封口高度不能超过高度设置绝对值的 ½。

● 总体 / 中心：决定高度值指定的内容。总体是对象的总体高度，中心是圆柱体中部的高度，不包括其凸面封口。

● 混合：大于 0 时将在封口的边缘创建倒角。

3.2.6 胶囊

使用 Capsule（胶囊）基本体可创建带有半球状封口的圆柱体，如图 3-44 所示。胶囊基本体的参数卷展栏如图 3-45 所示。

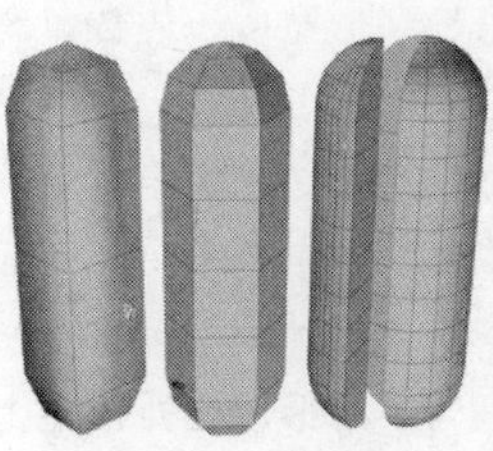

图3-44　胶囊

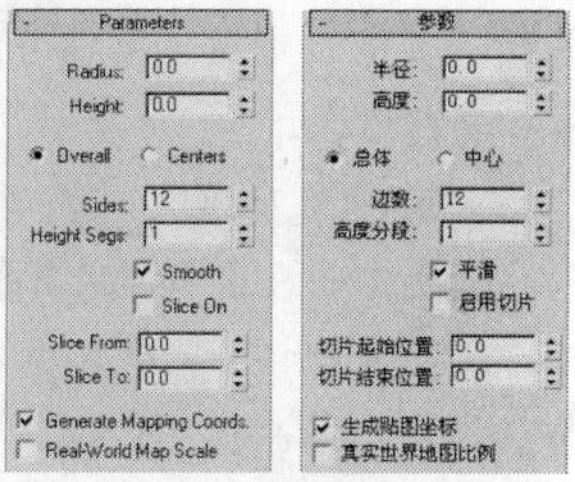

图3-45　胶囊基本体的参数卷展栏

● 总体：指定对象的总体高度，不包括其圆顶封口。

● 中心：指定圆柱体中部的高度，不包括其圆顶封口。

3.2.7 纺锤

使用 Spindle（纺锤）基本体可创建带有圆锥形封口的圆柱体，如图 3-46 所示。纺锤的参数卷展栏如图 3-47 所示。

图3-46　纺锤

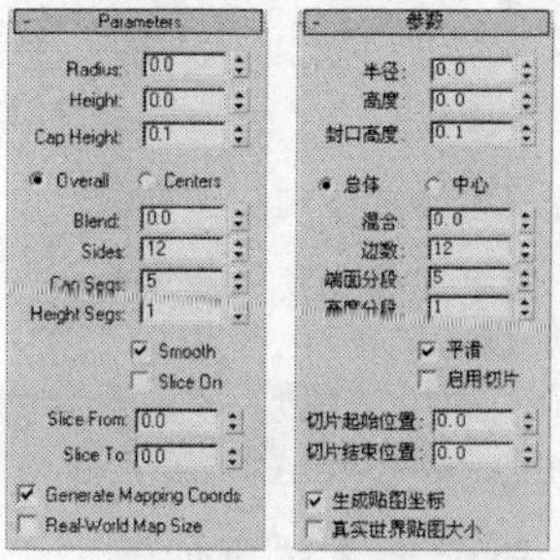

图3-47　纺锤的参数卷展栏

● 封口高度：设置圆锥形封口的高度。

● 混合：大于 0 时将在纺锤主体与封口的会合处创建圆角。

3.2.8 L-Ext

使用“L-Ext”基本体可创建挤出的 L 形对象，如图 3-48 所示。L-Ext 基本体的参数卷展栏如图 3-49 所示。

图3-48　L-Ext

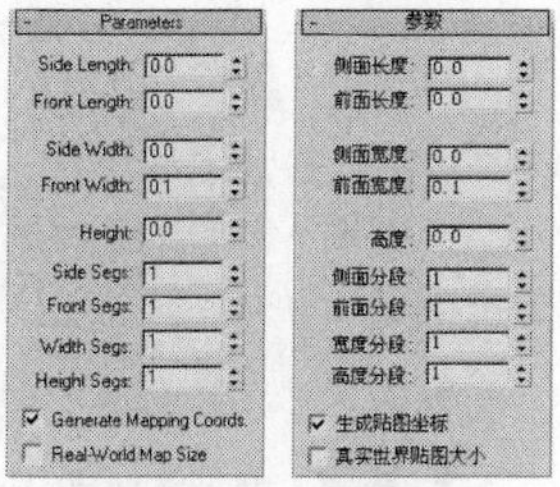

图3-49　参数卷展栏

● 侧面 / 前面长度：指定 L 每个脚的长度。

● 侧面 / 前面宽度：指定 L 每个脚的宽度。

● 高度：指定对象的高度。

● 侧面 / 前面分段：指定对象特定腿的分段数。

● 宽度 / 高度分段：指定整个宽度和高度的分段数。

3.2.9 球棱柱

使用 Gengon（球棱柱）基本体可以使用可选的圆角面边创建挤出的规则面多边形，如图 3-50 所示。球棱柱的参数卷展栏如图 3-51 所示。

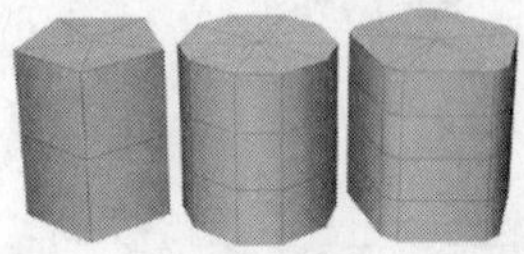

图3-50 球棱柱

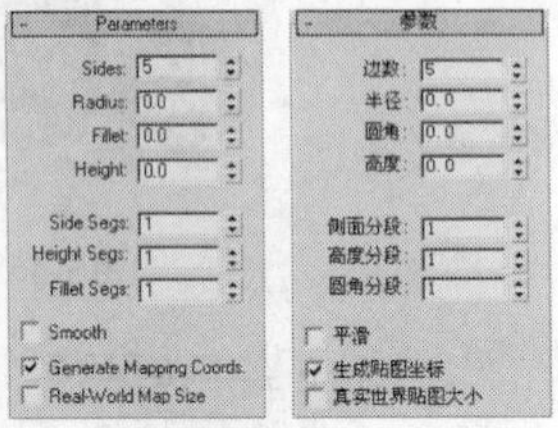

图3-51 球棱柱的参数卷展栏

● 边数：设置球棱柱周围边数。

● 侧面分段：设置球棱柱周围的分段数量。

3.2.10 C-Ext

使用“C-Ext”基本体可创建 C 形对象，如图 3-52 所示。C-Ext 基本体的参数卷展栏如图 3-53 所示。

图3-52 C-Ext

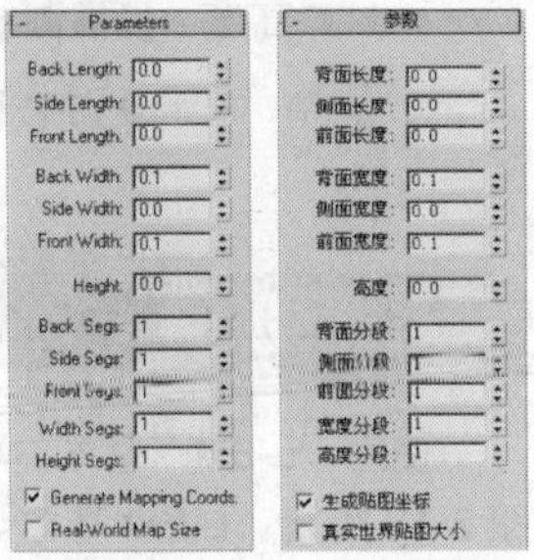

图3-53 C-Ext基本体的参数卷展栏

● 背面 / 侧面 / 前面长度：指定 3 个侧面的每一个长度。

● 背面 / 侧面 / 前面宽度：指定 3 个侧面的每一个宽度。

● 高度：指定对象的总体高度。

● 背面 / 侧面 / 前面分段：指定对象特定侧面的分段数。

● 宽度 / 高度分段：设置该分段以指定对象的整个宽度和高度的分段数。

3.2.11 环形波

使用 Ring Wave（环形波）基本体来创建一个环形，可设定不规则内部和外部边，它的图形可以设置为动画，也可以设置环形波对象增长动画，还可以使用关键帧对所有数字参数设置动画，如图 3-54 所示。环形波的参数卷展栏如图 3-55 所示。

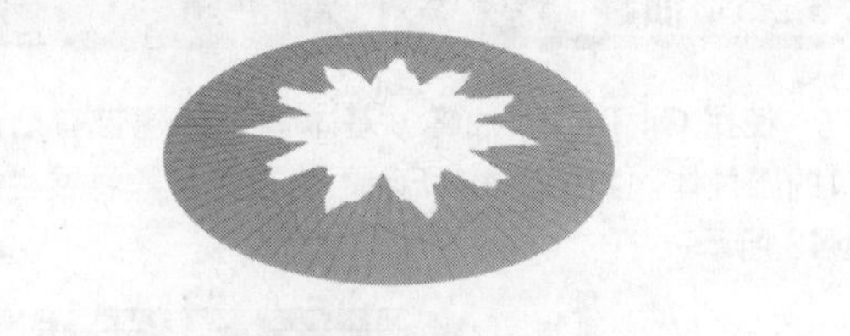

图3-54 环形波

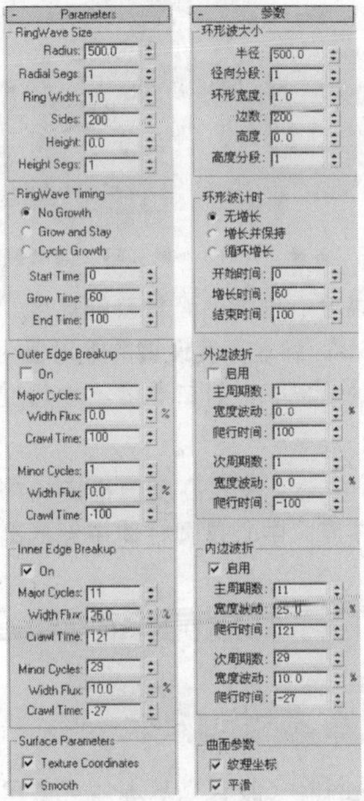

图3-55 环形波的参数卷展栏

● 环形波大小：使用这些设置来更改环形波基本参数，其中有半径、径向分段、环形宽度、边数、高度和高度分段。

● 环形波计时：环形波从零增加到其最大尺寸时，使用这些设置可记录环形波的动画。

● 外边波折：主要用来更改环形波外部边的形状。为获得类似冲击波的效果，通常，环形波在外部边上波峰很小或没有波峰，但在内部边上有大量的波峰。

● 内边波折：使用这些设置来更改环形波内部边的形状。

3.2.12 棱柱

使用Hose（棱柱）基本体可创建带有独立分段面的三面棱柱，如图3-56所示。棱柱的参数卷展栏如图3-57所示。

图3-56 棱柱

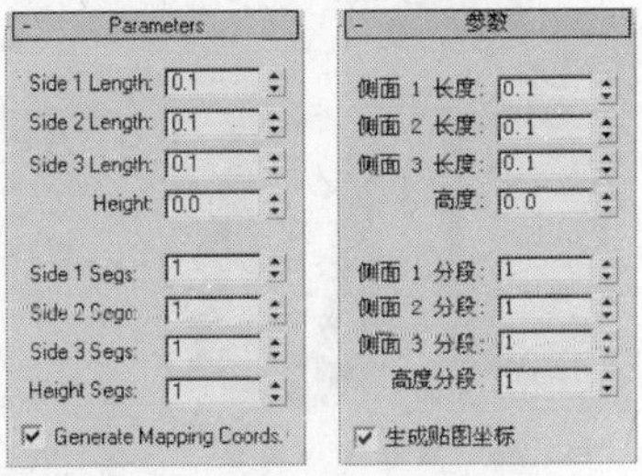

图3-57 棱柱的参数卷展栏

- 侧面长度：设置三角形对应面的长度，以及三角形的角度。
- 高度：设置棱柱体中心轴的维度。
- 侧面分段：指定棱柱体每个侧面的分段数。
- 高度分段：设置沿着棱柱体主轴的分段数量。

3.2.13 软管

Prism（软管）基本体是一个能连接两个对象的弹性物体，因而能反映这两个对象的运动。它类似于弹簧，但不具备动力学属性。用户可以指定软管的总直径和长度、圈数以及其线的直径和形状，如图3-58所示。软管的参数卷展栏如图3-59所示。

图3-58 软管

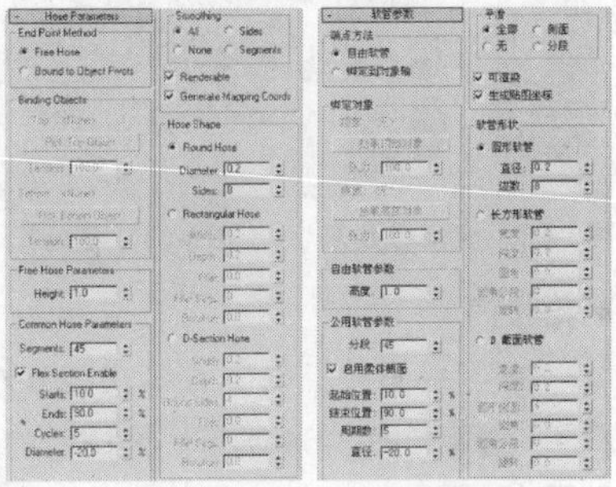

图3-59 软管的参数卷展栏

- 端点方法：此组参数中提供了自由软管和绑定到对象轴的设置。
- 绑定对象：此组参数可使用控制拾取软管绑定到的对象，并设置对象之间的张力。
- 自由软管参数：此组高度用于设置软管未绑定时的垂直高度或长度，不一定等于软管的实际长度。
- 公用软管参数：此组参数中提供了软管的分段、启用柔体截面、起始位置、结束位置、周期数、直径、平滑、可渲染和生成贴图坐标设置。
- 软管形状：此组参数中提供了软管的圆形软管、直径、边数、长方形软管、宽度、深度、圆角、圆角分段、旋转、D截面软管、圆形侧面设置。

3.3 建筑对象

建筑对象针对建筑、工程和构造领域而设计，其中包括门、窗、AEC扩展和楼梯，如图3-60所示。

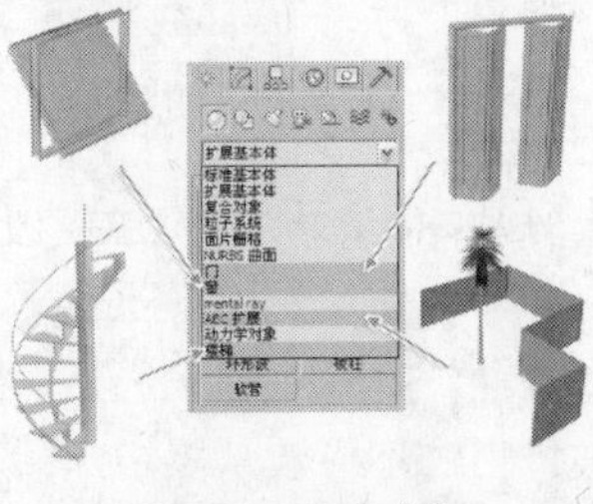

图3-60 建筑对象

3.3.1 门

使用提供的Doors（门）系统模型可以控制门外观的细节，还可以将门设置为打开、部分打开或关闭，还可以设置打开的动画。门的类型有枢轴门、推拉门和折叠门，如图3-61所示。

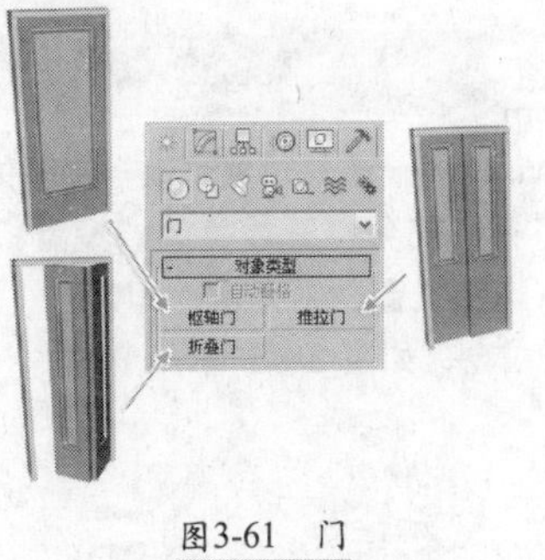

图3-61 门

- **枢轴门**

Pivot（枢轴门）是最常见的，仅在一侧装有铰链的门，枢轴门效果如图3-62所示。枢轴门的参数卷展栏如图3-63所示。

图3-62　枢轴门效果

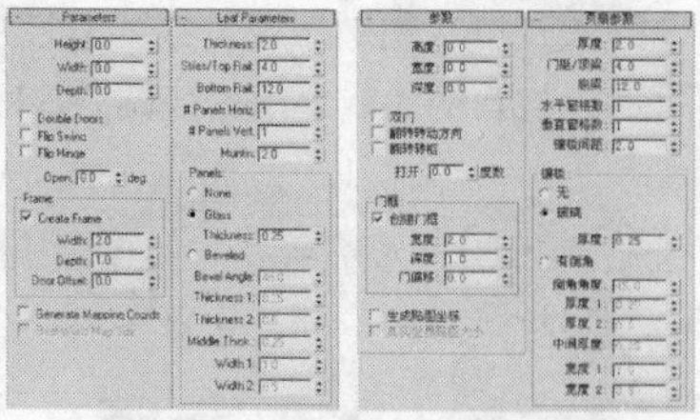

图3-63　枢轴门的参数卷展栏

● 推拉门

有一半固定、另一半可以推拉的 Sliding（推拉门），效果如图 3-64 所示。推拉门的参数卷展栏如图 3-65 所示。

图3-64　推拉门效果

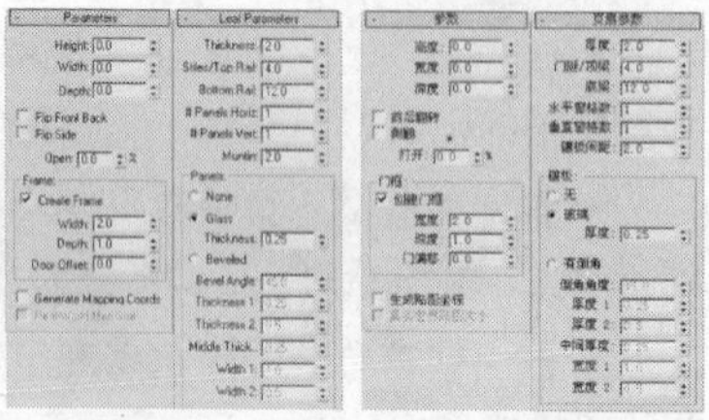

图3-65　推拉门的参数卷展栏

● 折叠门

Bifold（折叠门）的铰链装在中间以及侧端，就像许多壁橱的门那样，也可以将此类型的门创建成一组双门，折叠门效果如图 3-66 所示。折叠门的参数卷展栏如图 3-67 所示。

图3-66　折叠门效果

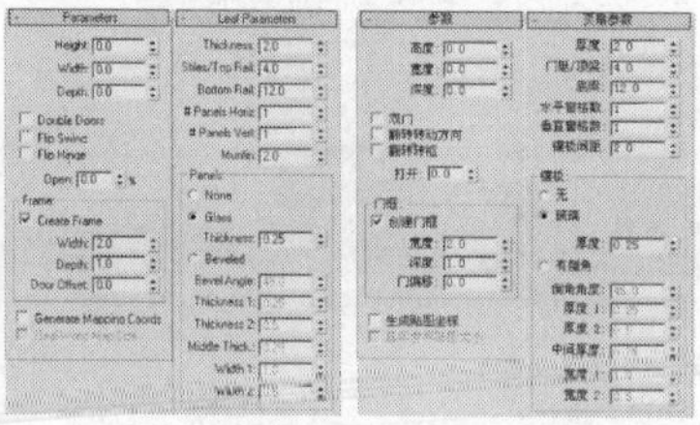

图3-67　折叠门的参数卷展栏

3.3.2 窗

使用 Windows（窗）对象可以控制窗的外观细节，设置窗为打开、部分打开或关闭，设置打开的动画。窗的类型有遮蓬式窗、平开窗、固定窗、旋开窗、伸出式窗、推拉窗，如图 3-68 所示。

图3-68　窗

● 遮蓬式窗

Awning（遮篷式窗）是一扇或多扇可在顶部转枢的窗，效果如图 3-69 所示。遮篷式窗的参数卷展栏如图 3-70 所示。

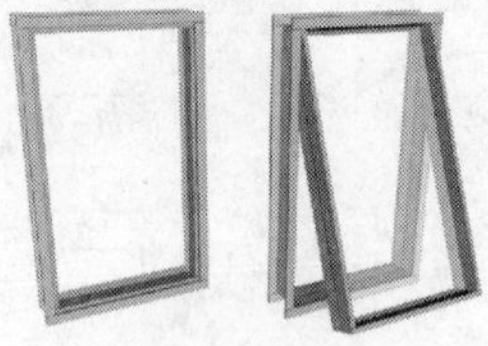

图3-69　遮篷式窗效果

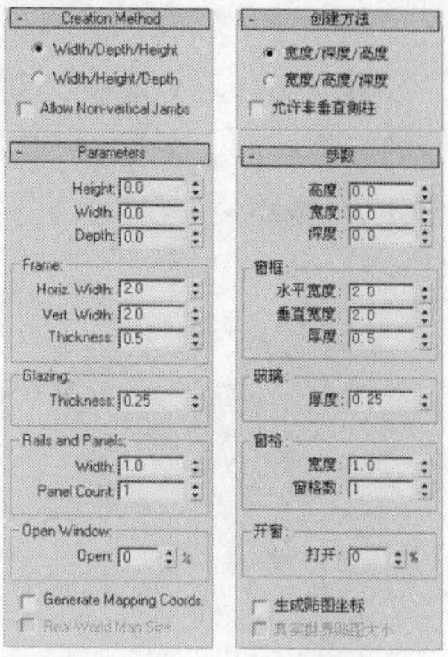

图3-70　遮篷式窗的参数卷展栏

● 平开窗

Casement（平开窗）是一扇或两扇可在侧面转轴的窗，可以向内或向外转动，平开窗效果如图 3-71 所示，参数卷展栏如图 3-72 所示。

图3-71　平开窗效果

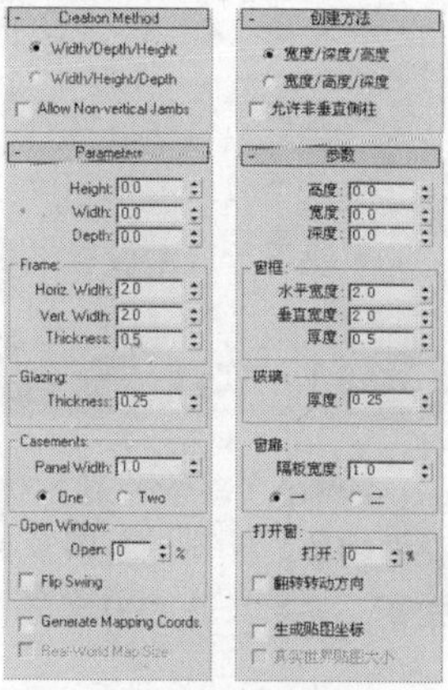

图3-72　平开窗的参数卷展栏

● 固定窗

Fixed（固定窗）不能打开，因此没有打开窗的控制。除了标准窗对象参数之外，固定窗还为细分窗提供了可设置的窗格和面板组，固定窗效果如图 3-73 所示，参数卷展栏如图 3-74 所示。

图3-73　固定窗效果

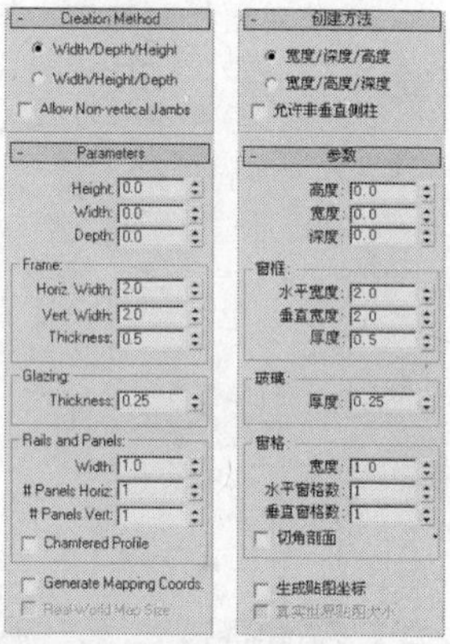

图3-74　固定窗的参数卷展栏

● 旋开窗

Pivoted（旋开窗）只具有一扇窗框，中间通过窗框面用铰链接合起来，其可以垂直或水平旋转打开，效果如图 3-75 所示。旋开窗的参数卷展栏如图 3-76 所示。

图3-75 旋开窗效果

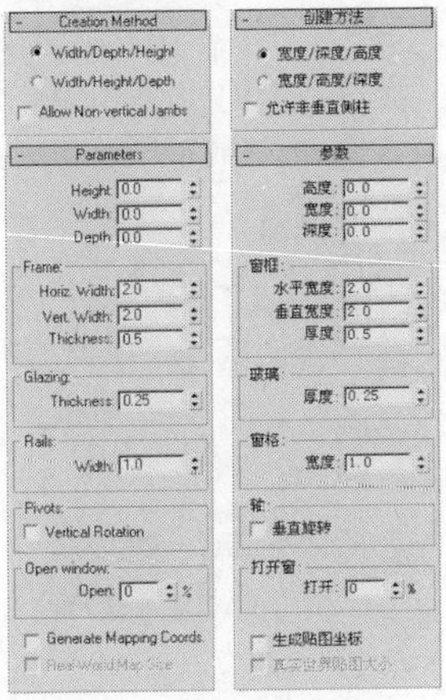

图3-76 旋开窗的参数卷展栏

● 伸出式窗

Projected（伸出式窗）有三扇窗框，顶部窗框不能移动，底部的两个窗框可像遮篷式窗一样旋转打开，但是却以相反的方向，效果如图 3-77 所示，参数卷展栏如图 3-78 所示。

图3-77 伸出式窗效果

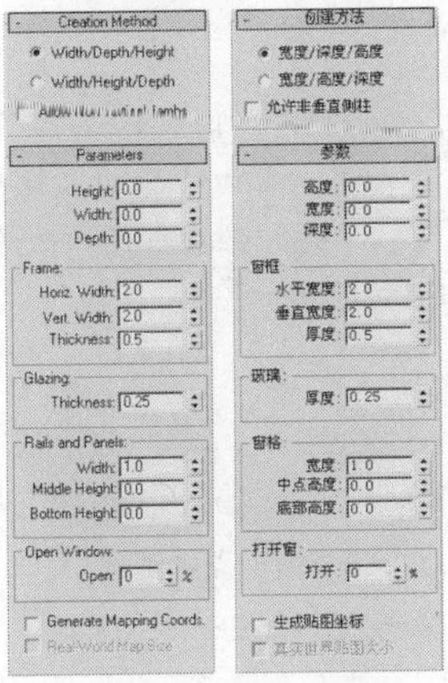

图3-78 伸出式窗的参数卷展栏

● 推拉窗

Sliding（推拉窗）有两扇窗框，一扇固定的窗框，一扇可移动的窗框。可以垂直移动或水平移动滑动部分，效果如图 3-79 所示，参数卷展栏如图 3-80 所示。

图3-79 推拉窗效果

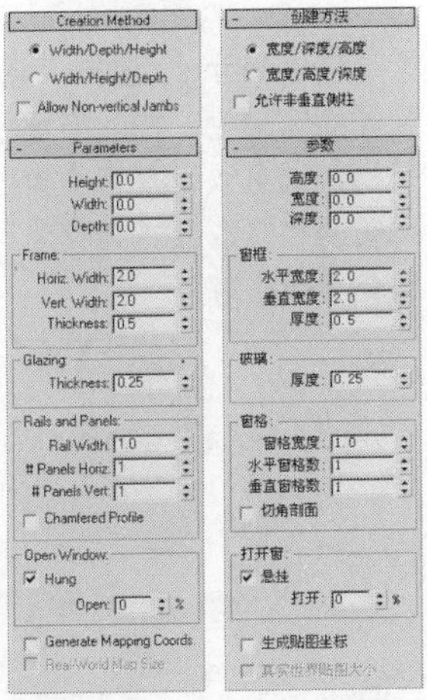

图3-80 推拉窗的参数卷展栏

3.3.3 AEC扩展

AEC Extended（AEC 扩展）对象专为在建筑、工程和构造领域中使用而设计。扩展对象主要包括植物、栏杆和墙，如图 3-81 所示。

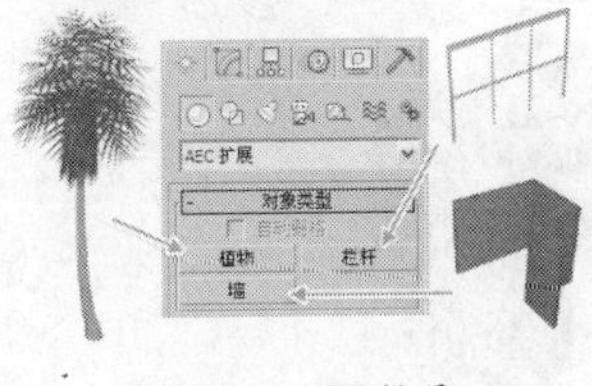

图3-81 AEC扩展

● 植物

Foliage（植物）系统将以网格的形式创建植物，因此可以快速、有效地创建出漂亮的植物，如图 3-82 所示。用户可以控制高度、密度、修剪、种子、树冠显示和细节级别，可以为同一物种创建出上百万个变体。植物的参数卷展栏如图 3-83 所示。

图3-82 植物

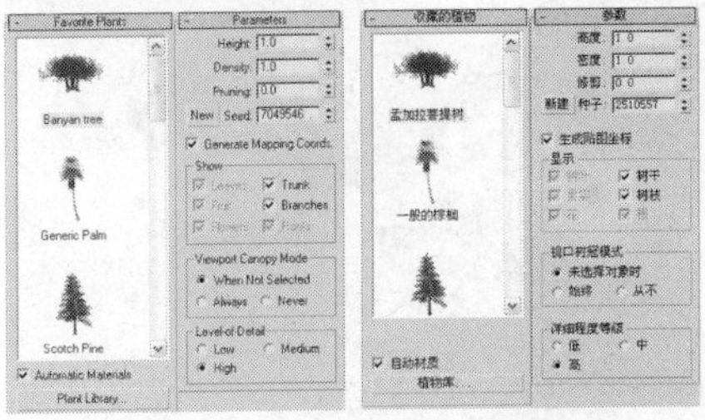

图3-83 植物的参数卷展栏

● 栏杆

Railing（栏杆）对象的组件包括栏杆、立柱和栅栏，栅栏包括支柱或实体填充材质，如图 3-84 所示。创建栏杆对象时，既可以指定栏杆的方向和高度，也可以拾取样条线路径并向该路径应用栏杆。栏杆的参数卷展栏如图 3-85 所示。

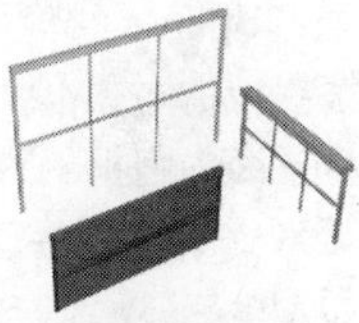

图3-84 栏杆

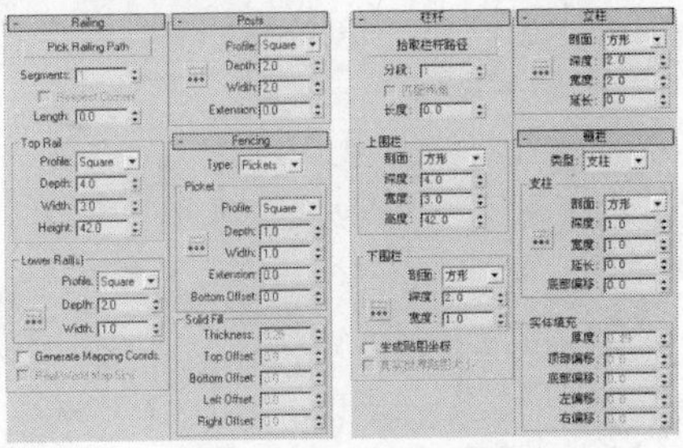

图3-85 栏杆的参数卷展栏

- 墙

Wall（墙）对象用于创建多种墙体，如图 3-86 所示。在墙卷展栏中可以通过键盘输入和参数设置墙体的形状，墙的参数卷展栏如图 3-87 所示。

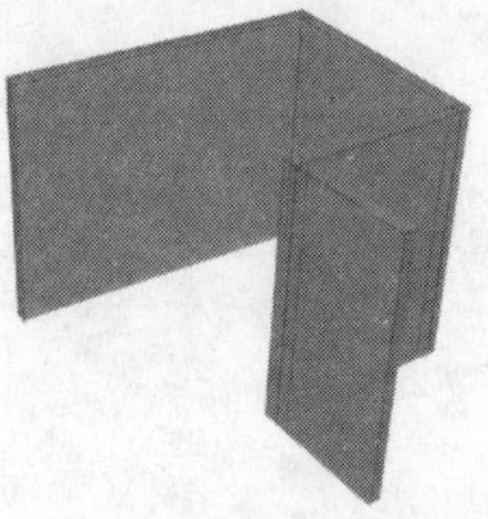

图3-86　墙

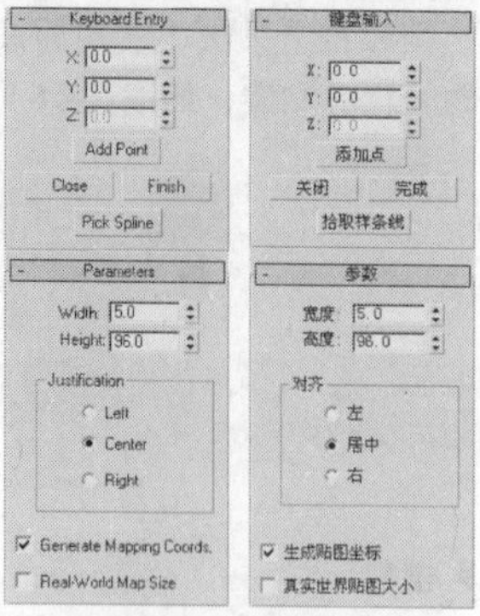

图3-87　墙的参数卷展栏

3.3.4 楼梯

Stair（楼梯）系统提供了 4 种不同类型的楼梯，包括 L 型楼梯、U 型楼梯、直线楼梯和螺旋楼梯，如图 3-88 所示。

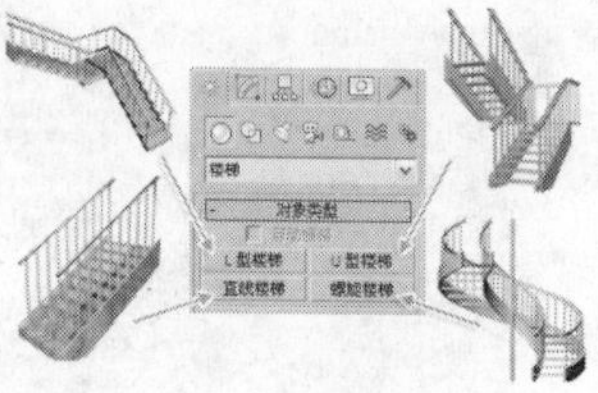

图3-88　楼梯

- L 型楼梯

使用 L Type Stair（L 型楼梯）对象可以创建出带有彼此成直角的两段楼梯，如图 3-89 所示。

- U 型楼梯

使用 U Type Stair（U 型楼梯）对象可以创建出一个两段的楼梯，这两段彼此平行并且它们之间有一个平台，如图 3-90 所示。

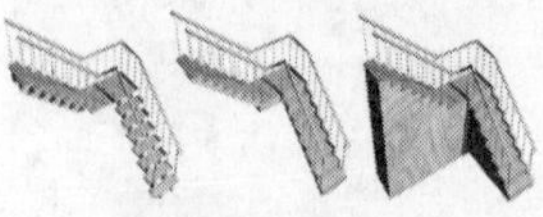

图3-89　L型楼梯

图3-90　U型楼梯

- 直线楼梯

使用 Straight Stair（直线楼梯）对象可以创建出一个简单的楼梯，侧弦、支撑梁和扶手可选，如图 3-91 所示。

- 螺旋楼梯

使用 Spiral Stair（螺旋楼梯）对象可以指定旋转的半径和数量，还可以添加侧弦和中柱设置，如图 3-92 所示。

图3-91　直线楼梯

图3-92　螺旋楼梯

3.4 创建样条线

Spline（样条线）是由一条曲线、多条曲线和直线组成的对象，大多数默认的图形都是由样条线组成。样条线中包括的对象类型有线形、矩形、圆形、椭圆、弧形、圆环、多边形、星形、文本、螺旋线、截面，如图 3-93 所示。

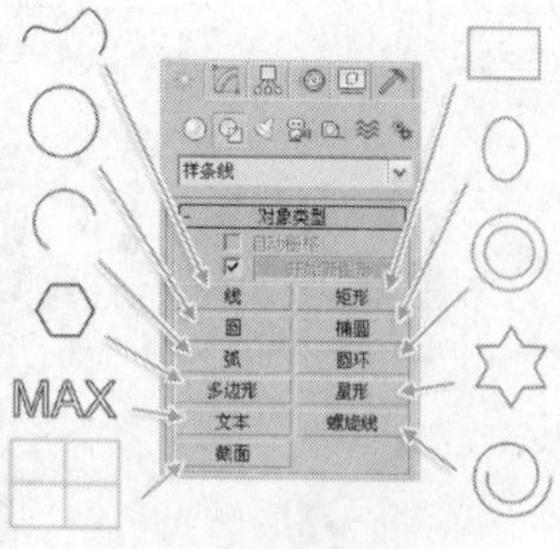

图3-93　创建样条线

Rendering（渲染）卷展栏中可以启用和禁用样条线的渲染性、在渲染场景中指定其厚度并应用贴图坐标，也可以设置渲染参数的动画，还可以通过应用编辑网格修改器或转化为可编辑网格，将显示的网格转化为网格对象，如图 3-94 所示。

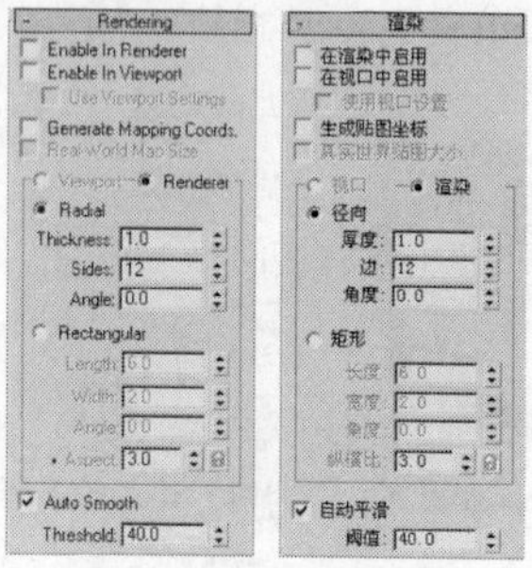

图3-94　渲染卷展栏

3.4.1　线

使用 Line（线）可创建多个分段组成的自由形式样条线，如图 3-95 所示。

线的创建方法选项与其他样条线工具不同。单击或拖动顶点时，通过创建方法卷展栏可控制创建顶点的类型，也可以预设样条线顶点的默认类型，如图 3-96 所示。

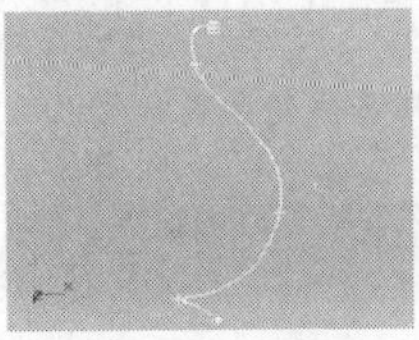

图3-95　线

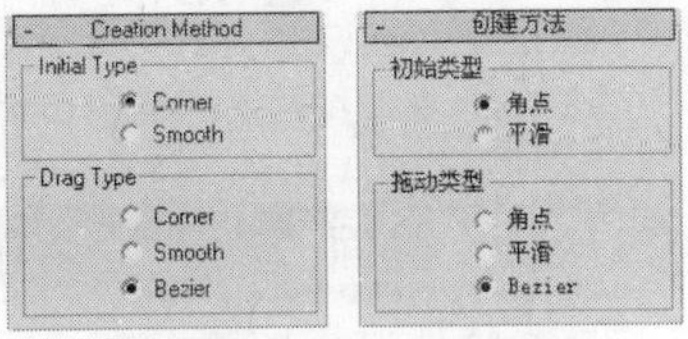

图3-96　创建方法卷展栏

Corner（角点）可以产生一个尖端的角，Smooth（平滑）是通过顶点产生一条平滑线，而 Bezier 是通过顶点产生一条可调节的平滑曲线。

3.4.2　矩形

使用 Rectangle（矩形）可以创建方形和矩形样条线，如图 3-97 所示。参数卷展栏可更改创建矩形的参数，如图 3-98 所示。

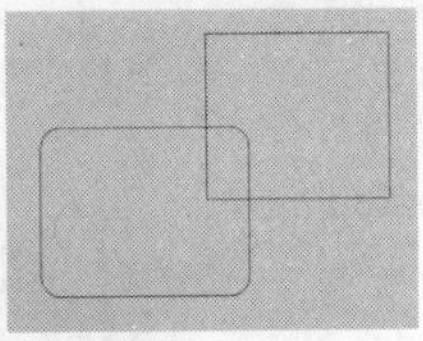

图3-97　矩形

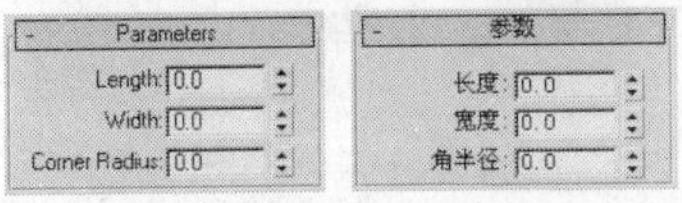

图3-98　矩形的参数卷展栏

3.4.3　圆

使用 Circle（圆）来创建由 4 个顶点组成的闭合圆形样条线，如图 3-99 所示。参数卷展栏可更改创建圆形的参数，如图 3-100 所示。

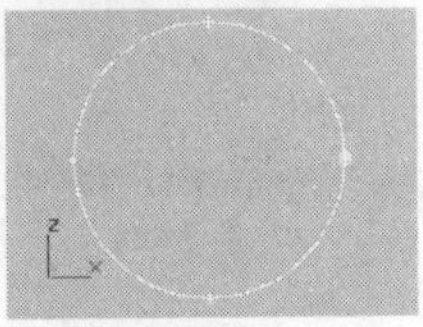

图3-99　圆

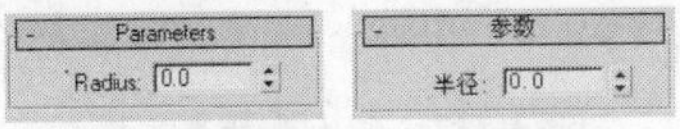

图3-100　圆的参数卷展栏

3.4.4　椭圆

使用 Ellipse（椭圆）可以创建椭圆和圆形样条线，如图 3-101 所示。参数卷展栏可更改创建椭圆的参数，如图 3-102 所示。

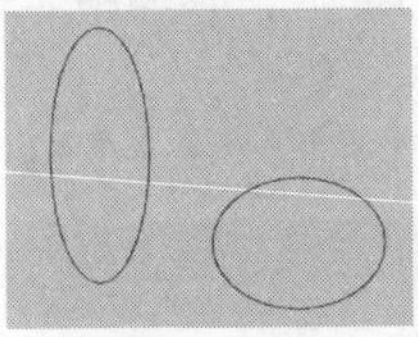

图3-101　椭圆

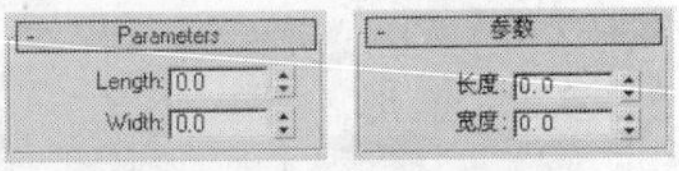

图3-102　椭圆的参数卷展栏

3.4.5　弧

使用 Arc（弧）形来创建由 4 个顶点组成的打开和闭合圆形弧形，如图 3-103 所示。创建方法卷展栏可以确定在创建弧形时鼠标的单击序列，如图 3-104 所示。参数卷展栏可更改创建弧形的参数，如图 3-105 所示。

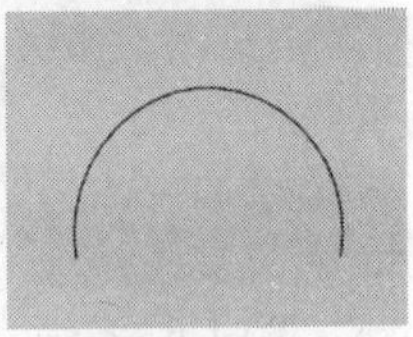

图3-103　弧形

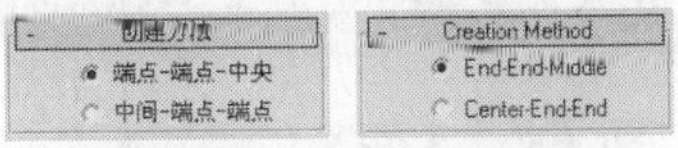

图3-104　创建方法卷展栏

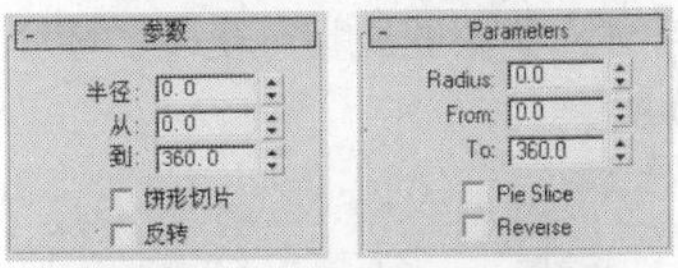

图3-105　弧的参数卷展栏

3.4.6　圆环

使用 Donut（圆环）可以通过两个同心圆创建封闭的形状。每个圆环都由 4 个顶点组成，如图 3-106 所示。参数卷展栏可更改创建圆环形的参数，如图 3-107 所示。

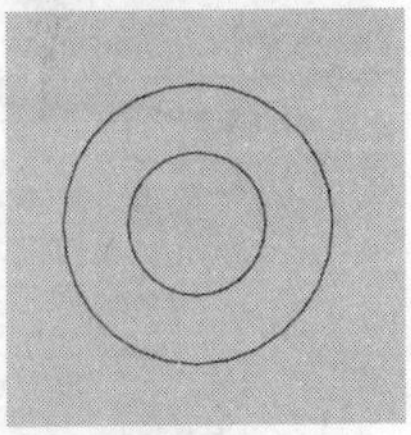

图3-106　圆环

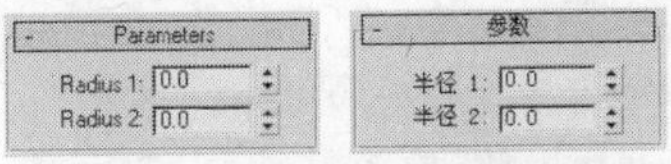

图3-107　圆环的参数卷展栏

3.4.7　多边形

使用 NGon（多边形）可创建具有任意面数或顶点数的闭合平面或圆形样条线，如图 3-108 所示。参数卷展栏可更改创建多边形的参数，如图 3-109 所示。

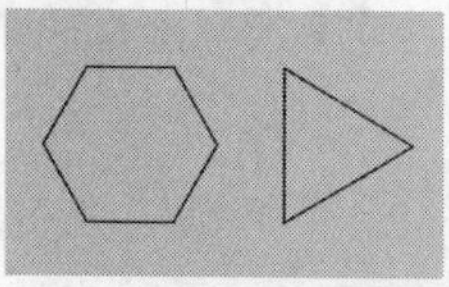

图3-108　多边形

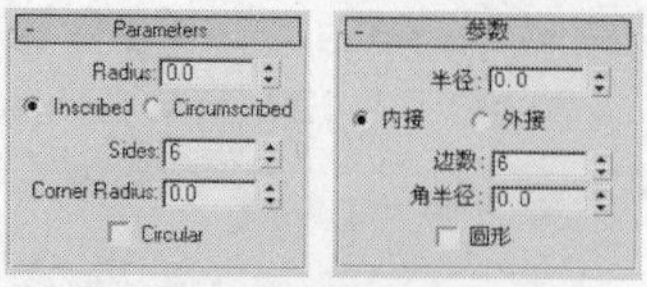

图3-109　多边形的参数卷展栏

3.4.8　星形

使用 Star（星形）可以创建具有很多点的闭合星形样条线，可以使用两个半径来设置内顶点和外顶点之间的距离，如图 3-110 所示。参数卷展栏可更改创建星形的参数，如图 3-111 所示。

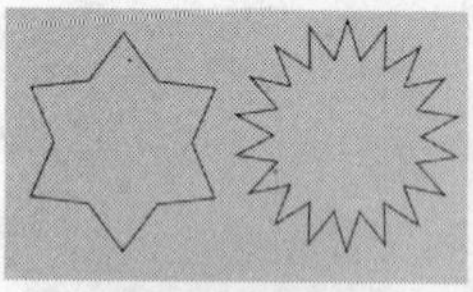

图3-110　星形

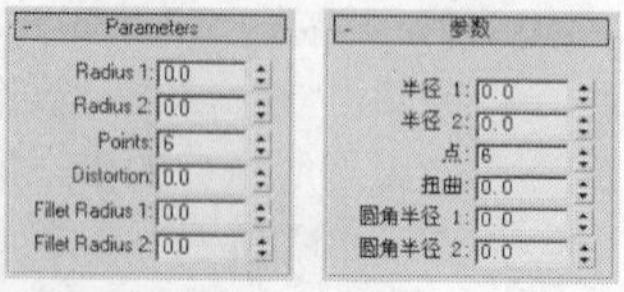

图3-111　星形的参数卷展栏

3.4.9　文本

使用 Text（文本）用来创建文本图形的样条线，如图 3-112 所示。文本可以使用系统中安装的任意 Windows 字体。参数卷展栏可更改创建文本的参数，如图 3-113 所示。

图3-112　文本

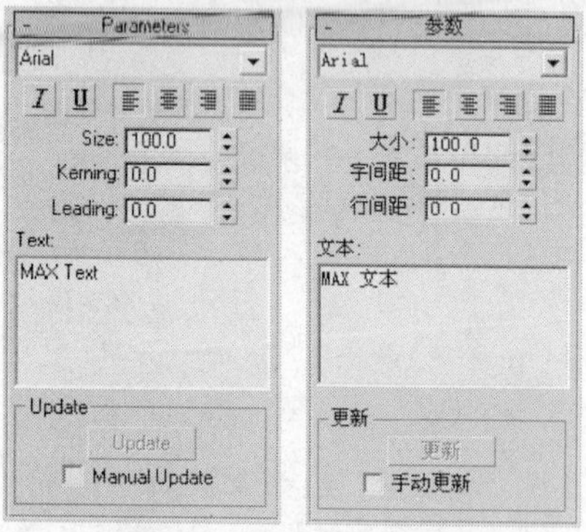

图3-113　文本的参数卷展栏

3.4.10　螺旋线

使用 Helix（螺旋线）可创建开口平面或 3D 螺旋形，如图 3-114 所示。参数卷展栏可更改创建螺旋线形的参数，如图 3-115 所示。

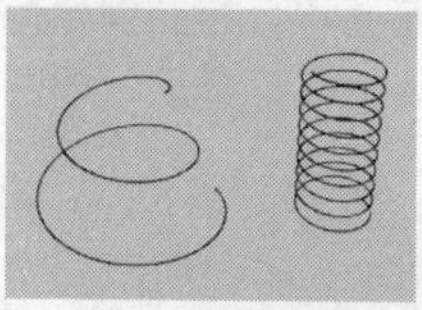

图3-114　螺旋线

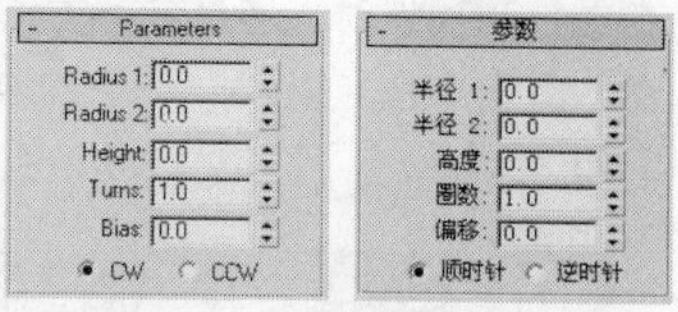

图3-115　螺旋线的参数卷展栏

3.4.11　截面

Section（截面）是一种特殊类型的对象，其可以通过网格对象基于横截面切片生成其他形状。截面对象显示为相交的矩形，只需将其移动并旋转即可通过一个或多个网格对象进行切片，然后单击生成形状按钮即可基于 2D 相交生成一个形状，如图 3-116 所示。截面参数卷展栏可以设置创建图形、更新截面及截面范围等项，如图 3-117 所示。

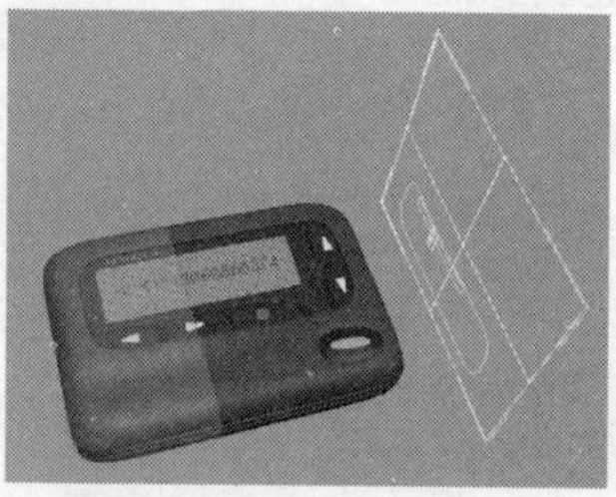

图3-116　截面

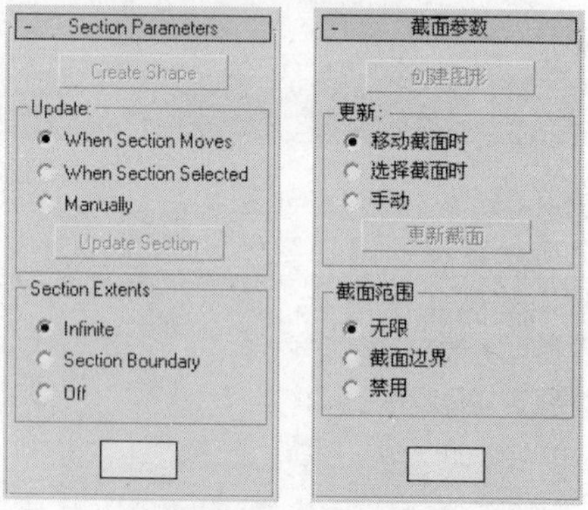

图3-117　截面参数卷展栏

3.5 范例——卡通驴子

【重点提要】

本范例主要使用标准基本体与 FFD（自由变形）修改命令制作卡通驴子模型，然后赋予材质和灯光，最终效果如图 3-118 所示。

图3-118　卡通驴子范例效果

【制作流程】

卡通驴子范例的制作流程分为 4 部分：①头部模型制作，②丰富头部模型，③身体模型制作，④姿态与颜色设置，如图 3-119 所示。

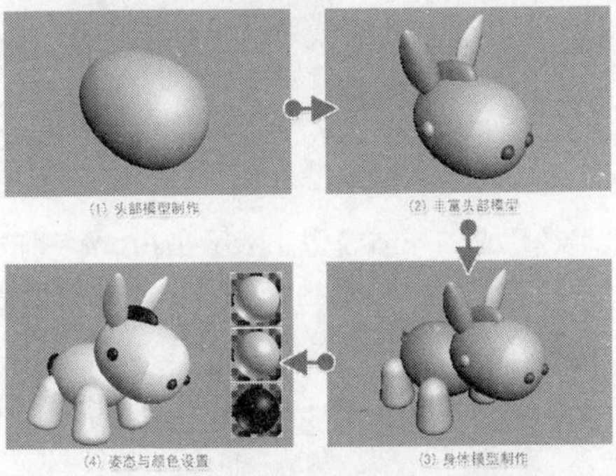

图3-119　制作流程

3.5.1 头部模型制作

Step01 在（创建）面板的（几何体）中单击 Standard Primitives（标准几何体）中的 Sphere（球体）命令，然后在 Front（前）视图中建立球体，再设置 Radius（半径）值为 50，作为驴子的头部基础模型，如图 3-120 所示。

Step02 将视图切换至 Top（顶）视图，单击主工具栏中的（缩放）工具按钮，然后沿 y 轴缩放球体，将其调节为椭球的状态，如图 3-121 所示。

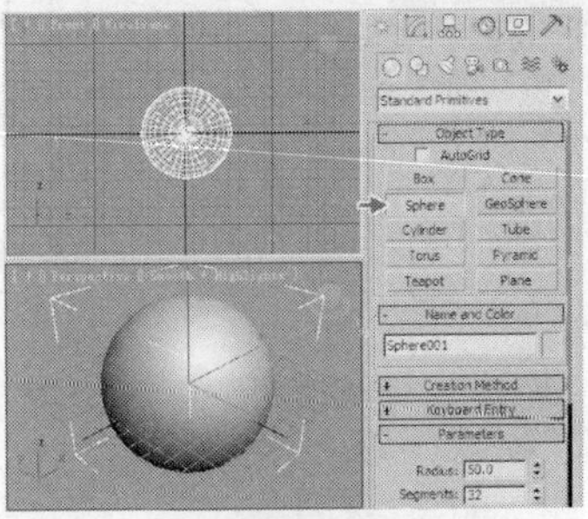

图3-120　建立球体

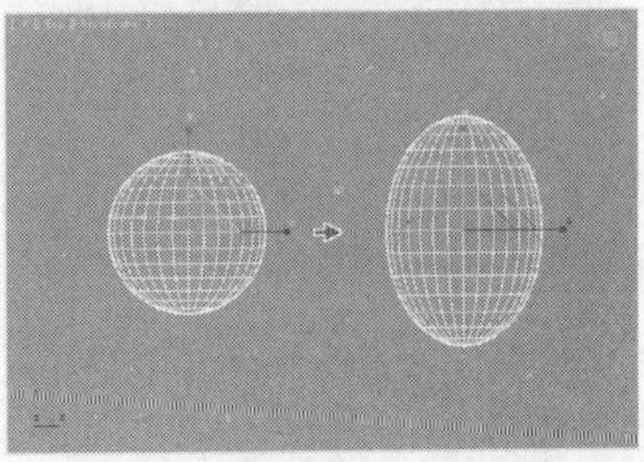

图3-121　缩放椭球体

Step03 选择球体进入（修改）面板，设置 Parameters（参数）卷展栏中的 Hemisphere（半球）值为 0.7，得到半侧球体的效果，作为卡通驴子嘴部的模型，如图 3-122 所示。

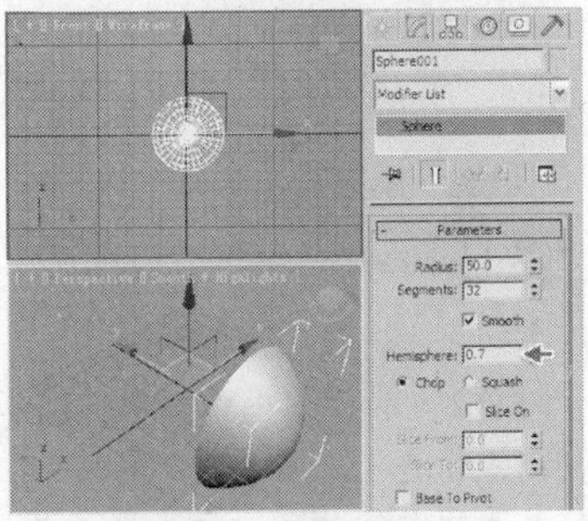

图3-122　设置半球参数

Step04 在 Left（左）视图中选择半球模型并单击主工具栏中的（镜像）工具按钮，在弹出的镜像对话框中设置 Mirror Axis（镜像轴）为 x 轴、Clone Selection（克隆选项）为 Copy，复制出对称位置的半侧球体，如图 3-123 所示。

Step05 选择镜像后的半球，进入（修改）面板设置 Parameters（参数）卷展栏中的 Hemisphere（半球）值为 0.3，使其与卡通驴子嘴部的模型相匹配，如图 3-124 所示。

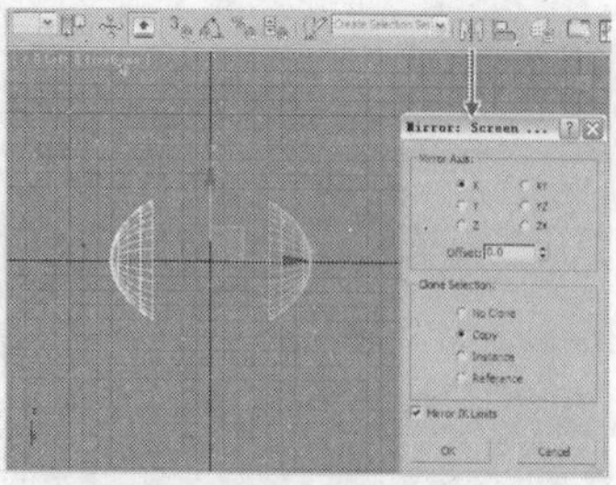

图3-123　镜像模型

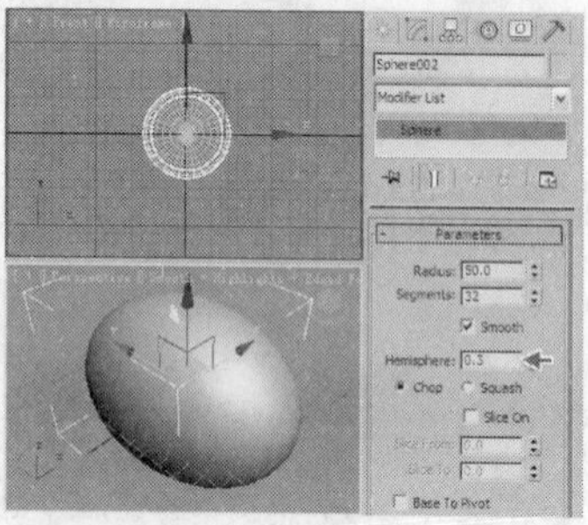

图3-124　匹配半球模型

Step06 将制作好的两个半球模型全部选择，为其添加（修改）面板中的 FFD 4×4×4（自由变形）命令，如图 3-125 所示。

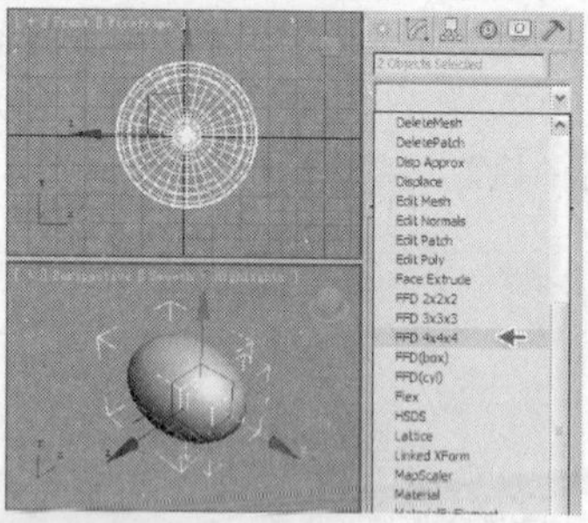

图3-125　添加自由变形命令

Step07 激活 FFD 4×4×4（自由变形）命令并切换至 Control Points（控制点）模式，在 Top（顶）视图中调节点的位置，使头部模型更加生动，如图 3-126 所示。

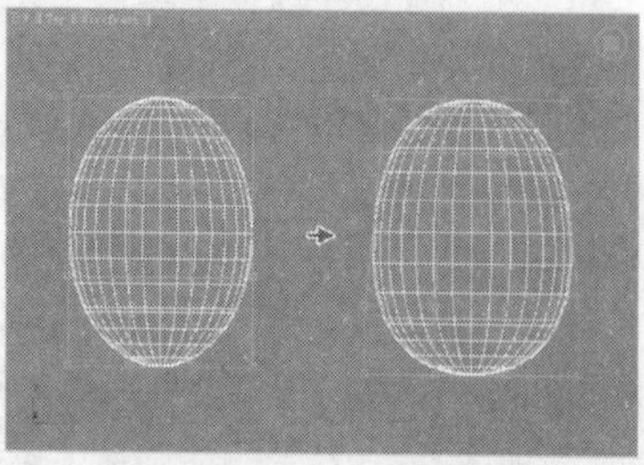

图3-126　调节点的位置

Step08 将视图切换至 Perspective（透）视图，查看当前头部模型效果，如图 3-127 所示。

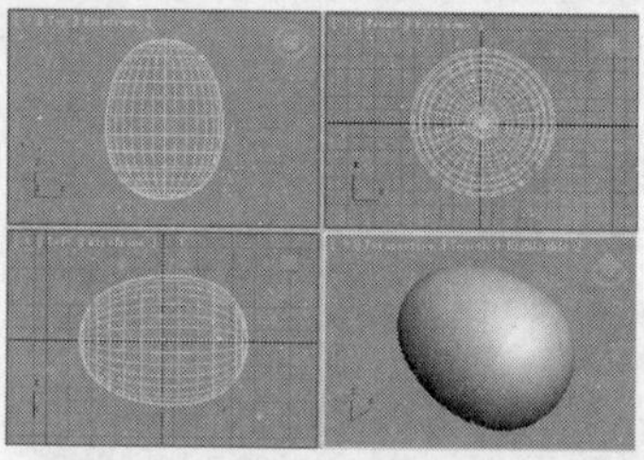

图3-127　模型效果

3.5.2　丰富头部模型

Step01 在（创建）面板（几何体）中单击 Standard Primitives（标准几何体）中的 Sphere（球体）命令，然后在 Front（前）视图中建立球体，设置 Radius（半径）值为 8，作为卡通驴子的鼻子模型，如图 3-128 所示。

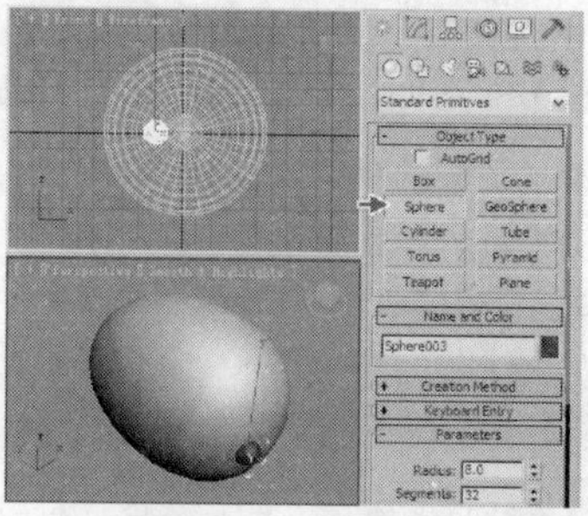

图3-128　建立鼻子模型

Step02 选择建立的球体模型，然后在 Front（前）视图中结合 Shift+ 移动组合键沿 x 轴对模型进行复制操作，如图 3-129 所示。

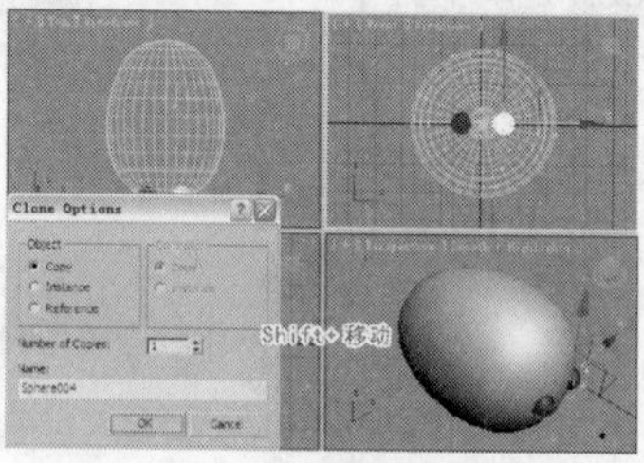

图3-129　复制鼻子模型

Step03 继续在 Left（左）视图中建立球体模型，然后再将模型调节到合适的位置，用来制作卡通驴子的鬃毛，如图 3-130 所示。

Step04 将视图切换至 Front（前）视图，单击主工具栏中的（缩放）工具按钮，然后沿 x 轴缩放球体，将其调节为椭圆的球体，如图 3-131 所示。

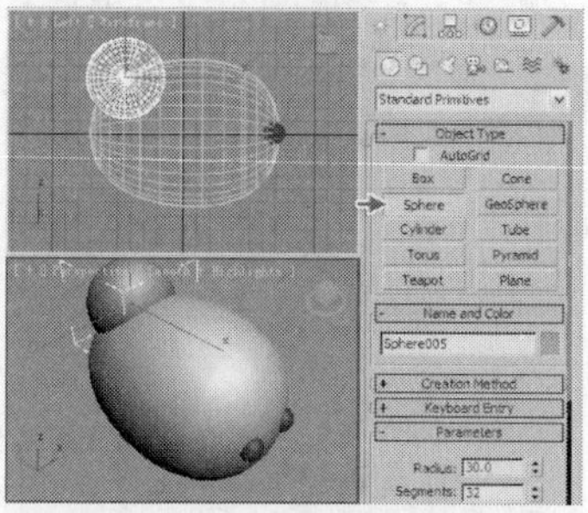

图3-130　建立鬃毛模型

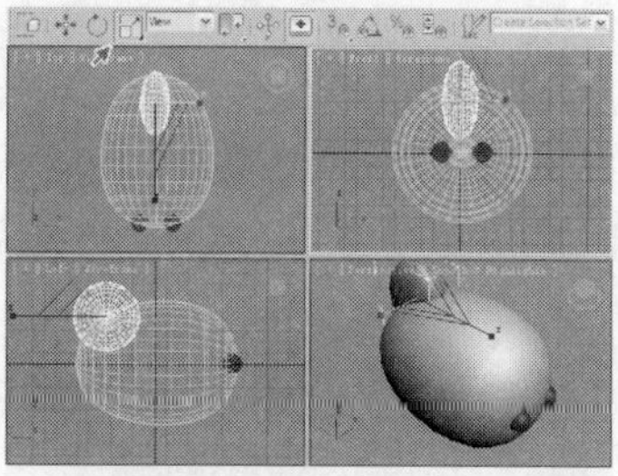

图3-131　调节椭球效果

Step05 选择制作好的椭球模型，在 Left（左）视图中添加（修改）面板中的 FFD 4×4×4（自由变形）命令，然后再切换至 Control Points（控制点）模式，调整点位置制作出鬃毛的形状，如图 3-132 所示。

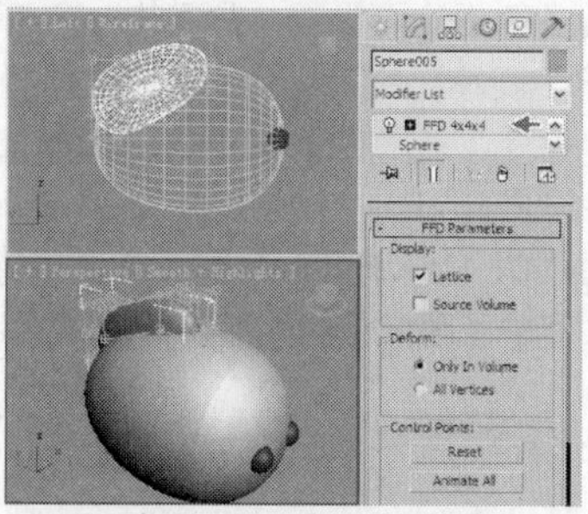

图3-132　调节鬃毛形状

Step06 在（创建）面板（几何体）中选择 Standard Primitives（标准几何体）中的 Sphere（球体）命令，然后在 Top（顶）视图中建立一个球体，再设置 Radius（半径）值为 20，作为卡通驴子耳朵模型，如图 3-133 所示。

Step07 选择建立的球体，继续在 Top（顶）视图中使用（缩放）工具按钮沿 *y* 轴缩放球体，将其调节为椭圆球体，如图 3-134 所示。

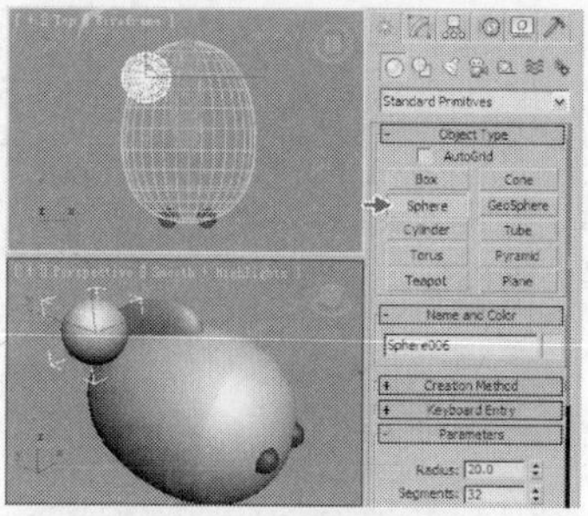

图3-133　创建耳朵模型

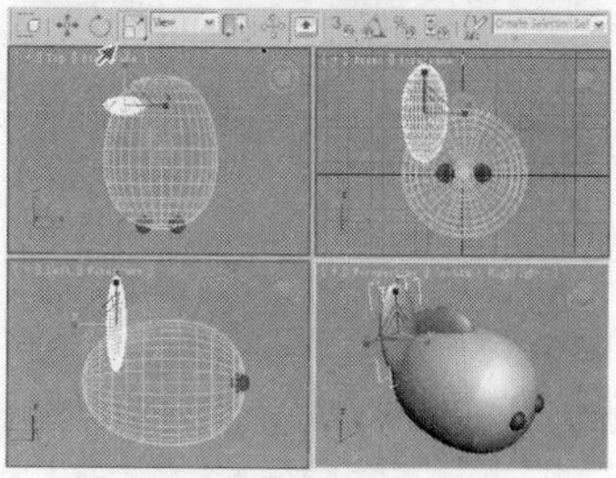

图3-134　调节椭球效果

Step08 选择制作好的椭球模型，在 Top（顶）视图中添加（修改）面板中的 FFD 3×3×3（自由变形）命令，然后切换至 Control Points（控制点）模式，调整点位置制作出卡通驴子耳朵的形状，如图 3-135 所示。

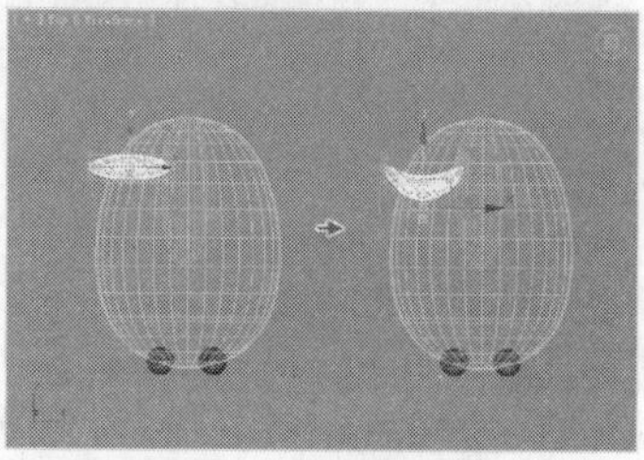

图3-135　调节耳朵形状

Step09 选择制作好的耳朵模型，结合主工具栏中的（旋转）工具将模型调整到合适的角度，如图 3-136 所示。

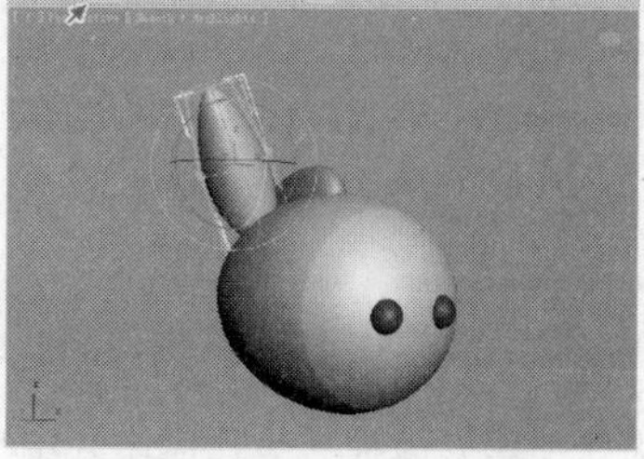

图3-136　调整耳朵模型角度

Step10 在（创建）面板（几何体）中单击 Standard Primitives（标准几何体）中的 Sphere（球体）命令，然后在 Left（左）视图中建立一个球体，设置 Radius（半径）值为 9，作为卡通驴子眼睛模型，如图 3-137 所示。

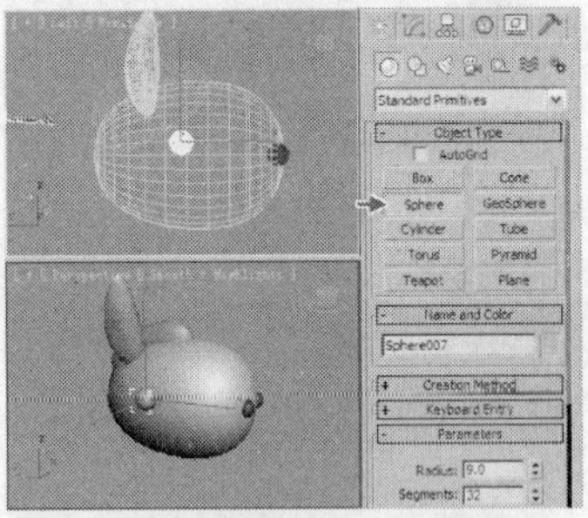

图3-137 建立眼睛模型

Step11 使用键盘“Ctrl 键”将制作好的耳朵模型及眼睛模型共同选择，然后在 Front（前）视图中使用主工具栏中的（镜像）工具按钮将模型对称复制，得到头部另一侧的模型，如图 3-138 所示。

图3-138 镜像耳朵及眼睛模型

Step12 将镜像得到的模型调整到合适位置，再将视图切换至 Perspective（透）视图，观看添加细节后的头部模型效果，如图 3-139 所示。

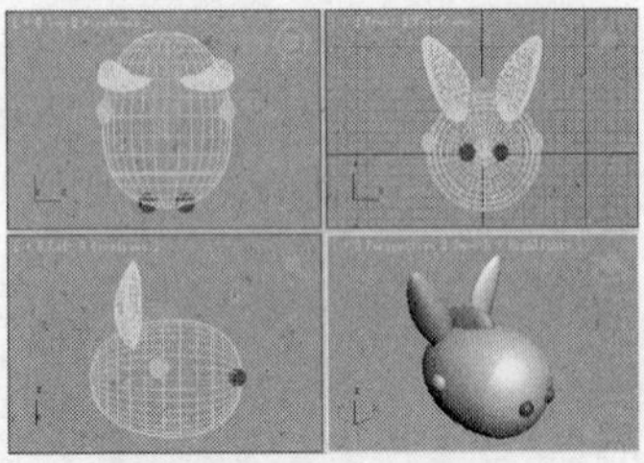

图3-139 观看模型效果

3.5.3 身体模型制作

Step01 在（创建）面板（几何体）中单击 Standard Primitives（标准几何体）的 Sphere（球体）命令，然后在 Front（前）视图中建立一个球体，设置 Radius（半径）值为 60，作为卡通驴子躯干部分的模型，如图 3-140 所示。

图3-140 建立躯干模型

Step02 将视图切换至 Left（左）视图，然后单击主工具栏中的（缩放）工具按钮沿 *x* 轴缩放球体，将其调节为椭圆球体，使模型整体比例更加协调，如图 3-141 所示。

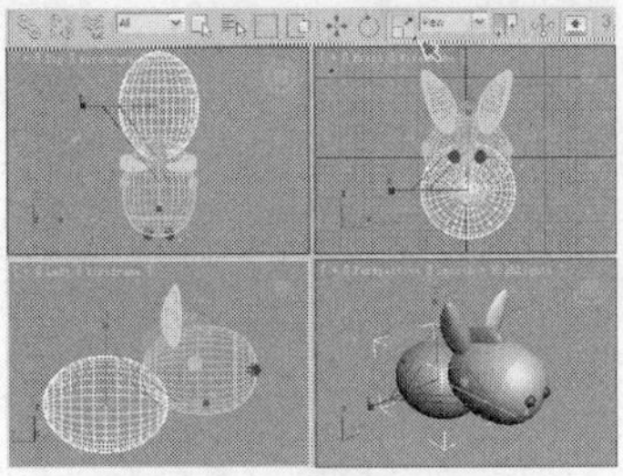

图3-141 调节躯干模型

Step03 在（创建）面板（几何体）中单击 Extended Primitives（扩展几何体）中的 OilTank（油罐）命令，然后在 Top（顶）视图中建立一个油罐，设置 Radius（半径）值为 20、Height（高度）值为 -90、Cap Height（封口高度）值为 18，作为卡通驴子腿部分的模型，如图 3-142 所示。

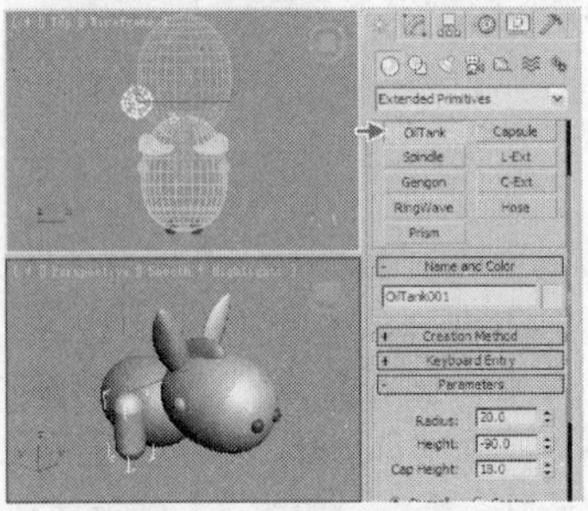

图3-142 建立腿部模型

Step04 选择制作好的油罐模型，在 Front（前）视图中添加（修改）面板中的 FFD 2×2×2（自由变形）命令，然后切换至 Control Points（控制点）模式调整点的位置，再编辑出卡通驴子腿形状的粗细变化，如图 3-143 所示。

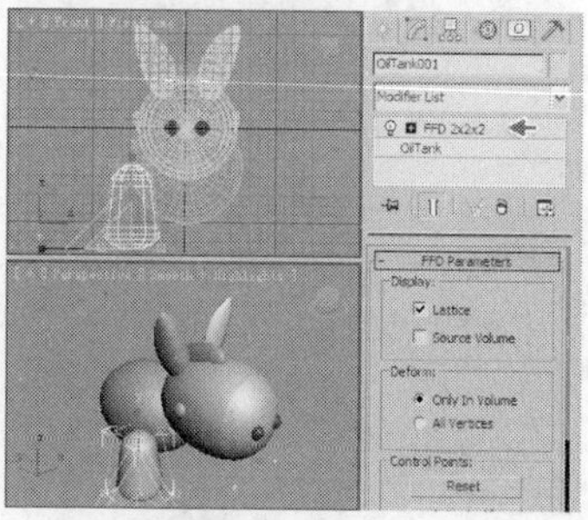

图3-143　调节腿部形状

Step05 选择制作好的腿部模型，然后在 Top（顶）视图中配合“Shift+ 移动”组合键将腿部模型复制 3 个，再调整到合适的四肢位置，如图 3-144 所示。

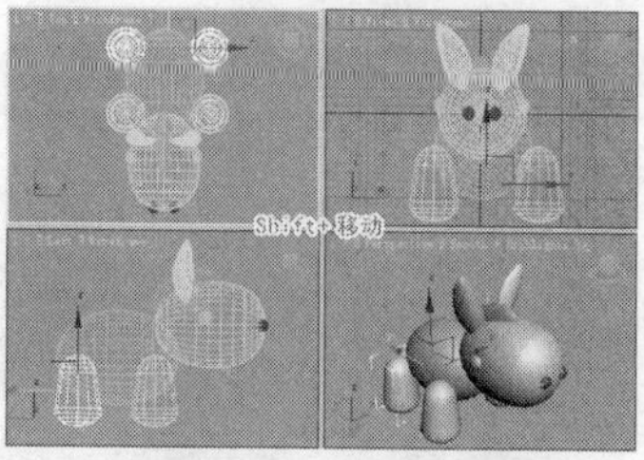

图3-144　复制腿部模型

Step06 在（创建）面板（几何体）中单击 Standard Primitives（标准几何体）的 Torus（圆环基本体）命令，然后在 Left（左）视图中建立一个圆环，设置 Radius 1（半径 1）值为 20、Radius 2（半径 2）值为 5，作为卡通驴子尾巴的模型，如图 3-145 所示。

图3-145　建立尾巴模型

Step07 调整制作好卡通驴子尾巴模型的位置，将视图切换至 Perspective（透）视图，观看整体模型效果，如图 3-146 所示。

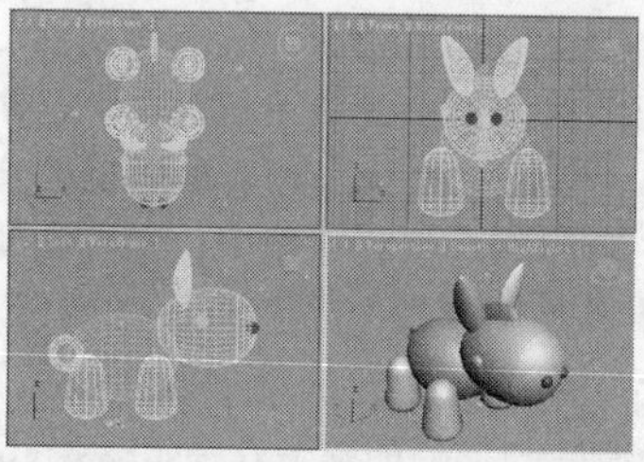

图3-146　观看模型效果

3.5.4　姿态与颜色设置

Step01 选择卡通驴子头部的所有模型，开启主工具栏中的（旋转）工具，调节出低头的动势，使模型效果更加生动，如图 3-147 所示。

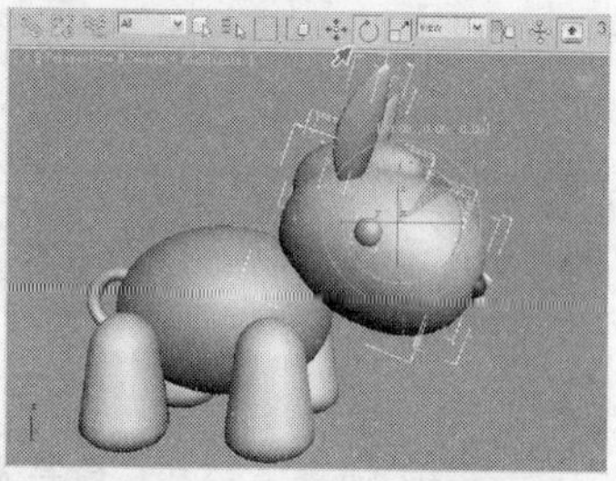

图3-147　调节头部动势

Step02 将视图切换至 Left（左）视图，选择卡通驴子腿部的模型，结合主工具栏中的（旋转）工具将其旋转成倾斜状，制作出奔跑的姿态，如图 3-148 所示。

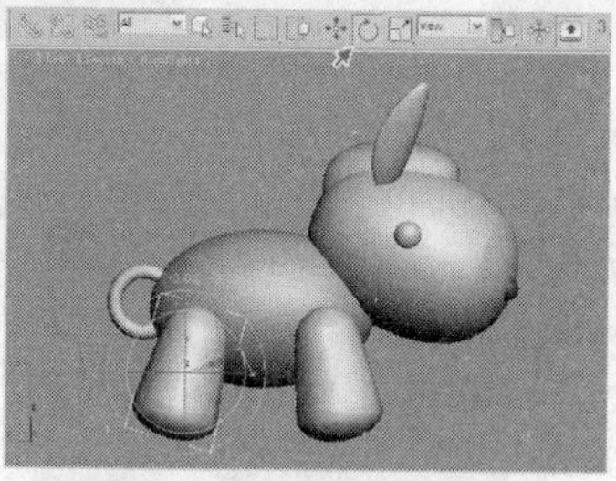

图3-148　调节奔跑姿态

Step03 继续调节卡通驴子腿部的模型，然后将视图切换至 Perspective（透）视图，观看当前模型的效果，如图 3-149 所示。

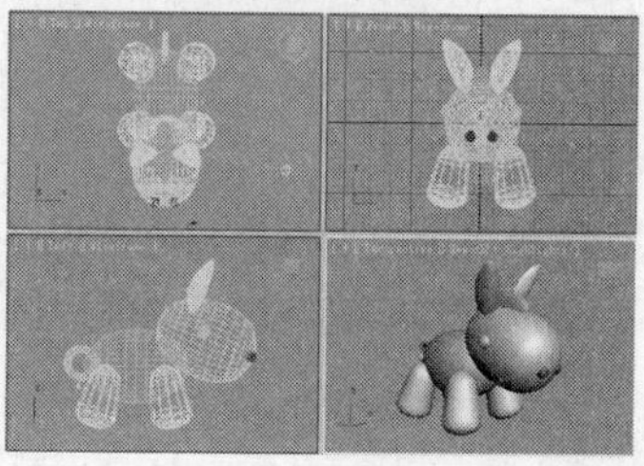

图3-149　观看模型效果

Step04 在主工具栏中单击（材质编辑器）按钮，在弹出的对话框中设置漫射为白色、米黄色和黑色3个材质，选择卡通驴子嘴部的模型赋予模型白色材质，然后将躯干、腿、头及耳朵的模型选择赋予模型米黄色材质，继续选择鼻子、鬃毛、眼睛及尾巴的模型赋予模型黑色材质，赋予单色材质后的模型效果如图3-150所示。

图3-150 赋予单色材质

Step05 在Perspective（透）视图中调整卡通驴子模型的位置及角度，结合“Ctrl+C”组合键为场景建立摄影机并匹配，然后再为场景建立灯光照明，在主工具栏中单击（快速渲染）按钮，渲染最终的效果如图3-151所示。

图3-151 渲染最终效果

3.6 范例——休闲沙发

【重点提要】

本范例主要使用标准基本体和扩展基本体进行创建，结合FFD（自由变形）命令搭建休闲沙发模型，然后为对象赋予材质和灯光，最终效果如图3-152所示。

图3-152 休闲沙发范例效果

【制作流程】

休闲沙发范例的制作流程分为4部分：①沙发框架搭建，②座垫及靠垫制作，③丰富模型细节，④场景渲染设置，如图3-153所示。

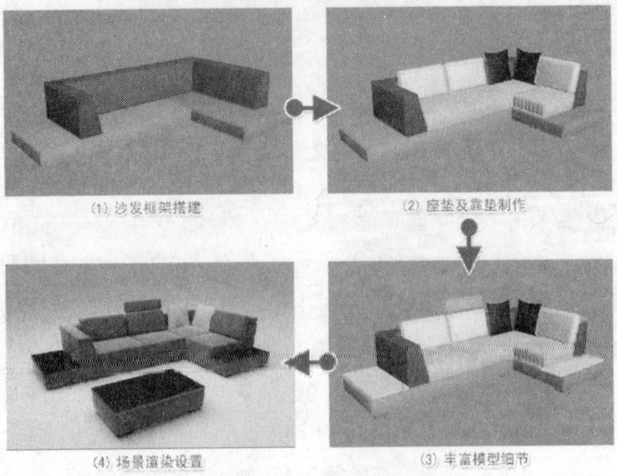

图3-153 制作流程

3.6.1 沙发框架搭建

Step01 在菜单栏中选择【Customize（自定义）】→【Units Setup（单位设置）】命令，然后在弹出的Unit Setup“单位设置”对话框中设置Display Unit Scale（显示单位）为Millimeter（毫米），再单击System Unit Setup（系统单位设置）命令按钮，在弹出的System Unit Setup（系统单位设置）对话框中设置系统单位为Millimeter（毫米），便于更加准确的尺寸设置，如图3-154所示。

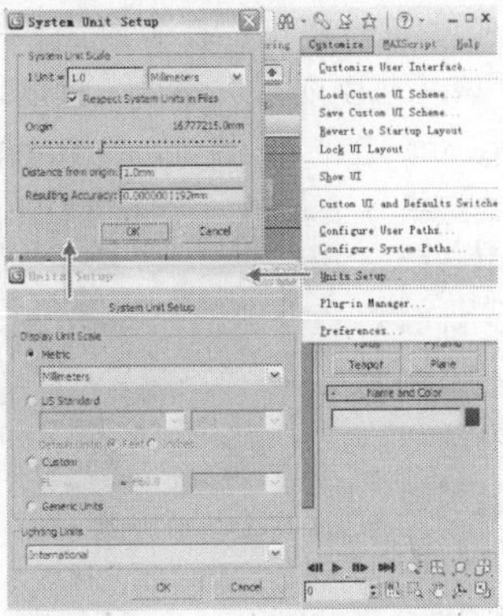

图3-154 设置场景单位

Step02 在（创建）面板（几何体）中选择Extended Primitives（扩展基本体）的Chamfer Box（切角长方体）命令，在Top（顶）视图中建立并设置Length（长度）值为900、Width（宽度）值为2200、Height（高度）值为180、Fillet（圆角）值为20，制作沙发框架主体模型，如图3-155所示。

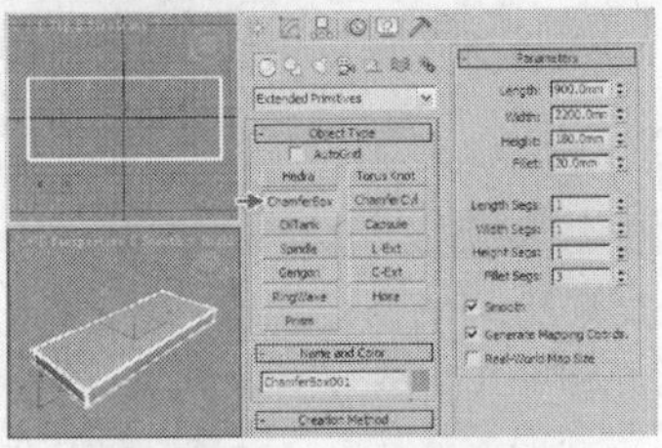

图3-155 制作框架主体模型

Step03 继续在（创建）面板（几何体）中单击Extended Primitives（扩展基本体）的Chamfer Box（切角长方体）命令，在Top（顶）视图中建立并设置Length（长度）值为1800、Width（宽度）值为900、Height（高度）值为180、Fillet（圆角）值为20，制作沙发另一侧框架主体模型，如图3-156所示。

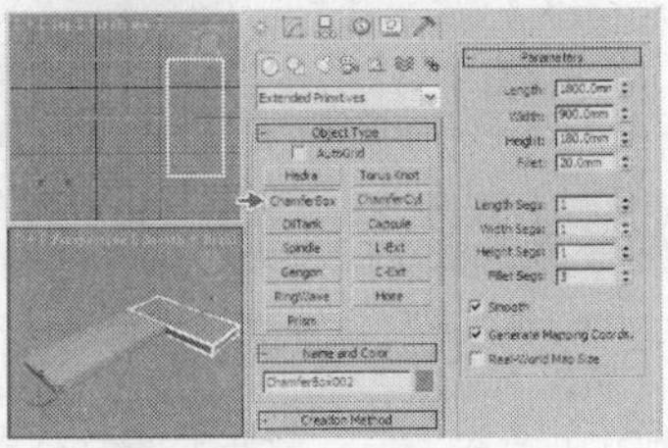

图3-156 丰富框架主体模型

Step04 继续在Top（顶）视图中建立Chamfer Box（切角长方体）命令，然后设置Length（长度）值为900、Width（宽度）值为300、Height（高度）值为450、Fillet（圆角）值为20，制作沙发的扶手模型，如图3-157所示。

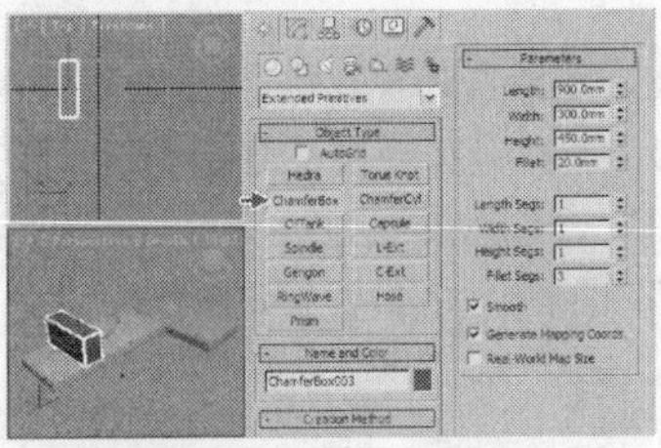

图3-157 制作扶手模型

Step05 选择沙发扶手模型，在（修改）面板中为其添加FFD 4×4×4（自由变形）命令，如图3-158所示。

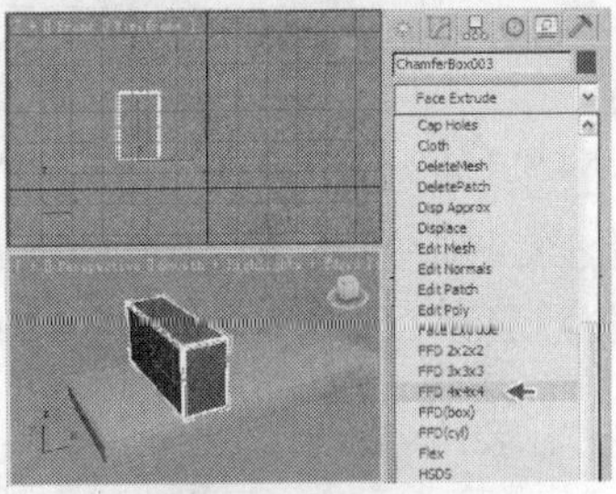

图3-158 添加自由变形命令

Step06 激活FFD 4×4×4（自由变形）命令并切换至Control Points（控制点）模式，然后在Front（前）视图中调节点的位置，制作出扶手内侧的斜面，如图3-159所示。

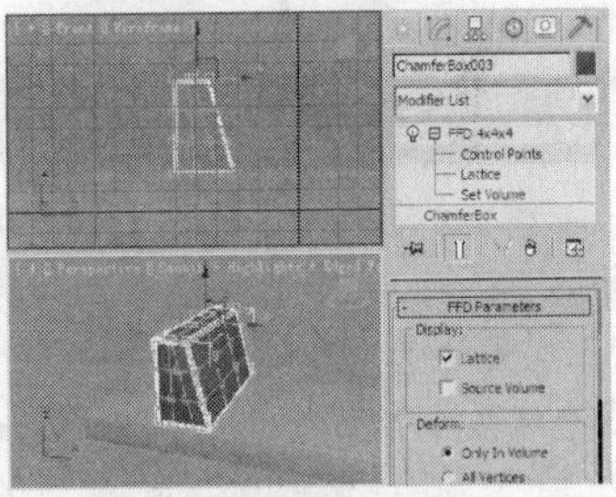

图3-159 调节扶手形状

Step07 将视图切换至Top（顶）视图，然后结合“Ctrl+旋转”组合键旋转复制沙发扶手模型，用来制作沙发的靠背，如图3-160所示。

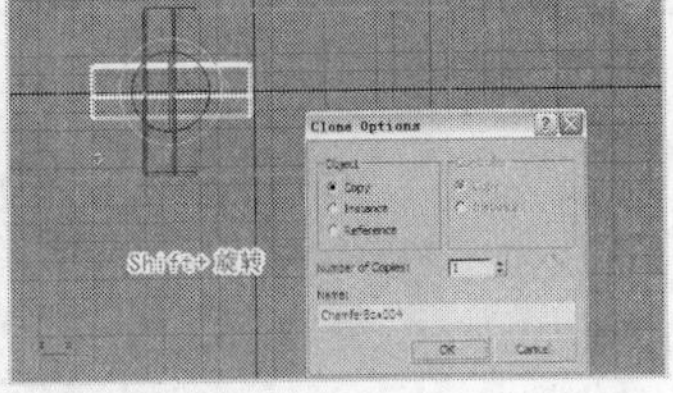

图3-160 复制扶手模型

Step08 选择复制的模型在 Top（顶）视图中使用（移动）工具将靠背模型调整到合适的位置，如图 3-161 所示。

Step09 选择沙发靠背模型，在（修改）面板中添加 FFD 4×4×4（自由变形）命令，在 Top（顶）视图中调整点的位置，将靠背模型与框架主体模型相匹配，如图 3-162 所示。

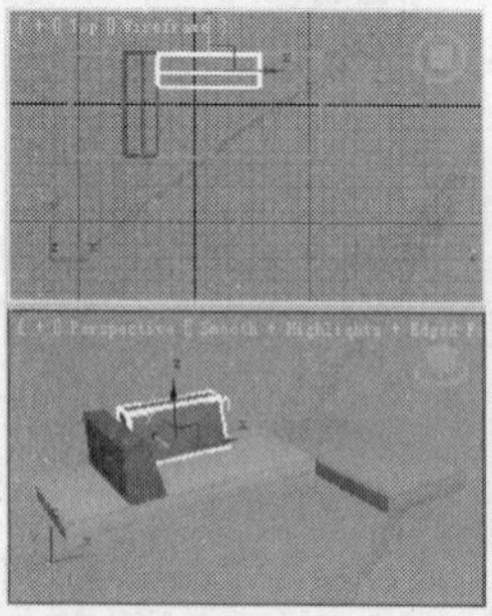

图3-161 调整靠背模型位置

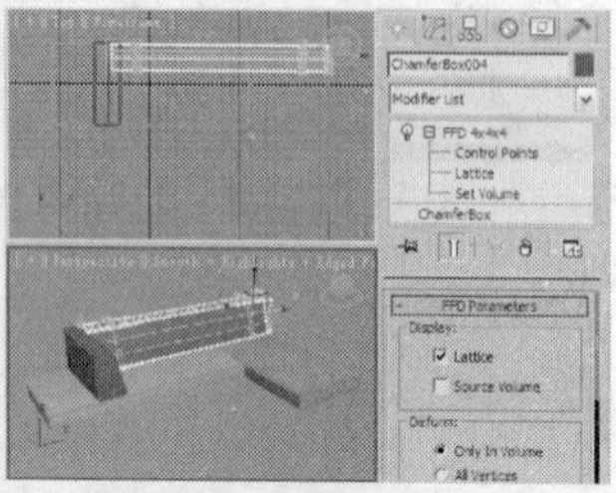

图3-162 调节靠背模型形状

Step10 选择沙发靠背模型，然后将其旋转复制并调整到合适的位置，再结合 FFD 4×4×4（自由变形）命令调节出另一侧的靠背模型，然后将视图切换至 Perspective（透）视图，观看当前沙发框架模型效果，如图 3-163 所示。

图3-163 模型效果

3.6.2 座垫及靠垫制作

Step01 在（创建）面板（几何体）中单击 Extended Primitives（扩展基本体）的 Chamfer Box（切角长方体）命令，然后在 Top（顶）视图中建立切角长方体，再设置 Length（长度）值为 600、Width（宽度）值为 600、Height（高度）值为 180、Fillet（圆角）值为 20，制作沙发的座垫模型，如图 3-164 所示。

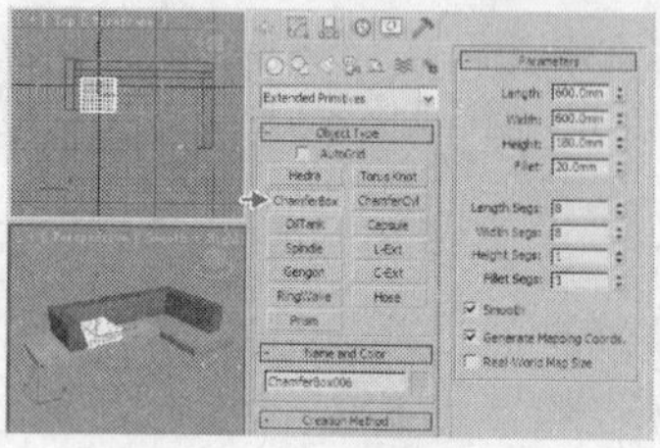

图3-164 制作座垫模型

Step02 选择沙发座垫模型，在修改面板中添加 FFD 4×4×4（自由变形）命令，然后切换至 Control Points（控制点）模式，在 Perspective（透）视图中选择顶部中间的点沿 z 轴向上移动，制作出座垫中间隆起的效果，如图 3-165 所示。

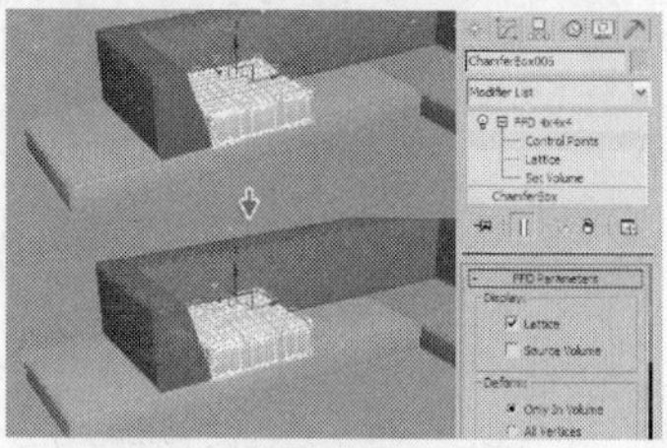

图3-165 调节座垫形状

Step03 选择沙发座垫模型，结合“Shift+ 移动”组合键将沙发座垫模型沿 x 轴进行复制操作，如图 3-166 所示。

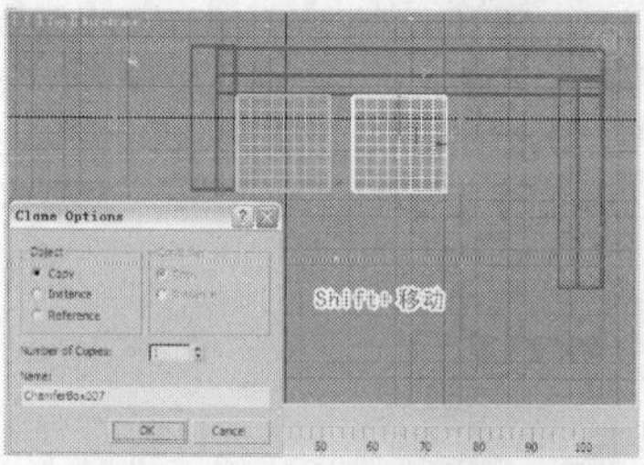

图3-166 复制座垫模型

Step04 结合“Shift+ 移动”组合键将沙发座垫模型复制多个并调整到合适的位置，如图 3-167 所示。

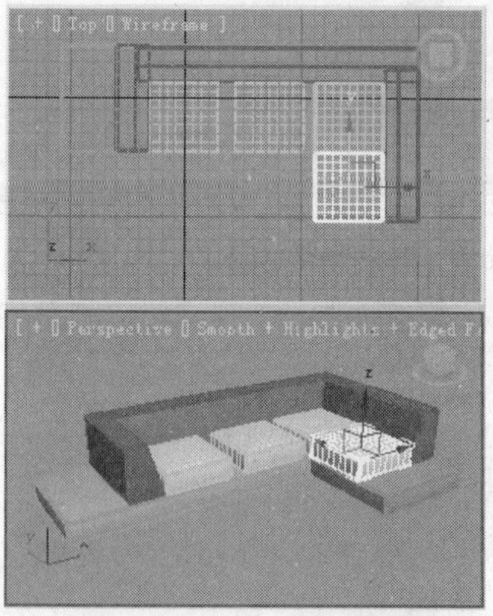

图3-167 复制多个座垫

Step05 将视图切换至 Top（顶）视图并分别选择沙发座垫模型，激活 FFD 4×4×4（自由变形）命令再切换至 Control Points（控制点）模式，调整点的位置使各模型更加紧密，如图 3-168 所示。

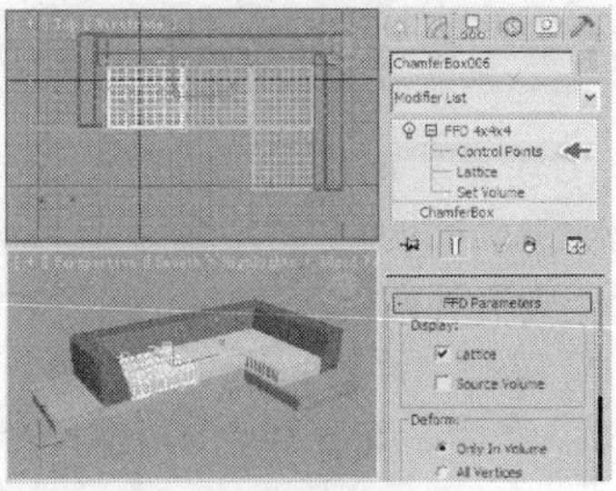

图3-168　调节座垫形状

Step06 将视图切换至 Front（前）视图，选择左侧的沙发座垫模型，激活 FFD 4×4×4（自由变形）命令并切换至 Control Points（控制点）模式调整点的位置，制作出座垫模型侧边的斜面，如图 3-169 所示。

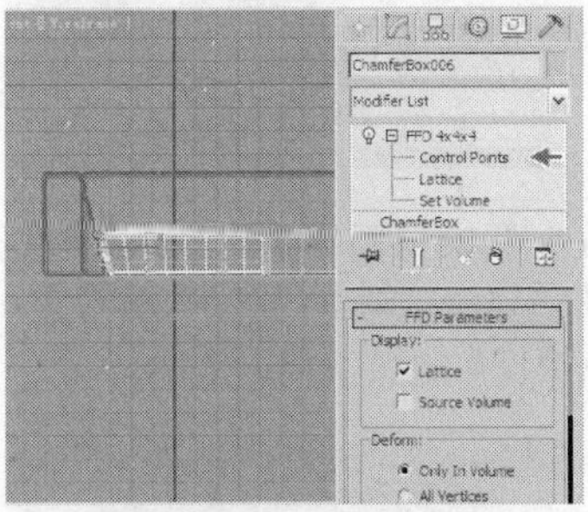

图3-169　调节座垫斜面

Step07 继续在 Front（前）视图中选择右侧的沙发座垫模型，激活 FFD 4×4×4（自由变形）命令并切换至 Control Points（控制点）模式调整点的位置，制作出座垫模型侧边的斜面，如图 3-170 所示。

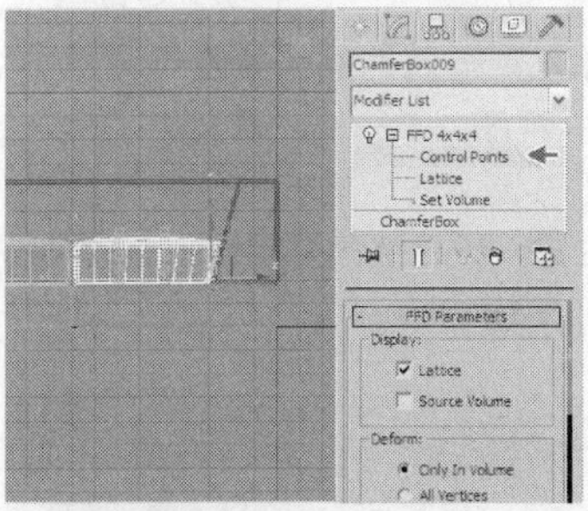

图3-170　调节座垫斜面

Step08 在（创建）面板（几何体）中单击 Extended Primitives（扩展基本体）的 Chamfer Box（切角长方体）命令，然后在 Front（前）视图中建立，设置 Length（长度）值为 400、Width（宽度）值为 700、Height（高度）值为 120、Fillet（圆角）值为 50，制作沙发靠垫的模型，如图 3-171 所示。

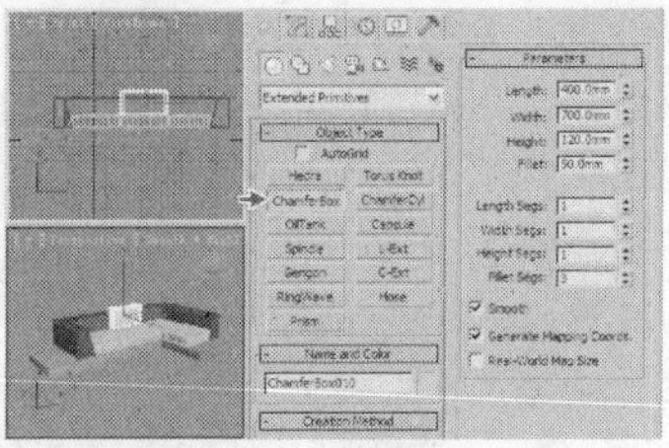

图3-171　创建靠垫模型

Step09 选择沙发靠垫模型，单击主工具栏中的（旋转）工具按钮将模型旋转合适的角度，使其与沙发靠背模型相匹配，如图 3-172 所示。

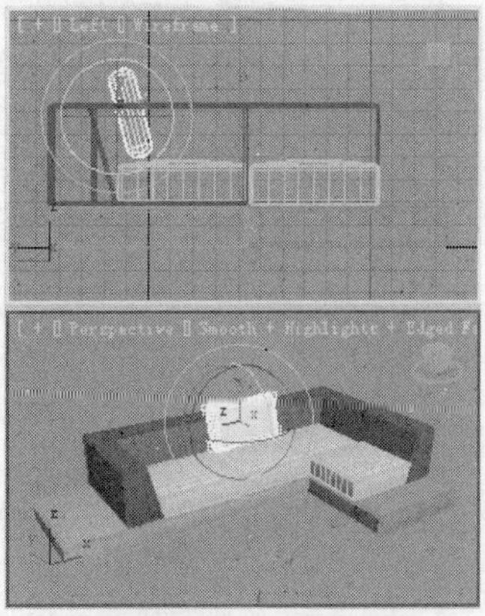

图3-172　选择靠垫模型

Step10 选择调节好的沙发靠垫模型，结合“Shift+ 移动”组合键对模型进行复制操作并调整到合适的位置，制作出沙发左侧的靠垫，如图 3-173 所示。

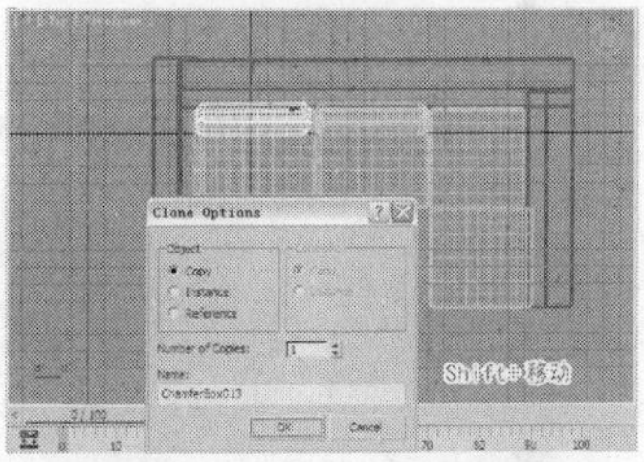

图3-173　复制靠垫模型

Step11 继续结合“Shift+ 移动”组合键对模型进行复制操作并调整到合适的位置，制作出沙发右侧的靠垫，如图 3-174 所示。

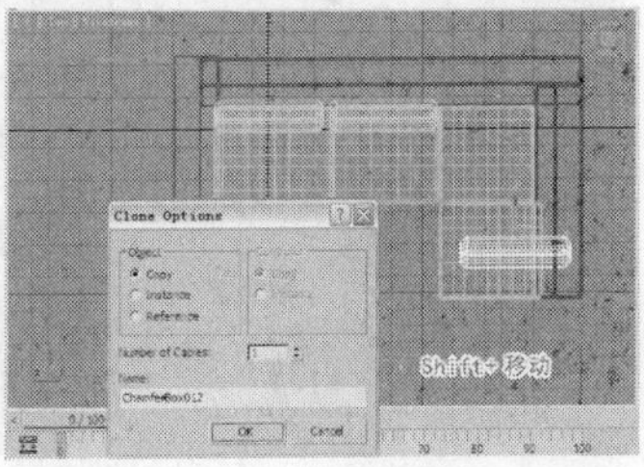

图3-174　复制靠垫模型

Step12 选择沙发右侧的靠垫模型，开启主工具栏中的（旋转）工具按钮对模型进行旋转操作，然后将视图切换至 Perspective（透）视图，观看模型效果，如图 3-175 所示。

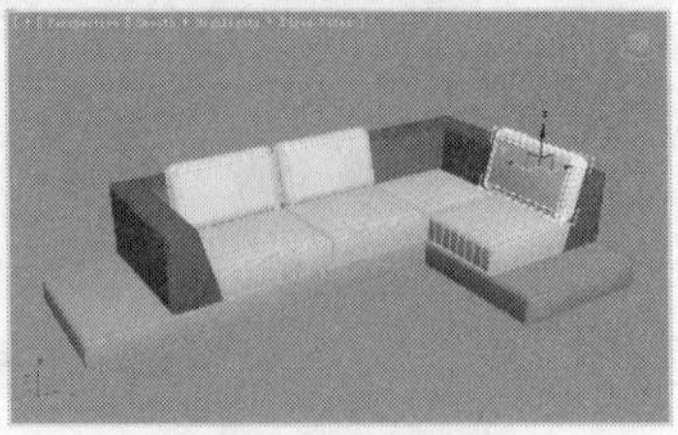

图3-175　模型效果

Step13 将视图切换至 Front（前）视图，进入（创建）面板单击 Standard Primitives（标准基本体）子面板下的 Box（长方体）命令按钮，建立并设置 Length（长度）值为 500、Width（宽度）值为 500、Height（高度）值为 120、Length Segs（长度段数）值为 10、Width Segs（宽度段数）值为 10，制作抱枕的模型，如图 3-176 所示。

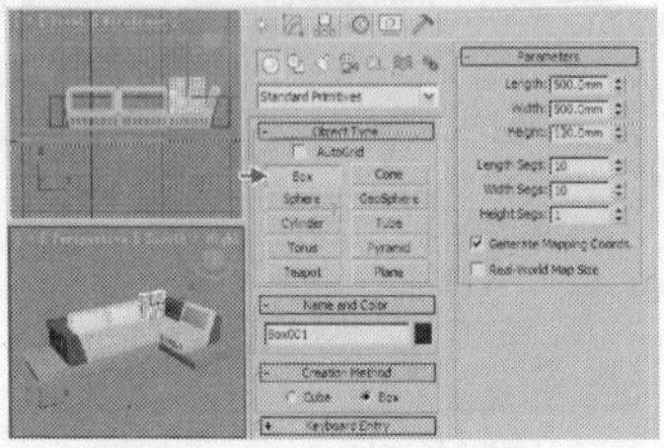

图3-176　制作抱枕模型

Step14 选择抱枕模型并在（修改）面板中为其添加 FFD 3×3×3（自由变形）命令，然后切换至 Control Points（控制点）模式调整点位置，调节出抱枕的形状，如图 3-177 所示。

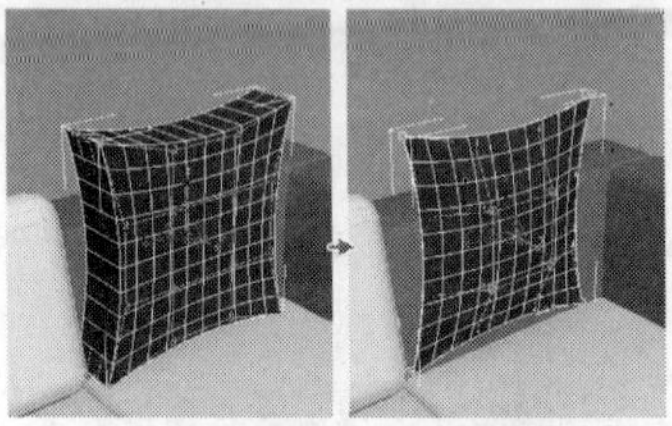

图3-177　调节抱枕形状

Step15 选择调节好的抱枕模型，结合“Shift+ 旋转”组合键对模型进行旋转复制，然后将其放置到合适的位置，在 Perspective（透）视图中，查看当前模型的效果，如图 3-178 所示。

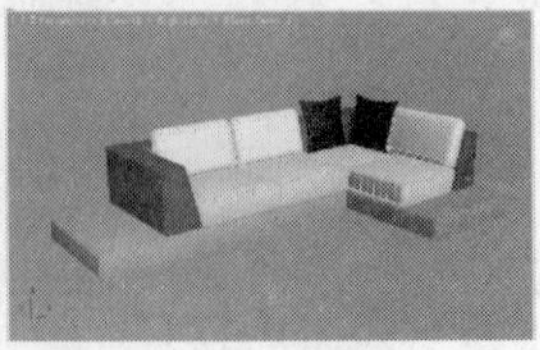

图3-178　模型效果

3.6.3　丰富模型细节

Step01 在（创建）面板（几何体）中单击 Extended Primitives（扩展基本体）的 Chamfer Box（切角长方体）命令，然后在 Top（顶）视图中建立，设置 Length（长度）值为 200、Width（宽度）值为 700、Height（高度）值为 80、Fillet（圆角）值为 40，制作沙发左侧的顶部靠垫模型，如图 3-179 所示。

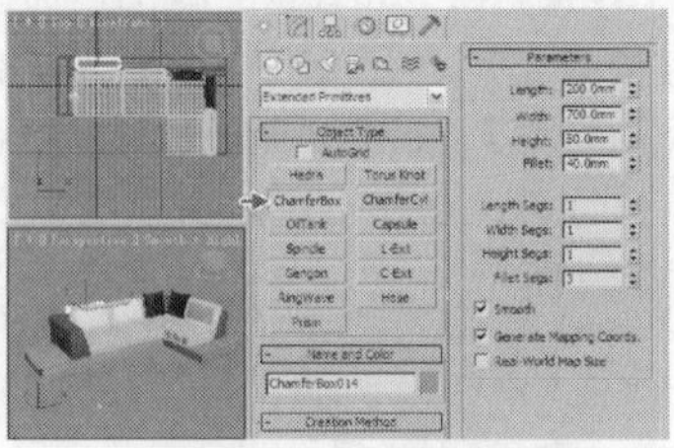

图3-179　制作靠垫模型

Step02 选择左侧的顶部靠垫模型，然后在 Top（顶）视图中结合“Shift+ 移动”组合键对模型进行复制操作，如图 3-180 所示。

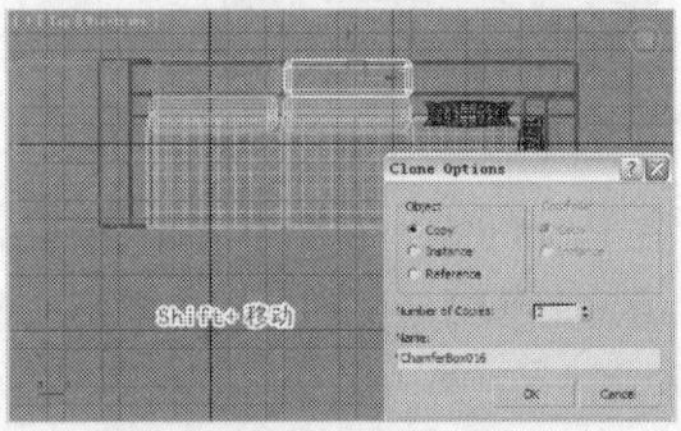

图3-180　复制靠垫模型

Step03 选择复制得到的靠垫模型再将视图切换至 Left（左）视图，单击主工具栏中的（旋转）工具按钮对模型进行旋转操作并放置到合适的角度和位置，然后继续复制出右侧的顶部靠垫模型，如图 3-181 所示。

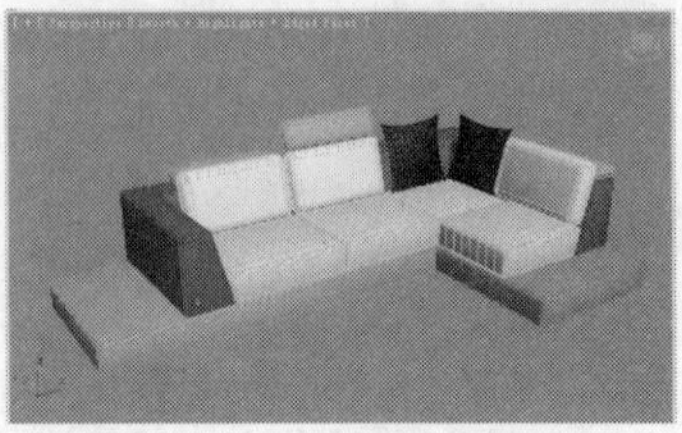

图3-181　复制模型位置

Step04 将视图切换至 Top（顶）视图，进入（创建）面板单击 Standard Primitives（标准基本体）子面板下的 Box（长方体）命令按钮，设置

Length（长度）值为900、Width（宽度）值为460、Height（高度）值为20，制作沙发左侧的托板模型，如图3-182所示。

Step05 继续在Top（顶）视图中，进入（创建）面板单击Standard Primitives（标准基本体）子面板下的Box（长方体）命令按钮，设置Length（长度）值为300、Width（宽度）值为900、Height（高度）值为20，制作沙发右侧的托板模型，如图3-183所示。

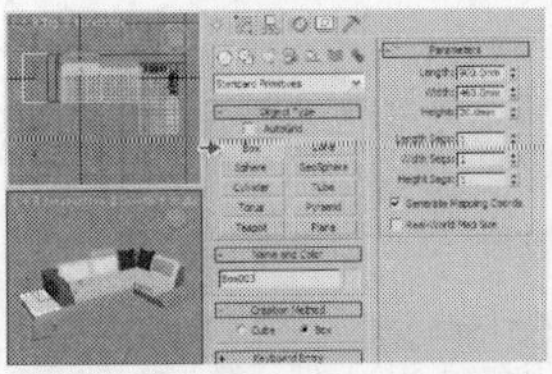

图3-182 制作左侧托板

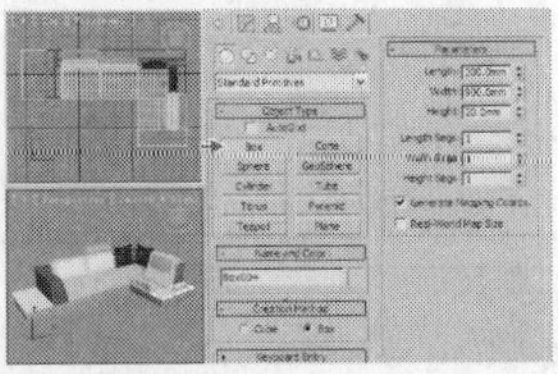

图3-183 制作右侧托板

Step06 进入（创建）面板单击Standard Primitives（标准基本体）子面板下的Box（长方体）命令按钮，继续在Top（顶）视图中建立并设置Length（长度）值为150、Width（宽度）值为150、Height（高度）值为50，制作沙发的地脚模型，如图3-184所示。

Step07 选择地脚模型并在Top（顶）视图中结合"Shift+移动"组合键对模型进行复制操作，如图3-185所示。

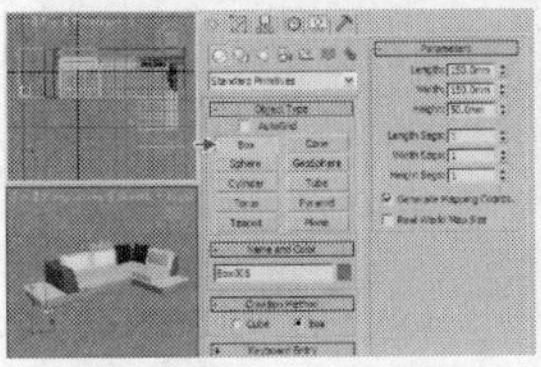

图3-184 制作地脚模型

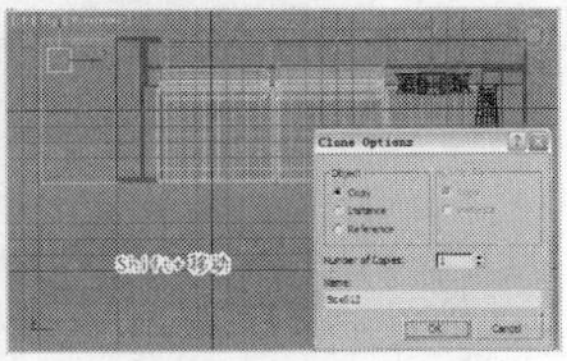

图3-185 复制地脚模型

Step08 继续在Top（顶）视图中将地脚模型复制多个并放置到合适的位置，再将视图切换至Perspective（透）视图观看当前模型的效果，如图3-186所示。

图3-186 模型效果

3.6.4 场景渲染设置

Step01 单击主工具栏中的（渲染设置）命令按钮，在弹出的Render Setup（渲染设置）对话框中指定渲染器为VRay第三方渲染器，如图3-187所示。

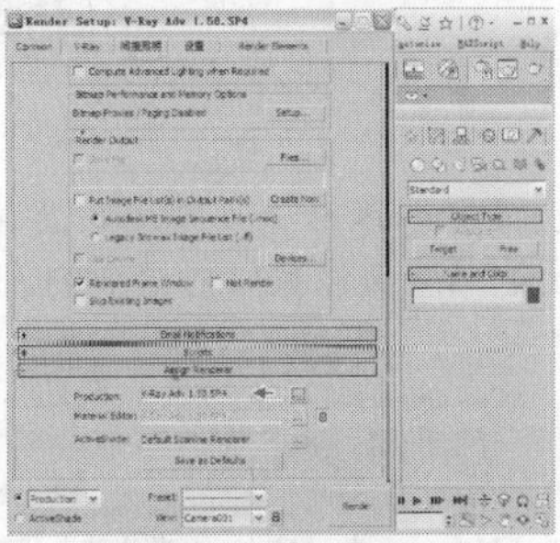

图3-187 指定渲染器

Step02 在（创建）灯光面板中单击"VR灯光"命令按钮并在Front（前）视图中建立，然后结合主工具栏中的（旋转）工具按钮将灯光调整合适的角度，如图3-188所示。

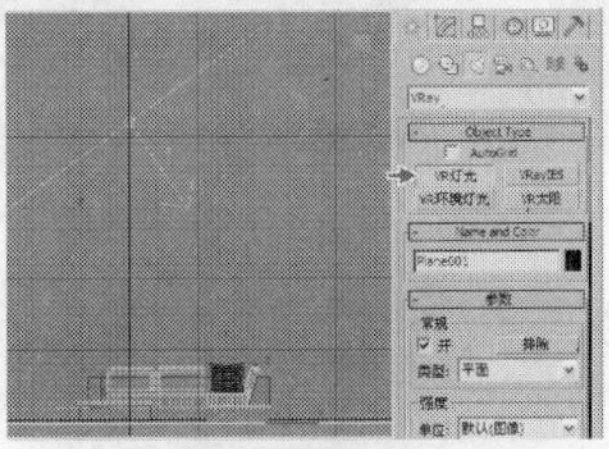

图3-188 建立场景灯光

Step03 在（创建摄影机）面板中单击Target（目标摄影机）命令按钮并在Top（顶）视图中建立，然后结合主工具栏中的（移动）工具将其放置到合适的位置，如图3-189所示。

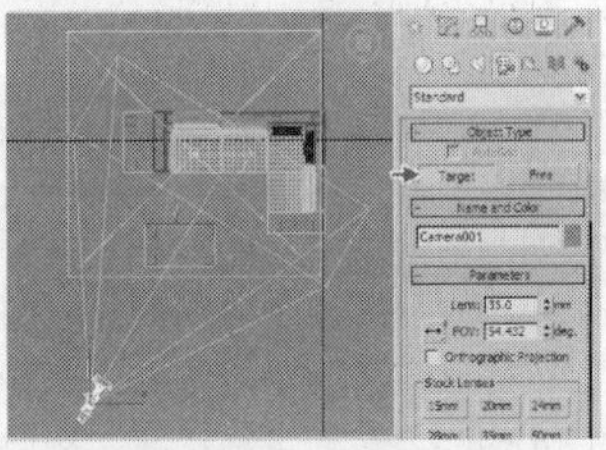

图3-189 建立摄影机

Step04 单击主工具栏中的（材质编辑器）按钮，在弹出的"材质编辑器"对话框中分别设置桌面和布料等材质，如图3-190所示。

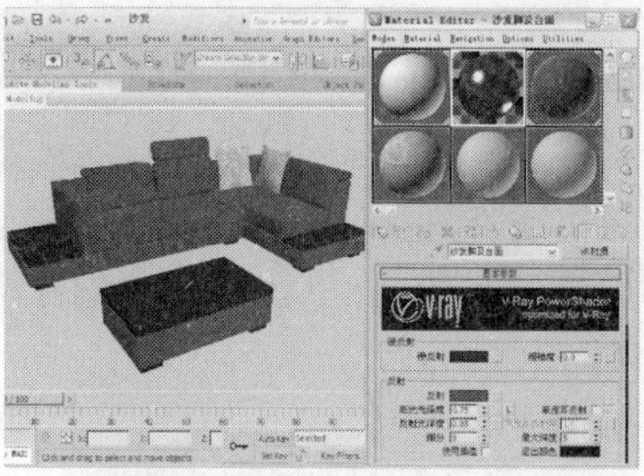

图3-190　设置场景材质

Step05 在主工具栏中单击（渲染设置）工具按钮，在弹出的“渲染设置”对话框中设置相应的渲染器参数，然后再单击主工具栏中的（快速渲染）按钮，渲染最终效果，如图 3-191 所示。

图3-191　渲染最终效果

3.7 范例——旧木板房

【重点提要】

旧木板房范例中主要使用标准基本体和样条线结合 Extrude（挤出）命令搭建组合旧木板房模型，然后再赋予材质和灯光，最终效果如图 3-192 所示。

图3-192　旧木板房范例效果

【制作流程】

旧木板房范例的制作流程分为 4 部分：①楼体框架搭建，②墙体模型制作，③门窗模型制作，④添加辅助模型，如图 3-193 所示。

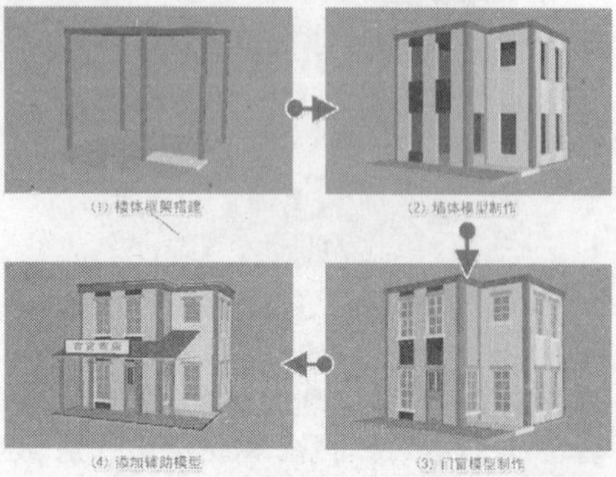

图3-193　制作流程

3.7.1 楼体框架搭建

Step01 在（创建）面板（几何体）中单击 Standard Primitives（标准几何体）面板下的 Box（长方体）命令按钮，然后在 Top（顶）视图中建立并设置 Length（长度）值为 2000、Width（宽度）值为 6300、Height（高度）值为 150，作为室外的地台模型，如图 3-194 所示。

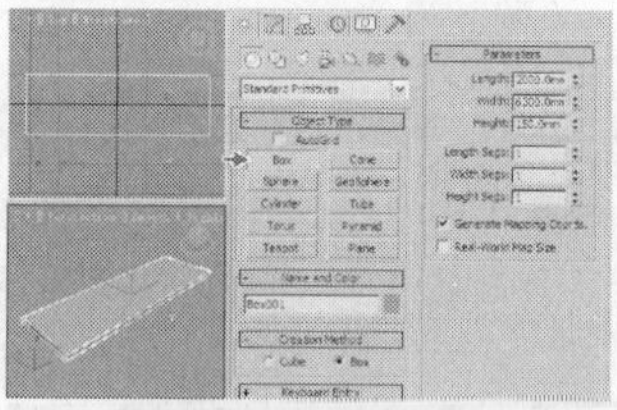

图3-194　建立地台模型

Step02 继续在（创建）面板几何体中单击 Standard Primitives（标准几何体）面板下的 Box（长方体）命令按钮，然后在 Top（顶）视图中建立并设置 Length（长度）值为 1500、Width（宽度）值为 2400、Height（高度）值为 150，丰富室外的地台模型，如图 3-195 所示。

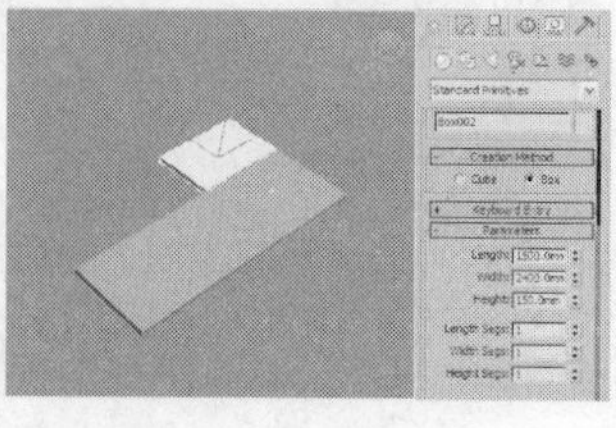

图3-195　丰富地台模型

Step03 在Top（顶）视图中单击（创建）面板（几何体）中的Standard Primitives（标准几何体）面板下的Box（长方体）命令按钮，然后设置Length（长度）值为5200、Width（宽度）值为6150、Height（高度）值为100，用来制作楼体的地基模型，如图3-196所示。

图3-196 建立地基模型

Step04 进入Top（顶）视图，单击（创建）面板（几何体）中Standard Primitives（标准几何体）面板下的Box（长方体）命令按钮，然后设置Length（长度）值为200、Width（宽度）值为200、Height（高度）值为5500，用来制作楼体的柱子模型，如图3-197所示。

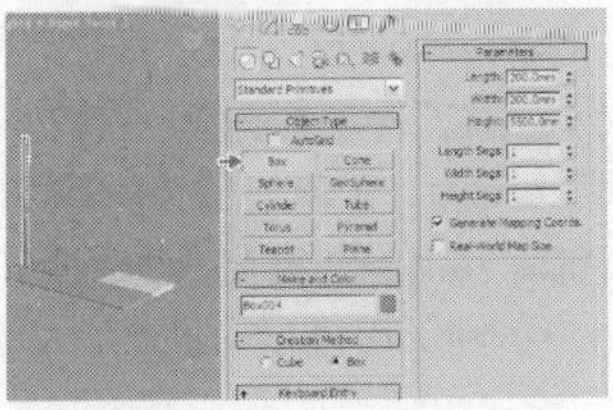

图3-197 建立柱子模型

Step05 选择创建好的柱子模型，在Top（顶）视图中结合“Shift+移动”组合键进行复制操作，设置拷贝数量为4，如图3-198所示。

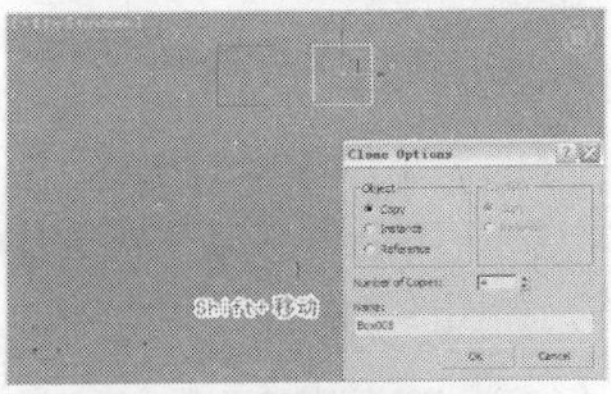

图3-198 复制柱子模型

Step06 继续在Top（顶）视图中单击主工具栏中的（移动）工具按钮，将复制的柱子模型分别放置到合适的位置，如图3-199所示。

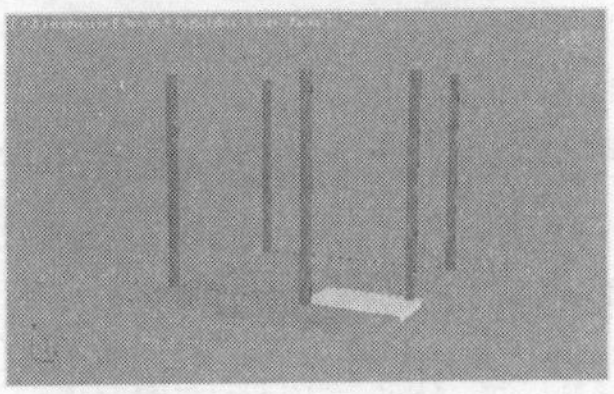

图3-199 调整模型位置

Step07 进入（创建）面板中的（图形）子面板，单击Splines（样条线）下的Line（线）命令按钮，在Top（顶）视图中绘制出楼体顶盖的截面图形，如图3-200所示。

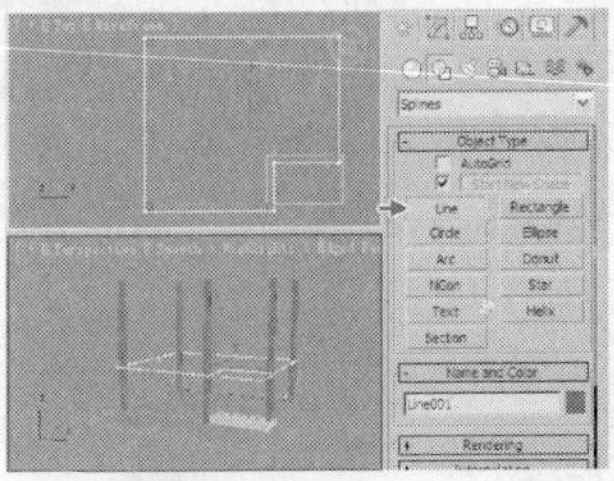

图3-200 绘制顶盖图形

Step08 选择绘制好的顶盖图形，打开（修改）面板并在修改列表中添加Extrude（挤出）命令，使绘制的图形转换为三维模型，如图3-201所示。

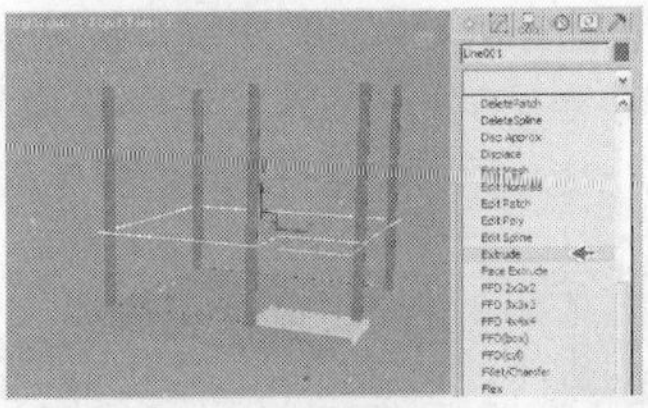

图3-201 添加挤出命令

Step09 设置挤出的Amount（数量）为250，制作出顶盖模型的厚度，如图3-202所示。

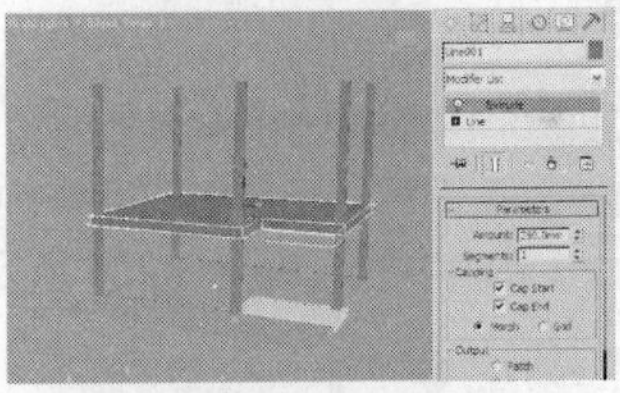

图3-202 设置挤出参数

Step10 选择制作好的顶盖模型，结合主工具栏中的（移动）工具按钮，将模型放置到合适的位置，然后将视图切换至Perspective（透）视图，观看当前模型的效果，如图3-203所示。

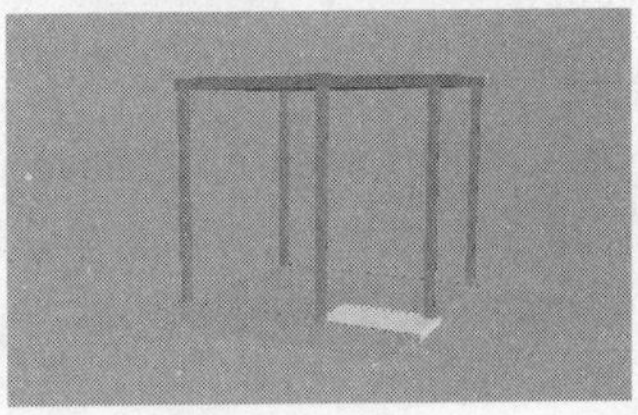

图3-203 模型效果

3.7.2 墙体模型制作

Step01 在（创建）面板（几何体）中单击Standard Primitives（标准几何体）面板下的Box（长方体）命令按钮，然后在Front（前）视图中建立长方体并设置其Length（长度）值为5200、Width（宽度）值为700、Height（高度）值为150，开始搭建楼体正面的墙体模型，如图3-204所示。

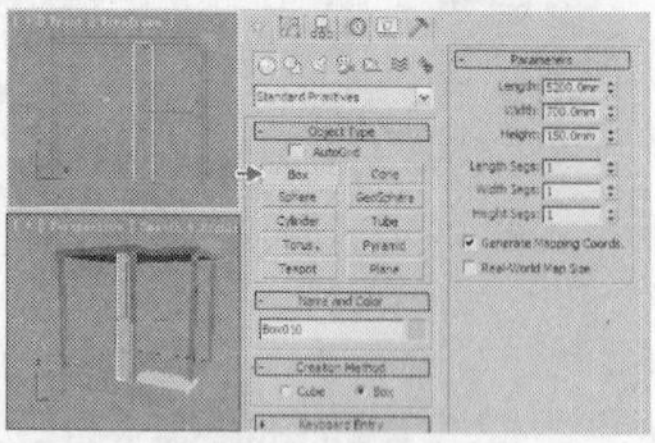

图3-204 制作墙体构件

Step02 选择创建好的墙体构件模型，在Front（前）视图中结合"Shift+移动"组合键将其进行复制操作，设置复制数量为2，如图3-205所示。

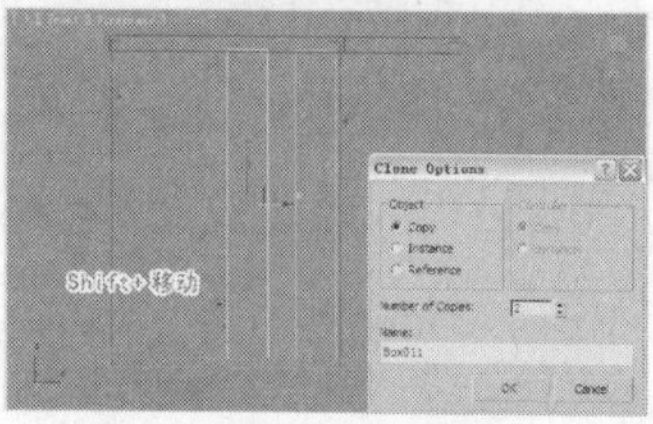

图3-205 复制墙体构件

Step03 继续在Front（前）视图中单击主工具栏中的（移动）工具按钮，将复制的墙体构件模型分别放置到合适的位置，如图3-206所示。

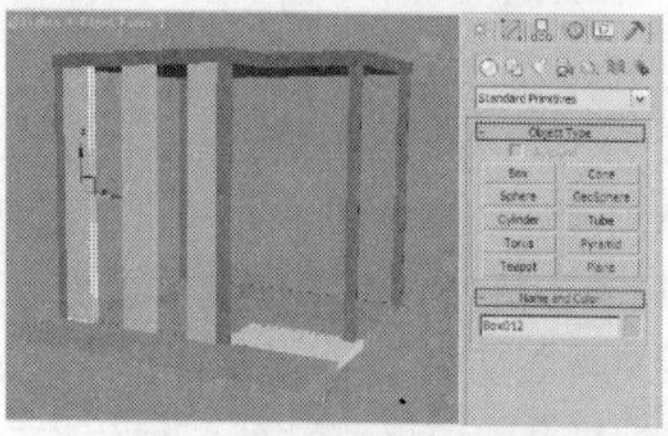

图3-206 调整模型位置

Step04 在Front（前）视图中单击（创建）面板（几何体）中的Standard Primitives（标准几何体）面板下的Box（长方体）命令按钮，然后设置Length（长度）值为1300、Width（宽度）值为800、Height（高度）值为150，制作窗口下的墙体模型，如图3-207所示。

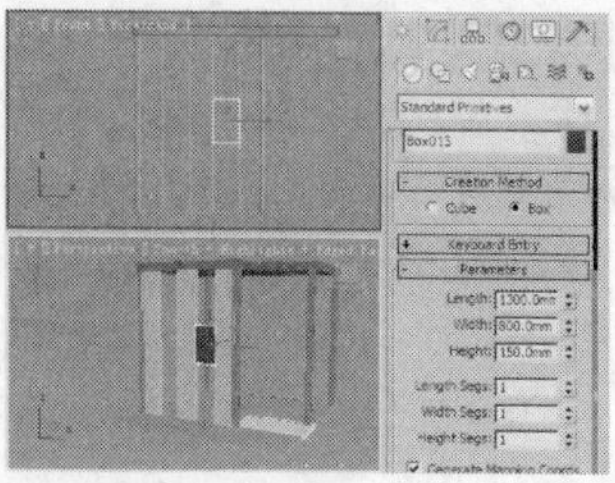

图3-207 建立窗下墙体

Step05 选择创建好的窗下墙体模型，在Front（前）视图中结合"Shift+移动"组合键将其进行复制操作，如图3-208所示。

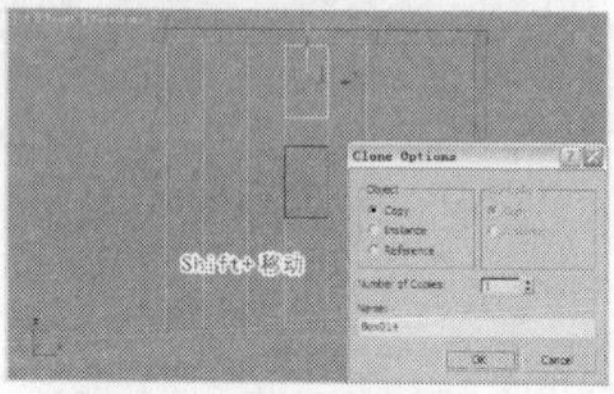

图3-208 复制窗下墙体

Step06 选择复制的窗下墙体模型，在（修改）面板中设置Length（长度）值为400、Width（宽度）值为800、Height（高度）值为150，用来制作窗口上方的圈梁模型，如图3-209所示。

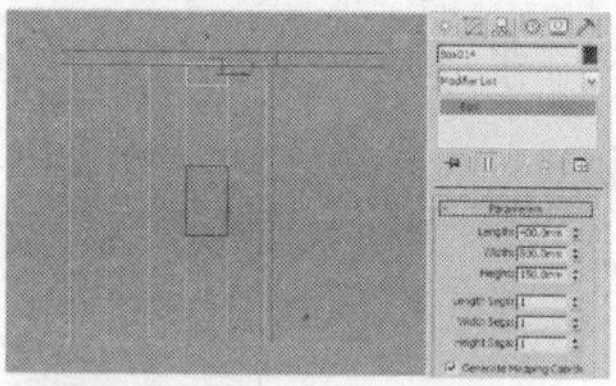

图3-209 制作圈梁模型

Step07 将制作好的两个模型同时选择，在Front（前）视图中结合"Shift+移动"组合键将其进行复制操作，如图3-210所示。

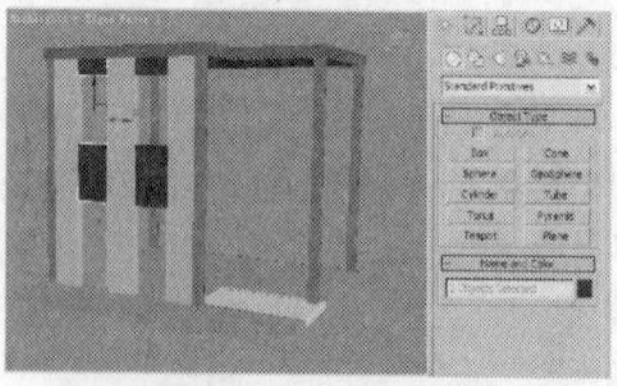

图3-210 复制墙体模型

Step08 将视图切换至Left（左）视图，在Front（前）视图中单击（创建）面板几何体中的Standard Primitives（标准几何体）面板下的Box（长方体）命令按钮，制作出侧面的墙体，如图3-211所示。

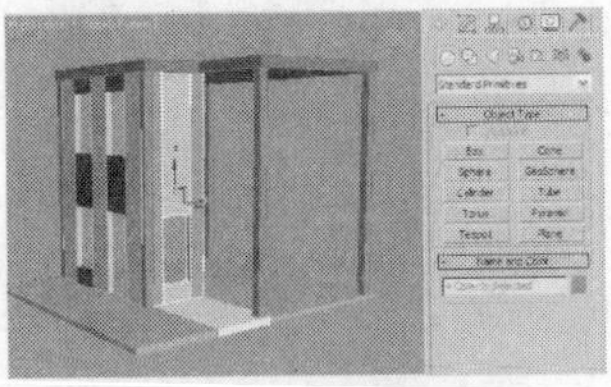

图3-211 制作侧面墙体

Step09 将视图切换至Front（前）视图，单击（创建）面板（几何体）中的Standard Primitives（标准几何体）面板下的Box（长方体）命令按钮，继续完善正面墙体模型，如图3-212所示。

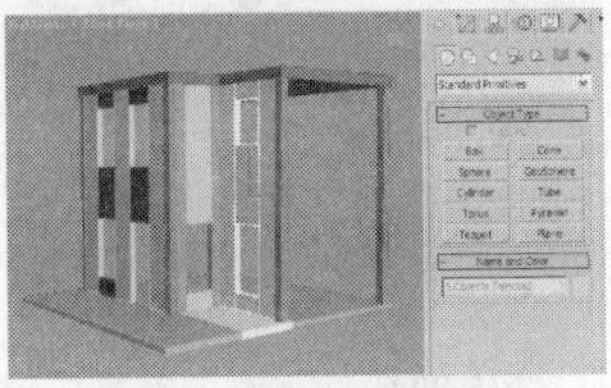

图3-212 完善正面墙体

Step10 继续选择（创建）面板（几何体）中的Standard Primitives（标准几何体）下的Box（长方体）命令按钮，在Left（左）视图中建立，丰富侧面墙体模型，如图3-213所示。

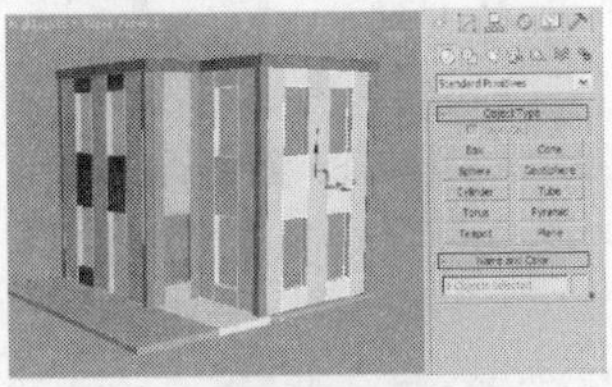

图3-213 丰富侧面墙体

Step11 将视图切换至Front（前）视图，单击（创建）面板（几何体）中的Standard Primitives（标准几何体）下的Box（长方体）命令按钮，制作出楼体背面的墙体模型，如图3-214所示。

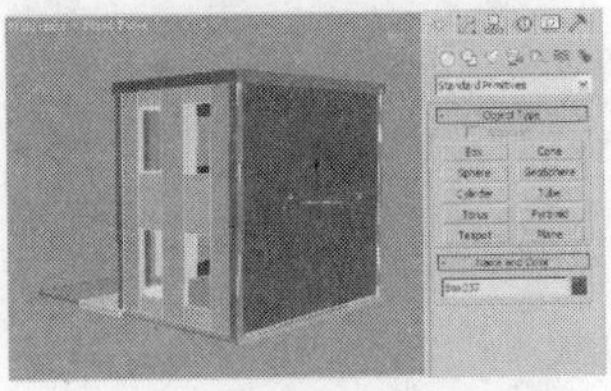

图3-214 制作背面墙体

Step12 继续选择（创建）面板（几何体）中的Standard Primitives（标准几何体）下的Box（长方体）命令按钮，制作出楼体背面的墙体模型，如图3-215所示。

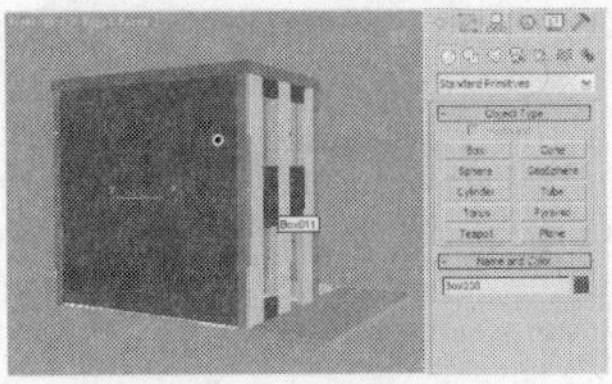

图3-215 制作背面墙体

Step13 将视图切换至Perspective（透）视图，观看当前模型的效果，如图3-216所示。

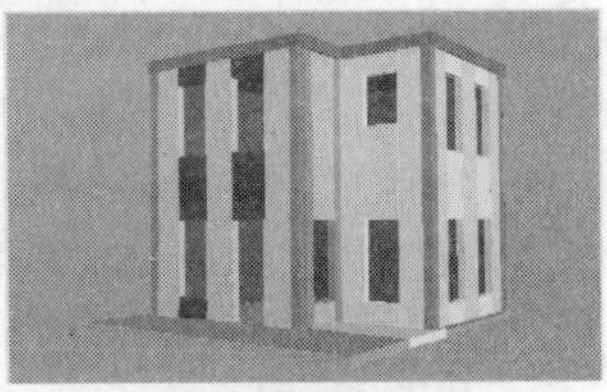

图3-216 模型效果

3.7.3 门窗模型制作

Step01 将视图切换至Front（前）视图，单击（创建）面板（几何体）中的Standard Primitives（标准几何体）下的Box（长方体）命令按钮，搭建出门框的模型，如图3-217所示。

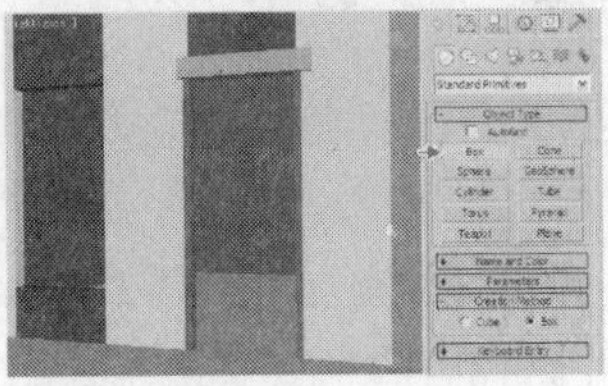

图3-217 搭建门框模型

Step02 继续在Front（前）视图中单击（创建）面板（几何体）中的Splines（样条线）下的Line（线）命令按钮，绘制出门板的多个图形，选择一个图形并进入（修改）面板，然后选择Geometry（几何体）卷展栏下的Attach（结合）命令，将其他图形结合为一个图形，如图3-218所示。

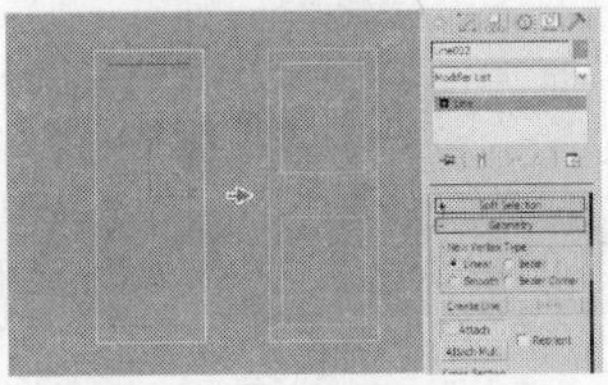

图3-218 绘制门板图形

Step03 选择绘制好的门板图形，在（修改）面板下添加Extrude（挤出）命令，然后设置Amount（数量）为40，挤出带有厚度的门板模型，如图3-219所示。

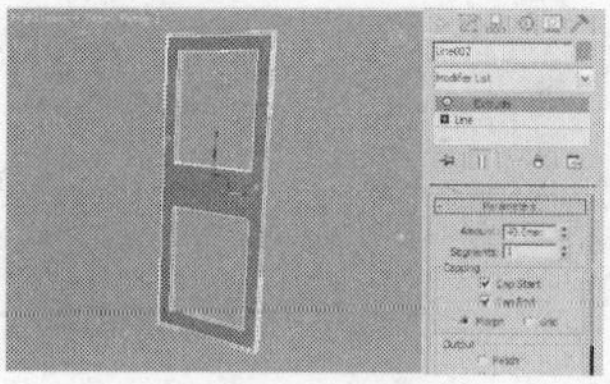

图3-219　添加挤出命令

Step04 在 Front（前）视图中单击（创建）面板（几何体）中的 Standard Primitives（标准几何体）下的 Box（长方体）命令按钮，继续细化丰富门板模型，然后结合主工具栏中的（移动）工具将模型放置到合适的位置，如图 3-220 所示。

Step05 在 Front（前）视图中选择（创建）面板（几何体）中的 Standard Primitives（标准几何体）面板下的 Box（长方体）命令按钮，搭建出窗子的模型，然后再将模型放置到合适的位置，如图 3-221 所示。

图3-220　制作门板模型

图3-221　制作窗子模型

Step06 选择制作好的整套窗子模型，然后结合“Shift+移动”组合键将其复制多个，再将视图切换至 Perspective（透）视图观看模型效果，如图 3-222 所示。

图3-222　模型效果

3.7.4　添加辅助模型

Step01 在 Top（顶）视图中选择（创建）面板（几何体）中的 Standard Primitives（标准几何体）下的 Box（长方体）命令按钮，然后设置 Length（长度）值为 200、Width（宽度）值为 200、Height（高度）值为 150，用来制作柱基底部模型，如图 3-223 所示。

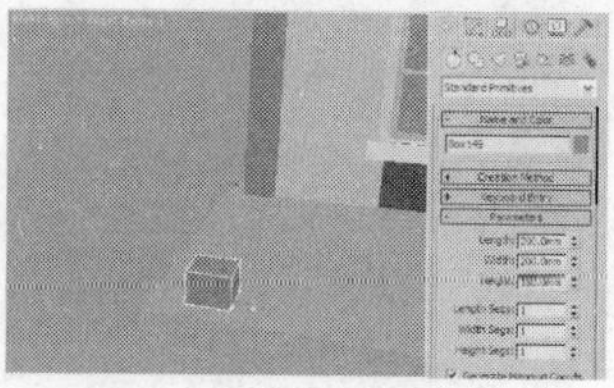

图3-223　制作柱基底部模型

Step02 选择做好的柱基模型，在 Front（前）视图中结合“Shift+移动”组合键将其进行复制操作，如图 3-224 所示。

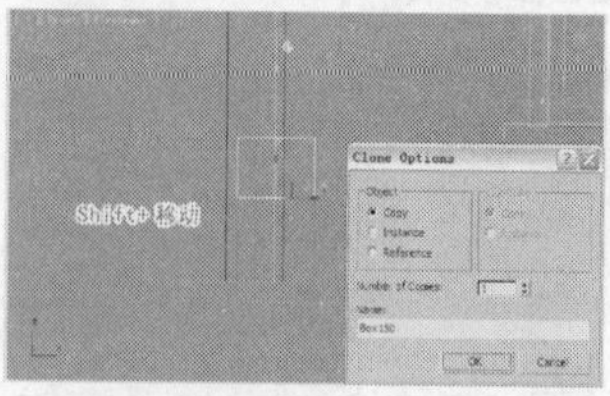

图3-224　复制柱基模型

Step03 选择复制的柱基模型，进入（修改）面板为其添加 FFD 2×2×2（自由变形）命令，然后切换至 Control Points（控制点）模式，选择顶部的点并调整其位置，制作出柱基顶端的斜面，如图 3-225 所示。

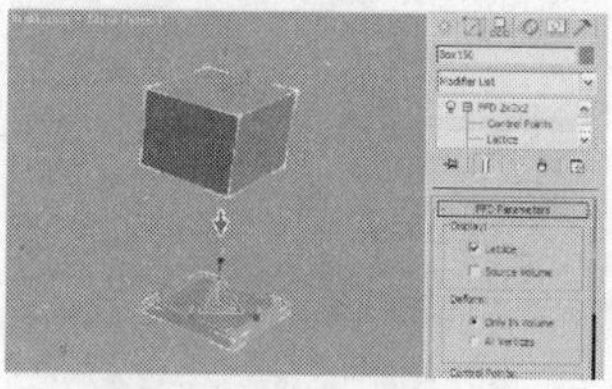

图3-225　添加自由变形

Step04 选择制作好的柱基模型并单击主工具栏中的（镜像）工具按钮，将模型沿 *y* 轴进行镜像操作，作为对称的柱头模型，如图 3-226 所示。

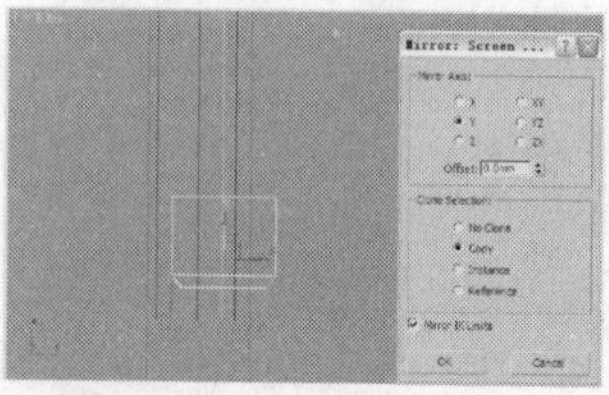

图3-226　镜像柱基模型

Step05 将柱头模型放置到合适的位置，单击（创建）面板（几何体）中的 Standard Primitives（标准几何体）面板下的 Box（长方体）命令按钮，制作出柱身模型，如图 3-227 所示。

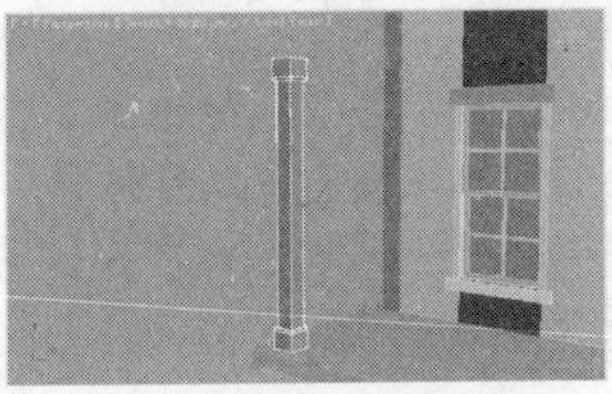

图3-227 制作柱身模型

Step06 选择制作好的柱子模型，结合“Shift+ 移动”组合键将其进行复制操作，设置复制数量为 3，如图 3-228 所示。

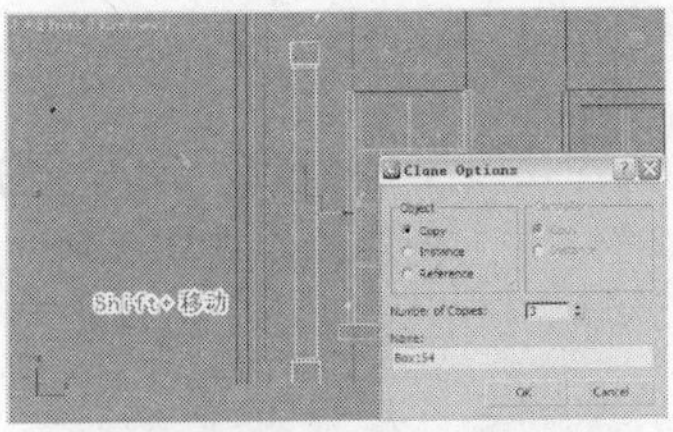

图3-228 复制柱子模型

Step07 选择复制的柱子模型，结合主工具栏中的（移动）命令将柱子模型分别放置到合适的位置，如图 3-229 所示。

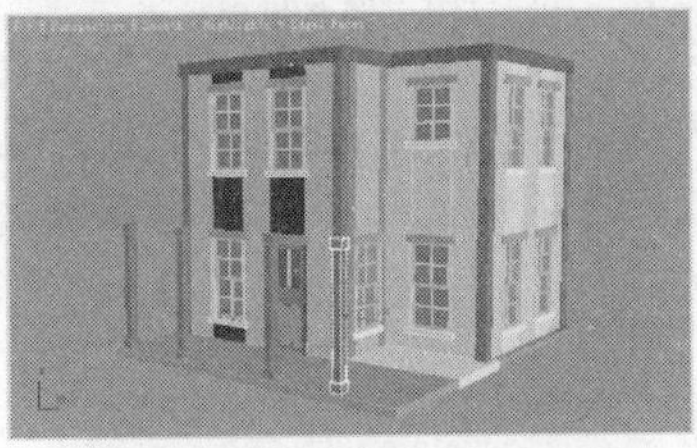

图3-229 调整模型位置

Step08 将视图切换至 Left（左）视图，单击（创建）面板图形中的 Splines（样条线）下的 Line（线）命令按钮，绘制出雨棚的截面图形，如图 3-230 所示。

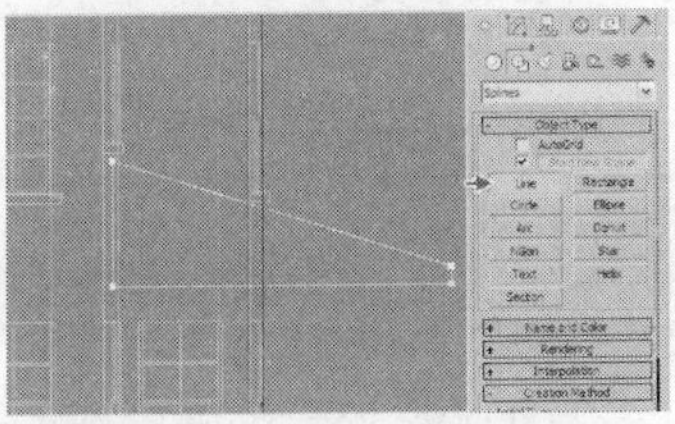

图3-230 绘制雨棚图形

Step09 选择绘制好的雨棚图形，在（修改）面板中为其添加 Extrude（挤出）命令，然后再将雨棚放置到合适的位置，如图 3-231 所示。

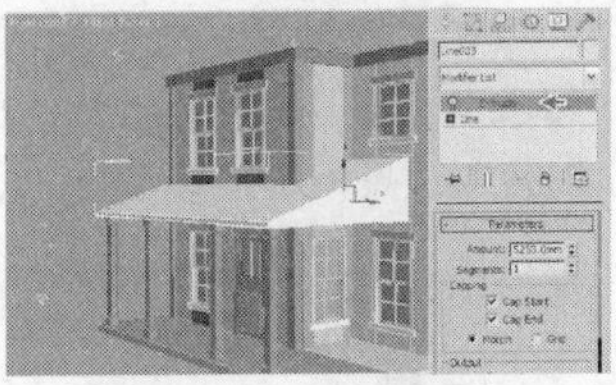

图3-231 添加挤出命令

Step10 继续在 Left（左）视图中单击（创建）面板图形中的 Splines（样条线）下的 Line（线）命令按钮，绘制出雨棚上盖的截面图形，如图 3-232 所示。

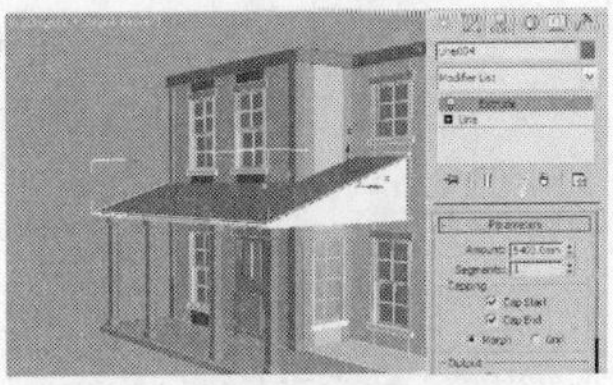

图3-232 绘制顶盖图形

Step11 将视图切换至 Top（顶）视图，单击（创建）面板图形中的 Splines（样条线）下的 Line（线）命令按钮，绘制出雨棚外轮廓并切换至 Spline（样条线）模式，然后设置 Outline（轮廓）值为 -30，使选择的图形进行扩边操作，如图 3-233 所示。

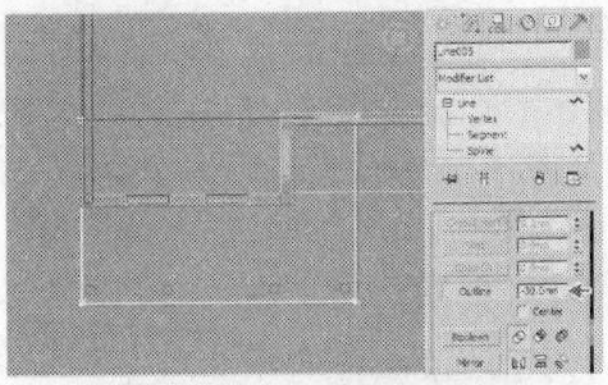

图3-233 绘制轮廓图形

Step12 选择绘制好的雨棚外轮廓图形，在（修改）面板中添加 Extrude（挤出）命令，设置 Amount（数量）为 30，如图 3-234 所示。

图3-234 添加挤出命令

Step13 继续在 Top（顶）视图中单击（创建）面板图形中的 Splines（样条线）下的 Line（线）命

令按钮，绘制出室外地台外轮廓图形，然后添加（修改）面板中的 Extrude（挤出）命令，制作出地台收边条模型，如图 3-235 所示。

图3-235 制作收边条模型

Step14 将视图切换至 Left（左）视图，单击（创建）面板图形中的 Splines（样条线）下的 Line（线）命令按钮，绘制出楼体装饰线的截面图形，如图 3-236 所示。

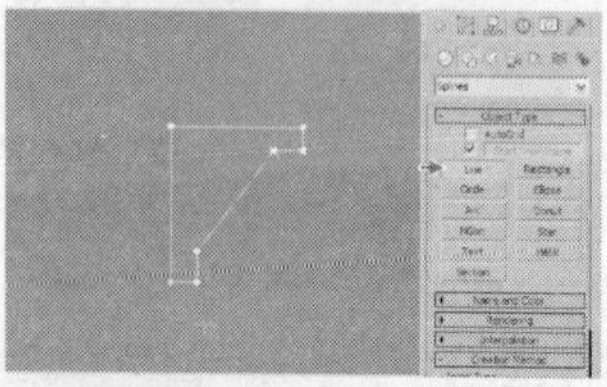

图3-236 绘制截面图形

Step15 将视图切换至 Top（顶）视图，单击（创建）面板图形中的 Splines（样条线）下的 Line（线）命令按钮，绘制出楼体的外轮廓图形作为路径，进入（创建）面板中的（图形）子面板，单击 Compound Object（复合对象）中的 Loft（放样）命令，如图 3-237 所示。

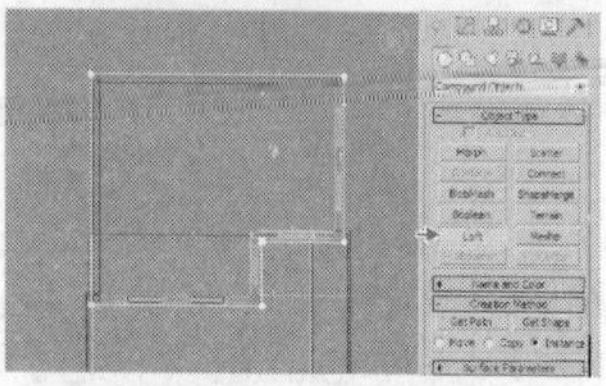

图3-237 绘制路径图形

Step16 选择绘制好的路径图形，然后单击 Creation Method（创建方法）卷展栏下的 Get Shape（获取图形）按钮命令，再获取绘制的截面图形，截面图形将沿路径图形进行放样操作，如图 3-238 所示。

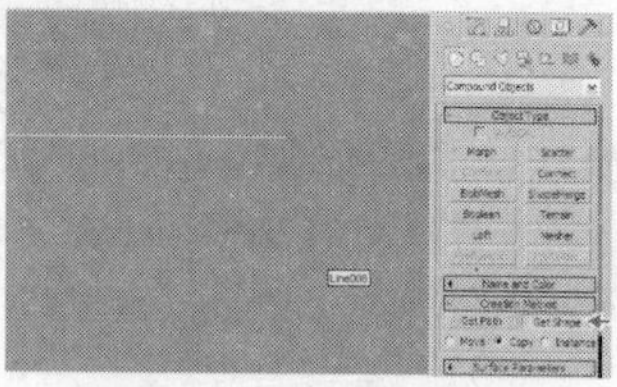

图3-238 获取截面图形

Step17 选择制作好的装饰线模型，结合主工具栏中的（移动）工具按钮将其放置到合适的位置，丰富房屋模型的结构，如图 3-239 所示。

图3-239 调整模型位置

Step18 将视图切换至 Perspective（透）视图，为场景赋予灯光和材质，然后渲染最终的效果如图 3-240 所示。

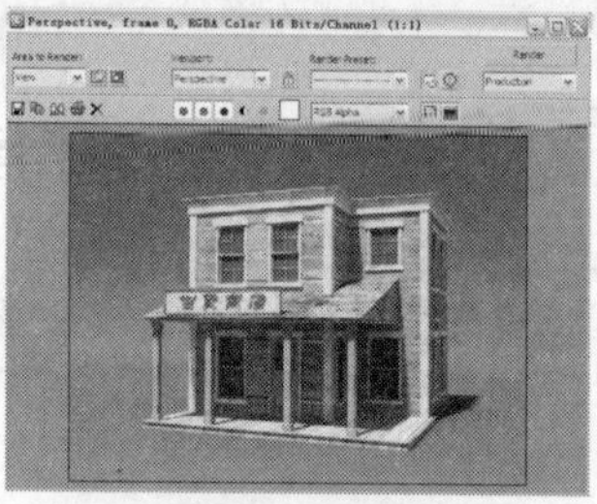

图3-240 渲染最终效果

3.8 本章小结

本章主要讲解了 3ds Max 2011 的基础建模，其中对基本几何体、扩展几何体、建筑对象的创建图形进行了详细讲解。通过“卡通驴子”范例可以对 3D 的空间有所了解，通过“休闲沙发”范例可以对参数控制、移动、修改和缩放进行掌握，通过“旧木板房”范例可以对模型搭建和材质起到的作用有所了解。如想制作更复杂的模型效果，还需对更多的 3ds Max 基础建模命令进行熟练应用，同时还应养成认真观察事物的良好习惯。

第 4 章 复合物体建模

本章内容

- 布尔运算
- 放样对象
- 其他复合对象
- 范例——布艺窗帘
- 范例——麦克风
- 范例——欧式挂钟

Compound Objects（复合对象）通常可以将两个或多个对象组合成单个对象。其中包括变形复合对象、散布复合对象、一致复合对象、连接复合对象、水滴网格复合对象、图形合并复合对象、布尔复合对象、地形复合对象、放样复合对象和网格化复合对象，如图4-1所示。

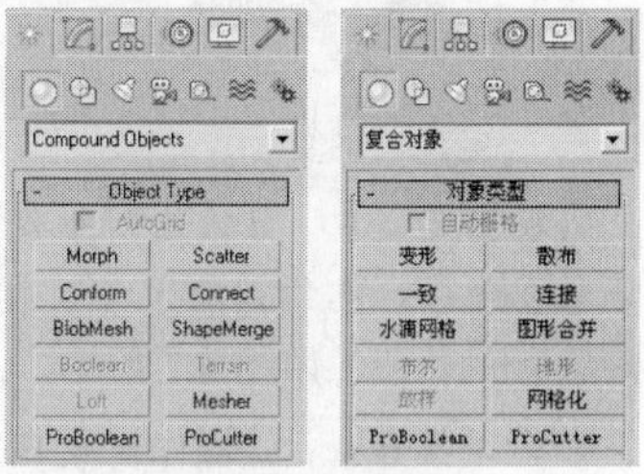

图4-1　复合对象

4.1 布尔运算

Boolean（布尔）运算是通过对两个或两个以上的对象进行并集、差集和交集的运算，最终得到新的对象模型，如图 4-2 所示。在布尔运算的过程中，首先确定好 A 对象后，再通过“拾取操作对象 B”项在视图中单击 B 对象，来完成运算的操作。

图4-2　布尔运算

4.1.1 拾取布尔卷展栏

Pick Boolean（拾取布尔）卷展栏可以在选择 B 对象前将其指定为参考、复制、移动或实例 4 种拾取方式。用户可根据创建布尔对象之后希望如何使用场景几何体来进行选择。通常情况下都是对重叠对象创建布尔对象，如果对象 B 没有移除，则在查看完整的布尔对象时它往往会挡住视角。可以移动布尔对象或 B 对象，以更好地查看结果，如图 4-3 所示。

图4-3　拾取布尔卷展栏

其中，“拾取操作对象 B”按钮可以选择用以完成布尔操作的第 2 个对象。参考、复制、移动、实例可以指定将操作对象 B 转换为布尔对象的方式。

4.1.2 参数卷展栏

Parameters（参数）卷展栏是进行布尔运算的主要操作区，这里显示出了进行布尔运算的对象名称和布尔运算的操作类型，如图 4-4 所示。

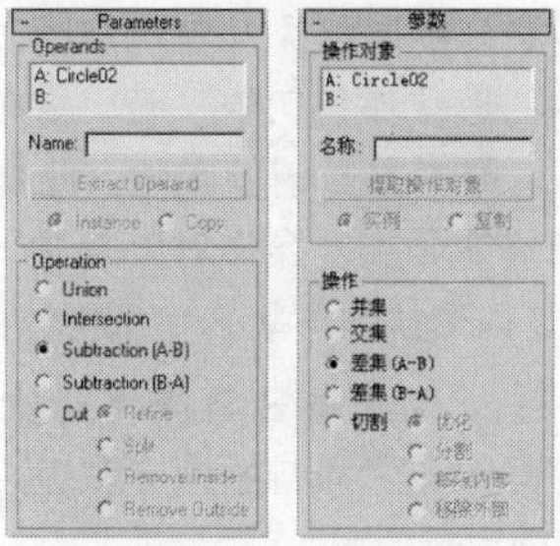

图4-4　布尔的参数卷展栏

- 操作对象：显示进行布尔运算的对象名称。
- 名称：更改操作对象的名称。在列表中选择一个操作对象，该操作对象的名称同时也将显示在名称框中，也可以进行名称更改。
- 提取操作对象：提取所选操作对象的副本或实例。在列表窗口中选择一个操作对象即可启用此按钮。
- 实例 / 复制：指定提取操作对象的方式，作为实例或副本提取。

● 并集：布尔对象包含两个原始对象的体积。将移除几何体的相交部分或重叠部分，如图 4-5 所示。

● 交集：布尔对象只包含两个原始对象共用的体积，将保留几何体的相交部分或重叠部分，如图 4-6 所示。

图4-5　并集

图4-6　交集

● 差集 A-B：从操作对象 A 中减去相交的操作对象 B 的体积。布尔对象包含从中减去相交体积的操作对象 A 的体积，如图 4-7 所示。

● 差集 B-A：从操作对象 B 中减去相交的操作对象 A 的体积。布尔对象包含从中减去相交体积的操作对象 B 的体积，如图 4-8 所示。

图4-7　差集（A-B）

图4-8　差集（B-A）

● Cut（切割）：使用操作对象 B 切割操作对象 A，但不给操作对象 B 的网格添加任何东西。切割操作使用操作对象 B 的形状作为切割平面，将布尔对象的几何体作为体积，而不是封闭的实体。此操作不会将操作对象 B 的几何体添加至操作对象 A 中，操作对象 B 相交部分定义了改变操作对象 A 中几何体的剪切区域。

● 优化：在操作对象 B 与操作对象 A 的相交之处，在操作对象 A 上添加新的顶点和边。相交部分所切割的面被细分为新的面。

● 分割：沿着操作对象 B 剪切操作对象 A 的边界添加第 2 组顶点和边或两组顶点和边。此选项产生属于同一个网格的两个元素，可使用分割沿着另一个对象的边界将一个对象分为两个部分。

● 移除内部：删除位于操作对象 B 内部的操作对象 A 的所有面。

● 移除外部：删除位于操作对象 B 外部的操作对象 A 的所有面，可使用移除内部或移除外部选项从几何体中删除特定区域。

4.1.3　显示/更新卷展栏

使用显示/更新卷展栏可以修改布尔结果或设置布尔结果的动画，也可使用该卷展栏上的显示选项，用来帮助查看布尔操作的构造方式，如图 4-9 所示。

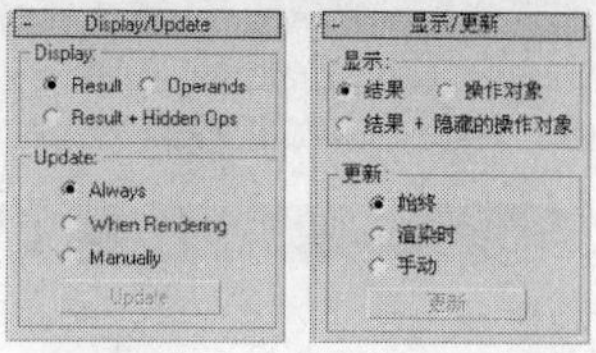

图4-9　显示/更新卷展栏

● 结果：显示布尔操作的最终结果，如图 4-10 所示。

● 操作对象：显示进行布尔操作的所有对象，如图 4-11 所示。

图4-10　结果

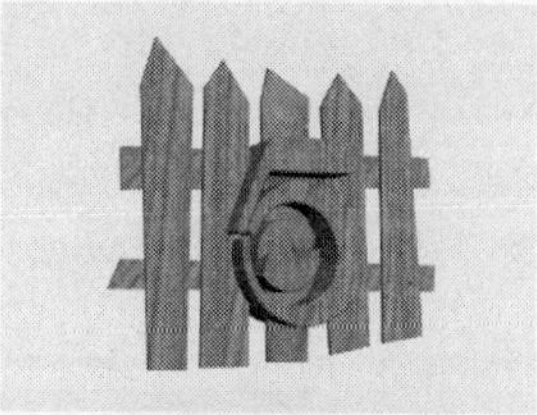
图4-11　操作对象

● 结果 + 隐藏的操作对象：将隐藏的对象以线框方式进行显示，复合布尔对象部分不可见或不可渲染，操作对象几何体仍保留了此部分。在所有视图中，操作对象几何体都显示为线框，如图 4-12 所示。

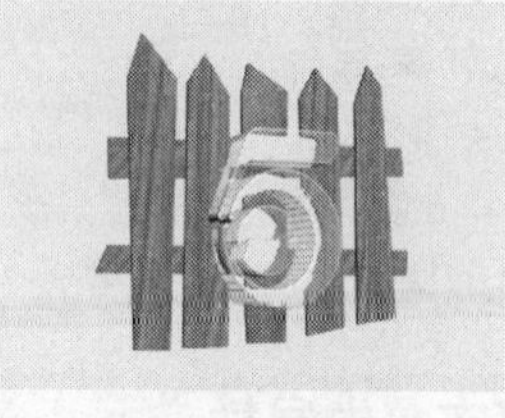
图4-12　结果＋隐藏的操作对象

● 始终：更改操作对象时系统立即更新布尔效果。

● 渲染时：使用此选项后只有在最终渲染时才进行布尔运算。

● 手动：仅在使用更新项时才更新布尔对象。使用手动项后视图和渲染中并不始终显示当前的对象，但在必要时可以强制更新。

● 更新：更新布尔对象，如果选择了始终项，则更新按钮不可使用。

4.1.4　材质附加选项

在布尔运算中如果操作对象中带有材质，进行布尔操作时将弹出材质附加选项对话框，此对话框提供了5种方法来处理生成的布尔对象的材质和材质ID，如图4-13所示。

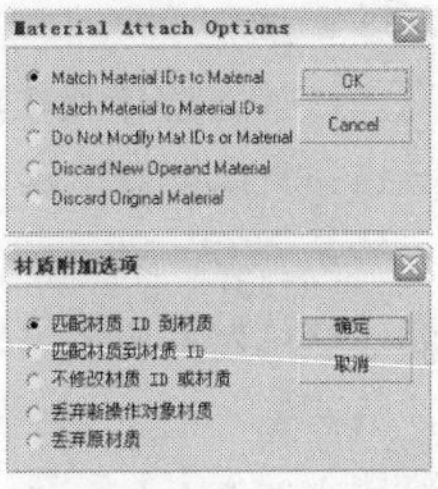

图4-13　材质附加选项

● 匹配材质ID到材质：使用此选项会修改组合对象中的材质ID数，使之与运算对象之间的材质数量相匹配，可以使用此选项来减少材质ID的数目。

● 匹配材质到材质ID：使用此选项会保留运算对象的ID数量不变，使布尔对象与运算对象的ID数量相匹配。当保持几何体中的原始材质ID非常重要时，可以使用此选项；当已经指定材质ID而未指定材质时，也可以使用此选项。

● 不修改材质ID或材质：使用此项后，如果对象中的材质ID数目大于在多维/子对象材质中子材质的数目，那么得到的指定面材质在布尔操作后可能会发生改变。

● 丢弃新操作对象材质：丢弃B对象上的材质，系统会指定A对象的材质给布尔对象。

● 丢弃原材质：丢弃A对象上的材质，系统会指定B对象的材质给布尔对象。

4.2 放样对象

Loft（放样）对象是沿着第3个轴挤出的二维图形，从两个或多个现有样条线对象中创建放样对象。这些样条线之一会作为路径，其余的样条线会作为放样对象的横截面或图形。沿着路径排列图形时，系统会在图形之间生成曲面，可以为任意数量的横截面图形创建作为路径的图形对象。该路径可以成为一个框架，用于保留形成对象的横截面。如果仅在路径上指定一个图形，系统会假设在路径的每个端点有一个相同的图形，然后在图形之间生成曲面。

系统对于创建放样对象的方式限制很少。可以创建曲线的三维路径，甚至三维横截面。使用获取图形时，在无效图形上移动光标的同时，该图形无效的原因将显示在提示行中。与其他复合对象不同，一旦单击复合对象按钮就会从选中对象中创建它们，而放样对象与它们不同，单击获取图形或获取路径后才会创建放样对象。场景具有一个或多个图形时启用放样，如图4-14所示。

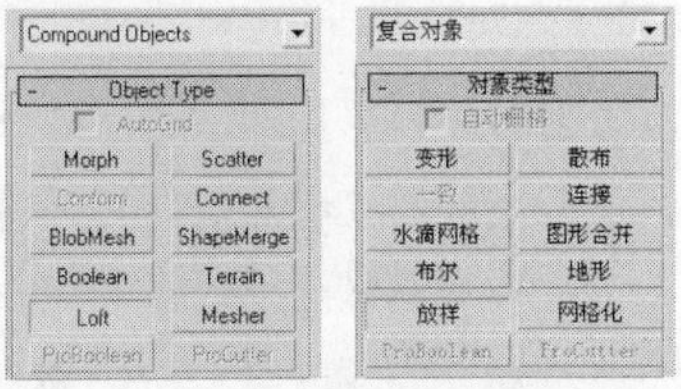

图4-14　放样命令

4.2.1 创建方法卷展栏

要创建放样对象，首先创建一个或多个图形，然后单击【放样】→【获取图形】或【放样】→【获取路径】，并且在视图中选择图形。

创建放样对象之后，可以添加并替换横截面图形或替换路径，也可以更改或设置路径和图形的参数动画。但不可以对图形的路径位置设置动画。另外，还可以将放样对象转换为NURBS曲面。

在Creation Method（创建方法）卷展栏上确定是使用图形还是路径创建放样对象，以及对结果放样对象使用的操作类型，如图4-15所示。

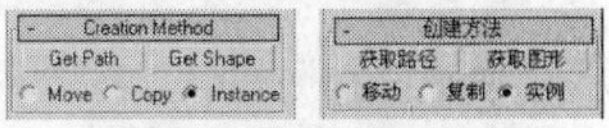

图4-15　创建方法卷展栏

● 获取路径：将选择的图形通过获取路径项指定路径或更改当前指定的图形。

● 获取图形：将选择的路径通过获取图形项指定给图形或更改当前指定的路径。

● 移动/复制/实例：用于指定路径或图形转换为放样对象的方式。

4.2.2 曲面参数卷展栏

在Surface Parameters（曲面参数）卷展栏上可以控制放样曲面的平滑，以及指定是否沿着放样对象应用纹理贴图，如图4-16所示。

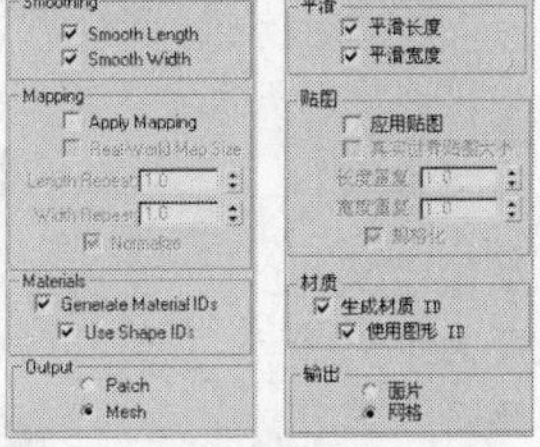

图4-16　曲面参数卷展栏

● 平滑长度：沿着路径的长度提供平滑曲面。当路径曲线或路径上的图形更改大小时，此平滑非常实用，如图 4-17 所示。

● 平滑宽度：围绕横截面图形的周界提供平滑曲面。当图形更改顶点数或更改外形时，此平滑非常实用，如图 4-18 所示。

图4-17　平滑长度

图4-18　平滑宽度

● 应用贴图：启用和禁用放样贴图坐标，只有启用应用贴图项时以下选项才能访问。

● 长度重复：设置沿着路径的长度重复贴图的次数，贴图的底部放置在路径的第 1 个顶点处。

● 宽度重复：设置围绕横截面图形的周界重复贴图的次数，贴图的左边缘将与每个图形的第 1 个顶点对齐。

● 规格化：决定沿着路径长度和图形宽度路径顶点间距如何影响贴图。启用选项后，将忽略顶点。将沿着路径长度并围绕图形平均应用贴图坐标和重复值。

● 生成材质 ID：在放样期间自动生成材质 ID 号码。

● 使用图形 ID：使用样条线材质 ID 来定义材质 ID 的选择。

● 面片：放样过程可生成面片对象。

● 网格：放样过程可生成网格对象，这是默认设置。

4.2.3　路径参数卷展栏

使用 Path Parameters（路径参数）卷展栏可以控制沿着放样对象路径在各个间隔期间的图形位置或不同间隔期间的多个图形位置，如图 4-19 所示。

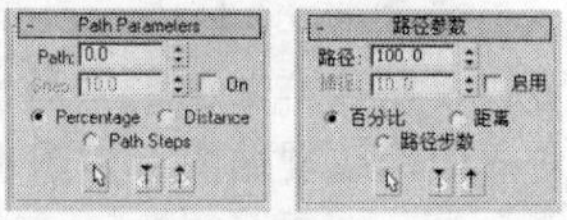

图4-19　路径参数卷展栏

● 路径：通过输入值或拖动微调器来设置路径的级别，当捕捉处于启用状态，该值将变为上一个捕捉的增量，该路径值依赖于所选择的测量方法，更改测量方法将导致路径值的改变，如图 4-20 所示。

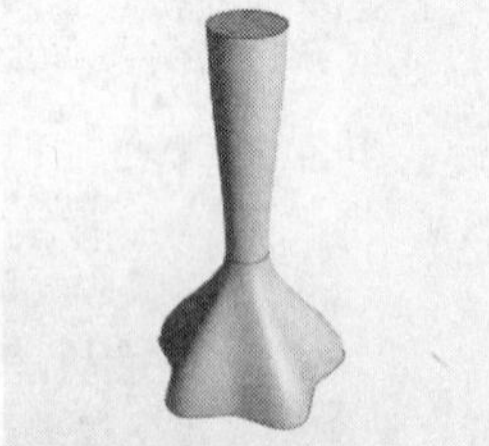

图4-20　路径

● 捕捉：用于设置沿着路径图形之间的恒定距离，该捕捉值依赖于所选择的测量方法。更改测量方法也会更改捕捉值以保持捕捉间距不变。

● 启用：当使用启用选项时，捕捉处于活动状态，默认设置为禁用状态。

● 百分比：将路径级别表示为路径总长度的百分比。

● 距离：将路径级别表示为路径第 1 个顶点的绝对距离。

● 路径步数：将图形置于路径步数和顶点上，而不是作为沿着路径的一个百分比或距离。

● 拾取图形：将路径上的所有图形设置为当前级别。当在路径上拾取一个图形时，将禁用捕捉，而且路径设置为拾取图形的级别，会出现黄色 X。拾取图形只有在修改面板中可以使用。

● 上一个图形：从路径级别的当前位置上沿路径跳至上一个图形上。黄色 X 出现在当前级别上，单击此按钮可以禁用捕捉。

● 下一个图形：从路径级别的当前位置上沿路径跳至下一个图形上。黄色 X 出现在当前级别上，单击此按钮可以禁用捕捉。

4.2.4　蒙皮参数卷展栏

使用 Skin Parameters（蒙皮参数）卷展栏可以调整放样对象网格的复杂性，还可以通过控制面数来优化网格，如图 4-21 所示。

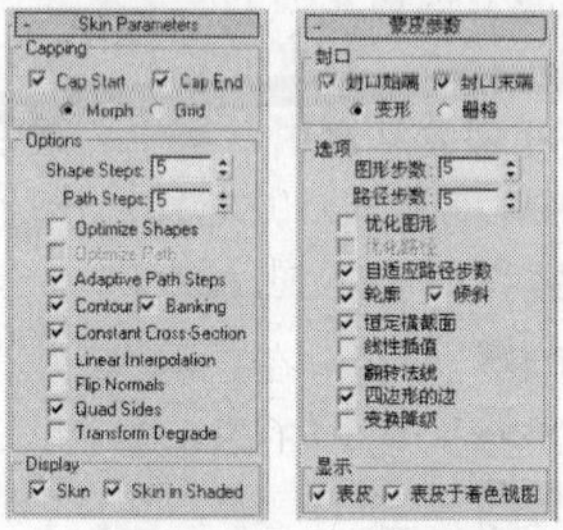

图4-21　蒙皮参数卷展栏

● 封口始端：在启用状态下，路径第 1 个顶点处的放样端被封口。

● 封口末端：在启用状态下，路径最后一个顶点处的放样端被封口。

● 变形：按照创建变形目标所需的可预见且可重复的模式排列封口面。变形封口能产生细长的面，与那些采用栅格封口创建的面一样，这些面也不进行渲染或变形。

● 栅格：在图形边界处修剪的矩形栅格中排列封口面。此操作将产生一个由大小均等的面构成的表面，这些面可以被其他修改器很容易的变形。

● 图形步数：设置横截面图形的每个顶点之间的步数。

● 路径步数：设置路径的每个主分段之间的步数。

● 优化图形：在启用状态下，对于横截面图形的直分段，忽略图形步数。

● 优化路径：在启用状态下，对于路径的直分段将忽略路径步数。

● 自适应路径步数：在启用状态下，分析放样并调整路径分段的数目，以生成最佳蒙皮。

● 轮廓：在启用状态下，每个图形都将遵循路径的曲率。

● 倾斜：在启用状态下，只要路径弯曲并改变其局部 z 轴的高度，图形便围绕路径旋转。

● 恒定横截面：在启用状态下，路径中的角处缩放横截面，以保持路径宽度一致。

● 线性插值：在启用状态下，使用每个图形之间的直边生成放样表皮。

● 翻转法线：在启用状态下，将法线翻转 180°。

● 四边形的边：在启用状态下，并且放样对象的两部分具有相同数目的边，则将两部分缝合到一起的面将显示为四方形。

● 变换降级：使放样表皮在子对象图形 / 路径变换过程中消失。

● 表皮：在启用状态下，使用任意着色层在所有视图中显示放样的表皮，并忽略"表皮于着色视图"设置。在禁用状态下，只显示放样子对象。

● 表皮于着色视图：在启用状态下，忽略表皮设置在着色视图中显示放样的表皮。在禁用状态下，根据表皮设置来控制表皮的显示。

4.2.5 变形卷展栏

Deformations（变形）卷展栏控制用于沿着路径缩放、扭曲、倾斜、倒角或拟合形状，所有变形的界面都是图形。图形上带有控制点的线条代表沿着路径的变形，为了建模或生成各种特殊效果，图形上的控制点可以移动或设置动画，如图 4-22 所示。

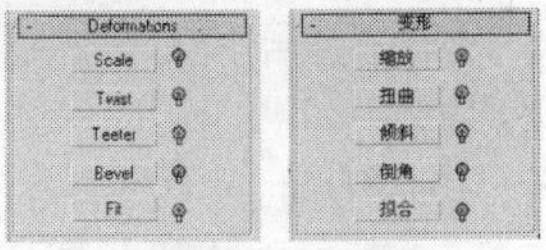

图4-22 变形卷展栏

● 缩放：放样对象中的单个图形可以在沿着路径移动时改变其缩放。

● 扭曲：使用扭曲可以沿着对象的长度创建盘旋或扭曲的对象。

● 倾斜：围绕局部 x 轴和 y 轴倾斜图形。

● 倒角：使用倒角变形来模拟创建具有切角化、倒角或减缓的边效果。

● 拟合：可以使用两条拟合曲线来定义对象的顶部和侧剖面。

4.2.6 图形命令卷展栏

使用 Shape Commands（图形命令）卷展栏可以沿着放样路径对齐和比较图形，如图 4-23 所示。

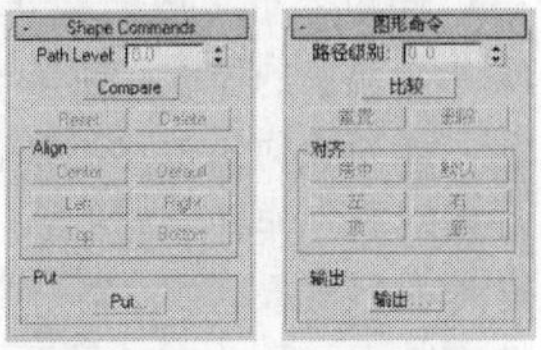

图4-23 图形命令卷展栏

● 路径级别：调整图形在路径上的位置。

● 比较：在比较对话框中可以比较任何数量的横截面图形，如图 4-24 所示。

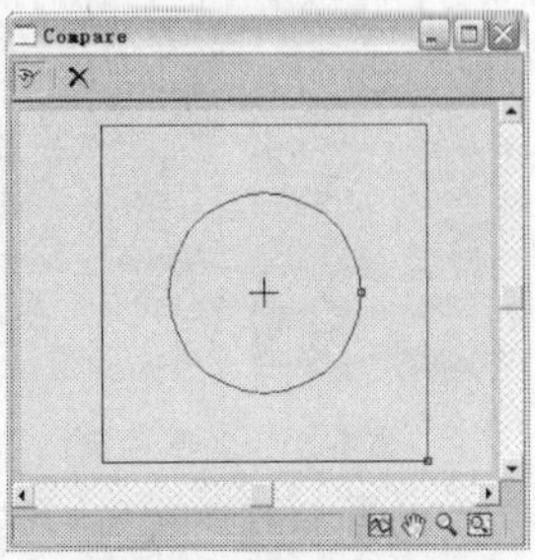

图4-24 比较对话框

● 重置：撤销图形的旋转和缩放操作。

● 删除：从放样对象中删除图形。

● 对齐：该组中的 6 个按钮可针对路径的居中、默认、左、右、顶或底方式对齐选定图形。

● 输出：该组可以将图形作为单独的对象放置到场景中。

4.2.7 路径命令卷展栏

只有在修改现有放样对象并从子对象列表中选择路径时才会出现 Path Commands（路径命令）卷展栏，其中的输出设置可以将路径作为单独的对象放置到场景中，并作为副本或实例存在，如图 4-25 所示。

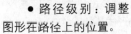

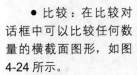

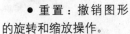

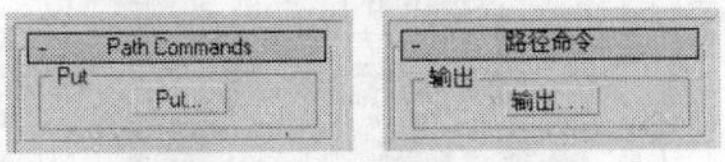

图4-25 路径命令卷展栏

4.3 其他复合对象

除了布尔运算与放样对象外，还有变形对象、散布对象、一致对象、连接对象、水滴网格、图形合并、地形对象和网格化。

4.3.1 变形

Morph（变形）与传统二维动画的中间动画概念类似，通过前、后两效果自动插入中间帧的动画技术，如图4-26所示。

通过变形可以合并两个或多个对象，方法是插补第1个对象的顶点，使其与另外一个对象的顶点位置相符。如果随时执行这项插补操作，将会生成变形动画。原始对象称作种子或基础对象，种子对象变形成的对象称作目标对象。可以对一个种子执行变形操作，使其成为多个目标，此时，种子对象的形式会发生连续更改，以符合播放动画时目标对象的形式，如图4-27所示。

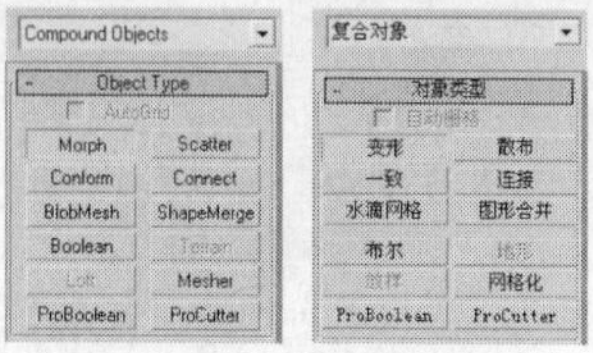

图4-26 变形命令

图4-27 变形效果

拾取目标对象时，可以将每个目标指定为参考、移动、复制或实例。根据创建变形之后场景几何体的使用方式进行选择，如图4-28所示。

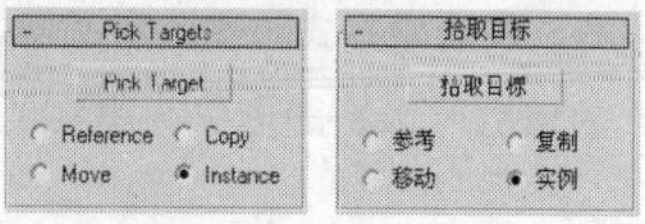

图4-28 拾取目标卷展栏

4.3.2 散布

Scatter（散布）是复合对象的一种形式，如图4-29所示。将所选的源对象散布为阵列，或散布到分布对象的表面，如图4-30所示。

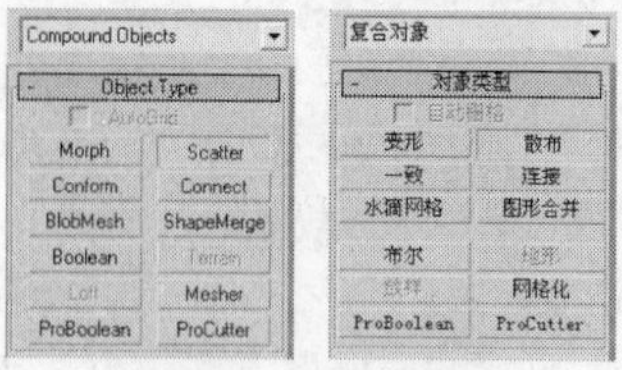

图4-29 散布命令

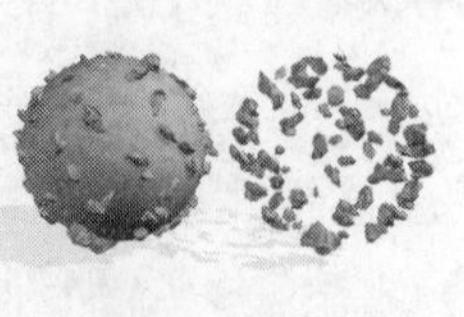

图4-30 散布效果

通过Scatter Objects（散布对象）卷展栏上的选项，可以指定源对象的散布方式以及访问构成散布复合对象的对象，如图4-31所示。

使用Transforms（变换）卷展栏中的设置，可以对每个重复对象应用随机变换偏移，变换字段中的值指定了随机应用于每个重复项的最大偏移值，包含正、负两个方向，如图4-32所示。

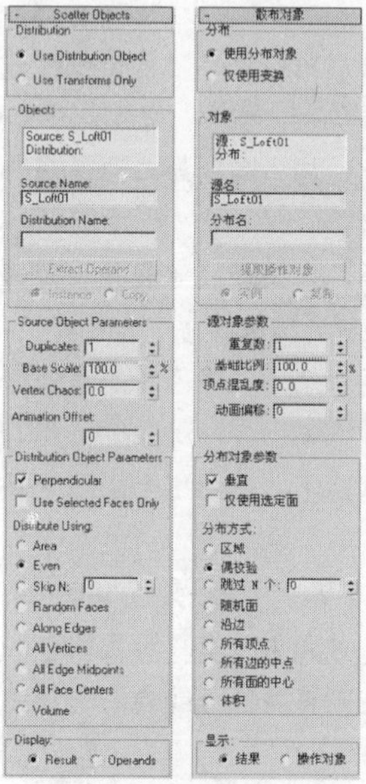

图4-31 散布对象卷展栏

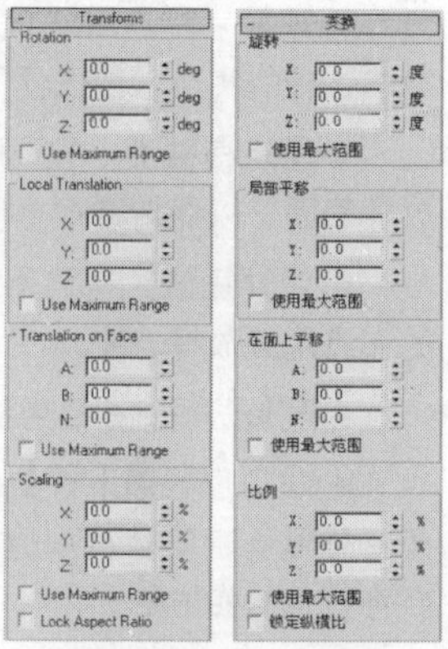

图4-32 变换卷展栏

4.3.3 一致

Conform（一致）复合对象通过将某个对象（称为包裹器）的顶点投影至另一个对象（称为包裹对象）的表面而创建，如图4-33所示。

由于空间扭曲版本的使用要稍微简单一些，因而首先浏览其主题并完成示例，然后再回到本主题不失为一种好方法，如图4-34所示。

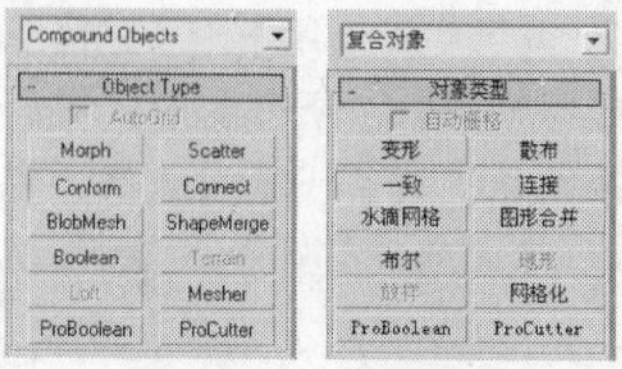

图4-33 一致命令

图4-34 一致效果

一致对象Parameters（参数）卷展栏包含的参数，

如图 4-35 所示。

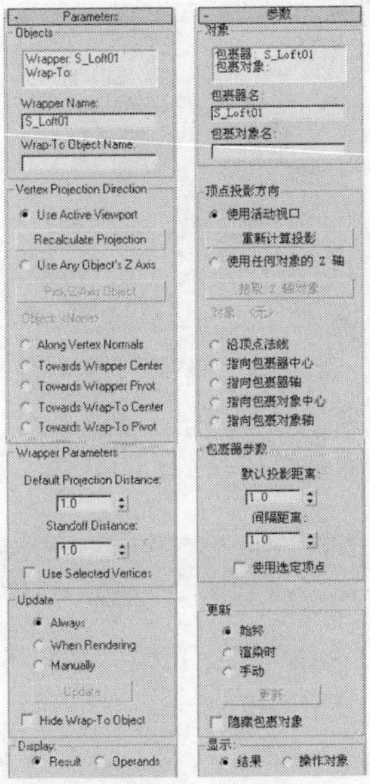

图4-35　一致的参数卷展栏

4.3.4 连接

使用 Connect（连接）复合对象可通过对象表面的洞连接两个或多个对象，如图 4-36 所示。

在执行连接操作之前，要删除每个对象的面，在其表面创建一个或多个洞并确定洞的位置，以使洞与洞之间面对面，然后应用连接，如图 4-37 所示。

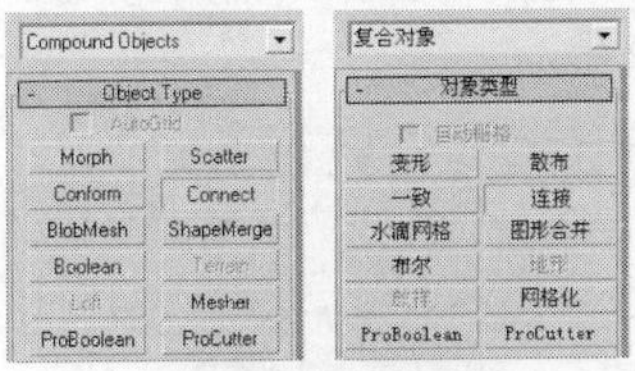

图4-36　连接命令

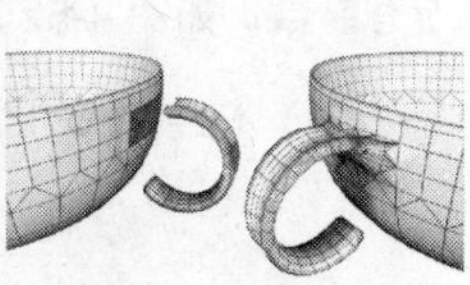

图4-37　连接效果

连接对象 Parameters（参数）卷展栏包含的连接对象参数，如图 4-38 所示。

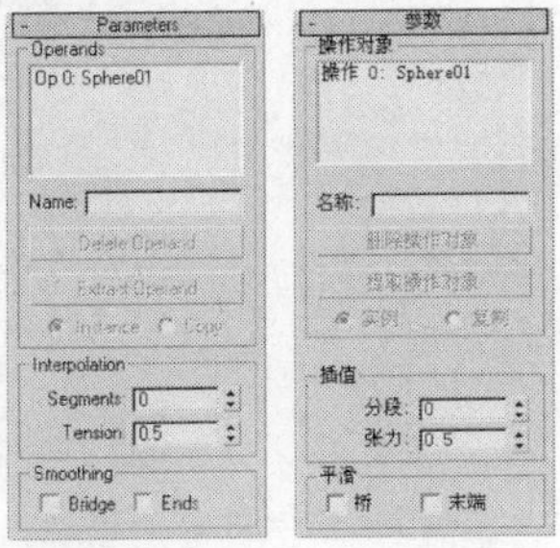

图4-38　连接的参数卷展栏

4.3.5 水滴网格

BlobMesh（水滴网格）复合对象可以通过几何体或粒子创建一组球体，还可以将球体连接起来，就好像这些球体是由柔软的液态物质构成的一样，如图 4-39 所示。

如果球体在离另外一个球体的一定范围内移动，它们就会连接在一起。如果这些球体相互移开，将会重新显示球体的形状，如图 4-40 所示。

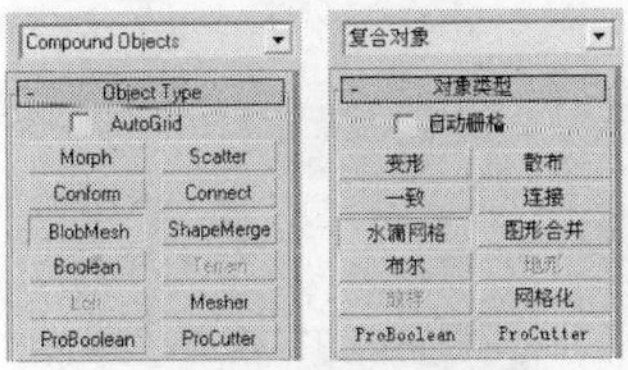

图4-39　水滴网格命令

图4-40　水滴网格效果

水滴网格对象的 Parameters（参数）卷展栏中的参数，如图 4-41 所示。

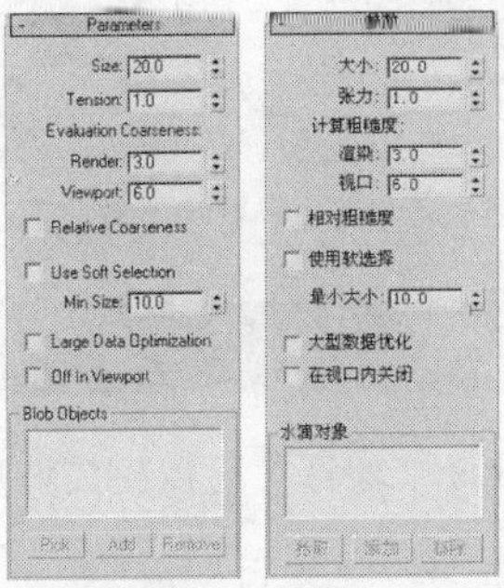

图4-41　水滴网格的参数卷展栏

如果已经向水滴网格中添加了粒子流系统，并且只需在发生特定事件时生成变形球，就可以使用该卷展栏。在该卷展栏中指定事件之前，必须向参数卷展栏的水滴网格中添加粒子流系统，如图 4-42 所示。

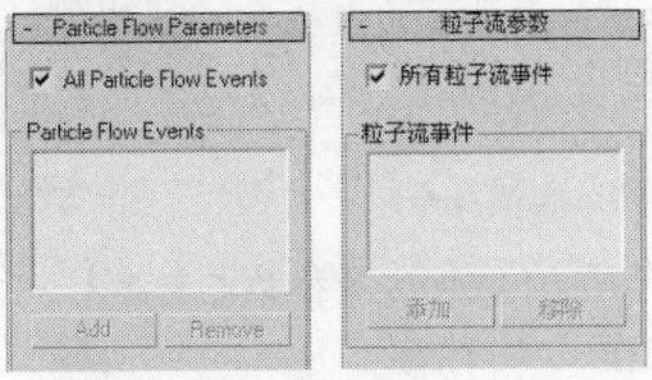

图4-42　粒子流参数卷展栏

4.3.6 图形合并

使用 ShapeMerge（图形合并）命令来创建包含网格对象、一个或多个图形的复合对象，如图 4-43 所示。

图形合并可以嵌入在网格中（将更改边与面的模式），或从网格中消失，如图 4-44 所示。

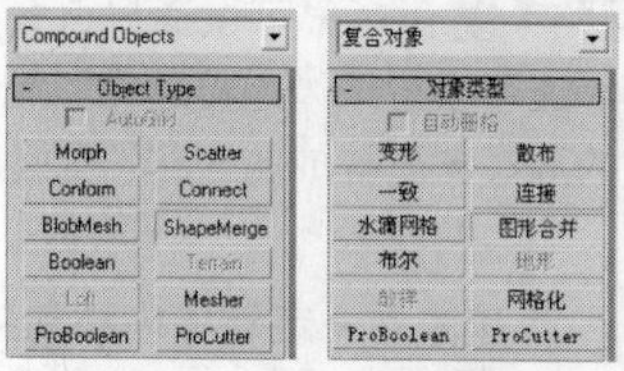

图4-43　图形合并命令

图4-44　图形合并效果

图形合并对象参数卷展栏包含了图形合并对象的参数，如图 4-45 所示。

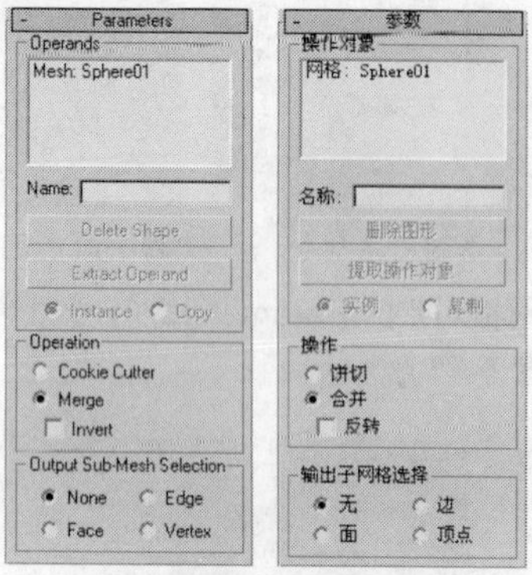

图4-45　圆形合并的参数卷展栏

4.3.7　地形

使用 Terrain（地形）可以生成地形对象，如图 4-46 所示。

Terrain（地形）可以通过轮廓线数据生成这些对象，还可以选择表示海拔轮廓的可编辑样条线，并在轮廓上创建网格曲面，如图 4-47 所示。

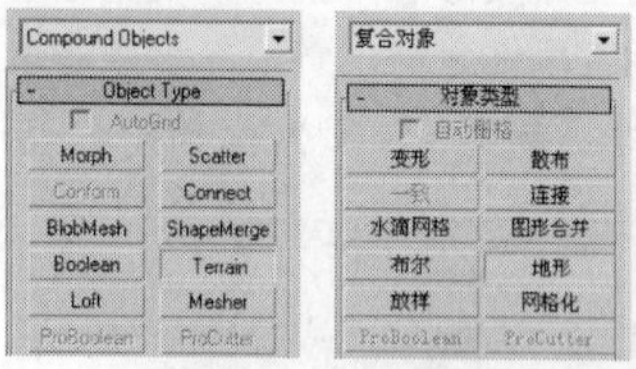

图4-46　地形命令

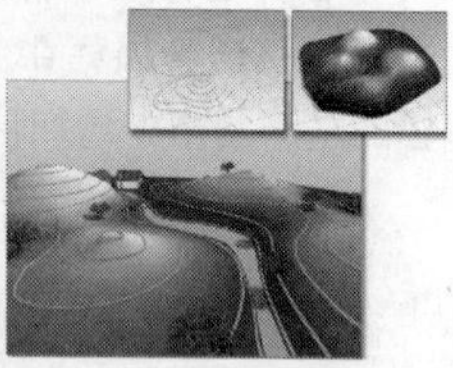

图4-47　地形效果

地形的 Parameters（参数）卷展栏中包含了地形的参数，如图 4-48 所示。

Color by Elevation（按海拔上色）卷展栏包含了按海拔上色的参数，如图 4-49 所示。

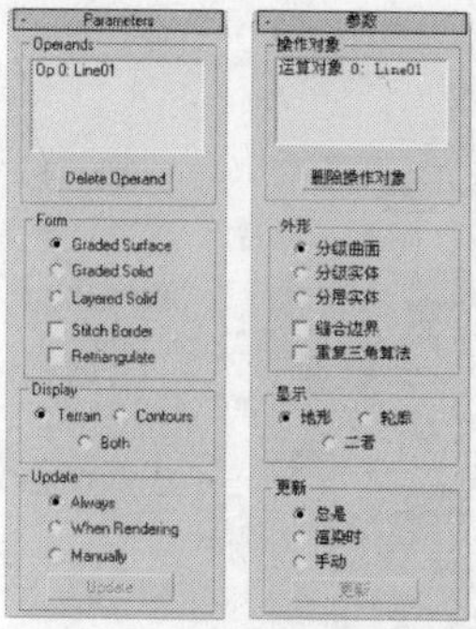

图4-48　地形的参数卷展栏

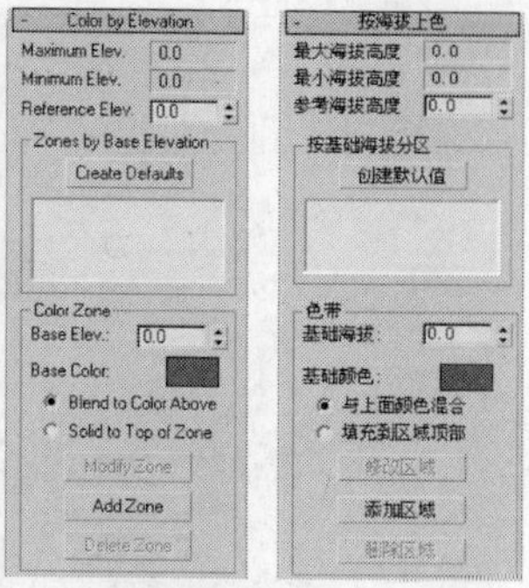

图4-49　按海拔上色卷展栏

4.3.8　网格化

Mesher（网格化）以每帧为基准将程序对象转化为网格对象，如图 4-50 所示。

Compound Objects（网格化）复合对象可以应用修改器，网格化操作对于向复杂修改器添加进行实例化的关联对象也同样实用，如图 4-51 所示。

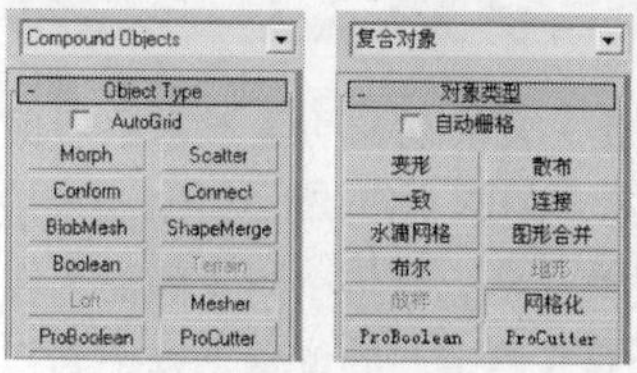

图4-50　网格化命令

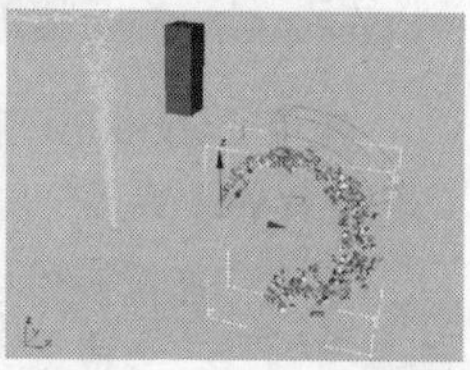

图4-51　网格化效果

Parameters（参数）卷展栏包含了网格化对象的所有参数，如图 4-52 所示。

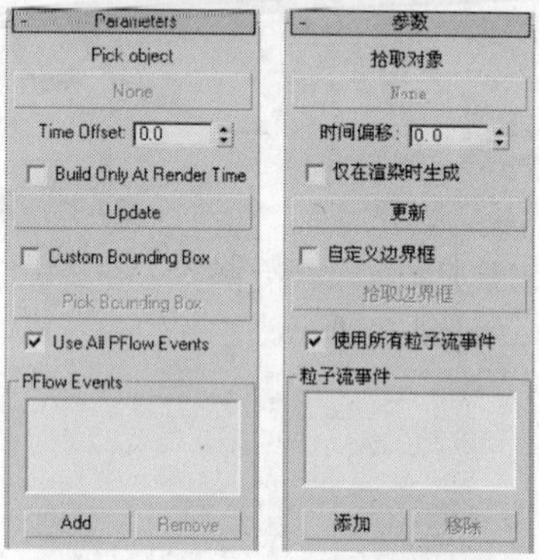

图4-52　网格化的参数卷展栏

4.4 范例——布艺窗帘

【重点提要】

布艺窗帘范例主要使用复合对象的Loft（放样）命令，对路径和图形进行配合来完成布艺窗帘的模型制作，然后赋予材质和灯光，最终效果如图4-53所示。

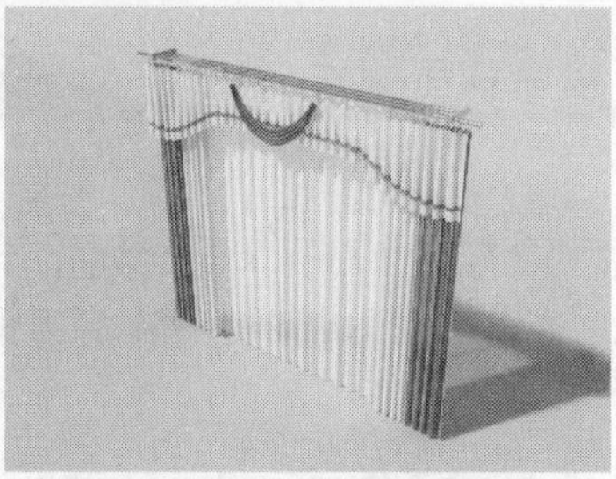

图4-53　布艺窗帘范例效果

【制作流程】

布艺窗帘范例的制作流程分为4部分，①垂落窗帘制作，②横帘模型制作，③装饰帘模型制作，④吊架模型制作，如图4-54所示。

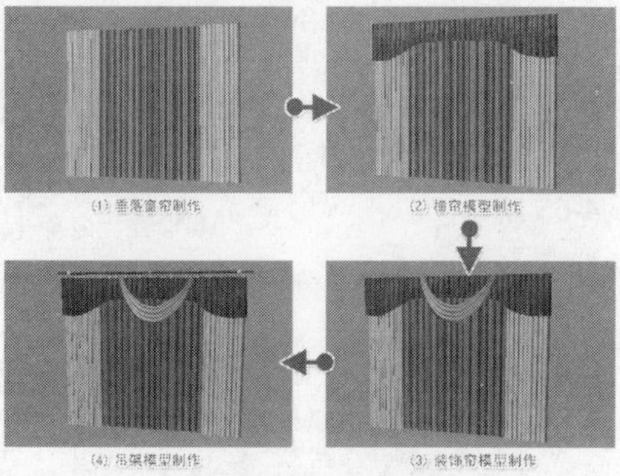

图4-54　制作流程

4.4.1　垂落窗帘制作

Step01 进入（创建）面板的（图形）子面板，单击样条线下的Line（线）按钮，然后在Top（顶）视图中绘制出窗帘的截面形状，如图4-55所示。

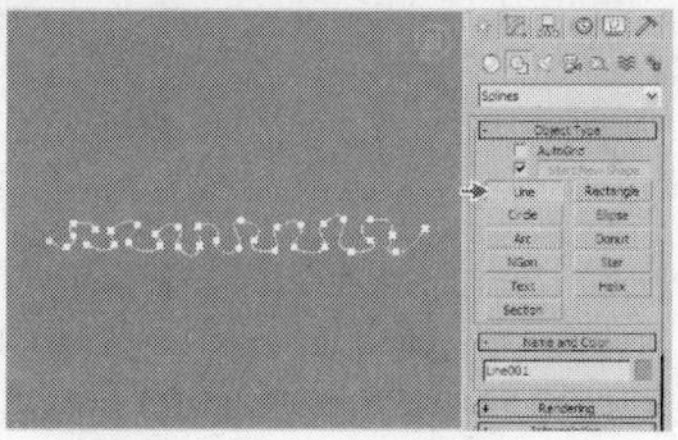

图4-55　绘制图形

Step02 继续使用Line（线）在Front（前）视图中绘制出窗帘高度的线条，如图4-56所示。

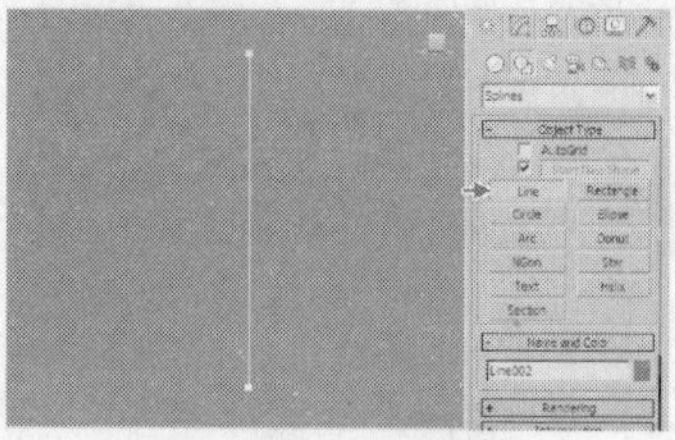

图4-56　绘制窗帘高度

Step03 选择窗帘高度的线条，在（创建）面板的（几何体）中单击Compound Objects（复合对象）下的Loft（放样）命令按钮，如图4-57所示。

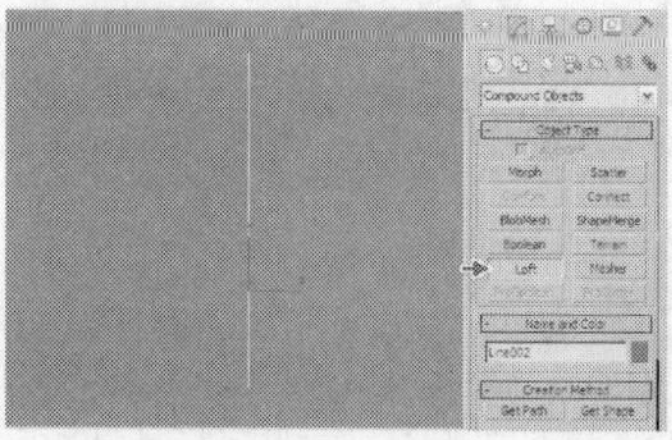

图4-57　选择放样命令

Step04 选择Loft（放样）命令后，在Creation Method（创建方式）卷展栏中单击Get Shape（获取图形）按钮，然后再获取窗帘的截面图形，截面图形将沿路径进行放样操作，如图4-58所示。

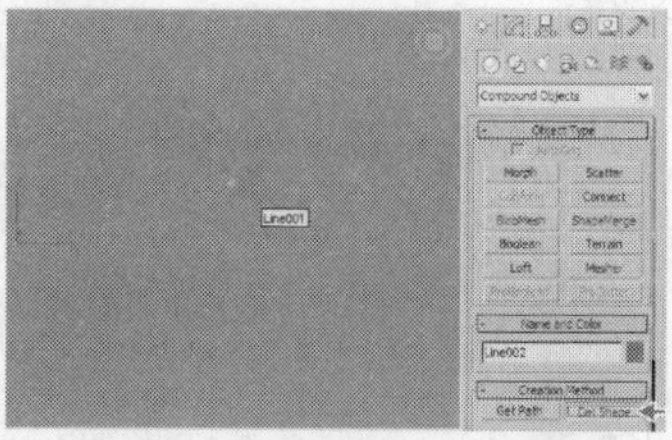

图4-58　获取窗帘截面图形

Step05 选择制作好的垂落窗帘，在（修改）面板中添加Normal（法线）修改命令。法线修改器可以统一或翻转对象的法线，而不用应用编辑网格修改器，如图4-59所示。

Step06 在“Perspective（透）视图”中观看翻转法线后模型的效果，如图4-60所示。

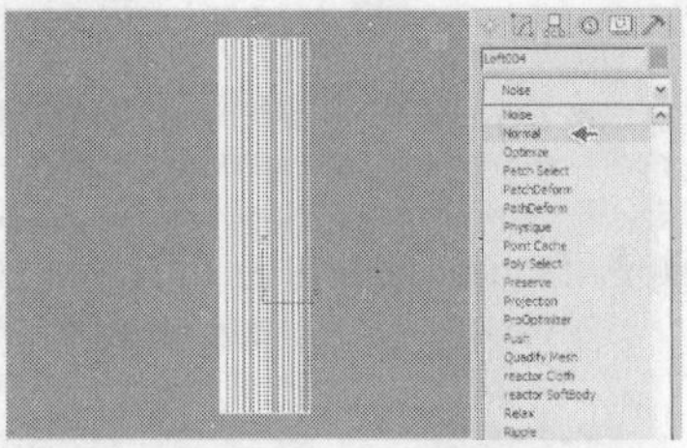

图4-59　添加法线命令

图4-60　翻转法线效果

Step07 在 Front（前）视图中使用“Shift+ 移动”快捷键沿 *x* 轴方向移动，在弹出的克隆对话框中选择 Copy（复制）模式，然后设置 Number of Copies（复制数目）值为 1，快速复制出窗帘模型，如图 4-61 所示。

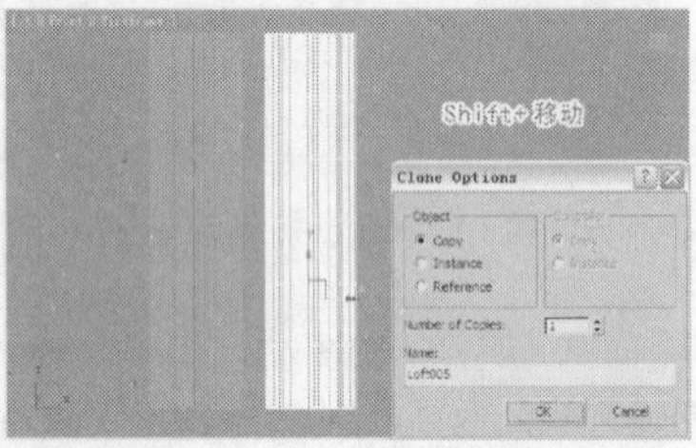

图4-61　复制窗帘模型

Step08 将视图切换至 Perspective（透）视图，然后调整模型的位置，如图 4-62 所示。

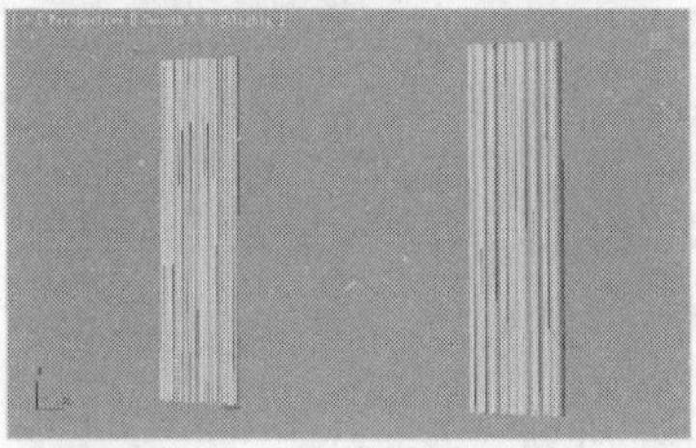

图4-62　调整模型位置

Step09 继续绘制样条线，再添加 Loft（放样）命令制作出纱帘的模型，在 Perspective（透）视图中调整窗帘模型的位置，观看所有垂落窗帘模型的效果，如图 4-63 所示。

图4-63　模型效果

4.4.2　横帘模型制作

Step01 进入（创建）面板中的（图形）子面板，单击样条线下的 Line（线）按钮，然后在 Top（顶）视图中绘制出横帘底部的截面图形，如图 4-64 所示。

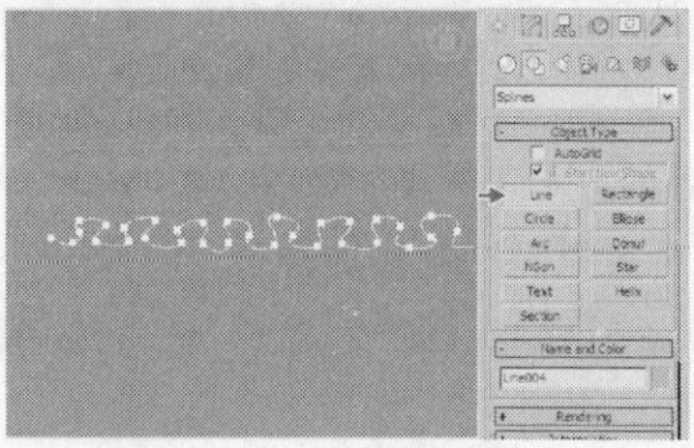

图4-64　绘制横帘底部图形

Step02 继续使用样条线下的 Line（线）命令，在 Top（顶）视图中绘制出横帘顶部的截面图形，如图 4-65 所示。

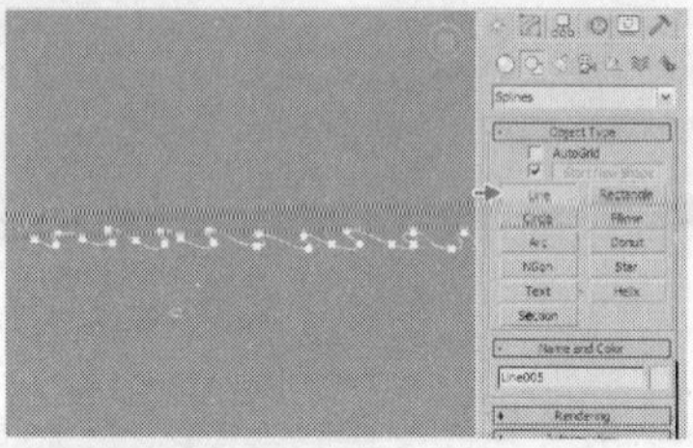

图4-65　绘制横帘顶部图形

Step03 将视图切换至 Front（前）视图，然后绘制出横帘的高度作为路径，如图 4-66 所示。

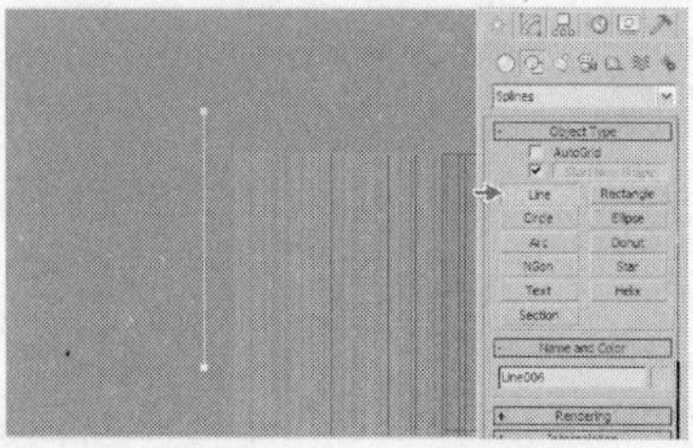

图4-66　绘制横帘高度

Step04 选择横帘高度图形，在（创建）面板的（几何体）面板中选择 Compound Objects（复合对象）下的 Loft（放样）按钮，将 Path Parameters（路径参数）卷展栏中的 Path（路径）设置为 0，并单击 Get Shape（获取图形）按钮拾取横帘顶部截面图形，然后将 Path Parameters（路径参数）卷展栏中的 Path（路径）设置为 100，再单击 Get Shape（获取图形）按钮获取横帘底部截面图形，如图 4-67 所示。

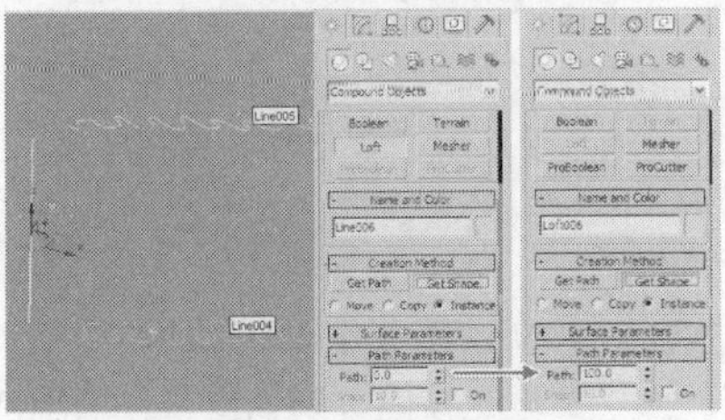

图4-67 分别获取图形

Step05 通过设置路径值可以拾取多个截面图形，使窗帘的效果更加自然。将视图切换至 Perspective（透）视图，观看放样后的模型效果，如图 4-68 所示。

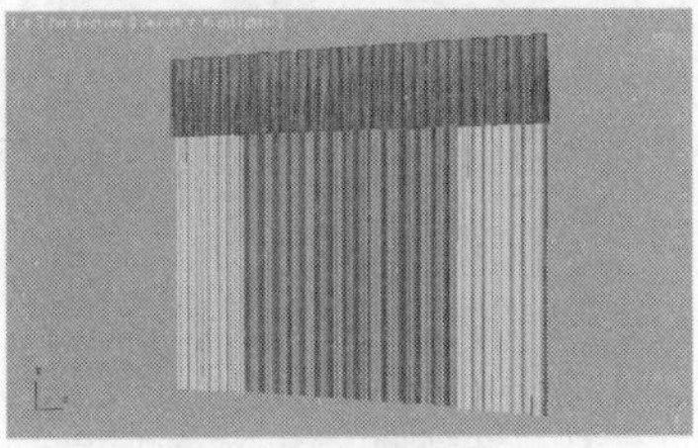

图4-68 模型效果

Step06 选择制作好的横帘模型，在（修改）面板中添加 FFD(box)（自由变形）命令，然后将 Set Number of Points（点数）设置为 4×12×2，如图 4-69 所示。

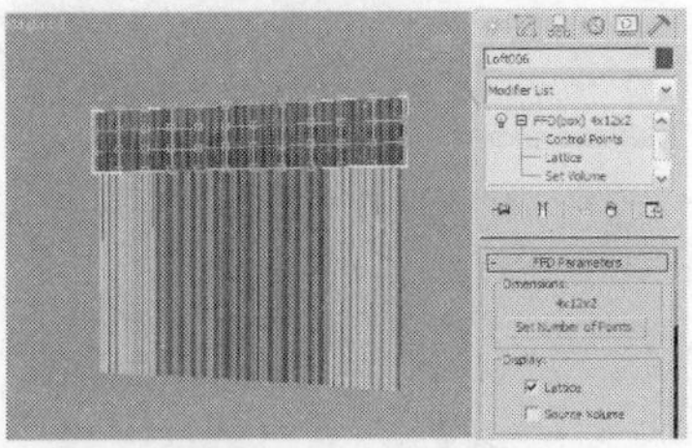

图4-69 添加自由变形

Step07 调整点的位置使横帘底部产生弧形效果，让窗帘的造型更加丰富，如图 4-70 所示。

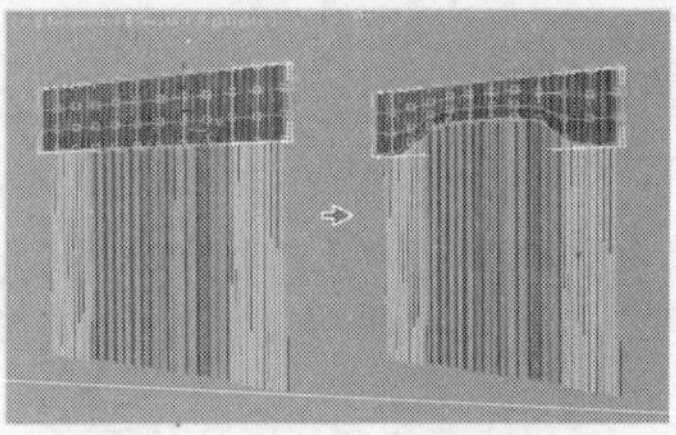

图4-70 调节弧度效果

4.4.3 装饰帘模型制作

Step01 进入（创建）面板中的（图形）子面板，单击样条线下的 Line（线）按钮，然后在 Front（前）视图中绘制出幔头的图形，如图 4-71 所示。

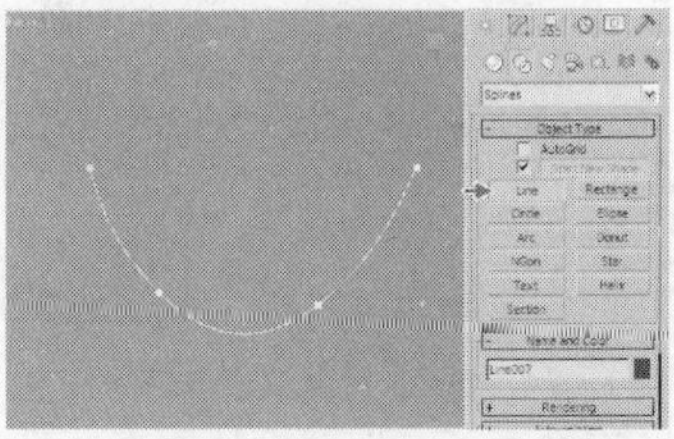

图4-71 绘制幔头图形

Step02 将视图切换至 Left（左）视图，继续使用样条线下的 Line（线）分别绘制幔头的端点及中间两个截面的图形，如图 4-72 所示。

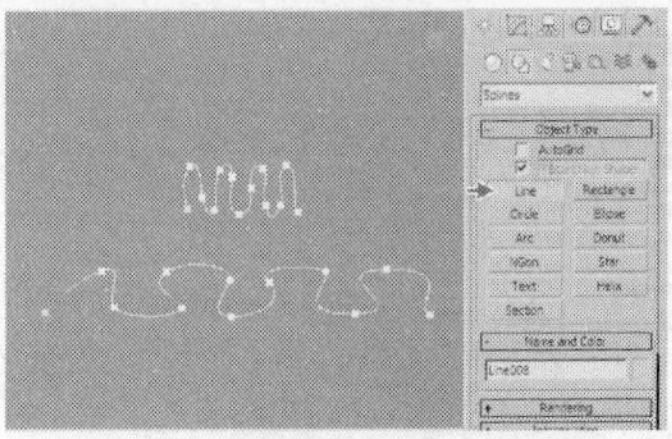

图4-72 绘制幔头截面图形

Step03 选择幔头外形图形，在（创建）面板的（几何体）面板中单击复合对象下的 Loft（放样）按钮，然后在创建方式卷展栏中单击 Get Shape（获取图形）按钮，如图 4-73 所示。

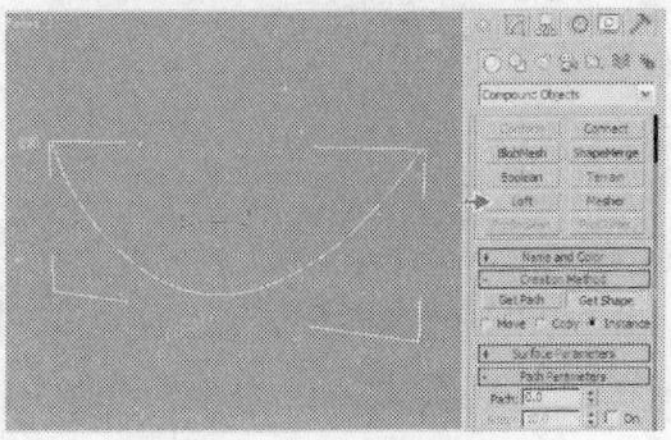

图4-73 获取截面图形

Step04 将Path Parameters（路径参数）卷展栏中的Path（路径）设置为0，并获取幔头端点截面图形，然后将Path Parameters（路径参数）卷展栏中的Path（路径）设置为50，再获取幔头中间截面图形，将Path Parameters（路径参数）卷展栏中的Path（路径）设置为100，继续获取幔头端点截面图形，使其左、中、右产生变化。通过输入路径值或拖动微调器来设置路径的级别。如果获取处于启用状态，该值将变为上一个捕捉的增量，更改测量方法将导致路径值的改变，如图4-74所示。

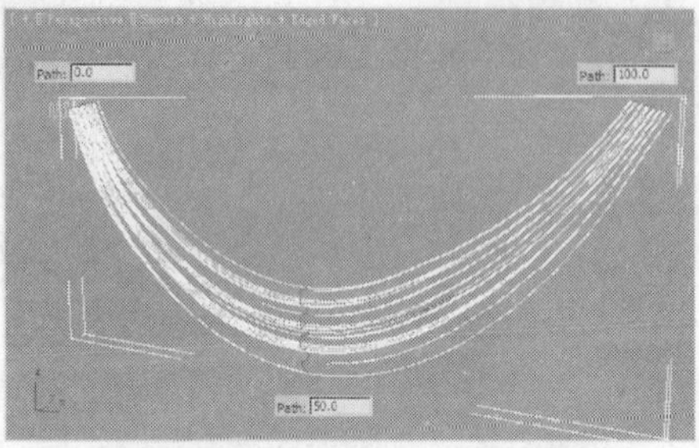

图4-74　分别获取截面图形

Step05 选择制作好的幔头模型，在（修改）面板中添加Noise（噪波）命令，分别设置Strength（强度）中的X为5mm、Y为18mm、Z为6mm，使模型产生起伏变化，布料的效果更加自然，如图4-75所示。

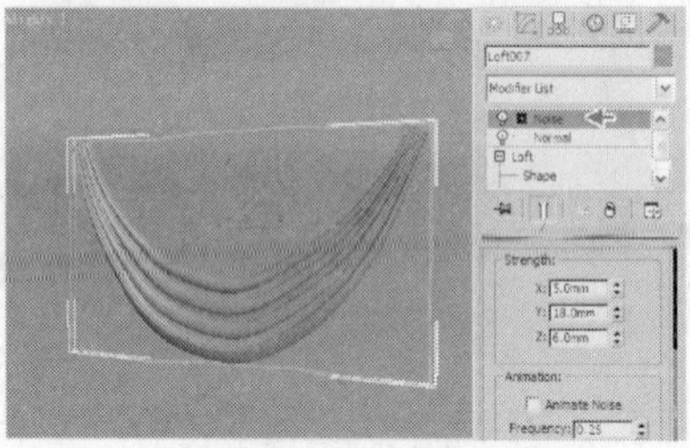

图4-75　添加燥波命令

Step06 在Perspective（透）视图中调整幔头模型的位置，观看模型整体效果，如图4-76所示。

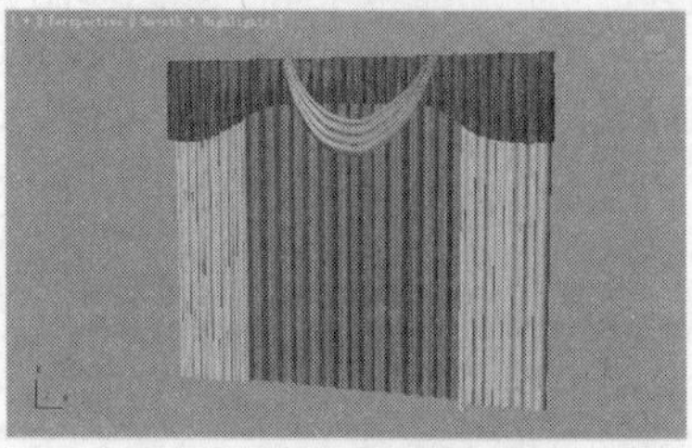

图4-76　模型效果

4.4.4 吊架模型制作

Step01 进入（创建）面板，单击（几何体）下的Cylinder（圆柱体）按钮，分别制作出托架及窗帘杆模型并调节其位置，如图4-77所示。

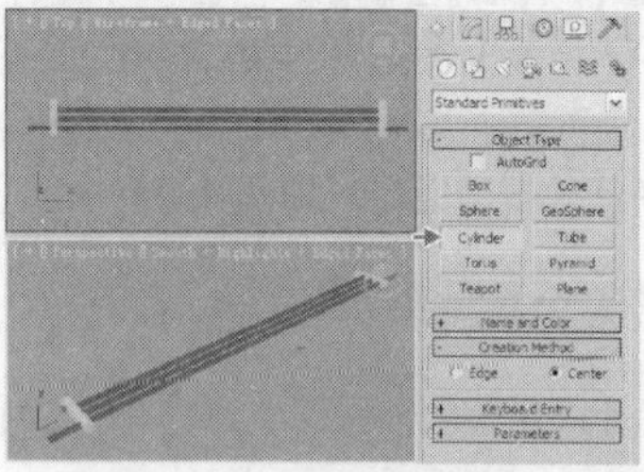

图4-77　制作窗帘杆模型

Step02 在（创建）面板中单击（几何体）下的Torus（圆环）按钮，制作窗帘夹的顶部及中间的环形模型，然后使用Line（线）绘制出中间的挂钩模型，再使用Line（线）绘制夹子图形并通过添加Extrude(挤出）命令得到三维模型，如图4-78所示。

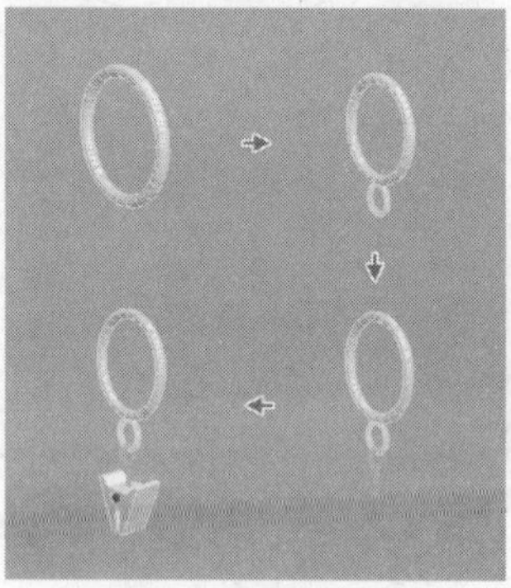

图4-78　制作窗帘夹

Step03 选择窗帘夹下部的模型，使用（链接）工具将其链接到最顶部的环形模型，如图4-79所示。

图4-79　链接模型

Step04 在Perspective（透）视图中将窗帘夹调节成不同的角度，使模型效果更加自然，然后调整整体吊架模型的位置，观看模型效果如图4-80所示。

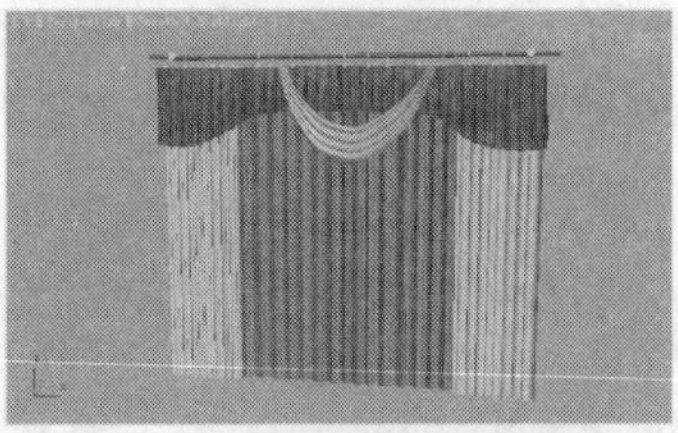

图4-80 模型效果

Step05 赋予模型材质和灯光，再通过渲染设置得到最终效果，如图 4-81 所示。

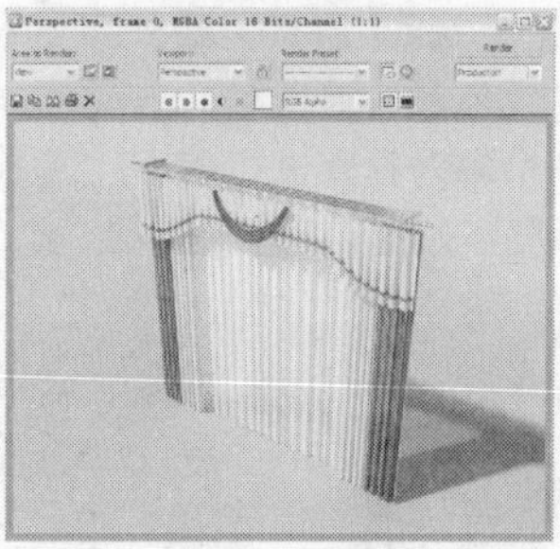

图4-81 渲染最终效果

4.5 范例——麦克风

【重点提要】

本范例主要使用 Edit Poly（编辑多边形）命令制作出麦克风的外壳，再配合复合对象中的 Boolean（布尔）命令对模型进行运算操作，完成麦克风的模型制作，然后再赋予材质和灯光，最终效果如图 4-82 所示。

图4-82 麦克风范例效果

【制作流程】

麦克风范例的制作流程分为 4 部分：①外壳模型制作，②细化外壳模型，③添加辅助模型，④把手模型制作，如图 4-83 所示。

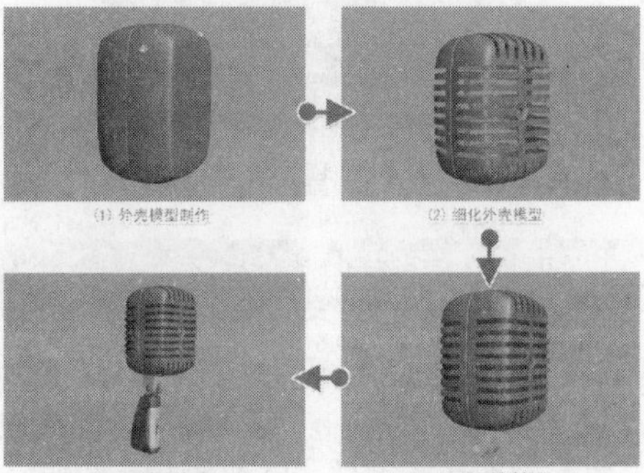

图4-83 制作流程

4.5.1 外壳模型制作

Step01 进入（创建）面板，单击（几何体）下的 Box（长方体）按钮，然后在 Front（前）视图中创建一个长方体来制作麦克风的外壳，设置 Length（长度）为 80、Width（宽度）为 56、Height（高度）为 25、Length Segs（长度段数）为 3、Width Segs（宽度段数）为 3、Height Segs（高度段数）为 2，参数如图 4-84 所示。

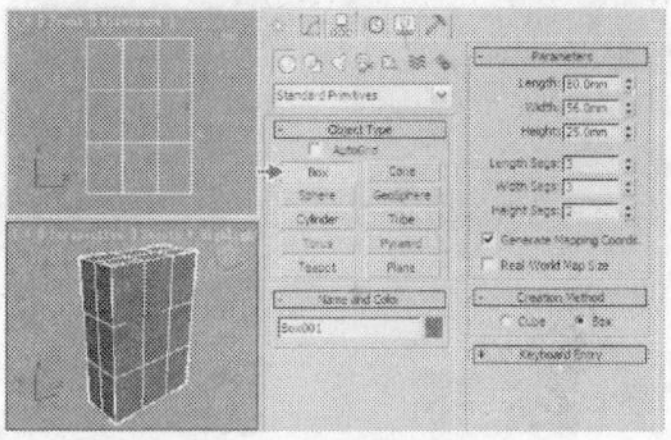

图4-84 创建长方体

Step02 在（修改）面板中添加 Edit Poly（编辑多边形）命令，并切换至 Vertex（顶点）模式，然后在 Front（前）视图中调整顶点的位置，调节出麦克风正面的轮廓，如图 4-85 所示。

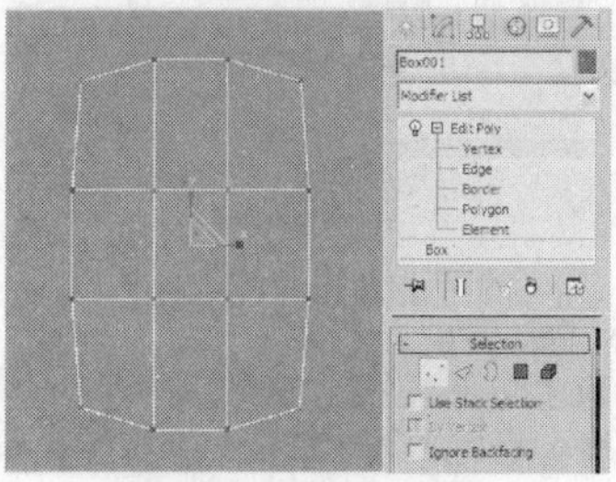

图4-85 调节正面轮廓

Step03 继续在 Vertex（顶点）模式下选择前面的点，使用（缩放）工具在 Perspective（透）视图中沿 3 个轴对顶点进行缩小，调节出麦克风侧面的弧度，如图 4-86 所示。

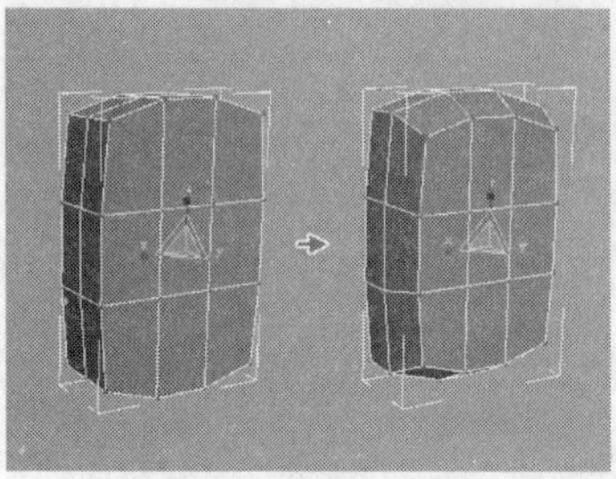

图4-86　调节侧面弧度

Step04 将编辑多边形命令切换至 Edge（边）模式，然后按住 Ctrl 键加选一侧所有的边，再单击 Connect（连接）命令设置偏移量为 -60，为选择的边连接增加一条垂直边。增加边是为了强调转折的关系，使其在光滑时效果突出，如图 4-87 所示。

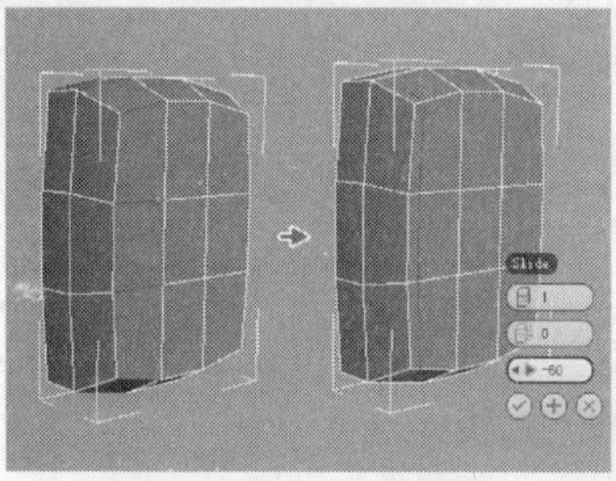

图4-87　边连接

Step05 继续在 Edge（边）模式下将另一侧的边也进行连接加边操作，设置连接的偏移量为 60，如图 4-88 所示。

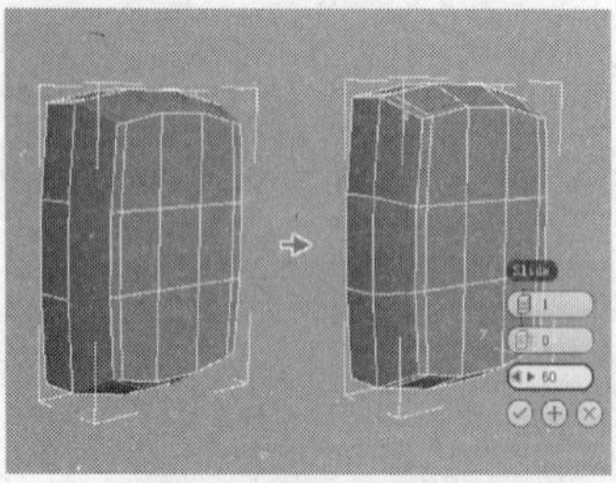

图4-88　其他边连接

Step06 将编辑多边形切换至 Polygon（多边形）模式，选择背部的面并使用 Delete 键将其删除，然后再切换至 Border（边界）模式选择删除后的截面，使用“Shift+ 缩放”将选择的边界沿 3 个轴进行缩放复制，制作外壳接缝处的细节，如图 4-89 所示。

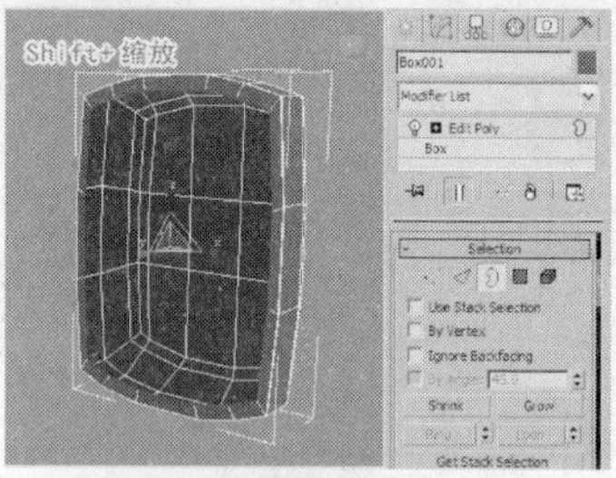

图4-89　制作接缝处细节

Step07 在（修改）面板中添加 Mesh Smooth（网格平滑）命令，使模型更加细腻，如图 4-90 所示。

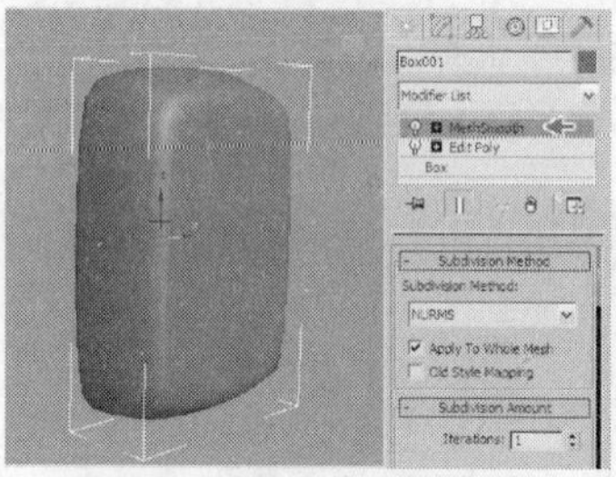

图4-90　网格平滑模型

Step08 选择制作好的外壳模型，使用（镜像）工具得到另一半的外壳模型，调整其位置并在 Perspective（透）视图中观看模型效果，如图 4-91。

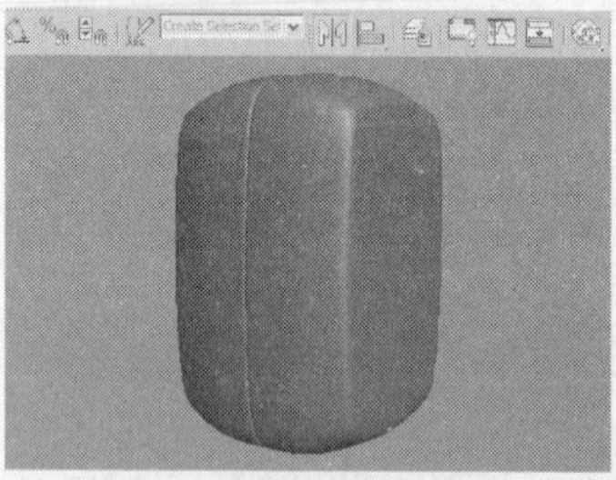

图4-91　模型效果

4.5.2　细化外壳模型

Step01 进入（创建）面板中的（图形）子面板，单击样条线下的 Line（线）命令，然后在 Left（左）视图中绘制外壳空隙的截面图形，如图 4-92 所示。

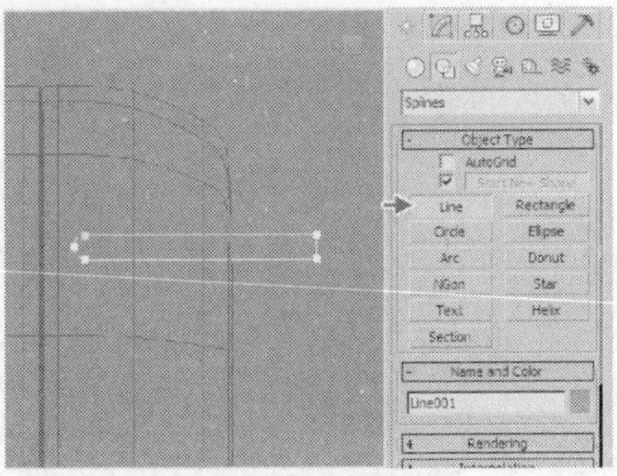

图4-92 绘制图形

Step02 选择截面图形，在（修改）面板中添加 Extrude（挤出）命令，然后设置 Amount（参数）值为 50，调节位置用于制作布尔运算的元素，如图 4-93 所示。

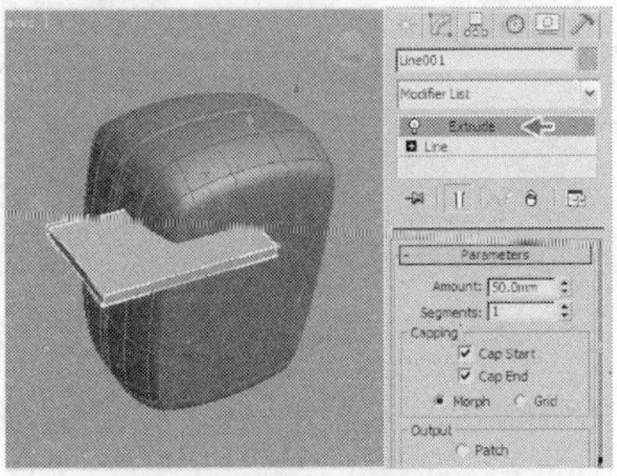

图4-93 挤出模型

Step03 选择布尔运算的元素，配合“Shift+ 移动”将元素复制多个，然后再调整到合适的位置，如图 4-94 所示。

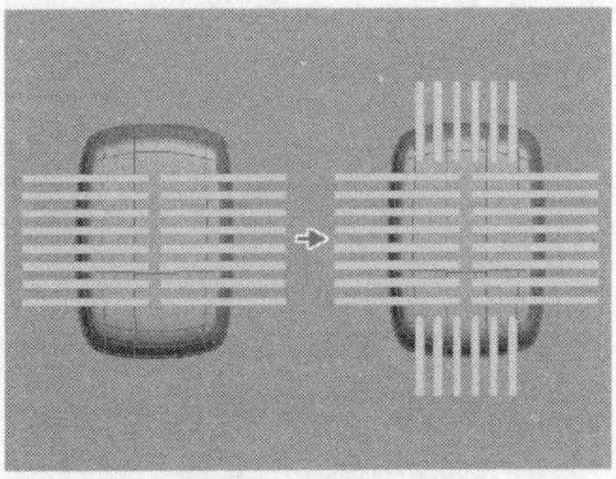

图4-94 复制元素

Step04 将视图切换至 Front（前）视图并选择一个元素，在（修改）面板中添加 Edit Poly（编辑多边形）命令，然后单击 Edit Geometry（编辑几何体）卷展栏下的 Attach（结合）命令，再拾取其他元素，使其成为一个整体。布尔运算只可以使用两个对象进行加减操作，所以预先将需要运算的部分先结合在一起，再通过 A-B 的方式修剪出镂空区域，如图 4-95 所示。

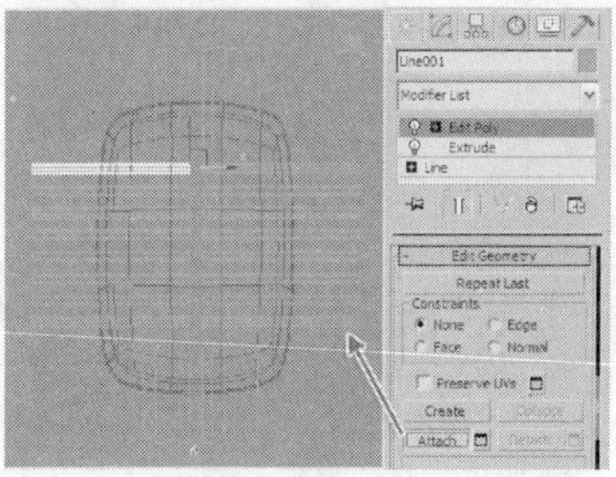

图4-95 结合元素

Step05 选择外壳模型，在（创建）面板的（几何体）界面中单击 Compound Object（复合对象）中的 Boolean（布尔）命令，然后单击 Pick Boolean（获取布尔）卷展栏中的 Pick Operand B（获取对象 B）按钮，再拾取需要进行布尔运算的元素，如图 4-96 所示。

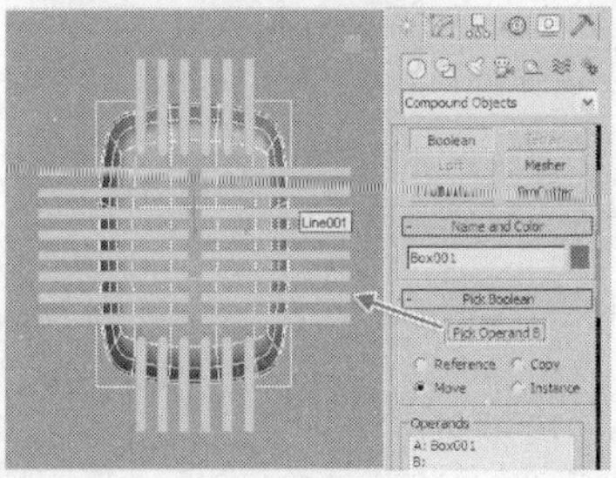

图4-96 拾取元素

Step06 拾取元素后，外壳模型多余的部分已经被剪切掉了，得到横向及纵向的空隙，如图 4-97 所示。

Step07 继续将背面的外壳模型也进行布尔运算操作，然后选择布尔运算后的外壳模型，在（修改）面板中添加 Edit Poly（编辑多边形）命令，制作外壳中间装饰物的凹槽，使外壳模型细节更加丰富，如图 4-98 所示。

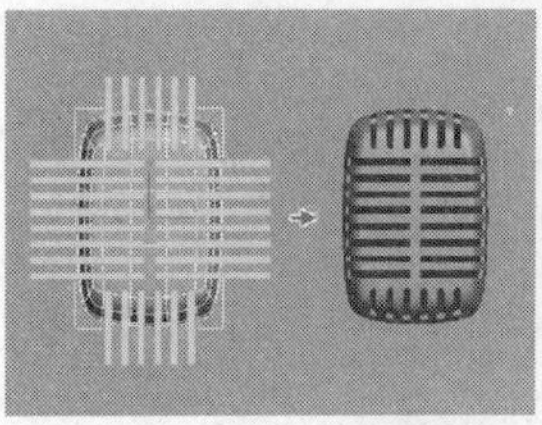

图4-97 进行布尔运算

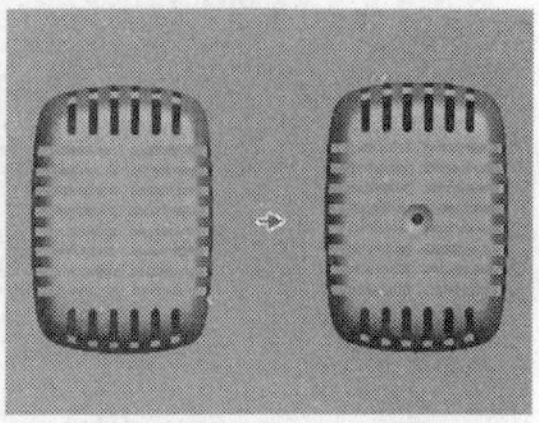

图4-98 制作凹槽效果

Step08 选择外壳模型，在（修改）面板中添加 Shell（壳）命令，然后设置 Inner Amount（内部量）值为 1，壳修改命令可以使外壳模型产生厚度，如图 4-99 所示。

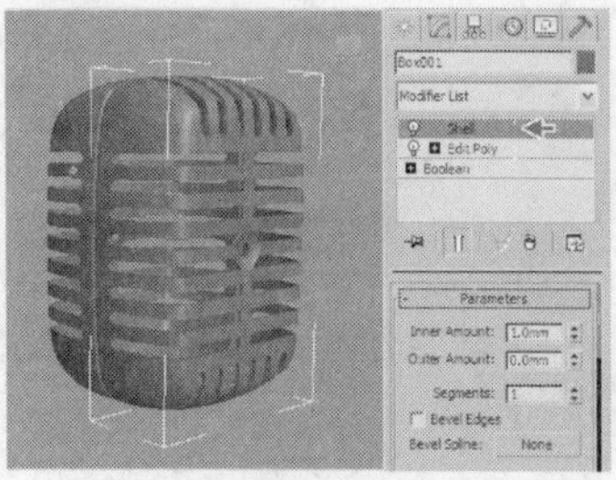

图4-99　增加模型厚度

Step09 产生厚度的外壳模型结构关系更加清晰，将视图切换至 Perspective（透）视图，观看模型效果如图 4-100 所示。

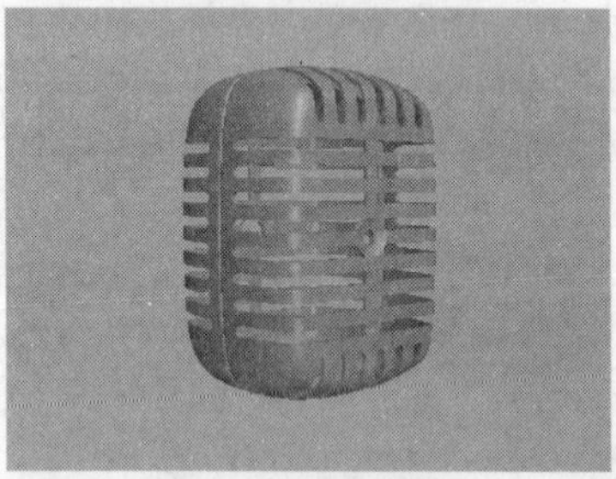

图4-100　模型效果

4.5.3　添加辅助模型

Step01 进入（创建）面板，单击（几何体）下的 Box（长方体）按钮，然后在 Front（前）视图中创建一个长方体来制作麦克风的内胆，在（修改）面板中添加一个 Edit Poly（编辑多边形）命令，再依据外壳模型的形状对模型进行编辑，最后为模型再添加一个 Mesh Smooth（网格光滑）修改命令，如图 4-101 所示。

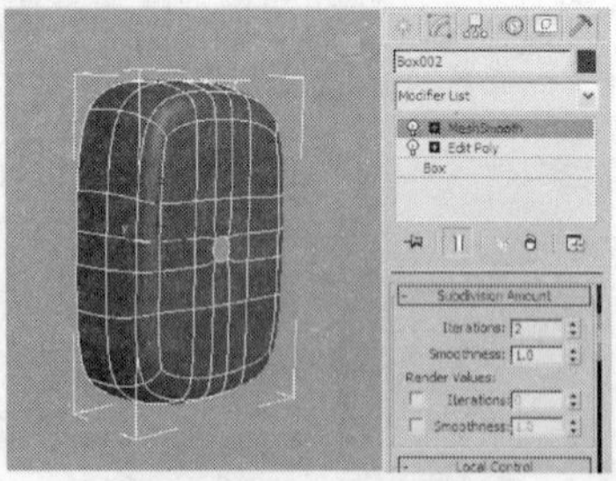

图4-101　制作内胆模型

Step02 选择做好的内胆模型，单击（镜像）工具将其对称处理，然后再配合缩放工具将内胆模型进行缩小调整，使内胆模型与外壳模型相匹配，如图 4-102 所示。

图4-102　匹配模型

Step03 进入（创建）面板中的（图形）子面板，单击样条线下的 Line（线）命令按钮，然后在 Left（左）视图中绘制连接件图形，如图 4-103 所示。

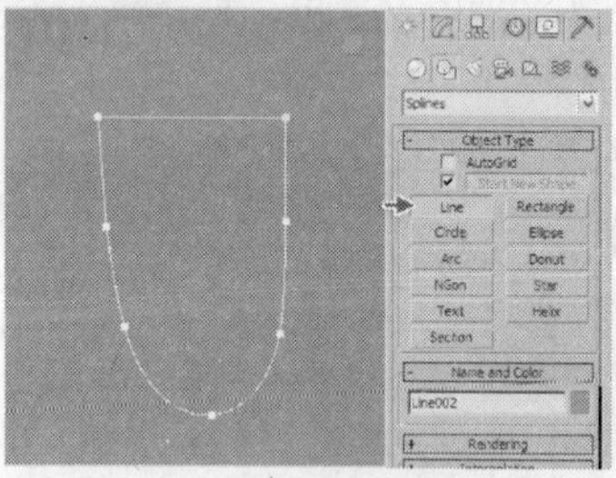

图4-103　绘制连接件图形

Step04 选择绘制好的连接件图形，在（修改）面板中添加 Extrude（挤出）命令，然后设置 Amount（参数）为 18，如图 4-104 所示。

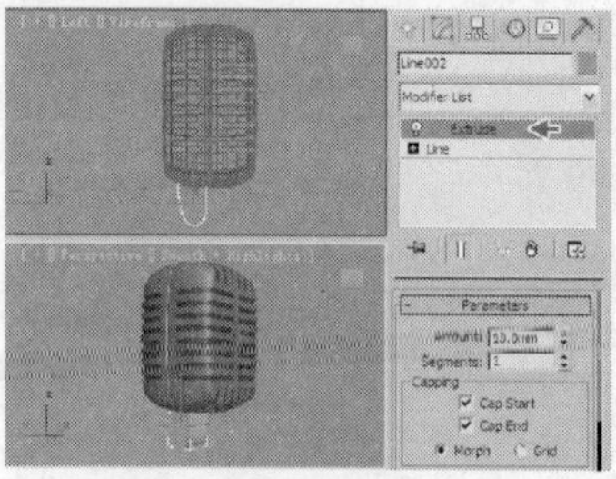

图4-104　挤出连接件图形

Step05 进入（创建）面板，单击几何体下的 Box（长方体）按钮，然后在 Front（前）视图中创建一个长方体并调整其位置，制作出准备进行布尔运算的元素，如图 4-105 所示。

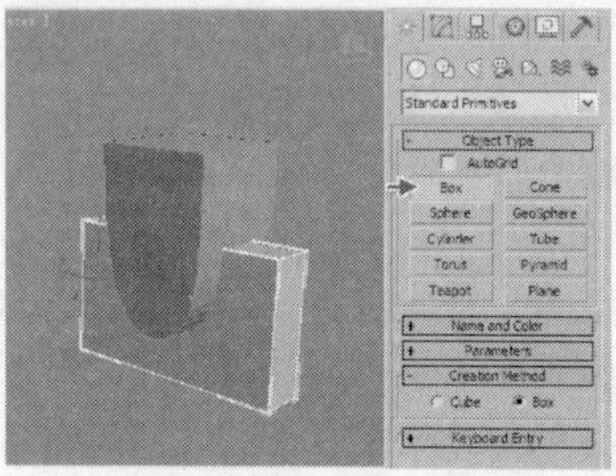

图4-105　制作布尔运算元素

Step06 选择连接件模型，进入 （创建）面板，单击Compound Object（复合对象）中的Boolean（布尔）命令，然后单击Pick Boolean（获取布尔）卷展栏中的Pick Operand B（获取对象B）按钮，拾取制作好的长方体模型。先选择的对象默认状态为布尔运算的A，后拾取的对象默认状态为布尔运算的B，如图4-106所示。

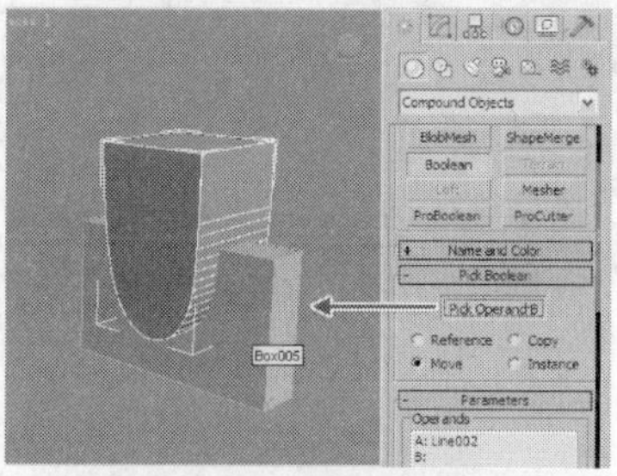

图4-106 拾取元素

Step07 拾取元素后，连接件模型多余的部分已经被剪切掉，得到下端缺口的效果，如图4-107所示。

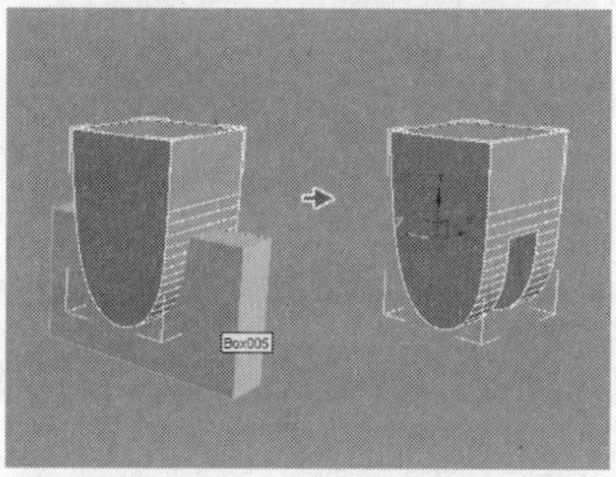

图4-107 布尔运算效果

Step08 继续为连接件模型添加Boolean（布尔）命令，制作下端的圆孔效果，完成连接件模型的制作，效果如图4-108所示。

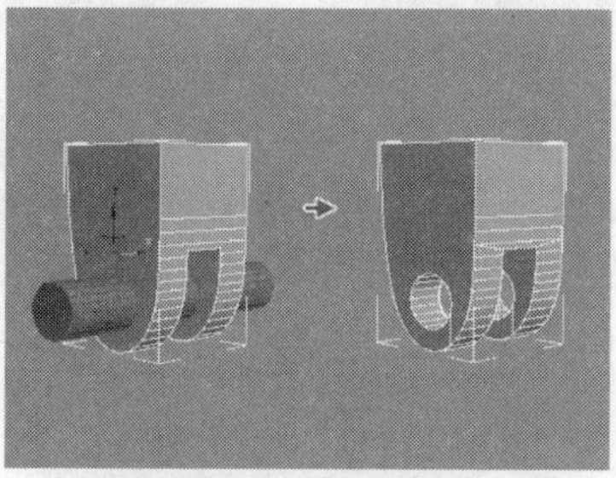

图4-108 布尔运算效果

Step09 将视图切换至Perspective（透）视图，调节连接件模型的位置，观看模型效果如图4-109所示。

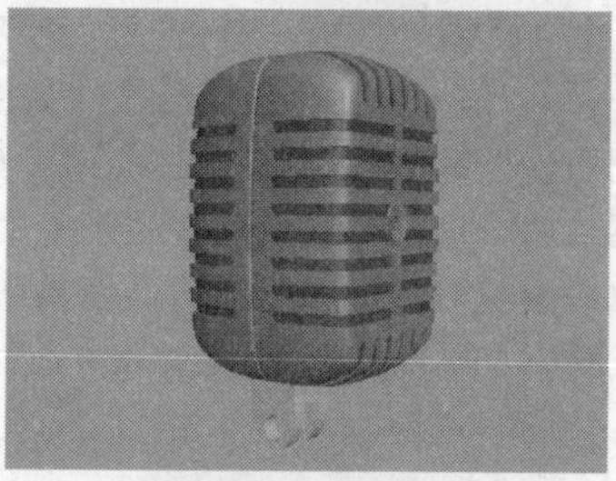

图4-109 模型效果

4.5.4 把手模型制作

Step01 进入 （创建）面板，单击 （几何体）下的Box（长方体）按钮，然后在Top（顶）视图中创建一个长方体来制作把手外壳模型，分别设置Length Segs（长度段数）值为1、Width Segs（宽度段数）值为3、Height Segs（长度段数）值为3，在 （修改）面板中添加Edit Poly（编辑多边形）命令并切换至Polygon（多边形）模式，选择顶部中间的面并挤出，通过调节顶点的位置完成基础轮廓，如图4-110所示。

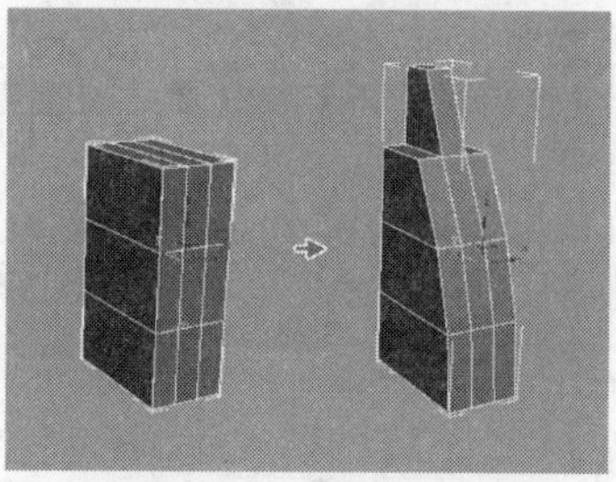

图4-110 制作把手外壳模型

Step02 将编辑多边形命令切换至Edge（边）模式，然后通过Connect（连接）工具增加模型的段数，再将多边形命令切换至Vertex（顶点）模式，调节出把手模型的弧度再删掉多余的面，添加Mesh Smooth（网格平滑）命令后得到更加细腻的模型，如图4-111所示。

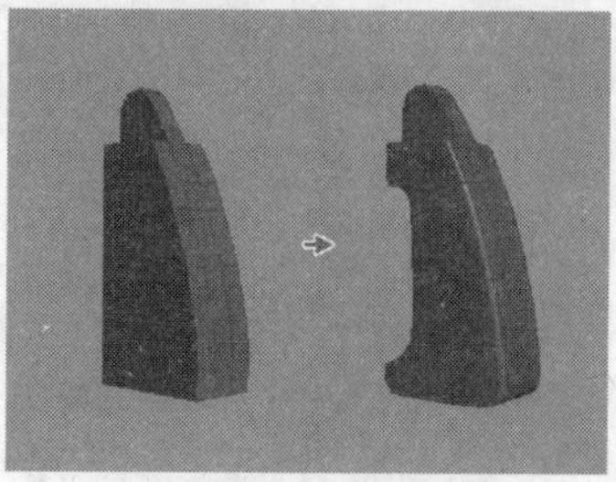

图4-111 调节模型外形

Step03 进入（创建）面板，单击（几何体）下的Box（长方体）按钮，通过创建一个长方体来制作把手模型的皮面部分，然后在（修改）面板中添加Edit Poly（编辑多边形）命令，依据缺口的形状对模型进行编辑，使其与把手外壳相匹配，如图 4-112 所示。

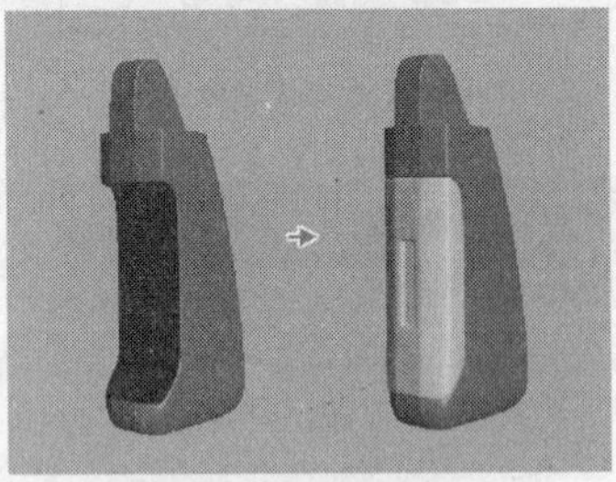

图4-112　制作皮面部分

Step04 将把手模型调整到合适的位置，进入（创建）面板，单击（几何体）下的Sphere（球体）命令按钮，创建球体来制作把手模型与连接件模型之间的螺帽，再通过创建长方体来制作麦克风的开关，使模型效果更加丰富，如图 4-113 所示。

Step05 继续通过创建球体来制作麦克风外壳模型中间的装饰物，完成麦克风模型的制作，将视图切换至 Perspective（透）视图观看模型效果，如图 4-114 所示。

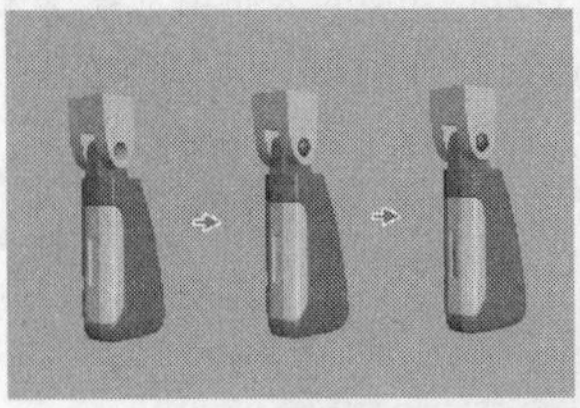

图4-113　添加细节

图4-114　模型效果

Step06 赋予模型材质和灯光，通过渲染设置得到最终效果，如图 4-115 所示。

图4-115　渲染最终效果

4.6 范例——欧式挂钟

【重点提要】

欧式挂钟范例主要使用 Lathe（车削）命令及 Compound Object（复合对象）的 Loft（放样）命令对路径和图形进行配合，完成欧式挂钟的模型制作，然后赋予材质和灯光，最终效果如图 4-116 所示。

图4-116　欧式挂钟范例效果

【制作流程】

欧式挂钟范例的制作流程分为 4 部分：①框架模型制作，②门及辅助模型制作，③添加表盘及装饰模型，④场景渲染设置，如图 4-117 所示。

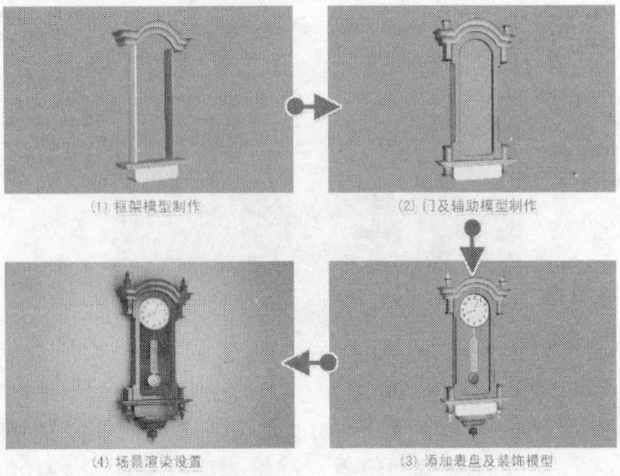

图4-117　制作流程

4.6.1 框架模型制作

Step01 在（创建）面板的（图形）子面板中单击Splines（样条线）下的Line（线）命令按钮，然后在Top（顶）视图中绘制挂钟顶部造型的图形，如图4-118所示。

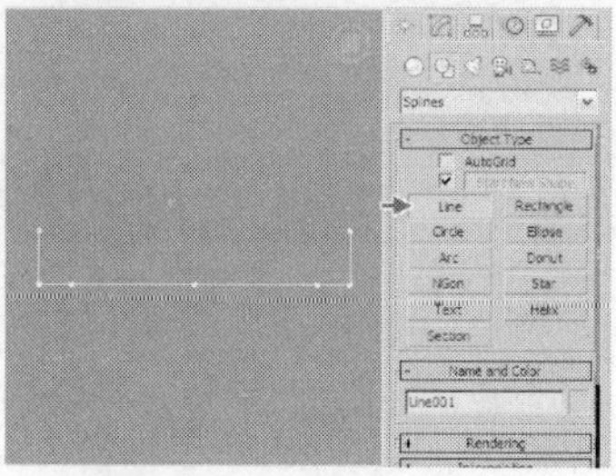

图4-118 绘制顶部图形

Step02 选择绘制好的顶部图形，在（修改）面板中将Line（线）切换至Vertex（顶点）模式，选择中间的顶点并右击添加Bezier（贝赛尔）控制，然后在Front（前）视图中调节点的位置作为路径，如图4-119所示。

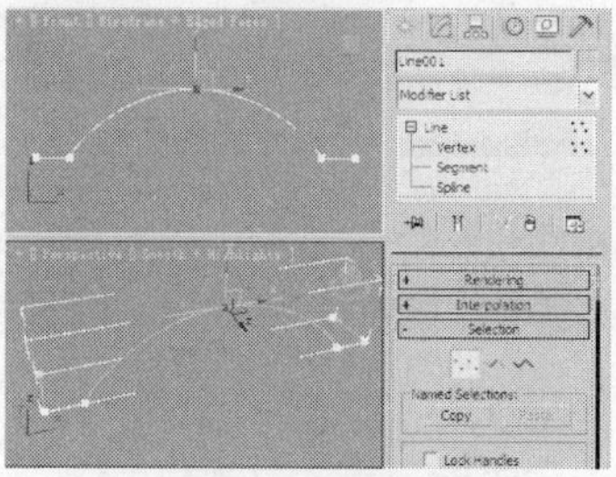

图4-119 调整路径图形

Step03 进入创建（面板）中的（图形）子面板，单击Splines（样条线）下的Line（线）命令按钮，然后在Left（左）视图中绘制挂钟顶部剖面图形，如图4-120所示。

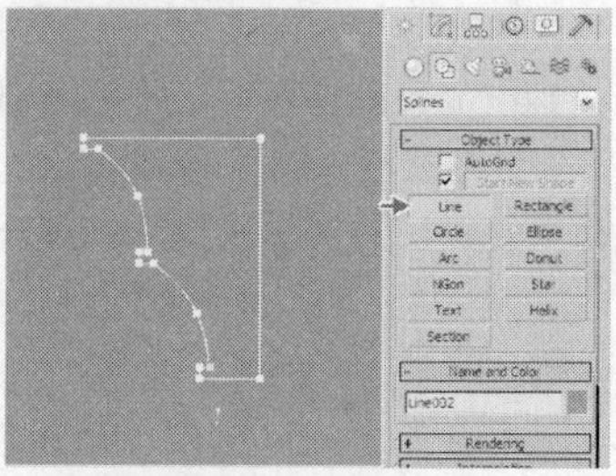

图4-120 绘制剖面图形

Step04 在Perspective（透）视图中选择顶部造型图形，在（创建）面板中单击Compound Object（复合对象）下的Loft（放样）按钮，然后单击Get Shape（获取图形）按钮，再拾取绘制的剖面图形。Get Path（获取路径）是将路径指定给选定图形或更改当前指定的路径，Get Shape（获取图形）是将图形指定给选定路径或更改当前指定的图形，如图4-121所示。

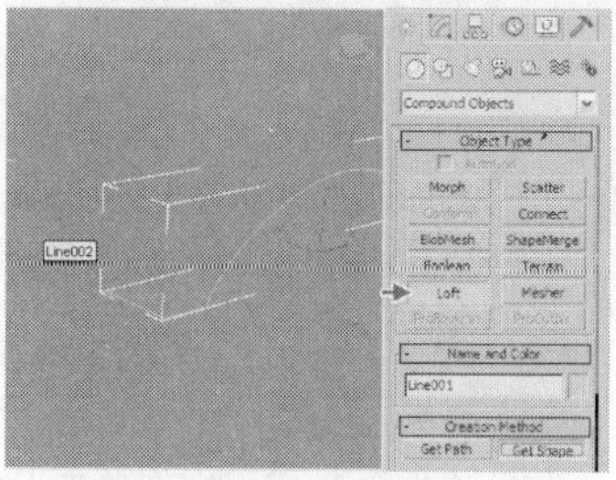

图4-121 获取图形

Step05 选择顶部欧式造型模型，在修改面板中将Loft（放样）切换至Shape（图形）模式，然后设置Align（对齐）方式为Right（右）对齐，纠正放样后的段数分布，如图4-122所示。

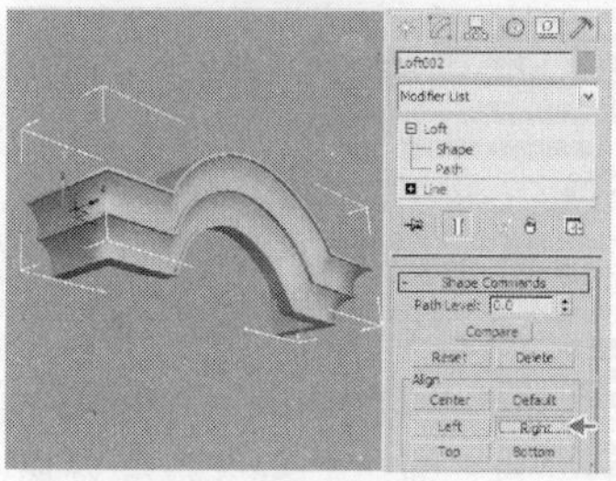

图4-122 调节放样模型

Step06 选择顶部欧式造型模型，在（修改）面板中添加FFD(box)（自由变形）命令，然后单击Set Number of Points（点数设置）按钮调节为4×8×4，再调节点的位置使模型的弧度更加饱满，如图4-123所示。

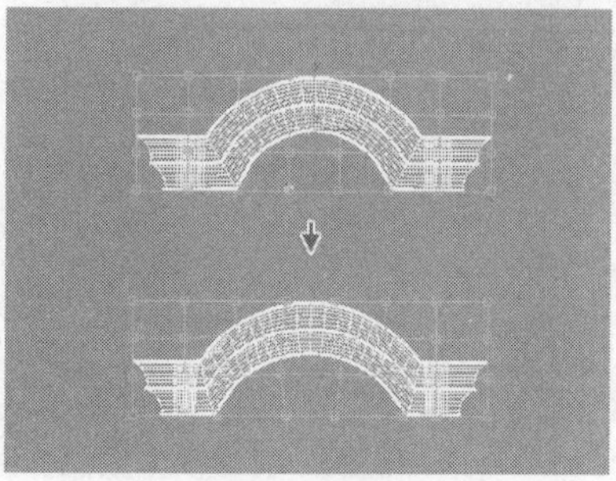

图4-123 调节弧度

Step07 在（创建）面板中单击Extended Primitives（扩展几何体）下的Chamfer Box（切角长方体）命令按钮来制作挂钟两侧及下部的挡板边框模型，如图4-124所示。

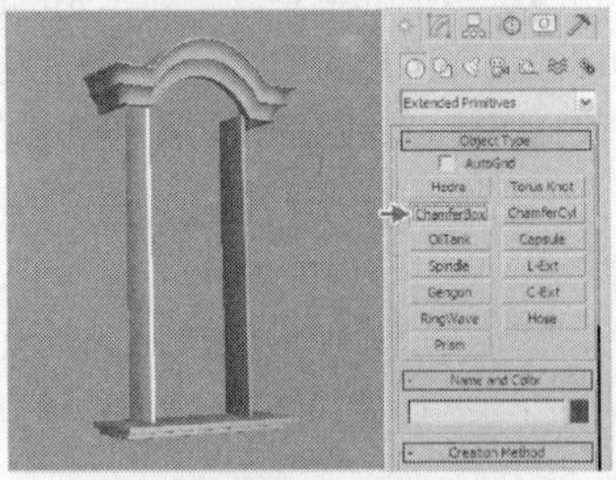

图4-124　添加边框模型

Step08 将视图切换至Front（前）视图，进入（创建）面板中的（图形）子面板，单击Splines（样条线）下的Line（线）命令按钮，绘制出底部挡板的图形，如图4-125所示。

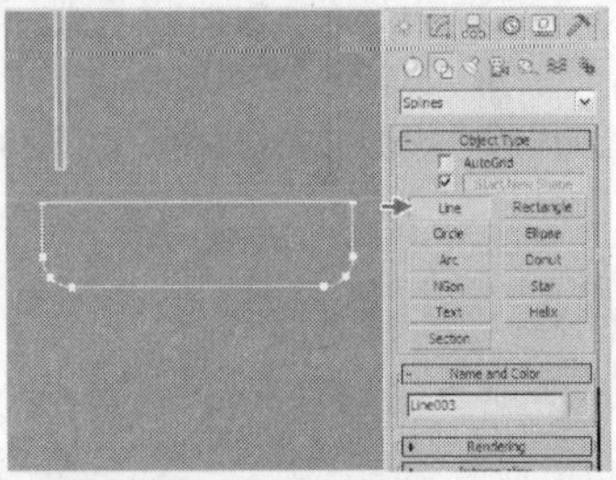

图4-125　绘制底部挡板图形

Step09 选择底部挡板的图形，在（修改）面板中添加Bevel（倒角）命令，设置Bevel Values（倒角数值）卷展栏下Level 1（级别1）中的Height（高度）值为150、Level 2（级别2）中的Height（高度）值为5、Outline（轮廓）值为-5，使模型赋予转折变化，如图4-126所示。

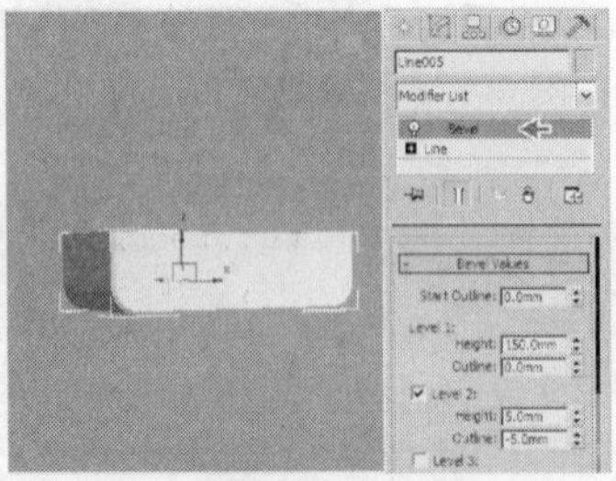

图4-126　倒角挡板模型

Step10 调节底部挡板模型的位置，将视图切换至Perspective（透）视图，观看模型效果如图4-127所示。

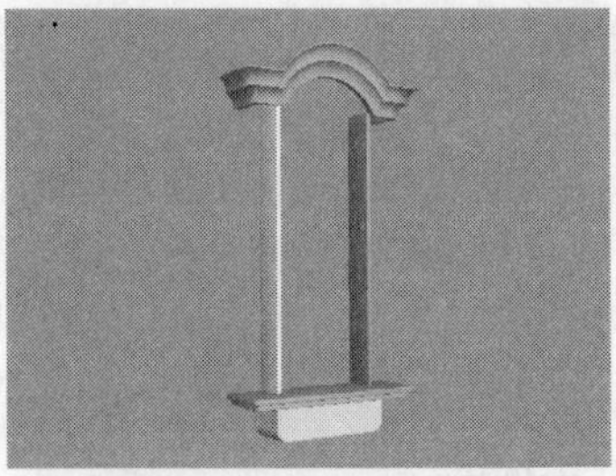

图4-127　模型效果

4.6.2　门及辅助模型制作

Step01 将视图切换至Front（前）视图，进入（创建）面板中的（图形）子面板，单击Splines（样条线）下的Line（线）命令按钮，绘制出挂钟门的外轮廓图形，如图4-128所示。

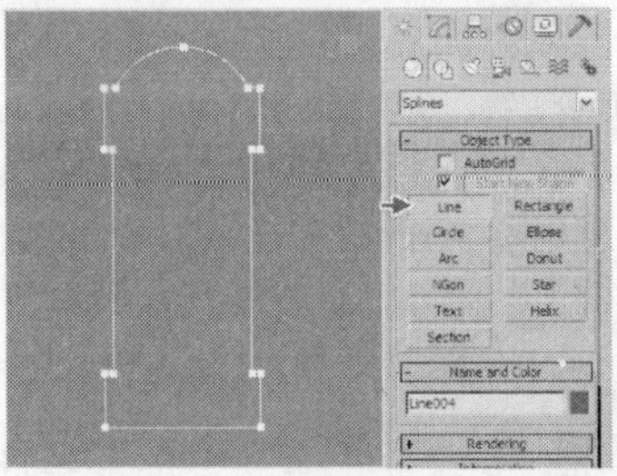

图4-128　绘制外轮廓图形

Step02 继续在Front（前）视图中通过Line（线）命令绘制出挂钟门的内轮廓图形，如图4-129所示。

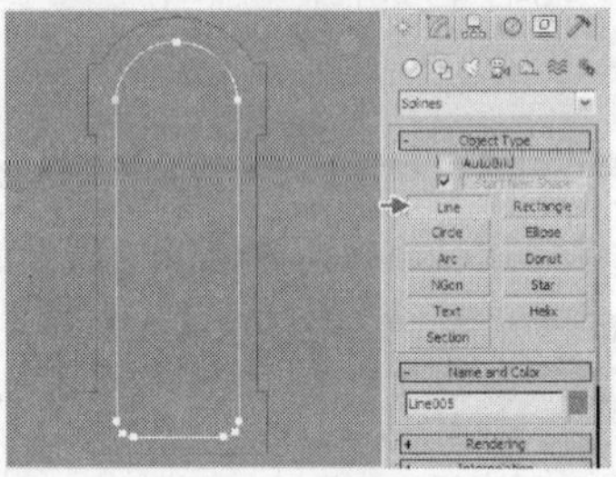

图4-129　绘制内轮廓图形

Step03 选择挂钟门的外轮廓图形，在（修改）面板中的几何体卷展栏中按下Attach（结合）命令，然后拾取挂钟门的内轮廓图形，将外轮廓与内轮廓结合为一体，如图4-130所示。

Step04 选择结合后的挂钟门图形，在（修改）面板中添加Bevel（倒角）命令，然后设置Bevel Values（倒角数值）卷展栏下Level 1（级别1）中的Height（高度）值为20、Level 2（级别2）中的Height（高度）值为5、Outline（轮廓）值为 -5，将倒角后的模型调整到合适的位置，如图 4-131 所示。

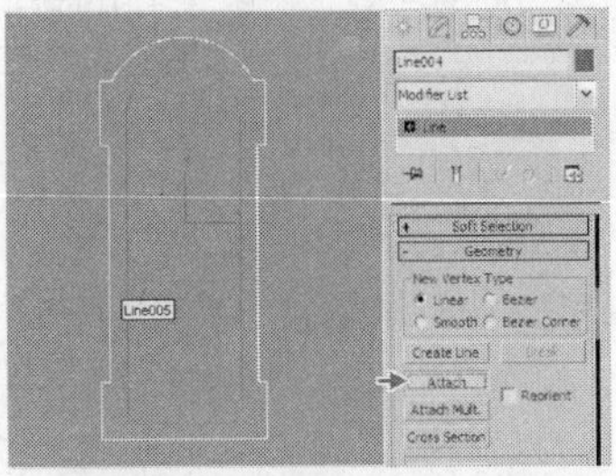

图4-130 结合内外轮廓图形

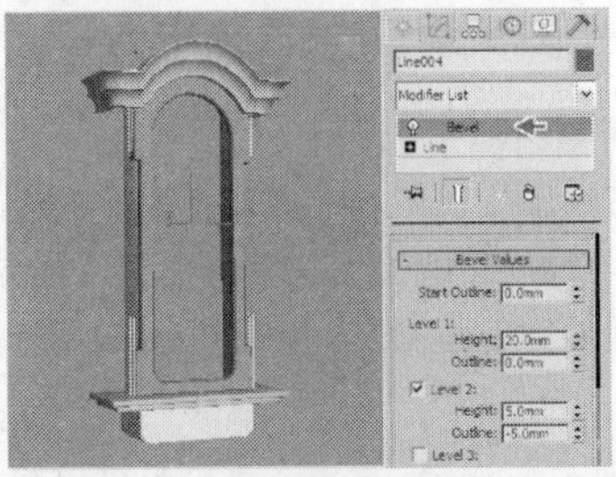

图4-131 制作门的厚度

Step05 将视图切换至 Top（顶）视图，进入（创建）面板中的（图形）子面板，单击 Splines（样条线）下的 Line（线）命令按钮，绘制出挂钟辅助装饰图形，如图 4-132 所示。

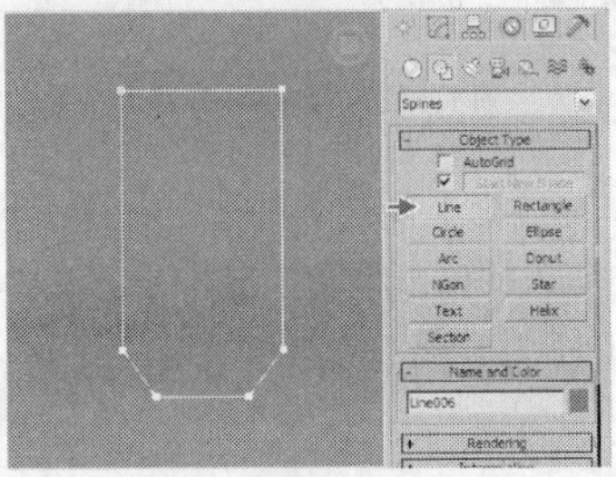

图4-132 绘制截面图形

Step06 选择挂钟辅助装饰图形，在（修改）面板中添加 Extrude（挤出）命令，然后设置 Amount（参数）为 120，再调整模型到合适的位置，如图 4-133 所示。

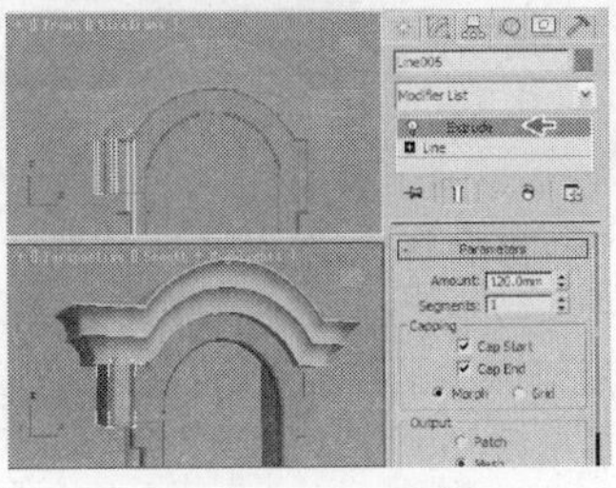

图4-133 制作辅助装饰

Step07 进入（创建）面板中的（图形）子面板，单击 Extended Primitives（扩展几何体）下的 Chamfer Box（切角立方体）命令按钮，继续丰富挂钟辅助装饰模型。扩展几何体中的对象其实就是在标准几何体的对象中多了些辅助选项，也可以理解为将标准几何体中的对象进行组合，从而形成新的模型，如图 4-134 所示。

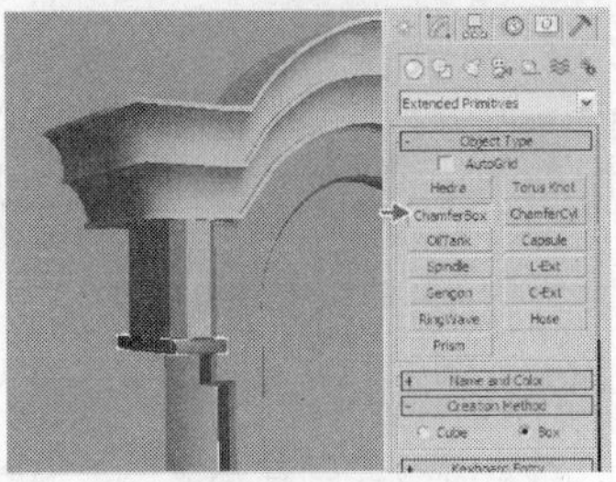

图4-134 丰富模型

Step08 选择制作好的挂钟辅助装饰模型，使用（镜像）工具分别得到挂钟右侧及底部的模型，然后继续添加辅助装饰模型，如图 4-135 所示。

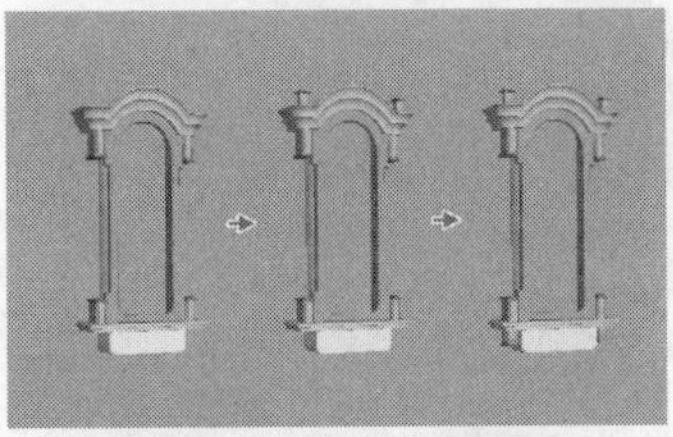

图4-135 镜像辅助装饰模型

Step09 在（创建）面板中单击（几何体）下的 Box（长方体）命令按钮，在 Front（前）视图中建立长方体作为挂钟的背板，然后将视图切换至 Perspective（透）视图，观看模型效果如图 4-136 所示。

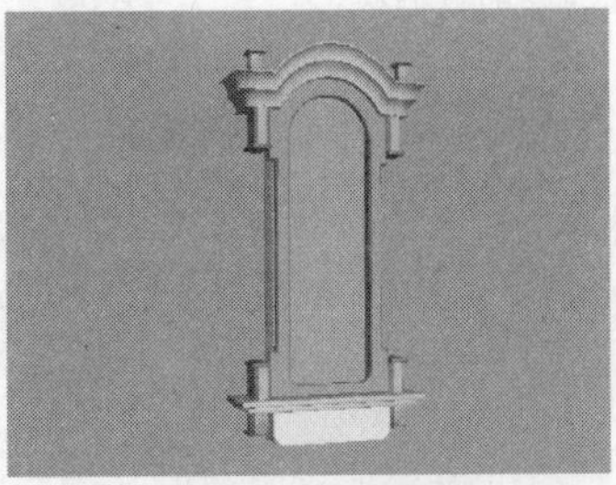

图4-136 模型效果

4.6.3 添加表盘及装饰模型

Step01 将视图切换至 Top（顶）视图，进入（创建）

面板中的（图形）子面板，单击 Splines（样条线）下的 Line（线）按钮，绘制底部装饰轮廓图形作为路径，如图 4-137 所示。

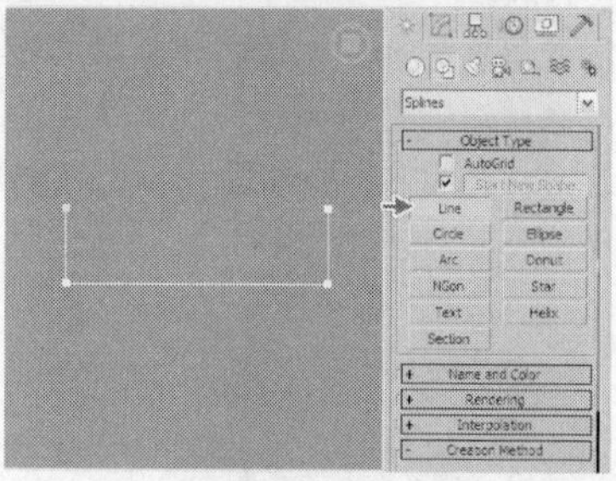

图4-137　绘制路径

Step02 再将视图切换至 Left（左）视图，继续使用 Line（线）命令绘制底部装饰截面图形。欧式造型的特点是使用弧度和繁琐的转折结构，不必严格按照某种样式进行绘制，也可以自行对图形进行修改，如图 4-138 所示。

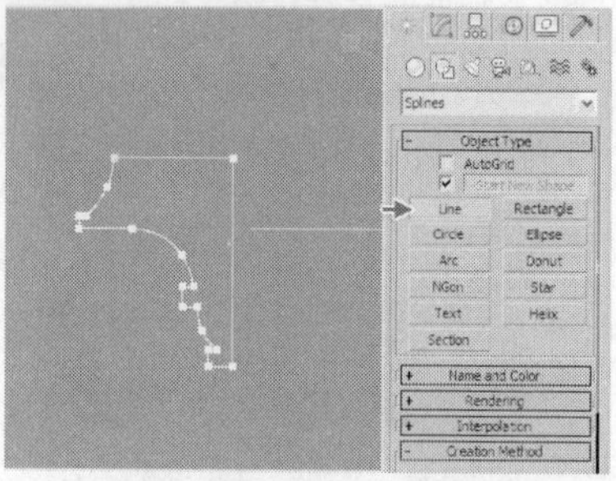

图4-138　绘制截面图形

Step03 在 Perspective（透）视图中选择底部装饰轮廓图形，在（创建）面板中单击 Compound Object（复合对象）下的 Loft（放样）命令按钮，然后单击 Get Shape（获取图形）按钮，再拾取底部装饰截面图形，如图 4-139 所示。

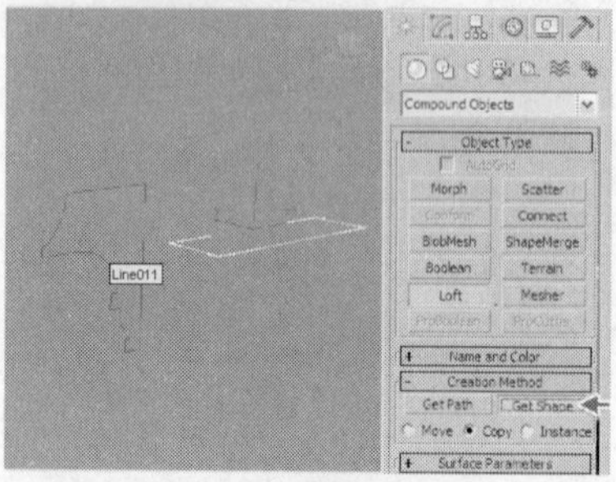

图4-139　拾取截面图形

Step04 选择底部装饰模型，在（修改）面板中将 Loft（放样）切换至 Shape（图形）模式，然后设置 Align（对齐）模式为 Right（右）对齐，并调整模型的位置，如图 4-140 所示。

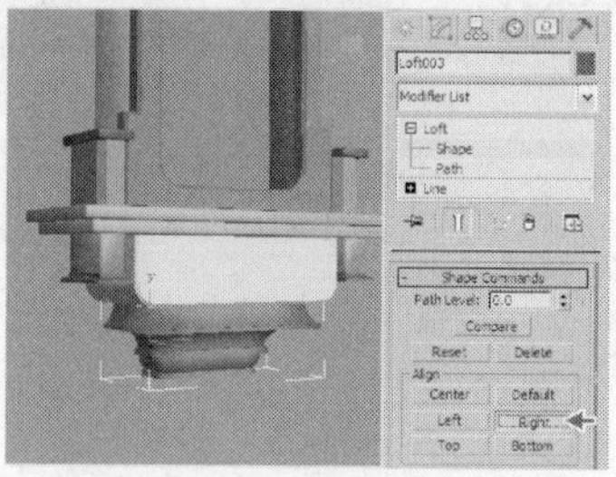

图4-140　调节对齐方式

Step05 将视图切换至 Front（前）视图，在（创建）面板的（图形）子面板中单击 Splines（样条线）下的 Line（线）命令按钮，绘制出挂钟装饰帽半侧剖面图形，如图 4-141 所示。

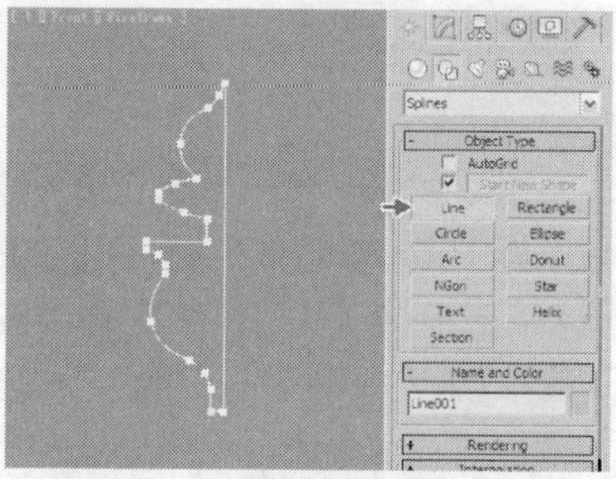

图4-141　绘制剖面图形

Step06 选择装饰帽半侧剖面图形，在（修改）面板中添加 Lathe（车削）命令，然后设置对齐方式为 Max（最大），制作出装饰帽模型。车削修改命令就是将绘制的半侧图形进行 360° 旋转，将图形转换为三维模型，如图 4-142 所示。

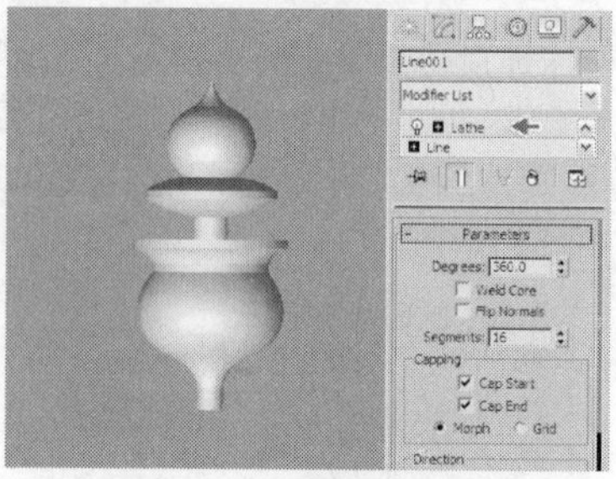

图4-142　制作装饰帽模型

Step07 选择装饰帽模型，配合（镜像）工具复制多个模型，分别制作出顶部及底部的装饰帽模型，如图 4-143 所示。

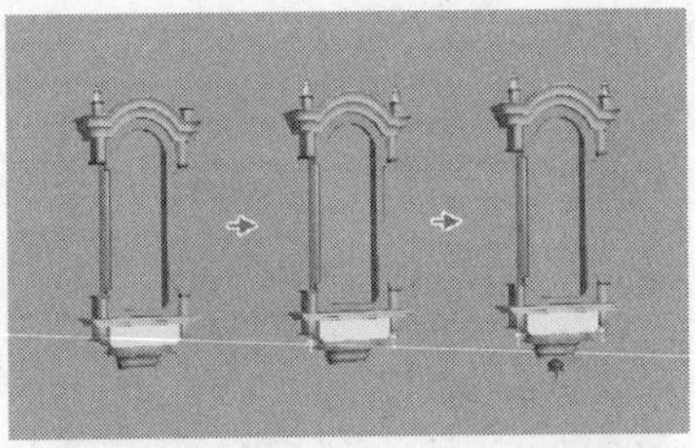

图4-143 镜像复制模型

Step08 在 Front（前）视图中使用 Splines（样条线）下的 Line（线）命令绘制出挂钟门玻璃的轮廓图形，然后在（修改）面板中添加 Extrude（挤出）命令，再设置 Amount（数量）值为 5，如图 4-144 所示。

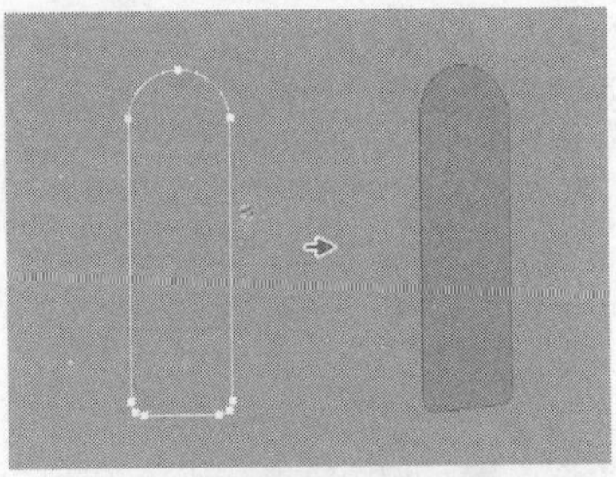

图4-144 制作门玻璃

Step09 在（创建）面板的（几何体）中选择 Torus（圆环）命令按钮，建立出表盘的轮廓模型，然后再建立 Cylinder（圆柱体）丰富表盘。使用 Spline（样条线）下的 Line（线）和 Text（文字）命令并配合（修改）面板中的 Extrude（挤出）命令制作出数字和指针模型，如图 4-145 所示。

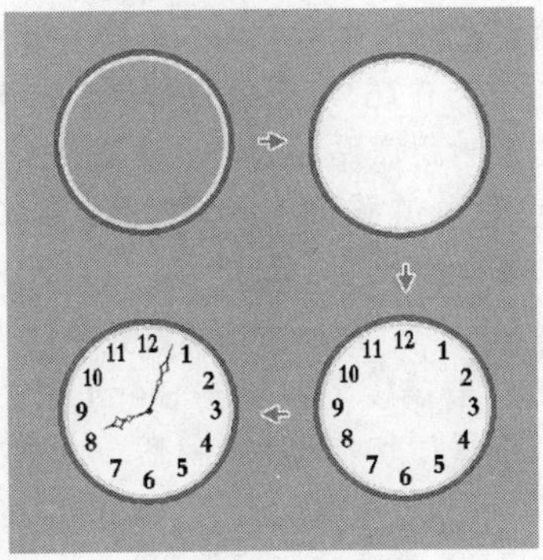

图4-145 制作表盘

Step10 继续在 Front（前）视图中使用 Line（线）命令绘制出挂钟的钟摆上部吊杆图形，然后在（修改）面板中添加 Extrude（挤出）命令，再设置 Amount（数量）值为 3，如图 4-146 所示。

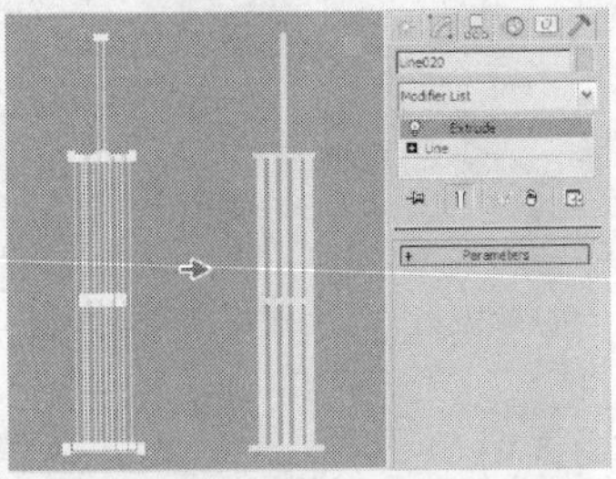

图4-146 制作钟摆吊杆

Step11 在 Front（前）视图中创建 Circle（圆形）作为钟摆底部的圆盘图形，然后在（修改）面板中为其添加 Bevel（倒角）命令，如图 4-147 所示。

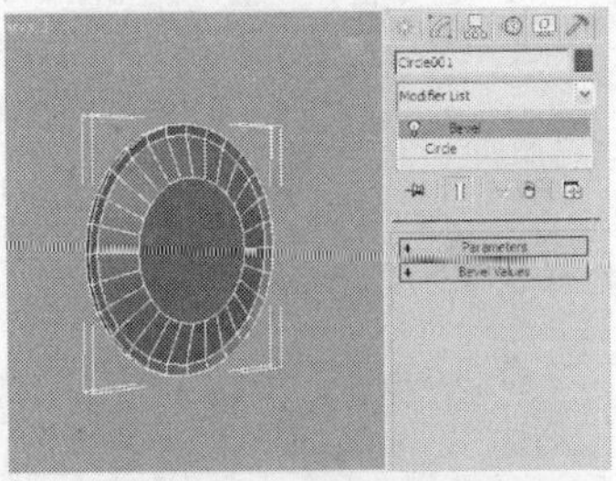

图4-147 制作钟摆圆盘

Step12 使用标准几何体下的 Box（长方体）、Sphere（球体）及 Cylinder（圆柱体）对钟摆底部的圆盘模型进行细化，如图 4-148 所示。

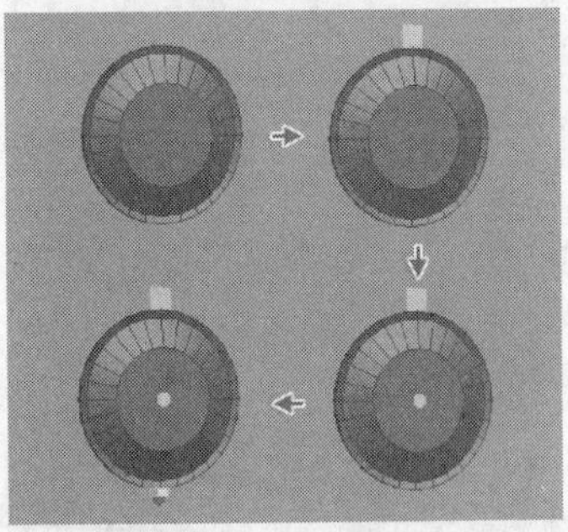

图4-148 细化钟摆圆盘

Step13 将制作好的吊杆模型与圆盘模型放置到一起并调节位置，然后将视图切换至 Perspective（透）视图，观看模型效果如图 4-149 所示。

Step14 调整制作好的表盘及钟摆模型的位置，为了更直观地观察模型，将门玻璃模型隐藏，然后在 Perspective（透）视图中观看模型效果，如图 4-150 所示。

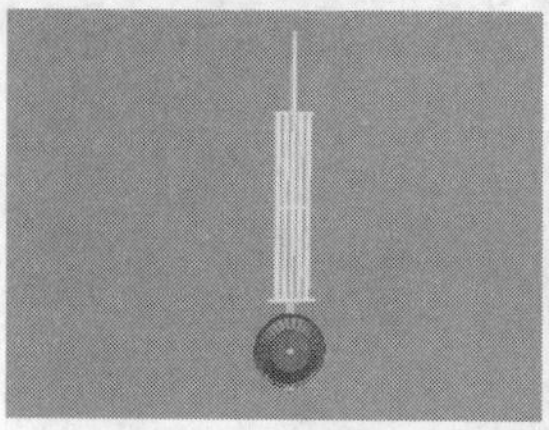

图4-149　钟摆模型效果

图4-150　欧式挂钟模型效果

4.6.4　场景渲染设置

Step01 在菜单栏中执行【Rendering（渲染）】→【Rendering Setup（渲染设置）】命令，打开 Render Setup（渲染设置）对话框，在 Assign Renderer（指定渲染器）卷展栏中将渲染器切换至 V-Ray，如图 4-151 所示。

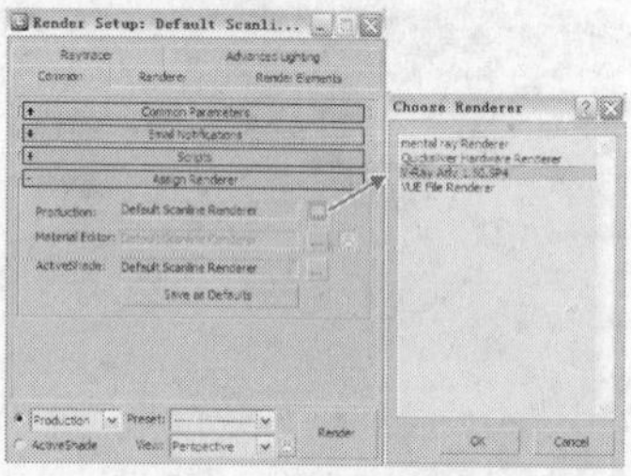

图4-151　切换渲染器

Step02 为场景建立摄影机。在菜单栏中选择【Views（视图）】→【Create Camera From View（从视图创建摄影机）】命令，使摄影机匹配到试图的角度，如图 4-152 所示。

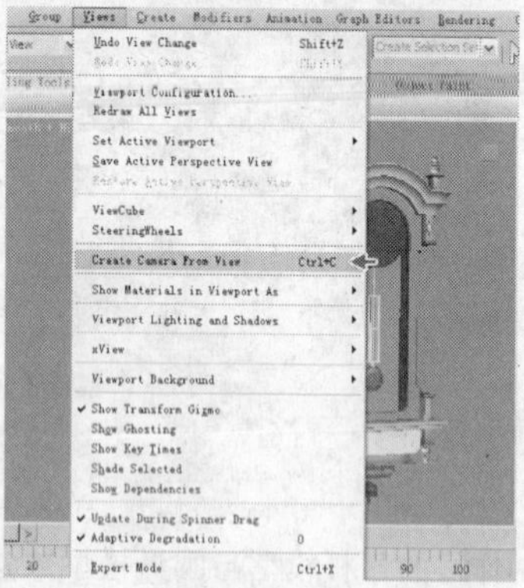

图4-152　匹配摄像机

Step03 将视图切换至 Perspective（透）视图，在视图左上方提示文字处单击鼠标右键，从弹出的菜单栏中选择【Views（视图）】→【Camera01（摄影机）】命令，切换至摄影机视图，如图 4-153 所示。

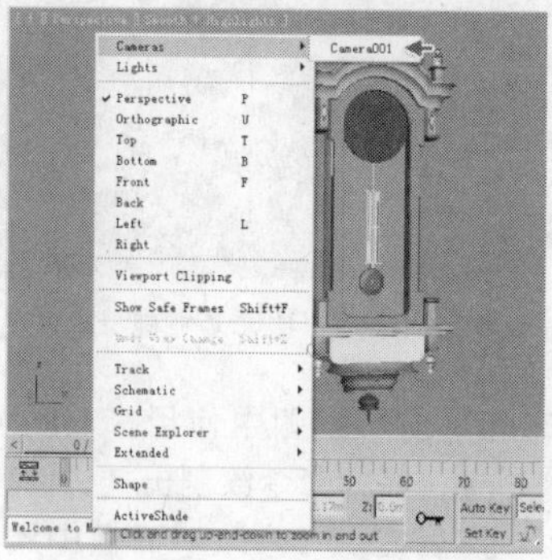

图4-153　切换至摄影机视图

Step04 进入（创建）面板的（灯光）子面板，在 VRay 栏中创建 VR 灯光，然后在场景中建立灯光并调节其位置，如图 4-154 所示。

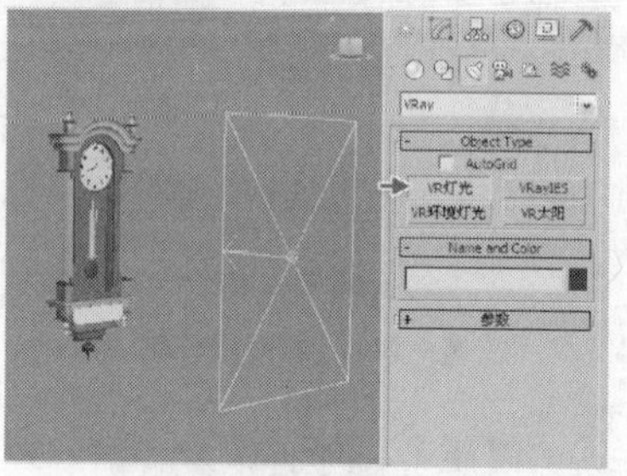

图4-154　建立灯光

Step05 单击主工具栏中的（材质编辑器）按钮，在弹出的材质编辑器对话框中选择一个空白材质球，将其名称设置为“木纹”并赋予挂钟模型，再单击 Standard（标准）按钮，将材质切换至 VR 材质。单击漫反射材质贴图通道，为其添加本书配套光盘中的贴图，然后设置“高光光泽度”值为 0.75、“反射光泽度”值为 0.88，再单击反射材质贴图通道，为其添加 Falloff（衰减）命令并设置 Falloff Type(衰减类型)为 Fresnel，如图 4-155 所示。

Step06 选择另一个空白材质球并设置名称为“玻璃”，赋予门玻璃模型并单击 Standard（标准）按钮，将材质切换至 VR 材质。设置“漫反射”为淡绿色、“反射”为深灰色、“反射光泽度”值为 0.99、“细分”值为 30、“折射”为白色，然后开启“影响阴影”，再设置“折射率”值为 1.625，将“退出颜色”激活并设置为灰色、“烟雾颜色”为淡绿色、“烟雾倍增”值为 0.05，如图 4-156 所示。

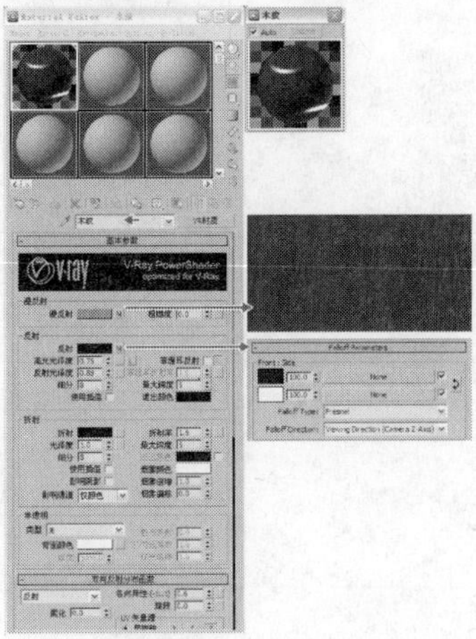

图4-155 设置木纹材质

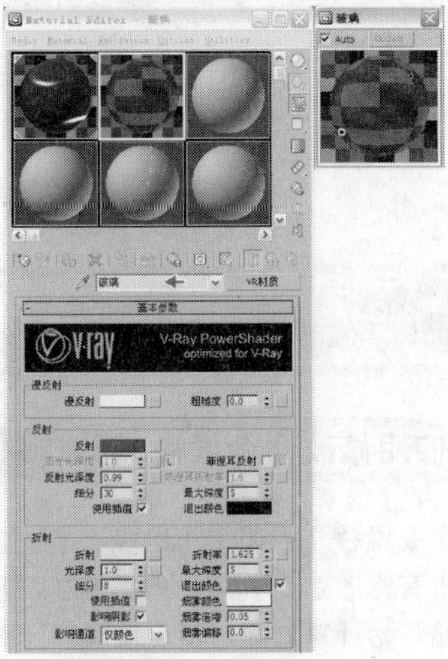

图4-156 设置玻璃材质

Step07 选择另一个空白材质球并设置其名称为“金属”，赋予钟摆模型并单击 Standard（标准）按钮，将材质切换至 VR 材质。设置“漫反射”颜色为黑色、反射为土黄色、高光光泽度值为 0.6、反射光泽度值为 0.98、细分值为 3，如图 4-157 所示。

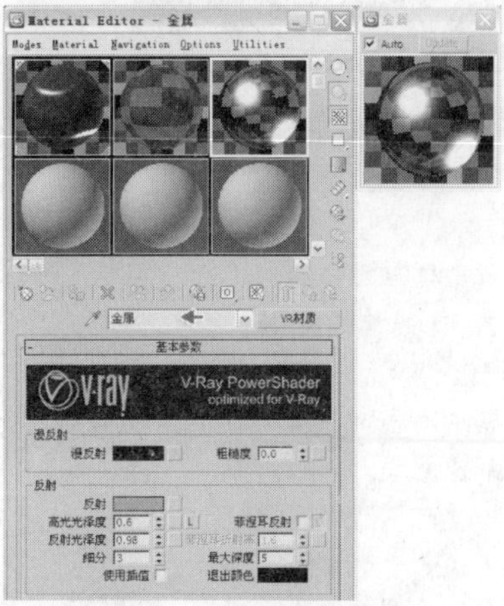

图4-157 设置金属材质

Step08 在主工具栏中单击（快速渲染）按钮，模型的最终效果如图 4-158 所示。

图4-158 最终渲染效果

4.7 本章小结

复合建模是一类比较特殊的建模方法，布尔对象通过对其他两个对象执行布尔操作将它们组合起来，而放样对象沿着第 3 个轴挤出的二维图形，从两个或多个现有样条线对象中创建放样对象。本章主要对“复合对象”的布尔和放样进行了详细的讲解，然后配合范例“布艺窗帘”、“麦克风”和“欧式挂钟”能够更好地对布尔和放样建模进行深入的学习和掌握。

第 5 章 修改器建模

本章内容

- 修改器基本知识
- 2D/3D转换修改器
- 模型变换修改器
- 辅助动画修改器
- 对象修改器
- 优化与平滑修改器
- 多边形与毛发修改器
- 范例——单体休闲椅
- 范例——树墩与木桶
- 范例——木箱吉他
- 范例——憨态熊猫

5.1 修改器基本知识

使用修改器可以加工和编辑对象，它们可以更改对象的几何形状及其属性。

5.1.1 使用修改面板

在（创建）面板中建立对象到场景之后，通常会通过使用（修改）面板中的修改命令来更改对象的原始创建参数。

修改命令是调整基本几何体的基础工具。可修改选择到的任意项，这包括任意对象或对象集合，或者子对象级别下的任意部分对象。如果内存容量足够大，可以将无穷数目的修改命令应用到对象或部分对象上，添加修改命令的顺序或步骤是很重要的，每次所添加的修改器会影响它之后的修改器编辑效果，如图 5-1 所示。

图5-1　修改面板

5.1.2 使用修改命令堆栈

修改命令堆栈（或简写为堆栈）是包含应用于所选对象的所有修改命令列表，如图 5-2 所示。系统会从堆栈底部开始计算对象，然后按顺序计算到堆栈顶部，使对象应用更改。因此，应该从下向上读取堆栈，沿着系统计算的序列来显示或渲染最终对象。

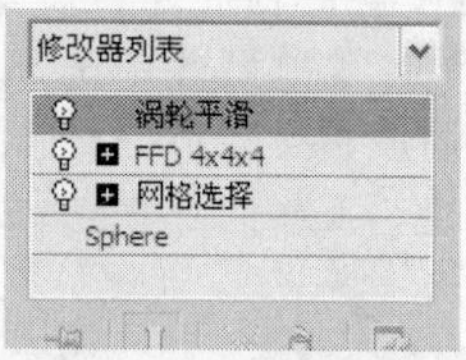

图5-2　修改命令堆栈

修改命令堆栈是管理所用修改命令的关键。使用修改命令堆栈可以找到特定修改命令，并调整其参数、操纵修改命令顺序、复制、剪切、粘贴、关闭、激活和删除修改命令。

堆栈的功能是可以随时编辑所选择的修改命令。单击堆栈中的任意一项修改命令，就可以返回到当前命令所要修改的状态，然后可以进行重新设定，也可以暂时禁用修改命令，或者删除修改命令，另外还可以在堆栈中的所选修改命令处插入新的修改命令，所做的更改会沿着堆栈向上排列，更改对象的当前状态。修改器面板上的按钮用于管理堆栈，如图 5-3 所示。

图5-3 修改面板按钮

- 锁定堆栈：单击该按钮，可以将所选对象的堆栈进行锁定，即使在选择了视口中的另一个对象之后，也可以继续对锁定堆栈的对象进行编辑。
- 显示最终结果：启用此选项后，会在选定的对象上显示整个堆栈的最终效果；禁用此选项后，会仅显示到当前修改命令的效果。
- 使唯一：使实例化对象成为唯一的，或者使实例化修改命令对于选定对象是唯一的。
- 移除修改命令：从堆栈中删除当前的修改命令，这会消除该修改命令引起的所有更改。
- 配置修改命令集：单击该按钮可显示一个弹出菜单，用于配置在修改面板中怎样显示和选择修改命令。

5.1.3 编辑修改命令堆栈

用户可以将一个对象堆栈中的修改命令复制、剪切和粘贴到其他对象的堆栈中。在这些堆栈中还可以为所选择的修改命令命名一个明确的名称来帮助记住预期效果。

5.1.4 修改命令和可编辑对象

用户要获得更详细的模型效果，可以进入到修改面板中的子对象层级中。除了 NURBS 模型以外，要访问对象的子对象，一般情况下必须首先将该对象转换为可编辑对象，或将各种修改命令应用于该对象，如编辑网格、样条线、面片、网格或样条线选择，而选择修改命令只为随后再添加应用的修改命令进行再次编辑修改。

5.1.5 在子对象层级进行修改

用户若要获得更高细节的模型效果，可以对子对象层级中的参数直接进行变换和修改，子对象是构成对象的元素，在子对象层级中可用的特定参数取决于对象类型，如图 5-4 所示。

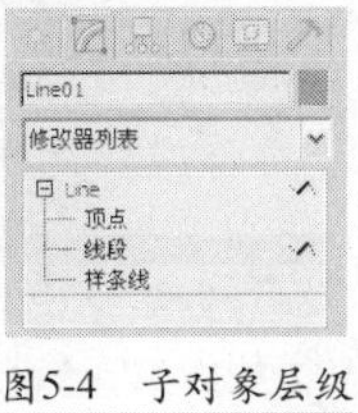

图5-4 子对象层级

5.1.6 在子对象层级使用堆栈

对于可编辑对象，如网格和样条线，或者对于子对象级别的修改命令，如网格选择和样条线选择，可以继续为单个子对象添加修改命令，方法是直接从修改列表中选择其他的修改命令。当返回更改原始选择时，新的选择会沿堆栈向上传递。

可编辑网格和样条线在它们的基本级别有内置的子对象选择。但是应用网格选择和样条线选择修改器所做的选择，与在堆栈中的工作方式一样。

5.1.7 修改多个对象

可以同时将修改命令应用于多个对象。通常，处理多个对象的方法是生成一个选择集并应用于修改命令。修改命令会出现在特殊的堆栈上，该堆栈只表示选择集的共有部分，如图 5-5 所示。

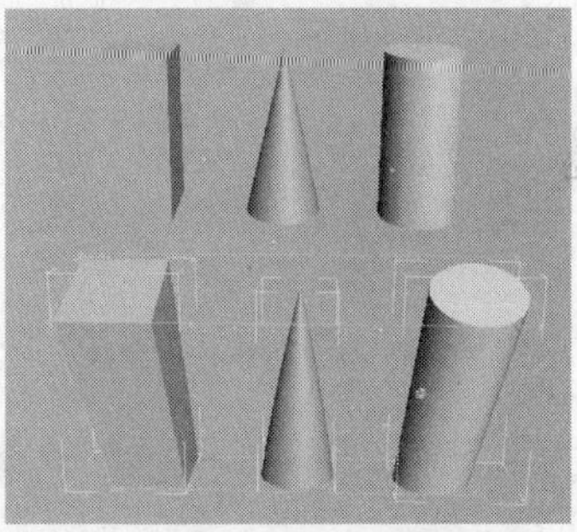

图5-5 修改多个对象

5.1.8 实例修改命令如何工作

在将修改命令应用于一个选择集时，将给每一单独对象在堆栈上加载同一修改命令，它们完全相同，更改任何对象的实例将会更改所有其他实例，实例修改命令的名称在堆栈中将以斜体显示，如图 5-6 所示。

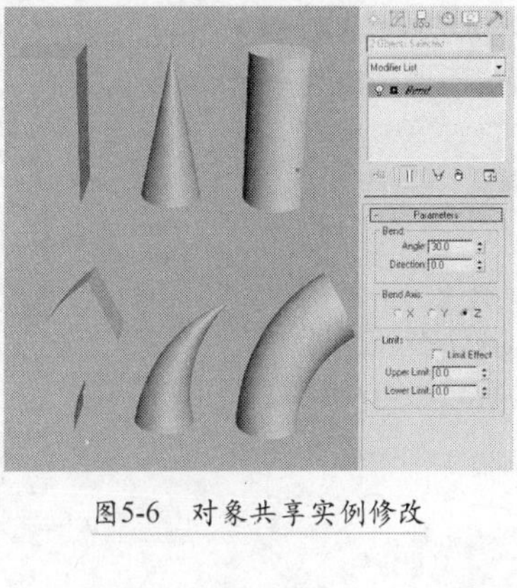

图5-6 对象共享实例修改

5.2 2D/3D转换修改器

将二维图形转换为三维模型的修改器主要包括挤出、倒角、倒角剖面和车削等。

5.2.1 挤出

Extrude（挤出）修改命令会将深度添加到图形中，并使其成为一个参数对象，产生3D模型，如图5-7所示。

图5-7 挤出命令

挤出修改命令的参数卷展栏可以设置模型挤出的深度等参数，如图5-8所示。

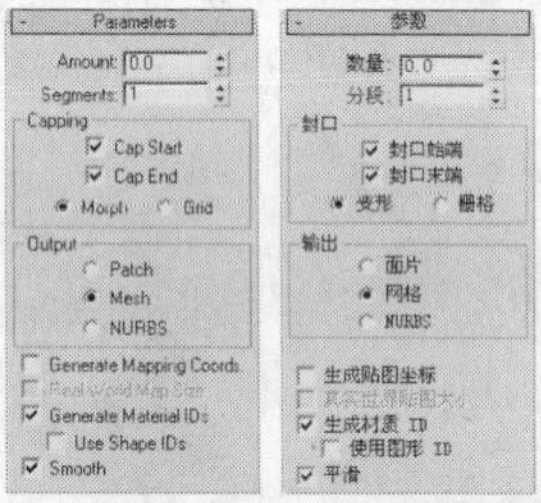

图5-8 挤出的参数卷展栏

5.2.2 倒角

Bevel（倒角）修改命令将图形在挤出为3D对象的同时，在边缘应用平或圆的倒角。此修改命令的一个常规用途是创建3D文本和标识，而且还可以应用于任意图形。倒角将图形作为一个3D对象的基部，然后将图形挤出为4个层次并对每个层次指定轮廓量，如图5-9所示。

图5-9 倒角命令

倒角修改命令的Parameters（参数）和倒角值卷展栏如图5-10所示。

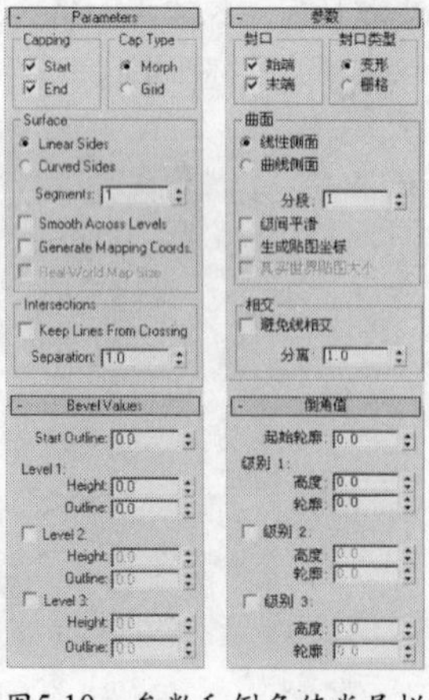

图5-10 参数和倒角值卷展栏

5.2.3 倒角剖面

Bevel Profile（倒角剖面）修改命令使用另一个图形路径作为倒角剖面来挤出一个图形，是倒角修改命令的一种变量修改器，如图5-11所示。

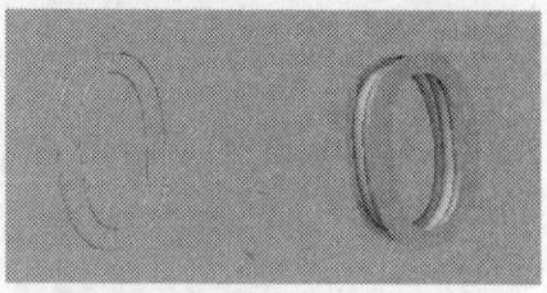

图5-11 倒角剖面命令

倒角剖面修改命令的Parameters（参数）卷展栏，如图5-12所示。

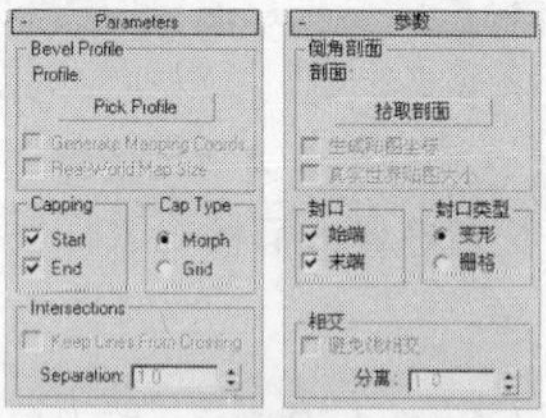

图5-12 倒角剖面的参数卷展栏

5.2.4 车削

Lathe（车削）修改命令通过绕轴旋转一个图形或NURBS曲线来创建3D对象，如图5-13所示。

图5-13 车削命令

车削修改命令的Parameters（参数）卷展栏，如图5-14所示。

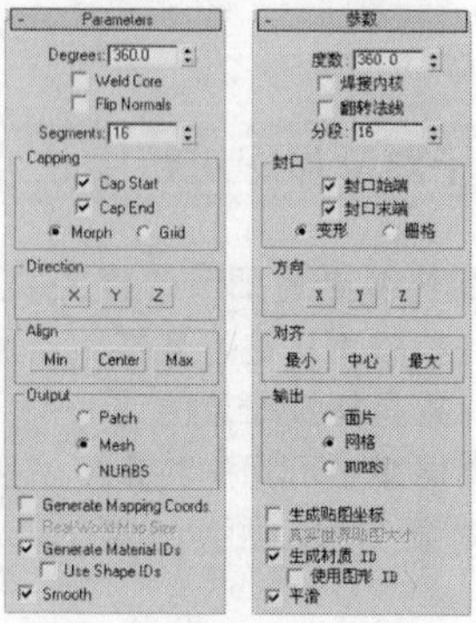

图5-14 车削的参数卷展栏

5.3 模型变换修改器

将模型进行外观变换的修改器主要包括弯曲、扭曲、锥化、球形化和FFD长方体等。

5.3.1 弯曲

Bend（弯曲）修改命令允许将当前选中对象围绕单独轴弯曲360°，在对象几何体中产生均匀弯曲。可以在任意3个轴上控制弯曲的角度和方向，也可以对几何体中的一段限制弯曲，如图5-15所示。

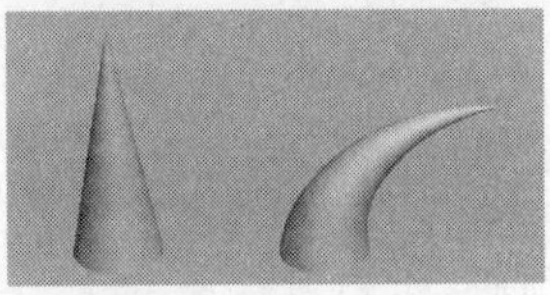

图5-15 弯曲命令

弯曲修改命令的参数卷展栏，如图5-16所示。

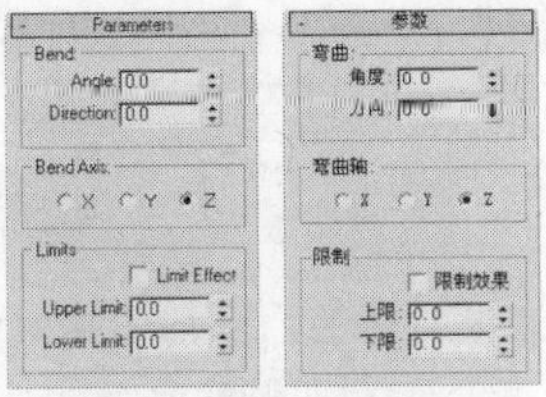

图5-16 弯曲的参数卷展栏

5.3.2 扭曲

Twist（扭曲）修改命令在对象几何体中产生一个旋转效果。可以控制任意3个轴上的扭曲角度，并设置偏移来压缩扭曲相对于轴点的效果，还可以对几何体的一段限制扭曲，如图5-17所示。

图5-17 扭曲命令

扭曲修改命令的参数卷展栏，如图5-18所示。

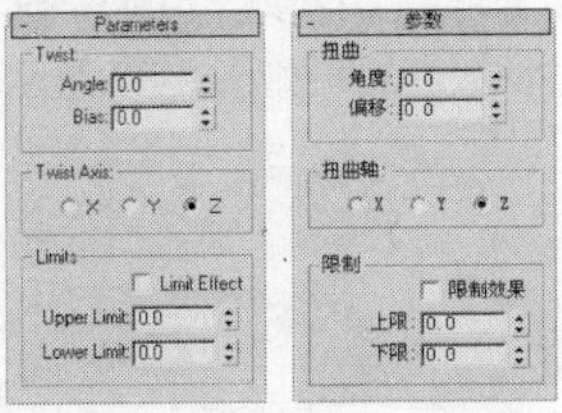

图5-18 扭曲的参数卷展栏

5.3.3 锥化

Taper（锥化）修改命令通过缩放对象几何体的两端产生锥化轮廓，一端放大而另一端缩小。可以在两组轴上控制锥化的数量和曲线，也可以对几何体的一段限制锥化，如图5-19所示。

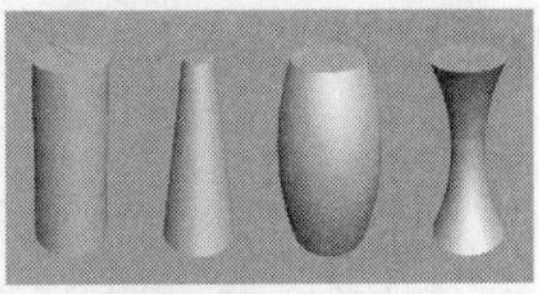

图5-19 锥化命令

锥化修改命令在参数卷展栏的锥化轴设置区中提供了两组轴和一个对称设置，如图5-20所示。与其他修改命令一样，这些轴指向锥化Gizmo，而不是对象本身。

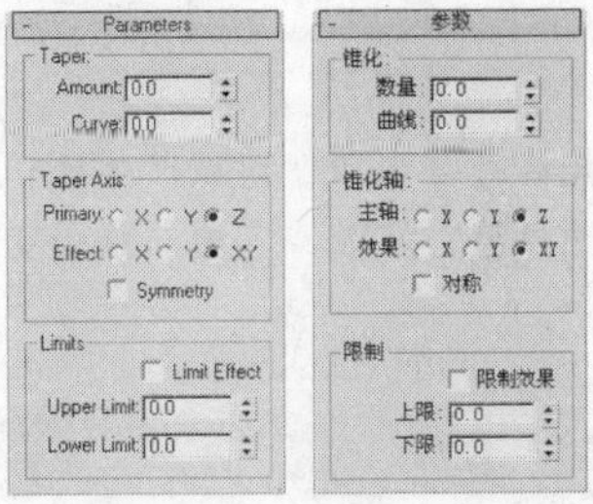

图5-20 锥化的参数卷展栏

5.3.4 球形化

Spherify（球形化）修改命令将对象扭曲为球形。该修改命令只有一个参数——尽可能将对象变形为球形的百分比微调器，如图5-21所示。

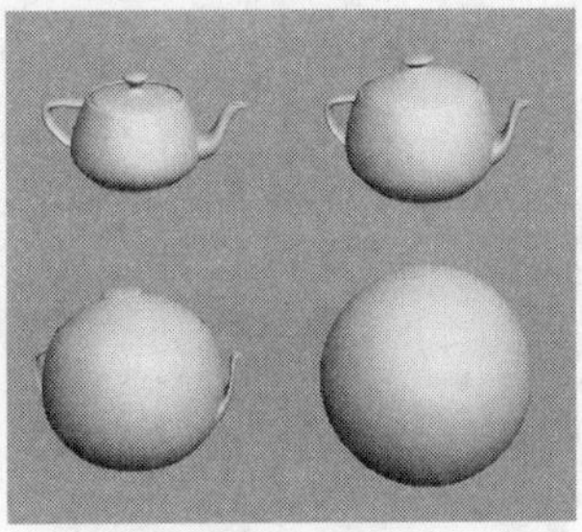

图5-21 球形化命令

球形化修改命令的参数卷展栏，如图5-22所示。

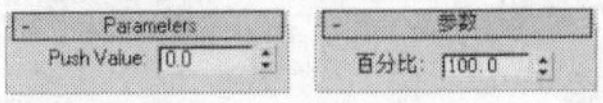

图5-22 球形化的参数卷展栏

5.3.5 FFD长方体

FFD代表自由形式变形，自由变形修改命令使用晶格框包围选中几何体，通过调整晶格的控制点，可以改变封闭几何体的形状。其中包括FFD 2×2×2、FFD 3×3×3、FFD 4×4×4、FFD长方体和FFD圆柱体，如图5-23所示。

图5-23 FFD命令

自由变形修改命令的FFD参数卷展栏，如图5-24所示。

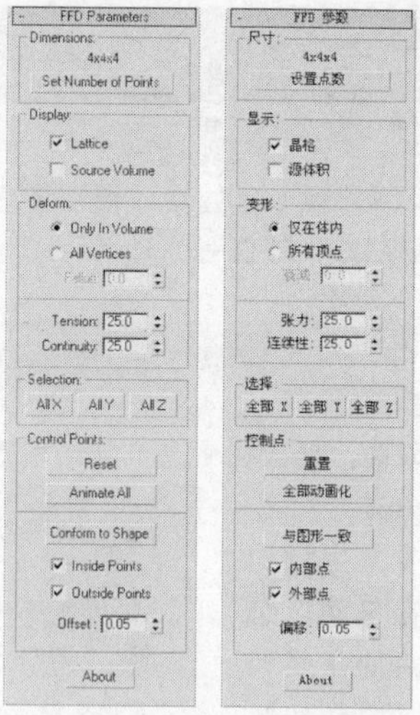

图5-24 FFD参数卷展栏

5.4 辅助动画修改器

辅助动画修改器可以使对象产生随机或约束的动画，主要包括噪波、波浪、涟漪、路径变形和曲面变形等修改器。

5.4.1 噪波

Noise（噪波）修改命令可沿着3个轴的任意组合调整对象顶点的位置，是模拟对象形状随机变化的重要动画工具。使用分形设置，可以得到随机的涟漪图案，也可以从平面几何体中创建多山地形，效果如图5-25所示。

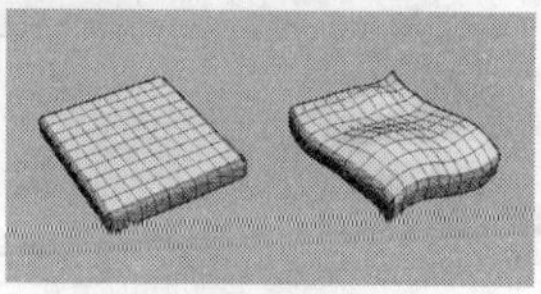

图5-25 噪波命令

大部分噪波参数都含有一个动画控制器，默认设置的唯一关键点是为相位设置的，参数卷展栏如图5-26所示。

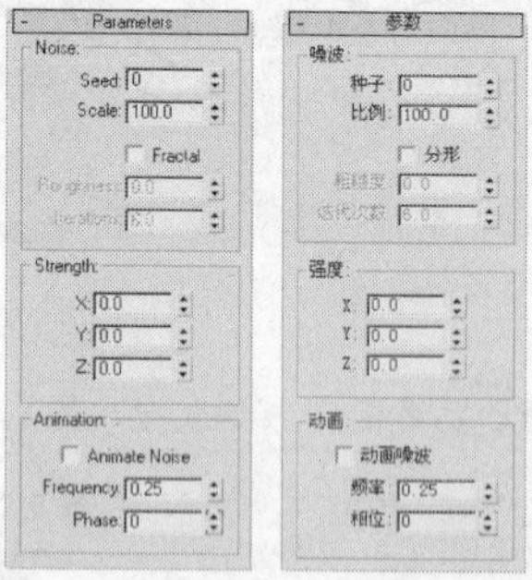

图5-26 噪波的参数卷展栏

5.4.2 波浪

Wave（波浪）修改命令用于在对象几何体上产生波浪效果。可以使用两种波浪之一，也可将其组合使用。波浪使用标准的Gizmo和中心，可以变换从而增加可能的波浪效果，如图5-27所示。

与波浪空间扭曲具有相似的功能，将效果用于许多对象时很实用，参数卷展栏如图5-28所示。

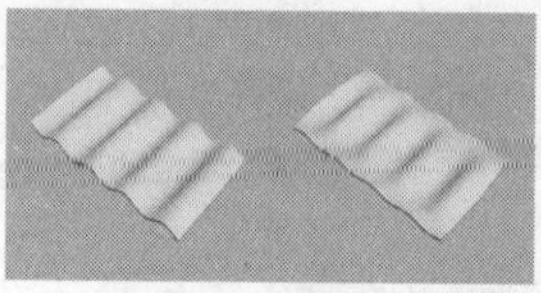

图5-27 波浪命令

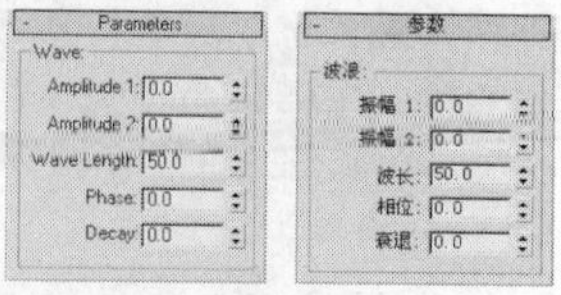

图5-28 波浪的参数卷展栏

5.4.3 涟漪

Ripple（涟漪）修改命令可以在对象几何体中产生同心波纹效果。可以设置两个涟漪中的任意一个或者两个涟漪的组合，如图5-29所示。

涟漪使用标准的Gizmo和中心，这可以变换可能的涟漪效果，参数卷展栏如图5-30所示。

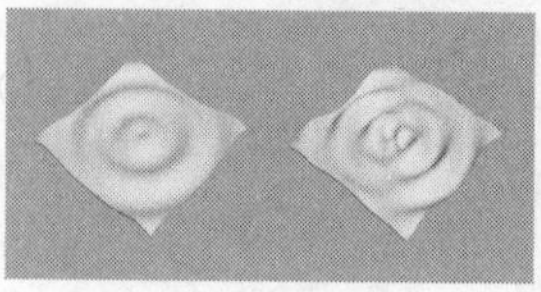

图5-29 涟漪命令

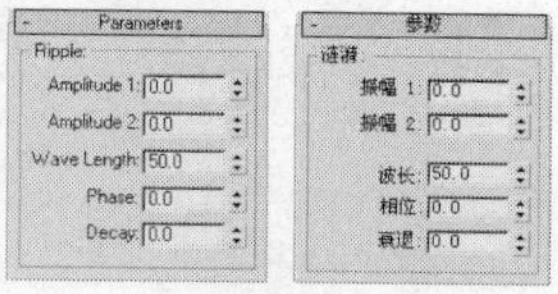

图5-30 涟漪的参数卷展栏

5.4.4 路径变形

Path Deform（路径变形）修改命令将样条线或NURBS曲线作为路径使用来变形对象。可以沿着该路径移动和拉伸对象，也可以沿该路径旋转和扭曲对象。该修改命令也有一个世界空间修改命令版本，如图5-31所示。

图5-31 路径变形命令

路径变形修改命令的参数卷展栏，如图5-32所示。

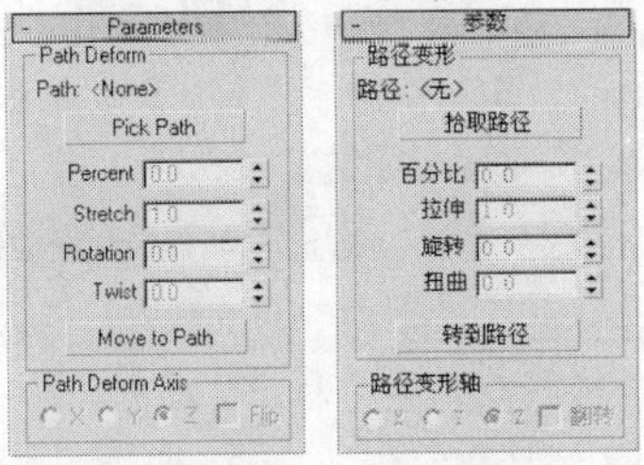

图5-32 路径变形的参数卷展栏

5.4.5 曲面变形

Patch Deform（曲面变形）修改命令的工作方式与面片变形修改命令一样，只是它使用NURBS点或CV曲面来应用曲面变形，而不使用面片曲面，如图5-33所示。

图5-33 曲面变形命令

曲面变形修改命令的参数卷展栏，如图5-34所示。

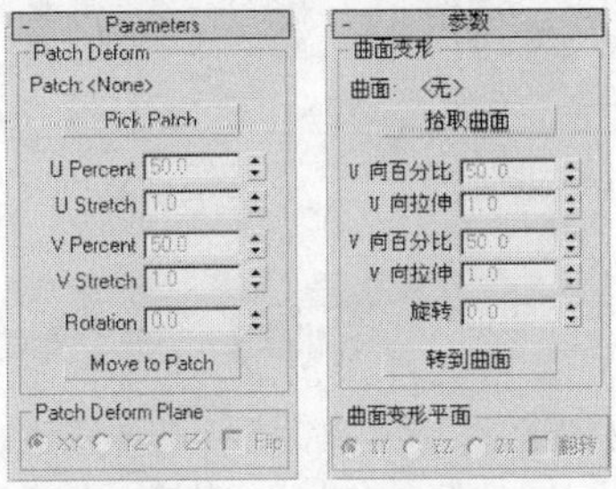

图5-34 曲面变形的参数卷展栏

5.5 对象修改器

对象修改器直接影响局部空间中对象的几何体，主要包括晶格、对称、切片、补洞、壳和编辑法线等。

5.5.1 晶格

Lattice（晶格）修改命令将图形的线段或边转化为圆柱形结构，并在顶点上产生可选的关节多面体。使用它可基于网格拓扑创建可渲染的几何体结构，或作为获得线框渲染效果的另一种方法，如图5-35所示。

晶格修改命令的参数卷展栏，如图5-36所示。

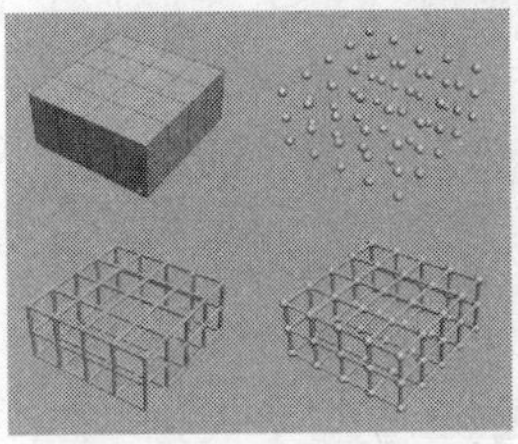

图5-35 晶格命令

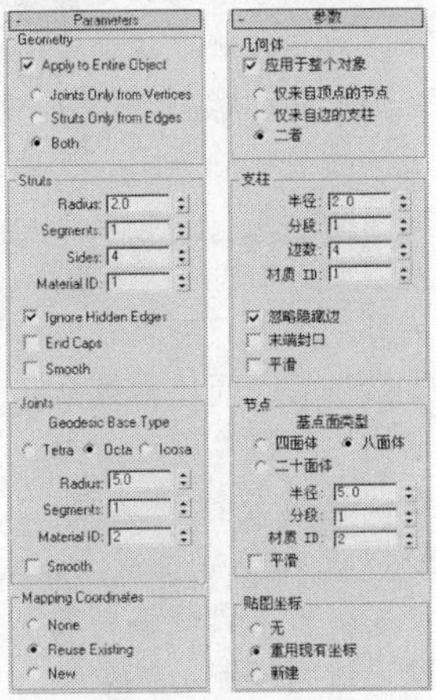

图5-36 晶格的参数卷展栏

5.5.2 对称

Symmetry（对称）修改命令是唯一能够执行3项常用模型任务的修改命令，其中包括围绕X、Y或Z平面镜像网格，可以对任意几何体应用对称修改命令，并且可以通过设置修改命令Gizmo的动画来对镜像或切片设置动画。当对网格应用对称修改命令时，任何对于网格一半所做的编辑会与另一半交互显示，如图5-37所示。

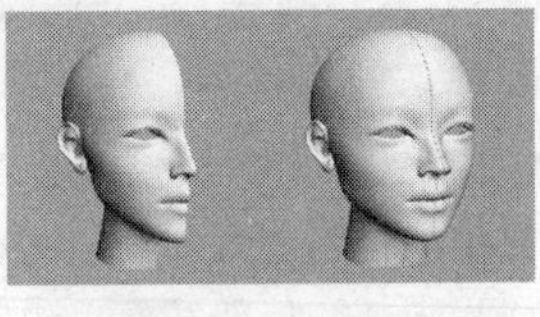

图5-37 对称命令

对称修改命令在构建角色模型或船只、飞行器时特别实用，参数卷展栏如图5-38所示。

图5-38 对称的参数卷展栏

5.5.3 切片

Slice（切片）修改命令通过基于切片平面的位置创建新的顶点、边和面，从而创建通过网格切片的切割平面。根据选定选项，顶点可以细化或者拆分网格，如图 5-39 所示。

切片修改命令通过组、选定对象或者子对象面的选择来切片，参数卷展栏如图 5-40 所示。

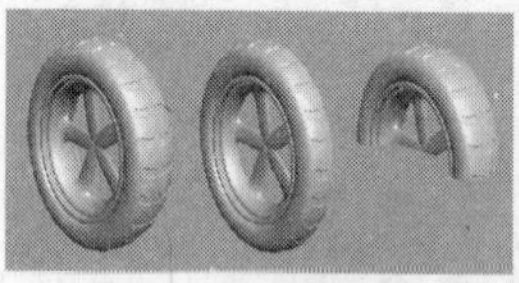

图5-39 切片命令

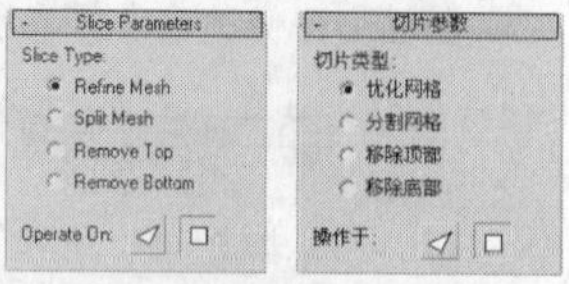

图5-40 切片参数卷展栏

5.5.4 补洞

Cap Holes（补洞）修改命令可在网格对象中的孔洞里构建曲面。孔洞定义为边的循环，每一个孔洞只有一个曲面。修改命令在重建平面孔洞时效果最好，而在非平面孔洞上也会产生合理的效果，如图 5-41 所示。

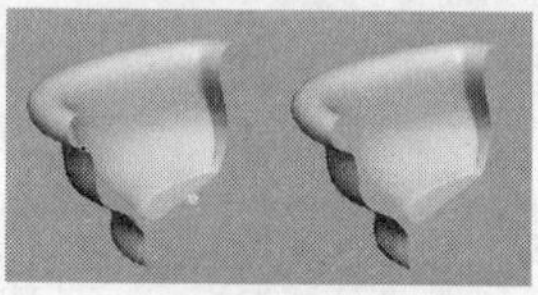

图5-41 补洞命令

补洞修改命令的参数卷展栏如图 5-42 所示。

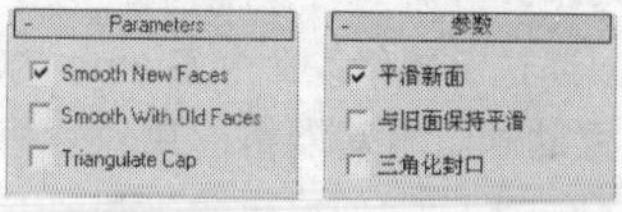

图5-42 补洞的参数卷展栏

5.5.5 壳

Shell（壳）修改器可以为对象赋予厚度，无论曲面在原始对象中的任何地方消失，边将连接内部和外部曲面。可以为内部和外部曲面、边的特性、材质 ID 以及边的贴图类型指定偏移距离，如图 5-43 所示。

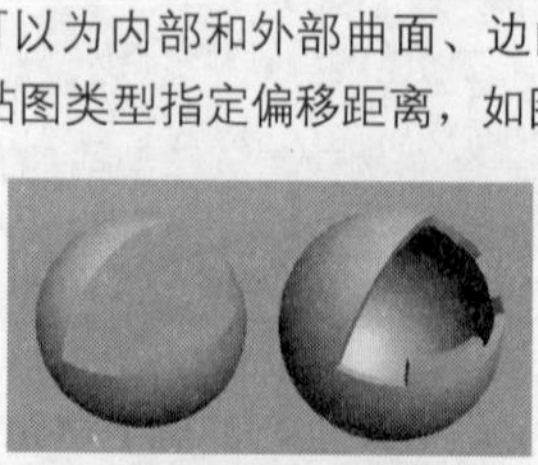

图5-43 壳命令

壳修改命令的参数卷展栏如图 5-44 所示。

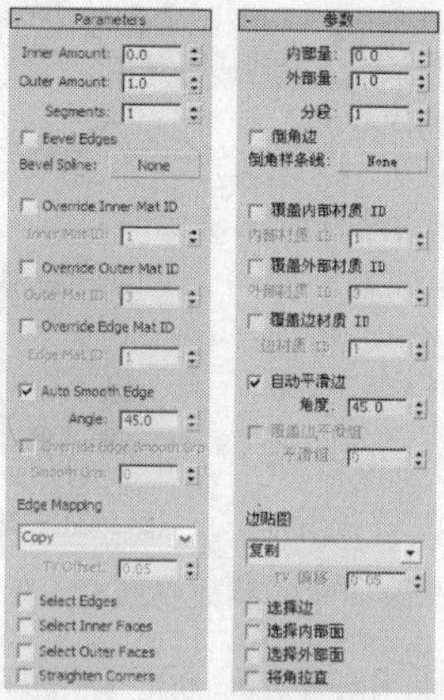

图5-44 壳的参数卷展栏

5.5.6 编辑法线

使用 Edit Normals（编辑法线）修改命令可以给出显式和程序性、交互式控制对象模型的顶点法线。它主要用于指定要输出到游戏引擎以及支持指定法线的其他 3D 渲染引擎的网格对象。结果将显示在视图和渲染的图像中，如图 5-45 所示。

图5-45 编辑法线命令

顶点法线指向的方向影响相邻曲面反射光线的方式。在默认情况下，设置法线以及 3ds Max 中的光线反射遵循真实世界中的物理学规则，反射角等于入射角。不过，通过改变顶点法线的方向，可将反射角设置为任意大小。使用编辑法线修改命令可指定顶点法线的方向、组合和分离它们、更改类型以及在法线之间复制和粘贴，主要使用 3 种类型的法线包括未指定、已指定和显示。

编辑法线修改命令主要用于子对象层级的法线，所以只要将修改命令应用于对象，在默认情况下此层级处于活动状态。此时，在视图中可看到网格顶点发出的线条状的法线，以及在修改面板中显示选择和变换法线、复制和粘贴法线以及更改法线的设置。另外，用户只能移动和旋转法线，而不能缩放法线。不过，移动法线实际上就是旋转法线，所以在大多数情况下，使用旋转工具能够更准确地进行控制。参数卷展栏如图 5-46 所示。

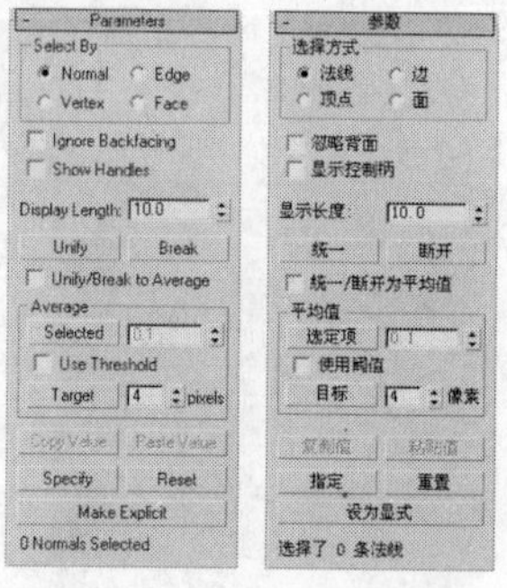

图5-46 编辑法线的参数卷展栏

5.6 优化与平滑修改器

优化与平滑修改器可以控制模型网格的分布，主要包括松弛、优化、细化、细分和网格平滑等。

5.6.1 松弛

Relax（松弛）修改命令通过将顶点移近或移远至相邻顶点来更改网格中的外观曲面张力。当顶点朝平均中点移动时，典型的结果使对象变得更平滑，而且比源模型更小一些，如图5-47所示。

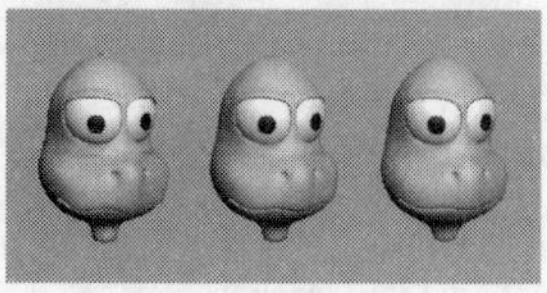

图5-47 松弛命令

可以在具有锐角转角和边的对象上看到最显著的效果，参数卷展栏如图5-48所示。

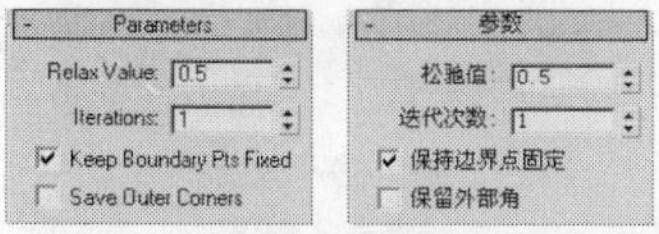

图5-48 松弛的参数卷展栏

5.6.2 优化

Optimize（优化）修改命令可以减少对象中不必要的面和顶点的数目。这样可以在简化几何体和加速渲染的同时仍然保留可接受的图像。在进行每个更改时，前/后数值的优化显示都给出关于减少的精确反馈，如图5-49所示。

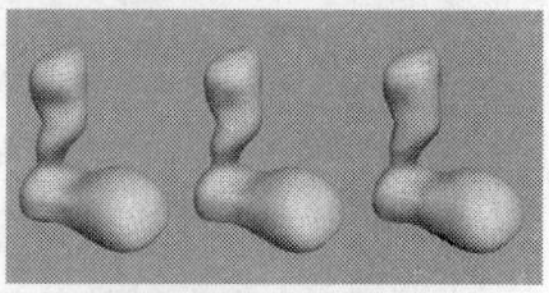

图5-49 优化命令

优化修改命令的参数卷展栏，如图5-50所示。

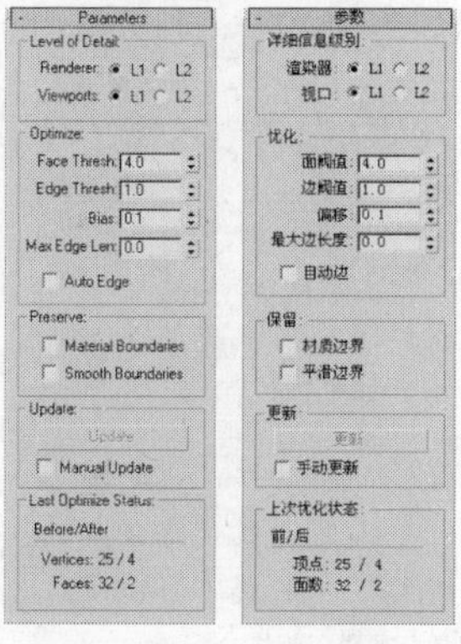

图5-50 优化的参数卷展栏

5.6.3 细化

Tessellate（细化）修改命令会对当前选择的曲面或整个对象进行细分，在渲染曲面时特别实用，并为其他修改命令创建附加的网格分辨率，如图5-51所示。

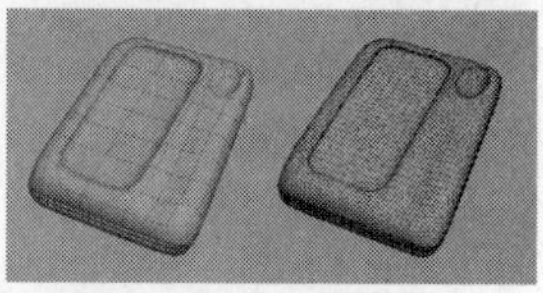

图5-51 细化命令

细化修改命令与可编辑网格中的可用细化不同，前者可以细化多边形面，而后者则不可以，参数卷展栏如图5-52所示。

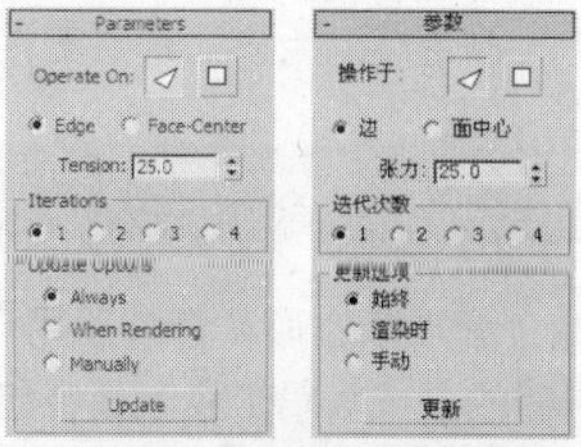

图5-52 细化的参数卷展栏

5.6.4 细分

Subdivide（细分）修改命令提供了用于光能传递处理创建网格的一种算法，主要处理光能传递需要网格的元素尽可能接近等边三角形。在确定需捕获的照明细节的解决方案时，同时还须考虑网格的密度。网格越稠密，照明细节就会越好并且越精确。细分需要耗费大量的内存和较长的渲染时间，如图5-53所示。

细分修改命令在整个对象上进行工作，而不是在网格中的选定面上进行工作，参数卷展栏如图5-54所示。

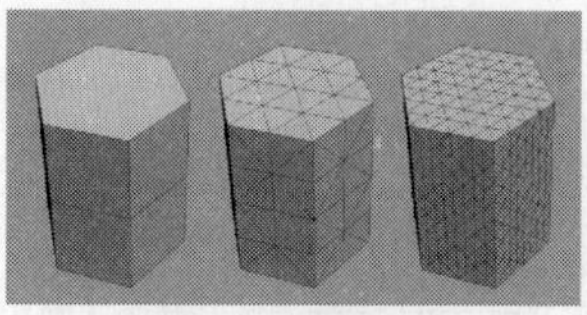

图5-53 细分命令

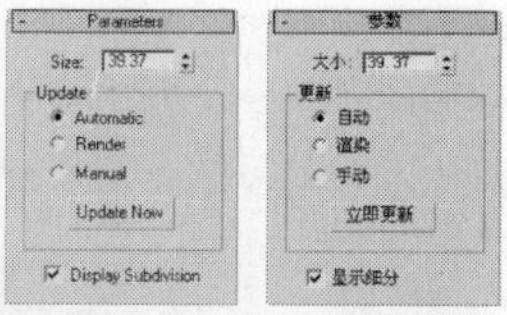

图5-54 细分的参数卷展栏

5.6.5 网格平滑

Mesh Smooth（网格平滑）修改命令与（涡轮平滑）修改命令允许细分几何体，同时在角和边缘插补新面并将单个平滑组应用于对象中的所有面，网格平滑的效果是使角和边变圆滑，就像它们被打磨平滑一样。网格平滑的效果在锐角上最明显，而在弧形曲面上最不明显，如图 5-55 所示。

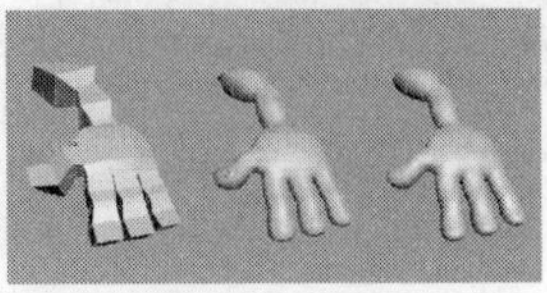

图5-55　网格平滑命令

使用网格平滑参数可控制新面的大小和数量，以及它们如何影响对象曲面，网格平滑卷展栏如图 5-56 所示。

图5-56　网格平滑卷展栏

5.7 多边形与毛发修改器

编辑多边形修改器是建立模型的一种主要方式，毛发和皮毛修改器是模拟毛皮的重要工具。

5.7.1 编辑多边形

Edit Poly（编辑多边形）修改器用于选定对象的不同子对象层级的显式编辑工具，其中包括顶点、边、边框、多边形和元素，如图 5-57 所示。

图5-57　编辑多边形

由于它是一个修改器，所以可保留对象创建参数并在以后更改，如图 5-55 所示。编辑多边形的卷展栏如图 5-58 所示。

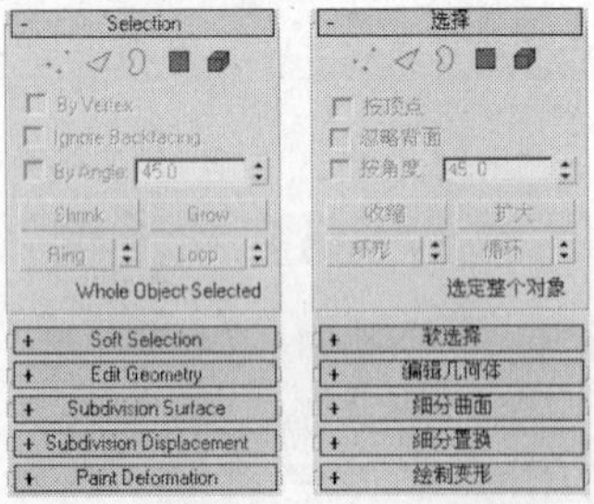

图5-58　编辑多边形的参数卷展栏

5.7.2 毛发

Hair and Fur（毛发）修改器开创性地创建了高端的毛发制作功能，并适时地加入到动画师的基础应用平台中。Hair and Fur 毛发制作系统提供了大量的风格化和动力学工具，用于创建逼真的毛发效果或是发辫效果。这些工具包括风格化工具、毛发动力学工具和与 mental ray 的集成，如图 5-59 所示。

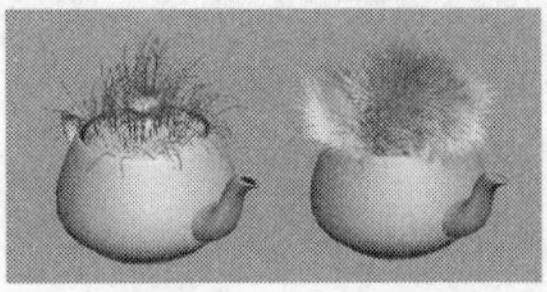

图5-59　毛发

风格化工具中提供了毛刷工具，用于将毛发打散，之后沿复杂轮廓以重新梳理方式进行毛发的绘制，并可真实再现卷发、密发丛生的效果。毛发动力学工具中使用 Shave 动力学引擎，以及 3ds Max 中的动力模型，从 Skin 修改器或其他修改器的表面运动中直接继承运动效果。毛发制作系统的延伸应用中可以将实例几何体作为独立的毛发来加以应用，快捷地创建出森林密布、繁花盛开或其他风景效果。毛发卷展栏如图 5-60 所示。

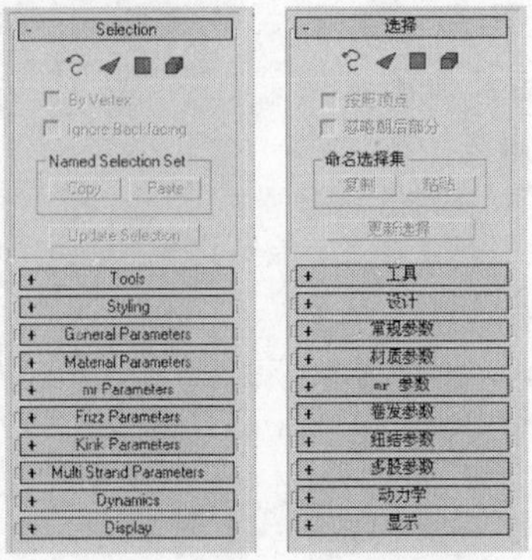

图5-60　毛发的参数卷展栏

5.8 范例——单体休闲椅

【重点提要】

本范例主要使用样条线结合倒角命令和可编辑多边形命令搭建单体休闲椅模型，然后为对象赋予材质和灯光，最终效果如图 5-61 所示。

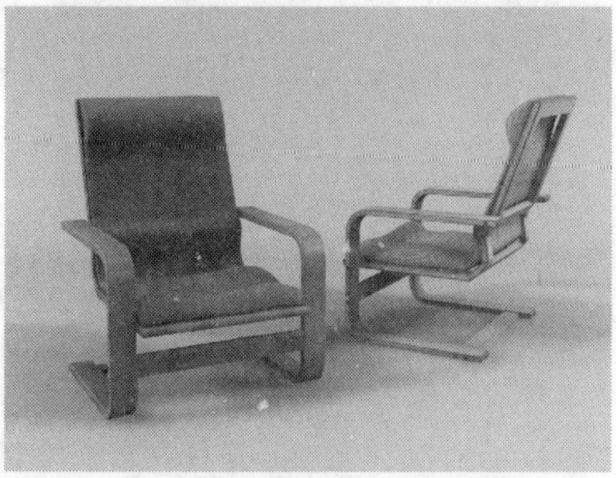

图5-61　单体休闲椅范例效果

【制作流程】

单体休闲椅范例的制作流程分为 4 部分：①支架模型制作，②扶手模型制作，③座垫模型制作，④连接模型制作，如图 5-62 所示。

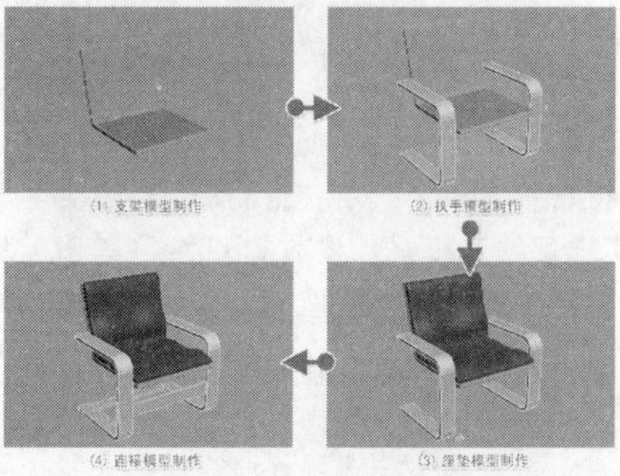

图5-62　制作流程

5.8.1　支架模型制作

Step01 在（创建）面板图形中选择 Splines（样条线）下的 Line（线）命令按钮，然后在 Left（左）视图中建立线，绘制出支架的截面图形，如图 5-63 所示。

Step02 选择绘制好的支架图形，然后继续在 Left（左）视图中切换至 Vertex（顶点）模式，选择中间的两个点，再结合主工具栏中的（移动）工具按钮，将点调整到合适的位置，如图 5-64 所示。

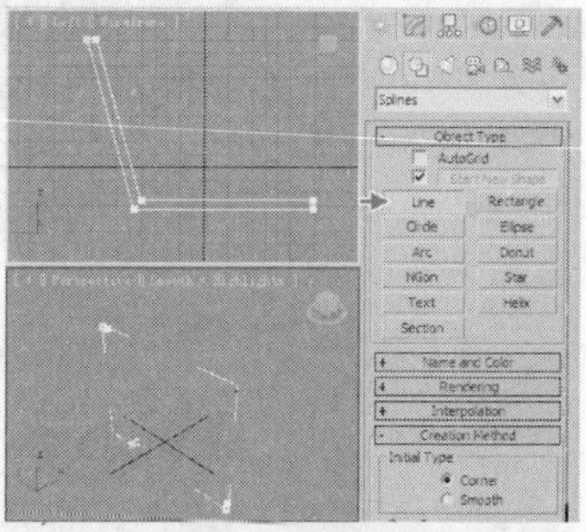

图5-63　绘制支架图形

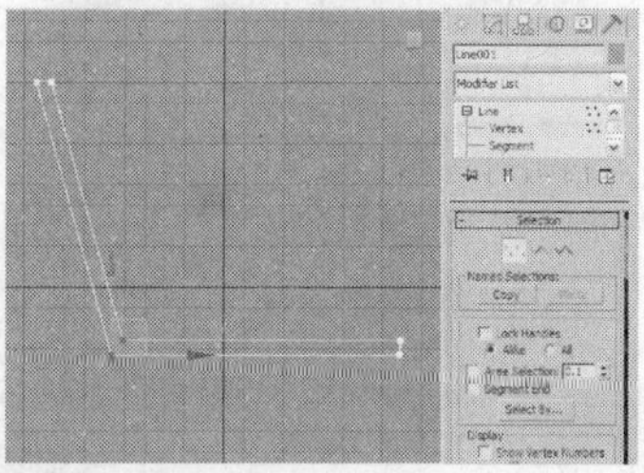

图5-64　调整点的位置

Step03 继续在 Vertex（顶点）模式中选择中间的两个点，再设置 Fillet（圆角）值为 6，制作出支架图形转折位置的圆角效果，如图 5-65 所示。

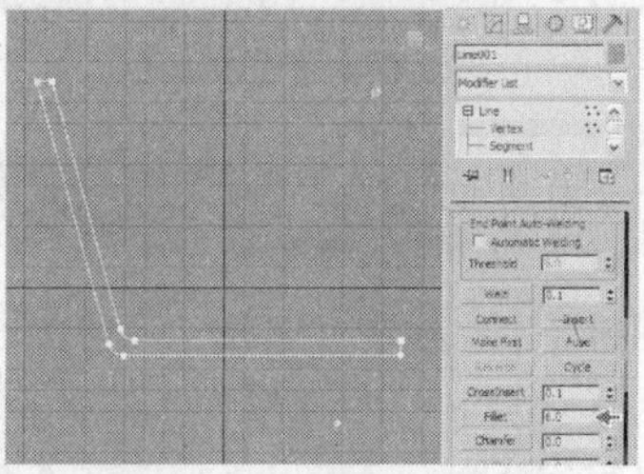

图5-65　设置圆角参数

Step04 在 Left（左）视图中选择支架图形两端的点，再分别设置 Fillet（圆角）值为 2，制作出支架边缘的圆角，如图 5-66 所示。

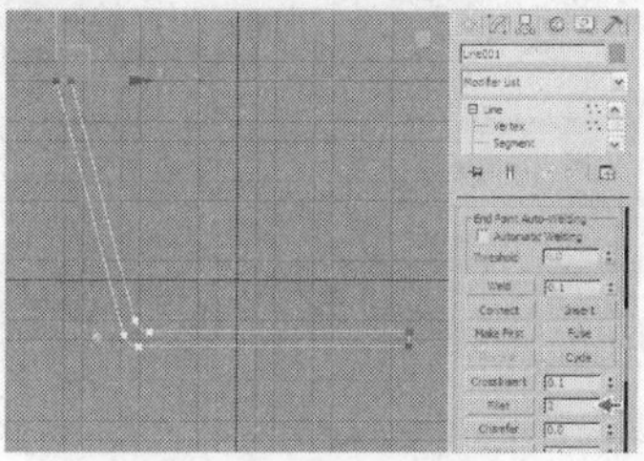

图5-66　设置圆角参数

Step05 选择绘制好的支架图形，然后为其添加（修改）面板中的 Bevel（倒角）命令，然后设置 Bevel Values（倒角数值）卷展栏下 Level 1（级别 1）中的 Height（高度）值为 2、Outline（轮廓）值为 2，Level 2（级别 2）中的 Height（高度）值为 150、Level 3（级别 3）中的 Height（高度）值为 2、Outline（轮廓）值为 -2，如图 5-67 所示。

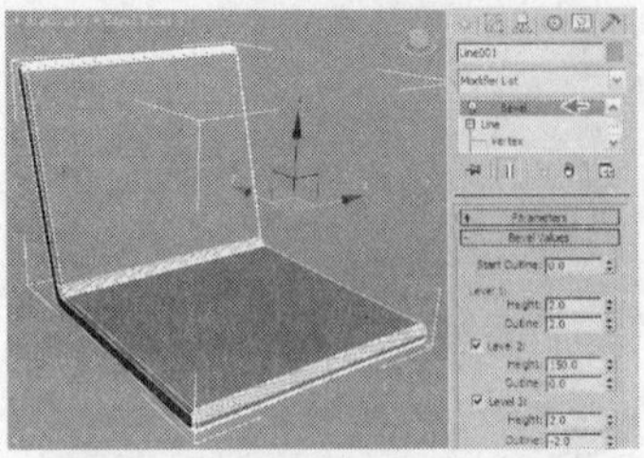

图5-67　添加倒角命令

Step06 将视图切换至四视图显示，观看当前的模型效果，如图 5-68 所示。

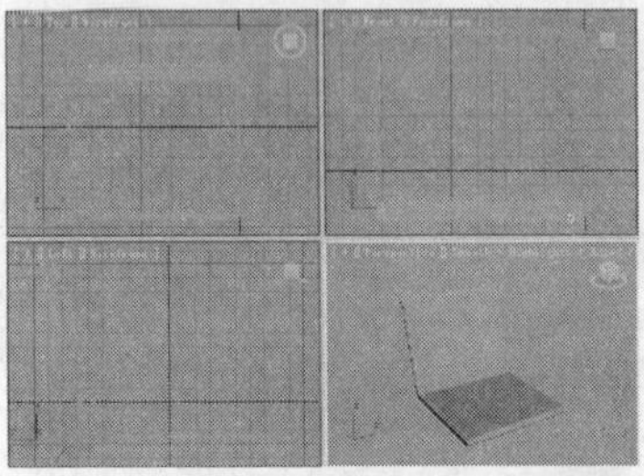

图5-68　模型效果

5.8.2　扶手模型制作

Step01 在 Left（左）视图中选择（创建）面板图形中选择 Splines（样条线）下的 Rectangle（矩形）命令按钮，然后设置 Length（长度）值为 140、Width（宽度）值为 150、Corner Radius（角半径）值为 20，如图 5-69 所示。

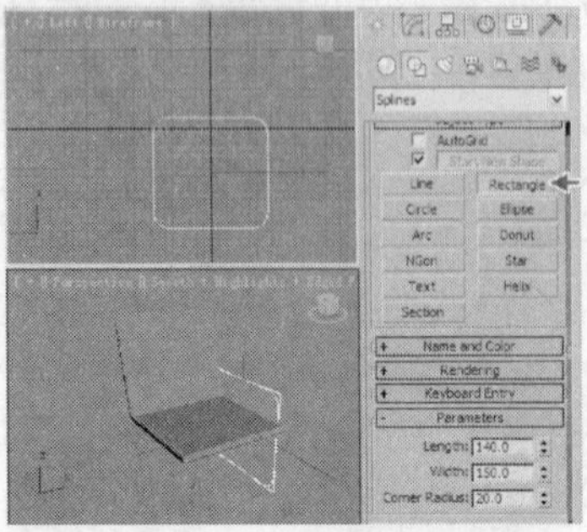

图5-69　绘制扶手图形

Step02 选择绘制好的扶手图形，添加（修改）面板中的 Edit Splines（编辑样条线）命令，然后切换至 Segment（线段）模式，选中多余的线段并按下 Delete 键将其删除到半封闭的图形，如图 5-70 所示。

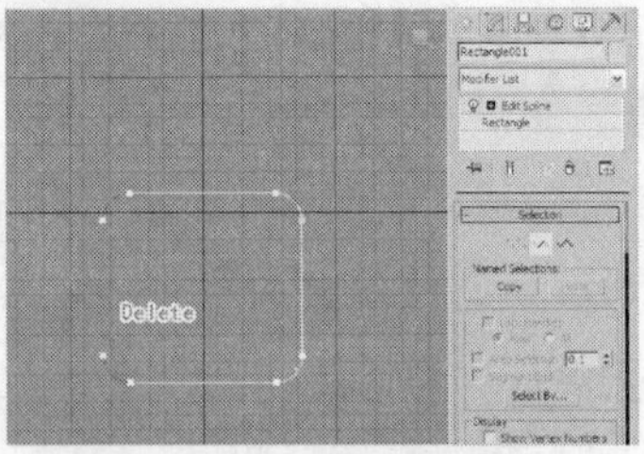

图5-70　删除多余线段

Step03 继续在 Left（左）视图中将 Edit Splines（编辑样条线）切换至 Vertex（顶点）模式，结合主工具栏中的（移动）工具将其调整到合适的位置，如图 5-71 所示。

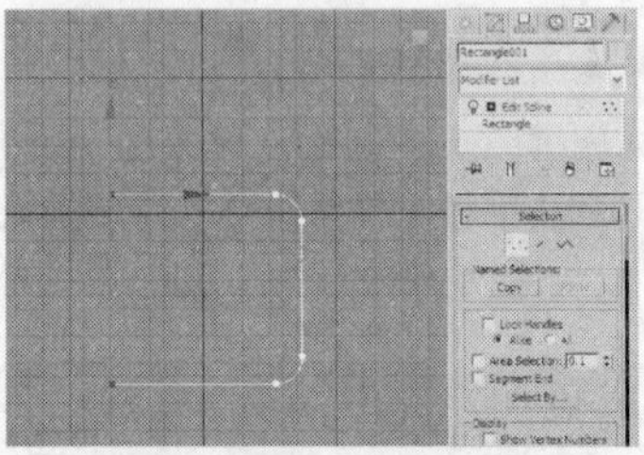

图5-71　调整点的位置

Step04 将 Edit Splines（编辑样条线）切换至 Splines（样条线）模式，设置 Outline（轮廓）值为 5，得到双条结构的图形，如图 5-72 所示。

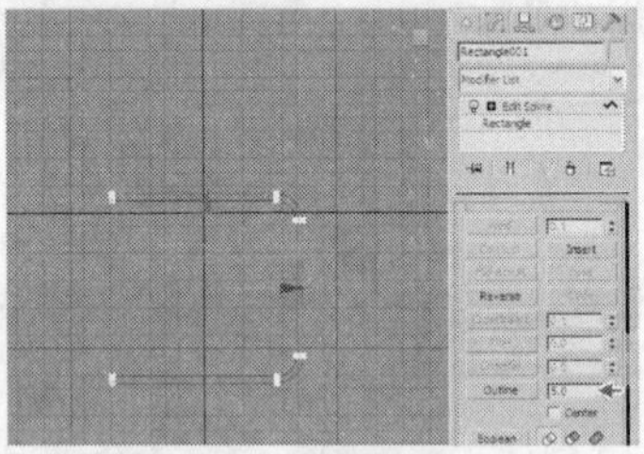

图5-72　设置轮廓参数

Step05 选择绘制好的扶手图形为其添加（修改）面板中的 Bevel（倒角）命令，然后设置 Bevel Values（倒角数值）卷展栏下 Level 1（级别 1）中的 Height（高度）值为 1、Outline（轮廓）值为 1，Level 2（级别 2）中的 Height（高度）值为 25，Level 3（级别 3）中的 Height（高度）值为 1、Outline（轮廓）值为 -1，如图 5-73 所示。

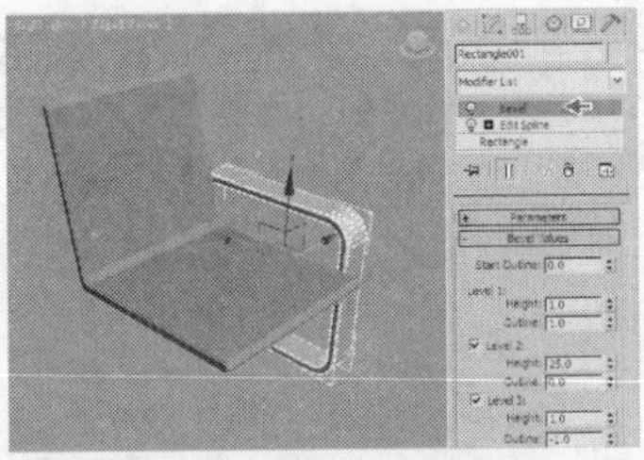

图5-73 添加倒角命令

Step06 将视图切换至Top（顶）视图，结合“Shift+移动”组合键将其进行复制，如图5-74所示。

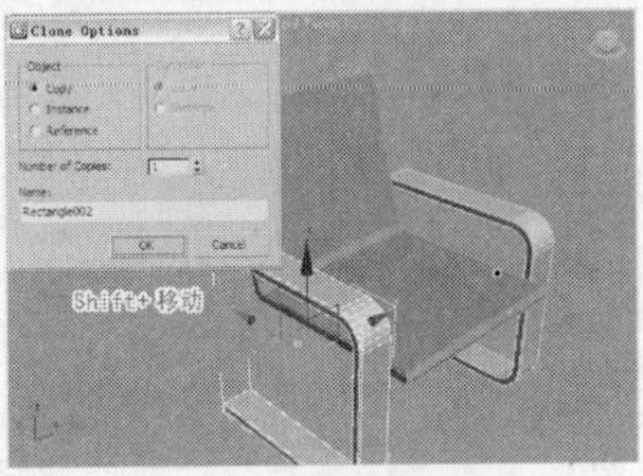

图5-74 复制扶手模型

Step07 选择复制得到的扶手模型调整到合适的位置，然后将视图切换至四视图观看当前模型效果，如图5-75所示。

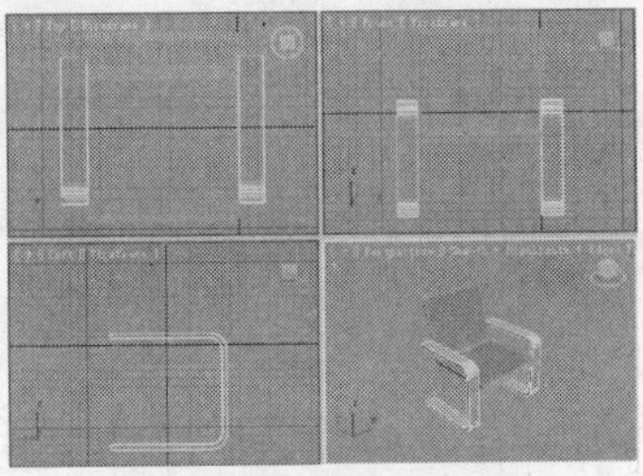

图5-75 模型效果

5.8.3 座垫模型制作

Step01 在（创建）面板中选择Splines（样条线）下的Line（线）命令按钮，然后在Left（左）视图中绘制出座垫的截面图形，如图5-76所示。

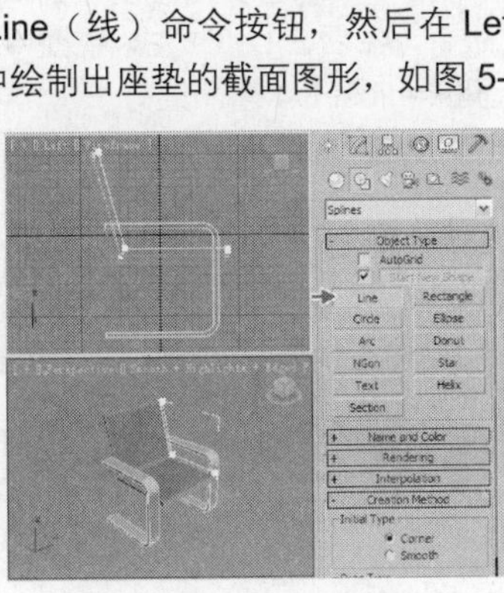

图5-76 绘制座垫图形

Step02 选择绘制好的座垫图形，在（修改）面板中为其添加Extrude（挤出）命令，设置Amount（数量）为155，使二维的图形转换为三维模型，如图5-77所示。

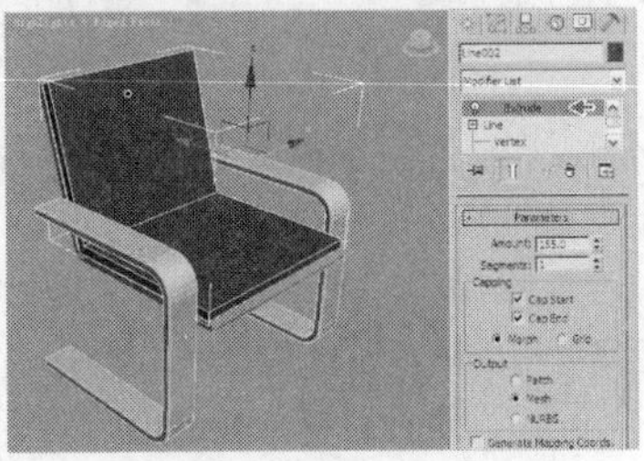

图5-77 添加挤出命令

Step03 选择制作好的座垫模型，在（修改）面板中为其添加的Edit Poly（可编辑多边形）命令，然后切换至Edge（边）模式，再选择正面所有的水平边，如图5-78所示。

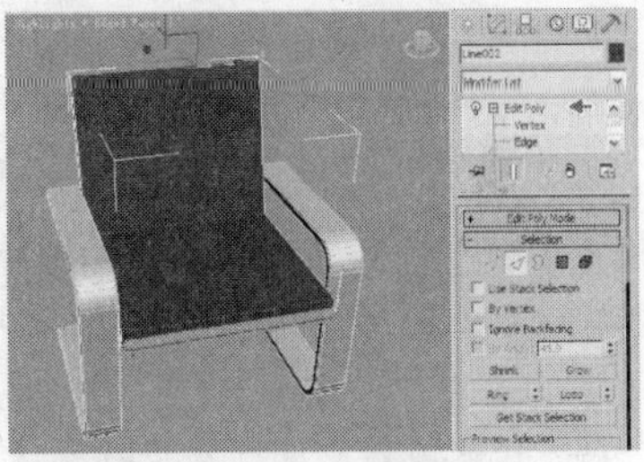

图5-78 添加多边形命令

Step04 单击Edit Edges（编辑边）卷展栏下的Connect（连接）设置按钮，在弹出的连接设置对话框中设置分段值为6、收缩值为60，为垂直方向添加结构边，如图5-79所示。

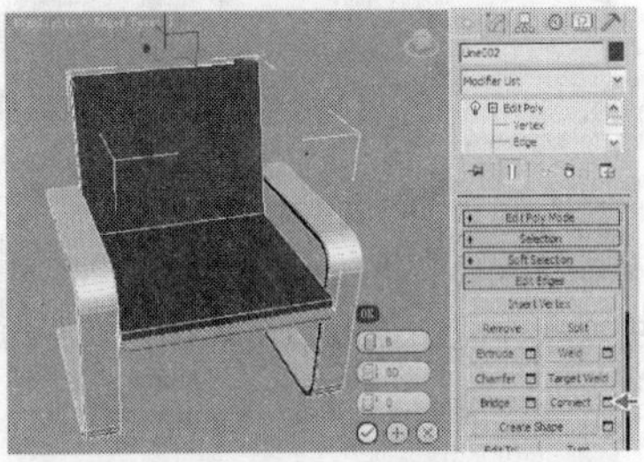

图5-79 添加连接命令

Step05 继续在Edge（边）模式下选择靠背纵向所有的边，然后单击Edit Edges（编辑边）卷展栏下的Connect（连接）设置按钮，在弹出的对话框中设置分段值为5、收缩值为40，为水平方向添加结构边，如图5-80所示。

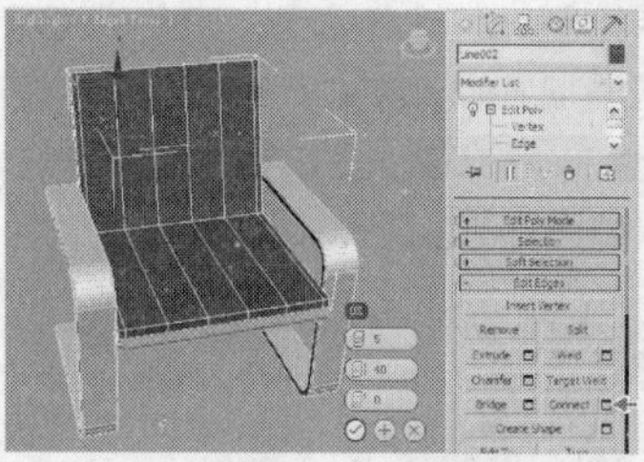

图5-80　添加连接命令

Step06 继续在 Edge（边）模式下选择座垫纵向所有的边，然后单击 Edit Edges（编辑边）卷展栏下的 Connect（连接）设置按钮，在弹出的对话框中设置分段值为 7、收缩值为 31，如图 5-81 所示。

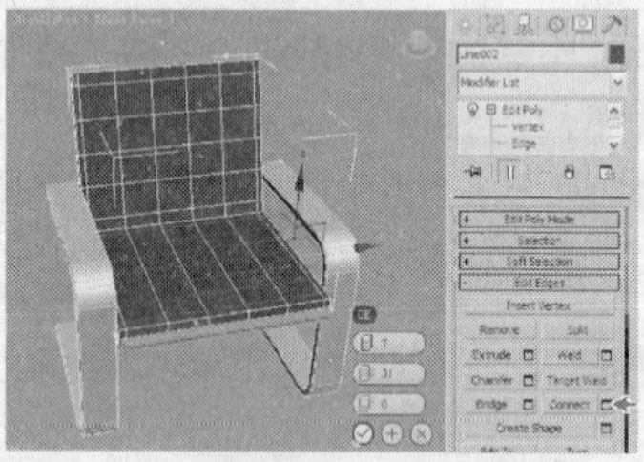

图5-81　添加连接命令

Step07 选择座垫模型，激活 Edit Poly（编辑多边形）命令并切换至 Vertex（顶点）模式，在 Left（左）视图中结合主工具栏中的（移动）工具按钮，调整点的位置制作出座垫的起伏变化，如图 5-82 所示。

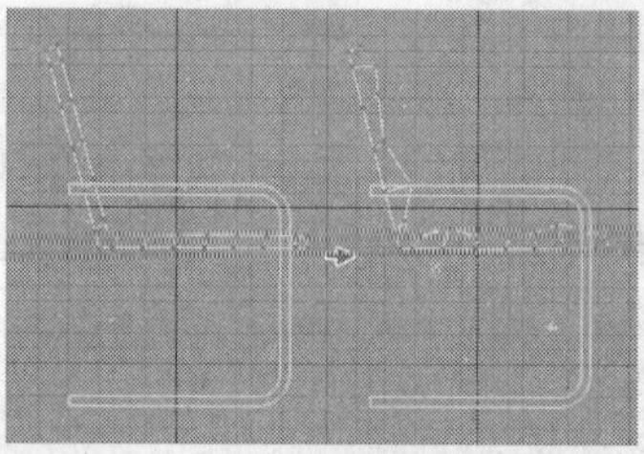

图5-82　调节模型形状

Step08 继续在 Vertex（顶点）模式调节点的位置，制作出座垫中部凹陷的效果，如图 5-83 所示。

图5-83　调整点的位置

Step09 选择调节好的座垫模型，添加（修改）面板中的 Mesh Smooth（网格平滑）命令，使模型更加平滑，如图 5-84 所示。

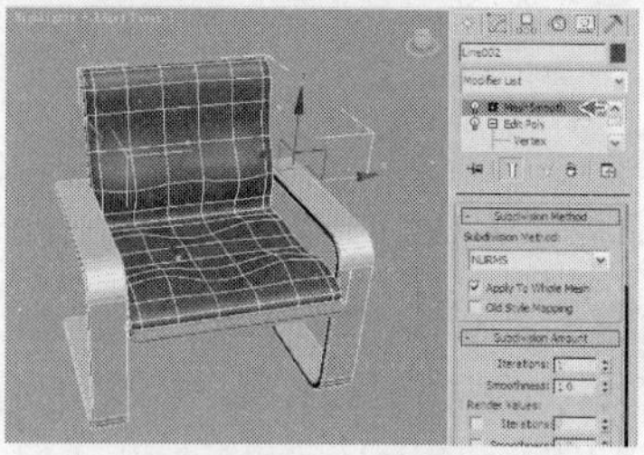

图5-84　添加网格平滑

5.8.4　连接模型制作

Step01 在 Front（前）视图中单击（创建）面板（几何体）中的 Standard Primitives（标准几何体）面板下的 Box（长方体）命令按钮，然后设置 Length（长度）值为 20、Width（宽度）值为 155、Height（高度）值为 4，制作出休闲椅前端的横梁，如图 5-85 所示。

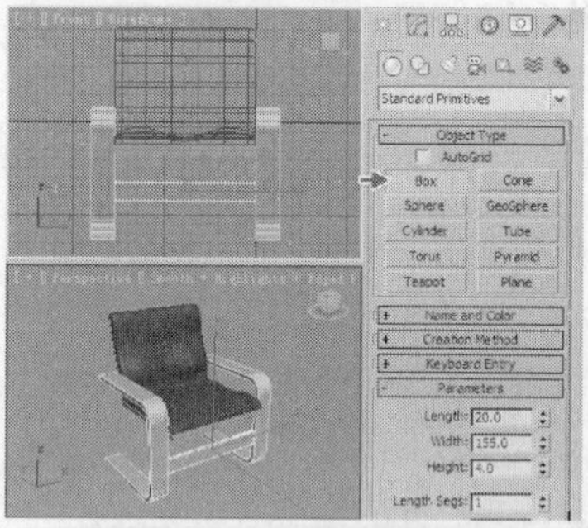

图5-85　建立横梁模型

Step02 在（创建）面板（几何体）中单击 Standard Primitives（标准几何体）的 Sphere（球体）命令，然后在 Left（左）视图中建立球体，再设置 Radius（半径）值为 1.5，制作出螺帽的模型，如图 5-86 所示。

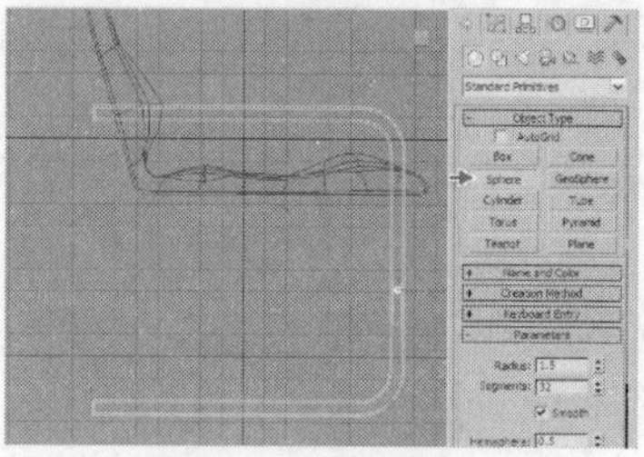

图5-86　制作螺帽模型

Step03 在 Top（顶）视图中单击（创建）面板（几何体）中 Standard Primitives（标准几何体）面板下的 Box（长方体）命令按钮，制作出休闲椅底部的横梁，然后选择螺帽模型并结合“Shift+ 移动”组合键将其复制多个，如图 5-87 所示。

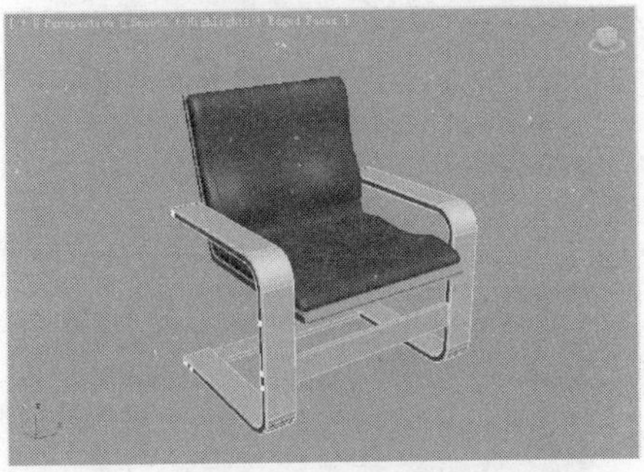

图5-87 丰富模型

Step04 在 Top（顶）视图中将休闲椅一侧的螺帽模型全部选择，再结合“Shift+ 移动”组合键将其复制并放置到合适的位置，然后将视图切换至四视图，观看当前模型的效果，如图 5-88 所示。

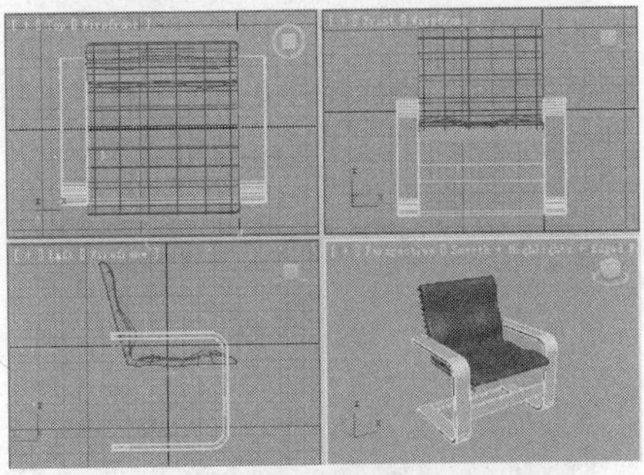

图5-88 模型效果

Step05 在主工具栏中单击（材质编辑器）按钮，为休闲椅设置相应的材质并赋予对象，效果如图 5-89 所示。

Step06 将视图切换至 Top（顶）视图，选择（创建）面板灯光中的 Standard（标准灯光）面板下的 Target Spot（目标聚光灯）命令和 Sky（天光）命令，为场景设置灯光照明，如图 5-90 所示。

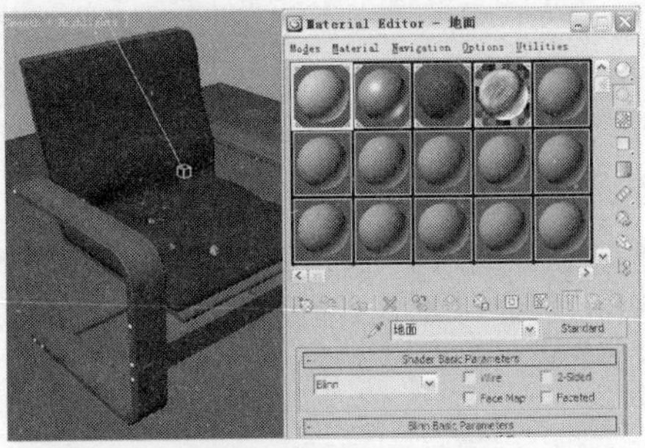

图5-89 设置场景材质

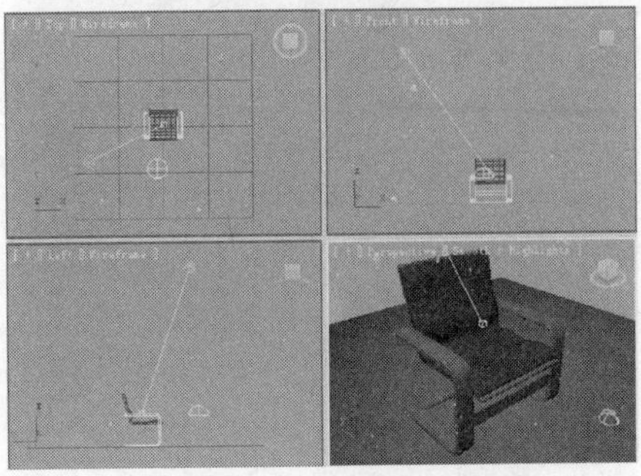

图5-90 建立场景灯光

Step07 单击主工具栏中的（快速渲染）按钮，渲染最终效果如图 5-91 所示。

图5-91 渲染最终效果

5.9 范例——树墩与木桶

【重点提要】

本范例主要使用样条线结合挤出命令和FFD自由变形命令搭建树墩与木桶模型，然后赋予材质和灯光，最终效果如图5-92所示。

图5-92 树墩与木桶范例效果

【制作流程】

树墩与木桶范例的制作流程分为4部分：①树墩模型制作，②斧子模型制作，③木桶模型制作，④场景渲染设置，如图5-93所示。

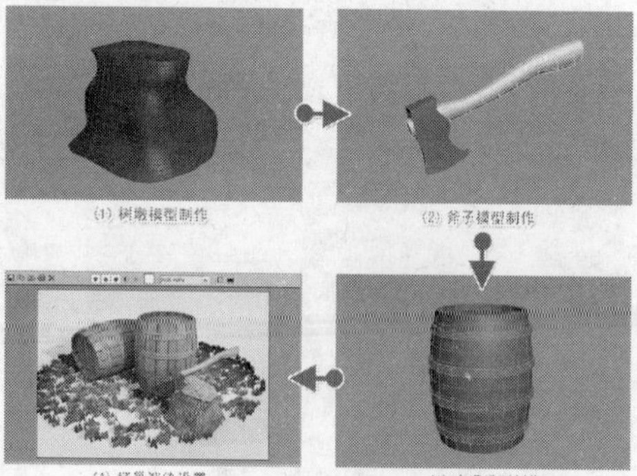

图5-93 制作流程

5.9.1 树墩模型制作

Step01 在（创建）面板的（图形）中单击Splines（样条线）下的Line（线）命令按钮，然后在Front（前）视图绘制出树墩的截面图形，如图5-94所示。

Step02 选择绘制好的树墩图形，在（修改）面板中为其添加Lathe（车削）命令，使绘制的图形沿轴向进行360°的旋转，如图5-95所示。

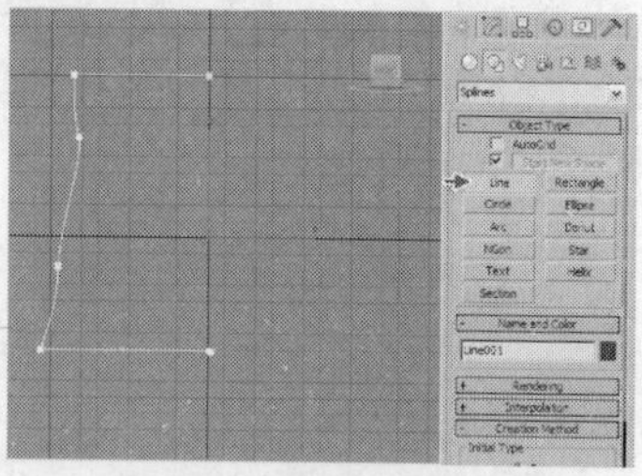

图5-94 绘制树墩图形

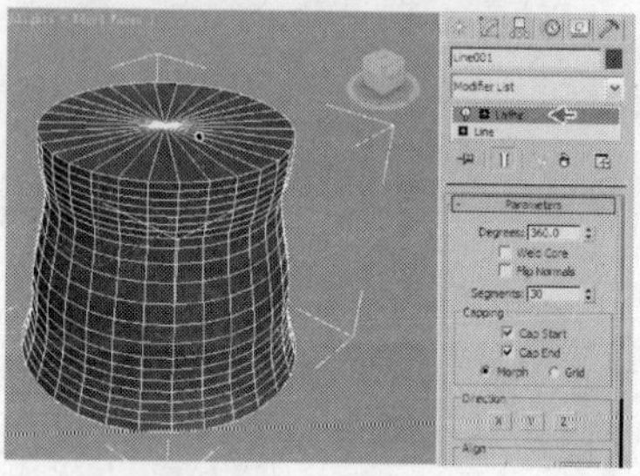

图5-95 添加车削命令

Step03 选择车削后的模型，继续在（修改）面板中为其添加Noise（噪波）命令，然后设置Strength（强度）卷展栏中的x轴值为60、z轴值为130，使模型产生凹凸变化，如图5-96所示。

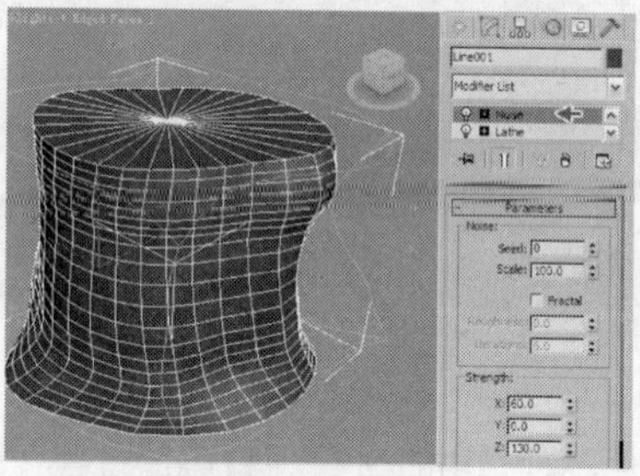

图5-96 添加噪波命令

Step04 选择添加噪波后的树墩模型，继续在（修改）面板中为其添加FFD box（自由变形）命令，再将Set Number of Points（设置点数）参数设置为6×6×6，这样能够使用更多的控制点调节模型效果，如图5-97所示。

Step05 选择制作好的树墩模型，激活FFD box（自由变形）命令并切换至Control Points（控制点）模式，然后调整点的位置使模型更加自然，如图5-98所示。

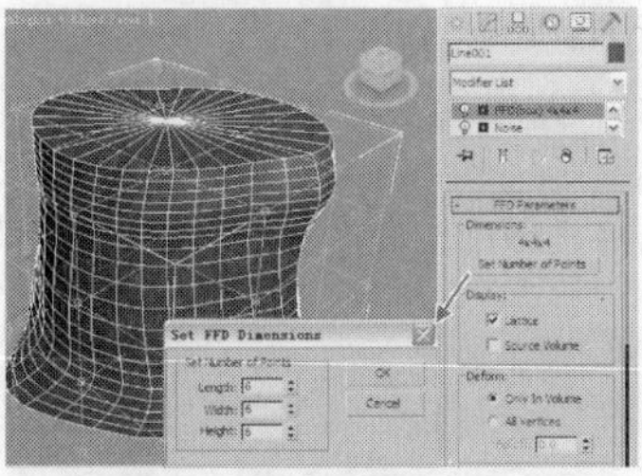

图5-97 添加自由变形命令

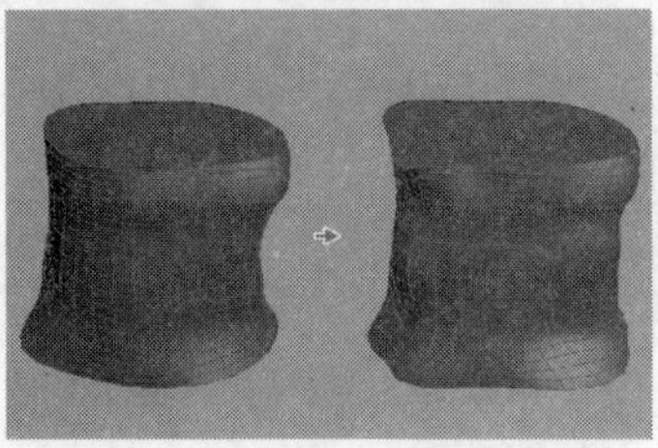

图5-98 调节模型形状

Step06 选择树墩模型，在（修改）面板中为其添加Taper（锥化）命令，设置设置Amount（数量）为-0.2，得到上小下大的锥化效果，如图5-99所示。

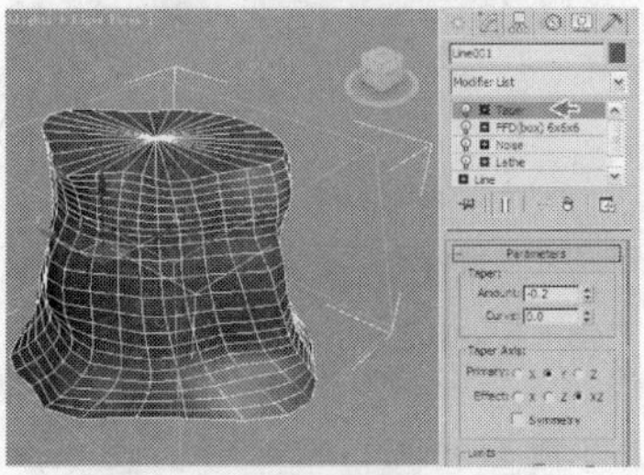

图5-99 添加锥化命令

5.9.2 斧子模型制作

Step01 在（创建）面板（图形）中单击Splines（样条线）下的Line（线）命令按钮，然后在Front（前）视图中绘制出斧子的侧面图形，如图5-100所示。

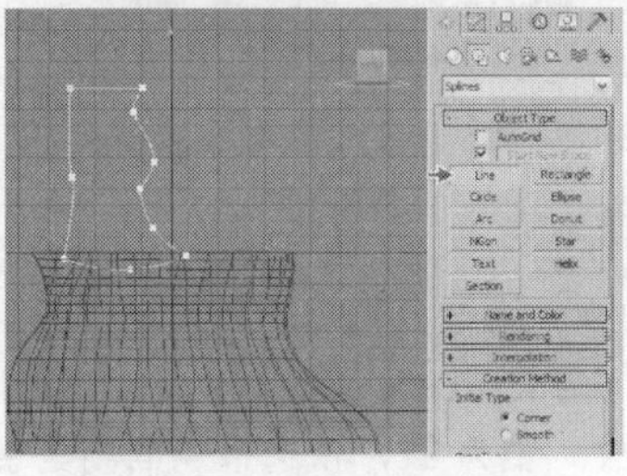

图5-100 绘制斧子图形

Step02 选择绘制好的斧子图形，为其添加（修改）面板中的Extrude（挤出）命令，设置Amount（数量）为30，如图5-101所示。

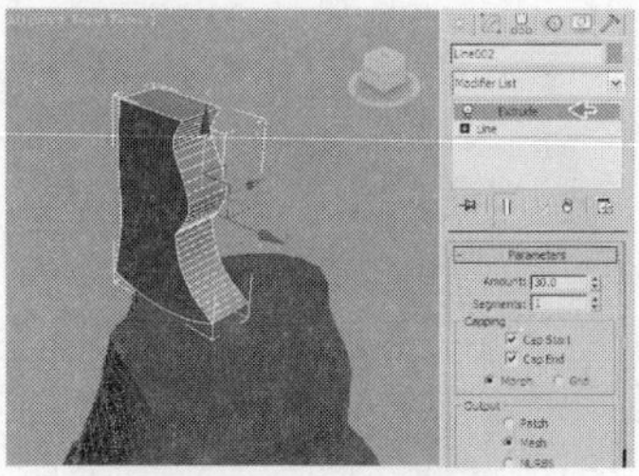

图5-101 添加挤出命令

Step03 选择斧子模型，在（修改）面板中添加FFD 4×4×4（自由变形）修改命令，然后切换至Control Points（控制点）模式，将斧子底部的点选择并进行缩放操作，得到锐利的斧子刃效果，如图5-102所示。

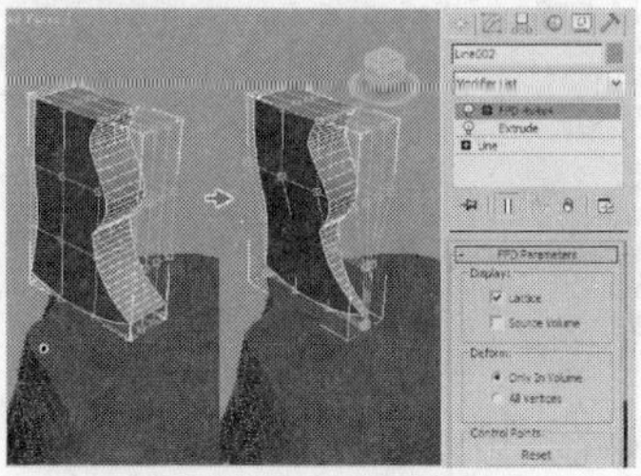

图5-102 添加自由变形命令

Step04 在（创建）面板的（几何体）中单击Standard Primitives（标准几何体）中的Cylinder（圆柱体）命令，然后在Left（左）视图中建立一个圆柱体，再设置Radius（半径）值为10、Height（高度）值为200、Height Segments（高度段数）值为10，作为斧子手柄的模型，如图5-103所示。

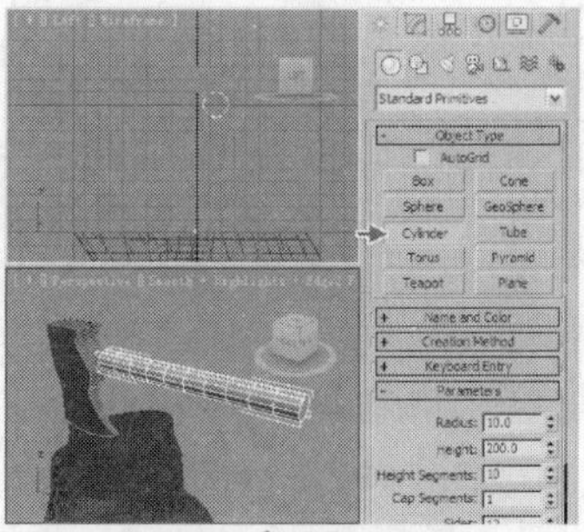

图5-103 制作斧子手柄

Step05 选择斧子手柄模型，继续在（修改）面板中为其添加 FFD box（自由变形）命令，再将 Set Number of Points（设置点数）参数设置为 4×4×8，如图 5-104 所示。

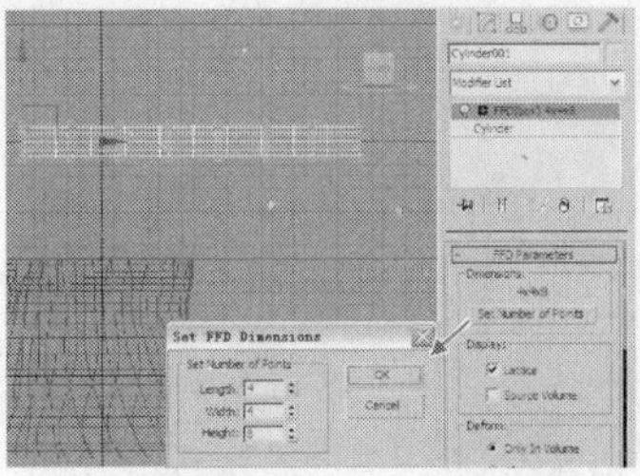

图5-104　添加自由变形命令

Step06 在 Front（前）视图中选择斧子手柄模型并激活 FFD box（自由变形）命令，然后切换至 Control Points（控制点）模式，调整点的位置使手柄产生曲度变化，如图 5-105 所示。

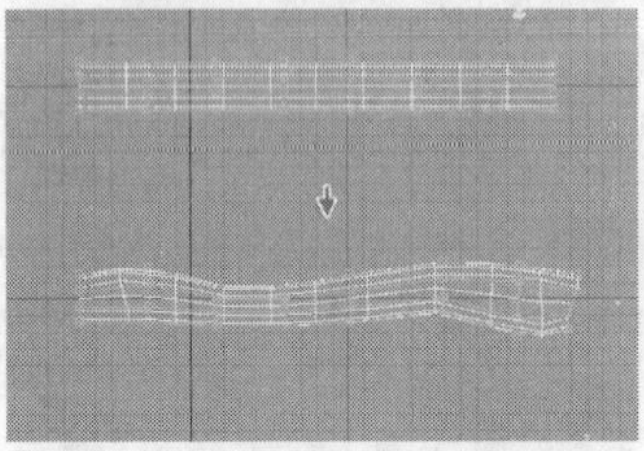

图5-105　调整点的位置

5.9.3　木桶模型制作

Step01 在（创建）面板的（几何体）中单击 Standard Primitives（标准几何体）中的 Tube（管状体）命令，然后在 Top（顶）视图中建立一个管状体，再设置 Radius（半径）值为 140、Height（高度）值为 400、Height Segments（高度段数）值为 12，如图 5-106 所示。

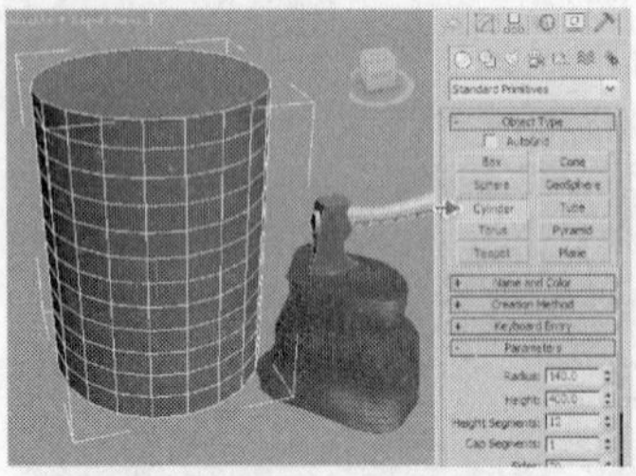

图5-106　建立圆柱模型

Step02 将视图切换至在 Top（顶）视图，在（创建）面板的（几何体）中单击 Standard Primitives（标准几何体）中的 Tube（管状体）命令，设置 Radius 1（半径 1）值为 145、Radius 2（半径 2）值为 145、Height（高度）值为 20、Height Segments（高度段数）值为 3，制作木桶的环带模型，如图 5-107 所示。

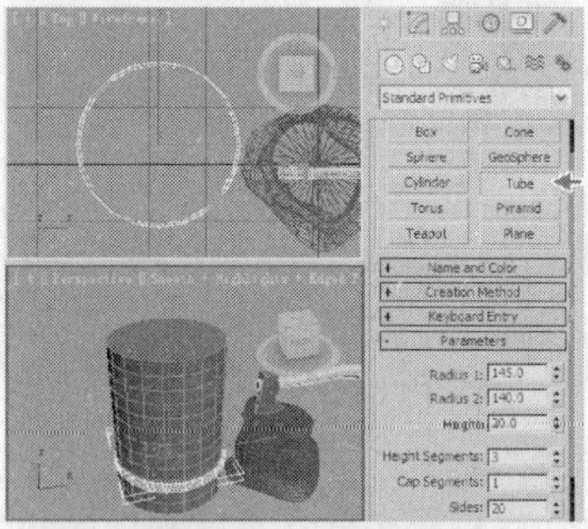

图5-107　制作环带模型

Step03 选择制作好的环带模型，结合“Shift+ 移动”组合键将环带模型复制多个，然后将其放置到合适的位置，如图 5-108 所示。

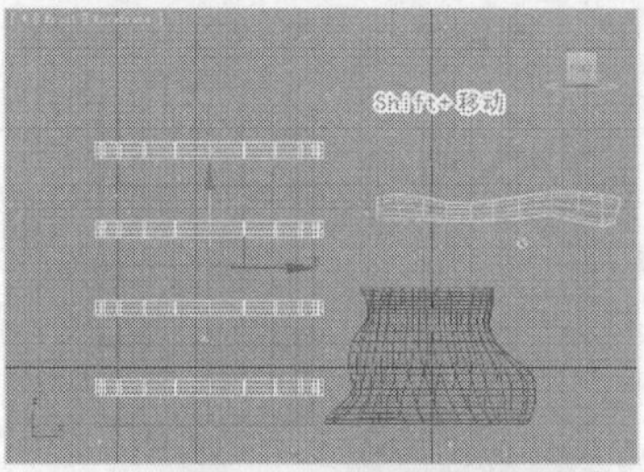

图5-108　复制环带模型

Step04 将环带模型和圆柱模型同时选择，为其添加修改面板中的 Taper（锥化）命令，然后设置 Curve（曲线）值为 0.7，如图 5-109 所示。

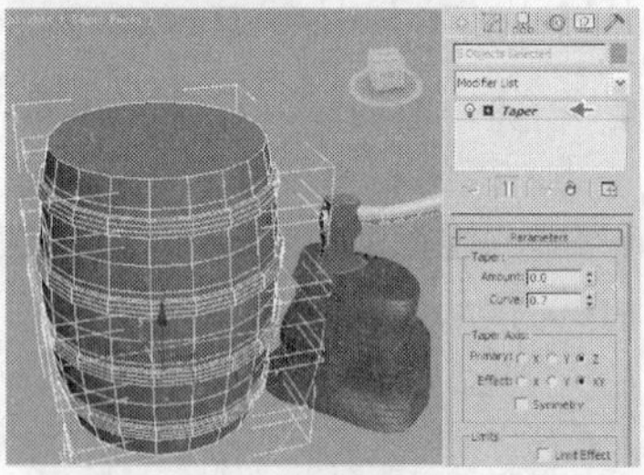

图5-109　添加锥化命令

Step05 继续在（修改）面板中添加 Mesh Select（网格选择）命令，然后选择木桶顶端的面，再添加 Face Extrude（面挤压）命令并设置 Scale（缩放）值为 92，使选择的面向内侧缩小，如图 5-110 所示。

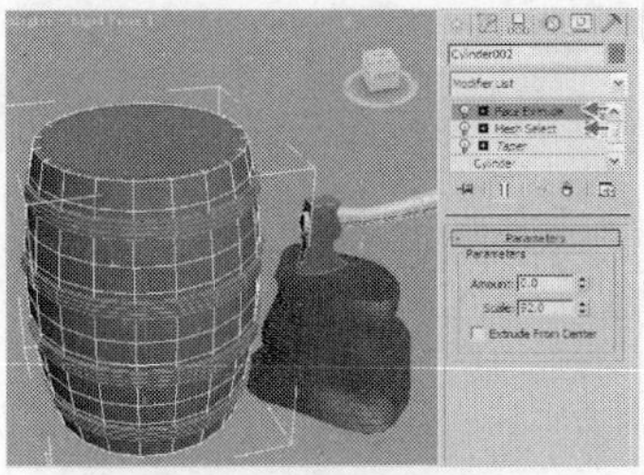

图5-110 添加修改命令

Step06 继续在（修改）面板中添加 Face Extrude（面挤压）命令，然后设置 Amount(数量）值为 -20，使选择的面产生凹陷效果，如图 5-111 所示。

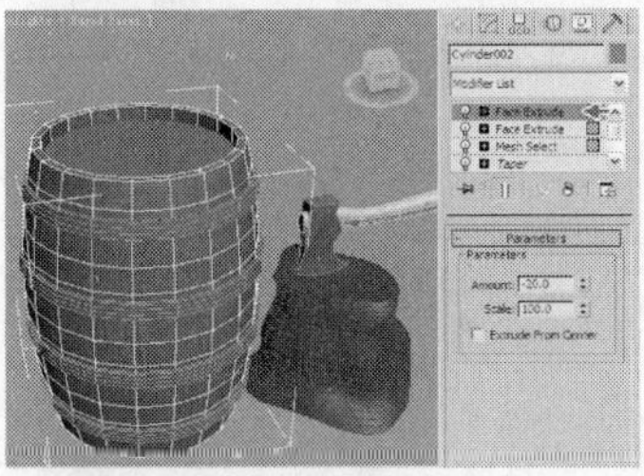

图5-111 添加修改命令

Step07 选择调节好的木桶模型，结合“Shift+ 移动”组合键将木桶模型进行复制操作，然后单击主工具栏中的（旋转）工具将木桶旋转，得到更加自然的模型效果，如图 5-112 所示。

图5-112 复制木桶模型

5.9.4 场景渲染设置

Step01 在主工具栏中单击（材质编辑器）按钮，选择一个空白材质球并设置名称为“树墩”，在弹出的对话框中单击 Standard（标准）材质按钮，然后切换至 Multi/Sub-Object（多维 / 子对象）材质类型，设置 ID 为 2，再分别设置出树墩顶和树墩周围两个材质，如图 5-113 所示。

Step02 选择树墩模型并将材质赋予物体，然后单击主工具栏中的（快速渲染）按钮，渲染效果如图 5-114 所示。

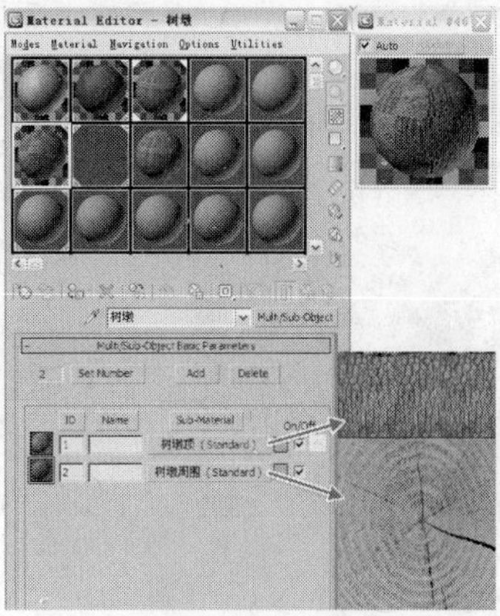

图5-113 树墩材质

图5-114 渲染树墩效果

Step03 继续选择一个空白材质球并设置名称为“斧子铁片”，在 Maps（贴图）卷展栏中为 Diffuse Color（漫反射颜色）和 Bump（凹凸）通道赋予本书配套光盘中的斧子贴图，如图 5-115 所示。

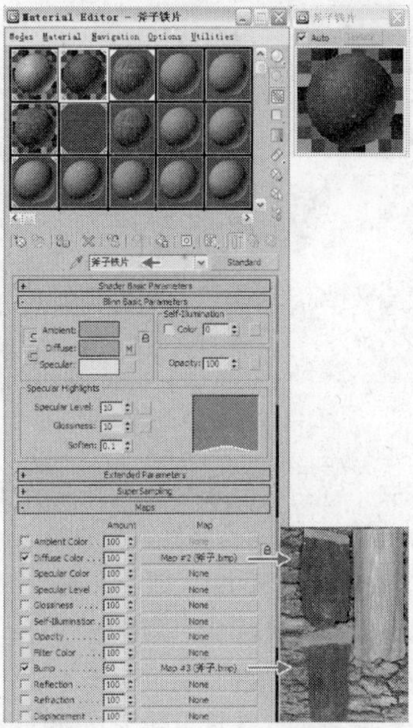

图5-115 斧子铁片材质

Step04 继续选择一个空白材质球并设置名称为“斧子把手”，在 Maps（贴图）卷展栏中为 Diffuse Color（漫反射颜色）和 Bump（凹凸）通道赋予本书配套光盘中的斧子贴图，如图 5-116 所示。

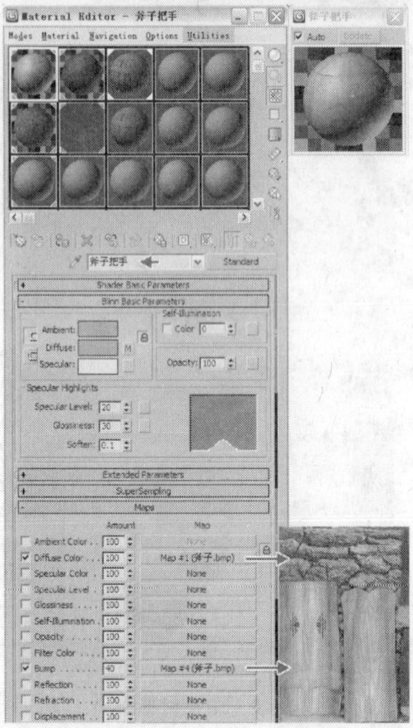

图5-116　斧子把手材质

Step05 选择斧子模型再将材质赋予此对象，然后单击主工具栏中的（快速渲染）按钮，渲染效果如图 5-117 所示。

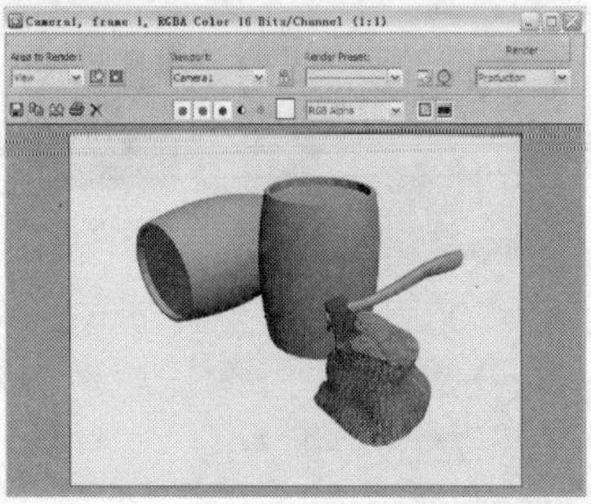

图5-117　渲染斧子效果

Step06 选择一个空白材质球并设置其名称为“水桶”，在 Maps（贴图）卷展栏中为 Diffuse Color（漫反射颜色）和 Bump（凹凸）通道赋予本书配套光盘中的木桶贴图，如图 5-118 所示。

Step07 选择木桶模型，再将材质赋予木桶，然后单击主工具栏中的（快速渲染）按钮，渲染效果如图 5-119 所示。

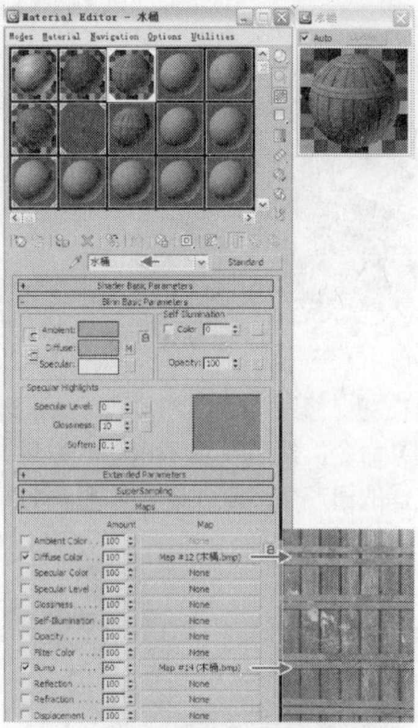

图5-118　木桶材质

图5-119　渲染木桶效果

Step08 在（创建）面板的（几何体）中单击 Standard Primitives（标准几何体）中的 Plane（平面）命令按钮，在 Top（顶）视图建立一个平面并添加（修改）面板中的 Hair and Fur（毛发）命令，在 Tools（工具）卷展栏中单击 Load（加载）命令按钮，加载预设中适合的毛发类型，作为场景中的草地效果，如图 5-120 所示。

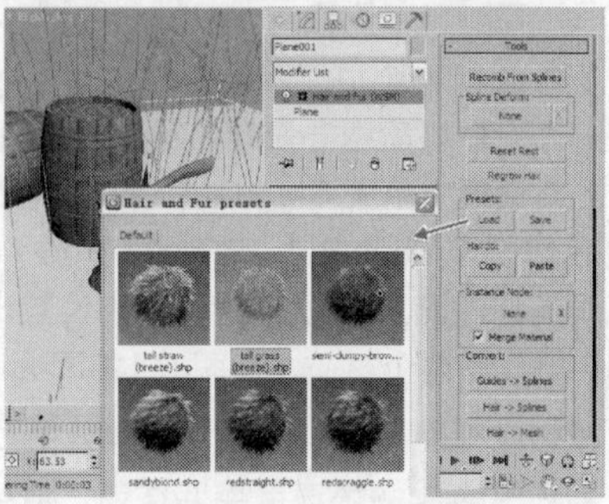

图5-120　添加毛发命令

Step09 在 General Parameters（常规参数）卷展栏中设置毛发的基础参数，在 Material Parameters（材质参数）展栏中设置毛发的颜色参数，设置如图 5-121 所示。

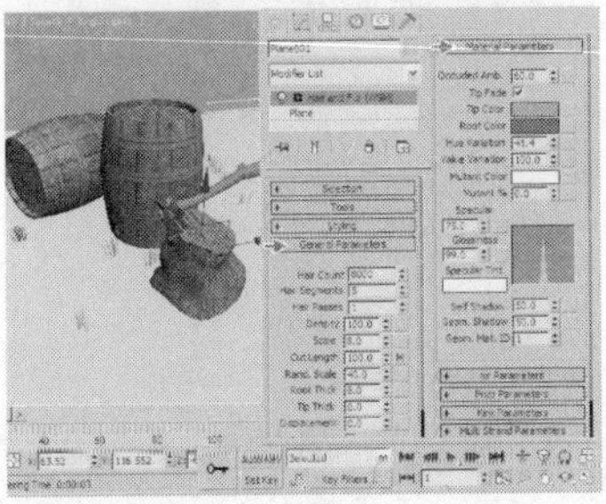

图5-121 设置毛发参数

Step10 单击（创建）面板（灯光）中 Standard（标准灯光）面板下的 Target Spot（目标聚光灯）命令，创建灯光作为场景的主照明灯光系统，如图 5-122 所示。

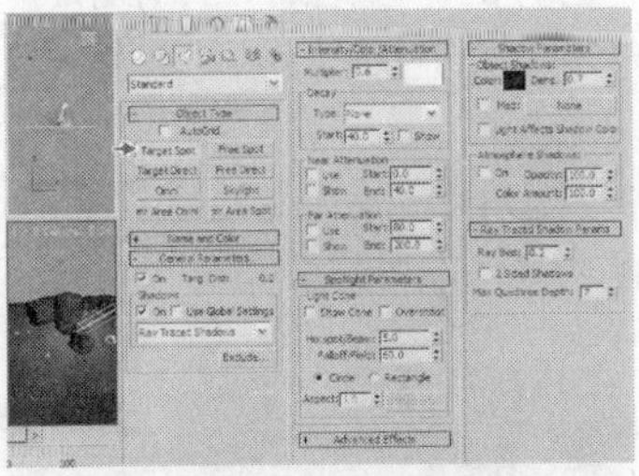

图5-122 建立场景灯光

Step11 将视图切换至 Top（顶）视图，单击（创建）面板（灯光）中 Standard（标准灯光）面板下的 Skylight（天光）命令，然后单击主工具栏中的（渲染设置）工具按钮，在 Advanced Lighting（高级灯光）选项卡中选择 Light Tracer（光跟踪器）并设置 Rays/Sample（采样）值为 400，使场景得到计算细腻的光影分布，如图 5-123 所示。

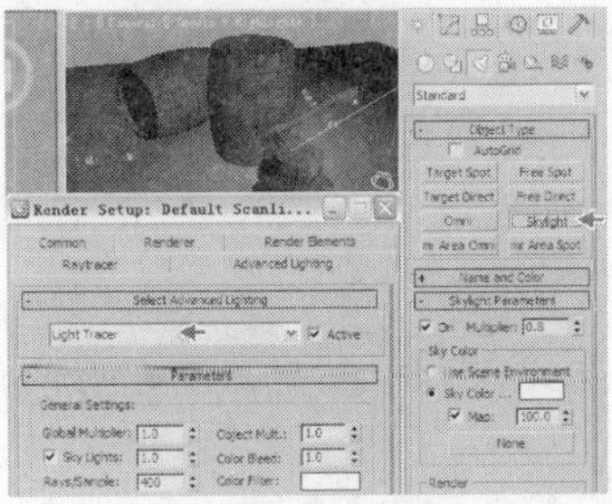

图5-123 建立天光

Step12 单击主工具栏中的（快速渲染）按钮，渲染最终效果如图 5-124 所示。

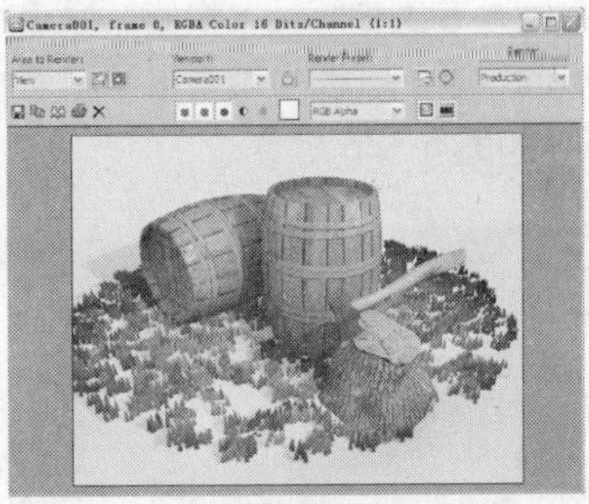

图5-124 渲染最终效果

5.10 范例——木箱吉他

【重点提要】

本范例主要使用样条线结合挤出命令及可编辑多边形命令组合搭建木箱吉他模型，然后为对象赋予材质和灯光，最终效果如图 5-125 所示。

图5-125 木箱吉他范例效果

【制作流程】

木箱吉他范例的制作流程分为 4 部分：①琴箱模型制作，②支架模型制作，③添加辅助模型，④场景渲染设置，如图 5-126 所示。

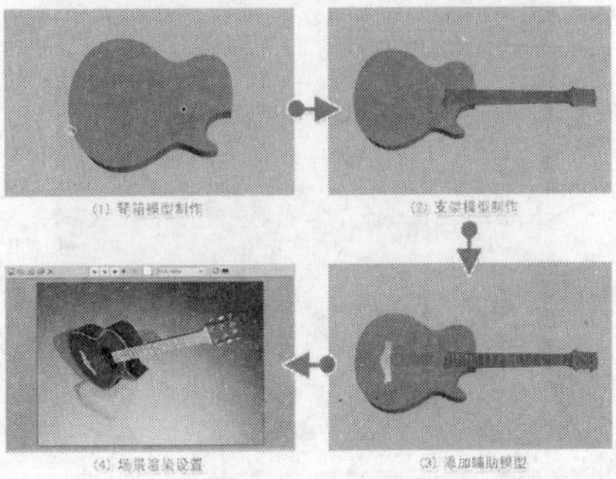

图5-126 制作流程

5.10.1 琴箱模型制作

Step01 在（创建）面板的（图形）中单击 Splines（样条线）下的 Line（线）命令按钮，然后在 Front（前）视图中绘制出琴箱的截面图形，如图 5-127 所示。

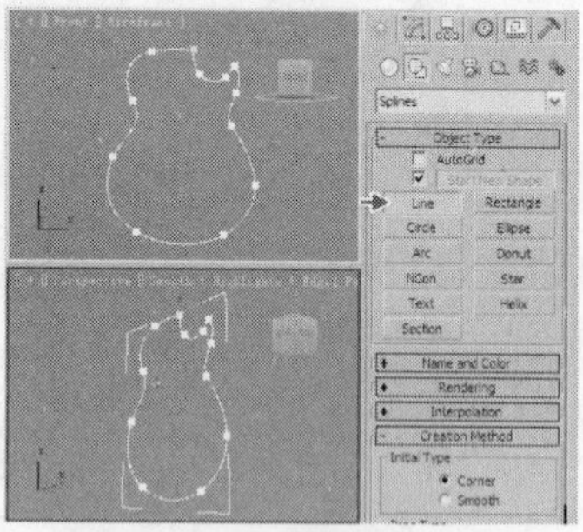

图5-127 绘制琴箱图形

Step02 在（创建）面板的（图形）中选择 Splines（样条线）下的 Ellipse（椭圆）命令按钮，然后在 Front（前）视图中绘制出琴箱面板的扩音孔图形，如图 5-128 所示。

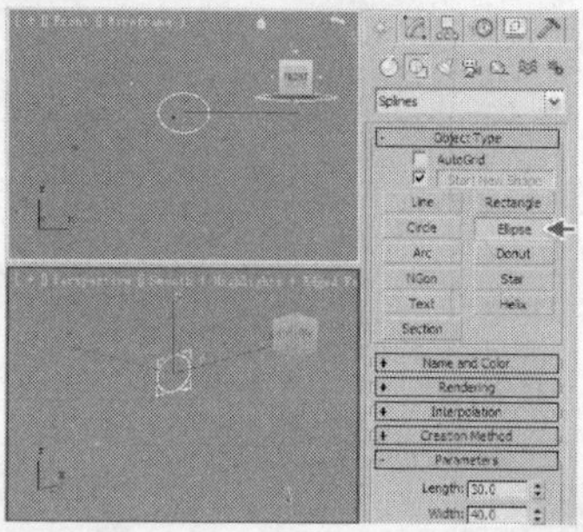

图5-128 绘制扩音孔图形

Step03 选择绘制好的琴箱图形，结合“Shift+ 移动”组合键将图形进行复制操作，然后设置拷贝数量为 2，如图 5-129 所示。

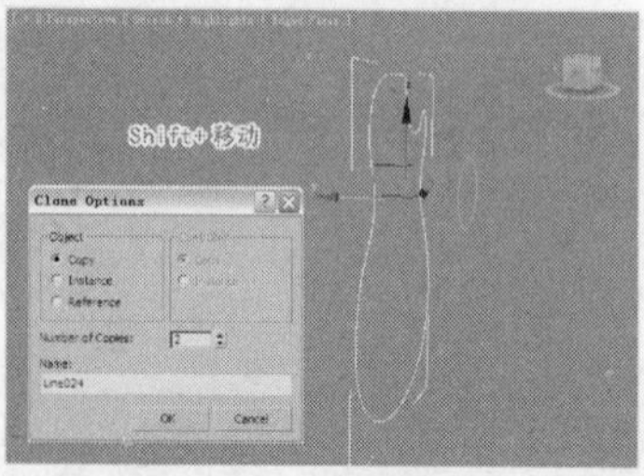

图5-129 复制琴箱图形

Step04 选择绘制好的琴箱图形，单击 Geometry（几何体）卷展栏下的 Attach（结合）命令，将琴箱图形与扩音孔图形结合，制作出琴箱的面板图形，如图 5-130 所示。

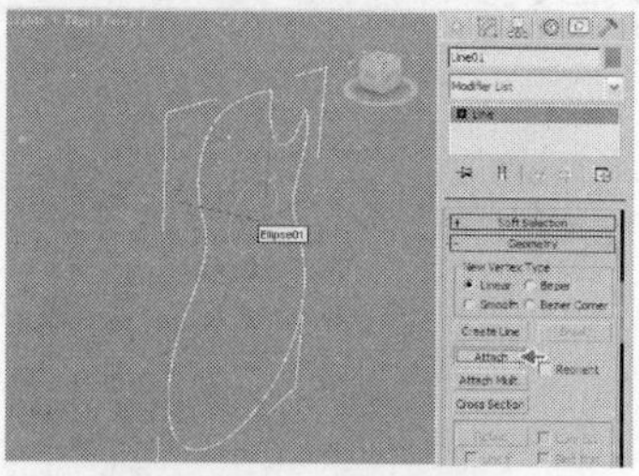

图5-130 添加结合命令

Step05 选择琴箱面板图形，在（修改）面板中为其添加 Bevel（倒角）命令，然后设置 Bevel Values（倒角数值）卷展栏下 Level 1（级别 1）中的 Height（高度）值为 0.2，Level 2（级别 2）中的 Height（高度）值为 0.4，Outline（轮廓）值为 -0.4，如图 5-131 所示。

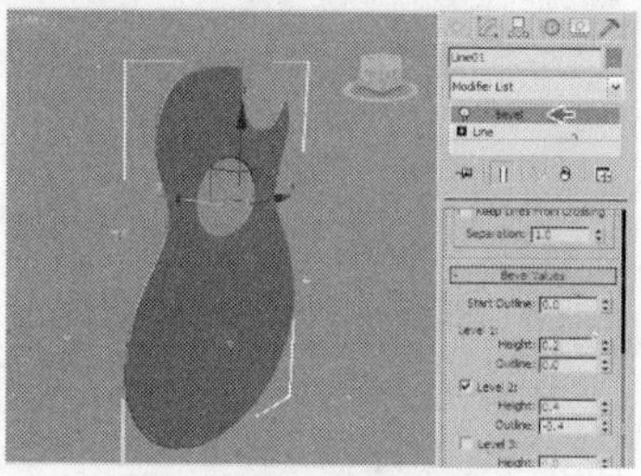

图5-131 添加倒角命令

Step06 选择琴箱图形并同样添加 Bevel（倒角）命令，设置 Bevel Values（倒角数值）卷展栏下 Level 1（级别 1）中的 Height（高度）值为 -0.2、Level 2（级别 2）中的 Height（高度）值为 -0.4，Outline（轮廓）值为 -0.4，如图 5-132 所示。

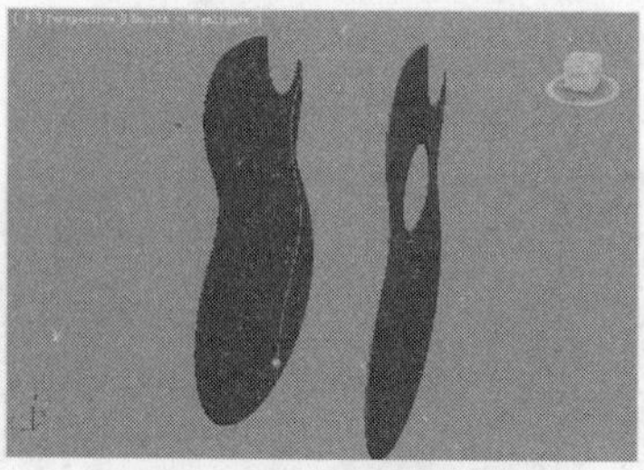

图5-132 添加倒角命令

Step07 选择中间的琴箱图形，在（修改）面板中将图形切换至 Spline（样条线）子层级，如图 5-133 所示。

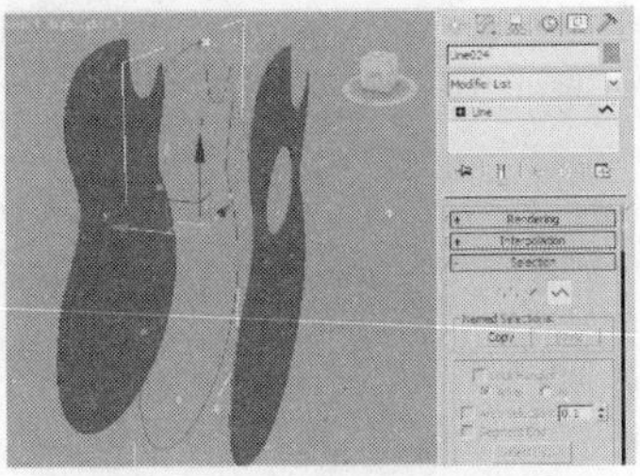

图5-133 切换样条线模式

Step08 在 Spline（样条线）子层级下设置 Outline（轮廓）值为 -2，使选择的图形产生扩边的效果，如图 5-134 所示。

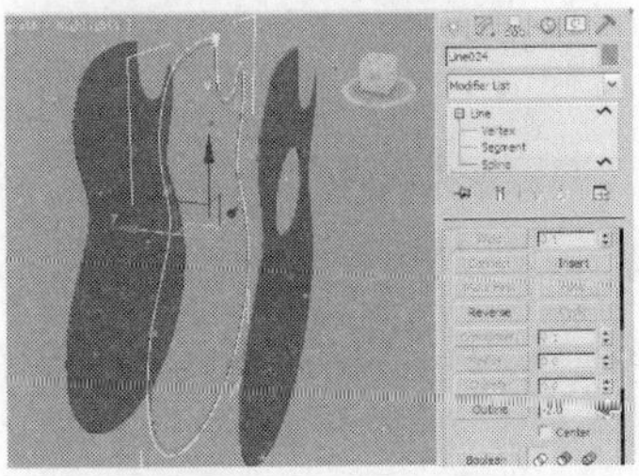

图5-134 添加轮廓命令

Step09 选择添加轮廓后的琴箱图形，在（修改）面板中添加 Extrude（挤出）命令，然后设置 Amount（数量）值为 30，如图 5-135 所示。

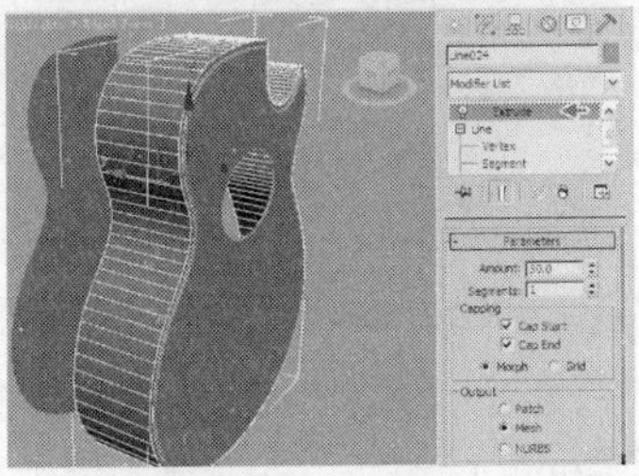

图5-135 添加挤出命令

Step10 结合主工具栏中的（移动）工具并调整模型的位置，然后将视图切换至四视图，观看当前模型的效果，如图 5-136 所示。

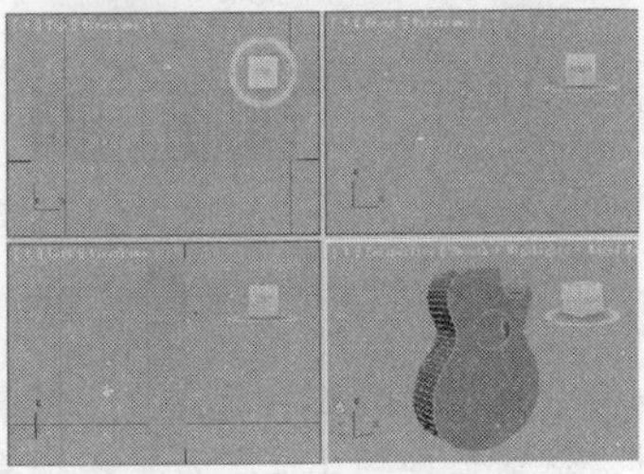

图5-136 模型效果

5.10.2 支架模型制作

Step01 在（创建）面板的（图形）中单击 Splines（样条线）下的 Line（线）命令按钮，然后在 Front（前）视图中绘制出琴颈的半侧图形，如图 5-137 所示。

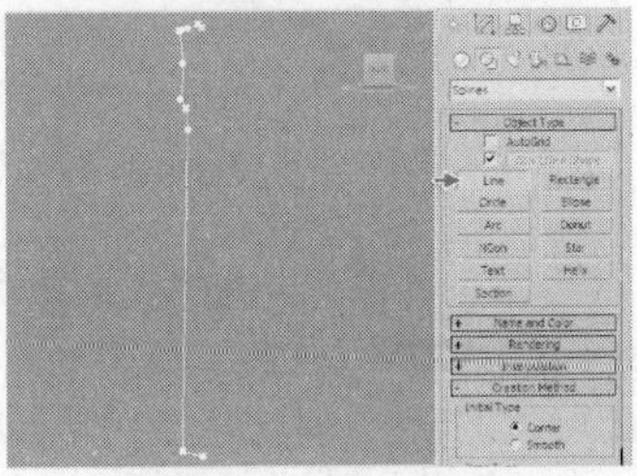

图5-137 绘制琴颈图形

Step02 选择绘制好的琴颈半侧图形，单击主工具栏中的（镜像）工具按钮，沿 *x* 轴对图形进行镜像操作，如图 5-138 所示。

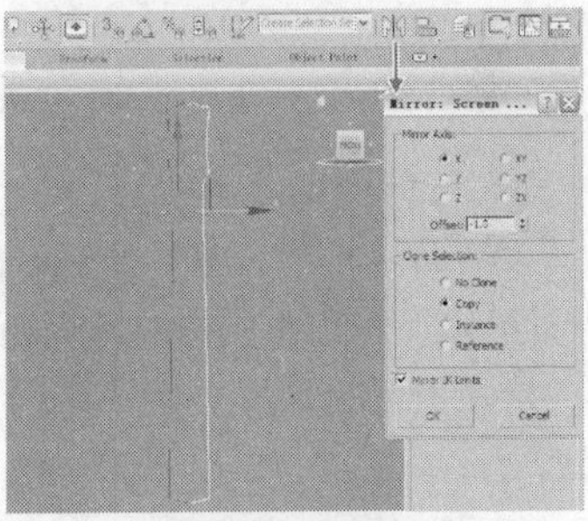

图5-138 镜像琴颈图形

Step03 继续在 Front（前）视图中选择镜像后的图形，进入（修改）面板，选择 Geometry(几何体）卷展栏下的 Attach（结合）命令，将两个图形结合为一个图形，如图 5-139 所示。

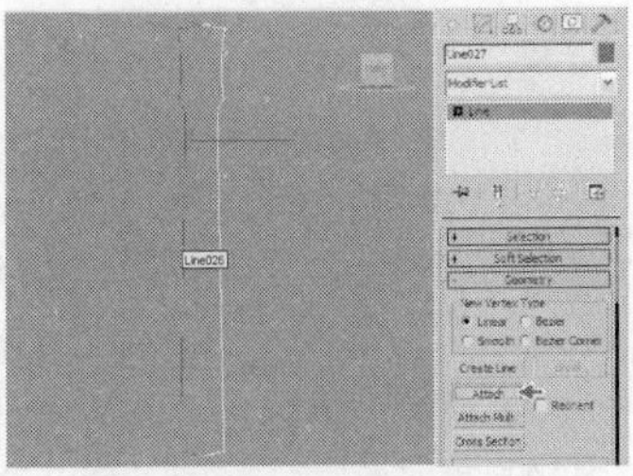

图5-139 添加结合命令

Step04 将样条线切换至 Vertex（顶点）模式，然后选择顶部相邻的两个顶点，设置 Weld（焊接）值为 5 并单击 Weld（焊接）命令按钮，进行缝合的焊接操作，如图 5-140 所示。

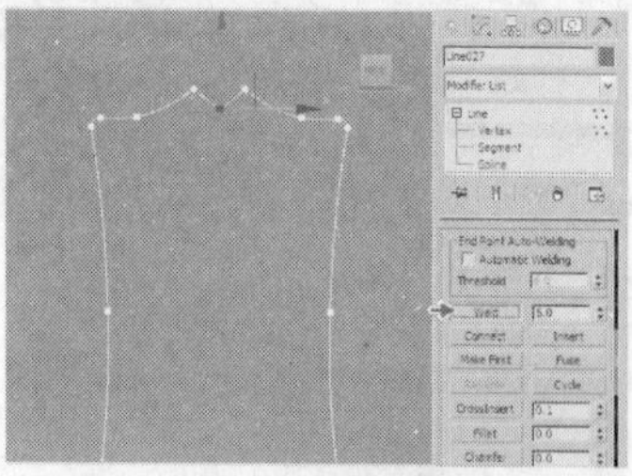

图5-140　焊接相邻顶点

Step05 继续在 Vertex（顶点）模式中选择底部的两个顶点，设置 Weld（焊接）值为 5 并单击 Weld（焊接）命令按钮，如图 5-141 所示。

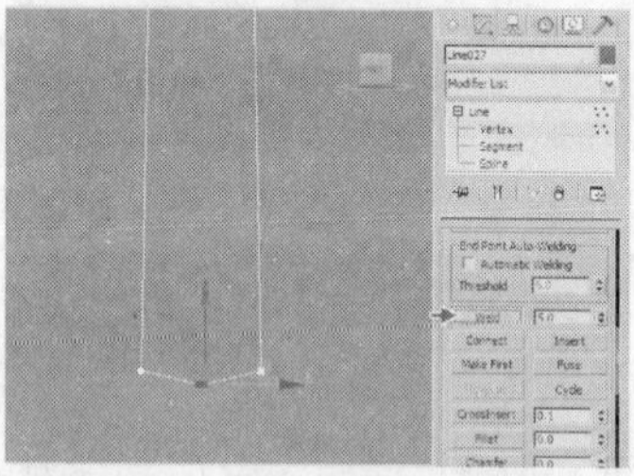

图5-141　焊接相邻顶点

Step06 继续在 Vertex（顶点）模式中结合主工具栏中的（移动）工具将点调整到合适的位置，如图 5-142 所示。

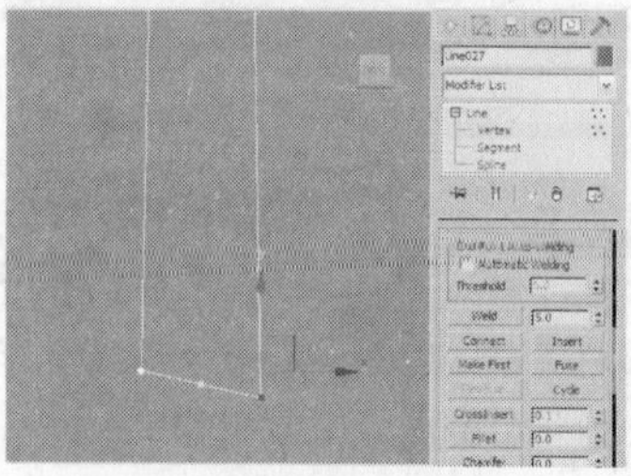

图5-142　调整点的位置

Step07 选择调整好的琴颈图形，添加（修改）面板中的 Bevel（倒角）命令，再设置 Bevel Values（倒角数值）卷展栏下 Level 1（级别 1）中的 Height（高度）值为 4、Level 2（级别 2）中的 Height（高度）值为 1、Outline（轮廓）-1，如图 5-143 所示。

Step08 选择琴颈模型，在（修改）面板中添加 Edit Poly（编辑多边形）命令，然后激活并切换至 Vertex（顶点）模式，再单击 Cut（切割）命令创建两条边，如图 5-144 所示。

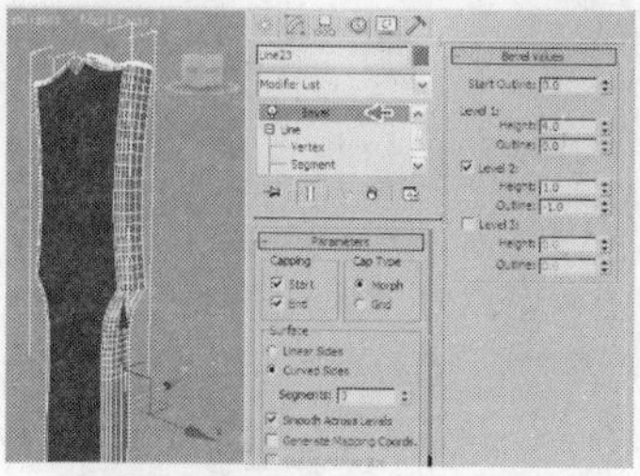

图5-143　添加倒角命令

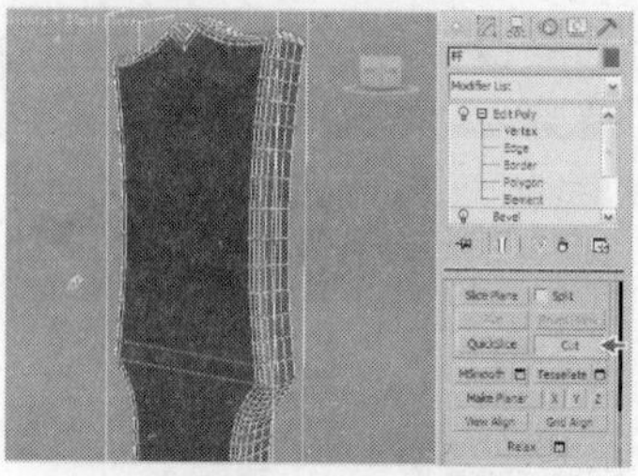

图5-144　添加多边形命令

Step09 继续在 Vertex（顶点）模式中选择顶部的顶点，为其添加（修改）面板中的 FFD 2×2×2（自由变形）命令，只对选择的顶点区域添加自由变形，如图 5-145 所示。

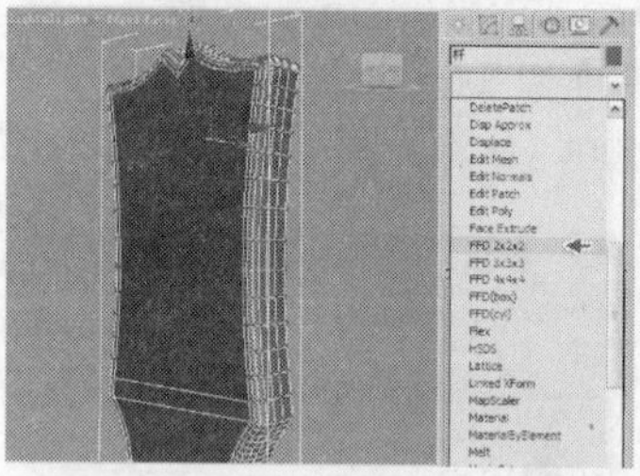

图5-145　添加自由变形命令

Step10 激活 FFD 2×2×2（自由变形）命令，然后切换至 Control Points（控制点）模式，再选择顶部的点调节出琴头的斜度，如图 5-146 所示。

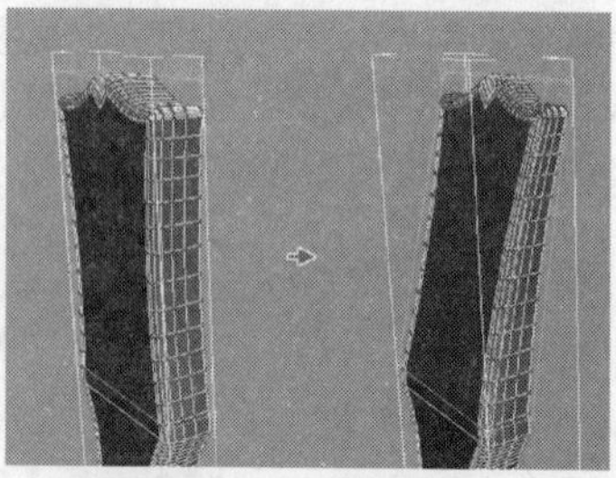

图5-146　调整点的位置

Step11 结合主工具栏中的（移动）工具调整模型的位置，然后将视图切换至四视图观看当前模型的效果，如图 5-147 所示。

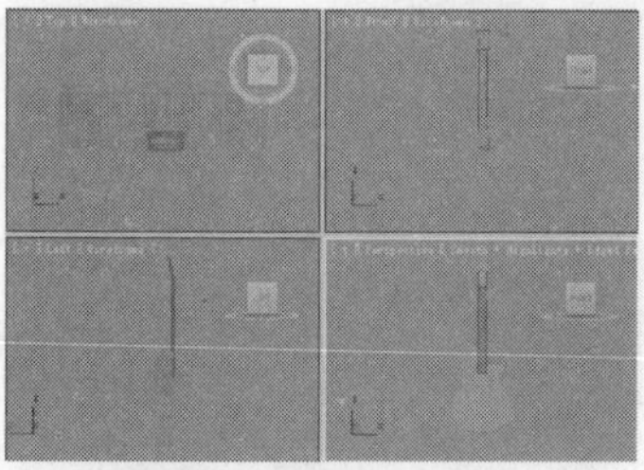

图5-147 观看模型效果

5.10.3 添加辅助模型

Step01 在 Front（前）视图中单击（创建）面板（几何体）中 Standard Primitives（标准几何体）面板下的 Torus（圆环基本体）命令按钮，设置 Radius 1（半径 1）值为 2、Radius 2（半径 2）值为 0.8，如图 5-148 所示。

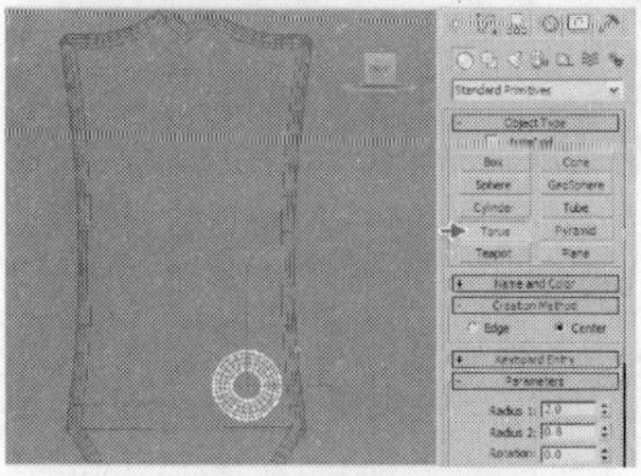

图5-148 创建圆环模型

Step02 在 Front（前）视图中结合“Shift+ 移动”组合键将其复制多个，并分别放置到合适的位置，如图 5-149 所示。

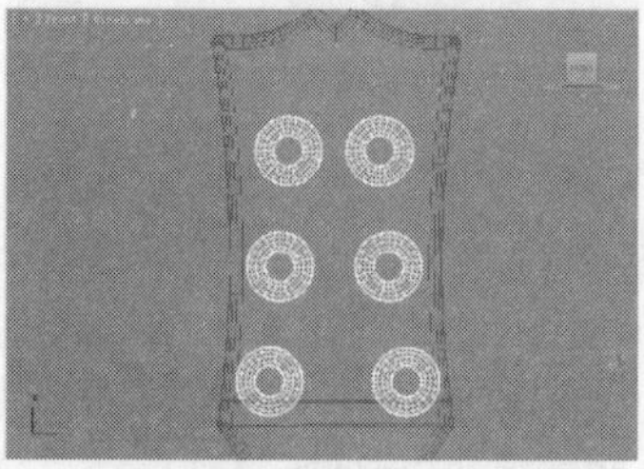

图5-149 复制圆环模型

Step03 选择（创建）面板（几何体）中 Standard Primitives（标准几何体）面板下的 Sphere（球体）命令按钮，制作出锁弦器模型，再分别复制放置到合适的位置，如图 5-150 所示。

Step04 在（创建）面板的（图形）中单击 Splines（样条线）下的 Circle（圆形）命令按钮，然后在 Front（前）视图中建立圆形，再设置 Radius（半径）值为 3，如图 5-151 所示。

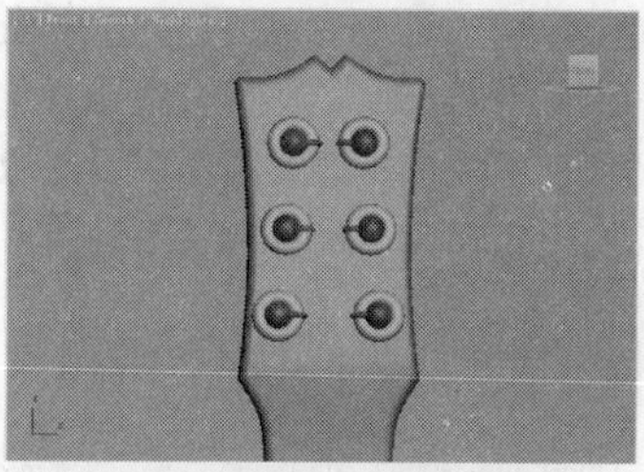

图5-150 制作锁弦器模型

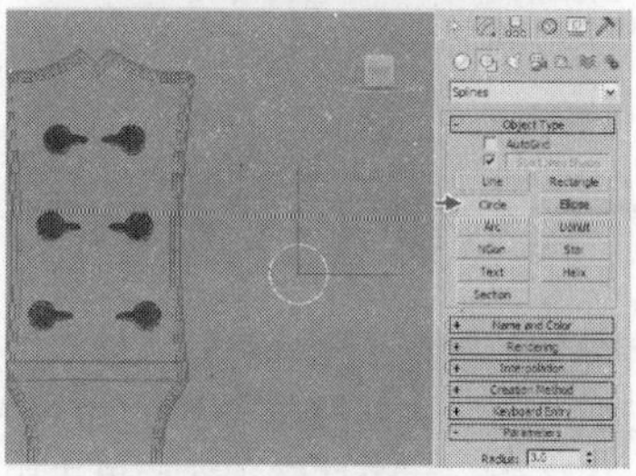

图5-151 建立圆形图形

Step05 选择绘制好的圆形图形，在（修改）面板中添加 Edit Spline（编辑样条线）命令，然后切换至 Vertex（顶点）模式并选择顶部的点，结合主工具栏中的（移动）工具调整其位置，如图 5-152 所示。

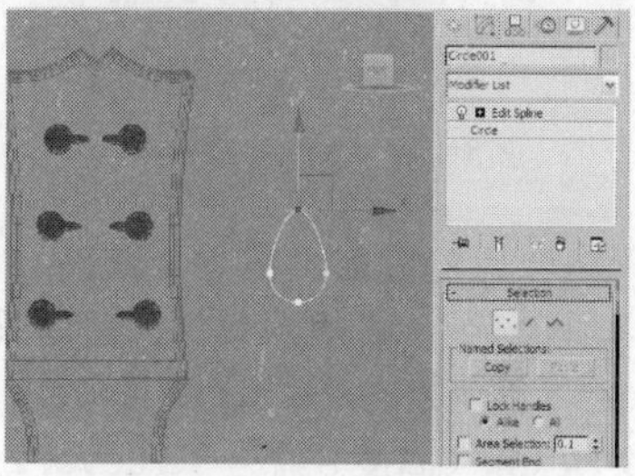

图5-152 添加样条线命令

Step06 继续在 Vertex（顶点）模式中设置 Chamfer（切角）参数值为 4，然后单击 Chamfer（切角）命令按钮，使选择的一个点变为两个点，如图 5-153 所示。

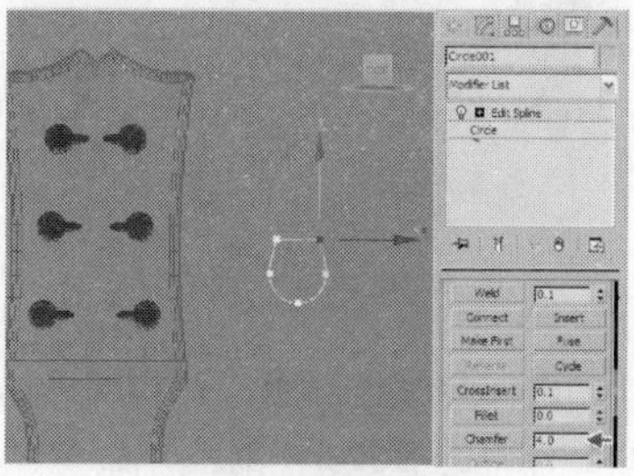

图5-153 添加切角命令

Step07 在（创建）面板的图形中选择 Splines（样条线）下的 Circle（圆形）命令按钮，然后在 Front（前）视图中建立圆形，设置 Radius（半径）值为 1.5，如图 5-154 所示。

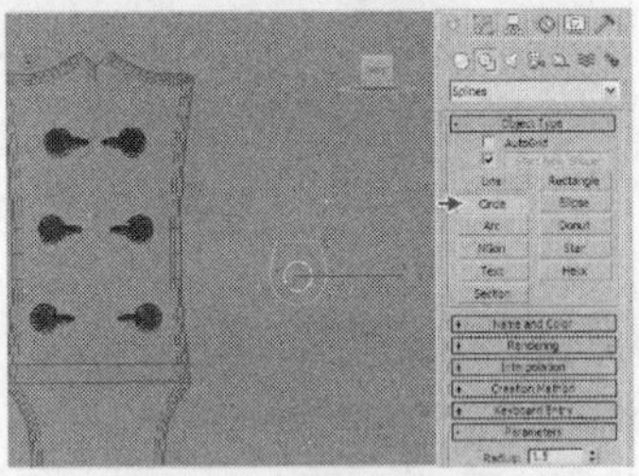

图5-154　建立圆形模型

Step08 选择外侧的圆形图形，在（修改）面板中添加 Edit Spline（编辑样条线）命令并单击 Attach（结合）命令按钮，然后单击内侧的圆形图形将两个圆形结合，如图 5-155 所示。

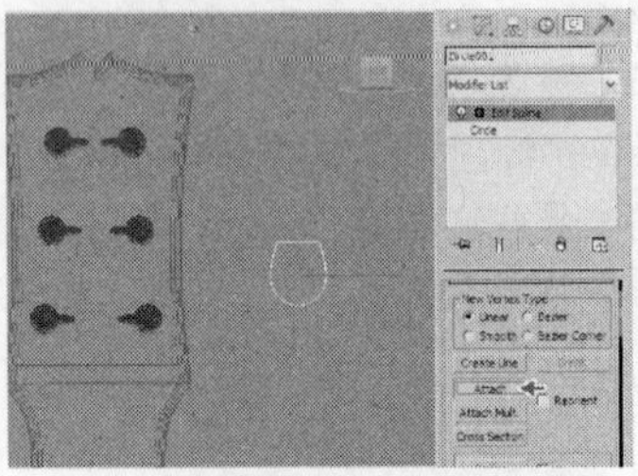

图5-155　添加结合命令

Step09 选择结合后的图形，在（修改）面板中为其添加 Bevel（倒角）命令，然后设置 Bevel Values（倒角数值）卷展栏下 Level 1（级别 1）中的 Height（高度）值为 3、Level 2（级别 2）中的 Height（高度）值为 0.2、Outline（轮廓）值为 -0.2，如图 5-156 所示。

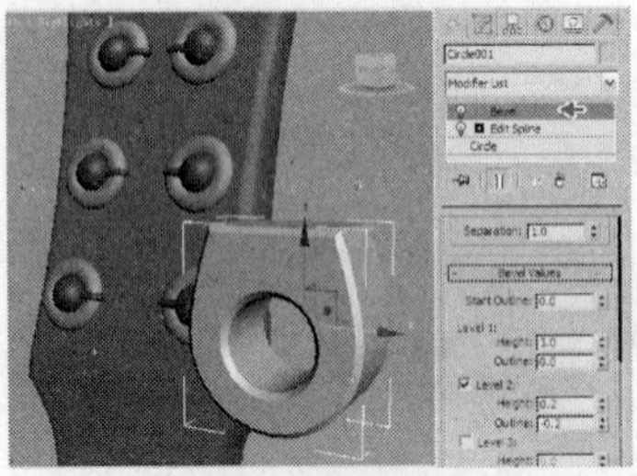

图5-156　添加倒角命令

Step10 继续使用样条线绘制图形，然后再结合（修改）面板中的 Bevel（倒角）命令制作出整套旋钮模型，如图 5-157 所示。

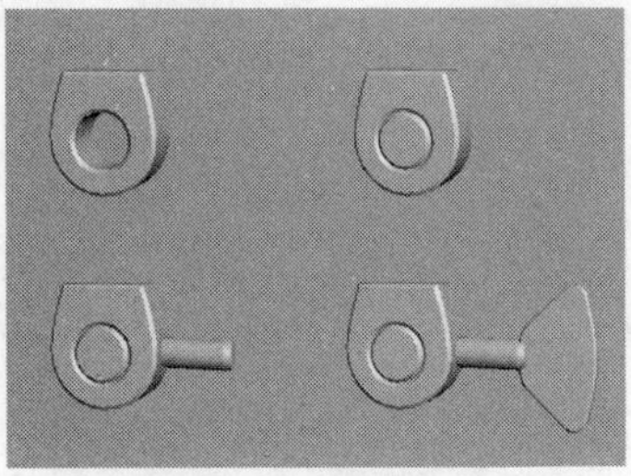

图5-157　添加辅助模型

Step11 选择制作好的旋钮模型，结合“Shift+ 移动”组合键将其复制多个，然后放置到合适的位置，如图 5-158 所示。

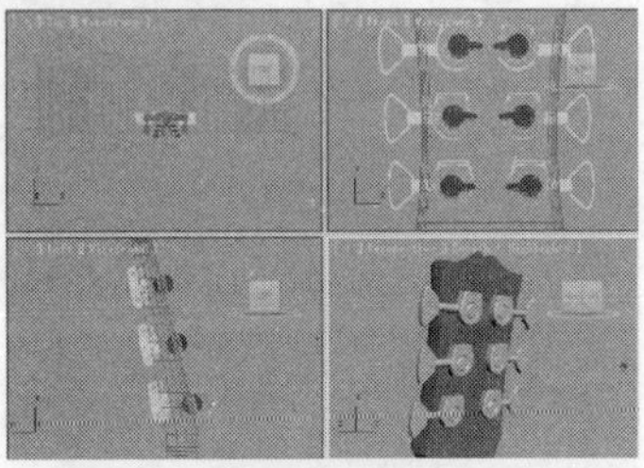

图5-158　复制旋钮模型

Step12 结合主工具栏中的（旋转）工具按钮调节成角度，使模型效果更加自然，如图 5-159 所示。

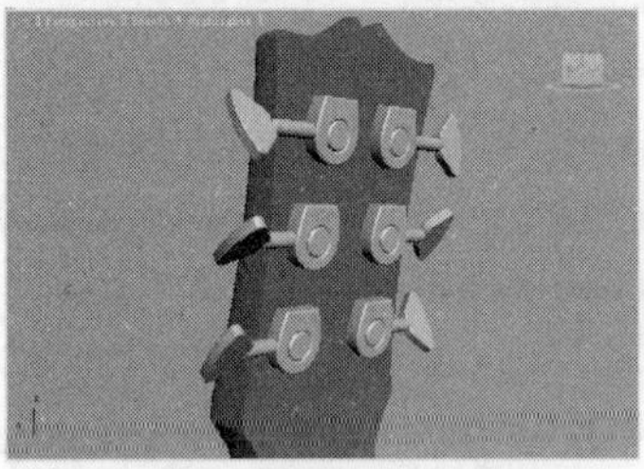

图5-159　调整模型角度

Step13 选择（创建）面板（几何体）中 Standard Primitives（标准几何体）面板下的 Box（长方体）命令按钮，在 Front（前）视图中建立长方体，然后结合“Shift+ 移动”组合键将其复制多个并放置到合适的位置，如图 5-160 所示。

图5-160　制作品柱模型

Step14 选择 （创建）面板 （几何体）中 Standard Primitives（标准几何体）面板下的 Box（长方体）命令按钮，在 Front（前）视图中建立长方体，制作出琴颈托件模型，如图 5-161 所示。

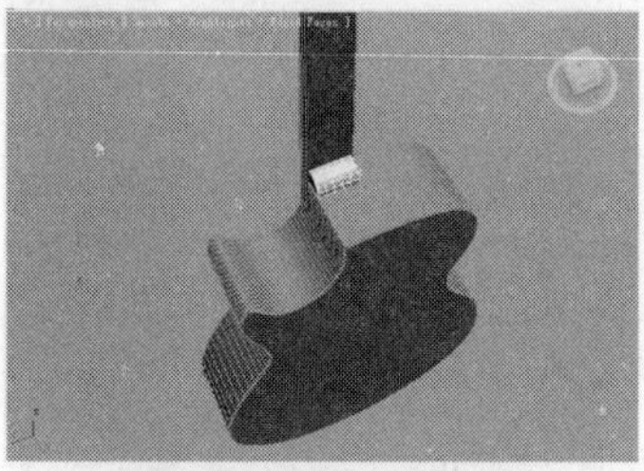

图5-161　制作琴颈托件

Step15 在 （创建）面板的 （图形）中单击 Splines（样条线）下的 Line（线）命令按钮，在 Front（前）视图中绘制出琴桥的图形，然后在 （修改）面板中添加 Bevel（倒角）命令，如图 5-162 所示。

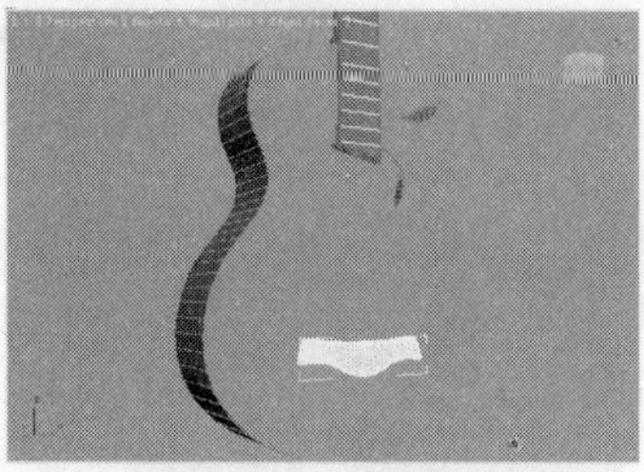

图5-162　制作琴桥模型

Step16 在 （创建）面板的 （图形）中单击 Splines（样条线）下的 Line（线）命令按钮，在 Front（前）视图中绘制出琴弦的图形，然后勾选 Enable In Renderer（在渲染中启用）和 Enable In Viewport（在视口中启用）项目，再设置 Thickness（厚度）值为 0.2，使二维的图形可以在视图和渲染中可见，如图 5-163 所示。

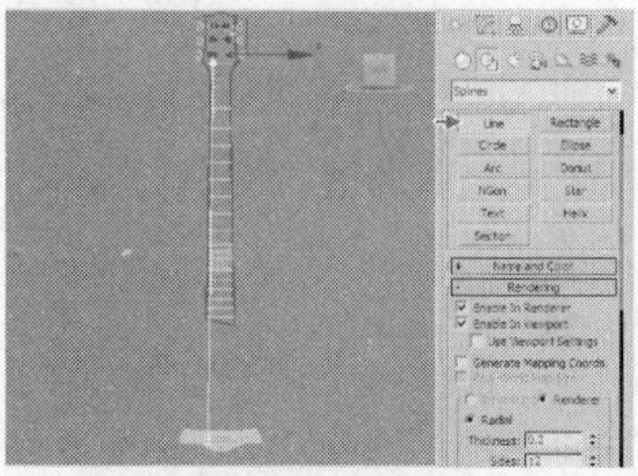

图5-163　制作琴弦模型

Step17 选择琴弦模型，然后将视图切换至 Left（左）视图并将样条线切换至 Vertex（顶点）模式，调整点的准确位置，如图 5-164 所示。

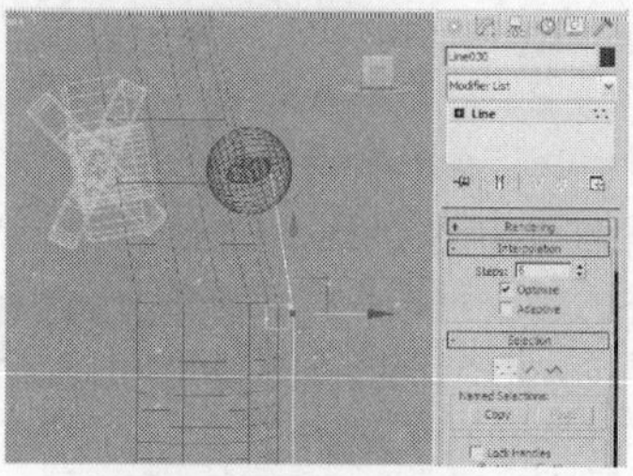

图5-164　调整点的位置

Step18 选择调整好的琴弦模型，结合“Shift+ 移动”组合键将其复制并调整到合适的位置，完成六根琴弦模型，如图 5-165 所示。

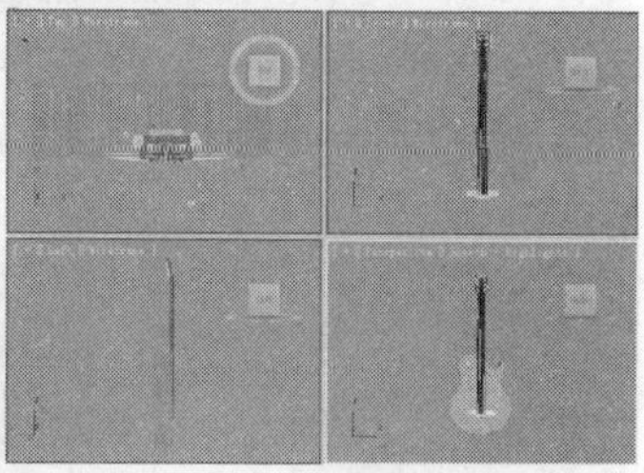

图5-165　复制琴弦模型

5.10.4　场景渲染设置

Step01 在主工具栏中单击 （材质编辑器）按钮，选择一个空白材质球并设置名称为“琴箱”，设置 Specular level（高光级别）值为 70、Glossiness（光泽度）值为 30，在 Maps（贴图）卷展栏中为 Diffuse Color（漫反射颜色）赋予本书配套光盘中的琴箱贴图，然后为 Reflection（反射）添加 Raytrace（光影追踪）并设置 Amount（数量）为 10，如图 5-166 所示。

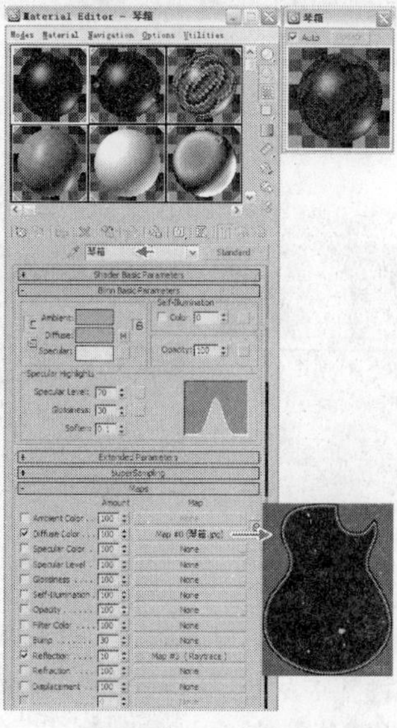

图5-166　琴箱材质

Step02 选择一个空白材质球并设置名称为“木纹”，在Shader Basic Parameters（明暗器基本参数）卷展栏中设置为Anisotropic（各项异性）类型，然后为Diffuse（漫反射颜色）赋予本书配套光盘中的木纹贴图，再设置Specular Level（高光级别）值为60、Glossiness（光泽度）值为45，如图5-167所示。

Step03 选择一个空白材质球并设置名称为“不锈钢”，单击Standard（标准）材质按钮切换至Raytrace（光影追踪）材质类型，然后设置Reflect（反射）为白色、Specular level（高光级别）值为90，如图5-168所示。

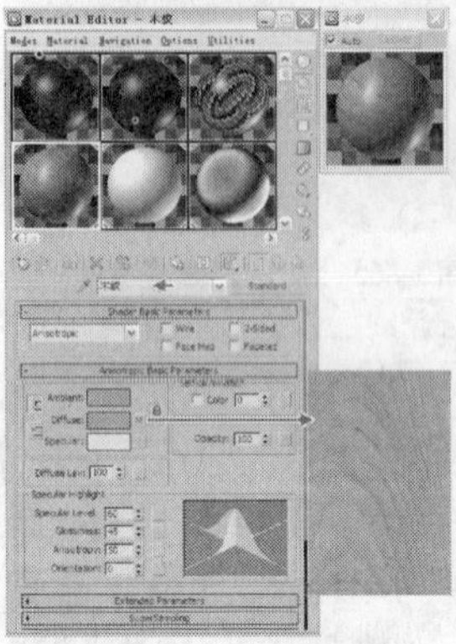

图5-167　木纹材质

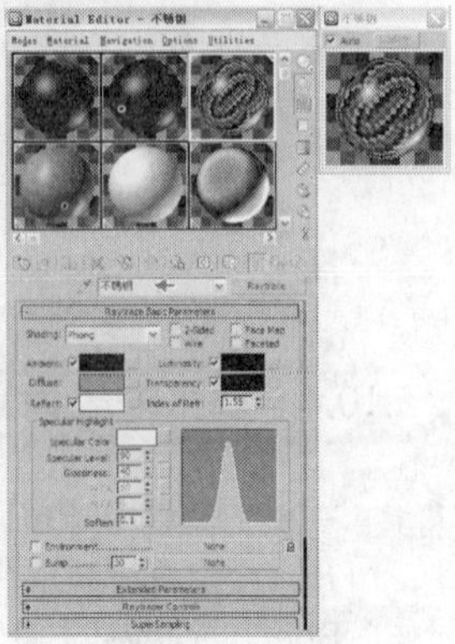

图5-168　不锈钢材质

Step04 选择一个空白材质球并设置名称为“金属线”，在Shader Basic Parameters（明暗器基本参数）卷展栏中设置为Metal（金属）类型，然后设置Specular level（高光级别）值为350、Glossiness（光泽度）值为10，如图5-169所示。

Step05 选择一个空白材质球并设置名称为“白色”，设置Self-Illumination（自发光）值为20，Specular Level（高光级别）值为20，如图5-170所示。

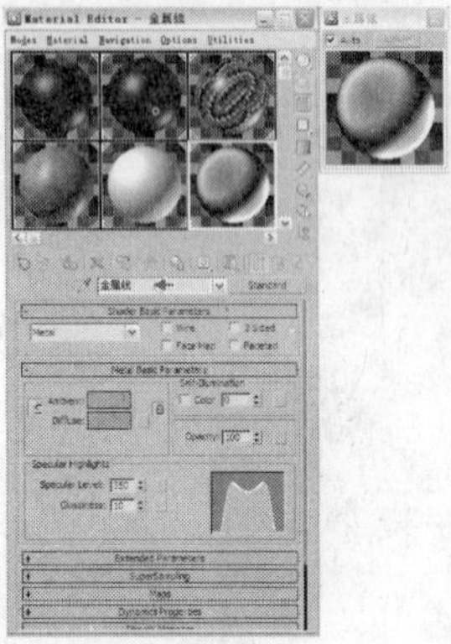

图5-169　金属线材质

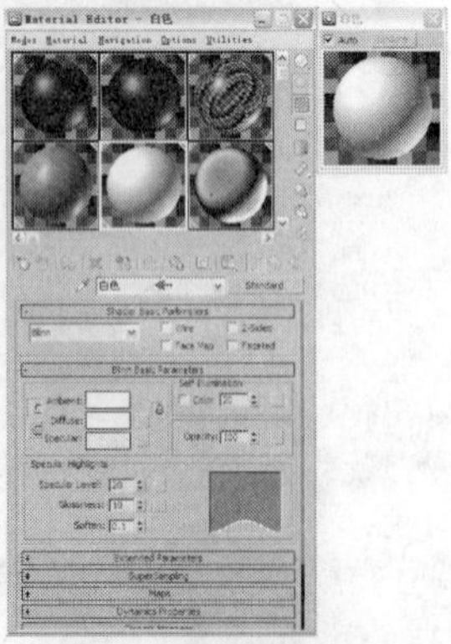

图5-170　白色材质

Step06 将视图切换至Perspective（透）视图，将设置好的材质分别赋予木吉他模型，然后单击主工具栏中的（快速渲染）按钮，渲染效果如图5-171所示。

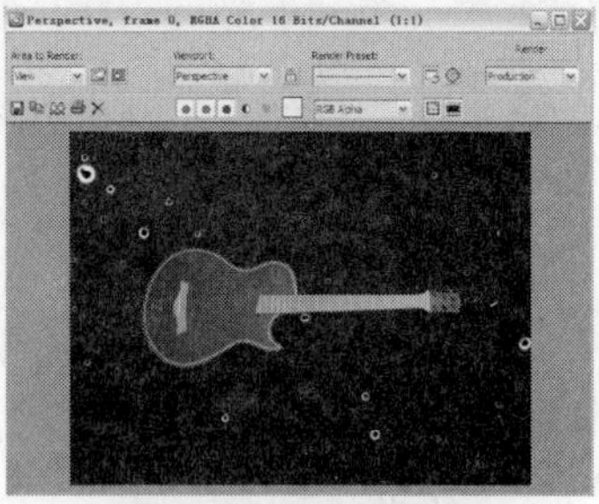

图5-171　渲染材质效果

Step07 在菜单栏中选择【Rendering（渲染）】→【Environment（环境）】命令，在弹出的Environment and Effect（环境与特效）对话框中单击Environment Map（环境贴图）按钮，然后赋予本书配套光盘中的hdr01环境贴图，使环境直接影响模型的反射效果，如图5-172所示。

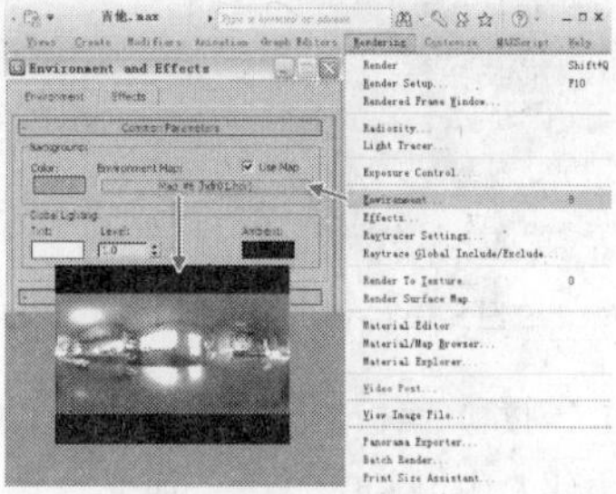

图5-172　设置背景贴图

Step08 将Environment and Effect（环境与特效）对话框中的Environment Map（环境贴图）以关联复制的方式拖曳至一个空白材质球上，然后在Coordinates（坐标）卷展栏中激活Environ（环境）类型，将Mapping（贴图）设置为Spherical Environment（球形环境）类型，使环境完全地包裹住三维模型，如图5-173所示。

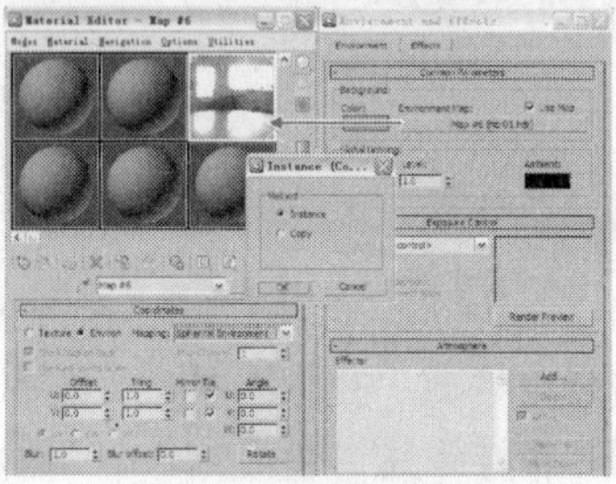

图5-173　复制环境贴图

Step09 将视图切换至Perspective（透）视图，然后单击主工具栏中的（快速渲染）按钮，渲染效果如图5-171所示。

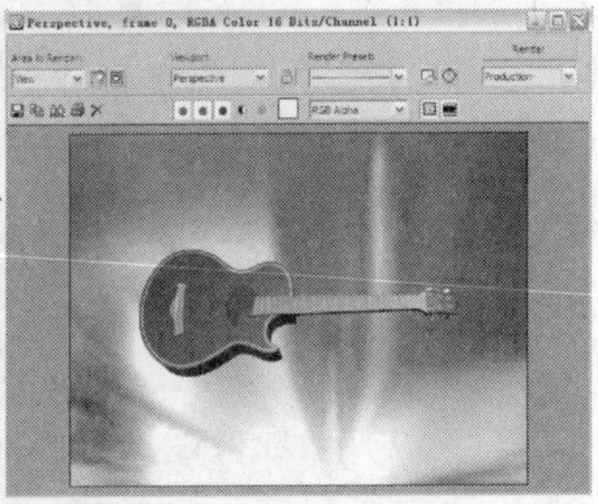

图5-174 渲染背景效果

Step10 选择（创建）面板灯光中Standard（标准灯光）面板下的Target Spot（目标聚光灯）命令，为场景设置灯光照明，如图5-175所示。

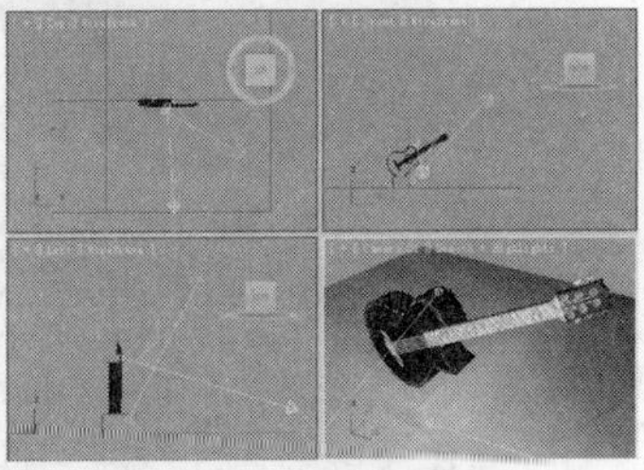

图5-175 创建场景灯光

Step11 在Perspective（透）视图中，调整木吉他模型的位置及角度，再结合“Ctrl+C”组合键为场景建立摄影机和匹配，然后在主工具栏中单击（快速渲染）按钮，渲染最终效果如图5-176所示。

图5-176 渲染最终效果

5.11 范例——憨态熊猫

【重点提要】

本范例主要使用标准基本体和FFD自由变形命令组合搭建憨态熊猫模型，然后为对象赋予材质和灯光，最终效果如图5-177所示。

图5-177 憨态熊猫范例效果

【制作流程】

憨态熊猫范例的制作流程分为4部分：①头部模型制作，②身体模型制作，③竹子模型制作，④场景渲染设置，如图5-178所示。

图5-178 制作流程

5.11.1 头部模型制作

Step01 在（创建）面板的（几何体）中单击Standard Primitives（标准几何体）面板下的Sphere（球体）命令按钮，然后在Front（前）视图中建立球体，设置Radius（半径）值为80，如图5-179所示。

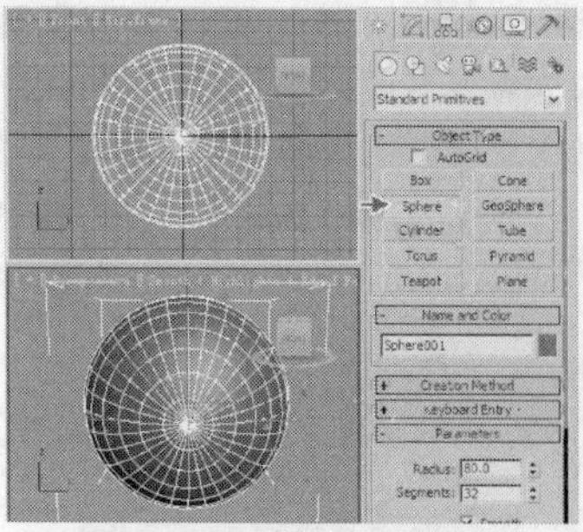

图5-179　建立球体模型

Step02 继续在Front（前）视图中选择建立的球体模型，然后在（修改）面板中为其添加FFD 4×4×4（自由变形）命令，如图5-180所示。

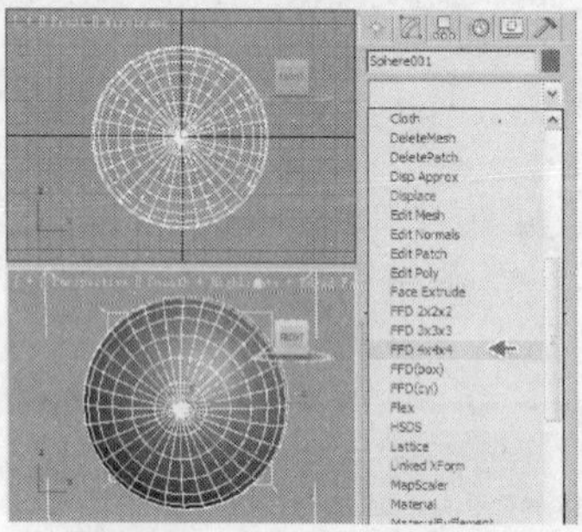

图5-180　添加自由变形

Step03 在Front（前）视图中激活FFD 4×4×4（自由变形）命令并切换至Control Points（控制点）模式，调整点的位置如图5-181所示。

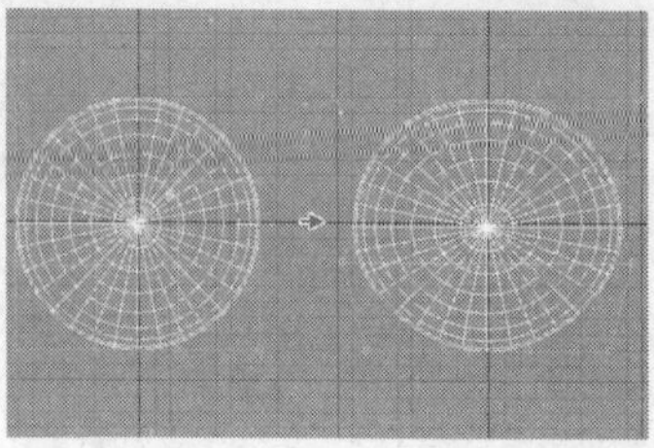

图5-181　调整点的位置

Step04 选择调整好的球体模型，添加（修改）面板中的Edit Poly（编辑多边形）命令并切换至Edge（边）模式，选择边并结合主工具栏中的（缩放）工具按钮调整出嘴部的形状，如图5-182所示。

Step05 激活Edit Poly（编辑多边形）命令，继续在Edge（边）模式中添加Edit Edges（编辑边）卷展栏下的Chamfer（切角）命令，使选择的一组边转换为双边模式，如图5-183所示。

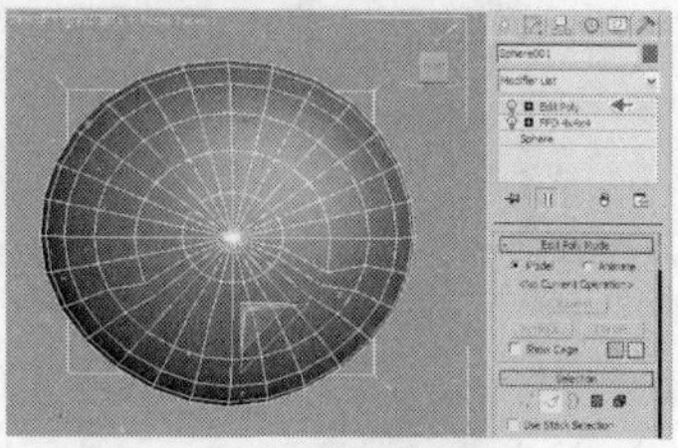

图5-182　调整嘴部形状

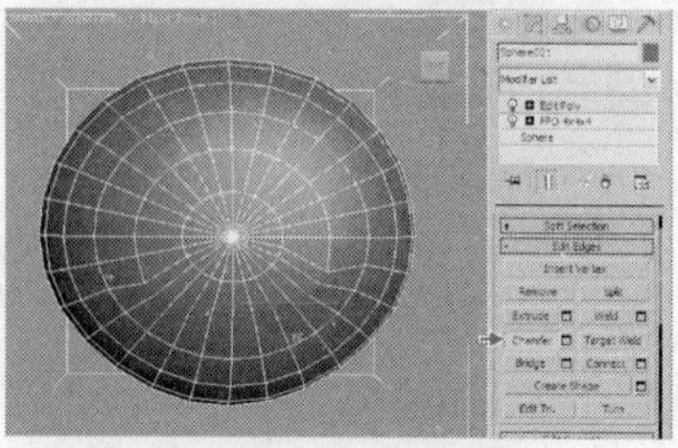

图5-183　添加切角命令

Step06 将模型切换至Polygon（多边形）模式，然后选择嘴部的面并添加Edit Polygon（编辑多边形）卷展栏下的Extrude（挤出）命令，将面向内侧凹陷挤压，如图5-184所示。

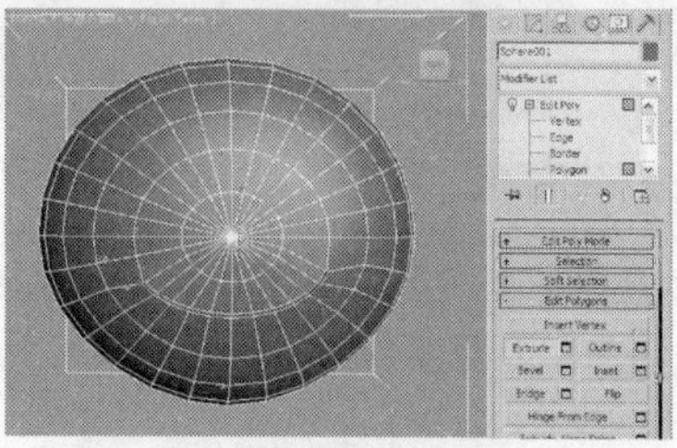

图5-184　添加挤出命令

Step07 选择多边形模型，在（修改）面板中为其添加Mesh Smooth（网格平滑）命令，使模型更加平滑，如图5-185所示。

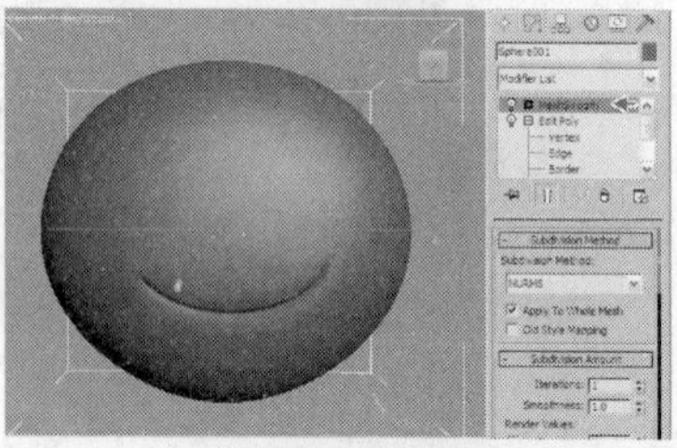

图5-185　添加网格平滑

Step08 将模型切换至Polygon（多边形）模式并选择眼睛部位的面，结合主工具栏中的（移动）工具按钮调整面的位置，然后再调整两腮部位面的位置，如图5-186所示。

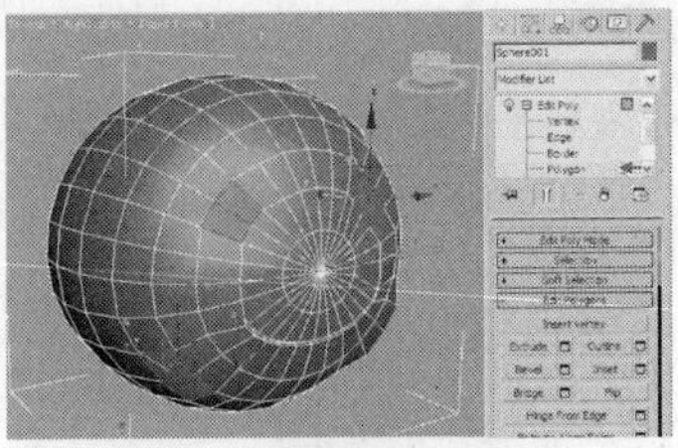

图5-186 调整面的位置

Step09 在（创建）面板的（几何体）中选择 Standard Primitives（标准几何体）面板下的 Sphere（球体）命令按钮，然后在 Front（前）视图中建立球体，再设置 Radius（半径）值为 25、Segments（段数）值为 20，如图 5-187 所示。

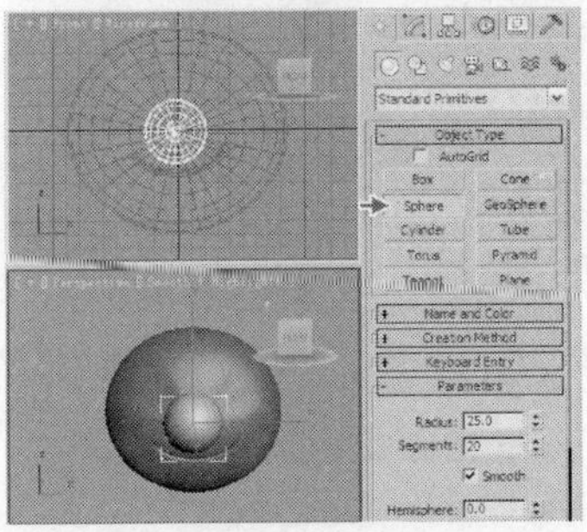

图5-187 建立鼻子模型

Step10 选择鼻子模型，然后在（修改）面板中为其添加 FFD 4×4×4（自由变形）命令，并切换至 Control Points（控制点）模式，然后在 Front（前）视图中调整模型的形状，如图 5-188 所示。

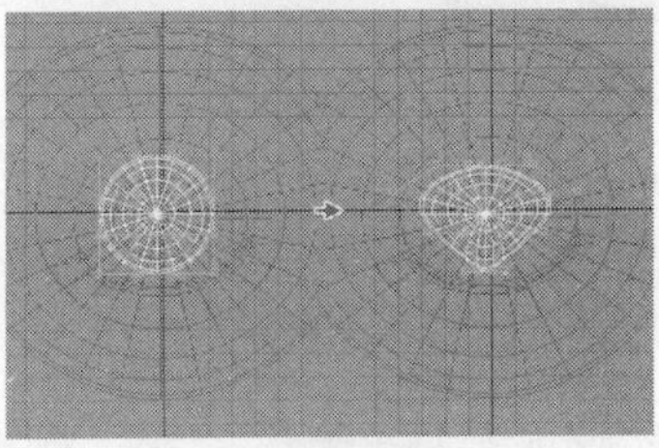

图5-188 添加自由变形

Step11 将视图切换至 Perspective（透）视图，然后在 Control Points（控制点）模式中调整模型的形状，如图 5-189 所示。

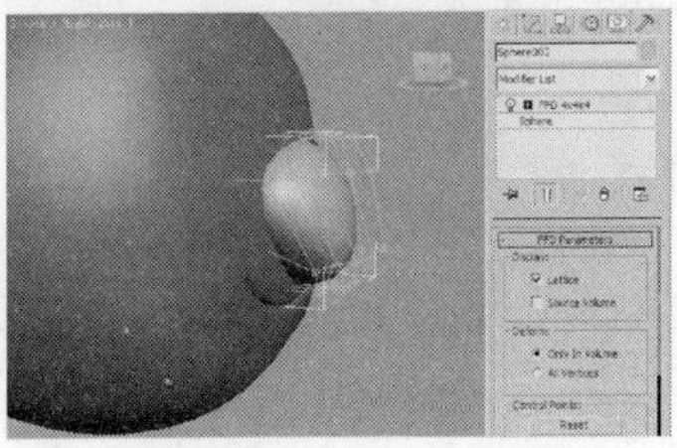

图5-189 调整模型形状

Step12 在 Perspective（透）视图中，结合主工具栏中的（移动）工具按钮，将鼻子模型调整到合适的位置，观看当前模型效果如图 5-190 所示。

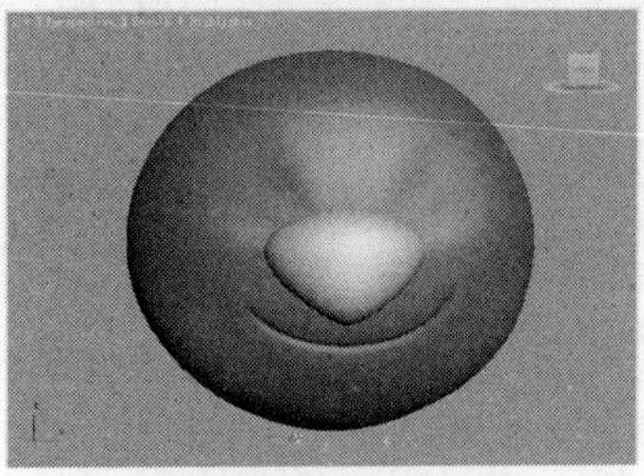

图5-190 模型效果

Step13 在（创建）面板的（几何体）中选择 Standard Primitives（标准几何体）面板下的 Sphere（球体）命令按钮，然后在 Front（前）视图中建立球体，设置 Radius（半径）值为 20、Segments（段数）值为 25，如图 5-191 所示。

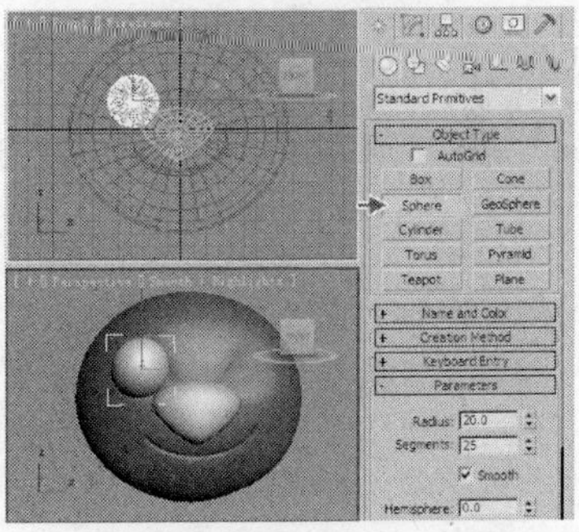

图5-191 建立眼珠模型

Step14 在 Perspective（透）视图中选择眼睛模型，然后结合“Shift+ 移动”组合键沿 y 轴对模型进行复制操作，如图 5-192 所示。

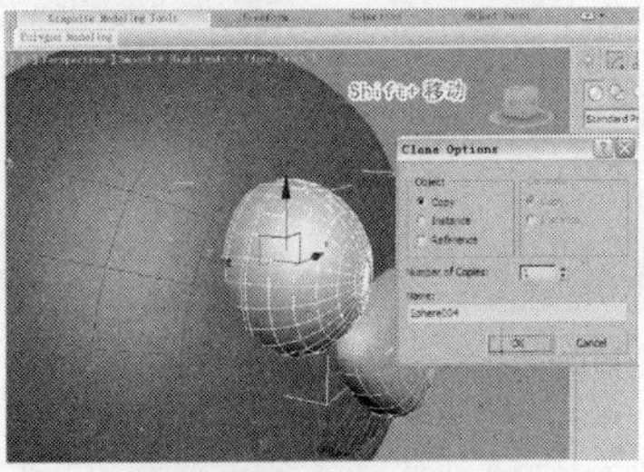

图5-192 复制眼珠模型

Step15 选择复制得到的眼珠模型，在（修改）面板中设置 Radius（半径）值为 20.5、Hemisphere（半球）值为 0.85，制作出眼仁的模型，如图 5-193 所示。

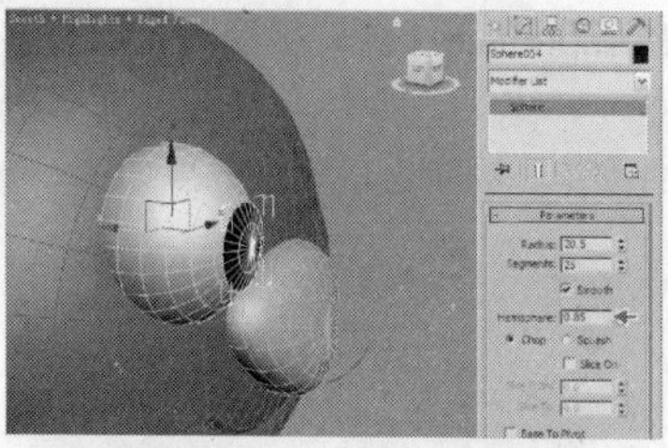

图5-193 设置半球参数

Step16 继续结合“Shift+移动”组合键沿 z 轴复制眼珠模型，然后在（修改）面板中，设置 Radius（半径）值为 21、Hemisphere（半球）值为 0.5，通过（旋转）工具制作出上眼皮的模型，如图 5-194 所示。

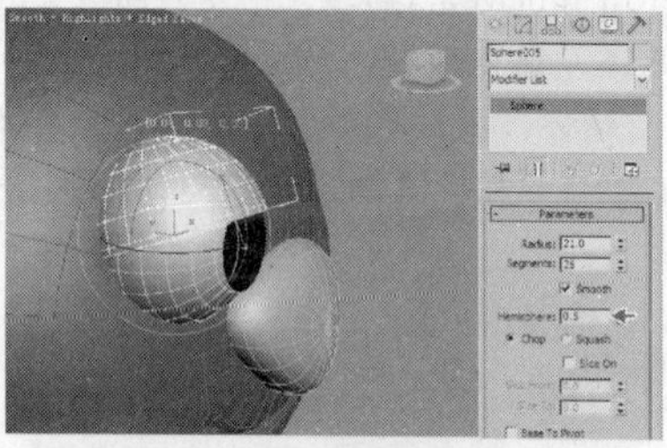

图5-194 上眼皮模型

Step17 选择制作好的上眼皮模型，单击主工具栏中的（镜像）工具并沿 z 轴进行镜像操作，制作出下眼皮模型，然后单击主工具栏中的（链接）工具按钮将其链接到眼球模型，使眼球作为父对象将直接影响子对象，如图 5-195 所示。

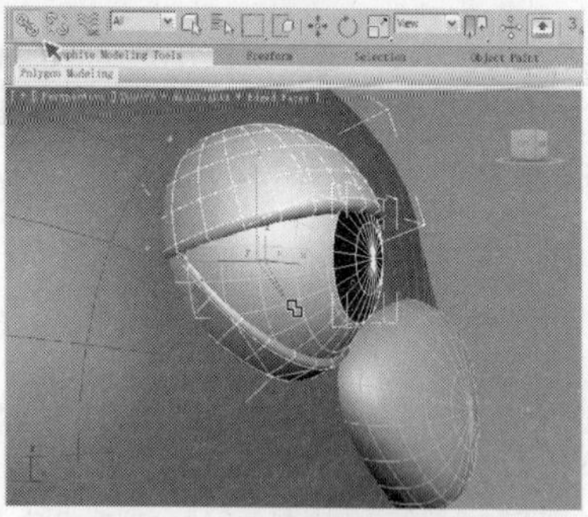

图5-195 链接眼睛模型

Step18 选择眼球模型，结合主工具栏中的（缩放）工具沿 x 轴对其进行缩放操作，使眼睛的侧面产生薄片效果，如图 5-196 所示。

Step19 选择眼睛模型，单击主工具栏中的（镜像）工具按钮并沿 x 轴对其进行镜像操作，制作出熊猫右侧的眼睛，如图 5-197 所示。

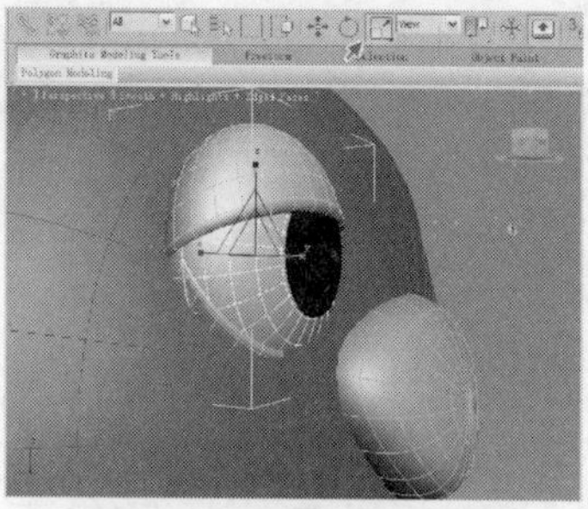

图5-196 调整模型形状

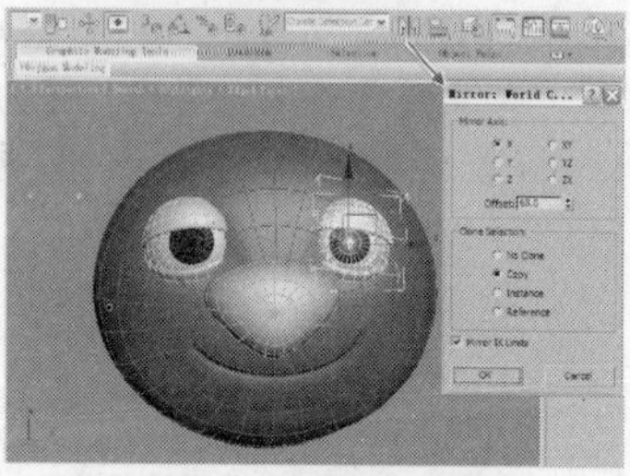

图5-197 镜像眼睛模型

Step20 在（创建）面板的（几何体）中选择 Standard Primitives（标准几何体）面板下的 Sphere（球体）命令按钮，在 Front（前）视图中建立球体，然后结合主工具栏中的（缩放）工具沿 y 轴进行缩放，制作出耳朵模型，如图 5-198 所示。

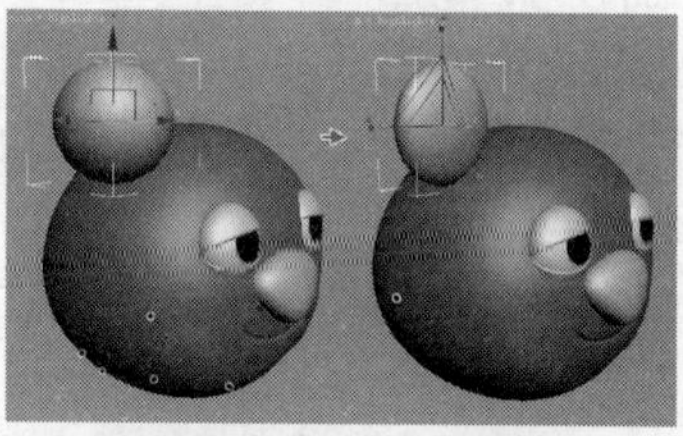

图5-198 制作耳朵模型

Step21 选择制作好的耳朵模型，在（修改）面板中为其添加 FFD 4×4×4（自由变形）命令，然后切换至 Control Points（控制点）模式，调整耳朵的形状，如图 5-199 所示。

图5-199 调节耳朵形状

Step22 选择制作好的耳朵模型，单击主工具栏中的（镜像）工具对模型进行对称复制操作，然后选择眼睛、耳朵和鼻子模型，单击主工具栏中的（链接）工具按钮将其链接到头部模型，如图 5-200 所示。

图5-200 链接头部模型

Step23 将视图切换至 Perspective（透）视图，观看当前的模型效果，如图 5-201 所示。

图5-201 模型效果

5.11.2 身体模型制作

Step01 在（创建）面板的（几何体）中选择 Standard Primitives（标准几何体）面板下的 Sphere（球体）命令按钮，在 Top（顶）视图中建立并设置 Radius（半径）值为 60、Segments（段数）值为 25，如图 5-202 所示。

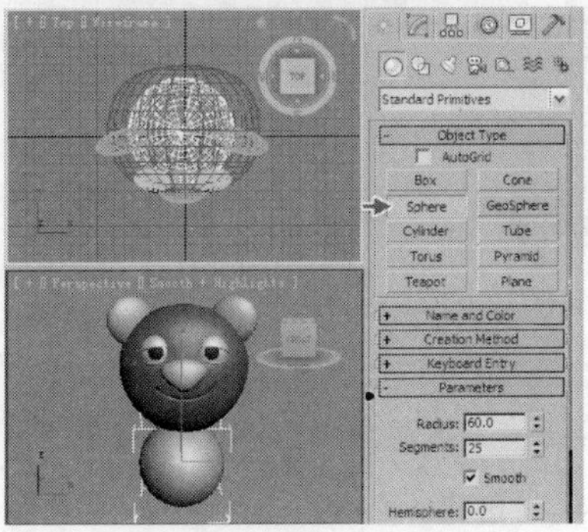

图5-202 建立身体模型

Step02 将视图切换至 Front（前）视图，然后选择身体模型，在（修改）面板中为其添加 FFD 4×4×4（自由变形）并切换至 Control Points（控制点）模式，调整身体模型的形状，如图 5-203 所示。

图5-203 调整模型形状

Step03 在（创建）面板的（几何体）中单击 Standard Primitives（标准几何体）面板下的 Sphere（球体）命令按钮，结合主工具栏中的（缩放）工具对球体进行缩放操作，制作出胳膊的模型，如图 5-204 所示。

图5-204 制作胳膊模型

Step04 选择胳膊模型，在（修改）面板中为其添加 FFD 4×4×4（自由变形）命令并切换至 Control Points（控制点）模式，调整胳膊模型的形状，如图 5-205 所示。

图5-205 添加自由变形命令

Step05 选择胳膊模型，在（修改）面板中为其添加 Bend（弯曲）命令，然后设置 Angle（角度）值为 -40，如图 5-206 所示。

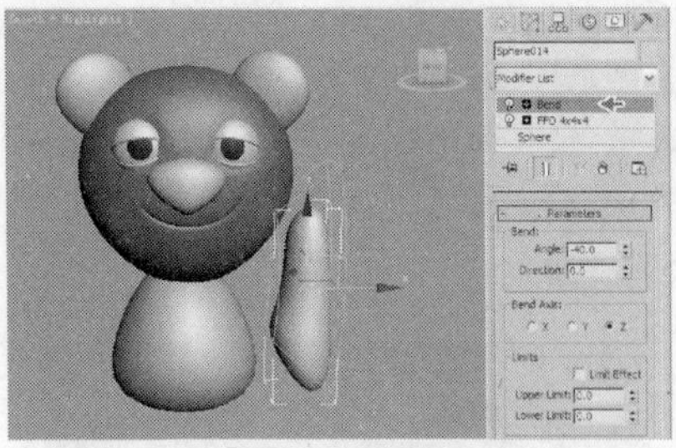

图5-206　添加弯曲命令

Step06 选择调整好的胳膊模型，使用主工具栏中的（移动）工具将其调整到合适的位置，如图5-207所示。

图5-207　调整模型位置

Step07 在（创建）面板的（几何体）中选择Extended Primitives（扩展几何体）下的OilTank（油罐）命令按钮，在Front（前）视图中建立油罐，然后设置Radius（半径）值为30、Height（高度）值为90、Cap Height（封口高度）值为15，作为熊猫腿的模型，如图5-208所示。

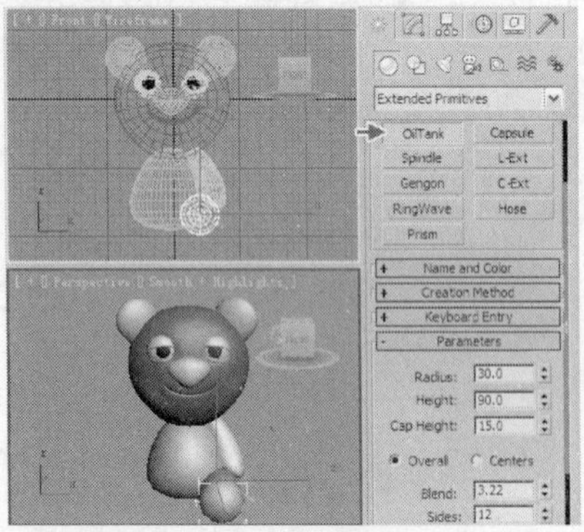

图5-208　制作腿部模型

Step08 选择腿部模型，在（修改）面板中为其添加Taper（锥化）命令，然后设置Amount（数量）为0.8，如图5-209所示。

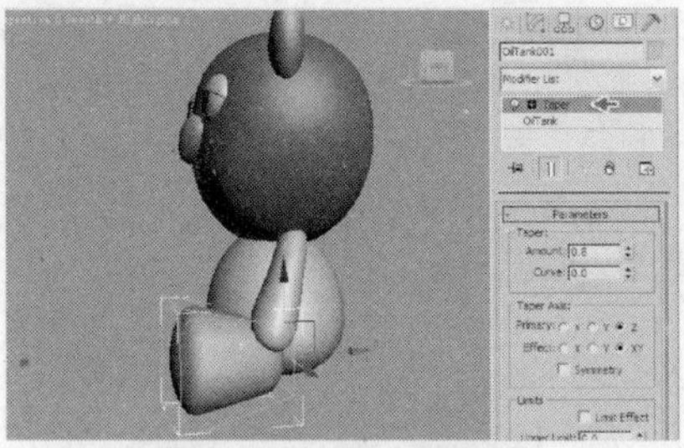

图5-209　添加锥化命令

Step09 在（创建）面板的（几何体）中选择Standard Primitives（标准几何体）面板下的Sphere（球体）命令按钮，制作出脚掌的模型，如图5-210所示。

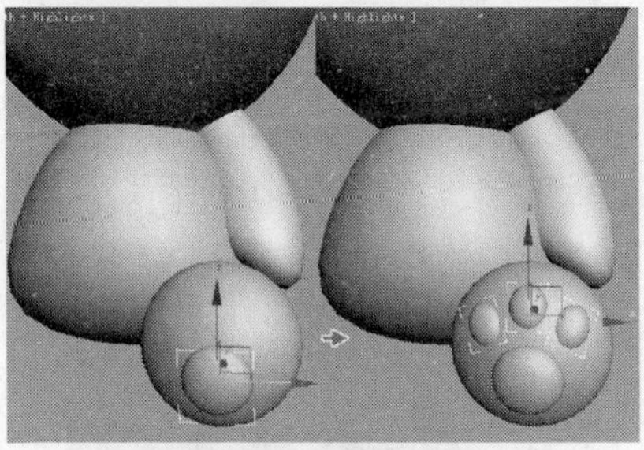

图5-210　制作脚掌模型

Step10 在Front（前）视图中选择熊猫的胳膊及腿部的模型，单击主工具栏中的（镜像）工具按钮，沿*x*轴对模型进行镜像操作，然后将视图切换至Perspective（透）视图，观看当前的模型效果，如图5-211所示。

图5-211　模型效果

5.11.3　竹子模型制作

Step01 在（创建）面板的（图形）中选择Splines（样条线）下的Line（线）命令按钮，然后在

Front（前）视图中绘制出竹子的半侧图形，如图 5-212 所示。

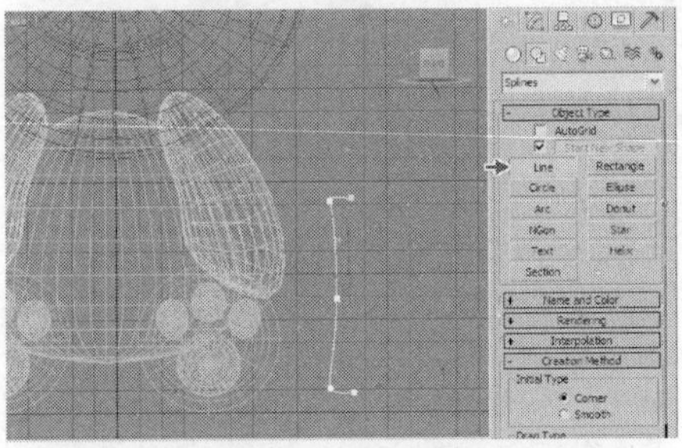

图5-212 绘制竹子图形

Step02 选择绘制好的竹子图形，在（修改）面板中为其添加 Lathe（车削）命令，旋转制作出竹子的体积感，如图 5-213 所示。

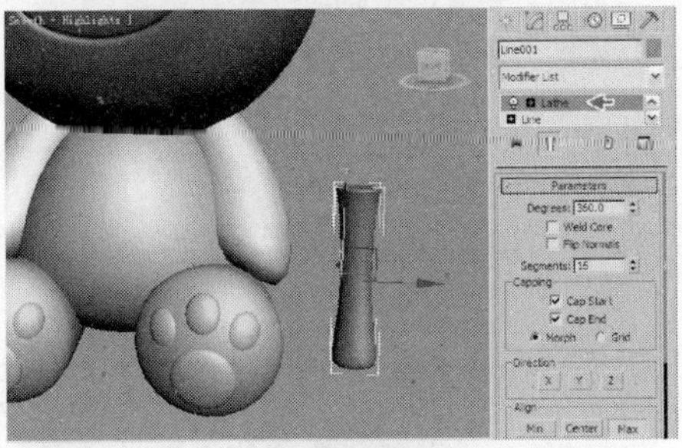

图5-213 添加车削命令

Step03 选择竹子模型并结合“Shift+ 移动”组合键对模型进行复制操作，设置拷贝数量为 6，如图 5-214 所示。

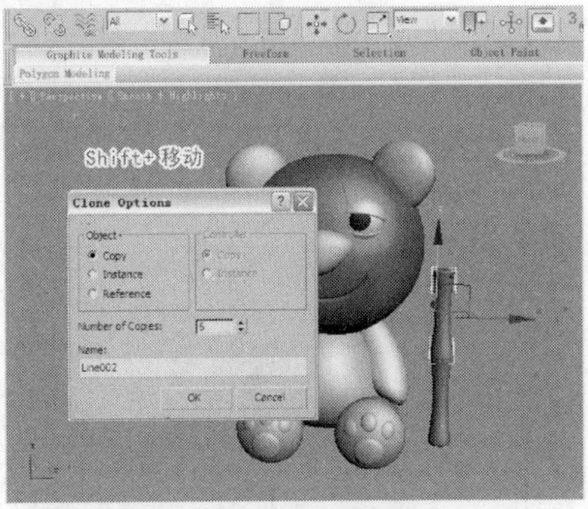

图5-214 复制竹子模型

Step04 选择所有竹子模型，在菜单栏中选择【Group（组）】→【Group（成组）】命令，设置组名称为“竹子”，然后单击 OK 按钮将模型成组，如图 5-215 所示。

图5-215 添加成组命令

Step05 选择竹子组件，在（修改）面板中为其添加 FFD 4×4×4（自由变形）命令，切换至 Control Points（控制点）模式，调节竹子组件的形状，如图 5-216 所示。

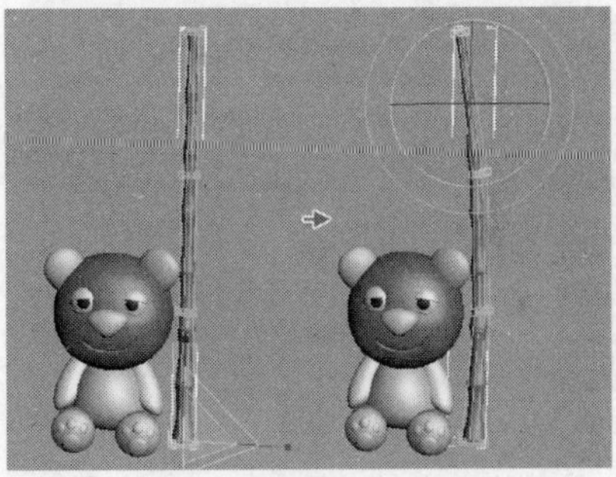

图5-216 调节竹子形状

Step06 选择调节好的竹子组件，结合“Shift+ 移动”组合键对组件进行复制操作，然后调整大小及高度，使模型效果更加自然，如图 5-217 所示。

图5-217 复制竹子组件

5.11.4 场景渲染设置

Step01 在主工具栏中单击（材质编辑器）按钮，为场景设置相应的材质，然后将材质赋予给模型，如图 5-218 所示。

图5-218　设置场景材质

Step02 将视图切换至 Perspective（透）视图，然后单击主工具栏中的（快速渲染）按钮，渲染效果如图 5-219 所示。

图5-219　渲染材质效果

Step03 在（创建）面板的（摄影机）中选择 Standard（标准）下的 Target（目标）命令按钮，在 Top（顶）视图中为场景建立目标摄影机，如图 5-220 所示。

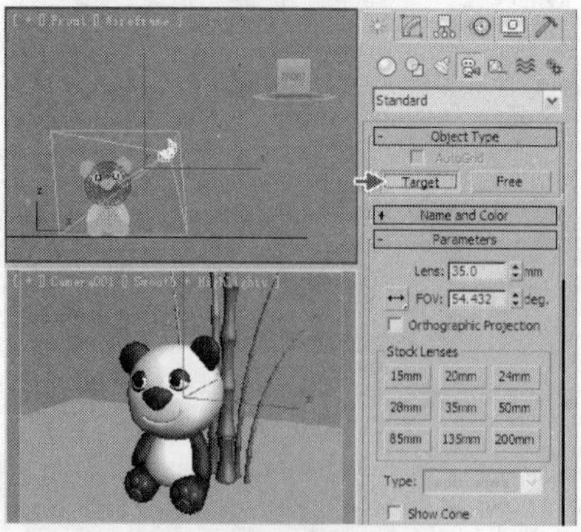

图5-220　建立摄影机

Step04 选择（创建）面板（灯光）中 Standard（标准灯光）面板下的 Target Spot（目标聚光灯）命令，为场景设置灯光照明，如图 5-221 所示。

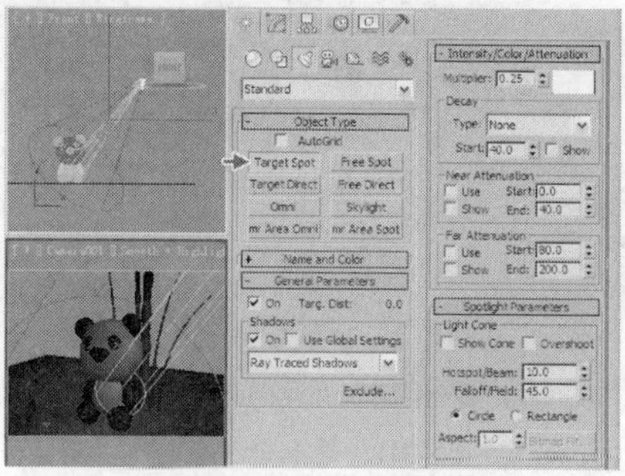

图5-221　建立场景灯光

Step05 在 Perspective（透）视图中的左上角提示文字处单击鼠标右键，在弹出的菜单中选择【Views（视图）】→【Camera01（摄影机）】命令，渲染效果如图 5-222 所示。

图5-222　渲染灯光效果

Step06 将视图切换至 Top（顶）视图，单击（创建）面板（灯光）中 Standard（标准灯光）面板下的 Skylight（天光）命令，为场景设置天光照明，如图 5-223 所示。

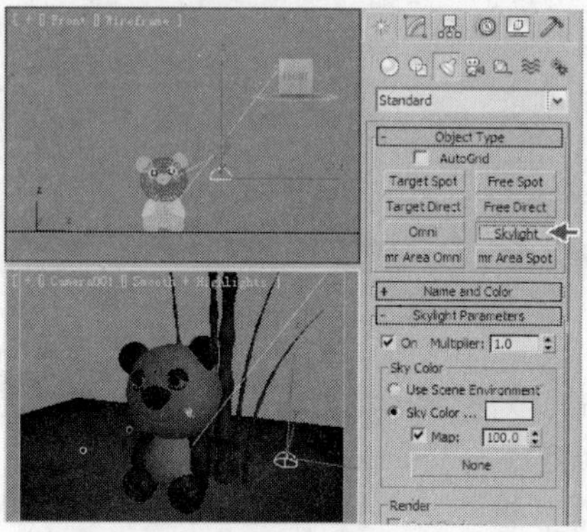

图5-223　建立天光

Step07 在菜单栏中选择【Rendering（渲染）】→【Light Tracer（光跟踪器）】命令，在 Advanced Lighting（高级照明）选项卡中设置 Rays/Sample（采样）值为 600、Subdivision Contrast（细分对比）值为 5，如图 5-224 所示。

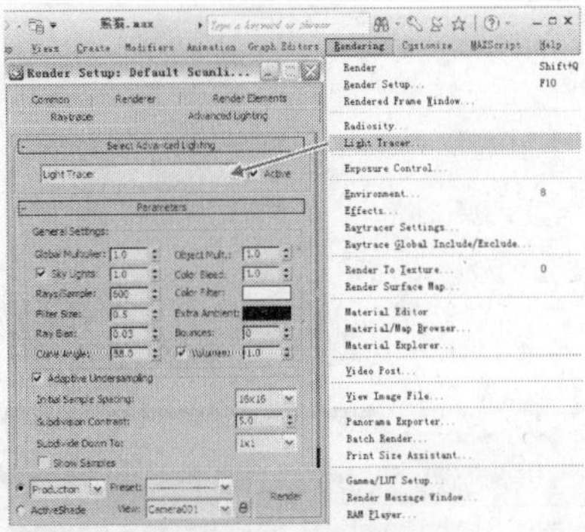

图5-224 添加光跟踪器

Step08 在主工具栏中单击（快速渲染）按钮，渲染最终效果如图 5-225 所示。

图5-225 渲染最终效果

5.12 本章小结

本章主要对修改命令进行了全面的讲解，其中对修改面板、修改命令堆栈、编辑堆栈、可编辑对象、子对象层级、修改多个对象和实例修改命令进行了叙述，又对常用修改命令进行了详细讲解，然后配合范例“单体休闲椅”、“树墩与木桶”、“木箱吉他”、“憨态熊猫”对修改命令进行了实际应用，方便读者深入学习并掌握。

第 6 章 编辑多边形建模

本章内容

- 编辑多边形
- 编辑网格
- 范例——旅行箱
- 范例——卡通熊

6.1 编辑多边形

编辑多边形修改命令提供了用于选定对象的不同子对象层级的显式编辑工具，主要包括顶点、边、边框、多边形和元素。编辑多边形修改命令包括基础可编辑多边形对象的大多数功能，但顶点颜色信息、细分曲面卷展栏、权重和折逢设置和细分置换卷展栏除外。可设置子对象变换和参数更改的动画，由于它是一个修改命令，所以可保留对象创建参数并在以后更改。可以在修改面板中添加编辑多边形修改命令，如图 6-1 所示。

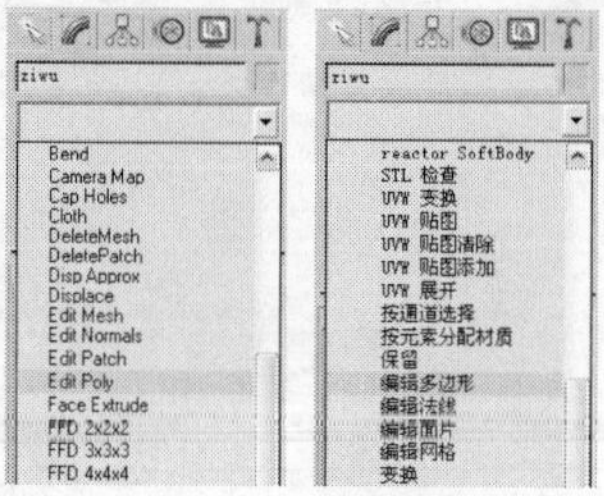

图6-1　编辑多边形

可以在编辑的对象上单击鼠标右键，在弹出的快捷菜单中选择【Convert To（转换为）】→【Convert To Editable Poly（转换为可编辑多边形）】命令，如图 6-2 所示。

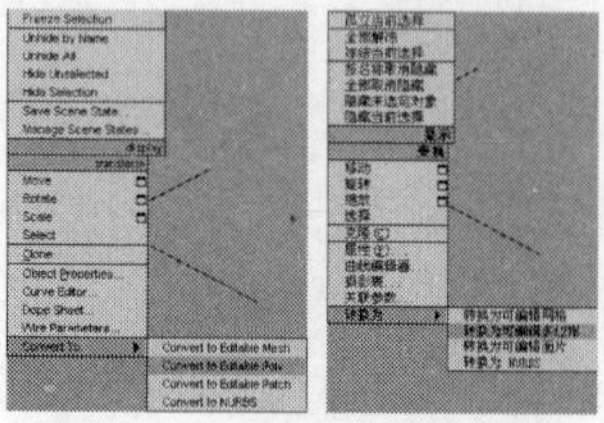

图6-2　转换为可编辑多边形

6.1.1 编辑多边形模式卷展栏

Edrt Poly Mode（编辑多边形模式）卷展栏可访问编辑多边形的两种操作模式，即用于建模和用于设置建模效果的动画。例如，可以为沿样条线挤出的多边形设置锥化和扭曲的动画。此时系统会分别记住每个对象的当前模式，同一模式在所有子对象层级都处于活动状态。另外使用该卷展栏，还可以访问当前操作的设置对话框，并提交或取消建模和动画更改，如图 6-3 所示。

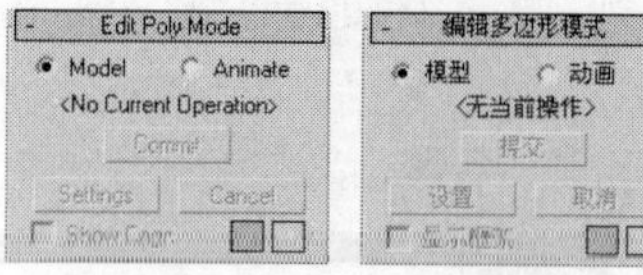

图6-3　编辑多边形模式

编辑多边形（对象）功能在没有子对象层级处于激活状态时是可用的。另外，该项功能在所有的子对象层级都是可用的，并且在每一个模式中都起相同的作用，特殊情况下面会有提示。

6.1.2 选择卷展栏

Selection（选择）卷展栏提供了各种工具，用于访问不同的子对象层级和显示设置，以及创建和修改选定的内容，还显示了与选定实体有关的信息，如图 6-4 所示。

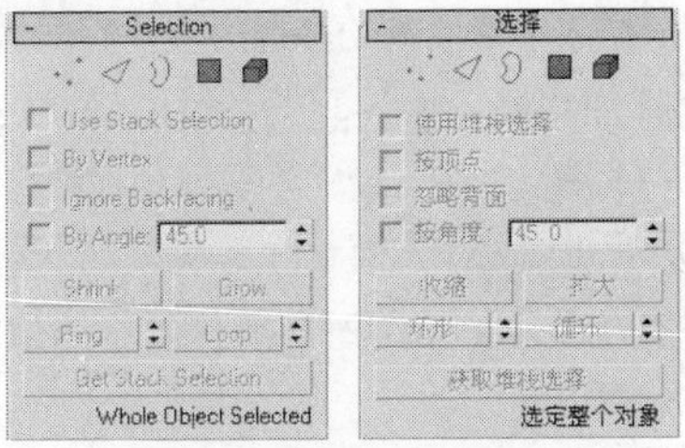

图6-4 选择参数卷展栏

● 顶点：单击该按钮，可启用顶点子对象层级，选择区域时可以选择该区域内的顶点。

● 边：单击该按钮，可启用边子对象层级，选择区域时可以选择该区域内的边。

● 边界：单击该按钮，可启用边界子对象层级。使用该层级，可以选择为网格中的孔洞设置边界的边序列。边界始终由面只位于其中一边的边组成，且始终是闭合的。

● 多边形：单击该按钮，可启用多边形子对象层级，区域选择会选择该区域中的多个多边形。

● 元素：单击该按钮，可启用元素子对象层级，从中选择对象中的所有连续多边形，区域选择用于选择多个元素。

● 使用堆栈选择：启用时，编辑多边形自动使用在堆栈中向上传递的任何现有子对象选择，并禁止手动更改选择。

● 按顶点：启用时，只有通过选择所用的顶点才能选择子对象。单击某一顶点时，将选择与该顶点相连的所有子对象。

● 忽略背面：启用后，选择子对象将只影响朝向正面的那些对象。

● 按角度：启用并选择某个多边形时，系统会根据复选框右侧的角度设置选择邻近的多边形。该值可以确定要选择的邻近多边形之间的最大角度。

● 收缩：通过取消选择最外部的子对象来缩小子对象的选择区域。如果无法再减小选择区域的大小，将会取消选择的子对象。

● 扩大：向所有可用方向外侧扩展选择区域。对于此功能，边界被认为是边选择。使用收缩和扩大，可从当前选择的子对象中添加或移除相邻元素。该选项适用于任何子对象层级。

● 环形：通过选择与选定边平行的所有边来扩展边选择。环形仅适用于边子对象层级。选择环形时，可以向选定内容中添加与以前选定的边并行的所有边，如图6-5所示。

● 循环：尽可能扩大选择区域，使其与选定的边对齐。循环仅适用于边子对象层级，且只能通过四路交点进行传播，如图6-6所示。

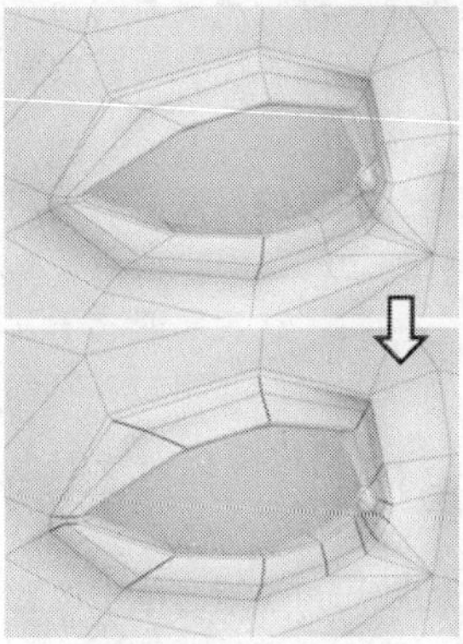

图6-5 环形

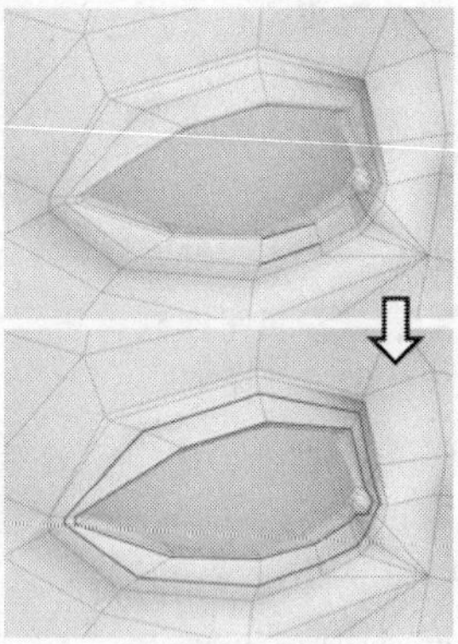

图6-6 循环

● 获取堆栈选择：使用在堆栈中向上传递的子对象选择替换当前选择。

6.1.3 软选择卷展栏

通过在Soft Selection（软选择）卷展栏中进行参数设置，可以在选定子对象和未选择的子对象之间应用平滑衰减。在启用Use Soft Selection（使用软选择）时，会与选择对象相邻的未选择子对象指定部分选择值。这些值可以按照顶点颜色渐变方式显示在视图中，也可以选择按照面的颜色渐变方式进行显示。它为类似磁体的效果提供了选择的影响范围，这种效果随着距离或部分选择的强度而衰减，如图6-7所示。

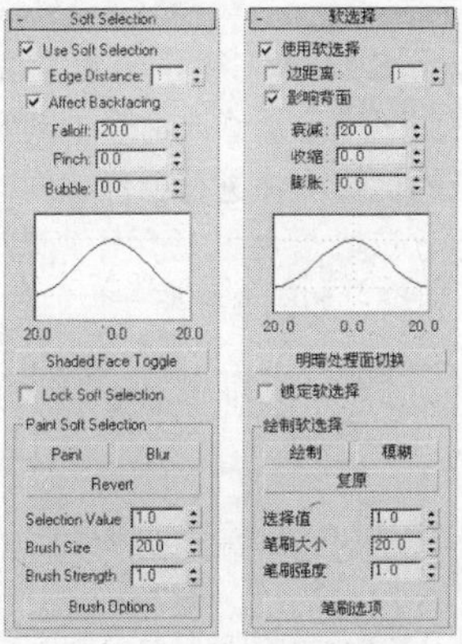

图6-7 软选择参数卷展栏

● 使用软选择：启动该选项后，将会在可编辑对象或编辑修改命令内影响移动、旋转和缩放等操作，如果变形修改命令在子对象选择上进行操作，那么也会影响到对象上变形修改命令的操作。

● 边距离：启用该选项后，将软选择限制到指定的面数，该选择在进行选择的区域和软选择的最大范围之间。

● 影响背面：启用该选项后，那些法线方向与选定子对象平均法线方向相反的、未被选择的面就会受到软选择的影响。

● 衰减：用以定义影响选择区域的距离，它是用当前单位表示的从中心到球体的边的距离。使用较高的衰减设置可以获得更平缓的倾斜，这主要取决于几何体的整体比例。

● 收缩：用以沿着垂直轴升高或降低曲线的最高点。

● 膨胀：用以沿着垂直轴展开和收缩曲线，设置区域的相对饱满。

● 软选择曲线：以图形的方式显示“软选择”将是如何进行工作的。

● 明暗处理面切换：用于显示颜色渐变，它与软选择范围内面上的软选择权重相对应。该选项只有在编辑面片和多边形对象时才可用。

● 锁定软选择：锁定软选择，以防止对程序的选择进行更改。

● 绘制软选择：可以通过在选择上拖动鼠标来明确地指定软选择。绘制软选择功能在子对象层级上可以为可编辑多边形对象所用，也可以为应用了编辑多边形或多边形选择修改命令的对象所用。

6.1.4 细分曲面卷展栏

Subdivision Suface（细分曲面）卷展栏可以将细分应用于使用网格平滑修改命令的对象，以便可以对分辨率较低的框架网格进行操作，同时查看更为平滑的细分结果。该卷展栏既适用于所有子对象层级，也适用于对象层级，如图 6-8 所示。

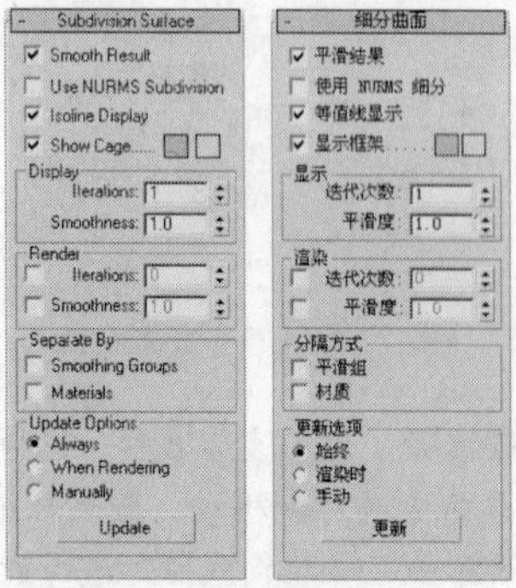

图6-8 细分曲面

● 平滑结果：对所有的多边形应用相同的平滑组。

● 使用 NURMS 细分：通过 NURMS 方法将对象进行平滑，NURMS 在可编辑多边形和网格平滑中的区别在于，后者可以使用户有权控制顶点，而前者不能。

● 等值线显示：启用时系统只显示等值线，平滑前对象的原始边。

● 显示框架：显示线框的颜色。

● 显示：将不同数目的平滑迭代次数或不同的平滑度值显示于视图。

● 渲染：将不同数目的平滑迭代次数或不同的平滑度值应用于对象。

● 分隔方式：用于防止在面之间的边缘处创建新的多边形，防止为不共享材质 ID 面之间的边创建新多边形。

● 更新选项：如果平滑对象的复杂度对于自动更新太高，请设置手动或渲染时更新选项，还可以选择渲染组下方的迭代次数，以便设置较高的平滑度，使其只在渲染时应用。

6.1.5 细分置换卷展栏

细分置换卷展栏可以指定曲面近似设置，用于细分可编辑的多边形。这些控制的工作方式与 NURBS 曲面的近似设置相同。对可编辑多边形应用位移贴图时，可以使用这些控制，如图 6-9 所示。

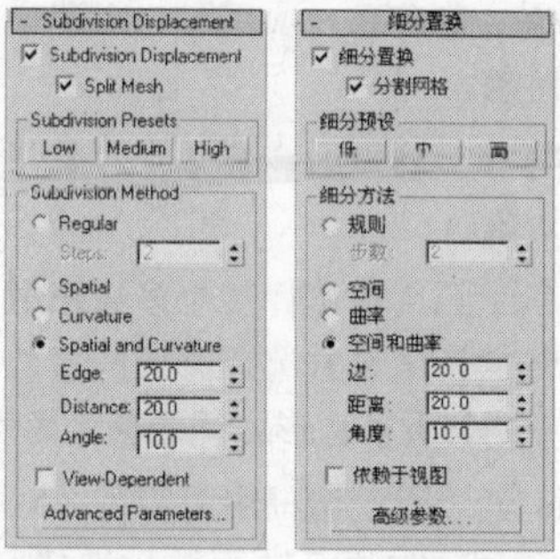

图6-9 细分置换的参数卷展栏

● 细分置换：启用时，可以使用在细分预设和细分方法设置区中指定的方法和设置，将相关的多边形精确地细分为多边形对象。

● 分割网格：影响位移多边形对象的接合口，也会影响纹理贴图。启用时，会将多边形对象分割为各个多边形，然后使其发生位移，这有助于保留纹理贴图；禁用时，会对多边形进行分割，还会使用内部方法分配纹理贴图。

● 细分预设：用于设置细分置换的 3 种级别。

● 细分方法：可以指定启用细分置换时程序对位移贴图的应用方式，与用于 NURBS 曲面的近似控制相同。

6.1.6 编辑几何体卷展栏

当子对象层级未处于活动状态时，可以使用可编辑多边形的对象功能。另外，这些功能适用于所有的子对象层级，且在每种模式下的用法相同，Edit Geometry（编辑几何体）卷展栏如图 6-10 所示。

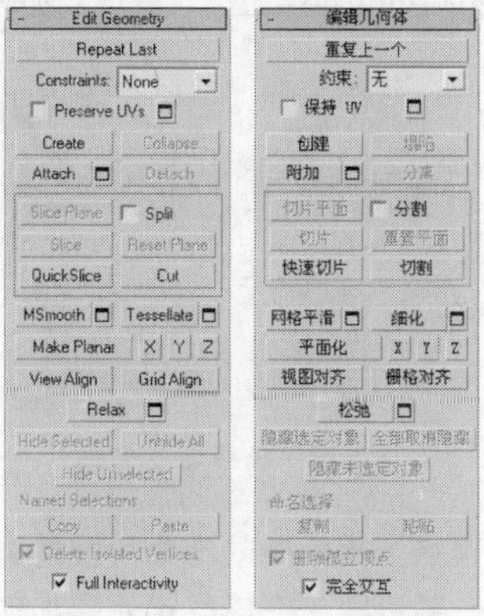

图6-10 编辑几何体卷展栏

● 重复上一个：重复最近使用的命令。

● 约束：可以使用现有的几何体约束子对象的变换。

● 保持 UV：启用时，可以对边界进行编辑，而不会影响对象的 UV 贴图。

● 创建：用于从孤立顶点和边界顶点创建多边形。

● 塌陷：通过将其顶点与选择中心的顶点焊接，使选定边界产生塌陷。

● 附加：用于将场景中的其他对象附加到选定的可编辑多边形中。可以附加任何类型的对象，包括样条线、面片对象和 NURBS 曲面。

● 分离：从编辑多边形对象分离选定边框和附着的所有多边形，创建单独对象或元素。

● 切片平面：为切片平面创建 Gizmo，可以通过定位和旋转它来指定切片位置。

● 分割：启用时，通过迅速切片和切割操作可以在划分边的位置处的点创建两个顶点集。这样便可轻松地删除要创建孔洞的新多边形，还可以将新多边形作为单独的元素进行设置动画。

● 切片：在切片平面位置处执行切片操作。

● 快速切片：可以将所选对象快速切片，而不操纵 Gizmo，如图 6-11 所示。

● 切割：用于创建一个多边形到另一个多边形的边，或在多边形内创建边，如图 6-12 所示。

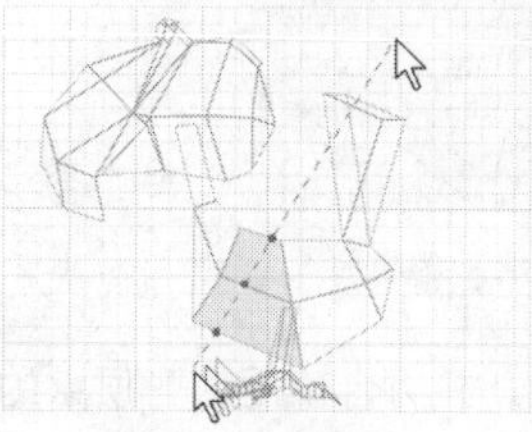

图6-11 快速切片

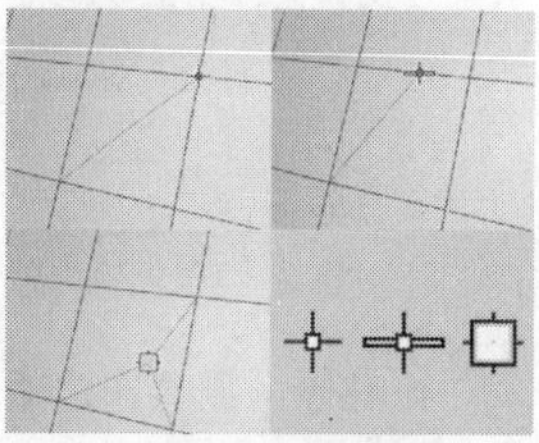

图6-12 切割

● 网格平滑：使用当前设置平滑对象。此命令具有细分功能，它与网格平滑修改命令中的 NURMS 细分类似，但是与 NURMS 细分不同的是，它立即将平滑应用到控制网格的选定区域上。

● 细化：根据细化设置细分对象中的所有多边形。

● 平面化：强制对象中的所有顶点共面。

● X/Y/Z：平面化对象中的所有顶点，并使该平面与对象局部坐标系中的相应平面对齐。

● 视图对齐：使对象中的所有顶点与活动视图所在的平面对齐。

● 栅格对齐：使选定对象中的所有顶点与活动视图所在的平面对齐。如果子对象模式处于活动状态，则该功能只适用于选定的子对象。该功能可以使选定的顶点与当前的构建平面对齐。

● 松弛：使用对话框中的设置可以将松弛功能应用于当前的选定内容。松弛可以规格化网格空间，方法是朝向邻近对象的平均位置移动每个顶点，其工作方式与松弛修改命令相同。

● 隐藏选定对象：隐藏任何选定的顶点，隐藏的顶点不能用于选择或转换。

● 全部取消隐藏：将所有隐藏的顶点恢复为可见。

● 隐藏未选定对象：隐藏未选定的任意顶点。

● 命名选择：用于复制和粘贴对象之间的子对象的命名选择集。

● 完全交互：切换快速切片和切割工具的反馈层级以及所有的设置对话框。

6.1.7 编辑顶点卷展栏

顶点是空间中的点，定义组成多边形的其他子对象的结构。当移动或编辑顶点时，它们形成的几何体也会受到影响。顶点也可以独立存在，这些孤立顶点可以用来构建其他几何体。Edit Vertices（编辑顶点）卷展栏如图 6-13 所示。

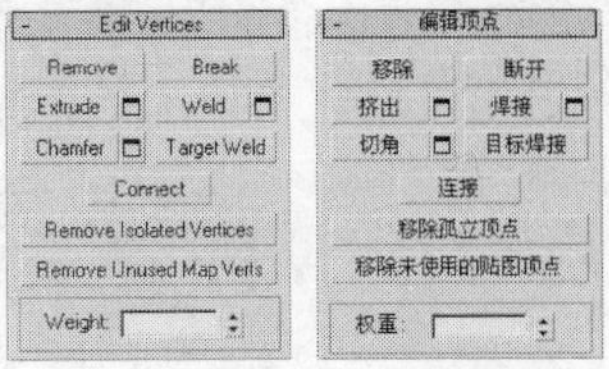

图6-13　编辑顶点卷展栏

● 移除：删除选定顶点，并组合使用这些顶点的多边形，如图 6-14 所示。

● 断开：在与选定顶点相连的每个多边形上都创建一个新顶点。

● 挤出：可以手动挤出顶点，方法是在视图中直接操作。单击此按钮，然后将选择的顶点进行垂直拖动，就可以挤出顶点，如图 6-15 所示。

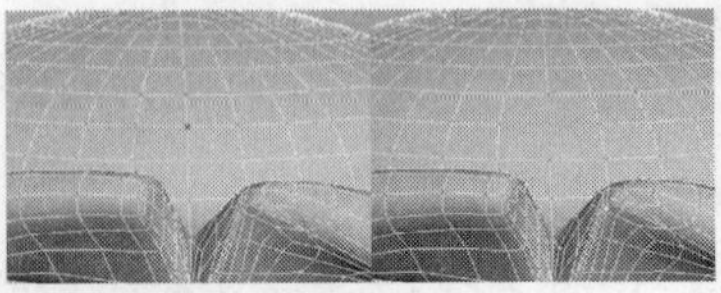

图6-14　移除

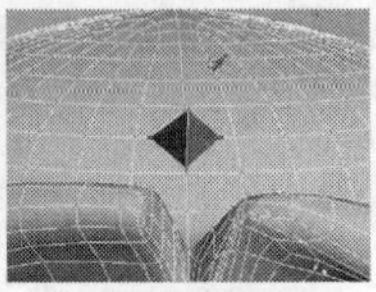

图6-15　挤出

● 焊接：在焊接对话框中将指定公差范围之内连续的选中顶点进行合并，所有边都会与产生的单个顶点连接，如图 6-16 所示。

● 切角：单击此按钮，然后在所选对象中拖动顶点，即可完成 1 变 *N* 的切角操作，如图 6-17 所示。

图6-16　焊接

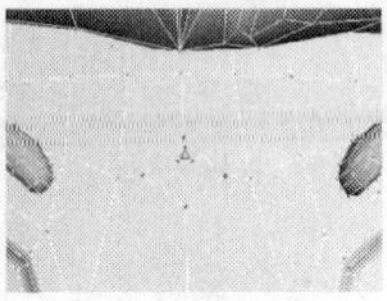

图6-17　切角

● 目标焊接：可以选择一个顶点作为目标顶点，然后单击该按钮，将其他顶点焊接到目标顶点上。

● 连接：在选中的顶点对之间创建新的边。连接不会让新的边交叉，如图 6-18 所示。

图6-18　连接

● 移除孤立顶点：将不属于任何多边形的所有顶点删除。

● 移除未使用的贴图顶点：某些建模操作会留下未使用的（孤立）贴图顶点，它们会显示在展开 UVW 编辑器中，但是不能用于贴图。

● 权重：设置选定顶点的权重，供 NURMS 细分选项和网格平滑修改命令使用。

6.1.8　编辑边卷展栏

编辑边是连接两个顶点的直线，它可以形成多边形的边。边不能由两个以上多边形共享。另外，两个多边形的法线应相邻，如果不相邻，应卷起共享顶点的两条边。Edit Edges（编辑边）卷展栏如图 6-19 所示。

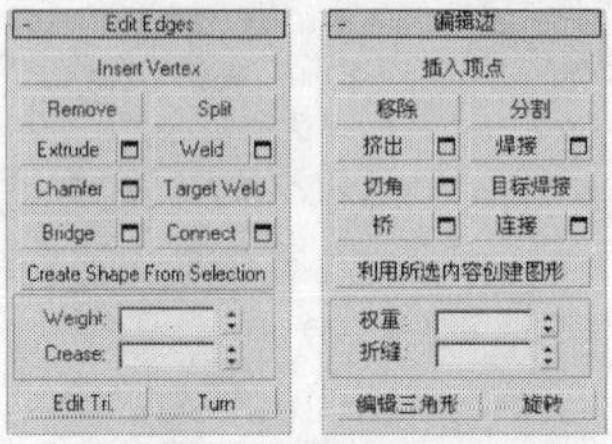

图6-19　编辑边卷展栏

● 插入顶点：用于手动细分可视的边。启用插入顶点后，单击某边即可在该位置处添加顶点。只要命令处于活动状态，就可以连续细分多边形。

● 移除：删除选定边并组合使用这些边的多边形。

● 分割：沿着选定边分割网格。当对网格中心的单条边应用时，不会起任何作用。只有影响边末端的顶点是单独时，才能使用该选项。

● 挤出：直接在视图中操纵时，可以手动挤出边。单击此按钮，然后垂直拖动任何边，即可完成挤出操作。另外，也可以通过在挤出边对话框中设置参数来完成挤出操作，如图 6-20 所示。

● 切角：单击该按钮，然后拖动选择对象中的边，即可完成 1 变 2 的切角操作，如图 6-21 所示。

图6-20　挤出

图6-21　切角

● 焊接：用于组合选定的两条边。另外，还可通过在焊接边对话框中设置焊接阈值来完成焊接操作。该选项只能焊接仅附着一个多边形的边，也就是边界上的边。

● 目标焊接：用于选择边并将其焊接到目标边。

● 桥：将选择的两组边自动生成连接。

● 连接：在选定边对之间创建新边，只能连接同一多边形上的边，连接不会让新的边交叉。连接设置用于预览连接，并指定执行该操作时创建的边分段数。要增加连接选定边的边数，增加连接边分段设置。

● 利用所选内容创建图形：选择一个或多个边后，单击该按钮，以便通过选定的边创建样条线形状。此时，将会显示创建图形对话框，在其中可为曲线命名，并将图形设置为平滑或线性。

● 权重：设置选定边的权重。增加边的权重时，可能会远离平滑结果。

● 折缝：指定对选定边执行的折缝操作量。如果设置值不高，该边相对平滑。如果设置值较高，折缝会逐渐可视。如果设置为最高值 1，则很难对边执行折缝操作。

● 编辑三角形：用于修改绘制内边或对角线时多边形细分为三角形的方式，如图 6-22 所示。

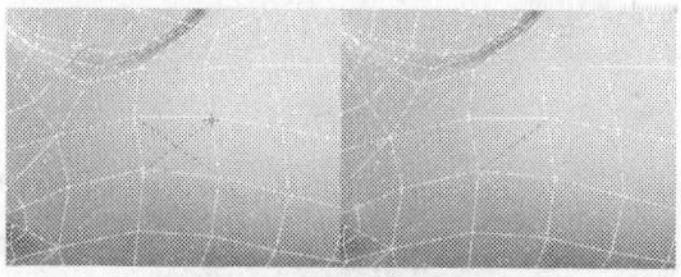

图6-22　编辑三角形

● 旋转：用于通过单击对角线修改多边形细分为三角形的方式，也就是转变操作。

6.1.9　编辑边界卷展栏

边界是网格的线性部分，通常可以描述为孔洞的边缘。它通常是多边形仅位于一面时的边序列，如果创建圆柱体，然后删除末端多边形，相邻的一行边会形成边界。在可编辑多边形的边界子对象层级，可以选择一个和多个边界，然后使用标准方法对其进行变换。Edit Borders（编辑边界）卷展栏如图 6-23 所示。

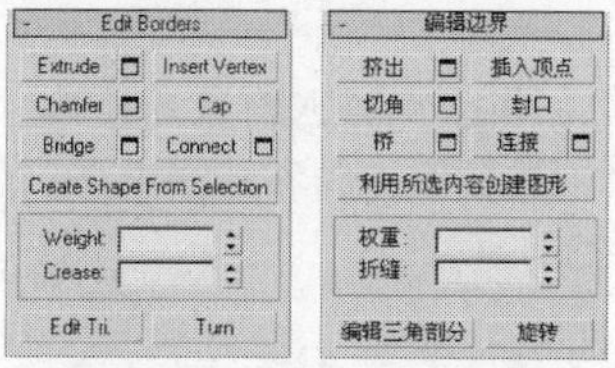

图6-23　编辑边界卷展栏

● 插入顶点：用于手动细分边界边。启用插入顶点后，单击边界边即可在该位置处添加顶点。只要命令处于活动状态，就可以连续细分边界边。

● 封口：使用单个多边形封住整个边界环。选择该边界，然后单击封口按钮，如图 6-24 所示。

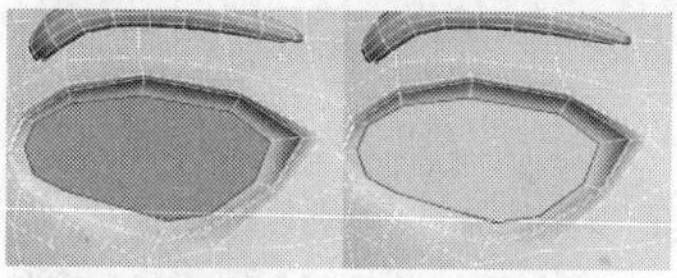

图6-24　封口

● 挤出：可直接在视图中对边界进行手动挤出处理。单击此按钮，然后垂直拖动任何边界，即可完成挤出操作。当挤出边界时，该边界将会沿着法线方向移动，然后创建形成挤出面的新多边形，从而将该边界与对象相连。挤出时，可以形成不同数目的其他面，具体情况视该边界附近的几何体而定。

● 切角：单击该按钮，然后拖动活动对象中的边界即可完成切角操作。

● 桥：用于连接对象的两个边界。用户也可以单击其右侧的设置按钮，通过弹出桥对话框中的参数设置来交互操纵连接选定的边界，如图 6-25 所示。

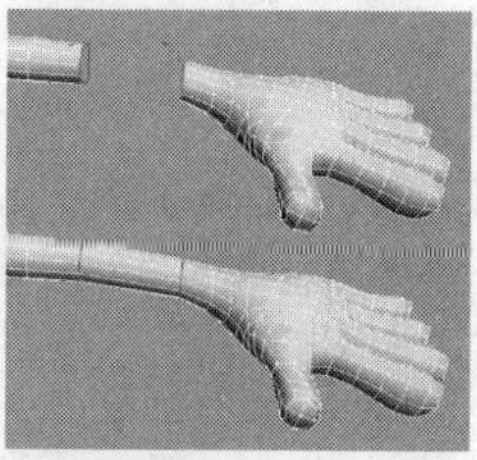

图6-25　桥

● 连接：在选定边界边对之间创建新边。这些边可以通过其中点相连，只能连接同一多边形上的边，不会让新的边交叉。

6.1.10　编辑多边形/元素卷展栏

多边形 / 元素是通过曲面连接的三条或多条边的封闭序列，其中提供了可渲染的可编辑多边形 / 元素对象曲面，Edit Polygons（编辑多边形）卷展栏如图 6-26 所示。

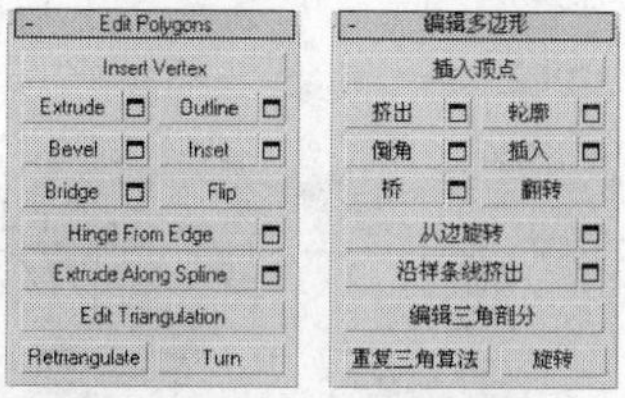

图6-26　编辑多边形卷展栏

● 挤出：直接在视图中操纵时，可以执行手动挤出操作。单击此按钮，然后垂直拖动任何多边形，便可将其挤出。挤出多边形时，这些多边形将会沿着法线方向移动，然后创建形成挤出边的新多边形，从而将选择与对象相连，如图 6-27 所示。

图6-27 挤出

● 轮廓：用于增加或减小每组连续的选定多边形的外边。单击其右侧的设置按钮，打开多边形轮廓对话框，在其中可以根据轮廓量数值的设置执行轮廓操作。

● 倒角：通过直接在视图中操纵执行手动倒角操作。单击此按钮，然后垂直拖动任何多边形，以便将其挤出；释放鼠标，然后垂直移动鼠标光标，以便设置挤出轮廓，如图 6-28 所示。

图6-28 倒角

● 插入：执行没有高度的倒角操作，即在选定多边形的平面内执行该操作。单击此按钮，然后垂直拖动任何多边形，以便将其插入，如图 6-29 所示。

图6-29 插入

● 翻转：用于反转选定多边形的法线方向。

● 从边旋转：通过在视图中直接操纵执行手动旋转操作。选择多边形，并单击该按钮，然后沿着垂直方向拖动任何边，可旋转选定多边形。如果光标放在某条边上，将会更改为十字形状。用户可通过从边旋转多边形对话框中的参数设置来交互式操纵旋转选定的多边形。

● 沿样条线挤出：沿样条线挤出当前的选定内容，如图 6-30 所示。

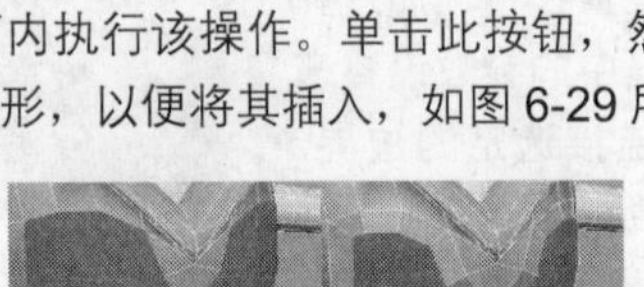

图6-30 沿样条线挤出

6.1.11 多边形属性卷展栏

Polygon Properities（多边形属性）卷展栏主要控制可以使用材质 ID、平滑组和顶点颜色，如图 6-31 所示。

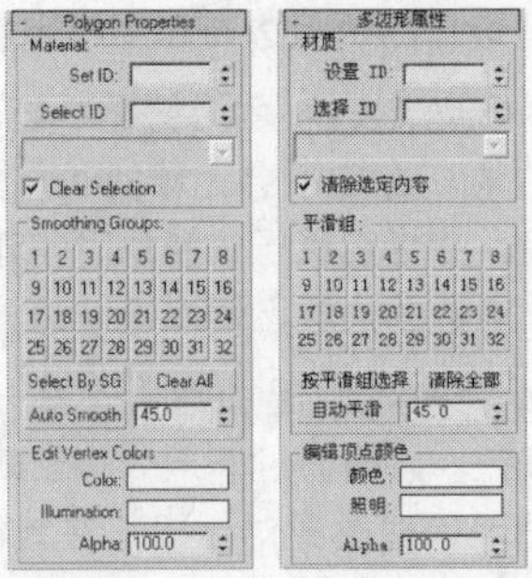

图6-31 多边形属性卷展栏

● 设置 ID：用于向选定的子对象分配特殊的材质 ID 编号，以供多维 / 子对象材质和其他应用。使用该微调器或通过键盘输入编号，可用的 ID 总数是 65535。

● 选择 ID：选择与相邻 ID 字段中指定的材质 ID 对应的子对象，键入或使用微调器指定 ID，然后单击选择 ID 按钮即可。

● 按名称选择：如果已为对象指定多维 / 子对象材质，该下拉列表中会显示子材质的名称。

● 清除选定内容：启用时，选择新 ID 或材质名称会取消选择以前选定的所有子对象。

● 平滑组：可以向不同的平滑组分配选定的多边形，还可以按照平滑组选择多边形。

6.1.12 绘制变形卷展栏

利用绘制变形卷展栏中的设置，用户可以推、拉或者在对象曲面上拖动光标来影响顶点，在对象层级上，该操作可以影响选定对象中的所有顶点。若在子对象层级上，它仅会影响选定顶点以及识别软选择。利用绘制变形卷展栏，可以将凸起和缩进的区域直接置入对象曲面，如图 6-32 所示。

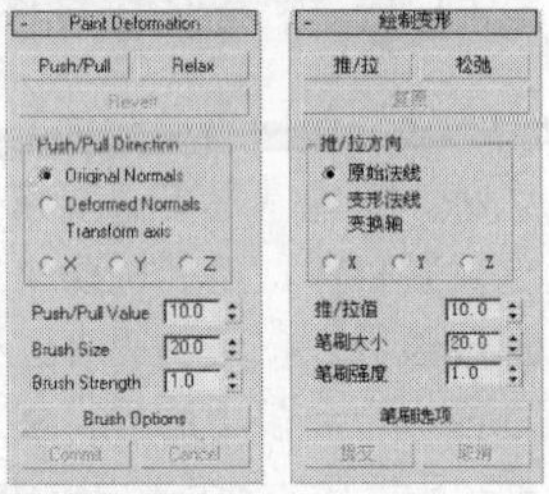

图6-32 绘制变形卷展栏

● 推 / 拉：将顶点移入对象曲面内（推）或移出曲面外（拉），推拉的方向和范围由推 / 拉值设置所确定，如图 6-33 所示。

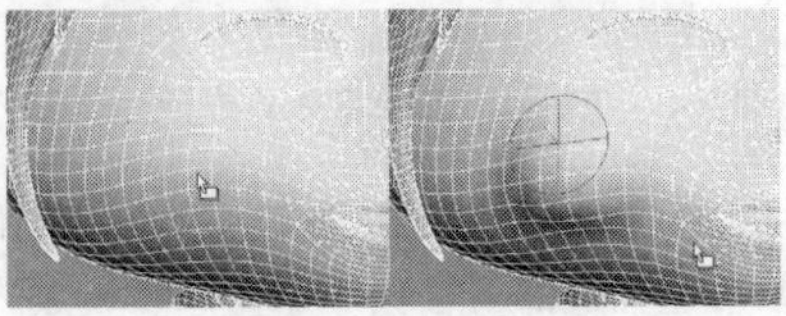

图6-33 推/拉

● 松弛：将每个顶点移到由它的邻近顶点平均位置所计算出来的位置上，来规格化顶点之间的距离。

● 复原：通过绘制可以逐渐擦除或反转由推 / 拉或松弛产生的效果，它仅影响从最近的提交操作开始变形的顶点。如果没有顶点可以复原，复原按钮就不可用。

● 推 / 拉方向：该设置用于指定对顶点的推或拉是根据曲面法线、原始法线、或变形法线进行，还是沿着指定轴进行。用原始法线绘制变形通常会沿着源曲面的垂直方向来移动顶点；使用变形法线会在初始变形之后向外移动顶点，从而产生吹动效果；变换轴 *x/y/z* 是对顶点的推或拉会使顶点沿着指定的轴进行移动，并使用当前的参考坐标系。

● 推 / 拉值：确定推 / 拉操作应用的方向和最大范围，正值将顶点拉出对象曲面，而负值将顶点推入曲面。

● 笔刷大小：设置圆形笔刷的半径，只有位于笔刷圆之内的顶点才可以变形。

● 笔刷强度：设置笔刷应用推 / 拉值的速率，低强度值应用效果的速率要比高强度值来得慢。

● 笔刷选项：单击此按钮以打开绘制选项对话框，在该对话框中可以设置各种笔刷相关的参数。

● 提交：使变形的更改永久化，将它们烘焙到对象几何体中，在使用提交后就无法将复原应用到更改上。

● 取消：取消自最初应用绘制变形以来的所有更改，或取消最近的提交操作。

6.2 编辑网格

Edit Mesh（编辑网格）修改命令在 3 种子对象层级上的操作与操纵普通对象一样，它提供了由三角面组成的网格对象的操纵控制，主要有顶点、边和面。其应用效果与编辑多边形相似，用户可以将 3ds Max 中的大多数对象转化为可编辑网格，但是对于开口样条线对象，只有顶点可用，因为在被转化为网格时开口样条线没有面和边。

在无可编辑网格的对象（例如基本对象）上，要选择子对象以便将堆栈向上传递给修改命令，可使用网格选择修改命令。

选择卷展栏用于提供启用或者禁用不同子对象层级的按钮，它们的名字是选择和控制柄、显示设置和关于选定条目的信息，如图 6-34 所示。

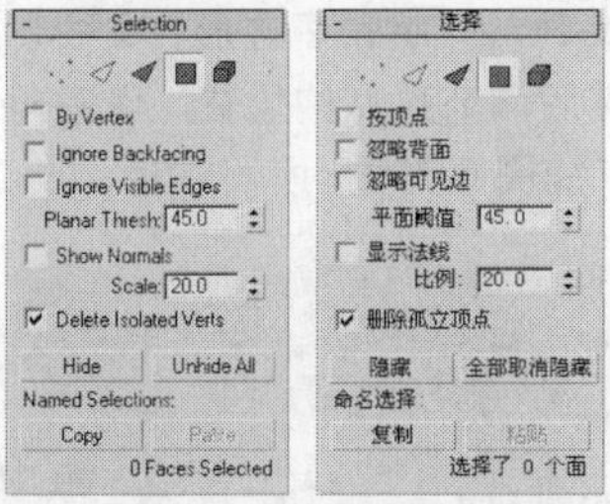

图6-34 选择卷展栏

● 顶点：用于选择顶点子对象层级，选择区域时可以选择该区域内的顶点。

● 边：启用边子对象层级，在该状态下可以选择多边形的边，选择区域可以选择区域中多个边。在边子对象层级，选定的隐藏边显示为虚线，以便用户可以做更精确的选择。

● 面：启用面子对象层级，此时可以选择对象中的三角面，选择区域时可以在区域中选择多个三角面。如果选定的面有隐藏边并且着色选定面处于关闭状态，边将显示为虚线。

● 多边形：启用多边形子对象层级，此时可以选择对象中的所有共面的面，在可视线边中看到的区域。选择区域时，可以选择该区域中的多个多边形。

● 元素：启用元素子对象层级，此时可以选择对象中所有的相邻面。

● 按顶点：当处于启用状态时，单击顶点，将选中任何使用此顶点的子对象。

● 忽略背面：启用时，选定子对象只会选择视图中显示其法线的那些子对象。禁用时（默认情况），无论法线方向如何，选择对象包括所有的子对象。

● 忽略可见边：当启用了多边形子对象层级时，该功能将可用。当忽略可见边处于禁用状态（默认情况）时，单击一个面，无论平面阈值微调器的设置如何，选择不会超出可见边。

● 平面阈值：指定阈值的值，该值决定对于当选择多边形面时哪些面是共面。

● 显示法线：当处于启用状态时，程序在视图中显示法线。

● 比例：显示法线处于启用状态时，指定视图中显示的法线的大小。

● 删除孤立顶点：在启用状态下将删除不属于任

何多边形的所有顶点。

● 隐藏：隐藏任何选定的子对象，边和整个对象除外。

● 全部取消隐藏：还原任何隐藏对象使之可见。只有在处于顶点子对象层级时能将隐藏的顶点取消隐藏。

● 复制：将命名选择放置到复制缓冲区。

● 粘贴：从复制缓冲区中粘贴命名选择。

6.3 范例——旅行箱

【重点提要】

旅行箱主要使用编辑多边形修改命令对标准几何体进行调节，重点掌握模型的造型控制和网格光滑操作，效果如图 6-35 所示。

图6-35 旅行箱范例效果

【制作流程】

旅行箱范例的制作流程分为 4 部分：①箱盖模型制作，②箱体模型制作，③零件模型制作，④场景渲染设置，如图 6-36 所示。

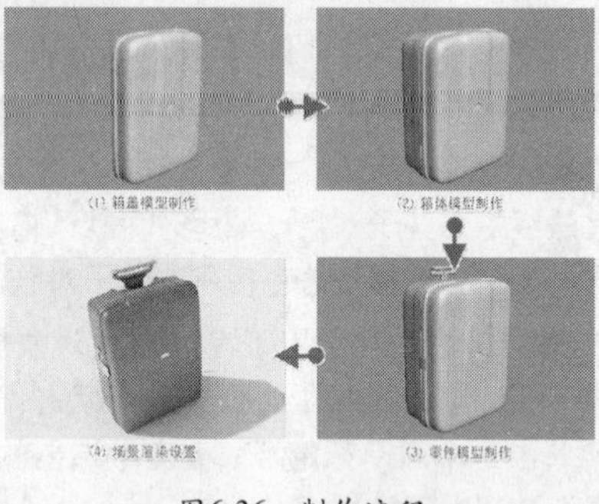

图6-36 制作流程

6.3.1 箱盖模型制作

Step01 在 （创建）面板的 （几何体）子面板中，单击标准基本体下的 Box（长方体）按钮，然后在 Front（前）视图中建立一个长方体，再设置 Length（长度）值为 200、Width（宽度）值为 150、Height（高度）值为 50，如图 6-37 所示。

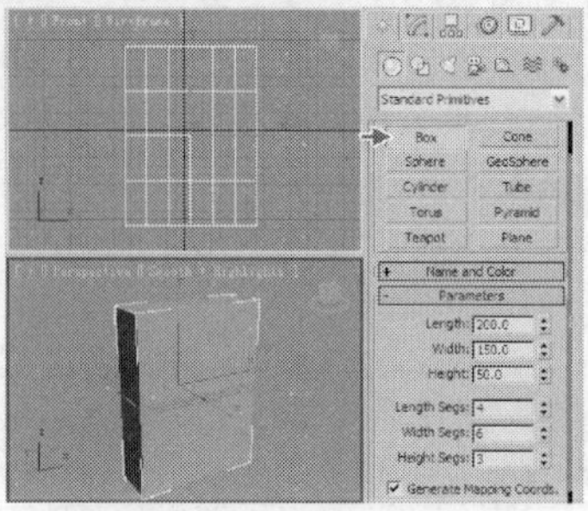

图6-37 创建长方体

Step02 选择长方体模型，在 （修改）面板中添加 Edit Poly（编辑多边形）修改命令，如图 6-38 所示。

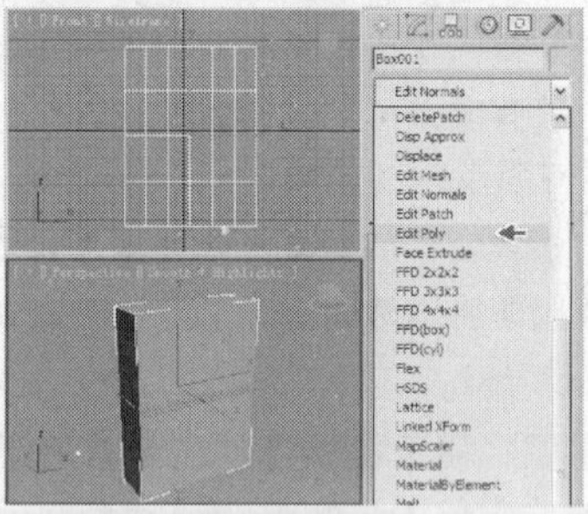

图6-38 添加Edit Poly（编辑多边形）修改命令

Step03 将 Edit Poly（编辑多边形）命令切换至顶点模式，然后调节顶点的位置，使四角呈现平滑的效果，如图 6-39 所示。

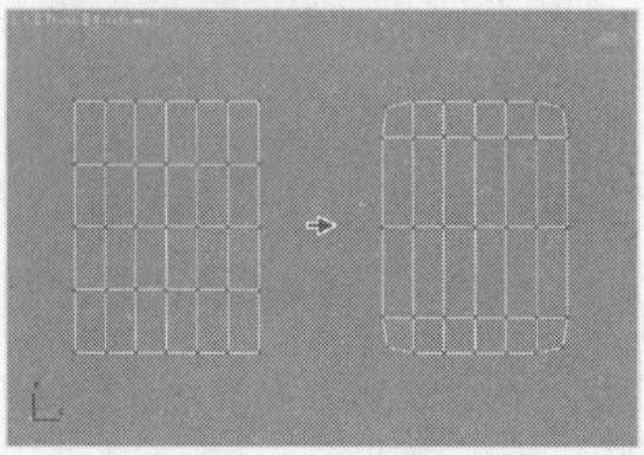

图6-39 调节顶点位置

Step04 将 Edit Poly(编辑多边形）命令切换至边的模式，然后选择模型侧部位置的线，如图 6-40 所示。

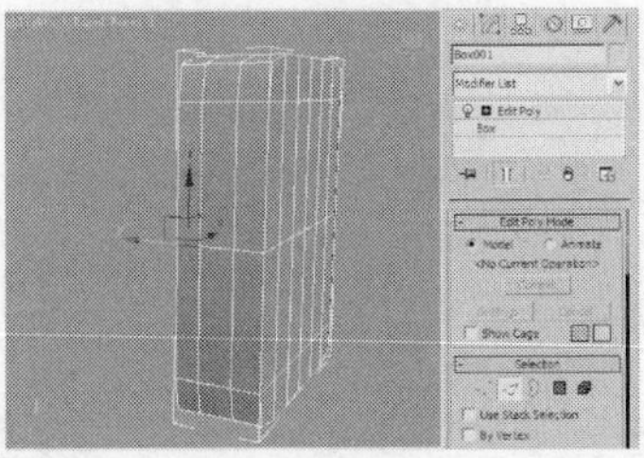

图6-40 选择边

Step05 在（修改）面板中单击 Ring（环形）按钮，系统将自动选择模型侧部所有并列环形的边，如图 6-41 所示。

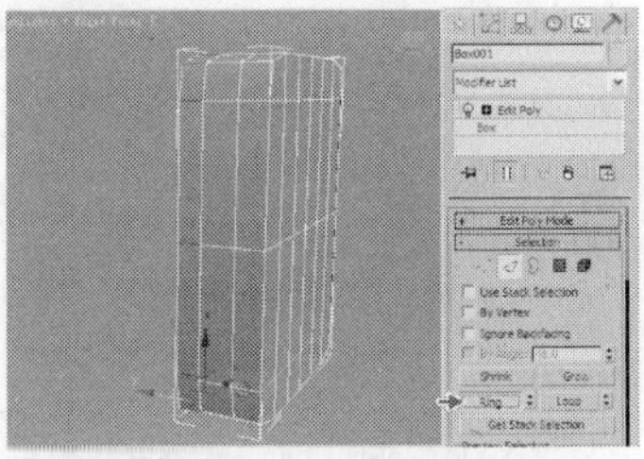

图6-41 选择环形边

Step06 在编辑多边形中单击 Connect（连接）工具按钮，用于增加模型的垂直细节，如图 6-42 所示。

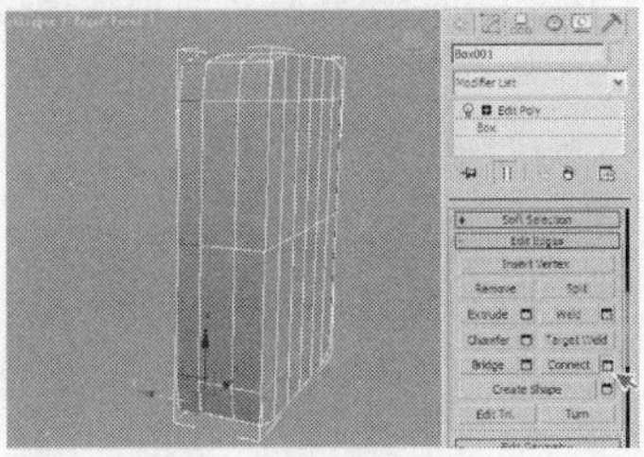

图6-42 选择连接工具

Step07 在弹出的对话框中设置分段值为 2、收缩值为 80，连接工具将在两侧添加垂直边，如图 6-43 所示。

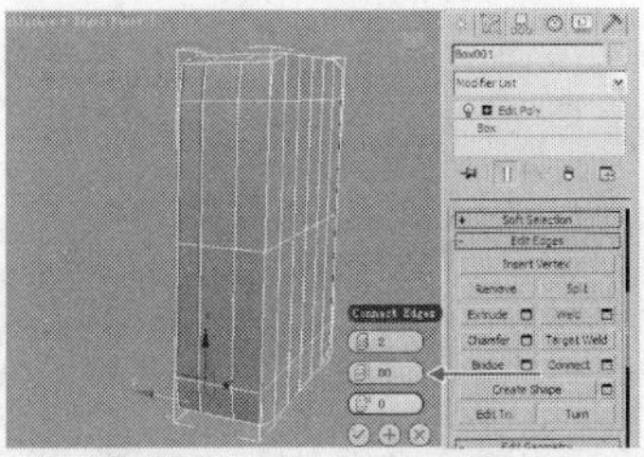

图6-43 设置连接参数

Step08 切换至 Front（前）视图，继续使用 Connect（连接）工具按钮添加模型结构，观看连接后的模型效果，如图 6-44 所示。

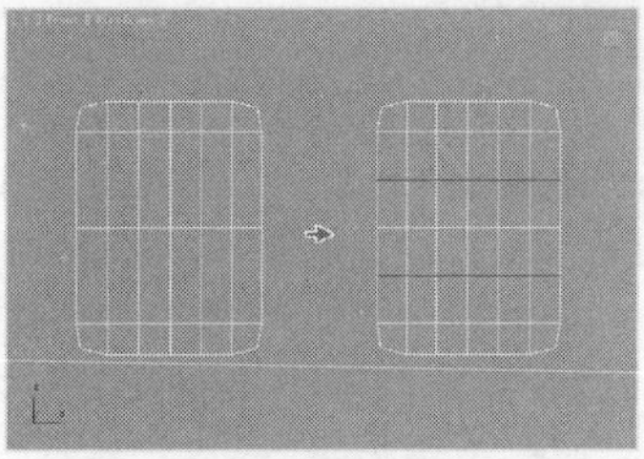

图6-44 模型效果

Step09 将 Edit Poly（编辑多边形）命令切换至多边形模式，然后再选择模型的部分多边形面，准备进行凸出部分的制作，如图 6-45 所示。

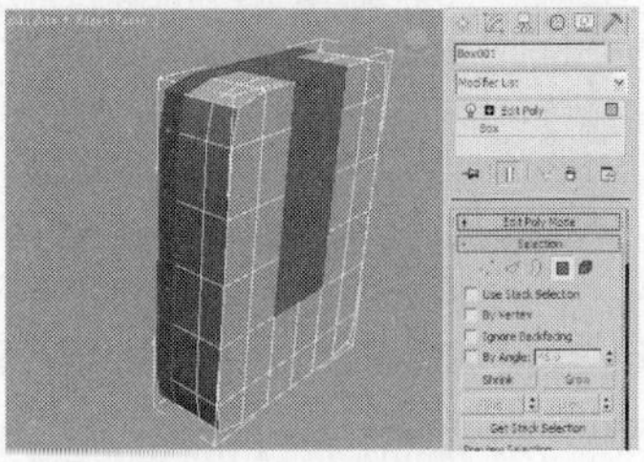

图6-45 选择多边形

Step10 单击 Extrude（挤出）工具按钮，在弹出的 Extrude Polygons（挤出多边形）对话框中设置挤出高度值为 3，使选择的多边形产生凸出，如图 6-46 所示。

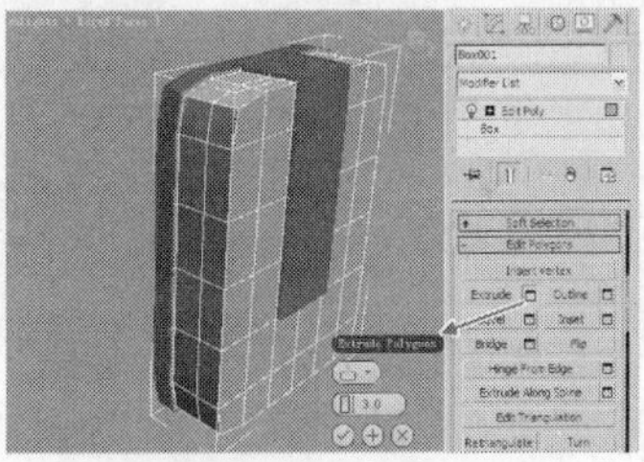

图6-46 设置挤出参数

Step11 在（修改）面板中添加 Mesh Smooth（网格平滑）命令，然后调节透视图的角度，观看模型平滑后的效果，如图 6-47 所示。

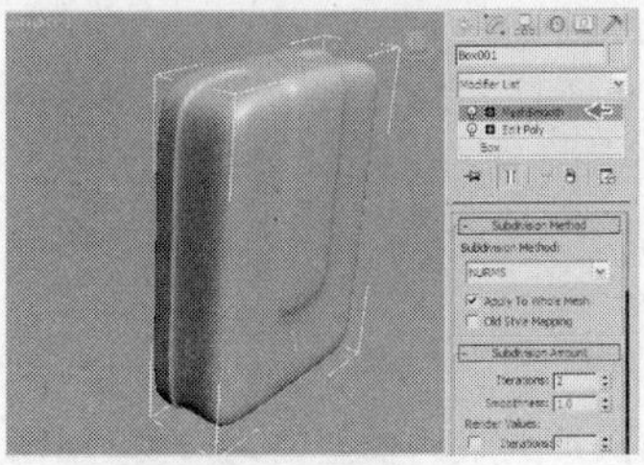

图6-47 添加网格平滑命令

6.3.2 箱体模型制作

Step01 选择箱体模型并单击主工具栏的（镜像）工具按钮，在弹出的对话框中设置 Mirror Axis（镜像轴）为 *x* 轴、Clone Selection（克隆当前选择）为 Copy（复制）模式，镜像复制出对称位置的模型，如图 6-48 所示。

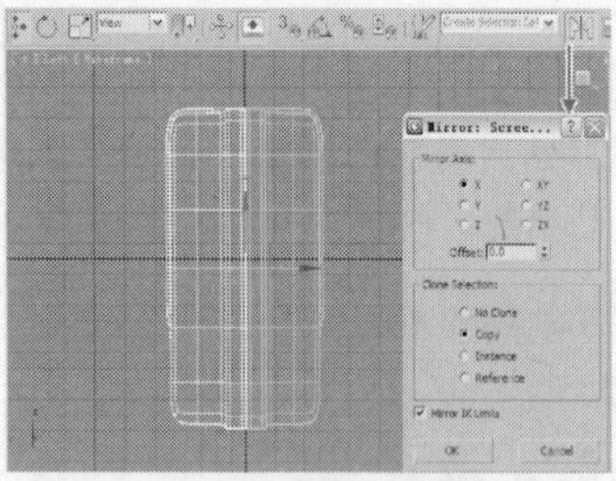

图6-48 镜像工具操作

Step02 选择下盖箱体模型，在（显示）面板中单击 Freeze Selected（冻结选择对象）按钮，冻结多余的模型便于在视图中继续选择制作，如图 6-49 所示。

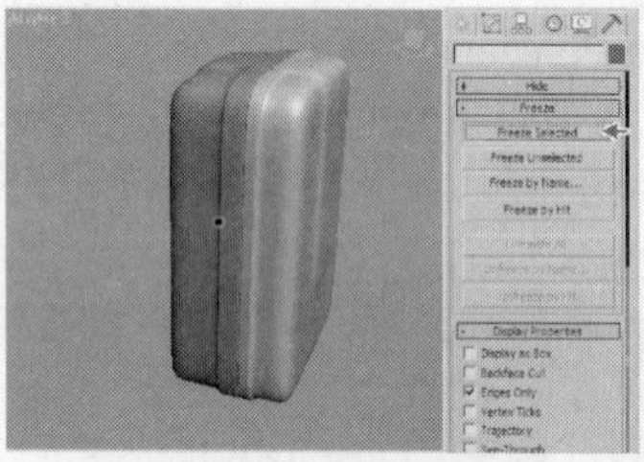

图6-49 隐藏选择模型

Step03 选择上盖模型并将 Edit Poly（编辑多边形）命令切换至顶点模式，然后使用 Target Weld（目标焊接）工具按钮对底部挤出产生的两侧顶点进行焊接，如图 6-50 所示。

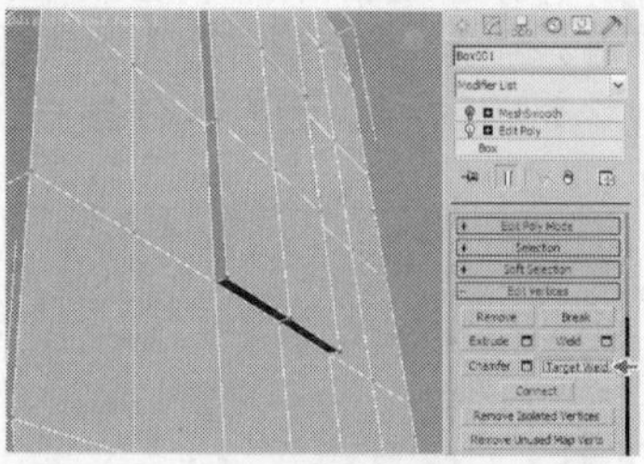

图6-50 目标焊接

Step04 观看焊接完成的模型效果，使挤出后的新面与原始平面产生流畅的过渡，如图 6-51 所示。

图6-51 焊接点效果

Step05 在（修改）面板中开启 Mesh Smooth（网格平滑）命令，然后调节透视图的角度，观看当前模型的细节效果，如图 6-52 所示。

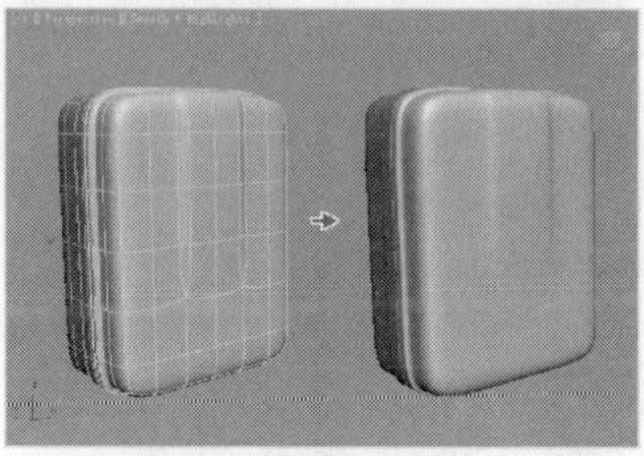

图6-52 模型效果

Step06 在（修改）面板中将 Edit Poly（编辑多边形）命令切换至顶点模式，然后选择模型顶点并调节点的位置，使上盖表面产生的凸起部分具有弧度造型，如图 6-53 所示。

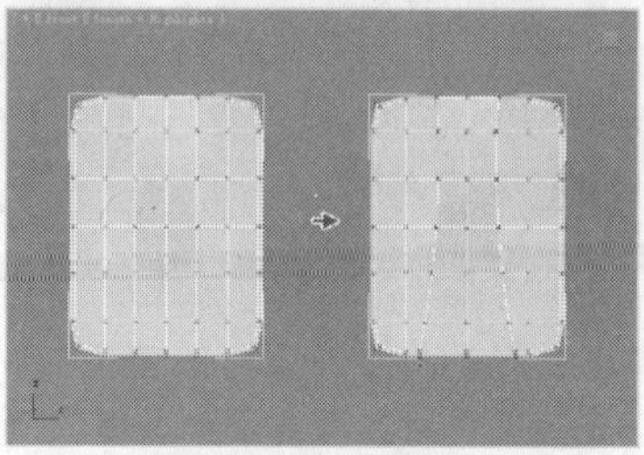

图6-53 调节点位置

Step07 切换至四视图，调节点位置的模型细节，效果如图 6-54 所示。

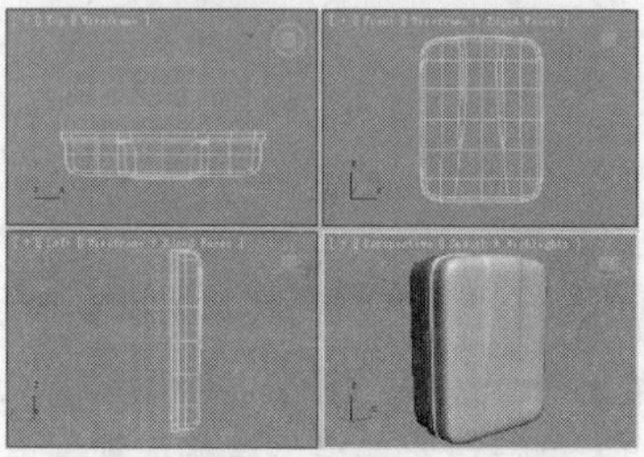

图6-54 模型效果

Step08 在（修改）面板中将 Edit Poly（编辑多边形）命令切换至边模式，然后选择模型中间位置的一组线，然后单击 Chamfer（切角）工具按钮，使中间产生两组线，便于制作上盖的标牌模型，如图 6-55 所示。

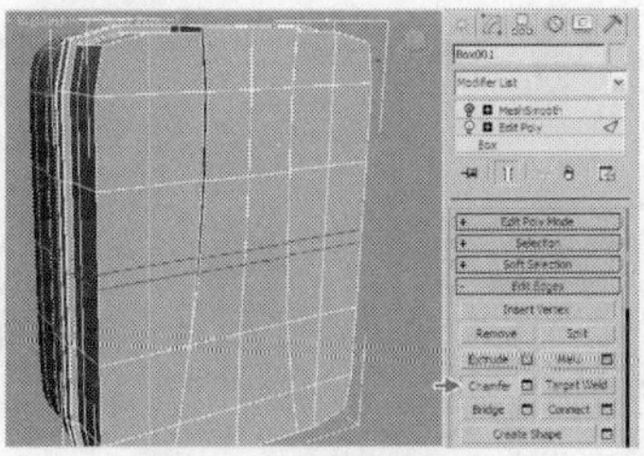

图6-55 切角边操作

Step09 继续在边模式选择标牌区域的一组垂直线，然后单击 Chamfer（切角）工具按钮，使中间产生两组边，如图 6-56 所示。

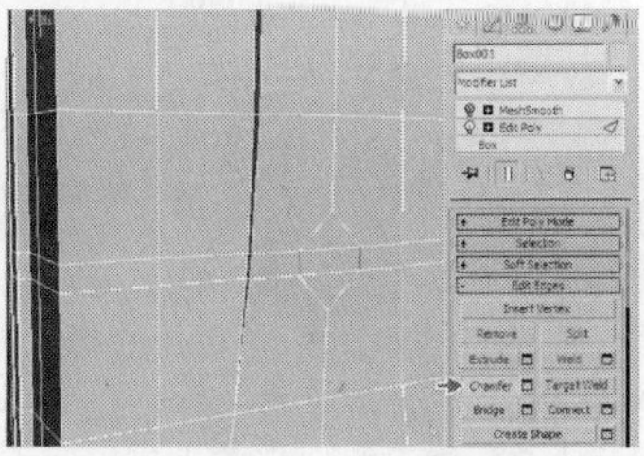

图6-56 切角边操作

Step10 在（修改）面板中将 Edit Poly（编辑多边形）命令切换至顶点模式，然后选择模型的点并调节位置，如图 6-57 所示。

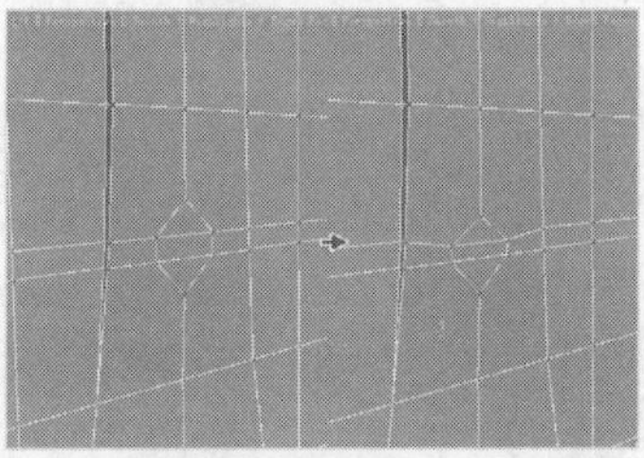

图6-57 调节点位置

Step11 将 Edit Poly（编辑多边形）命令切换至多边形模式，然后选择模型标牌区域的多边形，如图 6-58 所示。

Step12 单击多边形的 Extrude（挤出）工具按钮，在弹出的 Extrude Polygons（挤出多边形）对话框中设置 Extrude Height（挤出高度）值为 -0.5，加强凹陷转折边缘的过渡效果，如图 6-59 所示。

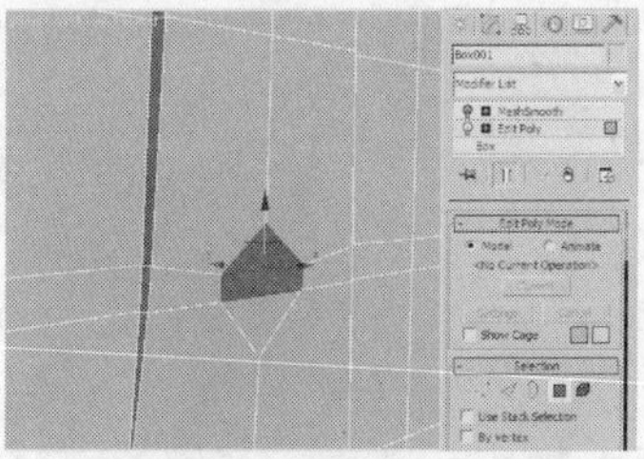

图6-58 选择多边形

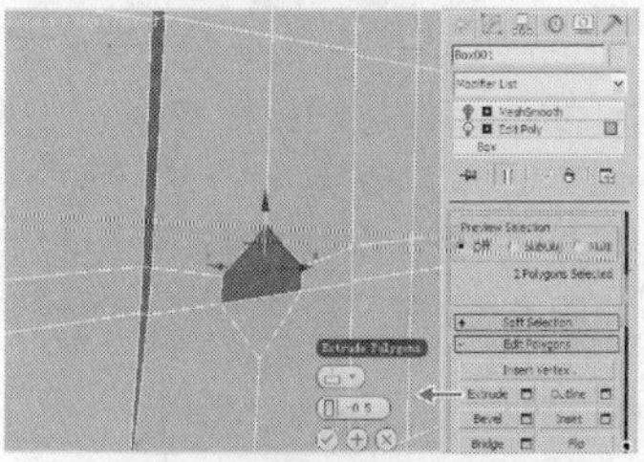

图6-59 设置挤出参数

Step13 再次单击 Extrude（挤出）工具按钮，在弹出的 Extrude Polygons（挤出多边形）对话框中设置 Extrude Height（挤出高度）值为 -3，产生一组凹陷进去的新多边形，如图 6-60 所示。

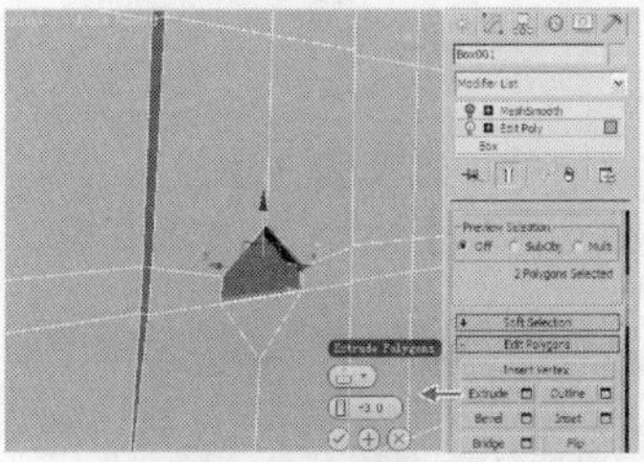

图6-60 设置挤出参数

Step14 在（修改）面板中开启 Mesh Smooth（网格平滑）命令，观看箱体模型的局部效果，如图 6-61 所示。

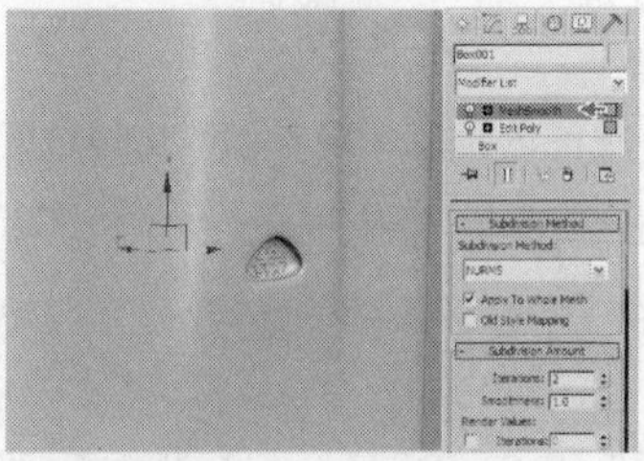

图6-61 开启平滑命令

Step15 在（创建）面板的（几何体）子面板中，单击标准基本体下的 Sphere（球体）按钮，然后在 Front（前）视图中建立一个球体，再设置 Radius（半径）值为 10，如图 6-62 所示。

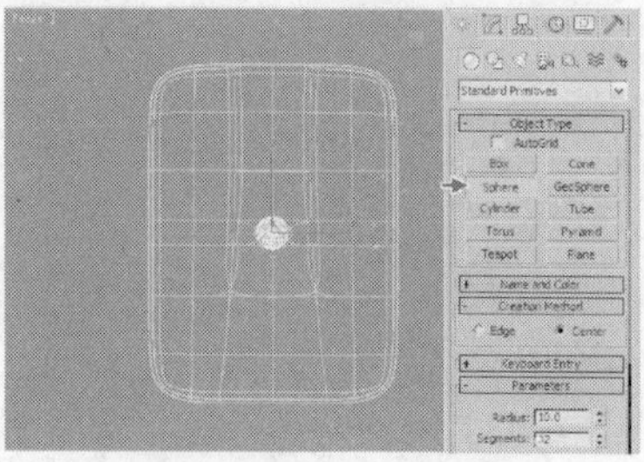

图6-62　创建球体

Step16 在（修改）面板的参数卷展栏中设置 Hemisphere（半球）值为 0.5，然后再使用（移动）工具调节球体的位置，作为标牌的基础图形，如图 6-63 所示。

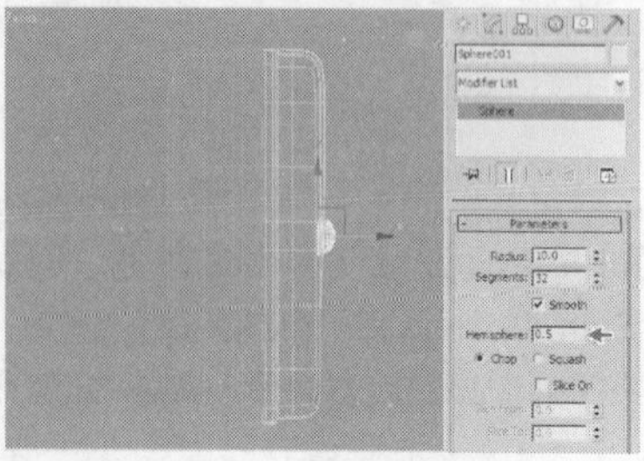

图6-63　设置半球参数

Step17 在主工具栏中选择（缩放）工具，然后选择球体模型并改变其大小，如图 6-64 所示。

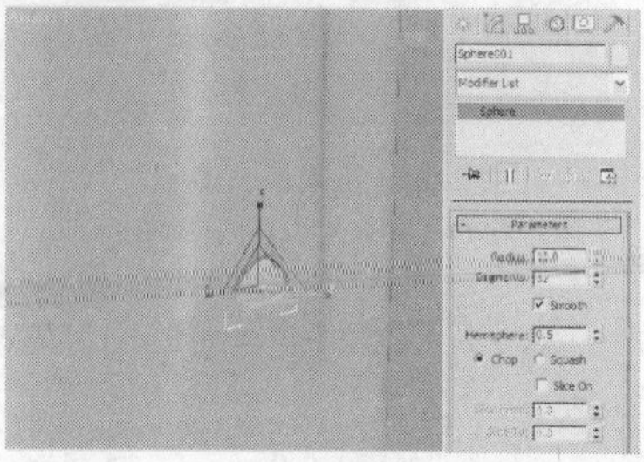

图6-64　缩放调节

Step18 调节视图的角度，观看制作完成的箱体模型效果，如图 6-65 所示。

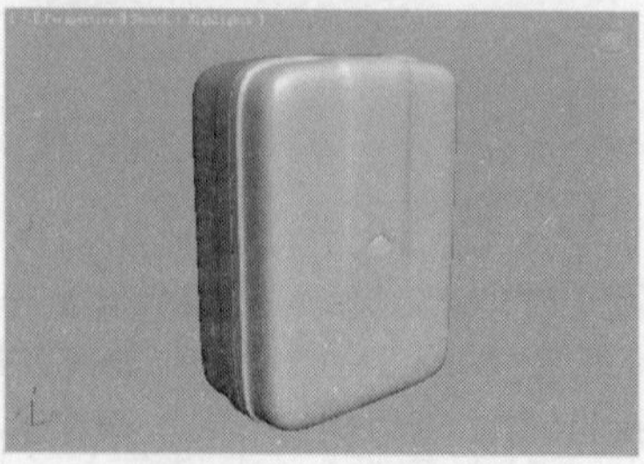

图6-65　模型效果

6.3.3　零件模型制作

Step01 在（显示）面板中单击 Unfreeze All（全部解冻）按钮，解除箱体模型的冻结效果，如图 6-66 所示。

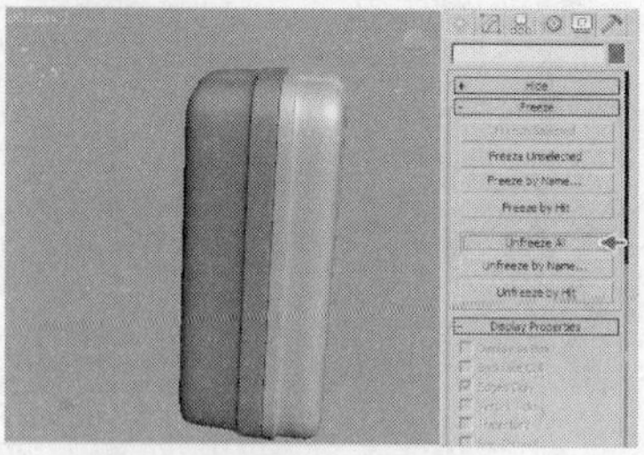

图6-66　选择解除冻结命令

Step02 选择下盖箱体模型，单击（修改）面板右侧的拾色器按钮，设置颜色为蓝色便于编辑时对模型的区分，如图 6-67 所示。

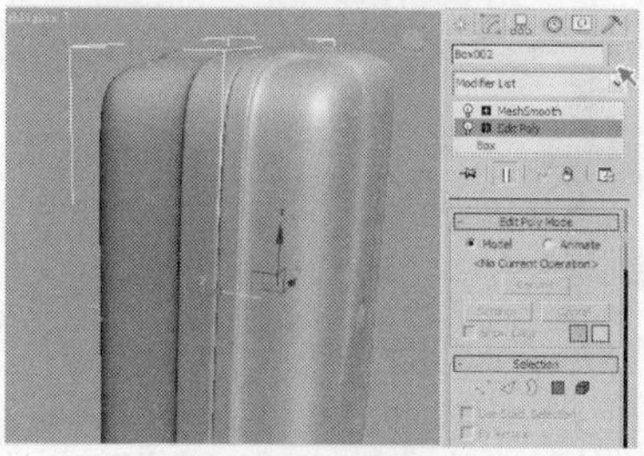

图6-67　设置颜色

Step03 在（修改）面板中将下盖箱体的 Edit Poly（编辑多边形）命令切换至多边形模式，然后选择模型外侧的多边形，如图 6-68 所示。

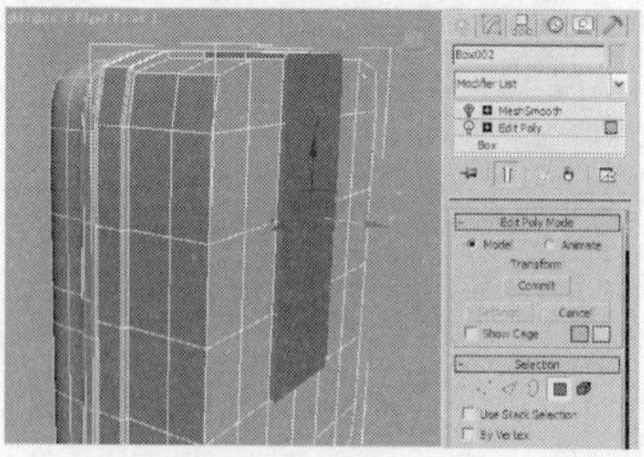

图6-68　选择多边形

Step04 使用（移动）工具将选择的多边形向内部推移，得到一个凹槽效果，如图 6-69 所示。

Step05 调节视图的角度，再选择模型顶部的多边形，然后使用（移动）工具将选择的多边形向下推移，如图 6-70 所示。

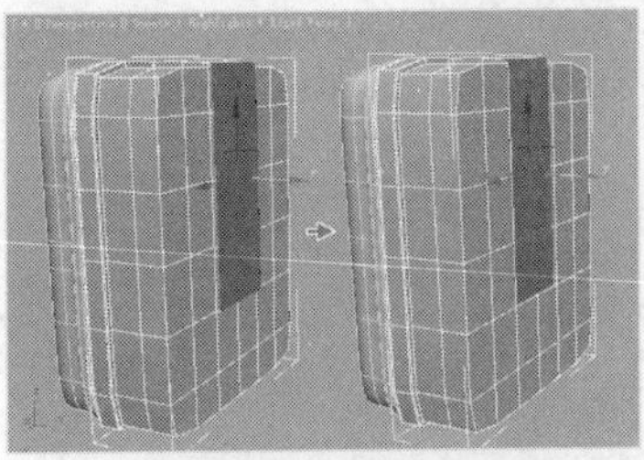

图6-69 移动操作

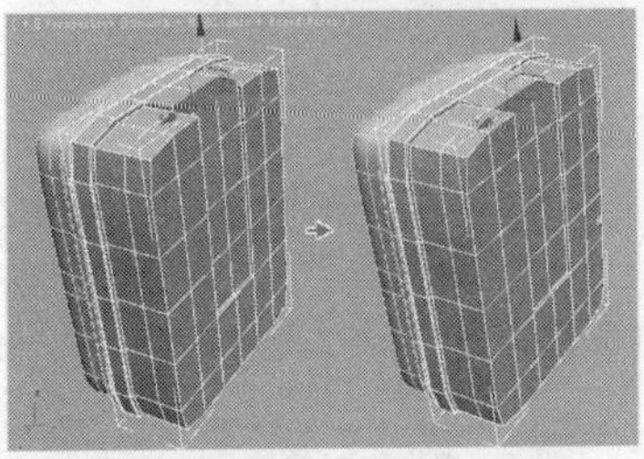

图6-70 改变多边形位置

Step06 继续调节视图的角度，选择模型的多边形，准备进行凹陷挤压操作，如图6-71所示。

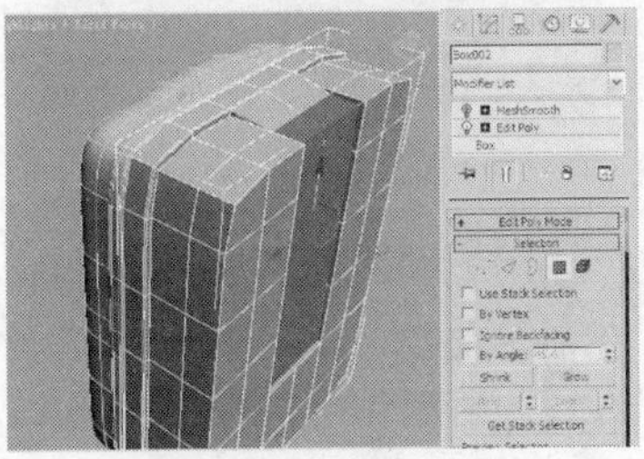

图6-71 选择多边形

Step07 单击多边形的Extrude（挤出）工具按钮，在弹出的Extrude Polygons（挤出多边形）对话框中设置Extrude Height（挤出高度）值为-8，产生一组凹陷进去的新多边形，如图6-72所示。

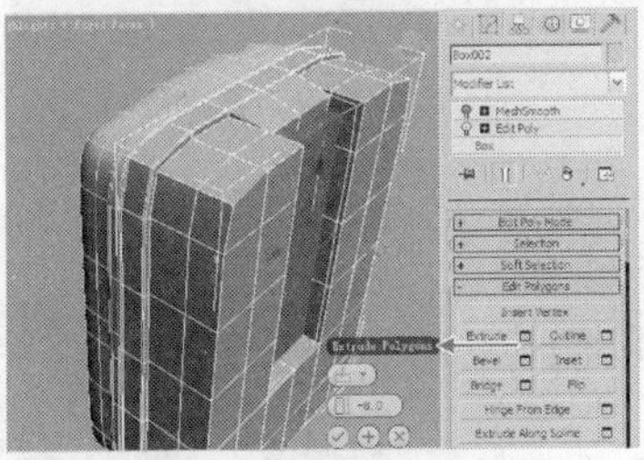

图6-72 设置挤出参数

Step08 再次单击Extrude（挤出）工具按钮，在弹出的Extrude Polygons（挤出多边形）对话框中设置Extrude Height（挤出高度）值为-2，加强凹陷边缘转折处的结构，如图6-73所示。

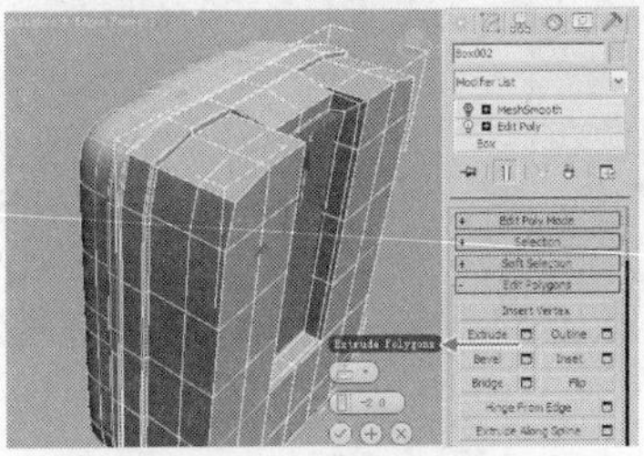

图6-73 设置挤出参数

Step09 在（修改）面板中开启Mesh Smooth（网格平滑）命令，然后调节透视图的角度，观看当前下盖产生凹陷的模型效果，如图6-74所示。

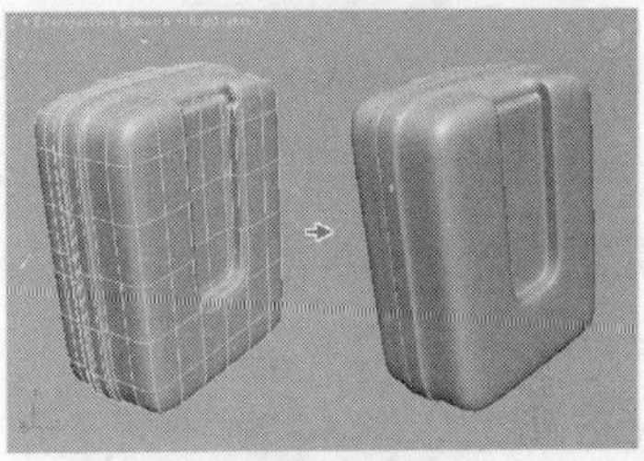

图6-74 模型效果

Step10 关闭Mesh Smooth（网格平滑）命令，再将Edit Poly（编辑多边形）命令切换至边模式，然后使用（移动）工具将线段向下移动，控制凹陷挤压区域地板的转折效果，如图6-75所示。

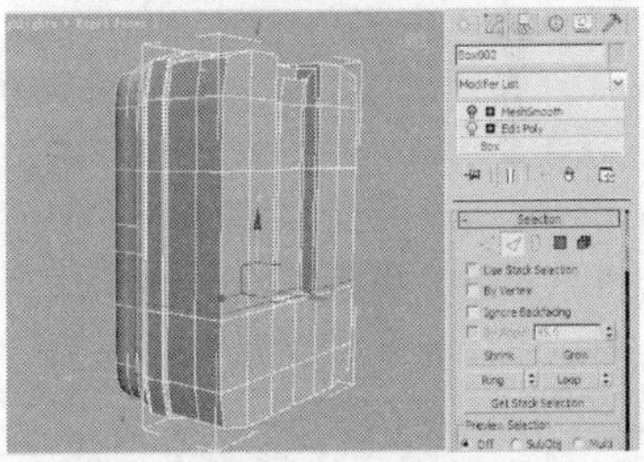

图6-75 选择线

Step11 在边模式下选择模型中间位置的线段，单击Chamfer（切角）工具按钮使中间产生两段结构边，控制凹陷区域两侧的转折效果，如图6-76所示。

Step12 在（修改）面板中开启Mesh Smooth（网格平滑）命令，然后调节透视图的角度，观看调节凹陷转折后的模型效果，如图6-77所示。

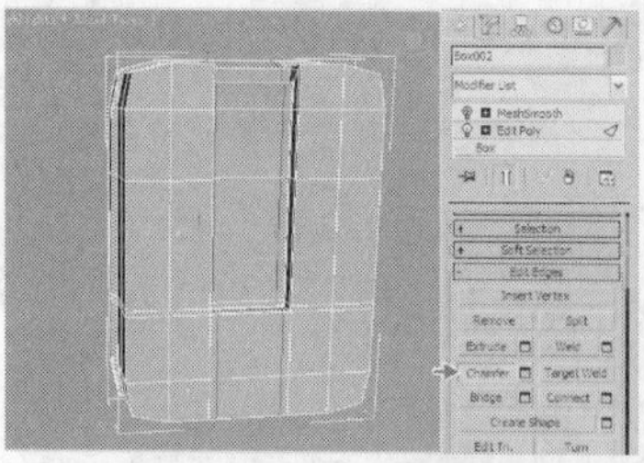

图6-76 切角工具操作

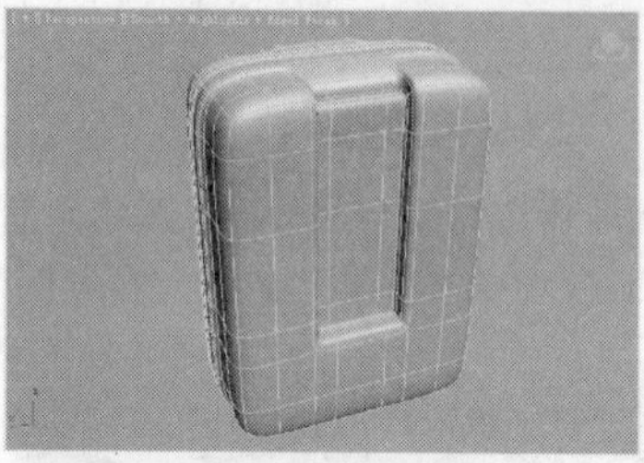

图6-77 模型效果

Step13 切换至四视图，观看当前箱体模型的效果如图6-78所示。

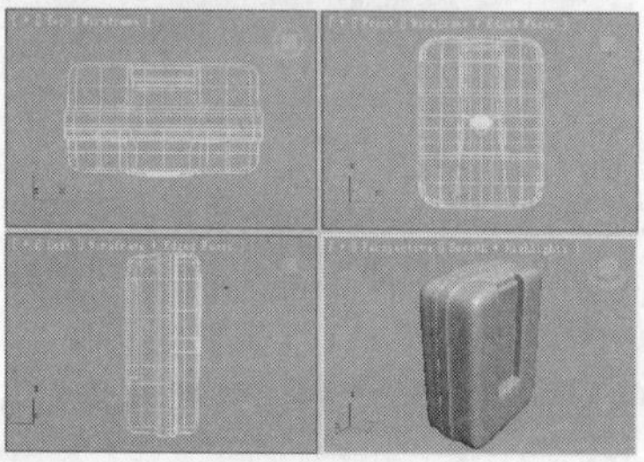

图6-78 箱体模型效果

Step14 在（创建）面板的（几何体）子面板中，单击标准基本体下的Box（长方体）按钮，然后在Front（前）视图中建立一个长方体，设置Length（长度）值为120、Width（宽度）值为50、Height（高度）值为18，作为下盖箱体的填充物，如图6-79所示。

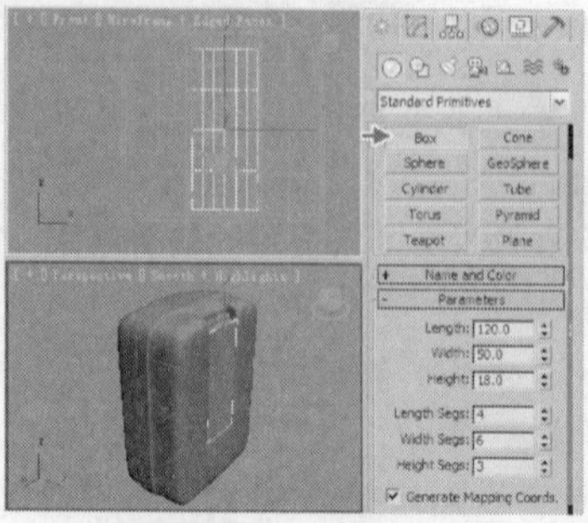

图6-79 创建长方体

Step15 选择长方体模型，在（修改）面板中添加Edit Poly（编辑多边形）命令，如图6-80所示。

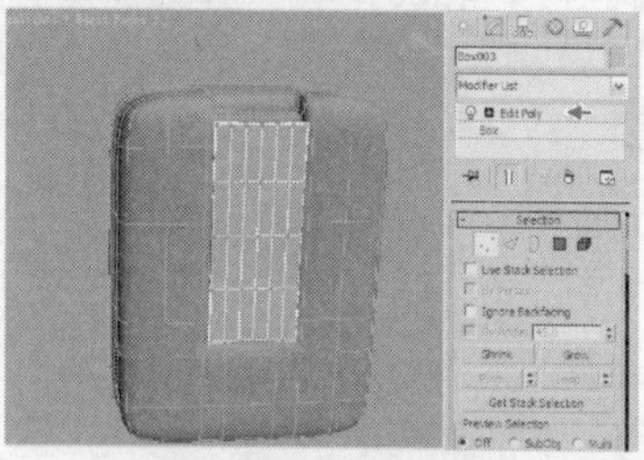

图6-80 添加编辑多边形

Step16 在（修改）面板中将Edit Poly（编辑多边形）命令切换至顶点模式下，然后调节模型两侧的顶点位置，如图6-81所示。

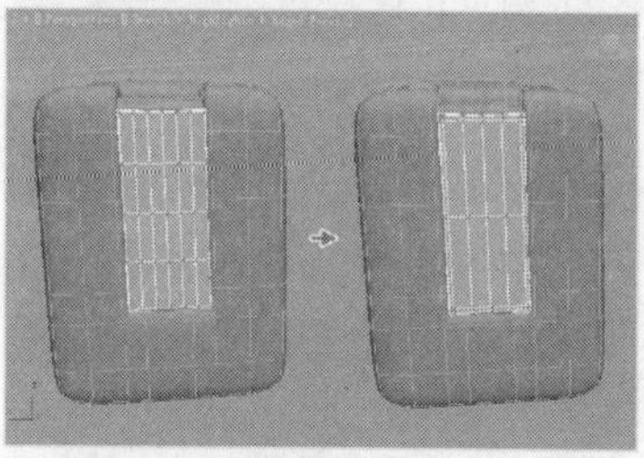

图6-81 调节顶点位置

Step17 切换至边模式下再分别选择垂直与水平方向的边，然后单击Chamfer（切角）工具按钮，使每条线段产生两组新线段，如图6-82所示。

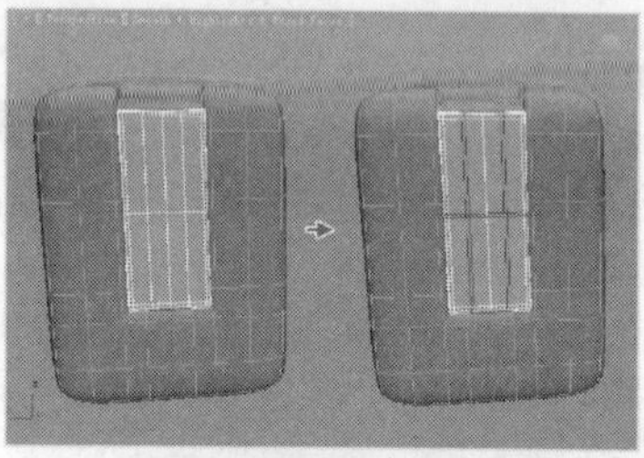

图6-82 切角工具操作

Step18 在（修改）面板中将Edit Poly（编辑多边形）命令切换至多边形模式，然后选择切角出的模型多边形，如图6-83所示。

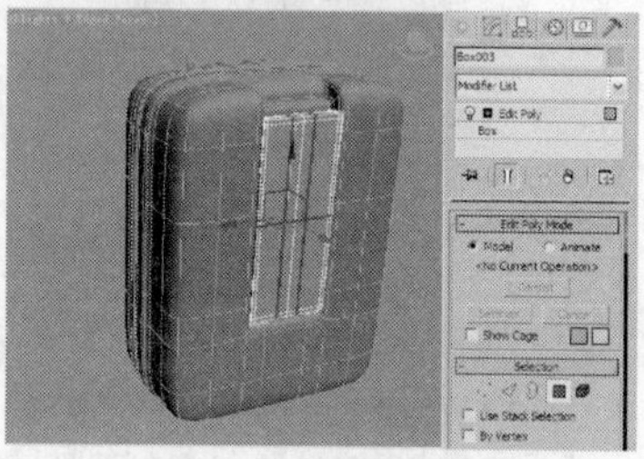

图6-83 选择多边形

Step19 单击 Extrude（挤出）工具按钮，在弹出的 Extrude Polygons（挤出多边形）对话框中设置 Extrude Height（挤出高度）值为 -2，产生一组凹陷进去的新多边形，如图 6-84 所示。

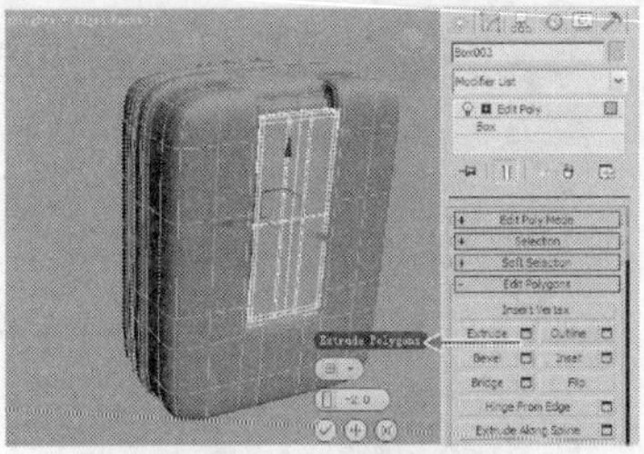

图6-84 设置挤出参数

Step20 切换至边模式，然后选择线段然后再单击 Connect（连接）工具按钮，增加模型线段的水平段数，控制凹陷区域在进行平滑使得转折过渡，如图 6-85 所示。

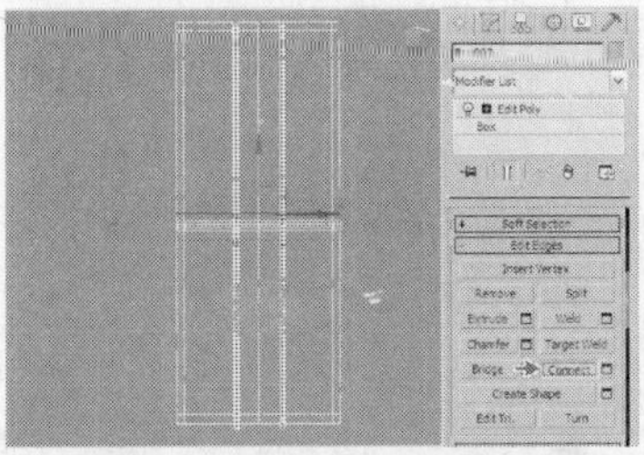

图6-85 连接工具操作

Step21 切换至 Top（顶）视图，再使用顶点模式对凹陷区域的点沿 y 轴进行位置移动，如图 6-86 所示。

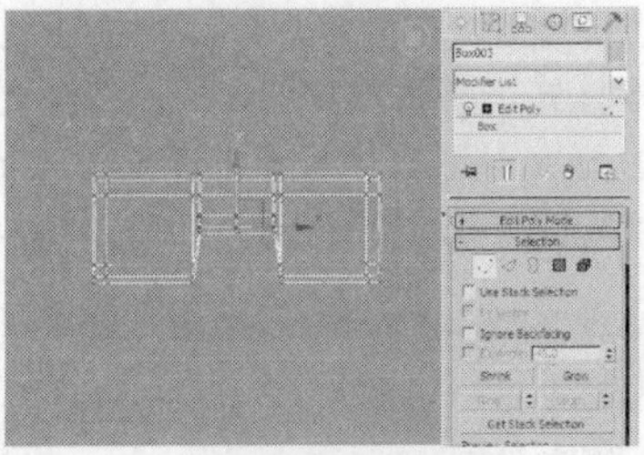

图6-86 位置移动

Step22 在（修改）面板中开启 Mesh Smooth（网格平滑）命令，观看当前的模型效果，如图 6-87 所示。

Step23 在（创建）面板的（几何体）子面板中，单击标准基本体下的 Box（长方体）按钮，然后在 Top（顶）视图中建立一个长方体，设置 Length（长度）值为 15、Width（宽度）值为 20、Height（高度）值为 5，作为箱子的伸缩提手模型，如图 6-88 所示。

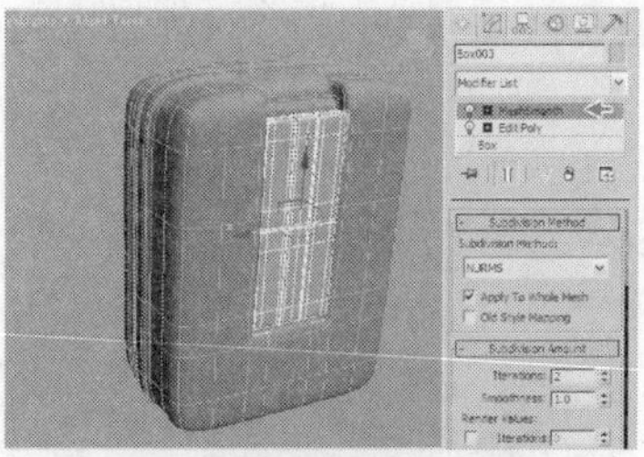

图6-87 开启网格平滑效果

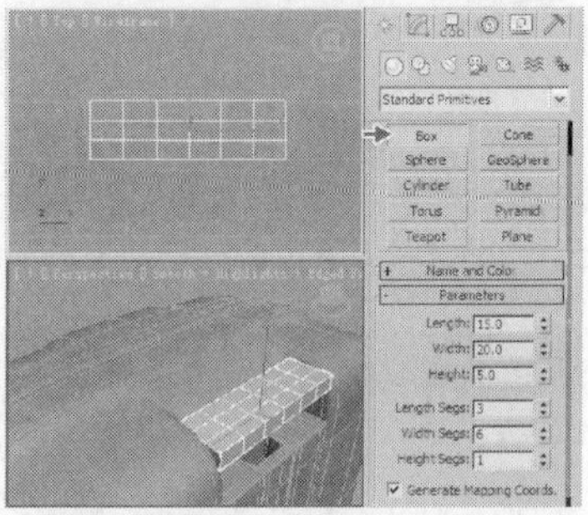

图6-88 创建长方体

Step24 在（修改）面板中添加 Edit Poly（编辑多边形）命令并切换至多边形模式，然后选择模型中间位置的多边形，如图 6-89 所示。

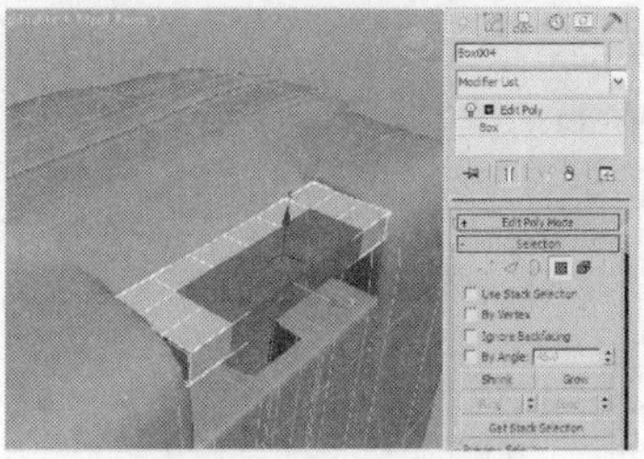

图6-89 选择多边形

Step25 配合键盘的 Delete 键删除已经选择多余的多边形，得到半封闭的提手模型效果，如图 6-90 所示。

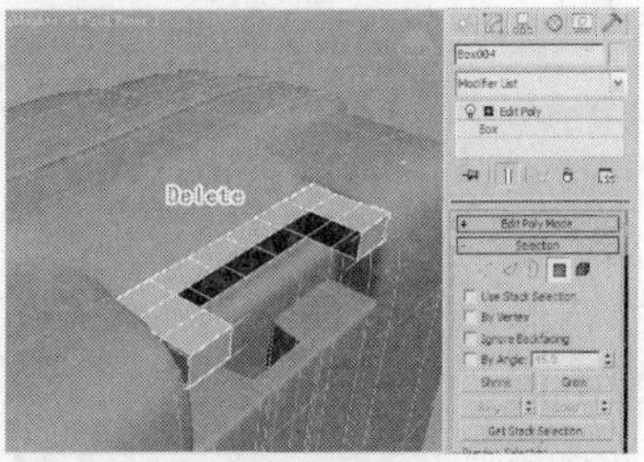

图6-90 删除多边形

Step26 在（修改）面板中将 Edit Poly（编辑多边形）命令切换至边模式，然后选择模型底部的线段，如图 6-91 所示。

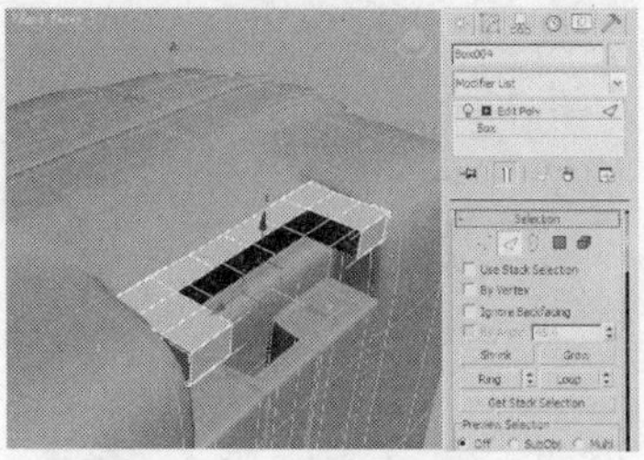

图6-91　选择线段

Step27 配合键盘的“Shift+ 移动”快捷键沿 z 轴进行复制线段操作，使删除后的伸缩提手模型进行封闭，如图 6-92 所示。

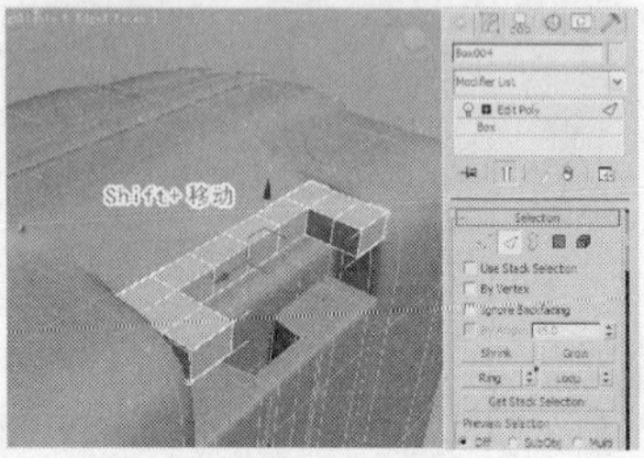

图6-92　复制线段

Step28 切换至点模式，然后选择模型全部的点，再单击 Weld（焊接）工具按钮，缝合断开的顶点，如图 6-93 所示。

图6-93　使用焊接工具

Step29 在（修改）面板中将 Edit Poly（编辑多边形）命令切换至多边形模式，然后选择模型底部位置的两侧多边形，准备进行伸缩提手向下的延伸挤出操作，如图 6-94 所示。

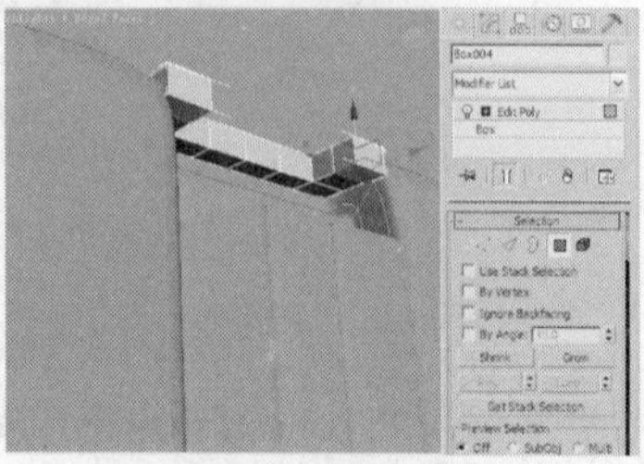

图6-94　选择多边形

Step30 单击 Extrude（挤出）工具按钮，在弹出的 Extrude Polygons（挤出多边形）对话框中设置 Extrude Height（挤出高度）值为 5，使其凸出选择的多边形面，如图 6-95 所示。

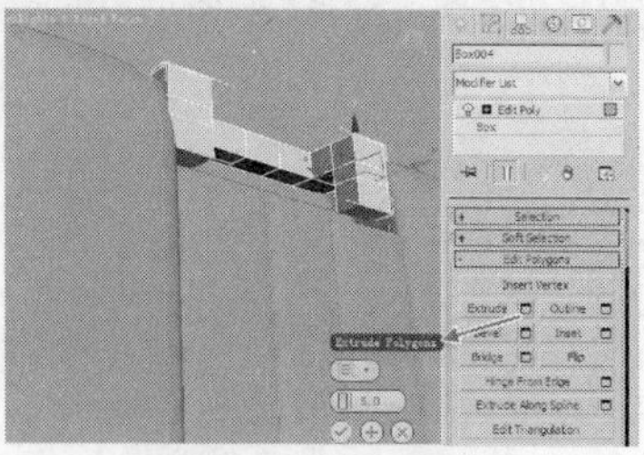

图6-95　设置挤出参数

Step31 选择模型内侧的多边形并单击 Extrude（挤出）工具按钮，在弹出的 Extrude Polygons（挤出多边形）对话框中设置 Extrude Height（挤出高度）值为 10，使伸缩提手向中心区域聚集，如图 6-96 所示。

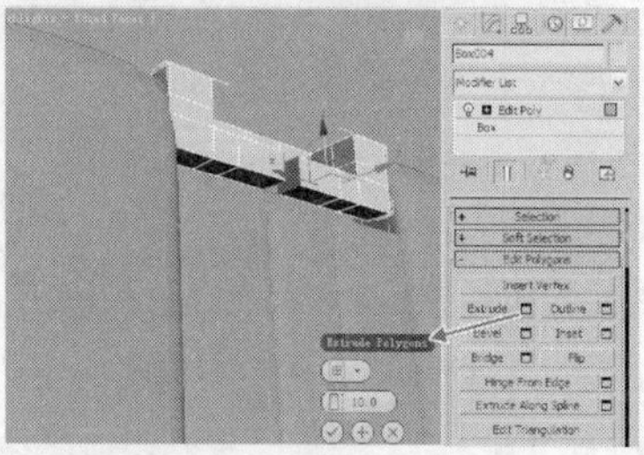

图6-96　使用挤出工具

Step32 再选择模型底部的多边形，单击 Extrude(挤出）工具按钮，在弹出的 Extrude Polygons（挤出多边形）对话框中设置 Extrude Height（挤出高度）值为 5，如图 6-97 所示。

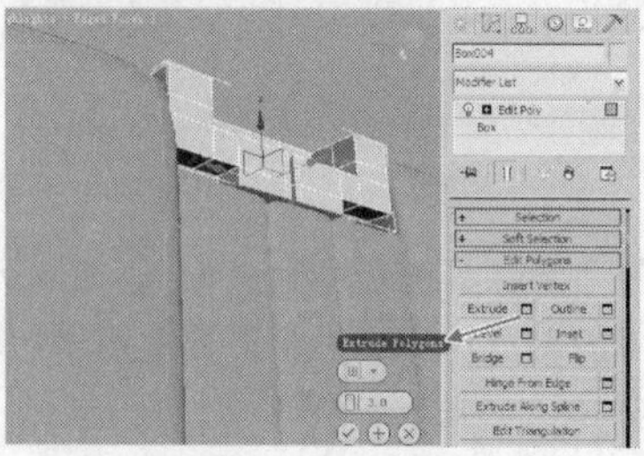

图6-97　设置挤出参数

Step33 切换至 Left（左）视图，在（修改）面板中将 Edit Poly（编辑多边形）命令切换至顶点模式，然后使用（移动）工具调节伸缩提手点的位置，如图 6-98 所示。

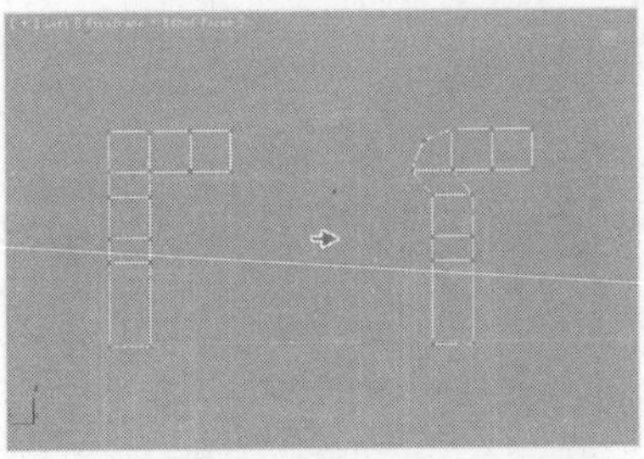

图6-98 调节点位置

Step34 在（创建）面板的（图形）中选择 Splines（样条线）中的 Line（线）命令，然后在 Top（顶）视图中绘制旅行箱把手的轮廓，然后在（修改）面板中添加 Bevel（倒角）命令，如图 6-99 所示。

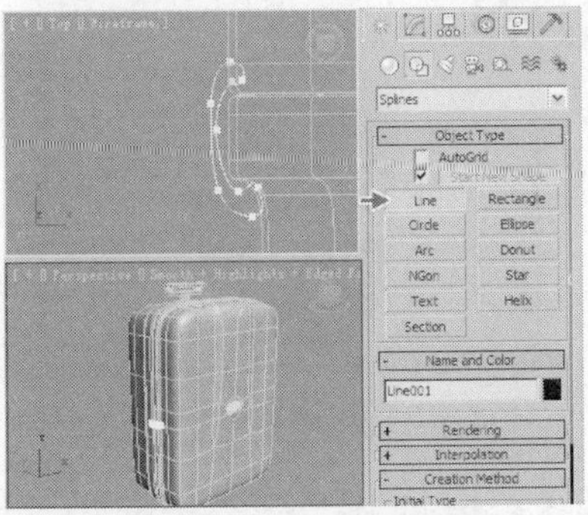

图6-99 绘制把手轮廓

Step35 在（创建）面板的图形中选择 Splines（样条线）中的 Line（线）命令，在 Top（顶）视图中绘制旅行箱锁的轮廓，然后在（修改）面板中添加 Bevel（倒角）命令，使二维图形转换为三维模型，如图 6-100 所示。

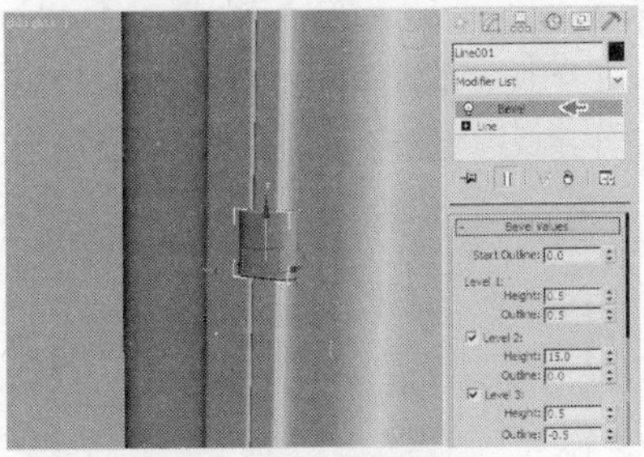

图6-100 增加倒角命令

Step36 切换至四视图，观看并调节模型的整体效果与位置，如图 6-101 所示。

Step37 在主工具栏单击（渲染）按钮，观看制作完成的模型效果，如图 6-102 所示。

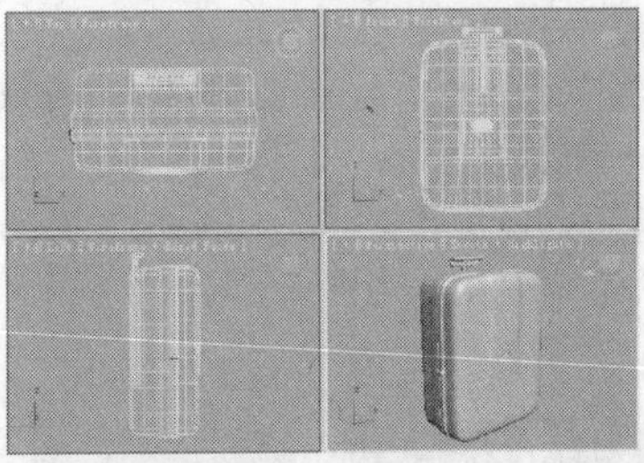

图6-101 模型效果

图6-102 渲染模型效果

6.3.4 场景渲染设置

Step01 单击主工具栏中的（渲染场景）对话框按钮，在弹出的渲染场景对话框中将渲染器指定为 mental ray Renderer（mental ray 渲染器），如图 6-103 所示。

Step02 打开（材质编辑器）并选择一个空白材质球并设置名称为“箱体”，然后将材质设置为 Architectural（建筑）类型，使用材质模板为 Plastic（塑料）类型，再设置 Diffuse Color（漫反射颜色）为蓝色，如图 6-104 所示。

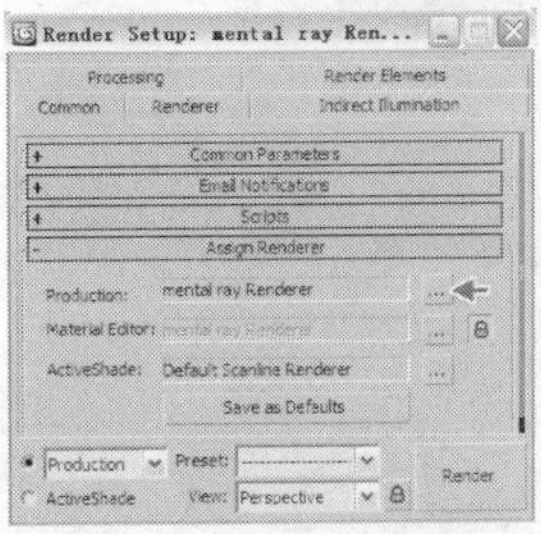

图6-103 指定渲染器

图6-104 箱体材质

Step03 选择一个空白材质球并设置名称为“不锈钢”，然后将材质设置为 Arch & Design（模板设计）类型，再设置 Roughenss（粗糙）值为 0.5、Glossiness(光泽度）值为 0.3，如图 6-105 所示。

Step04 选择一个空白材质球并设置名称为“金属”，然后将材质设置为Arch & Design（模板设计）类型，再设置Color（颜色）为黑色、Roughenss（粗糙）值为0.5、Glossiness（光泽度）值为0.85，如图6-106所示。

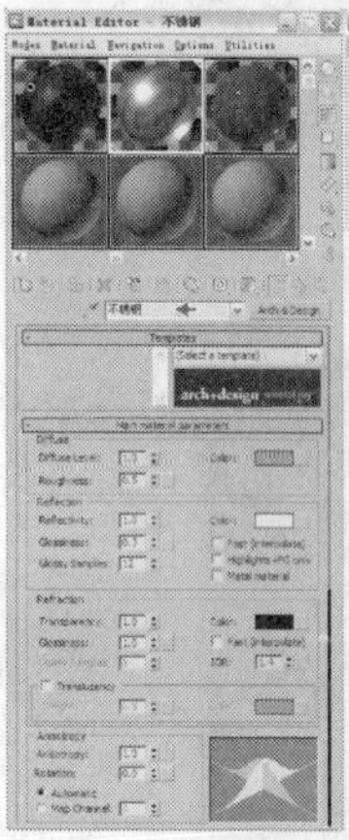

图6-105　不锈钢材质

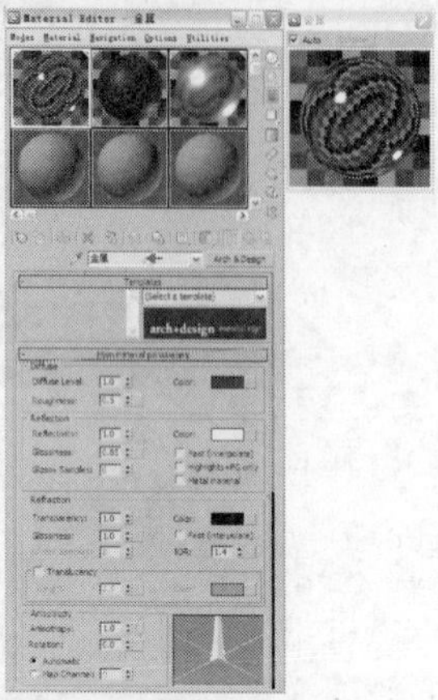

图6-106　金属材质

Step05 选择一个空白材质球并设置名称为“黑塑料”，然后将材质设置为Arch & Design（模板设计）类型，再设置Glossiness（光泽度）值为0.35，如图6-107所示。

Step06 选择一个空白材质球并设置名称为“灰塑料”，然后将材质设置为Architectural（建筑）类型，使用材质模板为Plastic（塑料）类型，再设置Diffuse Color（漫反射颜色）为灰色，如图6-108所示。

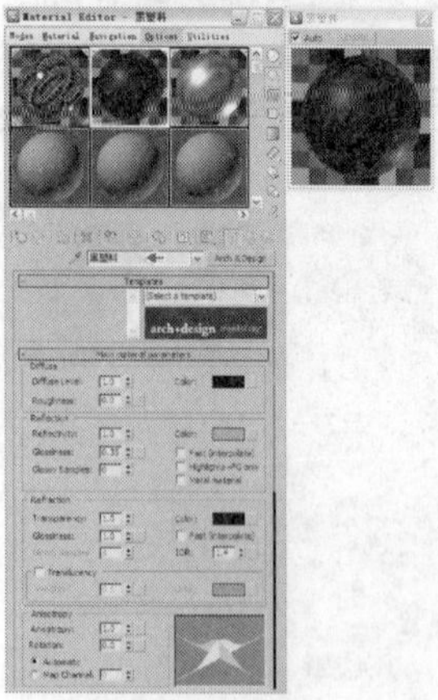

图6-107　黑塑料材质

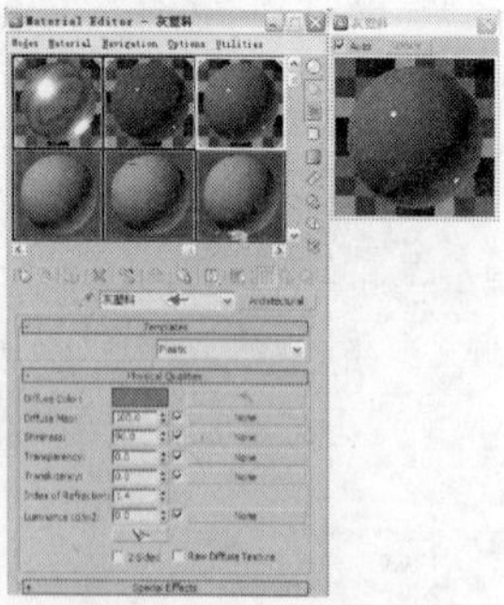

图6-108　灰塑料材质

Step07 在菜单中选择【Rending（渲染）】→【Environment（环境）】命令，从弹出的Environment and Effects（环境与特效）对话框中设置背景颜色为白色，如图6-109所示。

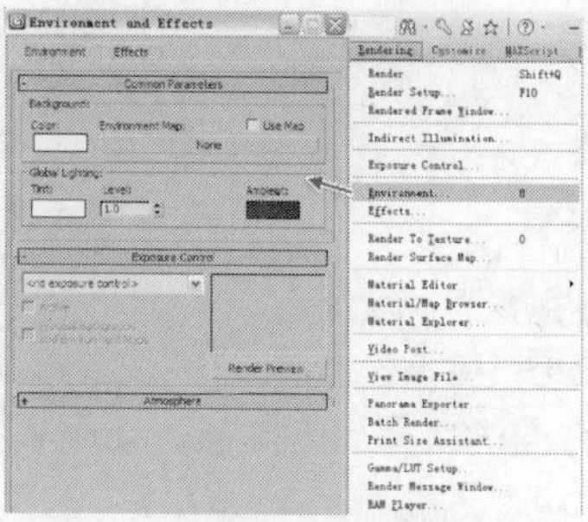

图6-109　设置背景

Step08 在主工具栏单击（渲染）按钮，渲染观察背景效果如图6-110所示。

图6-110　渲染环境背景

Step09 在（创建）面板中选择（灯光）中的Target Sopt（目标聚光灯），然后在Front（前）视图中建立目标聚光灯并设置灯光参数，如图6-111所示。

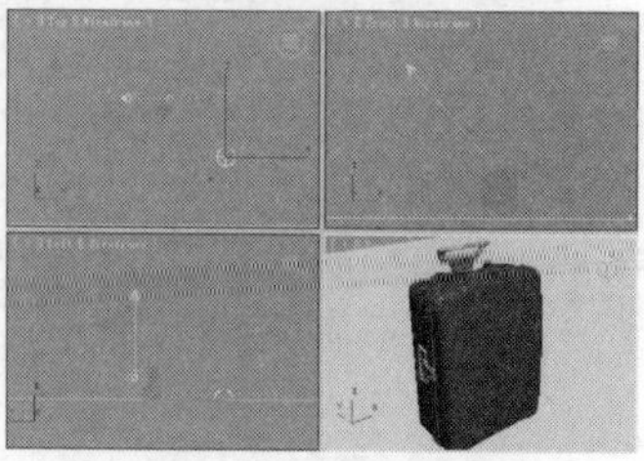

图6-111　创建灯光

Step10 在主工具栏中单击（快速渲染）按钮，渲染制作完成的模型效果，如图6-112所示。

图6-112　渲染最终效果

6.4 范例——卡通熊

【重点提要】

本范例主要通过编辑多边形命令对几何体进行造型控制，使用模型组合的方式逐一完成头部、身体和肢体的制作，最终效果如图6-113所示。

图6-113　卡通熊范例效果

【制作流程】

卡通熊范例的制作流程分为4部分：①头部模型制作，②身体模型制作，③四肢模型制作，④辅助模型与渲染设置，如图6-114所示。

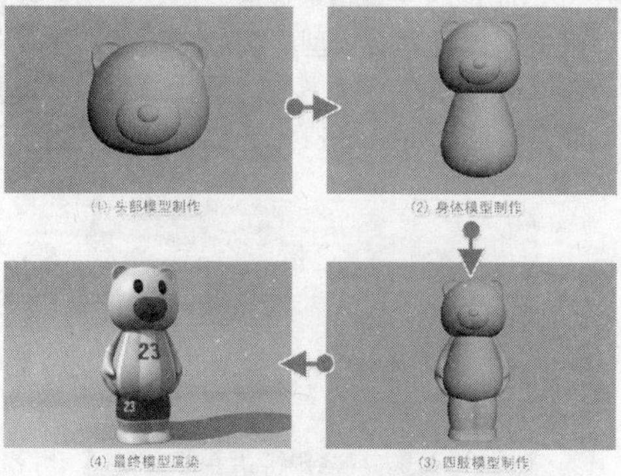

图6-114　制作流程

6.4.1　头部模型制作

Step01 在（创建）面板的（几何体）子面板中，单击标准基本体下的Sphere（球体）按钮，然后在“Perspective透视图”中建立一个球体，设置Radius（半径）值为50，如图6-115所示。

Step02 选择球体并在修改面板中添加FFD 4×4×4（自由变形）命令，如图6-116所示。

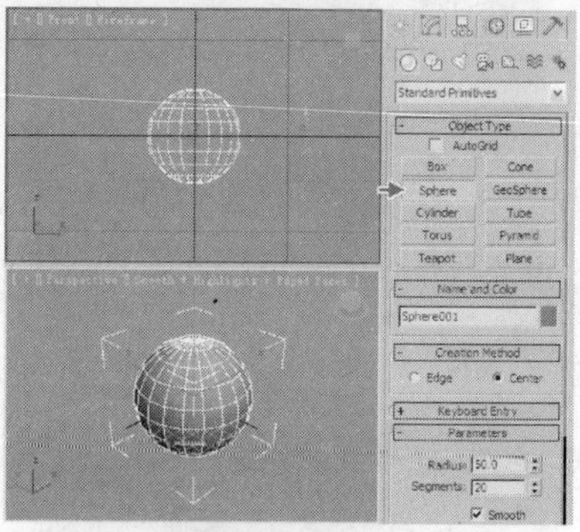

图6-115　创建球体

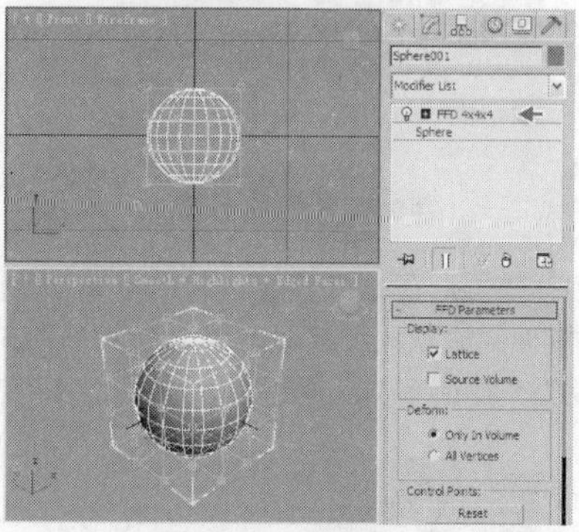

图6-116　添加自由变形

Step03 在主工具栏中单击（移动）工具按钮，激活自由变形修改器的Control Points（控制顶点）模式，然后选择中间的控制点，沿y轴进行移动调节，得到挤出头部模型的效果，如图6-117所示。

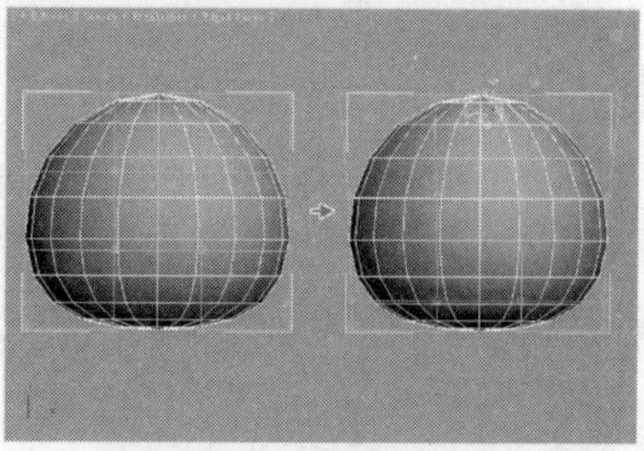

图6-117　调节控制点

Step04 选择球体模型，在修改面板中继续添加Edit Poly（编辑多边形）命令，如图6-118所示。

Step05 切换至Front（前）视图，然后选择模型右侧的所有点，配合键盘上的“Delete”键删除选择的点，得到半侧的头部模型，效果如图6-119所示。

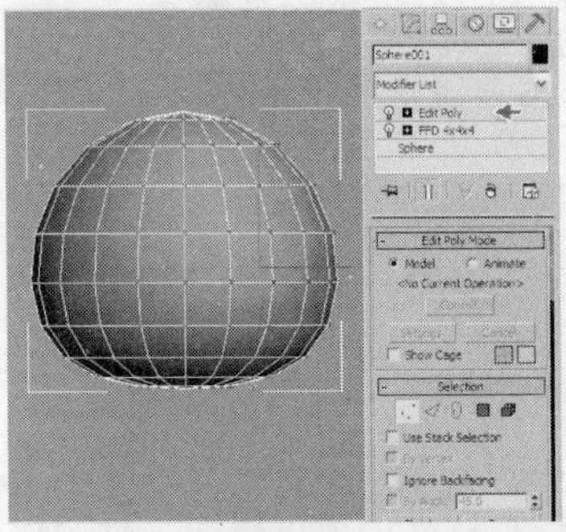

图6-118　添加编辑多边形命令

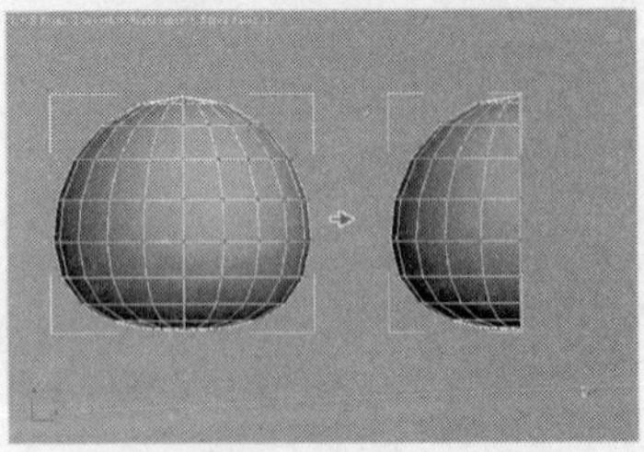

图6-119　删除点操作

Step06 选择模型，在（修改）面板中添加 Symmetry（对称）命令，使其自动恢复删除后的关联半侧模型，如图 6-120 所示。

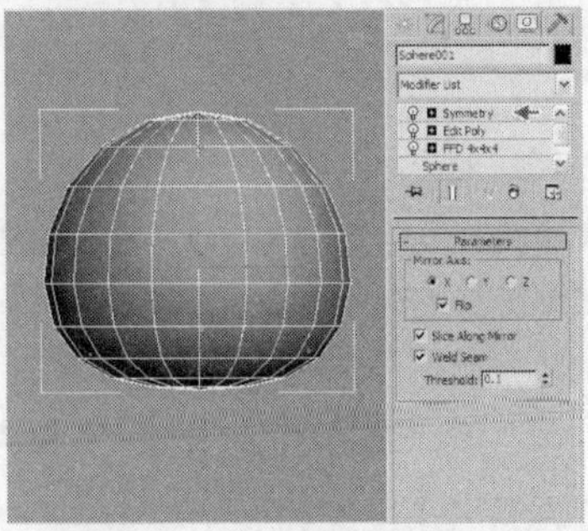

图6-120　增加对称命令

Step07 在（修改）面板中将 Edit Poly（编辑多边形）命令切换至多边形模式，然后选择模型顶部的多边形，作为耳朵的区域面，如图 6-121 所示。

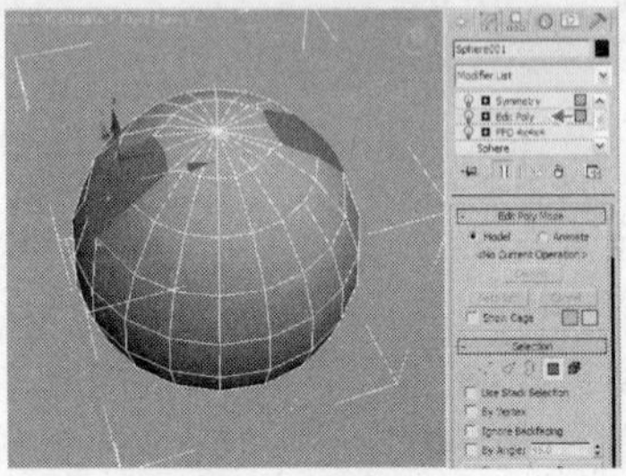

图6-121　选择多边形

Step08 单击 Bevel（倒角）工具按钮，挤出耳朵的长度，如图 6-122 所示。

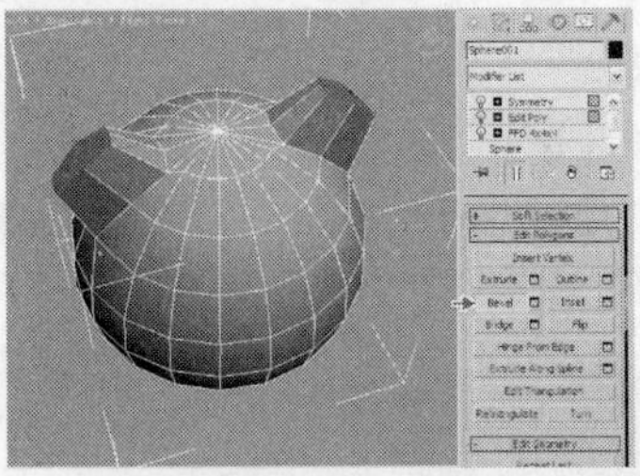

图6-122　使用倒角工具

Step09 将 Edit Poly（编辑多边形）命令切换至顶点模式，然后调节倒角产生点的位置，如图 6-123 所示。

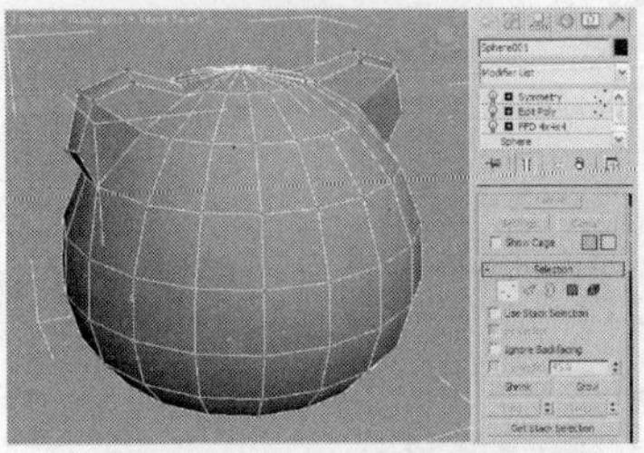

图6-123　调节点位置

Step10 将 Edit Poly（编辑多边形）命令切换至多边形模式，选择耳朵模型内侧的多边形，然后单击 Bevel（倒角）工具按钮，产生一组凹陷进去的新多边形，如图 6-124 所示。

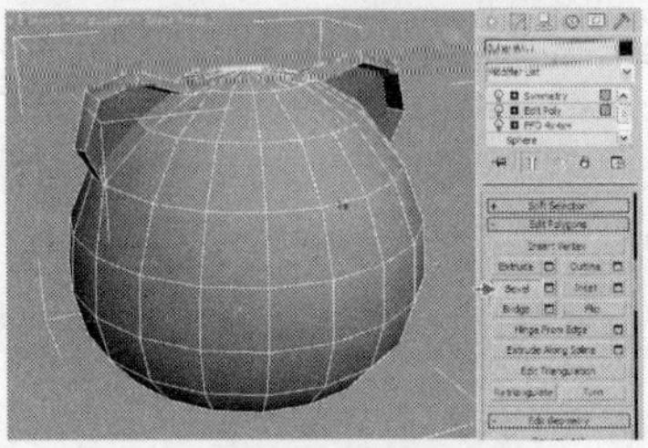

图6-124　使用倒角工具

Step11 在（修改）面板中添加 Mesh Smooth（网格平滑）命令，查看头部模型的平滑效果，如图 6-125 所示。

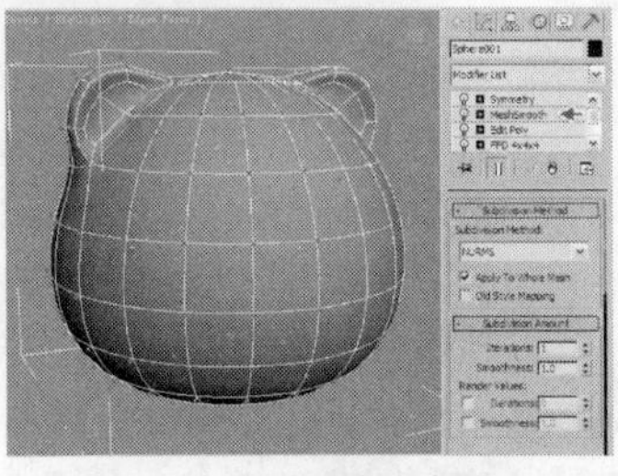

图6-125　添加网格平滑命令

Step12 在（创建）面板的（几何体）子面板中，单击标准基本体下的 Sphere（球体）按钮，然后在“Front 前视图”中建立一个球体，设置 Radius（半径）值为 20，作为角色的嘴部模型，如图 6-126 所示。

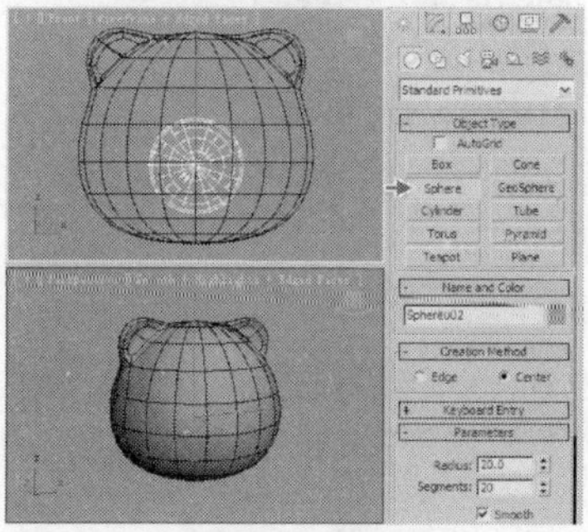

图6-126　创建嘴巴

Step13 选择球体并在（修改）面板中添加 FFD 4×4×4（自由变形）命令，激活自由变形修改器的 Control Points（控制顶点）模式，然后选择中间顶部的控制点，沿 *y* 轴进行移动调节，如图 6-127 所示。

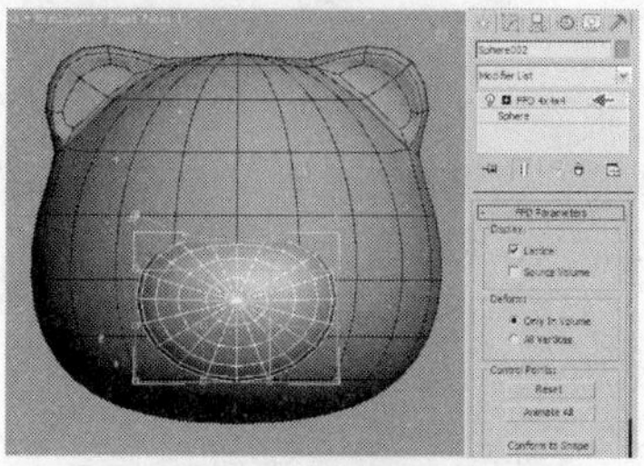

图6-127　调节嘴部模型

Step14 在（创建）面板的（几何体）子面板中，单击标准基本体下的 Sphere（球体）按钮，然后在“Front 前视图”中建立一个球体，设置 Radius（半径）值为 8，作为角色的鼻子模型，如图 6-128 所示。

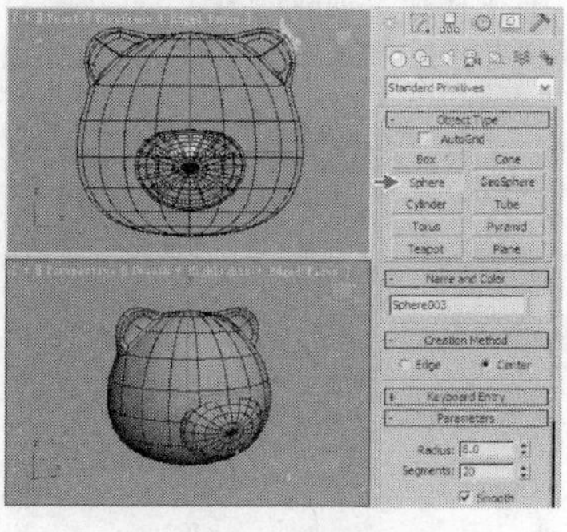

图6-128　创建鼻子

Step15 切换至“Perspective 透视图”并调节视图的角度，查看制作完成的头部模型效果，如图 6-129 所示。

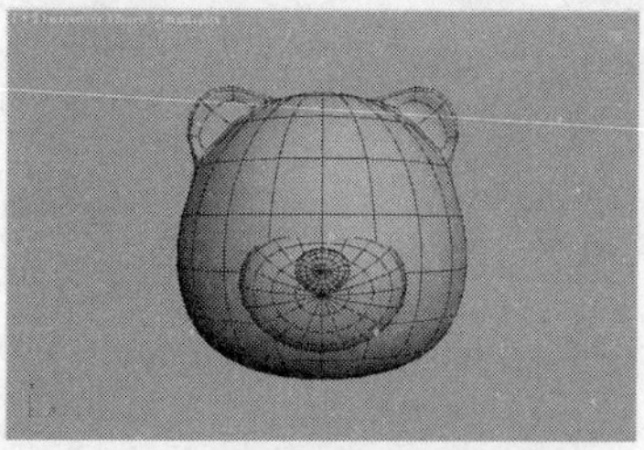

图6-129　头部模型效果

6.4.2　身体模型制作

Step01 选择头部模型并配合键盘的“Shift+ 移动”快捷键沿 *z* 轴进行复制操作，如图 6-130 所示。

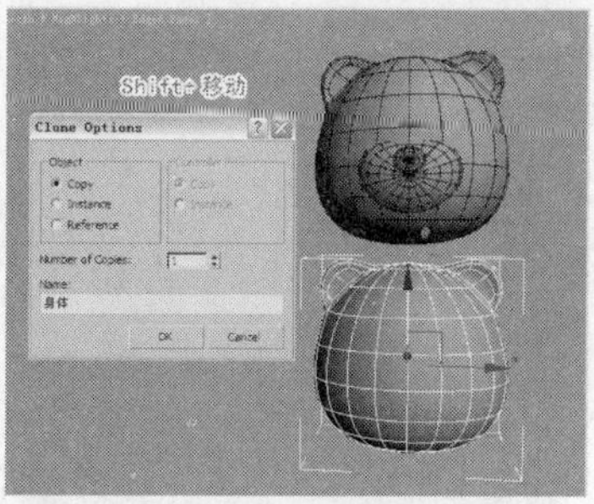

图6-130　复制模型

Step02 在（修改）面板中删除所有的修改命令，使复杂的模型只保留球体的属性，如图 6-131 所示。

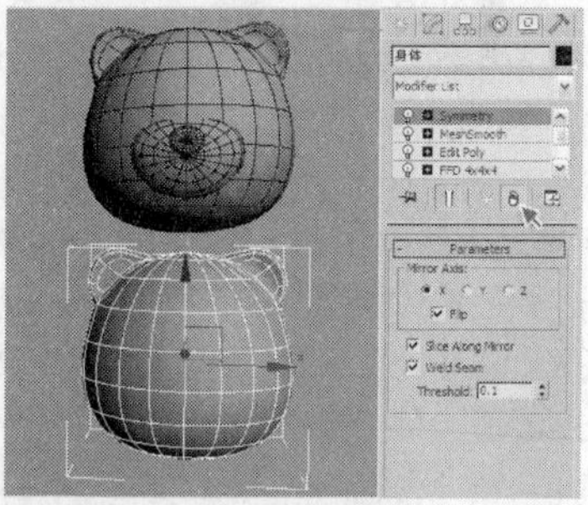

图6-131　移除修改命令

Step03 选择身体模型，并使用（移动）工具调节身体模型的位置，如图 6-132 所示。

Step04 选择身体模型，在（修改）面板中添加 FFD 4×4×4（自由变形）命令，激活自由变形修改器的 Control Points（控制顶点）模式，然后调节身体模型形态，如图 6-133 所示。

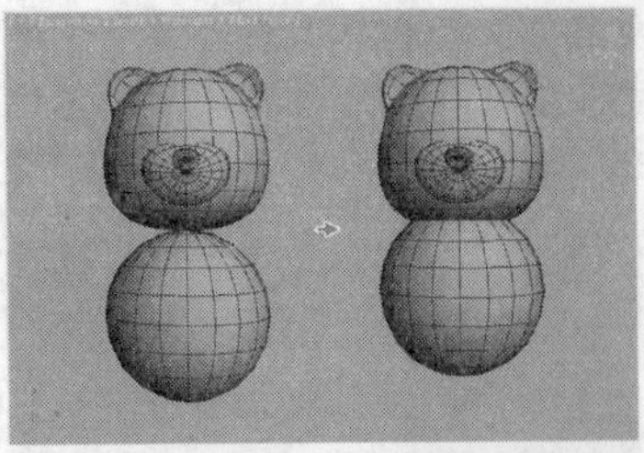

图6-132　使用移动工具调节身体位置

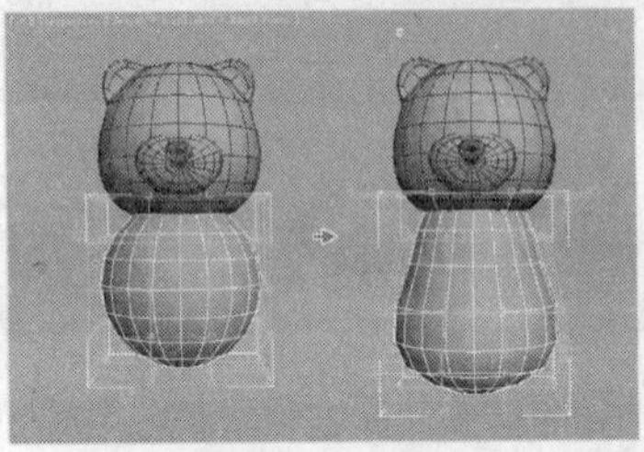

图6-133　调节身体形态

Step05 切换至“Perspective 透视图”并调节视图的角度，查看制作完成的身体模型效果，如图 6-134 所示。

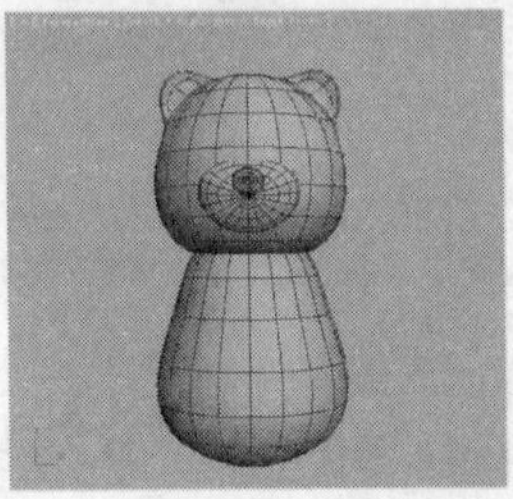

图6-134　身体模型效果

6.4.3　四肢模型制作

Step01 在（创建）面板的（几何体）子面板中，单击标准基本体下的 Box（长方体）按钮，然后在“Top 顶视图”中建立一个长方体，设置 Length（长度）值为 25，Width（宽度）值为 25，Height（高度）值为 10，作为手掌模型的基础形状，如图 6-135 所示。

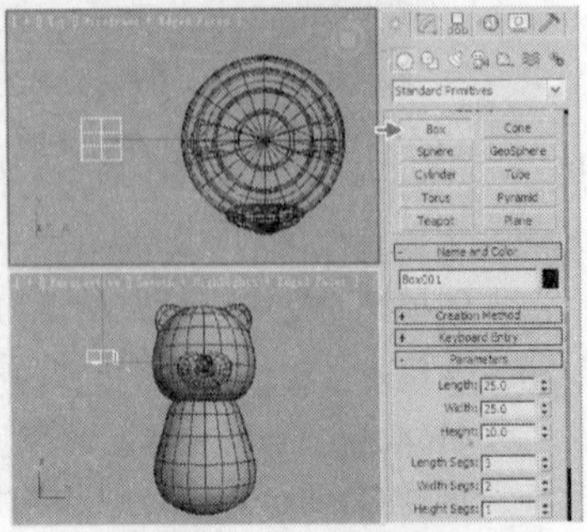

图6-135　创建手掌模型

Step02 选择长方体并在（修改）面板中添加 Edit Poly（编辑多边形）命令，切换至多边形模式，然后选择长方体外侧的多边形，如图 6-136 所示。

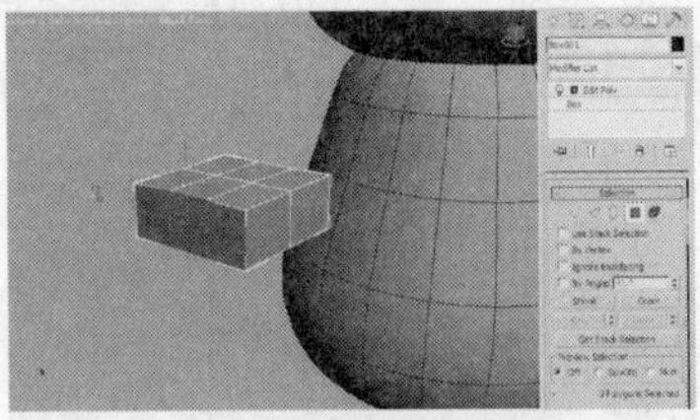

图6-136　选择多边形

Step03 单击 Bevel（倒角）工具按钮，然后设置倒角参数，制作手指凸出的模型效果，如图 6-137 所示。

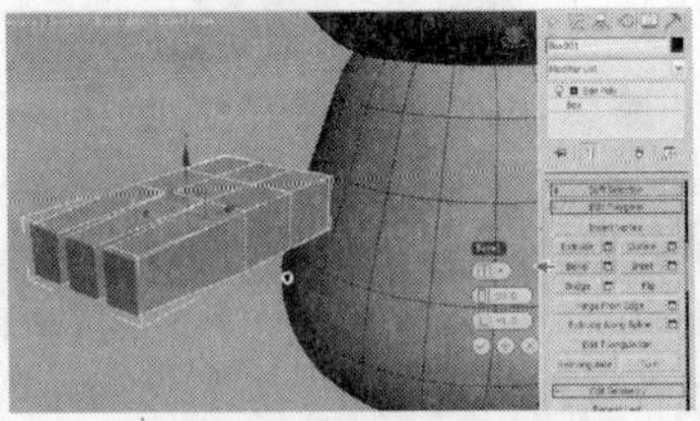

图6-137　设置倒角参数

Step04 选择拇指位置的多边形并单击 Bevel（倒角）工具按钮，设置倒角参数，完成大拇指的模型效果，如图 6-138 所示。

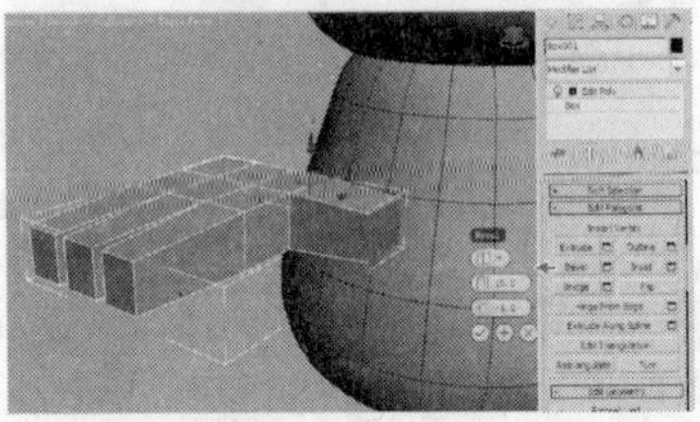

图6-138　使用倒角工具制作大拇指

Step05 切换至“Top 顶视图”，将 Edit Poly（编辑多边形）命令切换至顶点模式，然后使用（移动）工具调节手掌的基本形态，如图 6-139 所示。

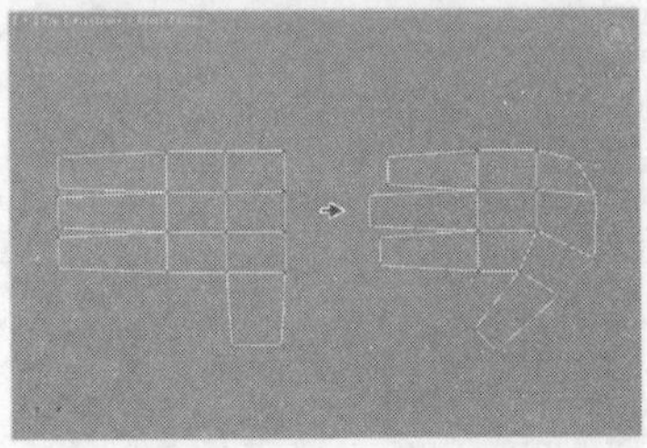

图6-139　调节手掌形态

Step06 将 Edit Poly（编辑多边形）命令切换至多边形模式，然后选择模型后部的多边形，准备制作手臂，如图 6-140 所示。

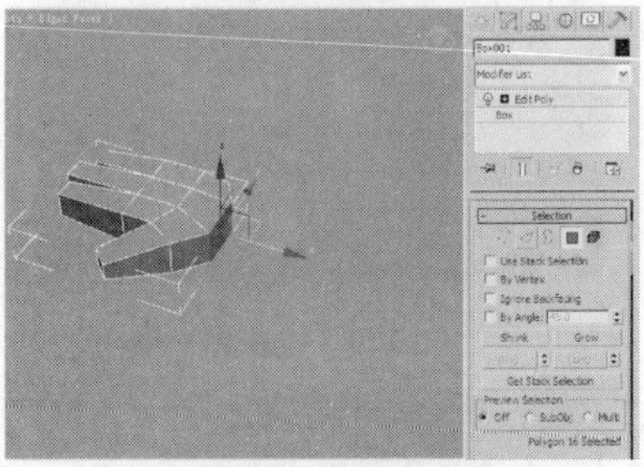

图6-140 选择多边形

Step07 单击 Extrude（挤出）工具按钮，然后设置手臂的挤出高度为 3 份，如图 6-141 所示。

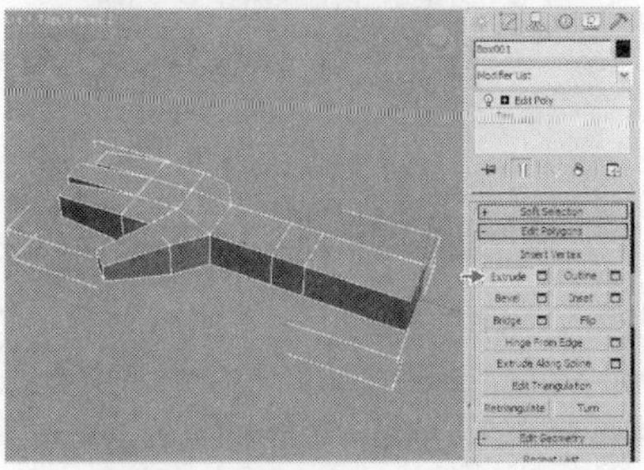

图6-141 使用挤出工具挤出高度

Step08 切换至“Top 顶视图”，将 Edit Poly（编辑多边形）命令切换至顶点模式，然后使用（移动）工具调节手臂的基本形态，如图 6-142 所示。

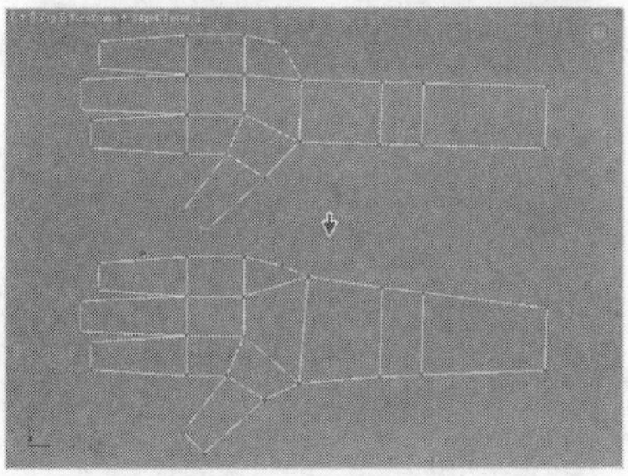

图6-142 调节手臂形态

Step09 切换至“Front 顶视图”，将 Edit Poly（编辑多边形）命令切换至顶点模式，然后使用（旋转）工具调节手臂到身体的左侧，如图 6-143 所示。

Step10 使用（移动）工具调节手臂的弯曲形态，产生与身体相同的弧度效果，如图 6-144 所示。

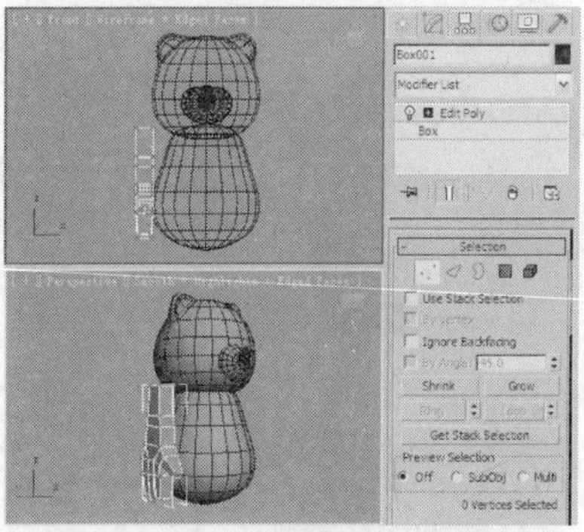

图6-143 调节手臂至身体左侧

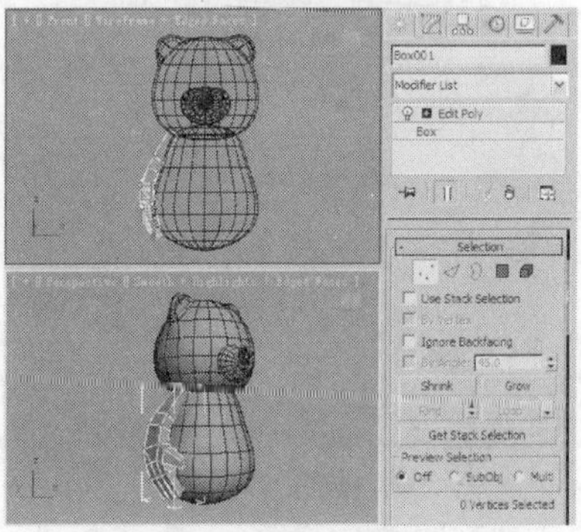

图6-144 调节手臂弯曲形态

Step11 在（修改）面板中开启 Mesh Smooth（网格平滑）命令，查看手部模型的效果，如图 6-145 所示。

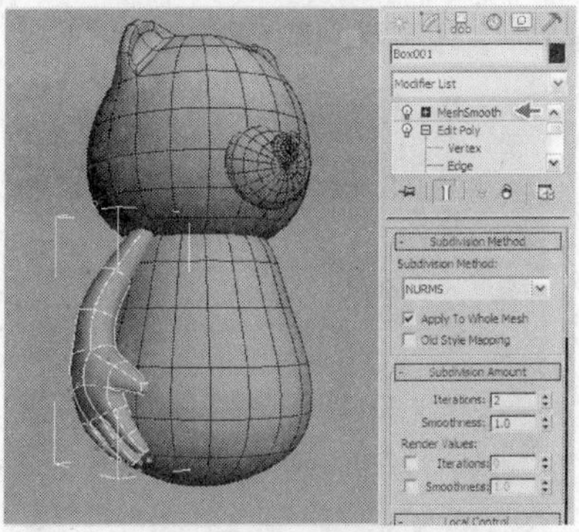

图6-145 增加网格平滑

Step12 选择手部模型，单击主工具栏的（镜像）工具按钮，在弹出的对话框中设置 Mirror Axis（镜像轴）为 *x* 轴，Clone Selection（克隆当前选择）为 Copy（复制）模式，镜像复制出对称位置的模型，如图 6-146 所示。

Step13 切换至四视图，查看并调节手臂模型位置，效果如图 6-147 所示。

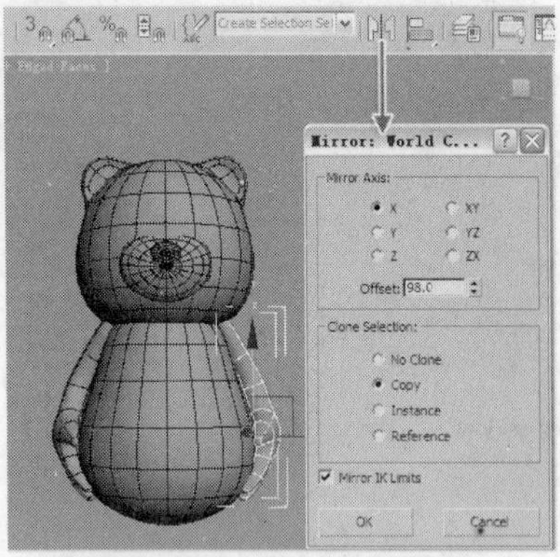

图6-146　设置镜像参数

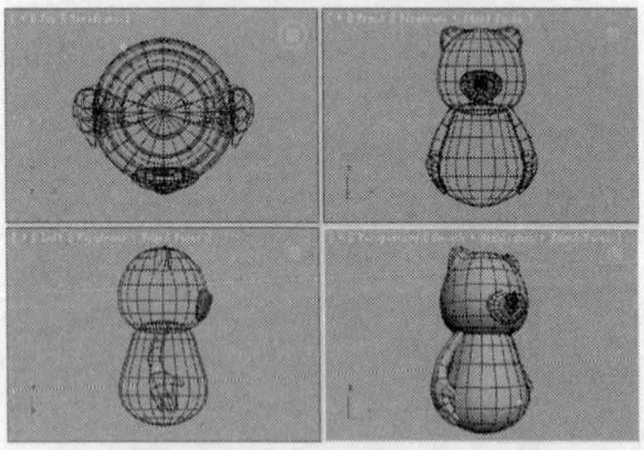

图6-147　模型效果

Step14 在（创建）面板的（几何体）子面板中，单击标准基本体下的Box（长方体）按钮，然后在“Top顶视图”中建立一个长方体，设置Length（长度）值为60，Width（宽度）值为65，Height（高度）值为70，作为腿部模型的基础形，如图6-148所示。

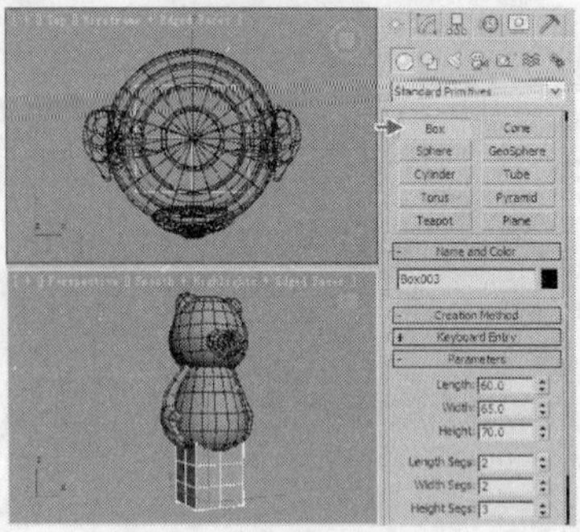

图6-148　创建腿部模型

Step15 选择头部、身体与手臂模型，单击鼠标右键，在弹出菜单中选择Hide Selection（隐藏当前选择）命令，隐藏所选择的模型，如图6-149所示。

Step16 选择长方体模型，在（修改）面板中添加Edit Poly（编辑多边形）命令，如图6-150所示。

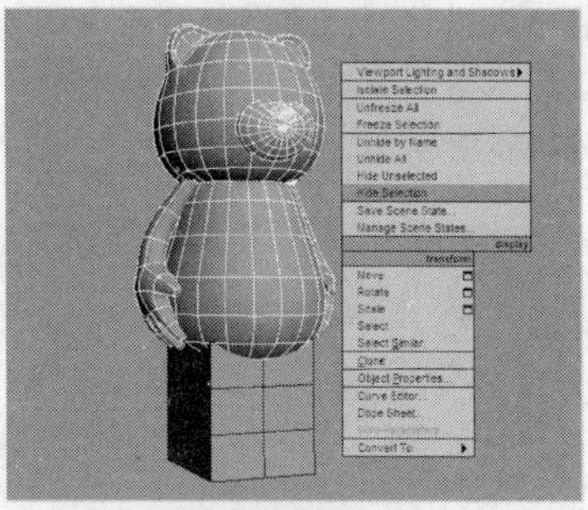

图6-149　隐藏模型

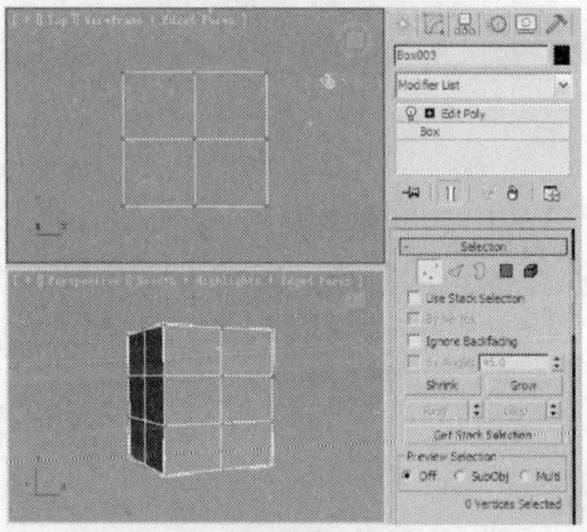

图6-150　添加编辑多边形命令

Step17 切换至“Left左视图”，在（修改）面板中将Edit Poly（编辑多边形）命令切换至顶点模式，然后使用（移动）工具调节点的位置，可以明显得到膝盖与脚的效果，如图6-151所示。

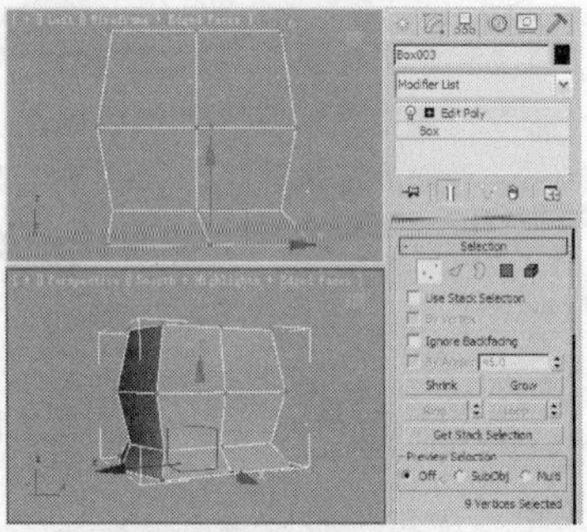

图6-151　调节点的位置

Step18 切换至“Front前视图”，然后选择模型右侧的所有点，配合键盘上的“Delete”键删除选择的点，得到半侧的腿部模型，效果如图6-152所示。

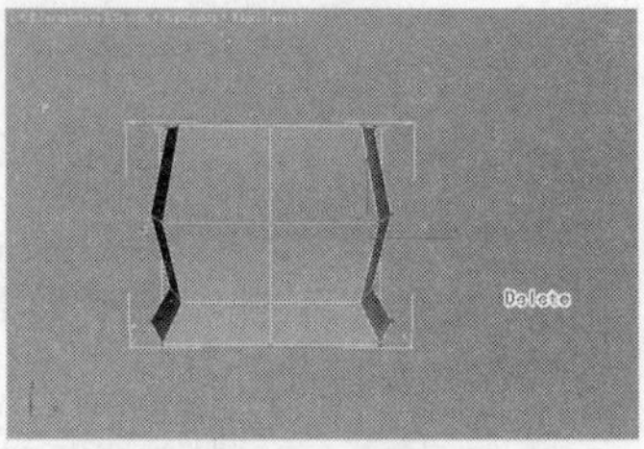

图6-152　删除点操作

Step19 选择模型，在（修改）面板中添加 Symmetry（对称）命令，使其自动恢复删除后的关联半侧模型，如图 6-153 所示。

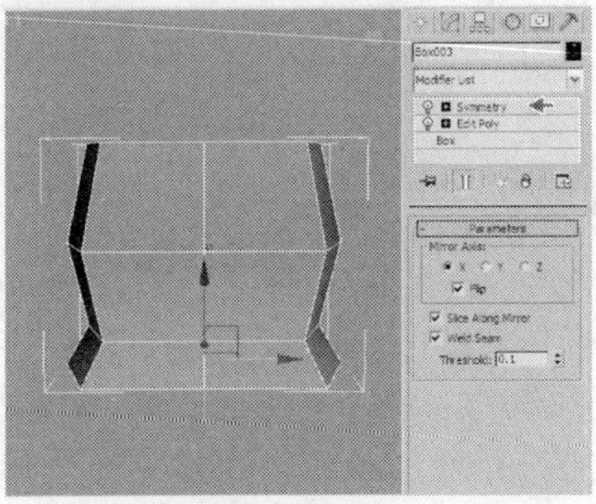

图6-153 增加对称命令

Step20 将 Edit Poly（编辑多边形）命令切换至边模式，然后选择腿部位置的水平线，再单击 Ring（平行）工具按钮，选择所有平行边，如图 6-154 所示。

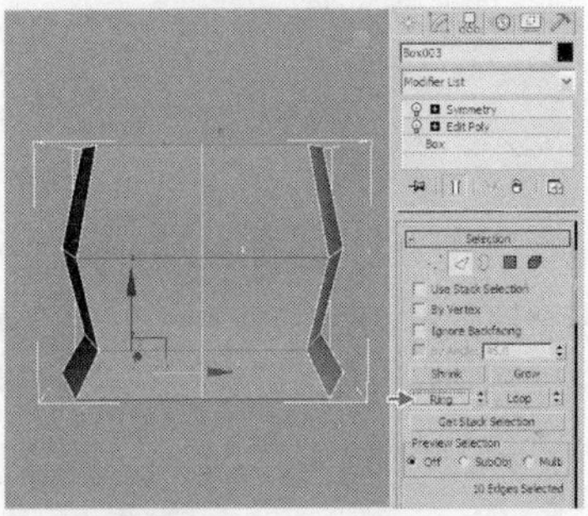

图6-154 选择平行边

Step21 单击 Connect（连接）工具按钮，增加两组新的线段，使腿部的结构更加丰富，如图 6-155 所示。

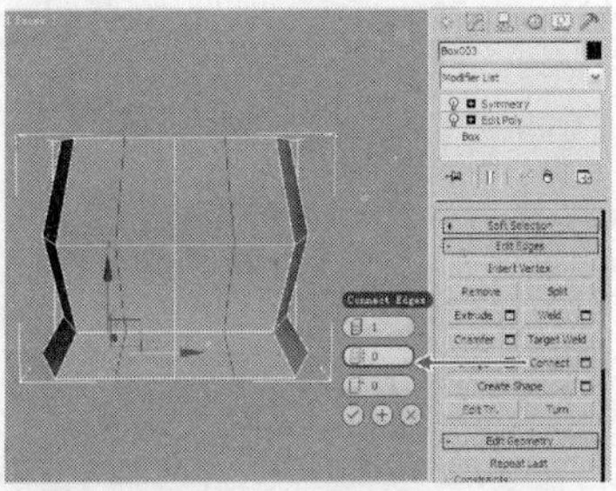

图6-155 增加新线段

Step22 将 Edit Poly（编辑多边形）命令切换至顶点模式，选择腿部的点并使用（移动）工具调节其高度，使腿部产生明显的凸起效果，如图 6-156 所示。

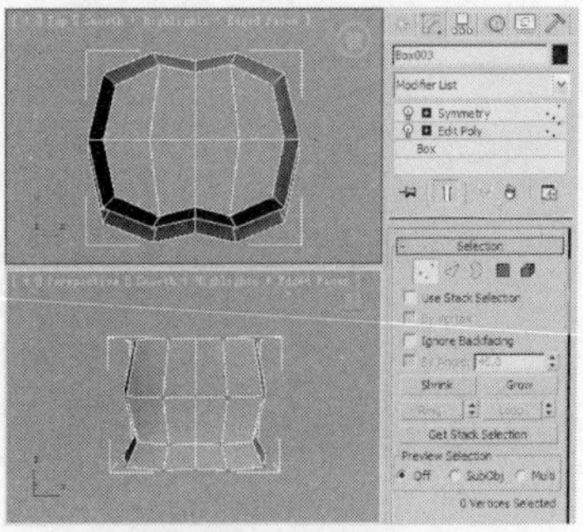

图6-156 调节点位置

Step23 将 Edit Poly（编辑多边形）命令切换至边模式，然后选择腿部中间位置的水平线，再单击 Ring（平行）工具按钮，选择所有平行边，如图 6-157 所示。

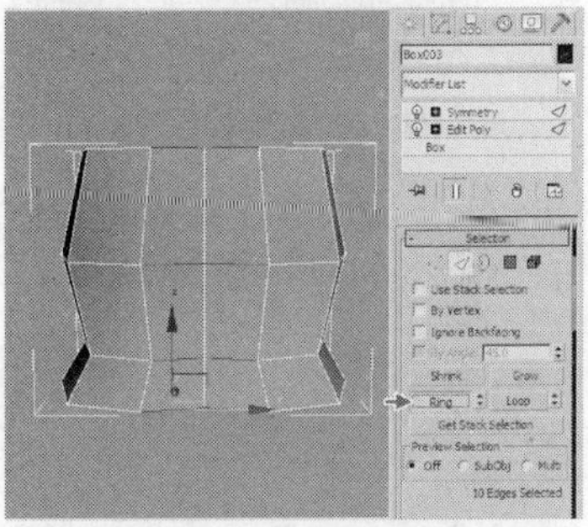

图6-157 使用平行工具

Step24 单击 Connect（连接）工具按钮增加两组新的线段，使腿部模型在进行平滑时产生更加丰富的效果，如图 6-158 所示。

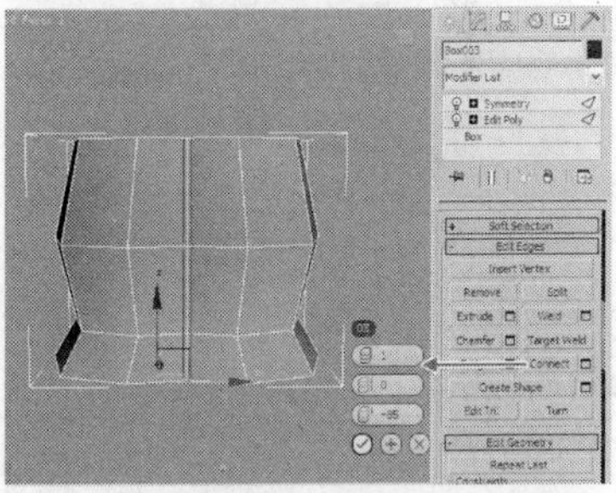

图6-158 使用连接工具

Step25 选择脚部位置的垂直线，单击 Connect（连接）工具按钮增加两组新的线段，使脚部的结构更加丰富，如图 6-159 所示。

Step26 将 Edit Poly（编辑多边形）命令切换至多边形模式，然后选择模型底部的多边形，以增加新的结构，如图 6-160 所示。

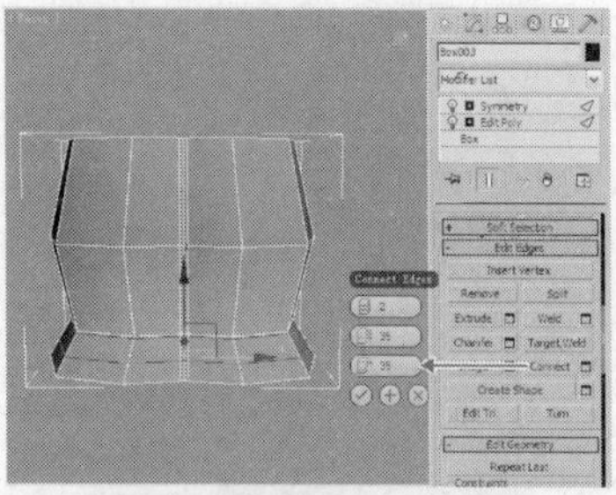

图6-159　增加脚部结构

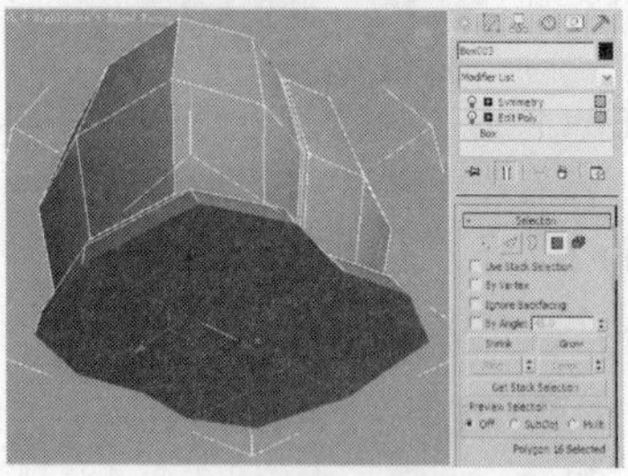

图6-160　选择底部的多边形

Step27 单击 Extrude（挤出）工具按钮，然后设置新的结构高度，如图 6-161 所示。

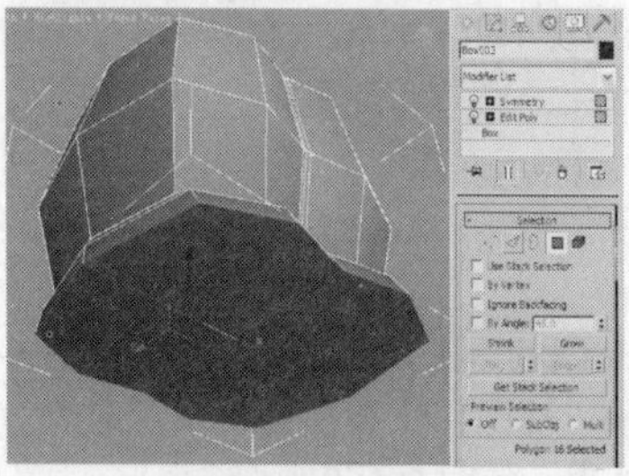

图6-161　使用挤出工具

Step28 在（修改）面板中开启 Mesh Smooth（网格平滑）命令，查看腿部模型的效果，如图 6-162 所示。

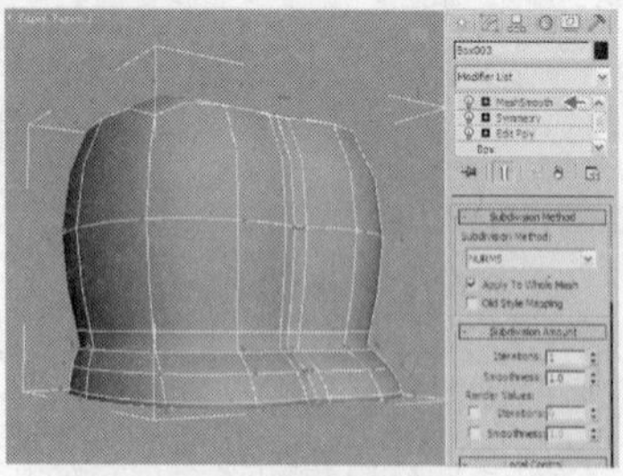

图6-162　增加网格平滑

Step29 切换至四视图，然后显示所隐藏的模型，查看并调节腿部模型的位置和效果，如图 6-163 所示。

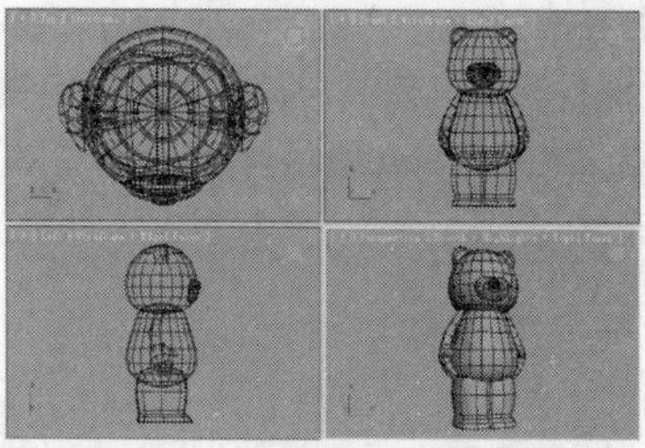

图6-163　四肢模型效果

Step30 在（创建）面板的（几何体）子面板中，单击标准基本体下的 Sphere（球体）按钮，然后在“Front 前视图”中建立一个球体，设置 Radius（半径）值为 15，作为角色的尾巴模型，如图 6-164 所示。

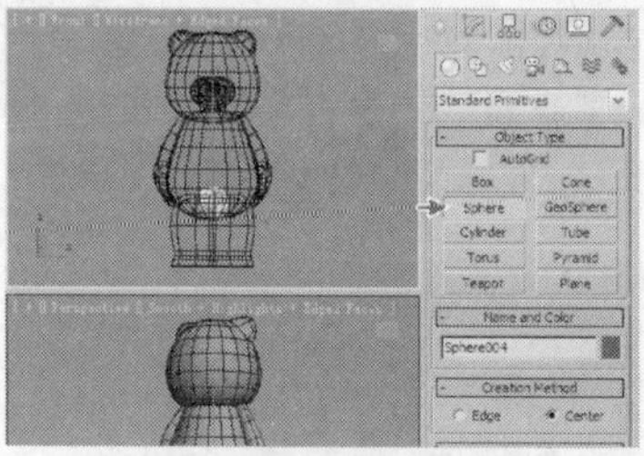

图6-164　创建尾巴模型

Step31 切换至四视图，使用（移动）工具调节球体模型到卡通熊的背面位置，如图 6-165 所示。

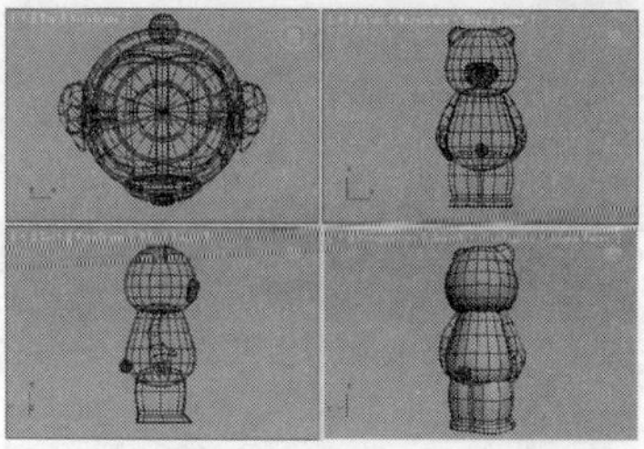

图6-165　移动球体

Step32 切换至“Perspective 透视图”并调节视图的角度，查看制作完成的卡通熊模型效果，如图 6-166 所示。

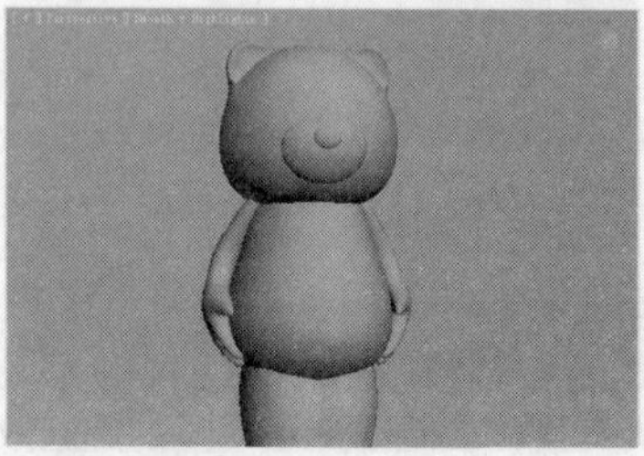

图6-166　卡通熊模型效果

6.4.4 最终模型渲染

Step01 使用平面设计软件绘制卡通熊的面部贴图，如图 6-167 所示。

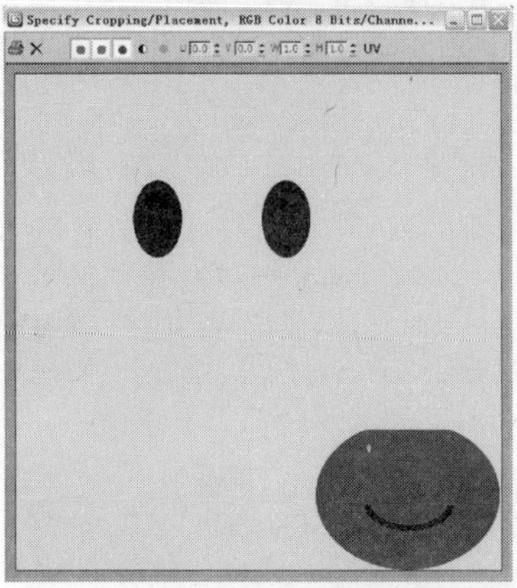

图6-167　绘制面部贴图

Step02 打开材质编辑器，选择一个空白材质球，并设置名称为“面部”，再为 Diffuse Map（漫反射贴图）赋予绘制完成的面部贴图，如图 6-168 所示。

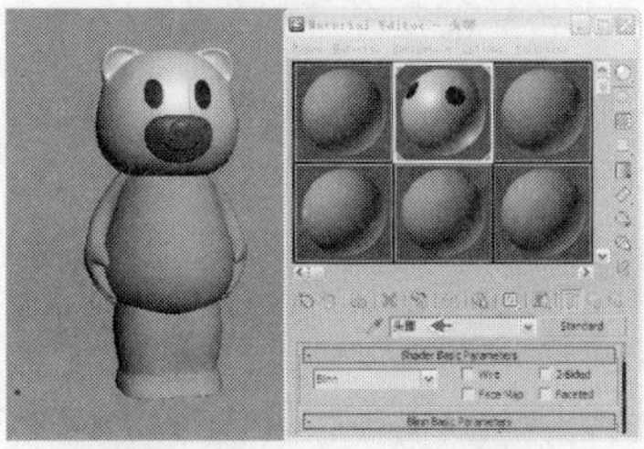

图6-168　赋予面部贴图

Step03 使用平面设计软件绘制卡通熊的身体贴图，如图 6-169 所示。

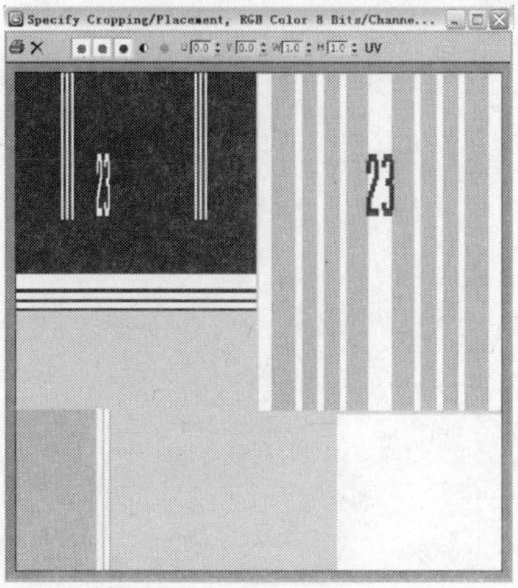

图6-169　绘制身体贴图

Step04 选择一个空白材质球并设置名称为“身体”，再为 Diffuse Map（漫反射贴图）赋予制作完成的身体贴图，如图 6-170 所示。

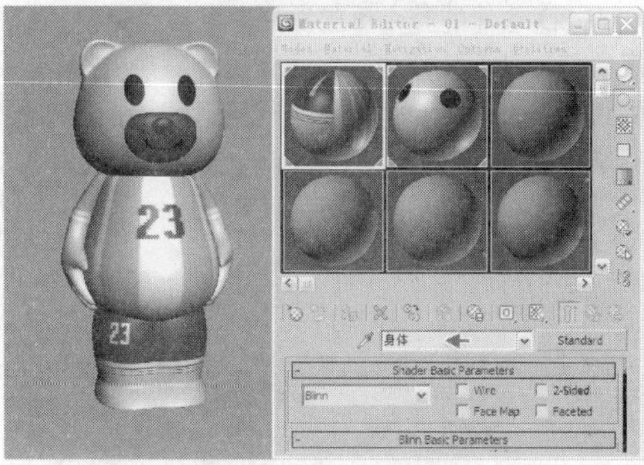

图6-170　赋予身体贴图

Step05 在（创建）面板的（灯光）中选择 Target Spot（目标聚光灯），在“Front 前视图”中建立灯光，并调节灯光位置与强度，如图 6-171 所示。

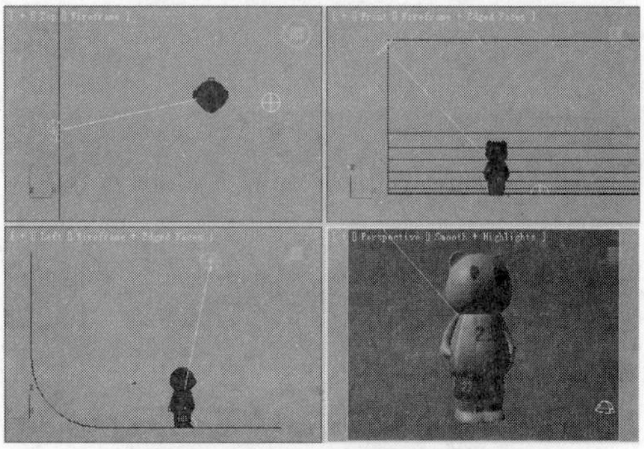

图6-171　创建灯光

Step06 在主工具栏中单击快速渲染按钮，快速渲染模型，最终效果如图 6-172 所示。

图6-172　最终效果

6.5 本章小结

在 3D 软件的整个历史发展中，多边形网格建模一直是构建对象的基本方法。它简单、快速，并且相对比较容易执行，从而使用户可以建造更为复杂的模型。本章主要对“编辑多边形”和“编辑网格”两个命令进行了详细的讲解，然后配合范例“旅行箱”和“卡通熊”对多边形网格建模进行实际应用，以方便广大用户深入学习并进行掌握。

第 7 章 NURBS建模

本章内容

- NURBS曲线
- NURBS曲面
- NURBS工具箱
- 范例——卡通飞船
- 范例——三维鲤鱼

7.1 NURBS曲线

NURBS 曲线属于图形对象，在制作样条线时可以使用这些曲线。使用挤出或车削修改器来生成基于 NURBS 曲线的 3D 曲面。可以将 NURBS 曲线作为放样的路径或图形，也可以使用 NURBS 曲线作为路径约束和路径变形的运动轨迹。可以将厚度指定给 NURBS 曲线，以便其渲染为圆柱形的对象，变厚的曲线渲染为多边形网格，而不是渲染为 NURBS 曲面。可在创建面板中选择创建 NURBS 曲线，如图 7-1 所示。

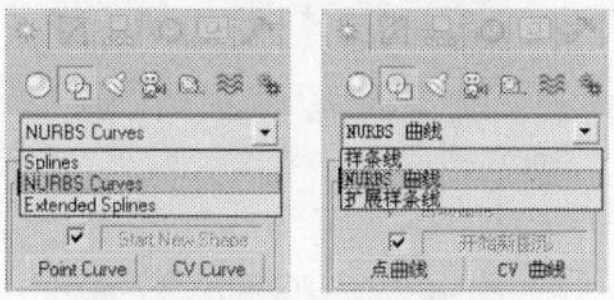

图7-1 NURBS曲线

7.1.1 点曲线

点曲线是 NURBS 曲线中的一种，其中这些点被约束在曲面上。点曲线可以说是整个 NURBS 模型的基础，如图 7-2 所示。

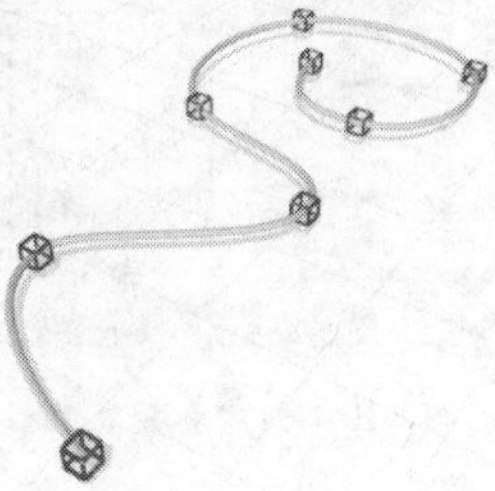

图7-2 点曲线

● 渲染卷展栏

点曲线的 Rendering（渲染）卷展栏主要用来启用或禁用对曲线的渲染，如图 7-3 所示。在渲染场景中指定渲染厚度并应用贴图坐标，渲染参数可设置动画，与 2D 图形的设置相同。

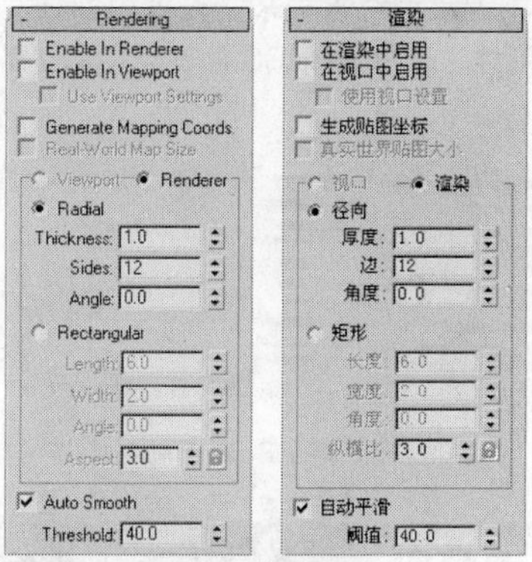

图7-3 渲染卷展栏

● 键盘输入卷展栏

Keyboard Entry（键盘输入）卷展栏可以通过输入创建 NURBS 曲线，如图 7-4 所示，它提供了 X、Y 和 Z 的坐标位置参数，还可以将点添加到曲线中。

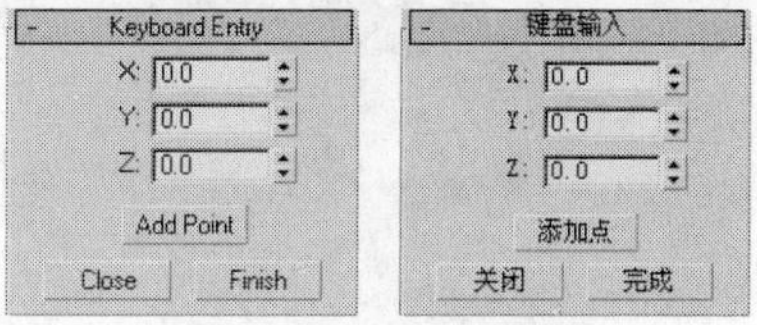

图7-4 键盘输入卷展栏

● **创建点曲线卷展栏**

Create Point Curve（创建点曲线）卷展栏包含用于曲线近似的控制，提供了步数、优化和自适应等参数，如图 7-5 所示。

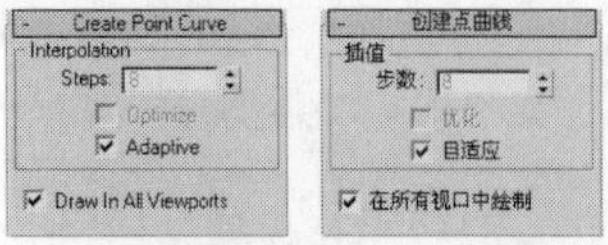

图7-5 创建点曲线卷展栏

7.1.2 CV曲线

CV 曲线由顶点控制 NURBS 曲线，CV 点不位于曲线上。它定义了一个包含曲线的控制晶格，每一 CV 具有一个权重，可通过调整它来更改曲线。在创建 CV 曲线时可在同一位置创建多个 CV，这将增加 CV 在此曲线区域内的影响。创建两个重叠 CV 来锐化曲率。创建 3 个重叠 CV 可以在曲线上创建一个转角，能够帮助整形曲线，如果此后单独移动了 CV，会失去此效果，如图 7-6 所示。

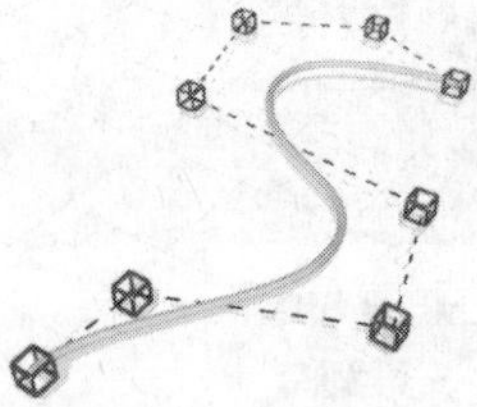

图7-6 CV曲线

7.2 NURBS曲面

NURBS 曲面对象是 NURBS 模型的基础。使用创建面板来创建的初始曲面是带有点或 CV 的平面段。这意味着它是用于创建 NURBS 面板的粗糙材质。如果已创建初始的曲面，可以通过移动 CV 或 NURBS 点附加其他对象，创建子对象等来修改调节曲面。可在创建面板下几何体中选择 NURBS 曲面，如图 7-7 所示。

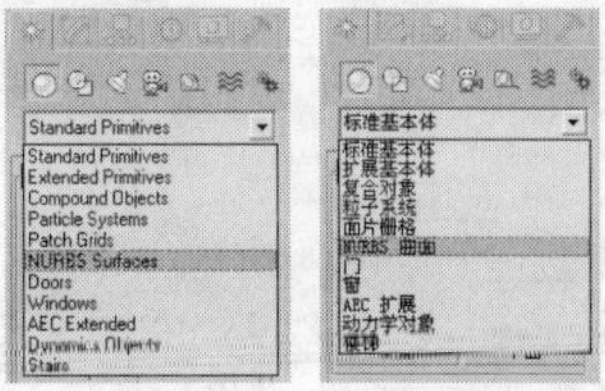

图7-7 NURBS曲面的创建

7.2.1 点曲面

点曲面属于 NURBS 曲面，其中这些点被约束在曲面上。由于初始 NURBS 曲面可编辑，所以曲面创建参数不会出现在修改面板上，如图 7-8 所示。

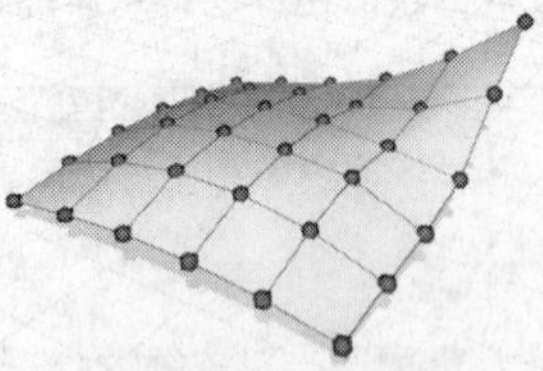

图7-8 点曲面

● **键盘输入卷展栏**

点曲面和 CV 曲面的创建参数是相同的，除了标签标明了创建的 NURBS 基础曲面类型。使用 Keyboard Entry（键盘输入）卷展栏可以通过输入创建点曲面，如图 7-9 所示。

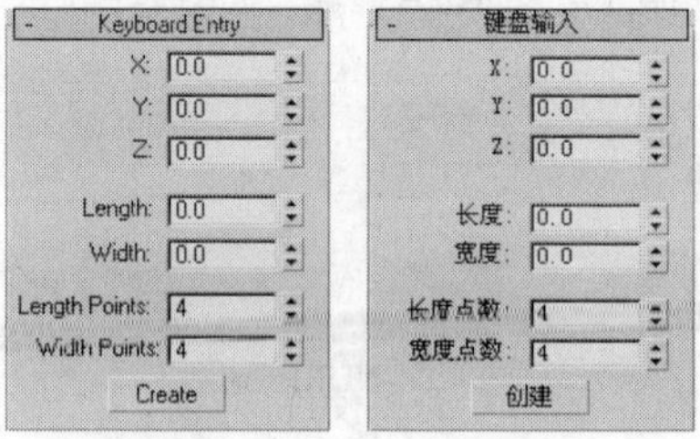

图7-9 键盘输入卷展栏

● **创建参数卷展栏**

Create Parameters（创建参数）卷展栏包含了创建的准确参数设置，如图 7-10 所示。

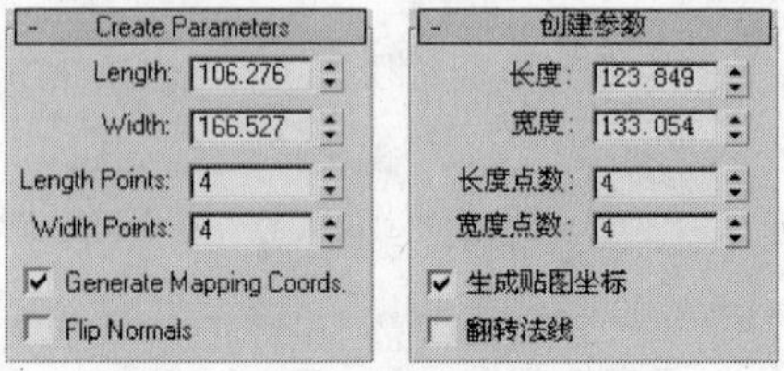

图7-10 创建参数卷展栏

7.2.2 CV曲面

CV 曲面属于 NURBS 曲面，主要由顶点进行控制。CV 曲面中的顶点不位于曲面上，它定义了一个控制晶格包裹整个曲面。每个 CV 均有相应的权重，可以调整权重从而更改曲面形状，如图 7-11 所示。

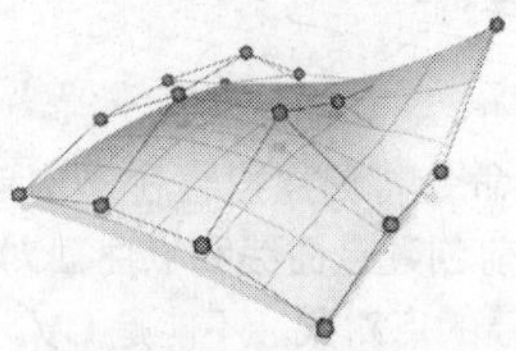

图7-11 CV曲面

7.3 NURBS工具箱

NURBS 工具箱包含了用于创建 NURBS 子对象的按钮，如图 7-12 所示。

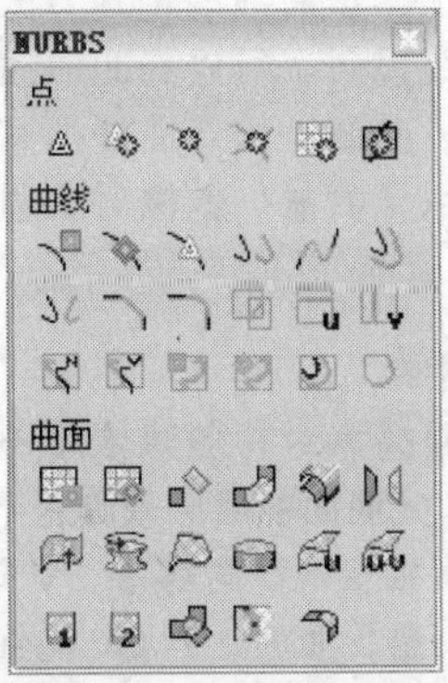

图7-12 NURBS工具箱

7.3.1 点

除了点曲面和点曲线对象构成部分的点之外，可以创建独立式点。这样的点通过使用曲线拟合按钮来帮助构建点曲线，也可以使用从属点来修剪曲线，在工具箱中的创建点按钮，如图 7-13 所示。

图7-13 点

- 点

使用点命令可以创建独立的点，没有附加的参数控制。

- 偏移点

使用偏移点命令可以创建与现有点重合的从属点或在现有点相对距离上创建该点。

- 曲线点

曲线点主要用于创建依赖于曲线或与其相关的从属点，该点既可以位于曲线上，也可以偏离曲线。

- 曲线 – 曲线相交点

使用曲线 - 曲线相交点命令可以在两条曲线的相交处创建从属点。

- 曲面点

曲面点命令用于创建依赖于曲面或与其相关的从属点，它将启用包含曲面的 NURBS 对象。

- 曲面 – 曲线相交点

使用曲面 - 曲线相交点命令可以在一个曲面和一条曲线的相交处创建从属点，当选中曲面 - 曲线相交点子对象时，将出现“曲面 - 曲线相交点”卷展栏。

7.3.2 曲线

曲线子对象是独立的点和 CV 曲线，或者是从属曲线。从属曲线是几何体依赖 NURBS 中其他曲线、点或曲面的曲线子对象，在工具箱中的创建曲线按钮如图 7-14 所示。

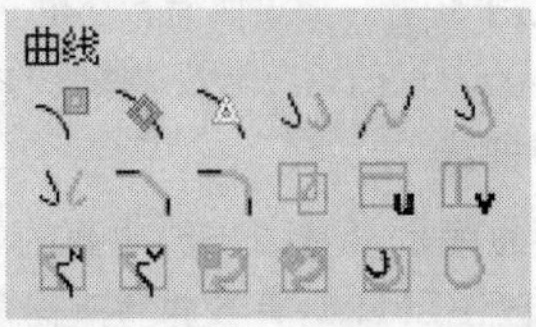

图7-14 曲线

- CV 曲线子对象

CV 曲线子对象类似于对象级 CV 曲线，主要差别在于不能在子对象层级上给出 CV 曲线渲染的厚度。

- 点曲线子对象

点曲线子对象类似于对象级点曲线，点被约束在该曲线上。主要差别在于不能在子对象层级上给出点曲线渲染的厚度。

- 曲线拟合

曲线拟合命令将创建拟合在选定点上的点曲线。该点可以是以前创建点曲线和点曲面对象的部分或者可以是明确创建的点对象，不能是CV。

- 变换曲线

变换曲线是具有不同位置、旋转或缩放的原始曲线的副本。

- 混合曲线

将一条曲线的一端与其他曲线的一端连接起来，从而混合父曲线的曲率，以在曲线之间创建平滑的曲线。可以将相同类型的曲线、点曲线与CV曲线相混合（反之亦然），将从属曲线与独立曲线混合起来。

- 偏移曲线

从原始曲线、父曲线偏移，到原始的法线，可以偏移平面和3D曲线。

- 镜像曲线

镜像曲线命令是原始曲线的镜像图像操作。

- 切角曲线

使用切角曲线可以创建两个父曲线之间直倒角的曲线。

- 圆角曲线

使用圆角曲线可以创建两个父曲线之间圆角的曲线。

- 曲面－曲面相交曲线

此命令将创建由两个曲面相交定义的曲线，将曲面－曲面相交曲线用于修剪。如果曲面相交位于两个或多个位置上，则与种子点最近的相交是创建曲线的相交。

- U向等参曲线

U向等参曲线是从NURBS曲面的等参线创建的从属曲线，可以使用U向等参曲线来修剪曲面。

- V向等参曲线

V向等参曲线是从NURBS曲面的等参线创建的从属曲线，可以使用V向等参曲线来修剪曲面。

- 法向投影曲线

法向投影曲线依赖于曲面，该曲线基于原始曲线，以曲面法线的方向投影到曲面，可以将法向投射曲线用于修剪。

- 向量投影曲线

向量投影曲线依赖于曲面，除了从原始曲线到曲面的投影位于可控制的矢量方向外，该曲线几乎与法向投射曲线完全相同，可以将矢量投射曲线用于修剪。

- 曲面上的CV曲线

曲面上的CV曲线命令类似于普通CV曲线，只不过其位于曲面上。该曲线的创建方式为绘制，而不是从不同的曲线投射。

- 曲面上的点曲线

曲面上的点曲线命令类似于普通点曲线，只不过其位于曲面上。该曲线的创建方式为绘制，而不是从不同的曲线投射，可以将此曲线类型用于修剪其所属的曲面。曲面上的点曲线拥有可以在视图中变换和编辑的点子对象，就像对普通点曲线的处理方式一样。

- 曲面偏移曲线

曲面偏移曲线命令将创建依赖于曲面的曲线偏移。换句话说，父曲面曲线必须具有下列其中一种类型：曲面-曲面相交、U向等参、V向等参、法线、投射、投射的矢量、曲面上的CV曲线或曲面上的点曲线。

- 曲面边曲线

曲面边曲线是位于曲面边界的从属曲线类型，该曲线可以是曲面的原始边界，或修剪边。

7.3.3 曲面

曲面子对象可以是独立的点和CV曲面，与点曲面和CV曲面中描述的顶点和CV曲线类似，也可以是从属曲面。从属曲面是其几何体依赖NURBS模型中其他曲面或曲线的曲面子对象。在更改原始父曲面或曲线的几何体时，从属曲面也将随之更改在工具箱中的创建按钮，如图7-15所示。

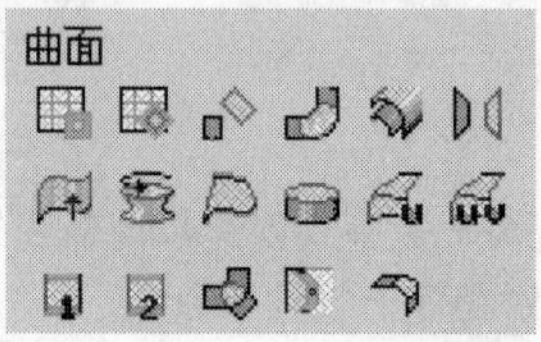

图7-15 曲面

- CV 曲面子对象

CV 曲面是 NURBS 曲面，它由控制顶点控制 CV，CV 不位于曲面上，定义一个控制晶格包住整个曲面。每个 CV 均有相应的权重，可以调整权重从而更改曲面形状，创建 CV 曲面子对象时出现的参数与将其作为子对象进行修改时看到的那些参数有所不同。

- 点曲面子对象

类似于对象级点曲面，这些点被约束在曲面上，创建点曲面子对象时出现的参数与将其作为子对象进行修改时看到的那些参数有所不同。

- 变换曲面

变换曲面是具有不同位置、旋转或缩放的原始曲面的副本。

- 混合曲面

混合曲面将一个曲面与另一个相连接，混合父曲面的曲率将在两个曲面创建平滑曲面，也可以将一个曲面与一条曲线混合或者将一条曲线与另一条曲线混合。

- 偏移曲面

偏移曲面沿着父曲面法线与指定的原始距离偏移。

- 镜像曲面

镜像曲面命令是原始曲面的镜像图像。

- 挤出曲面

从曲面子对象中挤出，这与使用挤出修改器创建的曲面类似，但是其优势在于挤出子对象是 NURBS 模型的一部分，因此可以使用它来构造曲线和曲面子对象。

- 车削曲面

车削曲面将通过曲线子对象生成。这与使用车削修改器创建的曲面类似，其优势在于车削子对象是 NURBS 模型的一部分，因此可以使用它来构造曲线和曲面子对象。

- 规则曲面

规则曲面通过两个曲线子对象生成，这将使用曲线以设置曲面的两个相反边界。

- 封口曲面

使用封口曲面命令可创建封口闭合曲线或闭合曲面边的曲面，封口尤其适用于挤出曲面。

- U 向放样曲面

一个 U 向放样曲面可以穿过多个曲线子对象插入一个曲面。此时，曲线成为曲面的 U 轴轮廓。

- UV 向放样曲面

UV 向放样曲面与 U 向放样曲面相似，但是在 V 维和 U 维包含一组曲线。这会更加易于控制放样图形，并且达到所要结果需要的曲线更少。

- 单轨扫描曲面

扫描曲面由曲线构建，一个单轨扫描曲面至少使用两条曲线，一条轨道曲线，定义了曲面的边，另一条曲线定义了曲面的横截面。当选中单轨扫描子对象时，会出现一个含有单轨扫描参数的卷展栏。

- 双轨扫描曲面

扫描曲面由曲线构建，一个双轨扫描曲面至少使用 3 条曲线。

- 多边混合曲面

多边混合曲面填充了由 3 个或 4 个其他曲线或曲面子对象定义的边，与规则、双面混合曲面不同，曲线或曲面的边必须形成闭合的环，即这些边必须完全围绕多边混合将覆盖的开口。

- 多重曲线修剪曲面

多重曲线修剪曲面是用多条组成环的曲线进行修剪的现有曲面。选择多重曲线修剪子对象后，就会显示带有多重曲线修剪参数的卷展栏。

- 圆角曲面

圆角曲面是连接其他两个曲面的弧形转角，通常使用圆角曲面的两边来修剪父曲面，并在圆角和父曲面之间创建一个过渡。

7.4 范例——卡通飞船

【重点提要】

本范例主要使用 CV 曲线配合 NURBS 工具箱中的工具相互组合建立，重点突出三维卡通飞船的憨态效果，如图 7-16 所示。

图7-16 卡通飞船范例效果

【制作流程】

卡通飞船范例的制作流程分为 4 部分：①主体模型制作，②武器模型制作，③眼睛模型制作，④场景渲染设置，如图 7-17 所示。

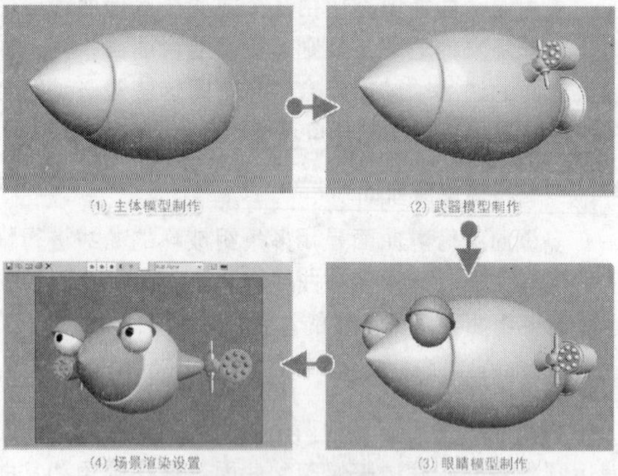

图7-17 制作流程

7.4.1 主体模型制作

Step01 在（创建）面板的（图形）中选择 NURBS 曲线中的 CV Curve（CV 曲线）命令，然后在 Front（前）视图中绘制出卡通飞船头部的外轮廓，如图 7-18 所示。

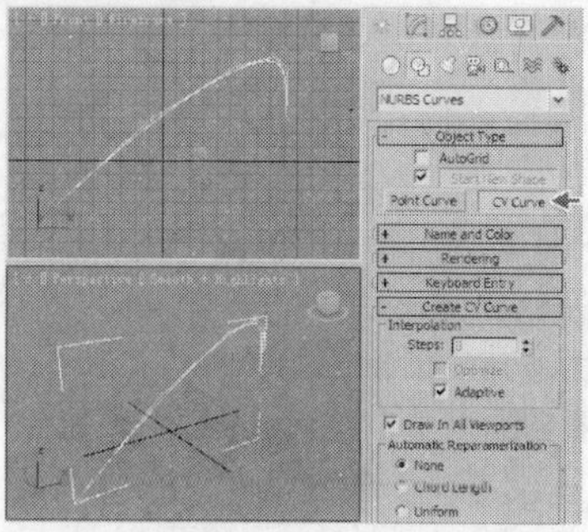

图7-18 绘制头部轮廓

Step02 在（修改）面板中的 NURBS 工具箱内单击 Lathe Surface（车削曲面）工具，然后拾取飞船头部轮廓曲线，再设置 Direction（方向）为 *x* 轴，旋转产生曲面。车削曲面将通过曲线子对象生成，这与使用 Lathe（车削）修改器创建的曲面类似。其优势在于车削子对象是 NURBS 模型的一部分，可以使用它来构造曲线和曲面子对象，如图 7-19 所示。

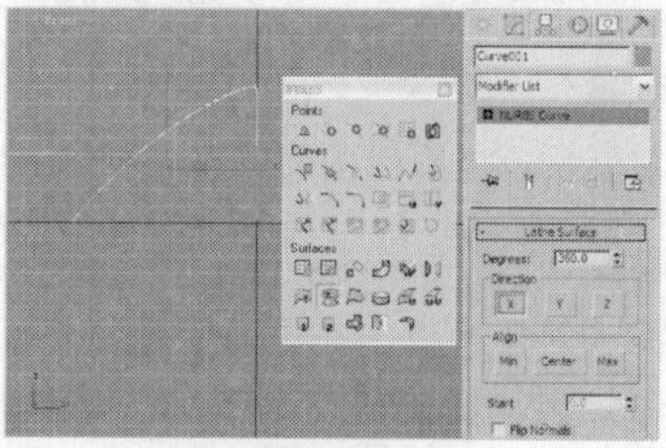

图7-19 车削曲面

Step03 在（修改）面板中进入 NURBS 曲面的 Surface（曲面）编辑级别，选择旋转产生的曲面，可以看到在视图上出现了旋转的中心轴，然后在 Front（前）视图中使用（移动）工具将旋转中心的轴沿 *y* 轴移动到相应位置产生飞船头部模型，如图 7-20 所示。

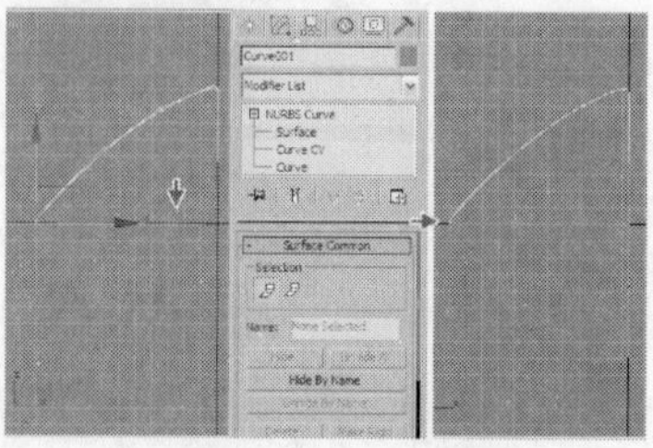

图7-20 调节车削轴

Step04 回到（创建）面板的（图形）中选择NURBS曲线中的CV Curve（CV曲线）命令，同样在Front（前）视图中绘制出卡通飞船身体的外轮廓曲线，使用车削曲面工具将飞船身体轮廓曲线进行旋转，如图7-21所示。

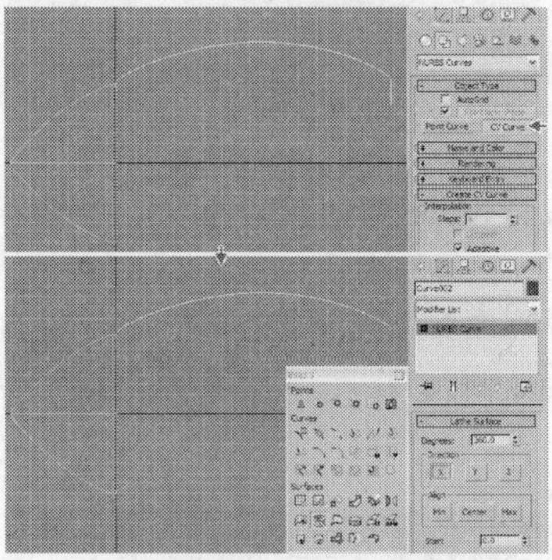

图7-21 绘制并车削

Step05 在（修改）面板中进入NURBS曲面的Surface（曲面）编辑级别，选择旋转产生的曲面，可以看到在视图上出现了旋转的中心轴，在Front（前）视图中使用（移动）工具将旋转中心轴沿 *y* 轴移动到相应位置产生飞船身体模型，如图7-22所示。

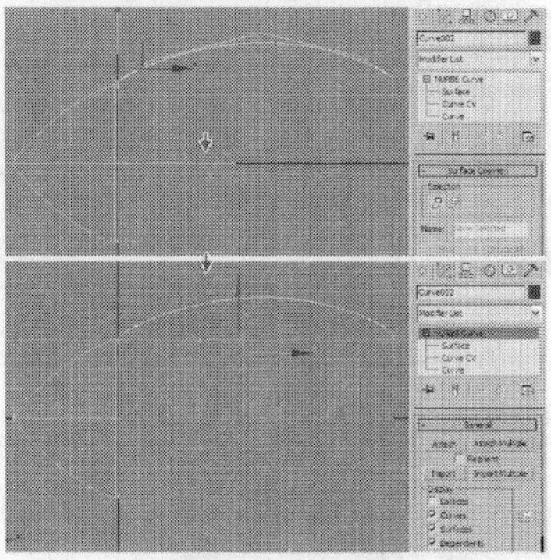

图7-22 调节曲面

Step06 使用同样的方法在Front（前）视图中绘制一条NURBS曲线，在工具箱内使用车削工具将飞船尾部模型创建出来，如图7-23所示。

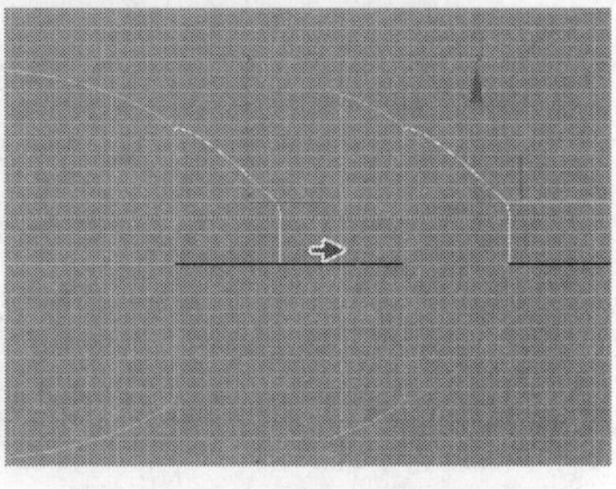

图7-23 制作尾部曲面

Step07 切换回四视图，观看制作完成的主体模型效果，如图7-24所示。

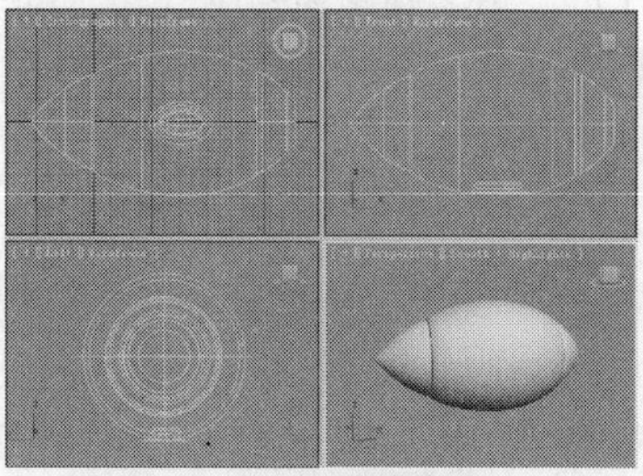

图7-24 主体模型效果

7.4.2 武器模型制作

Step01 现在我们来制作飞船与导弹发射器连接装置。在（创建）面板的图形中选择NURBS曲线中的CV Curve（CV曲线）命令，并在Left（左）视图中绘制一条飞船与导弹发射器连接装置轮廓曲线，然后在工具箱内使用车削曲面工具沿 *x* 轴旋转产生曲面，如图7-25所示。

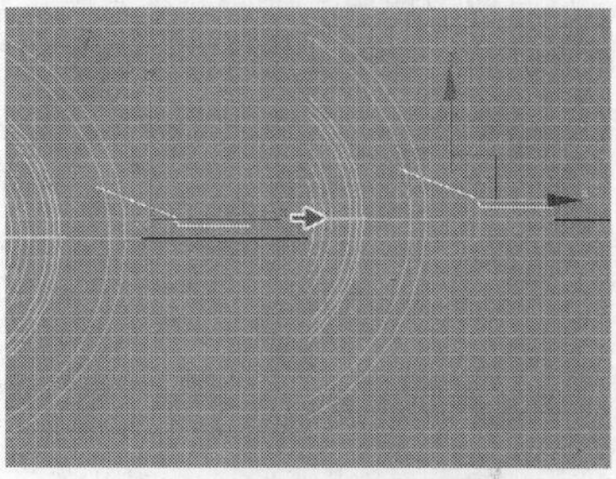

图7-25 车削曲面

Step02 同样在Left（左）视图中绘制一条NURBS曲线，结合工具箱内的车削曲面工具旋转产生曲面，然后在（修改）面板中单击Align（对齐）下的Max（最大）按钮，使当前曲线沿 *y* 轴以最大对齐方式进行旋转产生曲面，可以看到飞船与导弹发射器连接装置制作完成，如图7-26所示。

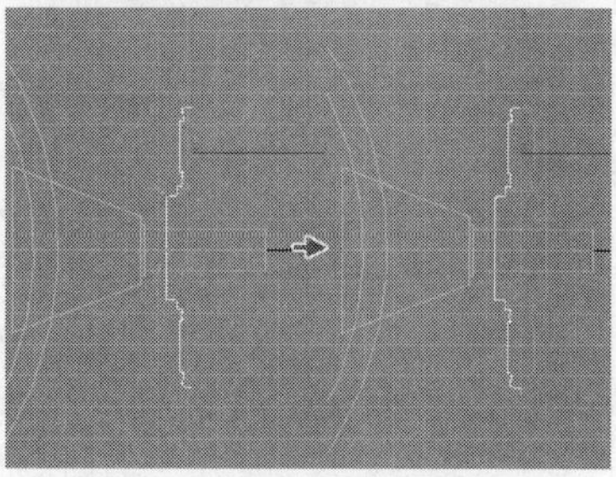

图7-26 绘制曲线并编辑

Step03 为了丰富连接装置的效果，在（创建）面板的（几何体）中选择 Sphere（球体）命令，在 Front（前）视图的相应位置创建一个球体。设置 Radius（半径）值为 15，切换到 Left（左）视图，使用（移动）工具将所创建的球体移动到相应位置，如图 7-27 所示。

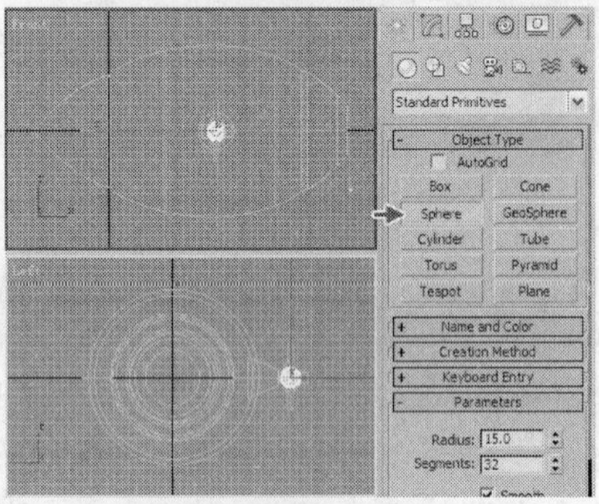

图7-27 创建球体

Step04 现在来制作卡通飞船的导弹发射器。在 Front（前）视图中使用 CV 曲面命令绘制弹发射器的外轮廓曲线，使用车削曲面工具沿 *x* 轴旋转产生弹发射器的模型，这时可以看到当前曲面为黑色，选择旋转产生的曲面并在（修改）面板中勾选 Filp Normals（反转法线）项目，然后再使用（移动）工具将弹发射器移动到相应位置，如图 7-28 所示。

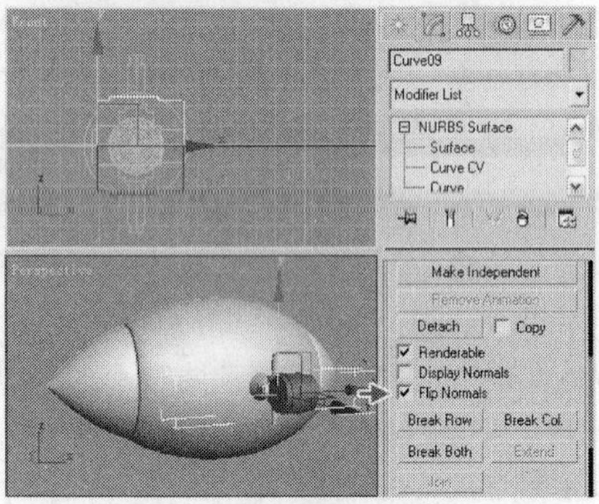

图7-28 制作导弹发射器

Step05 在（创建）面板的（图形）中选择样条线中的 Circle（圆形）曲线命令，在 Left（左）视图的相应位置创建两个圆形曲线，使用（旋转）工具并配合键盘上的 Shift 键沿 *z* 轴以 45° 旋转进行复制，设置复制的数量值为 7，然后选择导弹发射器，在（修改）面板中单击 Attach（结合）按钮将所有的圆形曲线合并到导弹发射器曲面内，如图 7-29 所示。

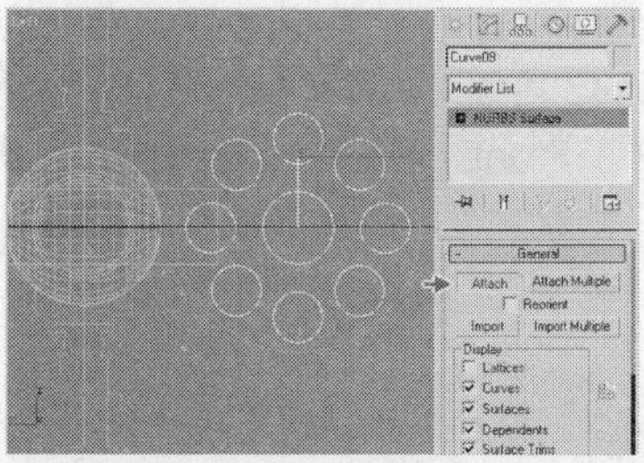

图7-29 建立并结合曲线

Step06 进入到 NURBS 曲面的 Surface（曲面）编辑级别下，选择导弹发射器曲面，并配合（旋转）工具在左视图内沿 *z* 轴进行 20° 的旋转，这样是为了避开 NURBS 曲面的闭合处，如图 7-30 所示。

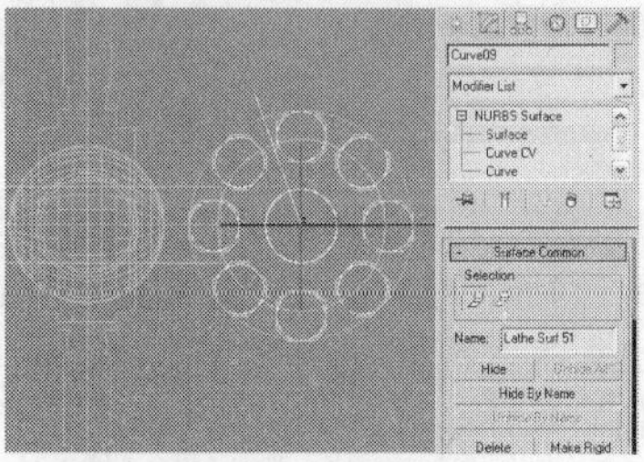

图7-30 旋转曲线

Step07 在工具箱内开启 Vector Projected Curve（向量投影曲线）命令，在左视图中将圆形曲线选择后，在选择导弹发射器曲面，然后在（修改）面板中勾选 Trim Controls（修剪控制）下的 Trim（修剪）与 Flip Trim（反转修剪）选项，这样就将导弹曲面修剪出一个圆形的洞来模拟弹口。向量投影曲线依赖于曲面，除了从原始曲线到曲面的投影位于可控制的矢量方向外，该曲线几乎与法向投影曲线完全相同，如图 7-31 所示。

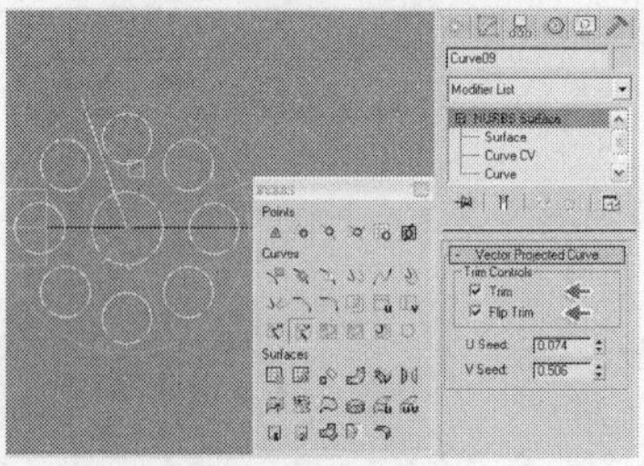

图7-31 修剪曲线

Step08 重复使用向量投影曲线命令，将其他几个圆形曲线投射到导弹发射器曲面并修剪出来，这样就在导弹发射曲面上创建了多个弹口，如图 7-32 所示。

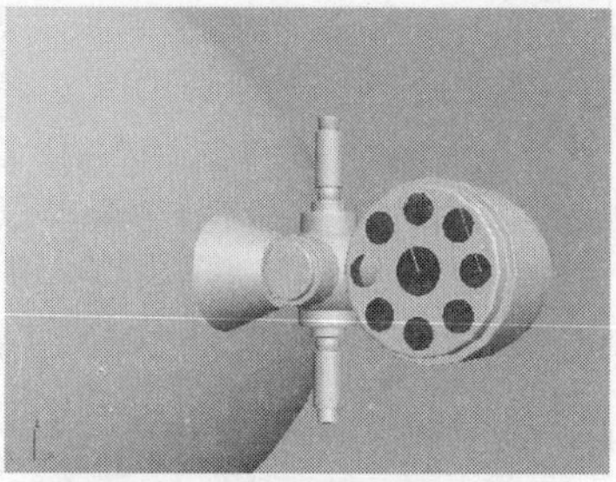

图7-32 创建弹口

Step09 选择导弹曲面，并在（修改）面板内进入到NURBS Curve（NURBS曲面）编辑下的Surface（曲面）编辑级别，分别选择旋转产生的弹头曲面并配合（移动）工具在前视图中沿*y*轴将旋转曲面中心移动到相应位置产生导弹模型，如图7-33所示。

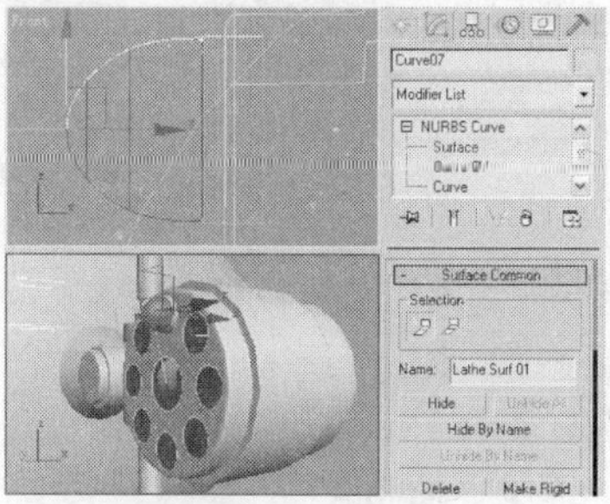

图7-33 移动曲线

Step10 选择导弹发射器并进入（层次）面板，单击Affect Pivot Only（仅影响轴）按钮打开导弹发射器模型的中心轴，这样就可以将当前对象的中心轴进行移动，然后再单击Center to Object（对齐到对象中心）按钮后将中心轴移动到导弹发射器的中心位置，如图7-34所示。

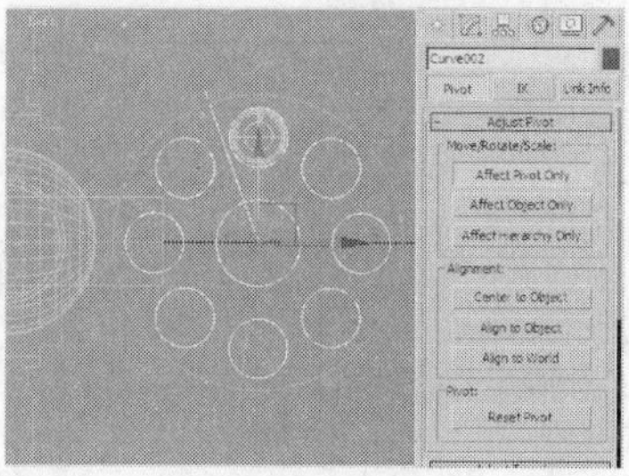

图7-34 设置轴心

Step11 使用（旋转）工具并配合键盘上的Shift键沿*z*轴以45°旋转值进行复制，在弹出的窗口内勾选Object（对象）下的Copy（复制）项目，再设置复制的数量值为7，这样就沿*z*轴以旋转复制的方式复制出7个导弹，如图7-35所示。

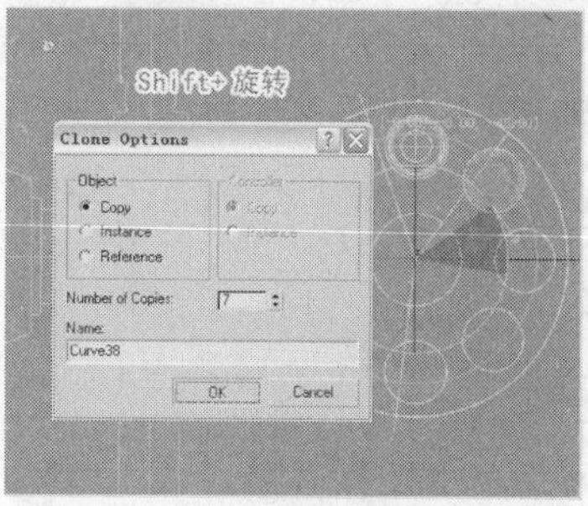

图7-35 复制对象

Step12 再次使用CV Curve（CV曲线）命令在Front（前）视图中绘制中间大导弹弹头的外轮廓曲线，使用同上的方法制作出中心大导弹的弹头，然后选择发射器模型，并在（修改）面板内使用Attach（结合）命令将弹头合并到发射器中，如图7-36所示。

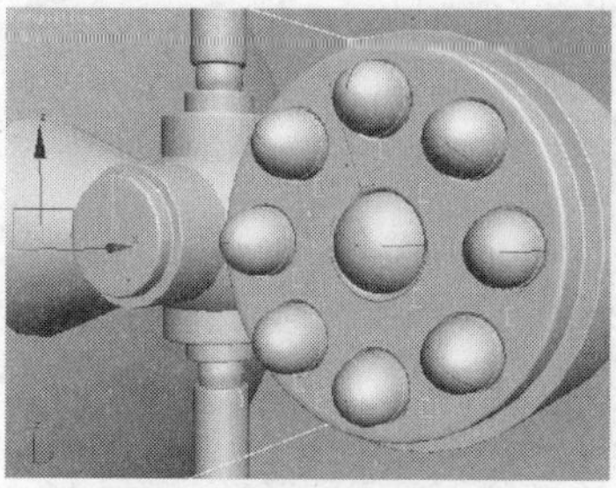

图7-36 制作弹头

Step13 在Left（左）视图中选择飞船导弹发射器与连接装置，单击（镜像）工具并在弹出的窗口内设置Mirror Axis（镜像轴）为*x*轴、Offset（偏移）值为-330、Clone Selection（镜像）方式为Copy（复制），这样另一侧的飞船导弹发射器与连接装置就镜像复制产生了，如图7-37所示。

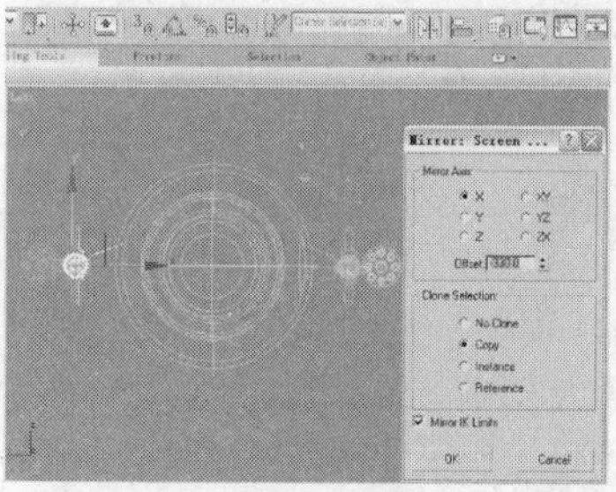

图7-37 镜像复制

Step14 现在来制作飞船的尾部模型，在Front（前）视图中使用CV Curve（CV曲线）命令创建飞船尾部轮廓曲线，再使用车削曲面工具将飞船尾部模型旋转产生，然后进入（修改）面板中的 Surface（曲面）编辑级别勾选 Filp Normals（反转法线），如图 7-38 所示。

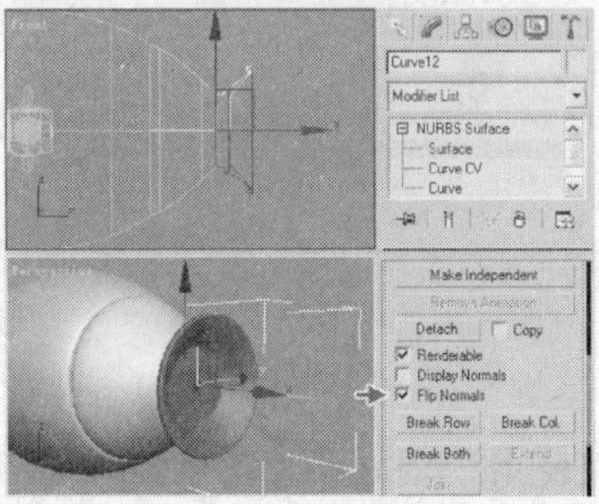

图7-38　车削曲面模型

Step15 再切换到 Perspective（透）视图可以看到当前飞船的武器模型已经制作完成了，如图 7-39 所示。

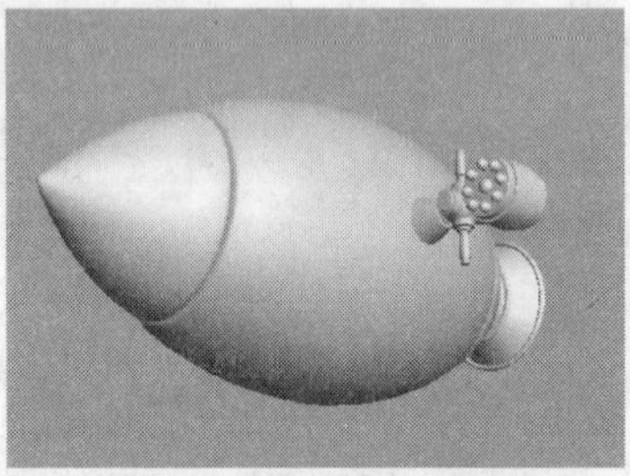

图7-39　武器模型效果

7.4.3　眼睛模型制作

Step01 在 Front（前）视图中使用 CV Curve（CV 曲线）命令配合车削曲面工具创建出卡通飞船眼睛的眼皮模型，如图 7-40 所示。

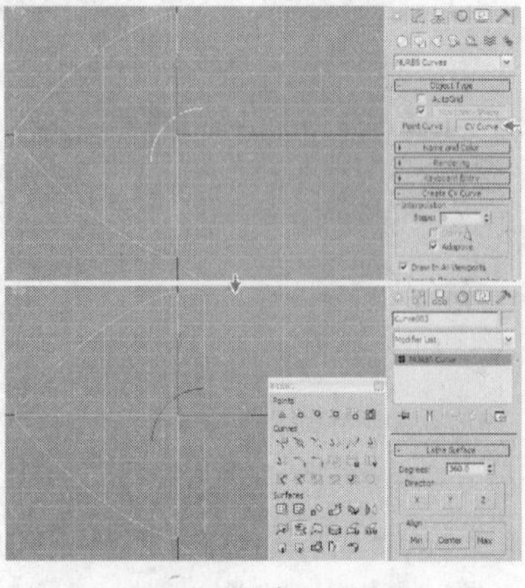

图7-40　制作眼皮模型

Step02 在工具箱中使用 CV 曲线子对象工具在 Front（前）视图中绘制出卡通飞船眼皮边缘的轮廓曲线，同样在工具箱中选择曲面边曲线工具飞船眼皮边缘生成曲线。CV 曲线子对象类似于对象级 CV 曲线，主要差别在于我们不能在子对象层级上给出 CV 曲线渲染的厚度，如图 7-41 所示。

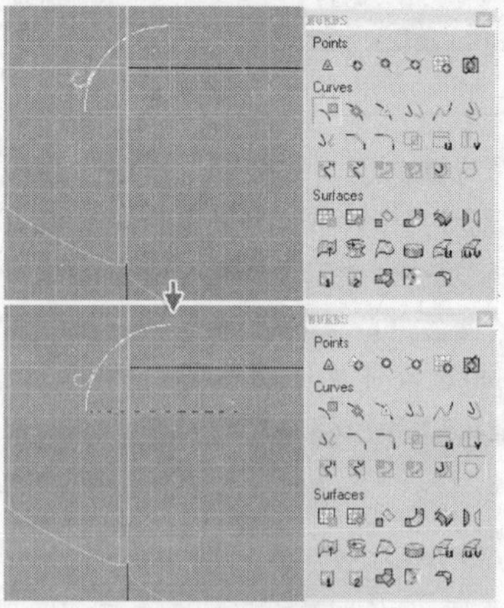

图7-41　调节模型

Step03 在工具箱内选择单轨扫描曲面工具，首先在视图上选择眼皮边缘新生成的曲线，其次再选择新绘制出来的眼皮轮廓曲线，然后在右侧勾选 Snap Cross-Sections（捕捉横截面）和 Display While Creating（创建时显示），可以看到在眼皮边缘产生了相应的曲面。单轨扫描曲面工具主要扫描曲面由曲线构建，一个单轨扫描曲面至少使用两条曲线；一条轨道曲线定义了曲面的边，另一条曲线定义了曲面的横截面，如图 7-42 所示。

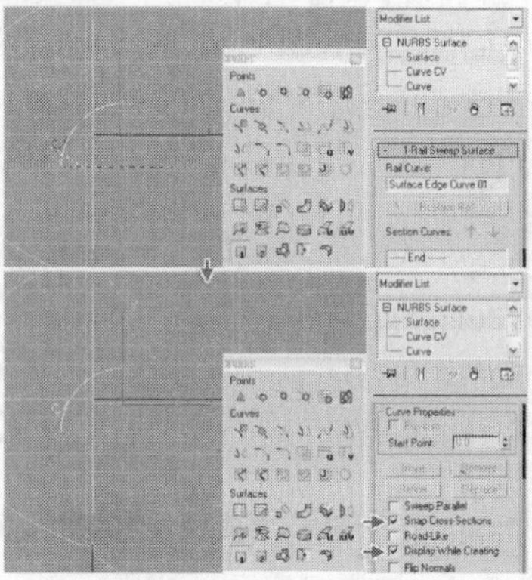

图7-42　调节模型

Step04 进入眼皮模型的 Curve（CV 曲线）编辑级别，选择所有曲线并在右侧单击 Hide（隐藏）按钮，然后回到对象级别，再使用（移动）、（旋转）和（缩放）工具将眼皮对象调节到相应位置，如图7-43所示。

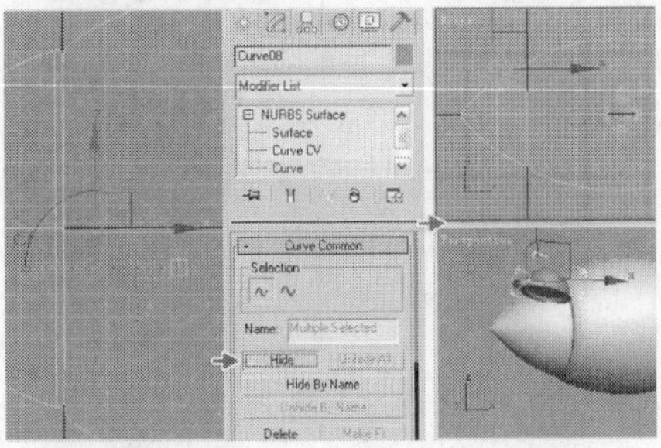

图7-43 调节模型位置

Step05 选择制作完成后的飞船眼睛，在Left（左）视图中单击（镜像）工具，复制右侧眼睛模型，制作完成飞船模型最终效果，如图7-44所示。

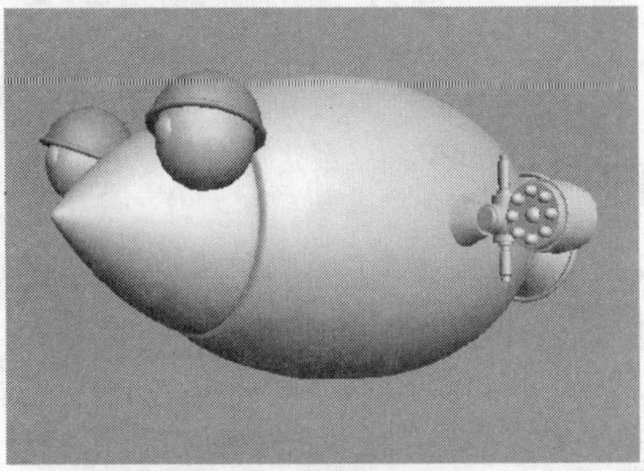

图7-44 飞船模型效果

7.4.4 场景渲染设置

Step01 打开材质编辑器，并选择一个材质球，将其赋予给模型再设置名称为“橘色”，然后设置Diffuse（漫反射）颜色的为橘黄色、Specular（高光反射）为白色、Specular Level（高光反射级别）值为300、Glossiness（光泽度）值为85，再进入Maps（贴图）卷展栏中为Reflection（反射）加入Raytrace（光线跟踪）项目，在Raytrace（光线跟踪）中加入贴图并设置Reflection（反射）值为20，如图7-45所示。

Step02 在主工具栏单击（渲染）按钮，查看材质的效果如图7-46所示。

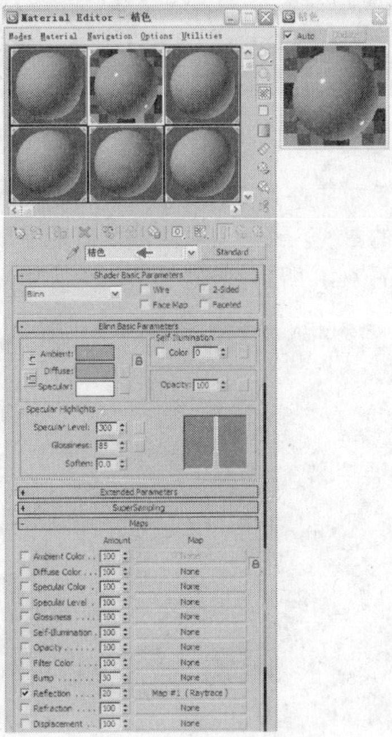

图7-45 橘色材质设置

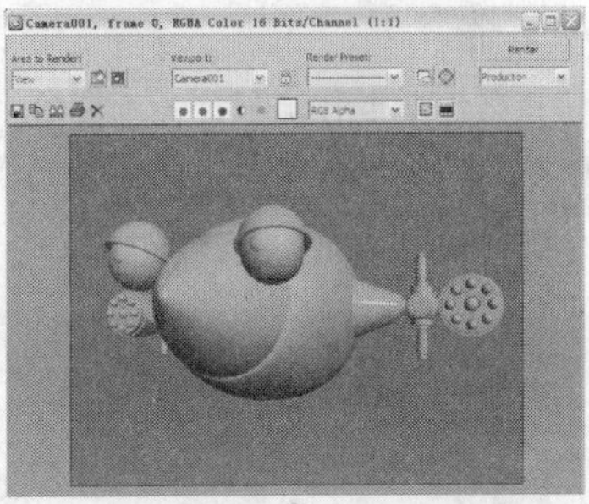

图7-46 橘色材质效果

Step03 继续选择空白材质球，调节飞船模型机身与武器模型材质效果并赋予模型，如图7-47所示。

Step04 在主工具栏单击（渲染）按钮，最终效果如图7-48所示。

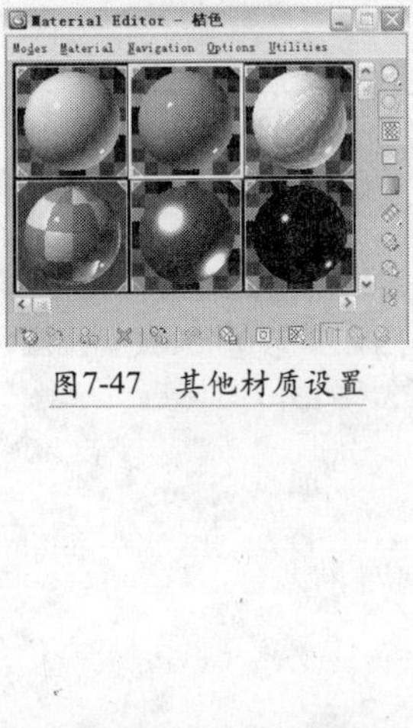

图7-47 其他材质设置

图7-48 最终渲染效果

7.5 范例——三维鲤鱼

【重点提要】

本范例主要使用 CV 曲线先绘制轮廓，然后依次选择相应的曲线，通过工具生成曲面后继续编辑模型效果，如图 7-49 所示。

图7-49　三维鲤鱼范例效果

【制作流程】

三维鲤鱼范例的制作流程分为 4 部分：①鱼身模型制作，②鱼头模型制作，③辅助模型制作，④场景渲染设置，如图 7-50 所示。

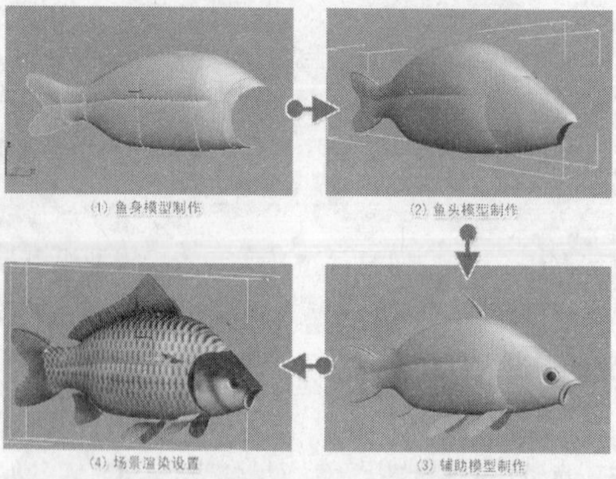

图7-50　制作流程

7.5.1　鱼身模型制作

Step01 首先在 Left（左）视图的视图名称上单击鼠标右键，在弹出的菜单内选择 Right（右）视图，将当前视图改为右视图，如图 7-51 所示。

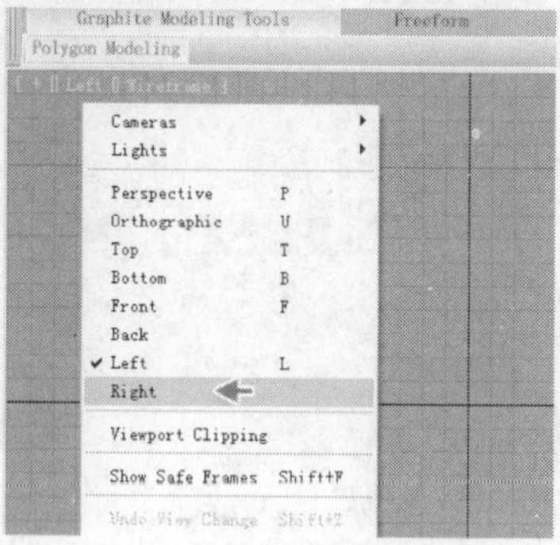

图7-51　切换视图

Step02 在菜单中选择【Views（视图）】→【Viewport Background（视图背景）】命令，在弹出的窗口内单击 Files（文件）按钮，选择参考的图片，然后在 Aspect Ratio（背景比率）下勾选 Match Bitmap（匹配位图）项目，在右侧勾选 Lock Zoom/Pan（锁定比例）项目，这样就为当前视图导入了背景。视图背景其实就是在视图中添加参考图，从而节省模型制作的效率，如图 7-52 所示。

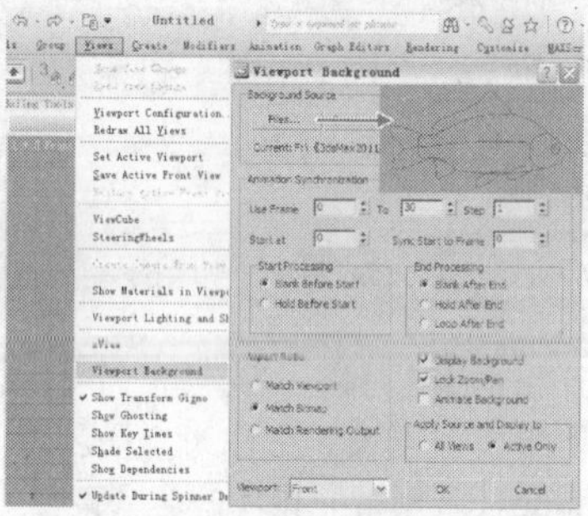

图7-52　导入背景

Step03 在（创建）面板的（图形）中选择 NURBS 曲线中的 CV Curve（CV 曲线）命令，在 Front（前）视图沿鱼身体的上方绘制出一条 NURBS 曲线轮廓，然后在工具箱内开启 CV 曲线子对象按钮，再沿鱼身体下方绘制出另一条轮廓曲线。CV 曲线子对象类似于对象级 CV 曲线，主要差别在于我们不能在子对象层级上给出 CV 曲线渲染的厚度，如图 7-53 所示。

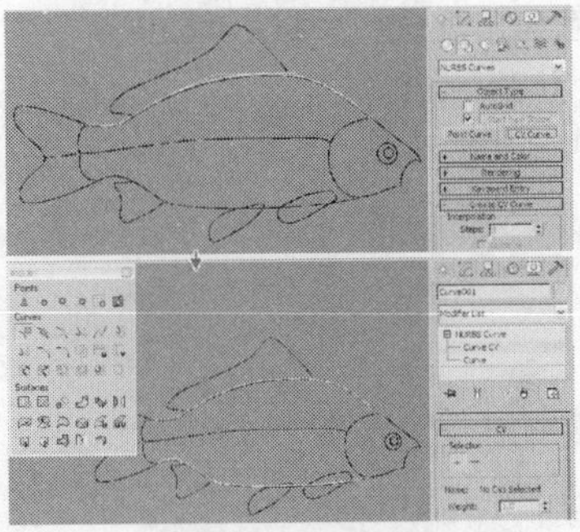

图7-53 绘制轮廓

Step04 继续使用 CV 曲线子对象工具绘制出鱼身体的中心曲线，然后进入到 NURBS 曲线的 Curve CV（曲线 CV 点）编辑级别，使用（移动）工具在顶视图内对所创建的曲线外形进行调节，如图 7-54 所示。

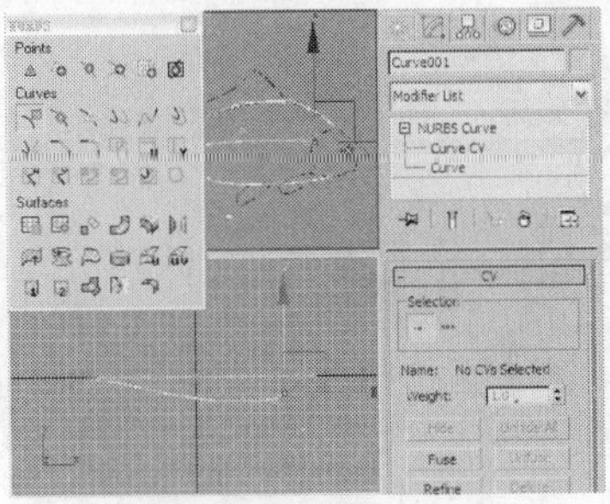

图7-54 调整曲线

Step05 同样使用 CV 曲线子对象工具在 Front（前）视图绘制出鱼身体与鱼尾部连接处的曲线，然后进入到 NURBS 曲线的 Curve CV（曲线 CV 点）编辑级别，使用（移动）工具在右视图内对所绘制的曲线进行调节，如图 7-55 所示。

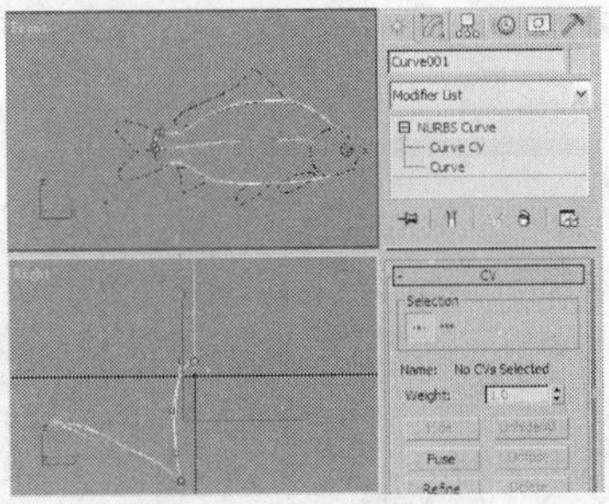

图7-55 调整曲线点位置

Step06 继续使用 CV 曲线子对象工具在 Front（前）视图中绘制出鱼身体上半部分曲线，然后进入到 NURBS 曲线的 Curve CV（曲线 CV 点）编辑级别，使用（移动）工具在右视图内对所绘制的曲线进行调节，如图 7-56 所示。

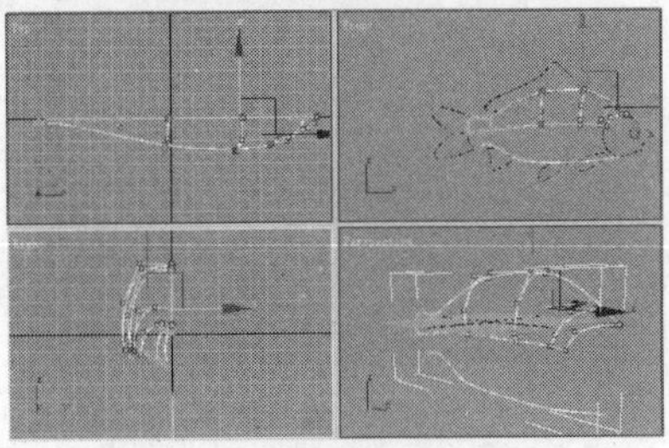

图7-56 继续调整曲线点位置

Step07 切换到 Front（前）视图，在工具箱中开启双轨扫描曲面工具，在视图上依次选择相应的曲线，选择完相应曲线后单击鼠标右键结束双轨扫描曲面工具，如图 7-57 所示。

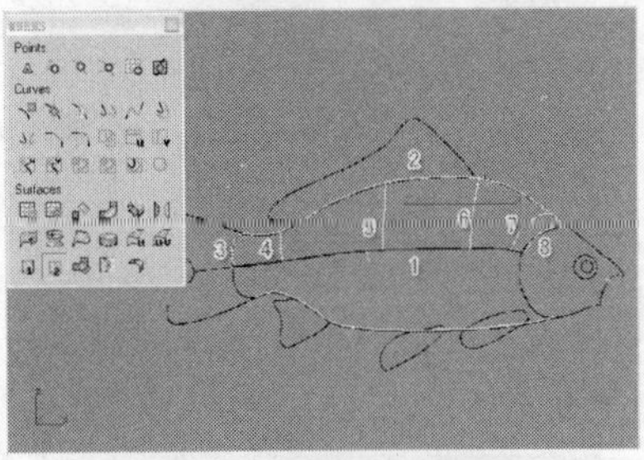

图7-57 双轨扫描曲面工具

Step08 双轨扫描曲面完成后，切换到 Perspective（透）视图，在右侧勾选 Flip Normals（反转法线）项目，这样才能清楚地显示曲面。NURBS 绘制的曲线也属于二维图形，所以需要通过反转法线控制需要显示正面或反面，如图 7-58 所示。

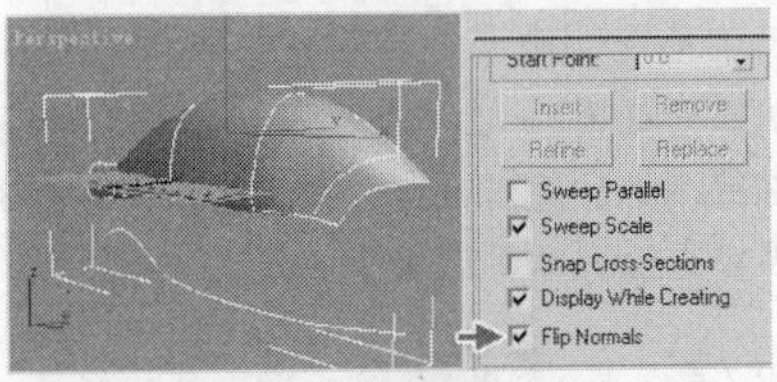

图7-58 反转法线

Step09 同样使用 CV 曲线子对象工具在 Front（前）视图绘制出鱼身体上半部分曲线，然后进入到 NURBS 曲线的 Curve CV（曲线 CV 点）编辑级别，使用（移动）工具在右视图内对所绘制的曲线进行调节，再配合双轨扫描曲面工具创建产生曲面，然后在右侧勾选 Flip Normals（反转法线）项目，完成鱼身体下半部分的制作，如图 7-59 所示。

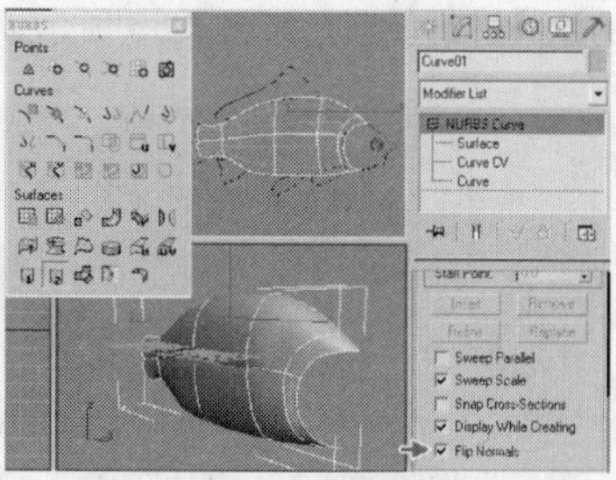

图7-59　调节曲线

Step10 继续使用CV曲线子对象工具在Front（前）视图绘制出鱼尾部的轮廓曲线，进入到NURBS曲线的Curve CV（曲线CV点）编辑级别，使用（移动）工具在顶视图对所绘制的曲线进行调节，如图7-60所示。

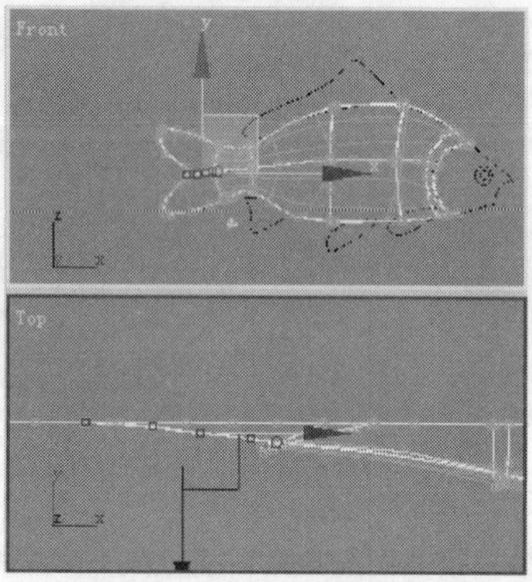

图7-60　继续调节曲线

Step11 在工具箱内开启UV向放样曲面工具，然后在Perspective（透）视图中先选择鱼尾部模型的下面与中间的两条曲线，其次选择前后两条曲线，产生鱼尾部模型下半部分曲面。UV放样曲面与V放样曲面相似，但是在V向和U向包含一组曲线，这会更加易于控制放样图形，并且达到所要结果需要的曲线更少，如图7-61所示。

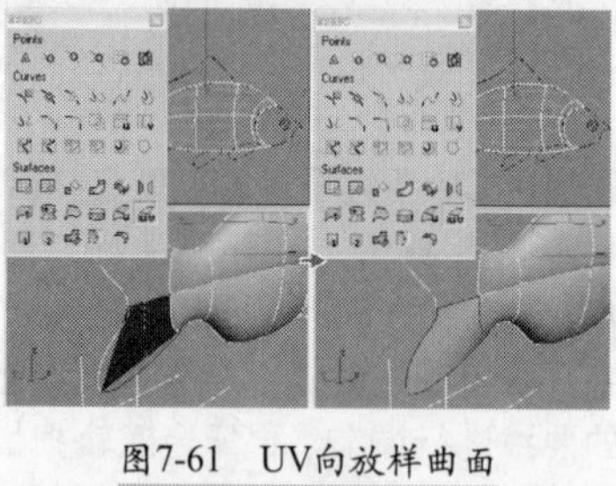

图7-61　UV向放样曲面

Step12 在工具箱内单击UV向放样曲面工具，然后在Perspective（透）视图将鱼尾部模型的上半部分曲面创建出来，如图7-62所示。

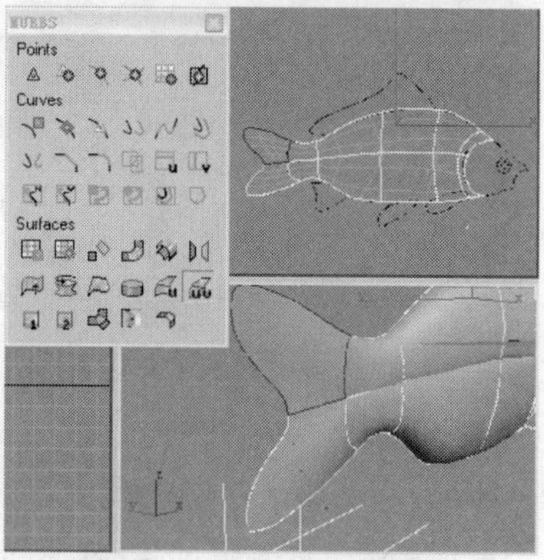

图7-62　创建鱼尾上部模型

Step13 切换到Perspective（透）视图，可以看到鱼身体模型制作完成了，如图7-63所示。

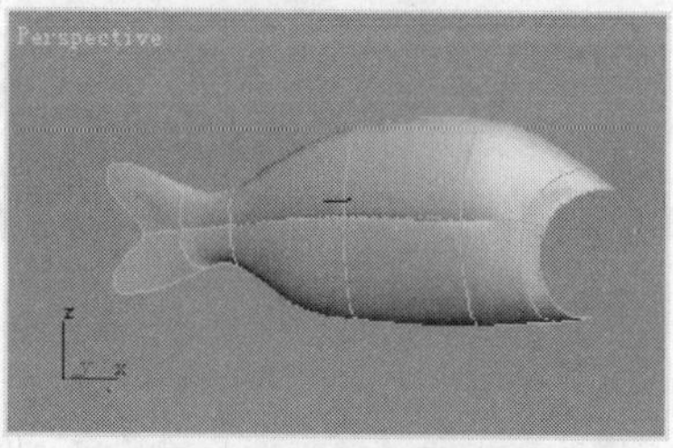

图7-63　鱼身体模型效果

7.5.2　鱼头模型制作

Step01 继续使用CV曲线子对象工具在Front（前）视图绘制出鱼头部分模型的轮廓曲线，进入到NURBS曲线的Curve CV（曲线CV点）编辑级别，使用（移动）工具在Right（右）视图对所绘制的曲线进行调节，如图7-64所示。

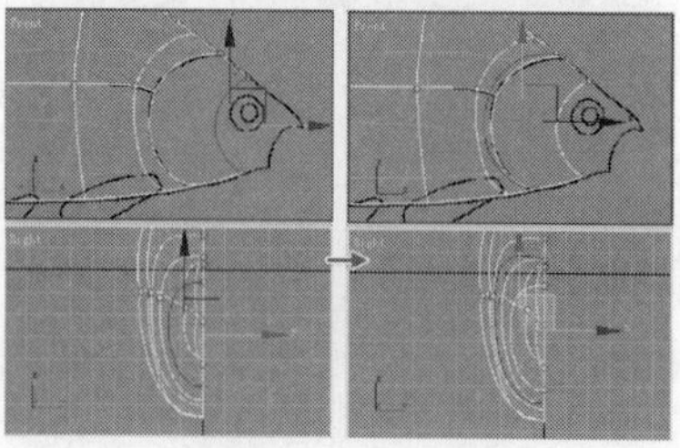

图7-64　绘制轮廓曲线

Step02 在工具箱内开启UV向放样曲面工具，在Front（前）视图先选择鱼头上面的两条曲线，然后再选择前后两曲线，将鱼头部的部分模型曲面创建出来，如图7-65所示。

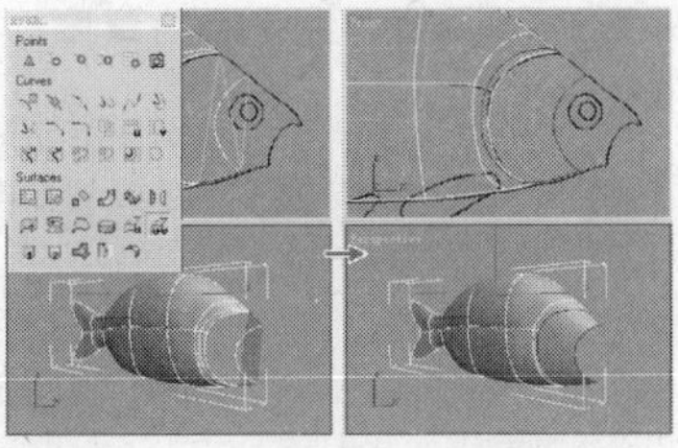

图7-65 创建部分模型

Step03 继续使用CV曲线子对象工具，在Front（前）视图绘制出鱼头部模型的轮廓曲线，再配合UV向放样曲面工具将鱼头部模型曲面创建出来，如图7-66所示。

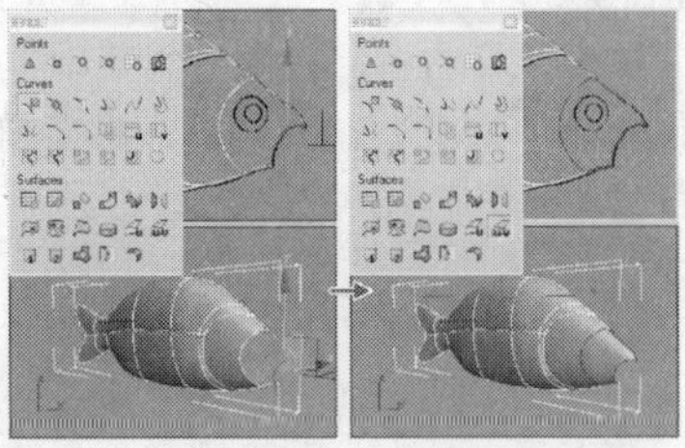

图7-66 创建模型

Step04 使用CV曲线子对象工具在Right（右）视图创建一条圆形闭合曲线，然后在工具箱内开启单轨扫描曲面工具，首先在视图上选择鱼尾部模型上面的边缘曲线，其次在选择新绘制出来的圆形闭合曲线，创建产生鱼尾的边缘曲面，如图7-67所示。

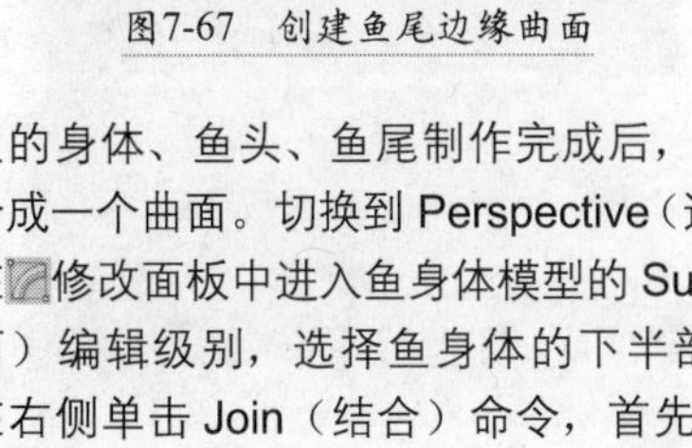

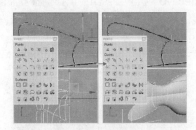

图7-67 创建鱼尾边缘曲面

Step05 鱼的身体、鱼头、鱼尾制作完成后，将它们结合成一个曲面。切换到Perspective（透）视图，在修改面板中进入鱼身体模型的Surface（曲面）编辑级别，选择鱼身体的下半部分曲面，在右侧单击Join（结合）命令，首先选择鱼身体下半部曲面的上面边缘，再选择鱼身体上半部曲面的下面边缘，然后在弹出的窗口上单击OK按钮就可以将两个曲面结合成一个曲面了，如图7-68所示。

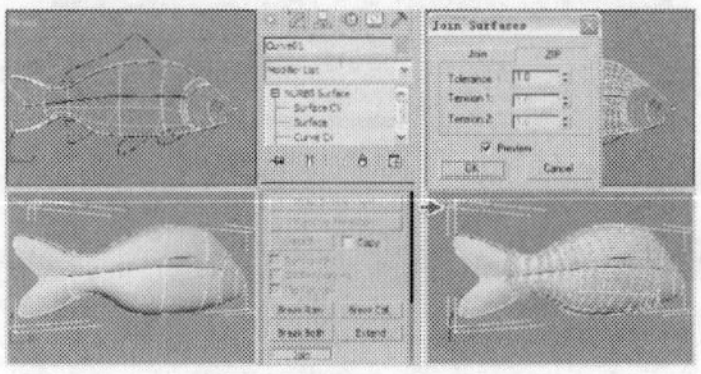

图7-68 结合曲面

Step06 使用同上的方法将鱼尾部的上半部分曲面与下半部分曲面进行结合成一个曲面，然后再使用Join（结合）命令将鱼尾曲面与鱼身体曲面进行结合，在这里不需要将鱼边缘曲面与鱼尾进行结合，如图7-59所示。

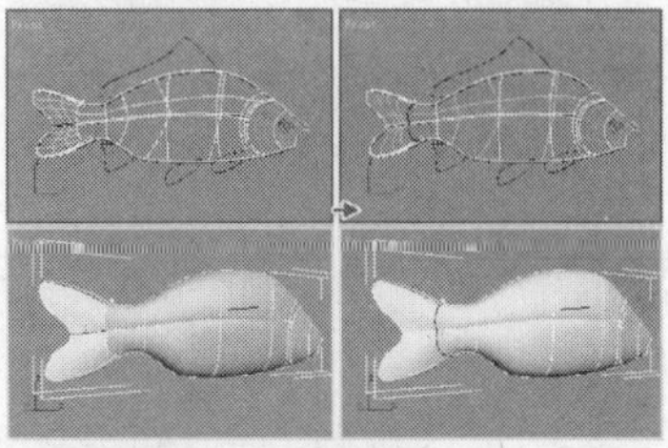

图7-69 结合曲面

Step07 同样在Perspective（透）视图中使用工具箱内的混合曲面工具，在视图上先选择鱼身体与鱼头连接处的边缘曲线，再选择鱼头与身体连接的边缘处曲线。混合曲面将一个曲面与另一个相连接，混合父曲面的曲率以在两个曲面建创建平滑曲面，也可以将一个曲面与一条曲线混合，或者将一条曲线与另一条曲线混合，如图7-70所示。

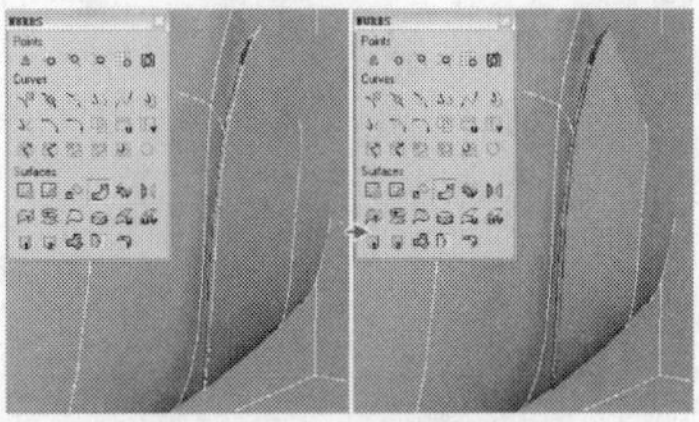

图7-70 连接边缘曲线

Step08 选择完相应的曲线后，在（修改）面板内设置Tension 1（张力1）值为0、Tension 2（张力2）的值为1，这样就将鱼身体与鱼头进行了连接，如图7-71所示。

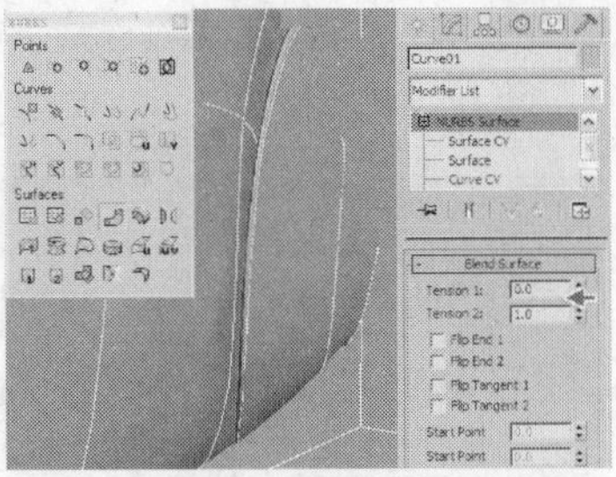

图7-71　头与身体连接

Step09 进入到 Curve（曲线）编辑级别，使用 Hide（隐藏）工具将所有曲线进行隐藏，现在可以看到鱼的基本模型制作完成了，如图 7-72 所示。

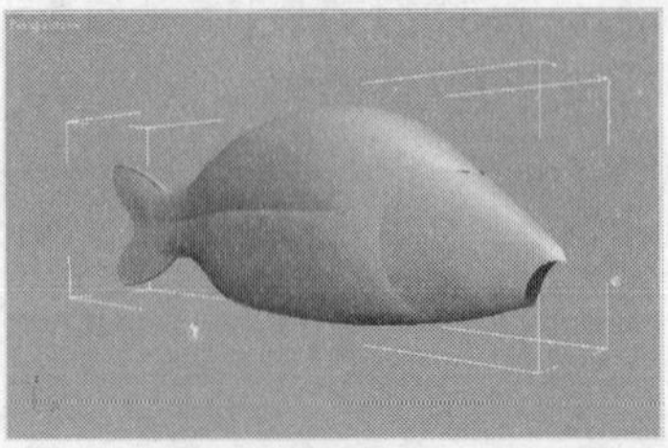

图7-72　鱼的基本模型

7.5.3　辅助模型制作

Step01 在（创建）面板的（图形）中单击 NURBS 曲线中的 CV Curve（CV 曲线）命令，在 Front（前）视图沿鱼鳍的上方绘制出一条 NURBS 曲线轮廓，然后在工具箱内开启 CV 曲线子对象按钮，再绘制出鱼鳍前面的曲线，如图 7-73 所示。

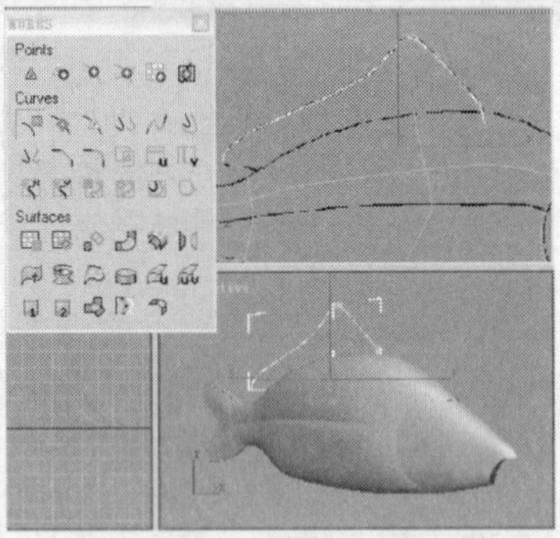

图7-73　绘制曲线

Step02 使用 CV 曲线子对象工具在 Front（前）视图绘制出鱼鳍前面的另一条曲线，然后进入到 Curve CV（曲线 CV 点）编辑级别，使用（移动）工具在 Right（右）视图对所创建的曲线外形进行调节产生鱼鳍的厚度，如图 7-74 所示。

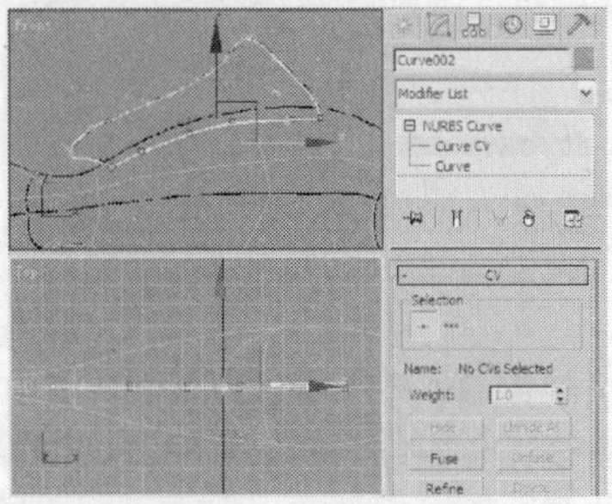

图7-74　调节鱼鳍厚度

Step03 在 Perspective（透）视图中选择鱼身体模型，然后单击鼠标右键，在弹出的菜单中选择 Hide Selection（隐藏）选择对象，将当前鱼身体模型隐藏，如图 7-75 所示。

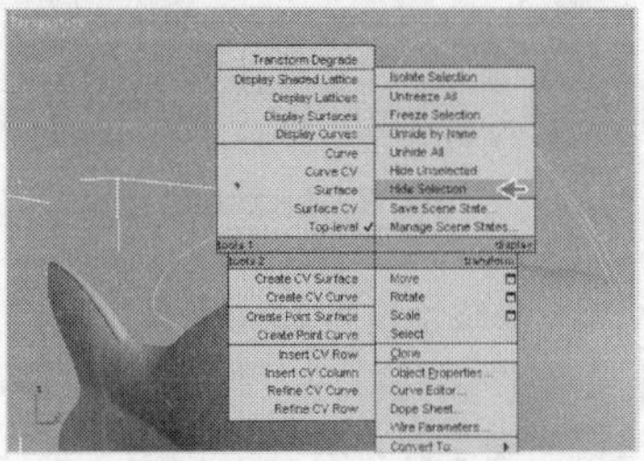

图7-75　隐藏模型

Step04 在工具箱中开启 UV 向放样曲面工具，在 Perspective（透）视图中先选择鱼鳍上面的两条曲线，然后再选择前后两曲线，将鱼鳍一半的模型曲面创建出来，如图 7-76 所示。

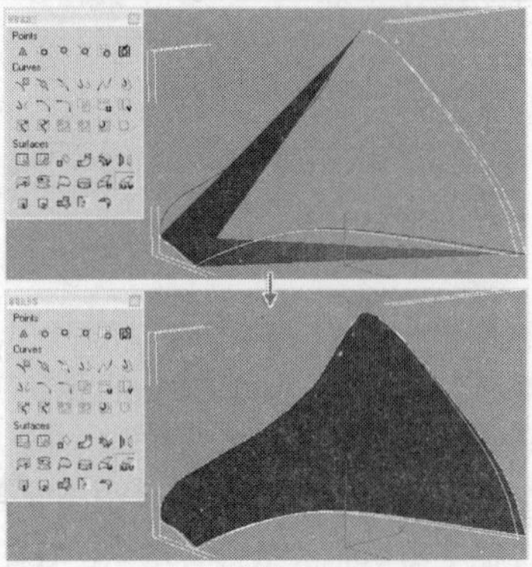

图7-76　创建曲面

Step05 使用同上的方法，将另一侧的鱼鳍曲面制作出来，然后在右侧面板勾选 Flip Normals（反转法线）项目，如图 7-77 所示。

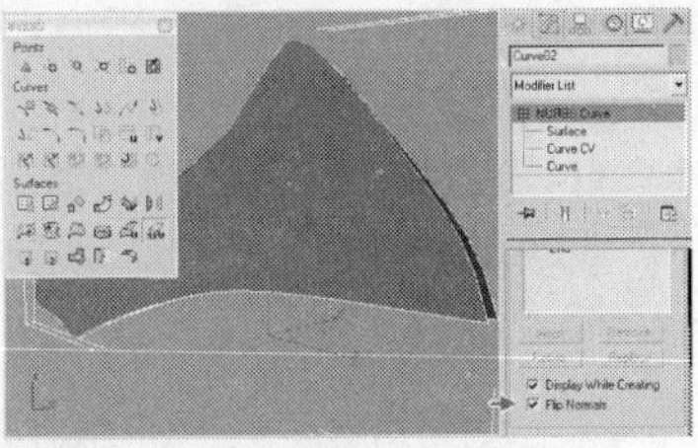

图7-77 反转法线

Step06 在工具箱内开启混合曲面工具，在视图上先选择鱼鳍一侧曲面的边缘曲线，再选择鱼鳍另一个曲面的边缘曲线后设置 Tension 1（张力 1）与 Tension 2（张力 2）的值为 1，勾选 Flip End 1（反转第一个结束边）项目后就在鱼鳍两侧面中间连接产生了一个新面，为鱼鳍加入了厚度。张力会影响父曲面和混合曲面之间的切线，张力值越大切线与父曲面越接近平行，且变换越平滑；张力值越小切线角度越大，且父曲线与混合曲线之间的变换越清晰，如图 7-78 所示。

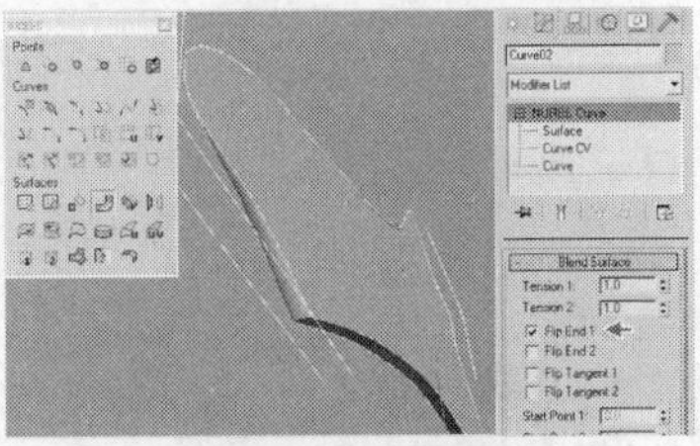

图7-78 加入鱼鳍厚度

Step07 使用 CV 曲线子对象工具在 Top（顶）视图中绘制出一条半圆形的鱼鳍边缘曲线来制作鱼鳍前面的边缘效果，切换到 Front（前）视图，在工具箱中开启双轨扫描曲面工具，在视图上先选择鱼鳍两侧面的边缘曲线，再选择新绘制出来的半圆形曲线，然后单击鼠标右键结束双轨扫描曲面工具，如图 7-79 所示。

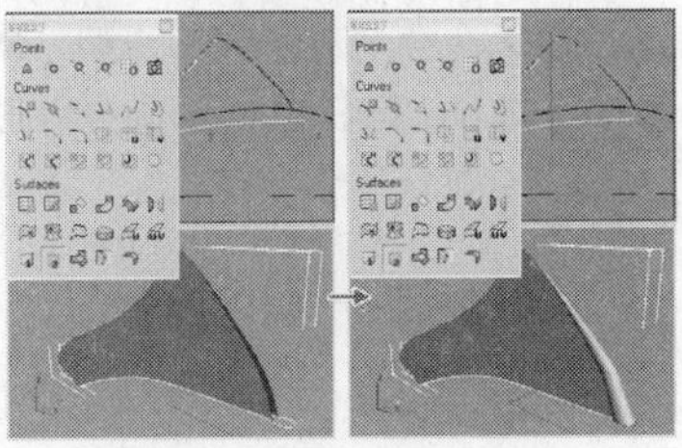

图7-79 制作鱼鳍边缘

Step08 鱼鳍模型已经制作完成，效果如图 7-80 所示。

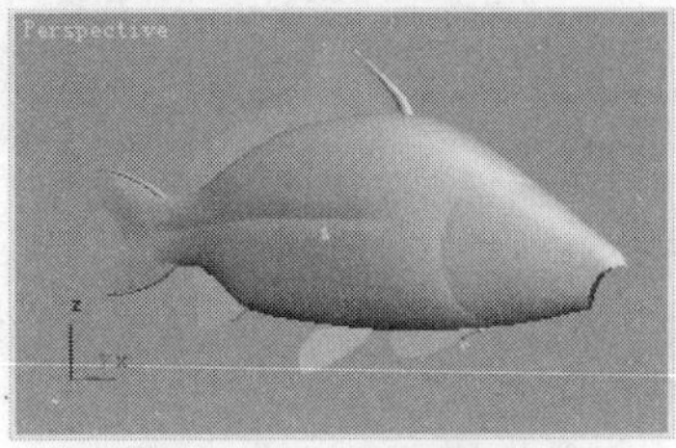

图7-80 模型效果

Step09 现在将鱼的身体模型与其他模型合并成一个对象，在右侧单击 Attach（结合）命令将所有的对象合并成一个对象，如图 7-81 所示。

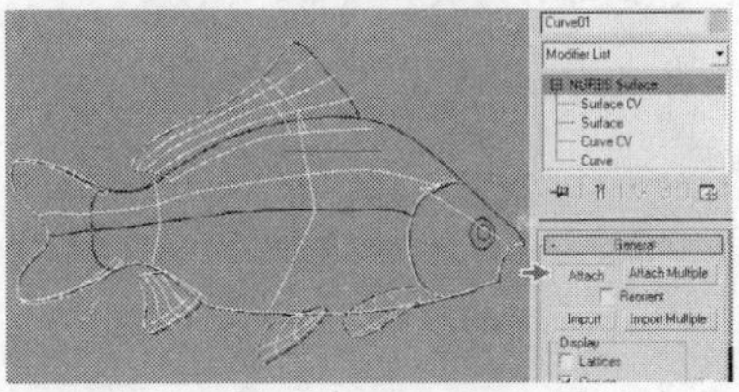

图7-81 结合模型

Step10 观看结合后的模型效果，如图 7-82 所示。

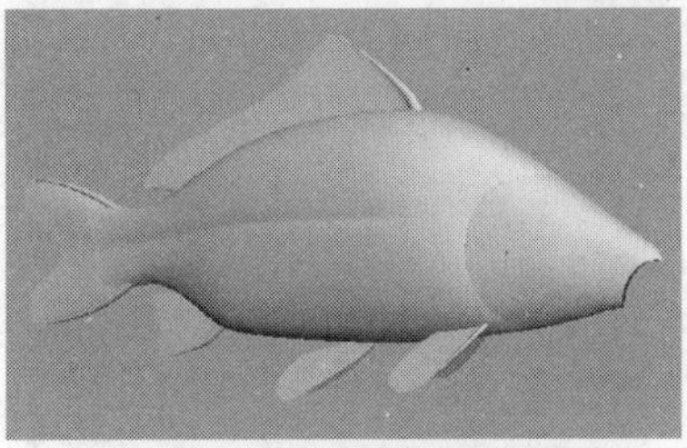

图7-82 结合模型效果

Step11 选择在工具箱内开启规则曲面工具，在视图上依次选择两条圆形的闭合曲线，使其产生相应曲面，再使用混合曲面工具将新产生的曲面鱼修剪出的眼睛边进行连接产生曲面，可以看到一侧的鱼眼睛完成效果，使用相同的方法制作另一侧眼睛，如图 7-83 所示。

图7-83 鱼辅助模型效果

7.5.4 场景渲染设置

Step01 打开材质编辑器并选择一个材质球，将其材质赋予给模型并设置名称为“鱼”，然后设置 Diffuse（漫反射）赋予本书配套光盘的鱼纹贴图，如图 7-84 所示。

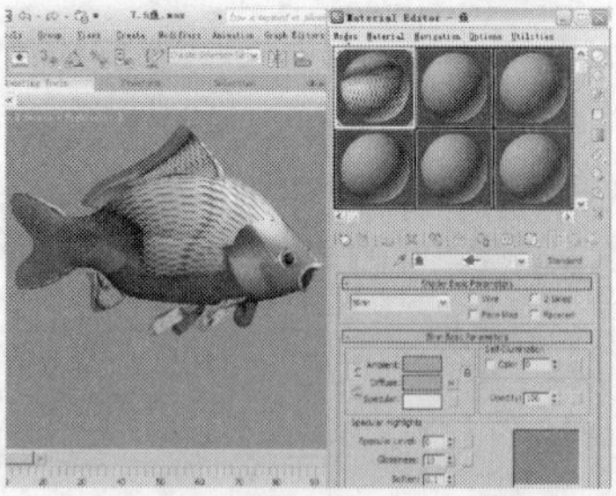

图7-84 鱼材质

Step02 选择鱼模型，并在（修改）面板为其添加 UVW Mapping（贴图坐标）命令，然后在属性卷展栏中设置 Mapping（贴图坐标）为 Planar（平面）方式，再调节坐标的大小尺寸，如图 7-85 所示。

图7-85 添加贴图坐标

Step03 在（创建）面板中选择（灯光）中的 Target Sopt（目标聚光灯），在 Front（前）视图中建立目标聚光灯并设置灯光参数，然后在视图中再创建 Sky（天光），提高场景的整体亮度，如图 7-86 所示。

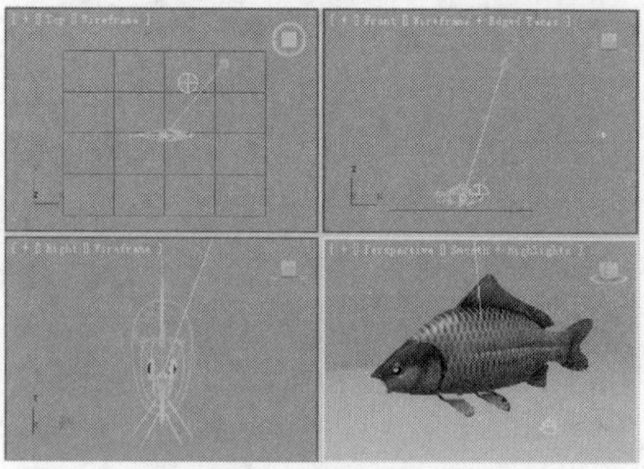

图7-86 创建灯光

Step04 在主工具栏中单击（快速渲染）按钮，快速渲染制作完成的模型效果，如图 7-87 所示。

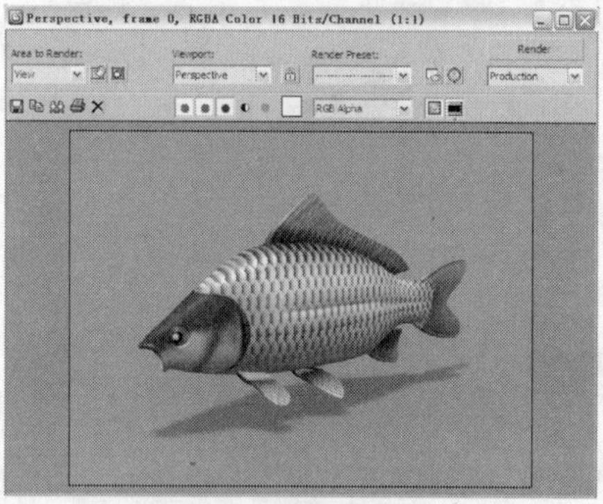

图7-87 最终渲染效果

7.6 本章小结

NURBS 是基于控制点来调节表面的曲度，自动计算出平滑的表面，易于在空间进行调节造型。本章主要对 NURBS 曲线、NURBS 曲面和 NURBS 创建工具箱进行了详细的讲解。虽然 NURBS 擅长建造自由形式曲面的模型，但是它需要大量的计算，不适合制作复杂的动画模型。

第 8 章 其他方式建模

本章内容

- 面片栅格
- 编辑面片
- 石墨建模工具
- 曲面建模
- 第三方建模
- 范例——卡通角色

8.1 面片栅格

使用面片建模方法可以创建四边形和三角形两种面片表面，在创建面板中的几何体下拉列表中可以创建面片栅格，如图 8-1 所示。

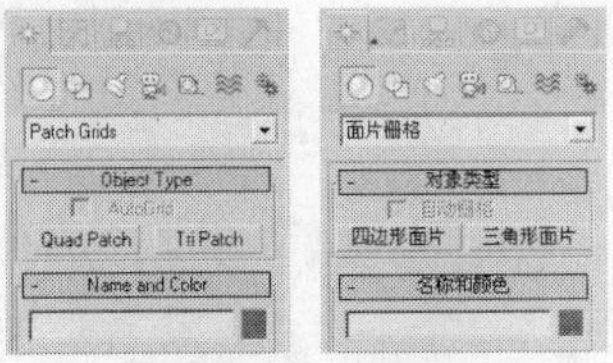

图8-1　面片栅格

Patch Grids（面片栅格）是以平面对象开始，通过编辑面片修改器可以任意修改 3D 曲面。面片栅格为自定义曲面和对象提供方便的构建材质，或将面片曲面添加到现有的面片对象中提供该材质，还可以使用各种修改器来设置面片对象的曲面动画。

8.1.1 四边形面片

Quad Patch（四边形面片）可创建默认带有 36 个可见矩形面的平面栅格，隐藏了每个面被划分成两个三角形面，如图 8-2 所示。四边形面片卷展栏如图 8-3 所示。

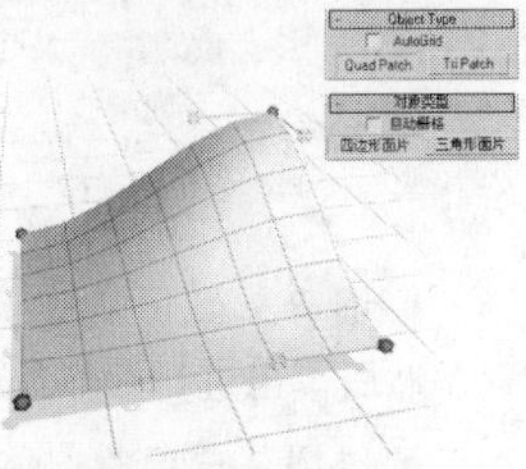

图8-2　四边形面片

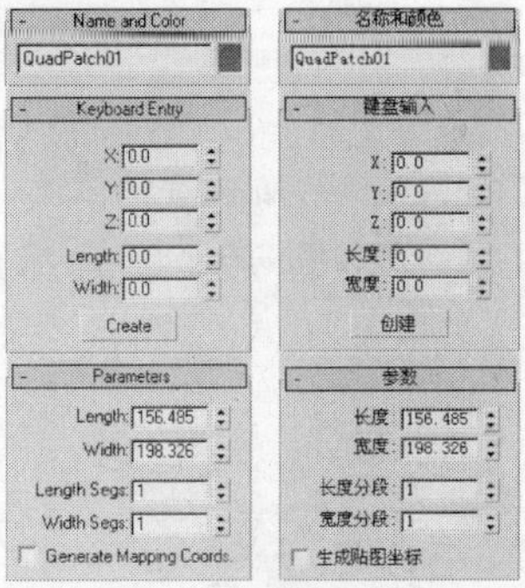

图8-3　四边形面片卷展栏

8.1.2 三角形面片

Tri Patch（三角形面片）将创建具有 72 个三角形面的平面栅格，该面数保留 72 个被划分的三角形面，不必考虑其大小。当增加栅格大小时，面会变大以填充该区域，如图 8-4 所示。三角形面片卷展栏如图 8-5 所示。

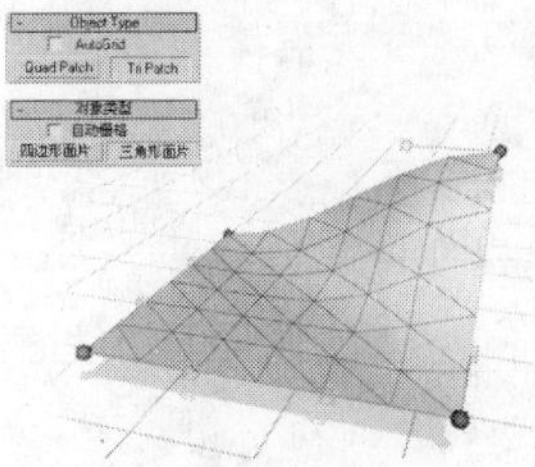

图8-4　三角形面片

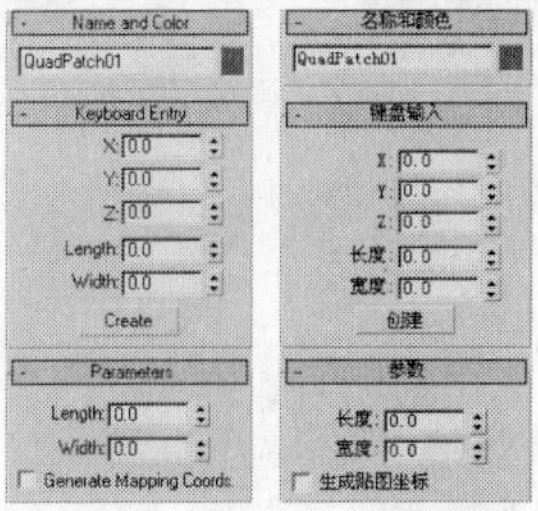

图8-5　三角形面片卷展栏

8.2 编辑面片

Edit Patch（编辑面片）修改命令提供了各种控制，不仅可以将对象作为面片对象进行操纵，而且可以在顶点、控制柄、边、面片和元素这5个子对象层级进行操纵。将某个对象转化为编辑面片修改器时，3ds Max可以将该对象的几何体转化为单个贝塞尔面片的集合，其中每个面片由顶点和边的框架以及曲面组成。

8.2.1 可编辑面片曲面

可编辑面片曲面是一种可编辑对象，它包含5个子对象层级，分别是顶点、控制柄、边、面片和元素。

● 选择卷展栏

Selection（选择）卷展栏中提供了各种按钮，用于选择子对象层级和使用命名的选择，以及对显示和过滤器进行设置，还显示了与选定实体有关的信息，如图8-6所示。

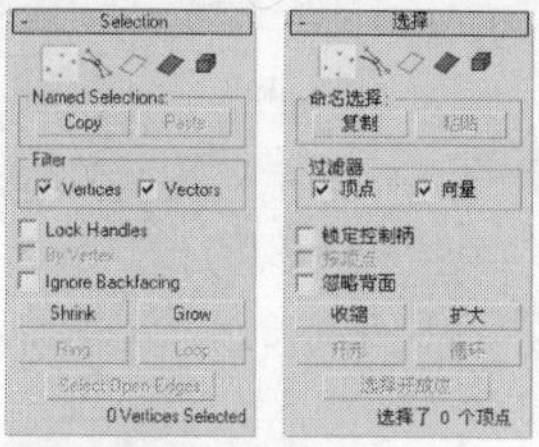

图8-6　选择卷展栏

其中的（顶点）用于选择面片对象中的顶点控制点及其向量控制柄，（控制柄）用于选择与每个顶点有关的向量控制柄，（边）控制选择面片对象的边界边，（面片）则控制选择整个面片，（元素）可选择和编辑整个元素。

● 软选择卷展栏

Soft Seleclion（软选择）卷展栏允许部分选择显式和邻相接处的子对象，这将会使显式选择的行为就像被磁场包围了一样，如图8-7所示。

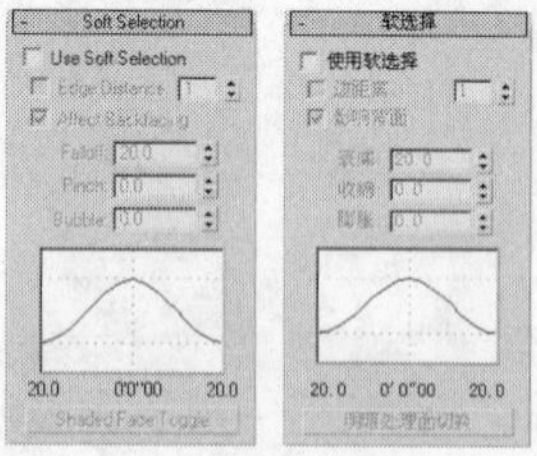

图8-7　软选择卷展栏

在对子对象选择进行变换时，在场景中被部分选定的子对象就会平滑地进行绘制，这种效果随着距离或部分选择的强度而衰减。这种衰减在视图中表现为选择周围的颜色渐变，它与标准彩色光谱的第一部分相一致，如图8-8所示。

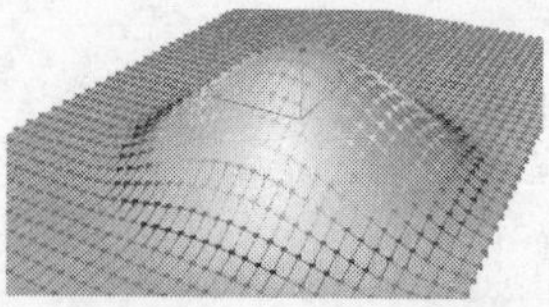

图8-8　软选择

8.2.2 几何体卷展栏

在可编辑面片对象级别下可用的功能（即未选择子对象级别时）还可适用于所有子对象级别，并且每个级别的工作方式完全相同，Geometry（几何体）卷展栏如图8-9所示。

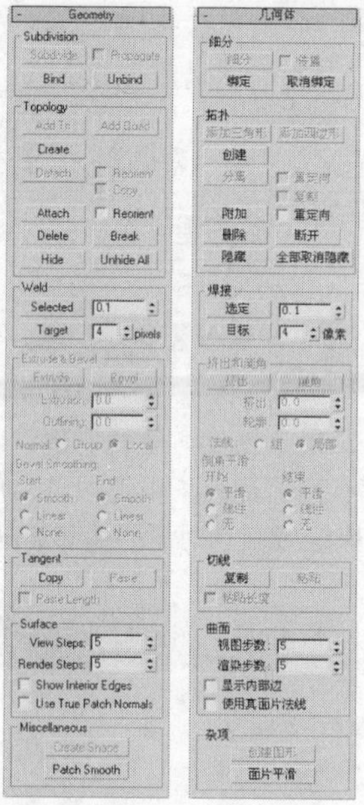

图8-9　几何体卷展栏

● 细分：细分选定元素，选择一个或者多个元素，然后单击进行细分处理。

● 传播：启用时，将细分伸展到相邻面片。沿着所有连续的面片传播细分，连接面片时，可以防止面片断裂。

● 绑定：用于在两个顶点数不同的面片之间创建无缝无间距的连接，这两个面片必须属于同一个对象，因此，不需要先选中该顶点，如图 8-10 所示。

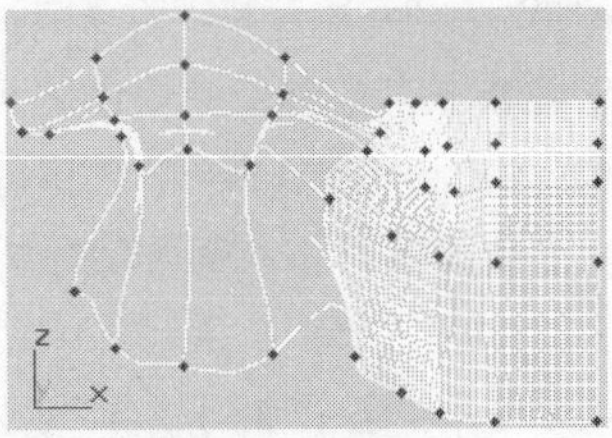

图8-10 绑定

● 取消绑定：断开通过绑定连接到面片的顶点。

● 添加三角形：添加一个三角形面片到每一个选定边。选择一个或多个边，然后单击添加三角形按钮可以添加一个面片或一些面片，如图 8-11 所示。

● 添加四边形：添加一个四边形面片到每一个选定边，如图 8-12 所示。

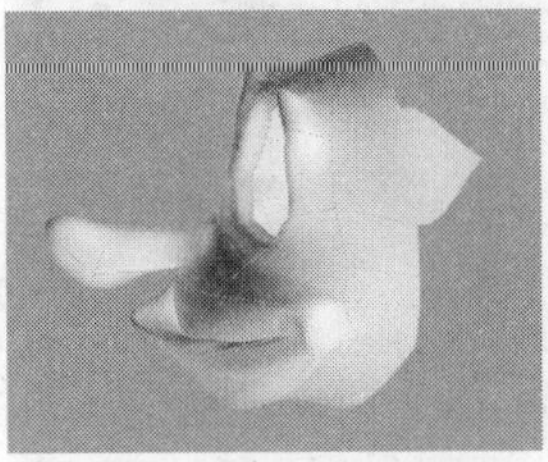

图8-11 添加三角形面片

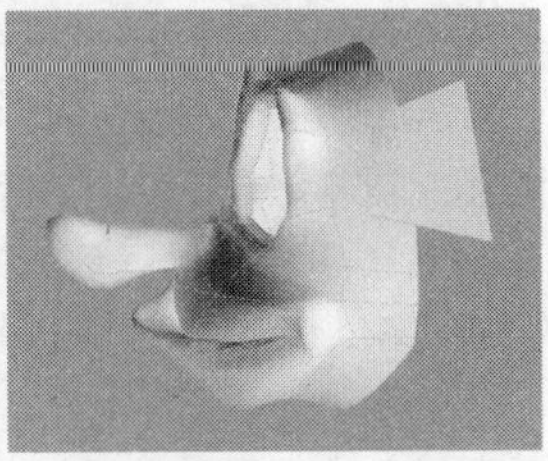

图8-12 添加四边形面片

● 创建：在现有的几何体或自由空间中创建三边或四边面片。

● 分离：用于选择当前对象内的一个或多个元素，然后使对象分离形成单独的面片对象。

● 重定向：启用时，分离的面片元素复制源对象的创建局部坐标系的位置和方向。

● 复制：启用时，将分离的面片元素复制到新面片对象，原始面片对象保持完好。

● 附加：将对象附加到当前选定的面片对象。重定向附加的对象，以使其创建局部坐标系与选定面片对象的创建局部坐标系对齐。

● 重定向：启用时，重新定向附加元素，使每个面片的创建局部坐标系与选择面片的创建局部坐标系对齐。

● 删除：删除选定的元素。

● 断开：为常规建模操作分割边功能。

● 隐藏：隐藏选定的元素。

● 全部取消隐藏：还原任何隐藏子对象使之可见。

● 选定：选择要在两个不同面片之间焊接的顶点，然后将该微调器设置有足够的距离并单击选定。

● 目标：启用后，从一个顶点拖动到另外一个顶点，以便将这些顶点焊接在一起。

● 挤出：单击此按钮后拖动任何元素，以便对其进行交互式地高低挤压操作。

● 倒角：单击该按钮后拖动任意一个元素，对其执行交互式的挤压操作，再单击并释放鼠标按钮，然后重新拖动，对挤出元素执行倒角操作，如图 8-13 所示。

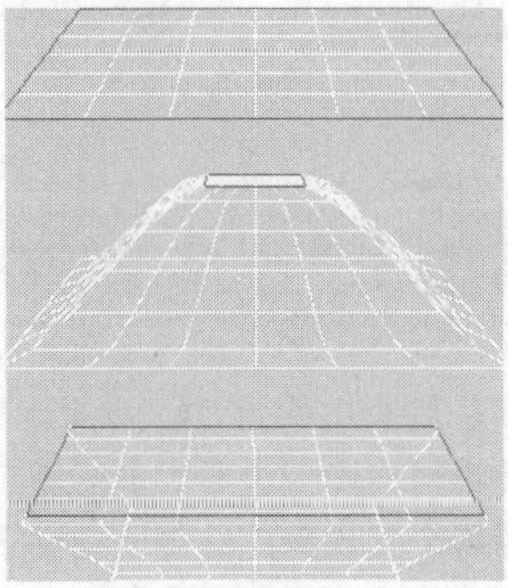

图8-13 倒角

● 轮廓：使用此微调器，可以放大或缩小选定的元素，具体情况视该值的正负而定。

● 法线：设置为局部时将沿选定元素中面片的各个法线执行挤出。

● 倒角平滑：启用此设置，能通过倒角创建曲面和邻近面片之间设置相交的形状，而形状是由相交时顶点的控制柄配置决定的。

● 切线：可以在同一个对象的控制柄之间复制方向或有选择地复制长度。

● 曲面：主要控制面片模型曲面的栅格分辨率，步数控制如图 8-14 所示。

● 杂项：杂项中的面片平滑可以调整所有切线控制柄，以平滑面片对象的曲面，如图 8-15 所示。

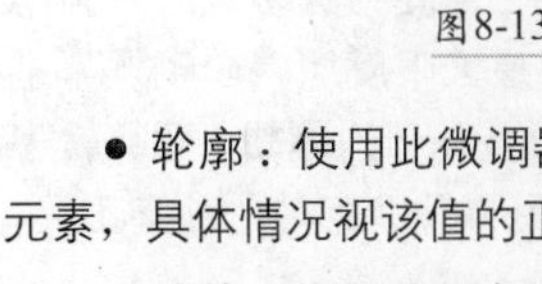

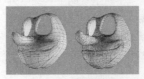

图8-14 步数控制

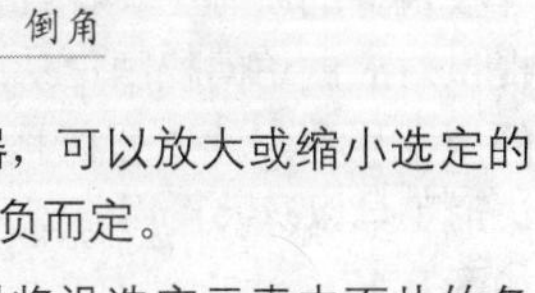

图8-15 面片平滑

8.2.3 曲面属性卷展栏

通过 Surface Properties（曲面属性）卷展栏可

以使用面片法线、材质 ID、平滑组和顶点颜色，如图 8-16 所示。

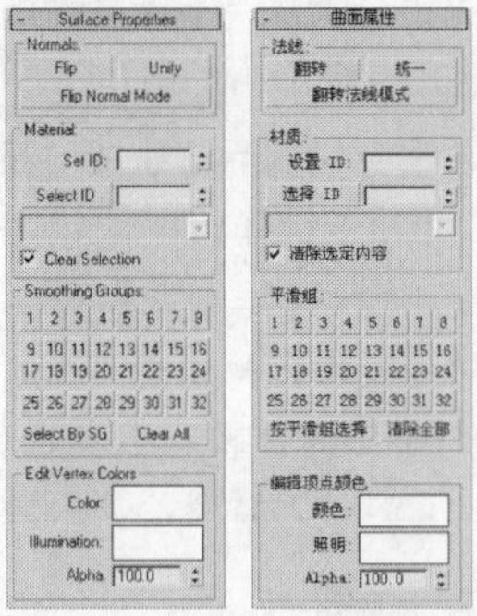

图8-16　曲面属性卷展栏

● 翻转：反转选定面片的曲面法线方向。

● 统一：翻转对象的法线，使其指向相同的方向，通常是向外。使用该选项可以将对象的面片设置为相应的方向，从而避免在对象曲面中留下明显的孔洞。

● 翻转法线模式：翻转所单击的任何面片法线。重新单击此按钮或者在程序界面的任何位置右键单击。

● 材质：主要设置可以对面片使用的多维 / 子对象材质。

● 平滑组：使用这些控制可以向不同的平滑组分配选定的面片，还可以按照平滑组选择面片。

● 编辑顶点颜色：可以分配颜色、照明颜色和选定顶点的透明值。

8.3 石墨建模工具

石墨建模工具集也称为“Modeling Ribbon”，代表一种用于编辑网格和多边形对象的新范例。它具有基于上下文的自定义界面，该界面提供了完全特定于建模任务的所有工具，且仅在需要相关参数时才为您提供对应的访问权限，从而最大限度地减少了屏幕上的杂乱现象，其中还包括所有现有的编辑 / 可编辑多边形工具以及大量用于创建和编辑几何体的新型工具，如图 8-17 所示。

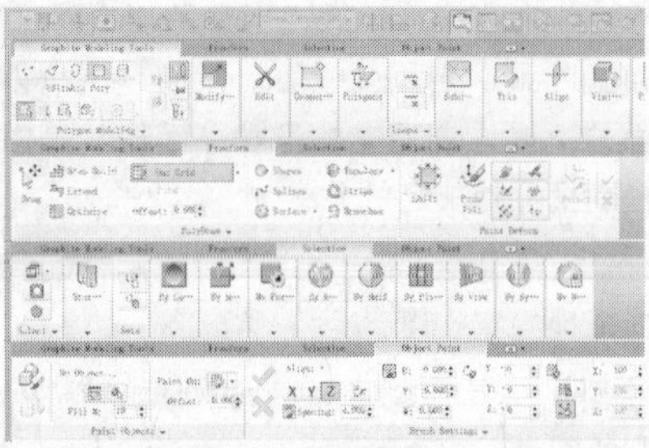

图8-17　石墨建模工具

在主工具栏中通过（石墨建模）工具按钮可以开启或关闭相应的工具显示，多数工具的工具提示分为两部分，第 1 部分包含该工具的简短描述，有时还会列出重要的选项；第 2 部分介绍如何使用该工具，某些工具还会在此列出辅助选项，如图 8-18 所示。

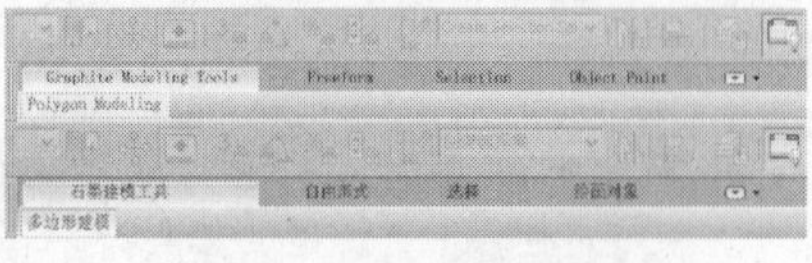

图8-18　石墨建模工具按钮

8.3.1　新型工具

Autodesk 3ds Max 2011 中的许多新型建模和纹理贴图功能都来自于一个称为“PolyBoost”的现有插件，可在石墨建模工具以及 3ds Max 中的其他位置使用的所有“PolyBoost”工具以及指向这些工具的连接。

垂直石墨建模工具只有在对“自定义用户界面”进行相应操作后才会提供，即将方向在水平和垂直之间切换。若要访问它，请打开“自定义用户界面”对话框，将“类别”设置为“建模：石墨工具”，然后使用“切换建模方向”操作。垂直的功能集与水平的相同，但它只能左右停靠，而不能上下停靠，并始终处于最大化状态。

8.3.2　石墨建模工具界面

石墨建模采用工具栏形式，可通过水平或垂直配置模式浮动或停靠，此工具栏包含 4 个选项卡，主要是石墨建模工具、自由形式、选择和绘画对象。

石墨建模工具选项卡包含了最常用于多边形建模的工具，它分成若干不同的面板，可供您方便快捷地进行访问。

自由形式选项卡提供了用于徒手创建和修改多边形几何体的工具，可在多边形绘制和绘制变形面板上使用这些工具。另外，下列面板将处于隐藏状态，但可通过右键单击菜单将其显示在“自由形式”选项卡上。

石墨建模工具的选择选项卡提供了专门用于子对象选择的各种工具。例如，您可以选择凹面或凸面区域、朝向视口的子对象或某一方向的点等。

8.4 曲面建模

曲面建模可以将任何三边或四边样条线填充三边面或四边面，通过绘制重要的结构线，再增加Surface（曲面）修改器生成模型，然后再调节绘制结构线的贝兹轴。尽管曲面建模在拓扑结构上十分高效，但还是逐渐让位给了多边形建模，原因是控制发杂并缺乏扩展性，如图 8-19 所示。

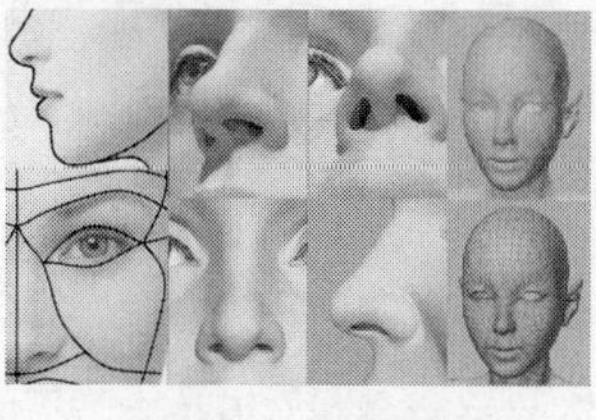

图8-19 曲面建模

8.4.1 曲面工具建模

使用 Surface（曲面）修改器来创建面片模型有两种主要的方法。一种是创建表示模型横截面的样条线，添加交叉连线修改器以连接交叉连线，然后再应用曲面修改器以创建面片曲面，此方法用于类似飞机或摩托车的模型，如图 8-20 所示。

另一种是手动创建样条线网络，然后应用曲面修改器或可编辑面片工具以创建面片曲面，此方法用于建模角色或怪兽的模型，如图 8-21 所示。

图8-20 摩托车的曲面设置

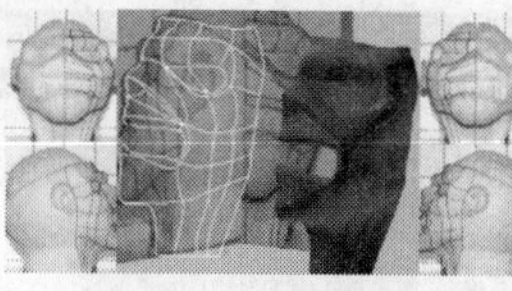

图8-21 怪兽的曲面设置

8.4.2 曲面参数卷展栏

通过曲面参数卷展栏，可以设置闭合曲线转换为曲面的参数，如图 8-22 所示。

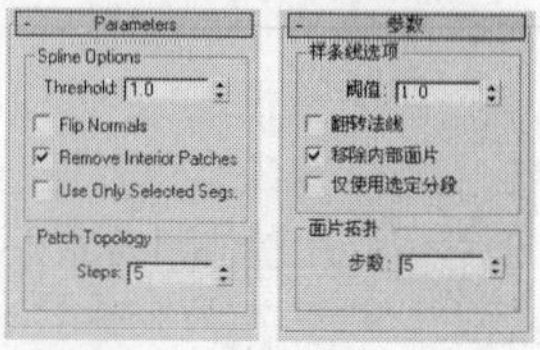

图8-22 曲面参数卷展栏

- 阈值：确定用于焊接样条线对象顶点的总距离。
- 翻转法线：控制面片曲面的法线方向。
- 移除内部面片：移除通常看不见对象的内部面片，这些面是在封口内创建的面，或是相同类型闭合多边形的其他内部面片。
- 仅使用选定分段：曲面修改器只使用编辑样条线修改器中选定的分段来创建面片。
- 步数：用以确定在每个顶点间使用的步数，步数值越高，所得到的顶点之间的曲线就越平滑。

8.5 第三方建模

第三方软件和插件可以辅助 3ds Max 更快地完成三维作品，在众多辅助的软件中不得不提的就是 Poser。

8.5.1 软件与插件

Poser 是一款面向数码艺术和动画的 3D 人物动画和模型设计工具，可以制作出一系列高清晰的 3D 人体与动物模型，还可以更换服装，及创建电影、图像和各种姿势的 3D 造型。使用 Poser 独一无二的界面，摆放造型和制作动画非常快捷，通过使用设置好的导出造型可以为你的三维世界注入新活力，如图 8-23 所示。

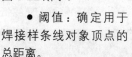

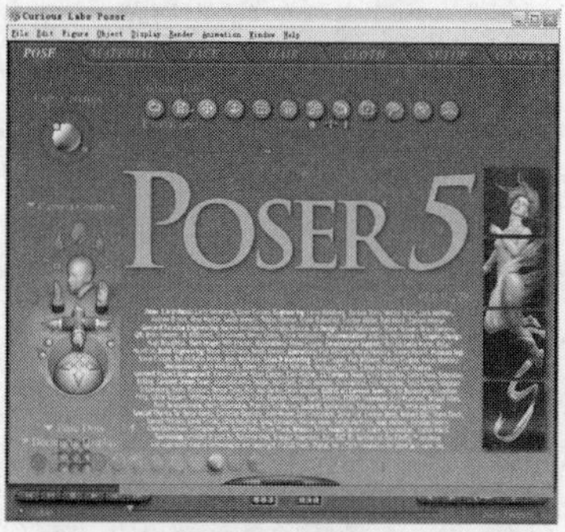

图8-23 Poser软件

MudBox 是一款独立运行且易于使用的雕刻软件，由三位经验丰富的 CG 艺术家及一群程序员开发而成，能很好将其整合到制作流程中去。MudBox 是一款真正能够处理超高分辨率模型的辅助软件，基于数字笔刷的数字雕刻软件工具，可以搭配3ds Max三维软件制作更具细节的模型效果，如图8-24所示。

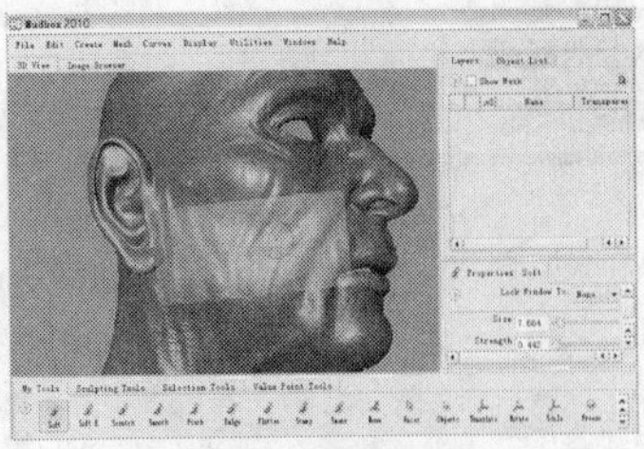

图8-24　MudBox软件

ZBrush的诞生代表了一场3D造型的革命，它将三维动画中最复杂最耗费精力的角色建模和贴图工作，变成了小朋友玩泥巴那样简单有趣。设计师可以通过手写板或鼠标来控制ZBrush的立体笔刷工具，自由自在地随意雕刻自己头脑中的形象。ZBrush不但可以轻松塑造出各种数字生物的造型和肌理，还可以把这些复杂的细节导出成法线贴图和展好UV的低分辨率模型。这些法线贴图和低模可以被所有的大型三维软件Maya、3ds Max、Softimage XSI和Lightwave等识别和应用，成为专业动画制作领域中最重要的建模材质辅助工具，如图8-25所示。

图8-25　ZBrush软件

8.5.2　支持格式与交互

在进行多软件交互配合完成作品时，不同格式的转换就变得非常重要，常使用的格式包括3DS、DWG、OBJ等。

3DS是3D Studio的DOS系统网格文件格式，可以将3DS文件导入3ds Max，其中可以将导入的对象与当前场景合并，或完全替换当前场景。如果选择将对象与当前场景合并，软件则会询问您是否要将场景中动画的长度重置为所导入文件的长度。

DWG格式文件是由AutoCAD、Autodesk Architectural Desktop和Autodesk Mechanical Desktop创建的绘图文件的主要原生文件格式，可以被3ds Max直接导入使用。

3ds Max可以导入和导出基于文本的Wavefront格式OBJ，此格式支持多边形和自由形式几何体，支持导入相关材质和贴图，但需要对交互的场景进行设置。

8.6　范例——卡通角色

【重点提要】

使用Poser独一无二的操作界面，摆放造型和制作动画非常的快捷。本范例系统地展示了制作的流程，使读者对软件间的交互有所掌握，卡通角色最终效果如图8-26所示。

图8-26　卡通角色范例效果

【制作流程】

卡通角色范例的制作流程分为4部分：①选择角色模型，②角色动作设置，③场景输出设置，④3ds Max输入设置，如图8-27所示。

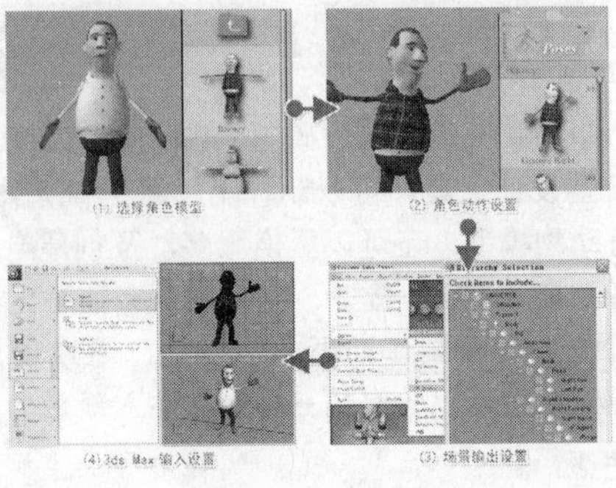

图8-27　制作流程

8.6.1 选择角色模型

Step01 开启Poser软件，软件默认的场景是一男人模型，如图8-28所示。

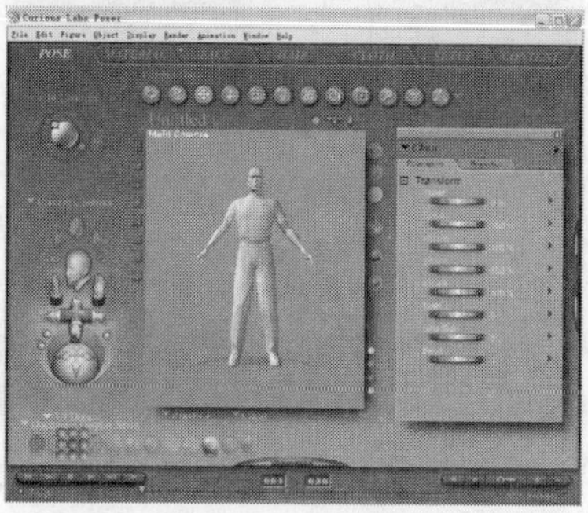

图8-28 开启软件

Step02 在Poser软件的类型中双击Figures（体形）面板，切换至角色模型的面板，如图8-29所示。

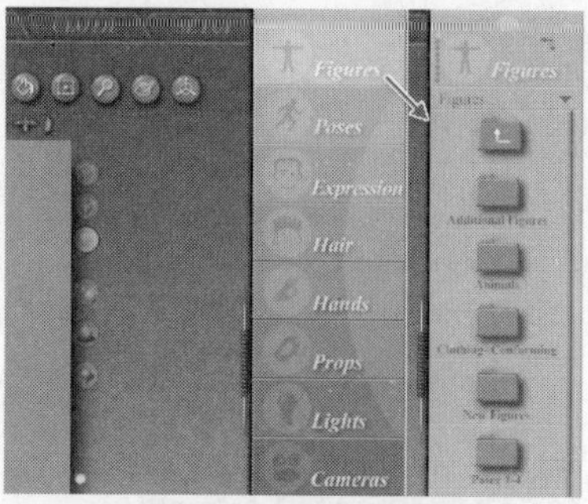

图8-29 双击体形面板

Step03 在Figures（体形）面板中选择需要的角色模型，然后双击鼠标左键进行添加，在弹出的Keep Customized Geometry（保持自定义几何体）对话框中单击OK按钮确定，如图8-30所示。

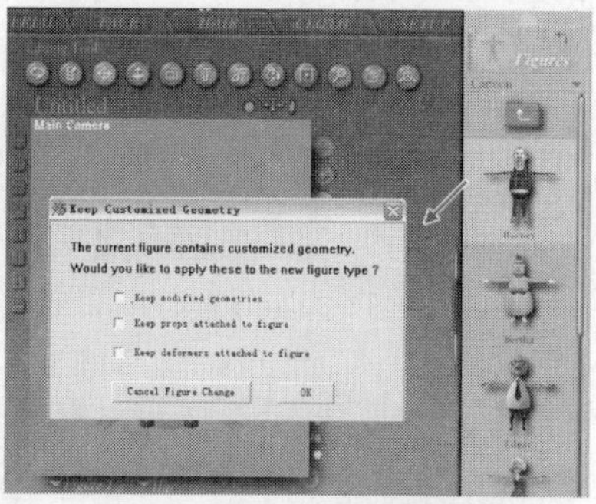

图8-30 添加角色设置

Step04 保持几何体设置后，场景中的男人模型将替换为卡通角色模型，如图8-31所示。

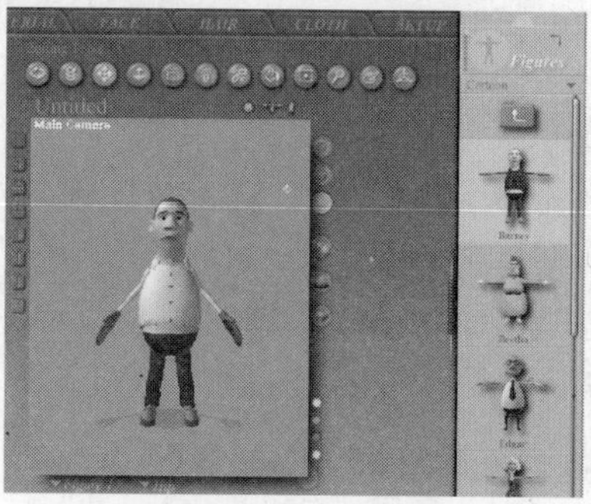

图8-31 添加角色体形

8.6.2 角色动作设置

Step01 在主工具栏中使用移动、选择和缩放工具对添加的角色进行姿态设置，如图8-32所示。

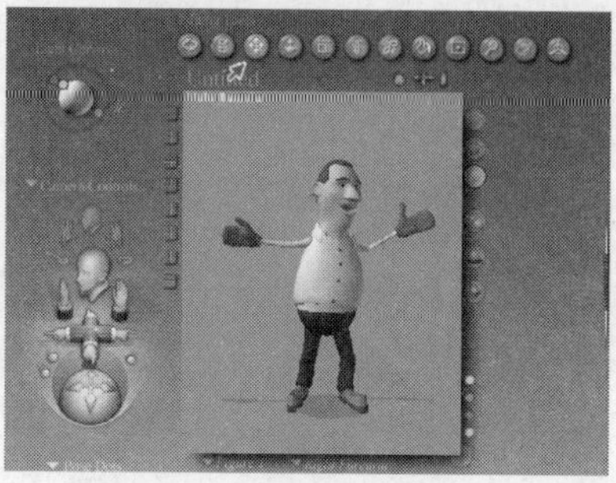

图8-32 姿态设置

Step02 在Poser软件的类型中双击Poses（动作）面板，为建立的卡通角色模型添加动作，如图8-33所示。

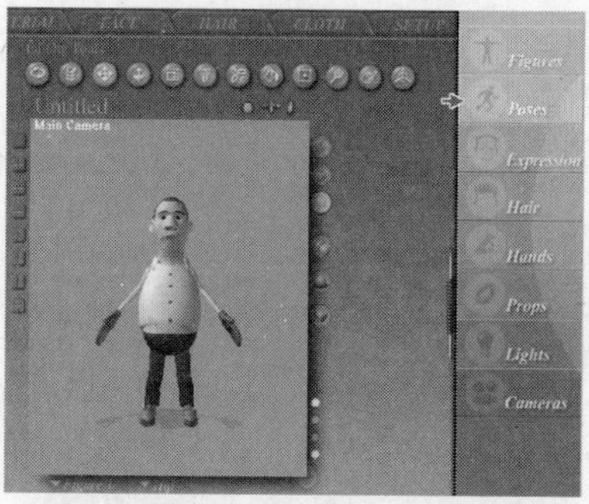

图8-33 双击动作面板

Step03 在Poses（动作）面板中选择所需动作分类的文件夹。不是所有的动作文件都会添加到角色模型上，有些角色模型只会被对应名称的动作所影响，如图8-34所示。

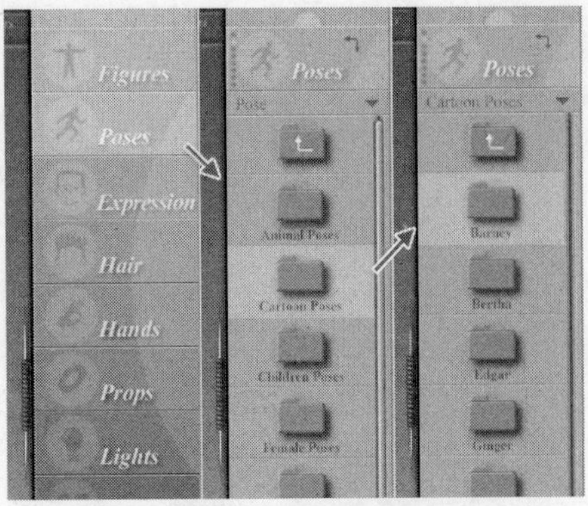

图8-34　选择动作分类

Step04 在 Poses（动作）面板的分类文件夹中提供了多种预置动作，在动作缩略图的右上角显示的数字即是动作时间帧，如图 8-35 所示。

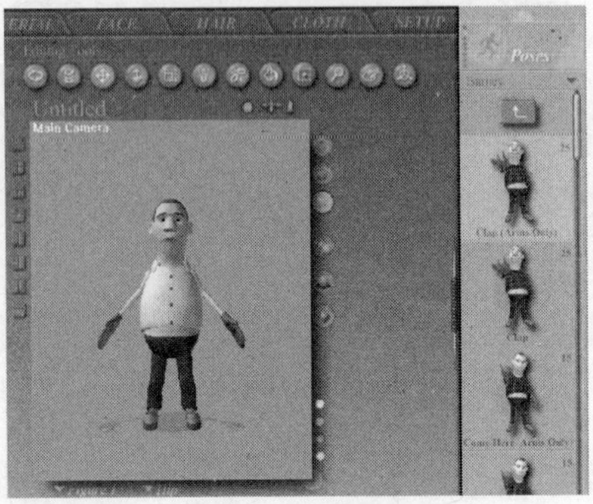

图8-35　动作预置

Step05 选择分类文件夹中所需的预置动作，然后双击鼠标左键进行加载，如图 8-36 所示。

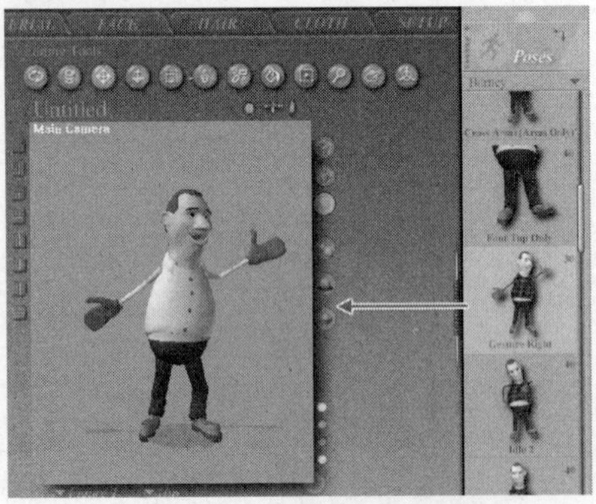

图8-36　加载预置动作

Step06 加载预置动作文件后，在材质显示区域开启效果显示按钮，将制作的卡通角色模型以最后效果显示，如图 8-37 所示。

图8-37　开启效果显示

8.6.3　场景输出设置

Step01 Poser 软件除了可以设置 Figures（体形）和 Poses（动作）外，还可以设置 Expression（表情）、Hair（头发）、Hands（手势）、Props（道具）、Lights（灯光）和 Cameras（摄影机）类型，如图 5-38 所示。

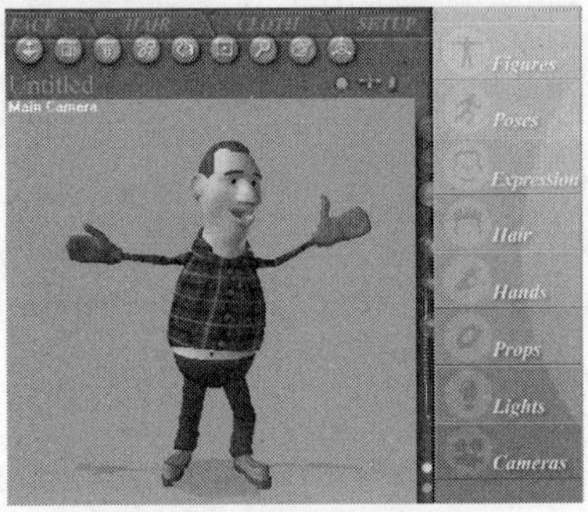

图8-38　设置其他类型

Step02 在 Poser 软件的菜单中选择【File 文件】→【Export 输出】→【3D Studio】命令，可以把 Poser 软件中的三维模型进行转换，如图 8-39 所示。

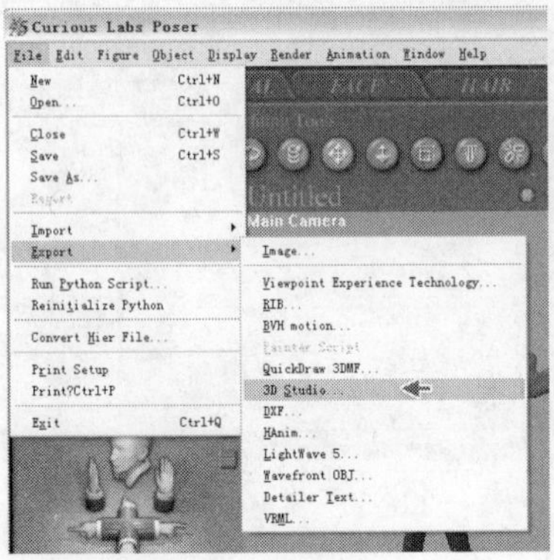

图8-39　Poser输出

Step03 在弹出的输出范围对话框中选择 Single frame（单一结构），只输出当前一帧的模型，如图 8-40 所示。

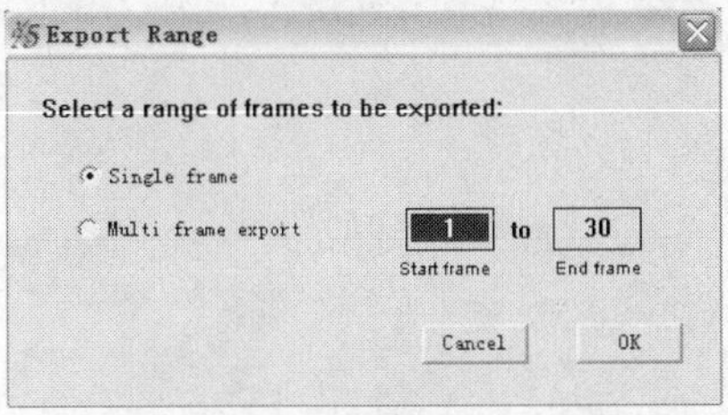

图8-40　输出范围

Step04 在接下来的 Hierarchy Selection（层次选择）对话框中可以设置需要输出的局部或整体模型，如图 8-41 所示。

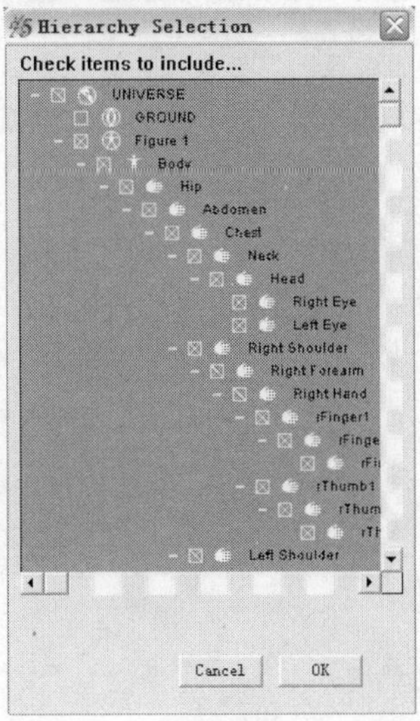

图8-41　层次选择对话框

Step05 在弹出的输出对话框中设置存储的路径和文件名称，如图 8-42 所示。

图8-42　输出设置

8.6.4　3ds Max输入设置

Step01 开启 3ds Max 软件，然后在菜单中选择【File 文件】→【Import 输入】→【Import 输入】命令，如图 8-43 所示。

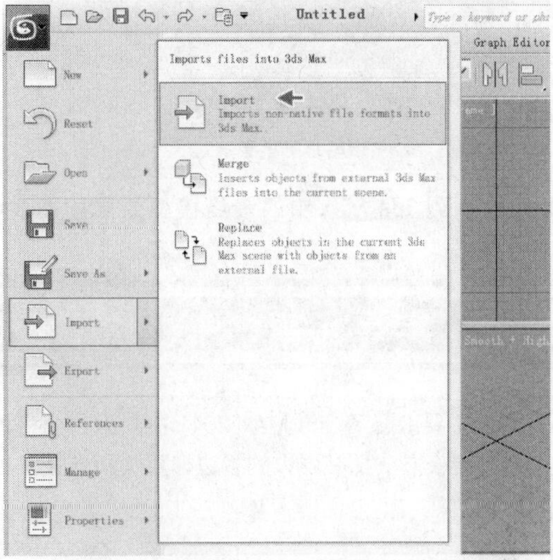

图8-43　3ds Max输入

Step02 选择在 Poser 软件输出的 3DS 文件，然后在对话框中选择 Merge objects with current scene（合并对象到当前场景）项目，将文件导入至 3ds Max 软件中。合并对象到当前场景项目可以将导入的数据与当前场景合并，完全替换当前场景项目可以用导入的数据完全替换当前场景，转换单位项目可以转换为当前使用的系统单位，如图 8-44 所示。

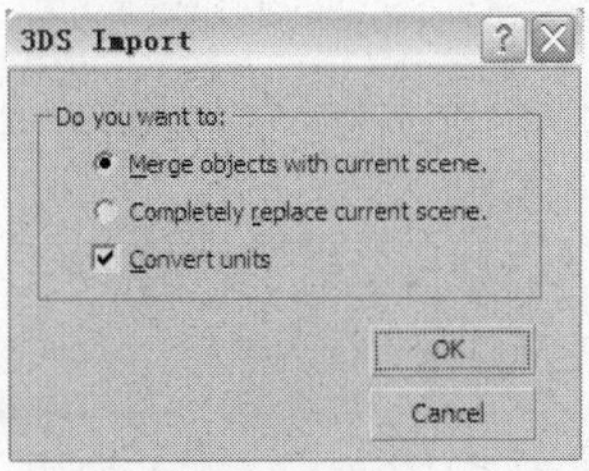

图8-44　导入文件

Step03 输入到 3ds Max 中的模型默认状态为多边形的编辑模式，可以根据需要再进行模型调整，如图 8-45 所示。

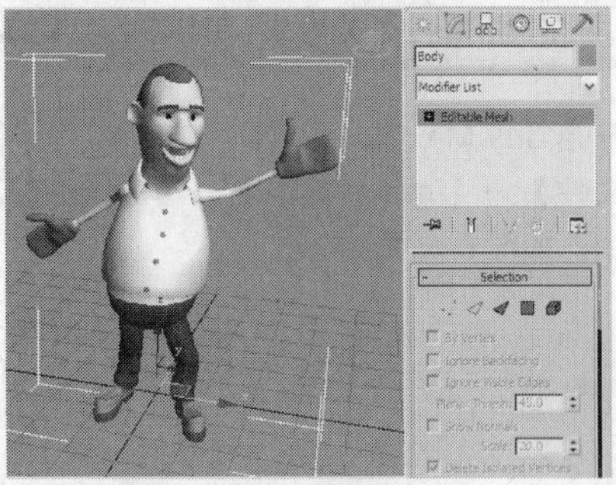

图8-45 模型状态

Step04 输入到3ds Max中的最终模型效果如图8-46所示。

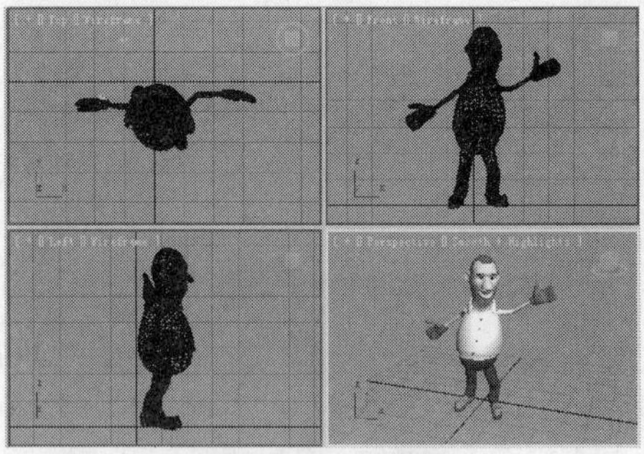

图8-46 最终模型效果

8.7 本章小结

本章主要讲解了3ds Max 2011中的面片栅格、编辑面片、石墨建模工具、曲面建模和第三方建模方式，虽然大部分建模方法都被强大的多边形建模所掩盖，但还需要对这些建模方式有所了解，这会对三维模型的概念理解起到帮助。

3 渲染设置篇

- 材质与贴图
- 灯光系统
- 摄影机系统
- 渲染器

第 9 章 材质与贴图

本章内容

- 材质编辑器
- 标准材质类型
- 其他材质类型
- 贴图类型
- 着色与材质资源管理器
- 贴图坐标
- 范例——木屋场景
- 范例——蓝色细胞
- 范例——水面荷花

3ds Max中的Material指的是材质，是给模型的表面覆盖颜色或者图片的过程，而给模型数据赋予制作好的图像的过程叫做贴图，也就是Mapping。世界上一切对象都利用其表面的颜色、光线强度、纹理、反射率、折射率等来表现出各自的性质。

从图9-1中可以看出，虽然是相同的球体，但通过不同的光线、颜色、透明度等因素使它们成为了不同的对象，具有不同的质感。

图9-1　不同对象的质感

在创建新材质并将其应用于对象时，应该遵循以下流程和步骤：

- 使示例窗处于活动状态，并输入所要设计材质的名称。
- 选择材质类型。
- 对于标准或光线跟踪材质，选择着色类型。
- 输入各种材质组件的设置，如漫反射颜色、光泽度、不透明度等。
- 将贴图指定给要设置贴图的组件，并调整其参数。
- 将材质应用于对象。
- 如有必要，应调整UV贴图坐标，以便正确定位带有对象的贴图。

9.1 材质编辑器

在确定了模型之后，就可以打开材质编辑器来编辑材质，可以使用键盘上的 M 键或者单击主工具栏中的按钮来打开材质编辑器，如图 9-2 所示。

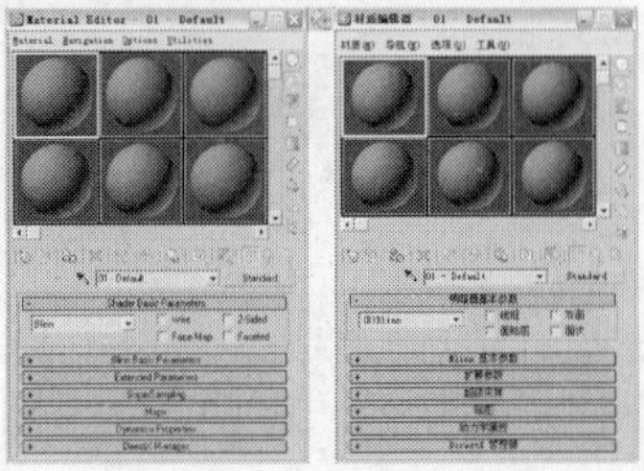

图9-2　材质编辑器

3ds Max 2011 新的基于节点式编辑方式的材质系统是一套可视化的材质编辑器，通过节点方式让使用者能以图形接口产生材质原型，并更直觉容易地编辑复杂材质进而提升生产力，而这样的材质是可以跨平台的，如图 9-3 所示。

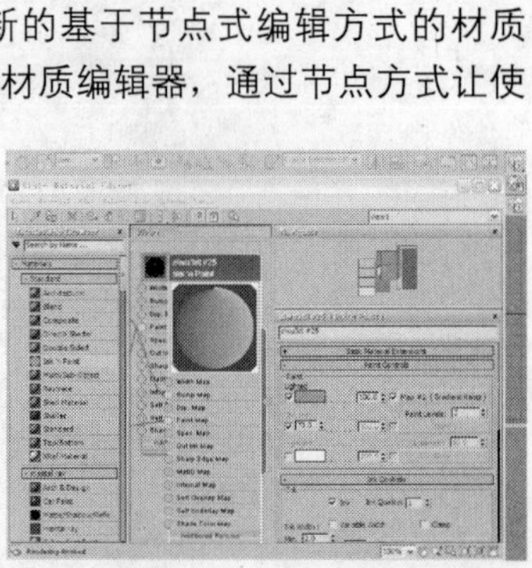

图9-3　节点式材质编辑器

9.1.1　示例窗

示例窗显示材质的预览效果，默认情况下，一次可显示 6 个示例窗，如图 9-4 所示。

材质编辑器实际上一次可存储 24 种材质。可以使用滚动条在示例窗之间移动，或者可以将一次可显示示例窗数量更改为 15 ～ 24 个。如果处理的是复杂场景，一次查看多个示例窗非常有帮助。使用示例窗可以预览材质和贴图，每个窗口可以预览一个材质或贴图。使用材质编辑器可以更改材质，还可以把材质应用于场景中的对象。要做到这点，最简单的方法是将材质从示例窗拖动到视图中的对象上。

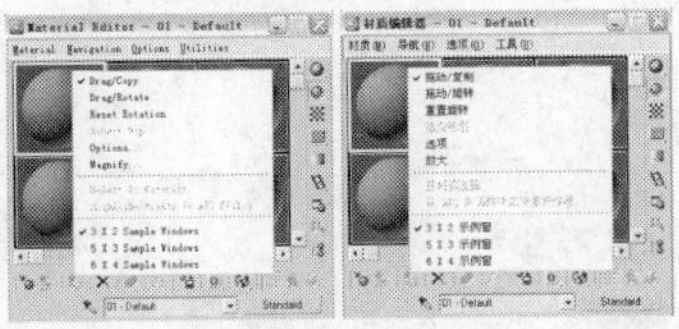

图9-4　示例窗

9.1.2　工具按钮

位于材质编辑器示例窗下面和右侧的按钮用于管理和更改贴图及材质还包括一些其他控制工具，如图 9-5 所示。

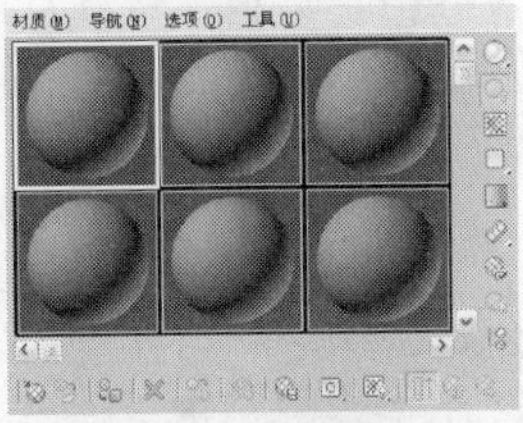

图9-5　工具按钮

- 获取材质：可以显示材质 / 贴图浏览器，使用它可以选择材质或贴图。
- 将材质放入场景：在编辑材质之后更新场景中的材质，在活动示例窗中的材质与场景中的材质具有相同的名称，活动示例窗中的材质不是热材质。
- 将材质指定给选定对象：可将活动示例窗中的材质应用于场景中当前选定的对象。同时，示例窗将成为热材质。
- 重置贴图 / 材质为默认设置：单击此按钮，将会弹出如图 9-6 所示的“重置材质 / 贴图参数”对话框，用于清除当前层级下的材质或贴图参数，使其还原为默认设置。

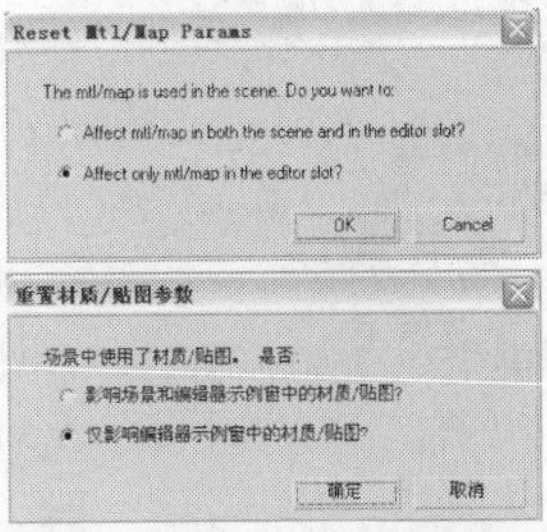

图9-6　重置材质/贴图参数对话框

- 复制材质：通过复制自身的材质生成材质副本，冷却当前热示例窗。示例窗不再是热示例窗，但材质仍然保持其属性和名称。可以调整材质而不影响场景中的该材质。
- 使唯一：可以使贴图实例成为唯一的副本，还可以使一个实例化的子材质成为唯一的独立子材质。
- 放入库：可以将选定的材质添加到当前库中，单击将弹出入库对话框，使用该对话框可以输入材质的名称，该材质区别于材质编辑器中使用的材质。在材质 / 贴图浏览器显示的材质库中，该材质可见。该材质保存在磁盘上的库文件中。通过使用材质 / 贴图浏览器中的“保存”按钮也可以保存库。
- 材质效果通道：在其弹出的面板中将材质标记为 Video Post 效果或渲染效果，或存储以 RLA 或 RPF 文件格式保存的渲染图像的目标，材质效果值等同于对象的 G 缓冲区值。
- 在视图中显示贴图：使用交互式渲染器来显示视图对象表面的贴图材质，如图 9-7 所示。

图9-7　在视图中显示贴图

- 显示最终结果：可以查看所处级别的材质，而不查看所有其他贴图和设置的最终结果，如图 9-8 所示。

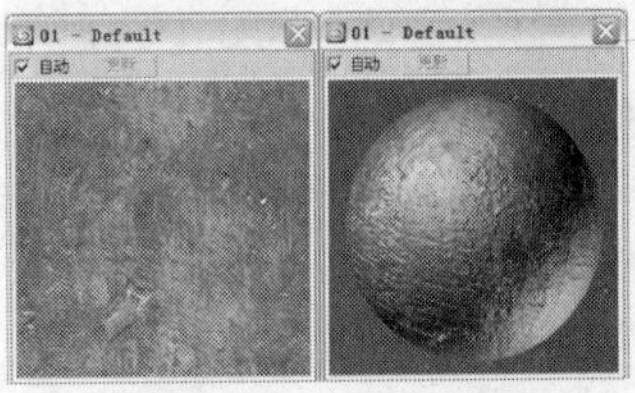

图9-8　显示最终结果

- 转到父级：可以在当前材质中向上移动一个层级。

- 转到下一个同级项：将移动到当前材质中相同层级的下一个贴图或材质。

- 采样类型：在弹出的面板中可以选择要显示在活动示例窗中的几何体，如图 9-9 所示。

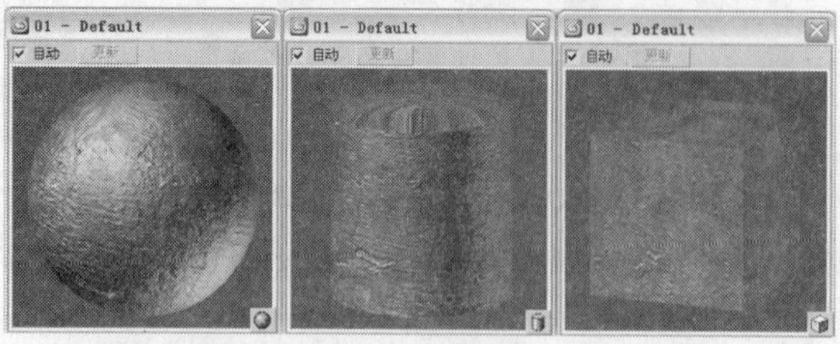

图9-9　采样类型

- 背光：将背光添加到活动示例窗中，如图 9-10 所示。

- 示例窗背景：将多颜色的方格背景添加到活动示例窗中，如图 9-11 所示。

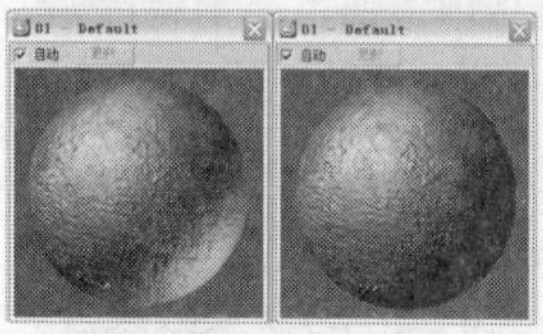

图9-10　背光

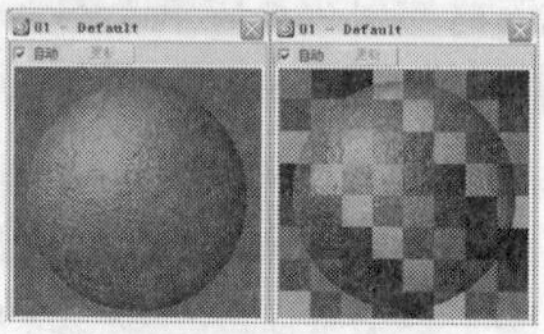

图9-11　示例窗背景

- 采样 UV 平铺：可以在活动示例窗中调整采样对象上的贴图图案重复，如图 9-12 所示。

- 视频颜色检查：用于检查示例对象上的材质颜色是否超过安全 NTSC 或 PAL 阈值，如图 9-13 所示。

图9-12　采样UV平铺

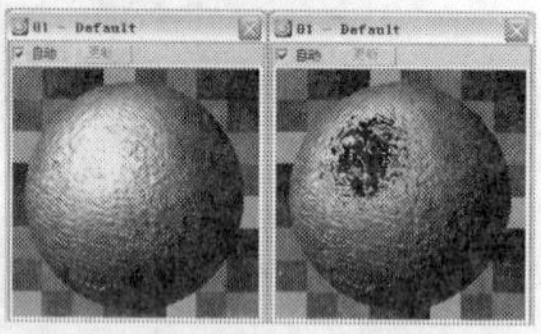

图9-13　视频颜色检查

- 生成预览、播放预览、保存预览：可以使用动画贴图向场景添加运动，如图 9-14 所示。

- 材质编辑器选项：单击此按钮弹出材质编辑器选项对话框，可以控制材质和贴图在示例窗中的显示方式，主要有更新方式、DirectX 明暗器、自定义采样对象和示例窗数目，如图 9-15 所示。

图9-14　预览播放动画贴图

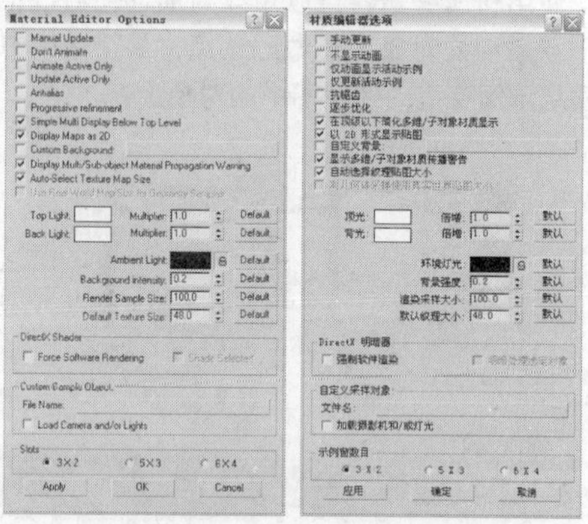

图9-15　材质编辑器选项对话框

- 按材质选择：可以基于材质编辑器中的活动材质选择场景中的对象。

- 材质/贴图导航器：这是一个无模式对话框，可以通过材质中贴图的层次或复合材质中子材质的层次快速导航，如图 9-16 所示。

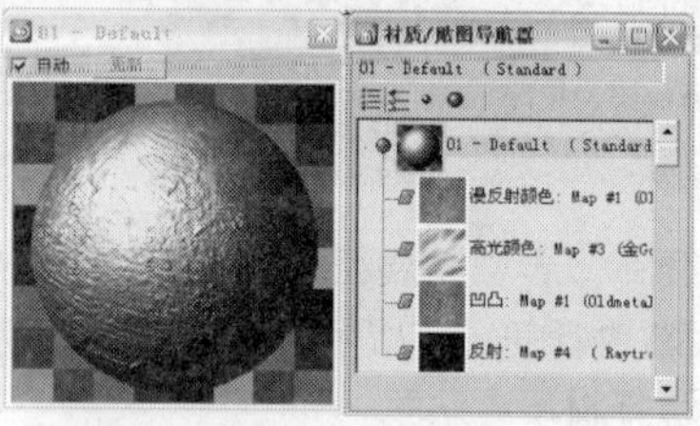

图9-16　材质/贴图导航器对话框

- 从对象拾取材质：可以从场景中的一个对象吸取材质。

- 名称：字段显示材质或贴图的名称，默认材质名是“01-Default”，以此类推，数字变化反映材质的示例窗，贴图命名为“Map #1”等。

- Standard 类型：可打开材质/贴图浏览器对话框，选择要使用的材质类型或贴图类型。

9.2 标准材质类型

材质 / 贴图浏览器对话框中的材质类型。默认类型为 Standard（标准）类型，这是最常用的材质类型。其他材质类型具有特殊用途，如 Ink’nPaint 卡通、Lightscape 材质、变形器、标准、虫漆、顶 / 底、多维 / 子对象、高级照明覆盖、光线跟踪、合成、混合、建筑、壳材质、双面、无光 / 投影、mental ray 材质，如图 9-17 所示。

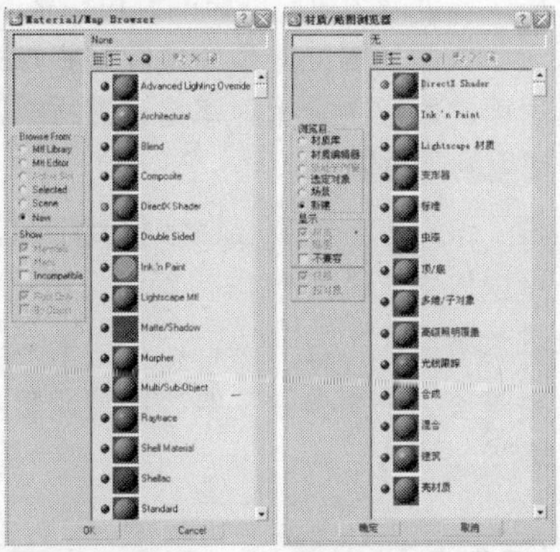

图9-17　材质类型

标准材质是材质编辑器示例窗中的默认材质，还有一些其他材质类型，标准材质类型为表面建模提供了非常直观的方式。在现实世界中，表面的外观取决于它如何反射光线。在 3ds Max 中，标准材质模拟表面的反射属性，如果不使用贴图，标准材质会为对象提供单一的颜色。

9.2.1　明暗器基本参数卷展栏

明暗器基本参数卷展栏可选择要用于标准材质的明暗器类型，如图 9-18 所示，某些附加的控制会影响材质的显示方式。

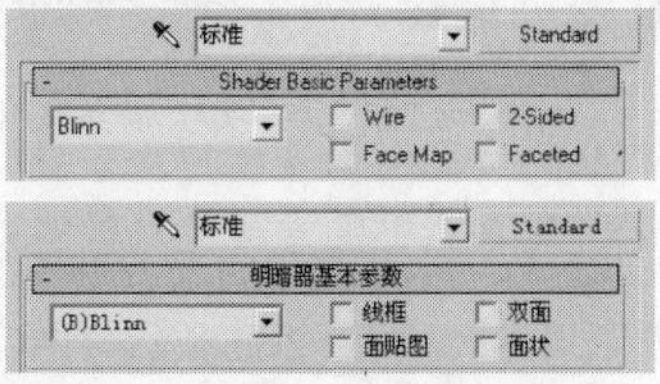

图9-18　明暗器基本参数卷展栏

● 明暗器：3ds Max 有 8 种不同的明暗器，一部分根据其作用命名，其他是以它们的创建者命名。基本的材质明暗器有各向异性、Blinn、金属、多层、Oren-Nayar-Blinn、Phong、Strauss 和半透明，如图 9-19 所示。

● 线框：以线框模式渲染材质，可以在扩展参数上设置线框的大小，如图 9-20 所示。

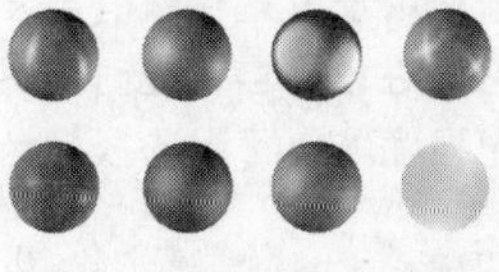

图9-19　8种不同的明暗器

图9-20　线框

● 双面：使材质成为两面，将材质应用到选定面的双面，如图 9-21 所示。

● 面贴图：将材质应用到几何体的各面，如果材质是贴图材质，则不需要贴图坐标。贴图会自动应用到对象的每一面，如图 9-22 所示。

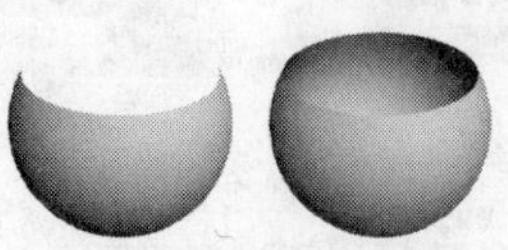

图9-21　双面

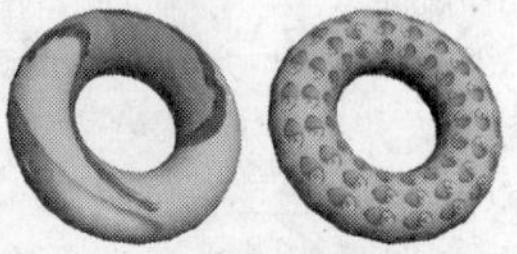

图9-22　面贴图

● 面状：就像表面是平面一样，渲染表面的每一面，如图 9-23 所示。

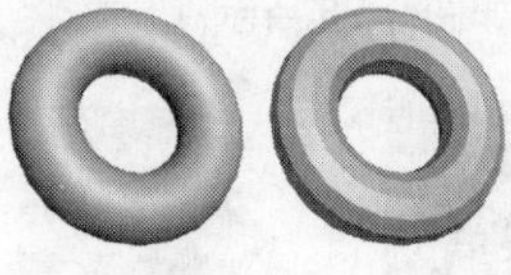

图9-23　面状

9.2.2　Blinn基本参数卷展栏

标准材质的 Blinn 基本参数（Blinn Basic Parameters）卷展栏包含一些控制选项，用于设置材质的颜色、反光度、透明度等设置，并且能够指定用于材质各种组件的贴图，Blinn 基本参数卷展栏如图 9-24 所示。

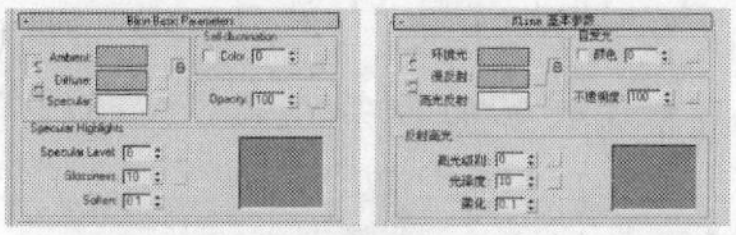

图9-24　Blinn基本参数卷展栏

● 环境光 / 漫反射 / 高光反射：分别用于设置材质阴影、表面和高光区域的颜色和使用的贴图。单击某选项右侧的颜色色块，将会弹出如图 9-25 所示的颜色选择器对话框，用于设置材质的环境光、漫反射或高光反射颜色；单击右侧的 （无）按钮，将会弹出材质/贴图浏览器对话框，用于为漫反射或高光反射指定相应的贴图类型。

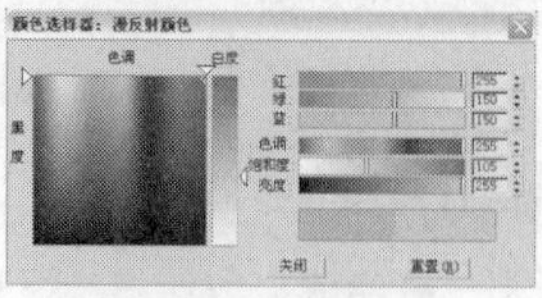

图9-25　颜色选择器对话框

● 自发光：该区域中的选项用于设置材质的自发光强度或颜色，如图 9-26 所示。在设置自发光时，可以在参数输入框中设置自发光强度，也可以选择颜色选项设置自发光颜色。

● 不透明度：此选项用于设置材质的透明属性，常用于调制玻璃等透明或半透明材质。其取值范围为 0 ～ 100，当数值为 0 时，材质完全透明；当数值为 100 时，材质完全不透明，效果如图 9-27 所示。

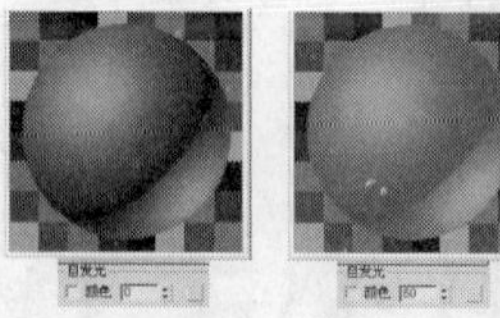

图9-26　自发光

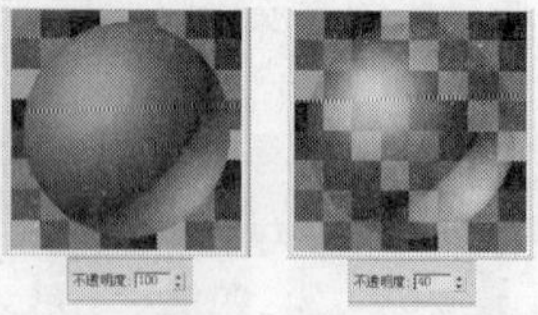

图9-27　不透明度

● 反射高光：该区域中的选项用于设置材质的高光强度和反光度等参数。其中高光级别选项用于控制材质高光区域的亮度，光泽度选项用于控制高光区域影响的范围，柔化选项用于对高光区域的反光进行模糊处理，效果如图 9-28 所示。

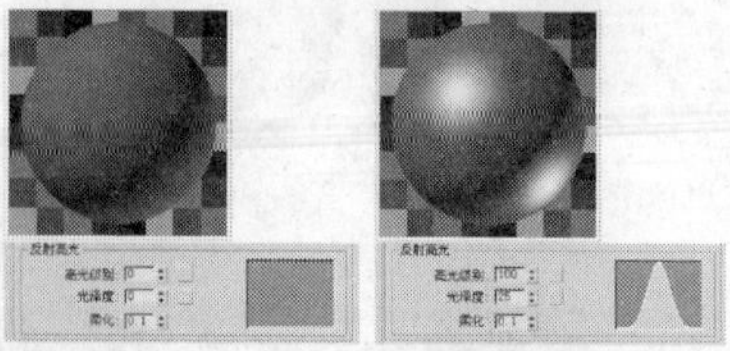

图9-28　反射高光

9.2.3　扩展参数卷展栏

Extended Parameters（扩展参数）卷展栏对于标准材质的所有着色类型来说都是相同的。它具有与透明度和反射相关的控制，还有线框模式的选项，扩展参数卷展栏如图 9-29 所示。

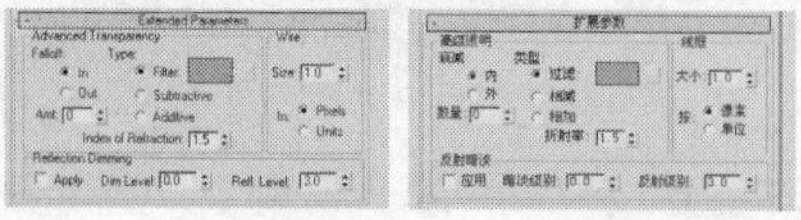

图9-29　扩展参数卷展栏

● 衰减：选择在内部还是在外部进行衰减，以及衰减的程度。其中包含向内或向外两种方式，通过数量可以指定最外或最内的不透明度大小，如图 9-30 所示。

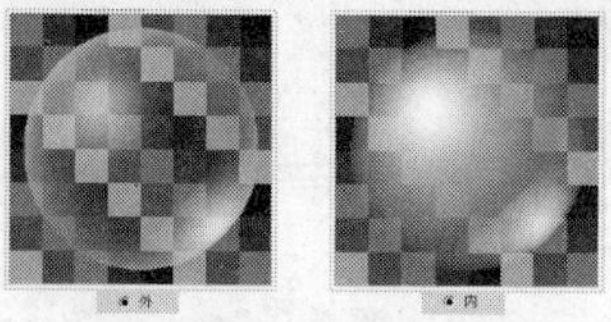

图9-30　衰减

● 类型：该组参数主要控制选择如何应用不透明度。过滤是计算与透明曲面后面的颜色相乘的过滤色，相减是从透明曲面后面的颜色中减除，相加是增加到透明曲面后面的颜色中，折射率是设置折射贴图和光线跟踪所使用的折射率。

● 线框：该组参数主要控制线框大小和测量线框的方式，可以以像素为单位进行测量，还可以以 3ds Max 单位进行测量。

● 反射暗淡：该组参数主要控制使阴影中的反射贴图显得暗淡。

9.2.4　超级采样卷展栏

建筑、光线跟踪和标准都使用 Super Sampling（超级采样）卷展栏，如图 9-31 所示，这样就可以选择超级采样方法。

图9-31　超级采样卷展栏

超级采样在材质上执行一个附加的抗锯齿过滤。此操作虽然花费更多时间，却可以提高图像的质量。渲染非常平滑的反射高光、精细的凹凸贴图以及高分辨率时，超级采样特别实用。

9.2.5　贴图卷展栏

材质的 Maps（贴图）卷展栏用于访问并为材质的各个组件指定贴图，贴图卷展栏如图 9-32 所示。

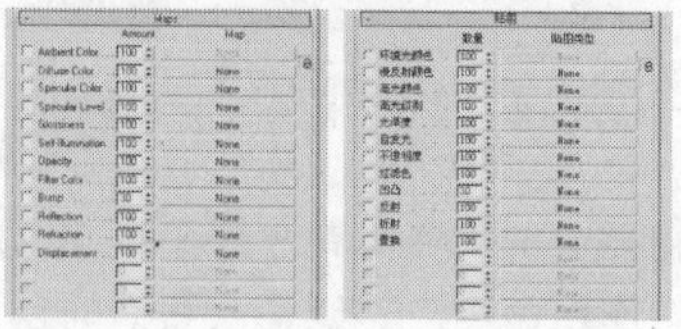

图9-32　贴图卷展栏

● 数量：在相应的数值输入窗口中输入一个百分比数值，用于控制各贴图方式在材质表面的作用强度。

● 贴图类型：每种贴图方式右侧都有一个 None（无）按钮，单击此按钮将弹出材质 / 贴图浏览器对话框，用于为贴图方式选择相应的贴图类型。

● 环境光颜色：默认情况下，漫反射贴图也会映射环境光组件，因此很少对漫反射和环境光组件使用不同的贴图，如图 9-33 所示。

● 漫反射颜色：可以选择位图文件或程序贴图，以将图案或纹理指定给材质的漫反射颜色。贴图的颜色将替换材质的漫反射颜色组件，设置漫反射颜色的贴图与在对象的曲面上绘制图像类似，如图 9-34 所示。

图9-33 环境光颜色

9-34 漫反射颜色

● 高光颜色：可以选择位图文件或程序贴图，以将图像指定给材质的高光颜色组件，贴图的图像只出现在反射高光区域中，如图 9-35 所示。

● 光泽度：可以选择影响反射高光显示位置的位图文件或程序贴图。贴图中的黑色像素将产生全面的光泽，白色像素将完全消除光泽，中间值会减少高光的大小，如图 9-36 所示。

图9-35 高光颜色

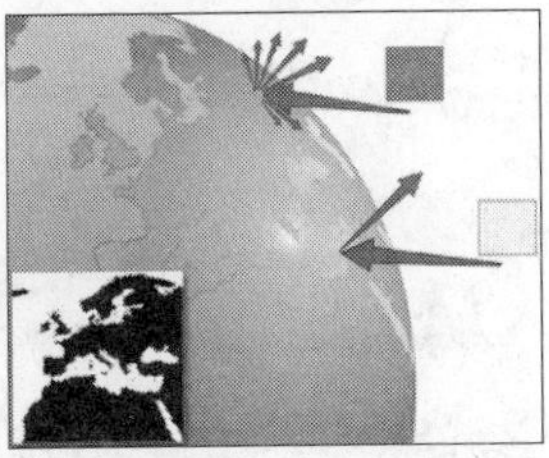
图9-36 光泽度

● 自发光：可以选择位图文件或程序贴图来设置自发光值的贴图，使对象的部分出现发光。贴图的白色区域渲染为完全自发光，不使用自发光渲染黑色区域，如图 9-37 所示。

● 不透明度：可以选择位图文件或程序贴图来生成部分透明的对象。贴图的浅色区域渲染为不透明，深色区域渲染为透明，之间的区域渲染为半透明，如图 9-38 所示。

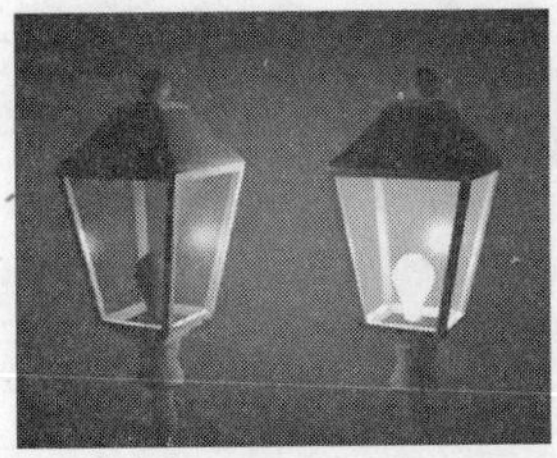
图9-37 自发光

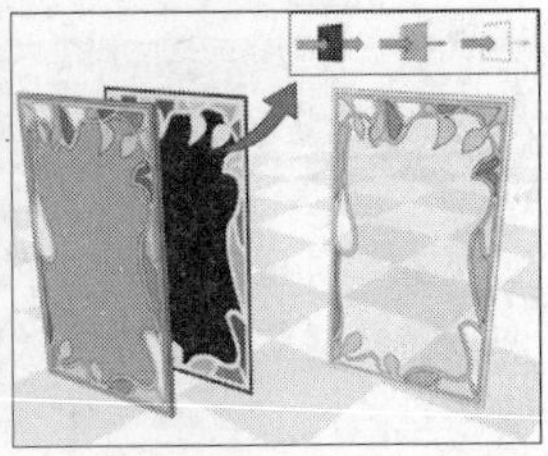
图9-38 不透明度

● 过滤色：过滤或传送的颜色是通过透明或半透明材质（如玻璃）透射的颜色，如图 9-39 所示。

● 凹凸：该贴图方式可以根据贴图的明暗强度使材质表面产生凹凸效果。当数量值大于 0 时，贴图中的黑色区域产生凹陷效果，白色区域产生凸起效果，如图 9-40 所示。

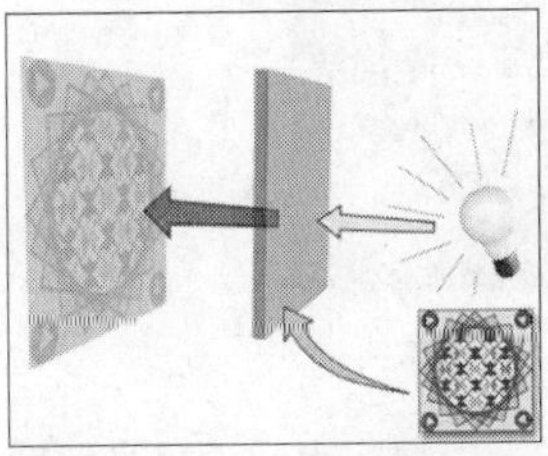
图9-39 过滤色

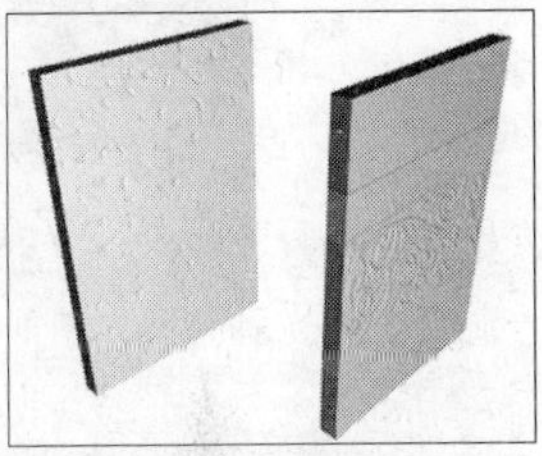
图9-40 凹凸

● 反射：该贴图方式可以用贴图来模拟对象反射环境的效果，从而使材质表面产生各种复杂的光影效果，通常用于表现镜面、大理石地面或各种金属质感，其效果如图 9-41 所示。

● 折射：该贴图方式可以用贴图来模拟空气和玻璃等透明介质的折射效果。其贴图原理与反射贴图方式类似，只是它表现的是一种穿透效果，如图 9-42 所示。

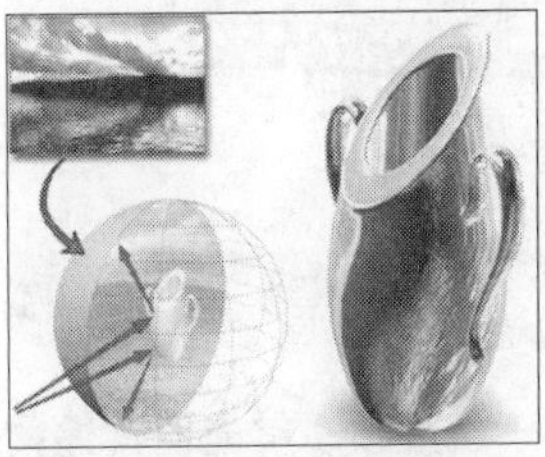
图9-41 反射

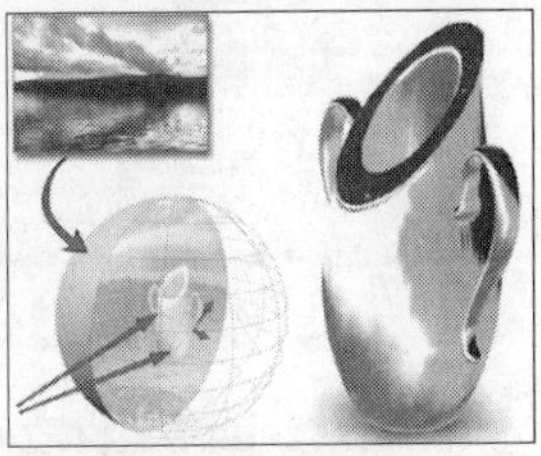
图9-42 折射

● 置换：可以使曲面的几何体产生位移，效果与使用位移修改器相类似。与凹凸贴图不同，位移贴图实际上更改了曲面的几何体或面片细分，从而产生了几何体的 3D 位移，如图 9-43 所示。

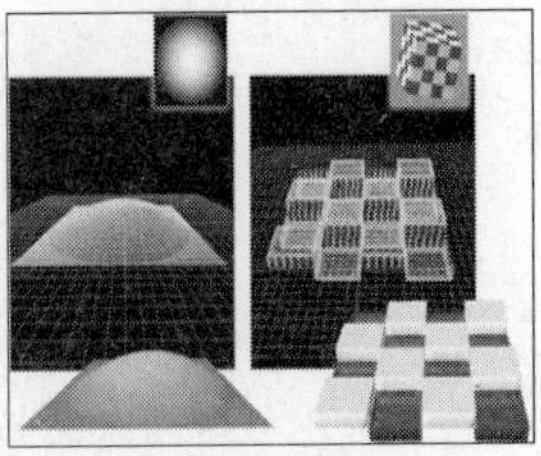
图9-43 置换

9.3 其他材质类型

3ds Max 除了默认的标准材质以外，还提供了许多特殊材质类型，可以更加便捷地得到所需的材质效果。

9.3.1 卡通

Ink' n Paint（卡通）材质用于创建卡通效果，与其他大多数材质提供的三维真实效果不同，卡通材质提供了带有墨水边界的平面着色，如图 9-44 所示。

图9-44 卡通效果

卡通材质使用光线跟踪器设置，因此调整光线跟踪加速可能对卡通的速度有影响。另外，在使用卡通时禁用抗锯齿可以加速材质，直到准备好创建最终渲染。卡通材质卷展栏如图 9-45 所示。

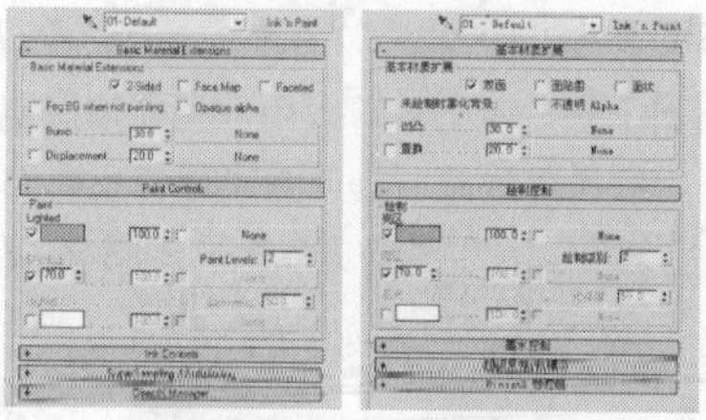

图9-45 卡通材质卷展栏

9.3.2 Lightscape材质

Lightscape Mtl 材质用于设置在现有光能传递网格中使用的 3ds Max 材质光能传递行为，mental ray 渲染器不支持 Lightscape 材质，如图 9-46 所示。

图9-46 Lightscape材质效果

在基本参数卷展栏中可以控制光能传递贴图的参数设置，基本参数卷展栏如图 9-47 所示。

图9-47 Lightscape材质的基本参数卷展栏

9.3.3 变形器材质

Morpher（变形器）材质与变形修改器相辅相成，可以用于创建角色脸颊变红的效果，或者使角色在抬起眼眉时前额褶皱。

在变形器材质中有 100 个材质通道，并且它们对可变形修改器中的 100 个通道中直接绘图，Morpher Basic Parameters（变形器基本参数）卷展栏如图 9-48 所示。

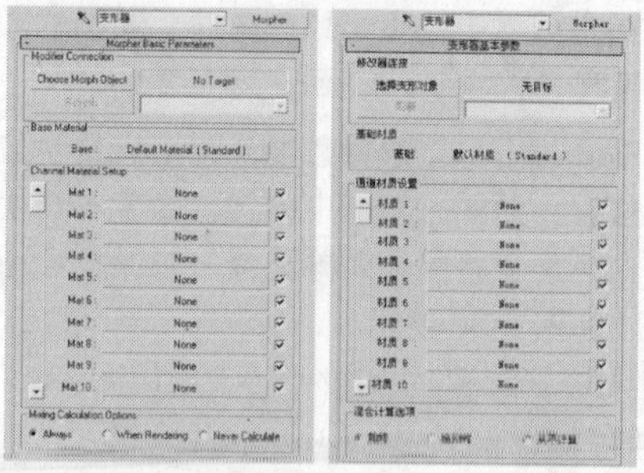

图9-48 变形器基本参数卷展栏

9.3.4 虫漆材质

Shellac（虫漆）材质通过叠加将两种材质混合，叠加材质中的颜色称为虫漆材质，被添加到基础材质的颜色中，如图 9-49 所示。

图9-49 虫漆材质效果

通过虫漆基本参数卷展栏能够控制基础材质和虫漆材质，卷展栏如图 9-50 所示。

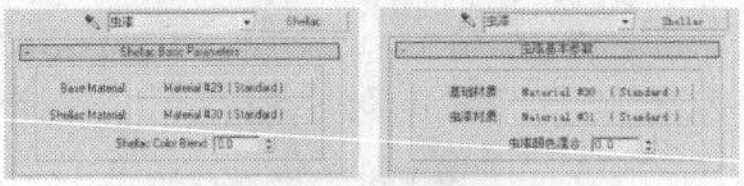

图9-50 虫漆基本参数卷展栏

9.3.5 顶/底材质

使用 Top/Bottom（顶 / 底）材质可以向对象的顶部和底部指定两个不同的材质，顶 / 底材质效果如图 9-51 所示。

图9-51 顶/底材质效果

可以将两种材质混合在一起，对象的顶面是法线向上的面，底面是法线向下的面，Top/Bottom Basic Parameters（顶 / 底基本参数）卷展栏如图 9-52 所示。

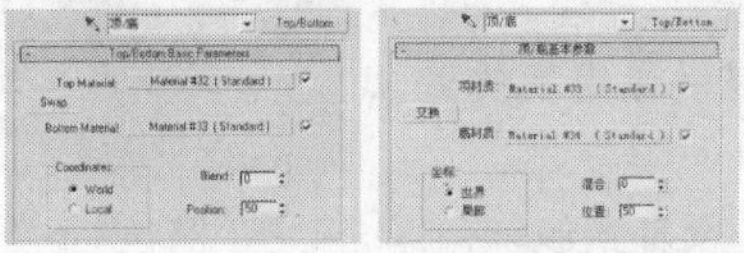

图9-52 顶/底基本参数卷展栏

9.3.6 多维/子对象材质

使用 Multi/Sub-Object（多维 / 子对象）材质可以采用几何体的子对象级别分配不同的材质，多维 / 子对象材质效果如图 9-53 所示。

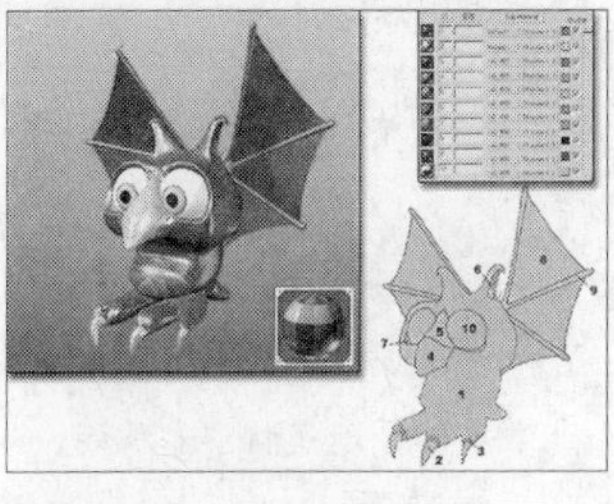

图9-53 多维/子对象材质效果

创建多维材质，将其指定给对象并使用网格选择修改器选中面，然后选择多维材质中的子材质指定给选中的面。如果该对象是可编辑网格，可以拖放材质到面上不同的选中部分，并随时构建一个多维 / 子对象材质，Multi/Sub Object Basic Parameters（多维 / 子对象基本参数）卷展栏如图 9-54 所示。

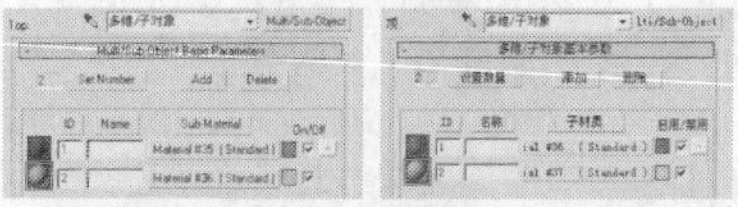

图9-54 多维/子对象基本参数卷展栏

9.3.7 高级照明覆盖材质

Advanced Lighting Override（高级照明覆盖）材质可以直接控制材质的光能传递属性，高级照明覆盖通常是基础材质的补充，基础材质可以是任意可渲染的材质，效果如图 9-55 所示。

图9-55 高级照明覆盖材质效果

在高级照明覆盖基本参数卷展栏中可以通过反射比调节材质反射的能量，颜色溢出用于控制反射颜色的饱和度，透射比比例用来控制材质透射的能力，如图 9-56 所示。

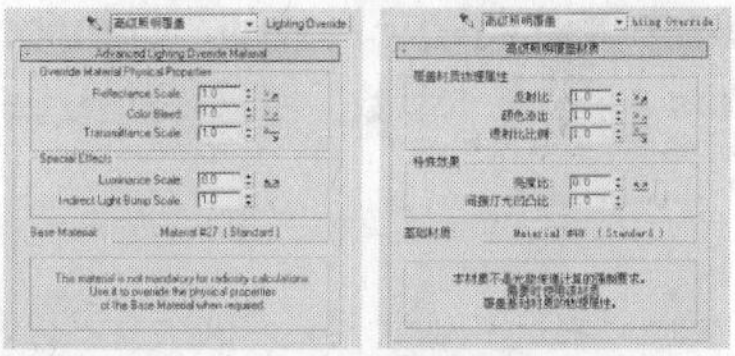

图9-56 高级照明覆盖基本参数卷展栏

9.3.8 光线跟踪材质

Raytrace（光线跟踪）材质是高级表面着色材质，它与标准材质一样，能支持漫反射表面着色，它还创建完全光线跟踪的反射和折射，还支持雾、颜色密度、半透明、荧光以及其他特殊效果，效果如图 9-57 所示。

图9-57 光线跟踪材质效果

用光线跟踪材质生成的反射和折射，比用反射/折射贴图更精确，但会比使用反射/折射更慢。另一方面，光线跟踪对于渲染3ds Max场景是优化的，通过将特定的对象排除在光线跟踪之外，可以在场景中进一步优化。Raytrace Basic Parameters（光线跟踪基本参数）卷展栏如图9-58所示。

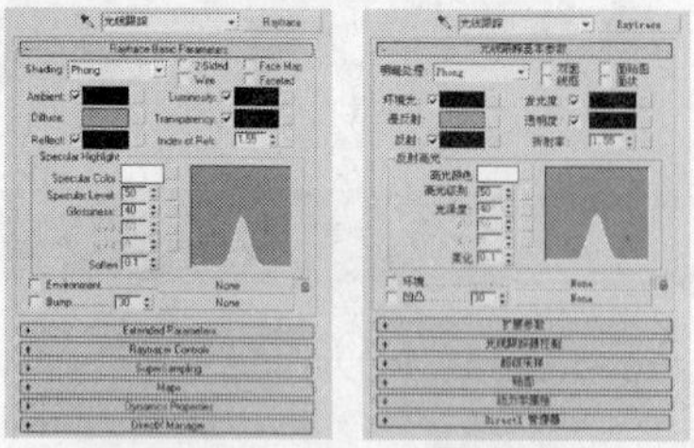

图9-58 光线跟踪基本参数卷展栏

9.3.9 合成材质

Composite（合成）材质最多可以合成10种材质。按照在卷展栏中列出的顺序，从上到下叠加材质。使用增加的不透明度、相减不透明度来组合材质或使用数量值来混合材质，效果如图9-59所示。

图9-59 合成材质效果

在合成基本参数卷展栏中，基础材质可以指定材质。默认情况下，基础材质就是标准材质，其他材质是按照从上到下的顺序，通过叠加在此材质上合成的，Composite Basic Parameters（合成基本参数）卷展栏如图9-60所示。

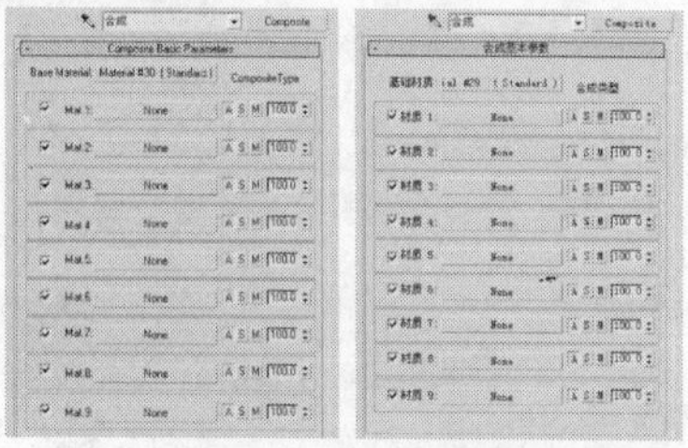

图9-60 参数卷展栏

9.3.10 混合材质

Blend（混合）材质可以在曲面的单个面上将两种材质进行混合。混合具有可设置动画的混合量参数，该参数可以用于绘制材质变形功能曲线，以控制随时间混合两个材质的方式，混合材质效果如图9-61所示。

图9-61 混合材质效果

Blend Basic Parameters混合基本参数卷展栏中，如图9-62所示，其中材质1和材质2用于选择或创建两个用以混合的材质，使用复选框来启用或禁用该材质。

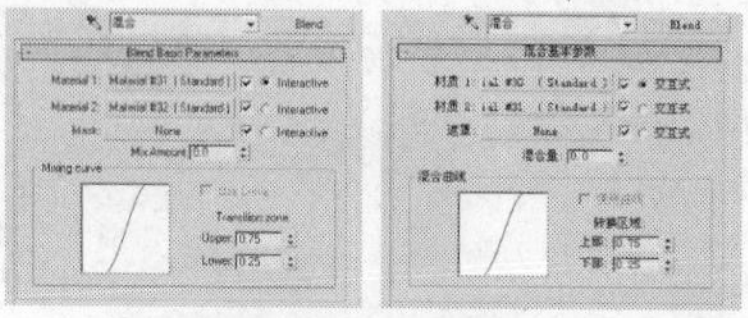

图9-62 参数卷展栏

9.3.11 建筑材质

Architectural（建筑）材质的设置是物理属性，因此当与光度学灯光和光能传递一起使用时，它能够提供最逼真的效果，如图9-63所示。

图9-63 建筑材质效果

借助这种功能组合，可以创建精确性很高的照明研究。不建议在场景中将建筑材质与标准3ds Max灯光或光线跟踪器一起使用。该材质可以提供精确的建模匹配，还可以将其与光度学灯光和光能传递一起使用。另一方面，mental ray渲染器可以渲染建筑材质，但是存在一些限制。建筑材质卷展栏如图9-64所示。

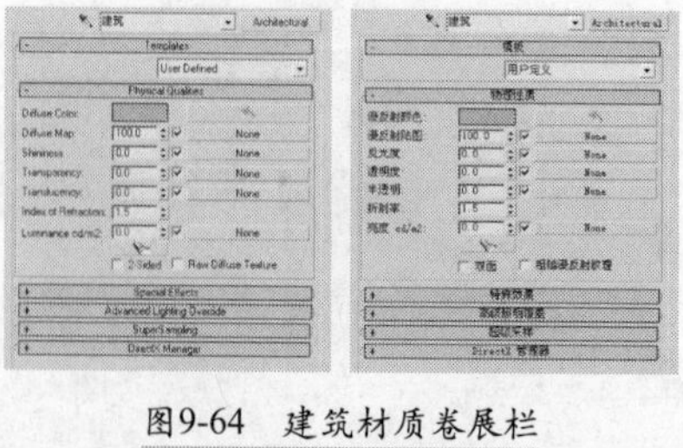

图9-64 建筑材质卷展栏

9.3.12 壳材质

Shell Material（壳材质）在渲染中使用的原始材

质和烘焙材质。使用渲染到纹理烘焙材质时，将创建包含两种材质的壳材质，在渲染中使用的原始材质和烘焙材质，如图 9-65 所示。

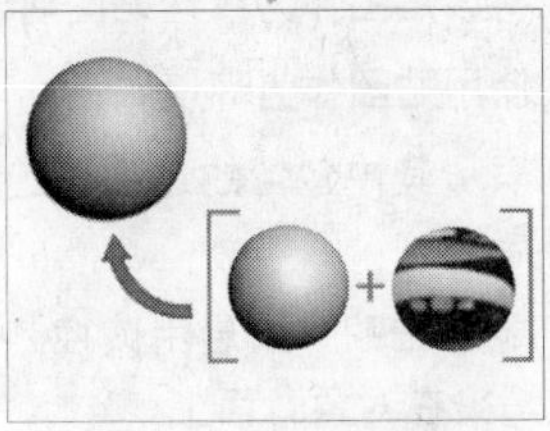

图9-65 壳材质效果

在 Shell Material Parameters（壳材质参数）卷展栏，如图 9-66 所示，其中原始材质和烘焙材质能够显示原始材质的名称，单击按钮可查看该材质。

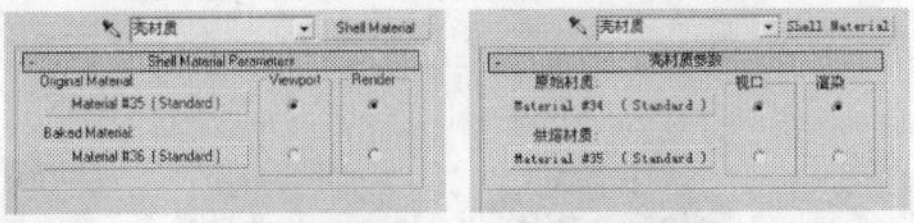

图9-66 壳材质参数卷展栏

9.3.13 双面材质

使用 Double Sided（双面）材质可以向对象的内面和外面指定两个不同的材质，如图 9-67 所示。

图9-67 双面材质效果

在双面基本参数卷展栏中，半透明能够设置一个材质通过其他材质显示的数量，如图 9-68 所示。

图9-68 双面材质参数卷展栏

9.3.14 无光/投影材质

Matte/Shadow（无光 / 投影）材质允许将整个对象（或面的任何一个子集）构建为显示当前环境贴图的隐藏对象。无光 / 投影效果如图 9-69 所示。

图9-69 无光/投影材质效果

在 Matte/shadow Basic Parameters（无光 / 投影基本参数）卷展栏，如图 9-70 所示，其中不透明 Alpha 用于确定无光材质是否显示在 Alpha 通道中。

图9-70 无光/投影的参数卷展栏

9.3.15 mental ray材质

专门应用于 mental ray 渲染器的材质。当 mental ray 渲染器是活动渲染器时，并且当 mental ray 首选项面板已启用 mental ray 扩展名时，这些材质显示在材质 / 贴图浏览器中，如图 9-71 所示。

mental ray 材质拥有用于曲面明暗器及用于另外 9 个可选明暗器的组件。DGS 代表漫反射、光泽和高光，此材质采用逼真的物理方式。玻璃材质模拟玻璃的表面属性和光线透射属性。mental images 的明暗器库支持曲面散色材质，可以对蒙皮和类似的组织材质建模。

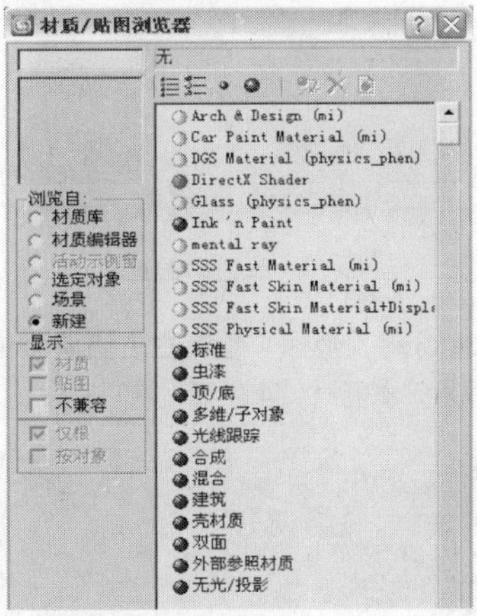

图9-71 mental ray 材质

9.4 贴图类型

使用贴图通常是为了改善材质的外观和真实感，也可以使用贴图创建环境或者创建灯光投射。贴图可以模拟纹理、反射、折射以及其他一些效果。与材质一起使用，贴图将为对象几何体添加一些细节而不会增加它的复杂度。不同的贴图类型能够产生不同的效果并且有其特定的行为方式，如图 9-72 所示。

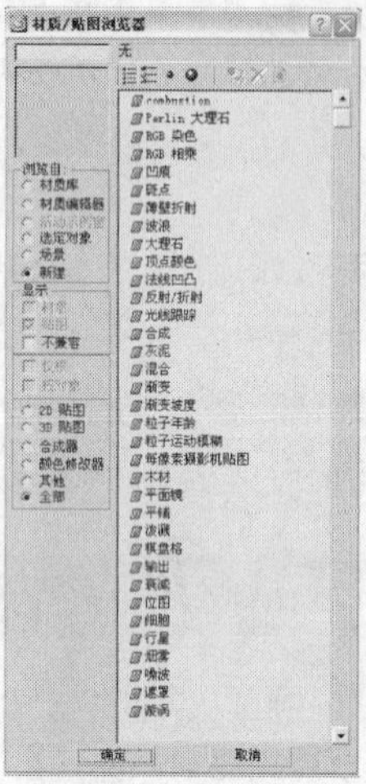

图9-72　贴图类型

9.4.1 位图坐标卷展栏

位图是由彩色像素的固定矩阵生成的图像。位图可以用来创建多种材质，从木纹和墙面到蒙皮和羽毛。也可以使用动画或视频文件替代位图来创建动画材质，如图 9-73 所示。

图9-73　位图贴图效果

Coordinates（坐标）卷展栏主要调节位图的比例和角度等设置，如图 9-74 所示。

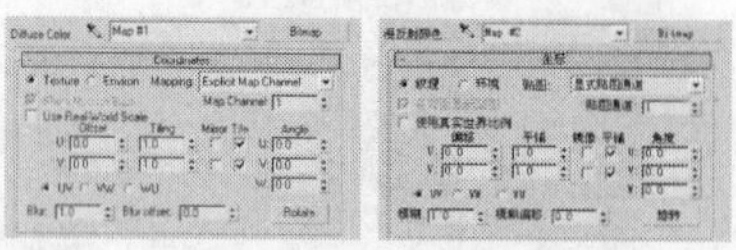

图9-74　坐标卷展栏

- 纹理：将该贴图作为纹理贴图对表面应用。
- 环境：使用贴图作为环境贴图。
- 贴图列表：其中包含的选项因选择的纹理贴图或环境贴图而异。
- 在背面显示贴图：如启用该控制，平面贴图将穿透投影，以渲染在对象背面上。
- 偏移：分别用于设置贴图在横向和纵向的偏移距离，其中 U 代表横向，V 代表纵向。如图 9-75 所示为贴图在不同方向上产生的偏移效果。
- 平铺：分别用于设置贴图在横向和纵向的平铺次数，其数值越大，平铺次数越多，贴图尺寸就越小，如图 9-76 所示。

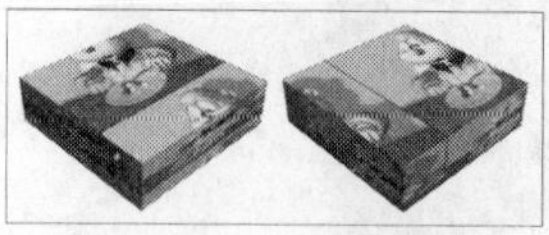

图9-75　偏移

图9-76　平铺

- 镜像：镜像从左至右（U 轴）或从上至下（V 轴）。
- 平铺：在 U 轴或 V 轴中启用或禁用平铺。
- 角度：分别用于控制贴图在横向、纵向和景深（W）方向上相对于对象的旋转角度，设置不同旋转角度时的贴图效果如图 9-77 所示。
- 模糊：根据贴图与视图的距离影响其清晰度和模糊度，如图 9-78 所示。

图9-77　角度

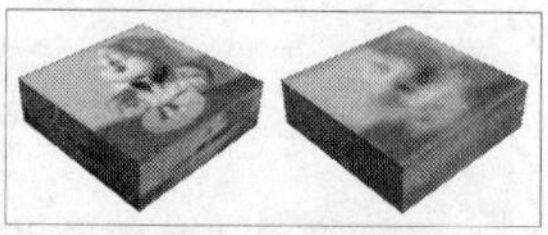

图9-78　模糊

- 模糊偏移：影响贴图的清晰度和模糊度，与视图的距离无关。

9.4.2 位图参数卷展栏

Bitmap Parameters（位图参数）卷展栏主要用于调节位图的路径和裁剪等设置，如图 9-79 所示。

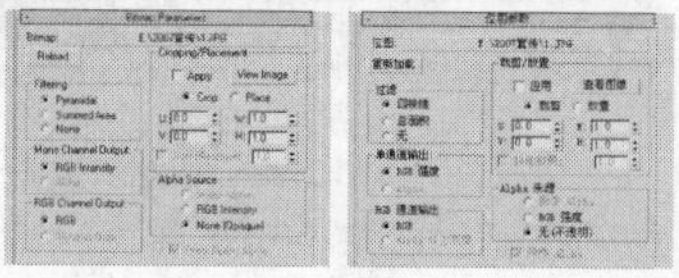

图9-79　位图参数卷展栏

● 位图：使用标准文件浏览器选择位图。

● 重新加载：对使用相同名称和路径的位图文件进行重新加载。

● 过滤：选项允许选择抗锯齿位图中平均使用的像素方法。

● 单通道输出：此组参数中的控制根据输入的位图确定输出单色通道的源。

● RGB 通道输出：确定输出 RGB 部分的来源，此组参数中的控制仅影响显示颜色的材质组件的贴图，包括环境光、漫反射、高光、过滤色、反射和折射。

● 裁剪/放置：此组参数中的控件可以裁剪位图或减小其尺寸用于自定义放置，如图 9-80 所示。裁剪位图意味着将其减小为比原来的长方形区域更小，放置位图可以缩放贴图并将其平铺放置于任意位置。

图9-80 裁剪/放置

● Alpha 来源：此组参数中的控件根据输入的位图确定输出 Alpha 通道的来源。

9.4.3 combustion贴图

使用 combustion 贴图可以同时使用 Discreet combustion 产品和 3ds Max 交互式创建贴图，如图 9-81 所示。

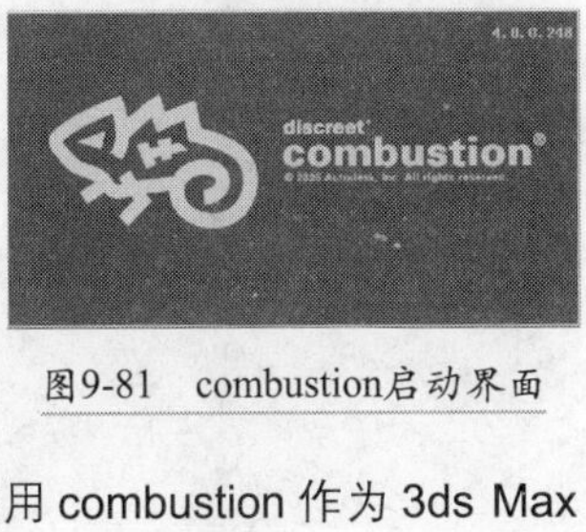

图9-81 combustion启动界面

可以使用 combustion 作为 3ds Max 中的材质贴图，材质将在材质编辑器和着色视图中自动更新。使用 combustion 贴图，可使用绘图或合成操作符创建材质，并依次对 3ds Max 场景中的对象应用该材质。另外，使用 combustion 可导入已渲染到 rich pixel 文件（RPF 或 RLA 文件）中的 3ds Max 场景。可以调整其相对于合成视频元素的 3D 位置，并可以对其中的对象应用 combustion 3D Post 效果。

9.4.4 Perlin大理石贴图

Perlin Marble（Perlin 大理石）贴图使用湍流算法生成大理石图案，此贴图是大理石（同样是 3D 材质）的替代方法，效果如图 9-82 所示。Perlin Marble Parameters（Perlin 大理石参数）卷展栏如图 9-83 所示。

图9-82 Perlin大理石贴图效果

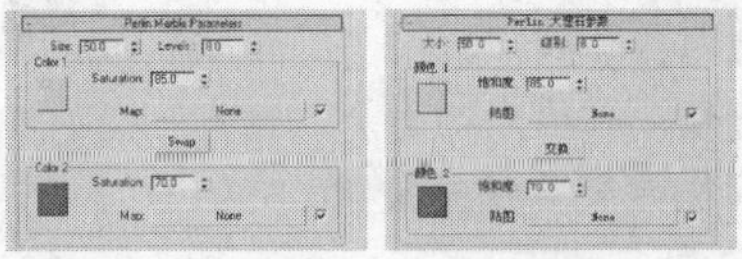

图9-83 Perlin大理石参数卷展栏

9.4.5 凹痕贴图

Dent（凹痕）是 3D 程序贴图。扫描线渲染过程中凹痕将根据分形噪波产生随机图案，图案的效果取决于贴图类型，效果如图 9-84 所示。Dent Parameters（凹痕参数）卷展栏如图 9-85 所示。

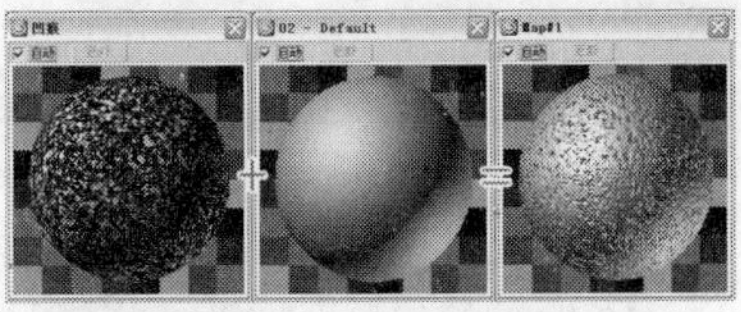

图9-84 凹痕贴图效果

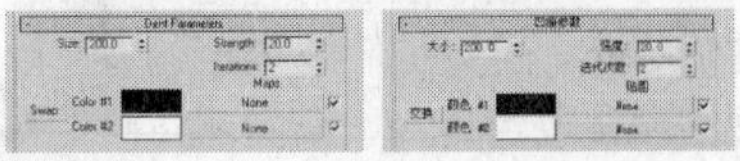

图9-85 凹痕参数卷展栏

9.4.6 斑点贴图

Speckle（斑点）是一个 3D 贴图，它生成斑点的表面图案，该图案用于漫反射贴图和凹凸贴图，以创建类似花岗岩的表面和其他图案的表面，效果如图 9-86 所示。Speckle Parameters（斑点参数）卷展栏如图 9-87 所示。

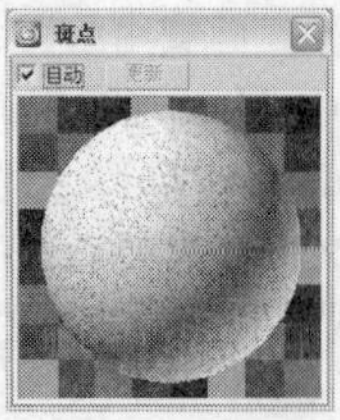

图9-86　斑点贴图效果

图9-87　斑点的参数卷展栏

9.4.7　薄壁折射贴图

Thin Wall Refraction（薄壁折射）贴图可以模拟缓进或偏移效果，如果查看通过一块玻璃的图像就会看到这种效果。对于为玻璃建模的对象，这种贴图的速度更快，所用内存更少，并且提供的视觉效果要优于反射/折射贴图，效果如图9-88所示。Thin Wall Refraction Parameters（薄壁折射参数）卷展栏如图9-89所示。

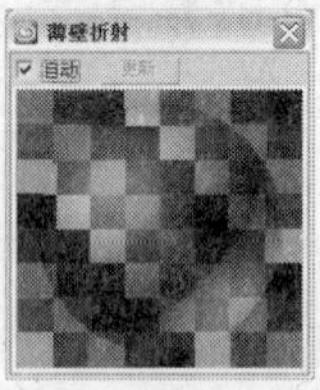

图9-88　薄壁折射贴图效果

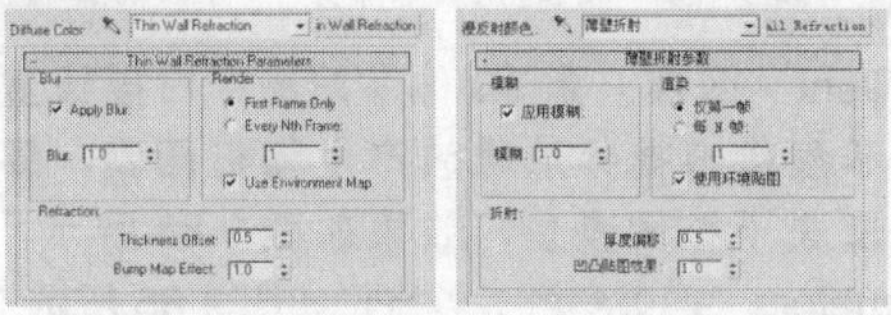

图9-89　薄壁折射的参数卷展栏

9.4.8　波浪贴图

Waves（波浪）是一种生成水花或波纹效果的3D贴图，可以生成一定数量的球形波浪中心并将随机分布在球体上。可以控制波浪组数量、振幅和波浪速度，效果如图9-90所示。Waves Parameters（波浪参数）卷展栏如图9-91所示。

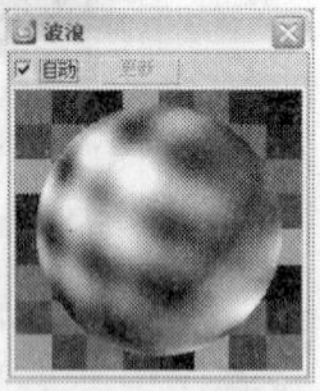

图9-90　波浪贴图效果

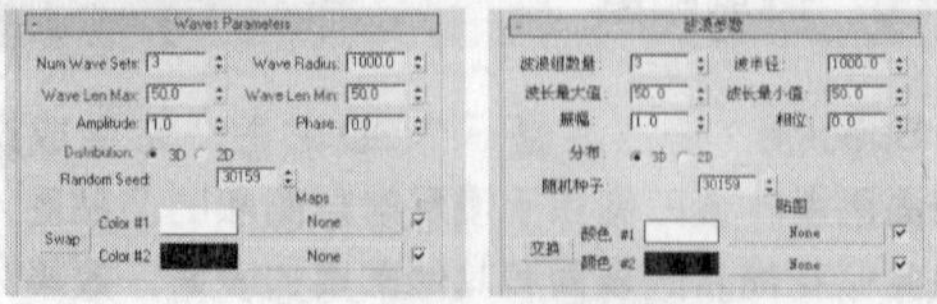

图9-91　波浪参数卷展栏

9.4.9　大理石贴图

Marble（大理石）贴图针对彩色背景生成带有彩色纹理的大理石曲面，将自动生成第三种颜色。创建大理石的另一种方式是使用Perlin大理石贴图，效果如图9-92所示，Marble Parameters（大理石参数）卷展栏如图9-93所示。

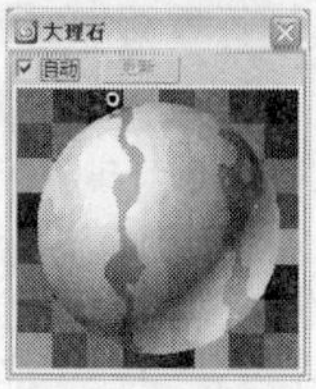

图9-92　大理石贴图效果

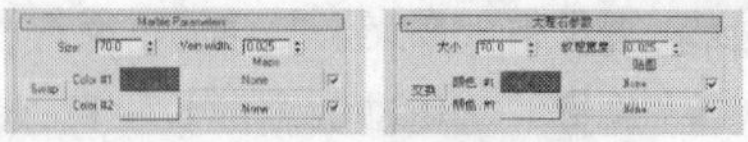

图9-93　大理石参数卷展栏

9.4.10　法线凹凸贴图

Normal Bump（法线凹凸）贴图使用纹理烘焙法线贴图，可以将其指定给材质的凹凸组件、位移组件或两者。使用位移的贴图可以更正平滑失真的边缘，如图9-94所示。法线凹凸的Parameters（参数）卷展栏如图9-95所示。

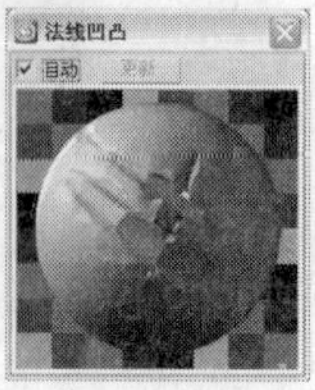

图9-94　法线凹凸

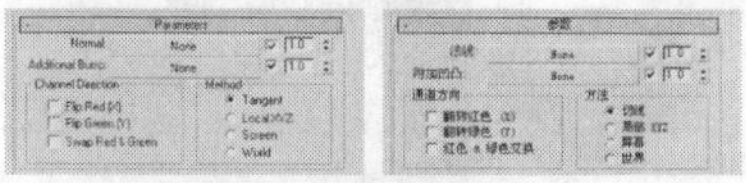

图9-95　法线凹凸的参数卷展栏

9.4.11　反射/折射贴图

Reflect/Refract（反射/折射）贴图可生成反射或折射表面。要创建反射，可指定此贴图类型作为材质的反射或折射贴图，效果如图9-96所示。Reflect/Refract Parameters（反射/折射参数）卷展栏如图9-97所示。

图9-96　反射/折射贴图效果

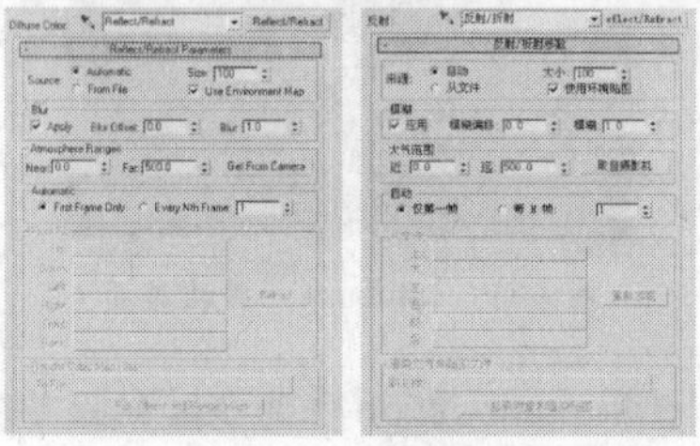

图9-97　反射/折射的参数卷展栏

9.4.12 光线跟踪贴图

使用 Raytrace（光线跟踪）贴图可以提供全部光线跟踪反射和折射，生成的反射和折射比反射 / 折射贴图更精确，但速度比使用反射 / 折射的速度低，效果如图 9-98 所示。Raytrace Parameters（光线跟踪参数）卷展栏如图 9-99 所示。

图9-98 光线跟踪贴图效果

图9-99 光线跟踪器的参数卷展栏

9.4.13 灰泥贴图

Stucco（灰泥）是一个 3D 贴图，它可生成一个表面图案，该图案对于使用凹凸贴图创建灰泥表面的效果非常实用，如图 9-100 所示。Stucco Parameters（灰泥参数）卷展栏如图 9-101 所示。

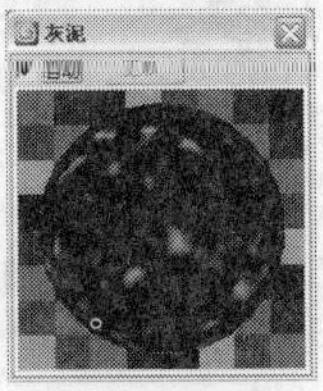

图9-100 灰泥贴图效果

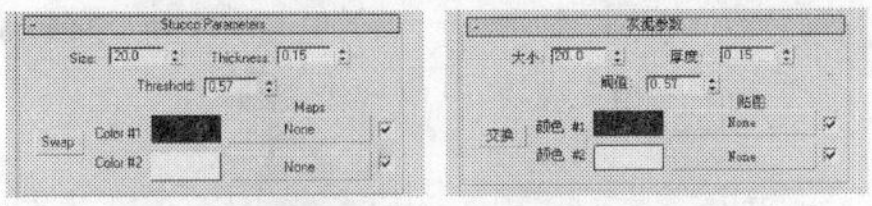

图9-101 灰泥的参数卷展栏

9.4.14 渐变贴图

Gradient（渐变）贴图可以从一种颜色到另一种颜色进行着色，为渐变指定两种或三种颜色，如图 9-102 所示。Gradient Parameters（渐变参数）卷展栏如图 9-103 所示。

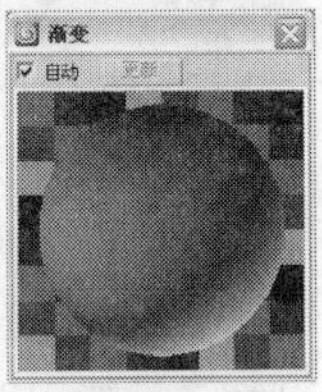

图9-102 渐变贴图效果

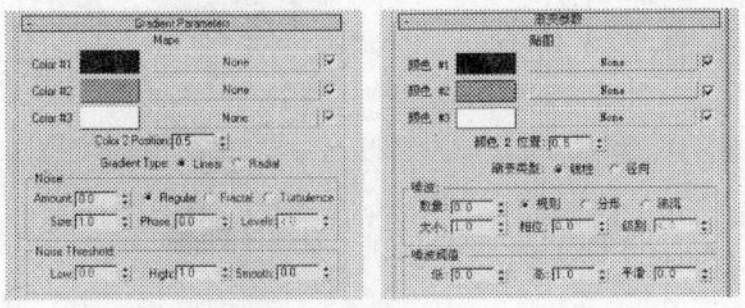

图9-103 渐变参数卷展栏

9.4.15 渐变坡度贴图

Gradient Ramp（渐变坡度）是一种与渐变贴图相似的 2D 贴图，它从一种颜色到另一种颜色进行着色，如图 9-104 所示。Gradient Ramp Parameters（渐变坡度参数）卷展栏如图 9-105 所示。

图9-104 渐变坡度贴图效果

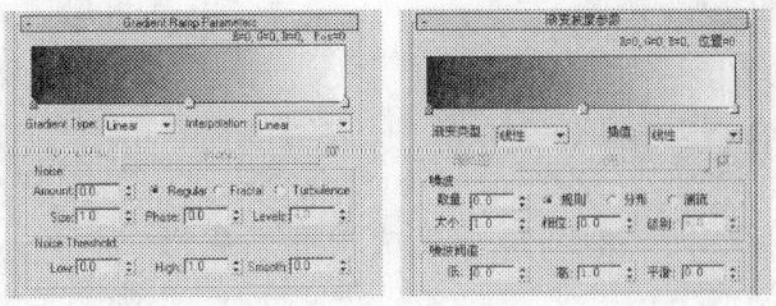

图9-105 渐变坡度参数卷展栏

9.4.16 木材贴图

Wood（木材）是一种 3D 程序贴图，此贴图将整体对象体积渲染成波浪纹图案，可以控制纹理的方向、粗细和复杂度，效果如图 9-106 所示。Wood Parameters（木材参数）卷展栏如图 9-107 所示。

图9-106 木材贴图效果

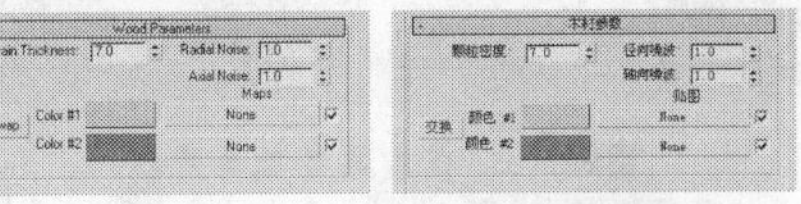

图9-107 木材参数卷展栏

9.4.17 平铺贴图

使用 Tiles（平铺）贴图可以创建砖、彩色瓷砖或材质贴图，其中有很多定义的建筑砖块图案可以使用，平铺贴图效果如图 9-108 所示。平铺贴图的 Standard Controls（标准控制）卷展栏如图 9-109 所示。

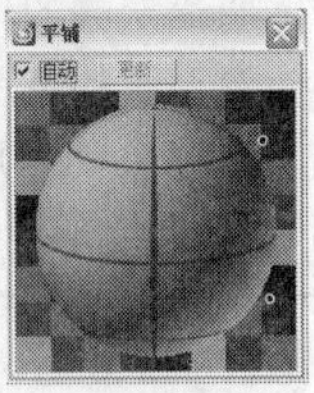

图9-108 平铺贴图效果

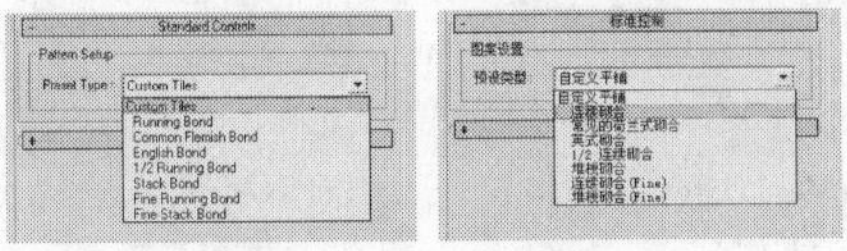

图9-109 标准控制卷展栏

9.4.18 泼溅贴图

Splat（泼溅）是一种3D贴图，它生成分形表面图案，对用漫反射贴图创建类似于泼溅的图案非常实用，效果如图9-110所示。Splat Parameters（泼溅参数）卷展栏如图9-111所示。

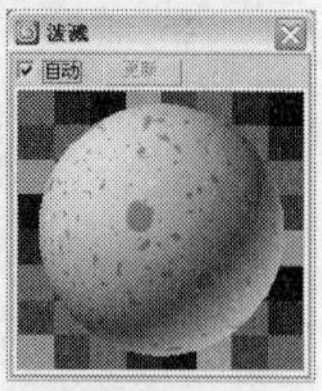

图9-110 泼溅贴图效果

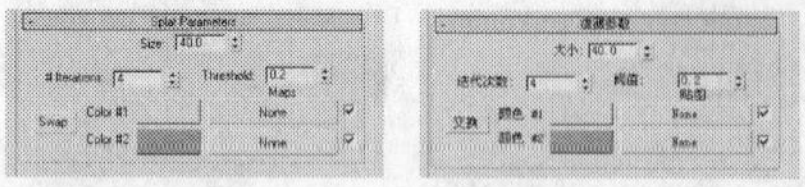

图9-111 泼溅参数卷展栏

9.4.19 棋盘格贴图

Checker（棋盘格）贴图将两色的棋盘图案应用于材质，默认方格贴图是黑白方块图案。方格贴图是2D程序贴图，组件方格既可以是颜色也可以是贴图，效果如图9-112所示。Checker Parameters（棋盘格参数）卷展栏如图9-113所示。

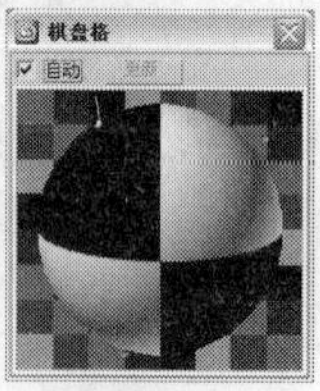

图9-112 棋盘格贴图效果

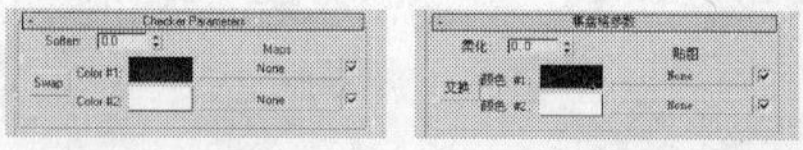

图9-113 棋盘格参数卷展栏

9.4.20 衰减贴图

Falloff（衰减）贴图基于几何体曲面法线的角度衰减，从而生成由白至黑的值，用于指定角度衰减的方向会随着所选的方法而改变，效果如图9-114所示。Falloff Parameters（衰减参数）卷展栏如图9-115所示。

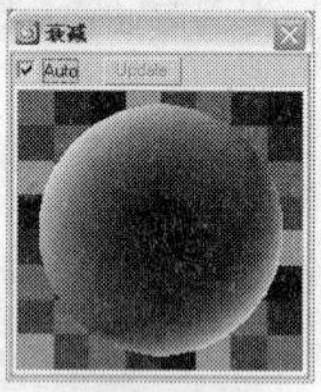

图9-114 衰减贴图效果

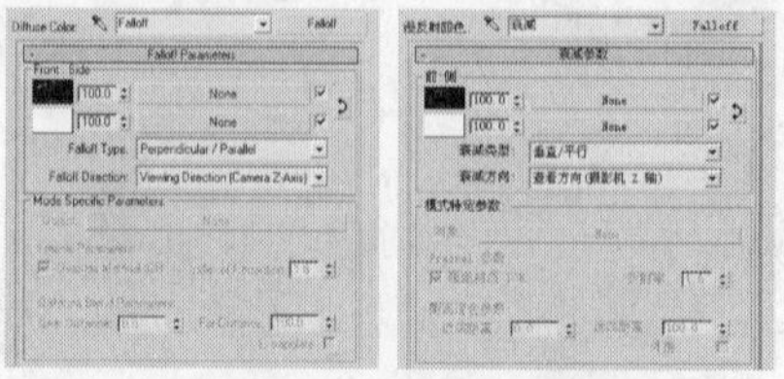

图9-115 衰减参数卷展栏

9.4.21 细胞贴图

Cellular（细胞）贴图是一种程序贴图，生成用于各种视觉效果的细胞图案，包括马赛克瓷砖、鹅卵石表面甚至海洋表面，效果如图9-116所示。Cellular Parameters（细胞参数）卷展栏如图9-117所示。

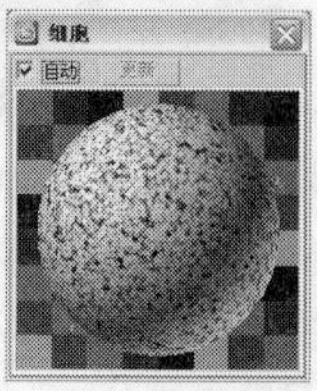

图9-116 细胞贴图效果

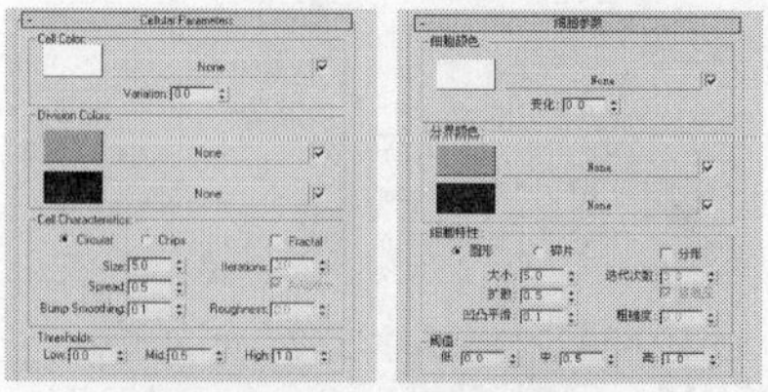

图9-117 细胞参数卷展栏

9.4.22 行星贴图

Planet（行星）贴图使用分形算法，模拟卫星表面上颜色的3D贴图。可以控制陆地大小，海洋覆盖的百分比等，效果如图9-118所示。Planet Parameters（行星参数）卷展栏如图9-119所示。

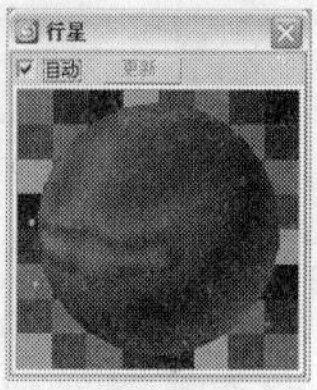

图9-118 行星贴图效果

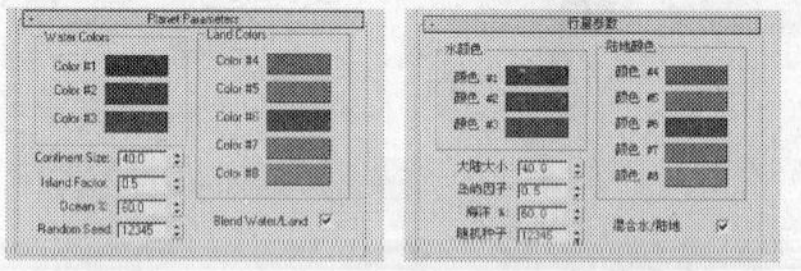

图9-119 行星参数卷展栏

9.4.23 烟雾贴图

Smoke（烟雾）贴图是生成无序、基于分形的湍流图案的3D贴图，主要用于设置动画的不透明贴图，以模拟一束光线中的烟雾效果或其他云状流动贴图效果，效果如图9-120所示。Smoke Parameters（烟雾参数）卷展栏如图9-121所示。

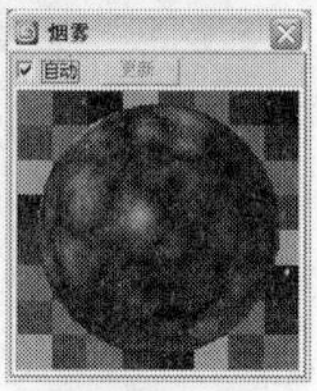

图9-120 烟雾贴图效果

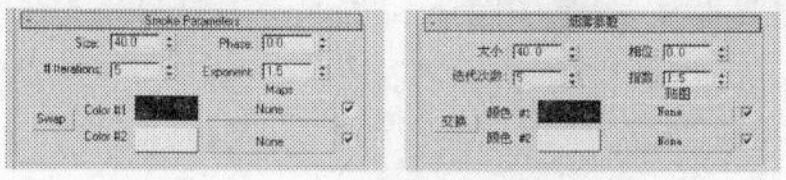

图9-121 烟雾参数卷展栏

9.4.24 噪波贴图

Noise（噪波）贴图是基于两种颜色或材质交互创建曲面的随机扰动，效果如图9-122所示。Noise Parameters（噪波参数）卷展栏如图9-123所示。

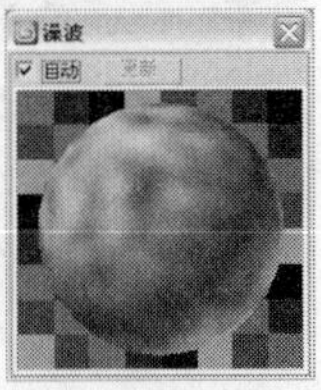

图9-122 噪波贴图效果

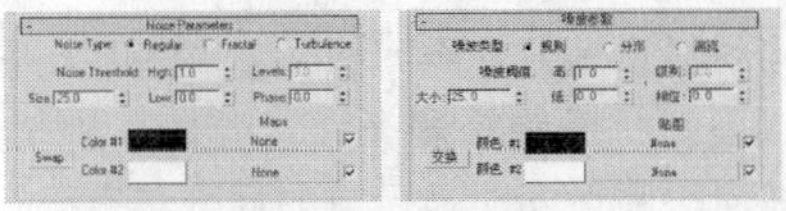

图9-123 噪波参数卷展栏

9.4.25 旋涡贴图

Swirl（旋涡）贴图是一种2D程序的贴图，它生成的图案类似螺旋的效果。如同其他双色贴图一样，任何一种颜色都可用其他贴图替换，效果如图9-124所示。Swirl Parameters（旋涡参数）卷展栏如图9-125所示。

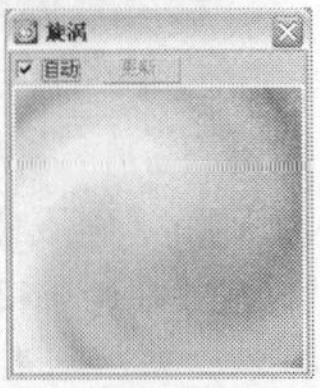

图9-124 漩涡贴图效果

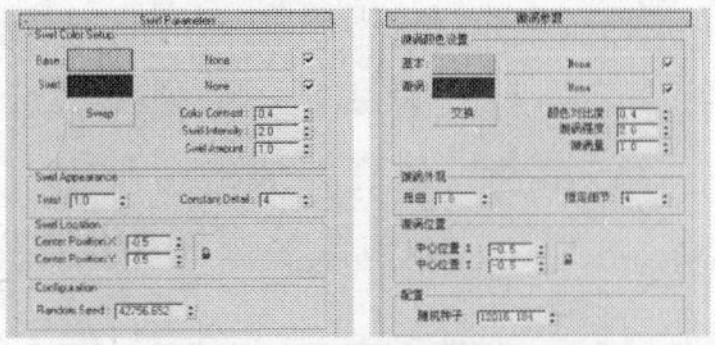

图9-125 漩涡参数卷展栏

9.4.26 mental ray明暗器贴图

在mental ray中明暗器是一种用于计算灯光效果的函数。明暗器包括灯光明暗器、摄影机明暗器（镜头明暗器）、材质明暗器和阴影明暗器等。在材质/贴图浏览器中，mental ray明暗器显示为一个黄色图标，而不是贴图中的绿色图标，名称后面是“lume”后缀，如图9-126所示。

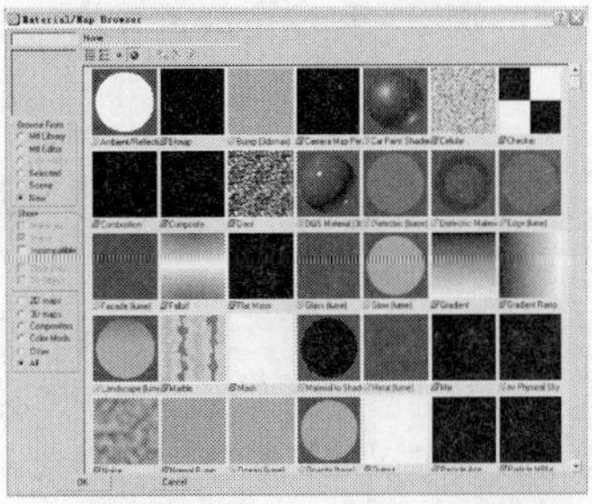

图9-126 mental ray明暗器

9.5 着色与材质资源管理器

标准材质和光线跟踪材质都可用于指定着色类型。着色类型由明暗器进行处理，可以提供曲面响应灯光的各种方式，效果如图9-127所示。

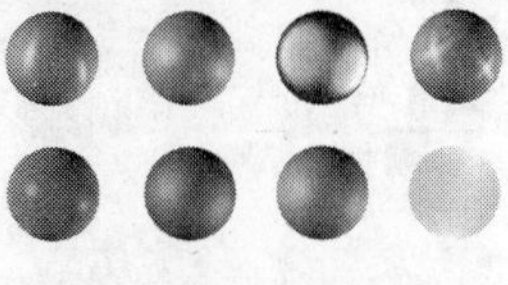

图9-127 着色类型效果

更改材质的着色类型后，将丢失新明暗器不支持的所有参数设置（包括贴图指定）。如果要使用相同的常规参数对材质的不同明暗器进行试验，则在更改材质的着色类型之前，将其复制到不同的示例窗，着色类型的位置如图9-128所示。

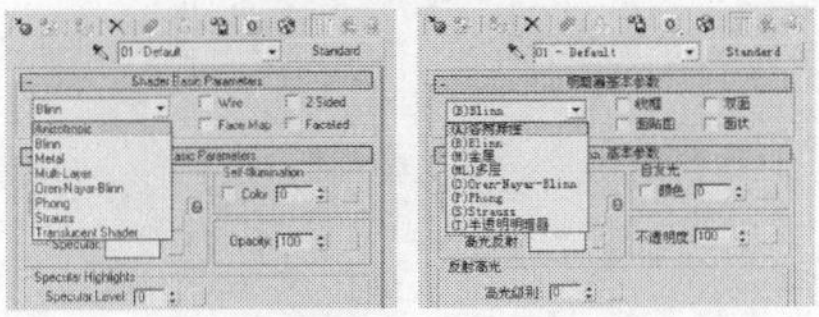

图9-128 着色类型的位置

9.5.1 各向异性着色类型

各向异性着色使用椭圆形各向异性高光创建表面，这些高光对于建立头发、玻璃或磨砂金属的模型很有效。这些基本参数与Blinn或Phong着色的基本参数相似，反射高光参数和漫反射强度控制除外，如Oren-Nayar-Blinn着色的反射高光参数和漫反射强度控制。

9.5.2 Blinn着色类型

Blinn着色是Phong着色的细微变化，最明显的区别是高光显示弧形。通常，当使用Phong着色时没有必要使用柔化参数。

9.5.3 金属着色类型

金属着色提供了效果逼真的金属表面以及各种看

上去像有机体的材质。对于反射高光，金属着色具有不同的曲线，还拥有反射高光。金属材质计算其自己的高光颜色，该颜色可以在材质的漫反射颜色和灯光颜色之间变化，但不可以设置金属材质的高光颜色。

9.5.4 多层着色类型

多层明暗器与各向异性明暗器相似，但该明暗器具有一套两个反射高光控制。使用分层的高光可以创建复杂高光，该高光适用于高度抛光等曲面特殊效果。

9.5.5 Oren-Nayar-Blinn着色类型

Oren-Nayar-Blinn 明暗器是对 Blinn 明暗器的改变。该明暗器包含了附加的高级漫反射控制、漫反射强度和粗糙度，使用它可以生成无光效果。此明暗器适合无光曲面，如布料、陶瓦等。

9.5.6 Phong着色类型

Phong 着色可以平滑面之间的边缘，也可以真实地渲染有光泽、规则曲面的高光。此明暗器基于相邻面的平均面法线，可以插补整体面的强度，计算该面的每个像素的法线。

9.5.7 Strauss着色类型

Strauss 明暗器用于对金属表面建模。与金属明暗器相比，该明暗器使用更简单的模型，并具有更简单的界面。

9.5.8 半透明着色类型

半透明明暗器方式与 Blinn 明暗方式类似，但它还可用于指定半透明。半透明对象允许光线穿过，并在对象内部使光线散射，可以使用半透明来模拟被霜覆盖和被侵蚀的玻璃。

半透明本身就是双面效果，使用半透明明暗器，背面照明可以显示在前面。要生成半透明效果，材质的两面将接受漫反射灯光，虽然在渲染和着色视图中只能看到一面，但是启用双面就可以看到。

9.5.9 材质资源管理器

使用材质资源管理器可以浏览和管理场景中的所有材质。虽然材质编辑器允许设置各个材质的属性，但它在任何时间可同时显示的材质数量有限。使用材质资源管理器，可以浏览场景中的所有材质，查看材质应用到的对象，更改材质分配，以及以其他方式管理材质。

材质资源管理器可以在菜单中选择【Rendering（渲染）】→【Material Explorer（材质资源管理器）】命令开启。使用材质资源管理器上部的场景面板可以浏览和管理场景中的所有材质，通过下部的材质面板可以浏览和管理单一材质，如图 9-129 所示。

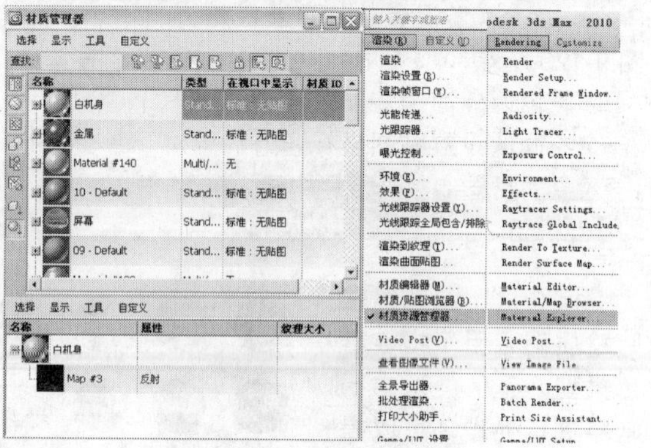

图9-129 材质资源管理器

9.6 贴图坐标

已指定 2D 贴图材质（或包含 2D 贴图的材质）的对象必须具有贴图坐标。这些坐标指定如何将贴图投射到材质以及是将其投射为图案，还是平铺或镜像，如图 9-130 所示。

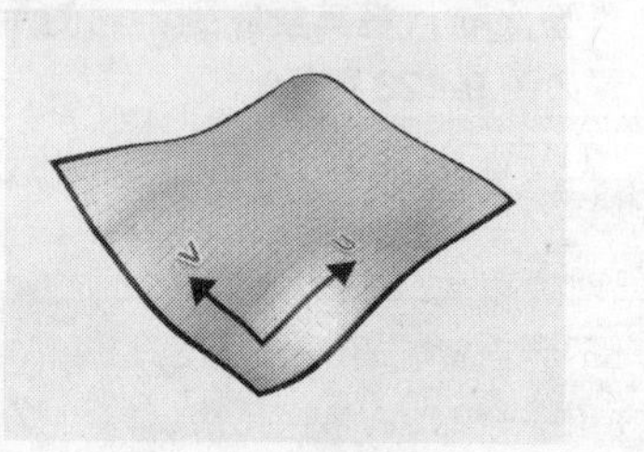

图9-130 贴图坐标

贴图坐标也称为 UV 或 UVW 坐标。这些字母是指对象自己空间中的坐标，相对于将场景作为整体描述的 XYZ 坐标，大多数可渲染的对象都拥有生成贴图坐标参数。

一些对象（如可编辑网格）并没有自动贴图坐标，对于这些类型的对象，可以通过应用 UVW Maps（UVW 贴图）修改器来指定坐标。

9.6.1 默认贴图坐标

贴图在空间上是有方向的，当为对象指定一个 2D 贴图材质时，对象必须使用贴图坐标。贴图坐标指明了贴图投射到材质的方向，以及是否被重复平铺或镜像等，它使用 UVW 坐标轴的方式来指明对象的方向。

大部分对象有一个生成贴图坐标的开关，可以打开这个开关生成一个默认的贴图坐标，如图 9-131 所示。

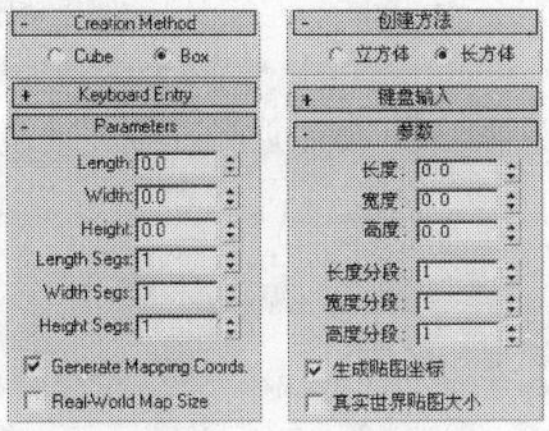

图9-131 默认的贴图坐标

9.6.2 设定贴图坐标通道

对于 NURBS 表面子对象，能够不应用 UVW 贴图编辑修改器而指定贴图通道，NURBS 子对象使用一个不同的设置贴图坐标通道的方法，它在 NURBS 子对象的材质参数卷展栏中设定贴图坐标通道，如图 9-132 所示。

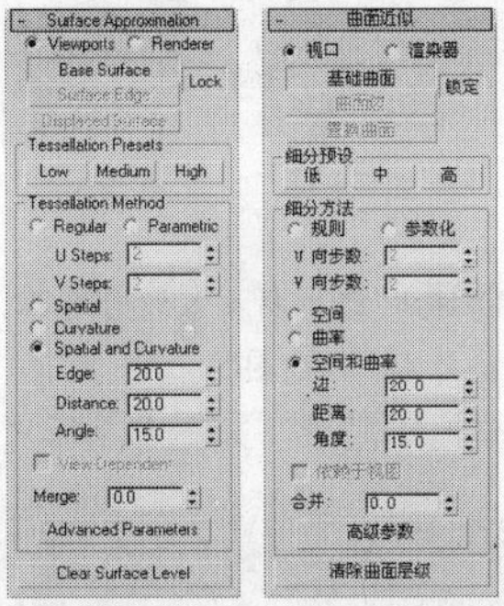

图9-132 设定贴图坐标通道

9.6.3 UVW贴图修改器

如果对象有生成贴图坐标开关，一些对象如编辑多边形，不会自动应用一个 UVW 贴图坐标，这时可以通过应用一个 UVW 贴图编辑修改器来指定一个贴图坐标。

UVW 贴图编辑修改器用来控制对象的 UVW 贴图坐标，其中提供了调整贴图坐标类型、贴图大小、贴图的重复次数、贴图通道设置和贴图的对齐设置等功能，如图 9-133 所示。

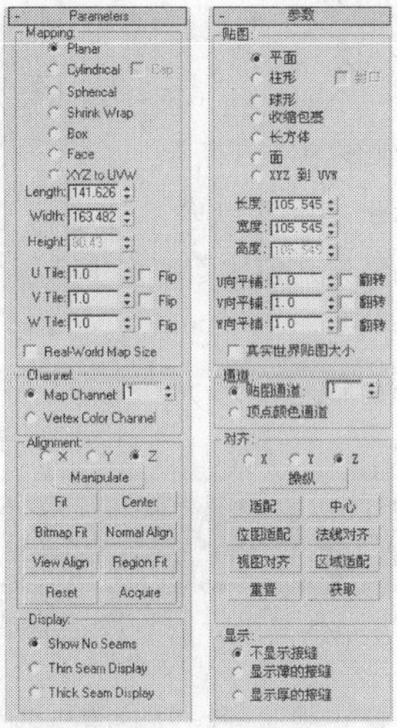

图9-133 UVW贴图修改器

- 平面：该贴图类型以平面投影方式向对象上贴图，它适合于平面的表面，如纸、墙、薄物体等，如图 9-134 所示。

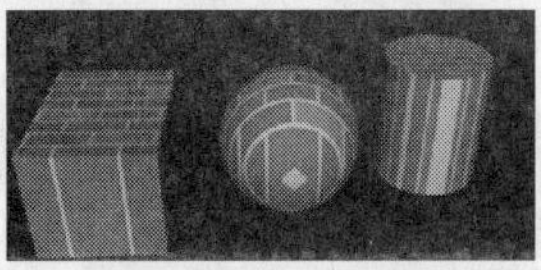

图9-134 平面方式

- 柱形：此贴图类型使用圆柱投影方式向对象上贴图，像螺丝钉、钢笔、电话筒和药瓶都适于圆柱贴图，如图 9-135 所示。选中 Cap 复选框，圆柱的顶面和底面放置的是平面贴图投影，如图 9-136 所示。

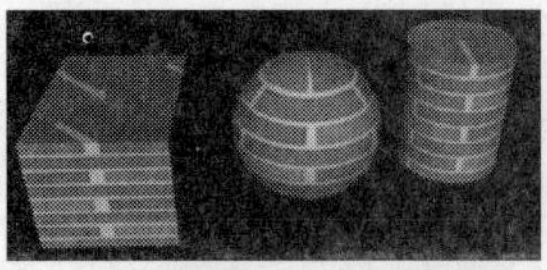

图9-135 柱形方式

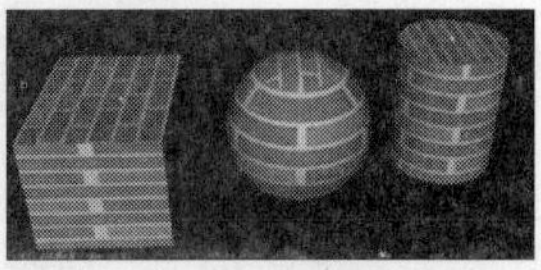

图9-136 Cap复选框

- 球形：该类型围绕对象以球形投影方式贴图，会产生接缝。在接缝处，贴图的边汇合在一起，顶底也有两个接点，如图 9-137 所示。
- 收缩包裹：像球形贴图一样，它使用球形方式向对象投影贴图，但是收缩包裹将贴图所有的角拉到一个点，消除了接缝只产生一个奇异点，如图 9-138 所示。

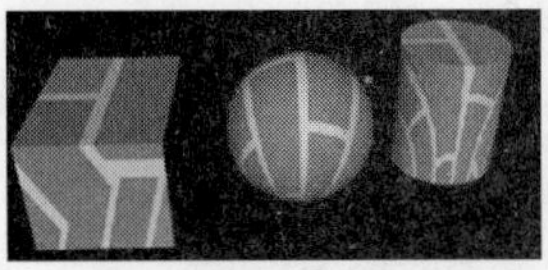

图9-137　球形方式

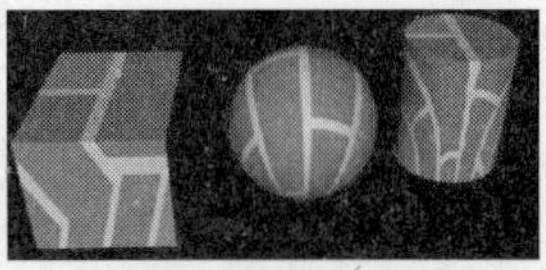

图9-138　收缩包裹方式

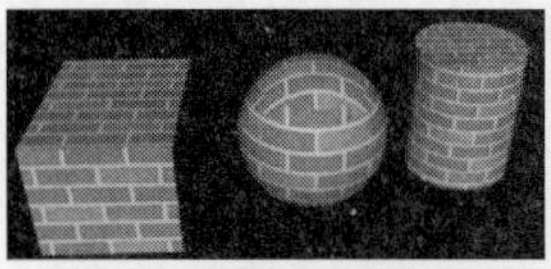

图9-139　长方体方式

图9-140　面贴图方式

- 长方体：长方体贴图以6个面的方式向对象投影。每个面是一个面贴图，面法线决定不规则表面上贴图的偏移，如图9-139所示。
- 面：该类型对象的每一个面应用一个平面贴图，其贴图效果与几何体面的多少有很大关系，如图9-140所示。
- XYZ到UVW：此类贴图设计用于3D贴图，使三维贴图粘贴在对象的表面上，如图9-141所示。

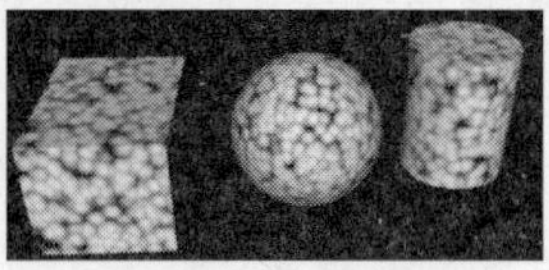

图9-141　XYZ到UVW

9.7 范例——木屋场景

【重点提要】

本范例主要使用了到绘制贴图与匹配贴图坐标功能，使简单的堆积场景更加丰富，特备适合低多边段数要求的游戏场景制作，如图9-142所示。

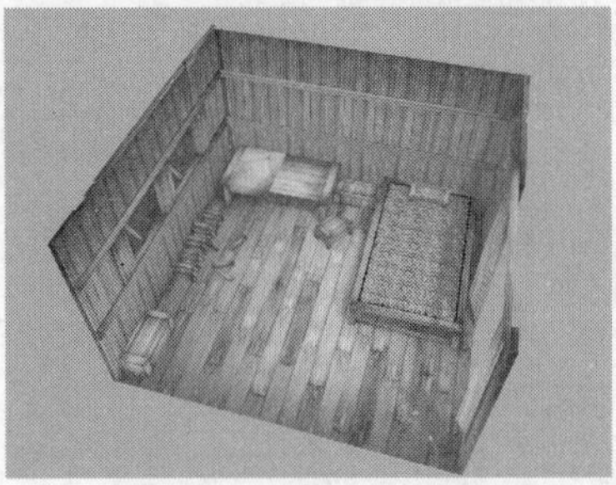

图9-142　木屋场景范例效果

【制作流程】

木屋场景范例的制作流程分为4部分：①场景模型制作，②墙体材质设置，③内饰材质设置，④场景渲染设置，如图9-143所示。

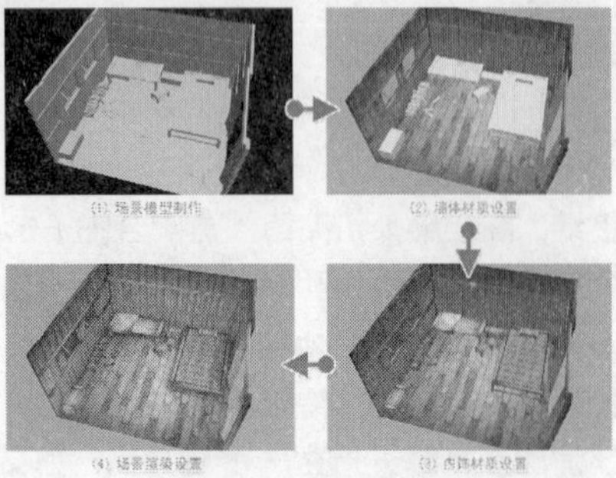

图9-143　制作流程

9.7.1　场景模型制作

Step01 在（创建）面板的（几何体）子面板中单击标准基本体下的Box（长方体）按钮，然后在Top（顶）视图中建立一个长方体作为地面模型，如图9-144所示。

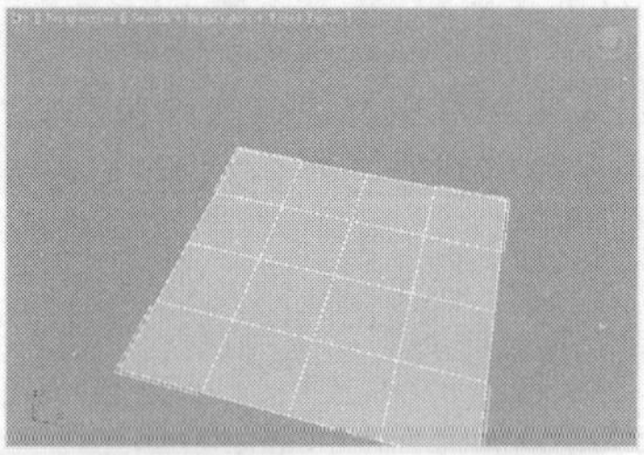

图9-144　建立地面

Step02 在（创建）面板的（几何体）子面板中单击标准基本体下的Box（长方体）按钮，将客厅的墙壁搭建完成，如图9-145所示。

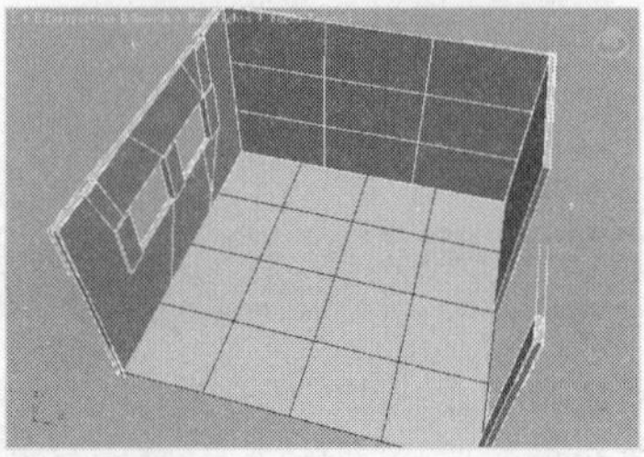

图9-145　制作墙壁模型

Step03 应用标准基本体继续搭建墙体装饰模型，效果如图 9-146 所示。

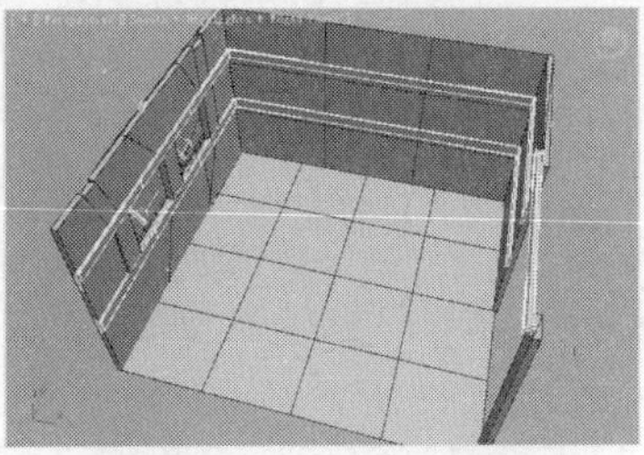

图9-146 添加装饰模型

Step04 创建标准基本体下的 Box（长方体）并增加编辑多边形命令，制作完成床体与枕头的模型，如图 9-147 所示。

图9-147 添加床体模型

Step05 在客厅的适当位置创建 Box（长方体）并搭配编辑多边形命令制作桌子与箱子模型，如图 9-148 所示。

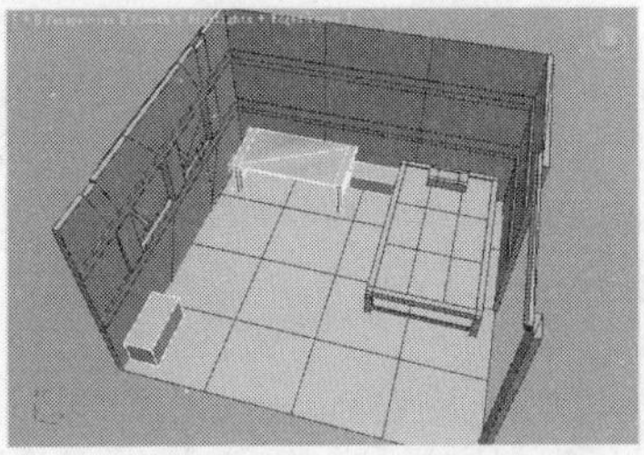

图9-148 添加模型

Step06 在（创建）面板的（图形）中选择样条线绘制桌布图形再进行三维挤压操作效果，然后再创建 Box（长方体）并搭配编辑多边形命令制作木块与凳子模型，如图 9-149 所示。

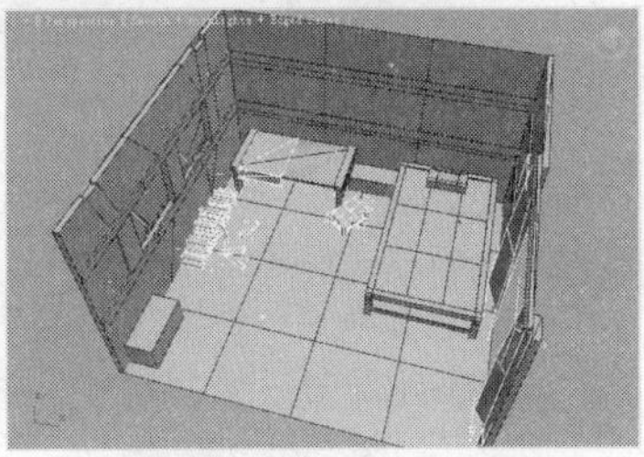

图9-149 添加装饰模型

Step07 在主工具栏单击（渲染）按钮，查看制作完成的模型效果，如图 9-150 所示。

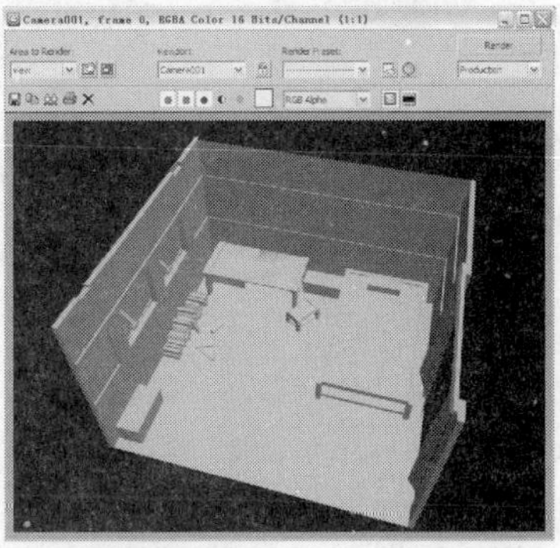

图9-150 渲染模型效果

9.7.2 墙体材质设置

Step01 在菜单中选择【Rendering（渲染）】→【Environment（环境）】命令，在弹出的 Environment and Effects（环境与效果）对话框中设置 Background（背景）颜色，然后再设置 Ambient（环境光）的颜色为灰色，提高整体场景的环境亮度，如图 9-151 所示。

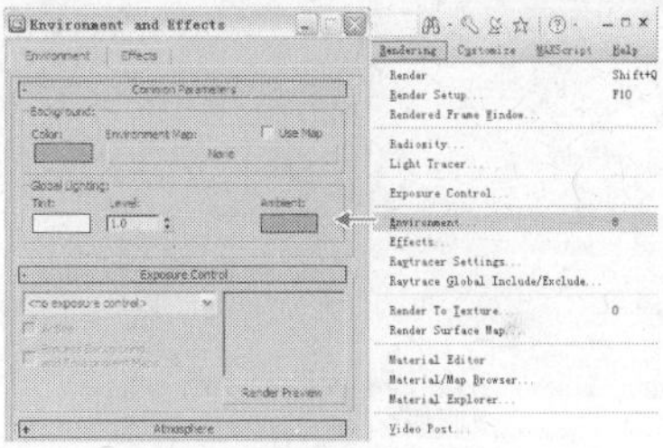

图9-151 设置环境颜色

Step02 在主工具栏中单击（渲染）按钮，渲染设置背景与环境后的场景效果，如图 9-152 所示。

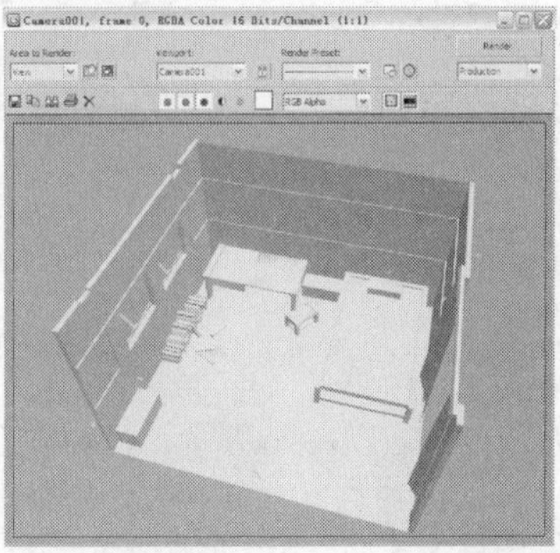

图9-152 渲染效果

Step03 查看并筛选适合场景的木头材质贴图，如图 9-153 所示。

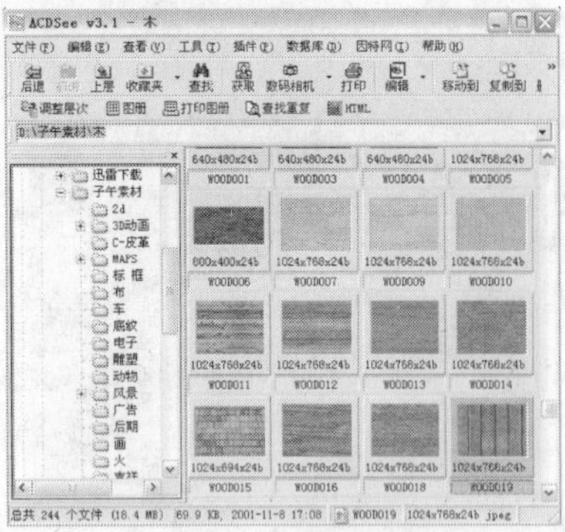

图9-153　选择贴图

Step04 打开 Photoshop 软件，在菜单中选择【文件】→【新建】命令，在弹出的新建对话框中设置名称为“地板”，宽度值为 512、高度值为 512，如图 9-154 所示。

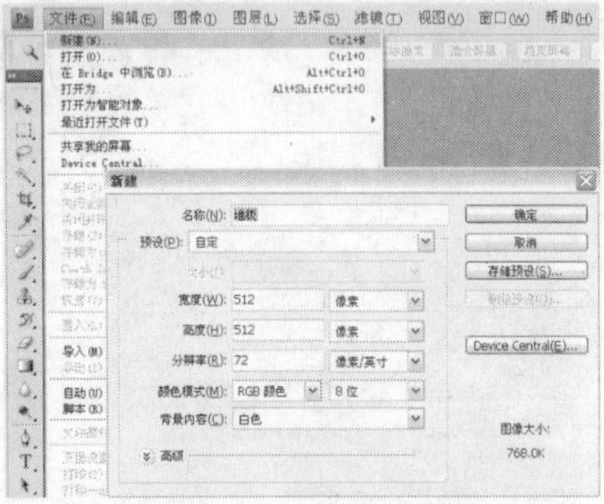

图9-154　设置参数

Step05 创建新图层并导入木纹贴图，然后再设置木纹贴图层的位置，如图 9-155 所示。

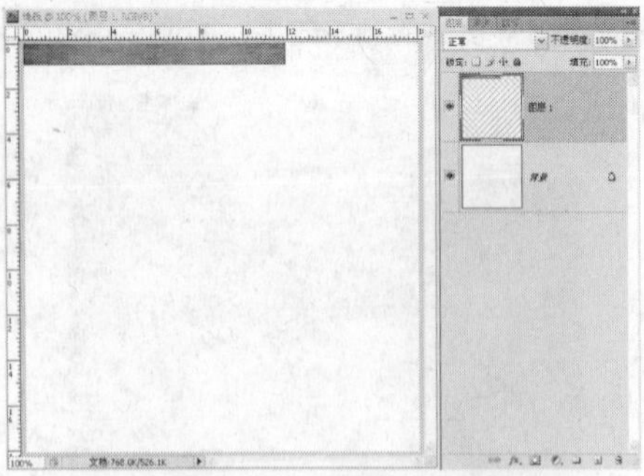

图9-155　导入素材

Step06 复制图层 1 并排放贴图的顺序和位置，制作三维场景的地板贴图，如图 9-156 所示。

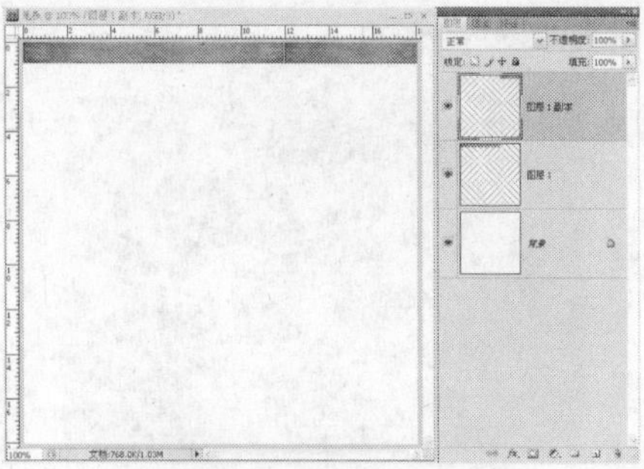

图9-156　复制图层

Step07 使用相同的方式继续复制贴图，得到一组完整的木纹贴图，如图 9-157 所示。

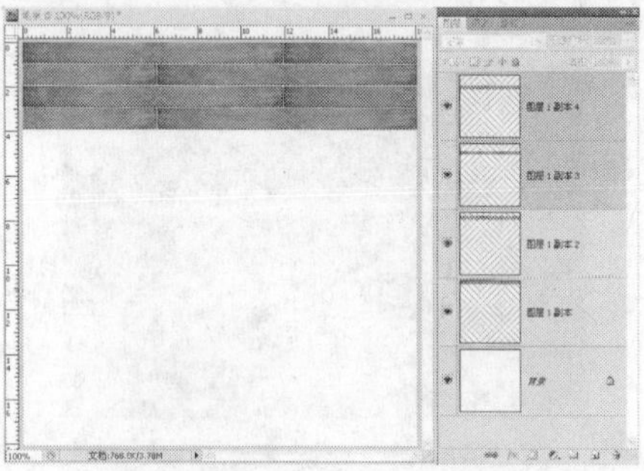

图9-157　继续复制图层

Step08 继续使用相同的方法复制拼接贴图，观看制作完成的木纹贴图，如图 9-158 所示。

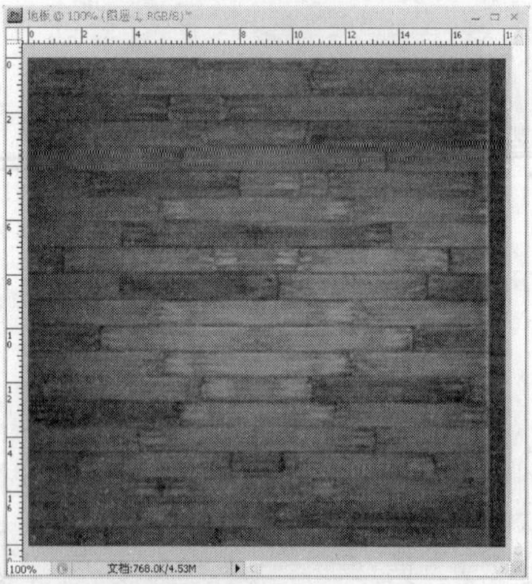

图9-158　完成贴图效果

Step09 打开（材质编辑器）并选择一个空白材质球，设置名称为“地面”再赋予地面模型，然后为 Diffuse（漫反射）赋予本书配套光盘的木纹贴图，如图 9-159 所示。

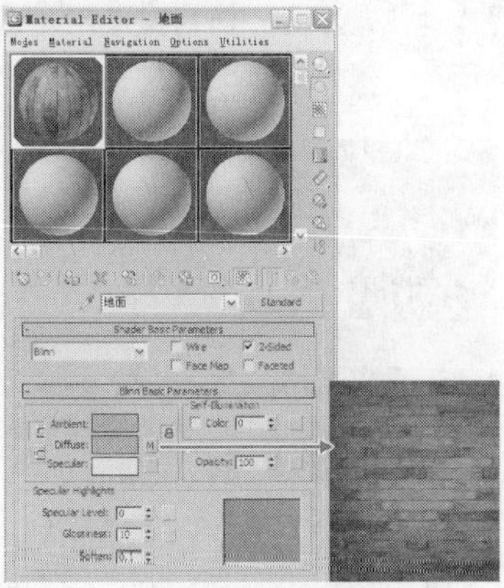

图9-159　赋予贴图

Step10 切换至 Perspective（透）视图，查看赋予材质后的地板效果，如图 9-160 所示。

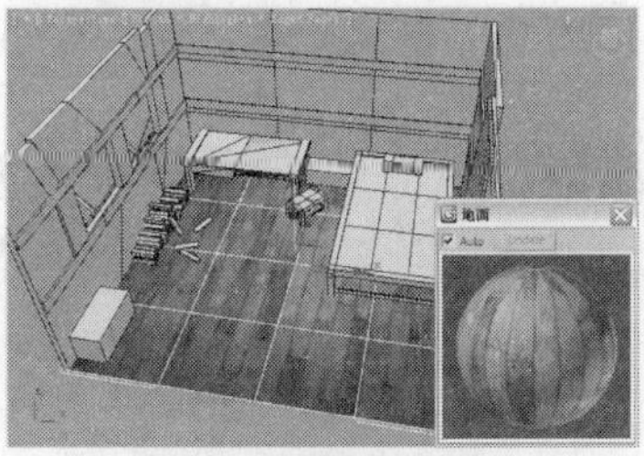

图9-160　地板材质效果

Step11 选择一个空白材质球，设置名称为“模板”并赋予墙壁模型，然后为 Diffuse（漫反射）赋予本书配套光盘的墙壁贴图，如图 9-161 所示。

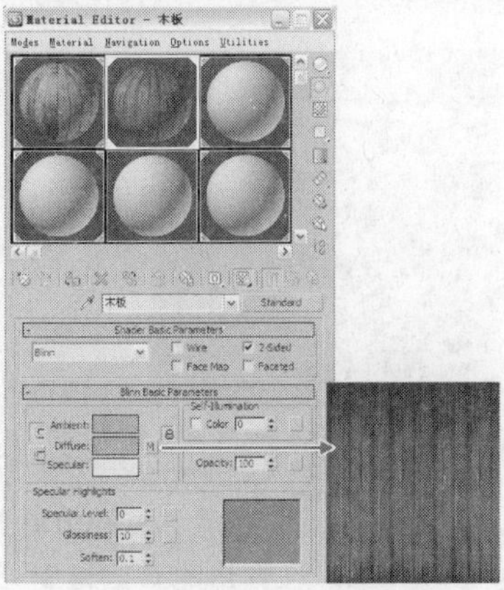

图9-161　墙壁材质

Step12 选择墙壁模型并在（修改）面板内为其添加 UVW Mapping（UVW 贴图）命令，然后在属性卷展栏中设置 Mapping（贴图）为 Box（长方体）方式，再调节坐标的大小尺寸，如图 9-162 所示。

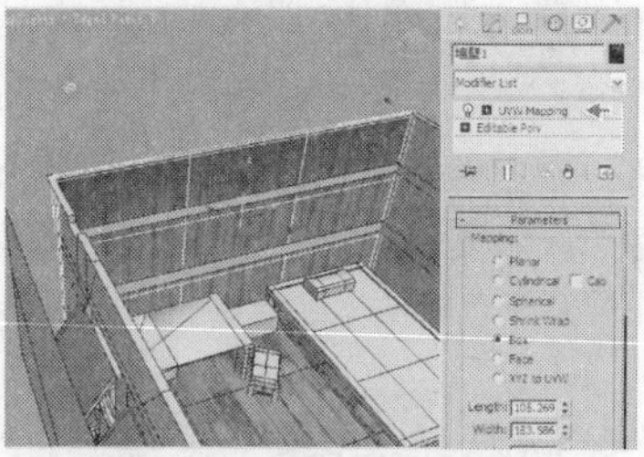

图9-162　添加贴图坐标

Step13 选择其他墙壁模型并为其赋予木板材质，如图 9-163 所示。

图9-163　赋予墙壁材质

Step14 选择室内墙壁装饰横梁并为其同样赋予木板材质，如图 9-164 所示。

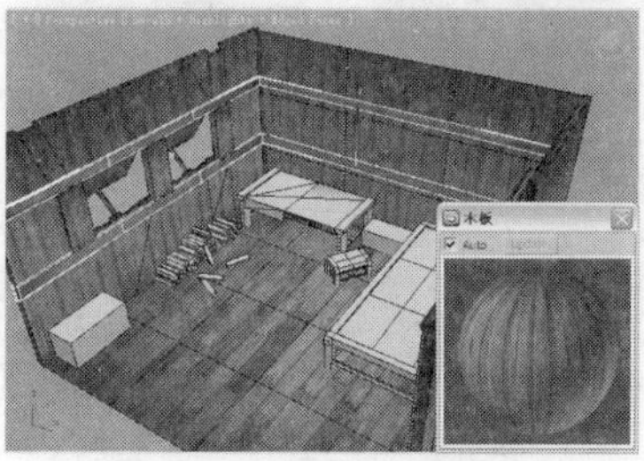

图9-164　赋予横梁材质

Step15 在主工具栏单击（渲染）按钮，渲染场景模型材质效果，如图 9-165 所示。

图9-165　渲染材质效果

9.7.3 内饰材质设置

Step01 选择一个空白材质球，设置名称为“物件组合”并赋予床体模型，然后为 Diffuse（漫反射）赋予本书配套光盘的物体组合贴图，如图 9-166 所示。

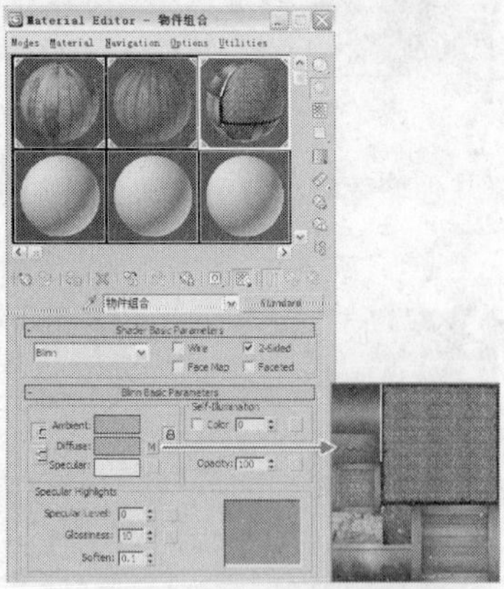

图9-166 床体材质

Step02 切换至 Perspective（透）视图，查看赋予材质后的床体模型效果，贴图与模型的坐标产生了位置匹配，如图 9-167 所示。

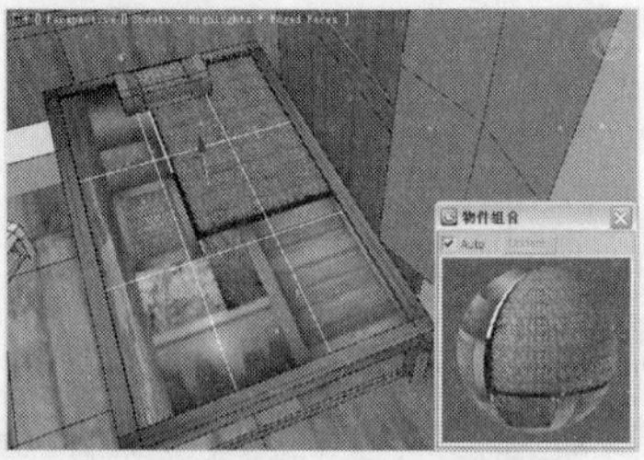

图9-167 视图材质效果

Step03 选择床体模型并在（修改）面板中为其添加 UVW Mapping（UVW 贴图）命令，然后在属性卷展栏中设置 Mapping（贴图）为 Planar（平面）方式，激活贴图坐标，再使用（缩放）工具调节坐标的比例与位置，使贴图更加精确的赋予到模型，如图 9-168 所示。

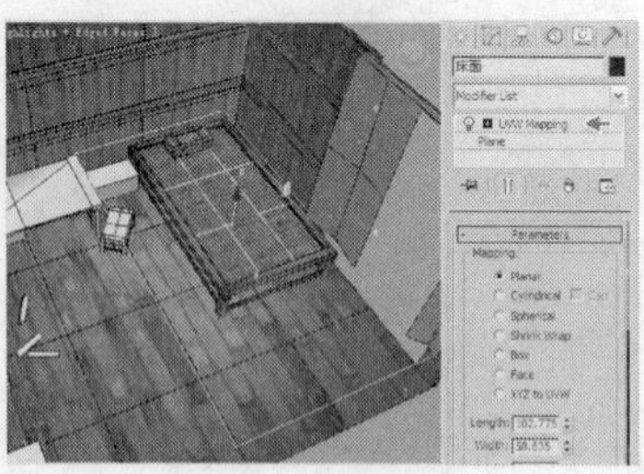

图9-168 添加贴图坐标

Step04 选择床体支架模型，然后赋予刚才调节完成的木板贴图，如图 9-169 所示。

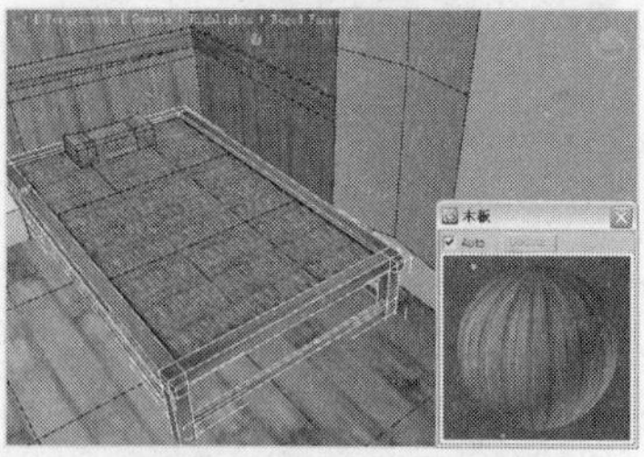

图9-169 赋予支架材质

Step05 选择箱子模型，并在（修改）面板内为其添加 UVW Mapping（UVW 贴图）命令，然后在属性卷展栏中设置 Mapping（贴图坐标）为 Box（长方体），如图 9-170 所示。

图9-170 添加贴图坐标

Step06 选择箱子模型，并在（修改）面板中为其添加 Unwrap UVW（UVW 展开）命令，准备修正模型使用贴图的位置，如图 9-171 所示。

图9-171 添加UVW坐标展开

Step07 在 UVW 展开命令的参数卷展栏中单击 Edit（编辑）按钮，然后在弹出的对话框中可以观看到模型与贴图坐标的位置，如图 9-172 所示。

Step08 在编辑 UVW 窗口中调节模型与贴图坐标的准确范围，使一张贴图可以赋予场景内的多个模型，大大节省计算机载入贴图的效率，所以三维类的游戏多使用此方式赋予贴图，如图 9-173 所示。

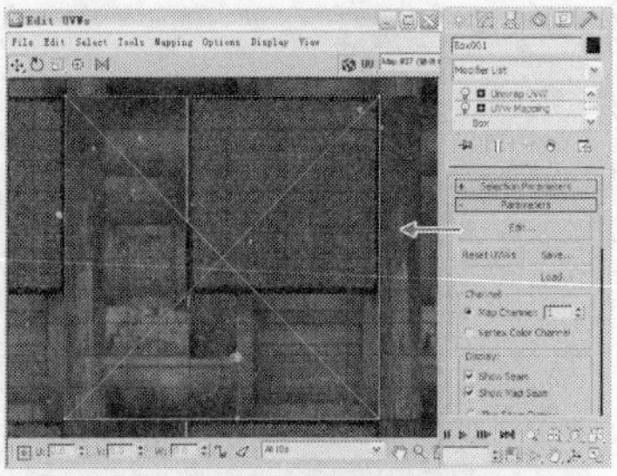

图9-172 模型与贴图坐标

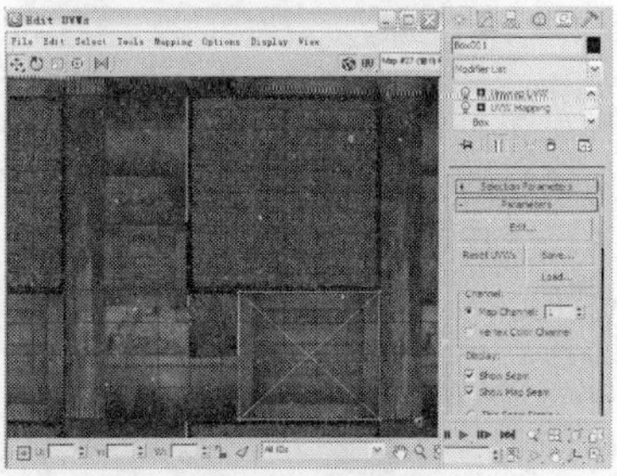

图9-173 调节贴图坐标

Step09 观看调节完成的箱子贴图效果，如图9-174所示。

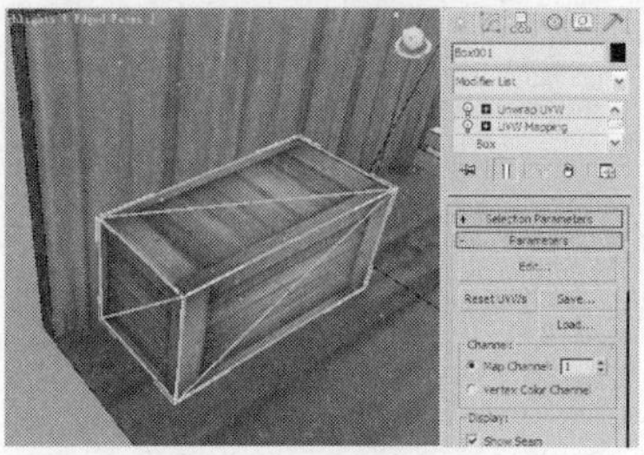

图9-174 箱子贴图效果

Step10 选择场景内的桌子模型，赋予调节完成的桌与布材质，设置方式与箱子贴图相同，如图9-175所示。

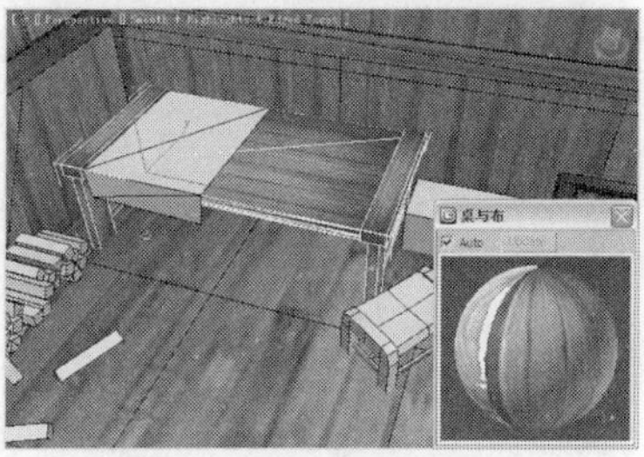

图9-175 赋予桌子材质

Step11 在主工具栏单击（渲染）按钮，渲染当前场景模型的材质效果，如图9-176所示。

图9-176 渲染效果

Step12 选择木块模型并赋予调节完成的木块材质，使场景更加贴近真实的生活，如图9-177所示。

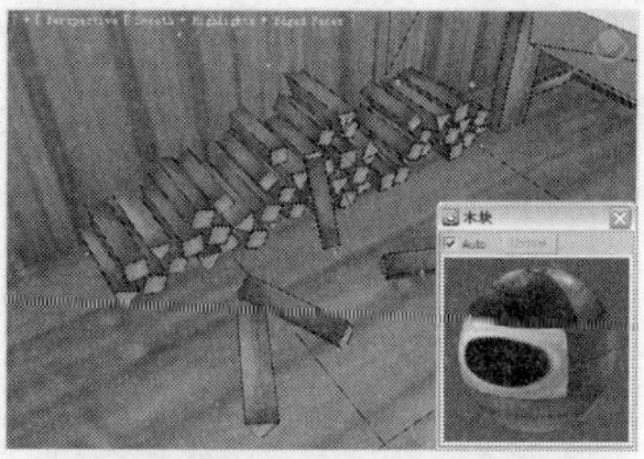

图9-177 木块材质

Step13 选择桌布模型并赋予调节完成的桌布材质，使平面模型产生旧棉布的效果，如图9-178所示。

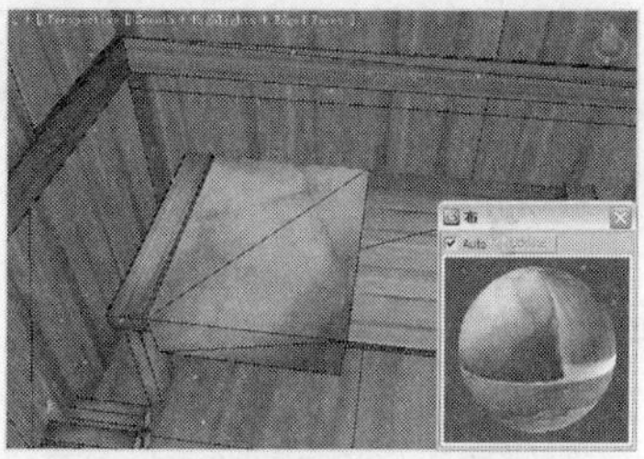

图9-178 桌布材质

Step14 选择门帘模型，然后赋予调节完成的布帘材质，使其得到自然并真实的门帘质感，如图9-179所示。

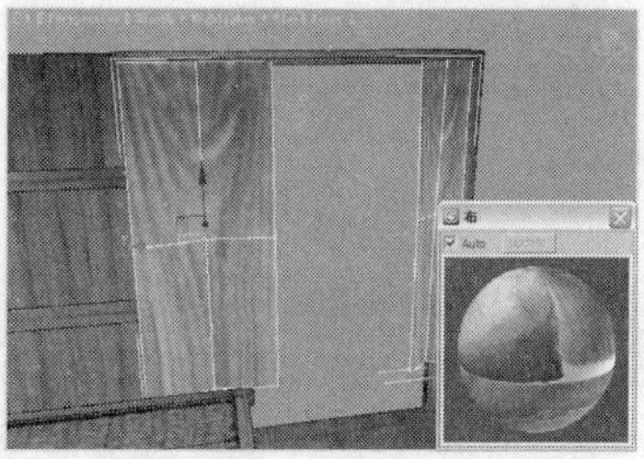

图9-179 赋予材质

Step15 创建一个平面模型并赋予调节完成的外景材质，使场景产生真实的空间感，如图 9-180 所示。

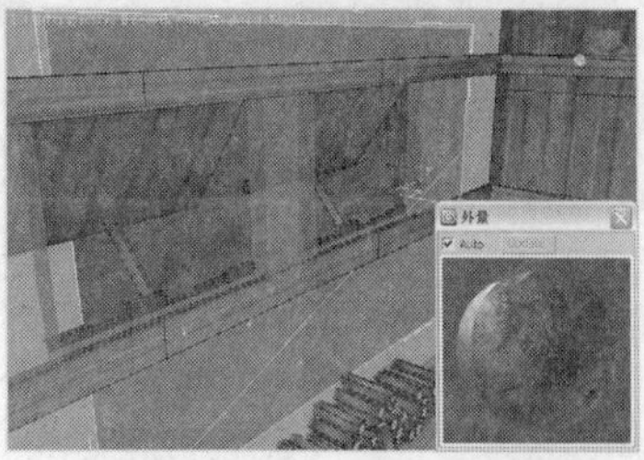

图9-180 外景材质

Step16 在主工具栏单击（渲染）按钮，渲染三维场景模型材质的最终效果，如图 9-181 所示。

图9-181 最终材质效果

9.7.4 场景渲染设置

Step01 在（创建）面板的（摄影机）子面板中单击 Target（目标）按钮，然后在 Front（前）视图中建立一架目标摄影机，如图 9-182 所示。

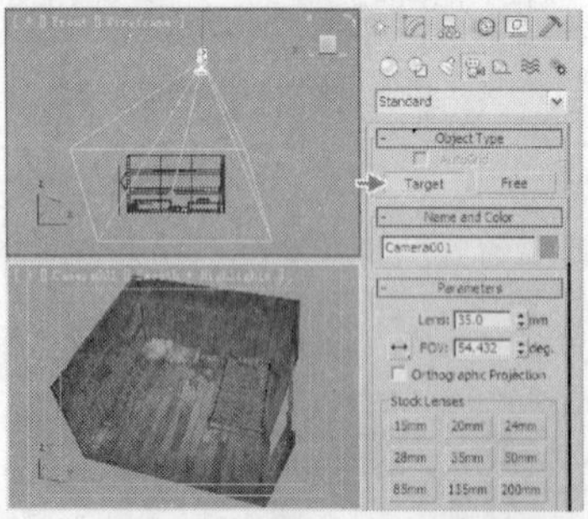

图9-182 创建摄影机

Step02 在（创建）面板的（灯光）子面板中单击 Skylight（天光）按钮，在视图中建立一盏天光，使用细腻的灯光计算场景光影效果，如图 9-183 所示。

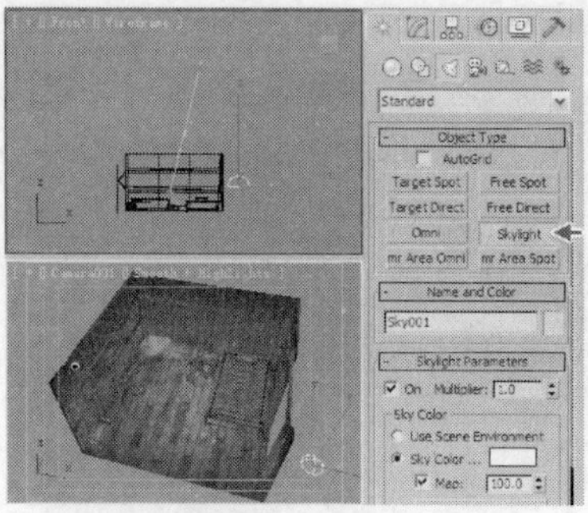

图9-183 创建天光

Step03 单击主工具栏中的（渲染设置）按钮，在弹出对话框的 Advanced Lighting（高级照明）选项卡中选择 Light Tracer（光跟踪器）类型，如图 9-184 所示。

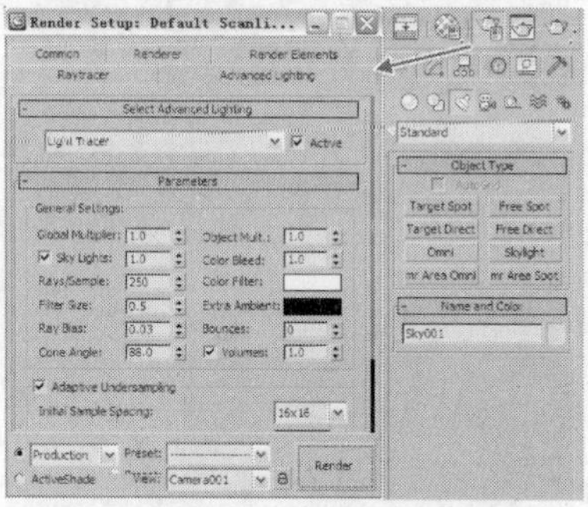

图9-184 高级灯光设置

Step04 在主工具栏中单击（渲染）按钮，渲染场景灯光效果，如图 9-185 所示。

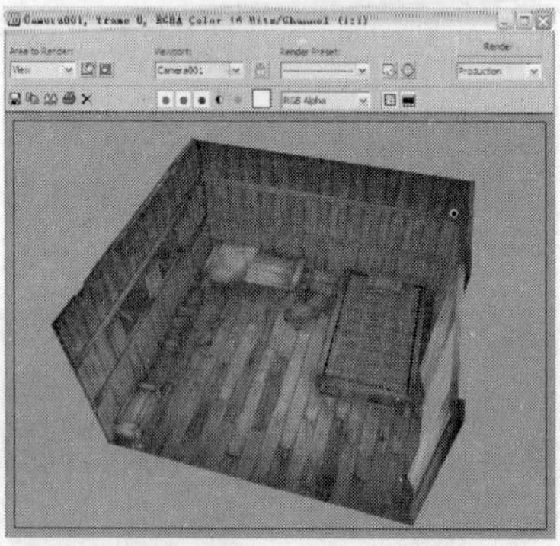

图9-185 灯光效果

Step05 由于缺少主照明灯光，在（创建）面板的（灯光）子面板中单击 Target Spot（目标聚光灯）按钮，在 Front（前）视图中建立一盏目标聚光灯，然后设置 Multiplier（倍增）值为 0.5，如图 9-186 所示。

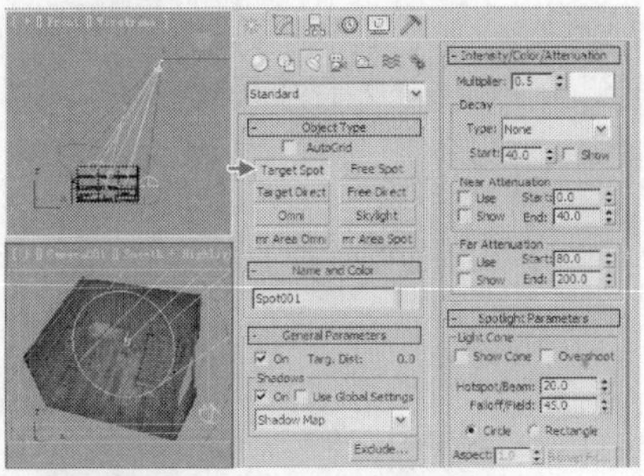

图9-186 建立目标聚光灯

Step06 在主工具栏中单击 （渲染）按钮，渲染场景制作的最终效果，如图 9-187 所示。

图9-187 最终效果

9.8 范例——蓝色细胞

【重点提要】

蓝色细胞范例主要通过灯光和材质将多边形建立的模型赋予特殊效果，在效果控制上还额外地使用了环境中的全局颜色，最终效果如图 9-188 所示。

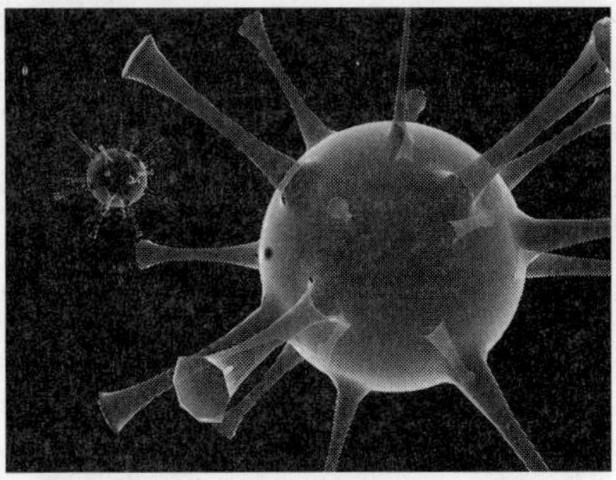

图9-188 蓝色细胞范例效果

【制作流程】

蓝色细胞范例的制作流程分为 4 部分：①细胞模型制作，②场景灯光设置，③物理性质设置，④特殊效果设置，如图 9-189 所示。

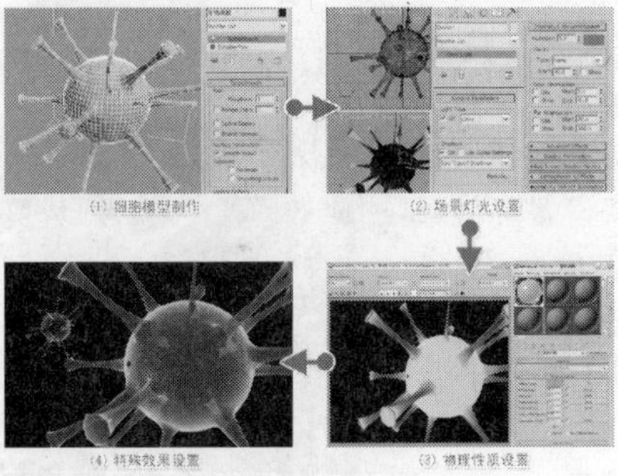

图9-189 制作流程

9.8.1 细胞模型制作

Step01 在 （创建）面板的 （几何体）子面板中单击标准基本体下的 Sphere（球体）按钮，然后在 Front（前）视图中创建球体，如图 9-190 所示。

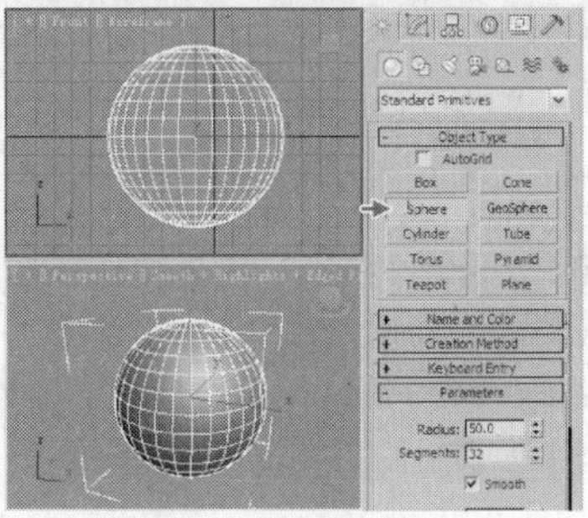

图9-190 创建球体

Step02 选择球体模型，并在 （修改）面板内为其添加 Edit Poly（编辑多边形）命令，然后切换至多边形编辑模式下再选择模型部分多边形，如图 9-191 所示。

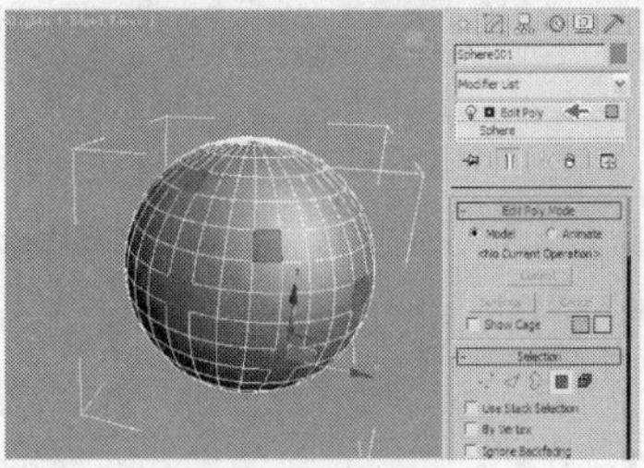

图9-191 选择多边形

Step03 单击多边形中的 Bevel（倒角）工具按钮，然后在弹出的倒角对话框中设置参数，使选择的多边形面凸出球体表面，如图 9-192 所示。

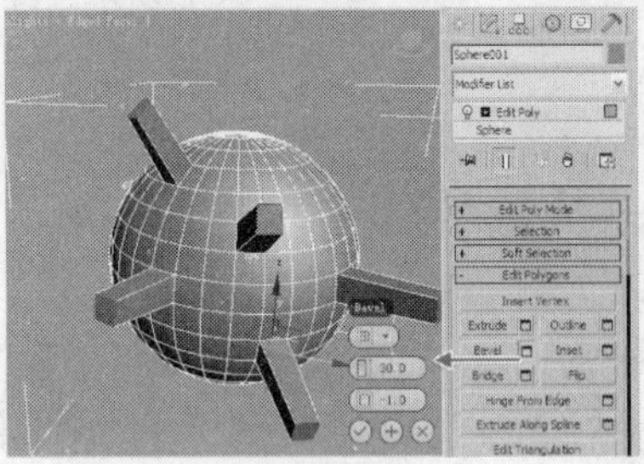

图9-192　设置倒角参数

Step04 再次单击 Bevel（倒角）工具按钮，然后在弹出的倒角对话框中设置参数，丰富细胞模型的细节，如图 9-193 所示。

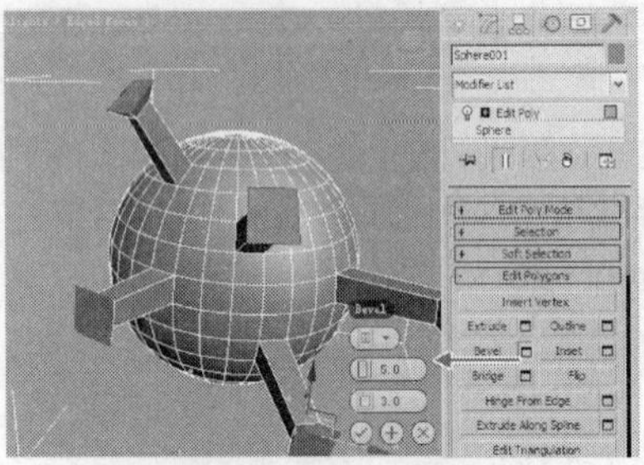

图9-193　设置倒角参数

Step05 单击 Extrude（挤出）工具按钮，然后在弹出的 Extrude Polygons（挤出多边形）对话框中设置 Extrude Height（挤出高度）值为 3，如图 9-194 所示。

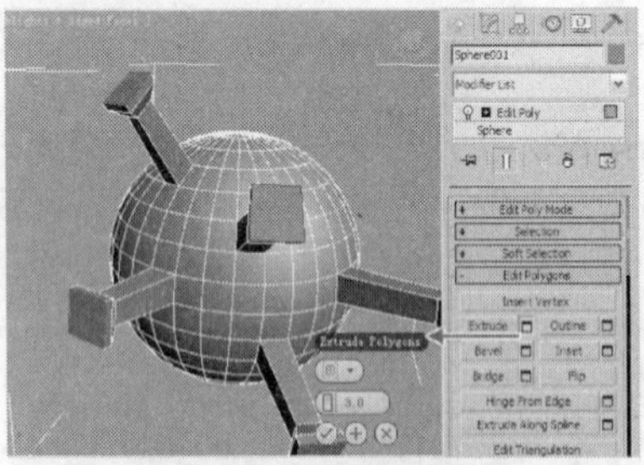

图9-194　设置挤出参数

Step06 在（修改）面板中添加 Turbo Smooth（涡轮平滑）命令，观看细胞模型的光滑效果，如图 9-195 所示。

Step07 切换至四视图方式，观看制作完成的细胞模型效果，如图 9-196 所示。

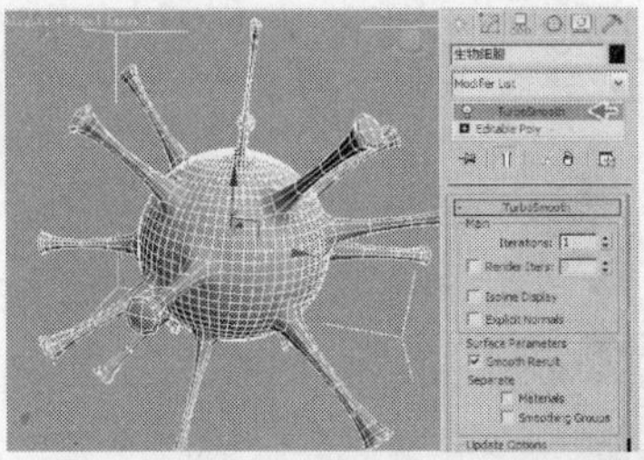

图9-195　添加涡轮平滑

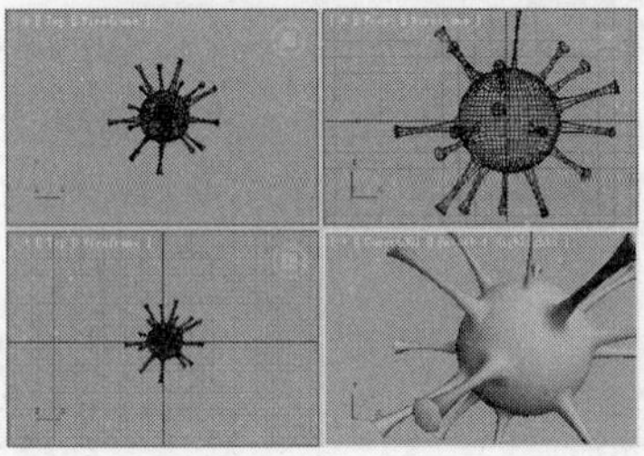

图9-196　模型效果

9.8.2　场景灯光设置

Step01 在菜单中选择【Rendering（渲染）】→【Environment（环境）】命令，在弹出的 Environment and Effects（环境与效果）对话框中先设置 Global Lighting（全局灯光）颜色，然后再设置 Level（级别）值为 17，增强场景中的所有灯光，如图 9-197 所示。

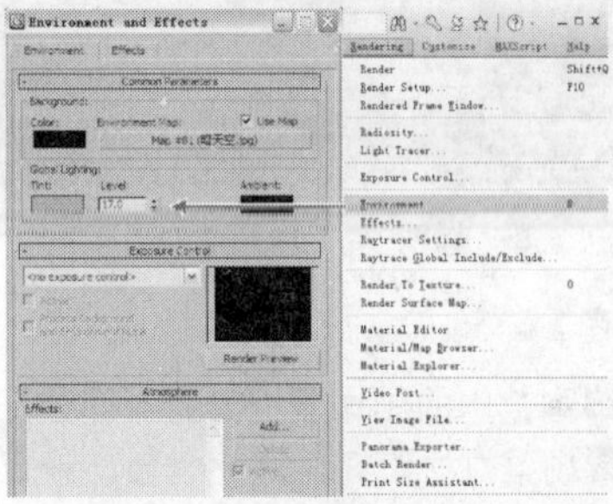

图9-197　设置环境参数

Step02 在主工具栏单击（渲染）按钮，渲染设置环境颜色后的场景效果，如图 9-198 所示。

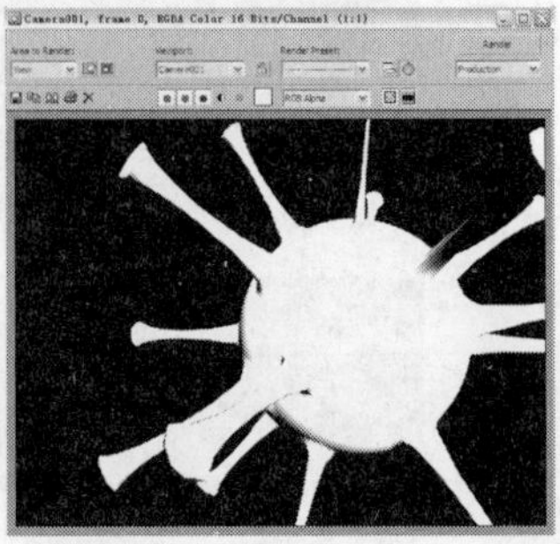

图9-198　渲染效果

Step03 在（创建）面板中选择（灯光）中的Omni（泛光灯），然后在Front（前）视图中建立泛光灯，如图9-199所示。

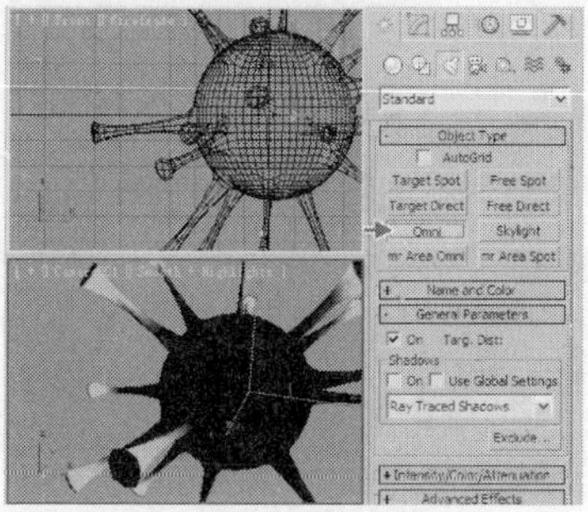

图9-199 创建泛光灯

Step04 在（修改）面板中开启阴影项目，再设置Multiplier（倍增）值为5.8，然后设置颜色为蓝色，丰富场景灯光蓝色神秘的细节，如图9-200所示。

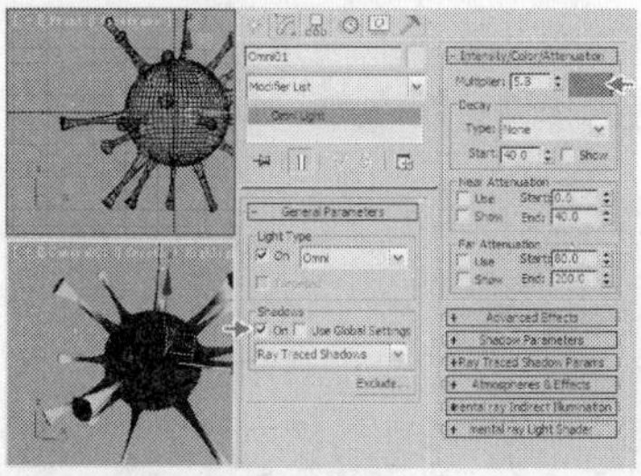

图9-200 设置灯光参数

Step05 在（创建）面板中选择（灯光）中的Omni（泛光灯），然后在Top（顶）视图中建立泛光灯，如图9-201所示。

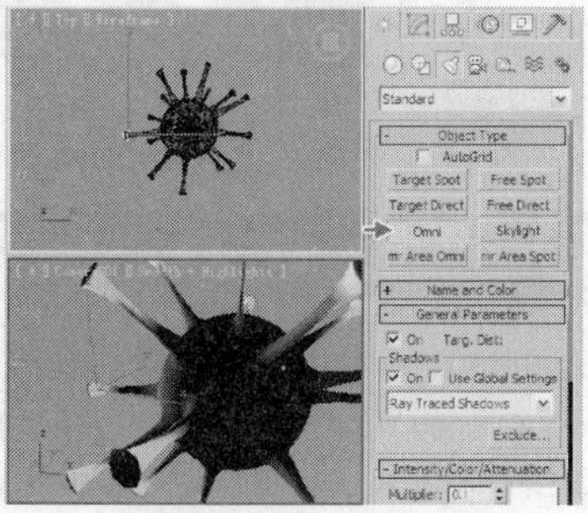

图9-201 创建灯光

Step06 在菜单中选择【Rendering（渲染）】→【Environment（环境）】命令，在弹出的Environment and Effects（环境与效果）对话框中设置Exposure Control（曝光控制）类型为Automatic Exposure Control（自动曝光控制），然后再设置自动曝光控制）的Brightness（亮度）值为60、Contrast（对比度）值为60，加强图像中的颜色反差，如图9-202所示。

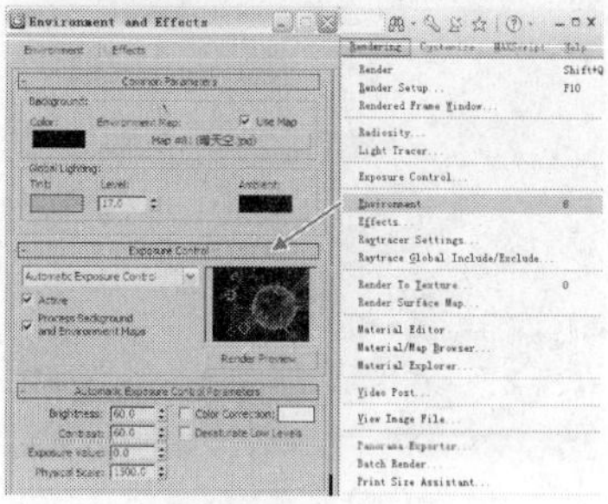

图9-202 设置曝光选项

Step07 在环境与效果对话框中的Atmosphere（大气）卷展栏中单击Add（添加）按钮，添加Volume Light（体积光）效果，如图9-203所示。

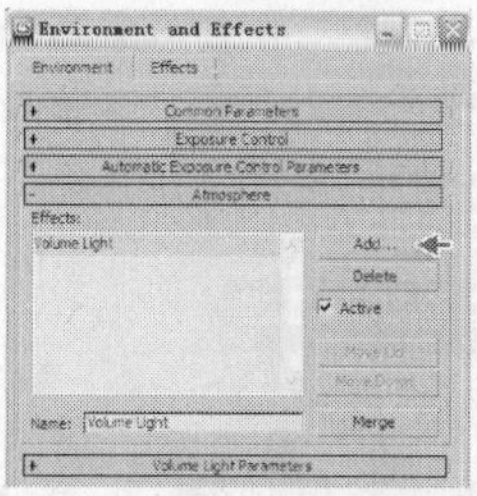

图9-203 添加效果

Step08 在Volume Light Parameters（体积光参数）卷展栏下单击Pick Light（拾取灯光）按钮，然后在场景中选择泛光灯，使灯光产生强烈的对比照明控制，如图9-204所示。

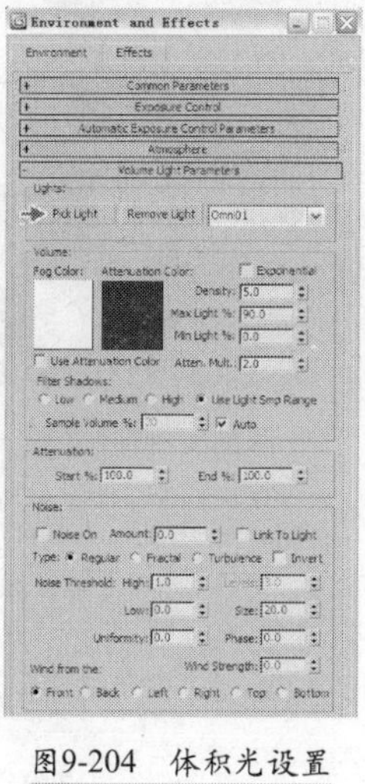

图9-204 体积光设置

Step09 在主工具栏中单击（渲染）按钮，渲染场景灯光的与体积光产生的效果，如图 9-205 所示。

图9-205　渲染效果

9.8.3　物理性质设置

Step01 在主工具栏中单击（材质编辑器）按钮，打开材质编辑器并选择一个空白材质球，设置名称为“蓝色细胞”然后再单击 Standard（标准）按钮，在弹出的对话框中选择 Architectural（建筑）材质，如图 9-206 所示。

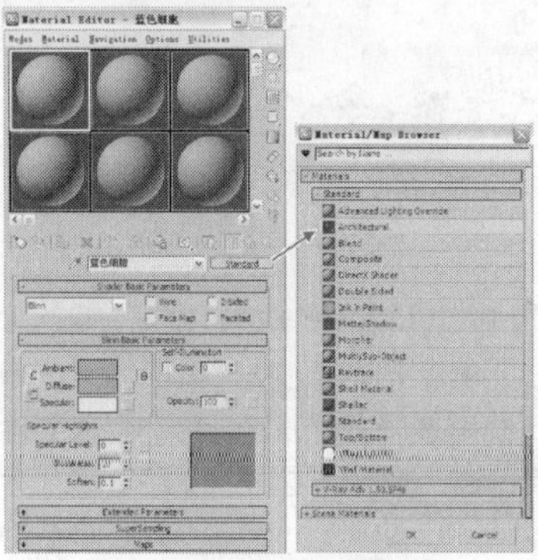

图9-206　设置材质类型

Step02 设置材质 Templates（模板）为 Water（水）类型，其特征是完全清晰且产生发光，如图 9-207 所示。

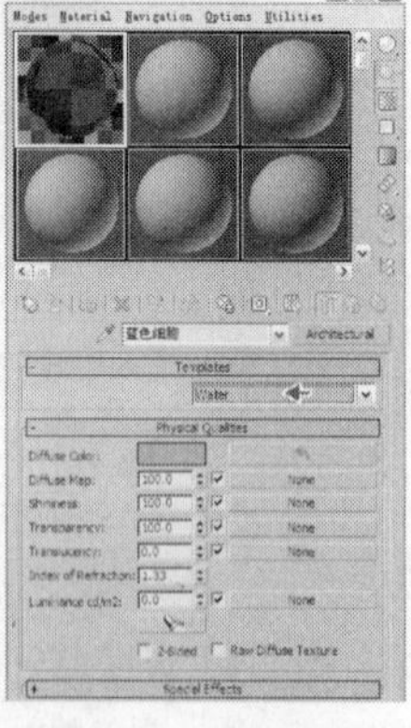

图9-207　设置水材质

Step03 在主工具栏单击（渲染）按钮，渲染场景中模型的材质效果，如图 9-208 所示。

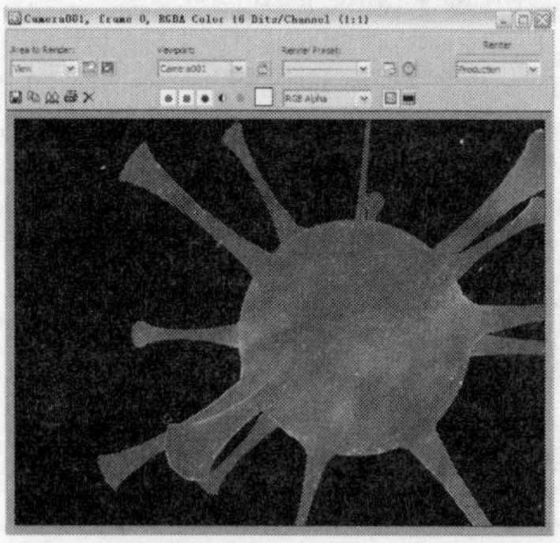

图9-208　渲染材质效果

Step04 选择材质球并设置 Diffuse Color（漫反射颜色）为蓝色、Diffuse Map（漫反射贴图）值为 80、Shininess（反光度）值为 70、Transparency（透明度）值为 67、Translucency（半透明）值为 50，如图 9-209 所示。

Step05 在主工具栏单击（渲染）按钮，渲染设置参数后的模型材质效果，如图 9-210 所示。

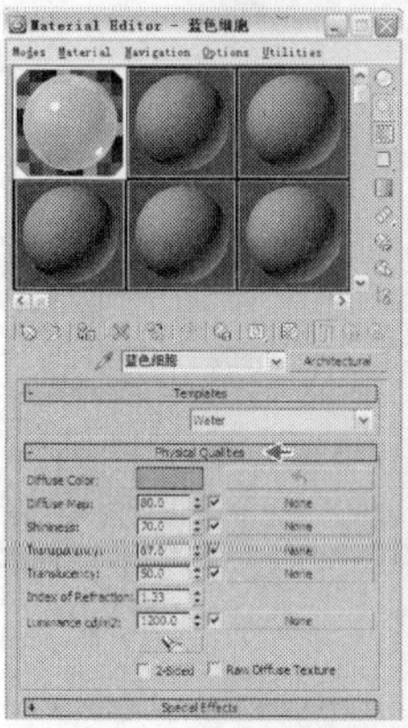

图9-209　设置材质参数

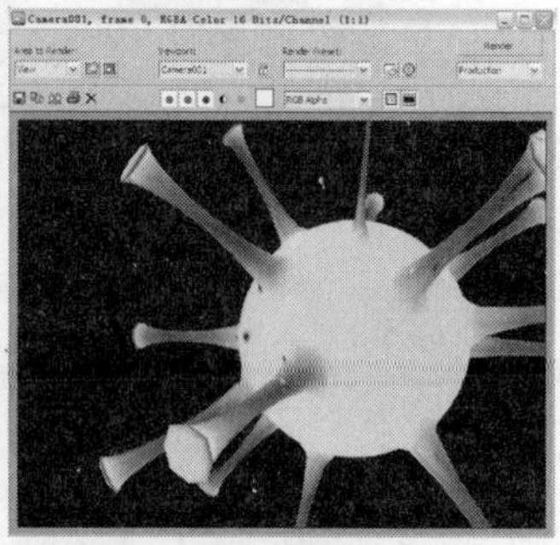

图9-210　渲染材质效果

9.8.4　特殊效果设置

Step01 在 Special Effects（特殊效果）卷展栏下单击 Bump（凹凸）项目的按钮，在弹出的对话框中选择 Swirl（旋涡）贴图，增加细胞模型的细节，如图 9-211 所示。

Step02 在旋涡贴图的 Swirl Parameters（旋涡参数）卷展栏下单击 Swirl（旋涡）项目的按钮，然后在弹出的对话框中选择 Mix（混合）贴图，增强材质内部的层次效果，如图 9-212 所示。

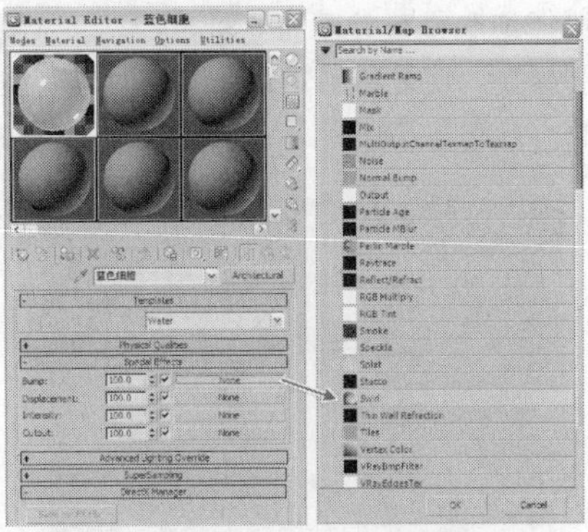

图9-211 添加凹凸项目

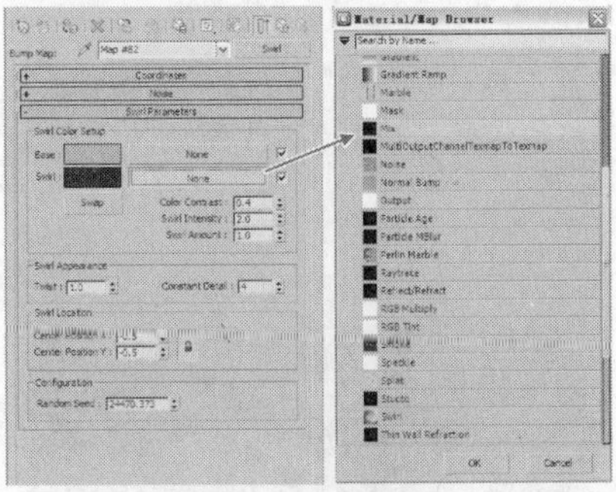

图9-212 赋予混合贴图

Step03 在混合贴图的 Mix Parameters（混合参数）卷展栏下分别为 Color #1（颜色 1）项目赋予 Planet（行星）贴图，为 Mix Amount（混合数量）项目赋予 Dent（凹痕）贴图，然后再设置贴图参数，如图 9-213 所示。

Step04 在 Special Effects（特殊效果）卷展栏中设置 Bump（凹凸）值为 200，加强材质表面的起伏效果，如图 9-214 所示。

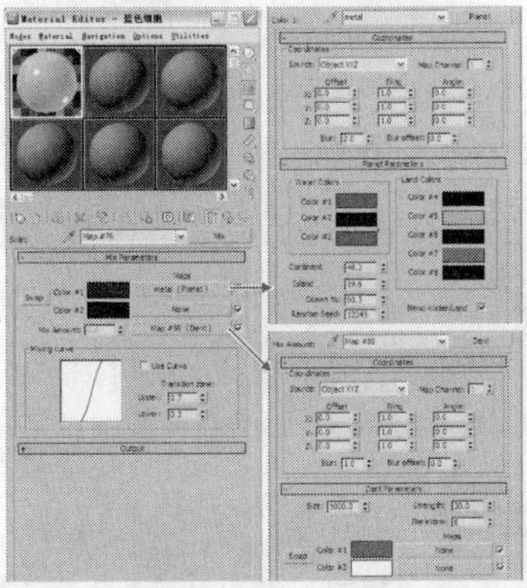

图9-213 设置漩涡参数

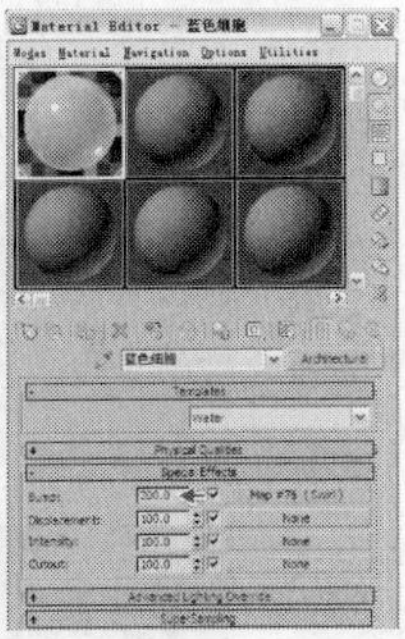

图9-214 设置凹凸参数

Step05 在主工具栏中单击（渲染）按钮，渲染模型的材质效果，如图 9-215 所示。

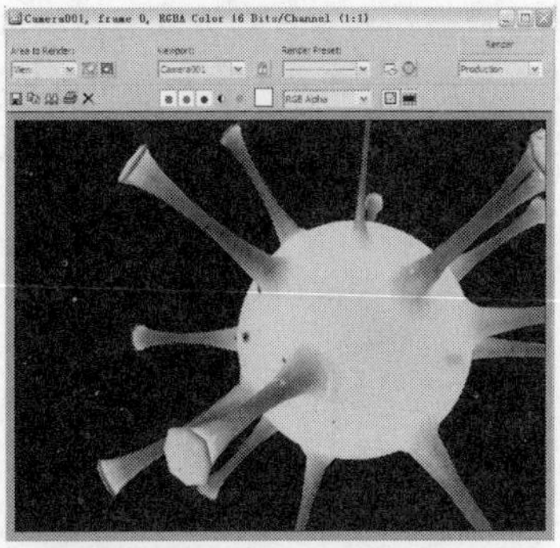

图9-215 渲染材质效果

Step06 在 Special Effects（特殊效果）卷展栏中为 Intensity（强度）项目赋予 Falloff（衰减）贴图，基于几何体曲面上法线的角度衰减来生成从白到黑的值，使材质产生边缘与中心区域的渐变，如图 9-216 所示。

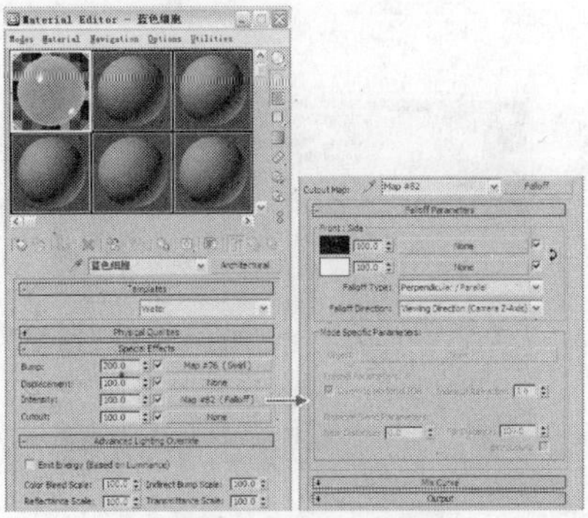

图9-216 赋予衰减贴图

Step07 在 Special Effects（特殊效果）卷展栏中为 Cutout（裁切）赋予 Falloff（衰减）贴图，如图 9-217 所示。

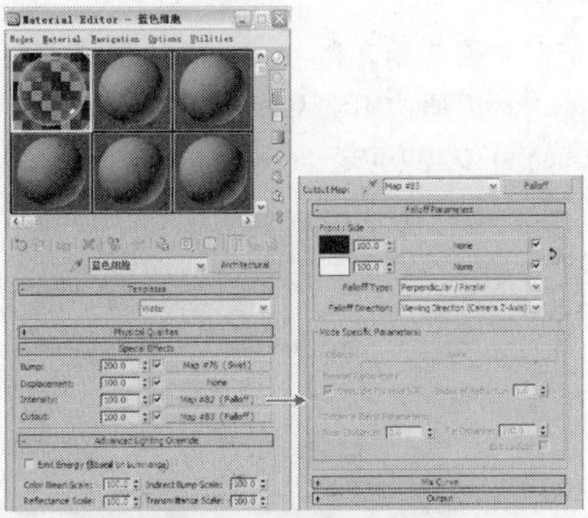

图9-217 赋予衰减贴图

Step08 基于节点编辑方式的新可视化的节点材质编辑器，通过节点的方式让使用者能以图形接口产生材质原型，并更直观容易地编辑复杂材质进而提升生产力，而这样的材质可以跨平台使用，观看制作完成的材质流程图，如图 9-218 所示。

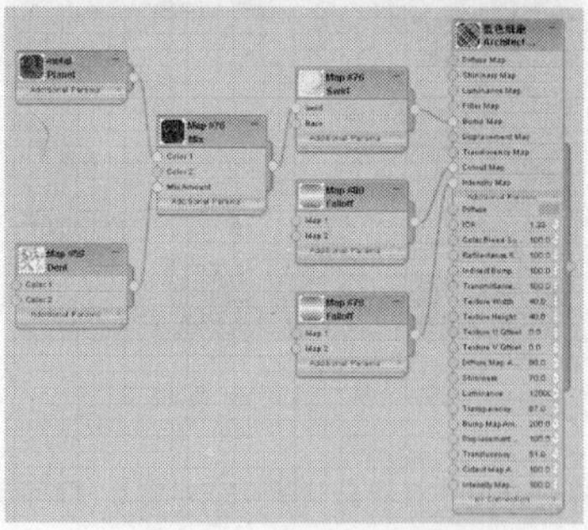

图9-218　材质流程图

Step09 在主工具栏中单击（渲染）按钮，渲染赋予贴图后的材质效果，如图 9-219 所示。

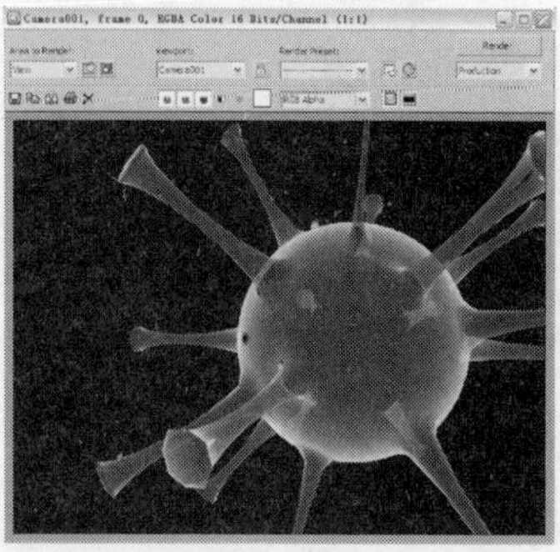

图9-219　渲染材质效果

Step10 选择细胞模型并配合“Shift+ 移动”快捷键复制模型，使最终的场景在渲染时具有空间层次感，如图 9-220 所示。

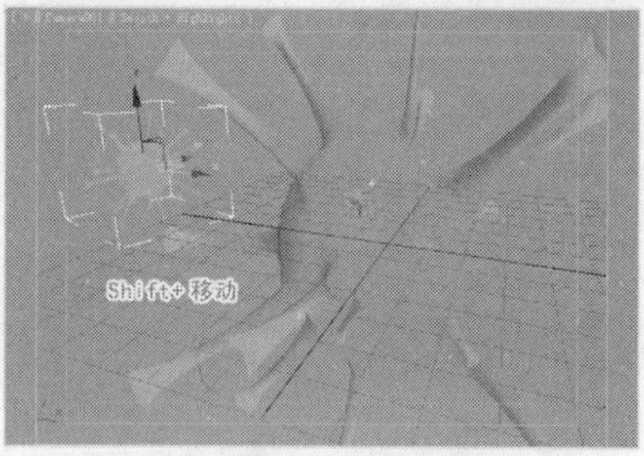

图9-220　复制模型

Step11 在主工具栏中单击（渲染）按钮，渲染场景最终的效果，如图 9-221 所示。

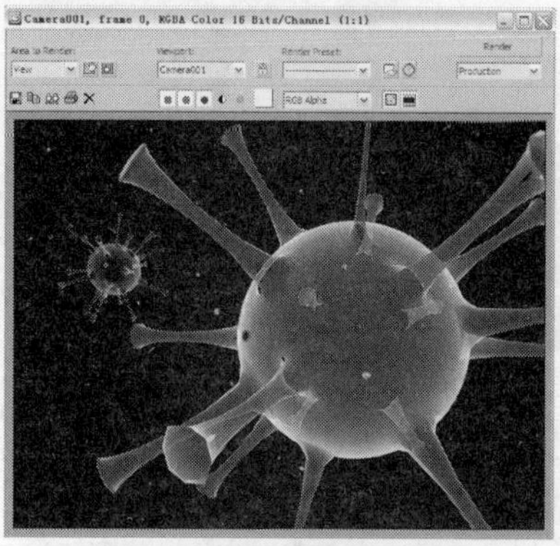

图9-221　渲染最终效果

9.9 范例——水面荷花

【重点提要】

本范例主要使用车削和编辑多边形修改命令制作三维场景，然后通过灯光和材质使灰色模型产生真实的效果，如图 9-222 所示。

图9-222　水面荷花范例效果

【制作流程】

水面荷花范例的制作流程分为 4 部分：①荷叶模型制作，②荷花模型制作，③残叶模型制作，④场景渲染设置，如图 9-223 所示。

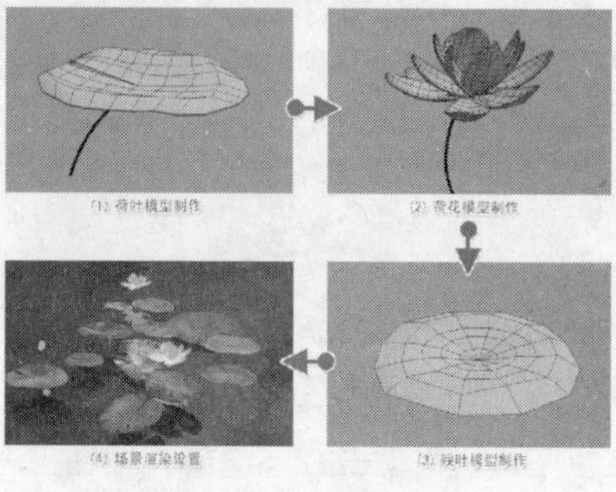

图9-223　制作流程

9.9.1　荷叶模型制作

Step01 在（创建）面板的（几何体）子面板中单击标准基本体下的Box（长方体）按钮，在Top（顶）视图中创建并设置Length（长度）值为100、Width（宽度）值为100、Height（高度）值为4，然后再设置长方体的Segs（段数）值，如图9-224所示。

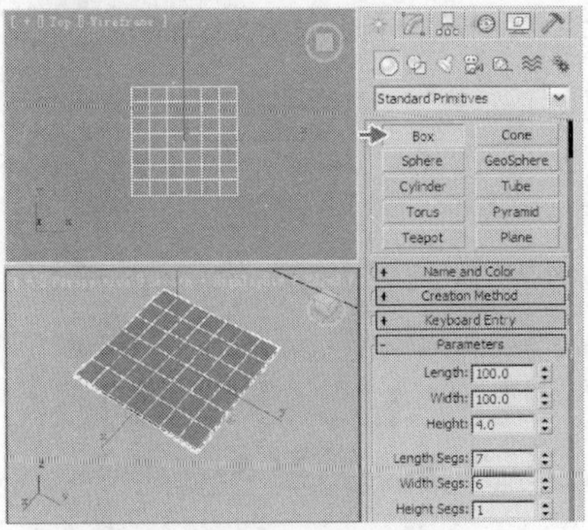

图9-224　创建长方体

Step02 在（修改）面板中添加Edit Poly（编辑多边形）命令，然后在顶点编辑模式下调节模型的形状，呈现出荷叶后端的弧度效果，如图9-225所示。

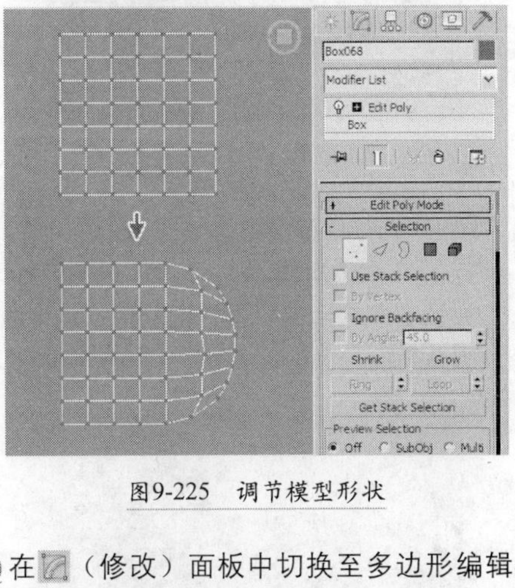

图9-225　调节模型形状

Step03 在（修改）面板中切换至多边形编辑模式，选择需要编辑的多边形并使用Extrude（挤出）工具进行挤出操作，产生荷叶前端凸出长方体表面的部分，如图9-226所示。

Step04 在（修改）面板中切换至点编辑模式下，然后使用（移动）工具调节点的位置，调节荷叶的基本形状，如图9-227所示。

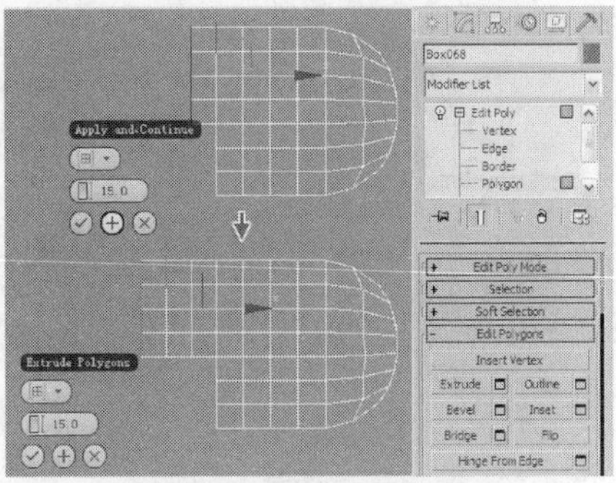

图9-226　挤出操作

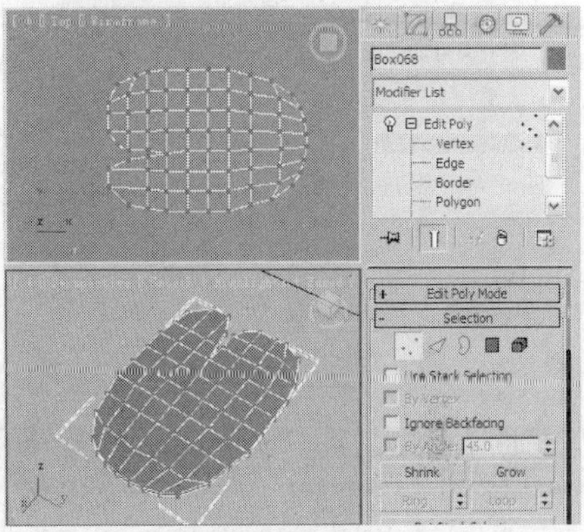

图9-227　调节荷叶形状

Step05 切换至四视图显示模式，继续调节荷叶模型的细节形态，如图9-228所示。

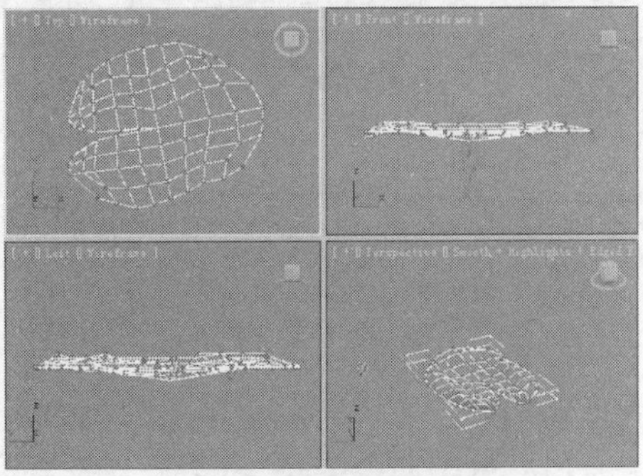

图9-228　荷叶模型效果

Step06 在（创建）面板的（图形）中单击Splines（样条线）中的Line（线）命令按钮，在Front（前）视图中绘制荷叶根茎形态，然后在Rendering（渲染）卷展栏中开启渲染项目，使二维的样条线图形可以被渲染为三维效果，如图9-229所示。

Step07 观看制作完成的一组荷叶模型效果，如图9-230所示。

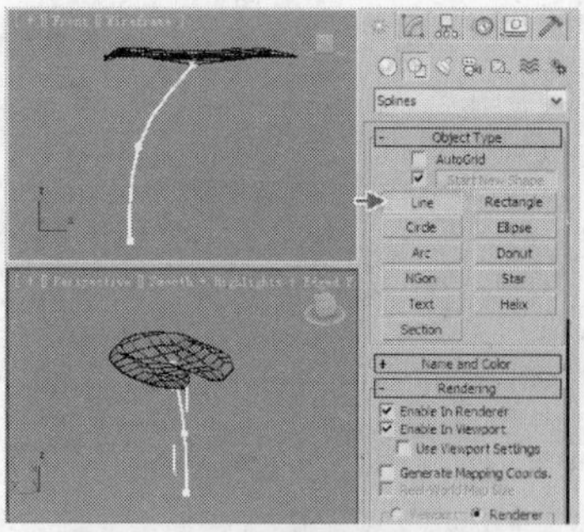
图9-229 绘制根茎图形

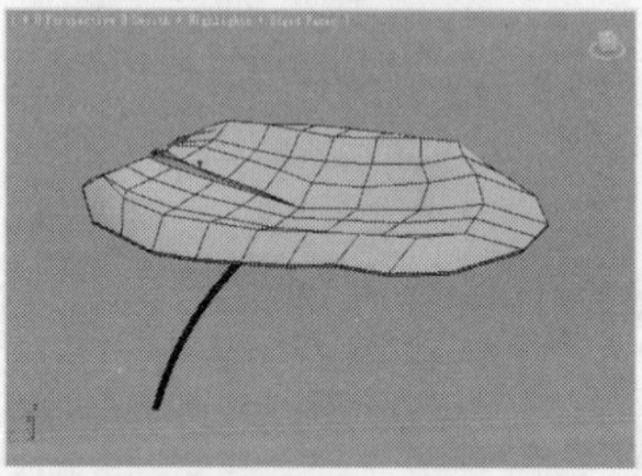
图9-230 荷叶模型效果

9.9.2 荷花模型制作

Step01 在（创建）面板的（几何体）子面板中单击标准基本体下的Box（长方体）按钮，然后在Front（前）视图中创建并设置Length（长度）值为35、Width（宽度）值为20、Height（高度）值为5，制作场景的荷花模型，如图9-231所示。

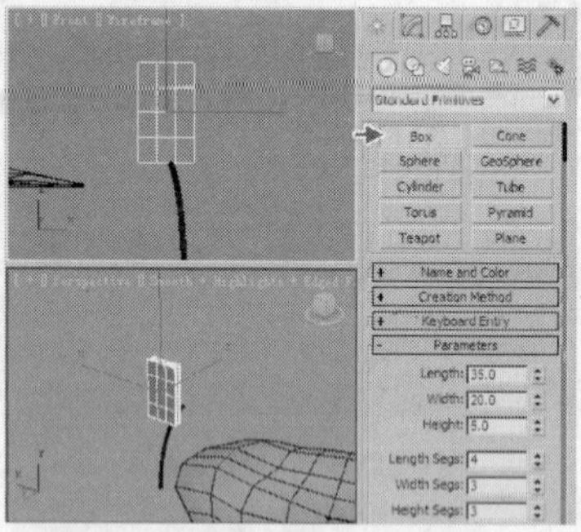
图9-231 建立长方体

Step02 在（修改）面板中添加Edit Poly（编辑多边形）命令，将长方体编辑为荷花模型的效果，如图9-232所示。

Step03 在（修改）面板中切换至顶点编辑模式下，然后使用（移动）工具调节点的位置，调节荷花的基本形状，如图9-233所示。

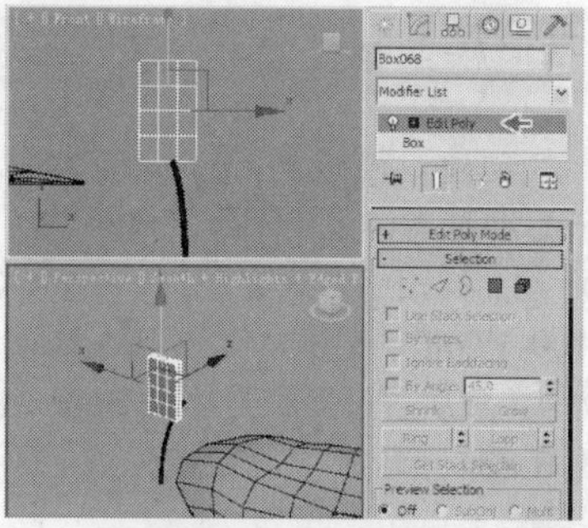
图9-232 添加编辑命令

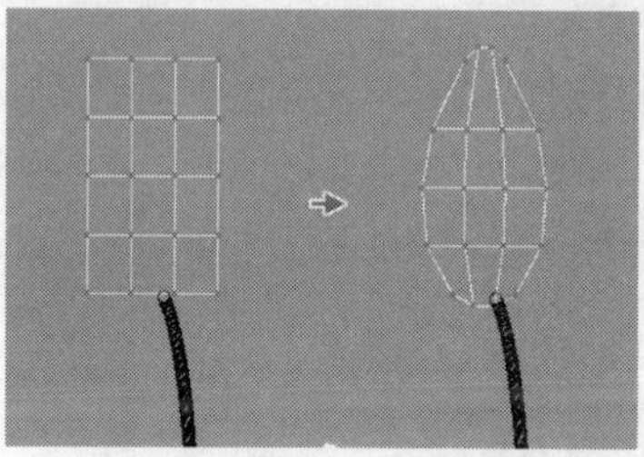
图9-233 调节荷花形态

Step04 切换至侧视图显示模式，继续调节荷花的侧面弧度形态，如图9-234所示。

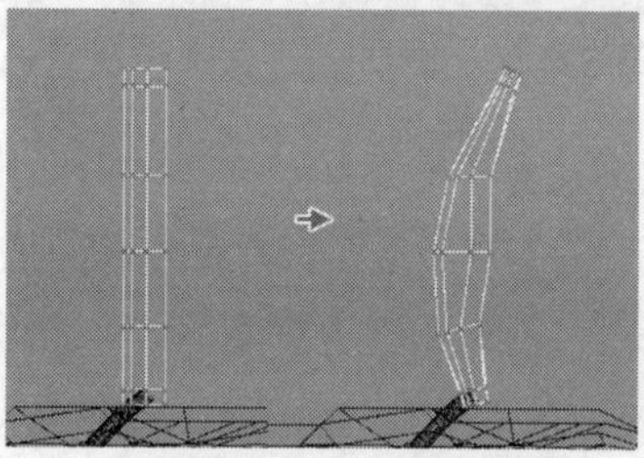
图9-234 调节侧面形态

Step05 在（修改）面板中切换至多边形编辑模式，然后选择中心区域的多边形，使用（移动）工具调节多边形的位置，增加荷花的饱满效果，如图9-235所示。

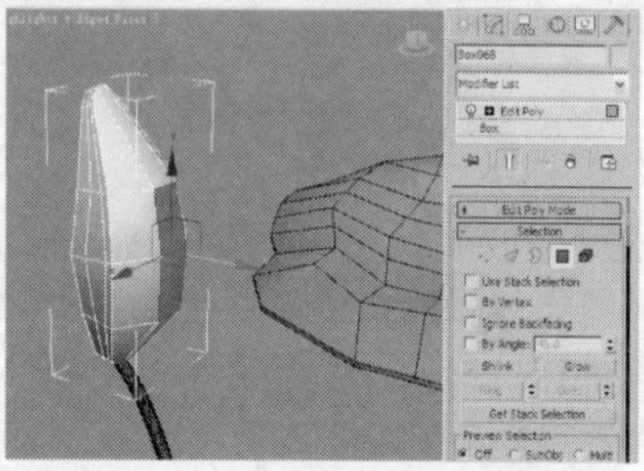
图9-235 调节多边形位置

Step06 选择荷花模型，然后在（修改）面板中添加

Mesh Smooth（网格平滑）命令，如图 9-236 所示。

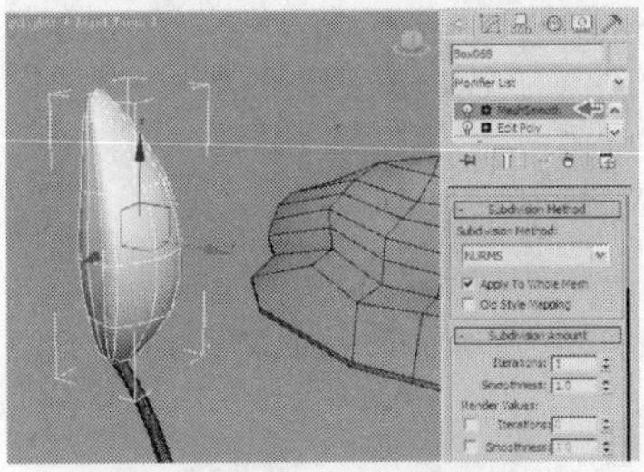

图9-236 添加网格平滑

Step07 选择荷花模型，在（层次）面板中单击 Affect Pivot Only（仅影响轴）按钮，然后再改变轴心在荷花叶片的底部位置，便于动画的记录和其他叶片复制操作，如图 9-237 所示。

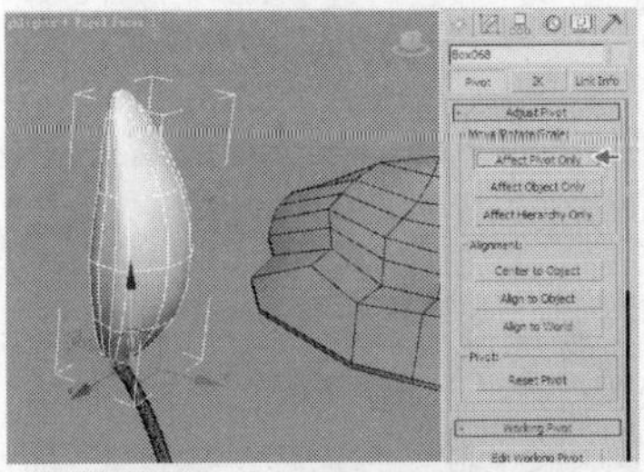

图9-237 设置轴心位置

Step08 选择荷花模型，配合“Shift+ 旋转”快捷键复制模型，使用多个叶片包裹出完整的一组荷花，如图 9-238 所示。

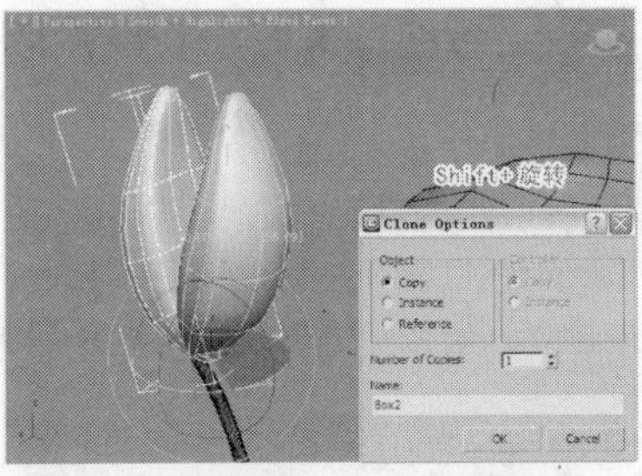

图9-238 复制模型

Step09 继续使用“Shift+ 旋转”快捷键复制模型，然后再使用（缩放）工具调节荷花模型大小，如图 9-239 所示。

Step10 选择制作完成的荷花模型，然后在菜单栏中执行【Group（组）】→【Group（成组）】命令，在弹出的组对话框中设置组名称为“荷花”，如图 9-240 所示。

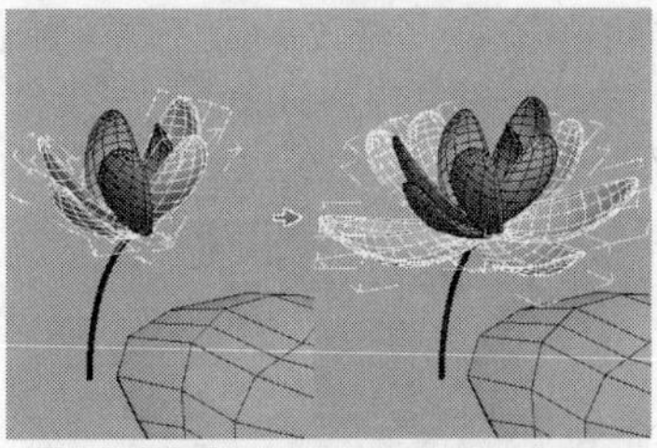

图9-239 复制荷花模型

图9-240 设置组名称

Step11 切换至透视图显示模式，观看制作完成的荷花模型效果，如图 9-241 所示。

图9-241 荷花模型效果

9.9.3 残叶模型制作

Step01 在（创建）面板的（图形）中单击 Splines（样条线）中的 Line（线）命令按钮，然后在 Front（前）视图中绘制残叶的叶子形态，如图 9-242 所示。

图9-242 绘制线

Step02 选择线并在（修改）面板中添加 Lathe（车削）命令，然后设置 Degrees（度数）为 360、Segments（段数）为 16，旋转得到残叶的基本模型效果，如图 9-243 所示。

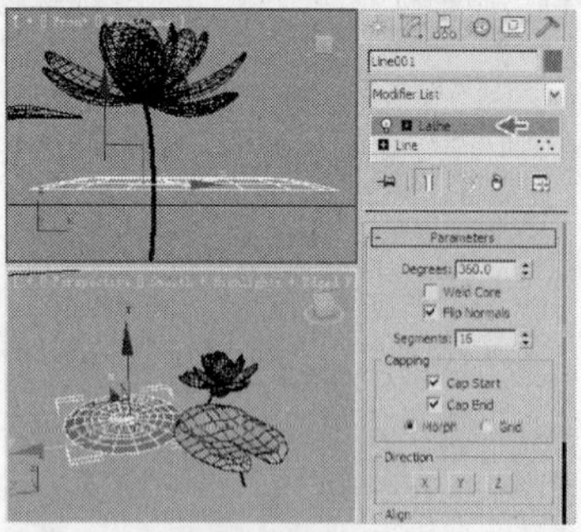

图9-243 添加车削命令

Step03 在（修改）面板中添加 Edit Poly（编辑多边形）命令，然后再切换至边编辑模式，选择内部的一组线沿 z 轴调节起伏层次，使荷叶的效果更加自然，如图 9-244 所示。

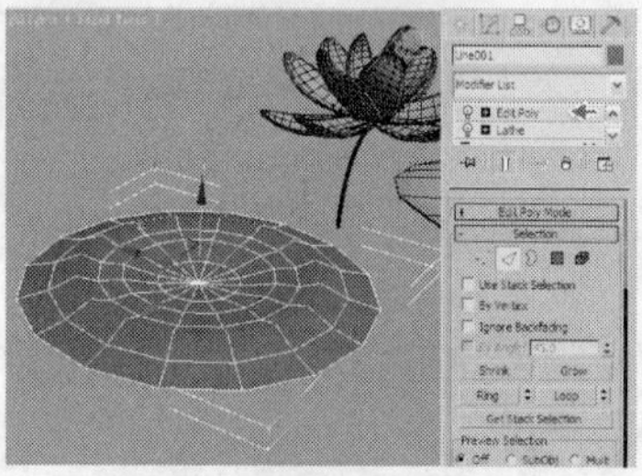

图9-244 调节起伏层次

Step04 在（修改）面板中切换至顶点编辑模式，使用（移动）工具调节点的位置，如图 9-245 所示。

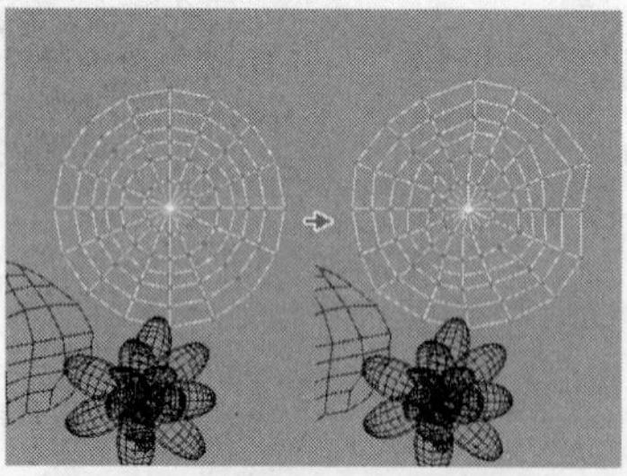

图9-245 调节点位置

Step05 观看制作完成的残叶模型效果，如图 9-246 所示。

Step06 将制作的模型进行组合，观看制作完成的荷叶、荷花、残叶模型效果，如图 9-247 所示。

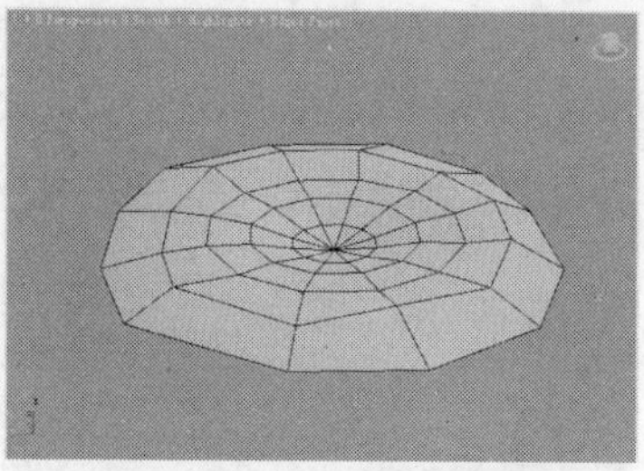

图9-246 残叶模型效果

图9-247 模型组合效果

Step07 使用“Shift+ 移动”快捷键复制模型，丰富场景的模型效果，如图 9-248 所示。

图9-248 场景模型效果

9.9.4 场景渲染设置

Step01 在（创建）面板的（摄影机）子面板中单击 Target（目标）按钮，然后在 Front（前）视图中建立一架目标摄影机，如图 9-249 所示。

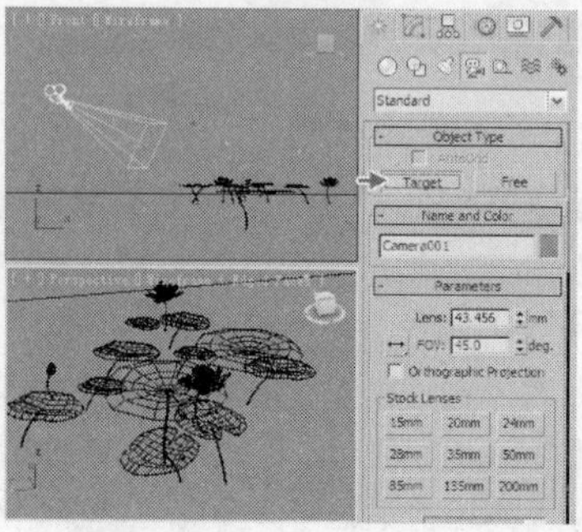

图9-249 创建摄影机

Step02 在菜单中选择【Views（视图）】→【Create Camera From View（从视图创建摄影机）】命令，将建立的摄影机自动匹配到透视图的位置，如图 9-250 所示。

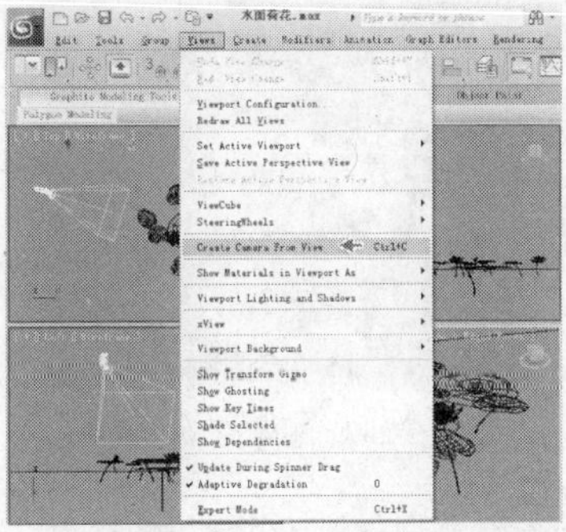

图9-250 匹配摄影机

Step03 在主工具栏中单击（材质编辑器）按钮，在弹出的对话框中选择一个空白材质球并设置名称为“水面”。设置 Ambient（环境）颜色为黑色、Diffuse（漫反射）颜色为黑色、Specular Level（高光级别）值为 120、Glossiness（光泽度）值为 90，然后为 Bump（凹凸）赋予 Noise（噪波）程序贴图并设置 Bump（凹凸）值为 15，为 Reflection（反射）赋予 Raytrare（光线追踪）程序贴图并设置 Reflection（反射）值为 80，作为场景中水面的材质，如图 9-251 所示。

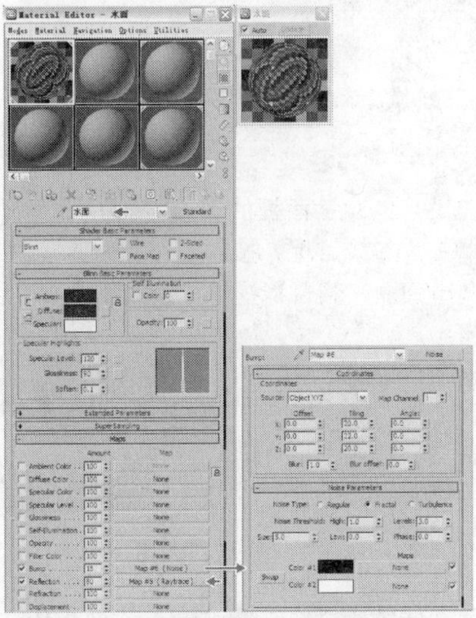

图9-251 水面材质

Step04 在主工具栏中单击（快速渲染）按钮，渲染场景中水面材质的效果，如图 9-252 所示。

图9-252 水面材质效果

Step05 选择一个空白材质球并设置名称为“叶 2”，赋予模型后在贴图卷展栏下为 Diffuse Map（漫反射贴图）与 Bump（凹凸）赋予本书配套光盘中的荷叶贴图，如图 9-253 所示。

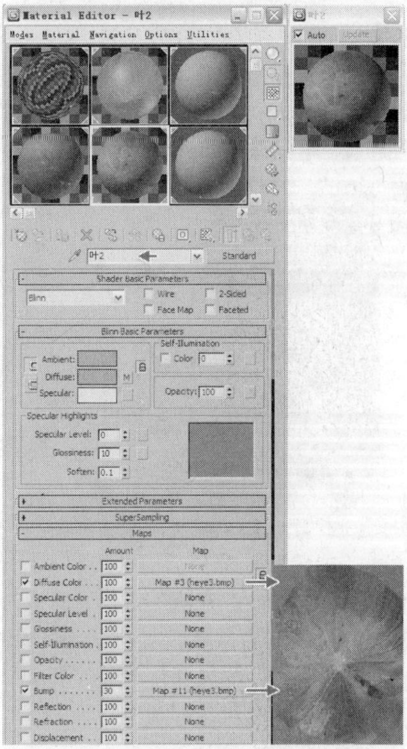

图9-253 荷叶材质

Step06 选择一个空白材质球并设置名称为“叶”，赋予模型后设置 Ambient（环境）颜色为绿色、Diffuse（漫反射）颜色为绿色、Specular Level（高光级别）值为 28、Glossiness（光泽度）值为 27，然后在贴图卷展栏下为 Diffuse Map（漫反射贴图）赋予 Gradient（渐变）程序贴图，在渐变参数卷展栏中分别为颜色赋予本书配套光盘的荷叶贴图，如图 9-254 所示。

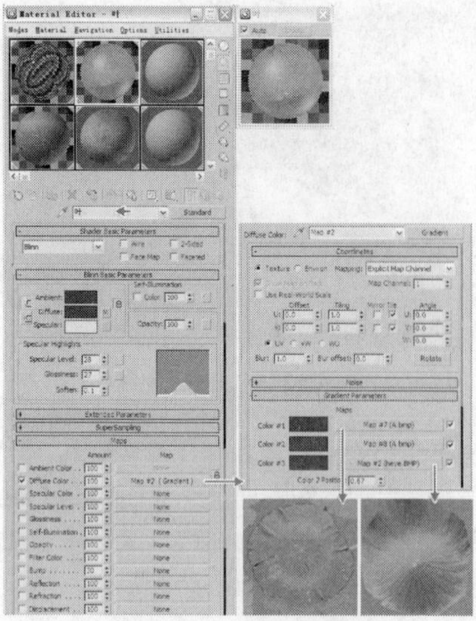

图9-254　荷叶材质

Step07 选择荷叶模型，在（修改）面板内为其添加UVW Mapping（UVW贴图）命令，然后在属性卷展栏中设置Mapping（贴图）为Planar（平面）方式，将模型与贴图进行准确的匹配，如图9-255所示。

图9-255　添加贴图坐标

Step08 选择荷叶模型，并在（修改）面板内为其添加Unwrap UVW（展开UVW）命令，然后单击Edit（编辑）按钮并在弹出的对话框中调节坐标范围，如图9-256所示。

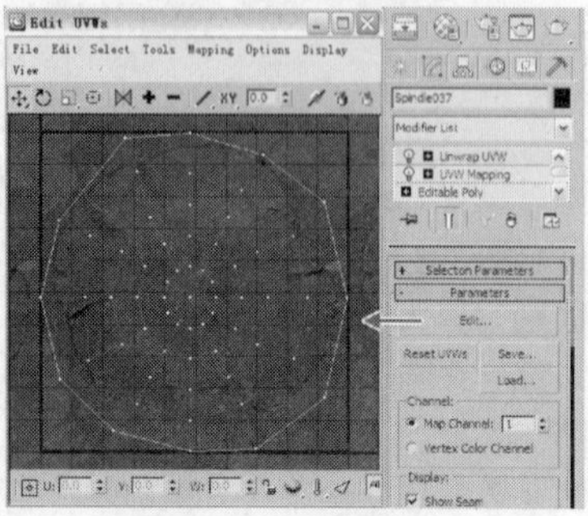

图9-256　添加编辑贴图坐标

Step09 在主工具栏中单击（快速渲染）按钮，渲染荷叶材质的效果，如图9-257所示。

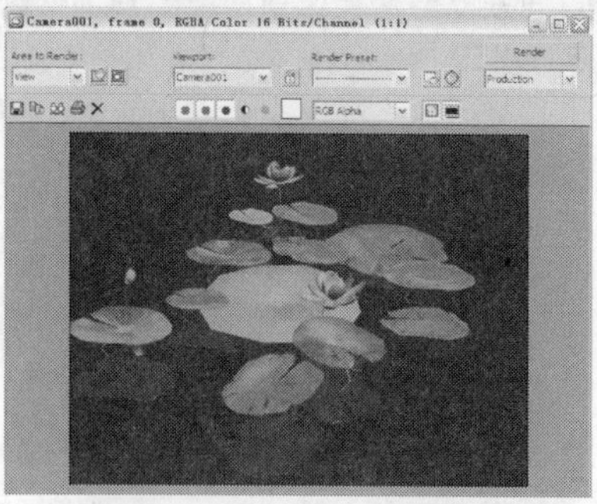

图9-257　渲染材质效果

Step10 选择一个空白材质球并设置名称为“残荷”，赋予模型后在贴图卷展栏下分别为Diffuse Map（漫反射贴图）与Opacity（不透明度）赋予本书配套光盘中的残叶贴图，如图9-258所示。

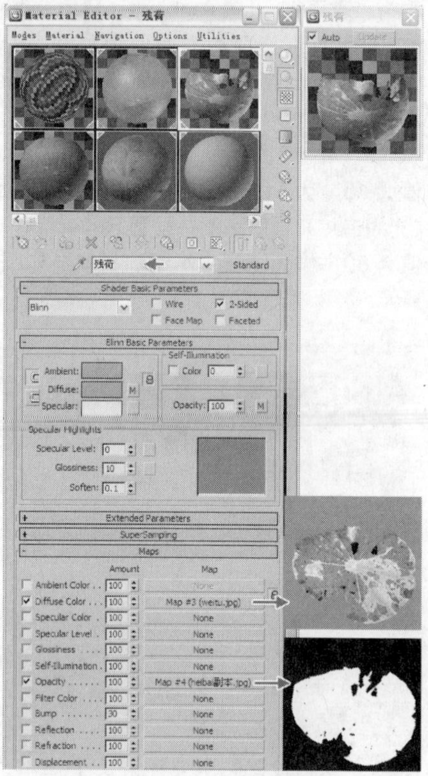

图9-258　残叶材质

Step11 选择残叶模型，在（修改）面板内为其添加UVW Mapping（UVW贴图）命令，然后在属性卷展栏中设置Mapping（贴图）为Planar（平面）方式，如图9-259所示。

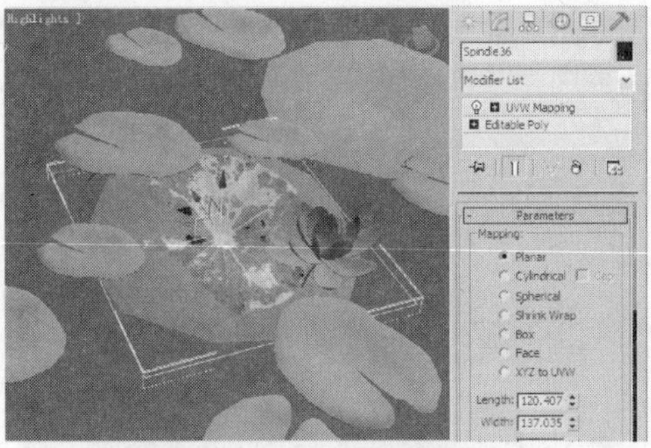

图9-259 添加贴图坐标

Step12 选择一个空白材质球并设置名称为“荷花”，赋予模型后再设置 Ambient（环境）颜色为棕红色、Diffuse（漫反射）颜色为棕红色、Specular Level（高光级别）值为 9，然后在贴图卷展栏下为 Diffuse Map（漫反射贴图）赋予 Gradient（渐变）程序贴图，在渐变参数卷展栏中再分别设置粉红系列颜色，如图 9-260 所示。

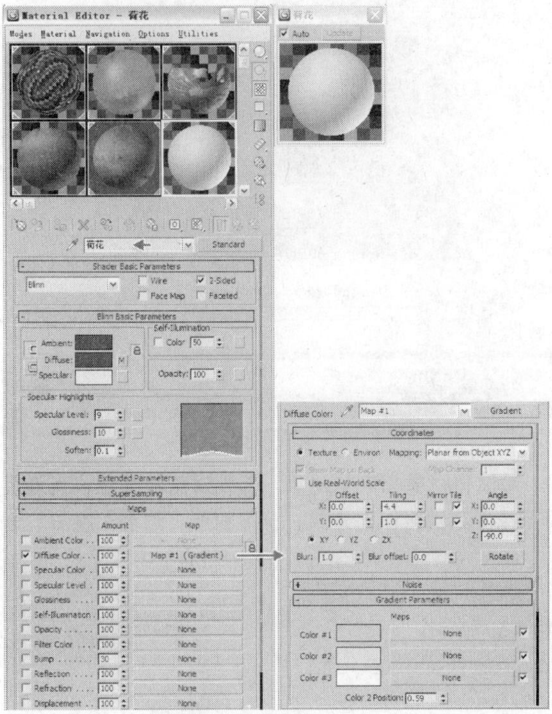

图9-260 荷花材质

Step13 选择荷花模型，在（修改）面板内为其添加 UVW Mapping（UVW 贴图）命令，然后在属性卷展栏中设置 Mapping（贴图）为 Planar（平面）方式，使渐变贴图由粉色至白色产生过渡，如图 9-261 所示。

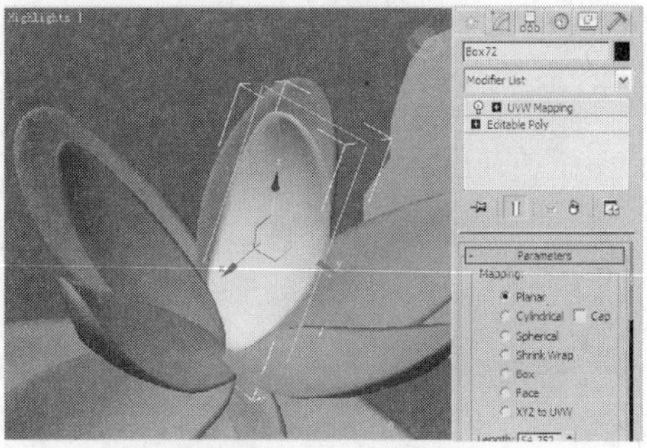

图9-261 添加贴图坐标

Step14 在主工具栏中单击（快速渲染）按钮，渲染荷花材质的效果，如图 9-262 所示。

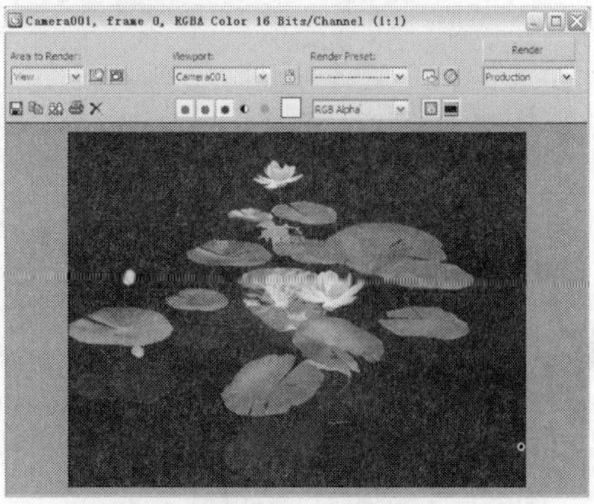

图9-262 渲染材质效果

Step15 在菜单中选择【Rendering（渲染）】→【Environment（环境）】命令，在弹出的 Environment and Effects（环境与效果）对话框中设置环境贴图，然后再将环境贴图以关联的方式拖曳到材质编辑器的空白材质球上，可以通过材质直接影响环境效果，如图 9-263 所示。

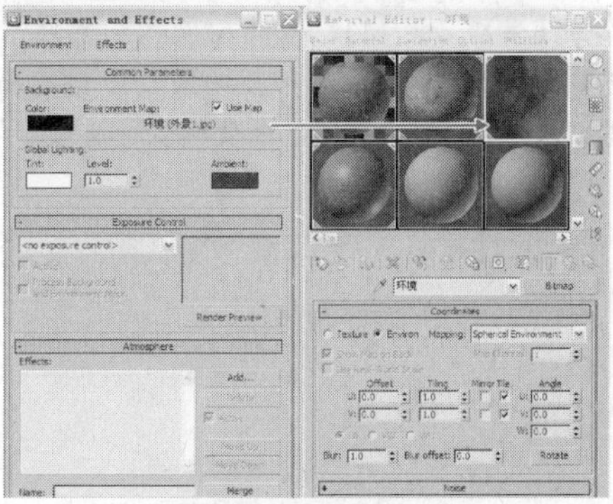

图9-263 复制环境

Step16 在主工具栏中单击（快速渲染）按钮，渲染添加环境贴图后的场景效果，如图 9-264 所示。

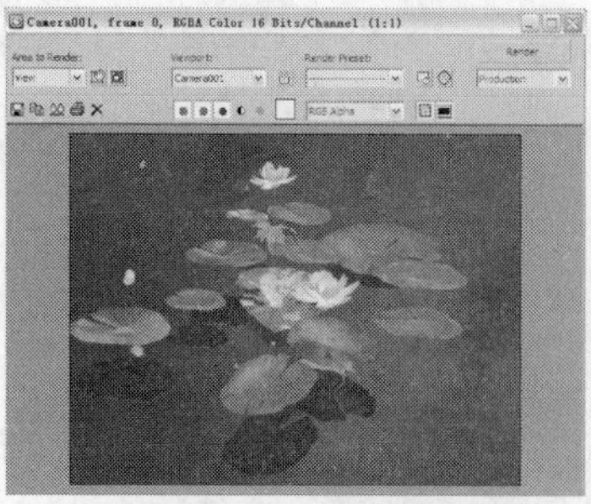

图9-264　渲染环境效果

Step17 在 （创建）面板中选择 （灯光）中的 Target Spot（目标聚光灯），然后在 Front（前）视图中建立灯光，如图 9-265 所示。

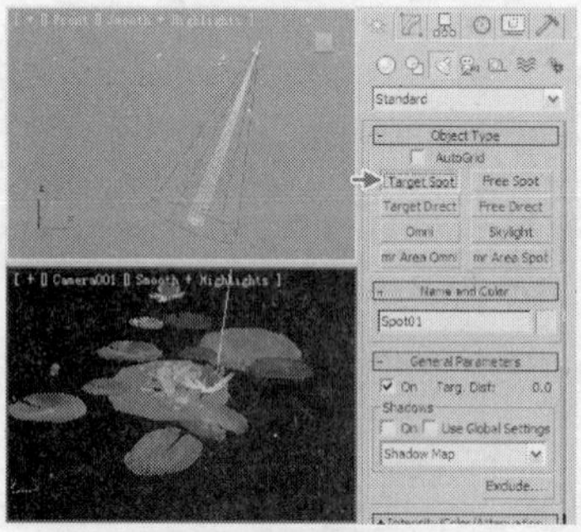

图9-265　创建灯光

Step18 在 （修改）面板中开启阴影项目，然后再设置 Multiplier（倍增）值为 0.8、Hotspot/Beam（聚光区 / 光束）值为 5、Falloff/Field（衰减区 / 区域）值为 30、Sample Range（采样范围）值为 6，如图 9-266 所示。

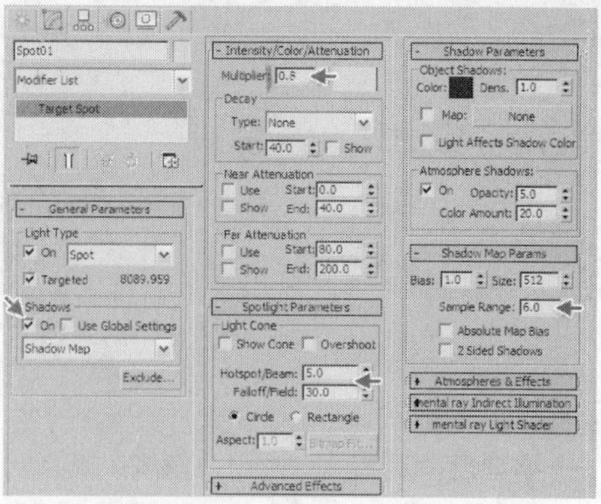

图9-266　设置灯光参数

Step19 在主工具栏中单击 （快速渲染）按钮，渲染场景最终的效果，如图 9-267 所示。

图9-267　最终效果

9.10 本章小结

本章主要对 3ds Max 2011 材质和贴图进行了详细讲解，通过将材质指定给对象，影响对象的颜色、光泽度和不透明度等效果。配合“木屋场景”、“ 蓝色细胞”、“水面荷花” 范例可以对建筑、标准材质、混合、噪波、光线跟踪、反射 / 折射、衰减、渐变坡度等进行学习。

第10章 灯光系统

本章内容

- 灯光系统
- 聚光灯
- mental ray
- 天光与目标物理灯光
- 系统太阳光和日光
- 范例——日式客厅
- 范例——古朴小镇

10.1 灯光系统

3ds Max 提供了两种类型的灯光。主要有标准灯光和光度学灯光。所有类型在视图中显示为灯光对象，它们共享相同的参数，包括阴影生成器。

10.1.1 标准灯光

标准灯光是基于计算机的模拟灯光对象，如家庭或办公室灯具，舞台和电影工作室使用的灯光设备或太阳光本身。不同种类的灯光对象可用不同的方法投射灯光，模拟不同种类的光源。与光度学灯光不同，标准灯光不具有基于物理的强度值。

8 种类型的标准灯光对象有目标聚光灯、自由聚光灯、目标平行光、自由平行光、泛光灯、天光、mental ray 区域泛光灯和 mental ray 区域聚光灯，如图 10-1 所示。

图10-1　8种类型的标准灯光

10.1.2 光度学灯光

光度学灯光使用光度学可以更精确地定义灯光，就像在真实世界一样。可以设置它们分布、强度、色温和其他真实世界灯光的特点，也可以导入照明制造商的特定光度学文件以便设计基于商用灯光的照明。将光度学灯光与光能传递解决方案结合起来，可以生成物理精确的渲染或执行照明分析。

3 种类型的光度学灯光对象有目标灯光、自由灯光、mr Sky 门户，如图 10-2 所示。

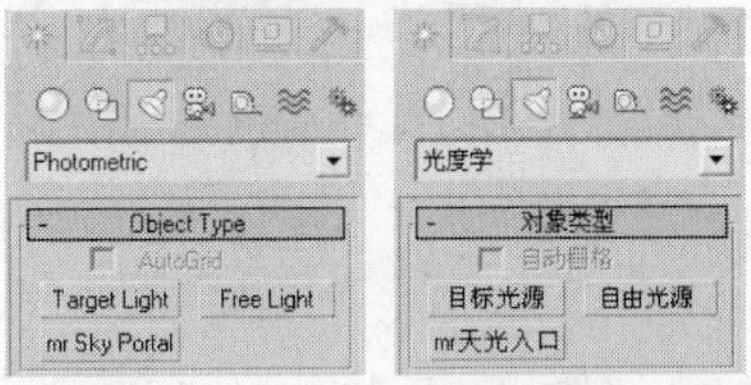

图10-2　3种类型的光度学灯光

10.2 聚光灯

聚光灯像闪光灯一样投射聚焦的光束，这是在剧院中或路灯下的聚光区。当添加目标聚光灯时，软件将为该灯光自动指定注视控制器，灯光目标对象指定为注视目标。自由与目标聚光灯不同，自由聚光灯没有目标对象，可以移动和旋转自由聚光灯以使其指向任何方向。

10.2.1 常规参数卷展栏

常规参数卷展栏用于对灯光启用或禁用投射阴

影，并且选择灯光使用的阴影类型，如图 10-3 所示。

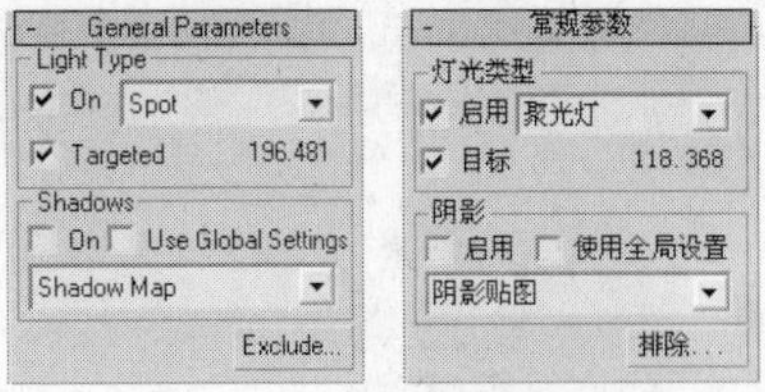

图10-3　常规参数卷展栏

● 灯光类型：提供了启用和禁用灯光的控制，还有光类型列表，可以更改灯光的类型。

● 阴影：提供了当前灯光是否投射阴影，在阴影方法下拉列表中决定渲染器是否使用阴影贴图、光线跟踪阴影、高级光线跟踪阴影或区域阴影生成该灯光的阴影，如图 10-4 所示。

图10-4　阴影效果

10.2.2　强度/颜色/衰减卷展栏

强度 / 颜色 / 衰减卷展栏可以设置灯光的颜色和强度，也可以定义灯光的衰减，如图 10-5 所示。

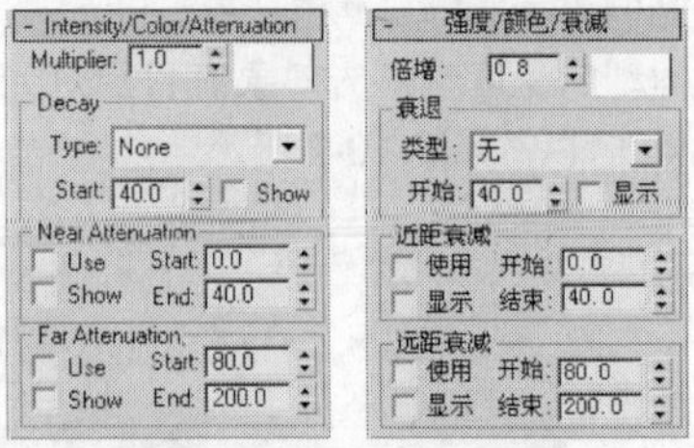

图10-5　强度/颜色/衰减卷展栏

● 倍增：将灯光的功率放大一个正或负的量。如果将倍增设置为 2，灯光将亮 2 倍。对于在场景中减除灯光和有选择地放置暗区域。

● 衰退：使远处灯光强度减小的另一种方法。类型中提供了 3 种衰退类型，分别是无衰退、反向衰退和平方反比衰退。

● 近距衰减：提供设置灯光开始淡入的距离和达到其全值的距离。

● 远距衰减：提供设置灯光开始淡出的距离和灯光减为 0 的距离。

10.2.3　聚光灯参数卷展栏

Spotlight Parameters（聚光灯参数）卷展栏提供了在视图中查看聚光灯圆锥体，当选定灯光时，该圆锥体始终可见，当未选定灯光时，该设置使圆锥体可见，如图 10-6 所示。

图10-6　聚光灯参数卷展栏

● 显示光锥：启用或禁用圆锥体的显示。当选中一个灯光时，该圆锥体始终可见，因此当取消选择该灯光后清除该复选框才有明显效果。

● 泛光化：当设置泛光化时，灯光将在各个方向投射灯光。但是，投影和阴影只发生在其衰减圆锥体内。

● 聚光区 / 光束：调整灯光圆锥体的角度。聚光区值以度为单位进行测量，对于光度学灯光，光束角度为灯光强度减为全部强度的 50% 时的角度，而对于聚光区，光束角度仍为灯光强度 100% 时的角度，如图 10-7 所示。

● 衰减区 / 区域：调整灯光衰减区的角度。衰减区值以度为单位进行测量，对于光度学灯光，区域角度相当于衰减区角度，也可以在灯光视图中调整聚光区和衰减区的角度，从聚光灯的视野在场景中观看，如图 10-8 所示。

图10-7　聚光区/光束

图10-8　衰减区/区域

● 圆 / 矩形：确定聚光区和衰减区的形状，如图 10-9 所示。

图10-9　圆/矩形

10.2.4 高级效果卷展栏

Advanced Effects（高级效果）卷展栏提供了灯光影响曲面方式的控制，也包括很多微调和投影灯的设置，如图 10-10 所示。

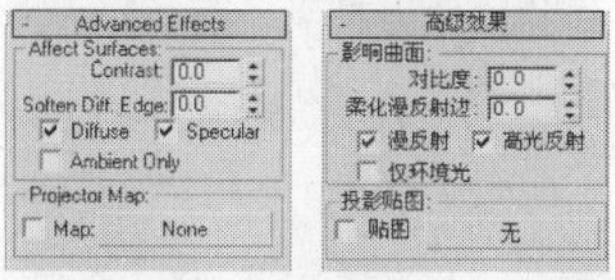

图10-10 高级效果卷展栏

● 影响曲面：可以设置对比度、柔化漫反射边、漫反射和高光反射，还可以在视图中的效果不可见，仅当渲染场景时才显示。

● 投影贴图：启用该复选框可以通过贴图按钮投射选定的贴图。可以从材质编辑器中指定的任何贴图拖动，或从任何其他贴图按钮（如环境面板）拖动，并将贴图放置在灯光的贴图按钮上，如图 10-11 所示。

图10-11 投影的贴图

10.2.5 阴影参数卷展栏

Shadow Parameters（阴影参数）卷展栏可以设置阴影颜色和其他常规阴影属性，如图 10-12 所示。

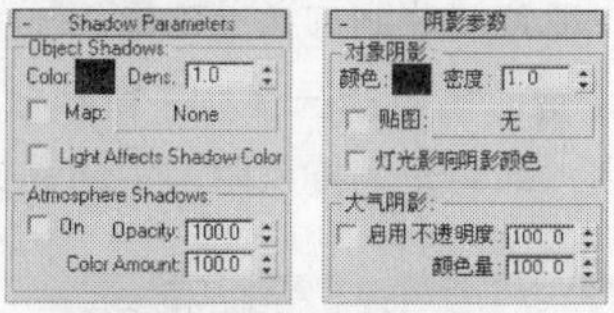

图10-12 阴影参数卷展栏

● 颜色：显示颜色选择器以便选择此灯光投射的阴影的颜色，默认设置为黑色。可以设置阴影颜色的动画，如图 10-13 所示。

● 密度：增加密度值可以增加阴影的密度，减少密度会减少阴影密度。强度可以有负值，使用该值可以帮助模拟反射灯光的效果。白色阴影颜色和负密度渲染黑色阴影的质量没有黑色阴影颜色和正密度渲染的质量好，如图 10-14 所示。

图10-13 阴影的颜色

图10-14 阴影的密度

● 贴图：将贴图指定给阴影，贴图的颜色会与阴影颜色混合起来，默认设置为否，如图 10-15 所示。

图10-15 贴图阴影

● 灯光影响阴影颜色：启用此选项后，将灯光颜色与阴影颜色（如果阴影已设置贴图）混合起来。

● 大气阴影：可以控制大气效果投射阴影。

10.2.6 阴影贴图参数卷展栏

阴影贴图参数卷展栏作为灯光的阴影生成的技术，如图 10-16 所示。

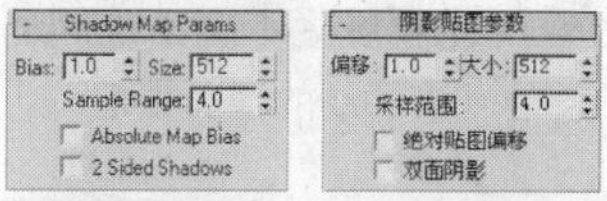

图10-16 阴影贴图参数卷展栏

● 偏移：位图偏移面向或背离阴影投射对象移动阴影。如果偏移值太低，阴影可能在无法到达的地方泄露，从而生成叠纹图案或在网格上生成不合适的黑色区域；如果偏移值太高，阴影可能从对象中分离。在任何一方向上如果偏移值是极值，则阴影根本不可能被渲染。

● 大小：设置用于计算灯光的阴影贴图的大小（以像素平方为单位）。阴影贴图尺寸为贴图指定细分量，值越大对贴图的描述就越细致。

● 采样范围：采样范围决定阴影内平均有多少区域，将影响柔和阴影边缘的程度，如图 10-17 所示。

图10-17 采样范围

● 绝对贴图偏移：启用此选项后，阴影贴图的偏移未标准化，但是该偏移在固定比例的基础上以 3ds Max 为单位表示。

● 双面阴影：启用此选项后，计算阴影时背面将不被忽略，从内部看到的对象不由外部的灯光照亮。禁用此选项后将忽略背面，这样可使外部灯光照明室内对象。

10.2.7 大气和效果卷展栏

使用 Atmospheves & Effects（大气和效果）卷展栏可以指定、删除、设置大气的参数和与灯光相关的渲染效果。此卷展栏仅出现在修改面板上，它不在创建时间内出现，如图 10-18 所示。

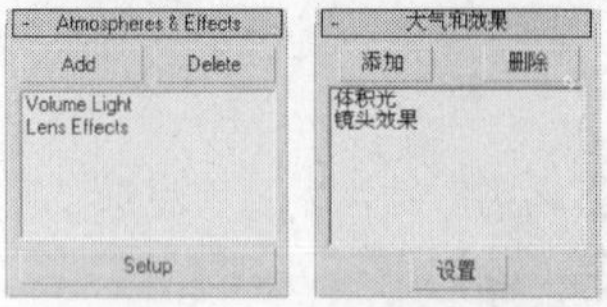

图10-18　大气和效果卷展栏

● 添加：显示添加大气或效果对话框，使用该对话框可以将大气或渲染效果添加到灯光中。该列表只显示与灯光对象相关联的大气和效果，或将灯光对象作为它的装置，如图 10-19 所示。

图10-19　添加效果

● 删除：删除在列表中选定的大气或效果。

● 大气和效果列表：显示所有指定给此灯光的大气或效果的名称。

● 设置：使用此选项可以设置在列表中选定的大气或渲染效果。如果该项是大气，单击设置将显示环境面板，如果该项是效果，单击设置将显示效果面板。

10.3 mental ray

除非通过使用 mental ray 选项面板启用 mental ray 扩展名，否则此卷展栏不会出现。另外，mental ray 渲染器必须是当前活动的渲染器。

10.3.1 mental ray间接照明卷展栏

mental ray 间接照明卷展栏提供了使用 mental ray 渲染器照明行为的控制，卷展栏中的设置对使用默认扫描线渲染器或高级照明进行的渲染没有影响。这些设置控制生成间接照明时的灯光行为，即焦散和全局照明。如果需要调整指定的灯光，可以使用能量和光子的倍增控制。通常，很少需要禁用使用全局设置和指定间接照明用的局部灯光设置，如图 10-20 所示。

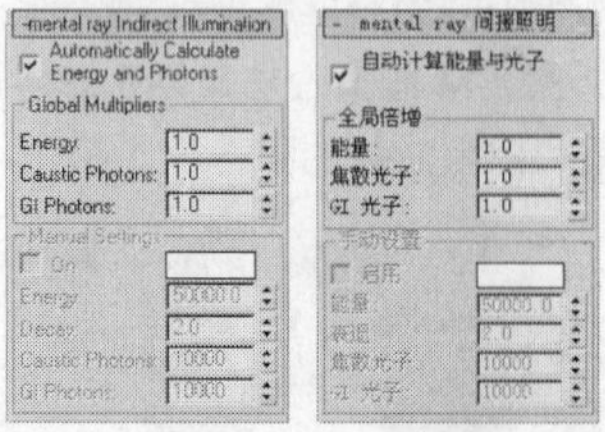

图10-20　mental ray间接照明卷展栏

● 自动计算能量与光子：启用此选项后，灯光使用间接照明的全局灯光设置，而不使用局部设置。当此切换处于启用状态时，只有全局倍增组的控制可用。

● 能量：增强全局能量值以增加或减少此特定灯光的能量。

● 焦散光子：增强全局焦散光子值以增加或减少用此特定灯光生成焦散的光子数量。

● GI 光子：增强全局 GI 光子值以增加或减少用此特定灯光生成全局照明的光子数量。

● 手动设置：当自动计算处于禁用状态时全局倍增组将不可用，而用于间接照明的手动设置可用。

10.3.2 mental ray灯光明暗器卷展栏

使用 mental ray Light Shader（mental ray 灯光明暗器）卷展栏可以将 mental ray 明暗器添加到灯光中，如图 10-21 所示。当使用 mental ray 渲染器进行渲染时，灯光明暗器可以改变或调整灯光的效果。要调整一个灯光明暗器设置，请将明暗器按钮拖动到一个未使用的材质编辑器示例窗中。如果编辑明暗器的一个副本，需要将示例窗拖回灯光明暗器卷展栏上的明暗器按钮，这样才能看到任何生效的更改。

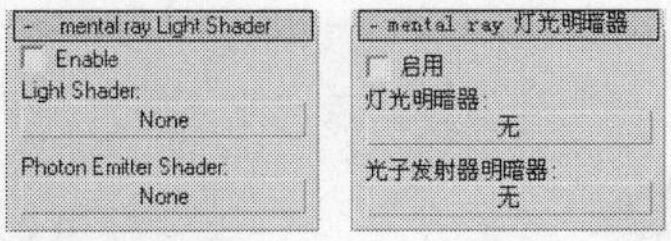

图10-21 mental ray灯光明暗器卷展栏

● 启用：启用此选项后，渲染使用指定给此灯光的灯光明暗器；禁用此选项后，明暗器对渲染没有任何影响。

● 灯光明暗器：单击该按钮可以显示材质 / 贴图浏览器，并选择一个灯光明暗器，一旦选定了一个明暗器，其名称将出现在按钮上。

● 光子发射器明暗器：单击该按钮可以显示材质 / 贴图浏览器，并选择一个明暗器。一旦选定了一个明暗器，其名称将出现在按钮上。

10.4 天光与目标物理灯光

天光与目标物理灯光都是通过计算来得到照明的效果，需要通过渲染设置将其开启。

10.4.1 天光系统

Sky Light（天光）主要用于建立模拟日光的模型效果，这意味着它要与光跟踪器一起使用，可以设置天空的颜色或将其指定为贴图。对天空建模，使其作为场景上方的圆屋顶。当使用默认扫描线渲染器渲染时，天光使用高级照明最佳。Skylight Parameters（天光参数）卷展栏如图 10-22 所示。

● 启用：启用和禁用灯光。

● 倍增：将灯光的功率放大一个正或负的量，如图 10-23 所示。

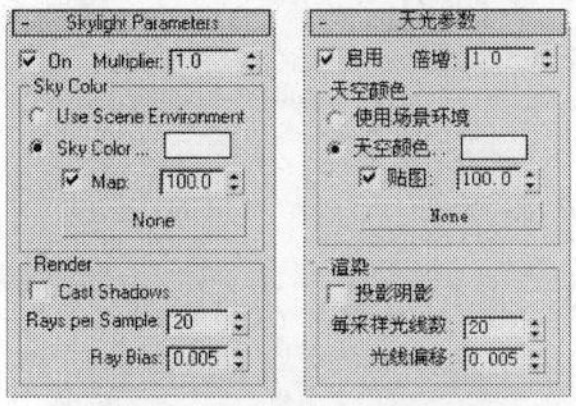

图10-22 天光参数卷展栏

图10-23 倍增效果

● 使用场景环境：使用环境面板上的环境设置的灯光颜色，除非光跟踪处于活动状态，否则该设置无效。

● 天空颜色：单击色样可显示颜色选择器，并选择为天光染色。

● 贴图控制：可以使用贴图影响天光颜色。该按钮指定贴图，切换设置贴图是否处于激活状态，使用微调器设置贴图的百分比（当值小于 100% 时，贴图颜色与天空颜色混合）。要获得最佳效果，请使用 HDR 文件照明，如图 10-24 所示。

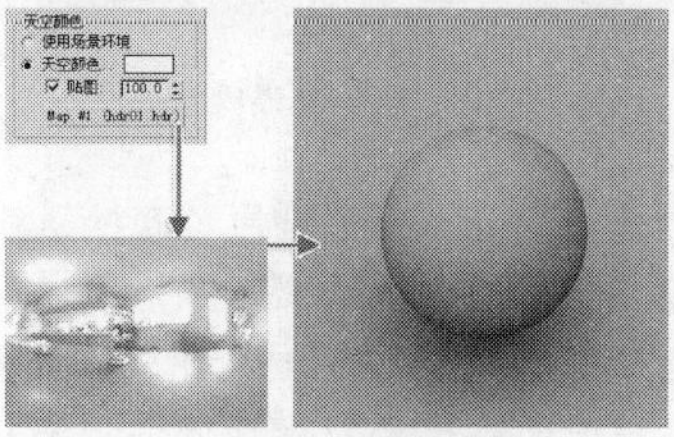

图10-24 贴图控制

● 投影阴影：使天光产生投射阴影。当使用光能传递或光跟踪器时，投射阴影切换无效。

● 每采样光线数：用于计算落在场景中指定点上天光的光线数。对于动画，将该选项设置为较高的值可消除闪烁，值为 30 左右可以消除闪烁，如图 10-25 所示。

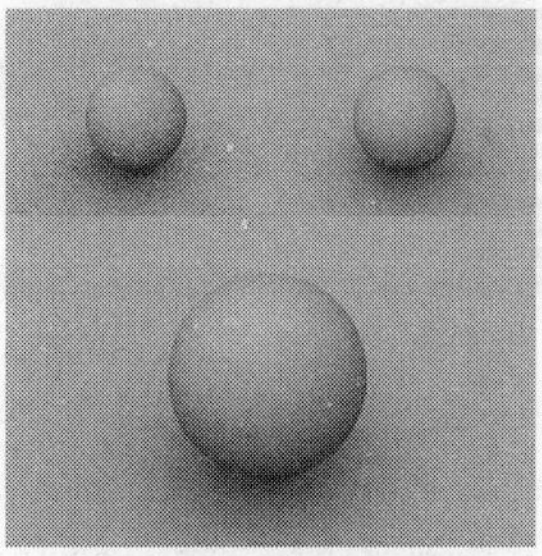

图10-25 每采样光线数

● 光线偏移：对象可以在场景中指定点上投射阴影的最短距离。将该值设置为 0 时可以使该点在自身上投射阴影，如将该值设置较高可以防止点附近的对象在该点上投射阴影。

10.4.2 目标物理灯光

物理灯光中的 Target Light（目标灯光）像标准泛光灯一样从几何体点发射光线。可以设置灯光分布，此灯光有 3 种类型分布，并对以相应的图标。当添加目标点灯光时，3ds Max 将自动为该灯光指定注视控制器，灯光目标对象指定为注视目标。

当使用 Web 分布创建或选择光度学灯光时，发布光域网卷展栏显示在修改面板上。使用这些参数选择光域网文件并调整 Web 的方向，3ds Max 可以使用 IES、CIBSE 或 LTLI 光域网格式，如图 10-26 所示。

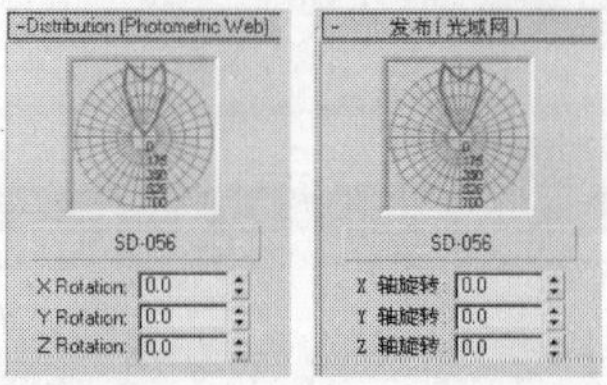

图10-26　发布光域网卷展栏

光域网是一个光源灯光强度分布的三维表示。平行光分布信息以 IES 格式存储在光度学数据文件中，而对于光度学数据采用 LTLI 或 CIBSE 格式。可以将各个制造商提供的光度学数据文件加载为 Web 参数，灯光图标会表示所选的光域网。

要描述一个光源发射的灯光方向分布，3ds Max 通过在光度学中心放置一个点光源近似该光源。根据此相似性，分布只以传出方向的函数为特征。提供用于水平或垂直角度预设的光源的发光强度，而且该系统可按插值沿着任意方向计算发光强度，如图 10-27 所示。

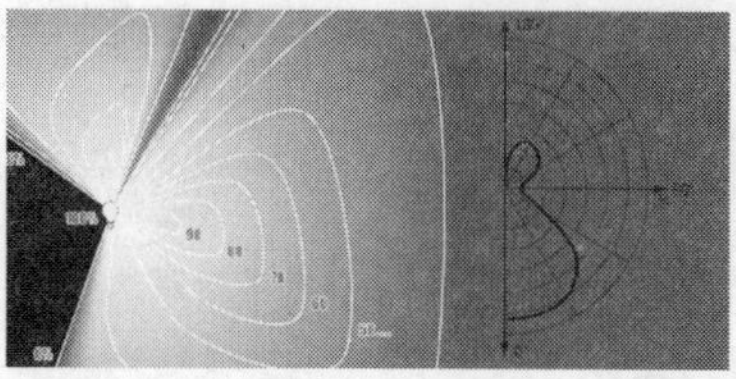

图10-27　Web分布

● Web 文件：选择用于光域网的 IES 文件，默认的 Web 是从一个边缘照射的漫反射分布，如图 10-28 所示。

图10-28　漫反射分布

● x 轴旋转：沿着 x 轴旋转光域网，旋转中心是光域网的中心，范围为正负 180°。

● y 轴旋转：沿着 y 轴旋转光域网，旋转中心是光域网的中心，范围为正负 180°。

● z 轴旋转：沿着 z 轴旋转光域网，旋转中心是光域网的中心，范围为正负 180°。

10.5 系统太阳光和日光

Sunlight（太阳光）和 Daylight（日光）系统可以使用系统中的灯光，该系统按照太阳在地球上某一指定位置的地理自然规律投射灯光，如图 10-29 所示。

图10-29　符合地理学的角度和运动

可以选择位置、日期、时间和指南针方向，也可以设置日期和时间的动画。该系统适用于计划中的和现有结构的阴影研究，也可对纬度、经度、北向和轨道缩放进行动画设置。

太阳光和日光具有类似的用户界面。太阳光使用平行光，而日光将太阳光和天光相结合，太阳光组件可以是 IES 太阳光。如果要通过曝光控制来创建使用光能传递的渲染效果，则最好使用上述灯光。如果场景使用标准照明（具有平行光的太阳光也适用于这种情况），或者如果要使用光跟踪器，则最好使用上述灯光。

10.5.1 日光参数卷展栏

通过 Daylight（日光）参数卷展栏可以定义日光系统的太阳对象，可以设置太阳光和天光行为，如图 10-30 所示。

● 太阳光：为场景中的太阳光选择一个选项，IES 太阳是使用 IES 太阳对象来模拟太阳，标准是使用目标直接光来模拟太阳，无太阳光是不模拟太阳光。

● 活动：在视图中启用和禁用太阳光。

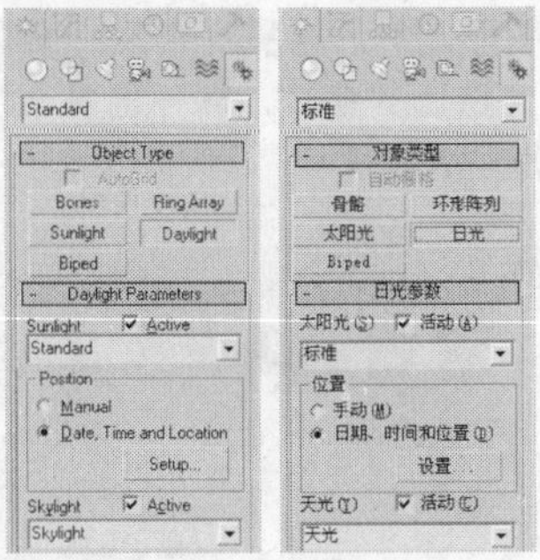

图10-30 日光参数卷展栏

● 手动：启用时可以手动调整日光集合对象在场景中的位置，以及太阳光的强度值。

● 日期、时间和位置：启用时，使用太阳在地球上某一给定位置的符合地理学的角度和运动。选择日期、时间和位置后，调整灯光的强度将不生效。

● 设置：打开运动面板，以便调整日光系统的时间、位置和地点。

● 天光：为场景中的太阳光选择一个选项。

10.5.2 控制参数卷展栏

此卷展栏显示可以在创建面板上设置，并在选择日光或太阳光系统的灯光组件时也可以显示在运动面板上，以便调整日光系统的时间、位置和地点，如图10-31所示。

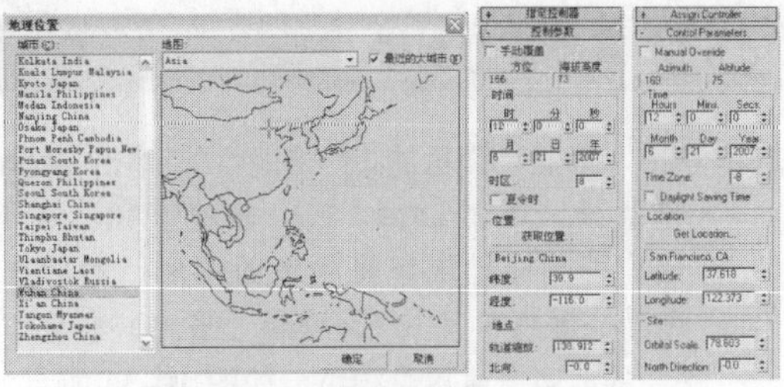

图10-31 调整日光系统

● 手动覆盖：启用时，可以手动调整太阳对象在场景中的位置，以及太阳对象的强度值。

● 方位 / 海拔高度：显示太阳的方位和海拔高度。方位是太阳的罗盘方向，以度为单位（北 =0、东 =90）。海拔高度是太阳距离地平线的高度，以度为单位（日出或日落 =0）。

● 时间：时间控制区中提供指定时间、指定日期、时区和夏令时的设置。

● 获取位置：显示地理位置对话框，在该对话框中，可以通过从地图或城市列表中选择一个位置来设置经度和纬度值。

● 纬度 / 经度：指定基于纬度和经度的位置。

● 轨道缩放：设置太阳（平行光）与罗盘之间的距离。由于平行光可投射出平行光束，因此这一距离不会影响太阳光的精确度。

● 北向：设置罗盘在场景中的旋转方向。

10.6 范例——日式客厅

【重点提要】

本范例主要运用 Edit Poly（可编辑多边形）命令完成场景模型的制作，并结合 Target Direct（目标平行光）及 VR 灯光完善场景，赋予材质并最终效果如图 10-32 所示。

图10-32 日式客厅范例效果

【制作流程】

日式客厅范例的制作流程分为 4 部分：①基础模型制作，②细节模型制作，③场景材质设置，④场景灯光设置，如图 10-33 所示。

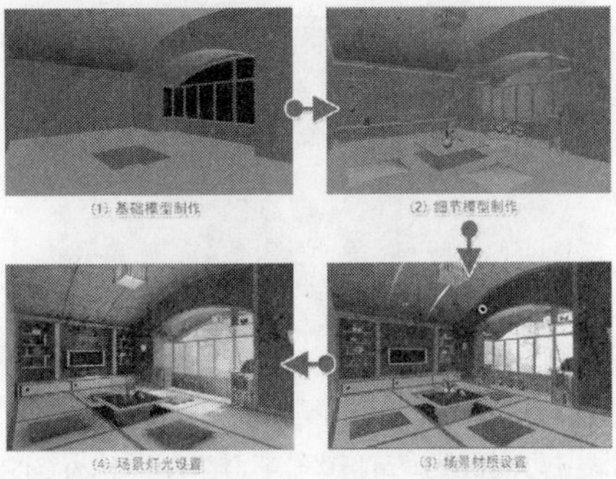

图10-33 制作流程

10.6.1 基础模型制作

Step01 在 （创建）面板的 （图形）中单击 Splines（样条线）下的 Line（线）命令按钮，在 Top（顶）视图中绘制场景的地面图形，然后在 （修改）面板中添加 Extrude（挤出）命令，使房屋的地面产生厚度模型，如图 10-34 所示。

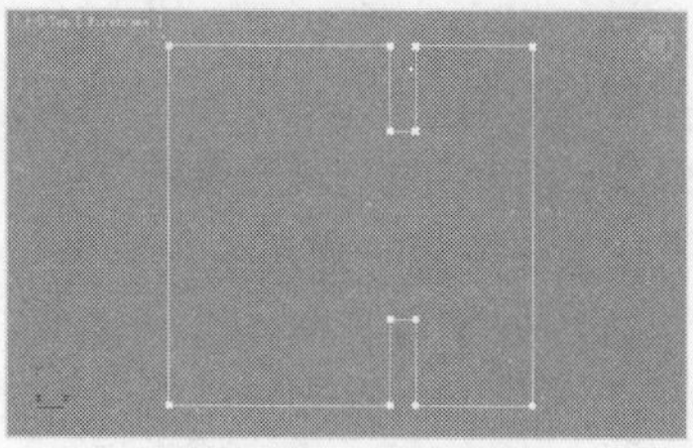

图10-34 制作地面模型

Step02 将视图切换至 Left（左）视图，在 （创建）面板的 （图形）中选择 Splines（样条线）下的 Line（线）命令按钮，然后在视图绘制拱形的墙壁图形，再为 （修改）面板中添加 Extrude（挤出）命令，制作场景的哑口模型，如图 10-35 所示。

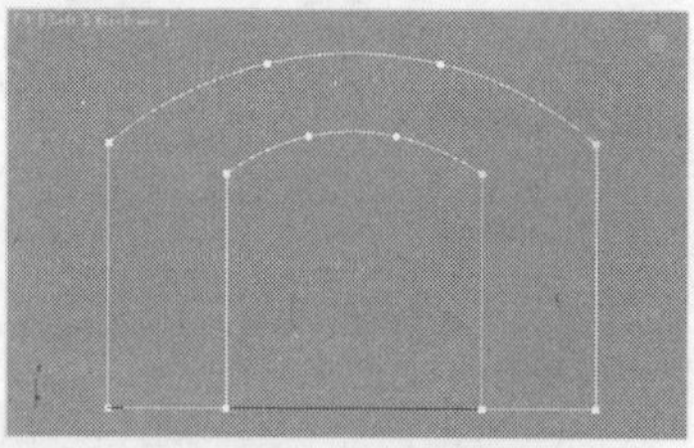

图10-35 制作哑口模型

Step03 将视图切换至 Perspective（透）视图，选择哑口模型并在 （修改）面板中添加 Edit Poly（可编辑多边形）命令并删除多余的面，观看当前的模型效果，如图 10-36 所示。

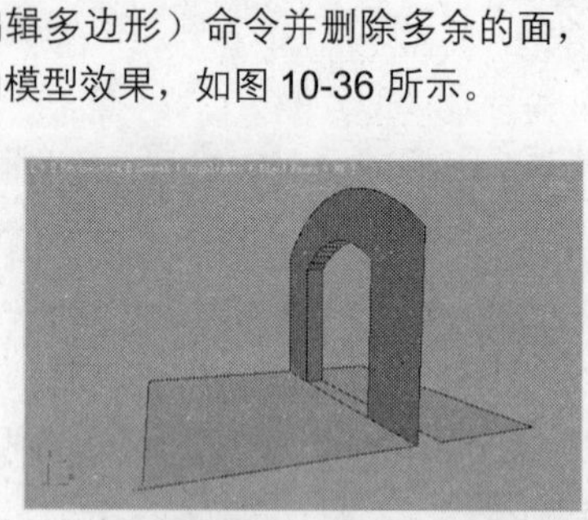

图10-36 模型效果

Step04 在 （创建）面板的 （图形）中选择 Splines（样条线）下的 Line（线）命令按钮，绘制出墙体图形，然后在 （修改）面板中添加 Extrude（挤出）命令，制作出其余的墙体模型，如图 10-37 所示。

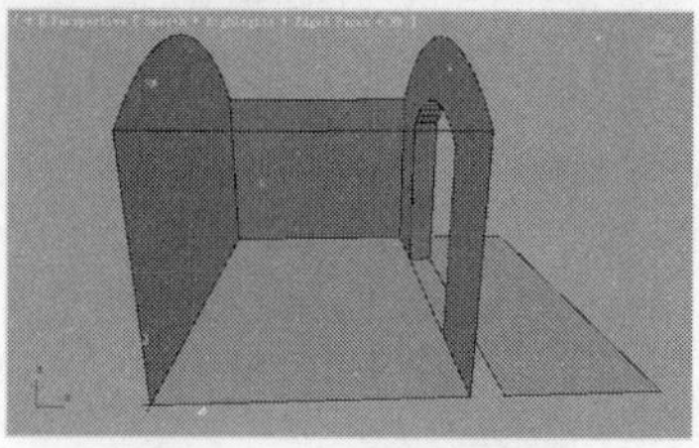

图10-37 制作墙体模型

Step05 在 （创建）面板的 （图形）中选择 Splines（样条线）下的 Line（线）命令按钮，绘制出阳台图形，然后在 （修改）面板中添加 Extrude（挤出）命令，并结合 Edit Poly（可编辑多边形）命令，制作出阳台模型，如图 10-38 所示。

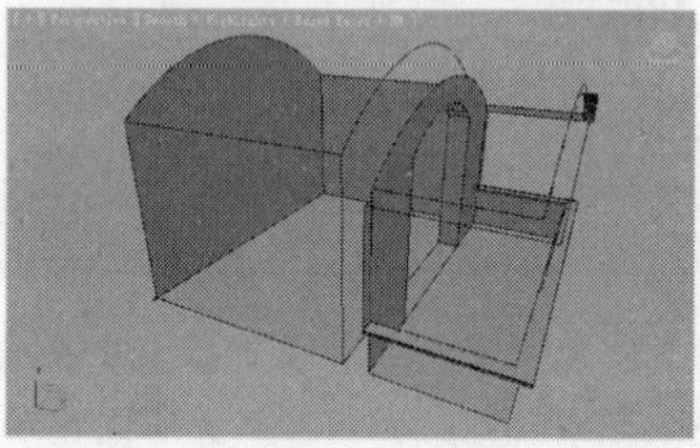

图10-38 制作阳台模型

Step06 在 （创建）面板的 （图形）中选择 Splines（样条线）下的 Line（线）命令按钮，绘制出屋顶图形，然后在 （修改）面板中添加 Extrude（挤出）命令，制作出屋顶的模型，如图 10-39 所示。

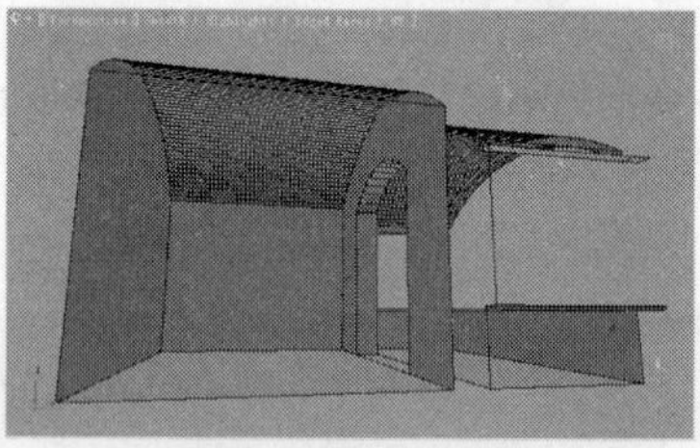

图10-39 制作屋顶模型

Step07 在 （创建）面板的 （图形）中选择 Splines（样条线）下的 Line（线）命令按钮，绘制出窗子图形，然后在 （修改）面板中添加 Extrude（挤出）命令，再添加 Edit Poly（可编辑多边形）命令编辑出窗子的模型，如图 10-40 所示。

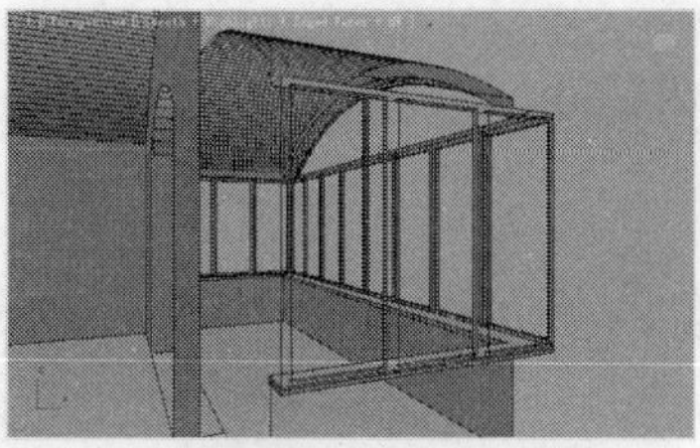

图10-40 制作窗子模型

Step08 在（创建）面板的（图形）中选择 Splines（样条线）下的 Line（线）命令按钮，绘制出地台图形，如图 10-41 所示。

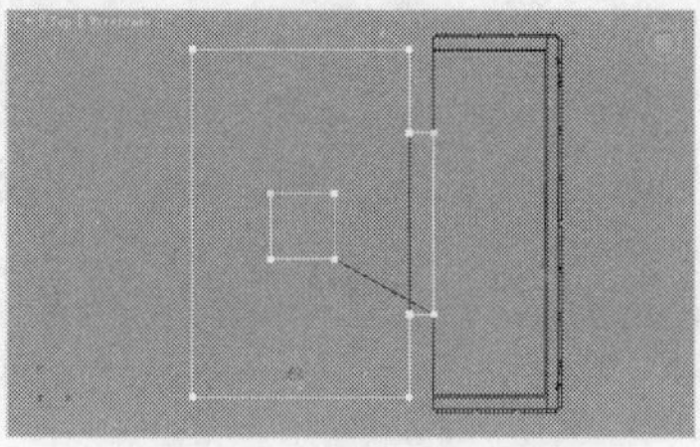

图10-41 绘制地台图形

Step09 选择地台图形，然后在（修改）面板中添加 Extrude（挤出）命令，并结合 Edit Poly（可编辑多边形）命令删除多余的面，制作出地台的模型，如图 10-42 所示。

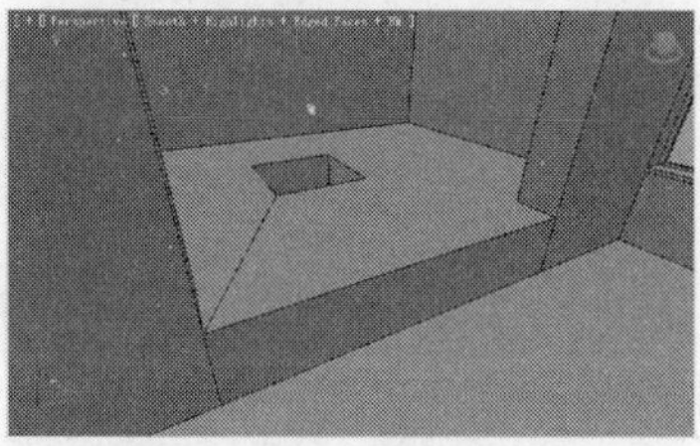

图10-42 制作地台模型

Step10 单击主工具栏中的（快速渲染）按钮，渲染房屋基础模型的效果，如图 10-43 所示。

图10-43 渲染模型效果

10.6.2 细节模型制作

Step01 在（创建）面板的（图形）中选择 Splines（样条线）下的 Line（线）命令按钮，然后绘制木线图形，在（修改）面板中添加 Extrude（挤出）命令制作出三维的木线模型，如图 10-44 所示。

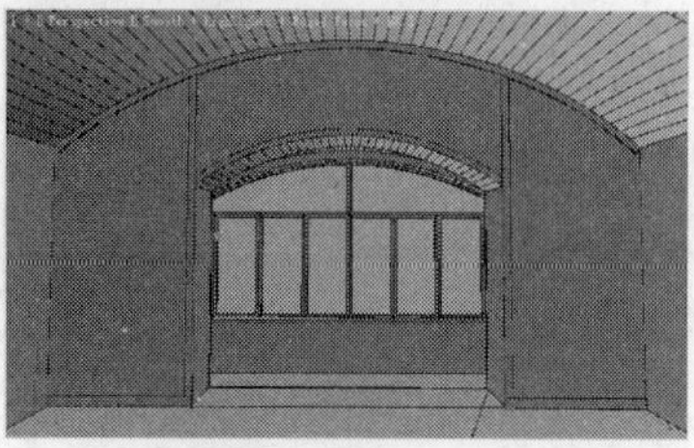

图10-44 制作木线模型

Step02 在（创建）面板的（几何体）中选择 Standard Primitives（标准几何体）下的 Box（长方体）命令按钮，然后结合（修改）面板中的 Edit Poly（可编辑多边形）命令，制作出升降桌和座垫模型，如图 10-45 所示。

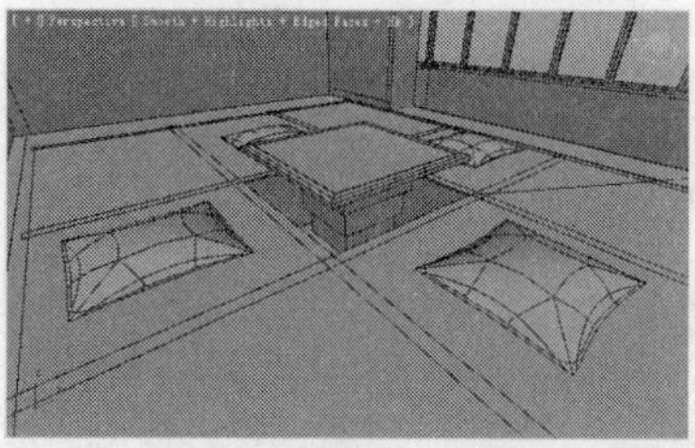

图10-45 制作座垫模型

Step03 在（创建）面板的（几何体）中选择 Standard Primitives（标准几何体）下的 Box（长方体）命令按钮，然后结合（修改）面板中的 Edit Poly（可编辑多边形）命令制作出拉门及装饰条模型，再结合“Shift+ 移动”组合键将模型复制多个，完成日式风格的拉门模型，如图 10-46 所示。

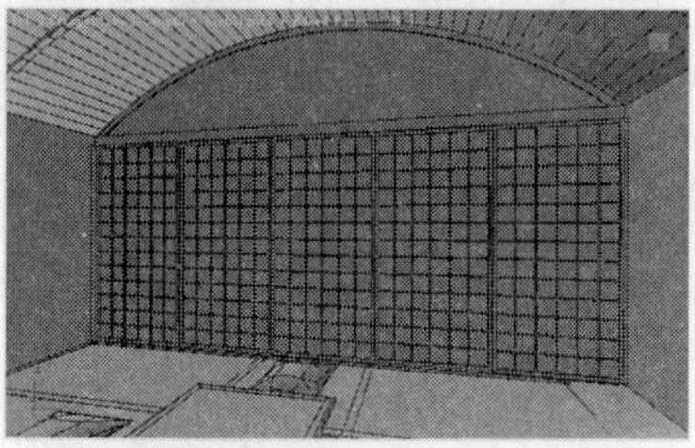

图10-46 制作拉门模型

Step04 继续建立 Box（长方体）并通过 Edit Poly（可编辑多边形）命令制作出造型墙框架模型，然后再建立 Extended Primitives（扩展几何体）下的 Chamfer Box（切角长方体）命令，制作出软包块模型，如图 10-47 所示。

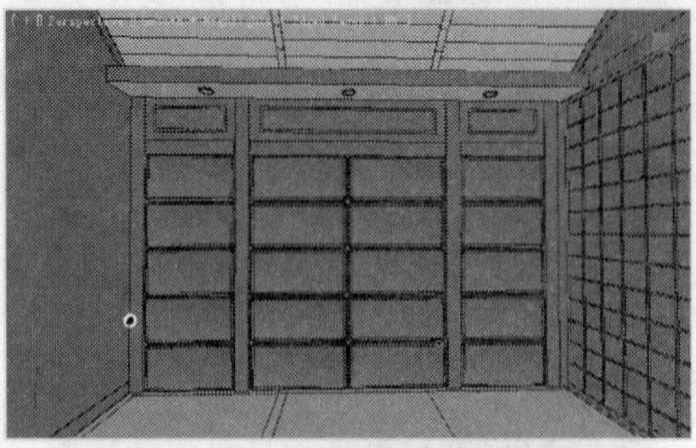

图10-47　制作造型墙模型

Step05 在（创建）面板的（几何体）中选择 Standard Primitives（标准几何体）下的 Box（长方体）命令按钮，然后结合（修改）面板中的 Edit Poly（可编辑多边形）命令，分别制作出地袋、装饰板及装饰柱模型，再添加把手、电视机及灯具模型，使电视墙逐渐完整，如图 10-48 所示。

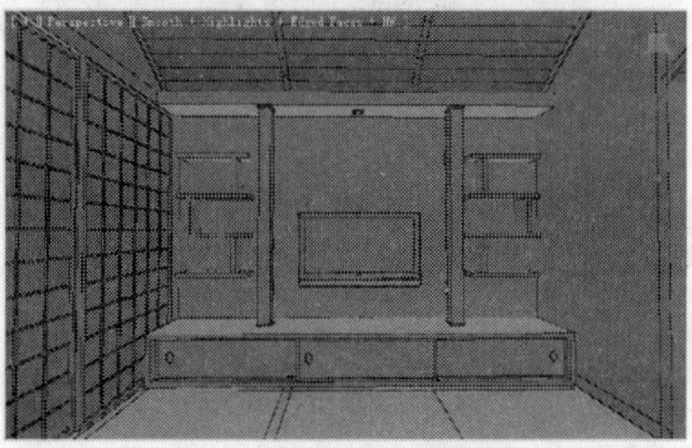

图10-48　制作电视墙模型

Step06 继续使用 Box（长方体）组合制作出哑口装饰模型，如图 10-49 所示。

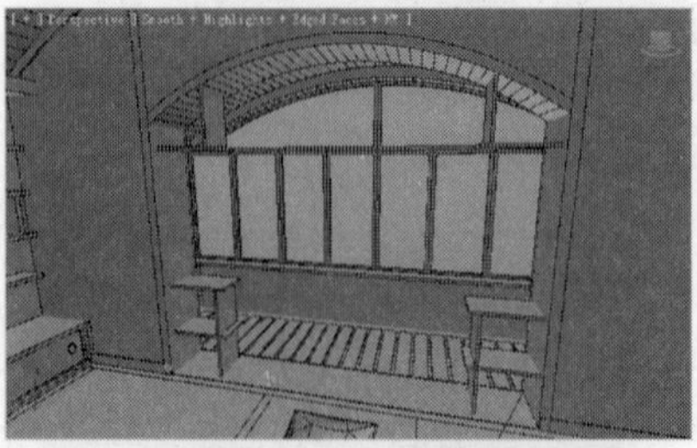

图10-49　制作哑口装饰模型

Step07 将视图切换至 Perspective（透）视图，观看当前的模型效果，如图 10-50 所示。

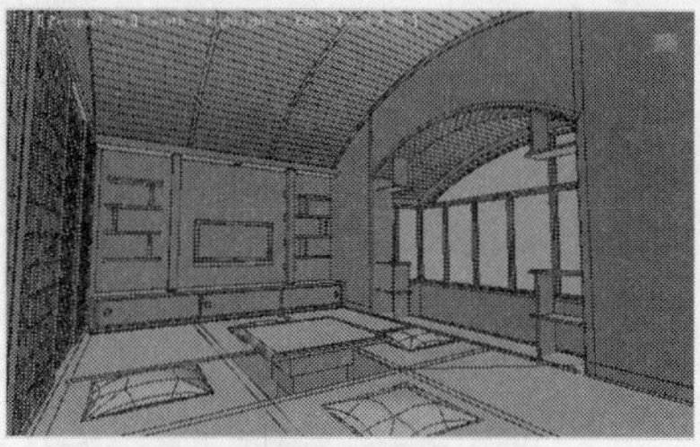

图10-50　模型效果

Step08 继续为场景添加装饰品及灯具模型，丰富日式客厅的模型效果，如图 10-51 所示。

图10-51　丰富模型效果

Step09 建立摄影机并切换至摄影机视图，然后单击主工具栏中的（快速渲染）按钮，渲染模型的效果如图 10-52 所示。

图10-52　渲染模型效果

10.6.3　场景材质设置

Step01 单击主工具栏中的（渲染设置）工具按钮，在弹出的渲染设置对话框中指定渲染器为 VRay 第三方渲染器。在主工具栏单击（材质编辑器）按钮，选择一个空白材质球并设置名称为“壁纸”，单击 Standard（标准）材质按钮转化为 VR 材质类型，然后在基本参数卷展栏中为漫反射添加本书配套光盘中的壁纸贴图，如图 10-53 所示。

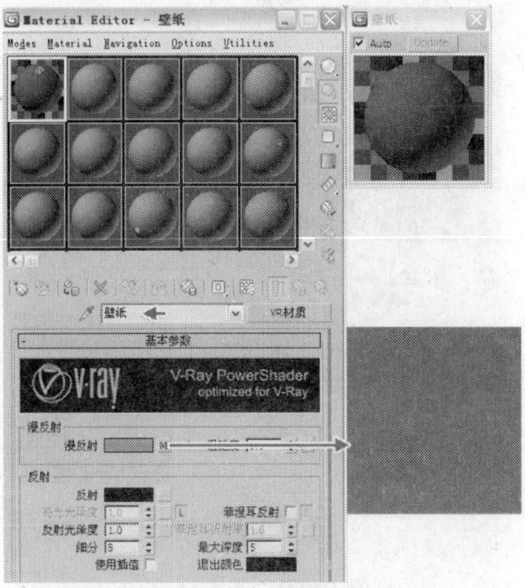

图10-53 壁纸材质

Step02 选择一个空白材质球并设置名称为“木纹”，单击 Standard（标准）材质按钮转化为 VR 材质类型，然后在基本参数卷展栏中为漫反射添加本书配套光盘中的木纹贴图，再为反射添加 Falloff（衰减）程序贴图，设置高光光泽度值为 0.72、反射光泽度值为 0.81，如图 10-54 所示。

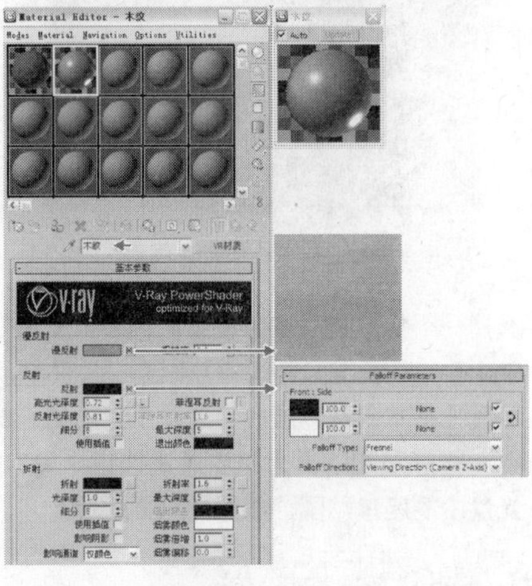

图10-54 木纹材质

Step03 选择一个空白材质球并设置名称为“浅色木纹”，单击 Standard（标准）材质按钮转化为 VR 材质类型，然后在基本参数卷展栏中为漫反射添加本书配套光盘中的浅色木纹贴图，再为反射添加 Falloff（衰减）程序贴图，设置高光光泽度值为 0.65、反射光泽度值为 0.83，如图 10-55 所示。

Step04 单击主工具栏中的 （快速渲染）按钮，渲染当前材质的效果如图 10-56 所示。

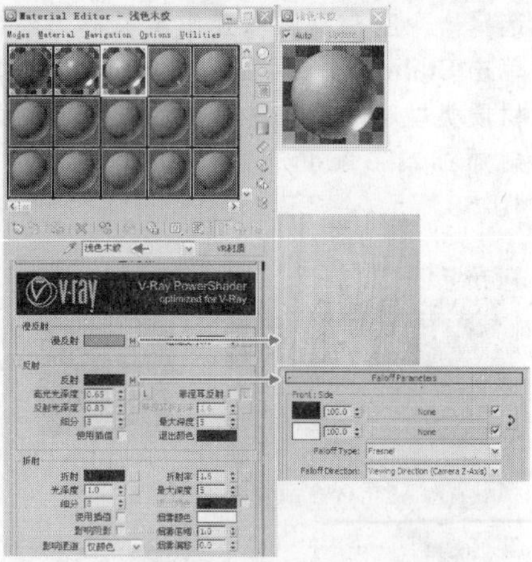

图10-55 浅色木纹材质

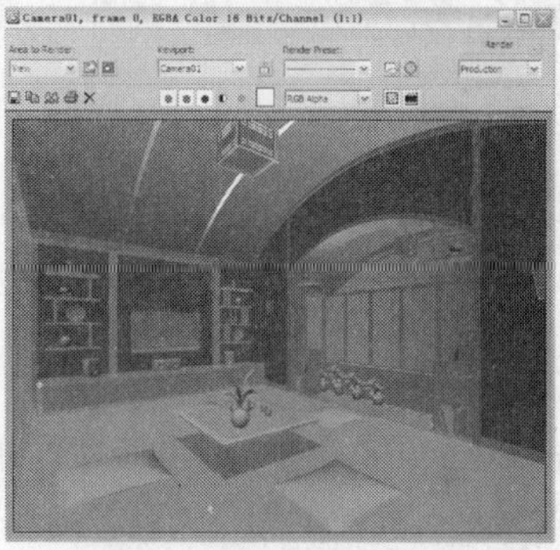

图10-56 渲染材质效果

Step05 选择一个空白材质球并设置名称为“桑拿板”，单击 Standard（标准）材质按钮转化为 VR 材质类型，然后在基本参数卷展栏中为漫反射添加本书配套光盘中的桑拿板贴图，再为反射添加 Falloff（衰减）程序贴图，设置高光光泽度值为 0.65、反射光泽度值为 0.83，如图 10-57 所示。

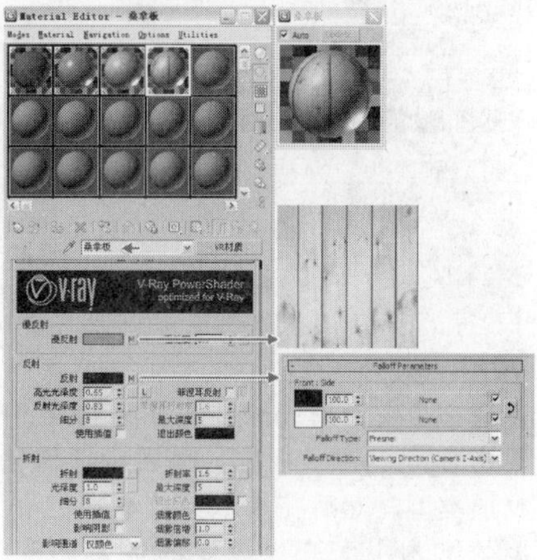

图10-57 桑拿板材质

Step06 选择一个空白材质球并设置名称为“竹节”，单击 Standard（标准）材质按钮转化为 VR 材质类型，然后在基本参数卷展栏中为漫反射添加本书配套光盘中的竹节贴图，如图 10-58 所示。

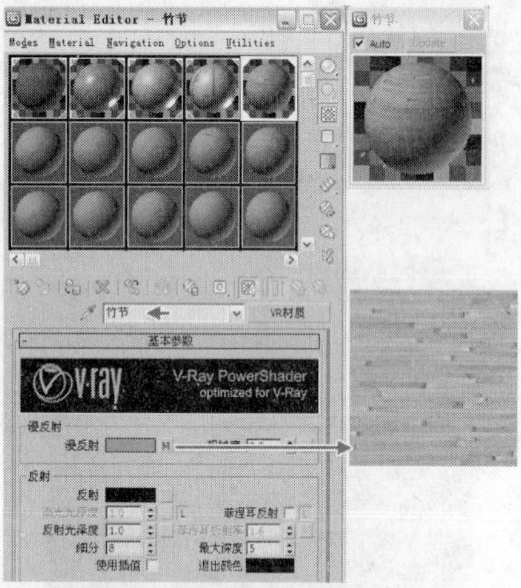

图10-58　竹节材质

Step07 选择一个空白材质球并设置名称为“竹席”，单击 Standard（标准）材质按钮转化为 VR 材质类型，然后在基本参数卷展栏中为漫反射添加本书配套光盘中的竹席贴图，如图 10-59 所示。

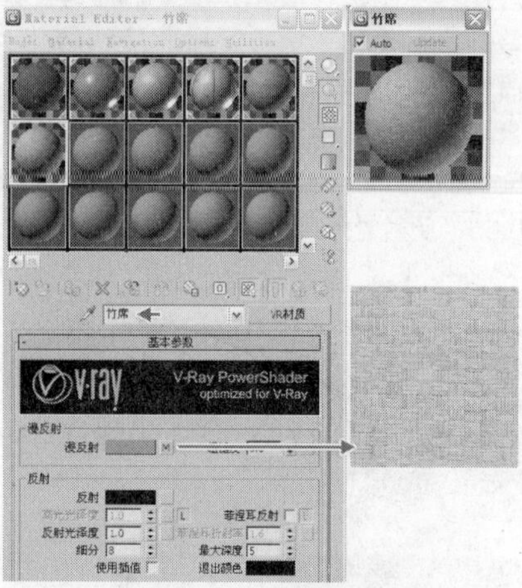

图10-59　竹席材质

Step08 选择一个空白材质球并设置名称为“条带”，单击 Standard（标准）材质按钮转化为 VR 材质类型，然后在基本参数卷展栏中为漫反射添加本书配套光盘中的条带贴图，如图 10-60 所示。

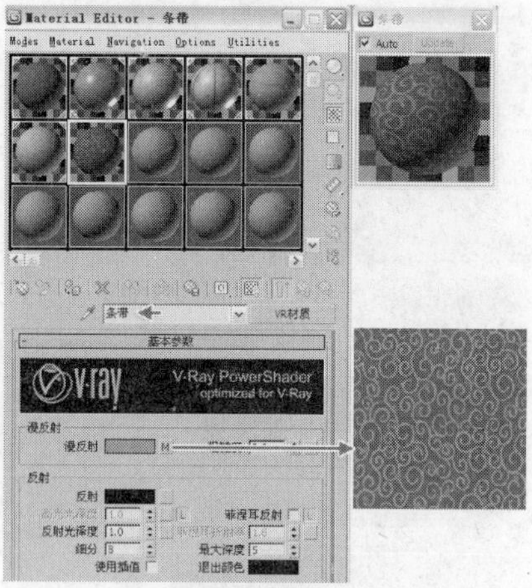

图10-60　条带材质

Step09 单击主工具栏中的（快速渲染）按钮，渲染材质的效果如图 10-61 所示。

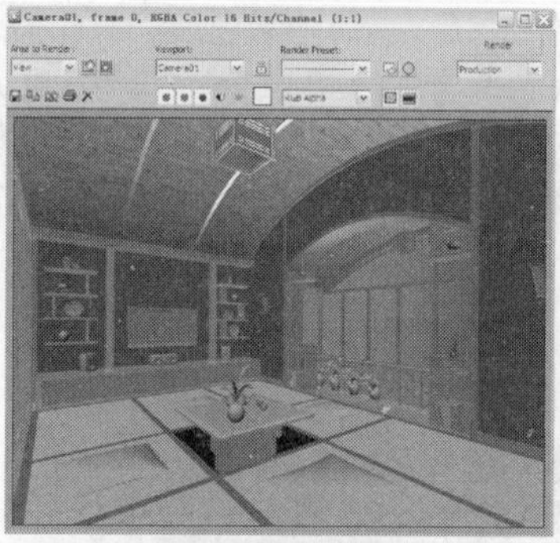

图10-61　渲染材质效果

Step10 选择一个空白材质球并设置名称为“座垫”，单击 Standard（标准）材质按钮转化为 VR 材质类型，然后在基本参数卷展栏中为漫反射添加 Falloff（衰减）程序贴图，再为材质通道按钮添加本书配套光盘中的座垫贴图，如图 10-62 所示。

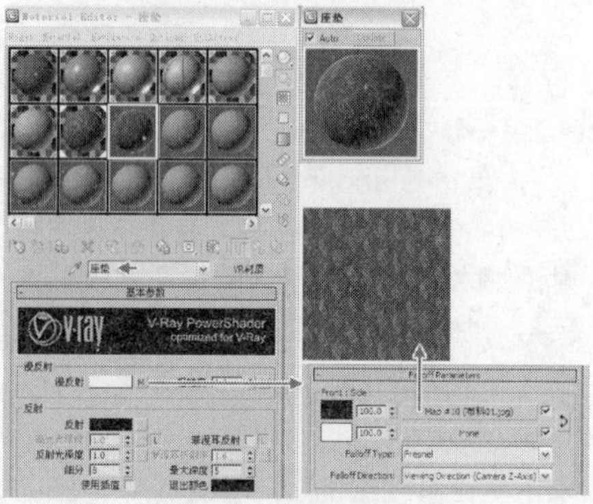

图10-62　座垫材质

Step11 选择一个空白材质球并设置名称为“章子纸”，单击 Standard（标准）材质按钮转化为 VR 材质类型，然后在基本参数卷展栏中设置漫反射为白色，如图 10-63 所示。

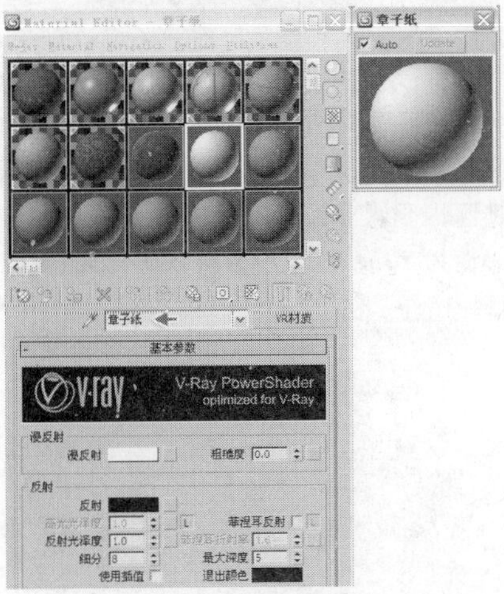

图10-63 章子纸材质

Step12 选择一个空白材质球并设置名称为“地袋门木纹”，单击 Standard（标准）材质按钮转化为 VR 材质类型，然后在基本参数卷展栏中为漫反射添加本书配套光盘中的深色木纹贴图，再为反射添加 Falloff（衰减）程序贴图，设置高光光泽度值为 0.65、反射光泽度值为 0.83，如图 10-64 所示。

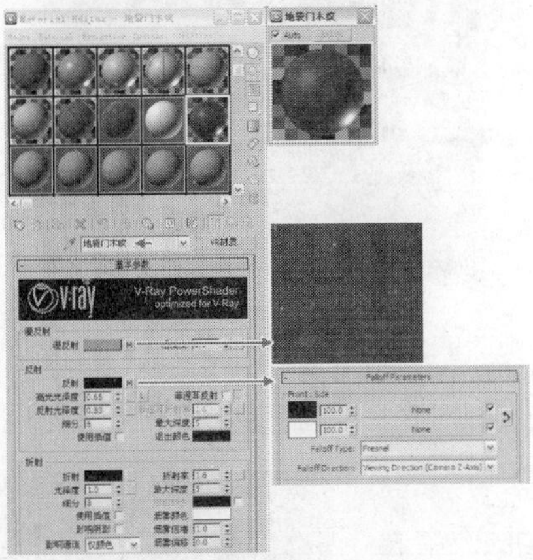

图10-64 地袋门木纹材质

Step13 选择一个空白材质球并设置名称为“环境”，在 Blinn Basic Parameters（基本参数）卷展栏中为 Self-Illumination（自发光）添加本书配套光盘中的环境贴图，使窗外的环境贴图产生亮度，从而模拟出太阳照射的效果，如图 10-65 所示。

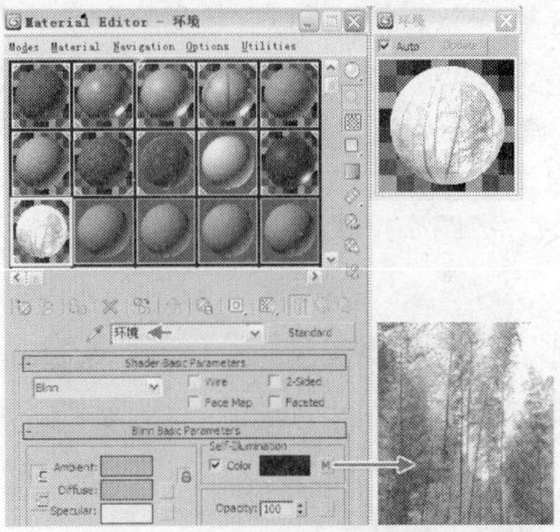

图10-65 环境材质

Step14 单击主工具栏中的（快速渲染）按钮，渲染材质的效果如图 10-66 所示。

图10-66 渲染材质效果

Step15 选择一个空白材质球并设置名称为“烤漆玻璃”，单击 Standard（标准）材质按钮转化为 VR 材质类型，然后在基本参数卷展栏中设置漫反射为白色、反射为深灰色、反射光泽度值为 0.98，如图 10-67 所示。

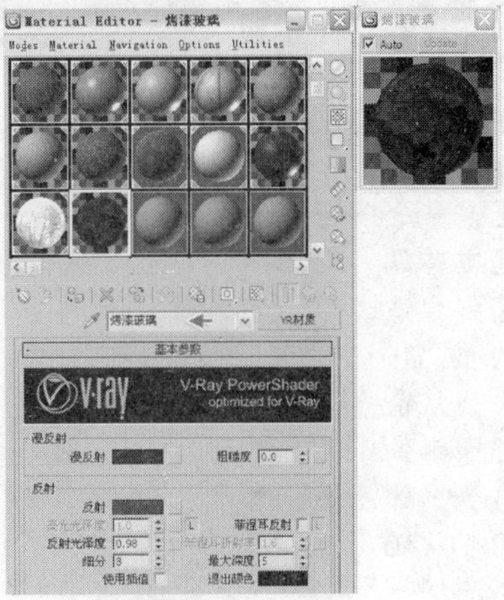

图10-67 烤漆玻璃材质

Step16 选择一个空白材质球并设置名称为“升降机”，单击 Standard（标准）材质按钮转化为 VR 材质类型，然后在基本参数卷展栏中设置漫反射为土黄色、反射为深灰色、反射光泽度值为 0.7，如图 10-68 所示。

图10-68 升降机材质

Step17 单击主工具栏中的（快速渲染）按钮，渲染材质的效果如图 10-69 所示。

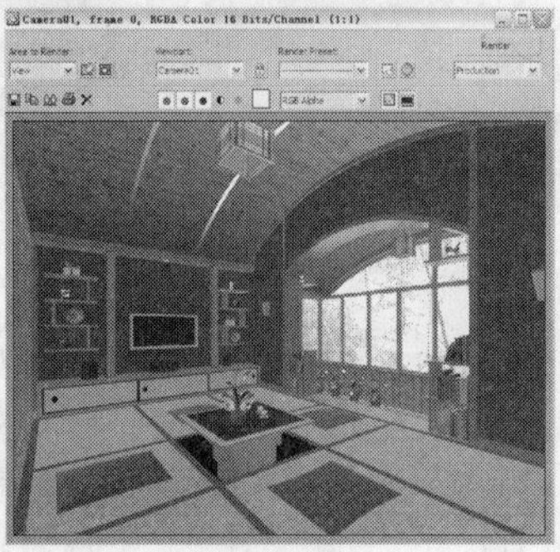

图10-69 渲染材质效果

10.6.4 场景灯光设置

Step01 在（创建）面板的（灯光）中选择 Standard（标准）下的 Target Direct（目标平行光）命令按钮，然后在 Front（前）视图中建立并调整到合适的位置，作为从窗外照射的灯光，如图 10-70 所示。

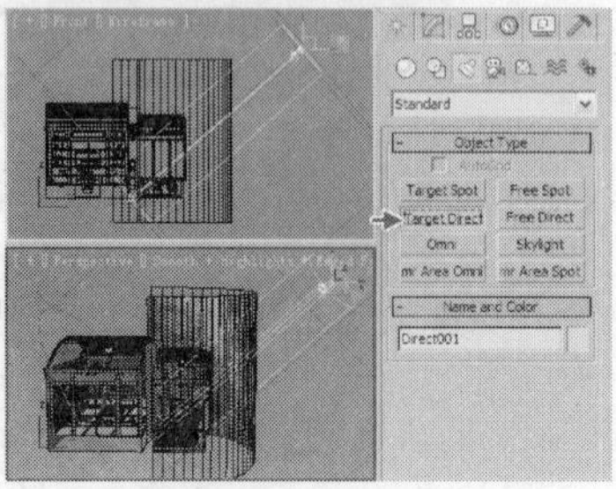

图10-70 建立灯光

Step02 选择建立好的目标平行光并单击（修改）面板，在 General Parameters（全局参数）卷展栏中勾选启用阴影，并设置阴影类型为 VR 阴影类型，然后在 Intensity/Color/Attenuation（强度/颜色/衰减）卷展栏中设置 Multipler（倍增）值为 2.5、颜色为米黄色，在 Directional Parameters（平行光参数）卷展栏中设置 Hotspot/Beam（聚光区/光束）值为 1000、Falloff/Field（衰减区/区域）值为 5000，在 VRay 阴影参数卷展栏中勾选区域阴影项目，再设置 U 大小值为 200、V 大小值为 200、W 大小值为 200，如图 10-71 所示。

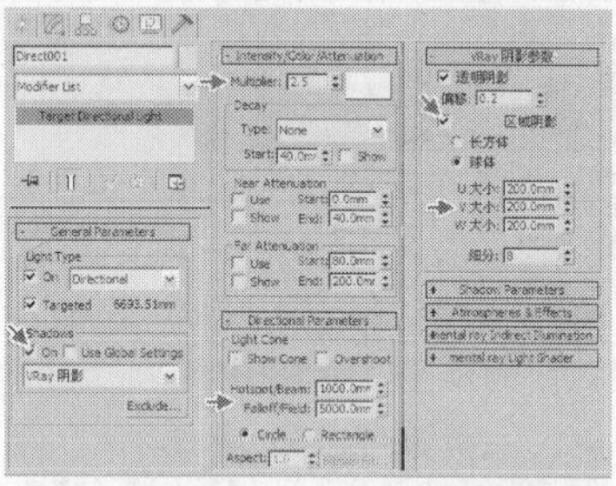

图10-71 设置灯光参数

Step03 单击主工具栏中的（快速渲染）按钮，渲染灯光的效果如图 10-72 所示。

图10-72 渲染灯光效果

Step04 在（创建）面板的（灯光）中选择 VRay 栏下的 VR 灯光命令按钮，然后在 Left（左）视图中建立并调整到合适的位置，如图 10-73 所示。

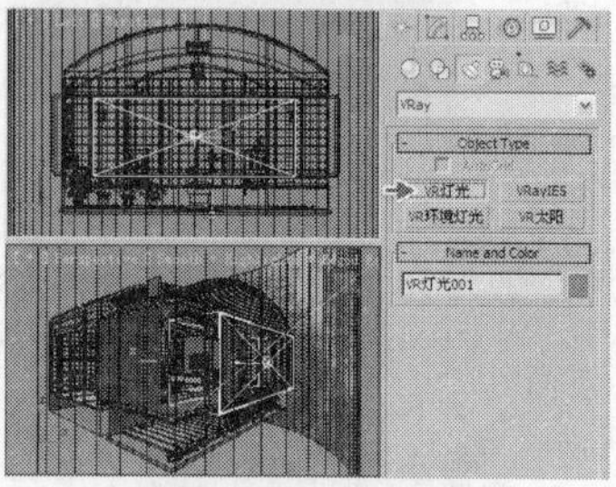

图10-73 建立VR灯光

Step05 选择建立好的VR灯光并单击（修改）面板，然后在参数卷展栏中设置倍增器值为3、颜色为蓝色，再设置1/2长值为1600、1/2宽值为600，最后再将选项中勾选不可见，如图10-74所示。

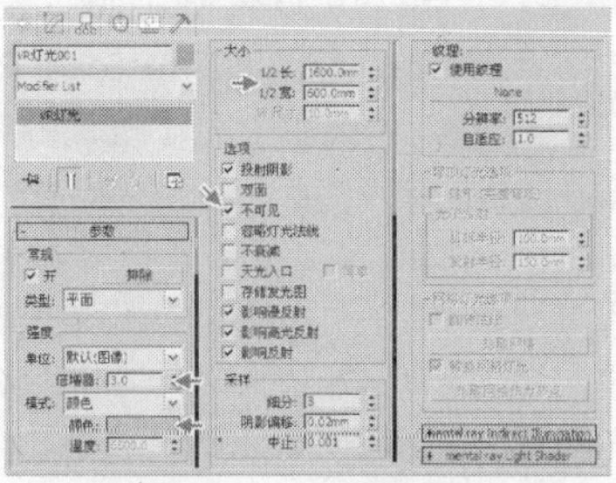

图10-74 设置VR灯光参数

Step06 单击主工具栏中的（快速渲染）按钮，渲染灯光的效果如图10-75所示。

图10-75 渲染灯光效果

Step07 在（创建）面板的（灯光）中选择VRay栏下的VR灯光命令按钮，然后在Left（左）视图中建立并调整到合适的位置，作为从窗口照射入室内的灯光，如图10-76所示。

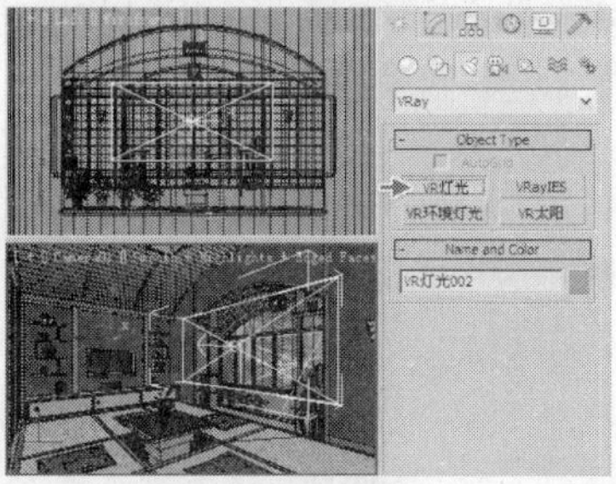

图10-76 建立VR灯光

Step08 选择建立好的VR灯光并单击（修改）面板，然后在参数卷展栏中设置倍增器值为3、颜色为淡蓝色，再设置1/2长值为1300、1/2宽值为600，最后再将选项中勾选不可见、取消勾选影响高光反射及影响反射，如图10-77所示。

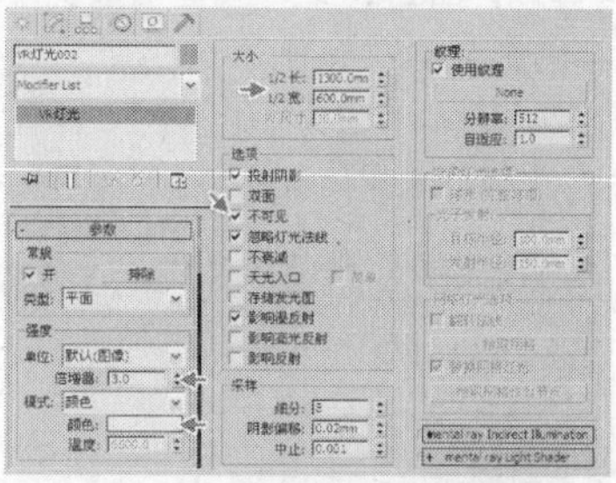

图10-77 设置VR灯光参数

Step09 单击主工具栏中的（快速渲染）按钮，渲染灯光的效果，如图10-78所示。

图10-78 渲染灯光效果

Step10 在（创建）面板的（灯光）中选择Photometric（光度学）下的Target Light（目标灯光）命令按钮，然后在Front（前）视图中建立并调整到合适的位置，如图10-79所示。

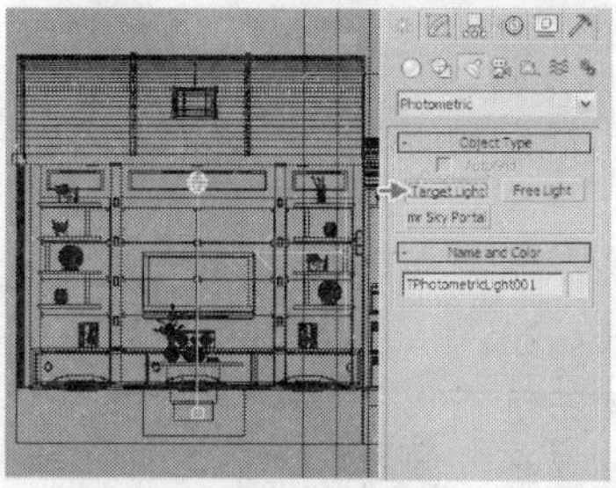

图10-79 建立目标灯光

Step11 选择建立好的目标灯光，并单击（修改）面板，然后在General Parameters（全局参数）卷展栏中勾选启用阴影，并设置阴影类型为VR阴影，再设置Light Distribution Type（灯光分布类型）为Photometric Web（光度学Web），在Distribution（分布）卷展栏中添加本书配套光盘中的域网文件，在 Intensity/Color/Attenuation（强度 / 颜色 / 衰减）卷展栏中设置颜色为橘黄色、Intensity（强度）值为 20000，在 VRay 阴影参数中勾选区域阴影，设置 U 大小值为 10、V 大小值为 10、W 大小值为 10，得到筒灯照射的效果，如图 10-80 所示。

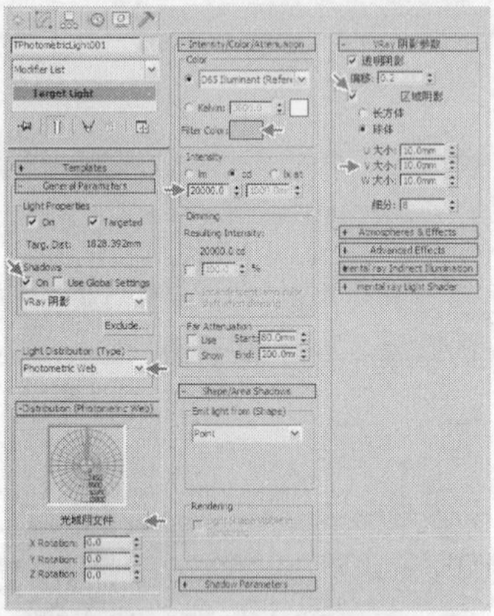

图10-80　设置VR灯光参数

Step12 单击主工具栏中的（快速渲染）按钮，渲染筒灯的灯光效果如图 10-81 所示。

图10-81　渲染灯光效果

Step13 在（创建）面板的（灯光）中选择 VRay 栏下的 VR 灯光命令按钮，然后在 Top（顶）视图中建立并调整到合适的位置，作为场景中吊灯的光源，如图 10-82 所示。

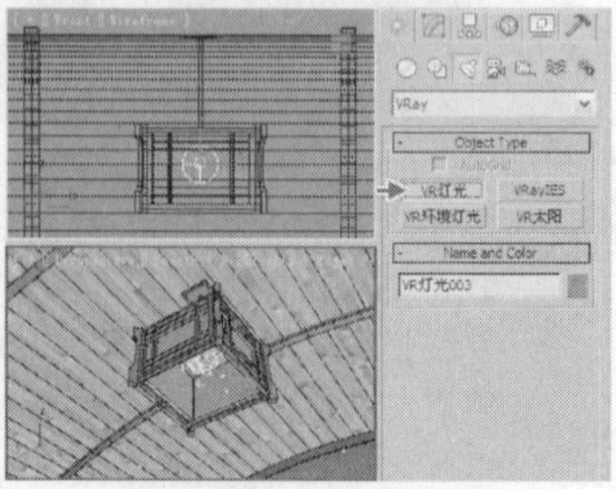

图10-82　建立VR灯光

Step14 选择建立好的 VR 灯光并单击（修改）面板，然后在参数卷展栏中设置类型为球体、倍增器值为 10、颜色为橘黄色、半径值为 50，再将选项中勾选不可见、取消勾选影响高光反射及影响反射，如图 10-83 所示。

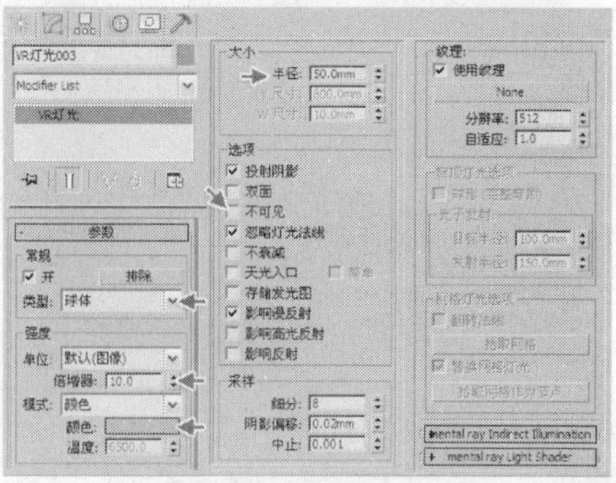

图10-83　设置VR灯光参数

Step15 单击主工具栏中的（快速渲染）按钮，渲染吊灯的灯光效果如图 10-84 所示。

图10-84　渲染灯光效果

Step16 选择建立好的 VR 球体灯光，然后结合“Shift+移动”组合键将其复制并调整到合适的位置，在参数卷展栏中设置半径值为 30，作为壁灯的光源，如图 10-85 所示。

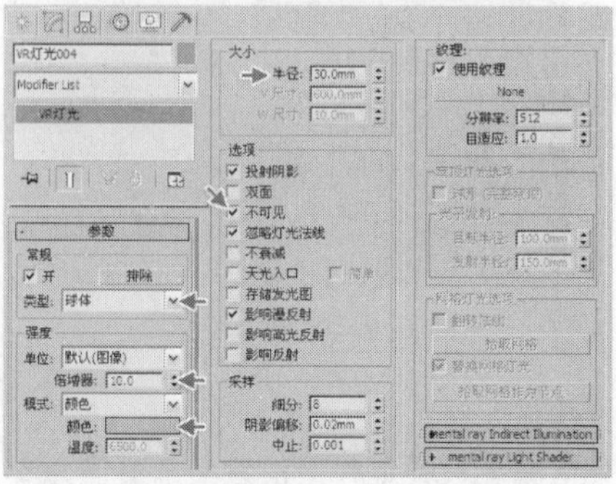

图10-85　复制壁灯光源

Step17 单击主工具栏中的（快速渲染）按钮，渲染壁灯的灯光效果，如图 10-86 所示。

图10-86 渲染灯光效果

Step18 单击主工具栏中的（渲染设置）按钮打开对话框，然后设置图片采样为自适应 DMC 类型，再打开间接照明项目，设置发光贴图预设值为中、灯光缓存细分为 300，如图 10-87 所示。

Step19 单击渲染设置对话框中的 Render（渲染）按钮，渲染最终效果如图 10-88 所示。

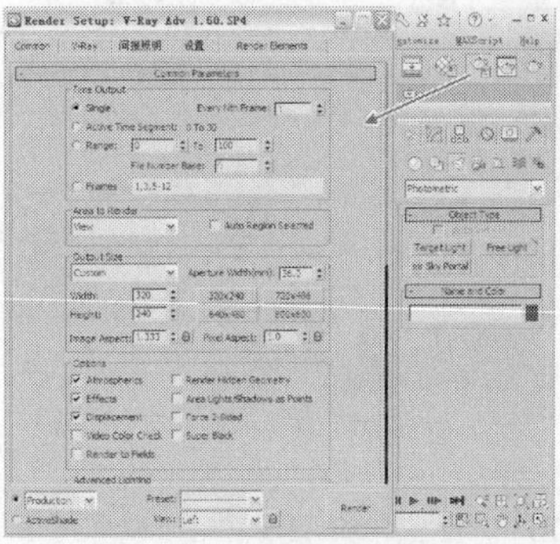

图10-87 设置渲染参数

图10-88 渲染最终效果

10.7 范例——古朴小镇

【重点提要】

古朴小镇范例主要运用 Edit Poly（可编辑多边形）命令完成模型的制作，赋予材质后再结合 Target Direct（目标平行光）及 Target Spot（目标聚光灯）完善场景照明，最终效果如图 10-89 所示。

图10-89 古朴小镇范例效果

【制作流程】

古朴小镇范例的制作流程分为 4 部分：①场景模型制作，②场景材质设置，③前景灯光设置，④辅助灯光与效果设置，如图 10-90 所示。

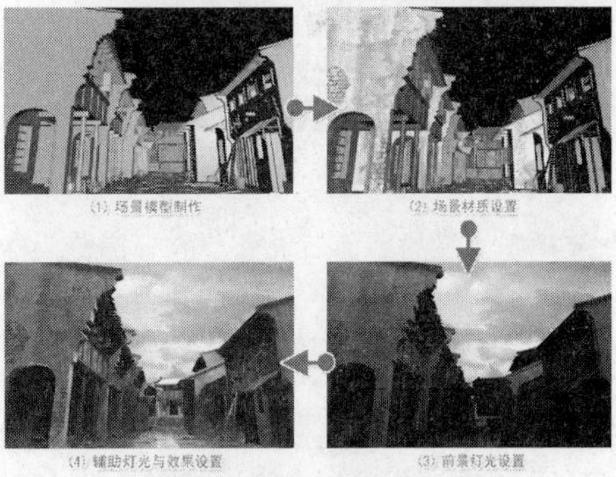

图10-90 制作流程

10.7.1 场景模型制作

Step01 在（创建）面板的（几何体）中选择 Standard Primitives（标准几何体）面板下的 Plane（平面）命令按钮，然后在 Top（顶）视图中建立，制作基础的地面模型，如图 10-91 所示。

图10-91　制作地面模型

Step02 建立几何体然后结合 Edit Poly（可编辑多边形）命令制作出路面模型，如图 10-92 所示。

图10-92　制作路面模型

Step03 建立几何体然后结合 Edit Poly（可编辑多边形）命令制作出路面其他的石块模型，如图 10-93 所示。

图10-93　制作石块模型

Step04 选择制作好的路面石块模型的一部分，然后在 Group（组）菜单下进行成组操作，再使用样条线绘制出房屋所需的位置，如图 10-94 所示。

图10-94　模型成组

Step05 使用（创建）面板的（图形）中的 Splines（样条线）下的 Line（线）命令绘制出房屋的侧面图形，然后在（修改）面板中添加 Extrude（挤出）命令制作出侧山墙，再逐一添加屋面及护栏等装饰元素，完成前景房屋的模型制作，如图 10-95 所示。

Step06 继续为场景添加画面右侧的房屋模型，如图 10-96 所示。

图10-95　前景房屋模型

图10-96　右侧房屋模型

Step07 选择制作好的前景房屋模型，结合“Shift+ 移动”组合键将其复制，再通过 Edit Poly（可编辑多边形）命令对其进行修改，用于制作远景的房屋模型，如图 10-97 所示。

图10-97　远景房屋模型

Step08 单击主工具栏中的（快速渲染）按钮，渲染场景的模型效果如图 10-98 所示。

图10-98　渲染模型效果

Step09 选择（创建）面板的（摄影机）中的 Standard（标准）面板下的 Target（目标摄影机）命令按钮，然后在 Front（前）视图中建立，如图 10-99 所示。

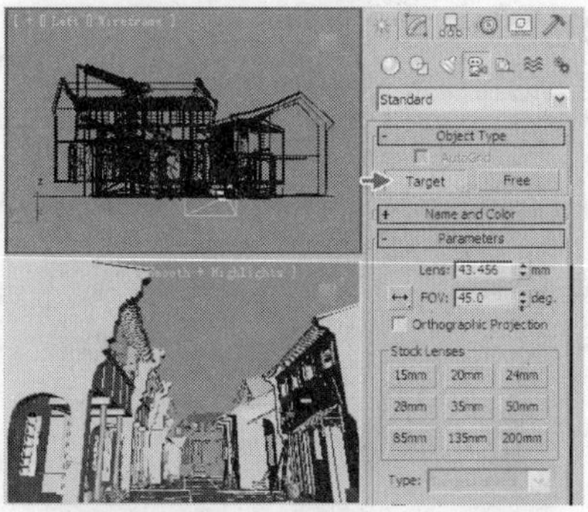

图10-99 建立场景摄影机

Step10 选择建立好的摄影机，激活 Perspective（透）视图并在菜单中选择【Views（视图）】→【Create Camera From View（从视图创建摄像机）】命令，将摄影机匹配到当前视图的位置，如图10-100 所示。

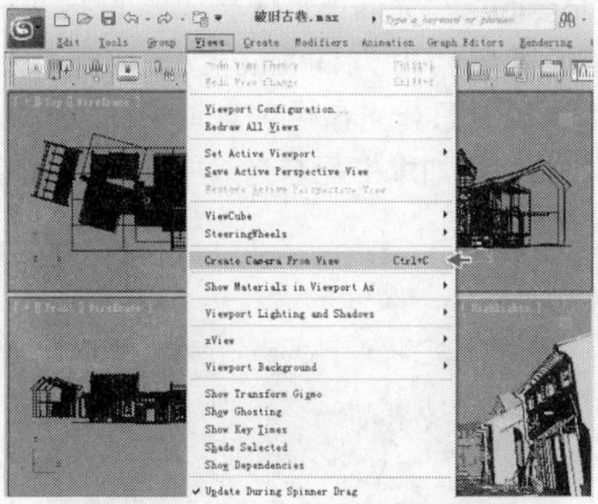

图10-100 匹配场景摄影机

Step11 将视图切换至四视图显示模式，观看摄影机的位置，如图 10-101 所示。

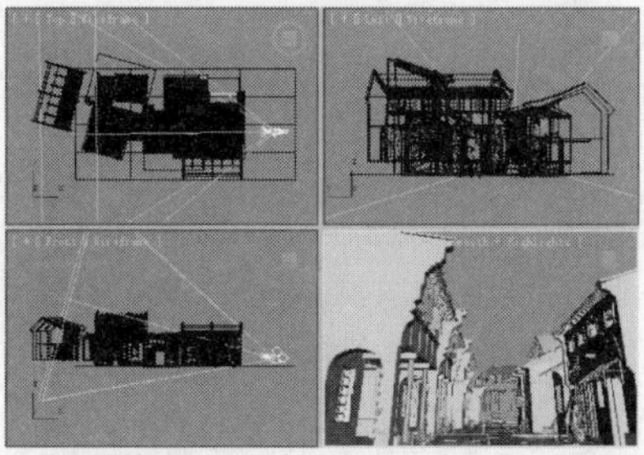

图10-101 观看摄影机位置

Step12 在 Perspective（透）视图左上角提示文字处单击鼠标右键，在弹出的菜单中选择【Views（视图）】→【Camera001（摄像机 001）】选项，将视图切换至摄影机视图，如图 10-102 所示。

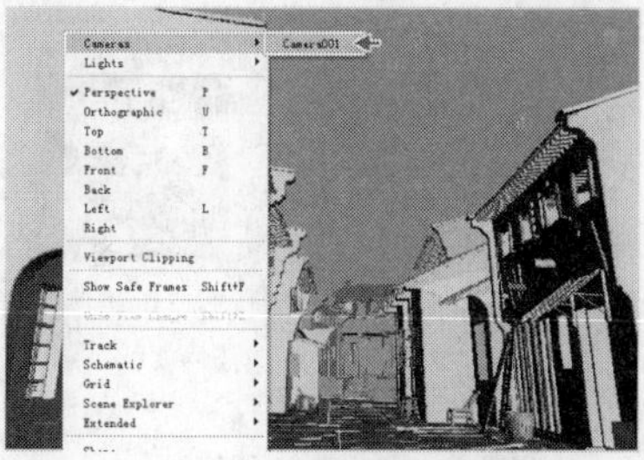

图10-102 切换摄影机视图

10.7.2 场景材质设置

Step01 在主工具栏中单击（材质编辑器）按钮，选择一个空白材质球并设置名称为“木板”，在 Blinn Basic Parameters（基本参数）卷展栏中设置 Specular level（高光级别）值为 24、Glossiness（光泽度）值为 50，然后在 Map（贴图）卷展栏中为 Diffuse Color（漫反射颜色）和 Bump（凹凸）添加本书配套光盘中的木板贴图，如图 10-103 所示。

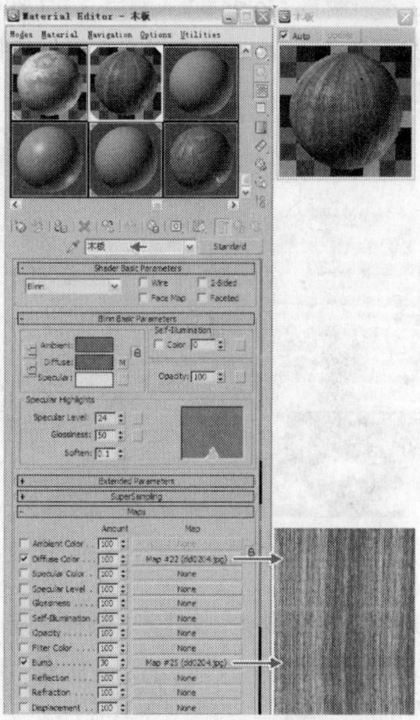

图10-103 木板材质

Step02 选择一个空白材质球并设置名称为“外墙”，在 Blinn Basic Parameters（基本参数）卷展栏中设置 Specular level（高光级别）值为 25、Glossiness（光泽度）值为 50，然后在 Map（贴图）卷展栏中为 Diffuse Color（漫反射颜色）和 Bump（凹凸）添加 Mix（混合材质），如图 10-104 所示。

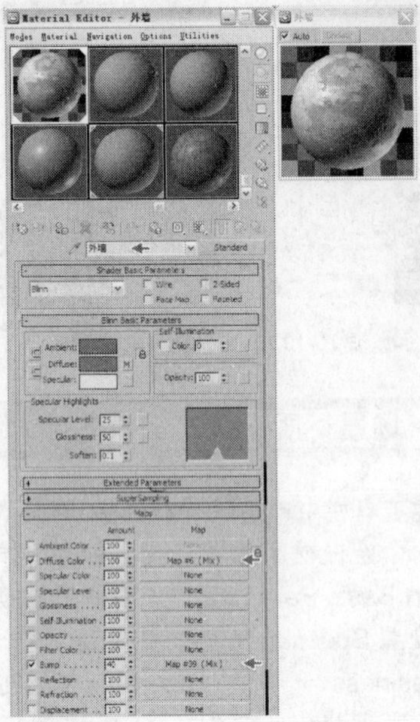

图10-104　设置外墙材质

Step03 打开 Bump（凹凸）项目的 Mix（混合）材质，然后分别设置 Color #1（颜色 1）、Color #2（颜色 2）和 Mix Amount（混合量），如图 10-105 所示。

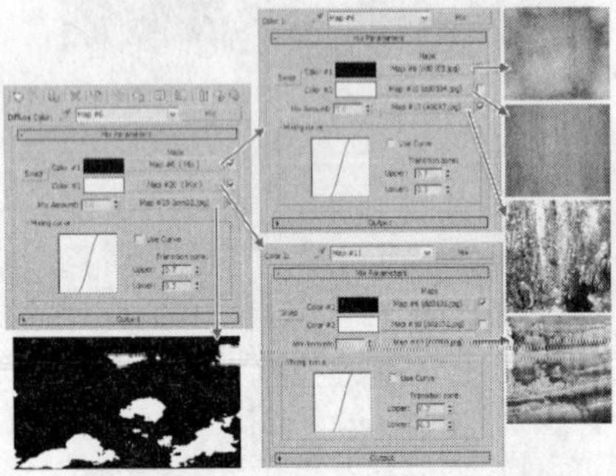

图10-105　设置混合材质

Step04 选择前景房屋模型，在（修改）面板中添加 UVW Mapping（UVW 贴图）命令，然后设置模型的贴图坐标，如图 10-106 所示。

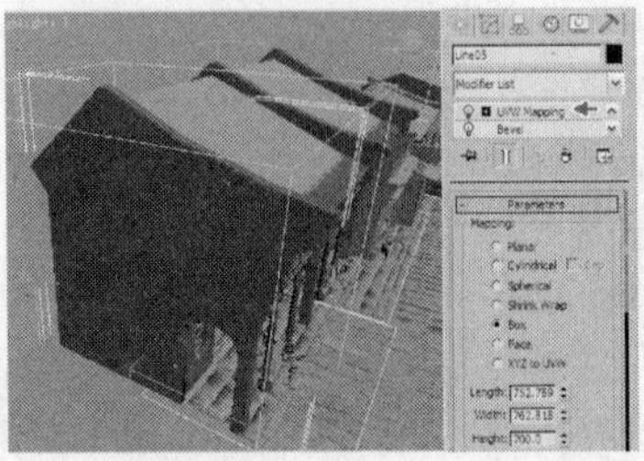

图10-106　调整贴图坐标

Step05 单击主工具栏中的（快速渲染）按钮，渲染房屋的材质效果如图 10-107 所示。

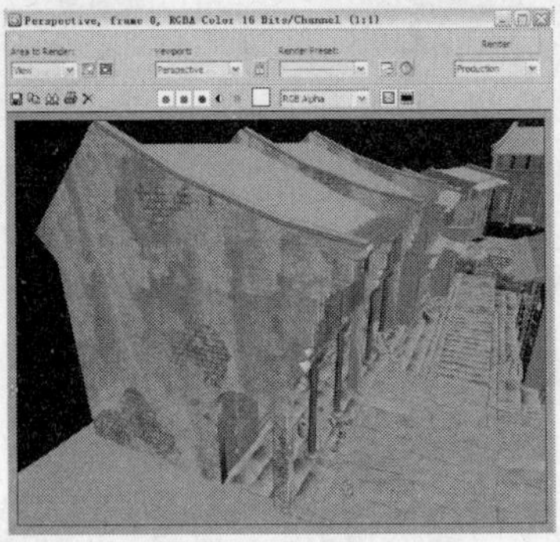

图10-107　渲染材质效果

Step06 选择一个空白材质球并设置名称为“地面”，在 Blinn Basic Parameters（基本参数）卷展栏中设置 Specular level（高光级别）值为 40、Glossiness（光泽度）值为 42，然后在 Map（贴图）卷展栏中为 Diffuse Color（漫反射颜色）添加本书配套光盘中的地面砖贴图，在 Bump（凹凸）添加本书配套光盘中的凹凸贴图，如图 10-108 所示。

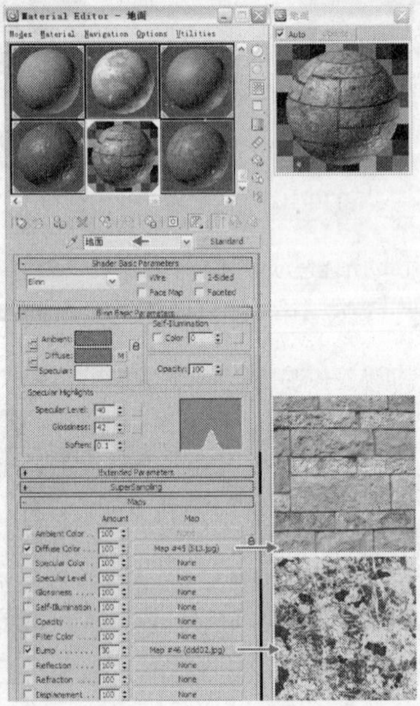

图10-108　地面材质

Step07 选择地面模型，在（修改）面板中添加 UVW Mapping（UVW 贴图）命令，然后再设置 Length（长度）为 200、Width（宽度）为 200、Height（高度）为 200，模型的贴图坐标如图 10-109 所示。

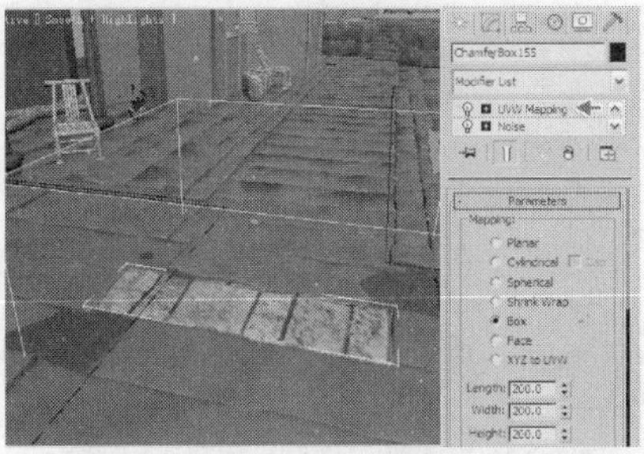

图10-109 设置模型贴图坐标

Step08 随意选择其他地面模型，在（修改）面板中添加UVW Mapping（UVW贴图）命令，然后设置Length（长度）为200、Width（宽度）为200、Height（高度）为200，为了避免贴图过多重复而影响到真实性，激活UVW贴图命令，再使用（旋转）工具调节贴图坐标的角度，如图10-110所示。

图10-110 调节模型贴图坐标

Step09 单击主工具栏中的（快速渲染）按钮，渲染房屋的材质效果，如图10-111所示。

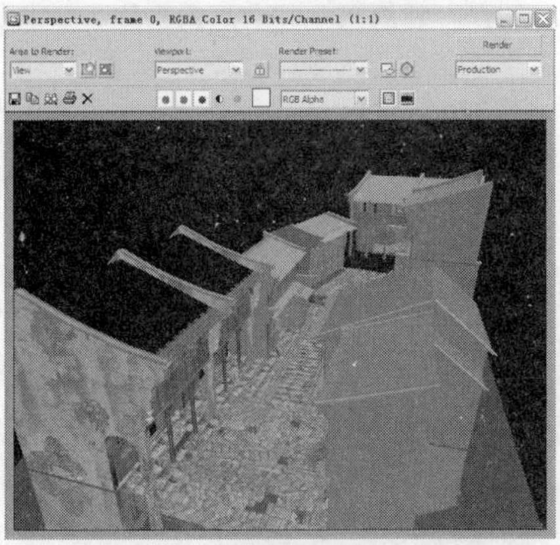

图10-111 渲染地面材质效果

Step10 选择另一侧的房屋模型并赋予“木板”及“外墙”材质，然后在（修改）面板中添加UVW Mapping（UVW贴图）命令，再调整模型的贴图坐标，渲染效果如图10-112所示。

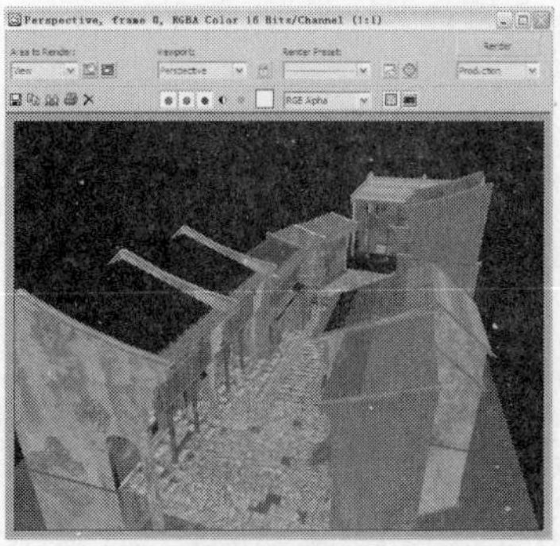

图10-112 渲染材质效果

Step11 将视图切换至摄影机视图，单击主工具栏中的（快速渲染）按钮，渲染整体材质效果如图10-113所示。

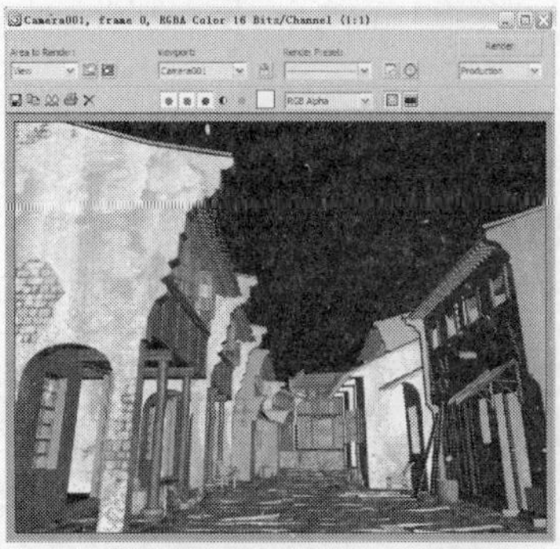

图10-113 渲染材质效果

Step12 在菜单栏中选择【Rendering（渲染）】→【Environment（环境）】命令，在弹出的Environment and Effect（环境与效果）对话框中单击Environment Map（环境贴图）按钮，然后赋予本书配套光盘中的“doud2”云贴图并设置颜色为钴蓝色，如图10-114所示。

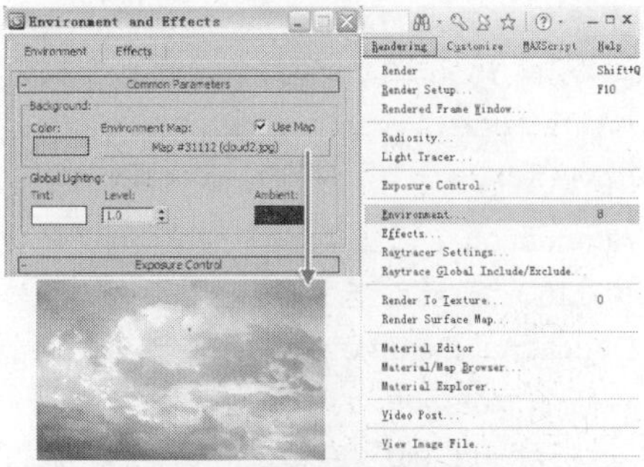

图10-114 设置环境贴图

Step13 单击主工具栏中的（快速渲染）按钮，渲染最终材质的效果，如图10-115所示。

图10-115　渲染最终材质效果

10.7.3　前景灯光设置

Step01 在（创建）面板的（灯光）中选择Standard（标准）下的Target Direct（目标平行光）命令按钮，然后在Left（左）视图中建立并调整到合适的位置，如图10-116所示。

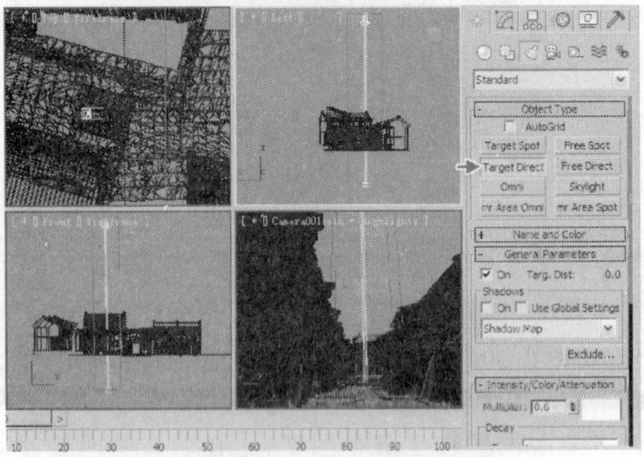

图10-116　建立目标平行光

Step02 选择建立好的目标平行光，然后单击（修改）面板，并在Intensity/Color/Attenuation（强度/颜色/衰减）卷展栏中设置Multipler（倍增）值为0.6、颜色为米黄色，再设置Far Attenuation（远距衰减）中Start（开始）值为2260、End（结束）值为3200，然后在Directional Parameters（平行光参数）卷展栏中设置Hotspot/Beam（聚光区/光束）值为20、Falloff/Field（衰减区/区域）值为400，如图10-117所示。

Step03 单击主工具栏中的（快速渲染）按钮，渲染灯光的效果，如图10-118所示。

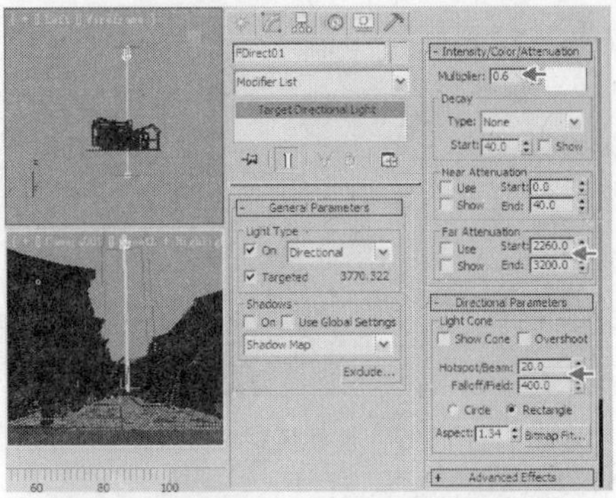

图10-117　设置灯光参数

图10-118　渲染灯光效果

Step04 在（创建）面板的（灯光）中选择Standard（标准）下的Target Spot（目标聚光灯）命令按钮，然后在Left（左）视图中建立并调整到合适的位置，在General Parameters（全局参数）卷展栏中勾选启用阴影，并设置阴影类型为Shadow Map（阴影贴图），在Intensity/Color/Attenuation（强度/颜色/衰减）卷展栏中设置Multipler（倍增）值为1.6，如图10-119所示。

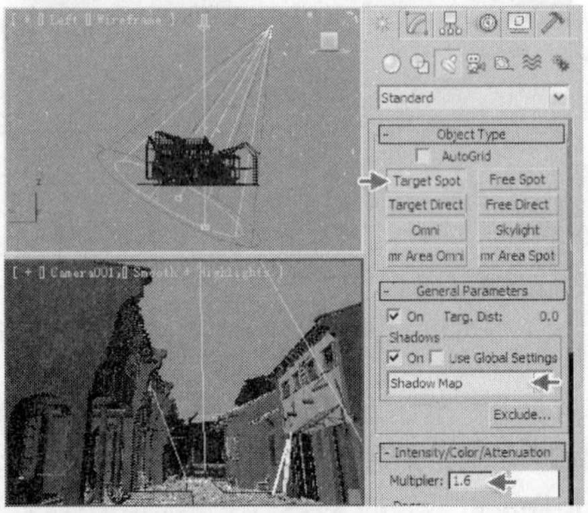

图10-119　建立目标聚光灯

Step05 单击主工具栏中的 （快速渲染）按钮，渲染灯光的效果如图 10-120 所示。

图10-120 渲染灯光效果

Step06 选择建立好的目标聚光灯并单击 （修改）面板，在 Intensity/Color/Attenuation（强度 / 颜色 / 衰减）卷展栏中勾选 Use（使用）选项，再设置 Far Attenuation（远距衰减）中 Start（开始）值为 2000、End（结束）值为 3300，如图 10-121 所示。

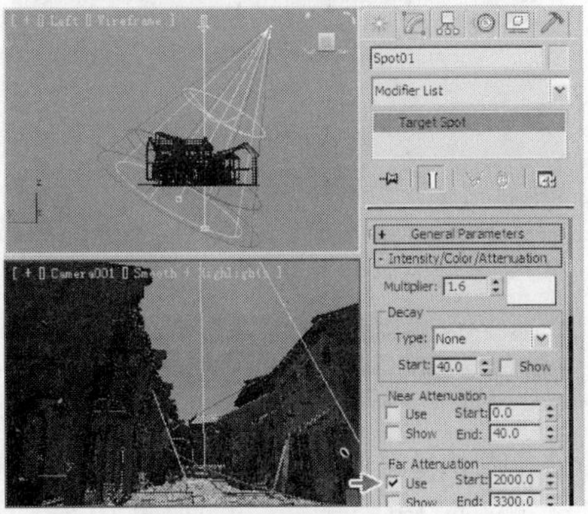

图10-121 设置衰减参数

Step07 选择目标聚光灯，在 Spotlight Parameters（聚光灯参数）卷展栏中设置 Hotspot/Beam（聚光区 / 光束）值为 40、Falloff/Field（衰减区 / 区域）值为 50，在 Shadow Map Parameters（阴影贴图参数）卷展栏中设置 Sample Range（采样范围）值为 10，如图 10-122 所示。

Step08 单击主工具栏中的 （快速渲染）按钮，渲染灯光的效果如图 10-123 所示。

Step09 选择调整好的目标聚光灯，在 Top（顶）视图中结合“Shift+ 移动”组合键对其进行复制操作，如图 10-124 所示。

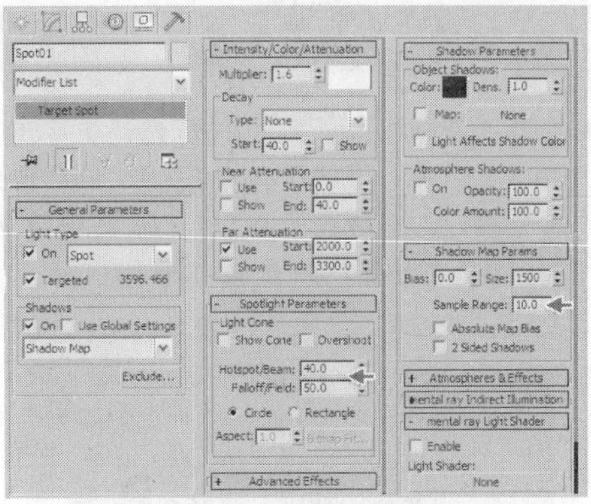

图10-122 设置聚光及阴影参数

图10-123 渲染灯光效果

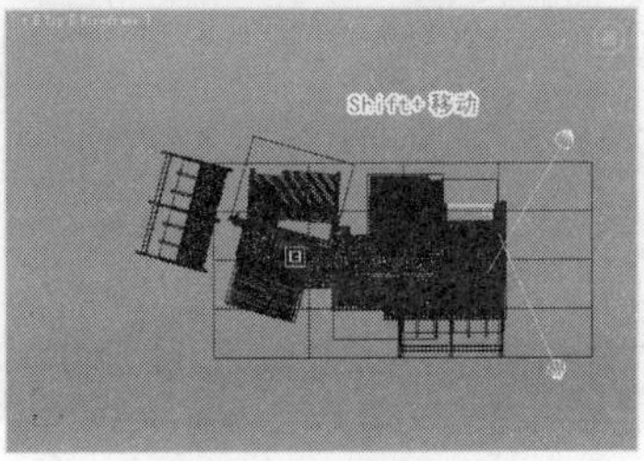

图10-124 复制灯光

Step10 单击主工具栏中的 （快速渲染）按钮，渲染灯光的效果如图 10-125 所示。

图10-125 渲染灯光效果

10.7.4 辅助灯光与效果设置

Step01 在（创建）面板的（灯光）中单击 Standard（标准）下的 Target Spot（目标聚光灯）命令按钮，然后在 Top（顶）视图中建立并调整到合适的位置，如图 10-126 所示。

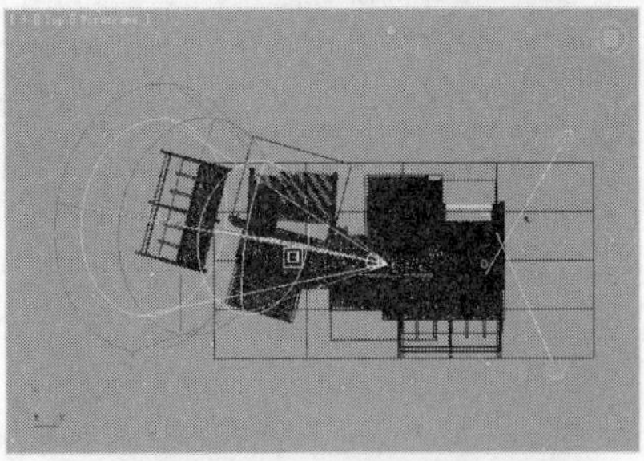

图10-126 设置辅助灯光

Step02 单击主工具栏中的（快速渲染）按钮，渲染远景房屋灯光效果，如图 10-127 所示。

图10-127 渲染灯光效果

Step03 选择场景中辅助目标聚光灯，在 Top（顶）视图中结合“Shift+ 移动”组合键将其复制多个并调整到合适的位置，用于得到全局光照射的效果，如图 10-128 所示。

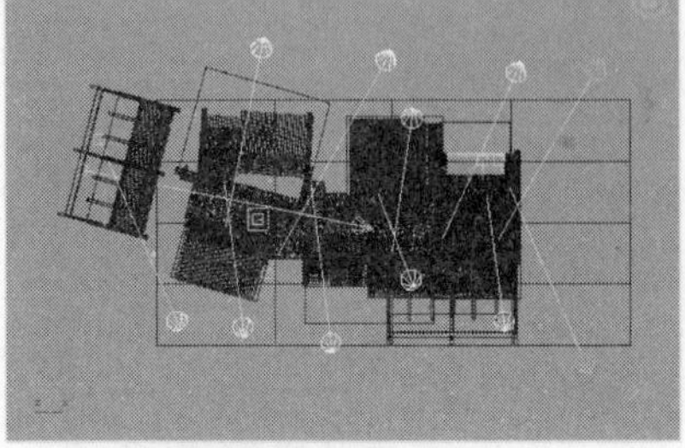

图10-128 布置辅助灯光

Step04 单击主工具栏中的（快速渲染）按钮，渲染多盏辅助灯光效果，如图 10-129 所示。

图10-129 渲染多盏辅助灯光

Step05 选择场景中所有辅助目标聚光灯，在 Left（左）视图中结合“Shift+ 移动”组合键将其复制操作，然后再将复制的灯光调整到底部位置，作为场景的辅助补光，如图 10-130 所示。

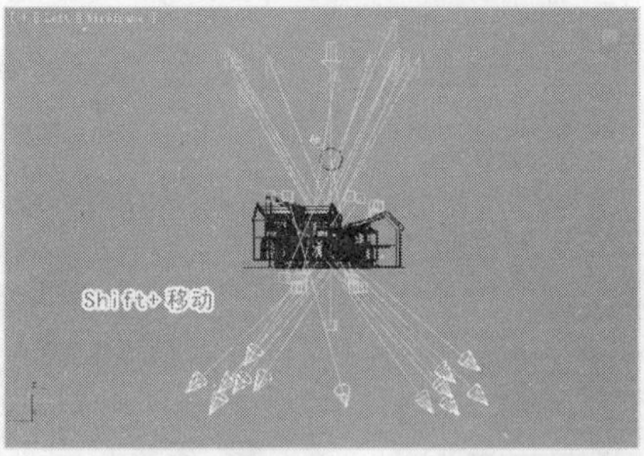

图10-130 复制辅助灯光

Step06 将视图切换至四视图显示模式，观看场景主灯光及辅助灯光的分布效果，如图 10-131 所示。

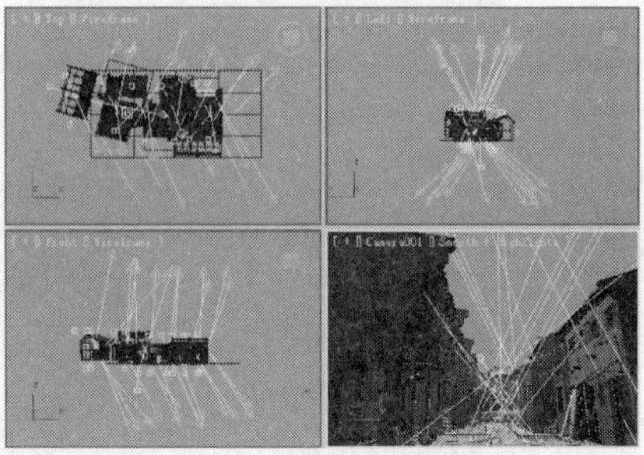

图10-131 观看布光效果

Step07 单击主工具栏中的（快速渲染）按钮，渲染灯光的效果，如图 10-132 所示。

图10-132 渲染灯光效果

Step08 在菜单栏中选择【Rendering（渲染）】→【Effect（效果）】命令，为场景添加渲染特效，如图 10-133 所示。

图10-133 添加效果命令

Step09 在弹出的 Environment and Effect（环境与效果）对话框中单击 Add（添加）按钮添加 Color Balance（色彩平衡）效果，在 Color Balance Parameters（色彩平衡参数）卷展栏中设置 Cyan/Red（青 / 红）值为 10、Yellow/Blue（黄 / 蓝）值为 -10，如图 10-134 所示。

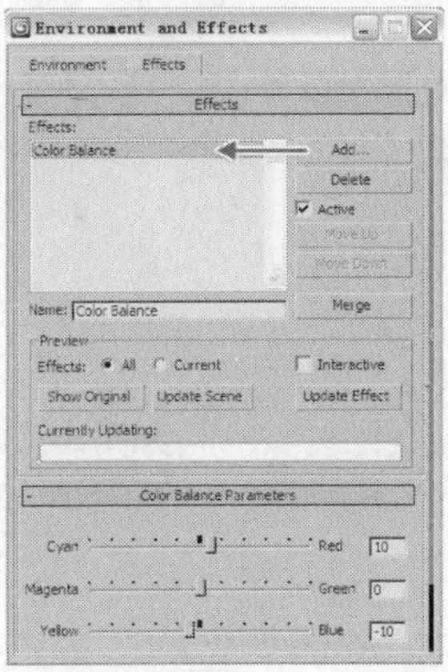

图10-134 添加色彩平衡效果

Step10 单击主工具栏中的（快速渲染）按钮，渲染色彩平衡的效果，如图 10-135 所示。

图10-135 渲染色彩平衡效果

Step11 继续在 Environment and Effect（环境与效果）对话框中单击 Add（添加）按钮添加 Brightness And Contrast（亮度和对比度）效果，在 Brightness And Contrast Parameters（亮度和对比度参数）卷展栏中设置 Brightness（亮度）值为 0.55、Contrast（对比度）值为 0.6，如图 10-136 所示。

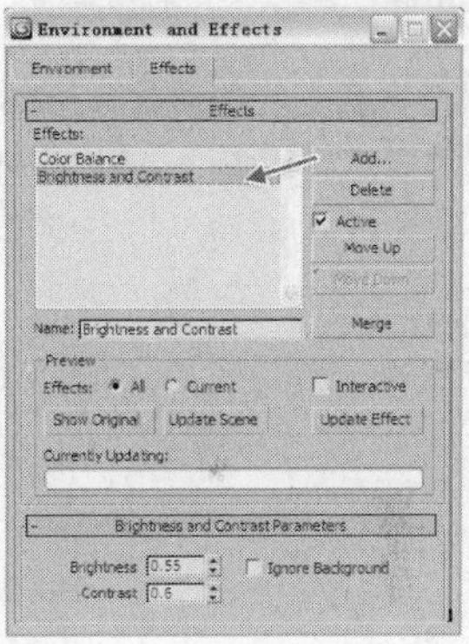

图10-136 添加亮度和对比度效果

Step12 单击主工具栏中的（快速渲染）按钮，渲染亮度和对比度的效果，如图 10-137 所示。

图10-137 渲染亮度和对比度效果

Step13 继续在Environment and Effect（环境与效果）对话框中单击Add（添加）按钮添加Film Grain（胶片颗粒）效果，在Film Grain Parameters（胶片颗粒参数）卷展栏中设置Grain（颗粒）值为0.3，如图10-138所示。

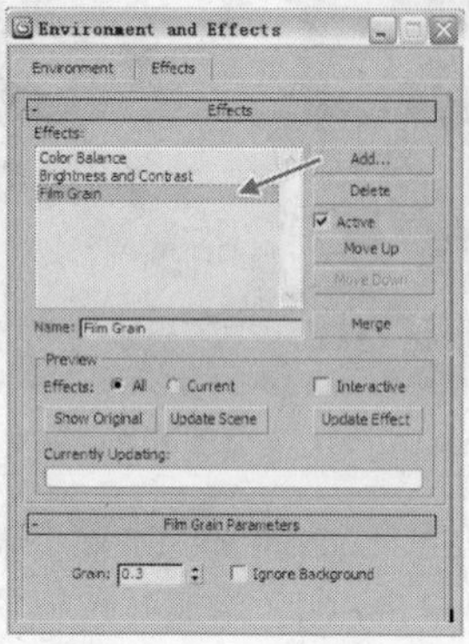

图10-138 添加胶片颗粒效果

Step14 单击主工具栏中的 （快速渲染）按钮，渲染最终效果如图10-139所示。

图10-139 渲染最终效果

10.8 本章小结

灯光是模拟真实灯光的对象，不同种类的灯光对象用不同的方法投射灯光，模拟真实世界中不同种类的光源。本章主要通过“日式客厅”和“古朴小镇”范例对效果图和动画场景的材质与灯光进行整合，从而提高作品的制作水平。

第11章 摄影机系统

本章内容

- 目标摄影机
- 自由摄影机
- 参数卷展栏
- 景深参数卷展栏
- 范例——秋千场景

摄影机可从特定的观察点表现场景。摄影机可对象模拟现实世界中的静态图像、运动图片或视频摄影机。使用摄影机视图可以调整摄影机，就好像您正在通过其镜头进行观看，如图11-1所示。

摄影机视图对于编辑几何体和设置渲染的场景非常实用。多个摄影机可以提供相同场景的不同视图。使用摄影机校正修改器可以校正两点视角的摄影机视图，其中垂线仍然垂直。如果要设置观察点的动画，可以创建一个摄影机并设置其位置的动画。显示面板的按类别隐藏卷展栏可以进行切换，以启用或禁用摄影机对象的显示。

控制摄影机对象显示的简便方法是在单独的层上创建这些对象。通过禁用层可以快速地将其隐藏。

图11-1 摄影机

11.1 目标摄影机

当创建摄影机时，Target（目标）摄影机沿着放置的目标图标查看区域，如图 11-2 所示。

目标摄影机比自由摄影机更容易定向，因为只需将目标对象定位在所需位置的中心。可以设置目标摄影机及其目标的动画来创建有趣的效果。要沿着路径设置目标和摄影机的动画，最好将它们链接到虚拟对象上，然后设置虚拟对象的动画。

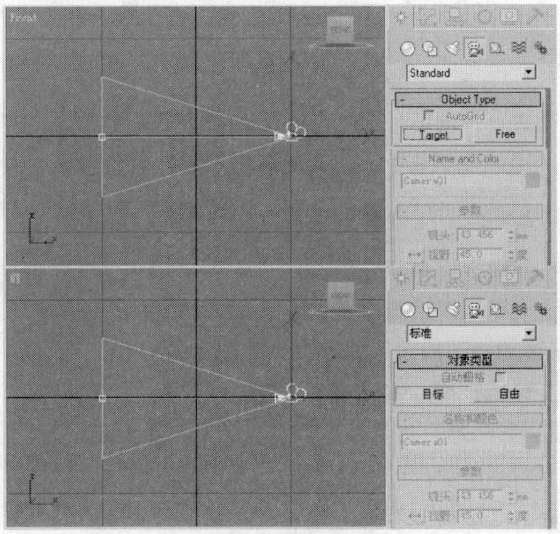

图11-2 目标摄影机

11.2 自由摄影机

Free（自由）摄影机在摄影机指向的方向查看区域。与目标摄影机不同，它有两个用于目标的独立图标，而自由摄影机只有单个图标，为的是更轻松地设置动画，如图 11-3 所示。

当摄影机位置沿着轨迹设置动画时可以使用自由摄影机，与穿行建筑物或将摄影机连接到行驶中的汽车时一样。当自由摄影机沿着路径移动时，可以将其倾斜。如果将摄影机直接置于场景顶部，则使用自由摄影机可以避免旋转。

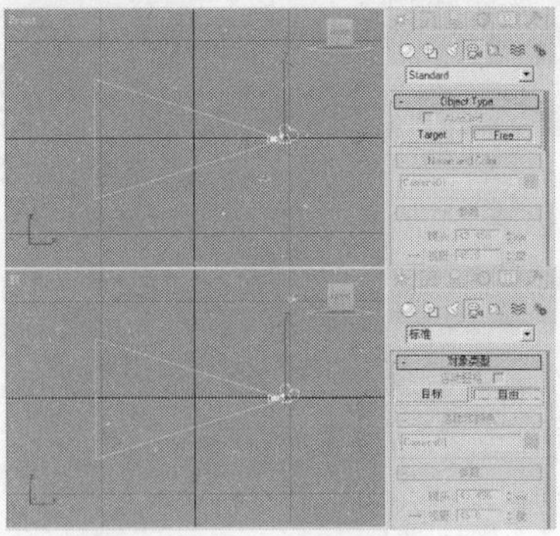

图11-3　自由摄影机

11.3 参数卷展栏

参数卷展栏可以对两种摄影机进行常用控制，如图 11-4 所示。

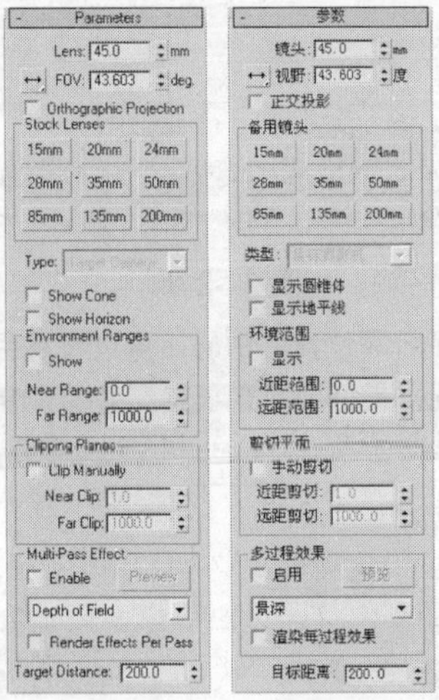

图11-4　参数卷展栏

● 镜头：以毫米为单位设置摄影机的焦距。使用镜头微调器来指定焦距值，而不是指定在备用镜头组框中按钮上的预设备用值。在渲染场景对话框中更改光圈宽度值后，也可以更改镜头微调器字段中的值。

● 视野：决定摄影机查看区域的宽度。当视野方向为水平时，视野参数直接设置摄影机地平线的弧形，以度为单位进行测量。

● 正交投影：启用此选项后，摄影机视图看起来就像用户视图；禁用此选项后，摄影机视图好像标准的透视视图。当正交投影有效时，视图导航按钮的行为如同平常操作一样，而透视图除外，透视功能仍然移动摄影机并更改 FOV 视野，但正交投影取消执行这两个操作，以便禁用正交投影后可以看到所做的更改。

● 备用镜头：包括 15mm、20mm、24mm、28mm、35mm、50mm、85mm、135mm、200mm，这些预设值设置摄影机的焦距（以毫米为单位）。

● 类型：将摄影机类型从目标摄影机更改为自由摄影机，反之亦然。

● 显示圆锥体：显示摄影机视野定义的锥形光线（实际上是一个四棱锥）。

● 显示地平线：在摄影机视图中的地平线层级显示一条深灰色的线条，如图 11-5 所示。

图11-5　显示地平线

● 近距范围 / 远距范围：在环境面板上设置大气效果的近距范围和远距范围限制，两个限制之间的对象不显示。

● 显示：显示摄影机锥形光线内的矩形，以显示近距范围和远距范围的设置。

● 手动剪切：启用该选项可定义剪切平面。禁用手动剪切后，不显示近于摄影机距离小于 3 个单位的几何体。要覆盖该几何体，请使用手动剪切，如图 11-6 所示。

图11-6 手动剪切

● 预览：单击该选项可在活动摄影机视图中预览效果。如果活动视图不是摄影机视图，则该按钮无效。

● 多过程效果：使用该选项可以选择生成多重过滤效果，景深或运动模糊，而这些效果相互排斥。使用该列表可以选择景深，其中可以使用 mental ray 渲染器来选择景深效果。

● 渲染每过程效果：启用此选项后，如果指定任何一个，则将渲染效果应用于多重过滤效果的每个过程（景深或运动模糊）。

● 目标距离：使用自由摄影机，将点设置为不可见的目标，以便可以围绕该点旋转摄影机；使用目标摄影机，表示摄影机和其目标之间的距离。

11.4 景深参数卷展栏

景深参数卷展栏可以设置生成景深效果。景深是多重过滤效果，可以为摄影机在参数卷展栏中将其启用。通过模糊到摄影机焦点（也就是说，其目标或目标距离）某种距离处的帧的区域，景深模拟摄影机的景深。可以在视图中预览景深，如图 11-7 所示。

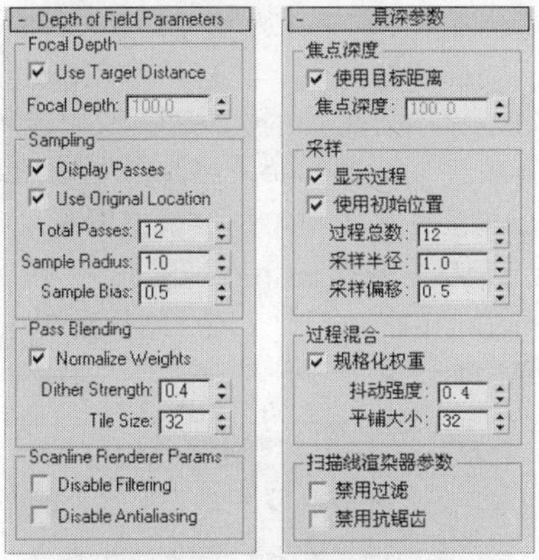

图11-7 景深参数卷展栏

● 使用目标距离：启用该选项，可以将摄影机的目标距离用于每过程偏移摄影机的点。禁用该选项，使用焦点深度值偏移摄影机。

● 焦点深度：当使用目标距离处于禁用状态时，设置距离偏移摄影机的深度，范围为 0 ～ 100。通常，使用焦点深度而不使用摄影机的目标距离来模糊整个场景。

● 显示过程：启用此选项后，渲染帧窗口显示多个渲染通道；禁用此选项后，该帧窗口只显示最终结果，此控制对于在摄影机视图中预览景深无效。

● 使用初始位置：启用此选项后，第一个渲染过程位于摄影机的初始位置；禁用此选项后，与所有随后的过程一样偏移第一个渲染过程。

● 过程总数：用于生成效果的过程数。增加此值可以增加效果的精确性，但却以渲染时间为代价。

● 采样半径：通过移动场景生成模糊的半径。增加该值将增加整体模糊效果，减小该值将减少模糊。

● 采样偏移：模糊靠近或远离采样半径的权重。增加该值将增加景深模糊的数量级，提供更均匀的效果；减小该值将减小数量级，提供更随机的效果。

● 规格化权重：使用随机权重混合的过程可以避免出现诸如条纹这些人工效果。启用规格化权重后，会获得较平滑的结果；禁用此选项后，效果会变得清晰一些，但通常颗粒状效果更明显。

● 抖动强度：控制应用于渲染通道的抖动程度。增加此值会增加抖动量，并且生成颗粒状效果，尤其在对象的边缘上。

● 平铺大小：用于在抖动时设置图案的大小。此值是一个百分比，0 是最小平铺，100 是最大平铺。

● 扫描线渲染器参数：可以在渲染多重过滤场景时禁用抗锯齿或锯齿过滤。

11.5 范例——秋千场景

【重点提要】

秋千场景范例先运用样条线及挤出命令，再配合3ds Max 自身的 Foliage（植物）搭建场景模型，然后通过摄影机匹配场景构图，再设置摄影机的参数得到景深效果，最终效果如图 11-8 所示。

图11-8 秋千场景范例效果

【制作流程】

秋千场景范例的制作流程分为 4 部分：①场景模型制作；②场景材质设置；③场景摄影机设置；④灯光设置与渲染，如图 11-9 所示。

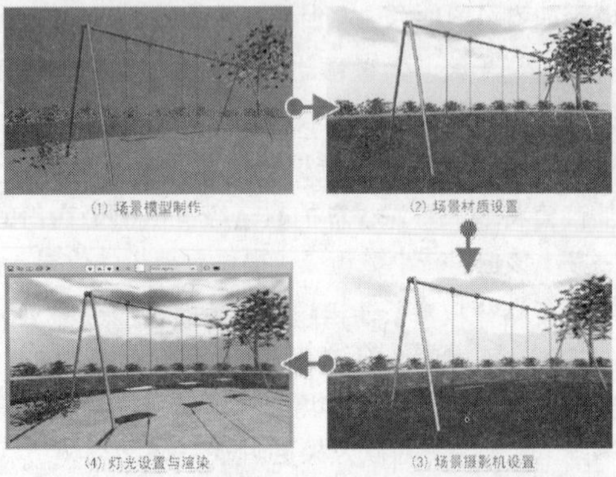

图11-9 制作流程

11.5.1 场景模型制作

Step01 进入（创建）面板单击Standard Primitives（标准几何体）面板下的 Plane（平面）命令按钮，然后设置 Length（长度）值为 9000、Width（宽度）值为 17000、Length Segs（长度段数）值为 40、Width Segs（宽度段数）值为 40，作为场景的地面模型，如图 11-10 所示。

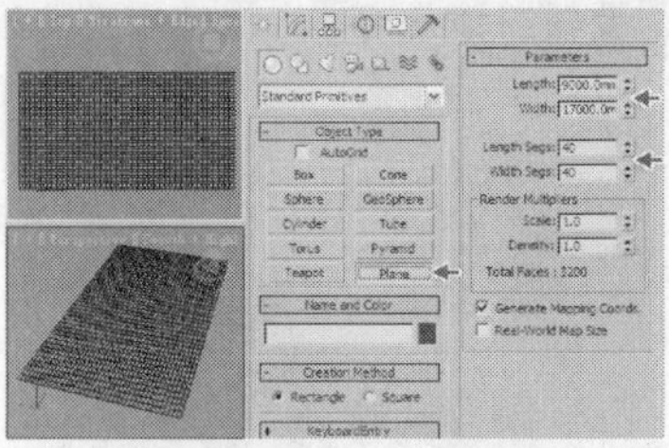

图11-10 建立地面模型

Step02 选择地面模型，在（修改）面板中为其添加 Noise（噪波）命令，再设置 *x* 轴值为 50、*y* 轴值为 50、*z* 轴值为 50，如图 11-11 所示。

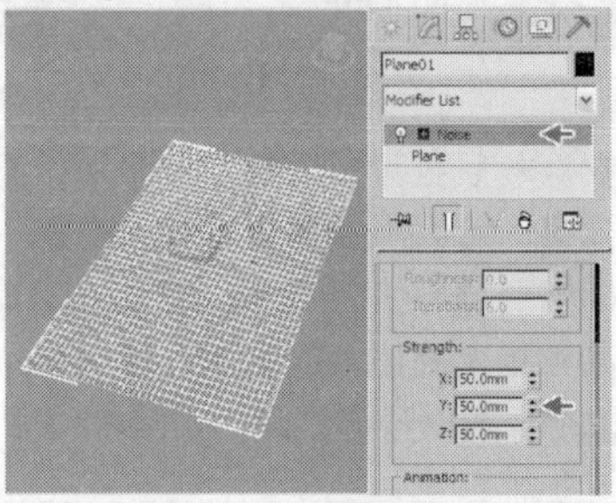

图11-11 添加噪波命令

Step03 在（创建）面板的（图形）中选择 Splines（样条线）下的 Line（线）命令按钮，然后在 Top（顶）视图中绘制出砖墙图形，在（修改）面板中添加 Extrude（挤出）命令，再设置 Amount（数量）为 700，制作出砖墙的模型，如图 11-12 所示。

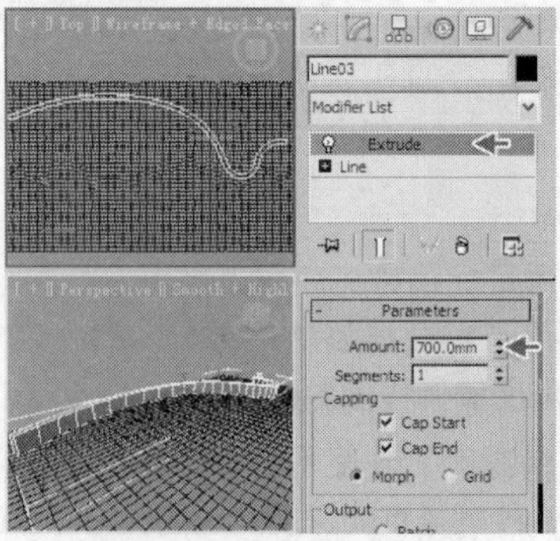

图11-12 建立砖墙模型

Step04 在（创建）面板的（图形）中选择 Splines（样条线）下的 Line（线）命令按钮，然后在 Left（左）视图中绘制出秋千框架图形，单击

（修改）面板并在 Rendering（渲染）卷展栏中勾选 Enable In Renderer（在渲染中启用）和 Enable In Viewport（在视口中启用）选项，如图 11-13 所示。

图11-13 制作秋千框架模型

Step05 继续通过 Line（线）命令绘制出秋千的拉筋，然后结合 Edit Poly（可编辑多边形）命令制作出座板及其他连接件模型，如图 11-14 所示。

图11-14 制作秋千模型

Step06 在（创建）面板中选择 AEC Extended（AEC 扩展对象）下的 Foliage（植物）命令按钮，然后在 Favorite Plants（收藏植物）卷展栏中选择树种，在 Parameters（参数）卷展栏中设置 Height（高度）值为 4500、Pruning（修剪）值为 0.5，如图 11-15 所示。

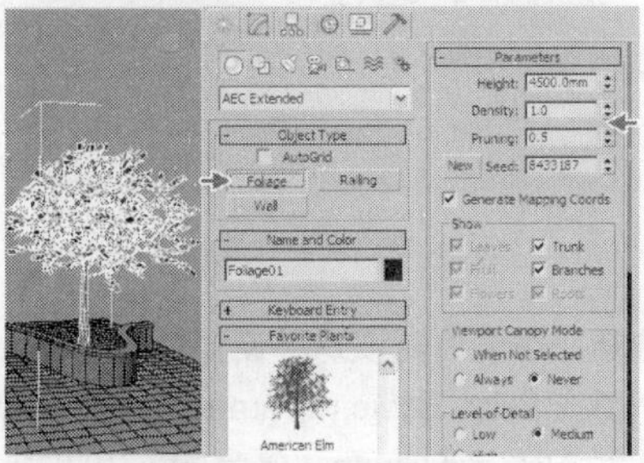

图11-15 建立场景树木

Step07 在（创建）面板的（图形）中选择 Splines（样条线）下的 Arc（弧形线）命令按钮，然后在 Top（顶）视图中建立弧形线，再单击（修改）面板，添加 Extrude（挤出）命令，制作出环境的弧度背景模型，如图 11-16 所示。

图11-16 制作背景模型

Step08 在（创建）面板中选择 AEC Extended（AEC 扩展对象）下的 Foliage（植物）命令按钮，制作出灌木模型并放置到合适的位置，如图 11-17 所示。

图11-17 制作灌木模型

Step09 选择制作好的灌木模型，结合“Shift+ 移动”组合键将其复制多个并放置到合适的位置，然后分别选择，再单击 Parameters（参数）卷展栏中的 New（新建）按钮，使植物模型产生随机的变化，使场景效果更加自然，如图 11-18 所示。

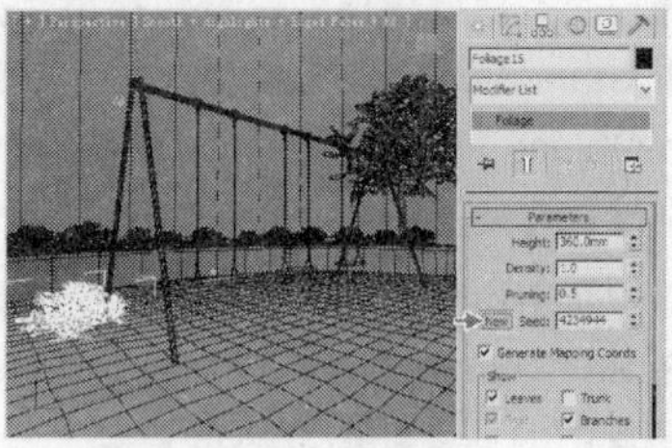

图11-18 设置模型参数

Step10 将视图切换至 Perspective（透）视图，单击主工具栏中的（快速渲染）按钮，渲染模型的效果如图 11-19 所示。

图11-19　渲染模型效果

11.5.2　场景材质设置

Step01 在主工具栏中单击（材质编辑器）按钮，选择一个空白材质球并设置名称为“地面”，然后在 Map（贴图）卷展栏中为 Diffuse Color（漫反射颜色）添加本书配套光盘中的地面贴图，如图 11-20 所示。

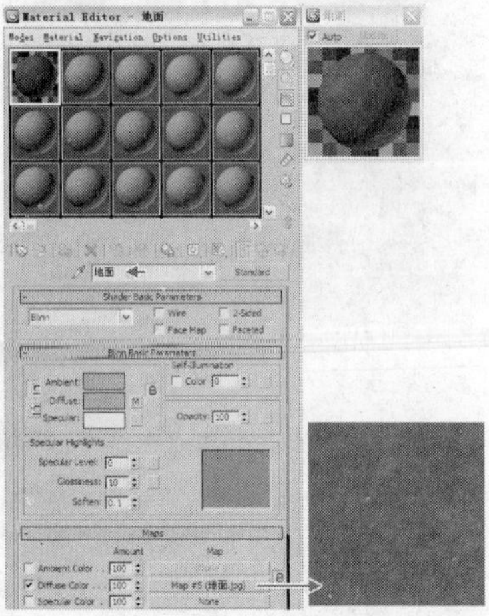

图11-20　地面材质

Step02 选择一个空白材质球并设置名称为“树”，然后单击 Standard（标准）材质按钮，选择 Multi/Sub-Object（多维 / 子对象）材质类型，然后分别设置树皮及树叶材质，如图 11-21 所示。

Step03 选择一个空白材质球并设置名称为“环境”，然后在 Self-Illumination（自发光）中添加本书配套光盘中的环境贴图，再设置自发光颜色为橘黄色，如图 11-22 所示。

图11-21　树材质

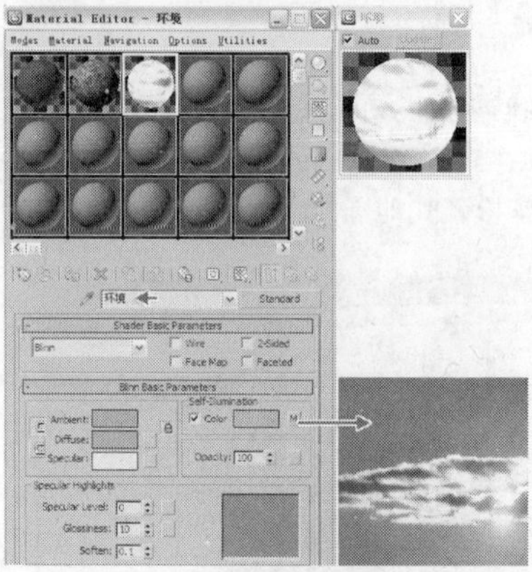

图11-22　环境材质

Step04 单击主工具栏中的（快速渲染）按钮，渲染材质的效果如图 11-23 所示。

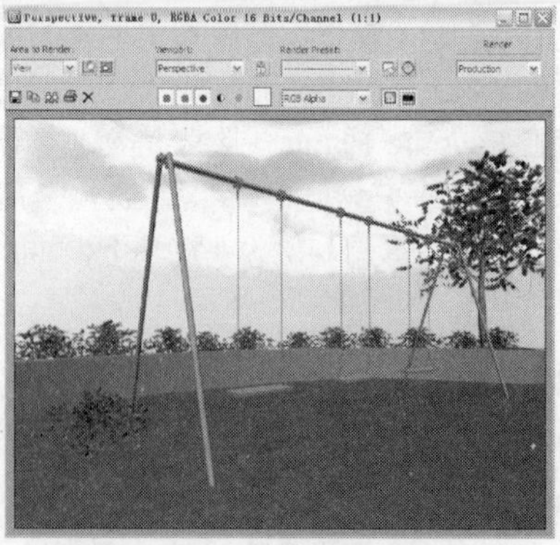

图11-23　渲染材质效果

Step05 选择一个空白材质球并设置名称为“白水泥”，然后在 Blinn Basic Parameters（基本参数）卷展栏中设置 Diffuse（漫反射）为白色，如图 11-24 所示。

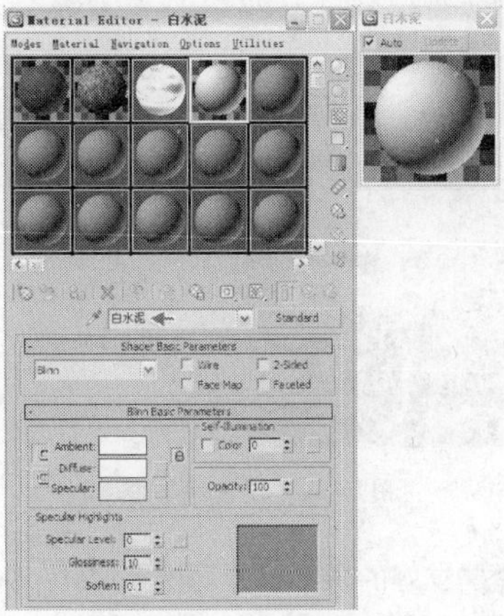

图11-24　白水泥材质

Step06 选择一个空白材质球并设置名称为“砖墙”，在Blinn Basic Parameters（基本参数）卷展栏中设置Specular level（高光级别）值为10、Glossiness（光泽度）值为10，然后在Map（贴图）卷展栏中为Diffuse Color（漫反射颜色）添加本书配套光盘中的砖墙贴图，如图11-25所示。

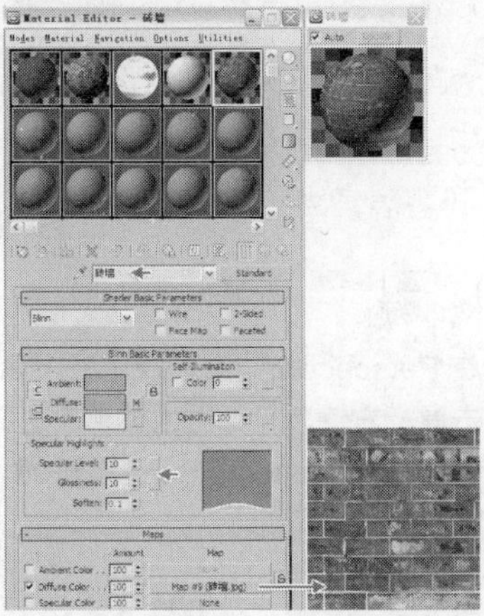

图11-25　砖墙材质

Step07 选择一个空白材质球并设置名称为“秋千拉筋”，然后在Blinn Basic Parameters（基本参数）卷展栏中设置Diffuse（漫反射）为深灰色、设置Specular Level（高光级别）值为50、Glossiness（光泽度）值为10，如图11-26所示。

Step08 选择一个空白材质球并设置名称为“秋千框架油漆”，然后在Blinn Basic Parameters（基本参数）卷展栏中设置Diffuse（漫反射）为咖啡色、设置Specular level（高光级别）值为45、Glossiness（光泽度）值为20，如图11-27所示。

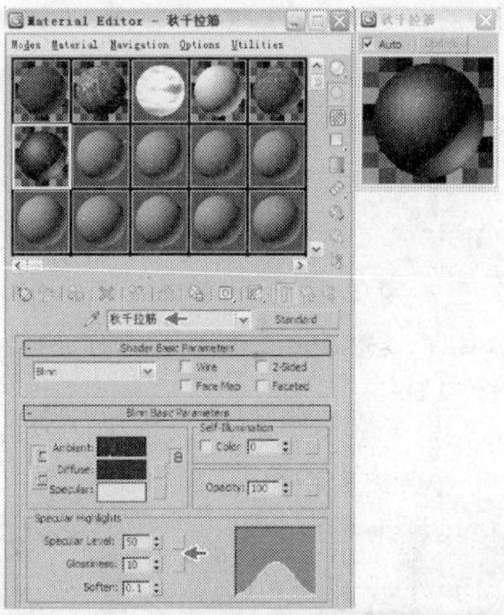

图11-26　秋千拉筋材质

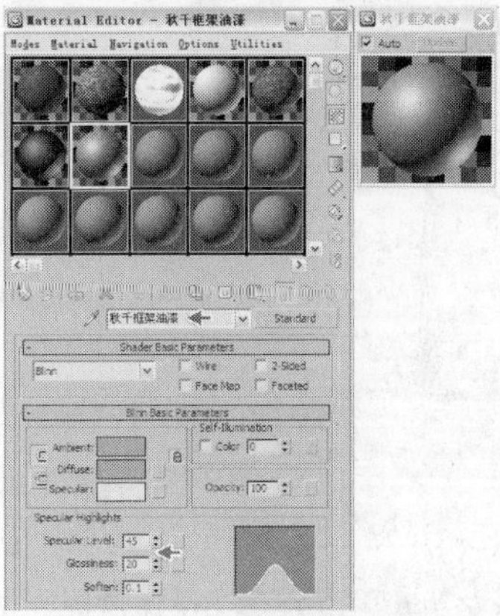

图11-27　秋千框架油漆材质

Step09 选择一个空白材质球并设置名称为“秋千座板”，在Blinn Basic Parameters（基本参数）卷展栏中设置Specular Level（高光级别）值为15、Glossiness（光泽度）值为10，然后在Map（贴图）卷展栏中为Diffuse Color（漫反射颜色）添加本书配套光盘中的木纹贴图，如图11-28所示。

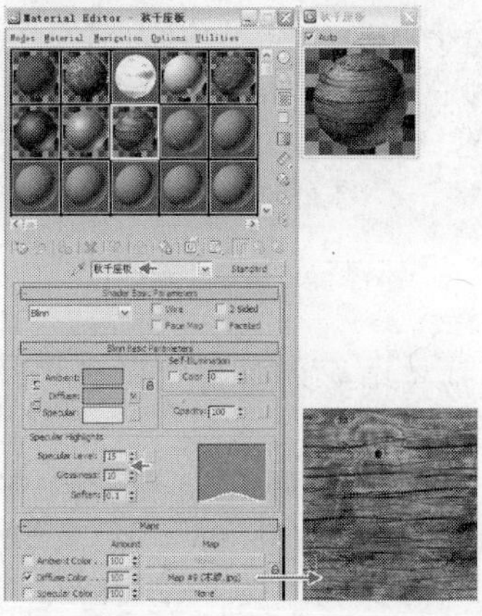

图11-28　秋千座板材质

Step10 选择一个空白材质球并设置名称为“秋千拉筋辅件”，在 Shader Basic Parameters（明暗器基本参数）卷展栏中设置 Anisotropic（各项异性）为 Metal（金属）类型，在 Metal Basic Parameters（基本参数）卷展栏中设置 Diffuse（漫反射）为土黄色、Specular Level（高光级别）值为 400、Glossiness（光泽度）值为 32，如图 11-29 所示。

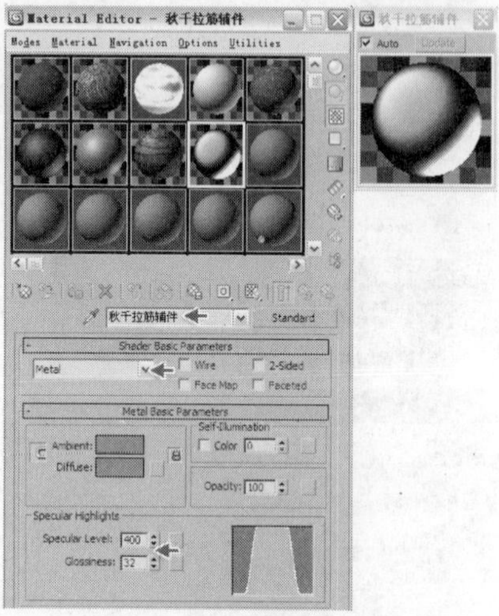

图11-29　秋千拉筋辅件材质

Step11 单击主工具栏中的（快速渲染）按钮，渲染材质的效果如图 11-30 所示。

图11-30　渲染材质效果

11.5.3　场景摄影机设置

Step01 单击（创建）面板（摄影机）中 Standard（标准）面板下的 Target（目标摄影机）命令按钮，然后在 Front（前）视图中建立一个目标摄影机，如图 11-31 所示。

图11-31　建立摄影机

Step02 选择建立好的摄影机并切换至 Perspective（透视图，然后在菜单中选择【Views（视图)】→【Create Camera From View（从视图创建摄影机)】命令，将摄影机匹配到当前视图的位置，如图 11-32 所示。

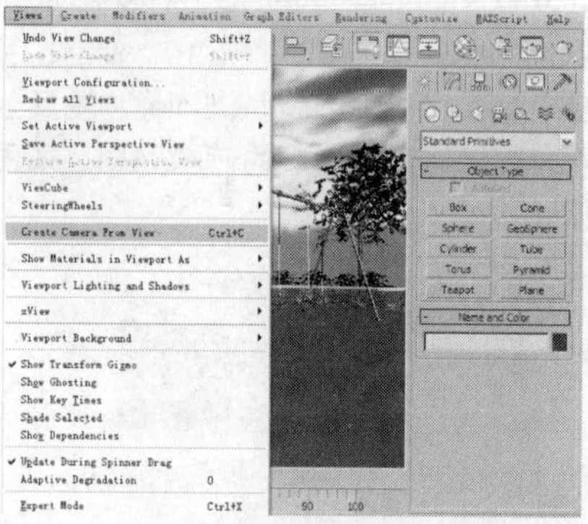

图11-32　匹配场景摄影机

Step03 继续在 Perspective（透）视图左上角提示文字处单击鼠标右键，在弹出的菜单中选择【Views（视图)】→【Camera01（摄影机)】选项，如图 11-33 所示。

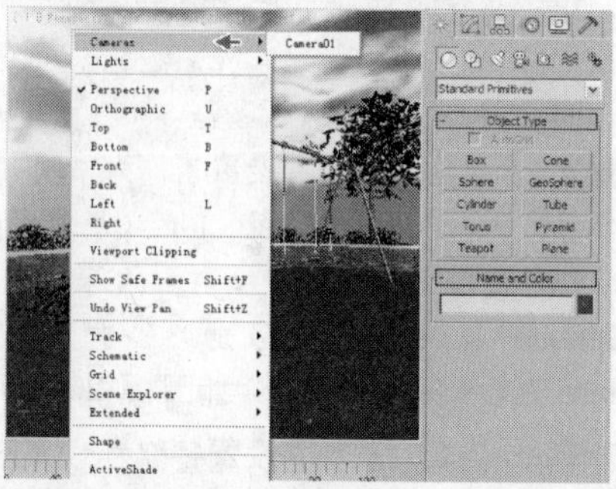

图11-33　切换摄影机视图

Step04 单击主工具栏中的（快速渲染）按钮，渲染摄影机的效果，如图 11-34 所示。

图11-34 渲染场景效果

Step05 在Top（顶）视图中选择建立好的摄影机，在（修改）面板中开启Enable（启用）选项，然后再设置Target Distance（目标距离）值为4000，如图11-35所示。

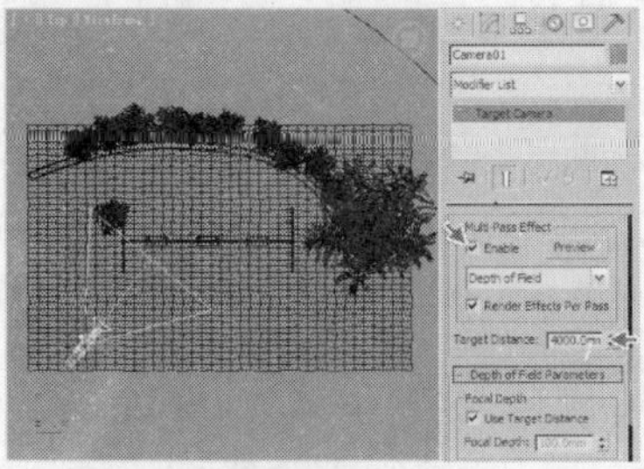

图11-35 设置景深参数

Step06 将视图切换至Perspective（透）视图，单击Preview（预览）命令按钮，在Perspective（透）视图中观看当前的景深效果，如图11-36所示。

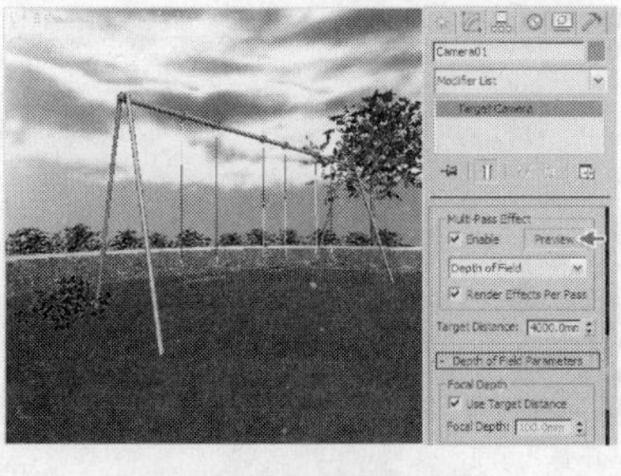

图11-36 预览景深效果

Step07 继续在Perspective（透）视图中设置Depth of Field Parameters（景深参数）卷展栏中的Total Passes（过程总数）值为8、Sample Radius（采样半径）值为30，如图11-37所示。

Step08 继续在Perspective（透）视图中再次单击Preview（预览）命令按钮，在Perspective（透）视图中观看景深效果，如图11-38所示。

图11-37 设置景深参数

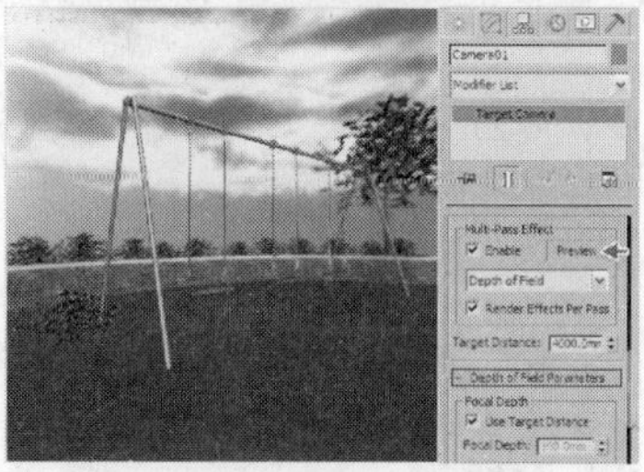

图11-38 预览景深效果

Step09 单击主工具栏中的（快速渲染）按钮，渲染景深的效果如图11-39所示。

图11-39 渲染景深效果

11.5.4 灯光设置与渲染

Step01 在（创建）面板的（灯光）中单击Standard（标准）下的Target Direct（目标平行光）命令按钮，然后在Front（前）视图中建立并调整到合适的位置，如图11-40所示。

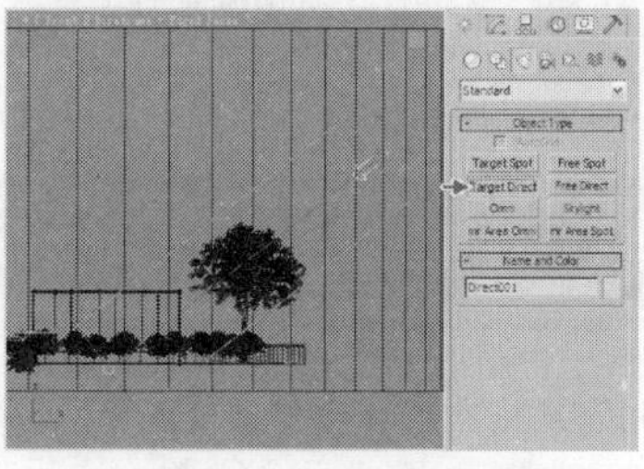

图11-40 建立主要光源

Step02 选择建立好的目标平行光，在（修改）面板中的 General Parameters（全局参数）卷展栏中开启阴影并设置阴影类型为 Ray Traced Shadow（光影追踪阴影），在 Intensity/Color/Attenuation（强度 / 颜色 / 衰减）卷展栏中设置 Multipler（倍增）值为6、颜色为黄色，在 Directional Parameters（平行光参数）卷展栏中设置 Hotspot/Beam（聚光区 / 光束）值为 500、Falloff/Field（衰减区 / 区域）值为 15000，如图 11-41 所示。

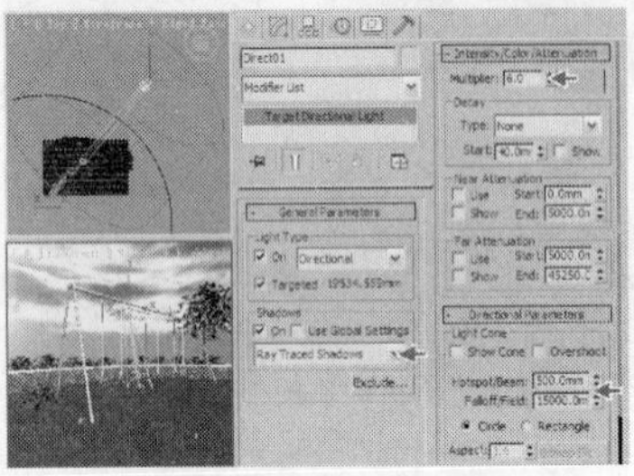

图11-41　设置灯光参数

Step03 在（创建）面板的（灯光）中选择 Standard（标准）下的 Target Spot（目标聚光灯）命令按钮，然后在 Front（前）视图中建立目标聚光灯并将其调整到合适的位置，如图 11-42 所示。

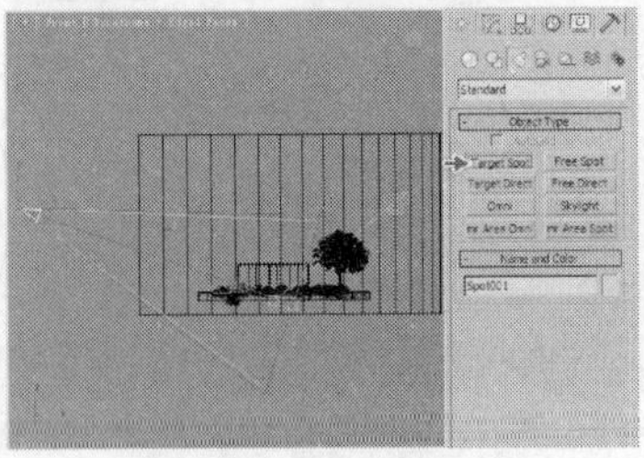

图11-42　建立辅助灯光

Step04 选择建立好的目标聚光灯，在（修改）面板中的 Intensity/Color/Attenuation（强度 / 颜色 / 衰减）卷展栏中设置 Multipler（倍增）值为 0.3、颜色设为淡蓝色，在 Spotlight Parameters（聚光灯参数）卷展栏中设置 Hotspot/Beam（聚光区 / 光束）值为 5、Falloff/Field（衰减区 / 区域）值为 60，如图 11-43 所示。

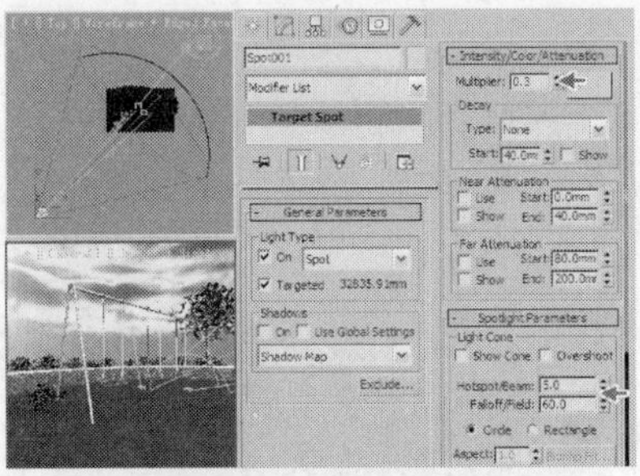

图11-43　设置灯光参数

Step05 选择调整好的目标聚光灯，结合“Shift+ 移动”组合键对其进行复制操作，如图 11-44 所示。

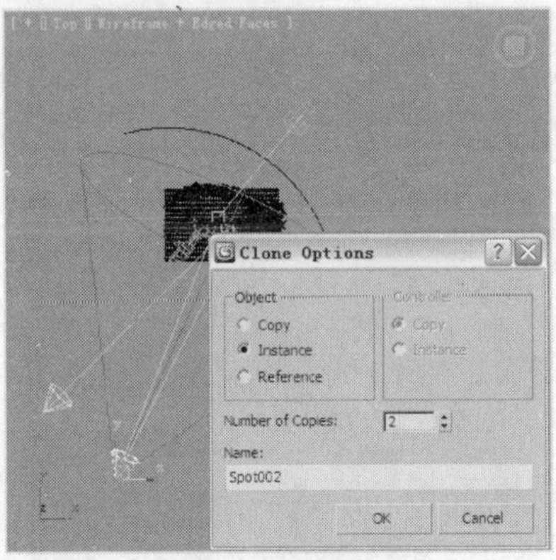

图11-44　复制辅助灯光

Step06 单击主工具栏中的（快速渲染）按钮，渲染景深最终效果如图 11-45 所示。

图11-45　渲染最终效果

11.6 本章小结

摄影机可从特定的观察点表现场景。通过本章的学习可以掌握场景摄影的建立、匹配和参数控制，通过摄影机的使用类型来提高三维作品的真实性。

第 12 章 渲染器

本章内容

- 扫描线渲染器
- mental ray渲染器
- 范例——鸡尾酒杯
- 范例——阳光餐厅

通过渲染可将颜色、阴影、照明等效果加入到几何体中，从而可以使用所设置的灯光、所应用的材质及环境设置（如背景和大气）为场景的几何体着色。使用“渲染场景”对话框以创建渲染并将其保存到文件中。渲染效果也会显示在渲染帧窗口中。

3ds Max附带了3种渲染器。其他渲染器可作为第三方插件组件提供。3ds Max 附带的渲染器包括默认扫描线渲染器、mental ray渲染器和VUE文件渲染器。

用于渲染的主命令位于主工具栏。调用这些命令的另一种方法是使用默认的渲染菜单，该菜单包含与渲染相关的其他命令，如图12-1所示。

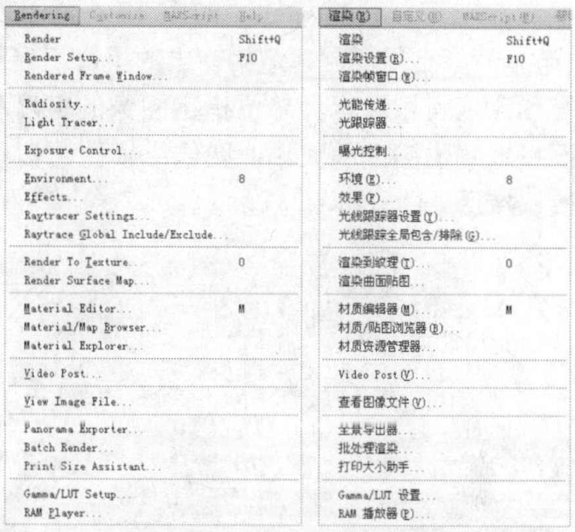

图12-1　渲染工具与命令

12.1 扫描线渲染器

扫描线渲染器是默认的渲染器。在默认情况下，通过渲染场景对话框或 Video Post 渲染场景时，可以使用扫描线渲染器。材质编辑器也可以使用扫描线渲染器显示各种材质和贴图。

在主工具栏上单击（渲染场景）按钮或按下键盘 F10 键将开启 Render Scene（渲染场景）对话框，如图 12-2 所示。

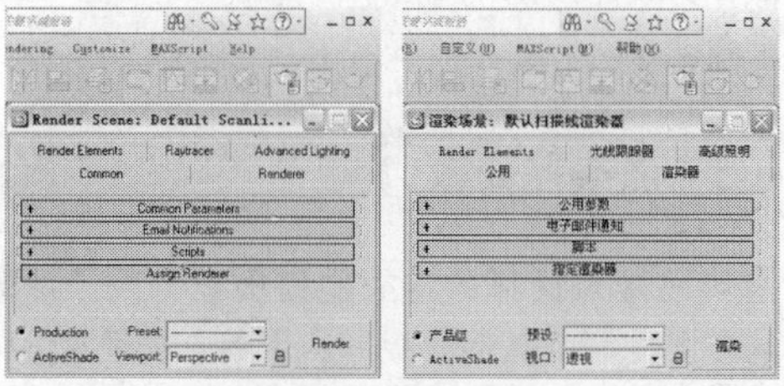

图12-2　渲染场景对话框

公用面板包含适用于任何渲染的控制及用于选择渲染器的控制，其中有公用参数卷展栏、电子邮件通知卷展栏、脚本卷展栏和指定渲染器卷展栏。

12.1.1 公用参数卷展栏

公用参数卷展栏用于设置所有渲染器的公用参数，如图 12-3 所示。

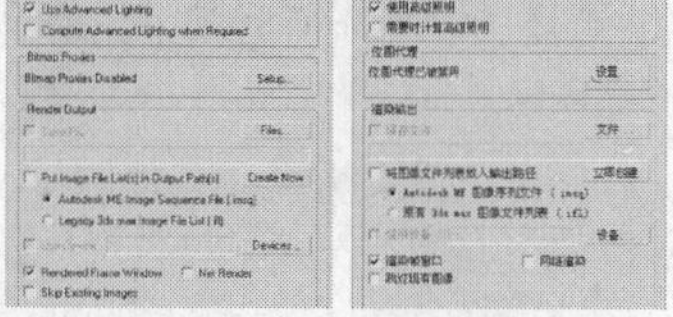

图12-3　公用参数卷展栏

- 时间输出：其中单帧表示仅渲染当前显示帧，活动时间段为显示在时间滑块内的当前帧范围。范围是指定两个数字之间的所有帧。帧可以指定非连续帧，帧与帧之间用逗号隔开（例如 2,5）；也可以指定连续的帧范围，用连字符相连（例如 0-5）。文件起始编号是指定起始文件的编号，从这个编号开始递增文件名。每 *N* 帧相隔几帧渲染一次，只用于活动时间段和范围输出。

● 渲染范围：控制局部区域渲染、已选择区域渲染、视图区域渲染等方式。

● 输出大小：下拉列表中列出一些标准的电影和视频分辨率以及纵横比，如图 12-4 所示；光圈宽度（毫米）指定用于创建渲染输出的摄影机光圈宽度；宽度和高度可以像素为单位指定图像的宽度和高度，从而设置输出图像的大小；图像纵横比可以改变高度值以保持活动的分辨率正确。

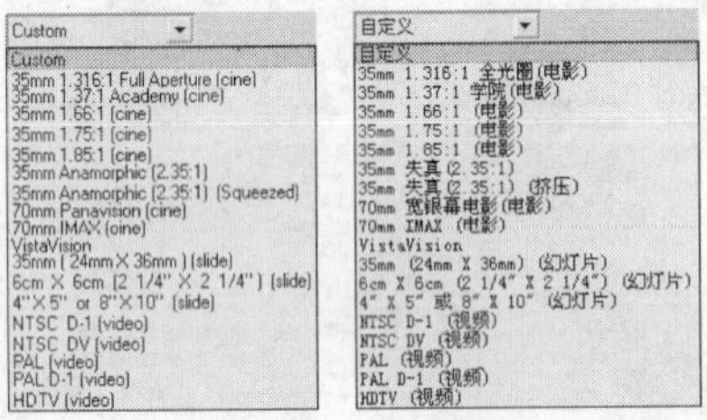

图12-4　下拉列表

● 选项：主要用于控制产生大气、效果、置换、视频颜色检查、渲染为场、渲染隐藏几何体、区域光源、阴影视点、强制双面和超级黑。

● 高级照明：可以在渲染过程中提供光能传递解决方案或光跟踪。

● 渲染输出：主要用于设置渲染输出保存文件的路径、名称和格式，还可以将渲染输出到设备上，如录像机、播出机和对编机等设备上。另外，可以使用网络渲染，在渲染时将看到网络作业分配对话框。

12.1.2　电子邮件通知卷展栏

电子邮件通知卷展栏可使渲染作业发送电子邮件通知，如网络渲染。如果启动冗长的渲染（如动画），并且不需要在系统上花费所有时间，这种通知非常实用，如图 12-5 所示。

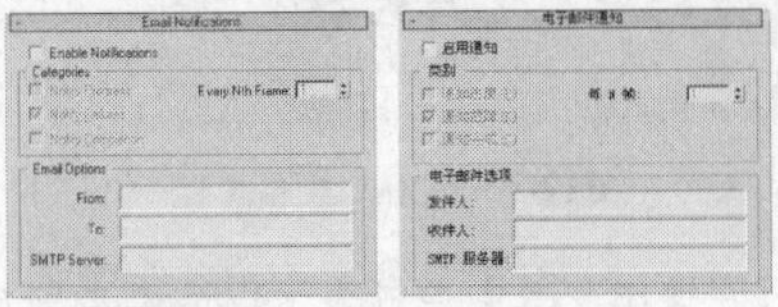

图12-5　电子邮件通知卷展栏

12.1.3　脚本卷展栏

脚本卷展栏可进行预渲染和渲染后期操作，如图 12-6 所示。

图12-6　脚本卷展栏

12.1.4　指定渲染器卷展栏

指定渲染器卷展栏会显示指定给不同类别的渲染器，如图 12-7 所示。

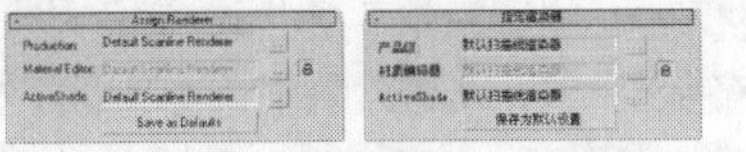

图12-7　指定渲染器卷展栏

● 选择渲染器：单击带有省略号的按钮可更改渲染器指定，此按钮会显示选择渲染器对话框，如图 12-8 所示。

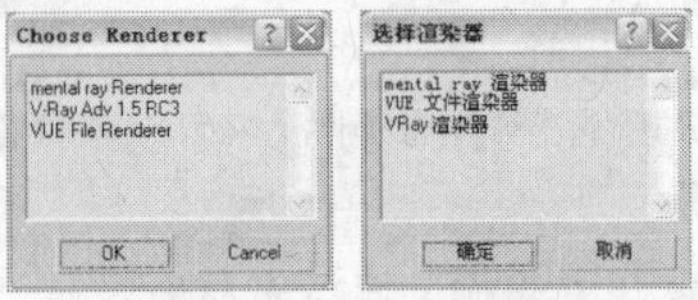

图12-8　选择渲染器

● 材质编辑器：选择用于渲染材质编辑器中示例窗的渲染器。

● 活动暗部阴影：选择用于预览场景中照明和材质更改效果的暗部阴影渲染器。

● 保存为默认设置：单击该选项可将当前渲染器指定保存为默认设置，以便下次重新启动 3ds Max 时不必重做调整。

12.1.5　渲染器面板

渲染场景对话框的渲染器面板包含用于活动渲染器的主要控制。其他面板是否可用取决于某渲染器所处的活动状态。如果场景中包含动画位图（包括材质、投影灯、环境等），则每个帧将一次重新加载一个动画文件；如果场景使用多个动画，或者动画本身是大文件，则将降低渲染性能。渲染器面板如图 12-9 所示。

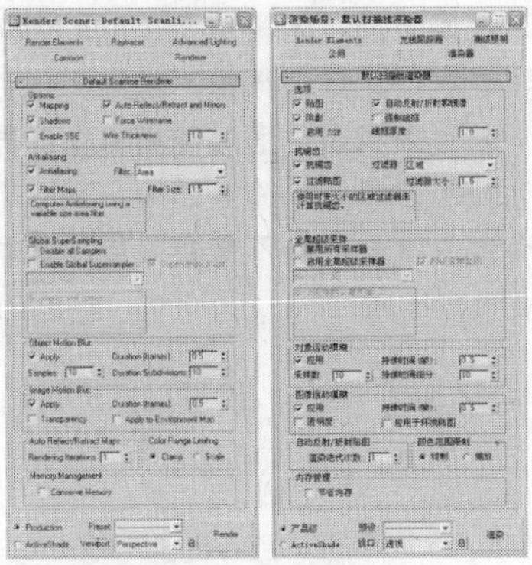

图12-9　渲染器面板

● 选项：该组提供了贴图、自动反射、折射、镜像、阴影、强制线框和启用 SSE 等控制项目。

● 抗锯齿：抗锯齿平滑渲染可以产生对角线或弯曲线条的锯齿状边缘，只有在渲染测试图像或者渲染速度比图像质量更重要时才禁用该选项。在过滤器下拉列表中可以选择高质量的过滤器，将其应用到渲染上，如图 12-10 所示。

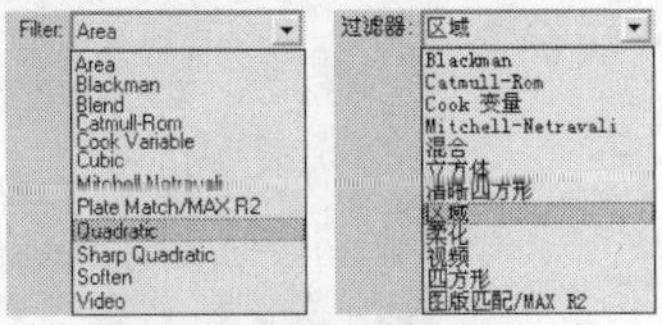

图12-10　过滤器下拉列表

● 全局超级采样：用于设置全局超级采样器、采样贴图和采样方法。

● 对象运动模糊：通过为对象设置属性对话框中的对象，决定对哪个对象应用对象运动模糊，如图 12-11 所示。

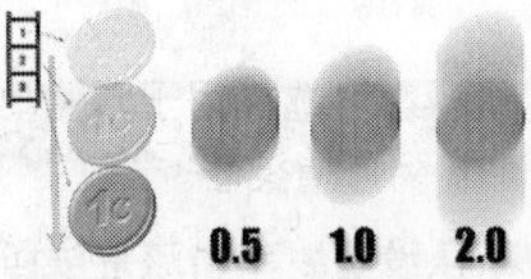

图12-11　持续时间

● 图像运动模糊：通过创建拖影效果而不是多个图像来模糊对象，它会考虑摄影机的移动。图像运动模糊是在扫描线渲染完成之后应用的。

● 自动反射 / 折射贴图：用于设置对象间在非平面自动反射贴图上的反射次数。虽然增加该值有时可以改善图像质量，但是这样做也将增加反射的渲染时间。

● 颜色范围限制：通过切换钳制或缩放来处理超出范围（0 ～ 1）的颜色分量（RGB），颜色范围限制允许用户处理亮度过高的问题。

● 内存管理：启用节省内存选项后，可以使渲染占用更少的内存但会增加一点内存时间。

12.1.6　高级照明面板

高级照明用于选择一个高级照明选项。默认扫描线渲染器提供两个选项，分别是光跟踪器和光能传递选项，如图 12-12 所示。

图12-12　高级照明面板

Light Tracer（光跟踪器）为明亮场景（比如室外场景）提供柔和边缘的阴影和映色，效果如图 12-13 所示。

图12-13　光跟踪器效果

与光能传递不同，光跟踪器并不试图创建物理上精确的模型，而是可以方便地对其进行设置，参数卷展栏如图 12-14 所示。

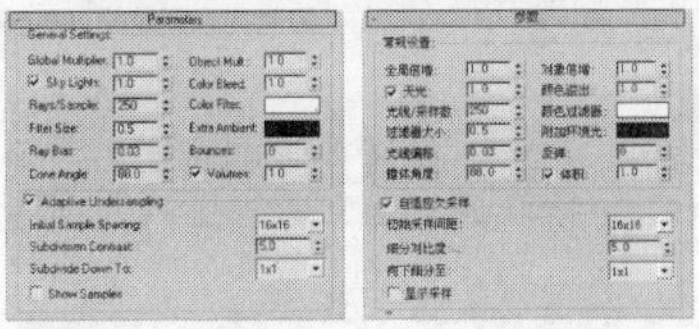

图12-14　光跟踪器的参数卷展栏

Radiosity（光能传递）是一种渲染技术，它可以真实地模拟灯光在环境中相互作用的情况，效果如图 12-15 所示。

3ds Max 的光能传递技术在场景中可生成更精确的照明光度学模拟。像间接照明、柔和阴影和曲面间的映色等效果可以生成自然逼真的图像，而这样真实的图像是无法用标准扫描线渲染得到的。光能传递卷展栏如图 12-16 所示。

图12-15　光能传递

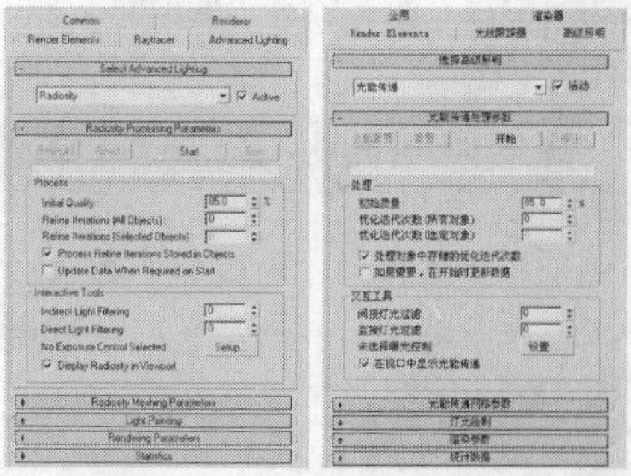

图12-16　光能传递卷展栏

通过与光能传递技术相结合，3ds Max 也提供真实世界的照明接口。灯光强度不指定为任意值，而是使用光度学单位来指定。通过使用真实世界的照明接口，可以直观地在场景中设置照明。可以将更多注意力集中在设计浏览上，而不需要采用精确显示图像需要的计算机图形技术。

12.2 mental ray渲染器

来自 mental images 的 mental ray 渲染器是一种通用渲染器，它可以生成灯光效果的物理校正模拟，包括光线跟踪反射和折射、焦散和全局照明。

在指定渲染器卷展栏可以指定 mental ray 渲染器，选择渲染器产品级的 按钮，在弹出的选择渲染器对话框中指定选择 mental ray 渲染器，如图 12-17 所示。

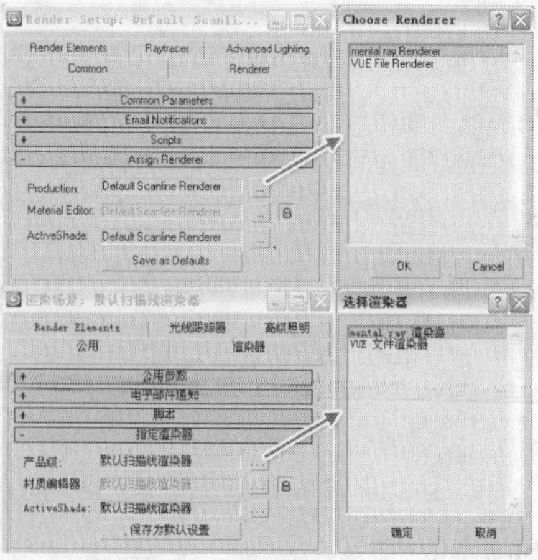

图12-17　选择mental ray渲染器

12.2.1 采样质量卷展栏

采样质量卷展栏中的控制可影响 mental ray 渲染器如何执行采样，如图 12-18 所示。

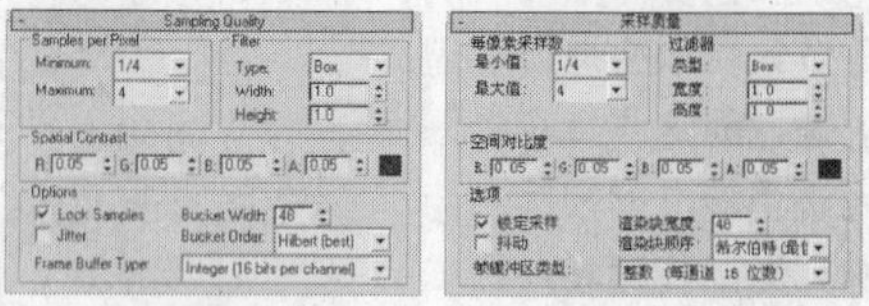

图12-18　采样质量卷展栏

采样是一种抗锯齿技术，可以为每种渲染像素提供最有可能的颜色，如图 12-19 所示。

图12-19　采样效果

12.2.2 渲染算法卷展栏

渲染算法卷展栏上的控制用于选择是使用光线跟踪进行渲染，还是使用扫描线渲染进行渲染，或者两者都使用；也可以选择用于加速光线跟踪的方法。跟踪深度控制限制每条光线被反射、折射或两者方式处理的次数，如图 12-20 所示。

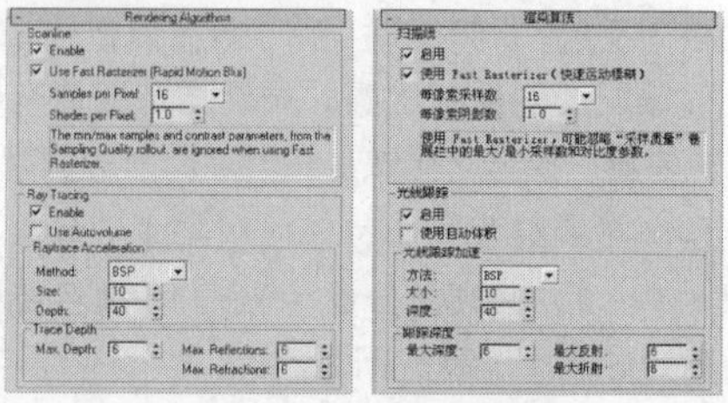

图12-20　渲染算法卷展栏

12.2.3 摄影机效果卷展栏

摄影机效果卷展栏中的控件用于控制摄影机效果，可使用 mental ray 渲染器设置景深和运动模糊，以及轮廓着色并添加摄影机明暗器，如图 12-21 所示。

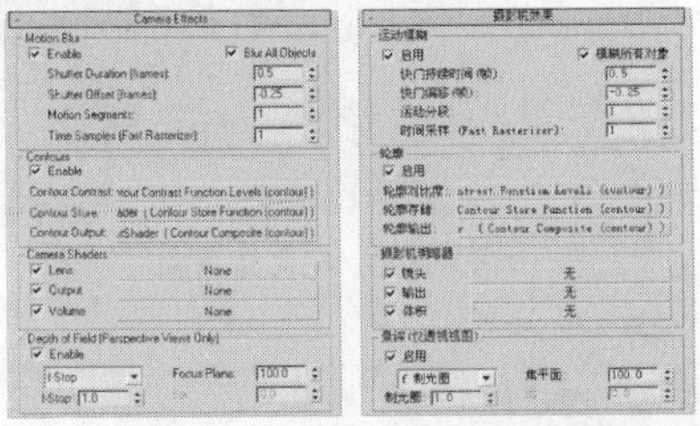

图12-21 摄影机效果卷展栏

12.2.4 阴影和置换卷展栏

阴影和置换卷展栏上的控制影响光线跟踪生成阴影和位移着色与标准材质的位移贴图置换，如图 12-22 所示。

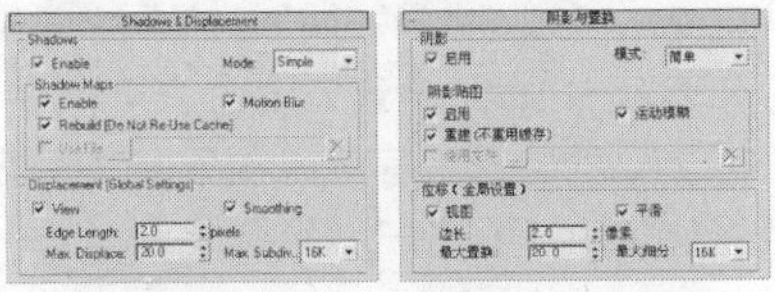

图12-22 阴影和置换卷展栏

12.2.5 焦散和全局照明卷展栏

焦散和全局照明卷展栏用于控制其他对象反射或折射之后投射在对象上所产生的焦散效果和全局照明，如图 12-23 所示。

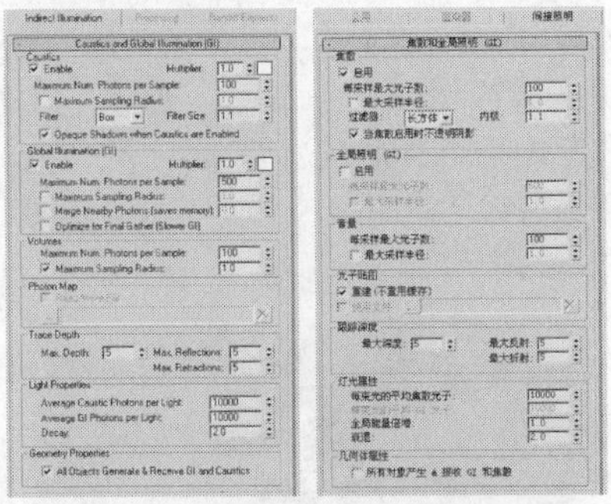

图12-23 焦散和全局照明卷展栏

12.2.6 最终聚集卷展栏

最终聚集卷展栏用于控制其他对象反射或折射之后投射在对象上所产生的焦散效果和全局照明，如图 12-24 所示。

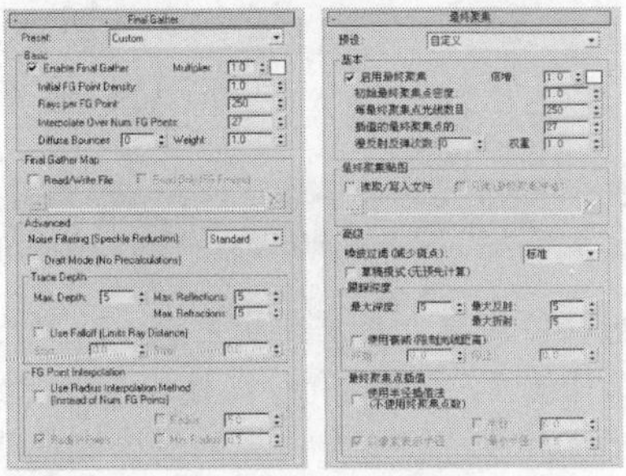

图12-24 最终聚集卷展栏

12.2.7 转换器选项卷展栏

转换器选项卷展栏主要控制将影响 mental ray 渲染器的常规操作，也控制 mental ray 转换器，此转换器可以保存到 MI 文件中，如图 12-25 所示。

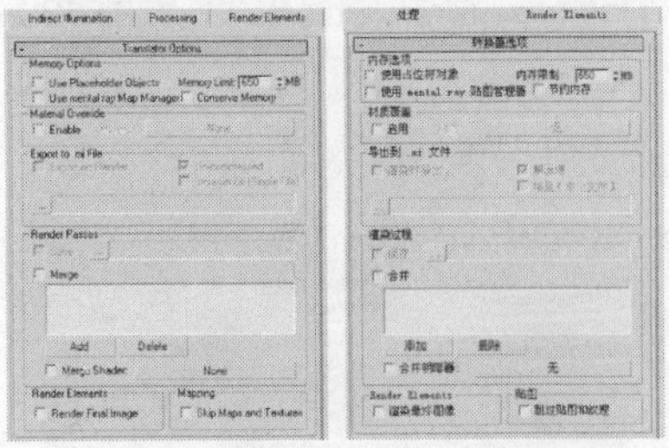

图12-25 转换器选项卷展栏

12.2.8 诊断卷展栏

诊断卷展栏上的工具有助于了解 mental ray 渲染器以某种方式行为的原因，尤其是采样率工具有助于解释渲染器的性能。这些工具中的每一个工具都生成一个渲染器，该渲染器不是照片级别真实感的图像，而是选择要进行分析功能的图解表示，如图 12-26 所示。

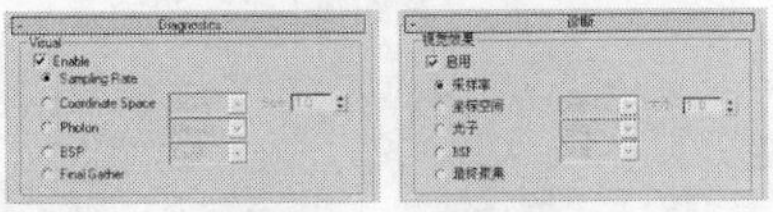

图12-26 诊断卷展栏

12.2.9 分布式块状渲染卷展栏

分布式块状渲染卷展栏用于设置和管理分布式渲染块渲染。采用分布式渲染，多个联网的系统都可以在 mental ray 渲染时运行。当渲染块可用时将指定给系统，如图 12-27 所示。

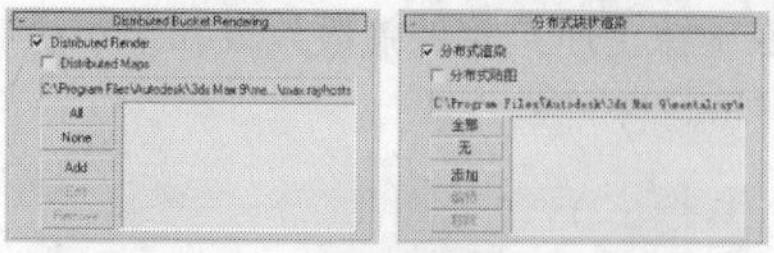

图12-27　分布式块状渲染卷展栏

12.2.10　对象属性

在选择的对象上单击鼠标右键，在弹出的四元菜单中选择属性，mental ray 面板的参数主要控制焦散的发出和接受，还有全局光的发出和接受，如图 12-28 所示。

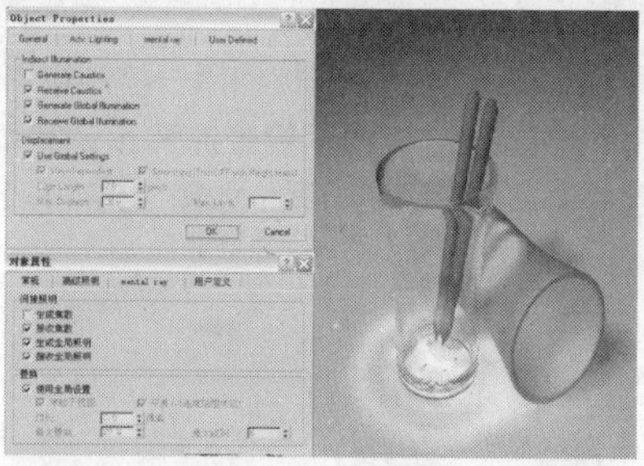

图12-28　对象属性

12.3 范例——鸡尾酒杯

【重点提要】

本范例先通过 Lathe（车削）命令旋转杯子模型，然后配合 Noise（噪波）命令完成场景的其他模型，最后运用 VRay 渲染器得到最终效果，如图 12-29 所示。

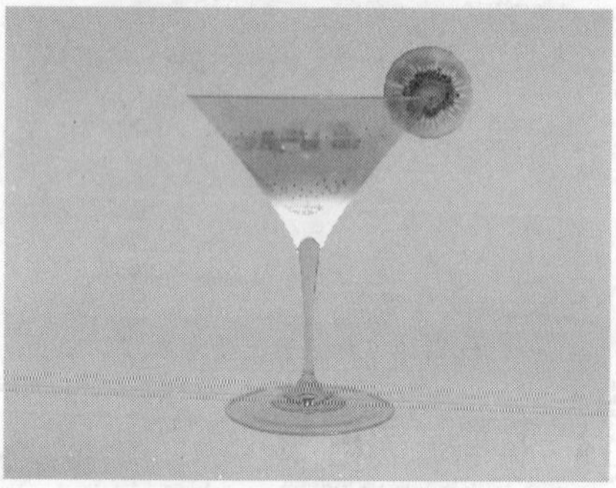

图12-29　鸡尾酒杯范例效果

【制作流程】

鸡尾酒杯范例的制作流程分为 4 部分：①场景模型制作，②场景材质设置，③场景灯光设置，④场景渲染设置，如图 12-30 所示。

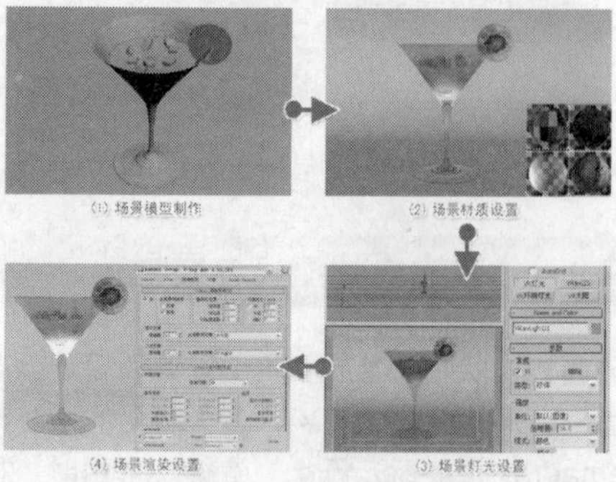

图12-30　制作流程

12.3.1　场景模型制作

Step01 在（创建）面板的（几何体）中单击 Extended Primitives（扩展几何体）下的 Chamfer Box（切角长方体）命令按钮，建立后设置 Length（长度）值为 1300、Width（宽度）值为 2200、Height（高度）值为 750、Fillet（圆角）值为 200 的切角，完成鸡尾酒杯的环境包裹模型的创建，如图 12-31 所示。

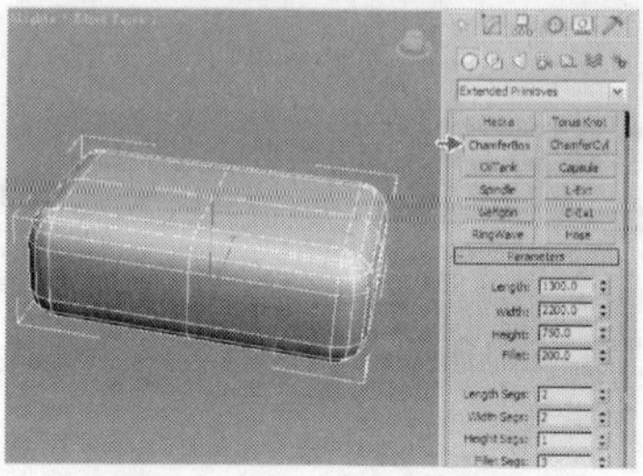

图12-31　制作环境包裹

Step02 切换至 Front（前）视图，在（创建）面板的图形中 Splines（样条线）下的 Line（线）命令按钮，然后绘制出杯子的半侧图形，如图 12-32 所示。

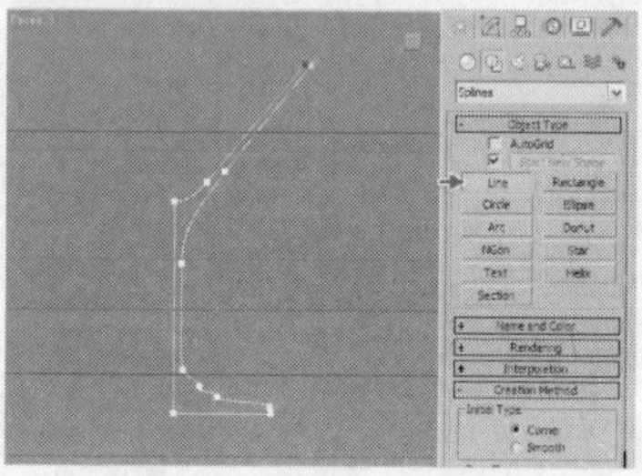

图12-32　绘制杯子图形

Step03 选择绘制好的杯子半侧图形，在（修改）面板中为其添加 Lathe（车削）命令，然后设置 Align（对齐）为 Min（最小）方式，使半侧图形沿左侧进行 360° 的旋转，如图 12-33 所示。

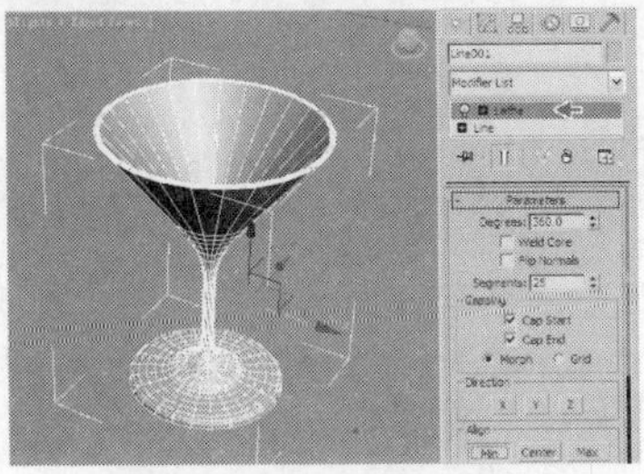

图12-33　添加车削命令

Step04 继续在 Front（前）视图中使用 Line（线）命令按钮绘制酒水的半侧图形，然后在（修改）面板中同样添加 Lathe（车削）命令，设置 Align（对齐）为 Min（最小）方式旋转出酒水的模型，如图 12-34 所示。

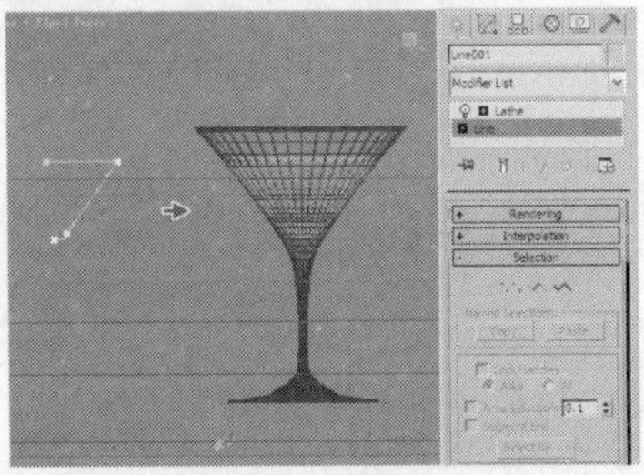

图12-34　制作酒水模型

Step05 在（创建）面板的（几何体）中单击 Extended Primitives（扩展几何体）下的 Chamfer Box（切角长方体）命令按钮，建立后在（修改）面板中添加 Noise（噪波）命令，然后设置 Strength（强度）中 x 轴值为 10、y 轴值为 9、z 轴值为 5，作为漂浮在酒水表面的冰块模型，如图 12-35 所示。

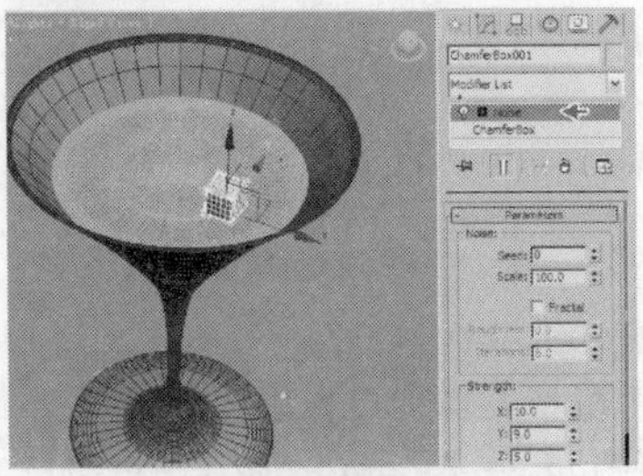

图12-35　制作冰块模型

Step06 选择制作好的冰块模型，然后结合“Shift+ 移动”组合键将其复制多个，再散落放置在杯子中，如图 12-36 所示。

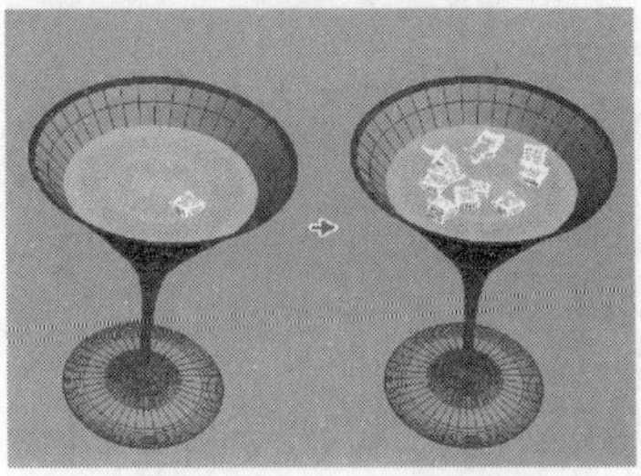

图12-36　复制冰块模型

Step07 在（创建）面板的（几何体）中单击 Standard Primitives（标准几何体）面板下的 Sphere（球体）命令按钮，然后结合“Shift+ 移动”组合键将其复制多个，散落放置在杯中作为酒水中的杂质模型，如图 12-37 所示。

图12-37　制作杂质模型

Step08 在（创建）面板的（几何体）中单击 Standard Primitives（标准几何体）面板下的 Cylinder（圆柱体）命令按钮，然后在（修改）面板中添加 Noise（噪波）命令，作为夹在杯子上的弥猴桃果片模型，如图 12-38 所示。

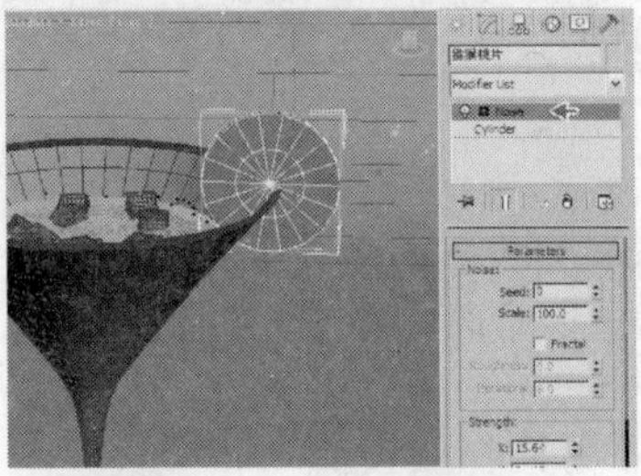

图12-38　制作果片模型

Step09 选择果片模型，然后在（修改）面板中添加 Edit Poly（可编辑多边形）命令，激活编辑多边形命令并切换至 Polygon（多边形）模式选择两侧的面，在 Polygon Material IDs（多边形属性）卷展栏中设置 Set ID（设置 ID）值为 1，如图 12-39 所示。

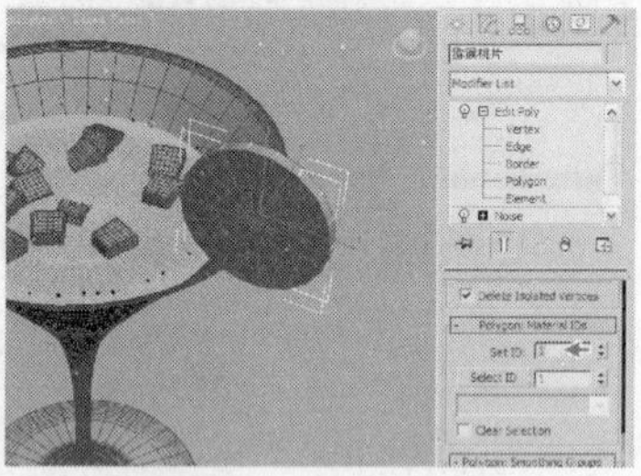

图12-39 设置材质ID1

Step10 继续使用 Polygon（多边形）模式选择圆周的一圈面，然后在 Polygon Material IDs（多边形属性）卷展栏中设置 Set ID（设置 ID）值为 2，如图 12-40 所示。

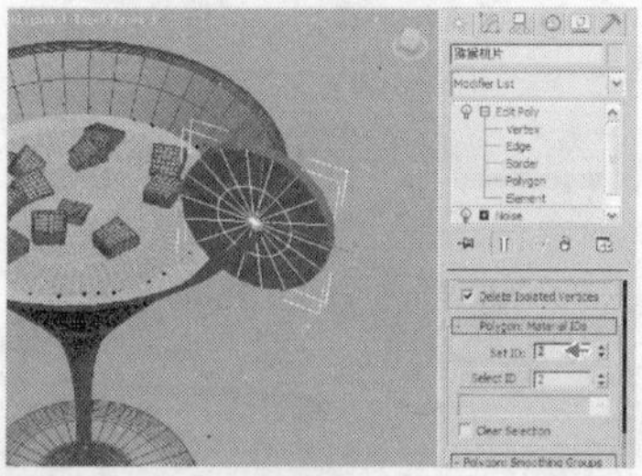

图12-40 设置材质ID2

Step11 将视图切换至 Perspective（透）视图，调节场景中酒杯、酒水、冰块、杂质和果片的关系，完成的模型效果如图 12-41 所示。

图12-41 模型效果

12.3.2 场景材质设置

Step01 单击主工具栏中的（渲染设置）按钮，在弹出的渲染设置对话框中将 Assign Renderer（指定渲染器）卷展栏中设置渲染器为 V-Ray Adv 1.50.SP4，如图 12-42 所示。

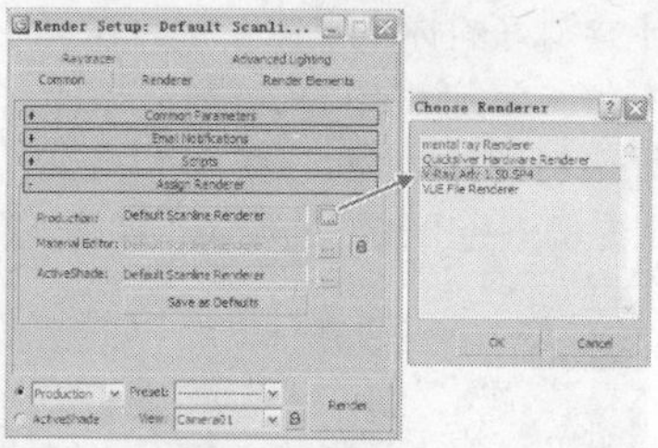

图12-42 指定渲染器

Step02 单击（创建）面板的（摄影机）中 Standard（标准）面板下的 Target（目标摄影机）命令按钮，然后在 Perspective（透）视图中建立目标摄影机，如图 12-43 所示。

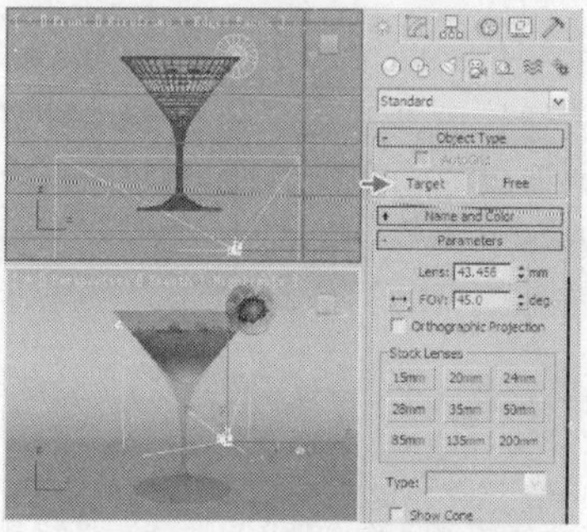

图12-43 建立场景摄影机

Step03 选择建立好的摄影机，保持在 Perspective（透）视图中再选择菜单中【Views（视图）】→【Create Camera From View（从视图创建摄像机）】命令，将摄影机匹配到当前视图的位置，如图 12-44 所示。

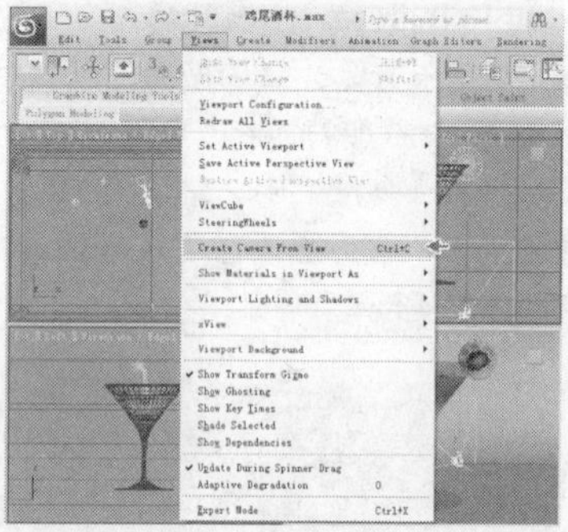

图12-44 匹配场景摄影机

Step04 在 Perspective（透）视图左上角提示文字处单击鼠标右键，在弹出的菜单中选择【Views（视图）】→【Camera001（摄像机 001）】选项，将视图切换至摄影机视图，如图 12-45 所示。

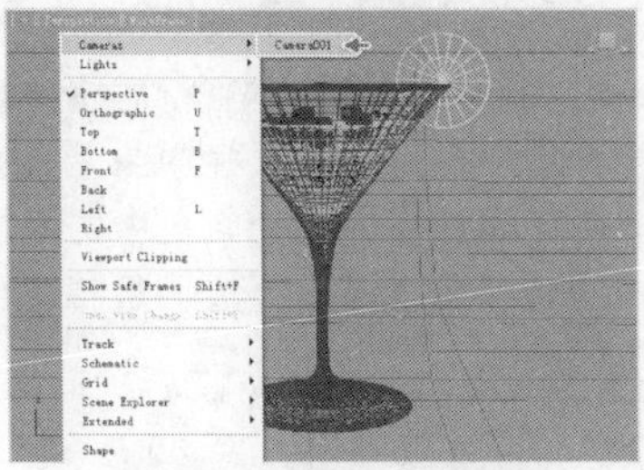

图12-45　切换摄影机视图

Step05 在主工具栏中单击（材质编辑器）按钮，选择一个空白材质球并设置名称为“酒杯”，单击Standard（标准）材质按钮切换至VR材质类型，如图12-46所示。

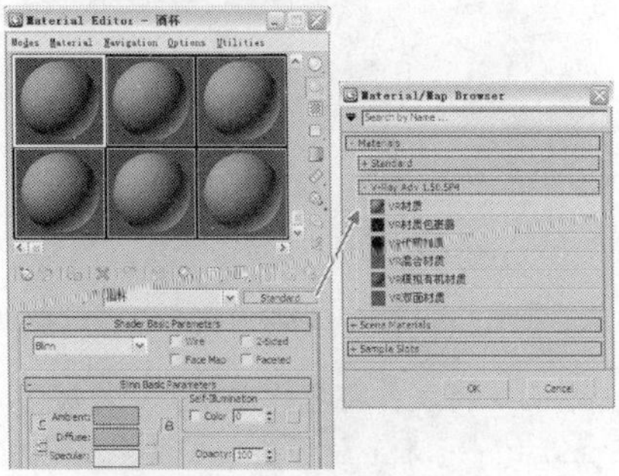

图12-46　切换VR材质

Step06 在基本参数卷展栏中设置反射颜色为白色、勾选菲涅尔反射，然后设置折射颜色为白色、光泽度为0.93、勾选影响阴影，作为透明的玻璃杯子材质，如图12-47所示。

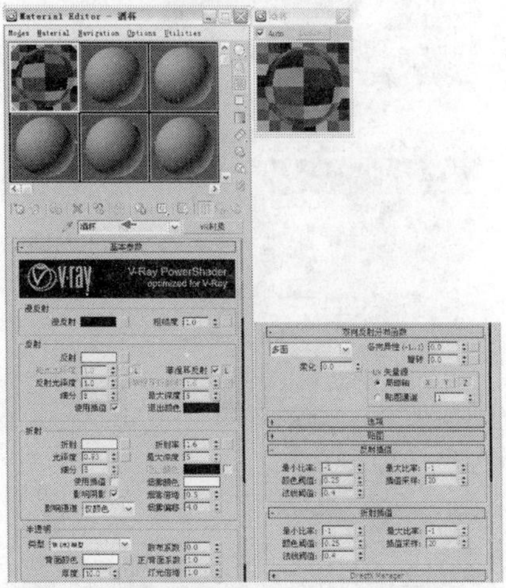

图12-47　酒杯材质

Step07 单击主工具栏中的（快速渲染）按钮，渲染酒杯玻璃材质的效果，如图12-48所示。

图12-48　渲染材质效果

Step08 选择一个空白材质球，并设置名称为“液体”，在Shader Basic Parameters（明暗器基本参数）卷展栏中设置Anisotropic（各项异性）为Phong类型，在Phong Basic Parameters（基本参数）卷展栏中勾选Self-Illumination（自发光）并设置颜色为青色，在Map（贴图）卷展栏中为Diffuse Color（漫反射颜色贴图）、Self-Illumination（自发光贴图）、Opacity（不透明度贴图）及Filer color（过滤色贴图）添加Gradient（渐变）程序材质，如图12-49所示。

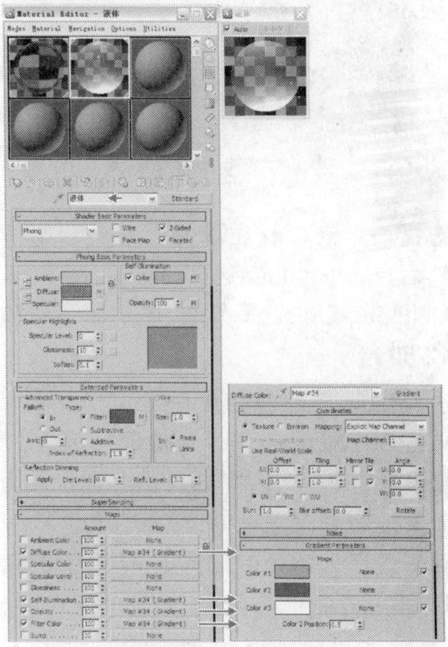

图12-49　液体材质

Step09 选择一个空白材质球并设置名称为“杂质”，单击Standard（标准）材质按钮切换至VR材质类型，然后设置基本参数卷展栏中的漫反射颜色为深褐色，作为酒水中漂浮的弥猴桃黑子材质，如图12-50所示。

Step10 单击主工具栏中的（快速渲染）按钮，渲染液体材质及杂质材质的效果，如图12-51所示。

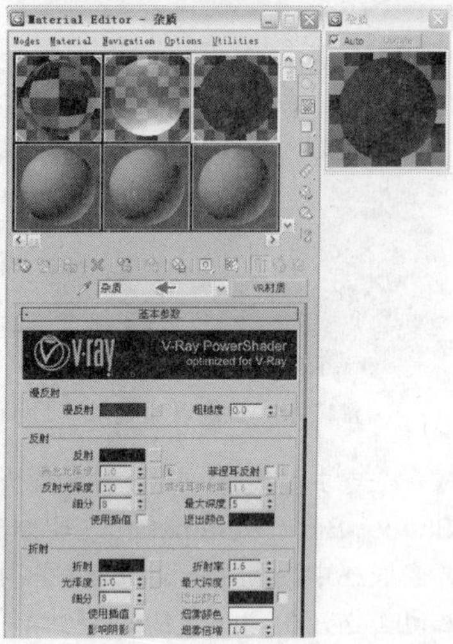

图12-50　杂质材质

图12-51　渲染材质效果

Step11 选择一个空白材质球并设置名称为“果片”，然后单击 Standard（标准）材质按钮切换至 Multi/Sub-Object（多维 / 子对象）材质，如图 12-52 所示。

Step12 进入 Multi/Sub-Object（多维 / 子对象）材质并单击 Set Number（设置数量）按钮，将 ID 数量设置为 2，然后将 ID 1 的名称设置为“侧”、ID 2 的名称设置为“边”，与 Edit Poly（可编辑多边形）命令中设置的 ID 值所对应，如图 12-53 所示。

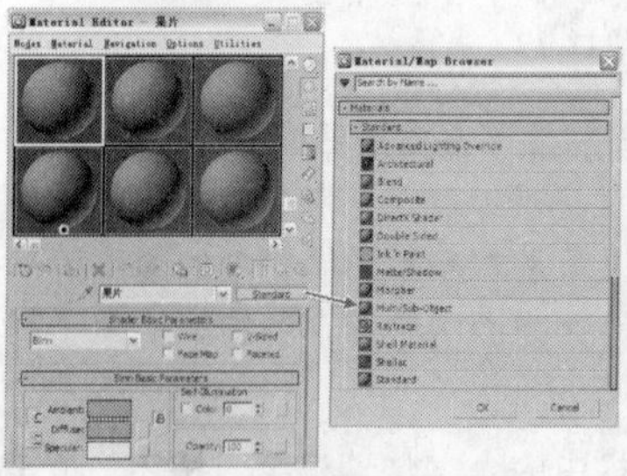

图12-52　设置材质类型

图12-53　设置材质ID

Step13 进入 ID 1 材质并将名称设置为“侧切片”，然后单击 Standard（标准）材质按钮切换至 VR 材质类型，在贴图卷展栏中为漫反射、置换、不透明度添加本书配套光盘中的弥猴桃贴图，再设置置换值为 4、不透明度值为 15，如图 12-54 所示。

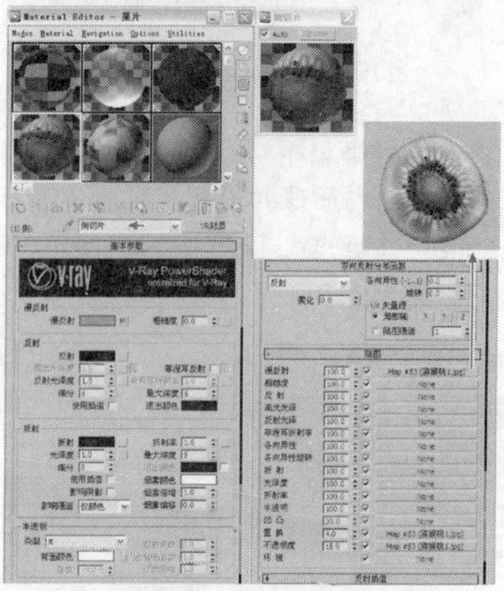

图12-54　侧切片材质

Step14 进入 ID 2 材质并将名称设置为“包裹边”，单击 Standard（标准）材质按钮切换至 VR 材质类型，然后在贴图卷展栏中为漫反射添加 Falloff（衰减）程序贴图，为置换、不透明度添加本书配套光盘中的猕猴桃 2 贴图，再设置置换值为 5、不透明度值为 6，如图 12-55 所示。

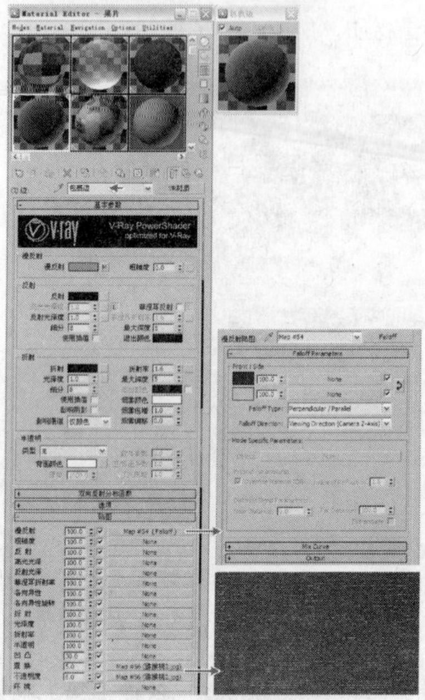

图12-55　包裹边材质

Step15 单击主工具栏中的 （快速渲染）按钮，渲染果片材质的效果如图 12-56 所示。

图12-56 渲染材质效果

12.3.3 场景灯光设置

Step01 在 （创建）面板的 （灯光）中选择 VRay 下的 VR 灯光命令按钮，然后在 Front（前）视图中建立 VR 灯光并将其调整到合适的位置，如图 12-57 所示。

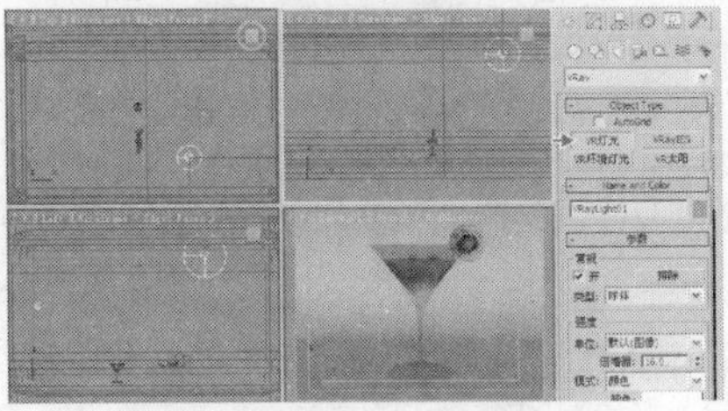

图12-57 建立VR灯光

Step02 选择建立好的 VR 灯光，在 （修改）面板的参数卷展栏中设置类型为球体方式，然后设置倍增器值为 16、半径值为 84，接下来在选项中开启不可见项目，在采样中设置细分值为 50，如图 12-58 所示。

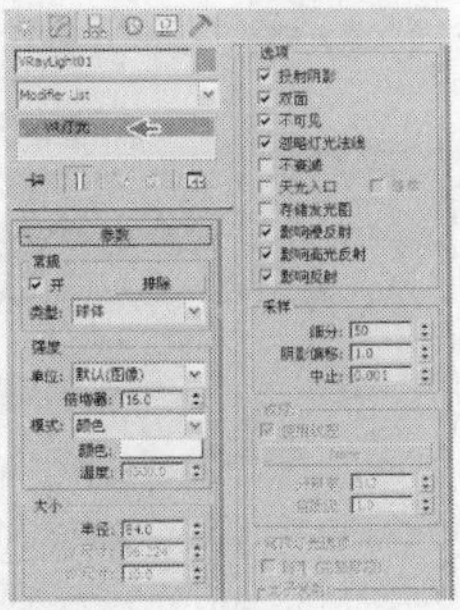

图12-58 设置VR灯光参数

Step03 单击主工具栏中的 （快速渲染）按钮，渲染场景的灯光效果如图 12-59 所示。

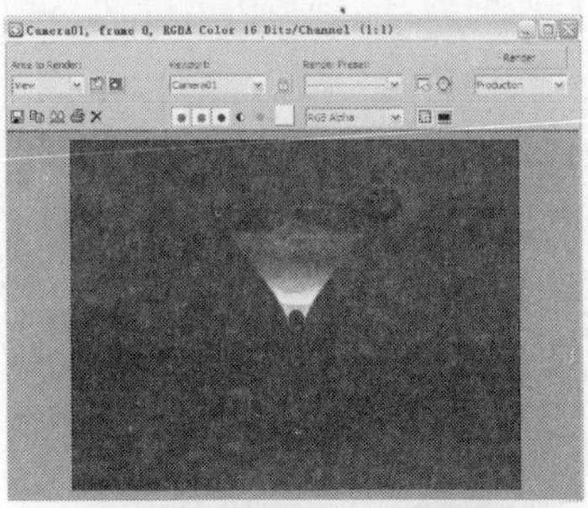

图12-59 渲染灯光效果

Step04 在 （创建）面板的 （灯光）中选择 Standard（标准）下的 Omni（泛光灯）命令按钮，然后在 Top（顶）视图中建立泛光灯，在 Intensity/Color/Attenuation（强度 / 颜色 / 衰减）卷展栏中设置 Multiplier（倍增）值为 0.4，再调整到合适的位置，如图 12-60 所示。

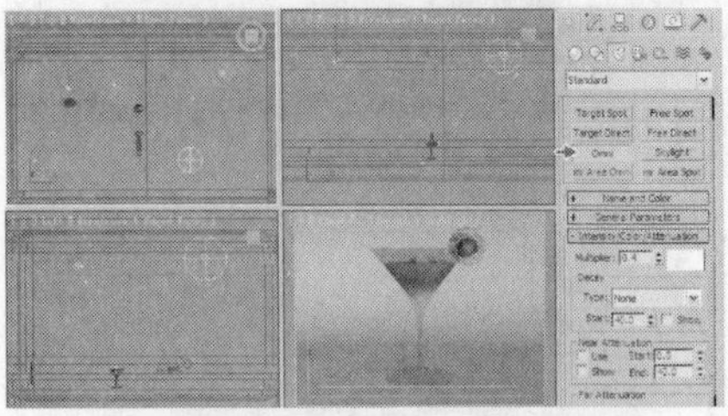

图12-60 建立泛光灯光

Step05 单击主工具栏中的 （快速渲染）按钮，渲染场景的灯光效果如图 12-61 所示。

图12-61 渲染灯光效果

12.3.4 场景渲染设置

Step01 单击主工具栏中的 （渲染设置）按钮打开对话框，在图像采样器卷展栏中设置抗锯齿过滤器为 Catmull-Rom 类型，在自适应细分图像采样器卷展栏中设置最小比率值为 1、最大比率值为 2，如图 12-62 所示。

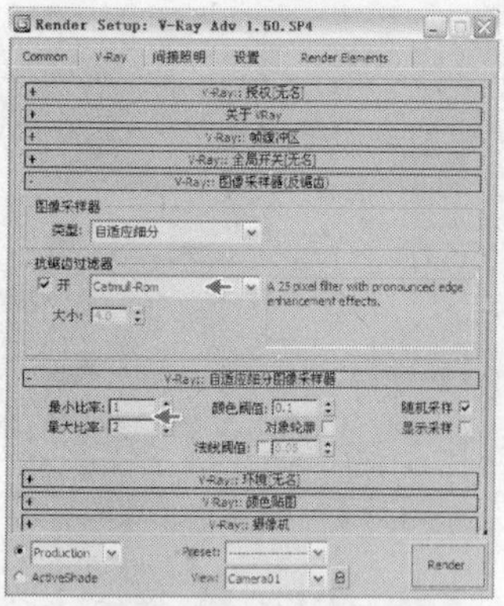

图12-62　设置图像采样器

Step02 在环境卷展栏中开启全局照明环境覆盖选项并调节环境颜色为蓝色、倍增器值为 1，环境的效果类似于天空光效果，如图 12-63 所示。

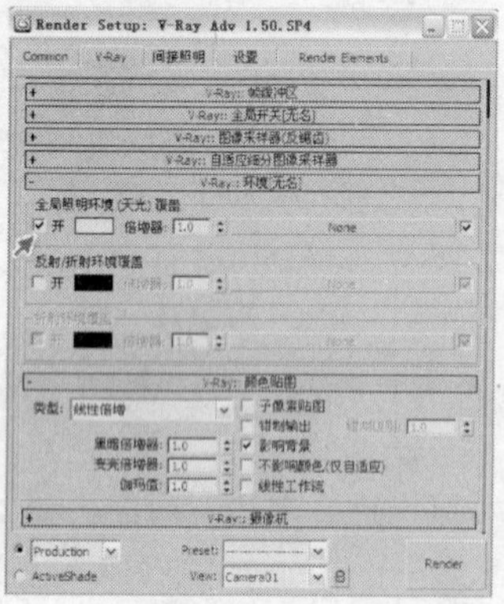

图12-63　设置环境与色彩贴图

Step03 在间接照明卷展栏中开启间接照明效果，在二次反弹中设置全局照明引擎为灯光缓存，这是一种近似于场景中全局光照明的技术，与光子贴图类似，但是没有其他太多的局限性，如图 12-64 所示。

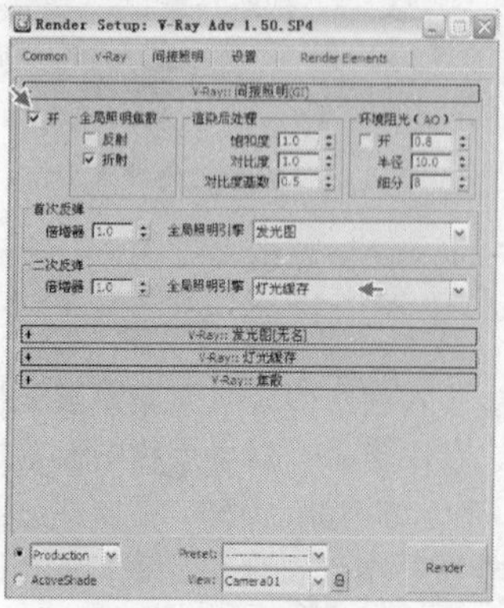

图12-64　设置间接照明

Step04 在发光图卷展栏中设置当前预置为中，在基本参数中设置半球细分值为 50、插值采样值为 10，如图 12-65 所示。

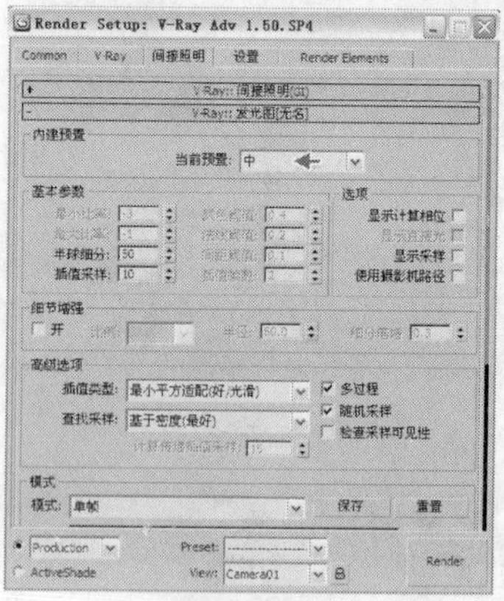

图12-65　设置发光图

Step05 在灯光缓存卷展栏中设置进程数值为 2，然后再开启显示计算相位，如图 12-66 所示。

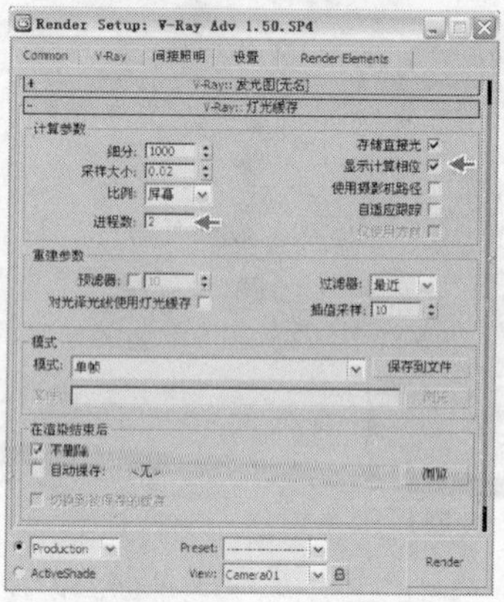

图12-66　设置灯光缓存

Step06 单击主工具栏中的（快速渲染）按钮，渲染最终的效果如图 12-67 所示。

图12-67　渲染最终效果

12.4 范例——阳光餐厅

【重点提要】

本范例主要运用几何体搭建的方式完成场景模型的制作，再结合 VR 灯光完善场景光照，赋予材质并运用 VRay 渲染器渲染最终效果，如图 12-68 所示。

图12-68 阳光餐厅范例效果

【制作流程】

阳光餐厅范例的制作流程分为 4 部分：①场景模型制作，②场景材质设置，③场景灯光设置，④场景渲染设置，如图 12-69 所示。

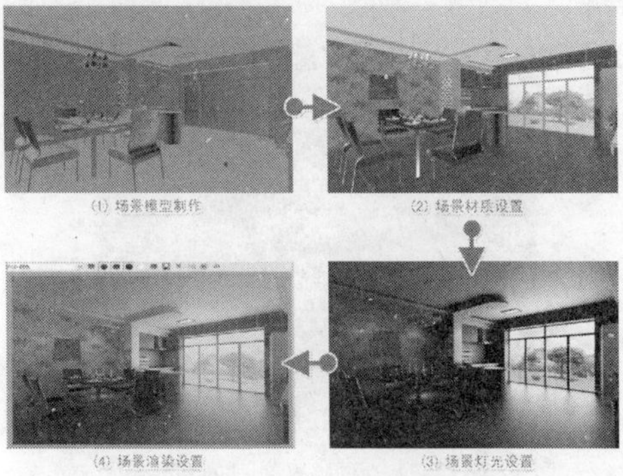

图12-69 制作流程

12.4.1 场景模型制作

Step01 在（创建）面板的（图形）中选择 Splines（样条线）下的 Line（线）命令按钮，然后在 Top（顶）视图中建立线，在（修改）面板中添加 Extrude（挤出）命令，再继续添加 Edit Poly（可编辑多边形）命令制作房屋框架模型，如图 12-70 所示。

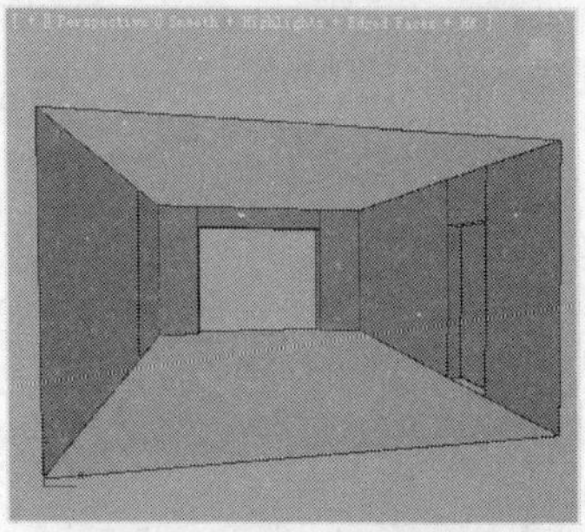

图12-70 制作房屋框架模型

Step02 在（创建）面板的（图形）中选择 Splines（样条线）下的 Arc（弧形线）命令按钮，在 Top（顶）视图中建立弧形线，在（修改）面板中添加 Extrude（挤出）命令制作出背景模型，再运用 Edit Poly（可编辑多边形）命令制作出窗模型，如图 12-71 所示。

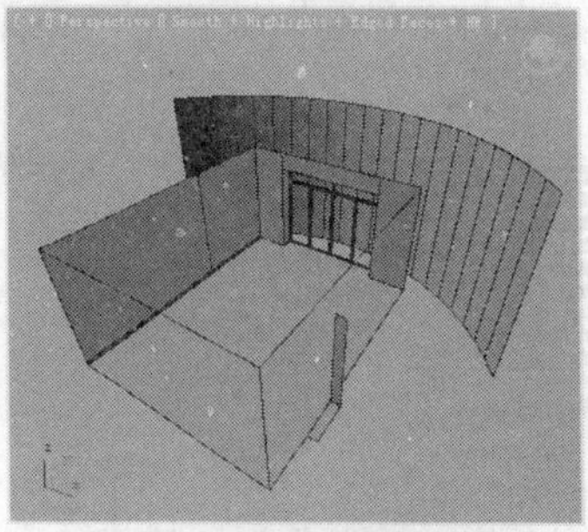

图12-71 制作窗及背影模型

Step03 在 Top（顶）视图中通过 Line（线）命令绘制出棚面图形，然后在（修改）面板中添加 Extrude（挤出）命令，作为棚面的模型元素，如图 12-72 所示。

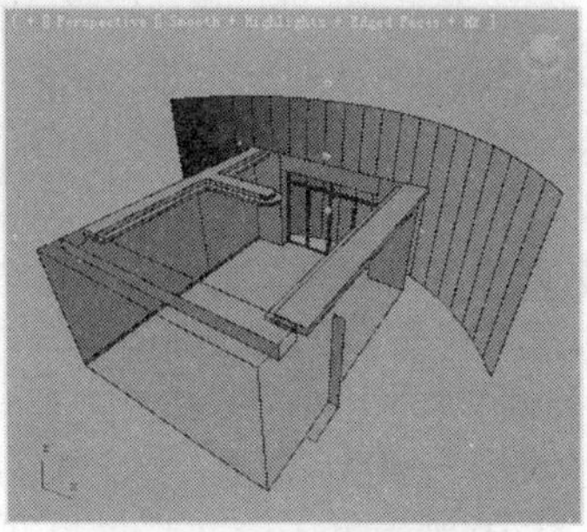

图12-72 制作棚面模型

Step04 在（创建）面板的（几何体）中选择 Standard Primitives（标准几何体）下的 Box（长方体）命令按钮，然后结合（修改）面板中的 Edit Poly（可编辑多边形）命令制作出贮藏柜模型，如图 12-73 所示。

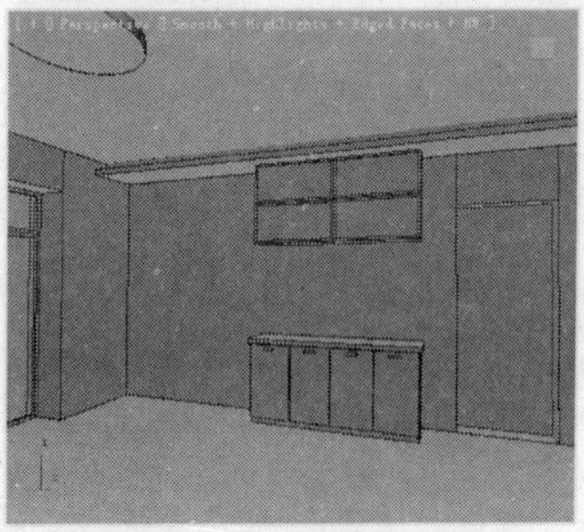

图12-73　制作贮藏柜模型

Step05 在（创建）面板的图形中单击 Splines（样条线）下的 Line（线）命令绘制出门的图形，然后在（修改）面板中添加 Extrude（挤出）命令制作出门模型，再运用 Edit Poly（可编辑多边形）命令制作出装饰竖挂暖气模型，如图 12-74 所示。

图12-74　制作门及暖气模型

Step06 在（创建）面板的（几何体）中单击 Extended Primitives（扩展几何体）下的 Chamfer Box（切角长方体）命令搭建出冰箱模型，再运用 Edit Poly（可编辑多边形）命令制作植物模型并放置到合适的位置，如图 12-75 所示。

Step07 在（创建）面板的（图形）中选择 Splines（样条线）下的 Line（线）命令按钮，然后在 Top（顶）视图中绘制出厨柜的图形，在（修改）面板中添加 Extrude（挤出）命令，再添加 Edit Poly（可编辑多边形）命令制作厨柜模型，如图 12-76 所示。

图12-75　制作冰箱及植物模型

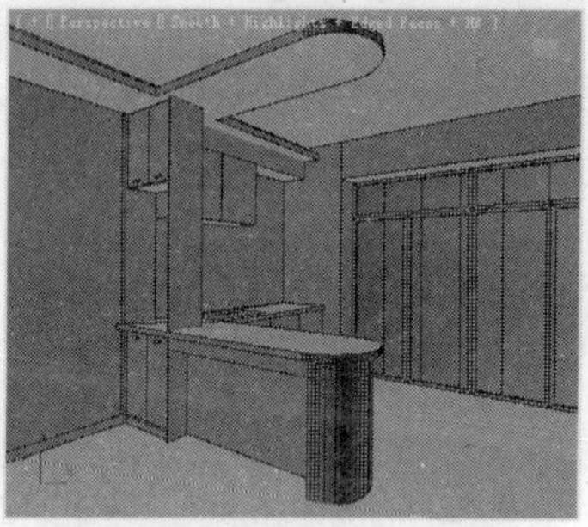

图12-76　制作厨柜模型

Step08 在（创建）面板的（几何体）中单击 Extended Primitives（扩展几何体）下的 Chamfer Box（切角长方体）命令搭建出厨房用具模型，如图 12-77 所示。

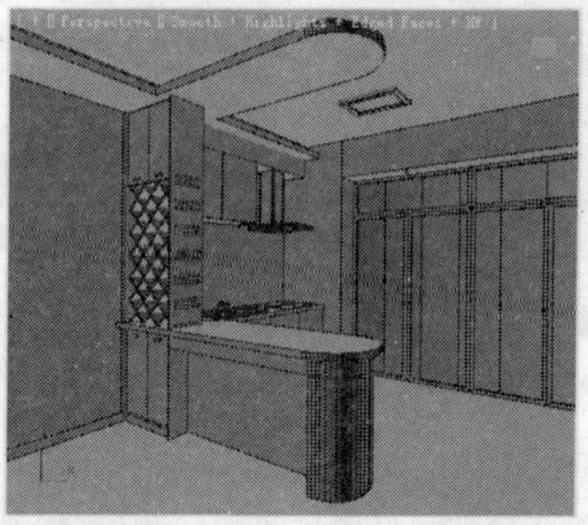

图12-77　添加厨房用具模型

Step09 在（创建）面板的（几何体）中单击 Standard Primitives（标准几何体）下的 Box（长方体）命令搭建出桌子模型，如图 12-78 所示。

Step10 在（创建）面板的（图形）中单击 Splines（样条线）下的 Line（线）命令绘制出椅子图形，然后在（修改）面板中添加 Extrude（挤出）命令和 Edit Poly（可编辑多边形）命令制作出椅子模型，结合“Shift+ 移动”组合键将椅子模型复制多个，如图 12-79 所示。

图12-78 制作桌子模型

图12-79 添加椅子模型

Step11 为场景添加装饰品及灯具模型，丰富场景模型效果，如图12-80所示。

图12-80 添加细节模型

Step12 建立摄影机并切换至摄影机视图，然后单击主工具栏中的（快速渲染）按钮，渲染场景模型的效果如图12-81所示。

图12-81 渲染模型效果

12.4.2 场景材质设置

Step01 单击主工具栏中的（渲染设置）按钮，在弹出的渲染设置对话框的Assign Renderer（指定渲染器）卷展栏中设置渲染器为V-Ray Adv 1.50.SP4，如图12-82所示。

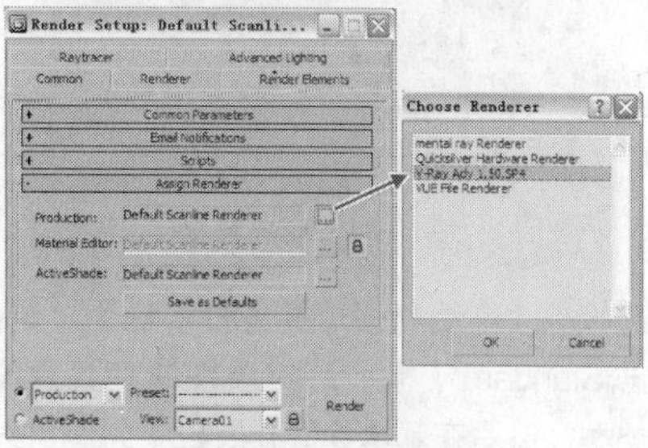

图12-82 指定渲染器

Step02 在主工具栏中单击（材质编辑器）按钮，选择一个空白材质球并设置名称为“乳胶漆”，单击Standard（标准）材质按钮切换至VR材质类型，然后在基本参数卷展栏中设置漫反射颜色为白色、反射颜色为深灰色，再设置反射光泽度值为0.7，如图12-83所示。

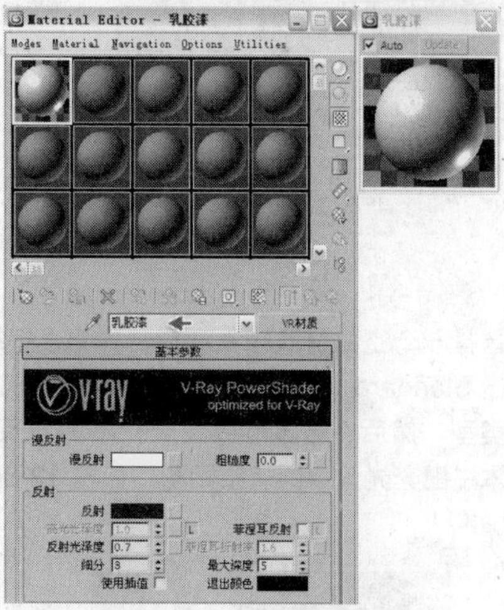

图12-83 乳胶漆材质

Step03 选择一个空白材质球并设置名称为“地砖”，单击Standard（标准）材质按钮切换至VR材质类型，然后在基本参数卷展栏中为漫反射添加本书配套光盘中的地砖贴图，再为反射添加Falloff（衰减）程序贴图，设置高光光泽度值为0.65、反射光泽度值为0.72，如图12-84所示。

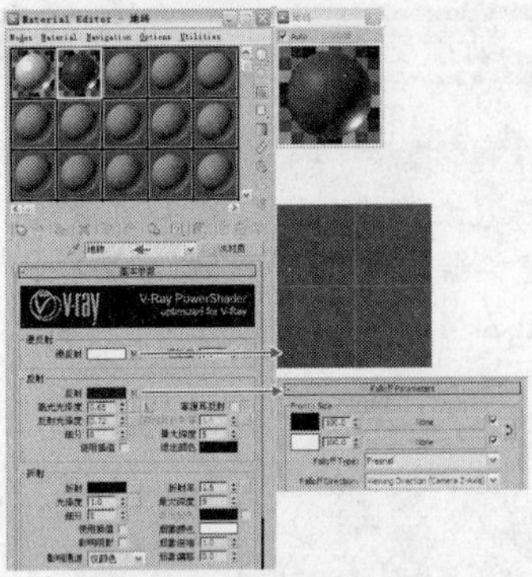

图12-84　地砖材质

Step04 选择一个空白材质球并设置名称为“墙砖”，单击 Standard（标准）材质按钮切换至 VR 材质类型，然后在基本参数卷展栏中为漫反射添加本书配套光盘中的墙砖贴图，再为反射添加 Falloff（衰减）程序贴图，设置高光光泽度值为 0.65、反射光泽度值为 0.72，如图 12-85 所示。

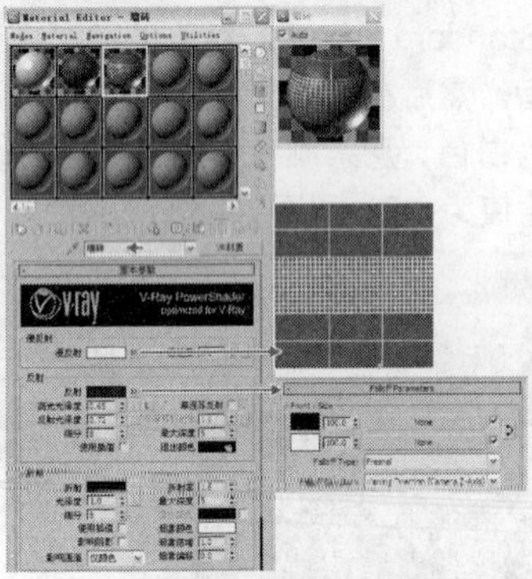

图12-85　墙砖材质

Step05 选择一个空白材质球并设置名称为“壁纸”，单击 Standard（标准）材质按钮切换至 VR 材质类型，然后在基本参数卷展栏中为漫反射添加本书配套光盘中的壁纸贴图，如图 12-86 所示。

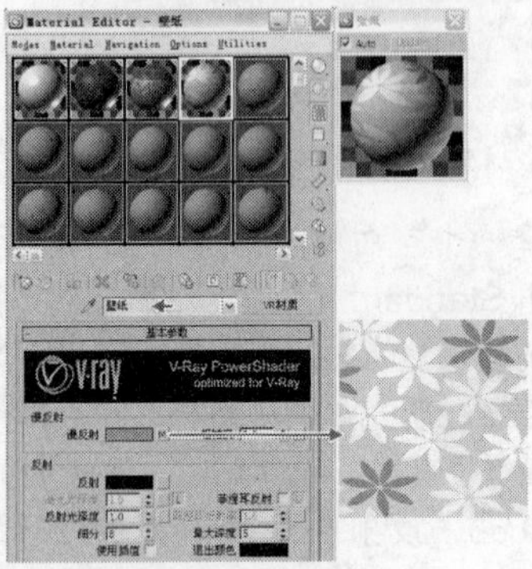

图12-86　壁纸材质

Step06 单击主工具栏中的（快速渲染）按钮，渲染场景材质效果如图 12-87 所示。

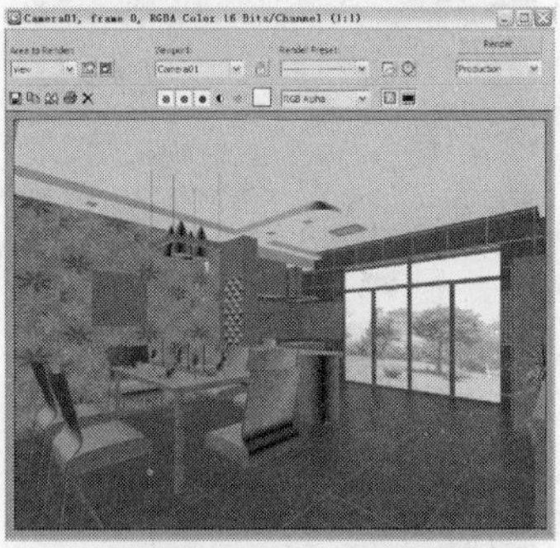

图12-87　渲染材质效果

Step07 选择一个空白材质球并设置名称为“环境”，在 Blinn Basic Parameters（基本参数）卷展栏中为 Self-Illumination（自发光）添加本书配套光盘中的环境贴图，如图 12-88 所示。

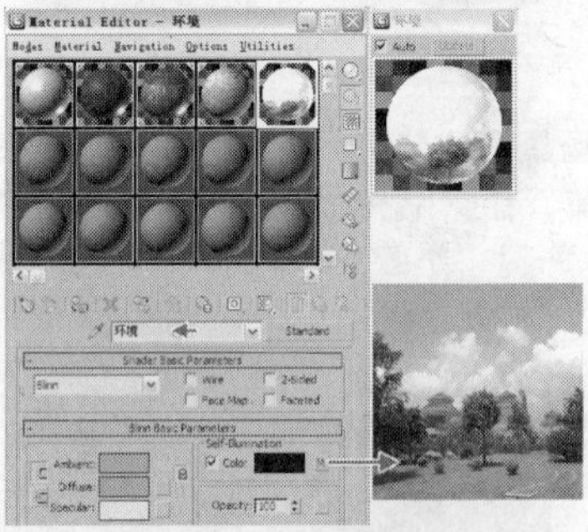

图12-88　环境材质

Step08 选择一个空白材质球并设置名称为“金属”，在基本参数卷展栏中设置漫反射颜色为灰色、反射颜色为灰色、高光光泽度值为 0.7、反射光泽度值为 0.86，如图 12-89 所示。

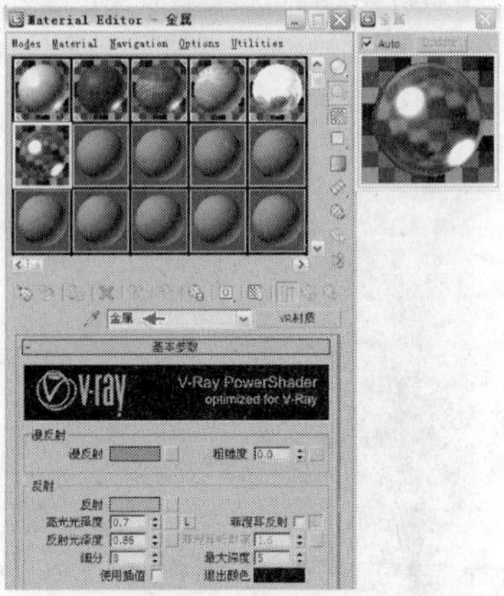

图12-89　金属材质

Step09 选择一个空白材质球并设置名称为“白油”，在基本参数卷展栏中为漫反射添加 Output（输出）程序贴图，为反射添加 Falloff（衰减）程序贴图，再设置反射光泽度值为 0.86，如图 12-90 所示。

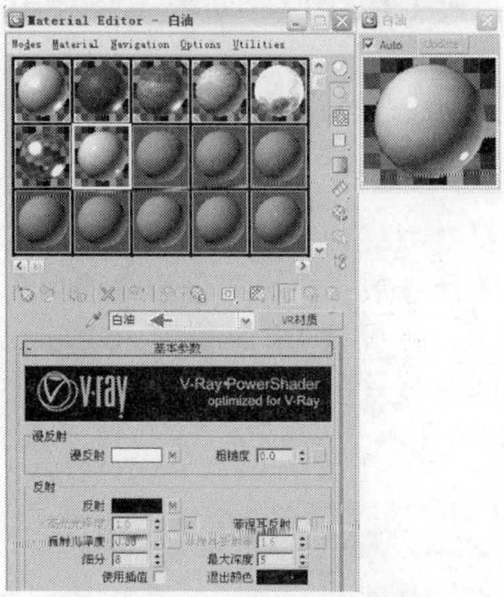

图12-90 白油材质

Step10 选择一个空白材质球并设置名称为“黑玻璃”，单击 Standard（标准）材质按钮切换至 VR 材质类型，在基本参数卷展栏中设置漫反射颜色为黑色、反射颜色为深灰色、反射光泽度值为 0.98，如图 12-91 所示。

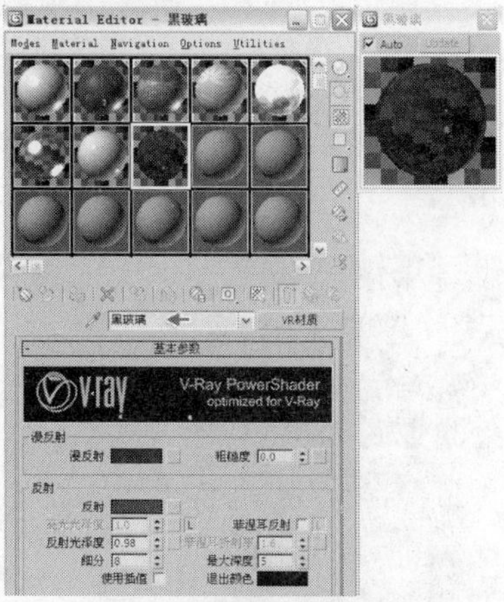

图12-91 黑玻璃材质

Step11 选择一个空白材质球并设置名称为“木纹”，单击 Standard（标准）材质按钮切换至 VR 材质类型，然后在基本参数卷展栏中为漫反射添加本书配套光盘中的木纹贴图，再为反射添加 Falloff（衰减）程序贴图，设置高光光泽度值为 0.7、反射光泽度值为 0.81，如图 12-92 所示。

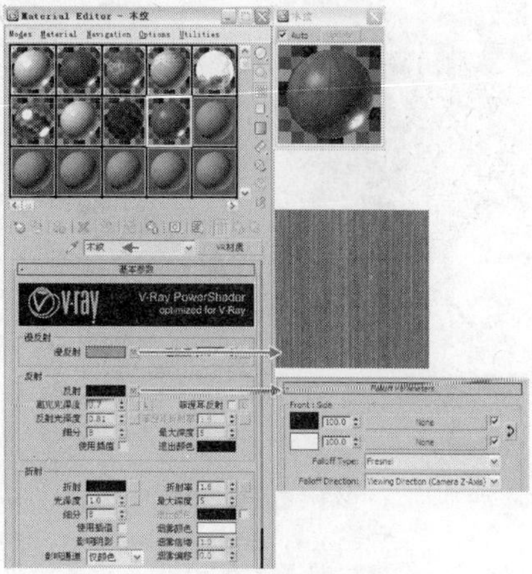

图12-92 木纹材质

Step12 选择一个空白材质球并设置名称为“马赛克”，单击 Standard（标准）材质按钮切换至 VR 材质类型，然后在基本参数卷展栏中为漫反射添加本书配套光盘中的马赛克贴图，再为反射添加 Falloff（衰减）程序贴图，设置高光光泽度值为 0.65、反射光泽度值为 0.72，如图 12-93 所示。

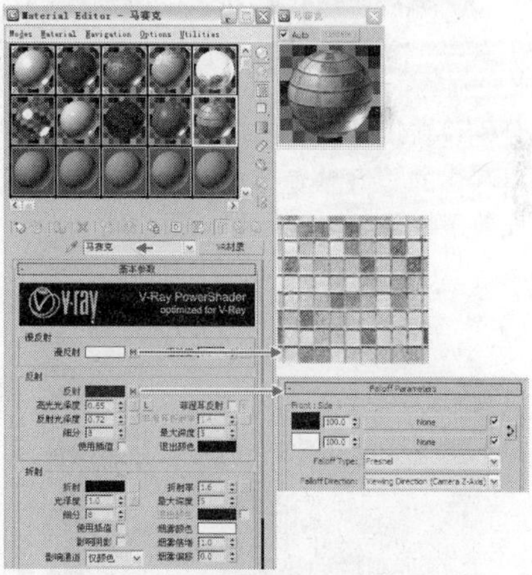

图12-93 马赛克材质

Step13 选择一个空白材质球并设置名称为“布料”，在 Blinn Basic Parameters（基本参数）卷展栏中为 Diffuse（漫反射）添加 Falloff（衰减）程序贴图，设置 Specular level（高光级别）值为 10、Glossiness（光泽度）值为 10，然后打开 Falloff（衰减）贴图为其添加本书配套光盘中的布料贴图，如图 12-94 所示。

Step14 单击主工具栏中的（快速渲染）按钮，渲染场景材质的效果如图 12-95 所示。

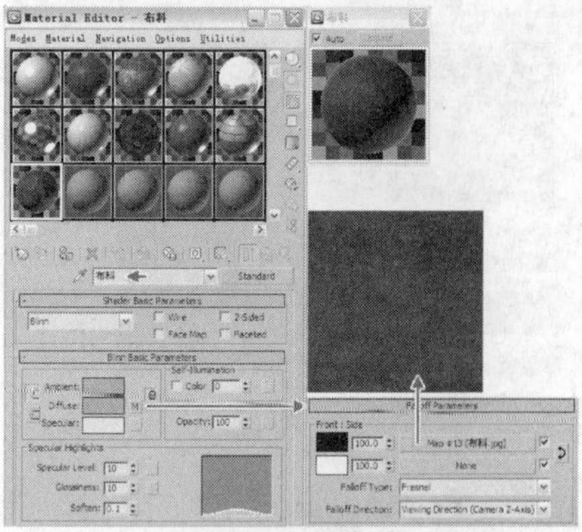

图12-94　布料材质

图12-95　渲染材质效果

Step15 分别设置出饰品等材质并赋予场景，单击主工具栏中的（快速渲染）按钮，渲染场景的材质效果如图 12-96 所示。

图12-96　渲染最终材质效果

12.4.3　场景灯光设置

Step01 在（创建）面板的（灯光）中选择 VRay 下的 VR 灯光命令按钮，然后在 Front（前）视图中建立并调整到合适的位置，如图 12-97 所示。

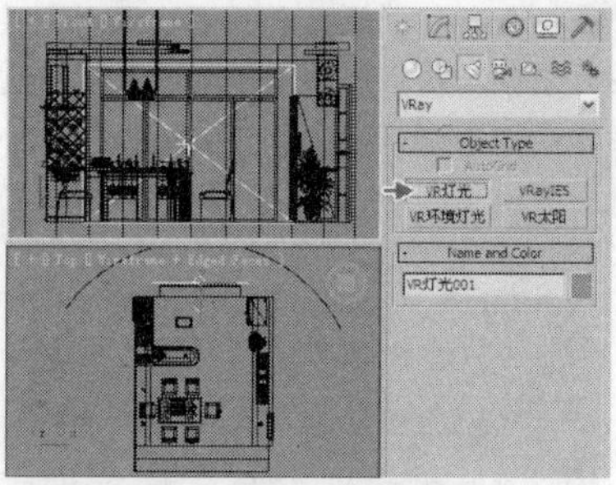

图12-97　建立主要灯光

Step02 选择建立好的 VR 灯光，在（修改）面板的参数卷展栏中设置倍增器值为 3、颜色为蓝色，再设置 1/2 长值为 1500、1/2 宽值为 1100，然后在选项中开启不可见项目，如图 12-98 所示。

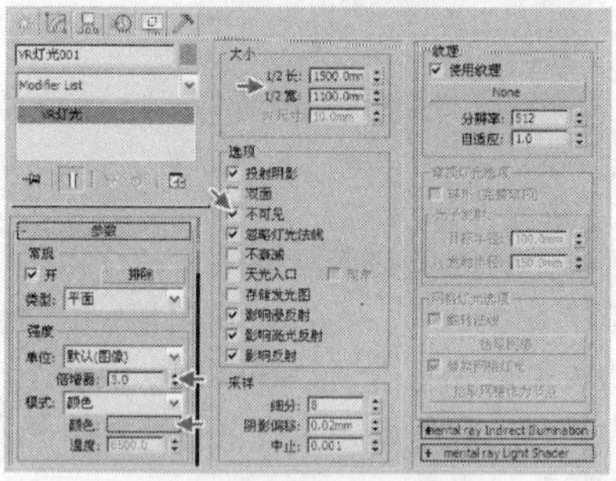

图12-98　设置灯光参数

Step03 在（创建）面板的灯光中单击 VRay 下的 VR 灯光命令按钮，然后在 Front（前）视图中建立 VR 灯光并调整到合适的位置，如图 12-99 所示。

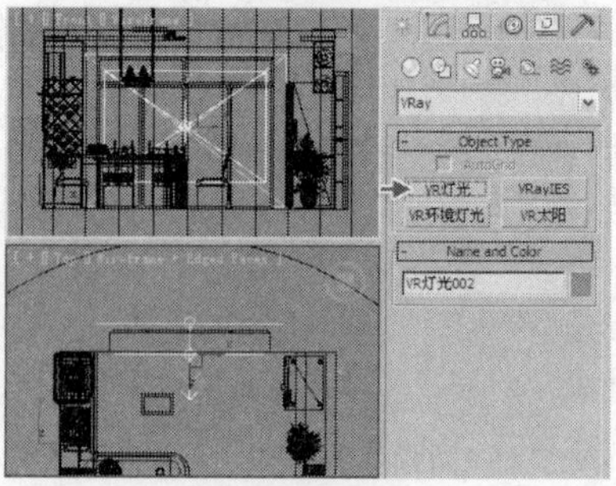

图12-99　建立辅助灯光

Step04 选择建立好的 VR 灯光，在（修改）面板的参数卷展栏中设置倍增器值为 3、颜色为淡蓝色，再设置 1/2 长值为 1200、1/2 宽值为 800，然后在选项中开启不可见项目，并关闭影响高光反射及影响反射，如图 12-100 所示。

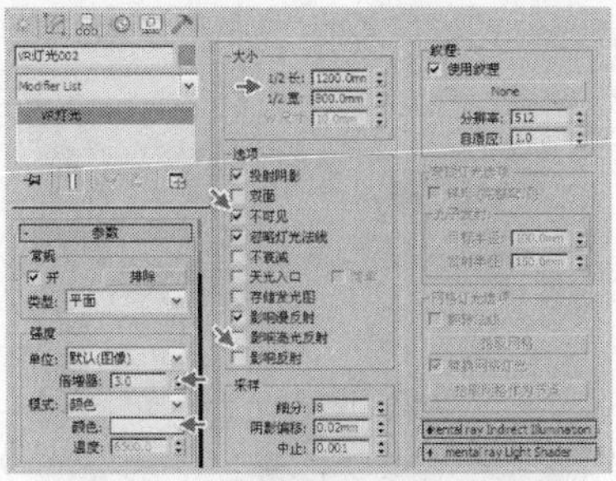

图12-100 设置灯光参数

Step05 在（创建）面板的（灯光）中单击 Photometric（光度学）下的 Target Light（目标灯光）命令按钮，然后在 Left（左）视图中建立并调整到合适的位置，如图 12-101 所示。

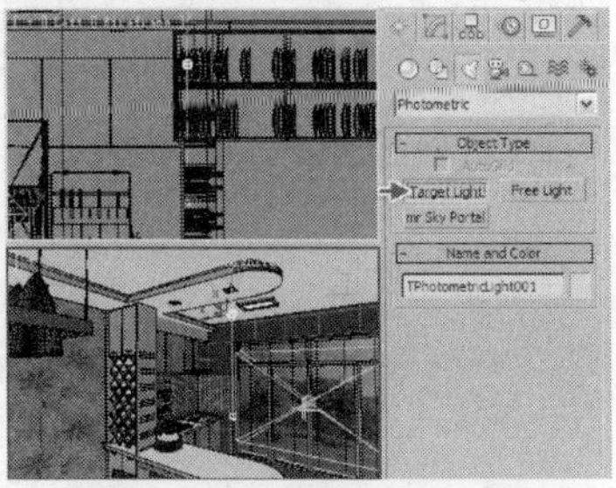

图12-101 建立目标灯光

Step06 选择建立好的目标灯光，在（修改）面板的 General Parameters（全局参数）卷展栏中启用阴影并设置阴影类型为 VR 阴影，设置 Light Distribution Type（灯光分布类型）为 Photometric Web（光度学 Web），然后在 Distribution（分布）卷展栏中添加光本书配套光盘中的域网文件，在 Intensity/Color/Attenuation（强度 / 颜色 / 衰减）卷展栏中设置颜色为橘黄色、Intensity（强度）值为 20000，在 VRay 阴影参数中启用区域阴影，设置 U 大小值为 10、V 大小值为 10、W 大小值为 10，如图 12-102 所示。

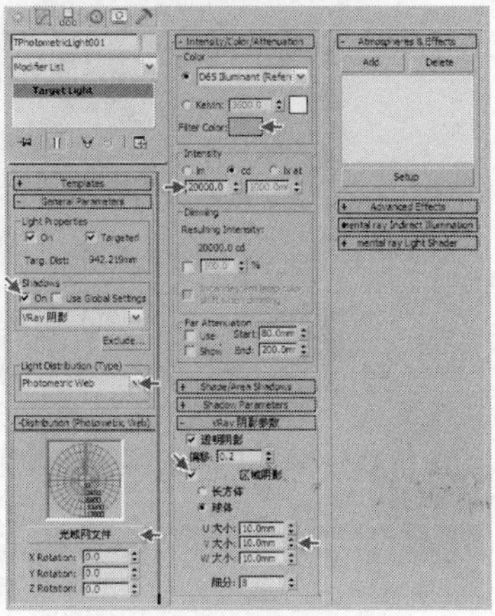

图12-102 设置灯光参数

Step07 选择调整好的目标灯光，结合“Shift+ 移动”组合键将其复制多个并放置到合适的位置，然后单击主工具栏中的（快速渲染）按钮，渲染场景的灯光效果如图 12-103 所示。

图12-103 渲染场景的灯光效果

12.4.4 场景渲染设置

Step01 单击主工具栏中的（渲染设置）按钮，打开渲染设置对话框，如图 12-104 所示。

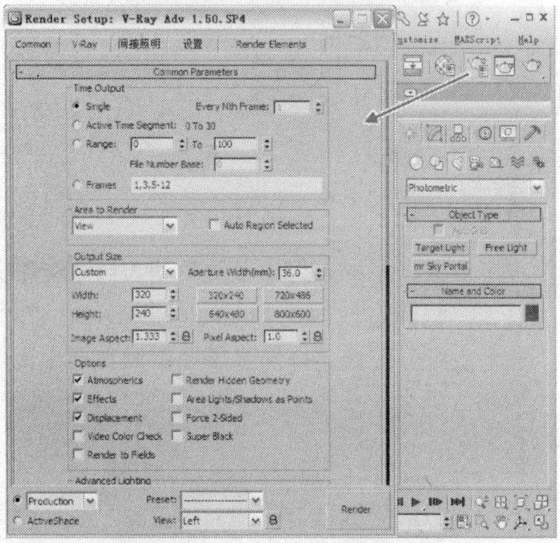

图12-104 打开渲染对话框

Step02 在帧缓冲区卷展栏中启用内置帧帧缓冲区，然后再关闭从 MAX 获取分辨率选项，使用 VRay 帧缓存窗口显示渲染图像，如图 12-105 所示。

Step03 在全局开关卷展栏中设置默认灯光为关、最大深度值为 5，全局开关卷展栏是 VRay 对几何体、灯光、间接照明、材质、光线跟踪的全局设置，如对什么样的灯光进行渲染、间接照明的表现方式、材质反射 / 折射和纹理反射等调节，还可以对光线跟踪的偏移方式进行全局的设置管理，如图 12-106 所示。

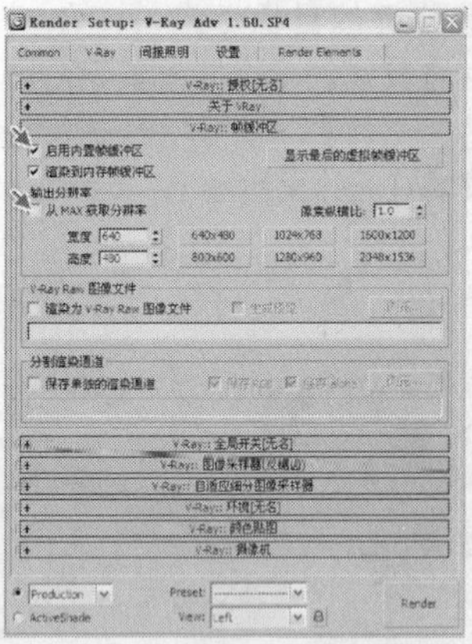

图12-105　设置帧缓冲区

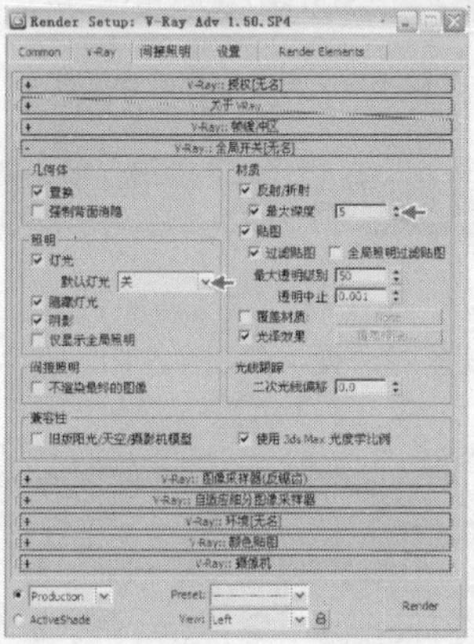

图12-106　设置全局开关

Step04 在图像采样器卷展栏中设置类型为自适应细分方式、抗锯齿过滤器为 Mitchell-Netravali，然后在自适应细分图像采样器卷展栏中设置最小比率值为 -1、最大比率值为 2，如图 12-107 所示。

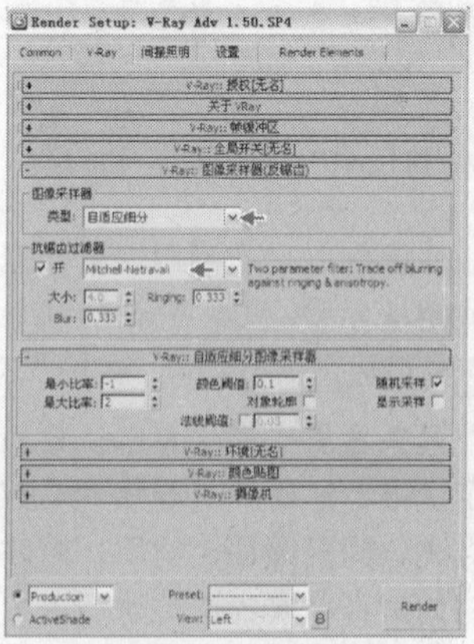

图12-107　设置图像采样器

Step05 单击主工具栏中的（快速渲染）按钮，渲染场景采样的效果如图 12-108 所示。

图12-108　渲染场景采样效果

Step06 在环境卷展栏中首先开启全局照明环境覆盖选项并调节环境颜色为蓝色、倍增器值为 1，然后开启反射 / 折射环境覆盖选项并调节环境颜色为橘色、倍增器值为 10，如图 12-109 所示。

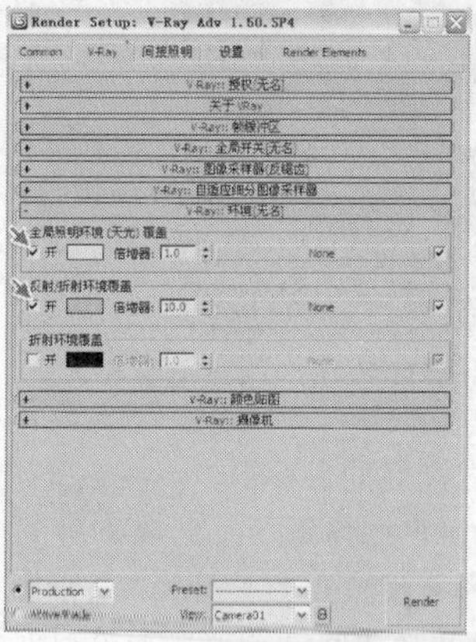

图12-109　设置环境参数

Step07 单击主工具栏中的（快速渲染）按钮，渲染场景环境光效果，如图 12-110 所示。

图12-110　渲染环境光效果

Step08 在颜色贴图卷展栏中设置类型为指数、黑暗倍增器值为 1.8、变亮倍增器值为 1.5，在线性倍增模式下将控制亮部色彩的倍增，如图 12-111 所示。

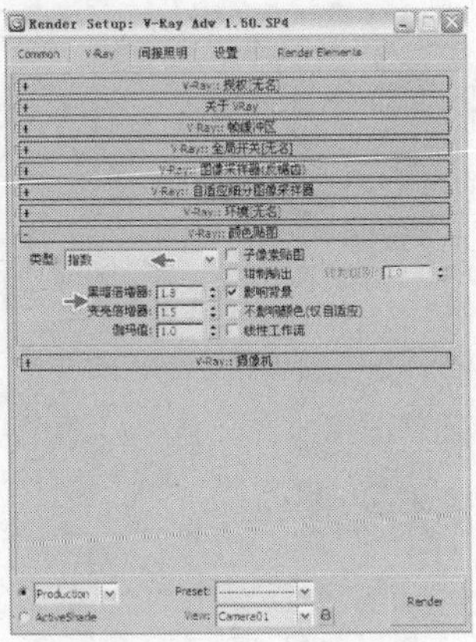

图12-111 设置颜色贴图

Step09 单击主工具栏中的（快速渲染）按钮，渲染场景颜色贴图效果，如图 12-112 所示。

图12-112 渲染颜色贴图效果

Step10 在间接照明卷展栏中开启间接照明效果，在二次反弹中设置全局照明引擎为灯光缓存。间接照明卷展栏主要控制是否使用全局光照，全局光照渲染引擎使用什么样的搭配方式，以及对间接照明强度的全局控制。此外还可以对饱和度、对比度进行简单交接，如图 12-113 所示。

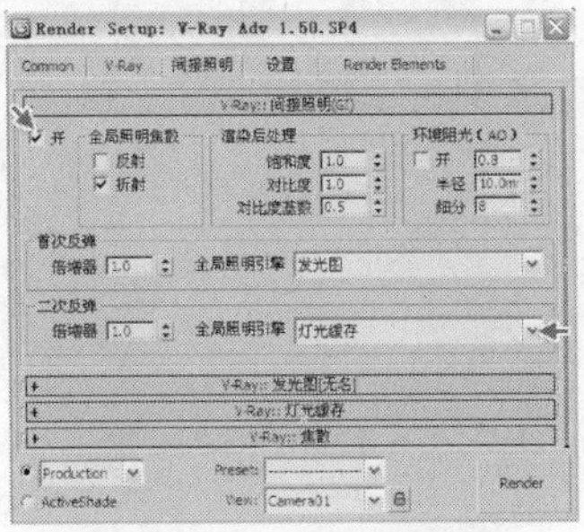

图12-113 设置间接照明

Step11 在发光图卷展栏中设置当前预置为“高”，在“基本参数”中设置“半球细分”值为 60、“插值采样”值为 30，然后再开启“显示计算相位”和“显示直接光”，如图 12-114 所示。

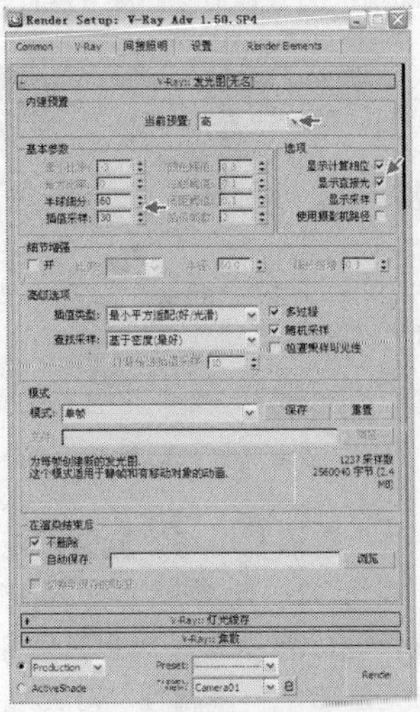

图12-114 设置发光图参数

Step12 在“灯光缓存”卷展栏中设置“细分”值为 300，然后再开启“显示计算相位”选项，如图 12-115 所示。

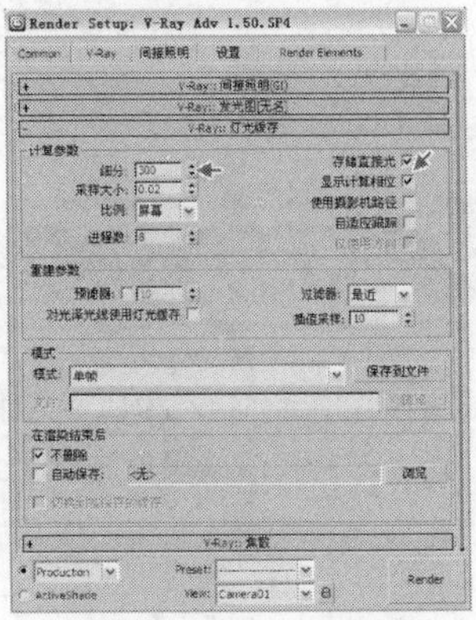

图12-115 设置灯光缓存

Step13 单击主工具栏中的（快速渲染）按钮，渲染场景间接照明效果，如图 12-116 所示。

图12-116 渲染间接照明效果

Step14 在“确定性蒙特卡洛采样器”卷展栏中设置“噪波阈值”为0.005，如图12-117所示。

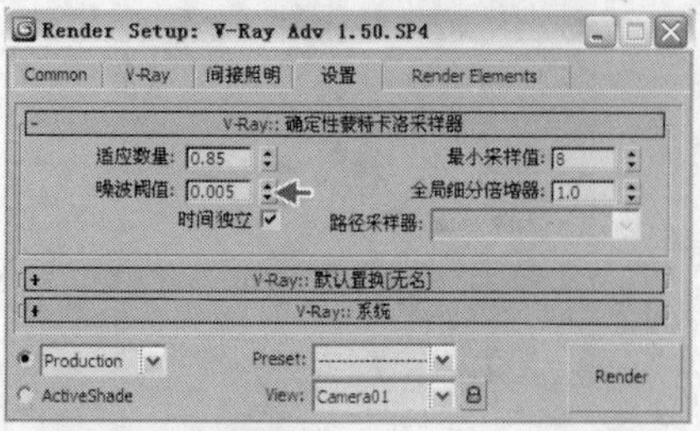

图12-117　设置确定性蒙特卡洛采样器

Step15 在“系统”卷展栏中将“渲染区域分割”中的*x*轴设置为32，此卷展栏是对VRay渲染器的全局控制，包括光线投射、渲染区域设置、分布方式渲染、物体属性、灯光属性、内存使用、场景检测、水印使用等内容，如图12-118所示。

Step16 单击主工具栏中的（快速渲染）按钮，渲染场景最终效果，如图12-119所示。

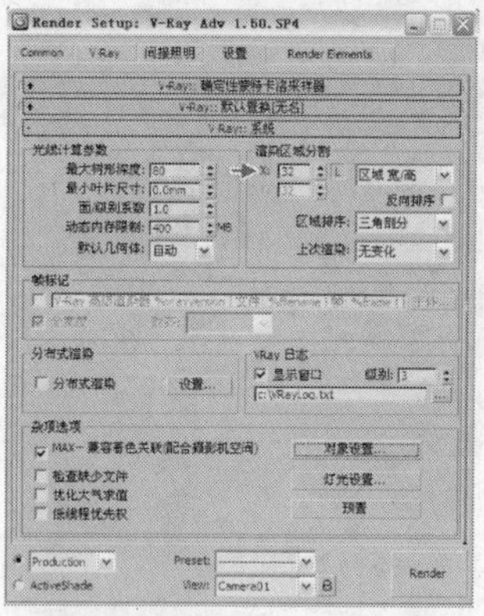

图12-118　设置系统参数

图12-119　渲染最终效果

12.5 本章小结

本章主要讲解了3ds Max 2011的扫描线渲染器、光跟踪器、光能传递和mental ray渲染器。对VRay的材质、贴图、灯光、对象和渲染设置进行了全面讲解，配合范例可以对第三方插件渲染器模拟真实效果，使作品披上华丽的外衣。

动画特效篇

4

- 动画与约束
- 角色骨骼与蒙皮
- 特效与环境
- 空间扭曲和粒子系统
- reactor动力学

第13章 动画与约束

本章内容

- 动画的概念与设置方法
- 轨迹视图
- 动画约束
- 层次和运动
- 范例——角色表情
- 范例——工程机械

13.1 动画的概念与设置方法

设置动画的基本方式非常简单，可以设置任何对象变换参数的动画，以随着时间改变其位置、旋转和缩放。启用自动关键点按钮，然后移动时间滑块处于所需的状态，在此状态下，所做的更改将在视图中创建选定对象的动画。

在 3ds Max 中可以设置对象位置、旋转和缩放的动画，以及对影响对象形状和曲面的任何参数设置动画。还可以使用正向和反向运动学链接层次动画的对象，并且可以在轨迹视图中编辑动画。

13.1.1 动画概念

动画以人类视觉的原理为基础，如果快速查看一系列相关的静态图像，那么视觉会感觉到这是一个连续的运动，每一个单独图像称之为“帧”，如图 13-1 所示。

图13-1　动画帧图像

传统手绘动画的难点在于动画师必须生成大量帧，一分钟的动画大概需要 720 ～ 1800 个单独图像，这取决于动画连续性的质量。用手来绘制图像是一项艰巨的任务，因此出现了一种称之为关键帧的技术。

动画中的大多数帧都是从上一帧直接向一些目标不断增加变化。传统动画工作室可以提高工作效率，实现的方法是让主要艺术家只绘制重要的帧，称为关键帧，然后助手再计算出关键帧之间需要的帧，填充在关键帧中的帧称为中间帧。画出了所有关键帧和中间帧之后，需要链接或渲染图像以产生最终动画，如图 13-2 所示。

图13-2　传统手绘动画的方法

在 3ds Max 中建立动画的方法是先创建记录每个动画序列起点和终点的关键帧，这些关键帧的值称为关键点。该软件将计算每个关键点值之间的插补值，从而生成完整动画。

3ds Max 几乎可以为场景中的任意参数创建动画，可以设置修改器参数的动画（如弯曲角度或锥化量）、材质参数的动画（如对象的颜色或透明度）等。指定动画参数之后，渲染器承担着色和渲染每个关键帧的工作，最后生成高质量的动画，如图 13-3 所示。

图13-3　3ds Max建立动画的方法

传统动画方法以及早期的计算机动画程序，都僵化地逐帧生成动画。如果总是使用单一格式，或不需要在特定时间指定动画效果时，这种方法没有什么问题。不幸的是，动画有很多格式。两种常用的格式为“PAL”每秒钟 25 帧和“NTSC”每秒 30 帧。而且，随着动画在科学展示及法制展示方面变得越来越普遍，便更需要基于时间动画和基于帧动画之间的准确对应关系。

3ds Max 是一个基于时间的动画程序，测量时间并存储动画值，内部精度为 1/4800 秒，可以配置程序让它显示最符合作品的时间格式，包括传统帧格式。

13.1.2 自动关键点模式

通过启用自动关键点按钮开始创建动画，设置当前时间，然后更改场景中的事物。可以更改对象的位置、旋转或缩放，或者可以更改几乎任何设置或参数。当进行更改时，同时创建存储被更改参数的新值关键点。如果关键点是为参数创建的第 1 个动画关键点，则在 0 时刻也会创建第 2 个动画关键点，以便保持参数的原始值。其他时刻在创建至少一个关键点之前，不会在 0 时刻创建关键点。之后，可以在 0 时刻移动、删除和重新创建关键点，如图 13-4 所示。

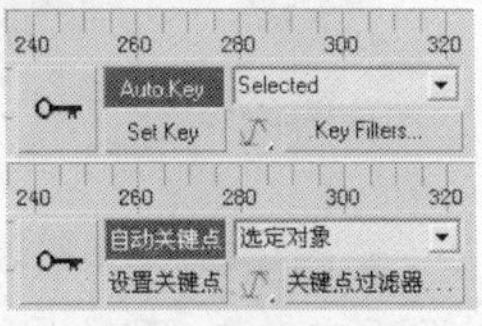

图13-4 自动关键点模式

启用“自动关键点”有以下效果：自动关键点按钮、时间滑块和活动视图边框都变成红色以指示处于动画模式。无论何时变换对象或者更改设置动画的参数都会创建关键点。时间滑块设置创建关键点的位置。例如建立一个茶壶并启用自动关键点按钮，然后将时间滑块滑动至第 10 帧位置，使用缩放工具对茶壶进行 *z* 轴向压缩，第 10 帧位置会自动记录动画，如图 13-5 所示。播放建立的动画如图 13-6 所示。

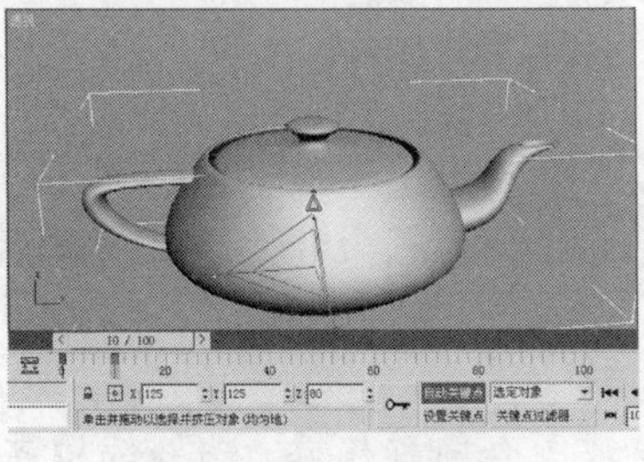
图13-5 自动记录动画

图13-6 播放建立的动画

13.1.3 设置关键点模式

“设置关键点”比“自动关键点”方法有更多的控制，因为通过它可以试验想法并快速丢弃它们而不用撤销工作。可以设置角色的姿势，并通过使用轨迹视图中的关键点过滤器和可设置关键点的轨迹，选择性地给某些对象的某些轨迹设置关键点，如图 13-7 所示。

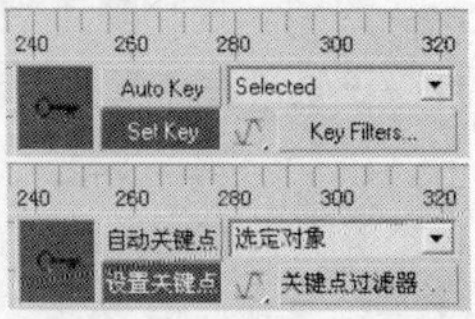

图13-7 设置关键点模式

在设置关键点模式中，工作流程与自动关键点模式相似，但在行为上有着根本的区别。启用设置关键点模式，然后移动到时间上的点。在变换或者更改对象参数之前，使用轨迹视图和过滤器中的可设置关键点图标来决定对哪些轨迹可设置关键点。一旦知道要对什么设置关键点，就在视图中测试姿势。

当对所看到的效果满意时，单击设置关键点按钮或者按键盘上的“K”键设置关键点。如果不执行该操作，则不设置关键点。如果移动到时间上的另一点，所做的更改就丢失而且在动画中不起作用。

如果发现有一个已设置姿势的角色，但在时间上处于错误帧处，可以按住“Shift”和鼠标右键，然后拖动时间滑块到正确的时间帧上，而不会丢失动作。例如，建立圆柱体并增加弯曲命令，启用设置关键点按钮，然后在第 0 帧位置建立关键点，在第 25 帧位置设置弯曲的角度为 180，单击设置关键点按钮建立一个关键点，如图 13-8 所示。播放建立的动画如图 13-9 所示。

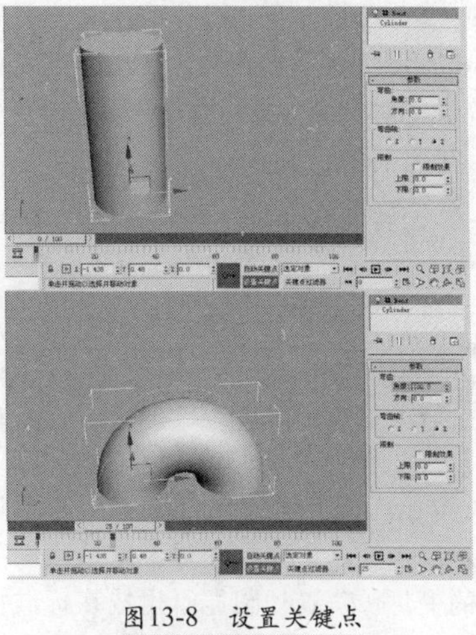
图13-8 设置关键点

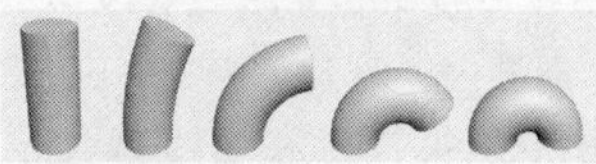
图13-9 播放建立的动画

13.1.4 查看和复制变换关键点

在当前时间有变换关键点的对象周围视图显示白色边框。这些关键点边框仅出现在使用线框着色方法的视图中。使用轨迹视图来查看所有关键点类型，也可以在轨迹栏中查看当前选择的所有关键点。

例如，通过将球体移动到第 20 帧为球体设置动画，并且在第 50 帧缩放和旋转它。当拖动时间滑块时，在第 0、20 和 50 帧处球体周围就会出现白色边框，并且在轨迹栏中关键点出现在同样的帧处。

如果应用像弯曲那类的修改器，并且在第 40 帧处为它的“角度”设置动画，则在第 40 帧处球体的周围不会看到白色边框，但是轨迹栏上会显示弯曲动画的关键点。

控制关键点边框显示可以使用菜单栏【Customize（自定义）】→【Preference（首选项）】→【Animation（动画首选项）】中的选项可以控制关键点边框的显示，如图 13-10 所示。

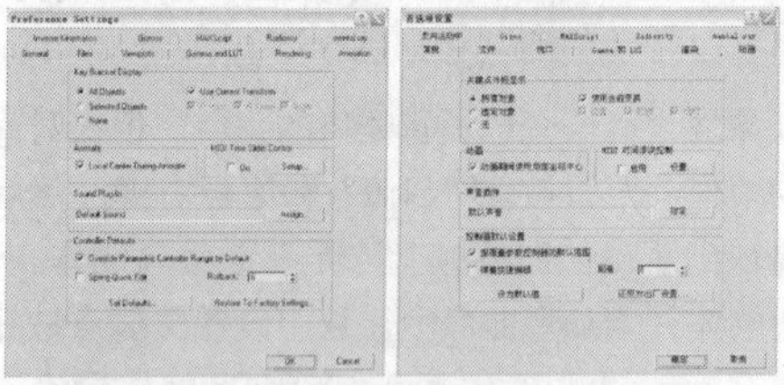

图13-10 动画首选项

使用时间滑块创建变换关键点将一个时刻的变换值复制到另一个时刻来创建变换关键点。要指定想创建的关键点类型和关键点值的源以及目标时间，以鼠标右键单击时间滑块显示创建关键点对话框，如图 13-11 所示。

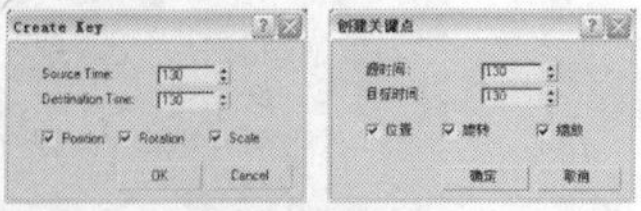

图13-11 创建关键点对话框

13.1.5 时间配置

时间配置对话框提供了帧速率、时间显示、播放和动画的设置，可以使用此对话框来更改动画的长度或者拉伸缩放，还可以设置活动时间段和动画的开始帧和结束帧。

在启动 3ds Max 时，默认时间显示以帧为单位，但可以使用其他时间显示格式。在更改时间显示格式时，不仅更改在所有软件部分中显示时间的方式，还更改用于访问时间的方法，如图 13-12 所示。

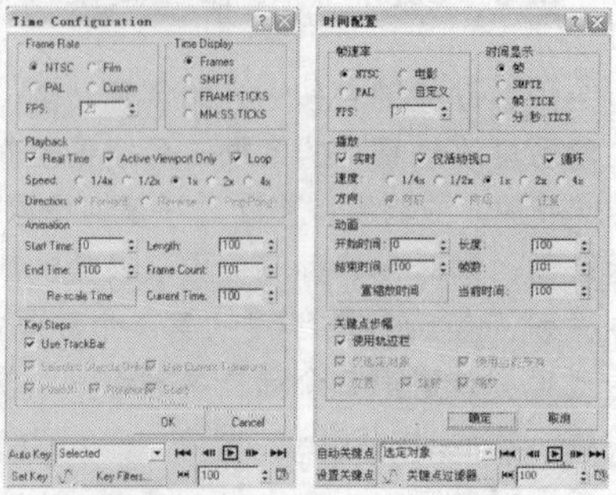

图13-12 时间配置对话框

- 帧速率：其中有 4 个选项按钮，分别标记为 NTSC、电影、PAL 和自定义，可用于在每秒帧数（FPS）字段中设置帧速率。前 3 个按钮可以强制所做的选择使用标准 FPS，使用自定义按钮可通过调整微调器来指定自己的 FPS。
- 时间显示：指定时间滑块及整个程序中显示时间的方法，有帧数、分钟数、秒数和刻度数可供选择。
- 播放：主要控制播放的相应设置。
- 动画：主要设置在时间滑块中显示的活动时间段。
- 关键点步幅：该组中的控制可用于配置启用关键点模式时所使用的方法。

13.2 轨迹视图

Track View（轨迹视图）工具用于查看场景和动画的数据驱动视图。这些视图显示对象表面并显示它们随时间的变化。轨迹视图显示生成在标准视图中看到的几何体和运动的值及时间，还可以非常精确的控制场景的每个方面。

轨迹视图中的关键点和曲线也可显示在轨迹栏中，运动面板上也包含了轨迹视图上包含的相同关键点属性对话框。

轨迹视图有两种模式：曲线编辑器和摄影表。曲线编辑器是将动画显示为功能曲线上的关键点，通过编辑关键点的切线，可控制中间帧，如图 13-13 所示。摄影表是将动画显示为方框栅格上的关键点和范围，并允许调节运动的时间控制，如图 13-14 所示。

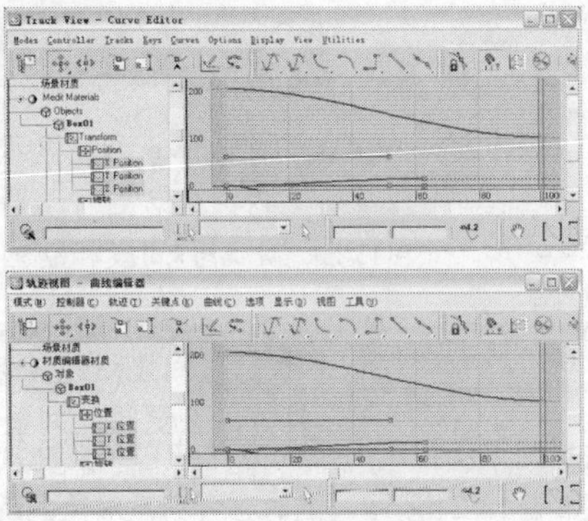

图13-13 曲线编辑器

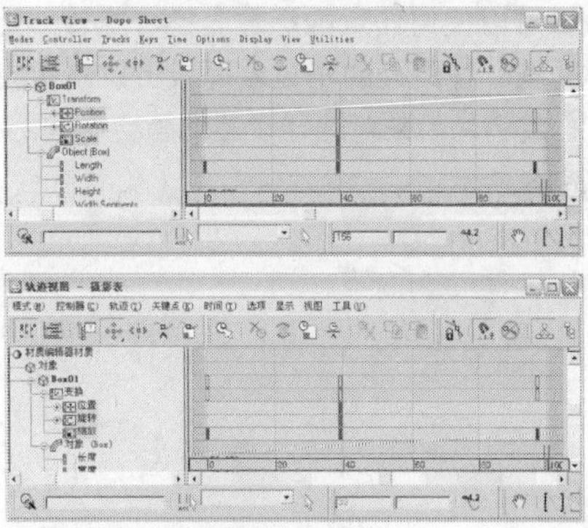

图13-14 摄影表

13.3 动画约束

动画约束用于帮助动画过程自动化。它们可用于通过与其他对象的绑定关系，控制对象的位置、旋转或缩放。约束需要一个对象及至少一个目标对象，目标对受约束的对象施加了特定的限制，如图 13-15 所示。

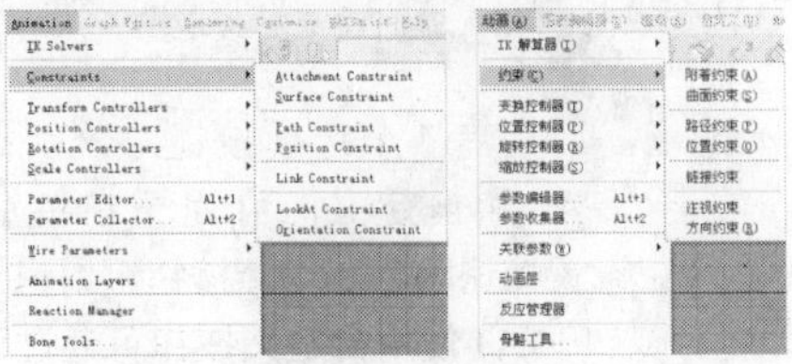

图13-15 动画约束

13.3.1 附着约束

附着约束是一种位置约束，它将一个对象的位置附着到另一个对象的面上（目标对象不必是网格，但必须能够转化为网格）。

通过随着时间设置不同的附着关键点，可以在另一对象的不规则曲面上设置对象位置的动画，即使这一曲面是随着时间而改变的也可以，如图 13-16 所示。

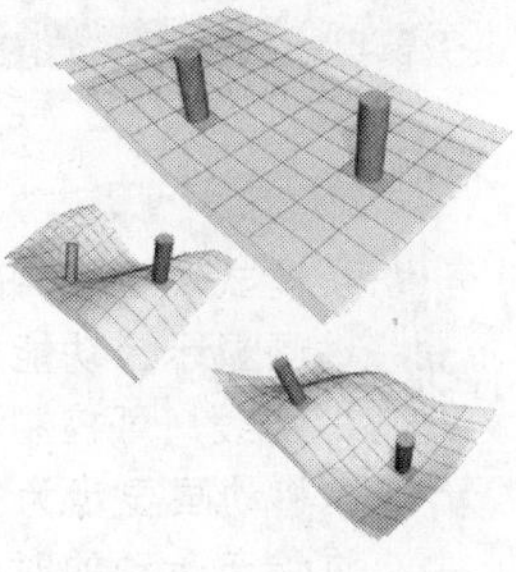

图13-16 附着约束

13.3.2 曲面约束

曲面约束能在对象的表面上定位另一对象。可以作为曲面对象的对象类型是有限制的，限制是它们的表面必须能让参数表示类型的对象可以使用曲面约束，主要有球体、圆锥体 、圆柱体、圆环、四边形面片（单个四边形面片）、放样对象、NURBS 对象。

使用的表面是虚拟参数表面，而不是实际网格表面。只有少数几段的对象，它的网格表面可能会与参数表面截然不同。参数表面会忽略切片和半球选项。因为曲面约束只对参数表面起作用，所以如果应用修改器，把对象转化为网格，那么约束将不再起作用，如图 13-17 所示。

图13-17 曲面约束

13.3.3 路径约束

路径约束会对一个对象沿着样条线或在多个样条线的平均距离间的移动进行限制。路径目标可以是任意类型的样条线。样条曲线（目标）为约束对象定义了一个运动的路径。

目标可以使用任意的标准变换、旋转、缩放工具设置为动画。在路径的子对象等级上设置关键点（例如顶点）或者片断来对路径设置动画会影响约束对象，如图 13-18 所示。

图13-18　路径约束

13.3.4　位置约束

位置约束引起对象跟随一个对象的位置或者几个对象的权重平均位置，如图 13-19 所示。为了激活，位置约束需要一个对象和一个目标对象。一旦将指定对象约束到目标对象位置，为目标的位置设置动画会引起受约束的对象跟随。

每个目标都具有定义其影响的权重值，值为 0 相当于禁用。任何超过 0 的值都将会导致目标影响受约束的对象。可以设置权重值动画来创建诸如将球从桌子上拾起的效果。

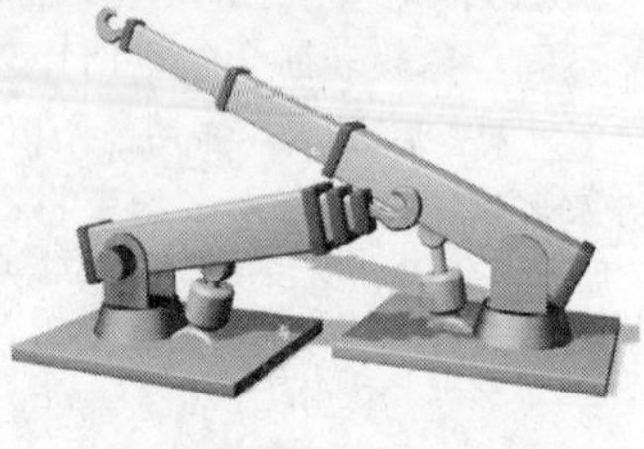

图13-19　位置约束

13.3.5　链接约束

链接约束可以用来创建对象与目标对象之间彼此链接的动画。链接约束可以使对象继承目标对象的位置、旋转度以及比例。

将球从一只手传递到另一只手就是一个应用链接约束的例子。假设在第 0 帧球在右手，设置手的动画使它们在第 50 帧相遇，在此帧球传递到左手，然后向远处分离直到第 100 帧，如图 13-20 所示。

图13-20　链接约束

13.3.6　注视约束

注视约束会控制对象的方向使它一直注视另一个对象，如图 13-21 所示。同时它会锁定对象的旋转度使对象的一个轴点朝向目标对象。注视轴点朝向目标，而上部节点轴定义了轴点向上的朝向。如果这两个方向一致，结果可能会产生翻转的行为，这与指定一个目标摄影机直接向上相似。使用注视约束的一个例子是将角色的眼球约束到点辅助对象，然后眼睛会一直指向点辅助对象，对点辅助对象设置动画，眼睛会跟随它。即使旋转了角色的头部，眼睛会保持锁定于点辅助对象。

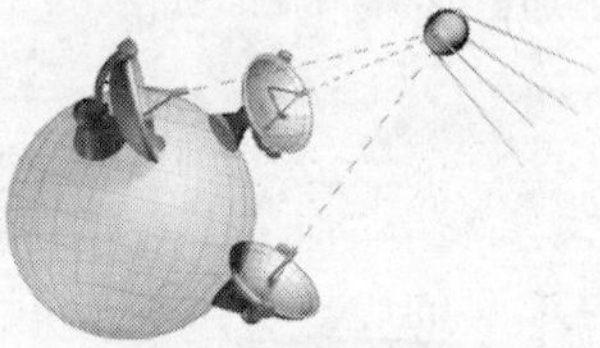

图13-21　注视约束

13.3.7　方向约束

方向约束会使某个对象的方向沿着另一个对象的方向或若干对象的平均方向。方向受约束的对象可以是任何可旋转对象，受约束的对象将从目标对象继承其旋转。一旦约束后，便不能手动旋转该对象。只要约束对象的方式不影响对象的位置或缩放控制器，便可以移动或缩放该对象。

目标对象可以是任意类型的对象，目标对象的旋转会驱动受约束的对象，可以使用任何标准平移、旋转和缩放工具来设置目标的动画，如图 13-22 所示。

图13-22　方向约束

13.4 层次和运动

当设置角色、机械装置或复杂运动的动画时，可以通过将对象链接在一起以形成层次或链来简化过程。在已链接的链中，其中一个链的动画可能影响一些或所有的链，使得在一次设置对象或骨骼成为可能。

13.4.1 层次链接

生成计算机动画时，最实用的工具之一是将对象链接在一起以形成链的功能。通过将一个对象与另一个对象相链接，可以创建父子关系。

应用于父对象的变换同时将传递给子对象，链接也称为层次，如图 13-23 所示。

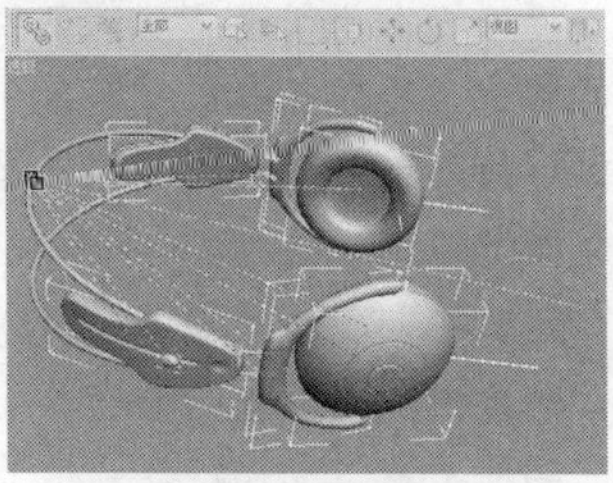

图13-23　链接层次

共同链接在一个层次中的对象之间的关系类似于一个家族树，如图 13-24 所示。

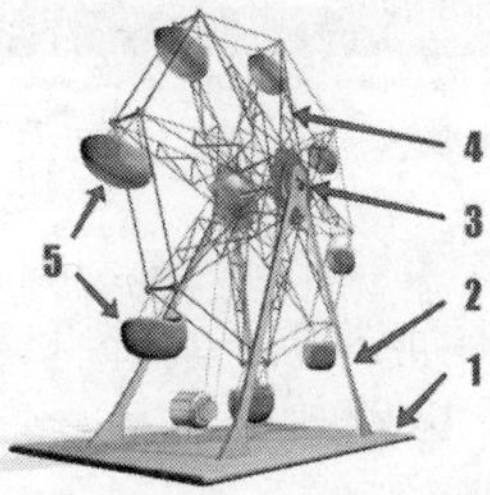

图13-24　链接在一个层次中的对象

- 父对象：控制一个或多个子对象的对象。一个父对象通常也被另一个更高级别的父对象控制。在图中，对象 1 和 2 是父对象。
- 子对象：父对象控制的对象，子对象也可以是其他子对象的父对象。
- 祖先对象：一个子对象的父对象以及该父对象的所有父对象。

从父对象到子对象的过程意味着链接没有从对象到对象间无规律的跳跃。如果两个对象彼此接触它们可能是作为父对象和子对象进行链接的。甚至可以将躯干的链接顺序设为“大腿→脚→胫骨→腰部”。稍后再考虑这个链接策略。计算出用这种奇怪方式链接的对象变换方法是很困难的。更符合逻辑的过程应该是“脚→胫骨→大腿→腰部”。

不必从臀部到脚趾构建一条单独的骨骼链，可以从臀部到脚踝构建一条骨骼链，然后构建另一条从脚跟到脚趾的独立骨骼链。这样就可以将这些骨骼链链接到一起组成一条完整的腿的集合。因为腿和脚已经链接到一起，所以它们可以看作一条骨骼链，然而，将它们设置为动画的方式是对每条链分别处理，允许对部分进行完善的控制。通过使用这种腿和脚的骨骼链排列类型，当腿弯曲时却可以使脚保持站在地面上。此操作也允许独立控制脚在脚跟或脚趾轴上的旋转，这可以实现膝盖的弯曲，如图 13-25 所示。

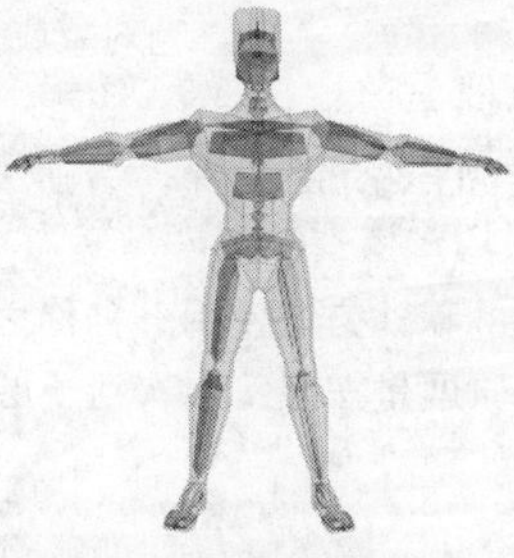

图13-25　链接骨骼链

13.4.2 调整轴

可以将对象的轴点看作代表其局部中心和局部坐标系。通过单击层次面板上的轴控制，然后使用调整轴卷展栏上的功能，可以调整轴点。不能对调整轴卷展栏下的功能设置动画。在任何帧上调整对象的轴将针对整个动画对其进行更改，如图 13-26 所示。

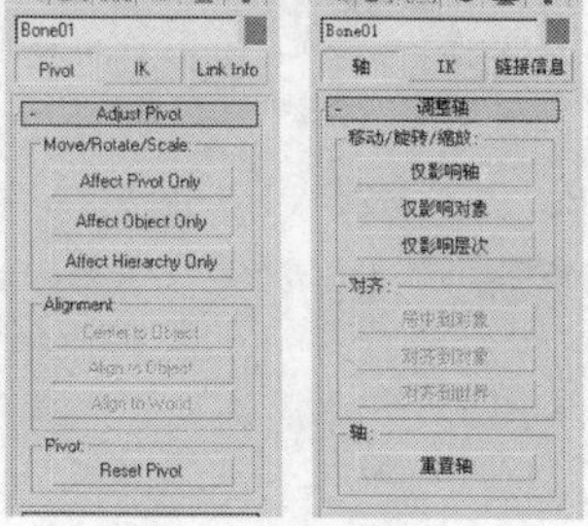

图13-26　轴面板

● 仅影响轴：移动和旋转变换只适用于选定对象的轴。移动或旋转轴并不影响对象或其子级。缩放轴会使对象从轴中心开始缩放，但是其子级不受影响。

● 仅影响对象：变换将只应用于选定对象，轴不受影响。移动、旋转或缩放对象并不影响轴或其子级。

● 仅影响层次：旋转和缩放变换只应用于对象及其子级之间的链接。缩放或旋转对象影响其所有派生对象的链接偏移，而不会影响对象或其派生对象的几何体。由于缩放或旋转链接，派生对象将移动位置。使用这种技术可以调整链接对象之间的偏移关系，而且可用于调整骨骼，以与几何体匹配。

● 居中到对象：移动对象或轴，以便使轴位于对象的中心。

● 对齐对象：旋转对象或轴，以将轴与对象的原始局部坐标系对齐。

● 对齐到世界：旋转对象或轴，以便使轴与世界坐标系对齐。

● 重置轴：可将选定对象的轴点返回到对象初创时采用的位置和方向，不会影响对象或其子级。

13.4.3 正向运动学

处理层次的默认方法使用一种称之为正向运动学的技术。基本原理是按照父层次到子层次的链接顺序进行层次链接，轴点位置定义了链接对象的连接关节，按照从父层次到子层次的顺序继承位置、旋转和缩放变换，如图 13-27 所示。

图13-27 正向运动学

两个对象链接到一起后，子对象相对于父对象保持自己的位置、旋转和缩放变换。这些变换从父对象的轴到子对象的轴进行测量。

链接作为一个单向的管道将父对象的变换传输到子对象。如果移动、旋转或缩放父对象，子对象将以相同的量移动、旋转或缩放。由于层次是单向的，移动、旋转或缩放子对象不会影响父对象。

总之，应用到子对象的变换同时也继承了其父对象的变换。子对象继承父对象的变换，父对象沿着层次向上继承其祖先对象的变换，直到根节点。由于正向运动学使用这样的一种继承方式，所以必须以从上到下的方式设置层次的位置和动画。

13.5 范例——角色表情

【重点提要】

本范例先复制多个表情模型，然后调节复制出表情的细节，通过 Morpher（变形）修改器加载其他表情模型，再通过 Slider（滑块操纵器）便捷的控制表情变化，如图 13-28 所示。

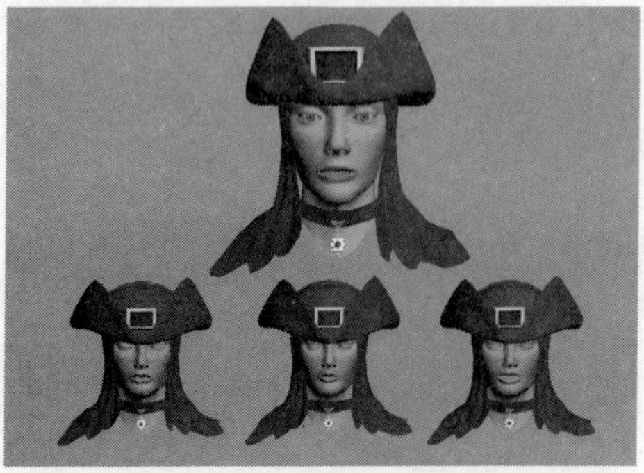

图13-28 角色表情范例效果

【制作流程】

角色表情范例的制作流程分为 4 部分：①头部模型制作，②表情动画调节，③表情工具制作，④头部材质设置，如图 13-29 所示。

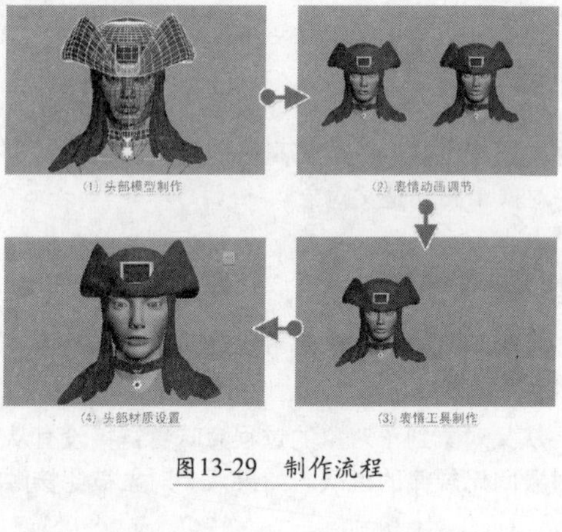

图13-29 制作流程

13.5.1 头部模型制作

Step01 在场景中创建长方体并搭配编辑多边形命令，制作头部基本模型，如图 13-30 所示。

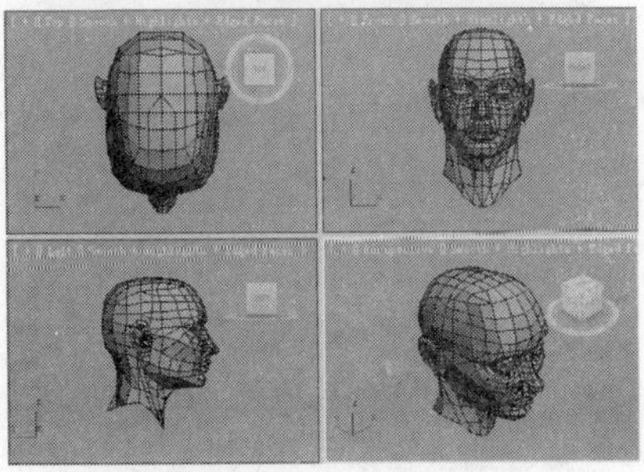

图13-30 头部模型

Step02 创建平面模型并搭配编辑命令制作头发模型效果，如图 13-31 所示。

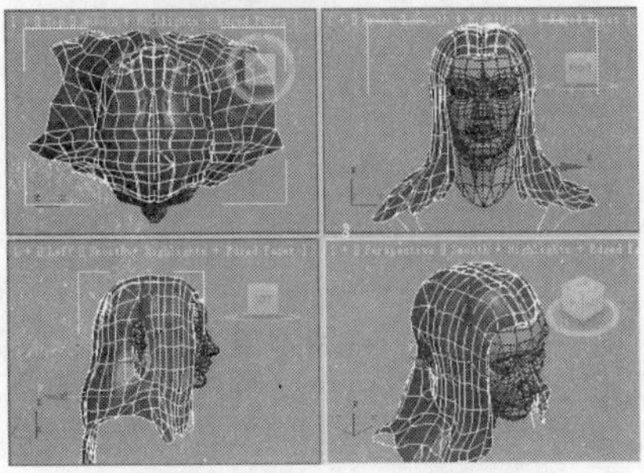

图13-31 头发模型效果

Step03 为了丰富模型效果，再创建长方体并搭配编辑多边形命令，制作角色的帽子模型，如图 13-32 所示。

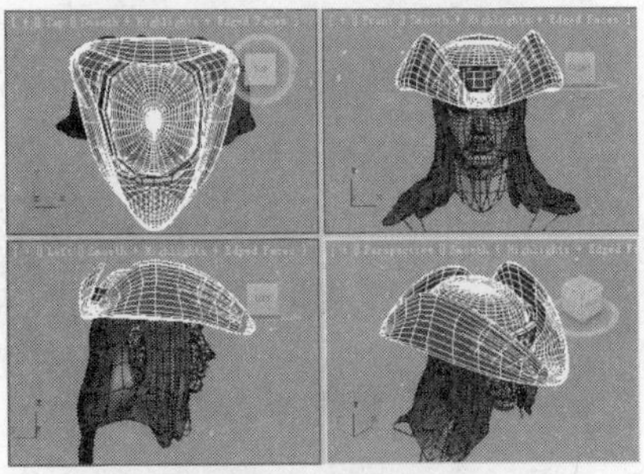

图13-32 帽子模型效果

Step04 继续制作装饰模型，丰富角色模型的细节，如图 13-33 所示。

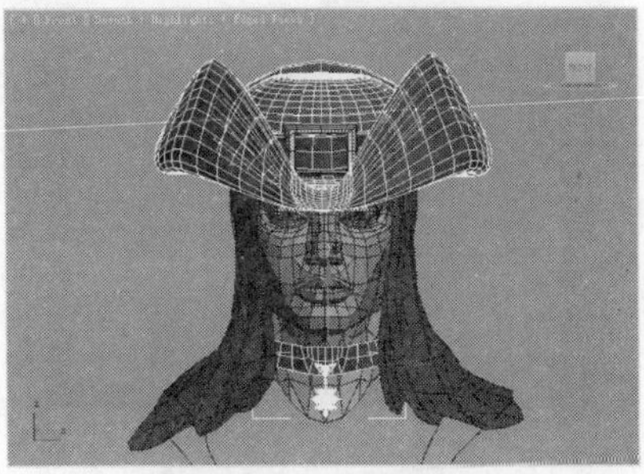

图13-33 装饰模型

13.5.2 表情动画调节

Step01 选择头部模型并配合键盘的“Shift+ 移动”快捷键复制模型，在弹出的对话框中设置名称为“闭眼”，如图 13-34 所示。

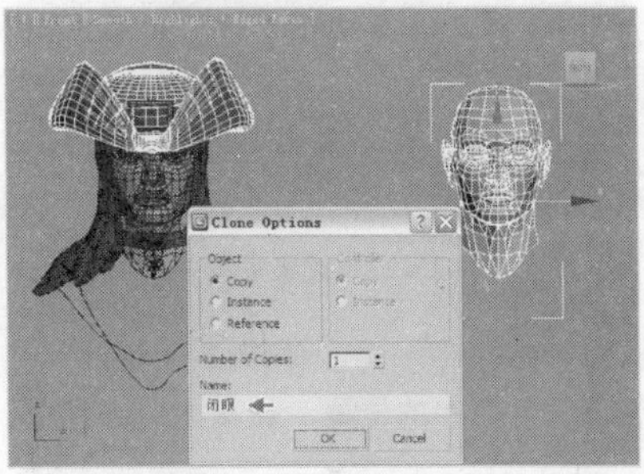

图13-34 复制模型

Step02 在（修改）面板中选择 Edit Poly（编辑多边形）命令切换至“顶点”模式下，选择眼部模型位置的点，然后使用（移动）工具调节点的位置，使眼皮向下闭合，如图 13-35 所示。

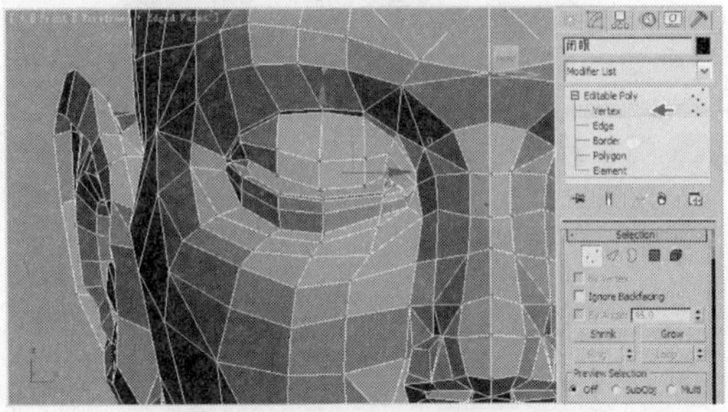

图13-35 调节点位置

Step03 选择眼部模型左侧的点，继续使用（移动）工具调节点的位置，使其在眼睛闭合时周围的肌肉产生连带运动，如图 13-36 所示。

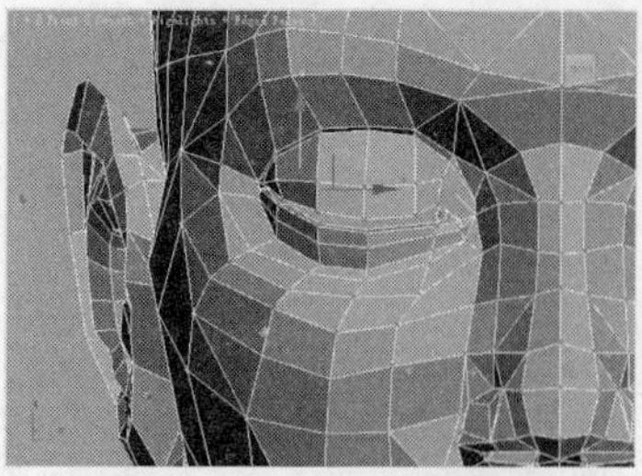

图13-36　调节点位置

Step04 在（修改）面板中软选择卷展栏下开启使用软选择项目，然后设置 Falloff（衰减）值为 10，再使用（移动）工具调节下眼睑位置在闭眼时的影响，如图 13-37 所示。

图13-37　设置衰减值

Step05 选择眼部模型的点，使用（移动）工具向下调节眉弓处点的位置，如图 13-38 所示。

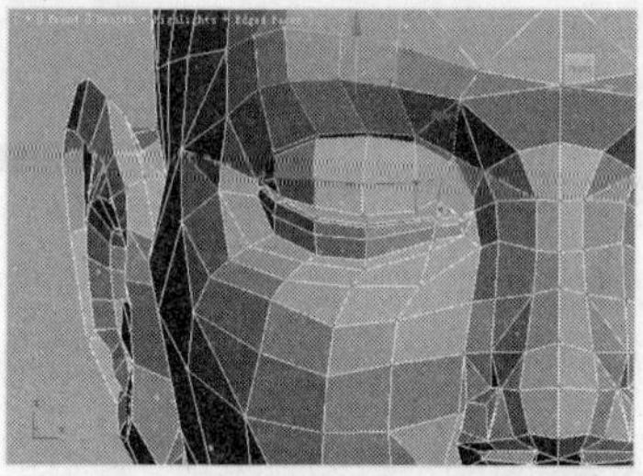

图13-38　调节点位置

Step06 观看调节完成后闭眼模型的效果，如图 13-39 所示。

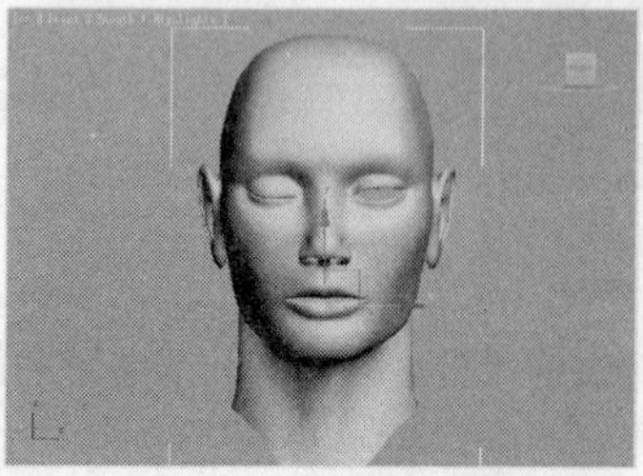

图13-39　闭眼模型效果

Step07 选择头部模型并配合键盘的“Shift+ 移动”快捷键复制模型，在弹出的对话框中设置名称为“撅嘴”，如图 13-40 所示。

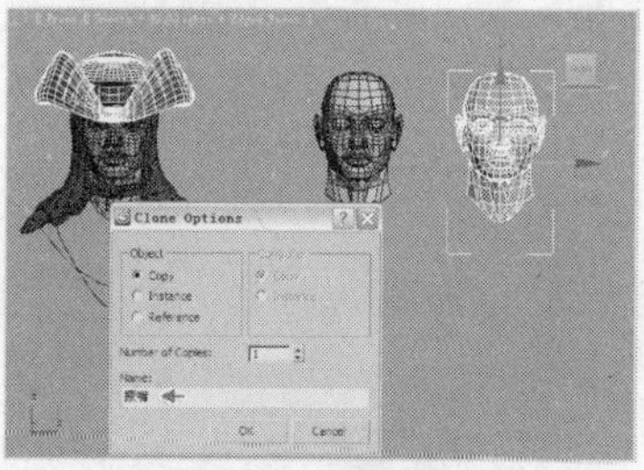

图13-40　复制模型

Step08 在（修改）面板中选择 Edit Poly（编辑多边形）命令切换至顶点模式下，选择嘴部模型位置的点并使用（缩放）工具调节点的位置，如图 13-41 所示。

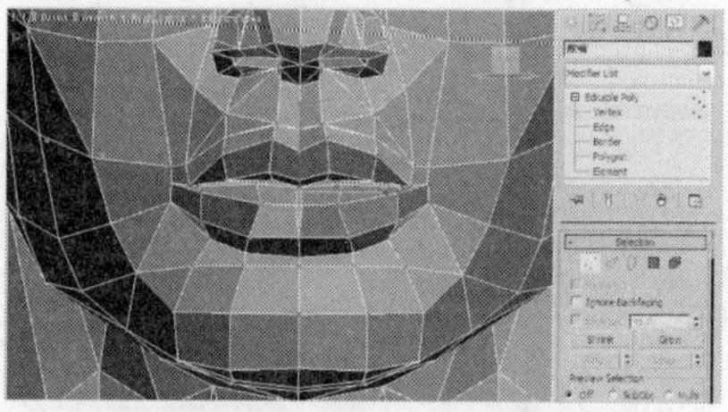

图13-41　使用缩放工具

Step09 选择上嘴唇模型点，使用（缩放）工具沿着 *x* 轴调节点位置，如图 13-42 所示。

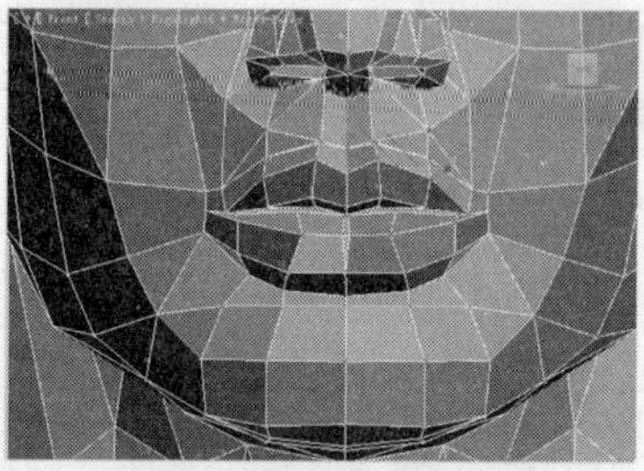

图13-42　调节点

Step10 选择下嘴唇模型点，继续使用（移动）工具沿着 *y* 轴调节点位置，如图 13-43 所示。

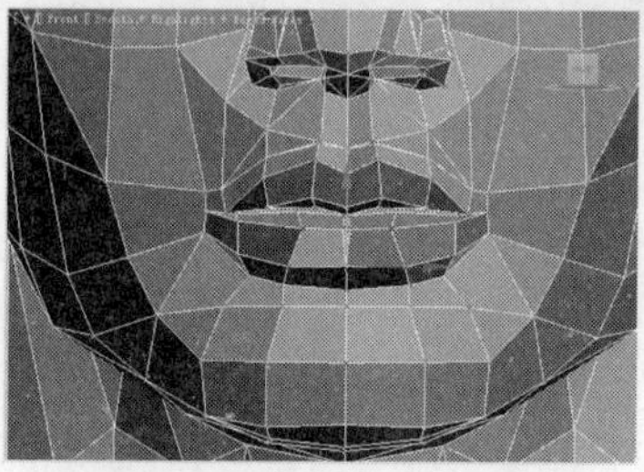

图13-43　调节点位置

Step11 切换至 Left（左）视图，在（修改）面板中的 Soft Selection（软选择）卷展栏下开启 Use Soft Selection（使用软选择）项目并设置 Fall-off（衰减）值为 10，然后使用（移动）工具调节点位置，如图 13-44 所示。

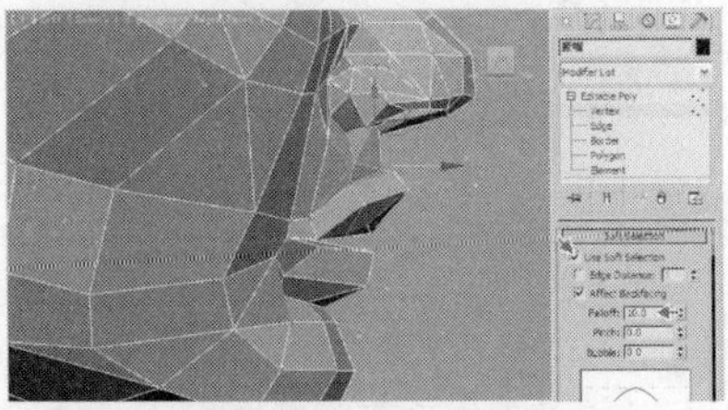

图13-44 设置软选择

Step12 选择下嘴唇模型点，使用（移动）工具调节点位置，丰富嘴唇细节的变化，如图 13-45 所示。

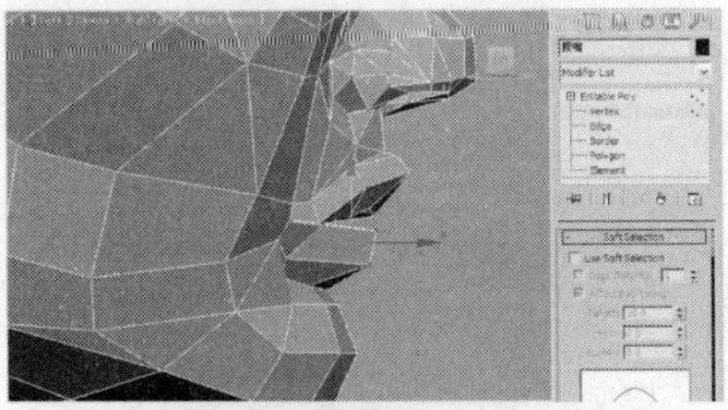

图13-45 调节点位置

Step13 切换至 Front（前）视图，在（修改）面板中的 Soft Selection（软选择）卷展栏下开启 Use Soft Selection（使用软选择）项目并设置 Fall-off（衰减）值为 25，然后使用（缩放）工具调节脸颊两侧肌肉效果，如图 13-46 所示。

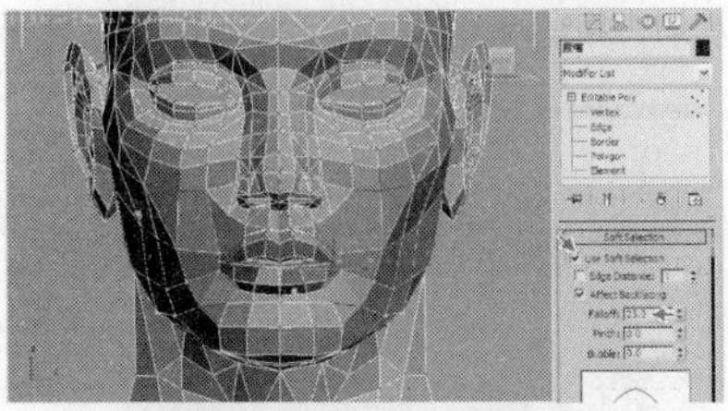

图13-46 开启软选择

Step14 观看调节完成后撅嘴模型效果，如图 13-47 所示。

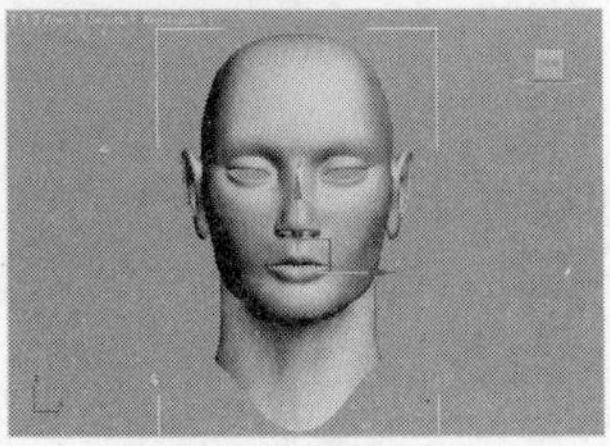

图13-47 撅嘴模型效果

Step15 选择头部模型并配合键盘的“Shift+ 移动”快捷键复制模型，在弹出的对话框中设置名称为“张嘴”，如图 13-48 所示。

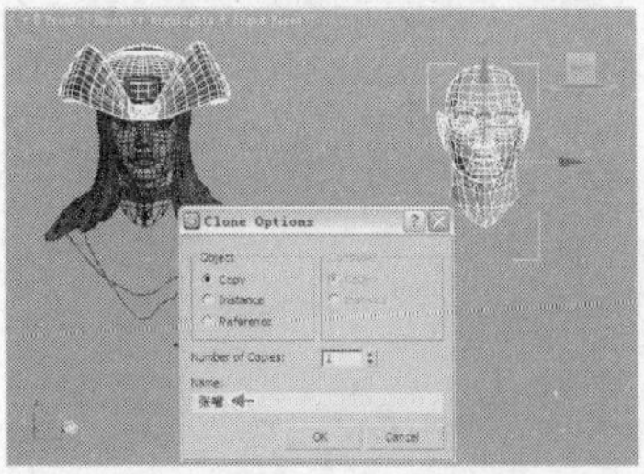

图13-48 复制模型

Step16 选择上嘴唇模型点，使用（移动）工具调节点位置，使其具有向上张开的效果，如图 13-49 所示。

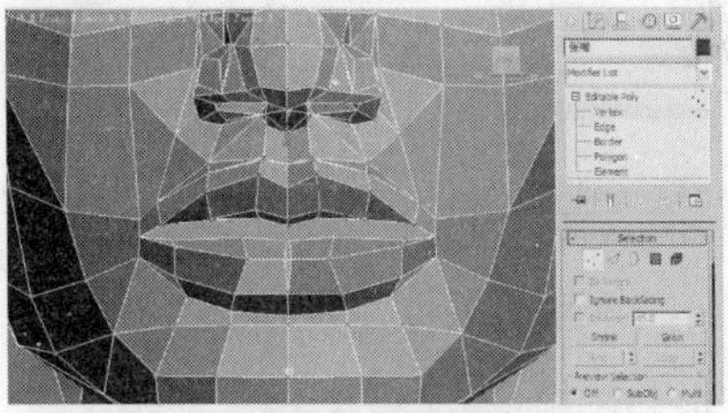

图13-49 调节点位置

Step17 选择下嘴唇模型中间点，使用（移动）工具调节点位置，如图 13-50 所示。

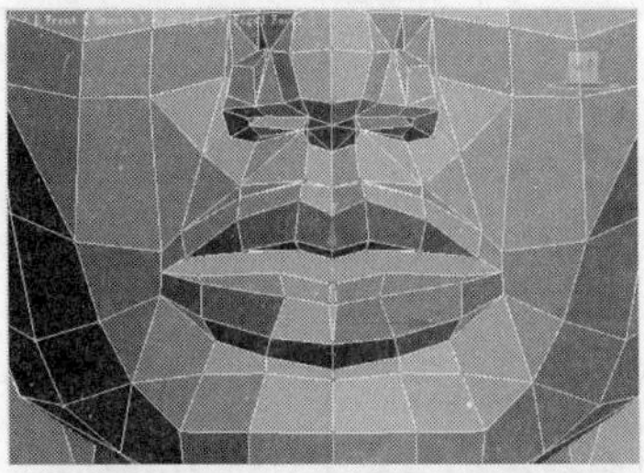

图13-50 调节点位置

Step18 选择下嘴唇模型点，使用（移动）工具调节点位置，调节出张嘴的效果，如图 13-51 所示。

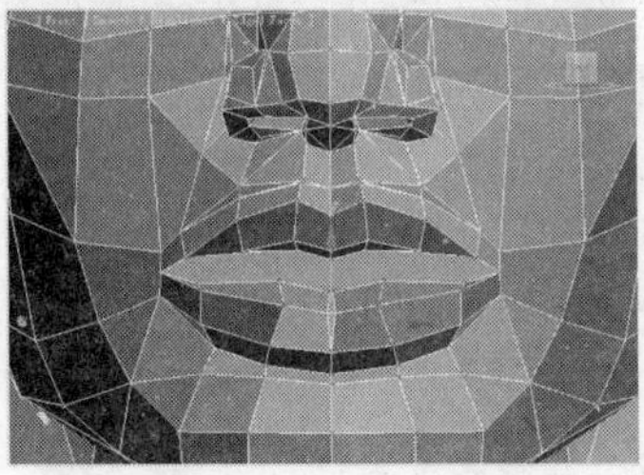

图13-51 调节点位置

Step19 在（修改）面板中的Soft Selection（软选择）卷展栏下，开启Use Soft Selection（使用软选择）项目并设置Falloff（衰减）值为10，然后使用（移动）工具调节下额点位置，如图13-52所示。

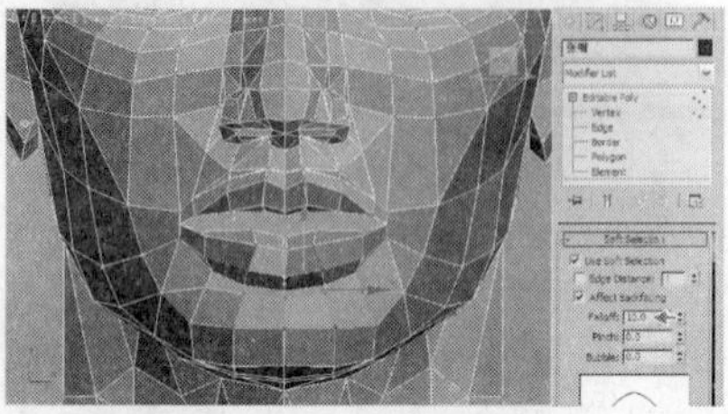

图13-52　设置衰减参数

Step20 在（修改）面板中的Soft Selection（软选择）卷展栏下设置Falloff（衰减）值为15，然后使用（移动）工具调节脸颊两侧肌肉效果，如图13-53所示。

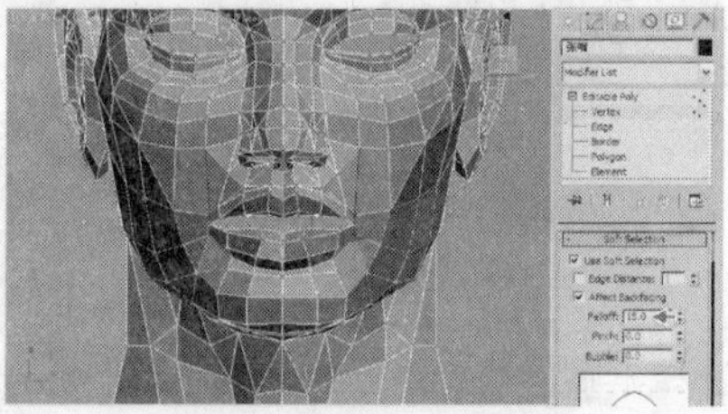

图13-53　设置衰减参数

Step21 观看调节完成后张嘴模型效果，如图13-54所示。

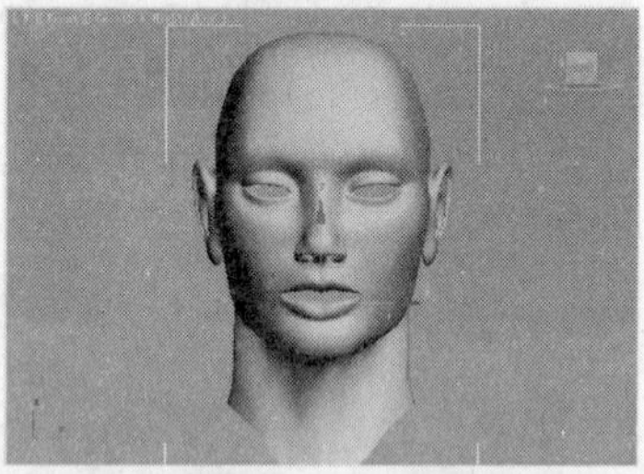

图13-54　观看模型效果

13.5.3　表情工具制作

Step01 选择头部模型，在（修改）面板中添加Morpher（变形）命令，可以将相同段数的模型变形效果处理，如图13-55所示。

Step02 在（修改）面板中单击Load Multiple Targets（加载多个目标）按钮，准备拾取复制出的其他表情模型，如图13-56所示。

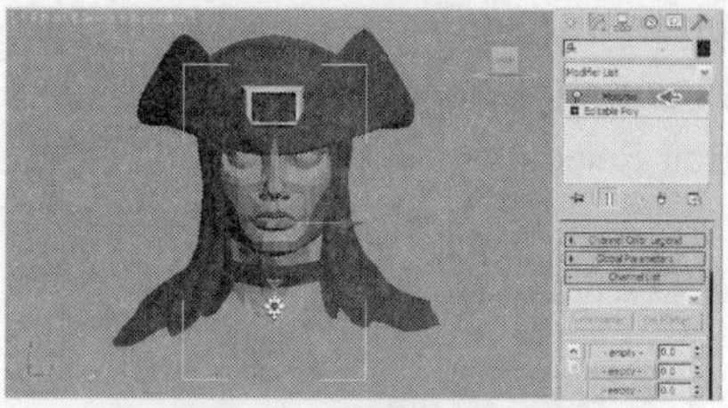

图13-55　添加变形命令

图13-56　单击加载按钮

Step03 在弹出的Load Multiple Targets（导入多个目标）对话框中选择表情模型，如图13-57所示。

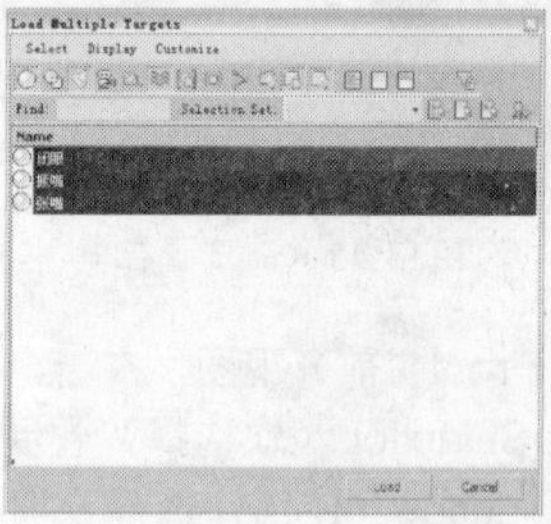

图13-57　选择表情模型

Step04 选择头部模型，在（修改）面板中添加Mesh Smooth（网格平滑）命令，使模型得到平滑的效果，如图13-58所示。

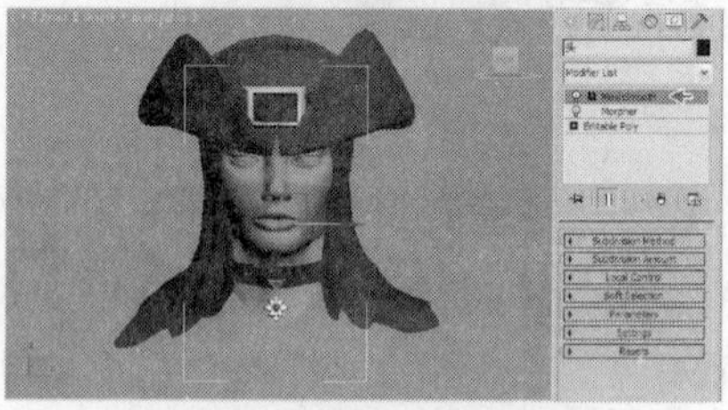

图13-58　添加网格平滑命令

Step05 在（修改）面板中的Channel List（通道列表）参数卷展栏中调节“撅嘴”参数值为100，观看模型产生变化的效果，如图13-59所示。

Step06 在（修改）面板的Channel List（通道列表）参数卷展栏下，调节“张嘴”参数值为100，观看模型产生变化的效果，如图13-60所示。

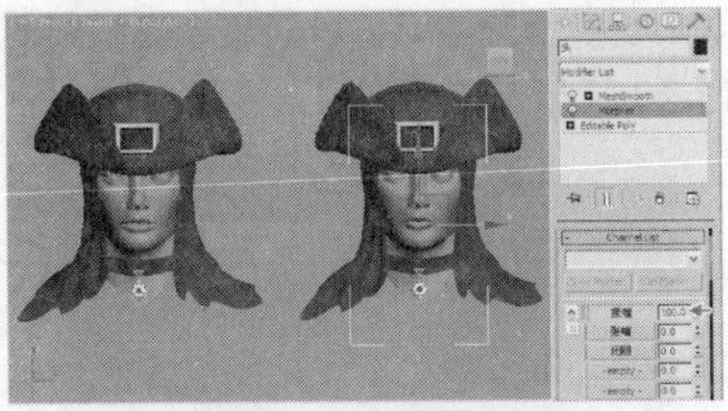

图13-59 撅嘴动画效果

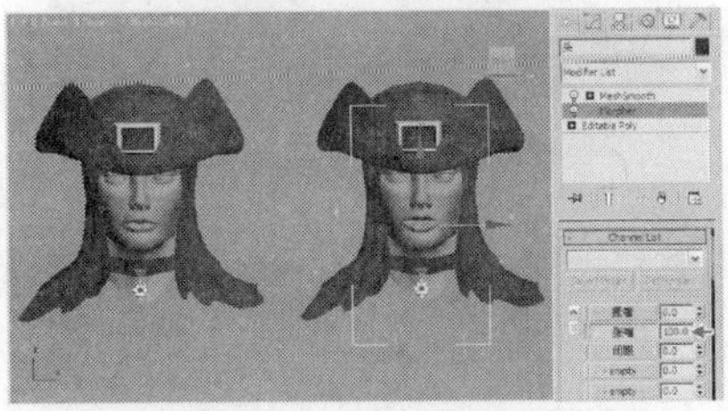

图13-60 张嘴动画效果

Step07 在（修改面板）中的 Channel List（通道列表）参数卷展栏下，调节“闭眼”参数值为 100，观看模型产生变化的效果，如图 13-61 所示。

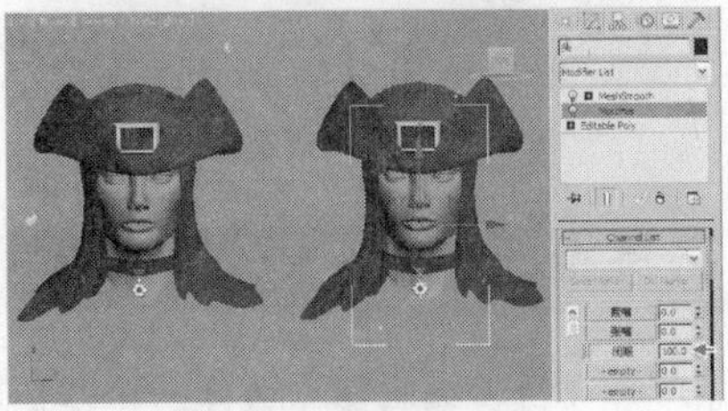

图13-61 闭眼动画效果

Step08 在（创建）面板的（辅助对象）面板中单击 Manipulators（操纵器）辅助对象下的 Slider（滑块）操纵器按钮，在活动视图中建立一个图形控件，通过将其值与另一个对象的参数相关联，可以创建带有在场景内可视反馈的一个自定义控件，如图 13-62 所示。

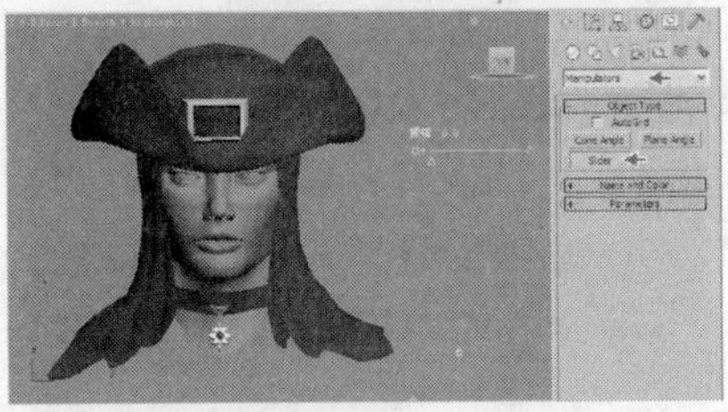

图13-62 创建滑块操纵器

Step09 在菜单中选择【Animation（动画）】→【Reaction Manager（反应管理器）】命令，可以添加和删除主从对象、定义反应状态以及通过图形查看和修改包含曲线的反应等，如图 13-63 所示。

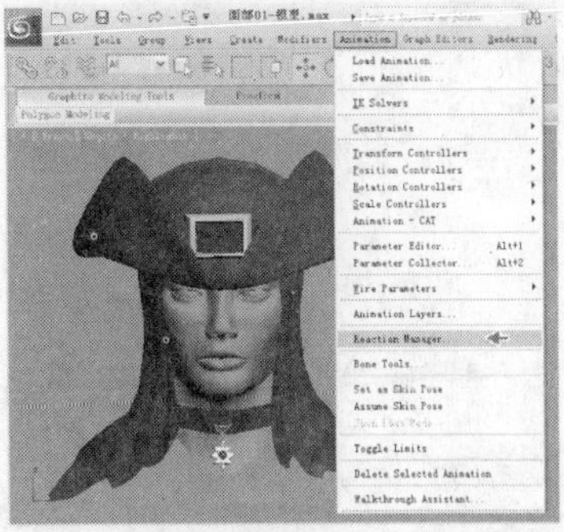

图13-63 选择反应管理器命令

Step10 在弹出的 Reaction Manger（反应管理器）对话框中单击加号添加主按钮，然后在视图中单击滑块操纵器，在弹出的菜单中选择【Objcct Slider（动画 / 滑块）】→【value（值）】命令，如图 13-64 所示。

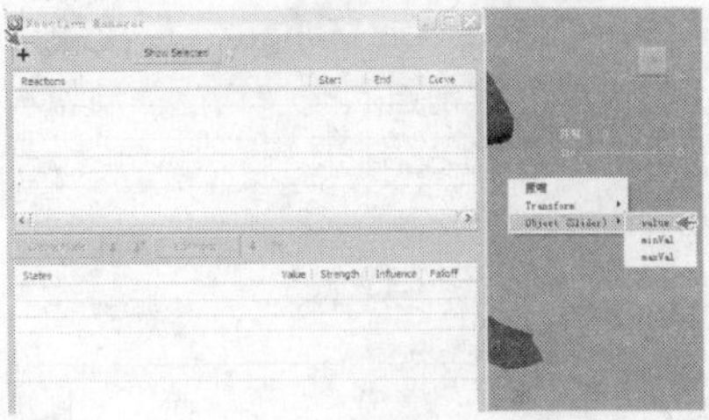

图13-64 选择值命令

Step11 在弹出的 Reaction Manger（反应管理器）对话框中单击加号添加从属按钮，然后在视图中单击头部模型，在弹出的菜单中选择【Modified Object（对象操纵器）】→【Morpher（变形）】→【撅嘴】命令，如图 13-65 所示。

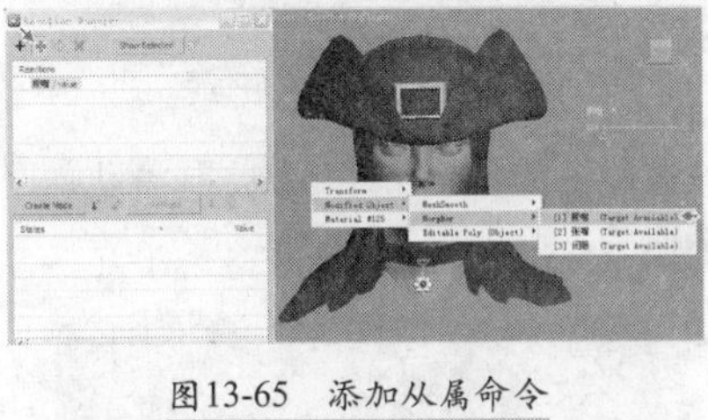

图13-65 添加从属命令

Step12 在弹出的 Reaction Manger（反应管理器）对话框中单击 Create Mode（创建模式）按钮，如图 13-66 所示。

Step13 在视图中滑动滑块操纵器，然后在（修改）面板中设置“撅嘴”参数值为 100，如图 13-67 所示。

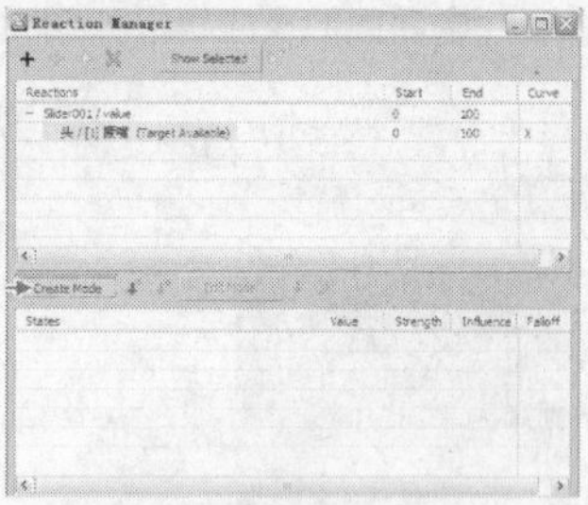

图13-66　单击创建模式按钮

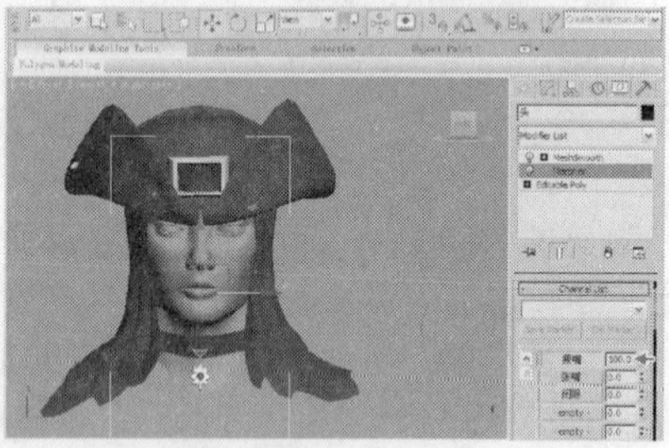

图13-67　设置参数

Step14 在弹出的 Reaction Manger（反应管理器）对话框中单击创建状态按钮，驱动撅嘴的动画信息，如图 13-68 所示。

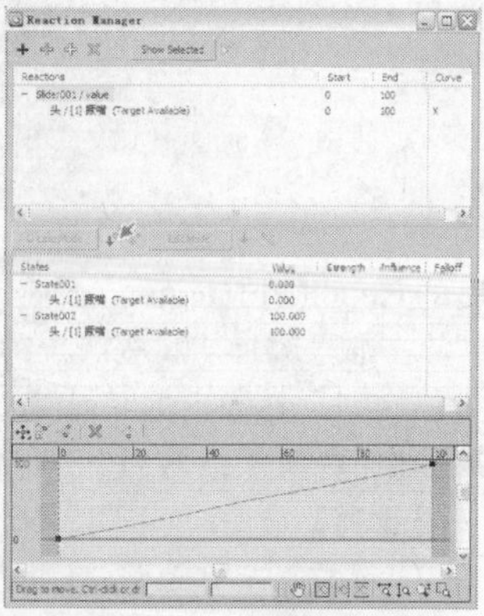

图13-68　载入动画信息

Step15 在视图中滑动滑块操纵器，观看动画产生驱动的效果，如图 13-69 所示。

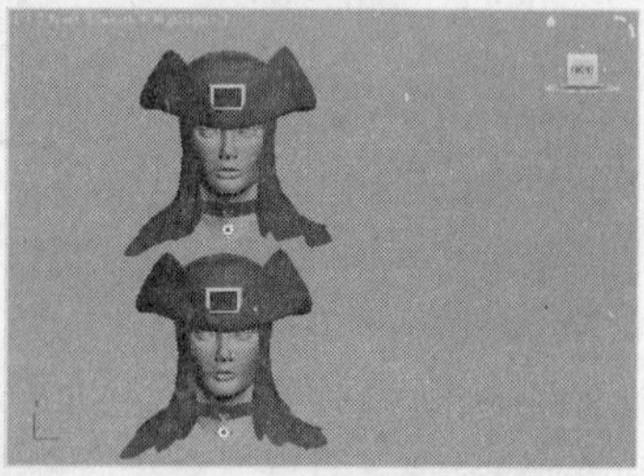

图13-69　观看效果

Step16 使用相同的制作方法驱动张嘴动画信息，如图 13-70 所示。

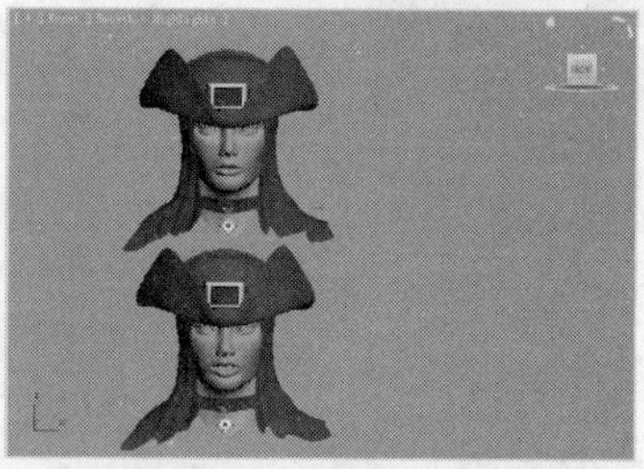

图13-70　张嘴动画驱动效果

Step17 再驱动闭眼动画信息观看闭眼动画效果，如图 13-71 所示。

图13-71　闭眼动画效果

13.5.4　头部材质设置

Step01 打开（材质编辑器）选择一个空白材质球并设置名称为“眼睛”，再为 Diffuse Map（漫反射贴图）赋予制作完成的眼球贴图，如图 13-72 所示。

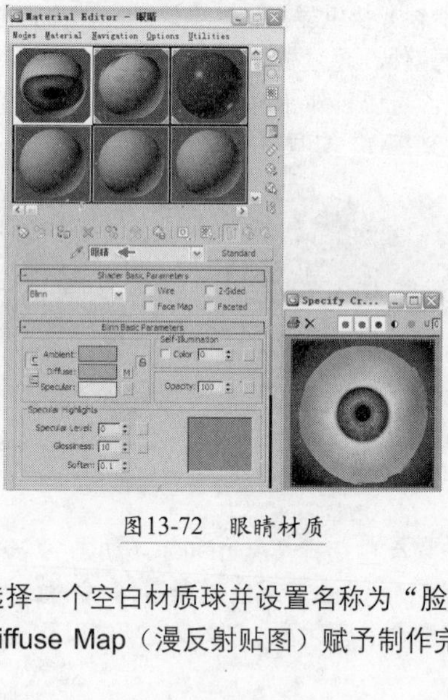

图13-72　眼睛材质

Step02 选择一个空白材质球并设置名称为“脸”，再为 Diffuse Map（漫反射贴图）赋予制作完成的脸部贴图，如图 13-73 所示。

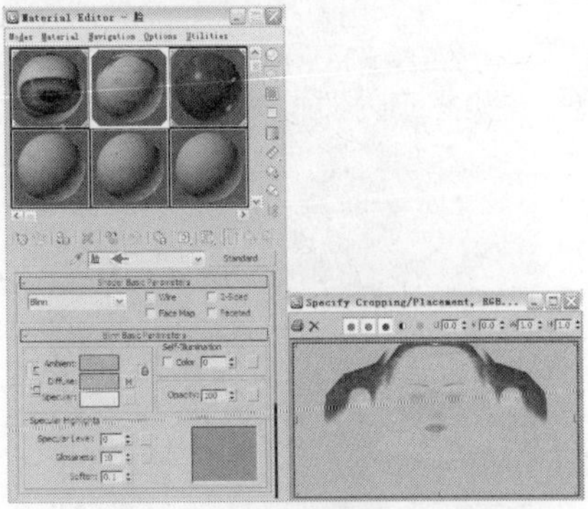

图13-73　脸材质

Step03 在 （修改）面板中添加 Unwrap UVW（展开坐标）命令，控制贴图与模型的理想坐标，如图 13-74 所示。

Step04 观看制作完成的模型材质效果，如图 13-75 所示。

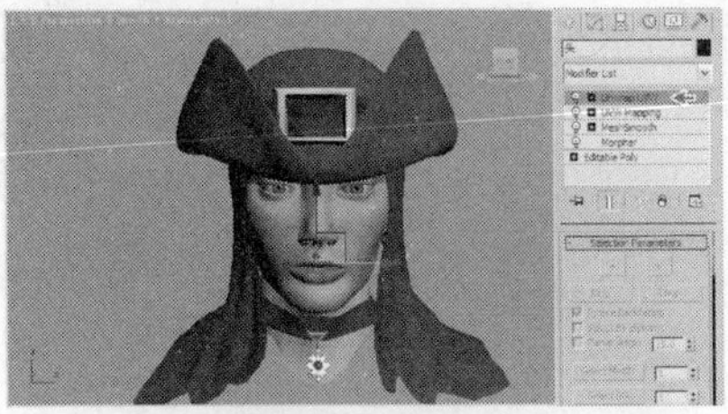

图13-74　添加命令

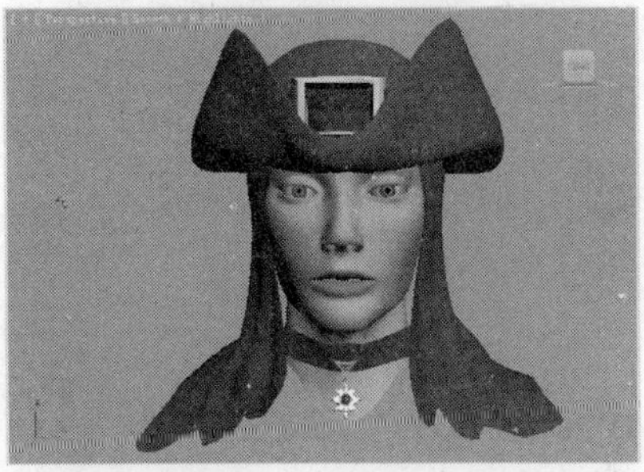

图13-75　最终效果

13.6 范例——工程机械

【重点提要】

通过学习本范例可以系统地掌握父子级别链接，设置轴的位置和解算器完成机械效果，如图 13-76 所示。

图13-76　工程机械范例效果

【制作流程】

工程机械范例的制作流程分为 4 部分：①机械模型制作，②机身约束设置，③反向动力学应用，④场景渲染设置，如图 13-77 所示。

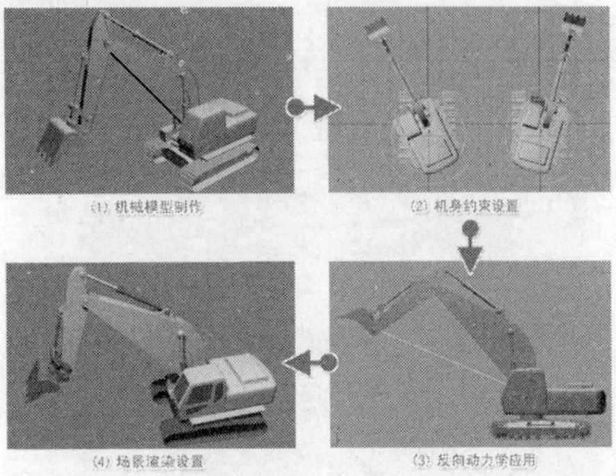

图13-77　制作流程

13.6.1　机械模型制作

Step01 在场景中创建几何体并搭配编辑多边形命令，制作完成机身的基本模型效果，如图 13-78 所示。

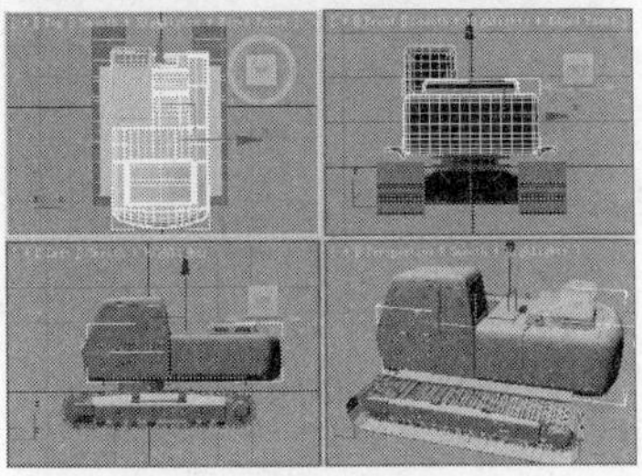

图13-78　创建模型

Step02 创建几何体并搭配编辑命令制作机器后壁模型效果，如图 13-79 所示。

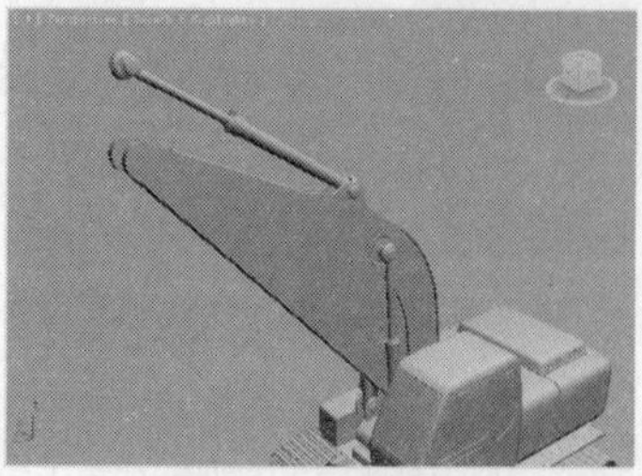

图13-79　后臂模型效果

Step03 创建长方体并搭配编辑命令制作机器前壁模型效果，如图 13-80 所示。

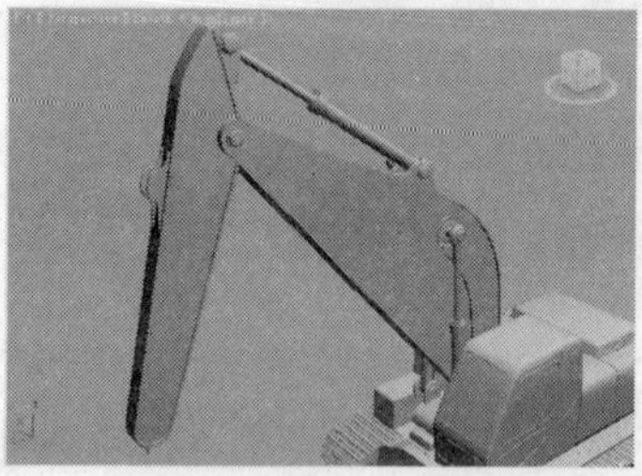

图13-80　前臂模型效果

Step04 再创建几何体模型搭配编辑命令，制作完成挖掘机其他模型效果，如图 13-81 所示。

图13-81　制作模型

Step05 在主工具栏中单击（快速渲染）按钮，快速渲染模型的最终效果，如图 13-82 所示。

图13-82　渲染模型效果

13.6.2　机身约束设置

Step01 使用（链接）工具将玻璃模型链接给机身模型，使机身可以控制玻璃模型，如图 13-83 所示。

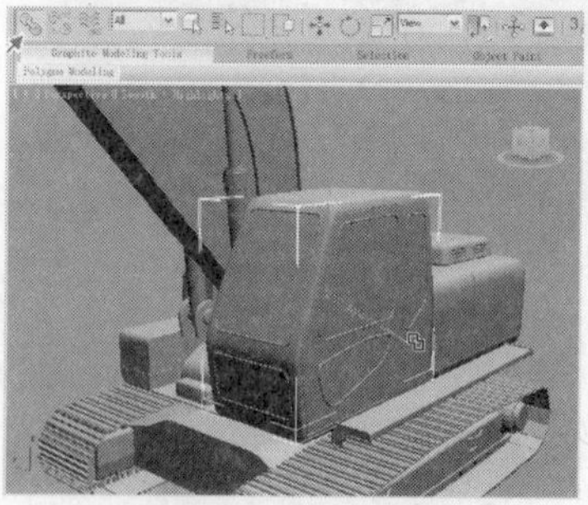

图13-83　玻璃链接操作

Step02 选择发电机等辅助模型并使用（链接）工具将其链接给机身模型，如图 13-84 所示。

图13-84　模型链接操作

Step03 使用（链接）工具将金属架模型链接给后臂模型，如图 13-85 所示。

图13-85　金属架链接操作

Step04 使用（链接）工具将后臂模型链接给机身模型，如图 13-86 所示。

Step05 使用（链接）工具将辅助模型链接给前臂模型，如图 13-87 所示。

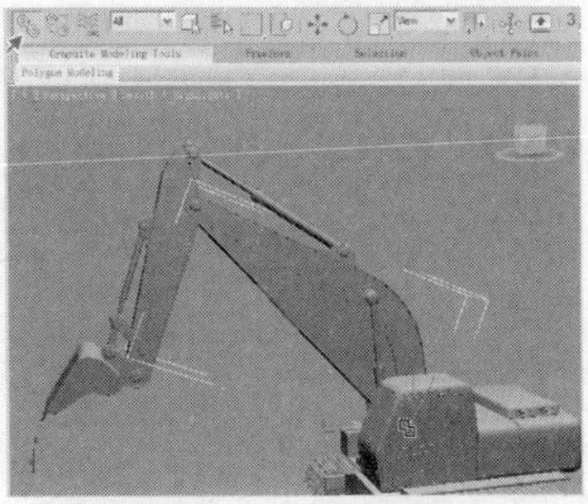

图13-86 后臂链接操作

图13-87 辅助模型链接操作

Step06 使用 （链接）工具将前臂模型链接给后臂模型，如图 13-88 所示。

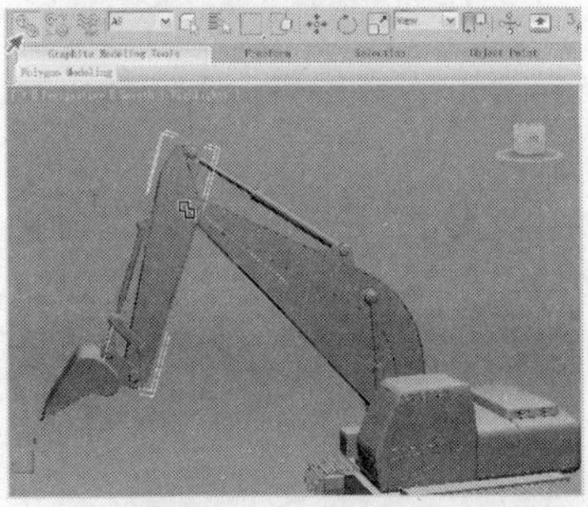

图13-88 前臂链接操作

Step07 使用 （旋转）工具来测试机身模型链接效果，如图 13-89 所示。

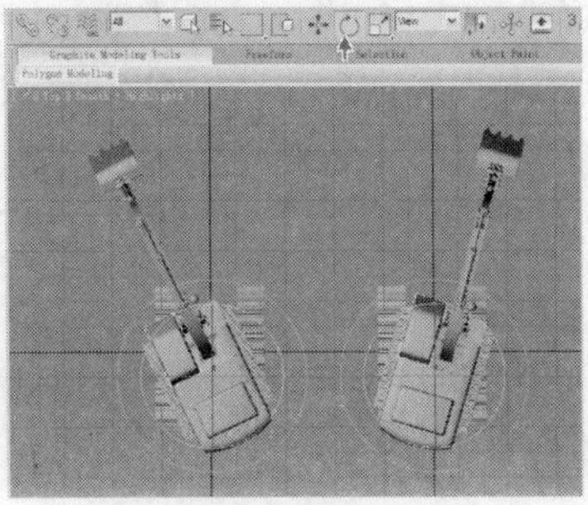

图13-89 旋转测试

13.6.3 反向动力学应用

Step01 选择后臂模型，然后在 （层次）面板中单击 Affect Pivot Only（仅影响轴）按钮，将轴心移动到模型的末端中心位置，此位置将是选择的轴位置，如图 13-90 所示。

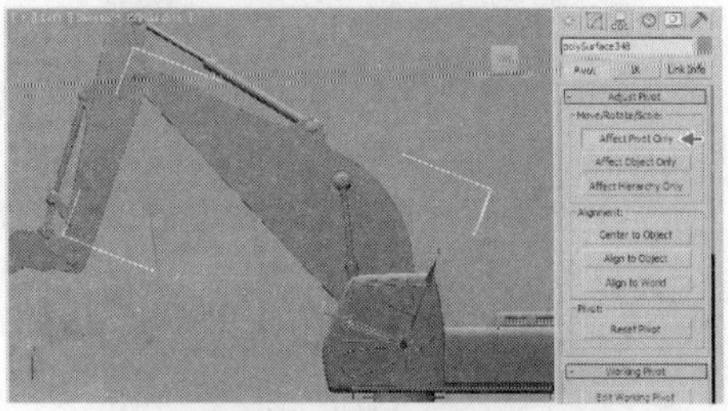

图13-90 移动模型轴心

Step02 选择前臂模型，然后在 （层次）面板中单击 Affect Pivot Only（仅影响轴）按钮，将轴心移动到模型的末端位置，如图 13-91 所示。

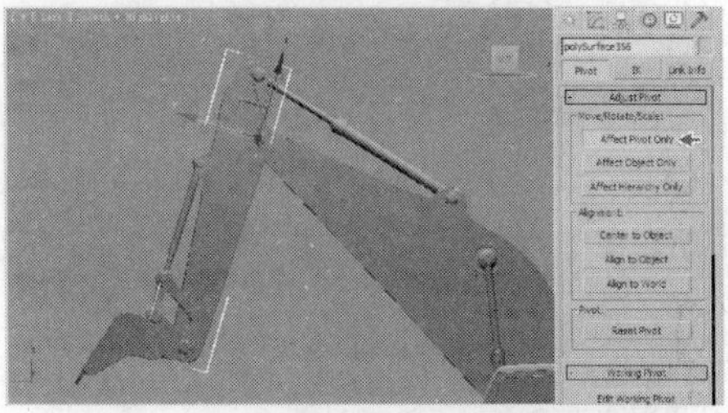

图13-91 移动模型轴心

Step03 选择挖掘斗模型，然后在 （层次）面板中单击 Affect Pivot Only（仅影响轴）按钮，再单击 Center to Object（中心到对象），将轴心对齐到对象中心，如图 13-92 所示。

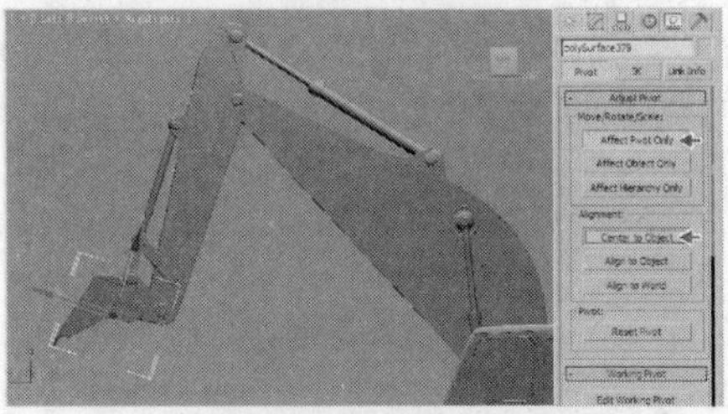

图13-92 对齐物体中心

Step04 选择挖掘斗模型，在菜单中选择【Animation（动画）】→【IK Solvers（IK 解算器）】→【HI Solvers（HI 解算器）】命令，然后将前臂链接给后臂模型，如图 13-93 所示。

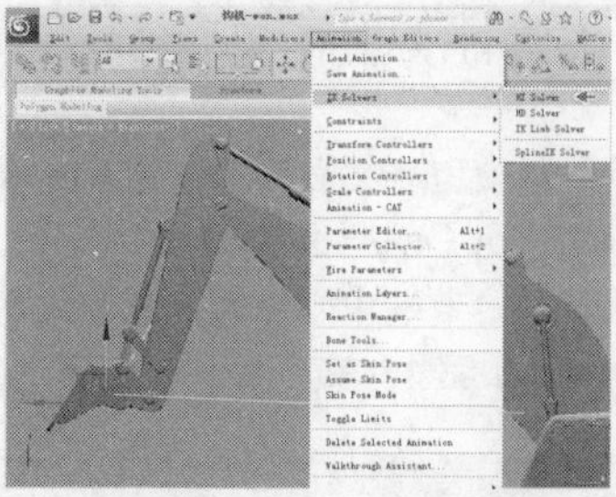

图13-93　HI解算器

Step05 选择HI 解算器产生的控制图标，使用（移动）工具来测试增加HI Solvers（HI 解算器）后的效果，如图13-94 所示。

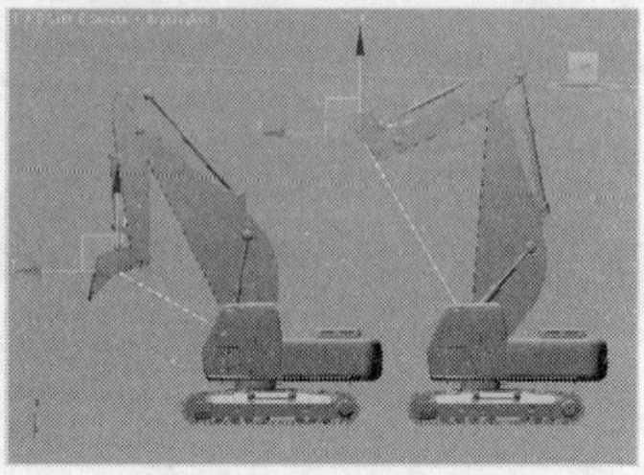

图13-94　测试效果

Step06 选择支管模型，然后在（层次）面板中单击Affect Pivot Only（仅影响轴）按钮，将轴心移动到模型的末端中心位置，如图13-95 所示。

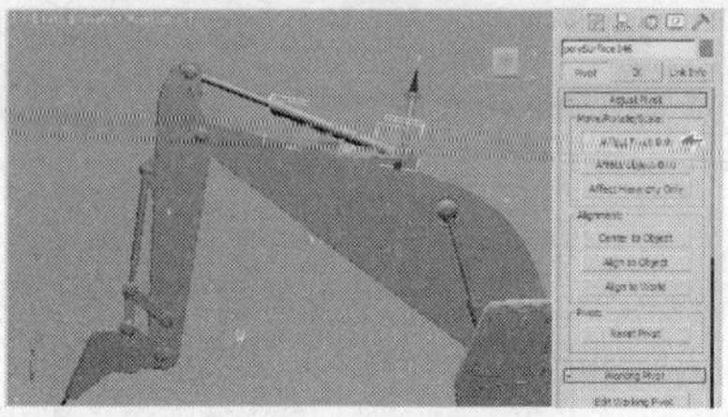

图13-95　移动模型轴心位置

Step07 选择金属管模型，然后在（层次）面板中单击Affect Pivot Only（仅影响轴）按钮，将轴心移动到模型的末端中心位置，如图13-96 所示。

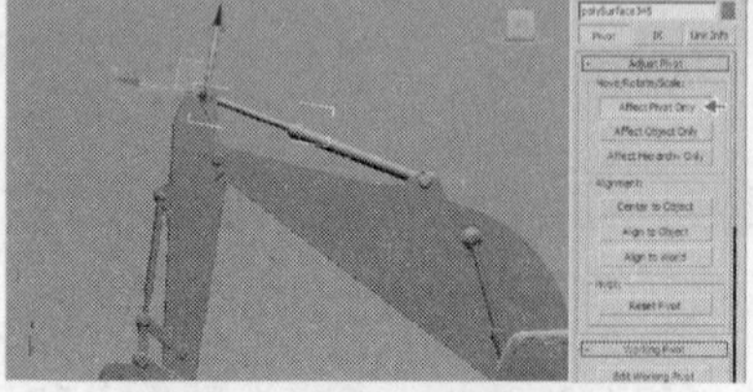

图13-96　调节轴心点位置

Step08 使用（链接）工具将金属管模型链接给前臂模型，如图13-97 所示。

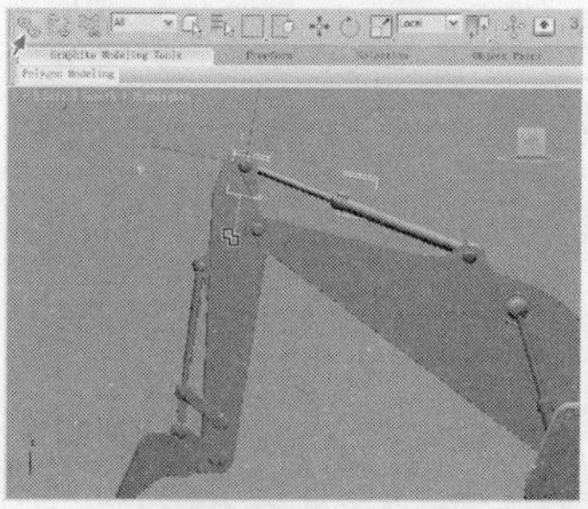

图13-97　链接效果

Step09 在菜单中选择【Animation（动画）】→【Constraints（约束）】→【Look At Constraints（目标约束）】命令，然后将支管链接给金属管，如图13-98 所示。

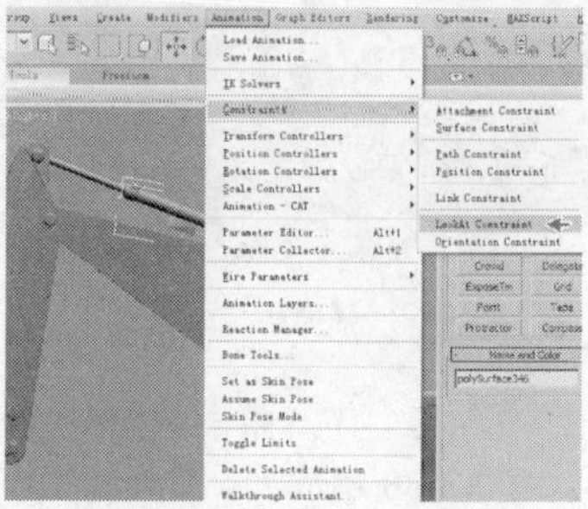

图13-98　选择目标约束命令

Step10 在自动弹出的对话框中开启Keep Initial Offset（保持初始偏移）项目，如图13-99 所示。

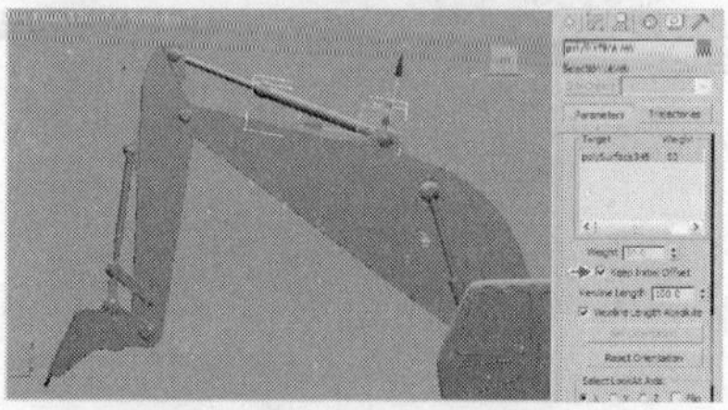

图13-99　开启保持物体原样命令

Step11 在（创建）面板的（辅助对象）面板中单击Standard（标准）下的Point（点）按钮，然后在视图中创建点，如图13-100 所示。

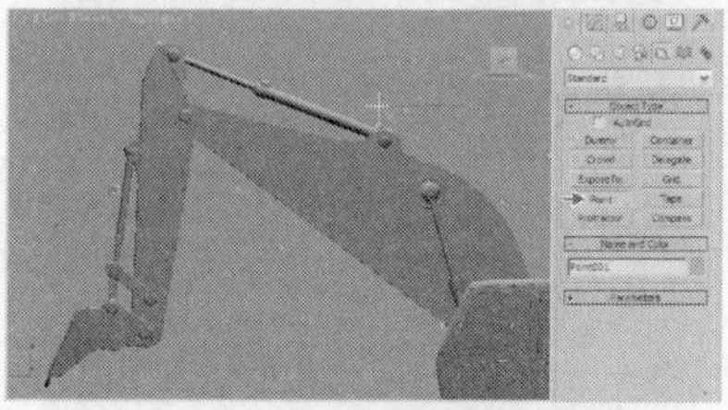

图13-100　创建虚拟体

Step12 在（修改）面板中设置 Size（大小）值为 65，如图 13-101 所示。

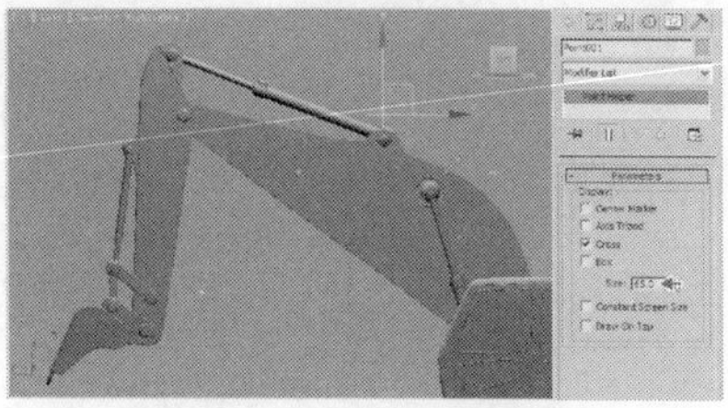

图13-101 设置尺寸参数

Step13 在菜单中选择【Animation（动画）】→【Constraints（约束）】→【Look At Constraints（目标约束）】命令，然后将金属柱链接给虚拟体，如图 13-102 所示。

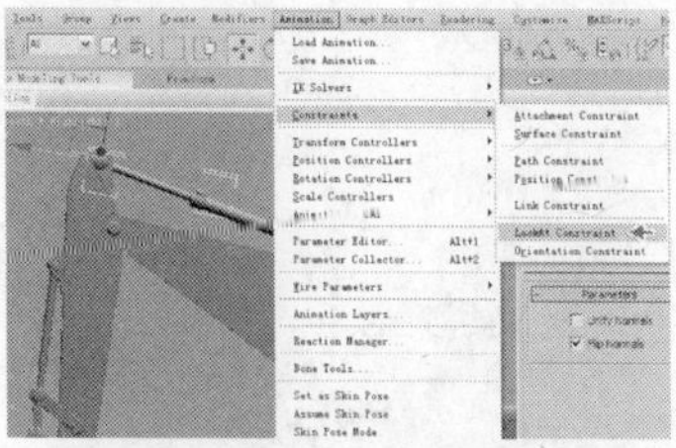

图13-102 选择目标约束命令

Step14 使用（链接）工具将后臂模型链接给虚拟体，如图 13-103 所示。

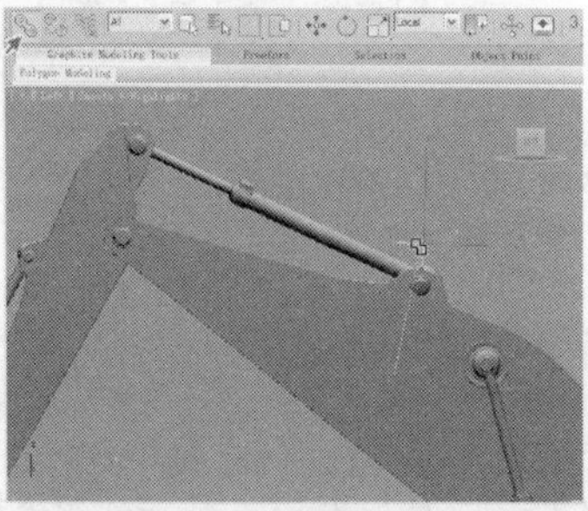

图13-103 链接虚拟体

Step15 使用（移动）工具来测试链接虚拟体后的效果，如图 13-104 所示。

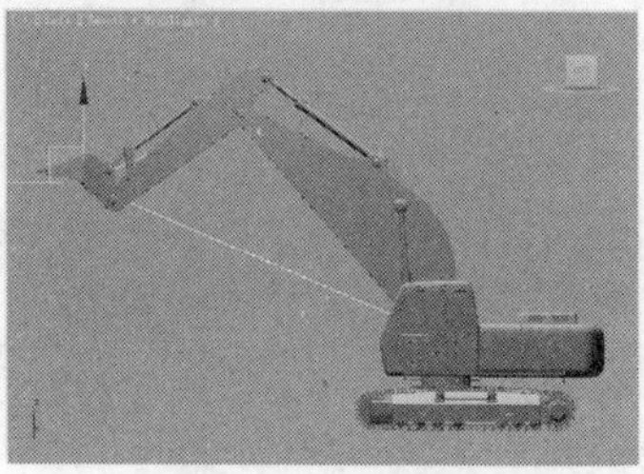

图13-104 测试效果

13.6.4 场景渲染场景

Step01 打开（材质编辑器），选择一个空白材质球并设置名称为“机身”，设置 Ambient（环境）与 Diffuse（漫反射）颜色为黄色、Specular Level（高光级别）值为 96、Glossiness（光泽度）值为 50，如图 13-105 所示。

Step02 选择一个空白材质球并设置名称为“支管”，设置 Ambient（环境）与 Diffus（漫反射）颜色为暗黄色、Specular Level（高光级别）值为 35、Glossiness（光泽度）值为 34，如图 13-106 所示。

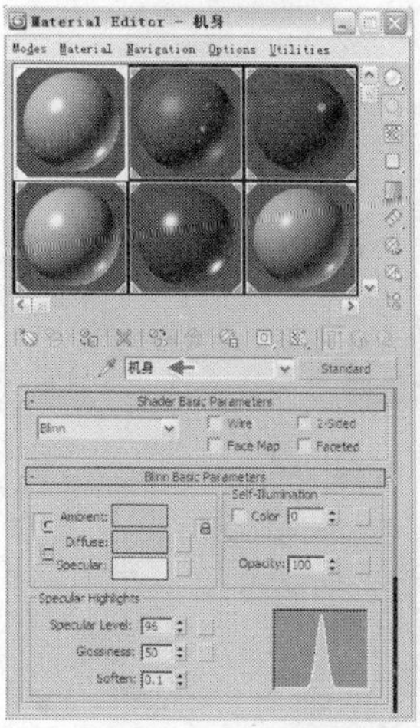

图13-105 机身材质

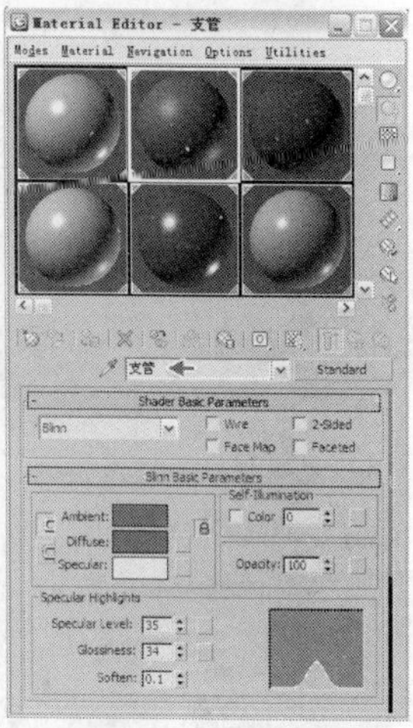

图13-106 支管材质

Step03 选择一个空白材质球并设置名称为“支管”，设置 Ambient（环境）与 Diffuse（漫反射）颜色为蓝色、Specular Level（高光级别）值为 114、Glossiness（光泽度）值为 45，如图 13-107 所示。

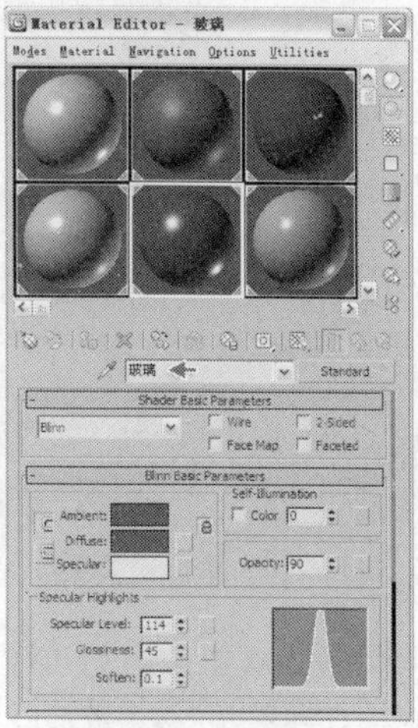

图13-107 玻璃材质

Step04 在主工具栏中单击 （快速渲染）按钮，快速渲染模型材质效果，如图 13-108 所示。

图13-108　材质效果

Step05 在 （创建）面板中选择 （灯光）中的 Target Spot（目标聚光灯），然后在 Front（前）视图中建立灯光，如图 13-109 所示。

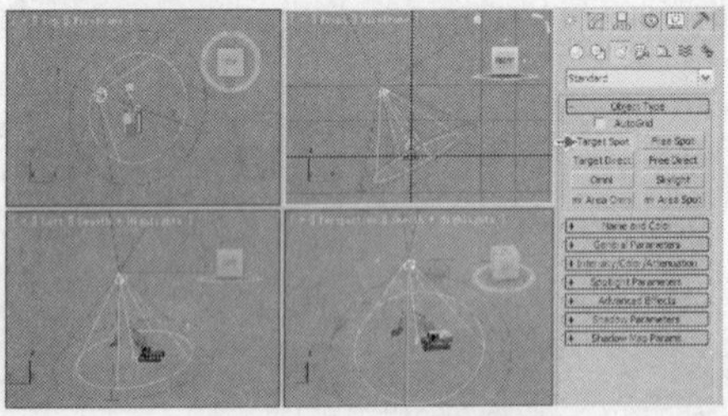

图13-109　创建灯光

Step06 在 （修改）面板中开启阴影项目，然后设置 Multiplier（倍增）值为 1.3、Hotspot/Beam（聚光区 / 光束）值为 62、Falloff/Field（衰减区 / 区域）值为 80，如图 13-110 所示。

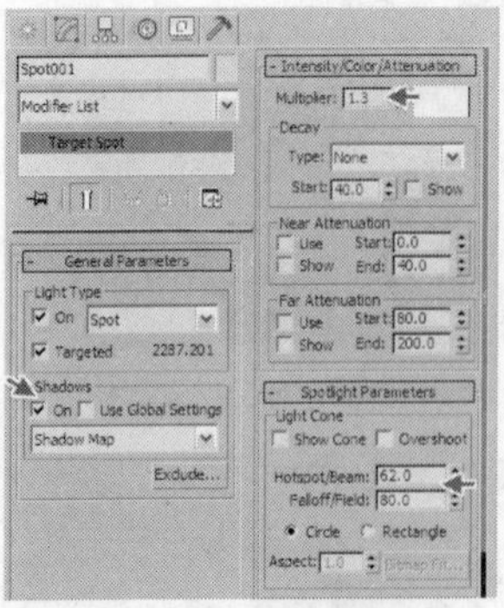

图13-110　设置灯光参数

Step07 在 （创建）面板中选择 （灯光）中的 Target Spot（目标聚光灯），然后在 Left（左）视图中建立灯光，如图 13-111 所示。

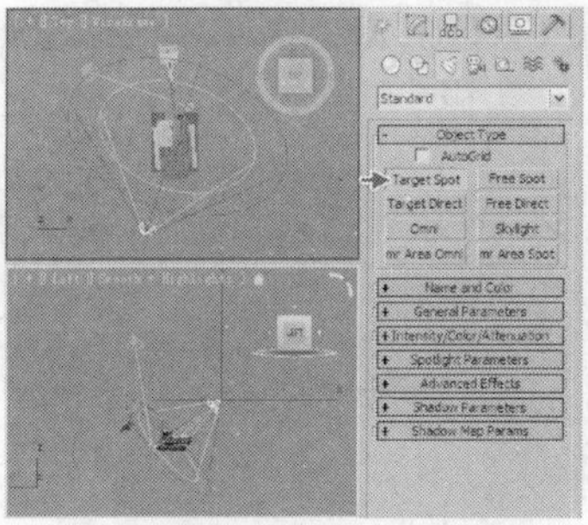

图13-111　创建灯光

Step08 在 （修改）面板中设置 Multiplier（倍增）值为 0.2、Hotspot/Beam（聚光区 / 光束）值为 62、Falloff/Field（衰减区 / 区域）值为 80，如图 13-112 所示。

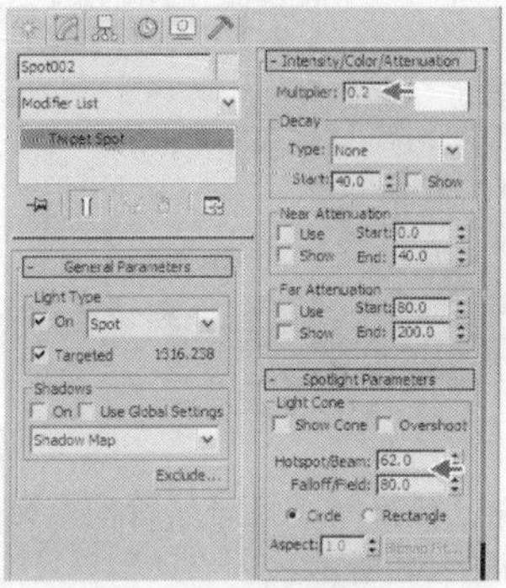

图13-112　设置灯光参数

Step09 在 （创建）面板中的 （摄影机）面板单击 Target（目标）按钮，然后在 Top（顶）视图中建立摄影机，如图 13-113 所示。

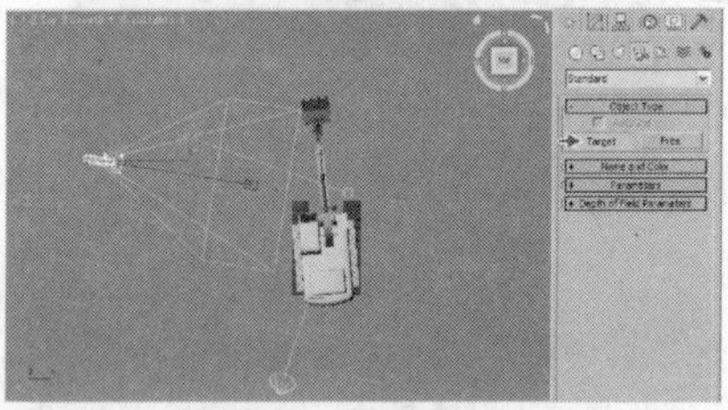

图13-113　创建摄影机

Step10 在视图的左上角提示文字处单击鼠标右键，然后从弹出的菜单中选择【Views（视图）】→【Camera 01（摄影机 01）】命令，将视图切换到摄影机视图，如图 13-114 所示。

Step11 在摄影机视图的提示文字处单击鼠标右键，从弹出的菜单中选择 Show Safe Frame（显示安全框）命令，如图 13-115 所示。

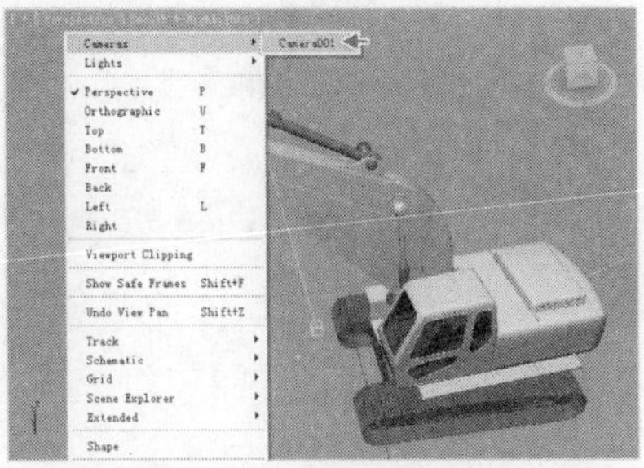

图13-114　切换到摄影机视图

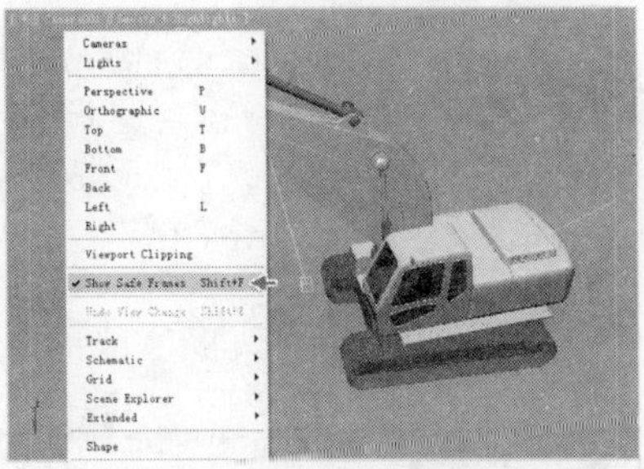

图13-115　显示安全框

Step12 在主工具栏中单击（快速渲染）按钮，快速渲染摄影机场景效果，如图 13-116 所示。

图13-116　场景效果

Step13 观看制作完成后的约束效果，如图 13-117 所示。

图13-117　最终范例效果

13.7 本章小结

本章主要讲解了 3ds Max 2011 的创建动画功能。分别对动画的概念、自动关键点模式、设置关键点模式、查看与复制变换关键点、时间配置、曲线编辑器和摄影表、动画约束、层次和运动、正向运动学的使用进行了详细讲解。

第 14 章 角色骨骼与蒙皮

本章内容

- 骨骼系统
- IK解算器
- 蒙皮
- Biped两足动物
- Physique体格
- CAT骨骼
- 范例——IK四肢骨骼
- 范例——CS两足骨骼

14.1 骨骼系统

骨骼系统是骨骼对象的一个有关节的层次链接，可用于设置其他对象或层次的动画。在设置具有连续皮肤网格的角色模型动画方面，骨骼尤为有用。可以采用正向运动学或反向运动学为骨骼设置动画。对于反向运动学，骨骼可以使用任何可用的 IK 解算器，或者交互式 IK 或应用式 IK，如图 14-1 所示。

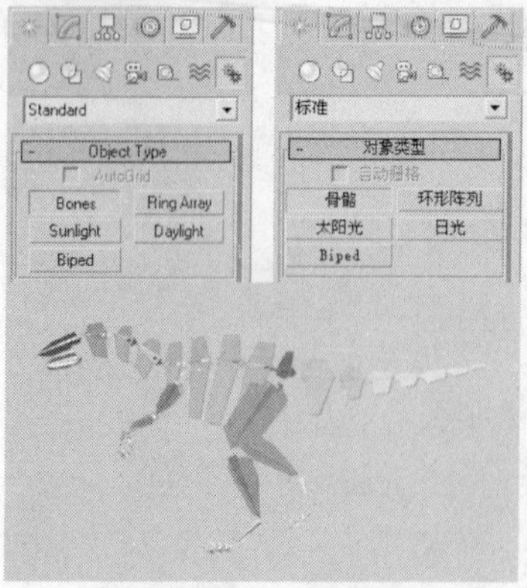

图14-1　骨骼系统

骨骼是可渲染的对象，它具备多个可用于定义骨骼所表示形状的参数，如锥化和鳍。通过鳍，可以更容易地观察骨骼的旋转。在动画方面，非常重要的一点是要理解骨骼对象的结构。

骨骼的几何体与其链接是不同的。每个链接在其底部都具有一个轴点，骨骼可以围绕该轴点旋转。移动子级骨骼时，实际上是在旋转其父级骨骼。由于实际作用的是骨骼的轴点位置而不是实际的骨骼几何体，因此可将骨骼视为关节。可将几何体视为从轴点到骨骼子对象纵向绘制的一个可视辅助工具。子对象通常是另一个骨骼。

14.1.1 创建骨骼

可以通过在骨骼编辑工具卷展栏中单击创建骨骼，或在（创建）面板的（系统）卷展栏创建 Bones（骨骼）。

要创建骨骼，第 1 次单击视图定义第 1 个骨骼的起始关节，第 2 次单击视图定义下一个骨骼的起始关节。由于骨骼是在两个轴点之间绘制的可视辅助工具，因此看起来此时只绘制了一个骨骼。实际的轴点位置非常重要。后面每次单击都会定义一个新的骨骼，作为前一个骨骼的子对象。经过多次单击之后便形成了一个骨骼链，右键单击可退出骨骼的创建。

此操作在层次末端创建一个小的凸起骨骼。在指定 IK 链时，会用到此骨骼。如果不准备为层次指定 IK 链，则可以删除这个小的凸起骨骼，如图 14-2 所示。

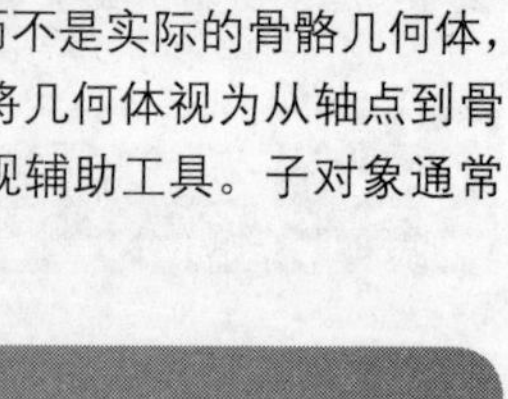

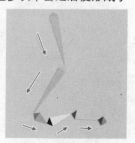

图14-2　创建骨骼

默认情况下，在自定义用户界面对话框的颜色面板中为骨骼指定颜色。选择对象作为元素，然后在列表中选择骨骼。可以通过下述方法来更改各个骨骼的颜色，在（创建）面板或（修改）面板中单击Bones（骨骼）名称旁边的活动色样，然后在对象颜色对话框中选择颜色。还可以使用骨骼工具指定骨骼颜色，或为骨骼层次指定颜色渐变。

14.1.2 IK 链指定卷展栏

IK Chain Assignment（IK 链指定）卷展栏仅用于创建时，提供快速创建自动应用 IK 解算器的骨骼链工具，也可以创建无 IK 解算器的骨骼，如图 14-3 所示。

图14-3 IK链指定卷展栏

- IK 解算器：如果启用了指定给子级，则指定要自动应用的 IK 解算器的类型。
- 指定给子对象：如果启用，则将在 IK 解算器列表中命名的 IK 解算器指定给最新创建的所有骨骼（除第 1 个根骨骼之外）。如果禁用，则为骨骼指定标准的 PRS 变换控制器。
- 指定给根：如果启用，则为最新创建的所有骨骼（包括第 1 个根骨骼）指定 IK 解算器。启用指定给子对象也会自动启用指定给根。

14.1.3 骨骼参数卷展栏

Bone Parameters（骨骼参数）卷展栏仅用于创建骨骼时，可以控制更改骨骼的外观，如图 14-4 所示。

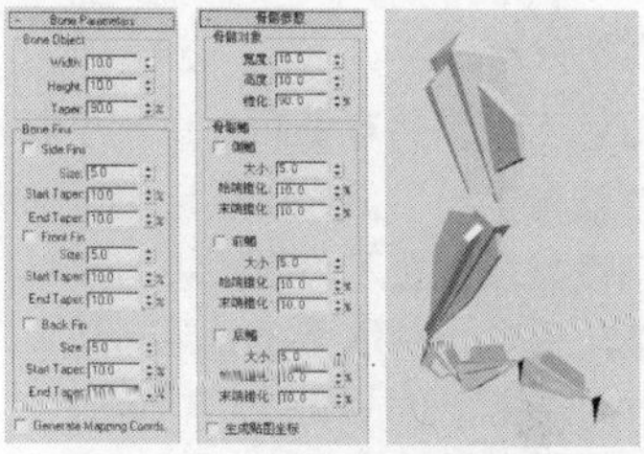

图14-4 骨骼参数卷展栏

- 骨骼对象：该组中提供了骨骼宽度、高度和锥化的控制。
- 骨骼鳍：该组中可以控制是否产生侧鳍、前鳍和后鳍，然后设置大小、始端卷尺和末端卷尺。

14.2 IK解算器

默认情况下，骨骼未指定反向运动学（IK）。最常用的方式是，创建一个骨骼层次，然后手动指定 IK 解算器，这样可以精确地控制定义 IK 链的位置。另一种指定 IK 解算器的方式更自动。

在创建骨骼时，在 IK 链指定卷展栏中，从列表中选择 IK 解算器，然后启用指定给子对象，退出骨骼创建时，选择的 IK 解算器将自动应用于层次，解算器将从层次中的第 1 个骨骼扩展至最后一个骨骼，如图 14-5 所示。

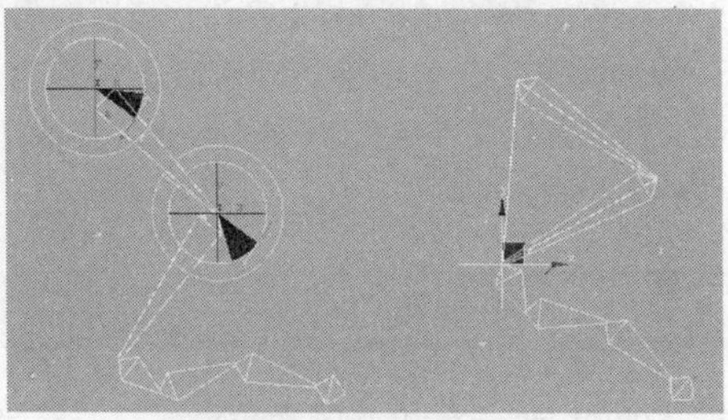

图14-5 IK解算器

反向运动学（IK）是一种设置动画的方法，它翻转链操纵的方向。它是从叶子而不是根开始进行工作的。举个手臂的例子，要设置使用正向运动学的手臂动画，可以旋转上臂使它移离肩部，然后旋转前臂、手腕以下的手等，为每个子对象添加旋转关键点。要设置使用反向运动学的手臂动画，可以移动用以定位腕部的目标。手臂的上半部分和下半部分为 IK 解决方案所旋转，使称为末端效应器的腕部轴点向着目标移动。

如果是腿部，脚部就被目标约束到了地面。如果移动骨盆，脚部保持固定不动，因为目标并没有移动，这将使膝部发生弯曲。整个动画都包含在目标和足部的关键帧中，而且没有将关键点应用到单独的链对象上。

14.2.1 HI解算器

HI（历史独立型）解算器对角色动画和序列较长的任何 IK 动画而言，HI 解算器是首选方法，如图 14-6 所示。

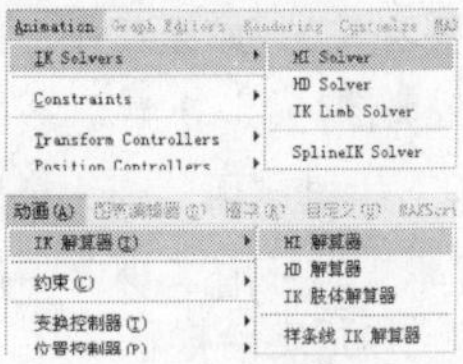

图14-6 HI解算器

使用HI解算器，可以在层次中设置多个链。因为该解算器的算法属于历史独立型，因此无论涉及的动画帧有多少，都可以加快使用速度。它在第2000帧和第10帧上的使用速度相同，且在视图中处于稳定状态，而不会发生抖动。

该解算器可以创建目标和末端效应器，它使用旋转角度调整该解算器平面，以便定位肘部或膝盖。可以将旋转角度操纵器显示为视图中的控制柄，然后对其进行调整。另外，HI IK解算器还可以使用首选角度定义旋转方向，使肘部或膝盖正常弯曲。

要将HI解算器应用到层次中的任意部分，请选择要开始使用解算器的骨骼或对象，然后选择菜单的【Animation 动画】→【IK Solvers（IK 解算器）】→【HI Solver（HI 解算器）】命令；在活动视图中，将光标移到要结束链的骨骼上，单击选择此骨骼后，便将目标放到了这个骨骼的轴点上。如果希望目标位于骨骼的远端，则细化会添加额外的骨骼在目标上，然后选择该骨骼将目标放在末端。创建骨骼时，在链的末端自动创建一个很小的“凸起”骨骼以辅助完成此过程，如图14-7所示。

图14-7 HI解算器

要为人类的腿部装备骨骼，可以在一条腿中使用3条链。第1条链从臀部到脚踝处，此链控制腿部的整体运动包括膝部弯曲；第2条链从脚踝到拇指球，此链控制脚跟的上下移动。第3条链从拇指球到脚趾；3条链一起协调工作，保持脚部在空间中的位置。这意味着当角色的身体移动时，将保持脚部踩踏在地面上。这3条IK链在臀部至脚趾的设置时在脚的关键点位置放置目标，以此模拟自然的脚部动作。

现实生活中，脚趾、拇指球和脚跟既可以踩踏地面，又可以从地面上抬起。每条链上都有用于驱动脚跟、拇指球和脚趾运动的目标。使用IK目标来抬起脚跟、弯曲脚趾、移动或旋转整个足部，并保持脚的空间位置。

虽然可以对对象的任何层次应用IK解算器，但是结合使用IK解算器的骨骼系统是一个设置角色动画的理想途径。如果使用“蒙皮”修改器，可以为骨骼对象制作蒙皮，使骨骼动画可以变形用于建立角色模型的网格，可以使用链接或约束，使骨骼可以设置网格的动画。

14.2.2 IK 解算器卷展栏

HI 解算器是历史独立型解算器，它不依赖于上一帧为IK解决方案所做的计算，因此使用起来比较快，不论动画的长度有多长。历史独立型解算器使用一个目标来操纵链的末端，使用以指定链接旋转方向有关的首选角度是正或负。首选角度也可以看作是初始角度，即应用解算器时将链接旋转的角度，如图14-8所示。

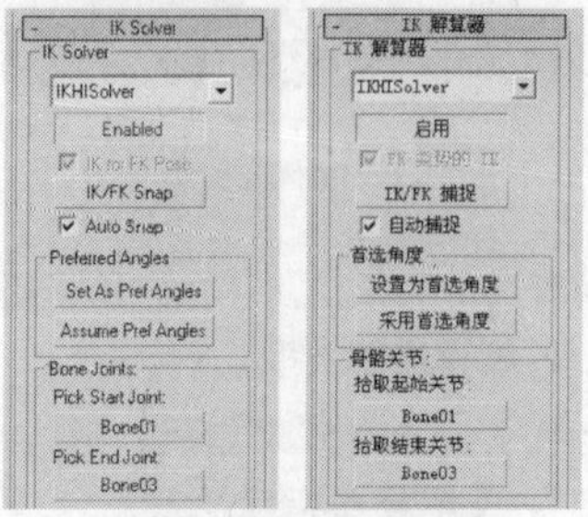

图14-8 IK解算器卷展栏

实际上，解算器平面角度是在两个坐标系的其中一个中进行计算，也就是开始关节父空间或IK目标父空间。世界空间并不是一个显示选项，但可以选择IK目标父空间选项并确保该IK目标未链接，来方便地配置IK链以在世界空间中进行工作。这种情况下，IK目标的父空间是世界空间，因此，解算器平面将会在世界空间中进行计算。

- IK 解算器：此组中的选项可以设置选择HI IK解算器链的起点和终点。在此卷展栏上还有允许使用IK操纵器在层次对象上创建正向运动学、可旋转关键帧的控制，以及将目标和末端效应器相对齐的按钮。
- 首选角度：此组中的选项可以为HI的IK链每个骨骼设置首选角度，还可以设置采用首选的角度。
- 骨骼关节：此组中的选项可以允许更改IK链的末端。拾取开始关节定义IK链的一端，拾取结束关节定义IK链的另一端。

14.2.3 IK解算器属性卷展栏

IK Solver Properties（IK 解算器属性）卷展栏是HI IK解算器的其他控制，如图14-9所示。

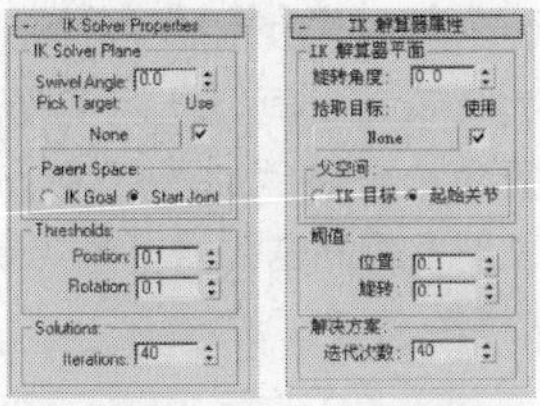

图14-9 IK解算器属性卷展栏

IK 解算器平面由此处的旋转角度所控制，它可以使用目标对象直接设置动画。在父空间组中，可以将 IK 目标或起始关节选作旋转角度的父空间来使用；如果选择了 IK 目标，那么链的旋转角度就在它目标的父空间中定义；如果选择了起始关节，那么旋转角度将会相对于该起始关节的父空间。这两个选项可以更好地控制带有两个 HI IK 解算器链上的旋转角度，如图 14-10 所示。

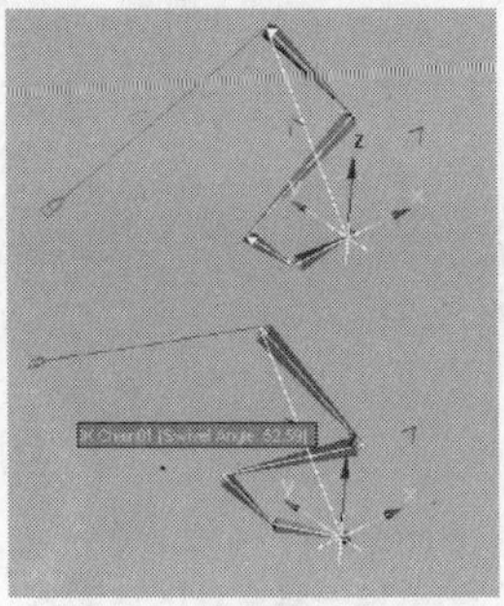

图14-10 IK解算器属性

- IK 解算器平面：此组中的选项主要控制旋转角度、拾取目标、启用或禁用目标的使用、父空间、IK 目标和起始关节。
- 阈值：此组中的选项主要用于定义系统计算的容差，主要调节位置和旋转的角度。
- 解决方案：此组中的选项用于控制动画的精度。当 IK 解决方案产生的动画看起来比较粗糙并会抖动时，可以增加迭代次数。

14.2.4 IK显示选项卷展栏

IK Display Options（IK 显示选项）卷展栏用于在视图中启用和禁用各种 Gizmo 的控制，目标和末端效应器、旋转角度操纵器向量控制柄以及 IK 解算器显示，如图 14-11 所示。

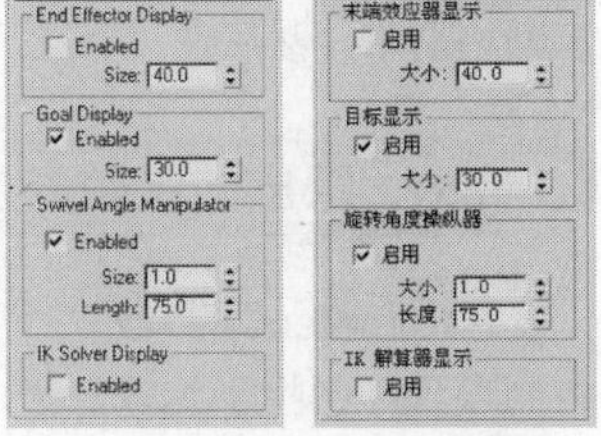

图14-11 IK显示选项卷展栏

- 末端效应器显示：此组中的选项用于控制 IK 链中的末端效应器的外观，默认设置为禁用状态。
- 目标显示：此组中的选项用于控制 IK 链中的目标的外观，默认设置为启用状态。
- 旋转角度操纵器：此组中的选项用于控制 IK 链中的旋转角度操纵器的显示，默认设置为启用状态。启用此控制后再启用操纵模式以显示旋转角度操纵器。
- IK 解算器显示：此组中的选项用于控制 IK 解算器显示的外观，起始关节和末端关节之间绘制的线条。如果希望同时查看多个链，可启用此控制。

14.2.5 HD解算器

HD 解算器是一种最适用于动画制作的解算器，尤其适用于 IK 动画的制作，如图 14-12 所示。

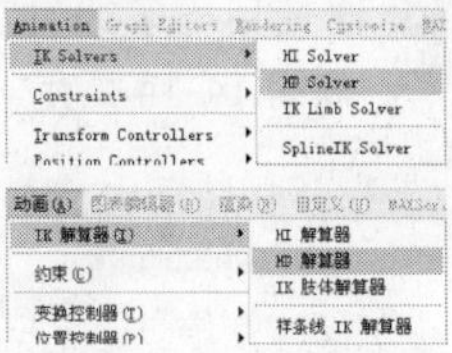

图14-12 HD解算器

使用该解算器可以设置关节的限制和优先级。该解算器的算法属于历史依赖型，因此，最好在短动画序列中使用。在序列中求解的时间越迟，计算解决方案所需的时间就越长。该解算器可以将末端效应器绑定到后续对象，并使用优先级和阻尼系统定义关节参数。该解算器还允许将滑动关节限制与 IK 动画组合起来。与 HI IK 解算器不同的是，该解算器允许在使用 FK 移动时限制滑动关节。

设置末端效应器的动画可以使用 HD 解算器，通过设置骨骼关节中的特殊末端效应器的动画，来设置对象层次或骨骼结构的动画。

末端效应器有两种类型，分别是位置和旋转，它们显示为关节处的 3 条交叉的蓝线。选择并变换带有其中一个末端效应器的关节时，只变换该末端效应器自身，该链中的对象或骨骼使用 IK 解决方案。

设置这些末端效应器的动画与使用交互式 IK 设置动画十分相似，只是关键帧之间的插值使用正确的 IK 解决方案。

14.2.6 IK肢体解算器

IK 肢体解算器只能对链中的两块骨骼进行操作，是一种在视图中快速使用的分析型解算器，可以设置角色手臂和腿部的动画，如图 14-13 所示。

使用 IK 肢体解算器，可以导出到游戏引擎。其代码可以 Discreet 开放源代码提供的组件。使用该解算器，还可以通过启用关键帧 IK 在 IK 和 FK 之间进行切换。该解算器具有特殊的 FK 姿势 IK 功能，可以使用 IK 设置 FK 关键点。

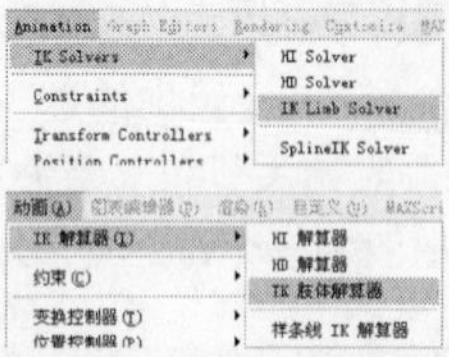

图14-13　IK肢体解算器

14.2.7　样条线IK解算器

样条线 IK 解算器使用样条线确定一组骨骼或其他链接对象的曲率，如图 14-14 所示。

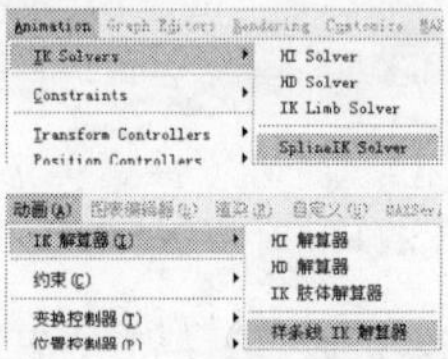

图14-14　样条线IK解算器

样条线 IK 中的顶点称作节点，同顶点一样，可以移动节点并对其设置动画，从而更改该样条线的曲率。与分别设置每个骨骼的动画相比，这样便于使用几个节点设置长型多骨骼结构的姿势或动画。

样条线 IK 提供的动画系统比其他 IK 解算器的灵活性高，节点可以在 3D 空间中随意移动，因此，链接的结构可以进行复杂的变形。分配样条线 IK 时，辅助对象将会自动位于每个节点中，每个节点都链接在相应的辅助对象上，因此，可以通过移动辅助对象移动节点。

与 HI 解算器不同的是样条线 IK 系统不会使用目标，节点在 3D 空间中的位置是决定链接结构形状的唯一因素。旋转或缩放节点时，不会对样条线或结构产生影响，如图 14-15 所示。

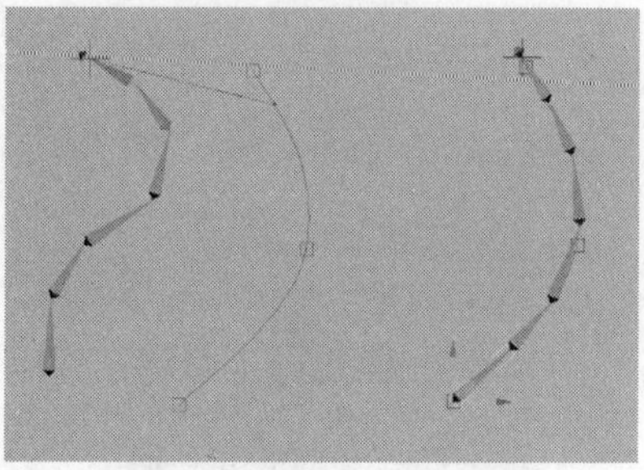

图14-15　样条线IK解算器

14.3 蒙皮

Skin（蒙皮）修改器是一种骨骼变形工具。使用它，可使一个对象变形另一个对象。可使用骨骼、样条线甚至另一个对象变形网格、面片或 NURBS 对象。应用蒙皮修改器并分配骨骼后，每个骨骼都有一个胶囊形状的封套。这些封套中的顶点随骨骼移动，在封套重叠处，顶点运动是封套之间的混合，如图 14-16 所示。

图14-16　蒙皮效果

初始的封套形状和位置取决于骨骼对象的类型，骨骼会创建一个沿骨骼几何体的最长轴扩展的线性封套。样条线对象创建跟随样条线曲线的封套，基本体对象创建跟随对象的最长轴的封套。

还可以根据骨骼的角度变形网格，共有 3 个用于基于骨骼角度确定网格形状的变形器。“节点角度”和“凸出角度”变形器使用与 FFD 晶格相似的晶格将网格形状确定为特定角度。“变形角度”变形器在指定角度变形网格。使用堆栈中“蒙皮”修改器上方的修改器创建变形目标，或者使用主工具栏上的快照命令创建网格副本，然后使用标准工具变形网格。

14.3.1　蒙皮的参数卷展栏

Parameters（参数）卷展栏中提供了蒙皮的常用控制项目。包括了编辑封套、选择方式、横截面、封套属性和权重属性，如图 14-17 所示。

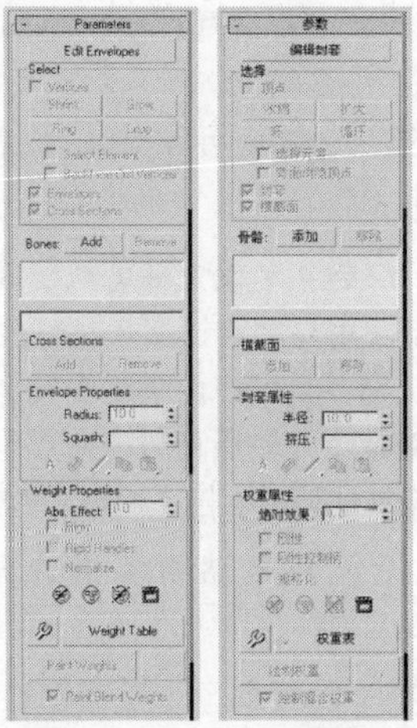

图14-17　蒙皮的参数卷展栏

14.3.2　镜像参数卷展栏

Mirror Parameters（镜像参数）卷展栏中提供了蒙皮镜像复制的常用工具，可以将选定封套和顶点指定粘贴到物体的另一侧。如图 14-18 所示。

14.3.3　显示卷展栏

Display（显示）卷展栏中提供了蒙皮显示的常用工具，方便用户观察视图中的显示，如图 14-19 所示。

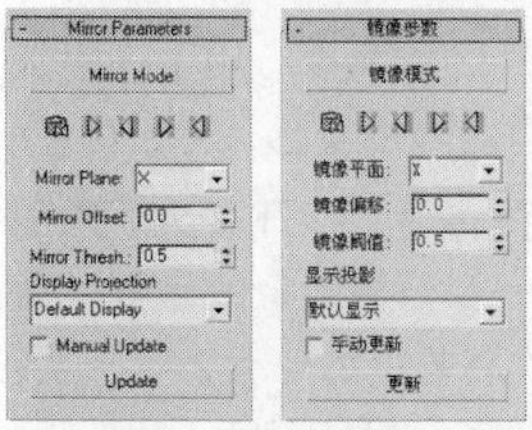

图14-18　镜像参数卷展栏

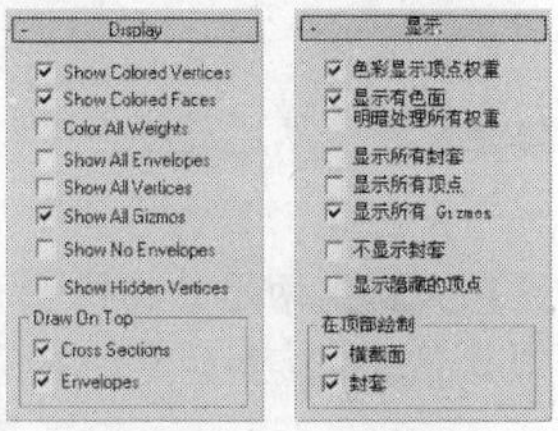

图14-19　显示卷展栏

14.3.4　高级参数卷展栏

Advanced Parameters（高级参数）卷展栏中提供了高级蒙皮的常用工具，包括变形、刚性、影响限制等设置，如图 14-20 所示。

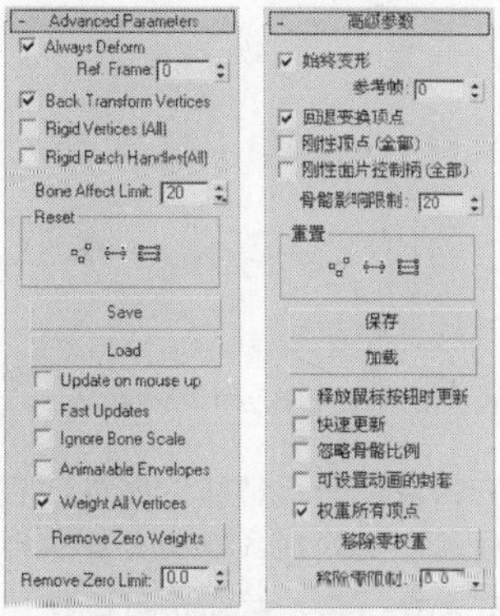

图14-20　高级参数卷展栏

14.3.5　Gizmo卷展栏

Gizmo 卷展栏主要用于根据关节的角度变形网格，以及将 Gizmo 添加到对象上的选定点。卷展栏包括一个列表框、一个当前类型的 Gizmo 的下拉列表和四个按钮（添加、移除、复制和粘贴）。添加 Gizmo 的工作流程是选择要影响的顶点、选择将进行变形的骨骼，然后单击“添加”按钮，如图 14-21 所示。

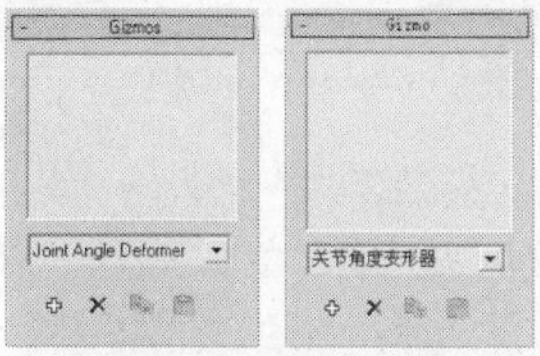

图14-21　Gizmo卷展栏

14.4　Biped两足动物

Character Studio 为制作三维角色动画提供专业的工具，也使动画片制作者能够快速而轻松地建造骨骼，从而创建运动序列的一种环境。使用 Character Studio 可以生成这些角色的群组，而使用代理系统和过程行为制作其动画效果。

Biped（两足动物）是 Character Studio 产品附带的 3ds Max 系统，提供了确立角色姿态的骨骼，还便于使用足迹或自由形式的动画设置其动画。在创建一个两足动物后，使用运动面板中的两足动物控制为其创建动画。两足动物提供了设计和动画角色体形和运动所需要的工具，如图 14-22 所示。

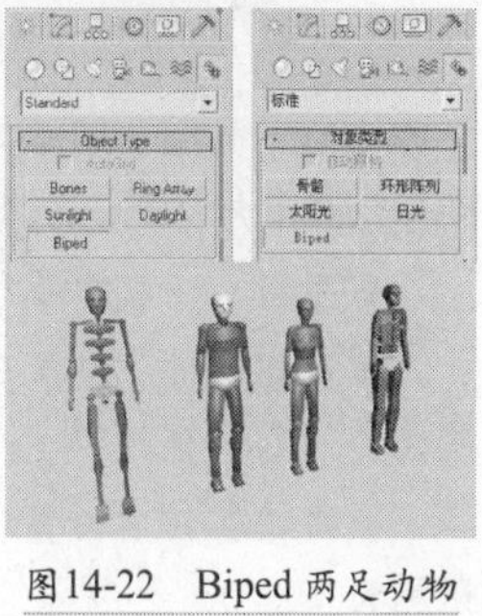

图14-22　Biped 两足动物

14.4.1 创建Biped两足动物

两足动物模型是具有两条腿的形体，如人类、动物或是想像物，每个两足动物是一个为动画而设计的骨骼，它被创建为一个互相连接的层次，如图14-23所示。

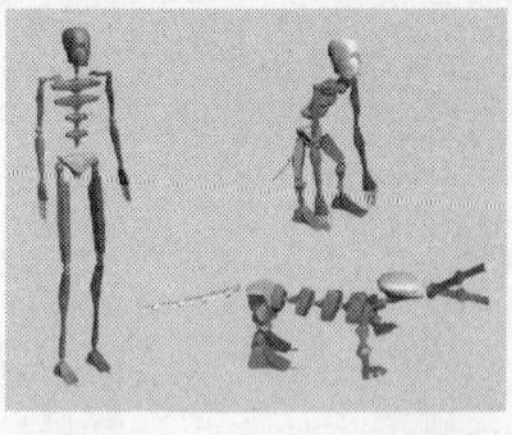

图14-23　Biped两足动物

两足动物的骨骼有着特殊的属性，它能使两足动物马上处于动画准备状态。就像人类一样，两足动物被特意设计成直立行走，然而也可以使用两足动物来创建多条腿的生物。

为与人类躯体的关节相匹配，两足动物骨骼的关节受到了一些限制。两足动物骨骼同时也特别设计为使用Character Studio来制作动画，这解决了动画中脚锁定到地面的常见问题。两足动物层次的父对象是两足动物的重心对象，它被命名为默认的Bip01，创建两足动物卷展栏如图14-24所示。

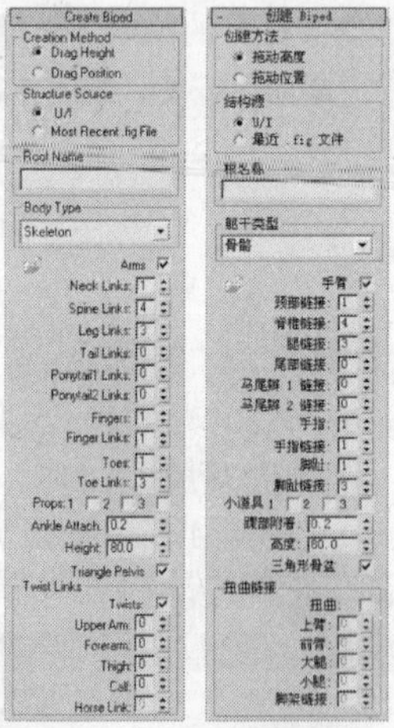

图14-24　创建两足动物卷展栏

- 躯干类型：形体类型组用于选择两足动物形体类型，其中有骨骼、男性、女性、标准四种类型。
- 手臂：设置是否为当前两足动物生成手臂。
- 颈部链接：设置在两足动物颈部的链接数，范围为1～5。
- 脊椎链接：设置在两足动物脊椎上的链接数，范围为1～5。
- 腿部链接：设置在两足动物腿部的链接数，范围为3～4。
- 尾部链接：设置在两足动物尾部的链接数，值0表明没有尾部。
- 马尾辫1/2链接：设置马尾辫链接的数目，范围为0～5。可以使用马尾辫链接来制作头发动画，马尾辫链接到角色头部并且可以用来制作其他附件动画。在体形模式中重新定位并使用马尾辫来实现角色下颌、耳朵、鼻子或任何其他随着头部一起移动的部位的动画。
- 手指：设置两足动物手指的数目，范围为0～5。
- 手指链接：设置每个手指链接的数目，范围为1～3。
- 脚趾：设置两足动物脚趾的数目，范围为1～5。
- 脚趾链接：设置每个脚趾链接的数目，范围为1～3。
- 小道具：最多可以打开3个小道具，这些小道具可以用于表现连接到两足动物的工具或武器。小道具默认出现在两足动物手部和身体的旁边，但可以像其他任何对象一样贯穿整个场景实现动画。
- 踝部附着：沿着足部块指定踝部的粘贴点。可以沿着足部块的中线在脚后跟到脚趾间的任何位置放置脚踝。
- 高度：设置当前两足动物的高度。用于在附加体格前改变两足动物大小以适应网格角色。
- 三角形骨盆：当附加体格后，打开该选项来创建从大腿到两足动物最下面一个脊椎对象的链接。通常腿部是链接到两足动物骨盆对象上的。
- 扭曲链接：打开扭曲链接该选项使用2~4个前臂链接来将扭曲动画传输到两足动物相关网格上。

14.4.2 Biped卷展栏

使用两足动物卷展栏中的控制，位于◎（运动）面板。使两足动物处于体形、足迹、运动流或混合器模式，然后加载并保存bip、stp、mfe和fig文件，还可以在两足动物卷展栏中找到其他控制，如图14-25所示。

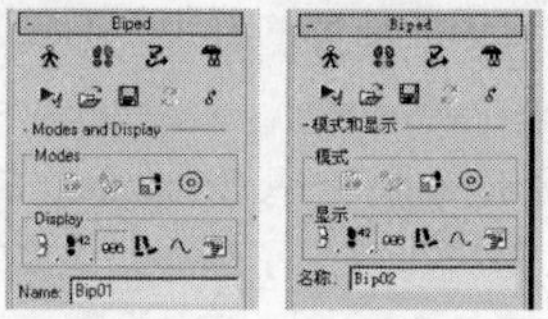

图14-25　两足动物卷展栏

● 体形模式：使用体形模式，可以使两足动物适合代表角色的模型或模型对象。如果使用 Physique 将模型连接到两足动物上，请使体形模式处于打开状态。使用体形模式不仅可以缩放连接模型的两足动物，而且可以在应用 Physique 之后使两足动物适合调整，还可以纠正需要更改全局姿势的运动文件中的姿势。

● 足迹模式：创建和编辑足迹，从而生成走动、跑动或跳跃足迹模式，还可以编辑空间内的选定足迹。

● 运动流模式：创建脚本并使用可编辑的变换，将 .bip 文件组合起来，以便在运动流模式下创建角色动画。

● 混合器模式：激活两足动物卷展栏中当前的所有混合器动画，并显示混合器卷展栏。

● 两足动物重播：除非显示首选项对话框中不包含所有两足动物，否则会播放其动画。通常，在这种重放模式下可以实现实时重放，如果使用 3ds Max 工具栏中的播放功能，不会实现实时重放，如图 14-26 所示。

● 加载文件：使用打开对话框，可以加载 bip、fig 或 stp 文件。

● 保存文件：打开另存为对话框。在该对话框中，可以保存“两足动物”文件（bip）、体形文件（fig）和步长文件（stp）。

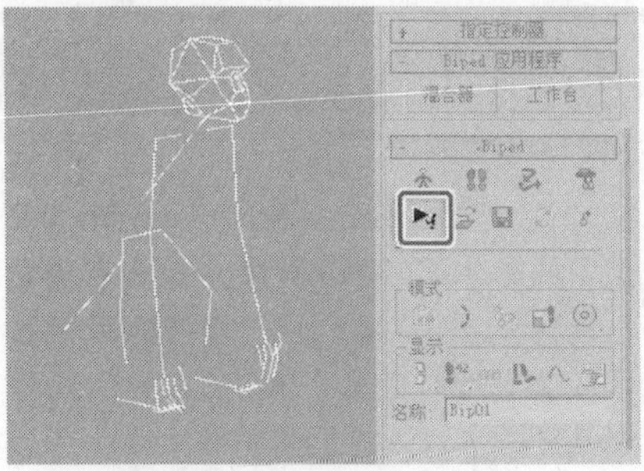

图14-26 两足动物播放

● 转换：将足迹动画转换成自由形式的动画。转换是双向的，根据相关的方向，显示转换为自由形式对话框或转换为足迹对话框。

● 移动所有模式：使两足动物与其相关的非活动动画一起移动和旋转。如果此按钮处于活动状态，则两足动物的重心会放大，使平移时更加容易选择。

● 模式：默认情况下，该组处于隐藏状态。模式组主要对缓冲区、混合链接、橡皮圈、放步幅和就位进行控制。

● 显示：默认情况下，该组处于隐藏状态。显示组主要显示对象、足迹、前臂扭曲、腿部状态、轨迹、首选项和名称进行控制。

14.5 Physique体格

使用 Physique（体格）修改器可将蒙皮附加到骨骼结构上，比如两足动物。蒙皮是一个 3ds Max 对象，它可以是任何可变形的、基于顶点的对象，如网格、面片或图形。当以附加蒙皮制作骨骼动画时，Physique（体格）会使蒙皮变形，以与骨骼移动相匹配，如图 14-27 所示。

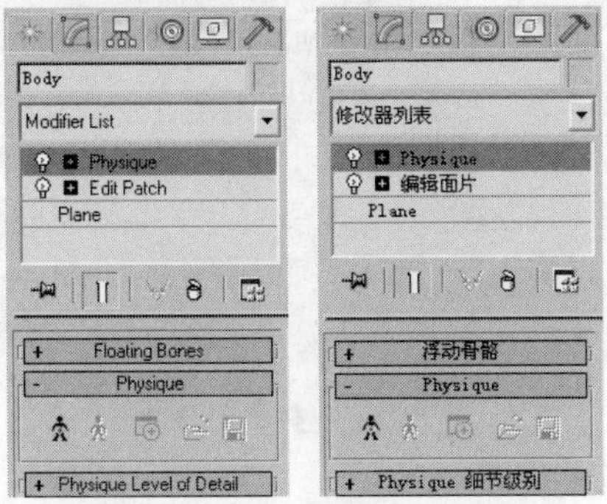

图14-27 体格命令

● （附加）到节点：将模型对象附加到两足动物或骨骼层次。

● 重新初始化：显示 Physique 初始化对话框，然后将任意或全部 Physique 属性重置为默认值。例如，使用选定的顶点设置重新初始化时，将会重新建立顶点及其与 Physique 变形样条线有关的原始位置之间的关系。通过此对话框，可以重置顶点链接指定、凸出和腱部的设置。

● 凸出编辑器：显示凸出编辑器，它是一种针对凸出子对象级别的图形方法，用于创建和编辑凸出角度。

● 打开 Physique 文件：加载保存的 Physique（phy）文件，该文件用于存储封套、凸出角度、链接、腱部和顶点设置。

● 保存 Physique 文件：保存 Physique（phy）文件，该文件包含封套、凸出角度、链接和腱部设置。

14.6 CAT骨骼

CAT全称为Character Animation Toolkit，由新西兰达尼丁的著名软件公司开发，是一套灵活专业的角色动画设计包。CAT专门用于增强3ds Max的角色动画功能、集非线性动画、IK/FK工具、动画剪辑管理等强大本领于一身。在之前的版本中一直以插件的形式存在，现在完成整合至3ds Max 2011中，其操作的稳定性和兼容性得到了很大的提高，可谓CG用户的一大福音，如图14-28所示。

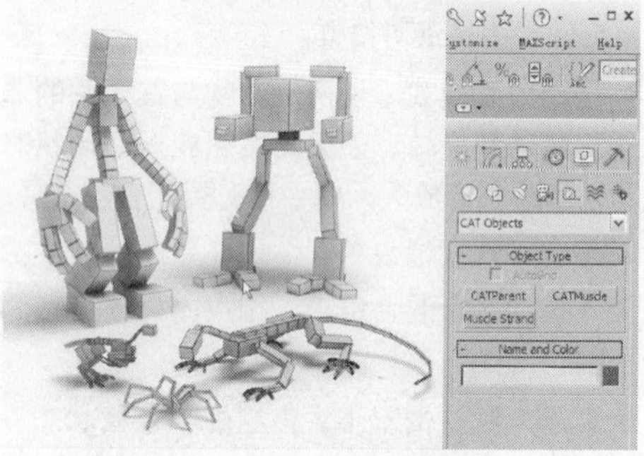

图14-28　CAT骨骼

14.6.1　创建CAT图标

在（创建）面板的（辅助对象）中选择CAT Objects（CAT对象）项目，在切换出的面板中选择CAT Parent（CAT根源）命令按钮，然后在视图中建立图标，如图14-29所示。

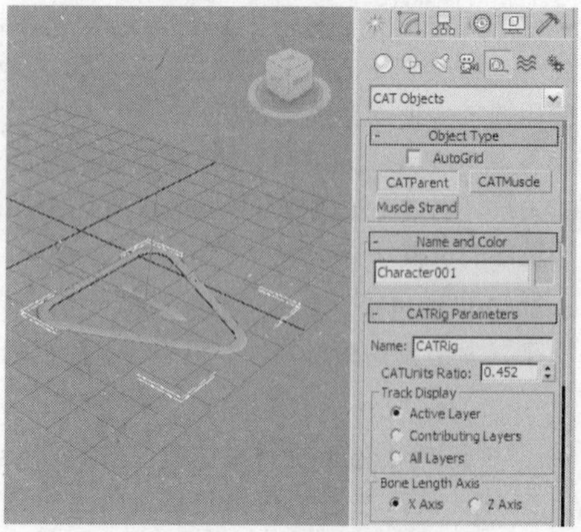

图14-29　创建CAT图标

14.6.2　创建骨盆与连接部位

切换至（修改）面板，在CATRig Load Save（加载存储CAT库）卷展栏中单击Create Pelvis（创建骨盆）按钮，视图中出现一个默认大小的骨盆立方体，选择这个骨盆对象可以在Hub Setup（连接安装）卷展栏中添加肢体、脊骨、尾巴，及其连接的其他连接部位等，如图14-30所示。

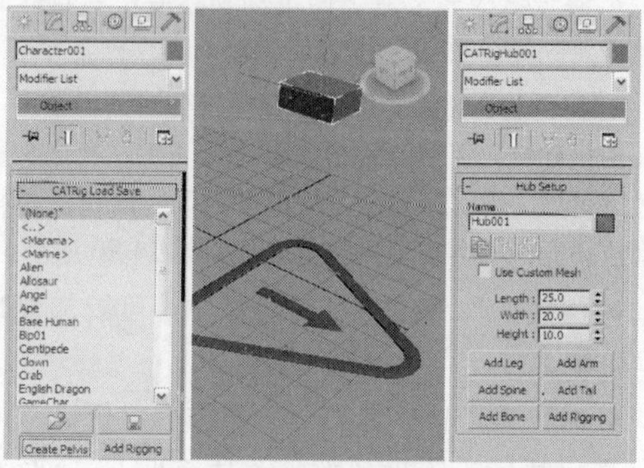

图14-30　创建骨盆与连接部位

14.6.3　加载存储CAT库

CAT骨骼中内建了二足、四足与多足骨架，可以轻松地创建与管理角色。自带的预设骨骼库中包括从人类到马、从昆虫到机器人的各种骨架，它可以按你的意愿设定多条尾巴、脊骨、脊椎链、头部、骨盆、肢体、骨骼节、手指和脚趾，如图14-31所示。

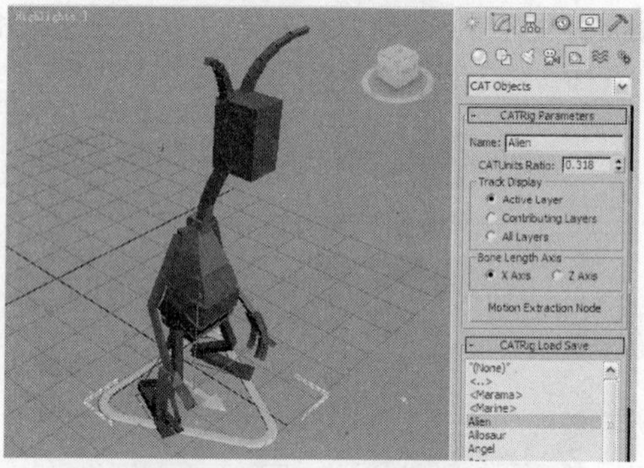

图14-31　加载存储CAT库

14.7 范例——IK四肢骨骼

【重点提要】

本范例主要使用Bones（骨骼）命令来建立四肢动物的驱动，然后再通过Shin（蒙皮）匹配卡通角色，最终效果如图14-32所示。

图14-32　IK四肢骨骼范例效果

【制作流程】

IK四肢骨骼范例的制作流程分为4部分：①躯干骨骼建立，②骨骼层次链接，③躯干蒙皮调节，④角色姿态设定，如图14-33所示。

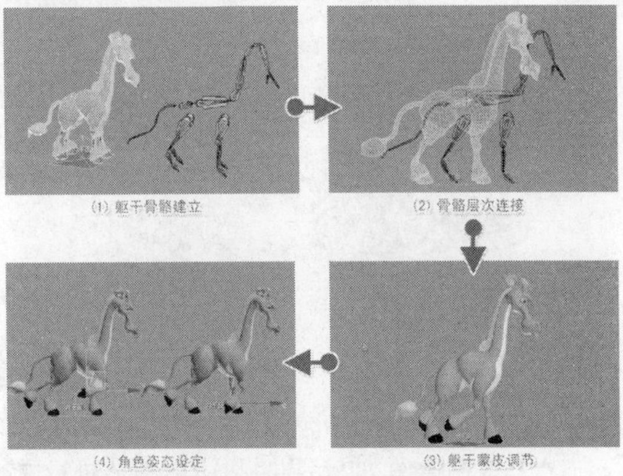

图14-33　制作流程

14.7.1 躯干骨骼建立

Step01 在菜单中选择【File（文件）】→【Import（导入）】→【Import（导入）】命令，从弹出的对话框中打开本书配套光盘内的“长颈鹿.max”场景文件，如图14-34所示。

Step02 使用（移动）工具调节模型的位置，如图14-35所示。

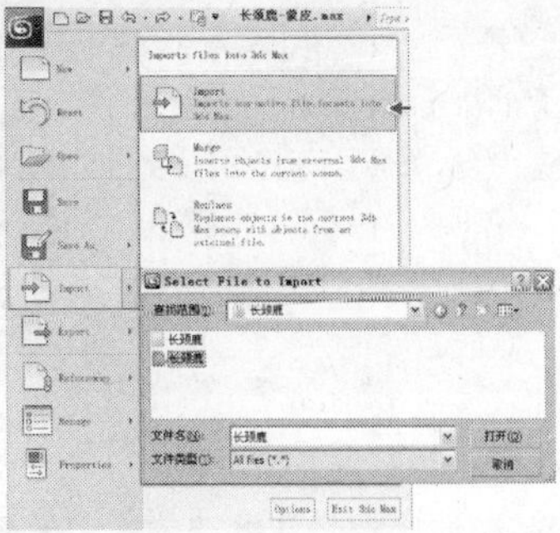

图14-34　导入文件

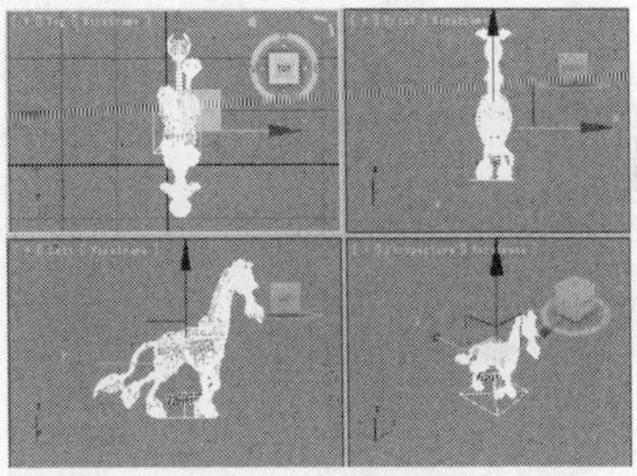

图14-35　调节位置

Step03 在（创建）面板的（系统）子面板单击Bones（骨骼）按钮，然后在身体末端位置创建臀部骨骼，如图14-36所示。

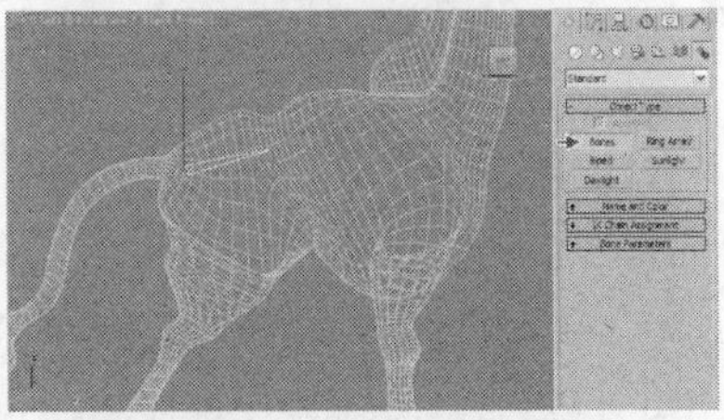

图14-36　创建末端骨骼

Step04 继续使用Bones（骨骼）命令创建主干的骨骼，要注意骨骼的建立方向，系统默认先建立的骨骼为父级骨骼，后建立的骨骼为子级骨骼，如图14-37所示。

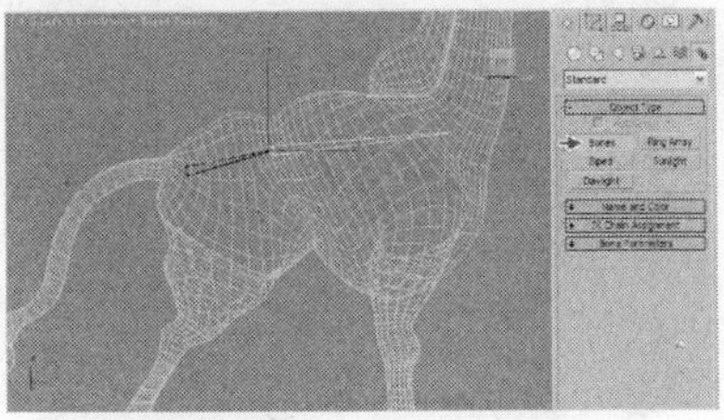

图14-37　创建主干骨骼

Step05 使用 Bones（骨骼）命令并根据长颈鹿颈部形状的走向创建颈部骨骼，如图 14-38 所示。

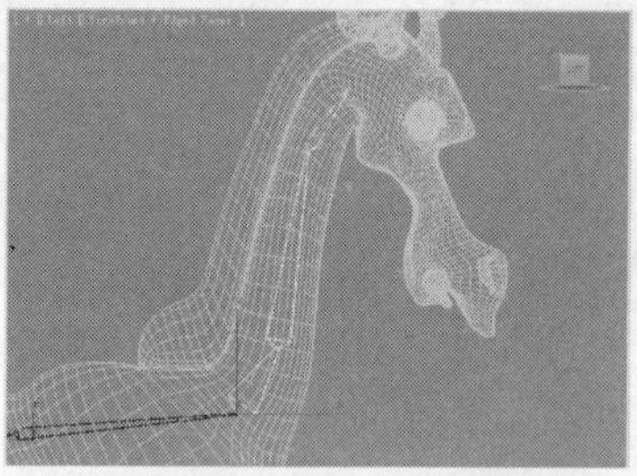

图14-38　创建颈部骨骼

Step06 根据长颈鹿头部特征继续创建头部骨骼，如图 14-39 所示。

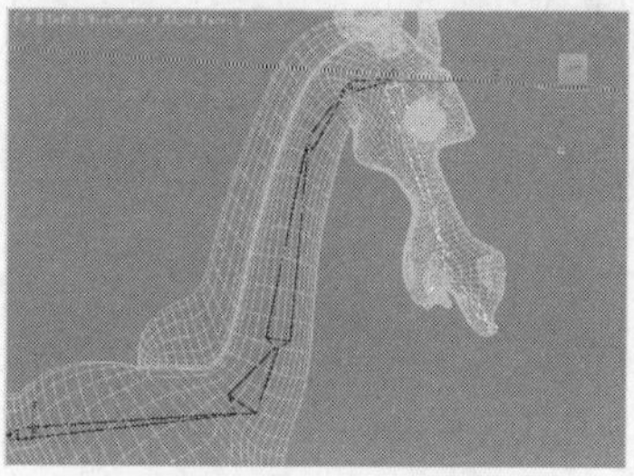

图14-39　创建头部骨骼

Step07 继续沿大腿至小腿方向建立后腿的 IK 骨骼，如图 14-40 所示。

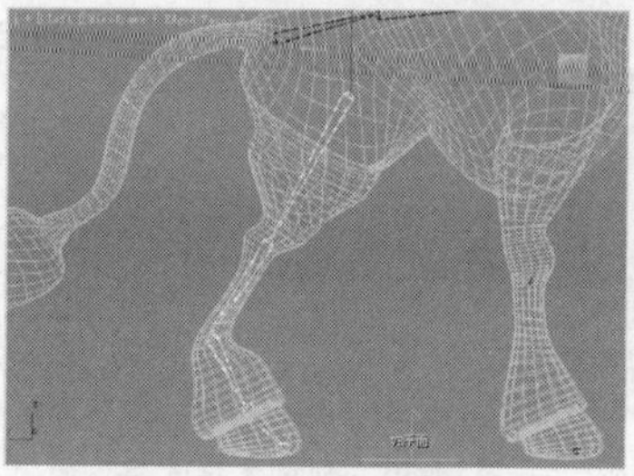

图14-40　创建后腿骨骼

Step08 使用相同方法继续建立前腿的 IK 骨骼，如图 14-41 所示。

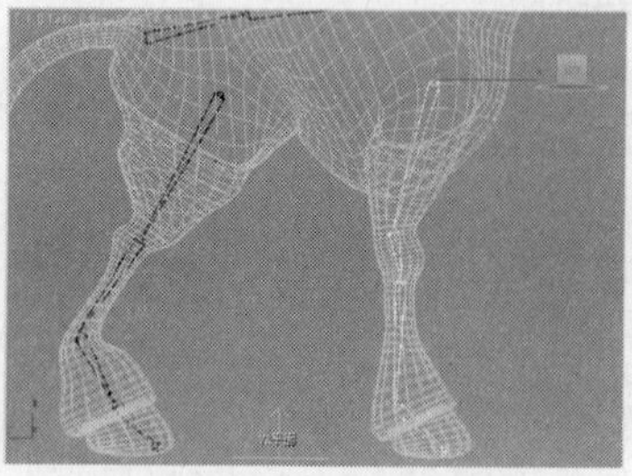

图14-41　创建前腿骨骼

Step09 再次根据尾巴特征，由根部至梢部方向建立尾巴的 IK 骨骼，如图 14-42 所示。

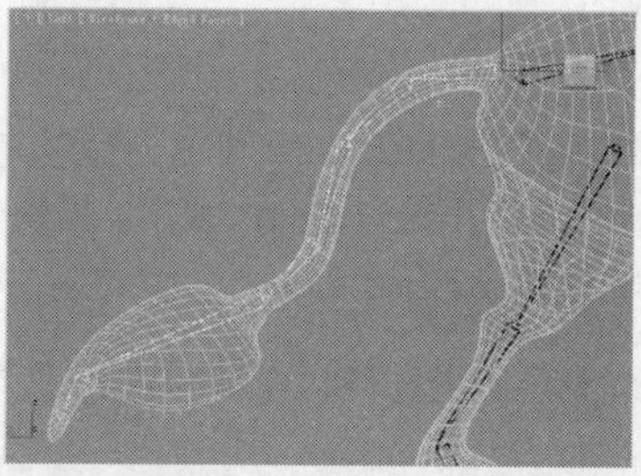

图14-42　创建尾巴骨骼

Step10 使用（移动）工具调节骨骼的准确位置，如图 14-43 所示。

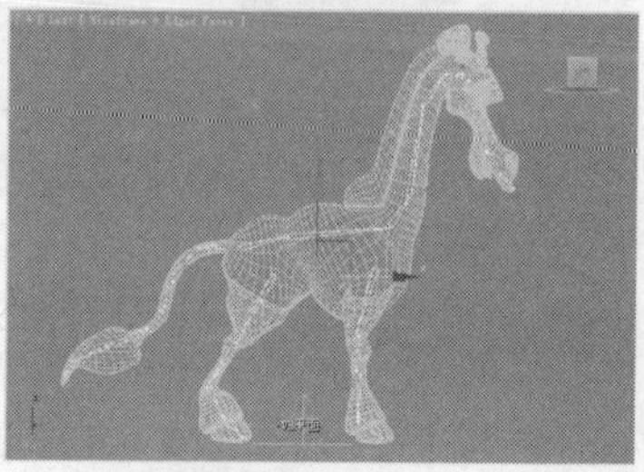

图14-43　调节位置

Step11 观看制作当前的 IK 骨骼效果，如图 14-44 所示。

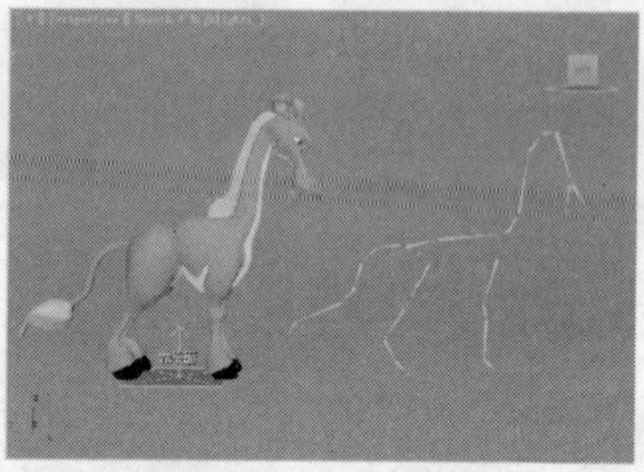

图14-44　骨骼效果

Step12 切换至 Front（前）视图，先选择腿部的骨骼再进行复制操作，然后再将腿部 IK 骨骼进行位置调节，如图 14-45 所示。

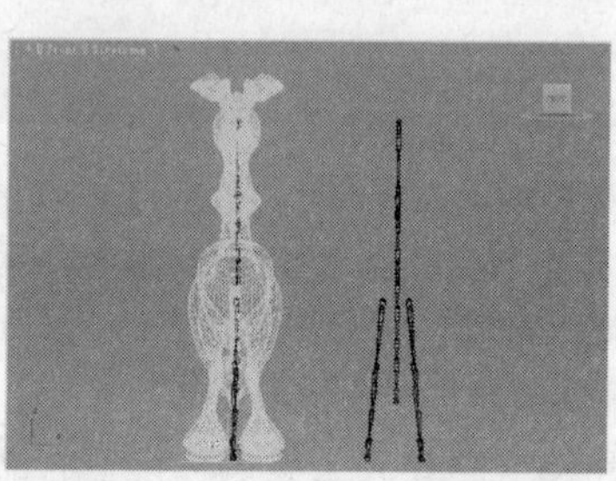

图14-45　复制骨骼

Step13 选择主干骨骼，然后在（修改）面板中设置骨骼参数，丰富骨骼变化效果。系统默认状态骨骼的形状将直接影响到控制区域的大小，所以设置骨骼的 Fins（鳍）选项，如图 14-46 所示。

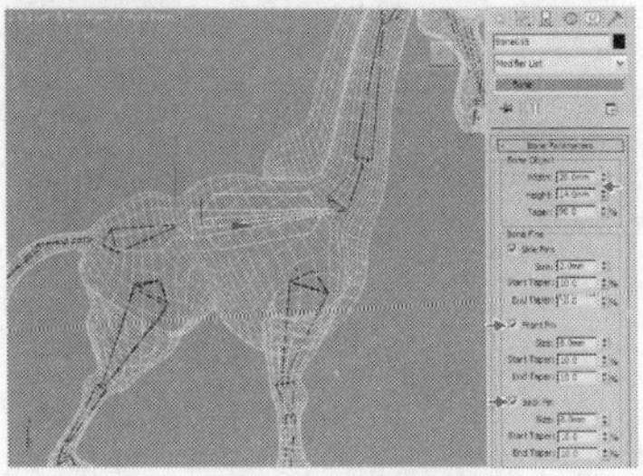

图14-46 设置骨骼参数

Step14 使用同样的方法继续调节其他骨骼的形状，如图 14-47 所示。

图14-47 躯干骨骼效果

14.7.2 骨骼层次链接

Step01 使用（链接）工具将后腿骨骼链接至末端骨骼，使末端的臀部骨骼直接会带动后腿部骨骼，如图 14-48 所示。

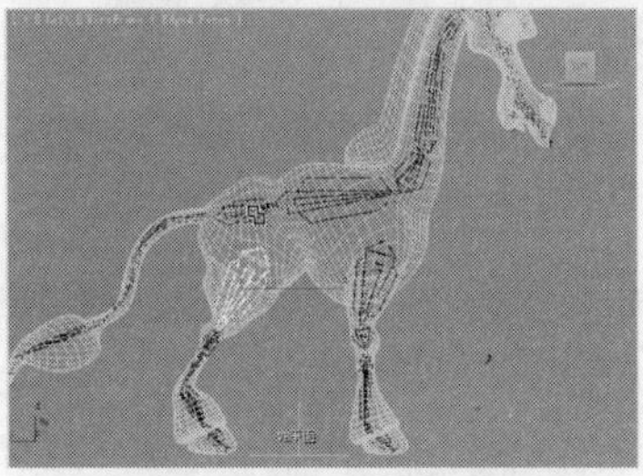

图14-48 链接骨骼

Step02 使用（链接）工具将前腿骨骼链接至主干骨骼，使主干骨骼直接会带动前腿部骨骼，如图 14-49 所示。

Step03 使用（链接）工具将尾巴骨骼链接至末端骨骼，使末端骨骼直接会带动尾部骨骼，如图 14-50 所示。

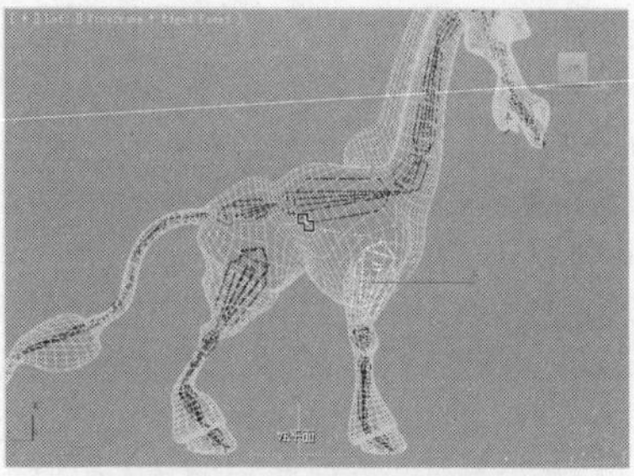

图14-49 前腿骨骼链接

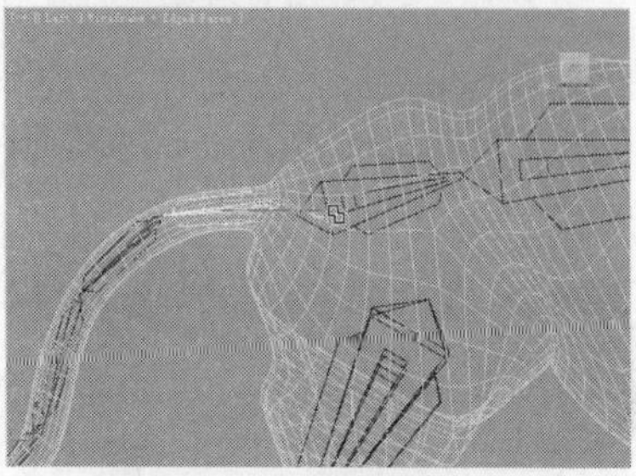

图14-50 链接尾部骨骼

Step04 将主干骨骼链接至末端骨骼，由末端骨骼控制主干骨骼，使末端的臀部骨骼影响主干骨骼、尾部骨骼、后腿骨骼，也就是所有的骨骼的父级主骨骼，如图 14-51 所示。

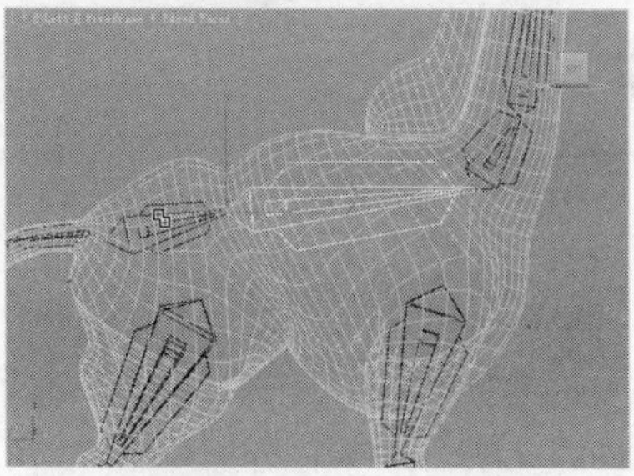

图14-51 链接主干骨骼

Step05 将嘴唇骨骼链接至脸部骨骼，脸部骨骼将直接影响两组嘴唇骨骼，如图 14-52 所示。

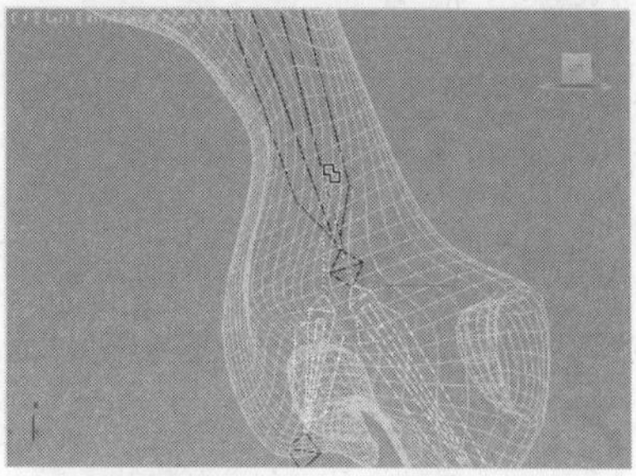

图14-52 链接嘴唇骨骼

Step06 选择末端的臀部骨骼，使用（移动）工具测试链接后的骨骼层次效果，如图 14-53 所示。

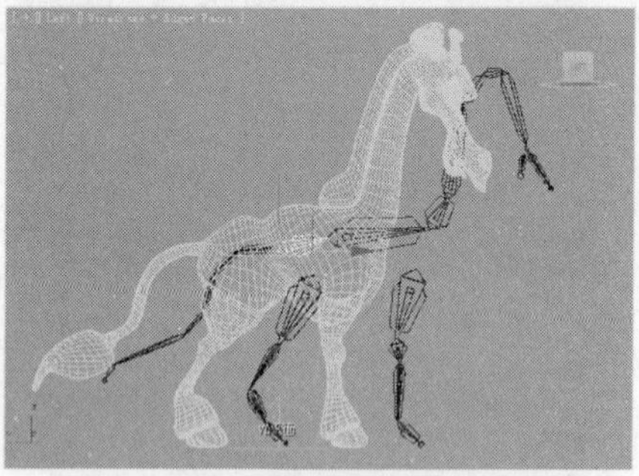

图14-53 测试效果

14.7.3 躯干蒙皮调节

Step01 选择除四肢以外的骨骼，然后单击（显示）面板中隐藏卷展栏下的 Hide Selected（隐藏选定对象）按钮，将尾部、躯干和头部骨骼进行隐藏，如图 14-54 所示。

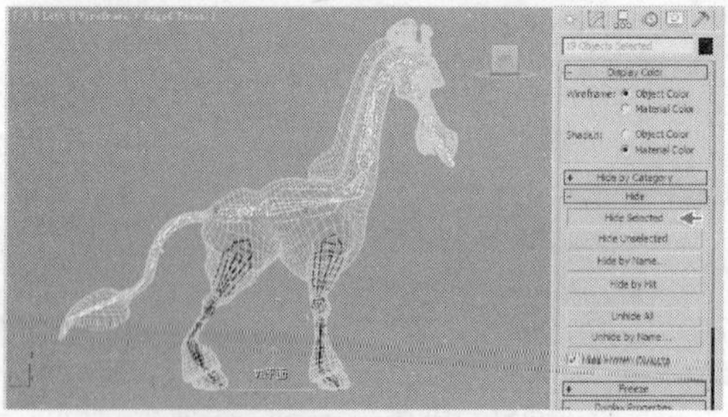

图14-54 隐藏选择对象

Step02 选择长颈鹿模型，在（修改）面板中添加 Skin（蒙皮）命令，进行模型与骨骼的匹配，如图 14-55 所示。

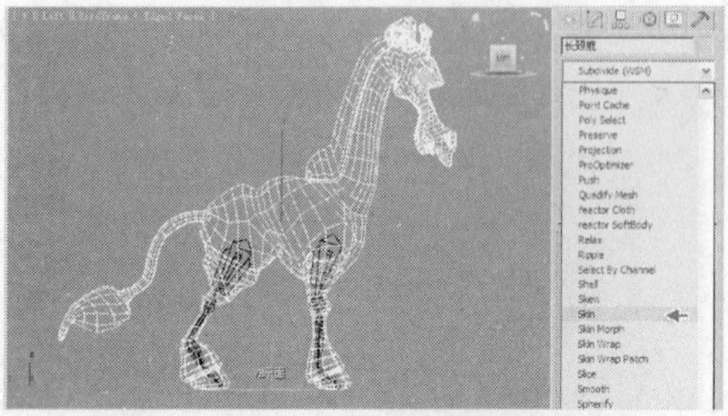

图14-55 选择蒙皮命令

Step03 在（修改）面板中单击 Add（添加）按钮，从弹出的对话框中选择添加四肢的骨骼，避免过多的骨骼会影响到蒙皮的设置，所以先隐藏部分骨骼再进行骨骼添加和区域设置，如图 14-56 所示。

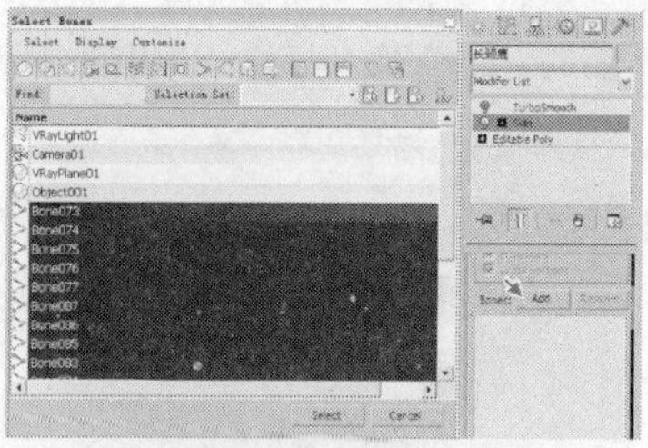

图14-56 选择骨骼

Step04 观看添加骨骼后的骨骼顺序，如图 14-57 所示。

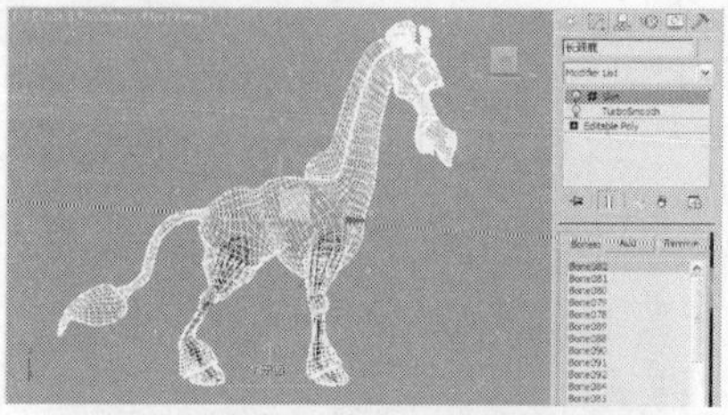

图14-57 添加骨骼顺序

Step05 在（修改）面板中单击 Parameters（参数）卷展栏下的 Edit Envelopes（编辑封套）按钮，观看腿部骨骼的影响范围，其中的红色区域则是该骨骼弯曲影响的区域，蓝色的区域则是该骨骼与其他骨骼相互影响的区域，如图 14-58 所示。

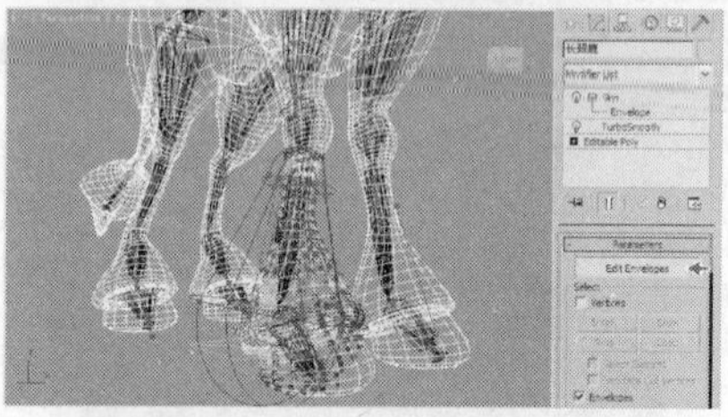

图14-58 影响范围

Step06 使用（移动）工具调节骨骼封套的区域，影响范围，如图 14-59 所示。

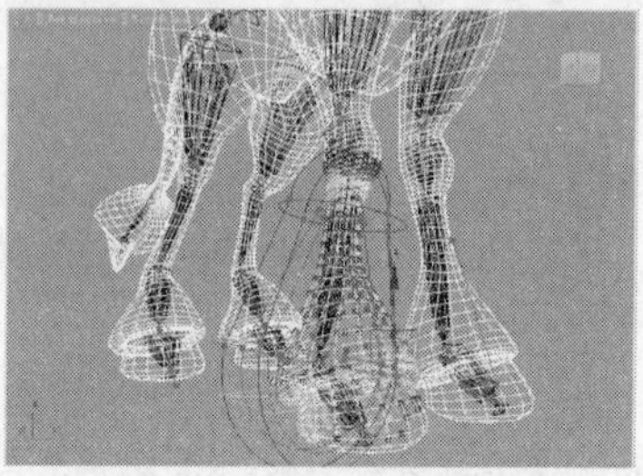

图14-59 调节范围

Step07 选择小腿位置的骨骼，再使用（旋转）工具测试蒙皮后的效果，如图 14-60 所示。

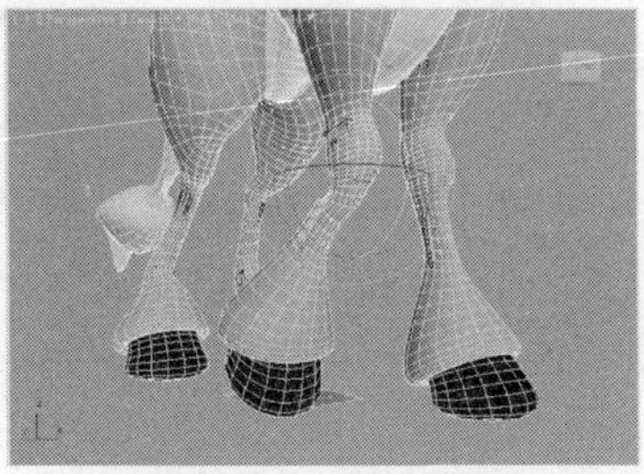

图14-60 测试蒙皮效果

Step08 选择左腿骨骼，同样调节其影响范围，如图 14-61 所示。

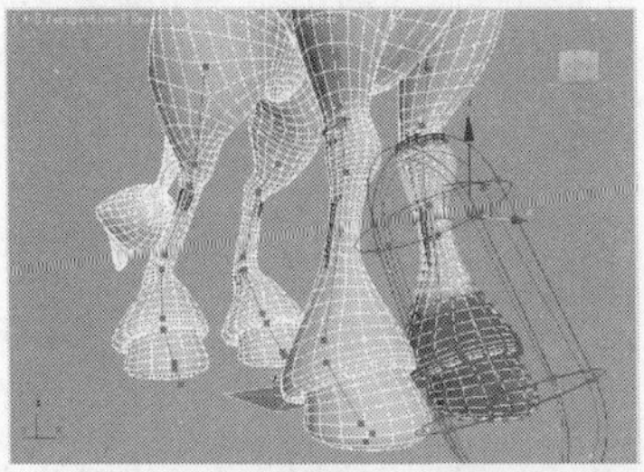

图14-61 调节影响范围

Step09 使用（旋转）工具继续测试蒙皮效果，如图 14-62 所示。

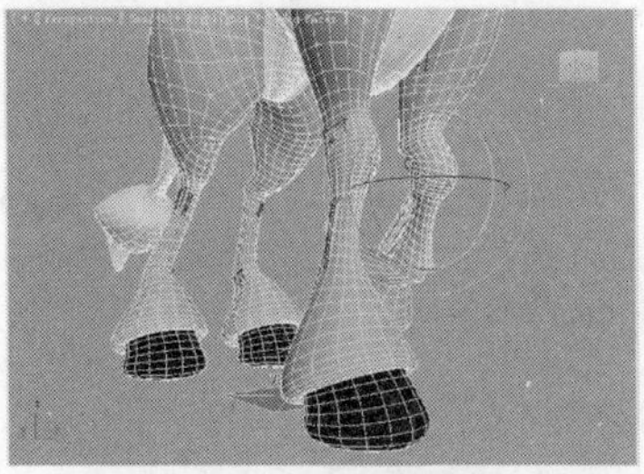

图14-62 测试蒙皮效果

Step10 在（显示）面板中隐藏卷展栏中显示主干骨骼，如图 14-63 所示。

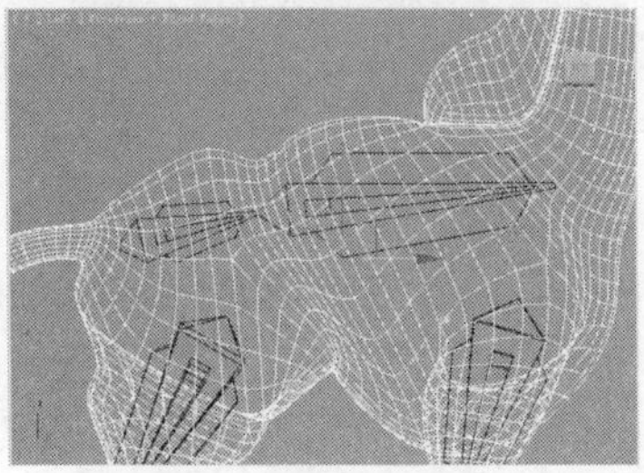

图14-63 显示骨骼

Step11 选择角色模型，在（修改）面板的 Skin（蒙皮）命令中单击 Add（添加）按钮，从弹出的对话框中选择需要添加的末端与主干骨骼，如图 14-64 所示。

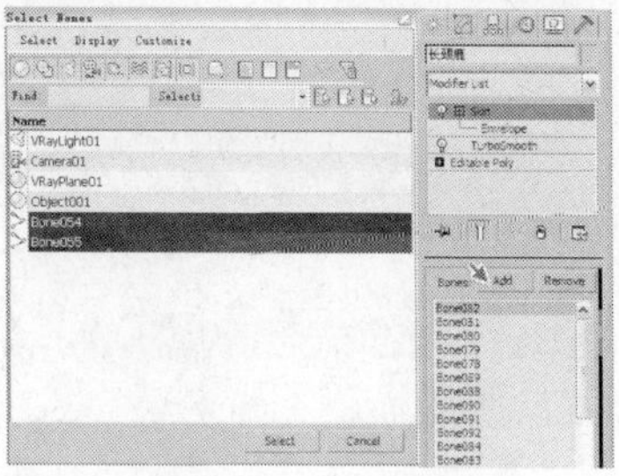

图14-64 添加骨骼

Step12 选择主干骨骼，观看其影响范围，如图 14-65 所示。

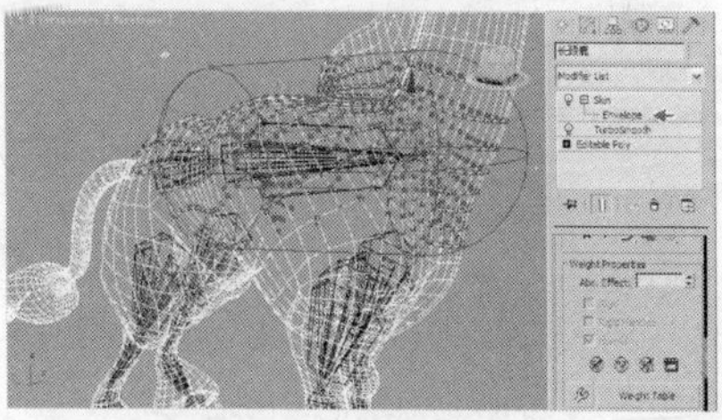

图14-65 观看影响范围

Step13 使用（移动）工具调节其影响范围，如图 14-66 所示。

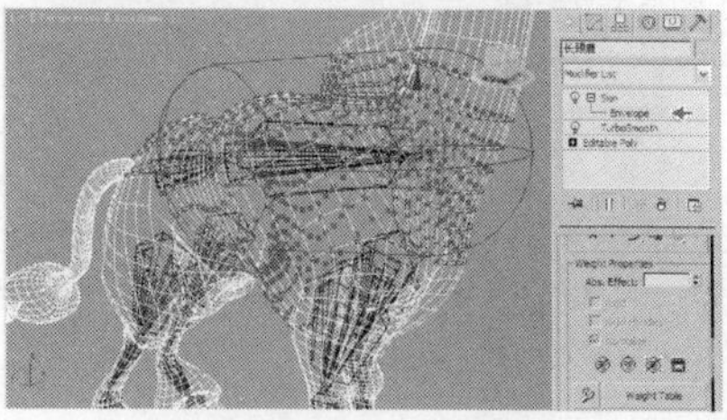

图14-66 调节影响范围

Step14 继续显示颈部与头部骨骼，准备进行骨骼与模型的蒙皮，如图 14-67 所示。

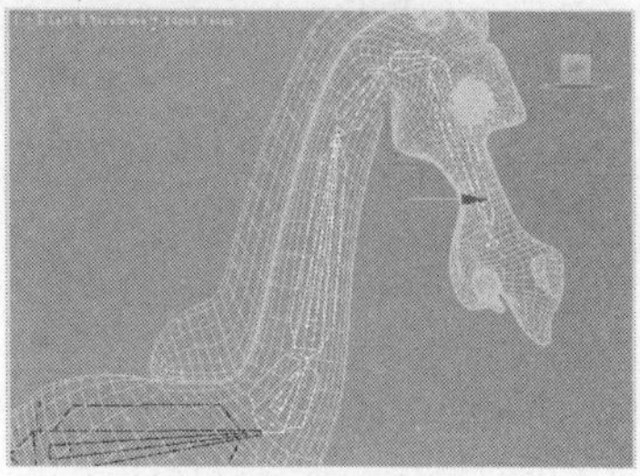

图14-67 显示骨骼

Step15 在（修改）面板的 Skin（蒙皮）命令中单击 Add（添加）按钮，从弹出的对话框中选择需要添加的颈部与头部骨骼，如图 14-68 所示。

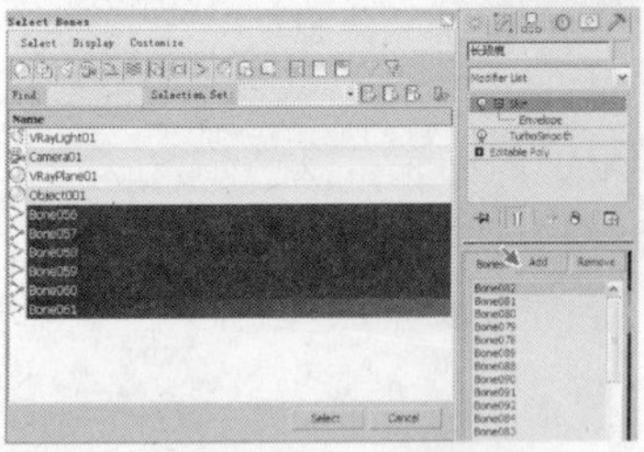

图14-68　添加骨骼

Step16 在（修改）面板中单击 Parameters（参数）卷展栏下的 Edit Envelopes（编辑封套）按钮，观看颈部骨骼的影响范围，如图 14-69 所示。

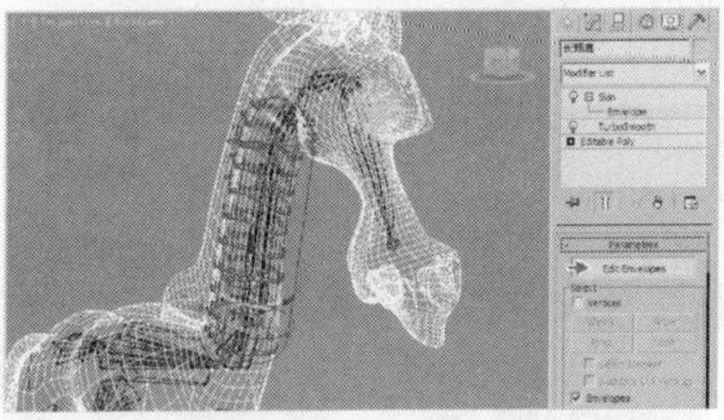

图14-69　观看影响范围

Step17 使用（移动）工具调节颈部骨骼的影响为范围，如图 14-70 所示。

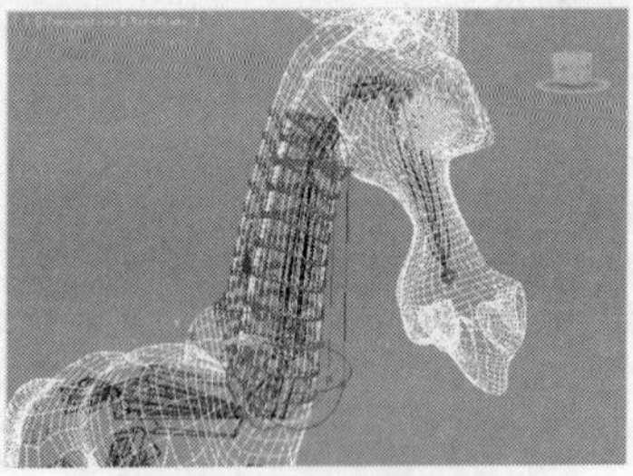

图14-70　调节影响范围

Step18 选择头部骨骼，继续调节其骨骼的影响范围，如图 14-71 所示。

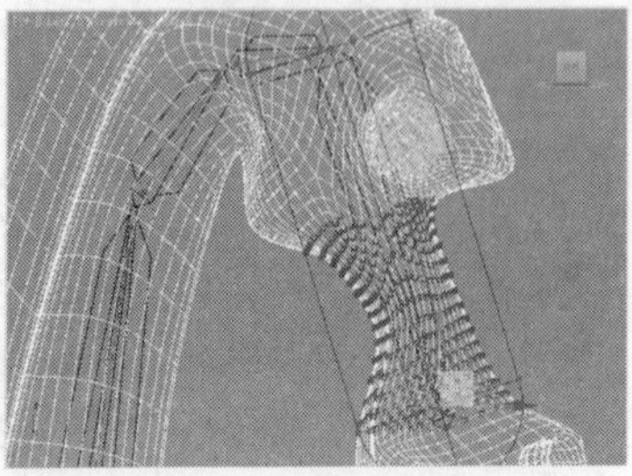

图14-71　调节影响范围

Step19 继续在（显示）面板中隐藏卷展栏中显示嘴部骨骼，如图 14-72 所示。

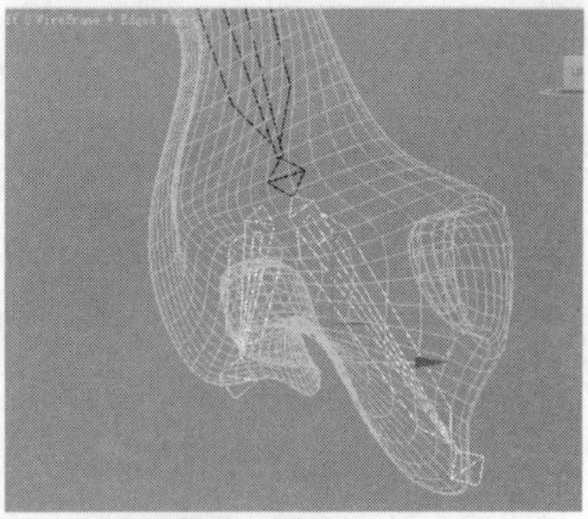

图14-72　显示骨骼

Step20 在（修改）面板中单击 Add（添加）按钮，从弹出的对话框中选择添加所需的骨骼，如图 14-73 所示。

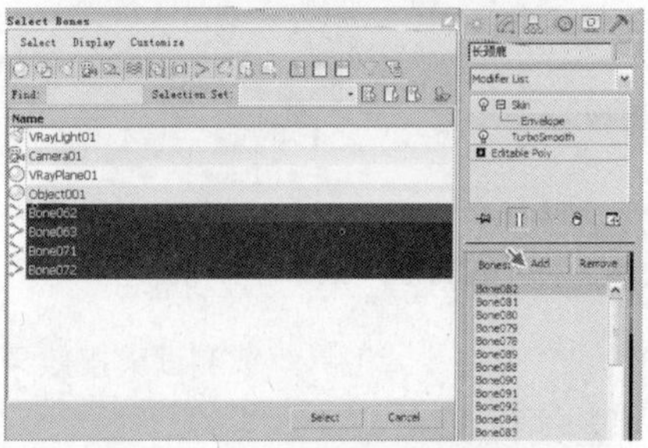

图14-73　添加骨骼

Step21 在（修改）面板中单击 Parameters（参数）卷展栏下的 Edit Envelopes（编辑封套）按钮，观看上唇骨骼的影响范围，如图 14-74 所示。

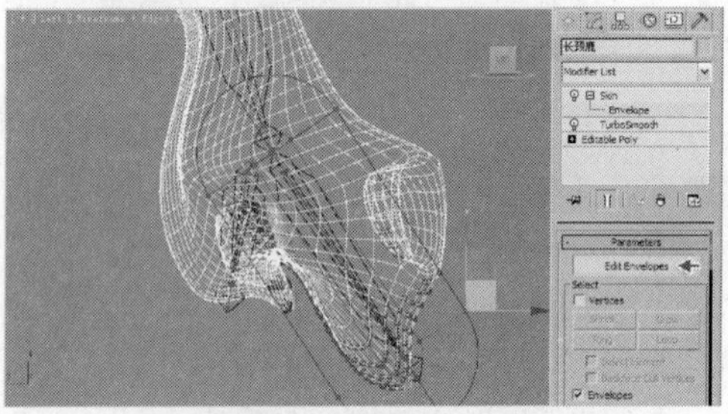

图14-74　观看影响范围

Step22 使用（移动）工具调节上唇骨骼的影响范围，如图 14-75 所示。

Step23 选择下唇骨骼，使用（移动）工具调节其骨骼的影响范围，如图 14-76 所示。

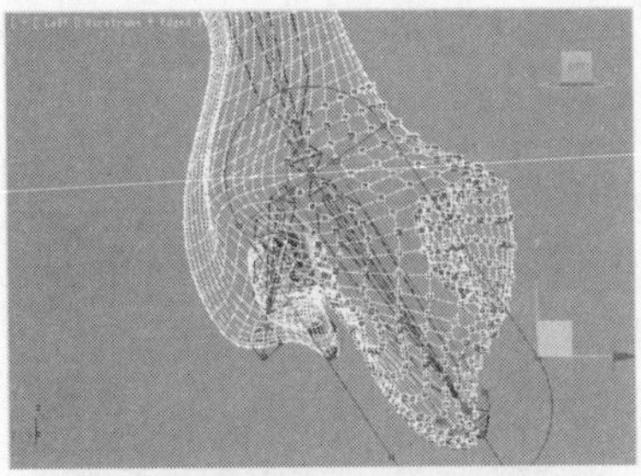

图14-75　调节影响范围

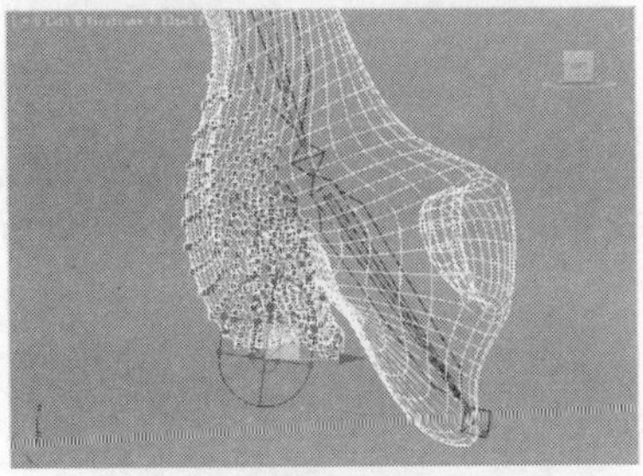

图14-76　调节影响范围

Step24 继续将尾部骨骼显示出来，如图 14-77 所示。

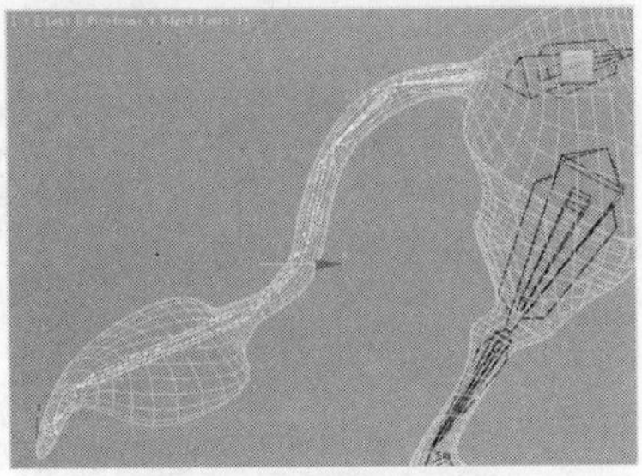

图14-77　显示骨骼

Step25 在（修改）面板中单击 Add（添加）按钮，从弹出的对话框中选择添加的骨骼，如图 14-78 所示。

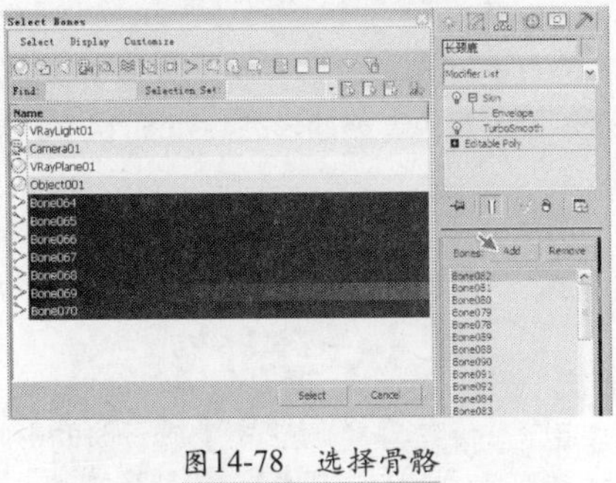

图14-78　选择骨骼

Step26 选择尾部的骨骼，然后调节其骨骼的影响范围，如图 14-79 所示。

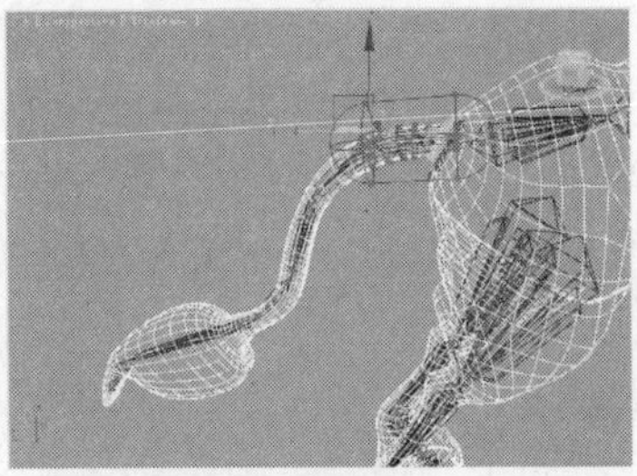

图14-79　调节影响范围

Step27 使用（旋转）工具测试尾部骨骼的蒙皮效果，如图 14-80 所示。

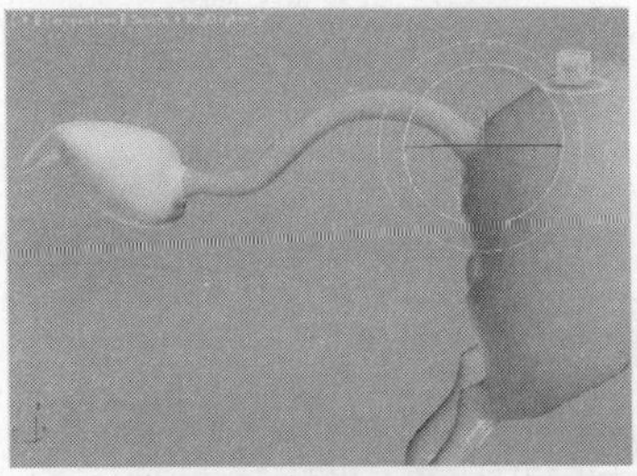

图14-80　测试效果

Step28 单击键盘“F3”键切换至线框显示状态，然后选择腿部骨骼并使用（旋转）工具调节骨骼形态，如图 14-81 所示。

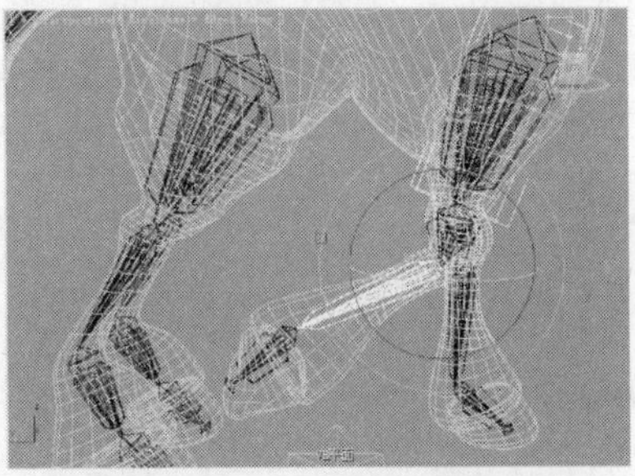

图14-81　旋转工具测试

Step29 使用（旋转）工具继续进行测试，查看模型是否与骨骼匹配完好，如图 14-82 所示。

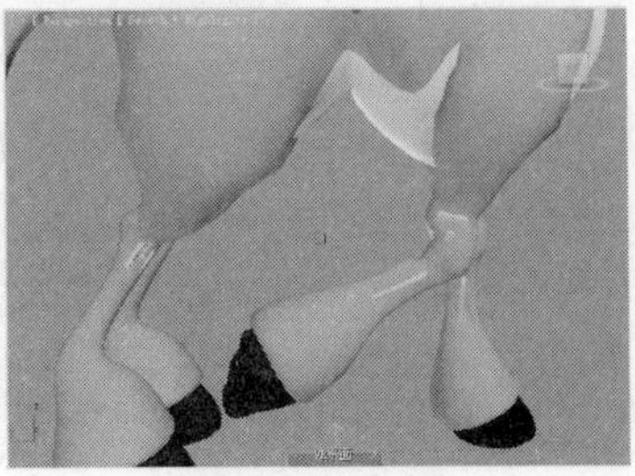

图14-82　观看效果

Step30 选择腿部膝盖位置的骨骼，观看其骨骼的影响范围，使腿部的弯曲更加具有肌肉感，如图 14-83 所示。

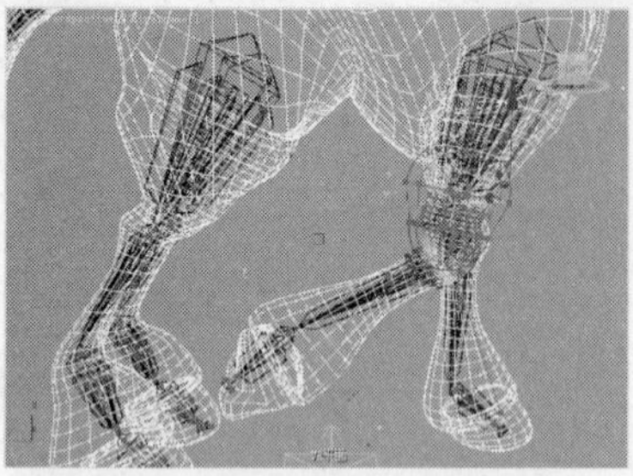

图14-83　观看影响范围

Step31 在（修改）面板中开启 Vertices（顶点）项目，然后在视图中选择需要重新设置的点，如图 14-84 所示。

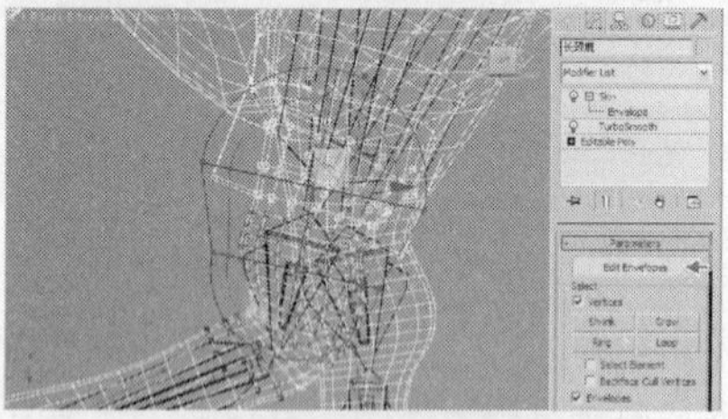

图14-84　选择顶点

Step32 单击权重按钮，在弹出的 Weight Tool（权重工具）对话框中设置选择顶点的参数，其中 0 为不影响、1 为完全影响，如图 14-85 所示。

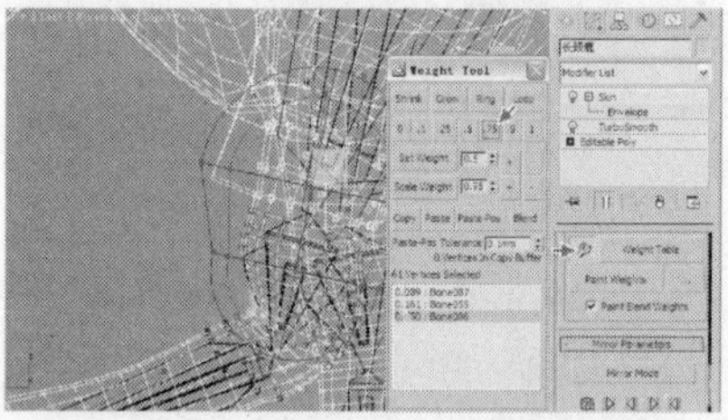

图14-85　设置权重

Step33 观看设置权重后的蒙皮区域效果，如图 14-86 所示。

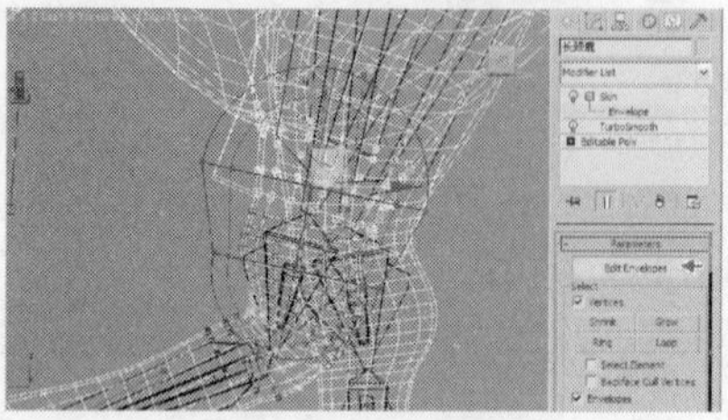

图14-86　设置区域效果

Step34 观看设置权重后的腿部蒙皮效果，如图 14-87 所示。

图14-87　观看效果

Step35 切换至 Left（右）视图，使用（旋转）工具选择并设定骨骼的角度，如图 14-88 所示。

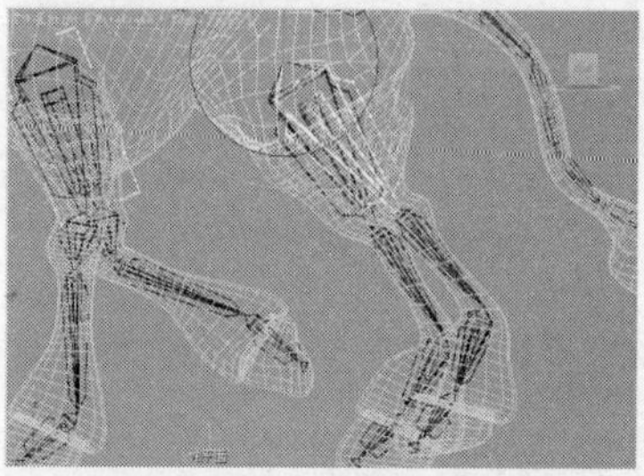

图14-88　旋转工具测试

Step36 选择腿部末端骨骼，使用（旋转）工具调节骨骼形态，如图 14-89 所示。

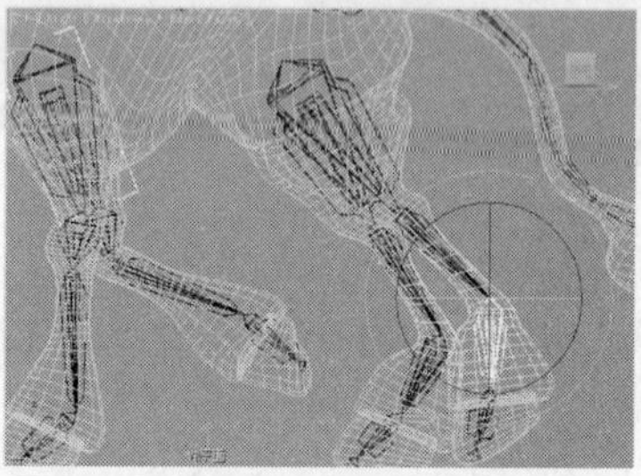

图14-89　旋转骨骼

Step37 选择骨骼使用（旋转）工具调节其弯曲的高度，设定角色骨骼的形态，如图 14-90 所示。

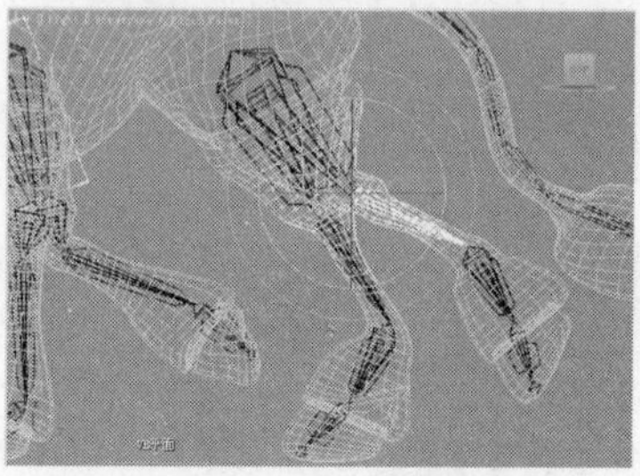

图14-90　设定骨骼形态

Step38 选择小腿位置的顶点，然后单击权重按钮，在弹出的权重工具对话框中设置参数，如图14-91所示。

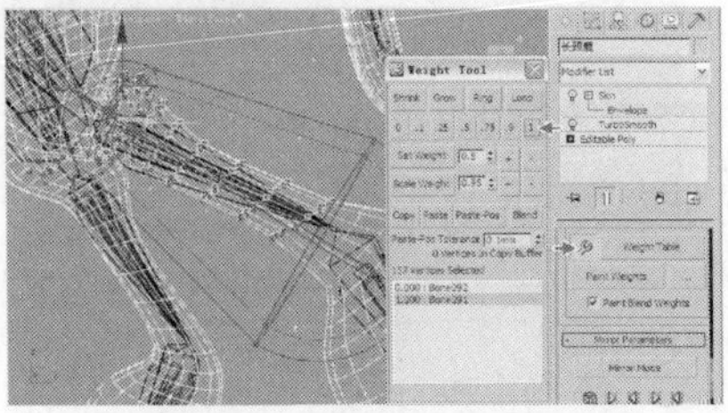

图14-91 设置权重参数

Step39 观看设置权重后的蒙皮效果，如图14-92所示。

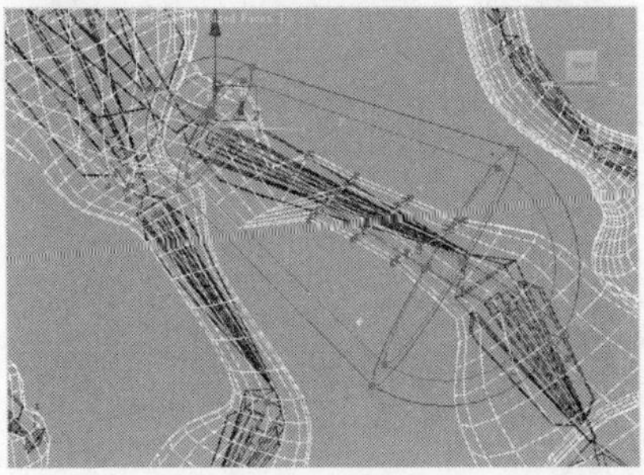

图14-92 观看效果

Step40 选择需要重新设定的顶点，设置权重参数使其与骨骼匹配完好，如图14-93所示。

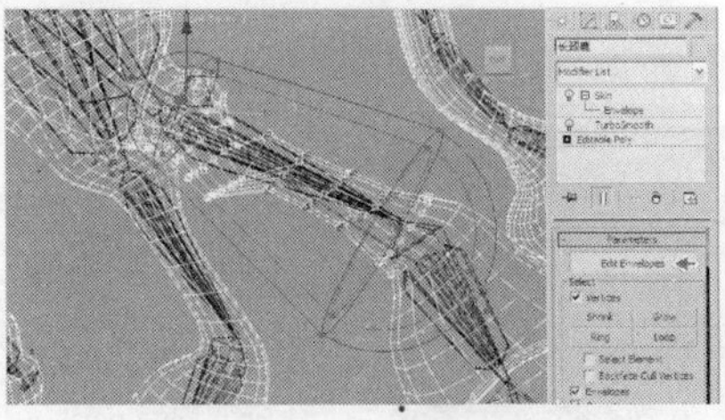

图14-93 设置权重参数

Step41 观看设置权重参数后的腿部蒙皮效果，如图14-94所示。

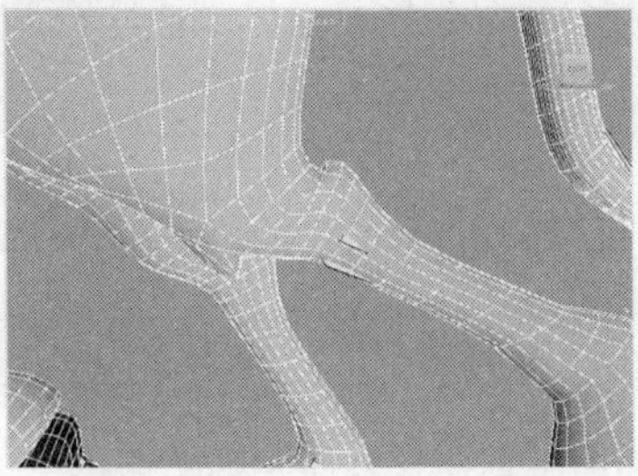

图14-94 观看效果

Step42 选择腿部骨骼，使用（移动）工具调节其影响范围，如图14-95所示。

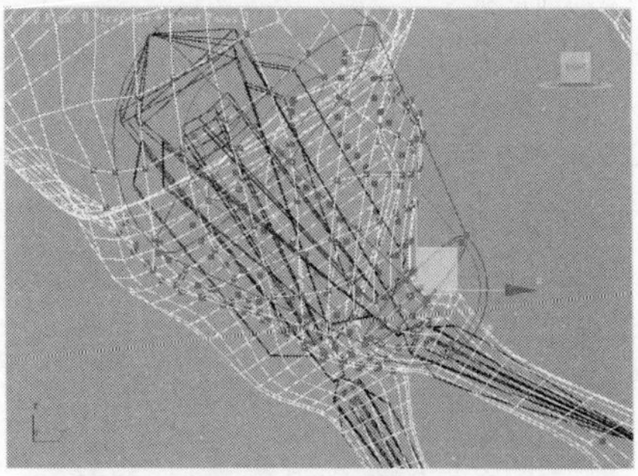

图14-95 调节影响范围

Step43 观看调节封套后的蒙皮效果，如图14-96所示。

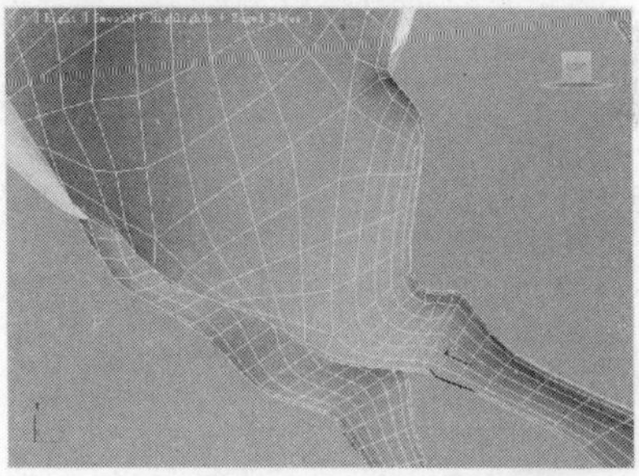

图14-96 蒙皮效果

Step44 观看模型蒙皮后的最终效果，如图14-97所示。

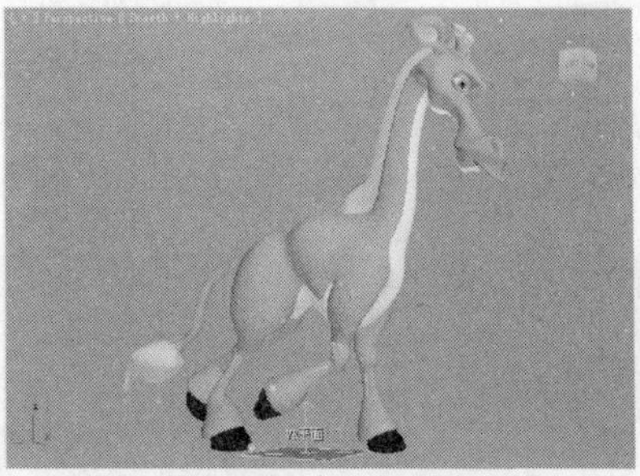

图14-97 最终效果

14.7.4 角色姿态设定

Step01 在菜单中选择【Animation（动画）】→【IK Solvers（IK解算器）】→【HI Solvers（HI解算器）】命令，然后将小腿骨骼链接给大腿骨骼，如图14-98所示。

Step02 使用（链接）工具将末端骨骼链接至前端骨骼，如图14-99所示。

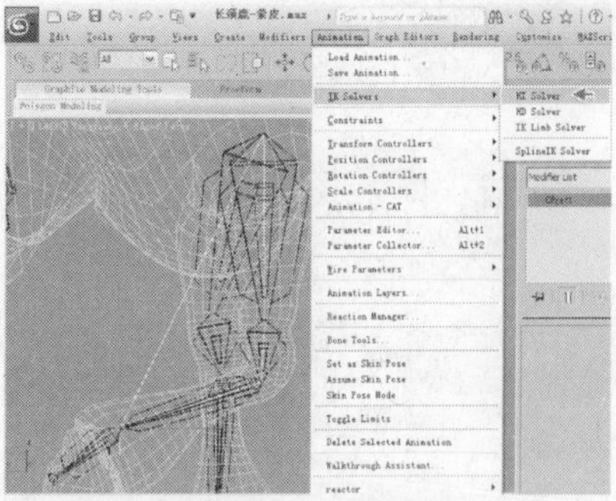

图14-98　链接骨骼

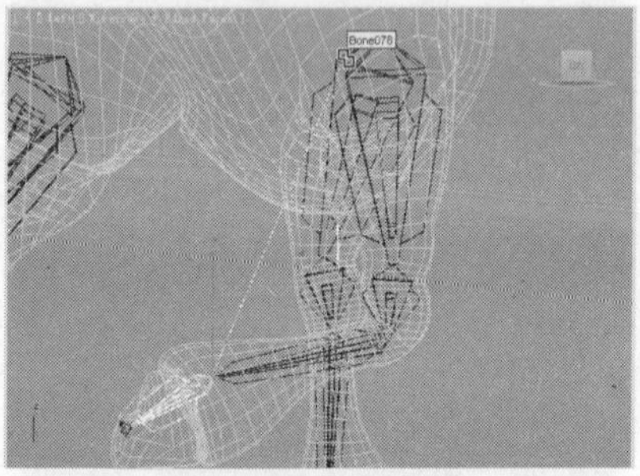

图14-99　链接骨骼

Step03 使用（移动）工具来测试增加 HI Solvers（HI 解算器）后的效果，如图 14-100 所示。

图14-100　测试效果

Step04 在主工具栏中单击（快速渲染）按钮，快速渲染场景角色的效果如图 14-101 所示。

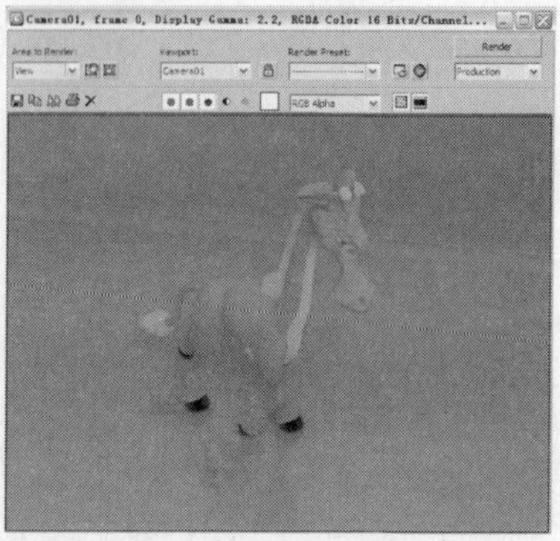

图14-101　最终效果

14.8 范例——CS两足骨骼

【重点提要】

本范例主要使用 Biped 建立角色的骨骼，设置骨骼外形和蒙皮后的卡通角色最终效果如图 14-102 所示。

图14-102　CS两足骨骼范例效果

【制作流程】

CS 两足骨骼范例的制作流程分为 4 部分：①模型材质制作，②身体骨骼建立，③目标约束链接，④身体蒙皮调节，如图 14-103 所示。

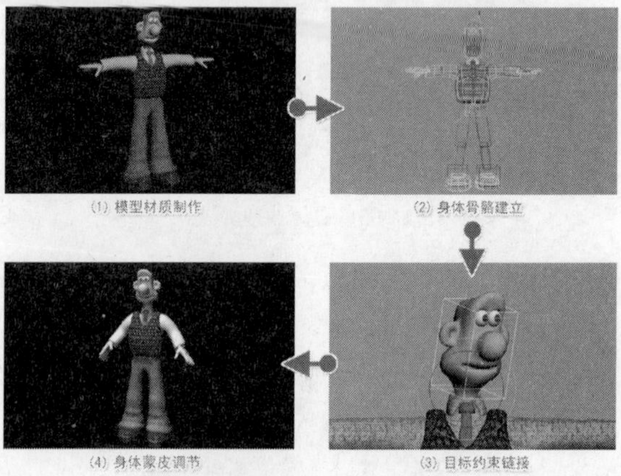

图14-103　制作流程

14.8.1 模型材质制作

Step01 在视图中创建长方体并搭配编辑多边形命令，制作人物的基本模型，如图 14-104 所示。

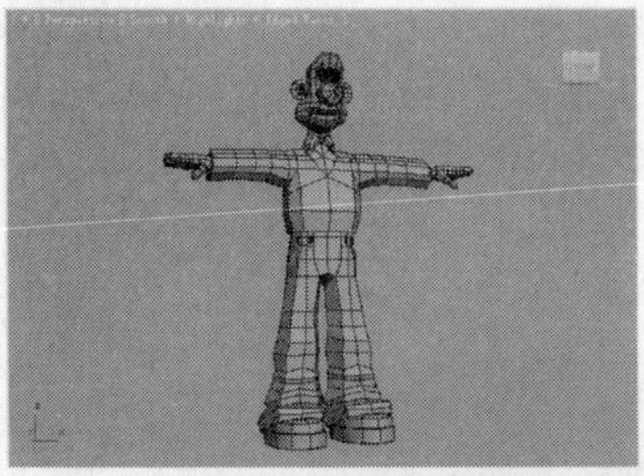

图14-104 人物模型效果

Step02 为了丰富人物细节，创建几何体并搭配编辑多边形命令，制作衣服与领带的模型效果，如图14-105所示。

图14-105 衣服模型

Step03 打开（材质编辑器）并选择一个空白材质球，设置名称为“皮肤”并赋予模型，然后为Diffuse Color（漫反射颜色）赋予本书配套光盘的皮肤贴图，为Bump（凹凸）赋予Noise（噪波）程序贴图，再设置Bump（凹凸）值为5，如图14-106所示。

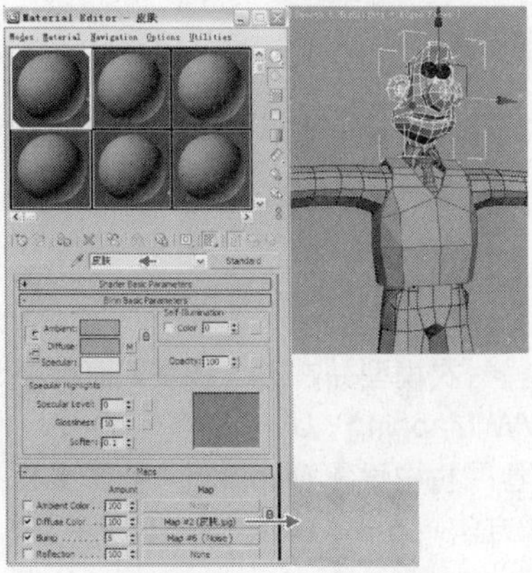

图14-106 皮肤材质

Step04 选择头部模型并在（修改）面板中为其添加UVW Mapping（UVW贴图）命令，然后在属性卷展栏中设置Mapping（贴图坐标）为Box（长方体）方式，如图14-107所示。

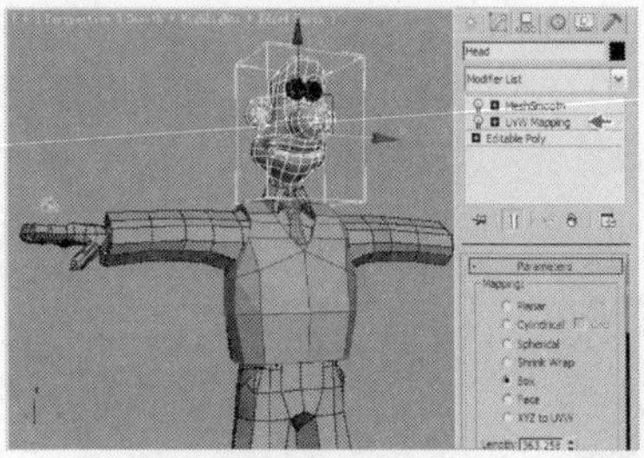

图14-107 添加贴图坐标

Step05 选择一个空白材质球，设置名称为“领带”并赋予模型，设置Ambient（环境）与Diffuse（漫反射）颜色为红色，然后为Diffuse Color（漫反射颜色）赋予本书配套光盘的领带贴图，如图14-108所示。

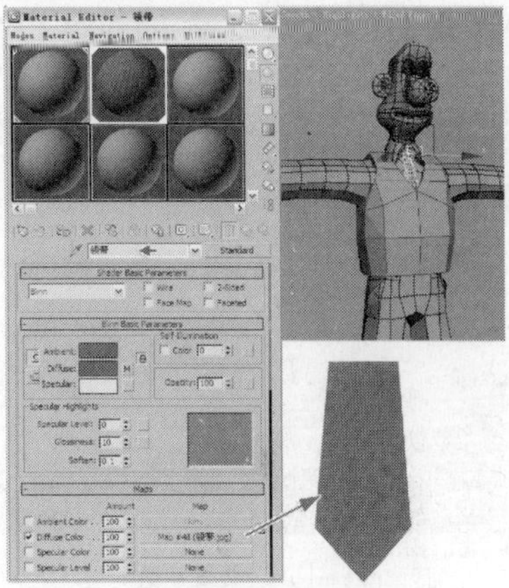

图14-108 领带材质

Step06 选择领带模型并在（修改）面板中为其添加UVW Mapping（UVW贴图）命令，然后在属性卷展栏中设置Mapping（贴图坐标）为Planar（平面）方式，如图14-109所示。

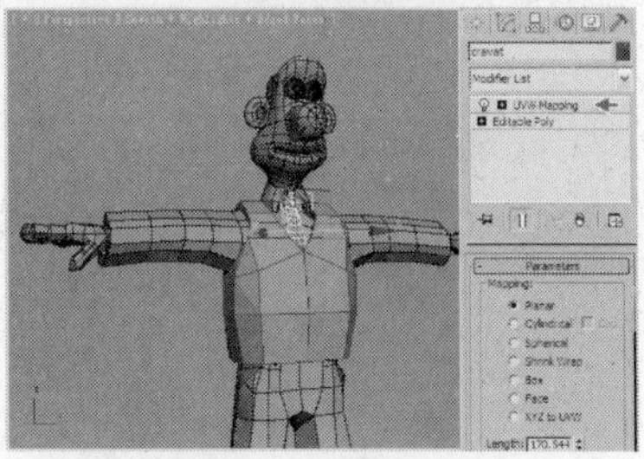

图14-109 添加贴图坐标

Step07 在（修改）面板中为其添加Unwrap UVW（展开UVW）命令，单击Edit（编辑）按钮并在弹出的对话框中调整模型的坐标，然后在菜单中选择【Tools（工具）】→【Render UVW Template（渲染 UVW 模板）】命令，在弹出的对话框中选择设置渲染尺寸和颜色信息，如图 14-110 所示。

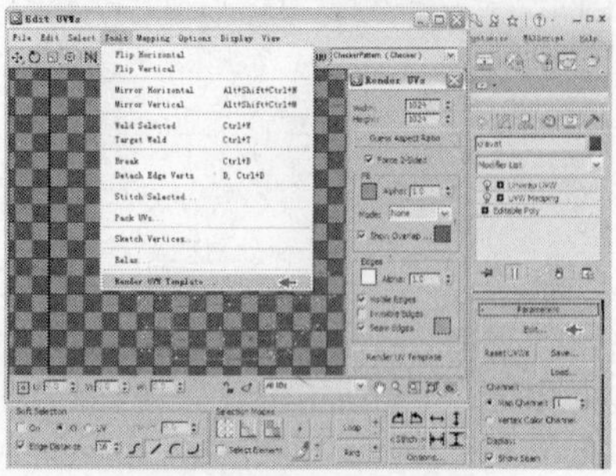

图14-110　渲染坐标贴图

Step08 选择衣服模型，在（修改）面板中添加 Shell（壳）命令，再设置 Inner Amount（内部数量）值为 10、Outer Amount（外部数量）值为 10，用于增加衣服的厚度感，如图 14-111 所示。

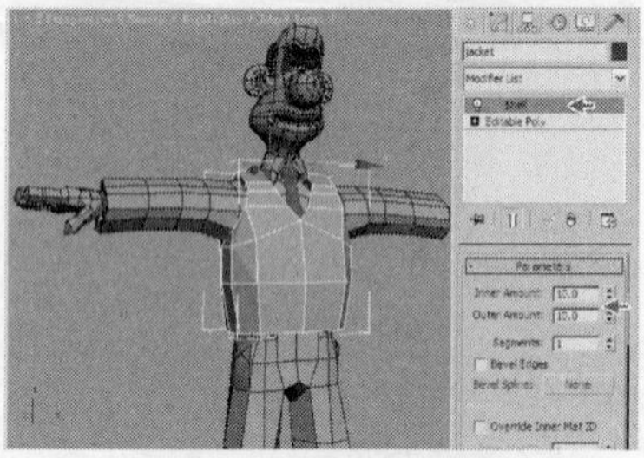

图14-111　设置参数

Step09 选择一个空白材质球，设置名称为“衣服”并赋予模型，然后为 Diffuse Color（漫反射颜色）赋予本书配套光盘的衣服贴图，如图 14-112 所示。

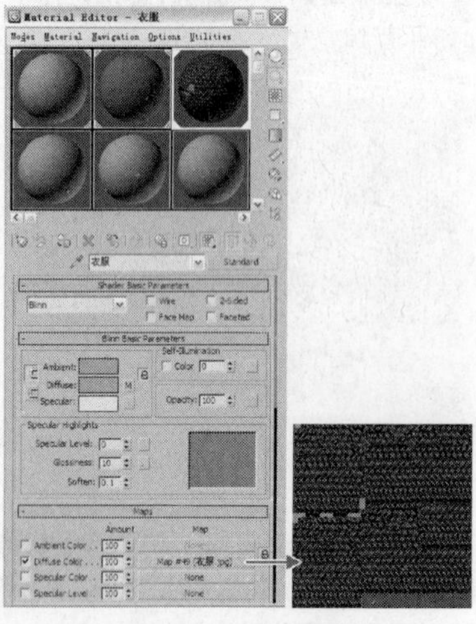

图14-112　衣服材质

Step10 在（修改）面板中为其添加 Unwrap UVW（展开 UVW）命令，单击 Edit（编辑）按钮并在弹出的对话框中调整模型的坐标，如图 14-113 所示。

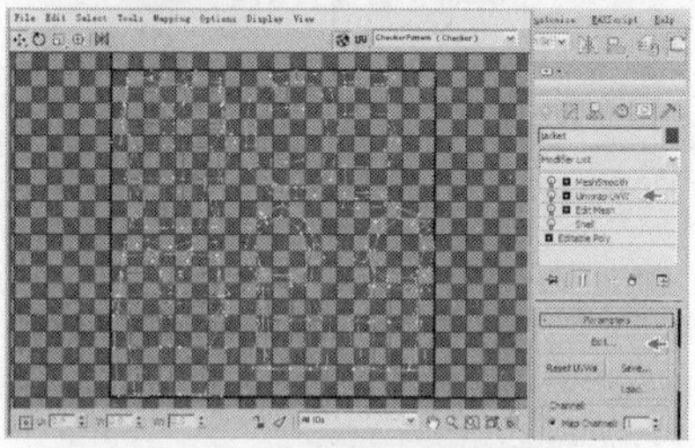

图14-113　添加编辑贴图坐标命令

Step11 选择一个空白材质球，设置名称为“衬衣”并赋予模型，设置 Ambient（环境）与 Diffuse（漫反射）颜色为灰色，然后为 Diffuse Color（漫反射颜色）赋予本书配套光盘的布料贴图，再为 Bump（凹凸）赋予 Noise（噪波）程序贴图并设置 Bump（凹凸）值为 5，如图 14-114 所示。

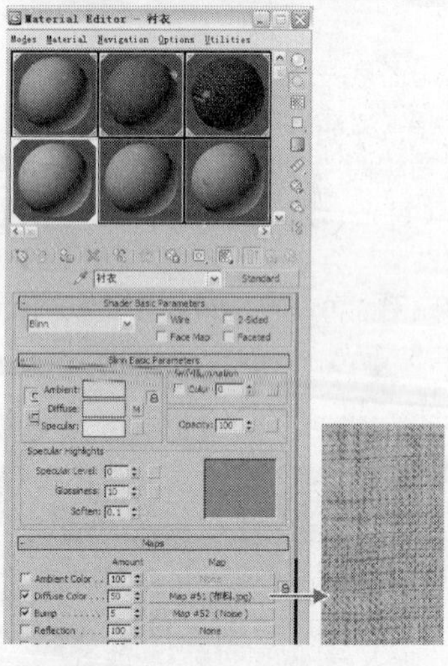

图14-114　衬衣材质

Step12 选择衬衣模型并在（修改）面板中为其添加 UVW Mapping（UVW 贴图）命令，然后在属性卷展栏中设置 Mapping（贴图坐标）为 Box（长方体）方式，如图 14-115 所示。

Step13 选择一个空白材质球，设置名称为“裤子”并赋予模型，设置 Ambient（环境）与 Diffuse（漫反射）颜色为红色，然后为 Diffuse Color（漫反射颜色）与 Bump（凹凸）赋予本书配套光盘的裤子贴图，再设置 Bump（凹凸）值为 50，如图 14-116 所示。

图14-115　添加贴图坐标命令

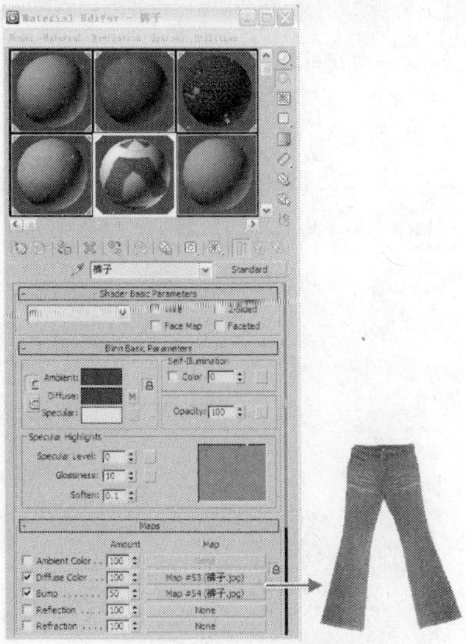

图14-116　裤子材质

Step14 在（修改）面板中为其添加Unwrap UVW（展开UVW）命令，使贴图得到理想的控制坐标效果，如图14-117所示。

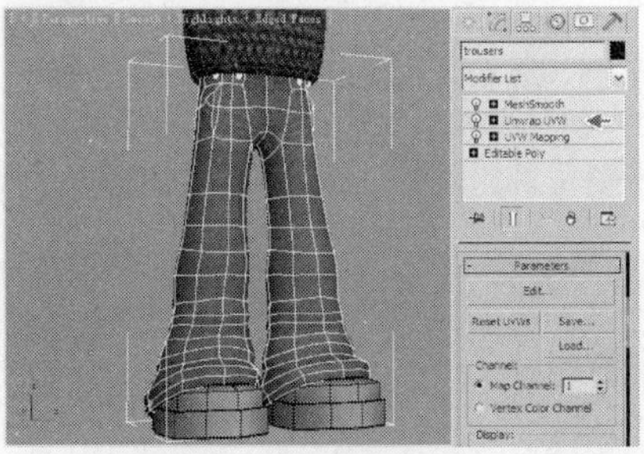

图14-117　添加编辑贴图坐标

Step15 选择一个空白材质球并设置名称为“鞋”，然后单击Standard（标准）按钮，在弹出的对话框中选择Multi/Sub-Object（多维/子对象）材质，然后分别调节子材质，如图14-118所示。

Step16 根据需要选择空白材质球设置眼球材质，如图14-119所示。

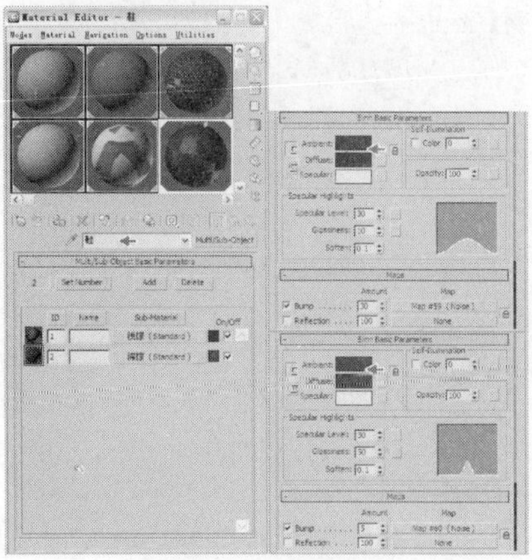

图14-118　鞋材质

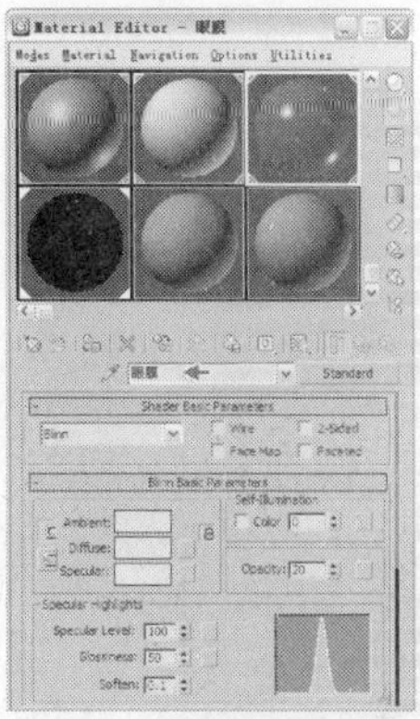

图14-119　眼部材质

Step17 在主工具栏中单击（快速渲染）按钮，快速渲染场景材质效果，如图14-120所示。

图14-120　渲染材质效果

14.8.2　身体骨骼建立

Step01 在视图中选择眼部模型，在菜单中选择【Group（组）】→【Group（成组）】命令，然后在弹出的对话框中设置名称为“右眼”，如图14-121所示。

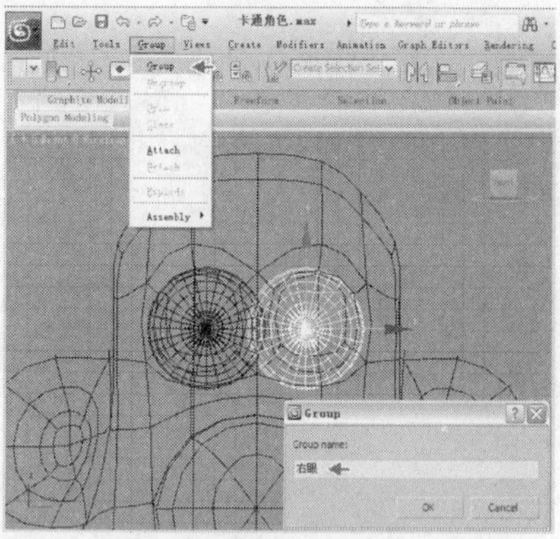

图14-121　设置组名称

Step02 在视图中选择眼部模型，在菜单中选择【Group（组）】→【Group（成组）】命令，然后在弹出的对话框中设置名称为“左眼”，如图14-122 所示。

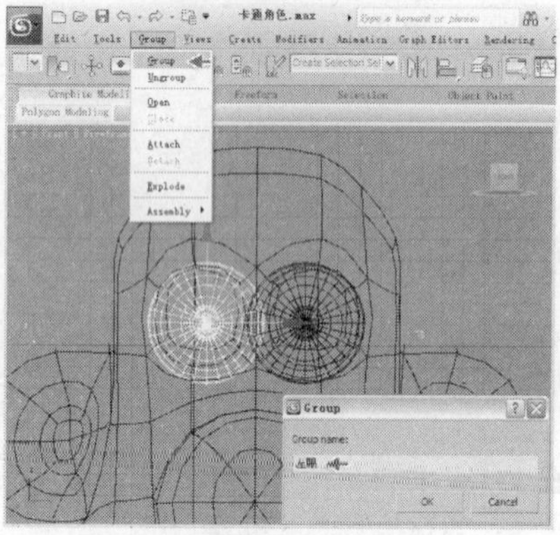

图14-122　选择组命令

Step03 在（创建）面板的（系统）子面板中单击 Biped（两足骨骼）按钮，然后在 Front（前）视图中由脚部至头部方向建立骨骼，如图 14-123 所示。

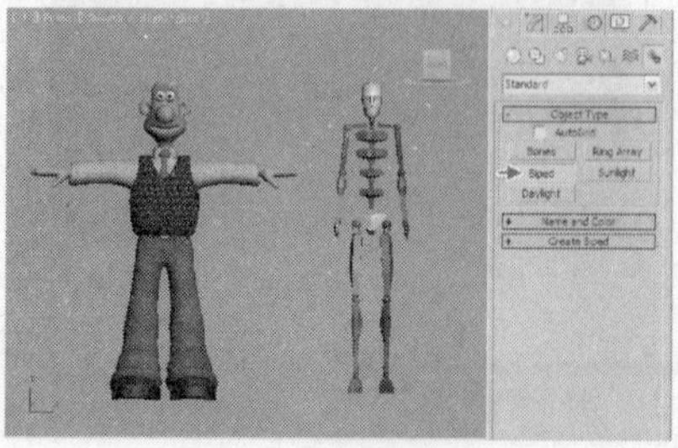

图14-123　建立CS骨骼

Step04 选择人物模型并单击鼠标右键，从弹出的四元菜单中选择 Object Properties（对象属性）命令，如图 14-124 所示。

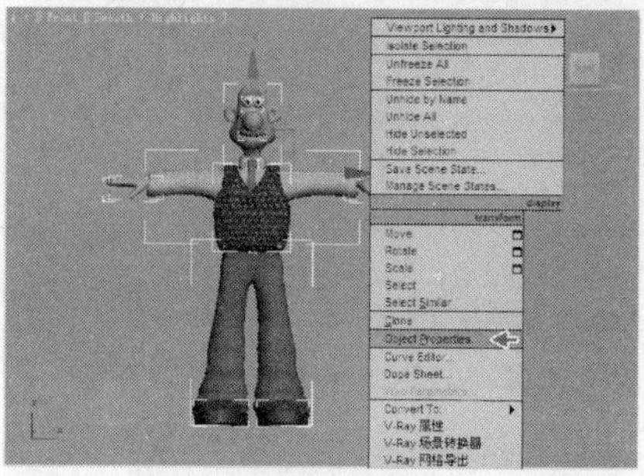

图14-124　选择对象属性

Step05 在弹出的对话框中选择 See-Through（透明）设置，使人物模型暂时透明显示，便于观察角色骨骼的位置匹配，如图 14-125 所示。

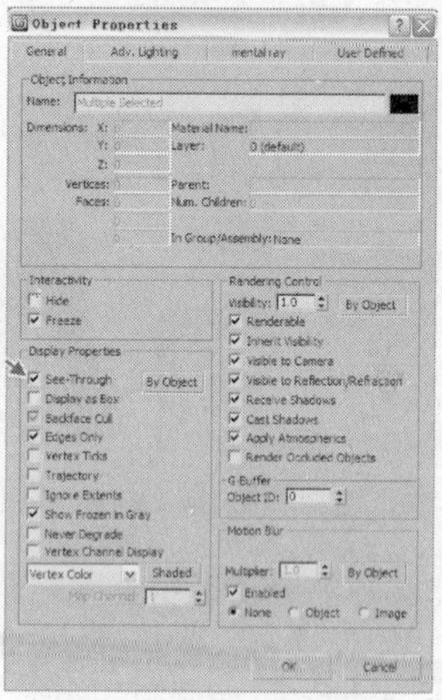

图14-125　设置物体属性

Step06 在（运动）面板中开启 Biped 卷展栏下的（体型）模式，然后选择 CS 骨骼的至心点进行骨骼位置的调整，如图 14-126 所示。

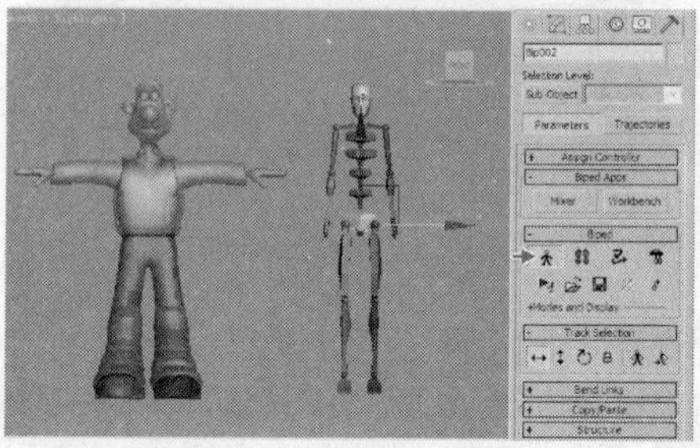

图14-126　开启体型模式

Step07 沿 x 轴将骨骼移动至角色模型的内部，如图 14-127 所示。

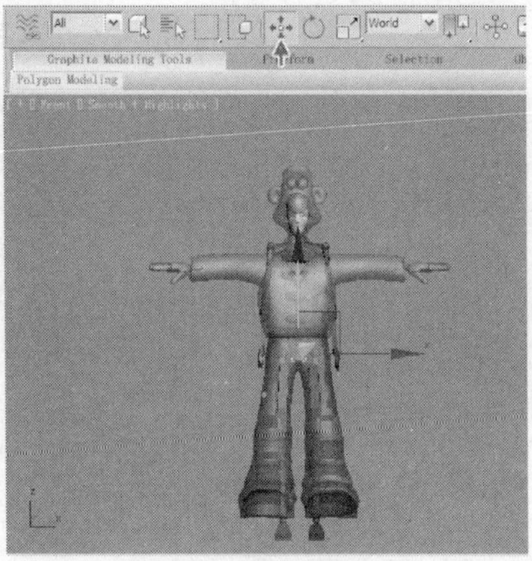

图14-127 移动骨骼

Step08 选择肋骨骨骼并使用（缩放）工具调节大小可以匹配模型的比例，如图 14-128 所示。

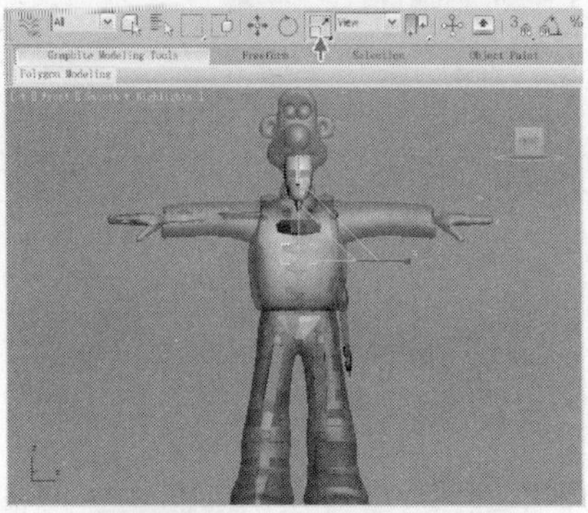

图14-128 匹配骨骼

Step09 选择大腿骨骼同样进行（缩放）操作，使脚也能与模型匹配，如图 14-129 所示。

图14-129 匹配骨骼

Step10 选择手部骨骼，然后在（修改）面板中设置骨骼的参数，设置 Neck Links（颈部链接）为 2、Fingers（手指）为 5、Finger Links（手指链接）为 2，如图 14-130 所示。

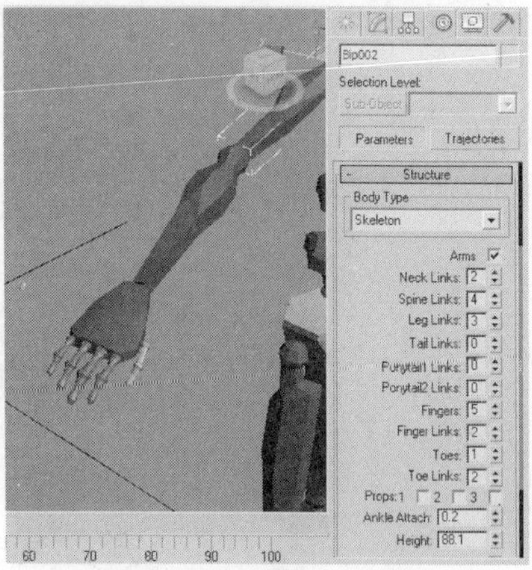

图14-130 设置骨骼参数

Step11 选择手指骨骼，然后使用（旋转）工具匹配手部骨骼与模型的位置，如图 14-131 所示。

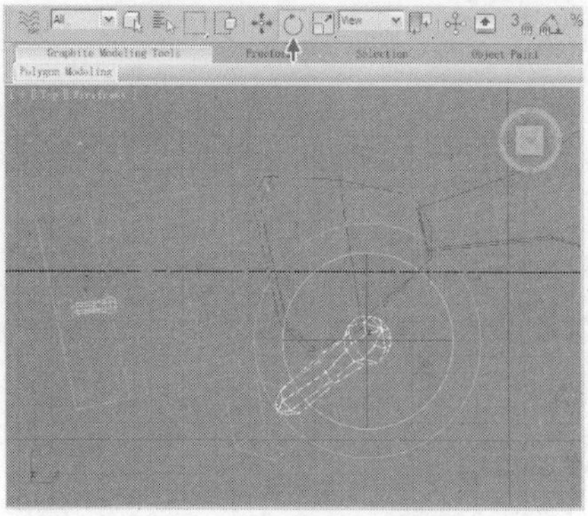

图14-131 匹配手指模型

Step12 使用（缩放）工具使胳膊骨骼与腿部骨骼的大小可以匹配模型比例，如图 14-132 所示。

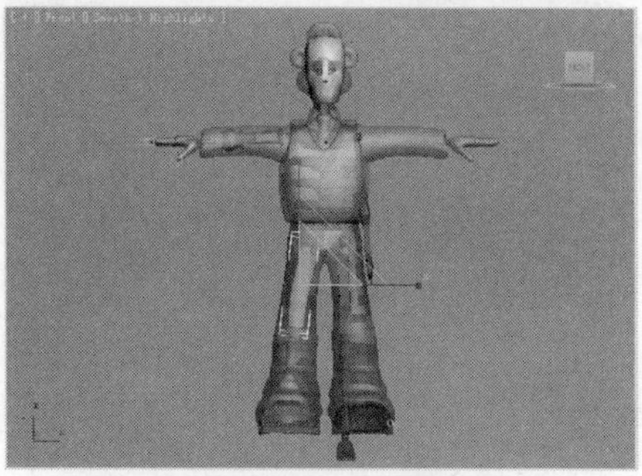

图14-132 匹配骨骼

Step13 选择与模型匹配完成的所有手臂骨骼，在（运动）面板中单击 Copy/Paste（复制 / 粘贴）卷展栏中的（建立集合）按钮，然后单击

（复制）按钮将选择的左侧手臂参数复制，再单击（粘贴）按钮将骨骼动作粘贴至对侧位置的手臂骨骼，如图 14-133 所示。

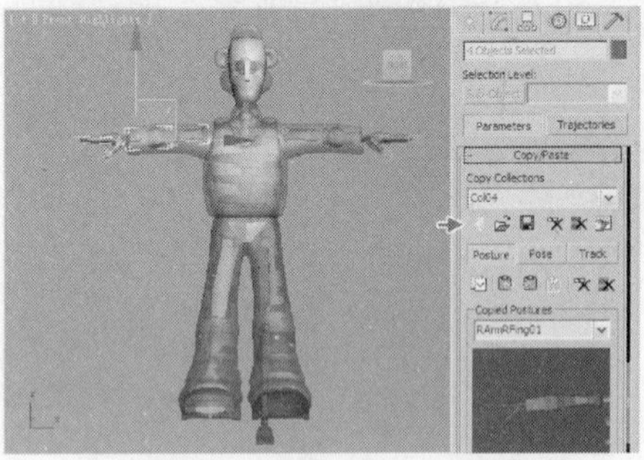
图14-133　复制粘贴手臂骨骼

Step14 使用相同的方法将腿部骨骼粘贴至对侧，如图 14-134 所示。

图14-134　复制粘贴腿部骨骼

Step15 调整完骨骼后单击鼠标右键，从弹出的四元菜单中选择 Unfreeze All（解冻全部）命令，将模型进行解冻，如图 14-135 所示。

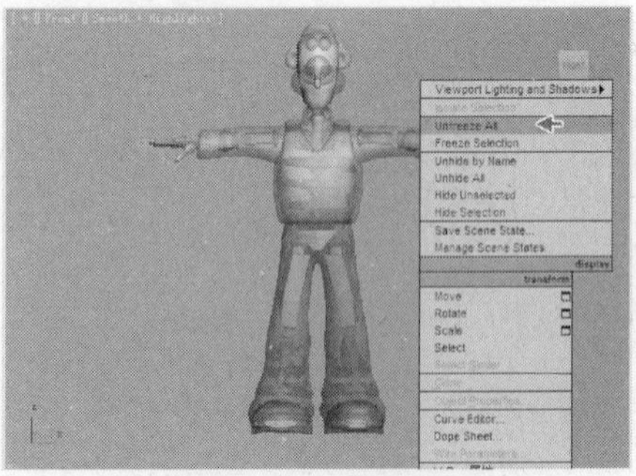
图14-135　解除全部锁定

Step16 选择全部骨骼并单击鼠标右键，在弹出的对话框中选择 Renderable（可渲染）与 Display as Box（显示方格框）选项，如图 14-136 所示。

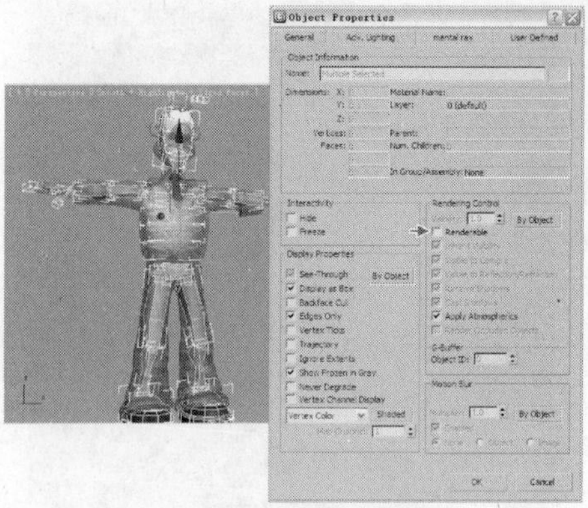
图14-136　设置骨骼属性

Step17 观看设置属性后完成的骨骼效果，如图 14-137 所示。

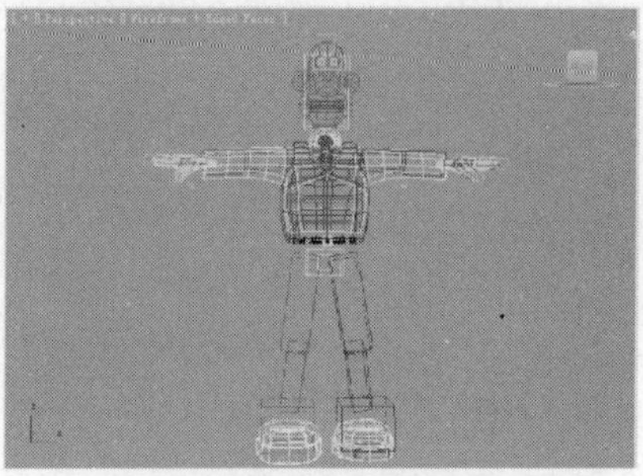
图14-137　观看骨骼效果

14.8.3　目标约束链接

Step01 在（创建）面板的（辅助对象）面板中单击 Standard（标准）下的 Dummy（虚拟对象）按钮，然后在视图中创建虚拟对象，如图 14-138 所示。

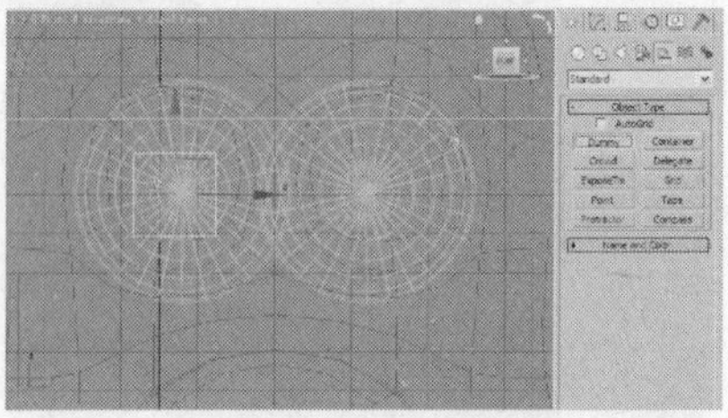
图14-138　创建虚拟对象

Step02 在菜单中选择【Animation（动画）】→【Constraints（约束）】→【Look At Constraints（目标约束）】命令，然后将眼球链接给虚拟对象，使虚拟对象直接控制眼睛的观看角度，如图 14-139 所示。

图14-139 选择目标约束命令

Step03 使用相同的方法将右眼链接至虚拟对象，如图 14-140 所示。

图14-140 链接至虚拟对象

Step04 继续创建一个虚拟对象，使用（链接）工具将控制眼部的虚拟体链接至虚拟体，便于控制调节目标约束，如图 14-141 所示。

图14-141 使用链接工具

Step05 使用（移动）工具测试眼球链接效果，如图 14-142 所示。

Step06 选择头部骨骼使用（旋转）工具测试链接的效果，如图 14-143 所示。

图14-142 测试效果

图14-143 约束效果

14.8.4 身体蒙皮调节

Step01 在（修改）面板中为角色添加 Physique（体格）蒙皮命令，然后选择 Envelope（封套）级别，选择头部骨骼在弹出的 Blending Envelopes（混合封套）卷展栏中开启 Deformable（可变形）选项，再设置 Radial Scale（径向缩放）值为 1，如图 14-144 所示。

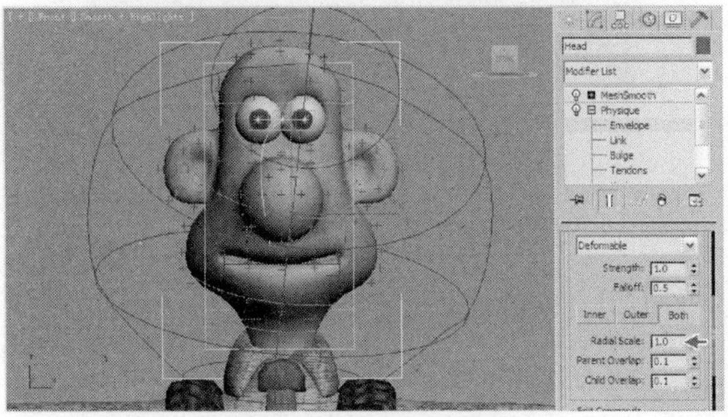

图14-144 设置可变性

Step02 除了使用可变形的混合封套以外，还可以使用 Rigid（刚性）的混合封套，如图 14-145 所示。

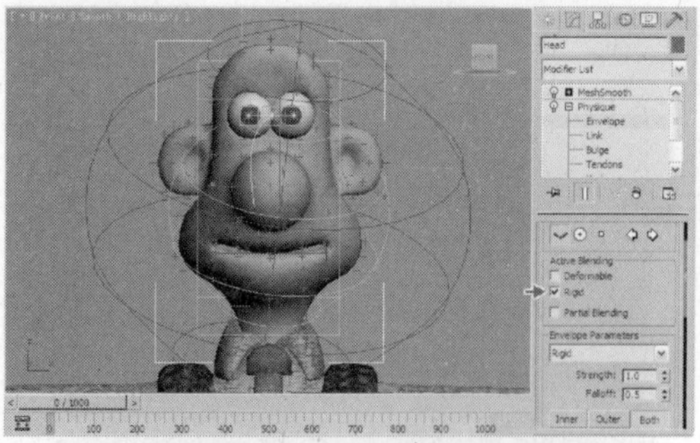

图14-145 设置刚性

Step03 选择头部骨骼并使用（旋转）工具进行旋转测试，如图 14-146 所示。

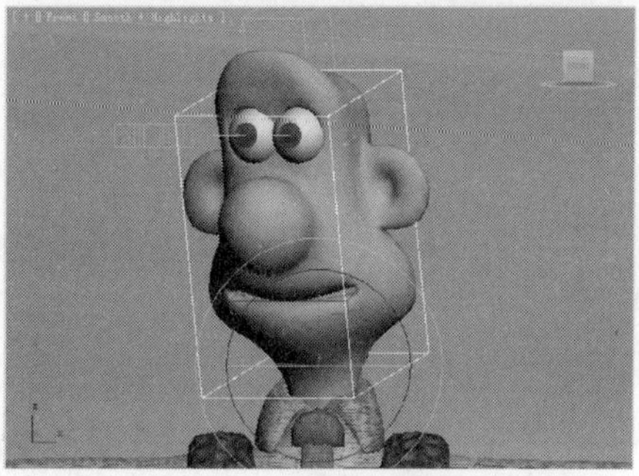

图14-146 旋转测试头部骨骼

Step04 选择腿部骨骼，使用（移动）工具进行移动测试，查看蒙皮效果腿部的点没有被骨骼控制，如图 14-147 所示。

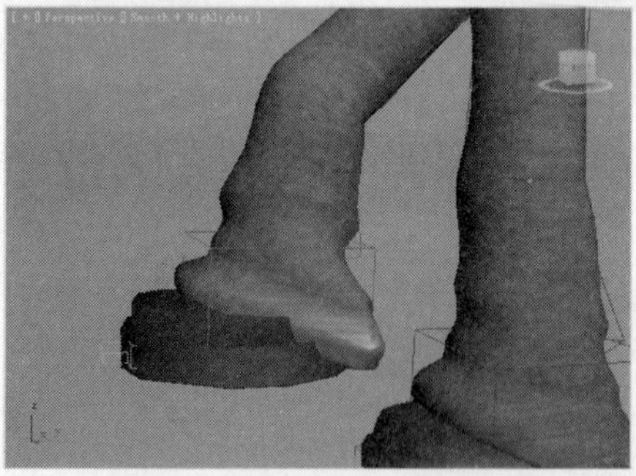

图14-147 测试移动腿部效果

Step05 在（修改）面板中将 Physique（体格）命令切换至 Vertex（顶点）模式，在链接指定卷展栏中单击 Select（选择）按钮，然后在视图中选择未蒙皮的模型点，如图 14-148 所示。

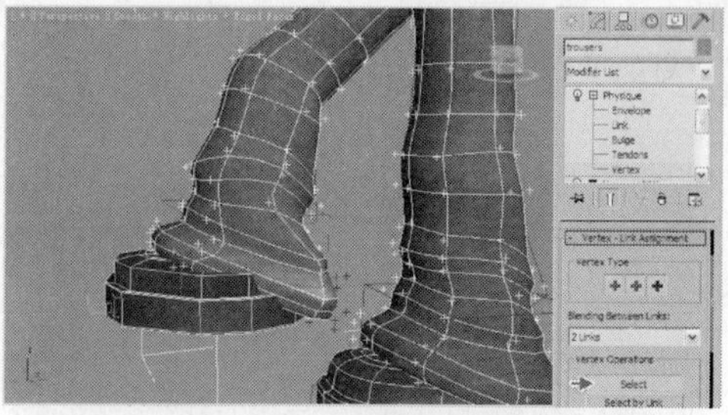

图14-148 选择未蒙皮的点

Step06 在 Vertex-Link Assignment（顶点链接指定）卷展栏中单击 + 加号按钮，然后再单击 Assign to Link（指定给链接）按钮，如图 14-149 所示。

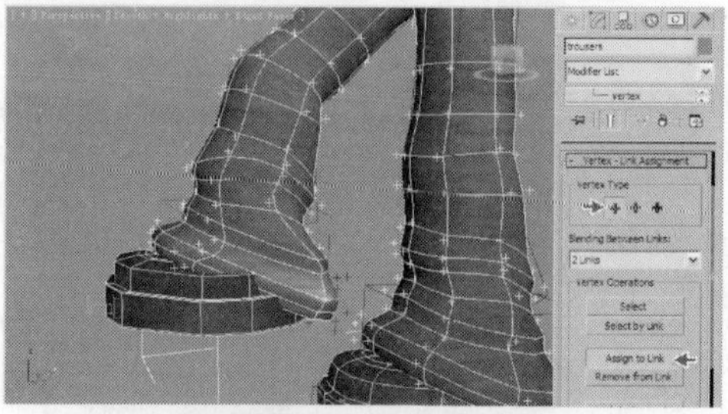

图14-149 指定给链接

Step07 调节指定完成的腿部的效果，如图 14-150 所示。

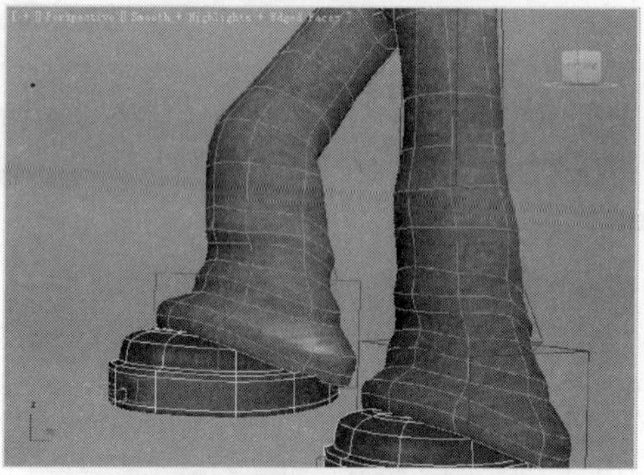

图14-150 指定效果

Step08 在（修改）面板中选择 Envelope（封套）级别，然后选择手部骨骼并在弹出的 Blending Envelopes（混合封套）卷展栏中开启 Deformable（可变形）选项，调节封套的影响范围，如图 14-151 所示。

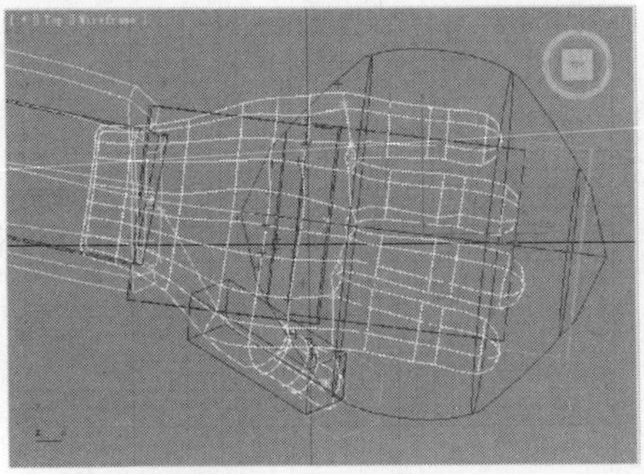

图14-151 调节范围

Step09 在主工具栏单击（渲染）按钮，渲染为角色匹配骨骼的最终效果，如图 14-152 所示。

图14-152 最终范例效果

14.9 本章小结

3ds Max 为制作三维角色动画提供了专业的工具，本章主要对骨骼系统、蒙皮、Biped 两足动物和 Physique 体格进行了详细讲解，然后配合范例骨骼、蒙皮、Character studio 对角色动画的制作进行综合应用，方便读者进行深入的学习。

第15章 特效与环境

本章内容

- 特效与环境
- 火效果
- 雾效果
- 体积雾
- 体积光
- 渲染效果
- 视频合成效果
- 范例——天坛环境

由于真实性和一些特殊效果的制作要求，一件三维作品通常需要添加环境设置。3ds Max的环境设置功能十分强大，能够创建各种增加场景真实感的气氛，如向场景中增加标准雾、分层雾、体雾、体积光和燃烧效果，还可以设置背景贴图，众多的选择对象提供了丰富多彩的环境效果。

15.1 特效与环境

用于环境效果和渲染效果的两个独立对话框合并成了一个对话框，在菜单栏中选择【Rendering（渲染）】→【Environment（环境）】命令，如图15-1所示。

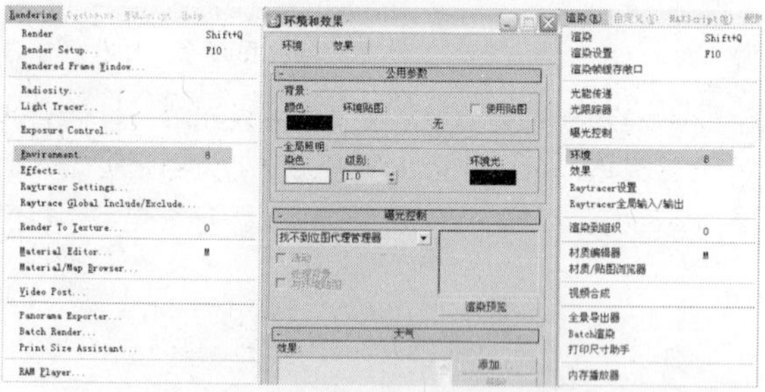

图15-1 环境命令和对话框

15.1.1 公用参数卷展栏

- 颜色：设置场景背景的颜色。
- 环境贴图：用于设置一个环境背景的贴图。当指定了一个环境贴图后，它的名称会显示在按钮上，否则会显示None（无），如图15-2所示。
- 使用贴图：使用贴图作为背景而不是背景颜色。

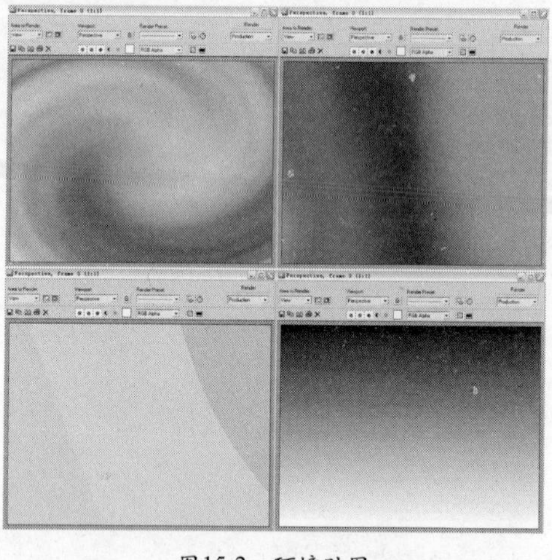

图15-2 环境贴图

15.1.2 曝光控制卷展栏

- 下拉列表：选择要使用的曝光控制。
- 活动：开启是否使用曝光控制。
- 处理背景与环境贴图：是否启用，场景背景贴图和场景环境贴图受曝光控制的影响。
- 渲染预览：单击可以渲染预览缩略图。

15.1.3 大气卷展栏

- 效果：显示已添加的效果队列。在渲染期间，效果在场景中按线性顺序计算。
- 名称：为列表中的效果自定义名称。
- 合并：合并其他 3ds Max 场景文件中的效果。
- 添加：用来为场景增加一个大气效果，Add Atmospheric Effect（添加大气效果）对话框如图 15-3 所示。

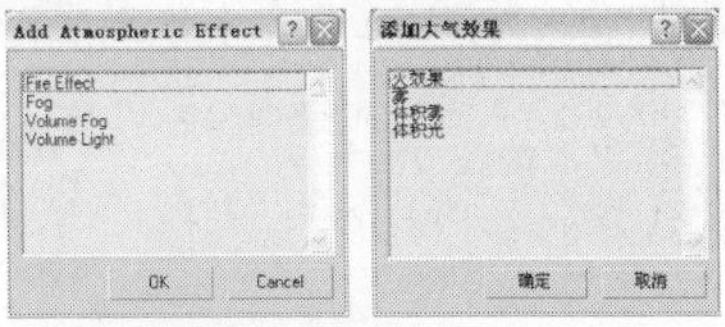

图15-3 添加大气效果

15.2 火效果

使用大气效果，可以使创建的场景更加真实。在使用燃烧和体积雾大气效果之前，需要增加一个大气装置，用于限制产生大气效果的范围，如图 15-4 所示。

图15-4 火效果

火效果可以生成动画的火焰、烟雾和爆炸效果，火焰效果用法包括篝火、火炬、火球、烟云和星云等。Fire Effect（火效果）参数卷展栏如图 15-5 所示。

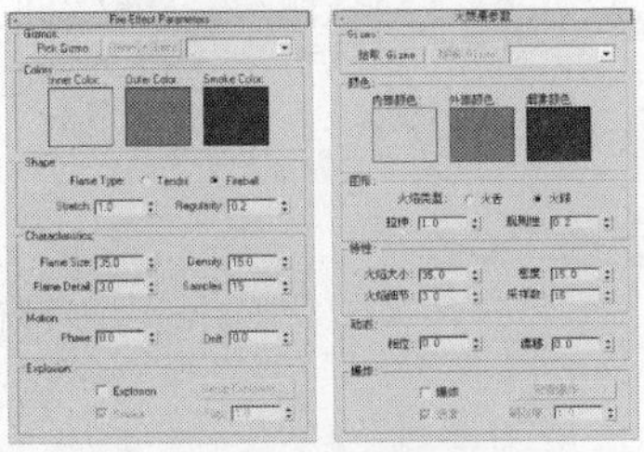

图15-5 火效果参数卷展栏

15.2.1 Gizmo组

- 拾取 Gizmo：通过单击此按钮进入拾取模式，然后单击场景中的某个大气装置。
- 移除 Gizmo：移除 Gizmo 列表中所选的 Gizmo。

15.2.2 颜色组

- 内部颜色：设置效果中最密集部分的颜色，代表火焰中最热的部分。
- 外部颜色：设置效果中最稀薄部分的颜色，代表火焰中较冷的散热边缘。
- 烟雾颜色：设置用于爆炸选项的烟雾颜色。

15.2.3 图形组

- 火舌：沿着中心使用纹理创建带方向的火焰，火焰方向沿着火焰装置的局部 z 轴，创建类似篝火的火焰，如图 15-6 所示。
- 火球：创建圆形的爆炸火焰，很适合爆炸效果，如图 15-7 所示。

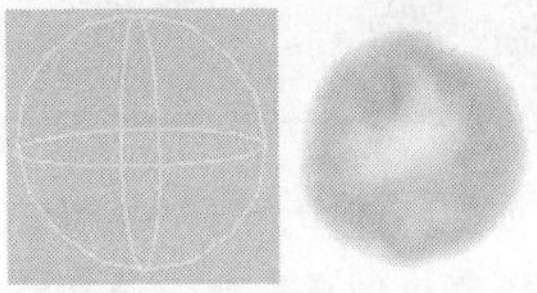

图15-6 火舌

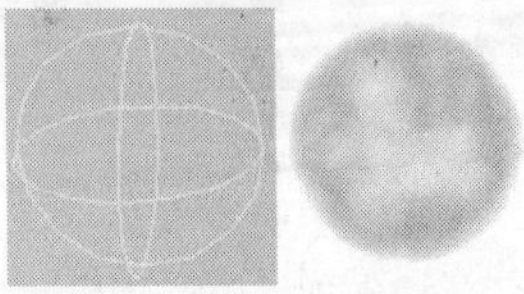

图15-7 火球

- 拉伸：将火焰沿着装置的 z 轴缩放，拉伸最适合火舌火焰，可以使用拉伸将火球变为椭圆形状，如图 15-8 所示。

图15-8 拉伸

- 规则性：修改火焰填充装置的方式，范围为 1.0 ～ 0.0，如图 15-9 所示。

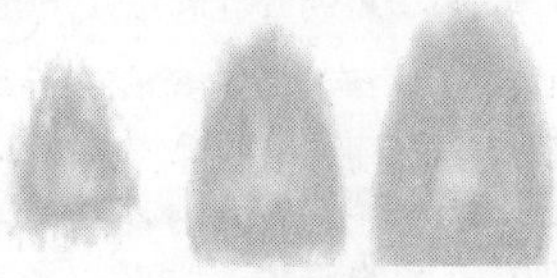

图15-9 规则性

15.2.4 特性组

- 火焰大小：设置装置中各个火焰的大小，装置大小也会影响火焰大小。使用 15 ～ 30 范围内的值可以获得最佳效果，如图 15-10 所示。

图15-10　火焰大小

- 火焰细节：控制每个火焰中显示的颜色更改量和边缘尖锐度。
- 密度：设置火焰效果的不透明度和亮度，如图 15-11 所示。

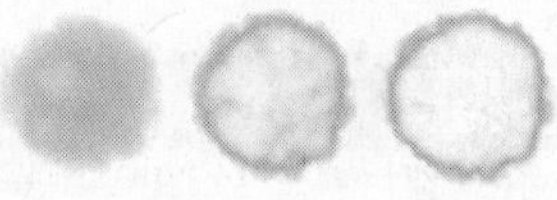

图15-11　密度

- 采样数：设置效果的采样率。值越高，生成的结果越准确，渲染所需的时间也越长。

15.2.5 动态组

- 相位：控制更改火焰效果的速率，如图 15-12 所示。

图15-12　相位

- 漂移：设置火焰沿着火焰装置的 z 轴渲染方式。较低的值提供燃烧较慢的冷火焰，较高的值提供燃烧较快的热火焰。

15.2.6 爆炸组

- 爆炸：根据相位值动画自动设置大小、密度和颜色的动画。
- 剧烈度：改变相位参数的涡流效果。
- 设置爆炸：显示设置爆炸相位曲线对话框。输入开始时间和结束时间，然后单击确定，相位值会自动为典型的爆炸效果设置动画。

15.3 雾效果

现实中的大气远没有虚拟中的纯净，其中充满了空气和尘埃，为了使生成的场景更加真实化，通常要给场景增添一些雾化效果，使远处的对象看起来模糊一些，如图 15-13 所示。

图15-13　雾效果

雾效果可以使用雾或灰尘朦胧地遮蔽场景对象或背景，使视图中较远的对象不清楚，不必使用大气装置。Fog Parameters（雾参数）卷展栏如图 15-14 所示。

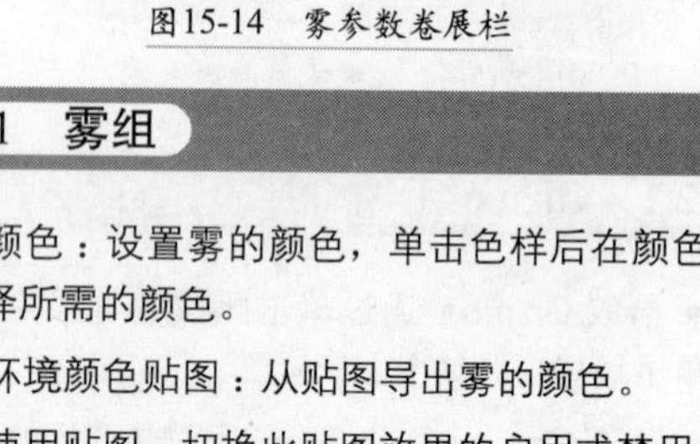

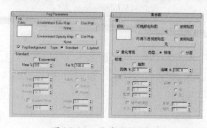

图15-14　雾参数卷展栏

15.3.1 雾组

- 颜色：设置雾的颜色，单击色样后在颜色选择器中选择所需的颜色。
- 环境颜色贴图：从贴图导出雾的颜色。
- 使用贴图：切换此贴图效果的启用或禁用。
- 环境不透明度贴图：更改雾的密度。
- 雾化背景：将雾功能应用于场景的背景。
- 类型：选择标准时，将使用“标准”部分的参数；选择分层时，将使用“分层”部分的参数。

15.3.2 标准组

● 指数：随距离按指数增大密度。禁用时，密度随距离线性增大，只有希望渲染体积雾中的透明对象时，才应激活此复选框。

● 近端：设置雾在近距范围的密度。

● 远端：设置雾在远距范围的密度。

15.3.3 分层组

● 顶：设置雾层的上限（使用世界单位）。

● 底：设置雾层的下限（使用世界单位）。

● 密度：设置雾的总体密度。

● 衰减：添加指数衰减效果，使密度在雾范围的顶或底减小到 0。

● 地平线噪波：启用地平线噪波系统。地平线噪波仅影响雾层的地平线，增加真实感。

● 大小：应用于噪波的缩放系数，缩放系数值越大，雾效果也就越大。

● 角度：受影响的与地平线的角度。

● 相位：设置此参数的动画将设置噪波的动画。

15.4 体积雾

为场景创作出各种各样的云、雾和烟的效果，如图 15-15 所示。

图15-15 体积雾效果

可以控制云雾的色彩浓淡等，也能像分层雾一样使用噪声参数，可制作飘忽不定的云雾，很适合创建可以被风吹动的云之类的动画。Volume Fog Parameters（体积雾参数）卷展栏如图 15-16 所示。

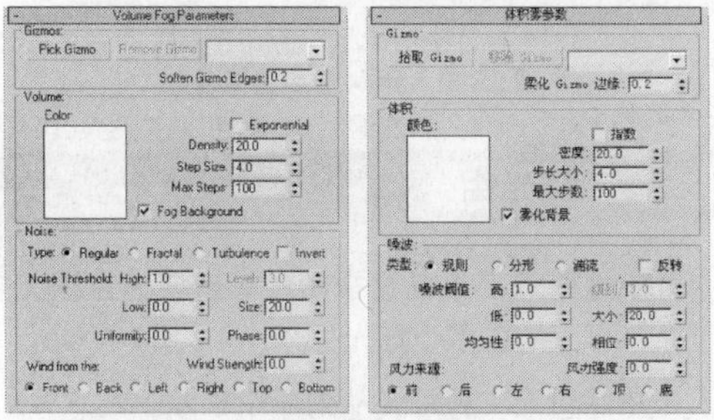

图15-16 体积雾参数卷展栏

15.4.1 Gizmo组

● 拾取 Gizmo：通过单击进入拾取模式，然后单击场景中的某个大气装置。

● 移除 Gizmo：移除 Gizmo 列表中所选的 Gizmo。

● 柔化 Gizmo 边缘：羽化体积雾效果的边缘，值越大边缘越柔化。

15.4.2 体积组

● 颜色：设置雾的颜色。单击色样后在颜色选择器中选择所需的颜色。

● 指数：按距离按指数增大密度。禁用时，密度随距离线性增大。只有希望渲染体积雾中的透明对象时，才应激活此复选框。

● 密度：控制雾的密度，如图 15-17 所示。

图15-17 密度效果

● 步长大小：确定雾采样的粒度和雾的细度。步长较大将会使雾变粗糙（到了一定程度，将变为锯齿）。

● 最大步数：限制采样量，如果雾的密度较小，此选项尤其有用。

● 雾化背景：将雾功能应用于场景的背景。

15.4.3 噪波组

● 类型：从 3 种噪波类型中选择要应用的一种类型。规则是标准的噪波图案，分形是迭代分形噪波图案，湍流是迭代湍流图案。

● 反转：反转噪波效果。浓雾将变为半透明的雾，反之亦然。

● 噪波阈值：限制噪波效果，范围为 0 ～ 1。如果噪波值高于“低”阈值而低于“高”阈值，动态范围会拉伸到 0 ～ 1。在阈值转换时会补偿较小的不连续（第 1 级而不是 0 级），会减少而产生的锯齿。

● 高：设置高阈值。

● 低：设置低阈值。

● 均匀性：范围从 -1 ～ 1，作用与高通过滤器类似。值越小，体积越透明，雾效果也就越薄。

● 级别：设置噪波迭代应用的次数，只有分形或湍流噪波才启用。

● 大小：确定烟或雾的大小，值越小卷也就越小，如图 15-18 所示。

图15-18　大小效果

● 相位：控制风的种子，如果风力强度的设置大于 0，雾体积会根据风向产生动画。如果没有风力强度，雾将在原处涡流。

● 风力强度：控制烟雾远离风向的速度。如果相位没有设置动画，无论风力强度有多大，烟雾都不会移动。通过使相位会随着风力强度而慢慢变化，雾的移动速度将大于其涡流速度。

● 风力来源：定义风来自于哪个方向。

15.5 体积光

能够产生灯光透过灰尘和雾的自然效果，使用它可很方便地模拟大雾中汽车前灯照射路面的场景，如图 15-19 所示。

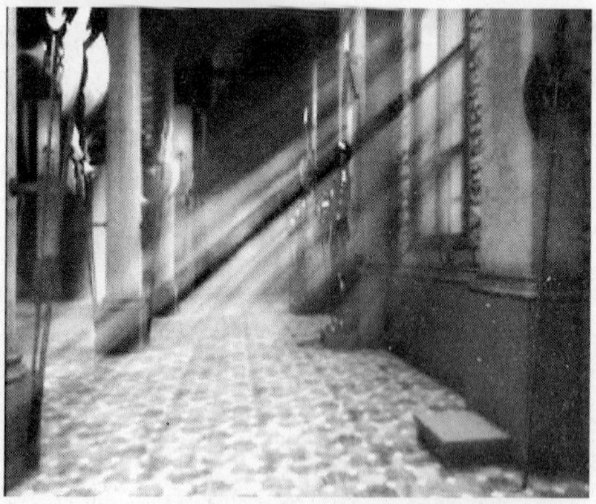

图15-19　体积光效果

体积光提供了使用粒子填充光锥的能力，以便在渲染时使光柱或光环清晰可见。Volume Light Parameters（体积光参数）卷展栏如图 15-20 所示。

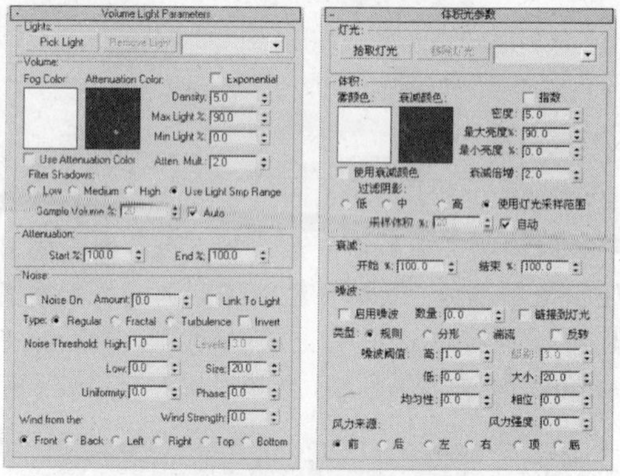

图15-20　体积光参数卷展栏

15.5.1 灯光组

● 拾取灯光：在任意视图中单击要为体积光启用的灯光，可以拾取多个灯光。

● 移除灯光：将灯光从列表中移除。

15.5.2 体积组

● 雾颜色：设置组成体积光的雾的颜色，单击色样后在颜色选择器中选择所需的颜色。

● 衰减颜色：体积光随距离而衰减。体积光经过灯光的近距衰减距离和远距衰减距离，从雾颜色渐变到衰减颜色。

● 使用衰减颜色：激活衰减颜色。

● 指数：按距离按指数增大密度。禁用时，密度随距离线性增大。只有希望渲染体积雾中的透明对象时，才应激活此复选框。

● 密度：设置雾的密度。雾越密，从体积雾反射的灯光就越多。密度为 2% ～ 6% 可能会获得最具真实感的雾体积，如图 15-21 所示。

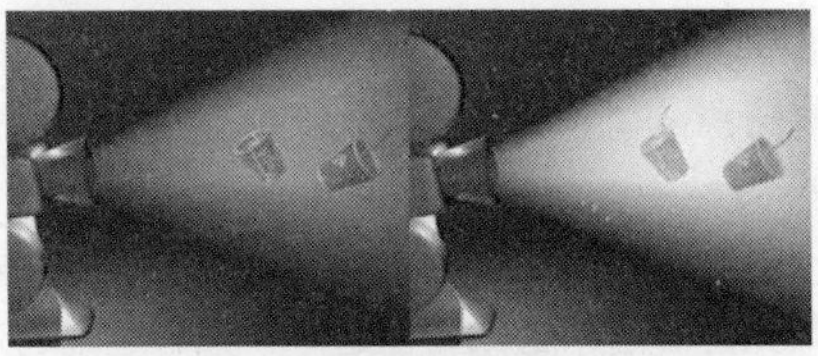

图15-21　密度

● 最大亮度：表示可以达到的最大光晕效果。

● 最小亮度：与环境光设置类似。如最小亮度大于 0，光体积外面的区域也会发光。

● 衰减倍增：调整衰减颜色的效果。

● 过滤阴影：用于通过提高采样率（以增加渲染时间为代价）获得更高质量的体积光渲染。

● 低：不过滤图像缓冲区，而是直接采样。此选项适合 8 位图像、AVI 文件等。

● 中：对相邻的像素采样并求均值。对于出现条带类型缺陷的情况，这可以使质量得到非常明显的改进。

● 高：对相邻的像素和对角像素采样，为每个像素指定不同的权重。这种方法速度最慢，提供的质量要比“中”好一些。

● 使用灯光采样范围：根据灯光的阴影参数中的采样范围值，使体积光中投射的阴影变模糊。

● 采样体积：控制体积的采样率。

● 自动：自动控制采样体积参数，禁用微调器。

15.5.3　衰减组

● 开始：设置灯光效果的开始衰减，与实际灯光参数的衰减相对。

● 结束：设置照明效果的结束衰减，与实际灯光参数的衰减相对。通过设置此值低于 100%，可以获得光晕衰减的灯光，此灯光投射的光比实际发光的范围要远得多，如图 15-22 所示。

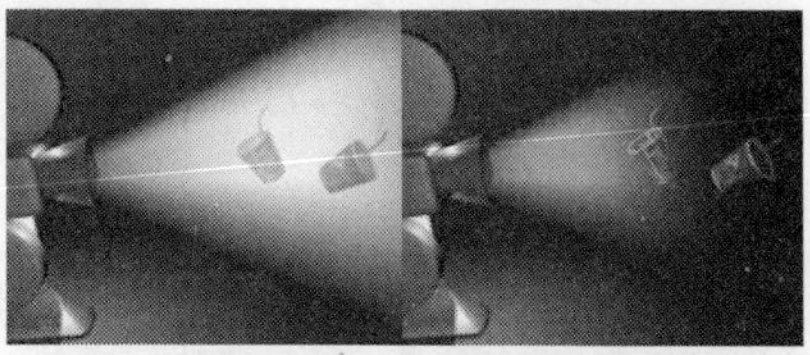

图15-22　衰减效果

15.5.4　噪波组

● 启用噪波：启用时，体积光中将产生噪波效果，但渲染的时间会稍有增加，如图 15-23 所示。

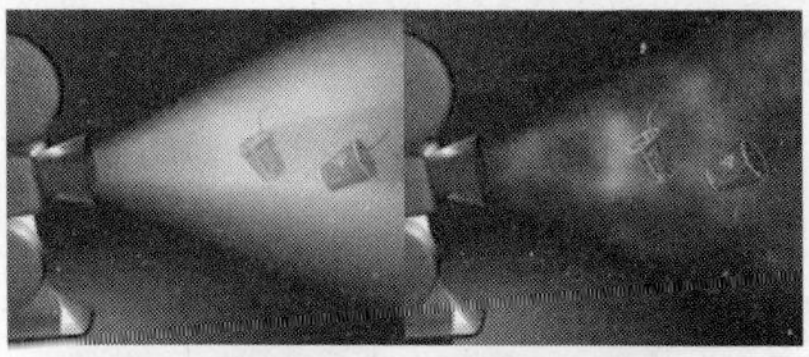

图15-23　启用噪波

● 数量：应用于噪波的百分比。

● 链接到灯光：将噪波效果链接到其灯光对象，而不是世界坐标。

● 规则：标准的噪波图案。

● 分形：迭代分形噪波图案。

● 湍流：迭代湍流图案。

● 反转：反转噪波效果。浓雾将变为半透明的雾，反之亦然。

● 噪波阈值：限制噪波效果。如果噪波值高于“低”阈值而低于“高”阈值，动态范围会拉伸到填满 0 ～ 1。

● 高：设置高阈值。

● 低：设置低阈值。

● 均匀性：作用类似高通过滤器，值越小体积就越透明，其中还包含分散的烟雾泡。

● 级别：设置噪波迭代应用的次数，此参数可设置动画，只有分形或湍流噪波才启用。

● 大小：确定烟卷或雾卷的大小，值越小卷越小，如图 15-24 所示。

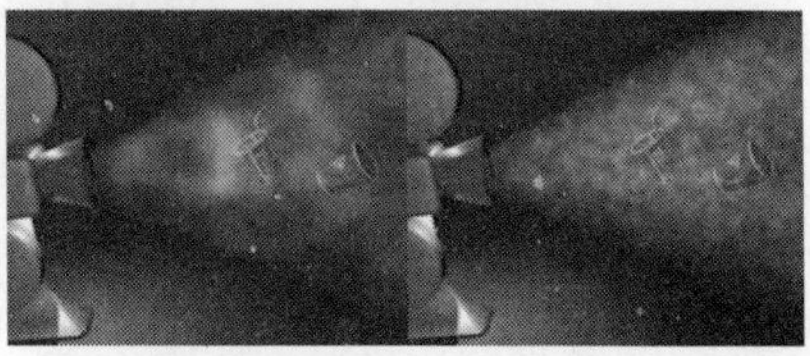

图15-24　大小

- 相位：控制风的种子。
- 风力强度：控制烟雾远离风向（相对于相位）的速度。
- 风力来源：定义风来自于哪个方向。

15.6 渲染效果

渲染效果功能可以为场景加入一些视频后期效果，它们被交互地使用在虚拟帧缓冲区中，不需要渲染场景就可以观看到结果。通过渲染效果对话框能够增加各种渲染效果，并且在最终渲染图像或动画前观察其效果，如图 15-25 所示。

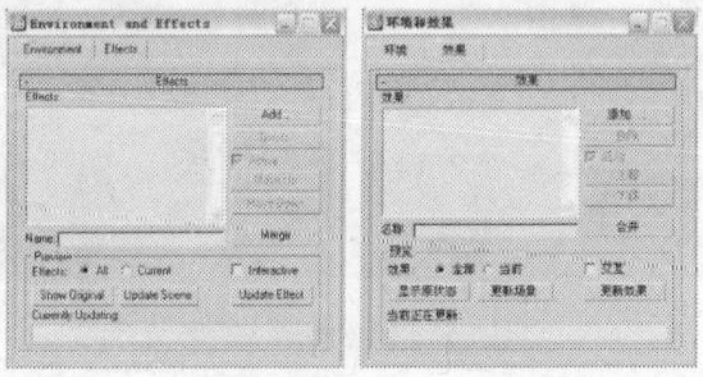

图15-25 效果面板

15.6.1 镜头效果

Lens Effects（镜头效果）适用于创建真实效果（通常与摄影机关联）的系统，如图 15-26 所示。

图15-26 镜头效果

这些效果包括光晕、光环、射线、自动二级光斑、手动二级光斑、星形和条纹。Lens Effects Parameters（镜头效果参数）卷展栏如图 15-27 所示。

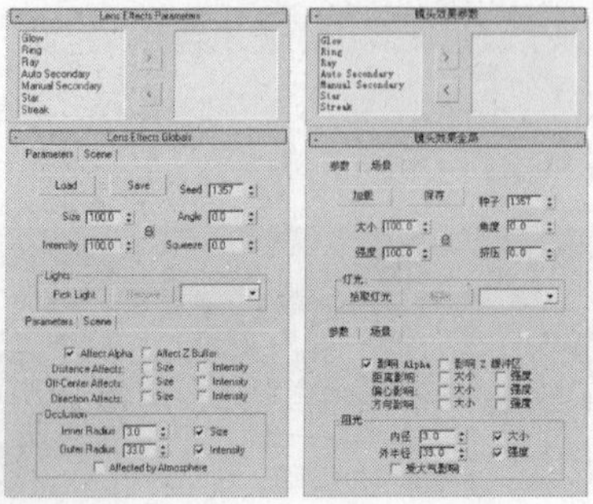

图15-27 镜头效果参数卷展栏

- 加载：显示加载镜头效果文件对话框，可以用于打开 LZV 文件。LZV 文件格式包含从镜头效果的上一个配置保存的信息。
- 保存：显示保存镜头效果文件对话框，可以用于保存 LZV 文件。
- 大小：影响总体镜头效果的大小，此值是渲染帧大小的百分比。
- 强度：控制镜头效果的总体亮度和不透明度。值越大，效果越亮越不透明；值越小，效果越暗越透明。
- 种子：为镜头效果中的随机数生成器提供不同的起点，创建略有不同的镜头效果，而不更改任何设置。使用种子可以保证镜头效果不同，即使差异很小。
- 角度：影响在效果与摄影机相对位置的改变时，镜头效果从默认位置旋转的量。
- 挤压：在水平方向或垂直方向挤压总体镜头效果的大小，补偿不同的帧纵横比。正值表示在水平方向呈拉伸效果，而负值表示在垂直方向呈拉伸效果。
- 拾取灯光：可以直接通过视图选择灯光，也可以按下“H”键显示选择对象对话框，从中选择灯光。
- 移除：移除所选的灯光。
- 下拉列表：可以快速访问已添加到镜头效果中的灯光。
- 影响通道：指定如果图像以 32 位文件格式渲染，镜头效果是否影响图像的 Alpha 通道。Alpha 通道是颜色的额外 8 位（256 色），用于指示图像中的透明度。
- 影响 Z 缓冲区：存储对象与摄影机的距离，Z 缓冲区用于光学效果。
- 距离影响：允许与摄影机或视图的距离影响效果的大小和强度。
- 偏心影响：允许与摄影机或视图偏心的效果影响效果的大小和强度。
- 方向影响：允许聚光灯相对于摄影机的方向影响效果的大小和强度。
- 内径：设置效果周围的内径，另一个场景对象必须与内径相交，才能完全阻挡效果。

● 外半径：设置效果周围的外径，另一个场景对象必须与外径相交，才能开始阻挡效果。

● 大小：减小所阻挡效果的大小。

● 强度：减小所阻挡效果的强度。

● 受大气影响：允许大气效果阻挡镜头效果。

● 光晕镜头效果：可以用于在指定对象的周围添加光环。例如，对于爆炸粒子系统，给粒子添加光晕使它们看起来好像更明亮而且更热，如图 15-28 所示。

图15-28　光晕镜头效果

● 光环镜头效果：拍环绕原对象中心的环形彩色条带，如图 15-29 所示。

图15-29　光环镜头效果

● 射线镜头效果：从原对象中心发出的明亮的直线，为对象提供亮度很高的效果，可以模拟摄影机镜头元素的划痕，如图 15-30 所示。

图15-30　射线镜头效果

● 自动二级光斑镜头效果：可以正常看到的一些小圆，沿着与摄影机位置相对的轴从镜头光斑原中发出，由灯光从摄影机中不同的镜头元素折射而产生，随着摄影机的位置相对于原对象更改，二级光斑也随之移动，如图 15-31 所示。

图15-31　自动二级光斑效果

● 手动二级光斑镜头效果：单独添加到镜头光斑中的附加二级光斑，可以附加也可以取代自动二级光斑。如果要添加不希望重复使用的唯一光斑，应使用手动二级光斑。

● 星形镜头效果：效果比射线效果要大，由 0 ～ 30 个辐射线组成，而不像射线由数百个辐射线组成，如图 15-32 所示。

图15-32　星形镜头效果

● 条纹镜头效果：表示穿过原对象中心的条带。在实际使用摄影机时，使用失真镜头拍摄场景时会产生条纹，如图 15-33 所示。

图15-33　条纹镜头效果

15.6.2　其他效果

在效果中还提供了模糊、亮度和对比度、色彩平衡、景深、文件输出、胶片颗粒、运动模糊、毛发等控制，如图 15-34 所示。

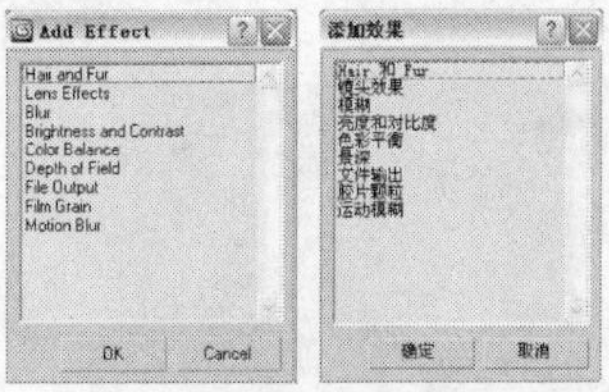

图15-34　其他效果

Blur（模糊）效果可以通过 3 种不同的方法使图像变模糊，均匀型、方向型和放射型。模糊效果根据“像素选择”面板中所作的选择应用于各个像素。可以使整个图像变模糊，使非背景场景元素变模糊，按亮度值使图像变模糊，或使用贴图遮罩使图像变模糊。模糊效果通过渲染对象或摄影机移动的幻影，提高动画的真实感，如图 15-35 所示。

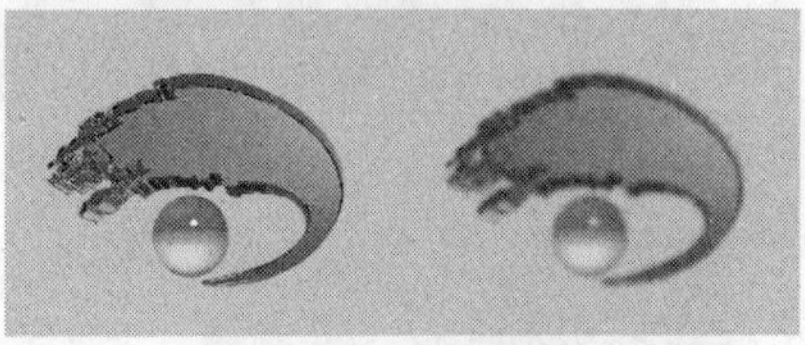

图15-35　模糊效果

Brightness and Contrast（亮度和对比度）可以调整图像的对比度和亮度，还以用于将渲染场景对象与背景图像或动画进行匹配，如图 15-36 所示。

图15-36　亮度和对比度

Color Balance（色彩平衡）效果可以通过独立控制 RGB 通道操纵相加 / 相减颜色，如图 15-37 所示。

图15-37　色彩平衡

Depth of Field（景深）效果模拟在通过摄影机镜头观看时，前景和背景的场景元素的自然模糊。景深的工作原理是将场景沿 z 轴次序分为前景、背景和焦点图像。然后，根据在景深效果参数中设置的值使前景和背景图像模糊，最终的图像由经过处理的原始图像合成，如图 15-38 所示。

图15-38　景深

File Output（文件输出）可以根据在渲染效果堆栈中的位置，在应用部分或所有其他渲染效果之前，获取渲染的快照操作。在渲染动画时，可以将不同的通道保存到独立的文件中。也可以使用文件输出将 RGB 图像转换为不同的通道，并将该图像通道发送回渲染效果堆栈。然后再将其他效果应用于该通道。

Film Grain（胶片颗粒）用于在渲染场景中重新创建胶片颗粒的效果，还可以将作为背景使用的原材质中（例如 AVI）的胶片颗粒与在软件中创建的渲染场景匹配。应用胶片颗粒时，将自动随机创建移动帧的效果，如图 15-39 所示。

图15-39　胶片颗粒

Motion Blur（运动模糊）通过使移动的对象或整个场景变模糊，将图像运动模糊应用于渲染场景。运动模糊通过模拟实际摄影机的工作方式，可以增强渲染动画的真实感。摄影机有快门速度，如果场景中的物体或摄影机本身在快门打开时发生了明显移动，胶片上的图像将变模糊，如图 15-40 所示。

图15-40　运动模糊

15.7 视频合成效果

Video Post 可提供不同类型事件的合成渲染输出，包括当前场景、位图图像、图像处理功能、光效等，是独立的、无模式对话框，与轨迹视图外观相似。该对话框的编辑窗口会显示完成视频中每个事件出现的时间。每个事件都与具有范围栏的轨迹相关联，如图 15-41 所示。

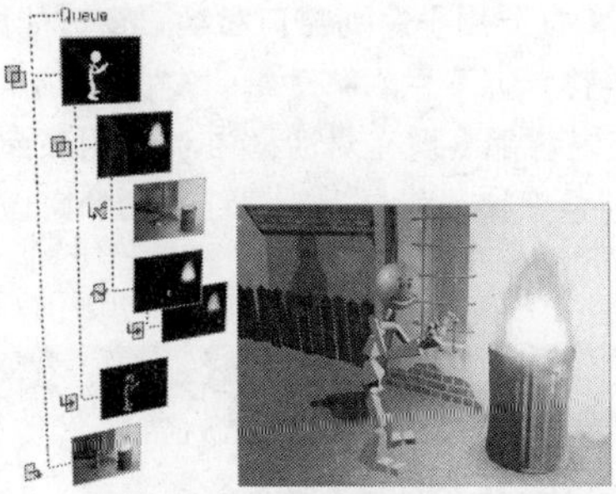

图15-41 视频合成

开启 Video Post 视频编辑合成器对话框是在菜单栏中选择【Rendering（渲染）】→【Video Post（视频合成）】命令，如图 15-42 所示。

图15-42 视频合成对话框

15.7.1 Video Post工具栏

Video Post 工具栏包含的工具用于处理 Video Post 文件、管理显示在 Video Post 队列和事件轨迹区域中的单个事件，如图 15-43 所示。

图15-43 Video Post工具栏

- 新建序列：新建序列按钮可创建新的 Video Post 序列。
- 打开序列：打开序列按钮可打开存储在磁盘上的 Video Post 序列。
- 保存序列：用于把设置的视频编辑合成保存到一个标准的 VPX 文件中，以便将来用于其他场景。
- 编辑当前事件：序列窗口中如果有编辑事件，选择一个事件，单击此按钮可以打开当前所选择的事件参数设置对话框，用于编辑当前所选的事件。
- 删除当前事件：将当前选择的事件删除。
- 交换事件的顺序：当两个相邻的事件被选择时，该按钮变为活动状态，单击它可以将两个事件的前后次序颠倒，用于相互之间次序的调整。
- 执行序列：用于对当前 Video Post 中的序列进行输出渲染前最后的设置。
- 编辑范围条：为显示在事件轨迹区域的范围栏提供编辑功能。
- 左对齐当前选择：用来将多个选择的事件范围条左侧对齐。
- 右对齐当前选择：将多个选择的事件范围条右侧对齐，与左对齐使用方法相同。
- 修改为相同长度：将多个选择的事件范围条长度与最后一个选择的事件范围条长度进行对齐，并且使它们的长度相同。
- 对接当前选择：将所选择的事件范围条对接。
- 添加场景事件：单击此按钮弹出添加场景事件对话框，用于输入当前场景，它涉及渲染设置问题。
- 添加图像输入事件：用于为视频编辑队列中加入各种格式的图像，将它们通过合成控制叠加连接在一起。
- 添加图像过滤器事件：在视频编辑队列中添加一个图像过滤器，它使用 3ds Max 提供的多种过滤器对已有的图像效果进行特殊处理。
- 添加图层事件：这是用于视频编辑的工具，用于将两个子级事件以某种特殊方式与父级事件合成在一起，可合成输入图像和输入场景事件，也可以合成图层事件产生嵌套的层级。可以将两个图像或场景合成在一起，利用 Alpha 通道控制透明度，产生一个新的合成图像，或将两段影片连接在一起作淡入淡出等基本转场效果。

- 添加图像输出事件：用于将合成的图像保存到文件或输出到设备中，它与图像输入事件用法相同，不过支持的图像格式要少一些。
- 添加外部程序事件：为当前事件加入一个外部图像处理软件，例如 Photoshop 和 Corel Draw 等。
- 添加循环事件：对指定事件进行循环处理，可对所有类型的事件进行操作，包括其自身。加入循环事件后会产生一个层级，子事件为原事件，父事件为循环事件。

15.7.2 视频队列与视频编辑

在 Video Post 对话框中，工具栏的下面是视频队列窗口与视频编辑窗口，如图 15-44 所示。

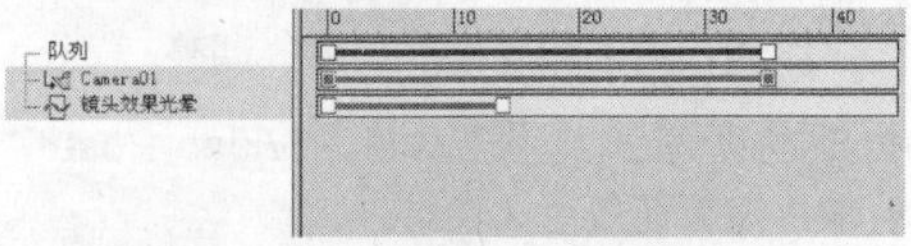

图15-44 视频队列窗口与视频编辑窗口

Video Post 对话框左侧区域为序列窗口，它以分支树的形式将各个事件连接在一起，事件的种类可以任意指定，它们之间也可以分层，与材质编辑器中材质分层或 Track View 中事件分层的概念相同。

在 Video Post 中，序列窗口的目的是安排需要合成项目的顺序，从上至下，下面的层级会覆盖上面的层级。背景图像应该放在最上层，然后是场景事件。对序列窗口中的事件，双击可以打开参数控制面板对事件进行编辑。在序列窗口中，可以按住“Ctrl”键或“Shift”键来选择多个事件，当前选择的时间以黄颜色显示。

Video Post 对话框右侧区域为编辑窗口。以范围条表示当前项目作用的时间段，上面有一个可滑动的时间标尺，用于精确确定时间段的坐标。事件范围条可以移动或缩放，当选择了多个范围条时将激活工具栏上的一些对齐按钮，这时可以进行各种对齐操作。双击事件范围条也能够打开相应的参数控制面板对事件进行编辑设置。

15.7.3 状态栏与显示控制

在 Video Post 对话框的最下面是状态栏与显示控制命令，如图 15-45 所示。

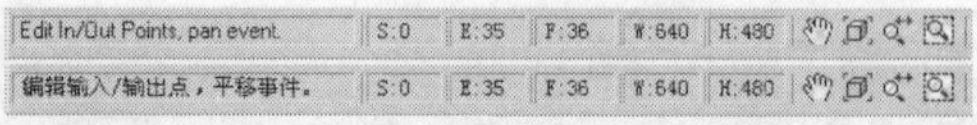

图15-45 状态栏与显示控制

最左边是提示栏，显示当前所作的操作命令，后面是 5 个信息栏，显示当前事件的一些时间信息。S 显示当前选择事件的起始帧；E 显示当前选择事件的结束帧；F 显示当前选择事件的总帧数；W/H 显示当前序列最后输出图像的尺寸，单位为 Pixel 像素。

显示控制工具是位于 Video Post 对话框右下角的 4 个工具，主要用于序列窗口和编辑窗口的显示操作。用于平移，上下左右移动编辑窗口；用来最大化显示，使内容都出现在对话框中；用来缩放时间标尺；则是把编辑窗口中用鼠标拖动的区域放大到整个编辑窗口。

15.7.4 镜头效果光斑

Lens Effects Flare（镜头效果光斑）对话框用于将镜头光斑效果作为后期处理添加到渲染中。可以制作带有光芒、光晕和光环的亮星，并且还可以产生由于镜头折射而造成的一串耀斑，常用于模拟太阳、耀眼的灯光等，如图 15-46 所示。

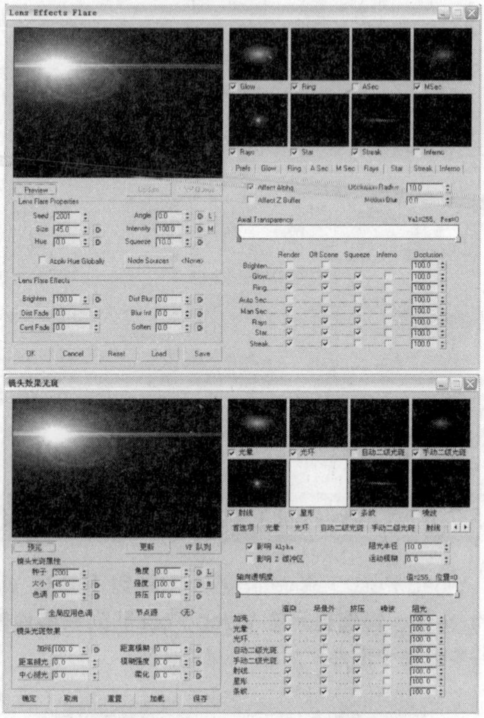

图15-46 镜头效果光斑

15.7.5 镜头效果高光

Lens Effects Highlight（镜头效果高光）对话框可以指定明亮星形的高光效果，可以将其应用在具有发光材质的对象上。例如，在灿烂的阳光下一辆闪闪发光的红色汽车可能会显示出高光；另一个最能体现高光效果的较好示例是创建细小的灰尘。如果创建粒子系统，沿直线移动为其设置动画，并为每个像素应用微小的四点高光星形，这样它看起来很像闪烁的幻景，如图 15-47 所示。

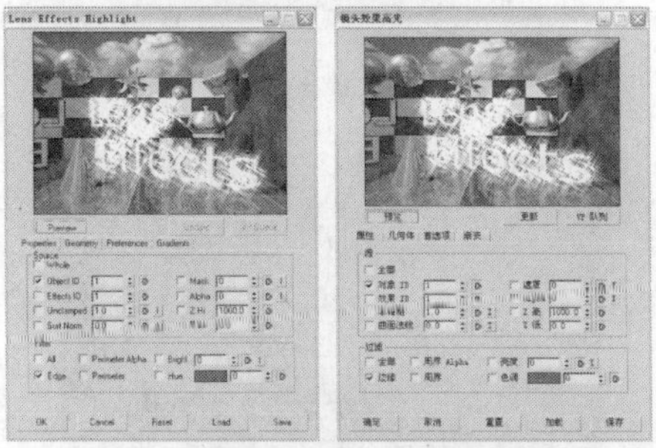

图15-47 镜头效果高光

15.7.6 镜头效果光晕

Lens Effects Glow（镜头效果光晕）对话框可以用于在任何指定的对象周围添加有光晕的光环。例如，对于爆炸粒子系统，为粒子添加光晕使它们看起来好像更明亮而且更热，如图 15-48 所示。

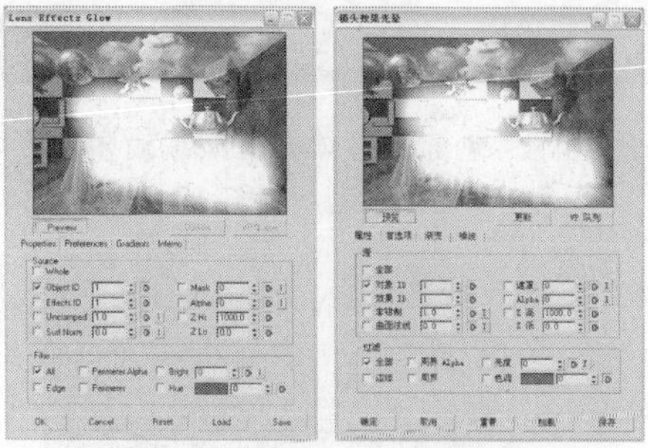

图15-48 镜头效果光晕

15.7.7 镜头效果焦点

Lens Effects Focus（镜头效果焦点）对话框可用于根据对象距摄影机的距离来模糊对象。焦点使用场景中的 Z 缓冲区信息来创建其模糊效果。可以使用焦点创建效果，如焦点中的前景元素和焦点外的背景元素，如图 15-49 所示。

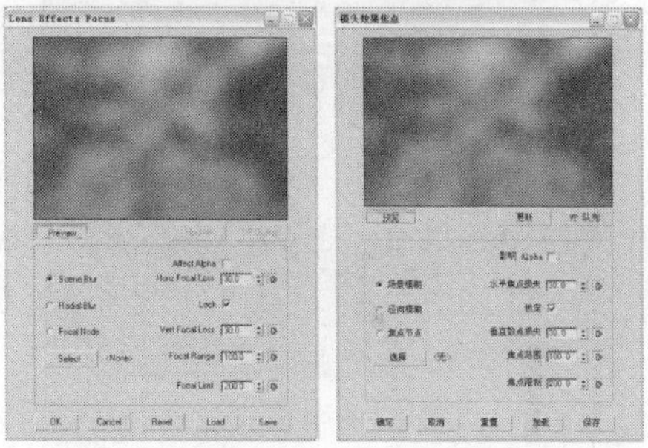

图15-49 镜头效果焦点

15.8 范例——天坛环境

【重点提要】

本范例主要使用环境和特效来烘托三维场景，再通过 Lens Effects Flare（镜头效果光斑）模拟光斑，天坛环境最终效果如图 15-50 所示。

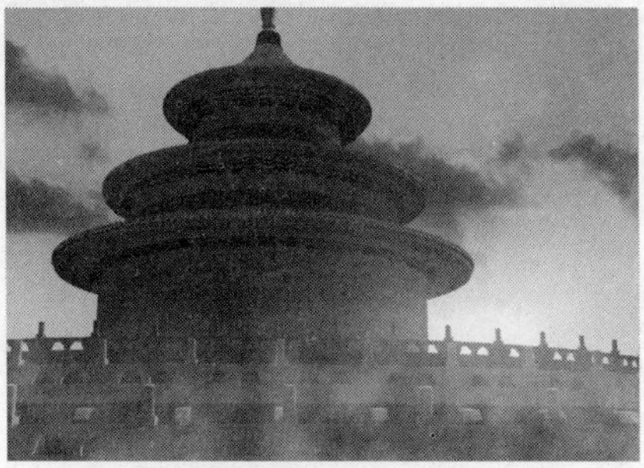

图15-50 天坛环境范例效果

【制作流程】

天坛环境范例的制作流程分为 4 部分：①天坛模型制作，②灯光与摄影机调节，③背景与雾效调节，④视频合成调节，如图 15-51 所示。

图15-51 制作流程

15.8.1 天坛模型制作

Step01 在场景中创建圆柱体并搭配编辑多边形命令，制作天坛底座的模型，如图 15-52 所示。

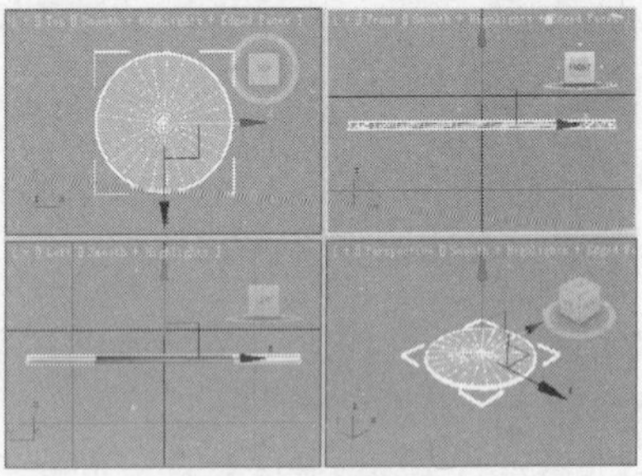

图15-52 底座模型

Step02 建立几何体并搭配编辑命令，制作围墙的模型效果，如图 15-53 所示。

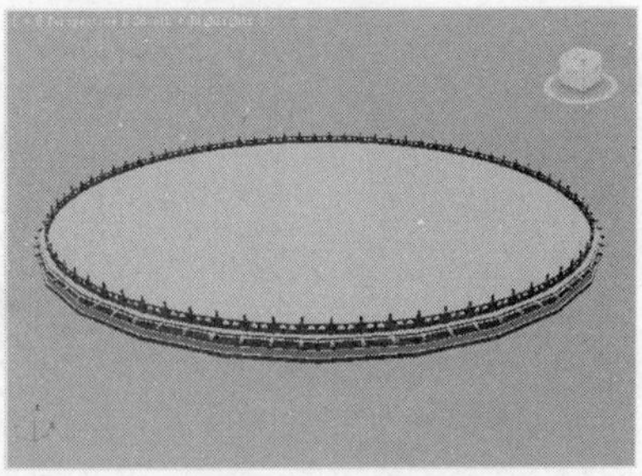

图15-53 建立围墙

Step03 选择制作完成的模型并配合键盘的“Shift+ 缩放”快捷键复制模型，得到 3 层次的台阶模型，如图 15-54 所示。

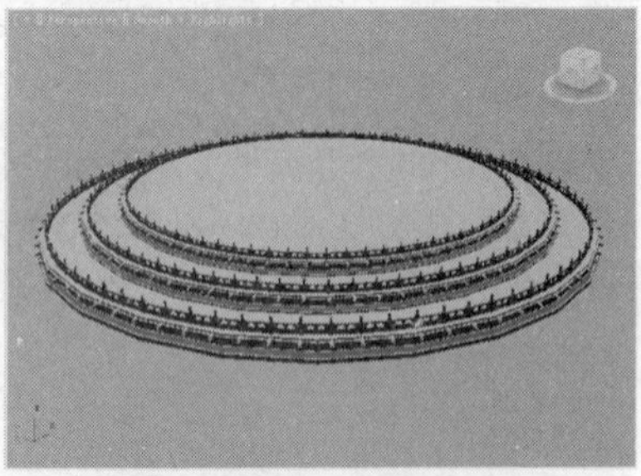

图15-54 复制模型

Step04 建立几何体并搭配切片命令制作墙体模型，如图 15-55 所示。

Step05 在顶视图中创建圆柱体并在 Left（左）视图中移动模型位置，如图 15-56 所示。

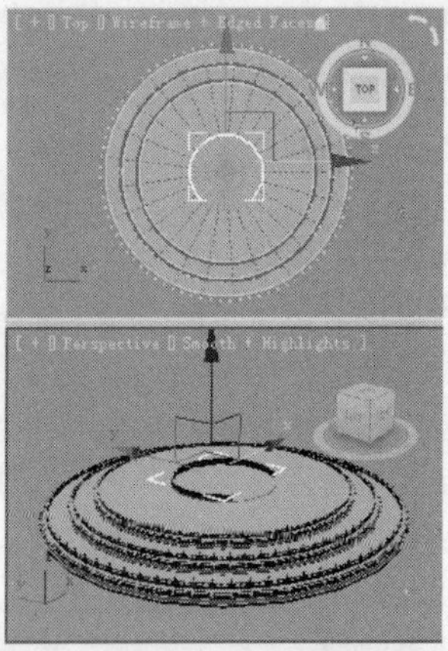

图15-55 建立墙体模型

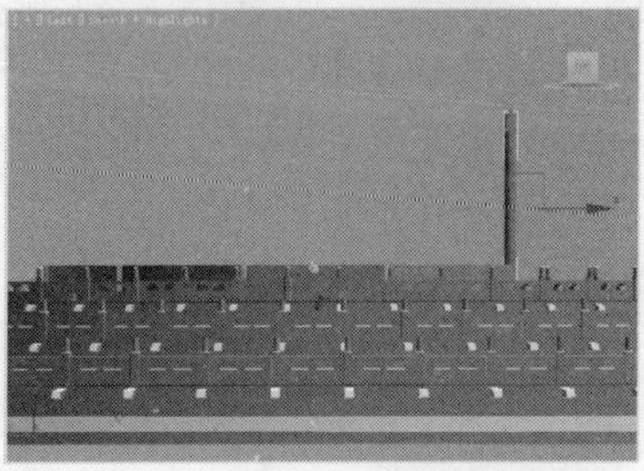

图15-56 建立圆柱体

Step06 选择圆柱体模型并配合键盘的“Shift+ 移动”快捷键复制模型，如图 15-57 所示。

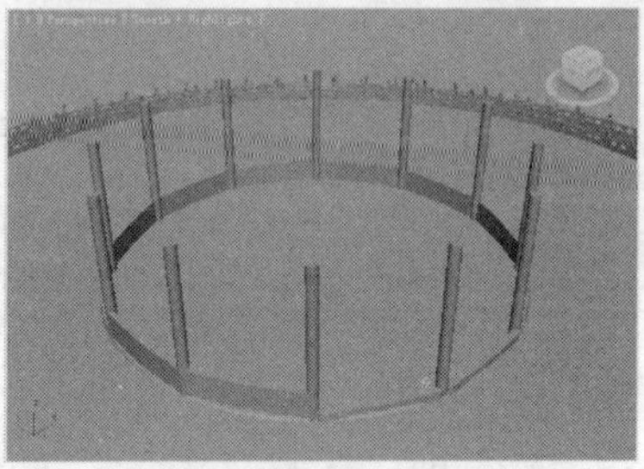

图15-57 复制模型

Step07 建立长方体搭建围墙模型，如图 15-58 所示。

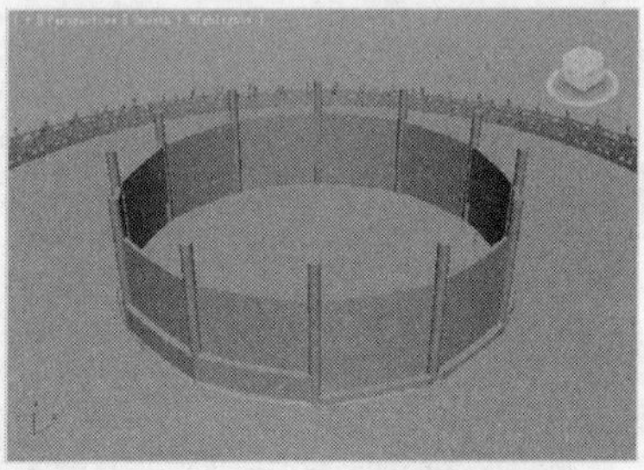

图15-58 搭建围墙

Step08 使用样条线绘制装饰围墙模型，如图 15-59 所示。

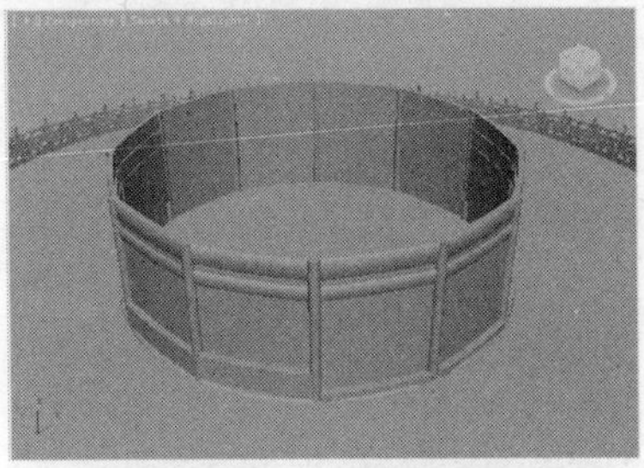

图15-59 装饰围墙

Step09 使用样条线绘制装饰形状并搭配挤出命令得到三维模型效果，如图 15-60 所示。

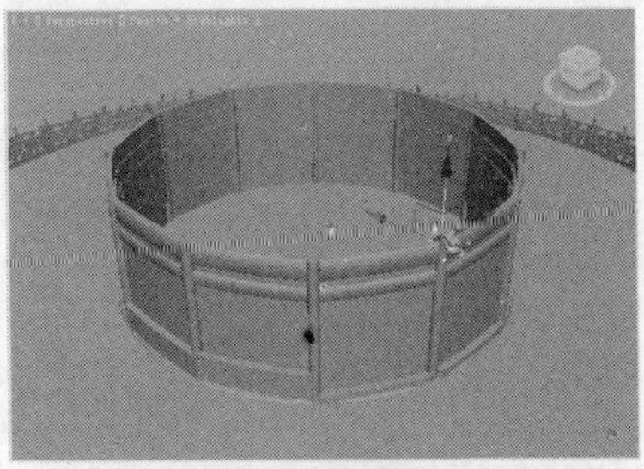

图15-60 装饰模型制作

Step10 选择装饰模型并配合键盘的“Shift+ 旋转”快捷键复制模型，如图 15-61 所示。

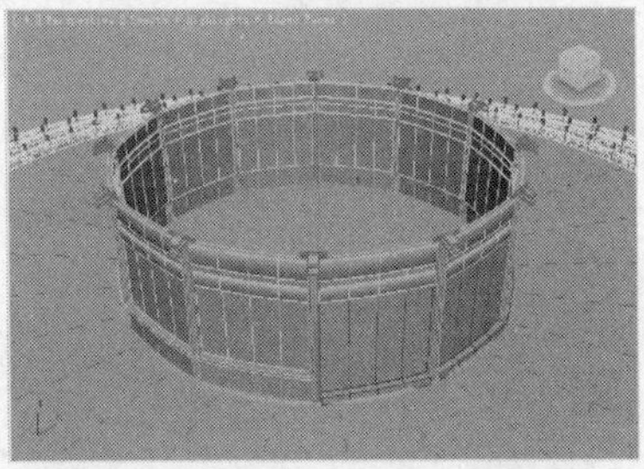

图15-61 复制模型

Step11 建立圆柱体并搭配编辑多边形命令，制作出顶棚的模型，如图 15-62 所示。

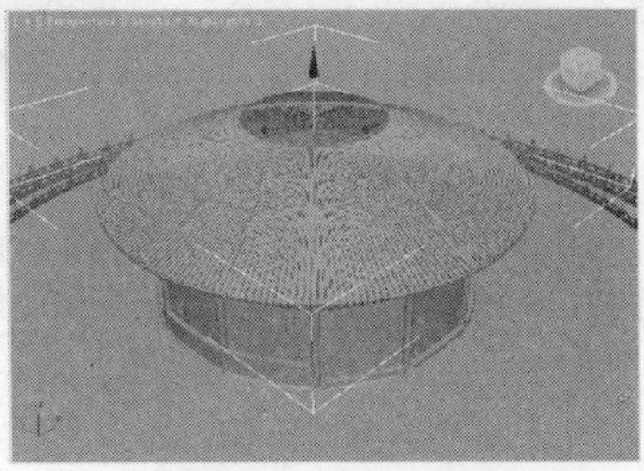

图15-62 建立顶棚模型

Step12 建立几何体搭建阁楼围墙效果，如图 15-63 所示。

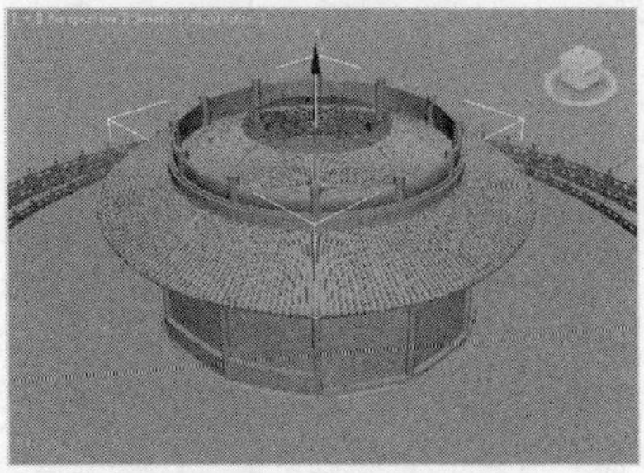

图15-63 围墙效果

Step13 选择顶棚模型并配合键盘的“Shift+ 移动”快捷键复制模型，然后使用（缩放）工具匹配大小，如图 15-64 所示。

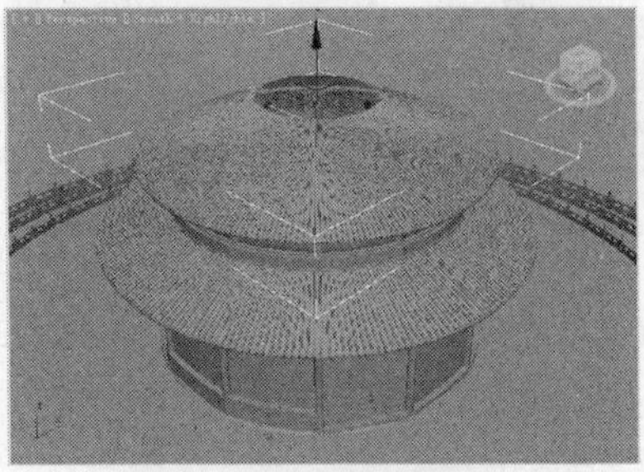

图15-64 复制模型

Step14 使用相同的方法制作完成天坛顶部模型效果，如图 15-65 所示。

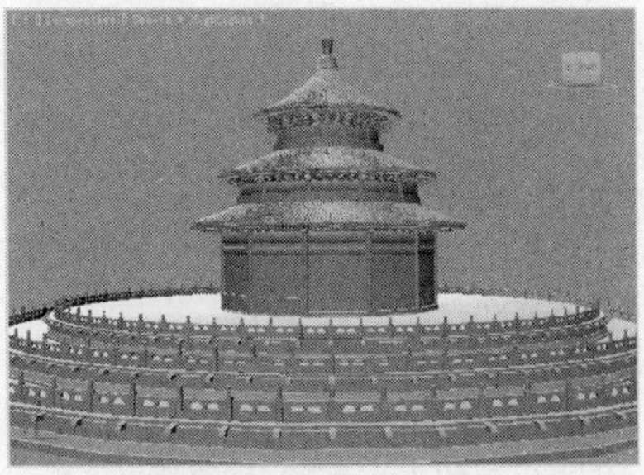

图15-65 模型效果

15.8.2 灯光与摄影机调节

Step01 在（创建）面板中单击（灯光）面板下 VRay 的“VR 灯光”按钮，在 Top（顶）视图中建立灯光并调节灯光位置与强度，如图 15-66 所示。

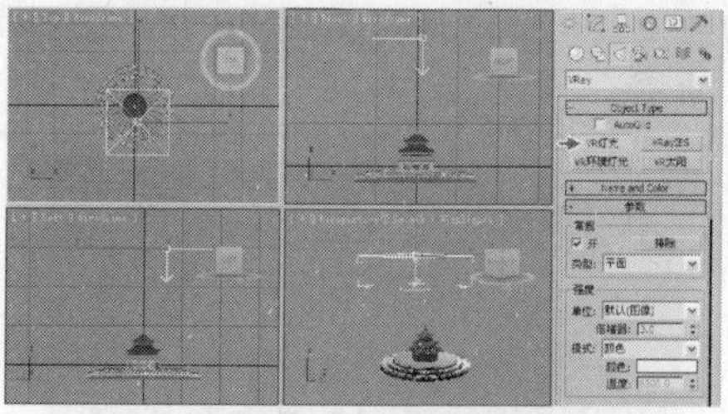

图15-66 建立灯光

Step02 使用相同的方法创建辅助灯光，然后设置“倍增器”值为 15、颜色为黄色，模拟出黄昏的光照效果，如图 15-67 所示。

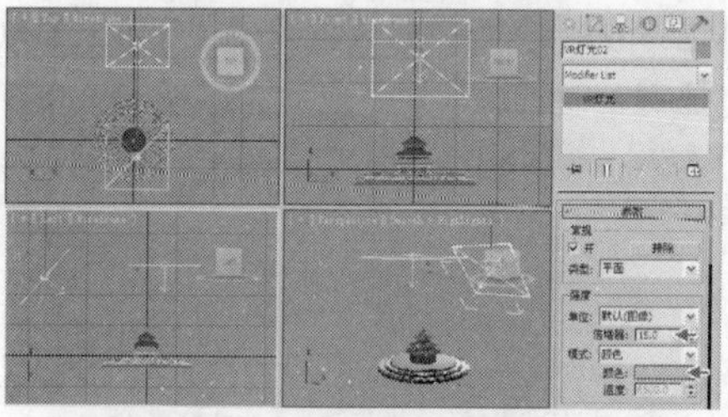

图15-67 设置灯光参数

Step03 在菜单中选择【Render（渲染）】→【Environment（环境）】命令，在弹出的 Environment and Effects（环境与特效）对话框中设置 Color（颜色）为黄色，如图 15-68 所示。

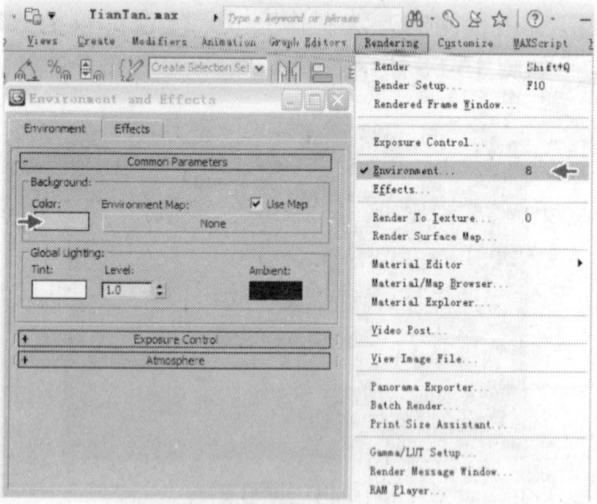

图15-68 设置环境颜色

Step04 在主工具栏单击（渲染）按钮，渲染环境颜色的效果如图 15-69 所示。

Step05 进入（创建）面板的（摄影机）子面板，单击“Target（目标）”按钮，然后在 Front（前）视图中建立一架目标摄影机，如图 15-70 所示。

图15-69 渲染环境效果

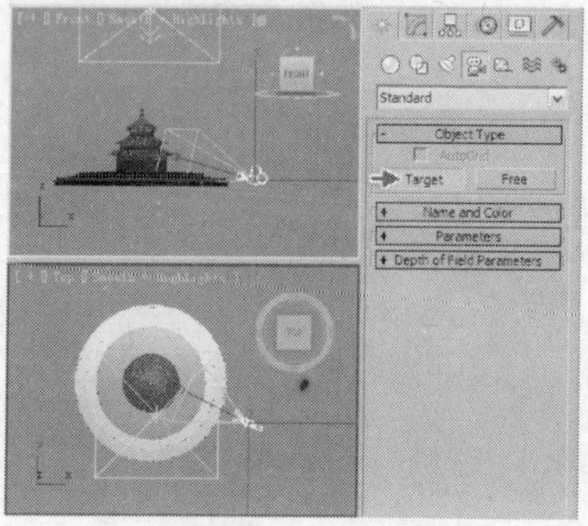

图15-70 创建摄影机

Step06 在菜单中选择【View（视图）】→【Create Camera From View（从视图创建摄影机）】命令，将摄影机匹配到视图的角度，如图 15-71 所示。

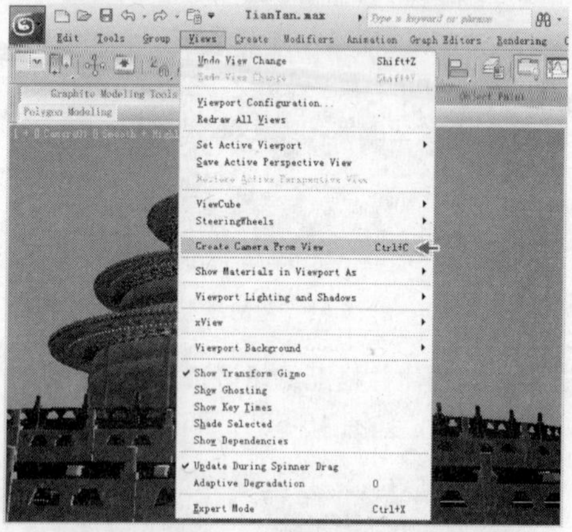

图15-71 匹配摄影机

Step07 在视图左上角提示文字处单击鼠标右键，从弹出的菜单中选择 Show Safe Frame（显示安全框）命令，如图 15-72 所示。

Step08 在主工具栏单击（渲染）按钮，渲染摄影机视图的效果如图 15-73 所示。

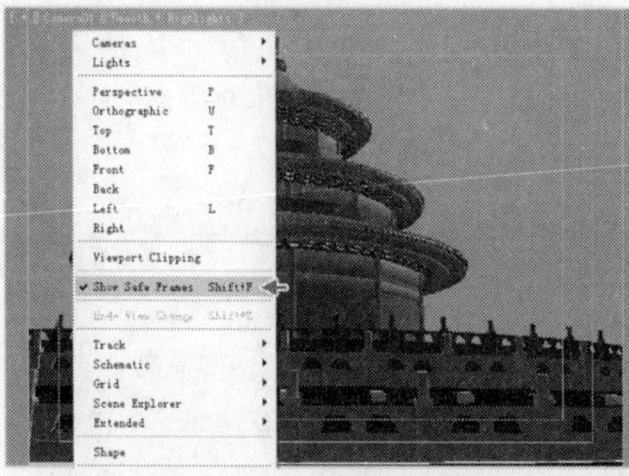

图15-72 显示安全框

图15-73 渲染摄影机视图

15.8.3 背景与雾效调节

Step01 在菜单中选择【Render（渲染）】→【Environment（环境）】命令，在弹出的Environment and Effects（环境与效果）对话框中单击环境贴图的None（无）按钮，然后赋予本书配套光盘提供的天空图像，如图15-74所示。

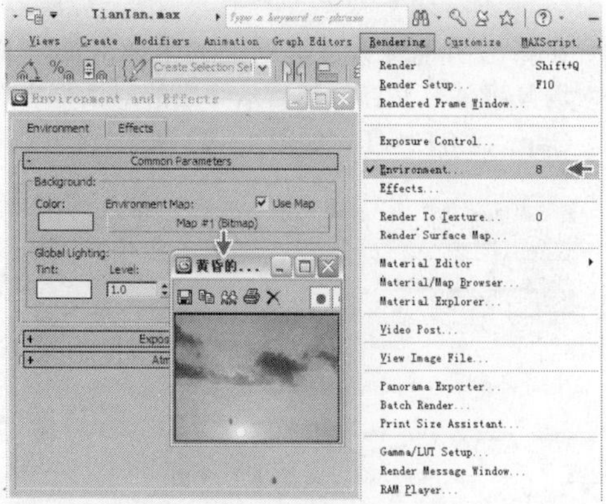

图15-74 使用环境贴图命令

Step02 在主工具栏单击（渲染）按钮，渲染增加环境贴图的效果，如图15-75所示。

图15-75 渲染环境效果

Step03 在菜单中选择【Render（渲染）】→【Environment（环境）】命令，在弹出的Environment and Effects（环境与效果）对话框中单击Add（添加）按钮，然后从弹出的对话框中选择Volume Fog（体积雾）项目，制作背景与天坛间的云雾效果，如图15-76所示。

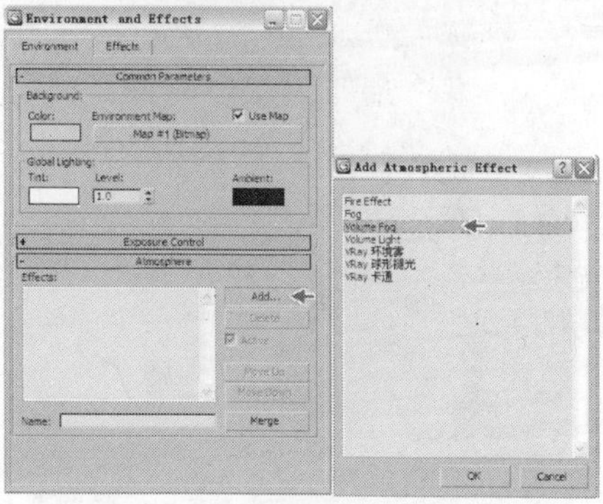

图15-76 选择体积雾效果

Step04 进入（创建）面板的（辅助对象）面板，单击Atmospheric Apparatus（大气装置）下的Box Gizmo（长方体线框）按钮，然后在Top（顶）视图中建立长方体线框，如图15-77所示。

图15-77 创建虚拟体

Step05 在菜单中选择【Rendering（渲染）】→【Environment（环境）】命令，在弹出的Environment and Effects（环境与特效）对话框中单击

Pick Gizmo（拾取线框）按钮，然后在视图中拾取长方体线框，如图 15-78 所示。

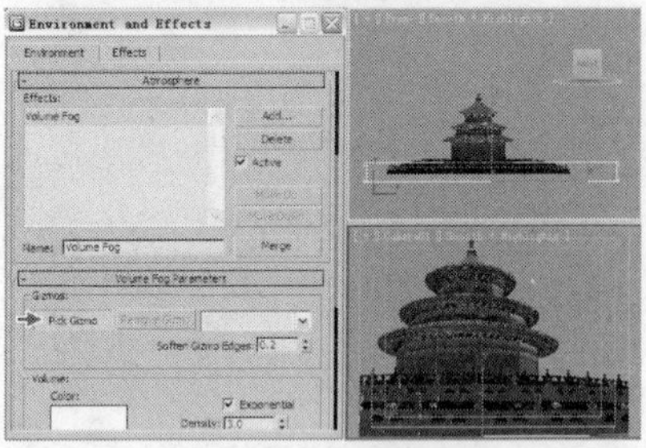

图15-78　拾取Gizmo

Step06 在 Volume Fog Parameters（体积雾参数）卷展栏参数下，开启 Exponential（指数）项目，设置 Density（密度）值为 3、Step Size（步幅大小）值为 3，然后再设置风力来源方向为顶部，如图 15-79 所示。

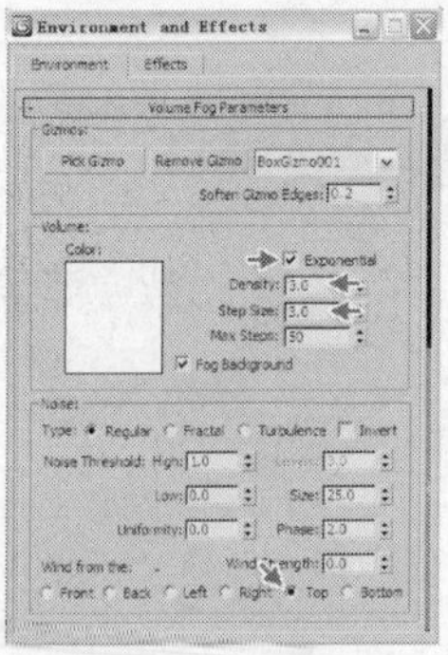

图15-79　设置参数

Step07 在主工具栏单击（渲染）按钮，渲染增加体积雾效的场景效果，如图 15-80 所示。

图15-80　渲染雾效果

15.8.4　视频合成调节

Step01 进入（创建）面板的（辅助对象）面板，单击 Point（点）按钮，然后在 Front（前）视图中建立点，再设置 Size（大小）值为 120，如图 15-81 所示。

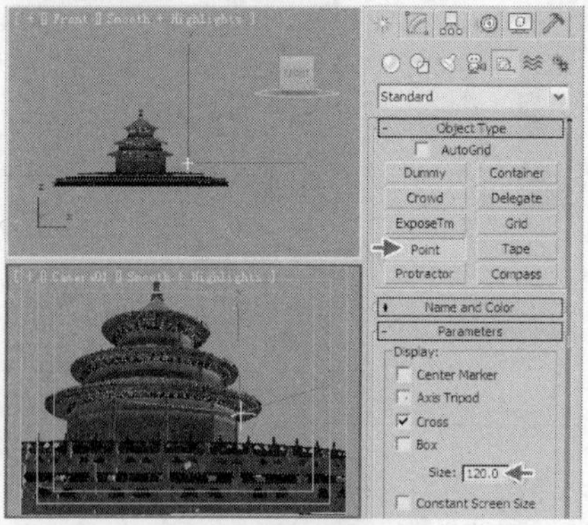

图15-81　设置参数

Step02 在菜单中选择【Rendering（渲染）】→【Video Post（视频合成器）】命令，如图 15-82 所示。

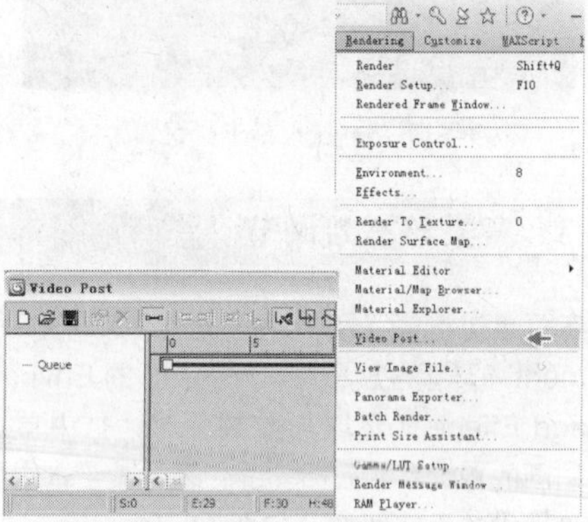

图15-82　选择视频合成器命令

Step03 在弹出的视频合成器对话框中单击（增加场景事件）按钮，然后从弹出的对话框中选择 Camera 01 视图，如图 15-83 所示。

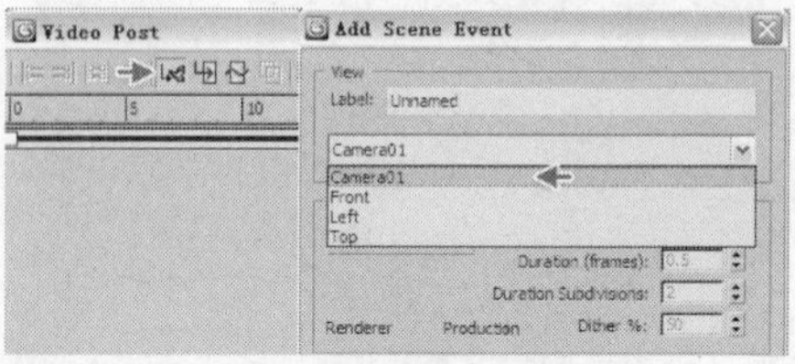

图15-83　选择场景视图

Step04 单击（增加图像过滤器事件）按钮，然后在弹出的对话框中选择 Lens Effects Flare（镜头效果光斑）特效，如图 15-84 所示。

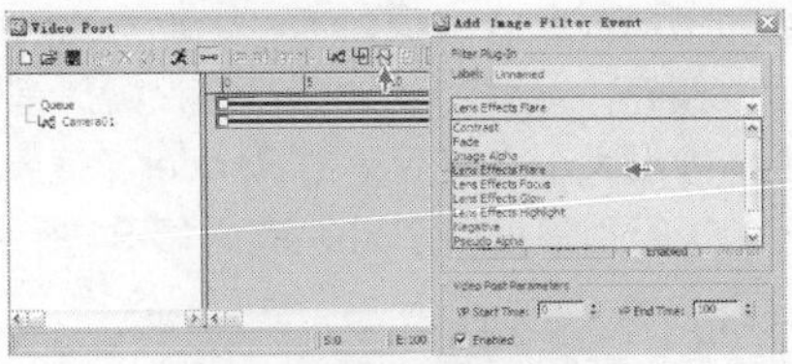

图15-84　选择特效类型

Step05 在弹出的编辑过滤器事件对话框中单击 Setup（设置）按钮，如图 15-85 所示。

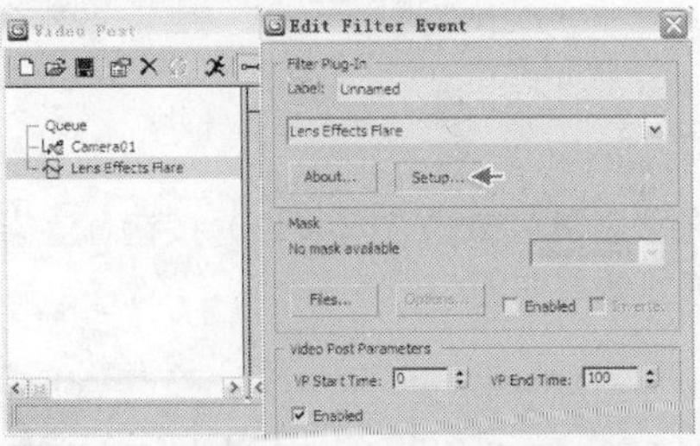

图15-85　单击设置按钮

Step06 在 Lens Effects Flare（镜头效果光斑）特效对话框中单击 Preview（预览）按钮，观看镜头效果光斑的效果，如图 15-86 所示。

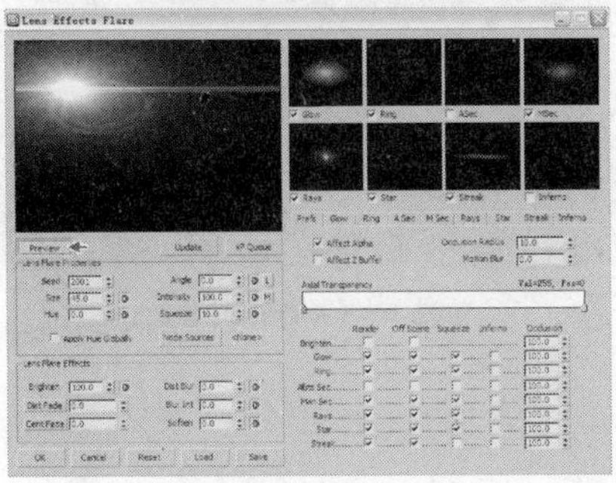

图15-86　预览效果

Step07 单击 VP Queue（VP 队列）按钮，匹配选择的摄影机 01 视图，如图 15-87 所示。

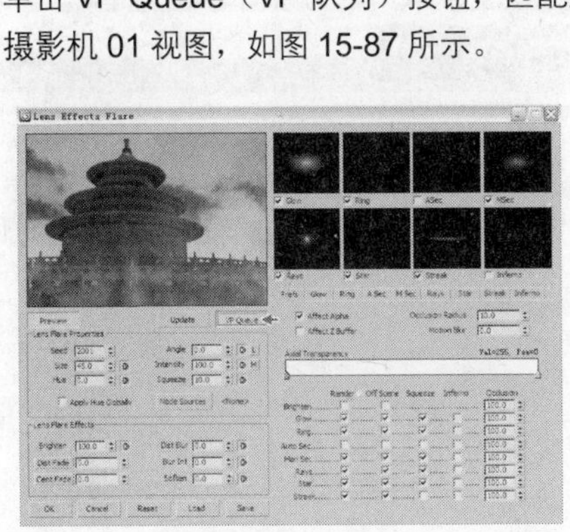

图15-87　匹配视图

Step08 单击 Node Sources（节点源）按钮，从弹出的对话框中选择建立的虚拟体点，如图 15-88 所示。

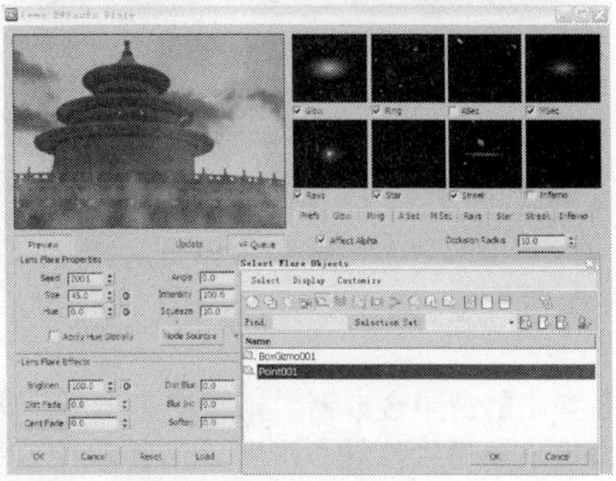

图15-88　选择节点源

Step09 在 Lens Effects Flare（镜头效果光斑）特效对话框中开启 Glow（光晕）与 Star（星形）特效，如图 15-89 所示。

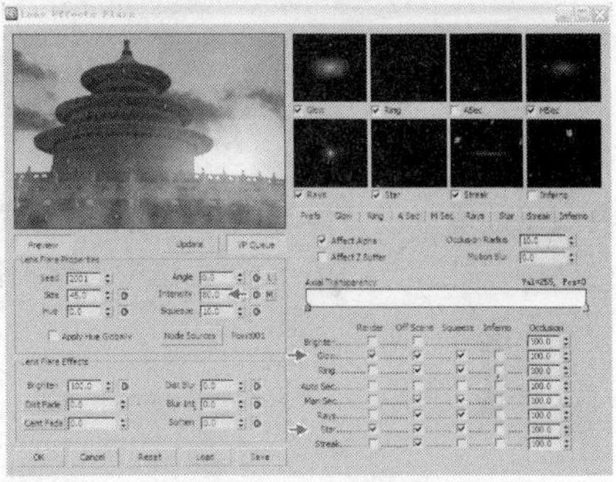

图15-89　选择特效效果

Step10 在 Glow（光晕）特效面板下设置 Size（大小）值为 165，如图 15-90 所示。

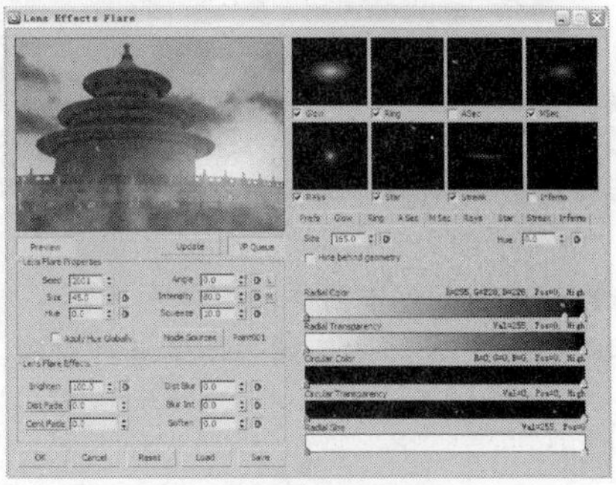

图15-90　设置参数

Step11 在 Glow（光晕）特效面板下设置 Size（大小）值为 135、Width（宽度）值为 4，如图 15-91 所示。

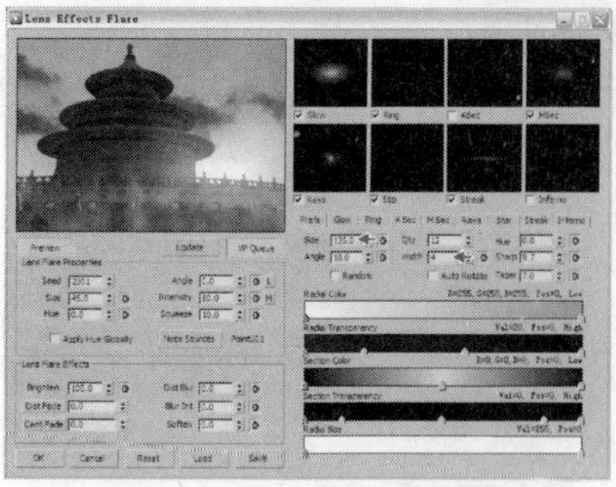

图15-91　设置星形参数

Step12 在弹出的视频合成器对话框中单击（增加图像输出事件）按钮，准备输出特效的效果，如图 15-92 所示。

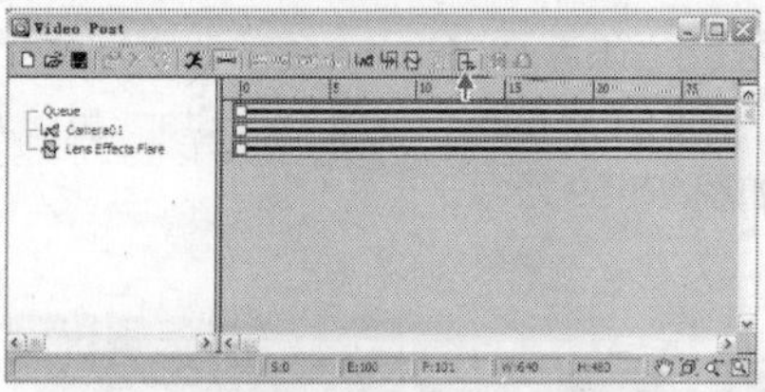

图15-92　输出图像

Step13 在弹出的增加图像输出事件对话框中单击 Files（文件）按钮，从弹出的对话框中设置图像存储路径与格式，如图 15-93 所示。

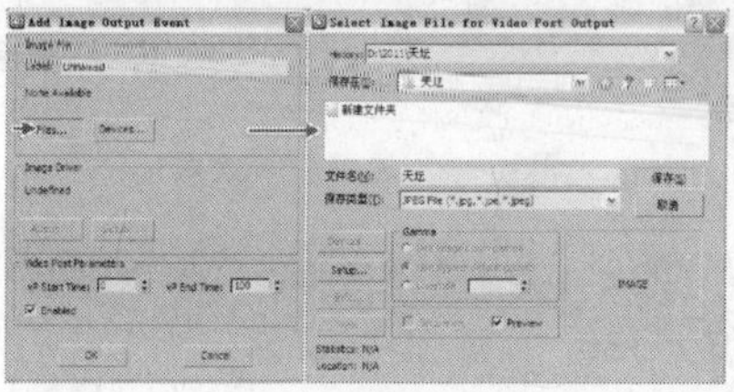

图15-93　设置保存路径

Step14 在弹出的视频合成器对话框中单击（执行序列）按钮，从弹出的对话框中设置时间输出范围与输出大小，然后单击 Render（渲染）按钮开始执行视频编辑序列，如图 15-94 所示。

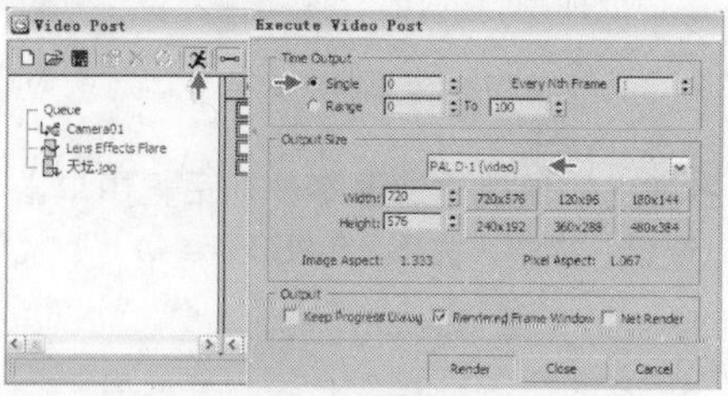

图15-94　渲染视频特效

Step15 在主工具栏单击（渲染）按钮，渲染场景的最终效果如图 15-95 所示。

图15-95　最终范例效果

15.9 本章小结

特效与环境可以丰富作品的画面内容，本章主要对环境中的火效果、雾、体积雾、体积光、效果中的镜头效果和 Video Post 的使用进行了详细讲解。配合“天坛环境”范例可以提高和丰富画面的内容，为作品添光加彩。

第 16 章 空间扭曲和粒子系统

本章内容

- 空间扭曲
- 粒子系统
- 范例——喷泉粒子
- 范例——煤气罐爆炸

16.1 空间扭曲

空间扭曲是影响其他对象外观的不可渲染对象。空间扭曲能创建使其他对象变形的力场，从而创建出涟漪、波浪和风吹等效果。空间扭曲的行为方式类似于修改器，不过空间扭曲影响的是世界空间，而几何体修改器影响的是对象空间。

创建空间扭曲对象时，视图中会显示一个线框来表示它，可以对其他 3ds Max 对象那样改变空间扭曲。空间扭曲的位置、旋转和缩放会影响其作用，如图 16-1 所示。

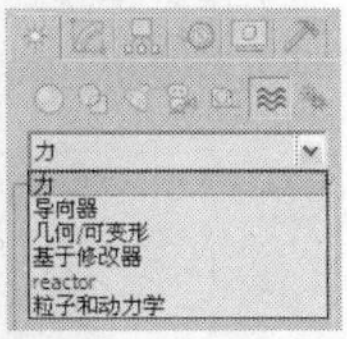

图16-1 空间扭曲

空间扭曲只会影响和它绑定在一起的对象。扭曲绑定显示在对象修改器堆栈的顶端。空间扭曲总是在所有变换或修改器之后应用。当把多个对象和一个空间扭曲绑定在一起时，空间扭曲的参数会平等地影响所有对象。不过，每个对象距空间扭曲的距离或者它们相对于扭曲的空间方向可以改变扭曲的效果。由于该空间效果的存在，只要在扭曲空间中移动对象就可以改变扭曲的效果，也可以在一个或多个对象上使用多个空间扭曲。

要使用空间扭曲把对象和空间扭曲绑定在一起。在主工具栏中单击（绑定到空间扭曲）按钮，然后在空间扭曲和对象之间拖动。空间扭曲不具有在场景上的可视效果，除非把它和对象、系统或选择集绑定在一起。

16.1.1 力

力空间扭曲用于影响粒子系统和动力学系统，可以和粒子一起使用，而且其中一些可以和动力学一起使用，Object Type（对象类型）卷展栏中指明了各个空间扭曲所支持的系统，如图 16-2 所示。

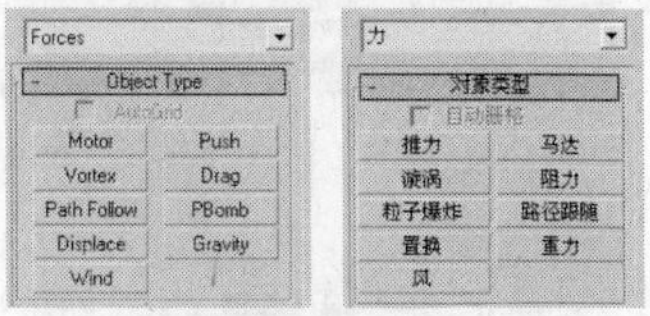

图16-2 力面板

Push（推力）空间扭曲将力应用于粒子系统或动力学系统。根据系统的不同，其效果略有不同。对粒子正向或负向应用均匀的单向力，正向力以液压传动装置上的垫块方向移动，力没有宽度界限，其宽幅与力的方向垂直，使用范围选项可以对其进行限制。对动力学提供与液压传动装置图标的垫块相背离的点力，负向力以相反的方向施加拉力，在动力学中，力的施加和用手指推动物体时相同，如图 16-3 所示。

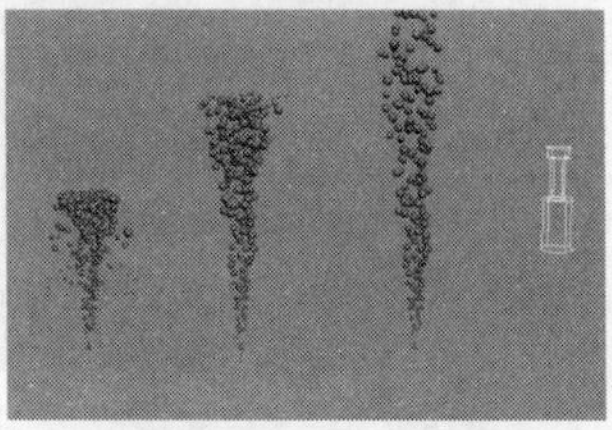

图16-3 推力空间扭曲

Motor（马达）空间扭曲的工作方式类似于推力，但前者对受影响的粒子或对象应用的是转动扭矩而不是定向力。马达图标的位置和方向都会对围绕其旋转的粒子产生影响，当在动力学中使用时，图标相对于受影响对象的位置没有任何影响，但图标的方向有影响，如图 16-4 所示。

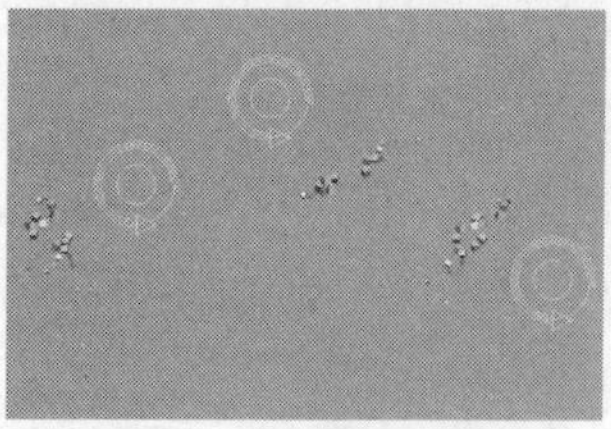

图16-4　马达空间扭曲

Vortex（漩涡）空间扭曲将力应用于粒子系统，使它们在急转的漩涡中旋转，然后让它们向下移动成一个长而窄的喷流或者旋涡井。漩涡在创建黑洞、涡流、龙卷风和其他漏斗状对象时很有用。使用空间扭曲设置可以控制漩涡外形、井的特性以及粒子捕获的比率和范围。粒子系统设置（如速度）也会对漩涡的外形产生影响，如图 16-5 所示。

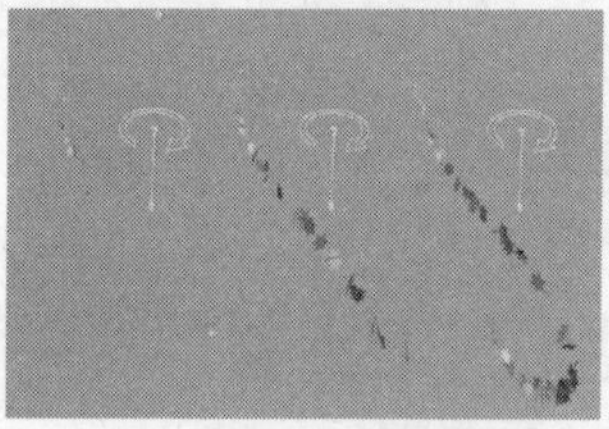

图16-5　漩涡空间扭曲

Drag（阻力）空间扭曲是一种在指定范围内按照指定量来降低粒子速率的粒子运动阻尼器。应用阻尼的方式可以是线性、球形或者柱形。阻力在模拟风阻、致密介质（如水）中的移动、力场的影响以及其他类似的情景时非常有用。针对每种阻尼类型，可以沿若干向量控制阻尼效果。粒子系统设置也会对阻尼产生影响，如图 16-6 所示。

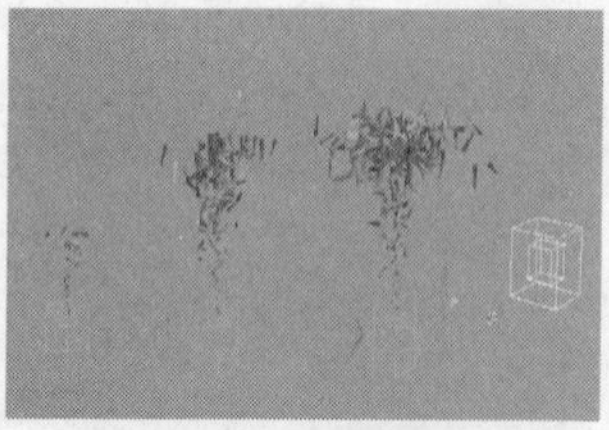

图16-6　阻力空间扭曲

PBomb（粒子爆炸）空间扭曲能创建一种使粒子系统爆炸的冲击波，它有别于使几何体爆炸的爆炸空间扭曲。粒子爆炸尤其适合粒子类型设置为对象碎片的粒子阵列系统。该空间扭曲还会将冲击作为一种动力学效果加以应用，如图 16-7 所示。

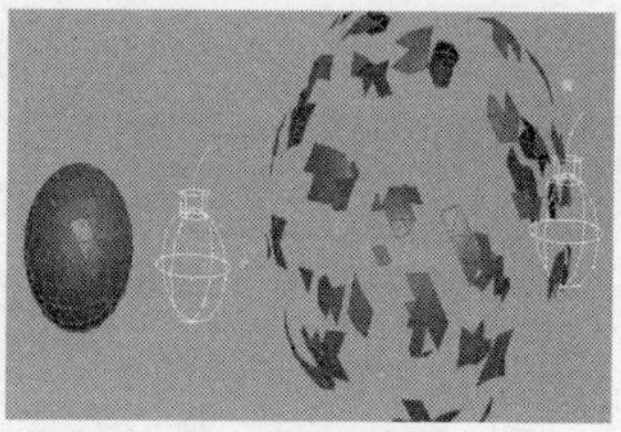

图16-7　粒子爆炸空间扭曲

Path Follow（路径跟随）空间扭曲可以强制粒子沿螺旋形路径运动，如图 16-8 所示。

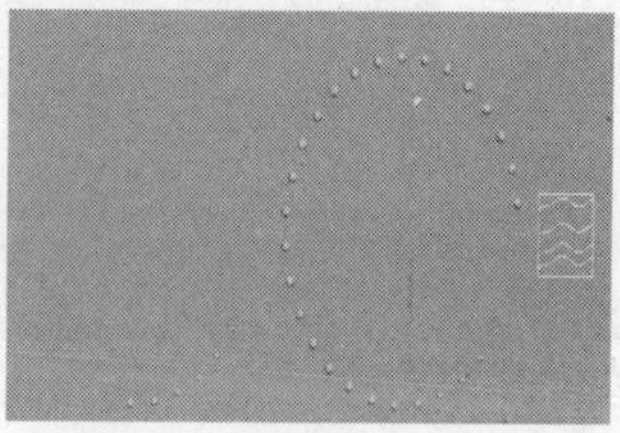

图16-8　路径跟随空间扭曲

Gravity（重力）空间扭曲可以在粒子系统所产生的粒子上对自然重力的效果进行模拟。重力具有方向性，沿重力箭头方向的粒子加速运动，逆着箭头方向运动的粒子呈减速状。在球形重力下，运动朝向图标，重力也可以用做动力学模拟中的一种效果，如图 16-9 所示。

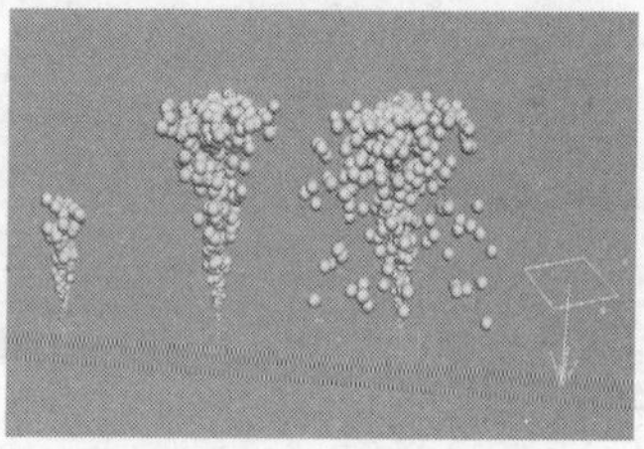

图16-9　重力空间扭曲

Wind（风力）空间扭曲可以模拟风吹动粒子系统所产生的粒子的效果。风力具有方向性，顺着风力箭头方向运动的粒子呈加速状，逆着箭头方向运动的粒子呈减速状。在球形风力情况下，运动朝向或背离图标，风力在效果上类似于“重力”空间扭曲，但前者添加了一些湍流参数和其他自然界中风的功能特性，风力也可以用做动力学模拟中的一种效果，如图 16-10 所示。

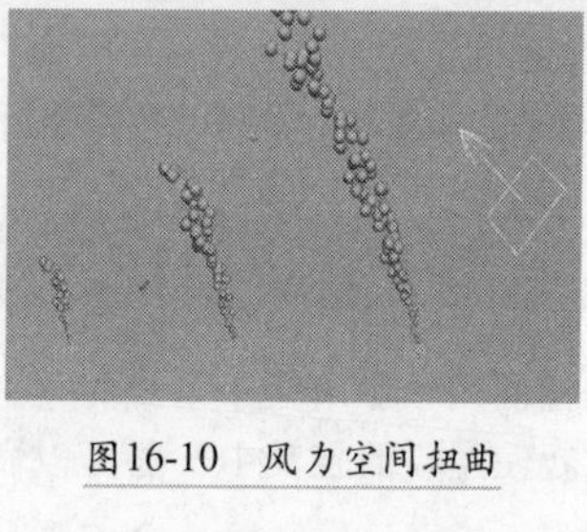

图16-10　风力空间扭曲

Displace（置换）空间扭曲以力场的形式推动和重塑对象的几何外形。位移对几何体和粒子系统都会产生影响。应用位图的灰度生成位移量，2D 图像的黑色区域不会发生位移，较白的区域会往外推进，从而使几何体发生 3D 位移，如图 16-11 所示。

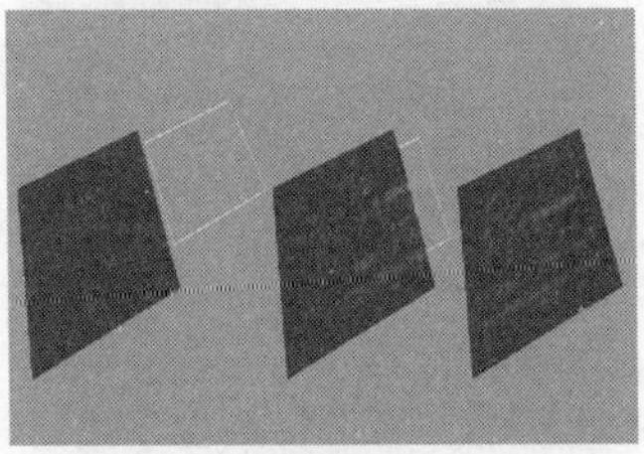

图16-11　置换空间扭曲

16.1.2 导向器

导向器空间扭曲用来给粒子导向或影响动力学系统，可以和粒子以及动力学一起使用。Object Type（对象类型）卷展栏中指明了各个空间扭曲所支持的系统，如图 16-12 所示，其中包括动力学导向板空间扭曲、泛方向导向板空间扭曲、动力学导向球空间扭曲、泛方向导向球空间扭曲、通用动力学导向器空间扭曲、通用泛方向导向器空间扭曲、导向球空间扭曲、通用导向器空间扭曲和导向板空间扭曲。

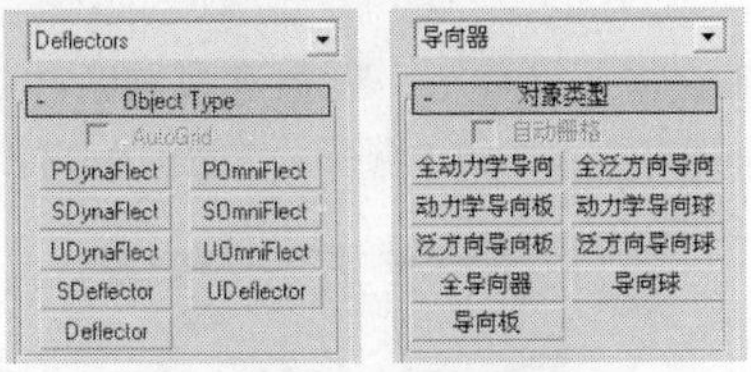

图16-12　导向器面板

S Deflector（导向球）空间扭曲起着球形粒子导向器的碰撞作用，如图 16-13 所示。

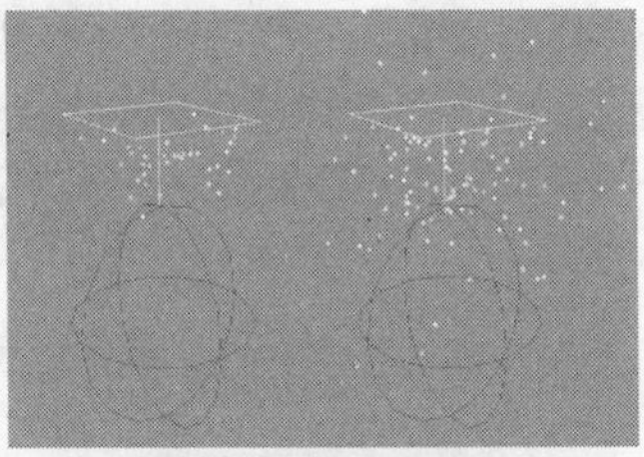

图16-13　导向球空间扭曲

Deflector（导向板）空间扭曲起着平面防护板的作用，它能排斥由粒子系统生成的粒子，如图 16-14 所示。

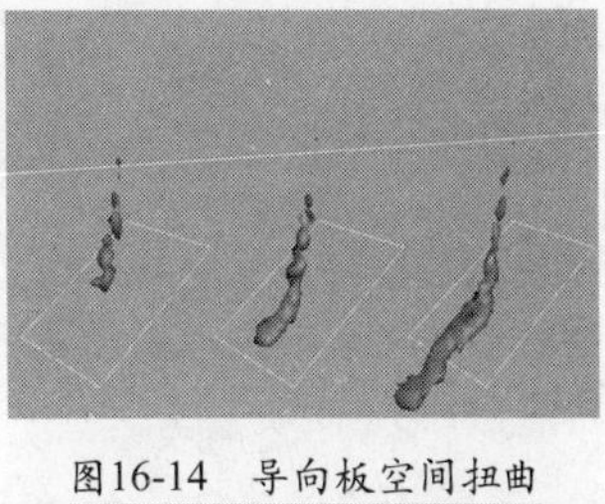

图16-14　导向板空间扭曲

16.1.3 几何/可变形

几何 / 可变形空间扭曲用于使几何体变形，其中包括 FFD（长方体）空间扭曲、FFD（圆柱体）空间扭曲、波浪空间扭曲、涟漪空间扭曲、置换空间扭曲、一致空间扭曲和爆炸空间扭曲，如图 16-15 所示。

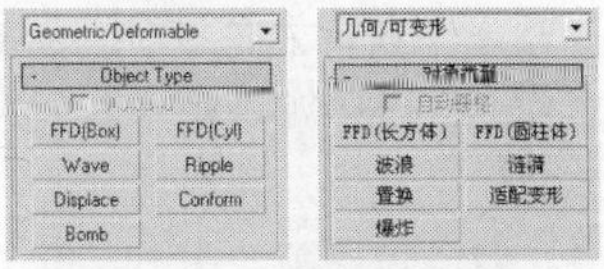

图16-15　几何/可变形面板

Wave（波浪）空间扭曲可以在整个世界空间中创建线性波浪，它影响几何体和产生作用的方式与波浪修改器相同。当想让波浪影响大量对象，或想要相对于其在世界空间中的位置影响某个对象时，应该使用波浪空间扭曲，如图 16-16 所示。

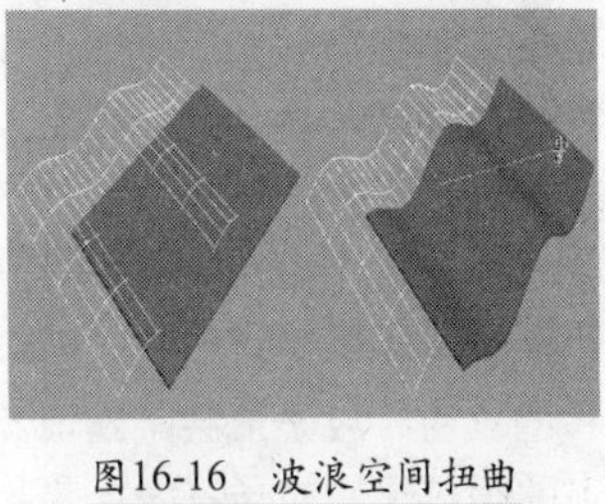

图16-16　波浪空间扭曲

Ripple（涟漪）空间扭曲可以在整个世界空间中创建同心波纹，它影响几何体和产生作用的方式与涟漪修改器相同。当想让涟漪影响大量对象，或想要相对于其在世界空间中的位置影响某个对象时，应该使用涟漪空间扭曲，如图 16-17 所示。

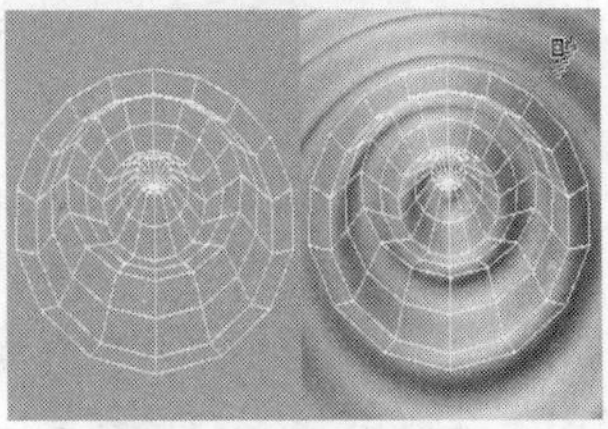

图16-17　涟漪空间扭曲

16.2 粒子系统

粒子系统主要是在使用程序方法为大量的小型对象设置动画时使用粒子系统，例如创建暴风雪、水流或爆炸等，如图 16-18 所示。

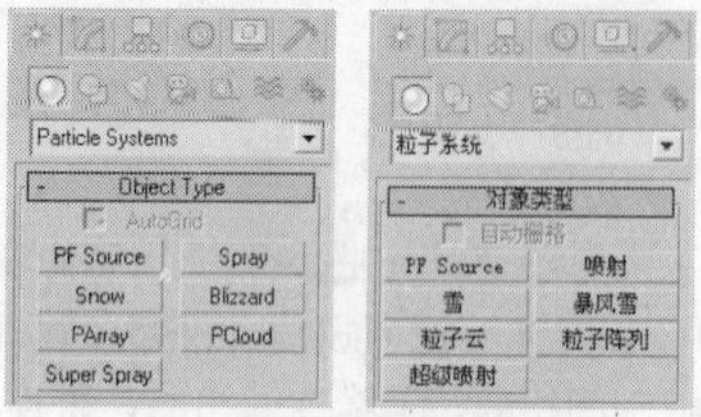

图16-18　粒子系统

3ds Max 提供了两种不同类型的粒子系统，事件驱动和非事件驱动。事件驱动粒子系统，又称为粒子流，它用于测试粒子属性，并根据测试结果将其发送给不同的事件。粒子位于事件中时，每个事件都指定粒子的不同属性和行为。在非事件驱动粒子系统中，粒子通常在动画过程中显示类似的属性。

16.2.1　PF粒子流

PF Source（PF 粒子流）是一种新型、多功能且强大的 3ds Max 粒子系统，主要使用一种称为粒子视图的特殊对话框来使用事件驱动模型。在粒子视图中可将一定时期内描述粒子属性（如形状、速度、方向和旋转）的单独操作符合并到称为事件的组中。每个操作符都提供一组参数，其中多数参数可以设置动画，以更改事件期间的粒子行为。

随着事件的发生，粒子流会不断地计算列表中的每个操作符，并相应更新粒子系统。要实现更多粒子属性和行为方面的实质性更改，可创建流。此流使用测试将粒子从一个事件发送至另一个事件，这可用于将事件以串联方式关联在一起。

● 设置卷展栏：可打开或关闭粒子系统，以及打开粒子视图，如图 16-19 所示。

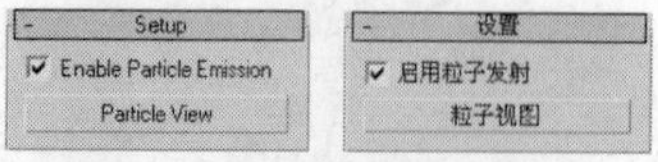

图16-19　设置卷展栏

● 发射卷展栏：设置发射器图标的物理特性，以及渲染时视图中生成的粒子的百分比，如图 16-20 所示。

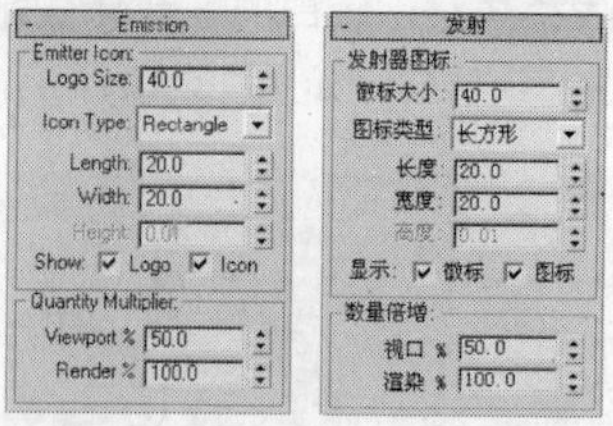

图16-20　发射卷展栏

● 选择卷展栏：基于每个粒子或事件来选择粒子，事件级别粒子的选择用于调试和跟踪。在粒子级别中选定的粒子可由删除操作符和分割选定测试操纵。无法直接通过标准的 3ds Max 工具操纵选定粒子，如图 16-21 所示。

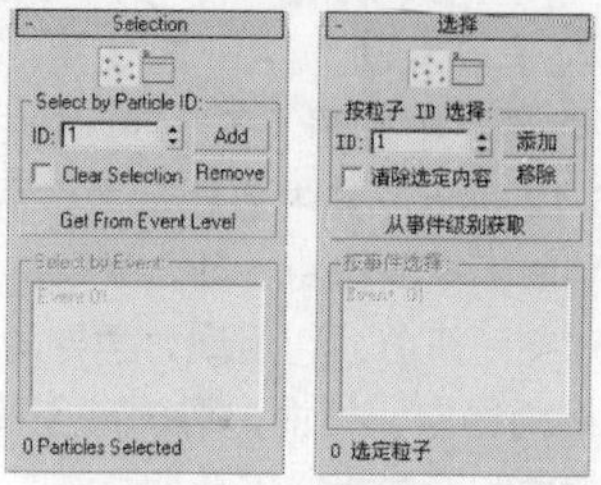

图16-21　选择卷展栏

● 系统管理卷展栏：设置可限制系统中的粒子数，以及指定更新系统的频率，如图 16-22 所示。

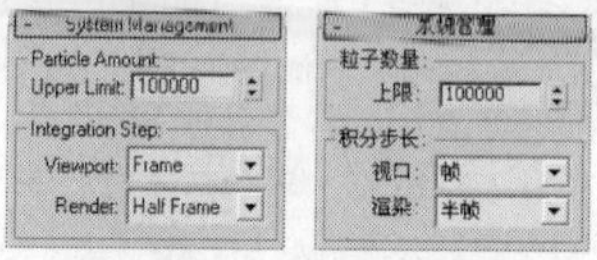

图16-22　系统管理卷展栏

● 脚本卷展栏：可以将脚本应用于每个积分步长以及查看的每帧的最后一个积分步长处的粒子系统。使用每步更新脚本可设置依赖于历史记录的属性，而使用最后一步更新脚本可设置独立于历史记录的属性，如图 16-23 所示。

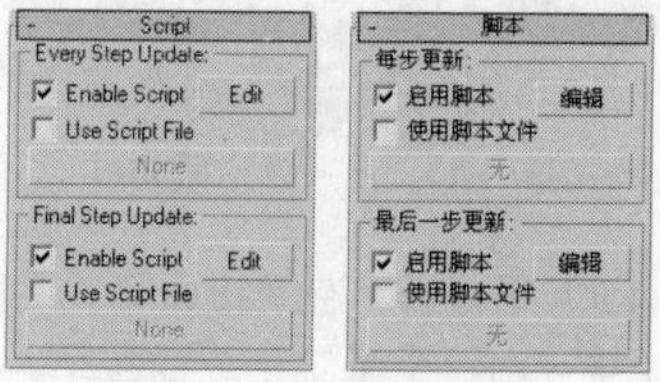

图16-23　脚本卷展栏

16.2.2 喷射粒子

Spray（喷射）粒子模拟雨、喷泉、水龙头等水滴效果，如图 16-24 所示。

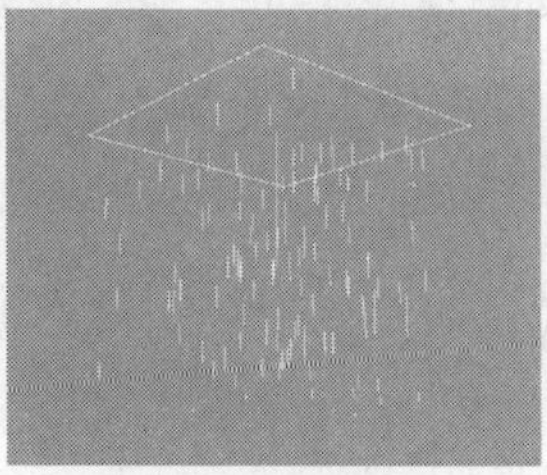

图16-24 喷射粒子

16.2.3 雪粒子

Snow（雪）粒子可模拟降雪或投撒的纸屑。雪系统与喷射类似，但是雪系统提供了其他参数来生成翻滚的雪花，渲染选项也有所不同，效果如图 16-25 所示。

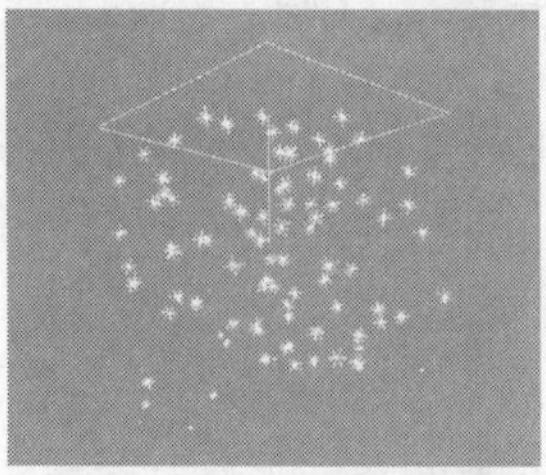

图16-25 雪粒子

16.2.4 暴风雪粒子

Blizzard（暴风雪）粒子是雪粒子系统的高级版本，效果如图 16-26 所示。

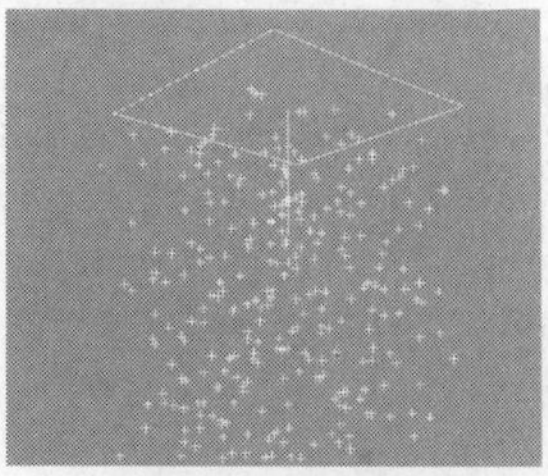

图16-26 暴风雪粒子

16.2.5 粒子云

PClound（粒子云）可以填充特定的体积，粒子云可以创建一群鸟、一片星空或一队在地面行军的士兵。可以使用提供的基本体积（长方体、球体或圆柱体）限制粒子，也可以使用场景中的任意可渲染对象作为体积，只要该对象具有深度，效果如图 16-27 所示。

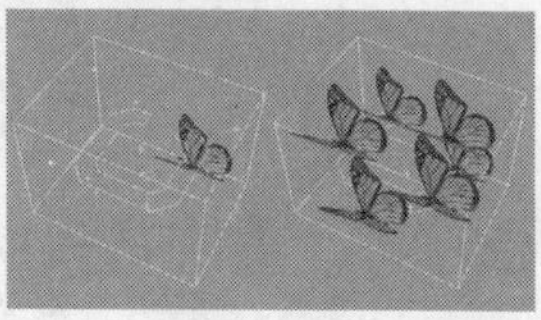

图16-27 粒子云

16.2.6 粒子阵列

PArray（粒子阵列）系统提供了两种类型的粒子效果，一种可用于将所选几何体对象用作发射器模板发射粒子，另一种可用于创建复杂的对象爆炸效果，如图 16-28 所示。

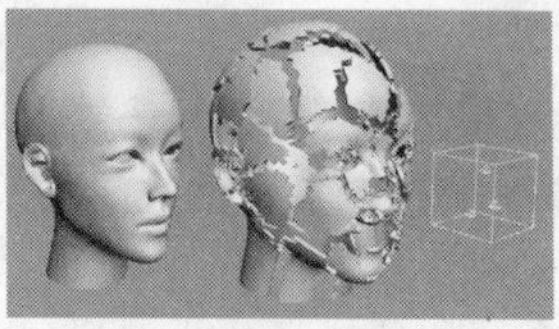

图16-28 粒子阵列

- 基本参数卷展栏：可以创建和调整粒子系统的大小，并拾取分布对象，如图 16-29 所示。此外，还可以指定粒子相对于分布对象几何体的初始分布，以及分布对象中粒子的初始速度。在此处也可以指定粒子在视图中的显示方式。
- 粒子生成卷展栏：控制粒子产生的时间和速度、粒子的移动方式以及不同时间粒子的大小，如图 16-30 所示。

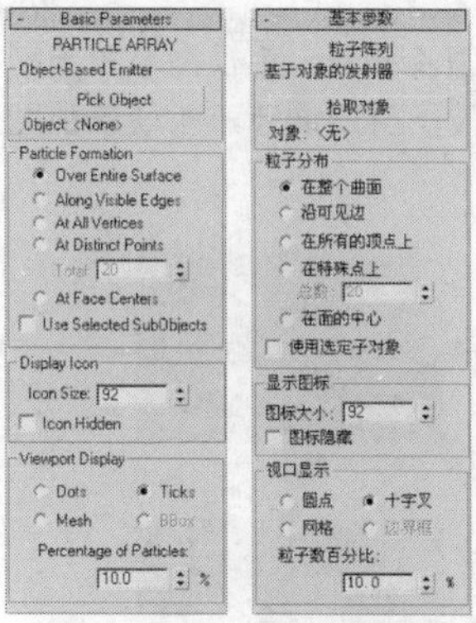

图16-29 基本参数卷展栏

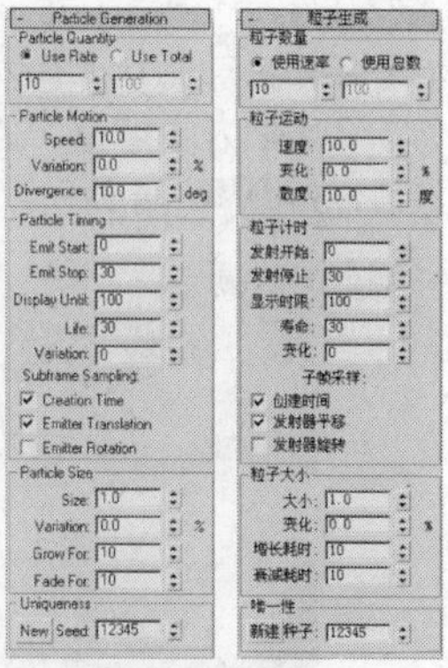

图16-30 粒子生成卷展栏

- 粒子类型卷展栏：可以指定所用的粒子类型，以及对粒子执行的贴图的类型，如图 16-31 所示。

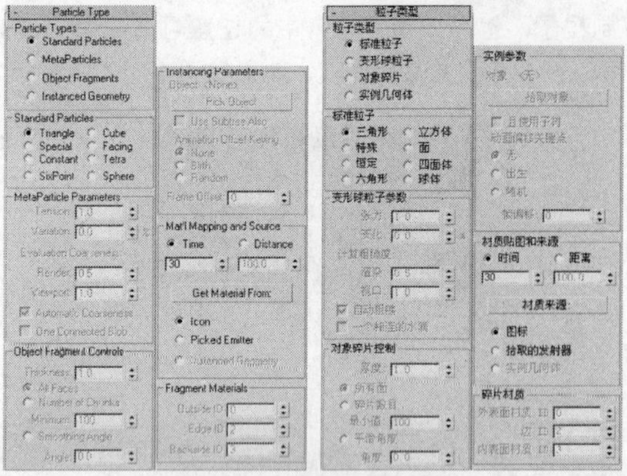

图16-31　粒子类型卷展栏

16.2.7　超级喷射

Super Spray（超级喷射）发射受控制的粒子喷射，此粒子系统与简单的喷射粒子系统类似，只是增加了所有新型粒子系统提供的功能，如图 16-32 所示。

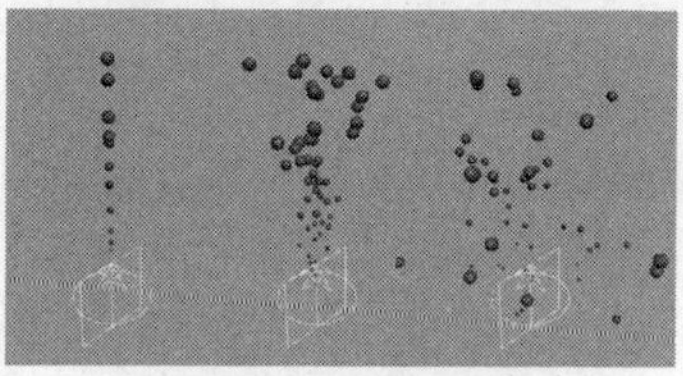

图16-32　超级喷射

16.3 范例——喷泉粒子

【重点提要】

本范例主要使用超级喷射粒子制作喷泉水柱，然后再通过力学系统控制粒子的效果，最终效果如图 16-33 所示。

图16-33　喷泉粒子范例效果

【制作流程】

本范例的制作流程分为 4 部分：①模型与粒子制作，②辅助力学调节，③粒子材质调节，④场景视图调节，如图 16-34 所示。

图16-34　制作流程

16.3.1　模型与粒子制作

Step01 在菜单中选择【File（文件）】→【Import（导入）】→【Import（导入）】命令，从弹出的对话框中打开本书配套光盘内的“喷泉 .max”场景文件，如图 16-35 所示。

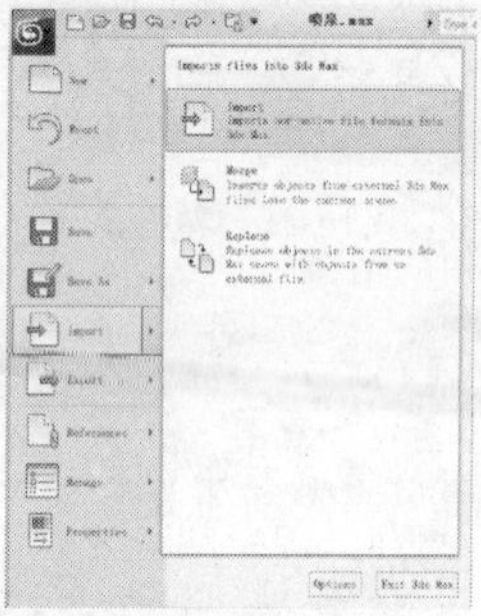

图16-35　导入场景

Step02 使用（移动）工具调节场景模型的位置，如图 16-36 所示。

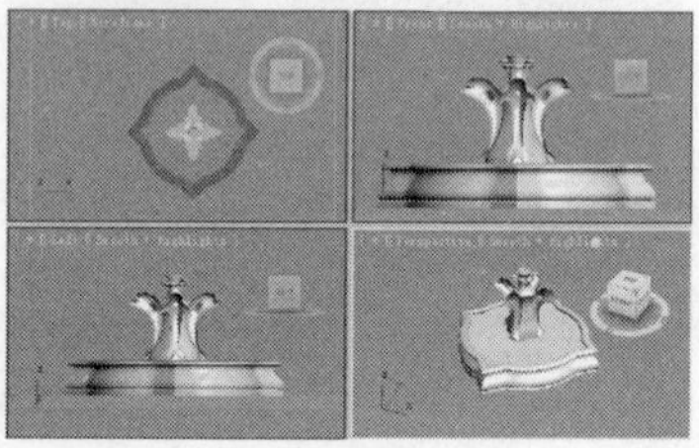

图16-36　调节位置

Step03 进入（创建）面板的（几何体）面板，单击 Particle Systems（粒子系统）下的 Super Spray（超级喷射）按钮，然后在 Top（顶）视图中创建超级喷射粒子，如图 16-37 所示。

图16-37 创建粒子

Step04 选择超级喷射发射器，在（修改）面板中开启 Use Total（使用总数）项目并设置值为 1500、Speed（速度）值为 8、Emit Stop（发射停止）值为 200、Display Until（显示时限）值为 200、Life（寿命）值为 40，然后再设置粒子类型为 Facing（面）方式，如图 16-38 所示。

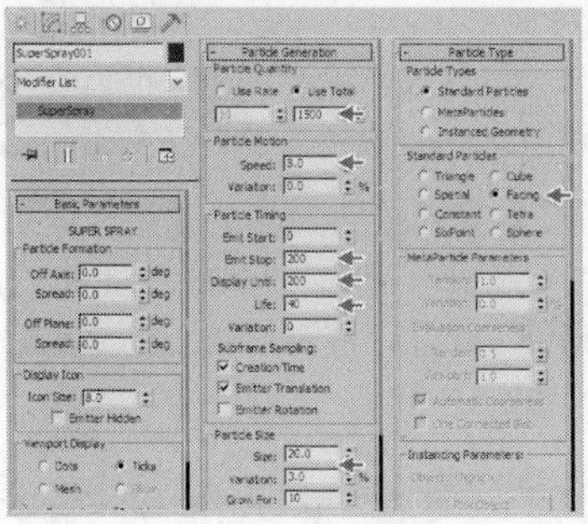
图16-38 设置粒子参数

Step05 拖动时间滑块，观看超级喷射粒子的喷射效果，如图 16-39 所示。

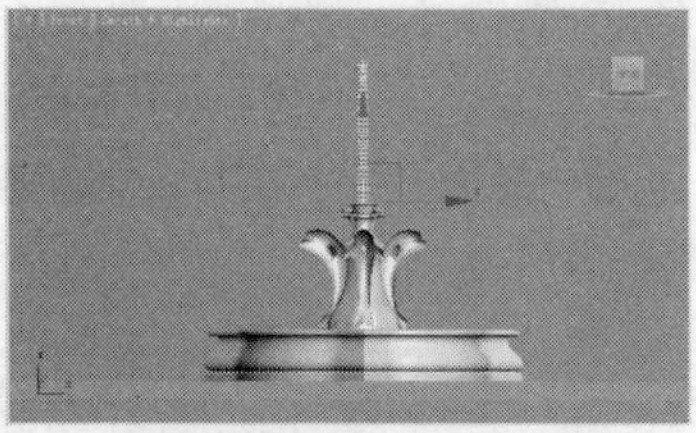
图16-39 粒子喷射效果

Step06 选择粒子发射器，使用（旋转）工具设置发射器的喷射角度，如图 16-40 所示。

Step07 选择粒子发射器并配合键盘的“Shift+ 旋转”快捷键复制粒子，产生向四周喷射的效果，如图 16-41 所示。

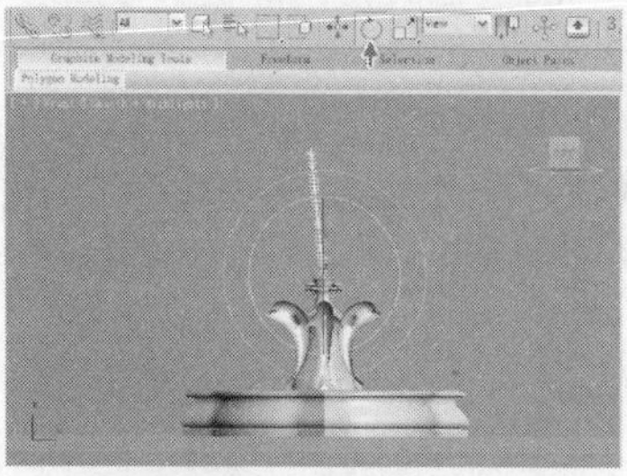
图16-40 旋转工具设置

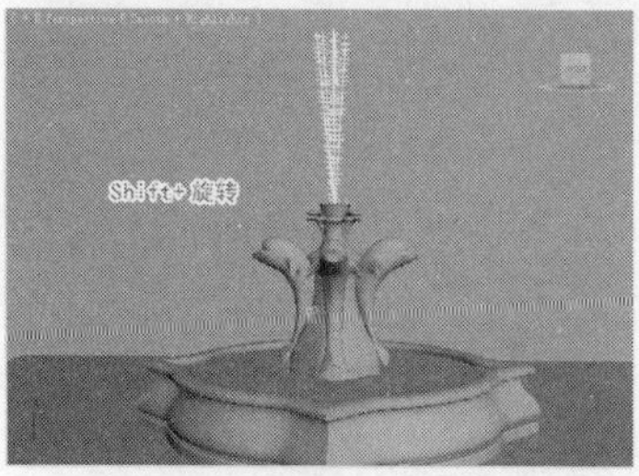

图16-41 复制粒子

Step08 在主工具栏单击（渲染）按钮，渲染场景粒子的效果如图 16-42 所示。

图16-42 粒子效果

Step09 进入（创建）面板的（几何体）面板，单击 Particle Systems（粒子系统）下的 Super Spray（超级喷射）按钮，然后在 Front（前）视图中创建超级喷射粒子，如图 16-43 所示。

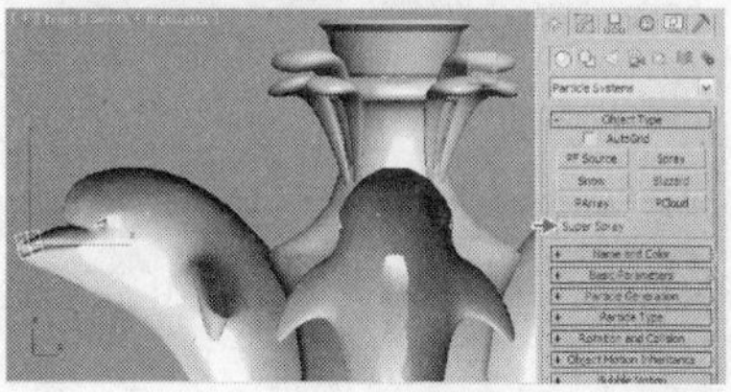
图16-43 创建粒子

Step10 选择超级喷射发射器，在（修改）面板中开启Use Total（使用总数）项目并设置值为1000、Speed（速度）值为8、Emit Stop（发射停止）值为200、Display Until（显示时限）值为200、Life（寿命）值为65，然后再设置粒子类型为Facing（面）方式，如图16-44所示。

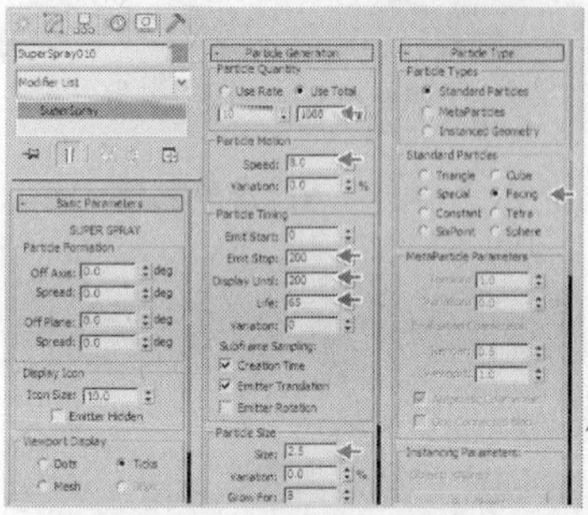

图16-44 设置粒子参数

Step11 拖动时间滑块，观看超级喷射粒子的喷射效果，如图16-45所示。

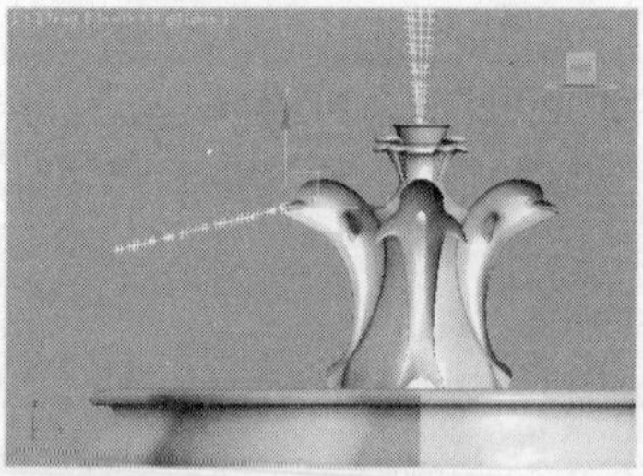

图16-45 粒子喷射效果

Step12 切换至Top（顶）视图选择粒子发射器，然后配合键盘的“Shift+旋转”快捷键复制粒子，如图16-46所示。

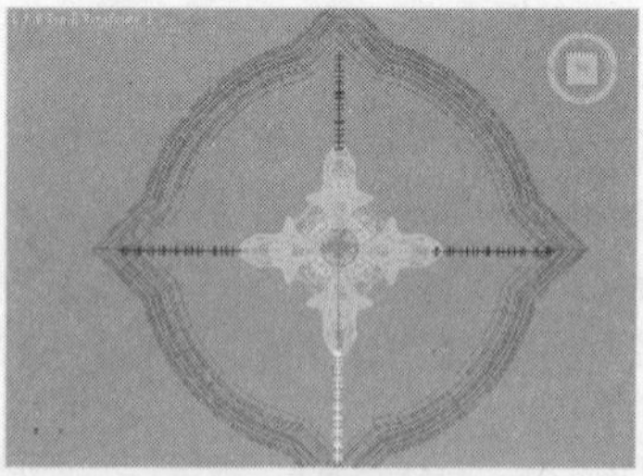

图16-46 复制粒子

Step13 切换至四视图显示方式，拖动时间滑块观看超级喷射粒子的喷射效果，如图16-47所示。

Step14 在主工具栏单击（渲染）按钮，渲染场景制作完成的粒子效果，如图16-48所示。

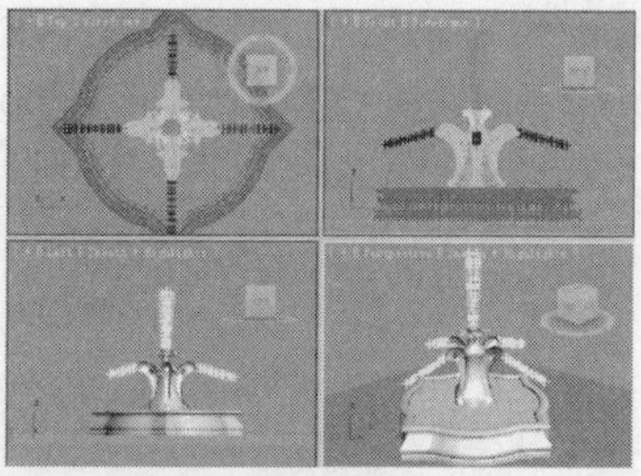

图16-47 观看粒子效果

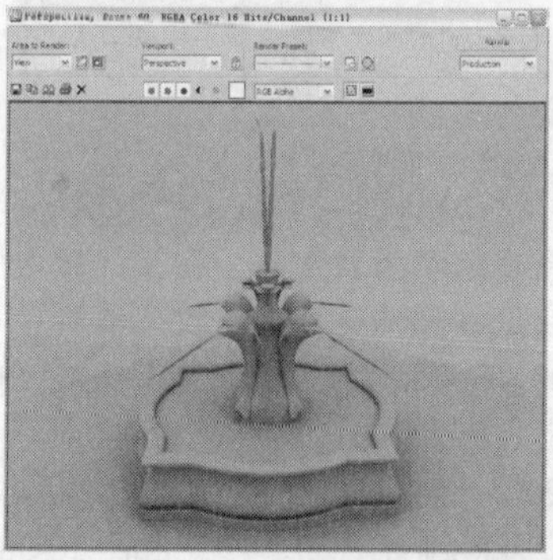

图16-48 渲染粒子效果

16.3.2 辅助力学调节

Step01 为了使粒子产生更自然的效果，进入创建面板的空间扭曲子面板，单击Forces（力）中的Gravity（重力）按钮，然后在顶视图中建立重力，如图16-49所示。

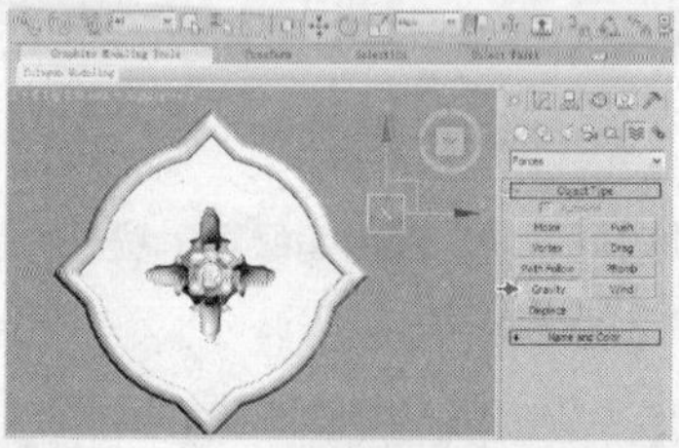

图16-49 创建重力

Step02 单击工具栏中的（空间扭曲）链接按钮，然后将重力绑定给超级喷射粒子，粒子将产生向下掉落的效果，如图16-50所示。

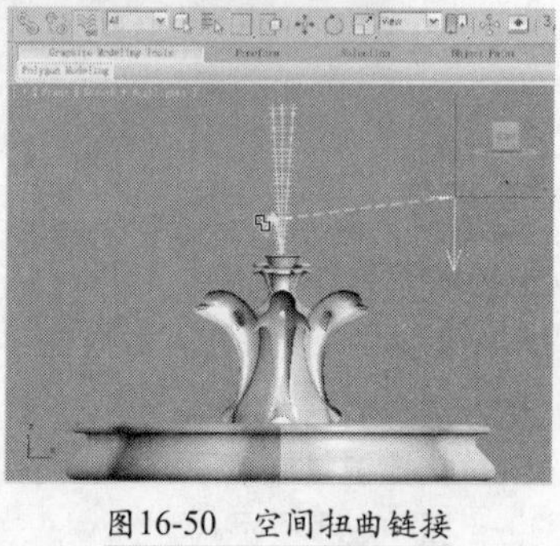

图16-50 空间扭曲链接

Step03 拖动时间滑块，观看粒子喷射效果如图 16-51 所示。

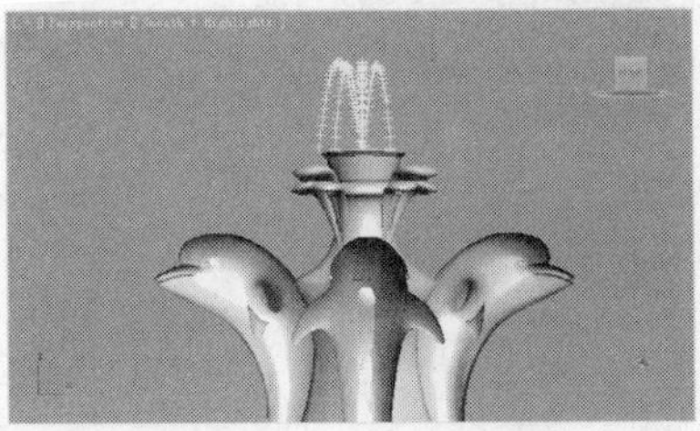

图16-51 观看重力效果

Step04 再到 Top（顶）视图中建立重力，在（修改）面板中设置 Strength（强度）值为 1，如图 16-52 所示。

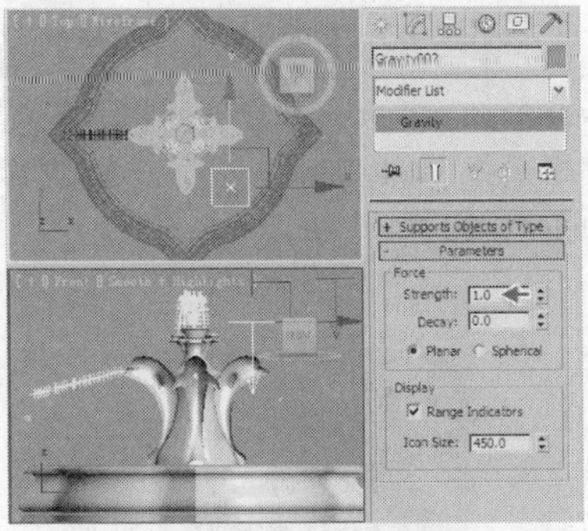

图16-52 设置重力参数

Step05 单击工具栏中的（空间扭曲）链接按钮，然后将重力绑定给超级喷射粒子，如图 16-53 所示。

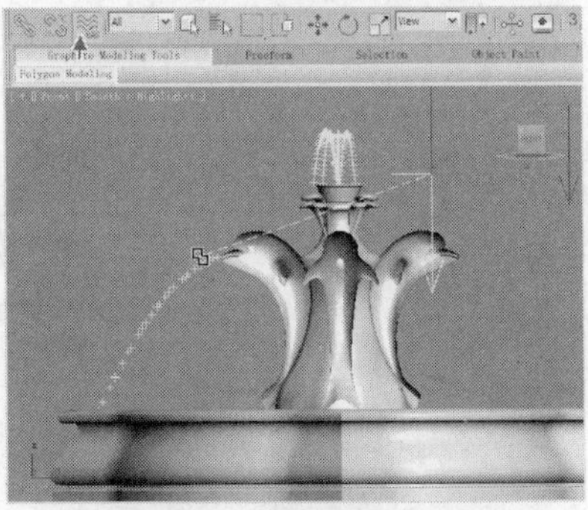

图16-53 空间扭曲链接

Step06 再次拖动时间滑块，观看绑定重力后的粒子效果，如图 16-54 所示。

Step07 在主工具栏单击（渲染）按钮，渲染绑定重力后的粒子效果，如图 16-55 所示。

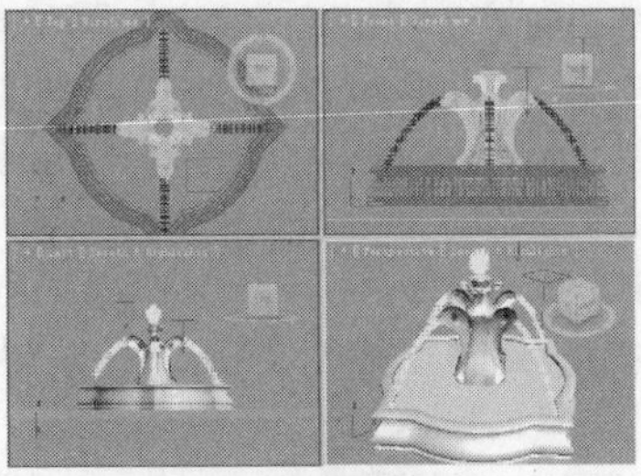

图16-54 观看效果

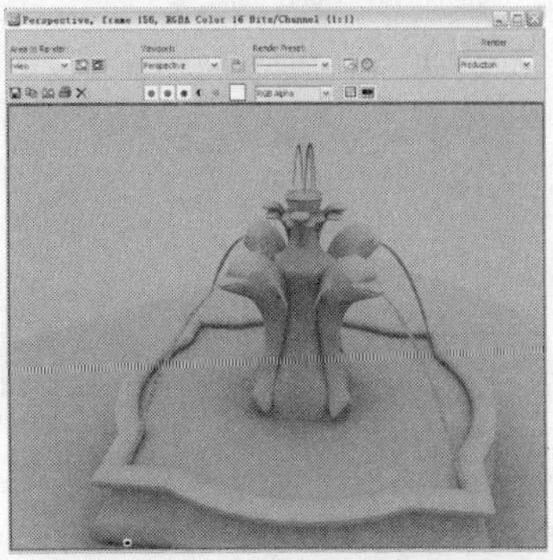

图16-55 渲染粒子效果

16.3.3 粒子材质调节

Step01 打开（材质编辑器）并选择一个空白材质球，设置名称为“喷泉池”并赋予模型，设置 Ambient（环境）与 Diffuse（漫反射）颜色为淡黄色、Specular Level（高光级别）值为 64、Glossiness（光泽度）值为 49，然后分别为 Diffuse（漫反射颜色）和 Bump（凹凸）赋予程序贴图中的 Falloff（衰减）与 Noise（噪波）贴图，如图 16-56 所示。

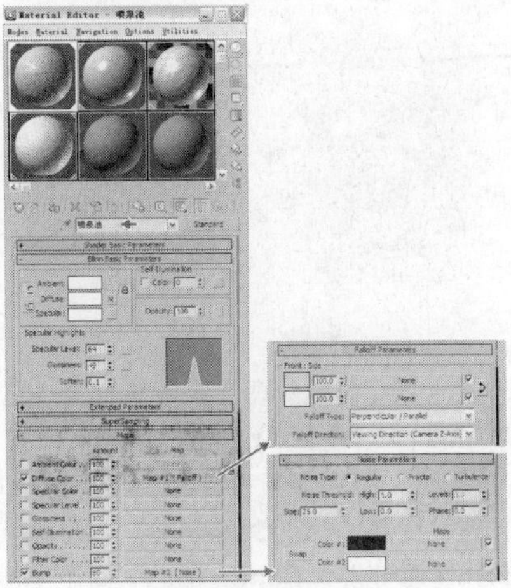

图16-56 喷泉池材质

Step02 选择一个空白材质球，设置名称为“海豚”并赋予模型，设置 Ambient（环境）与 Diffuse（漫反射）颜色为淡黄色、Specular Level（高光级别）值为 64、Glossiness（光泽度）值为 49，然后分别为 Diffuse（漫反射颜色）赋予程序贴图中的 Falloff（衰减）贴图，如图 16-57 所示。

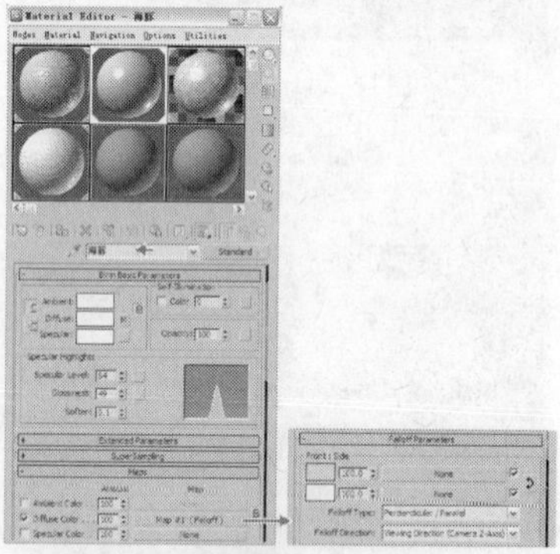

图16-57　海豚材质

Step03 选择一个空白材质球，设置名称为“粒子水”并赋予模型，设置 Ambient（环境）与 Diffuse（漫反射）颜色为蓝色、Specular Level（高光级别）值为 69、Glossiness（光泽度）值为 38，然后分别为 Bump（凹凸）赋予 Waves（水波）程序贴图，设置 Bump（凹凸）值为 30，为 Reflection（反射）赋予 Raytrace（光线追踪）程序贴图，设置 Raytrace（光线追踪）值为 30，如图 16-58 所示。

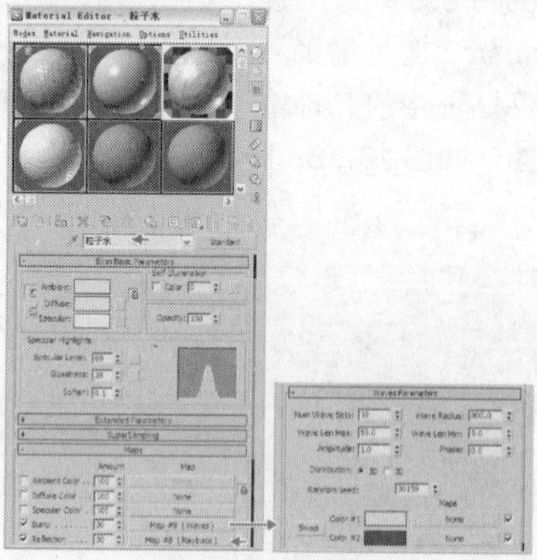

图16-58　水材质

Step04 选择一个空白材质球，设置名称为“水面”并赋予模型，设置 Ambient（环境）与 Diffuse（漫反射）颜色为蓝色、Specular Level（高光级别）值为 165、Glossiness（光泽度）值为 61，然后分别为 Bump（凹凸）赋予 Waves（水波）程序贴图并设置 Bump（凹凸）值为 104，为 Reflection（反射）赋予 Raytrace（光线追踪）程序贴图并设置 Raytrace（光线追踪）值为 65，如图 16-59 所示。

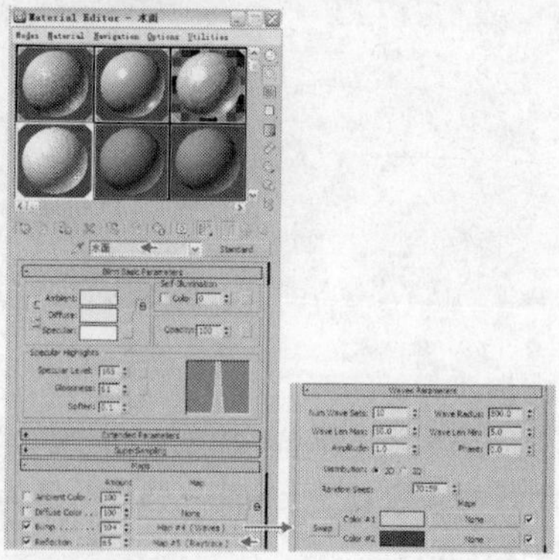

图16-59　水面材质

Step05 选择一个空白材质球，设置名称为“地面”，然后单击 Standard（标准）按钮，在弹出的对话框中选择 Matte/Shadow（无光 / 阴影）材质，如图 16-60 所示。

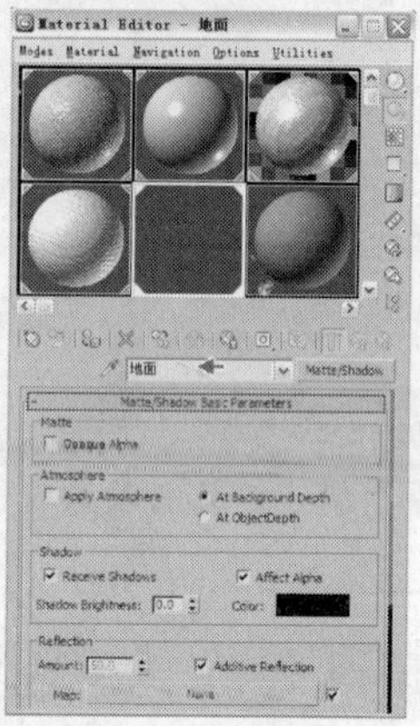

图16-60　无光/阴影材质

Step06 进入（创建）面板的（灯光）面板单击 Skylight（天光）按钮，在 Top（顶）视图中建立一盏天光，然后设置 Rays Per Sample（采样值）值为 15，如图 16-61 所示。

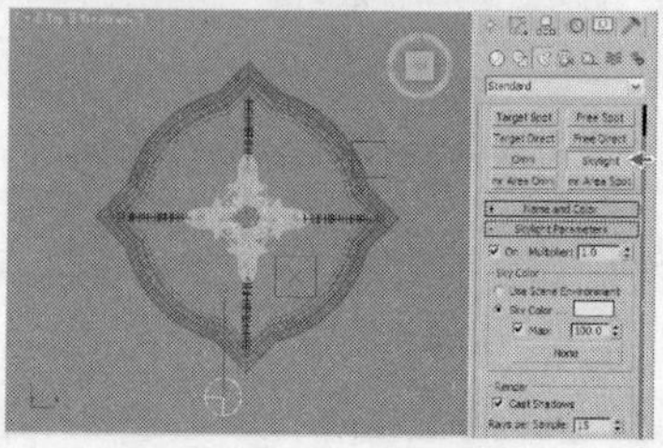

图16-61　创建天光

Step07 在主工具栏单击（渲染）按钮，渲染场景材质与灯光效果，如图 16-62 所示。

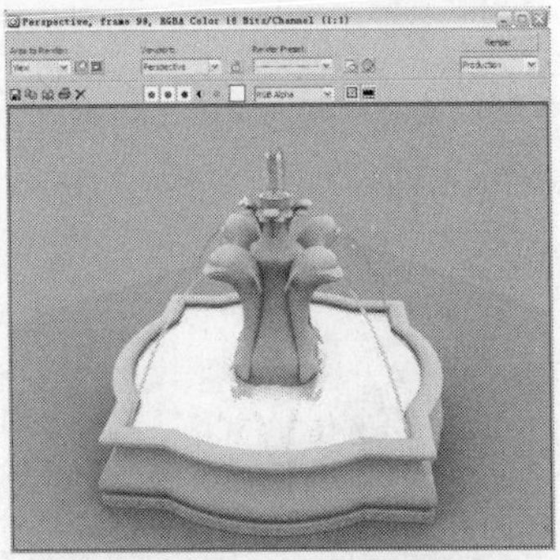

图16-62 渲染材质效果

16.3.4 场景视图调节

Step01 在菜单中选择【Views（视图）】→【Viewport Background（视图背景）】→【Viewport Background（视图背景）】命令，如图 16-63 所示。

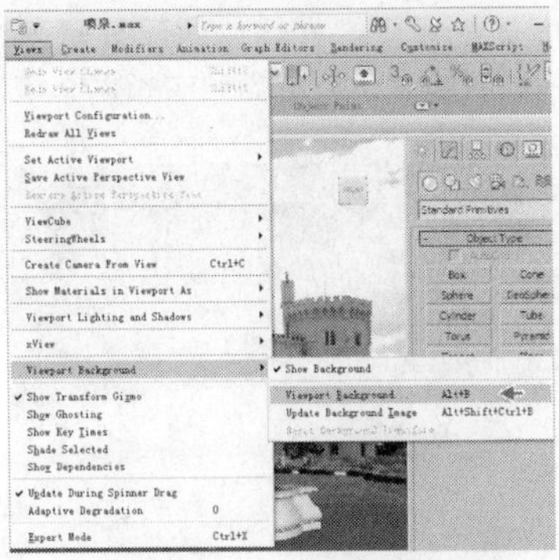

图16-63 选择视图背景命令

Step02 在弹出的视图对话框中单击 Files（文件）按钮导入本书配套光盘提供的背景图像，然后再开启 Match Bitmap（匹配位图）和 Lock Zoom/Pan（锁定放缩 / 平移）项目，如图 16-64 所示。

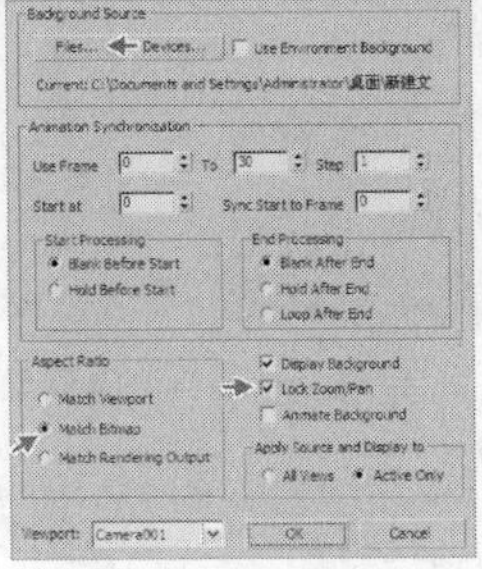

图16-64 导入背景

Step03 进入（创建）面板的（摄影机）面板单击 Target（目标）按钮，在 Front（前）视图中建立一架目标摄影机，然后在菜单中选择【View（视图）】→【Create Camera From View（从视图创建摄影机）】命令，将摄影机匹配到视图的角度，如图 16-65 所示。

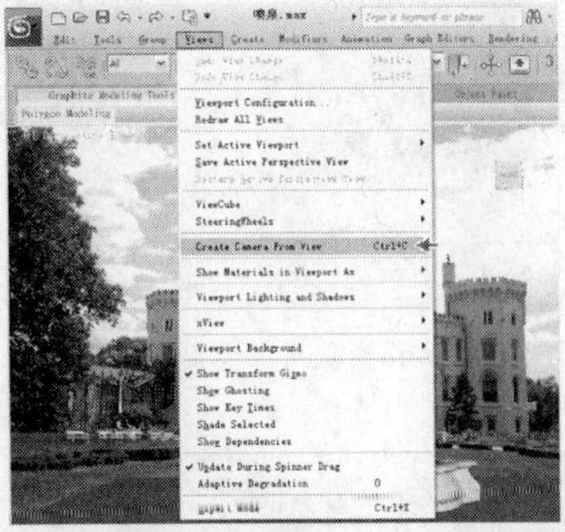

图16-65 匹配摄影机

Step04 在视图左上角提示文字处单击鼠标右键，从弹出的菜单中选择 Show Safe Frame（显示安全框）命令，如图 16-66 所示。

图16-66 显示安全框

Step05 在主工具栏单击（渲染）按钮，渲染摄影机视图效果，如图 16-67 所示。

图16-67 渲染摄影机视图

Step06 在菜单中选择【Render（渲染）】→【Environment（环境）】命令，在弹出的 Environment and Effects（环境与特效）对话框中，单击环境贴图的 None（无）按钮，然后赋予本书配套光盘提供的背景图像，如图 16-68 所示。

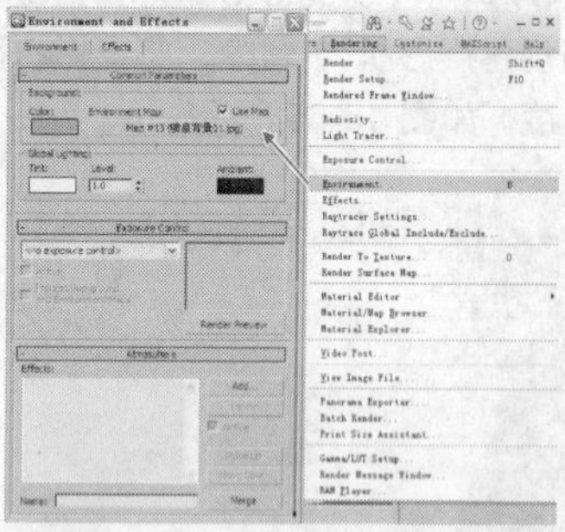

图16-68 使用环境贴图命令

Step07 在主工具栏单击 （渲染）按钮，渲染场景最终效果，如图 16-69 所示。

图16-69 最终效果

16.4 范例——煤气罐爆炸

【重点提要】

本范例使用阵列粒子拾取物体，通过粒子喷射的类型切换表现出爆炸的效果，最终效果如图 16-70 所示。

图16-70 煤气罐爆炸范例效果

【制作流程】

煤气罐爆炸范例的制作流程分为 4 部分：①搭建模型制作，②场景灯光设置，③爆炸粒子设置，④透明动画设置，如图 16-71 所示。

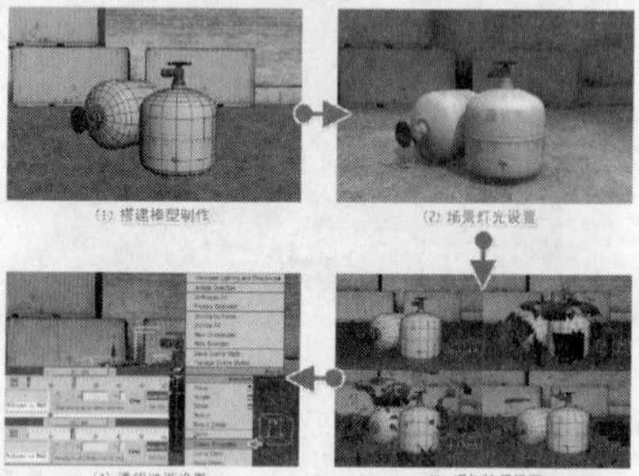

图16-71 制作流程

16.4.1 搭建模型制作

Step01 在场景中建立圆柱体并搭配编辑多边形命令，制作煤气罐主体模型，如图 16-72 所示。

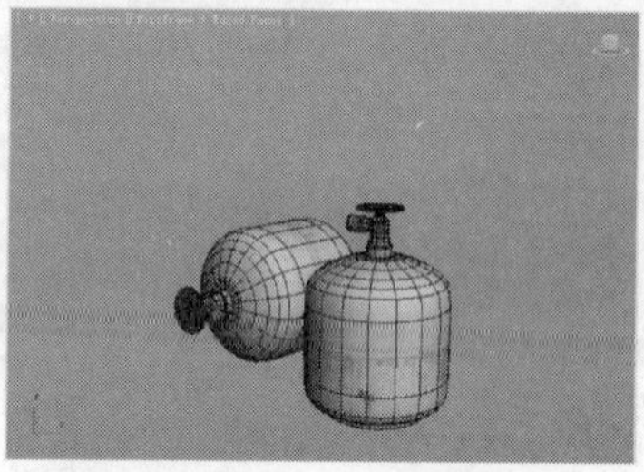

图16-72 制作模型

Step02 建立平面制作墙体与地面模型，如图 16-73 所示。

图16-73 墙体与地面模型

Step03 建立长方体模型制作集装箱的模型，丰富场景的整体效果，如图 16-74 所示。

图16-74　辅助模型

Step04 进入（创建）面板的（摄影机）面板单击 Target（目标）按钮，然后在 Front（前）视图中建立一架目标摄影机，如图 16-75 所示。

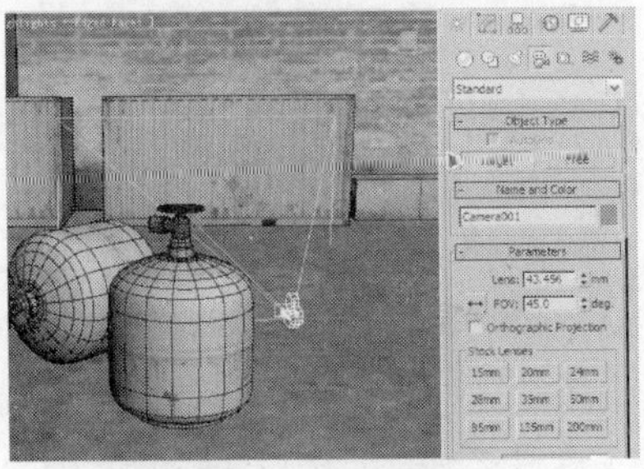

图16-75　创建摄影机

Step05 在菜单中选择【View（视图）】→【Create Camera From View（从视图创建摄影机）】命令，将摄影机匹配到视图的角度，如图 16-76 所示。

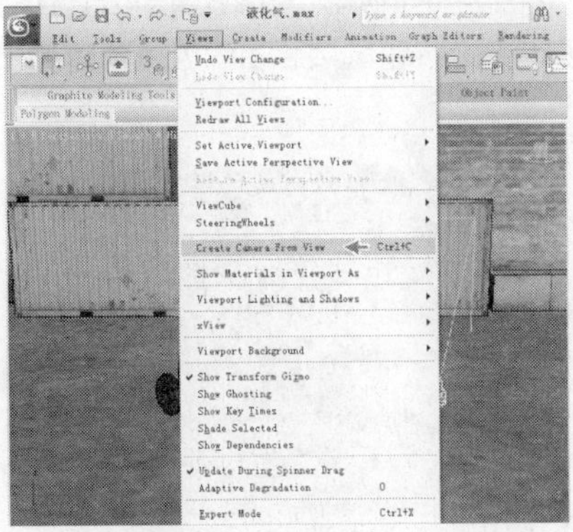

图16-76　匹配摄影机

Step06 在视图左上角提示文字处单击鼠标右键，从弹出的菜单中选择【Cameras（摄影机）】→【Camera001（摄影机 001）】命令，如图 16-77 所示。

Step07 选择摄影机并在（修改）面板中设置 Lens（镜头）值为 35，调节摄影机的取景范围，如图 16-78 所示。

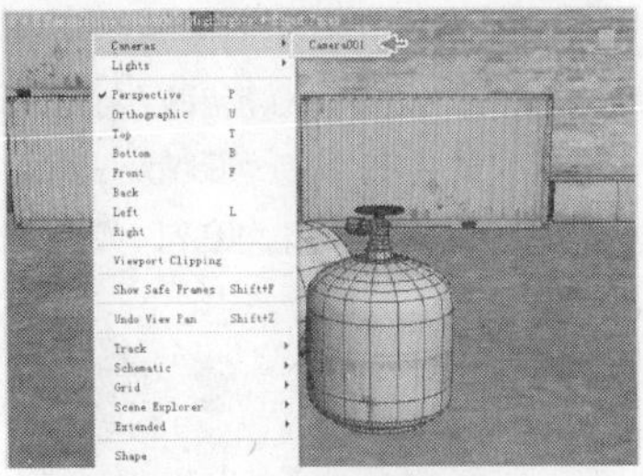

图16-77　切换视图

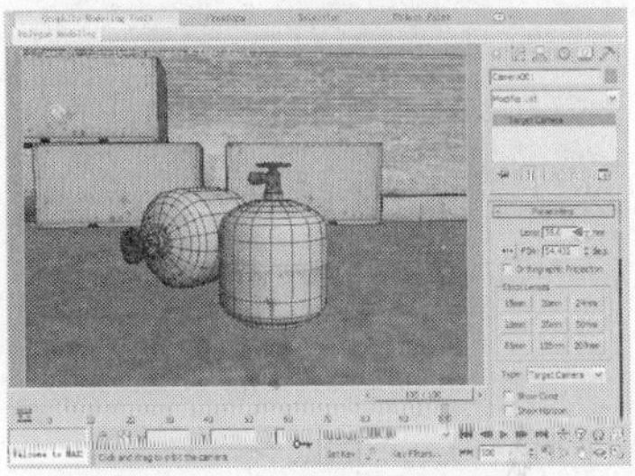

图16-78　设置摄影机参数

Step08 在主工具栏单击（渲染）按钮，渲染摄影机的视图效果，如图 16-79 所示。

图16-79　渲染摄影机视图

16.4.2　场景灯光设置

Step01 在（创建）面板中选择（灯光）中的 Target Spot（目标聚光灯），然后在 Front（前）视图中建立灯光，如图 16-80 所示。

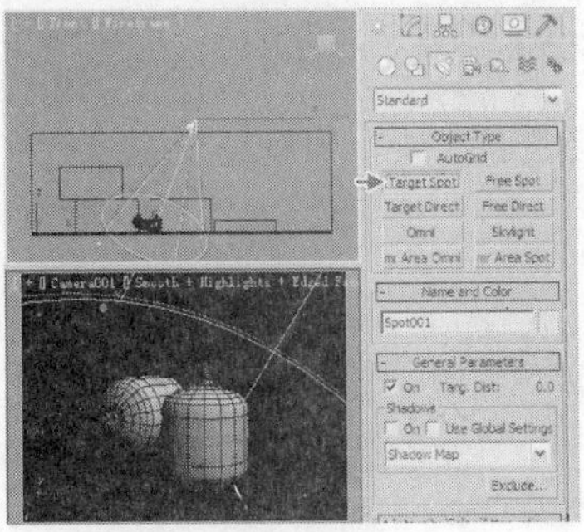

图16-80　创建灯光

Step02 在（修改）面板中开启阴影项目，然后设置 Multiplier（倍增）值为 0.7、Hotspot/Beam（聚光区 / 光束）值为 5、Falloff/Field（衰减区 / 区域）值为 60、Dens（密度）值为 0.7，如图 16-81 所示。

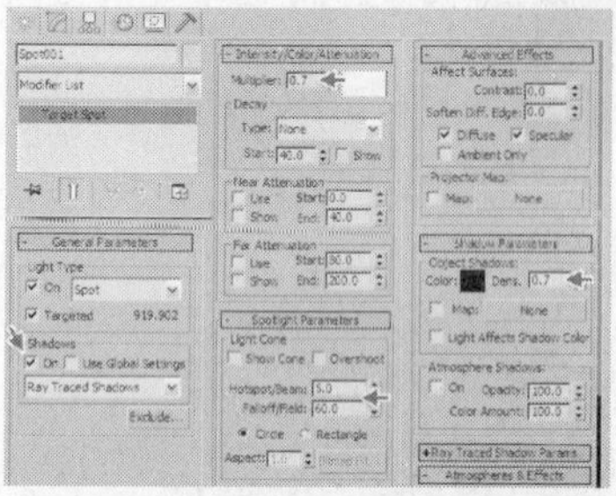

图16-81　设置灯光参数

Step03 在主工具栏单击（渲染）按钮，渲染场景的灯光效果，如图 16-82 所示。

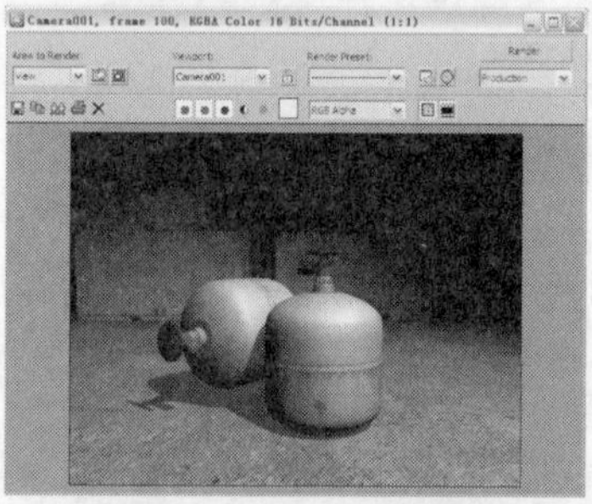

图16-82　渲染灯光效果

Step04 在（创建）面板的（灯光）子面板中单击 Skylight（天光）按钮，在 Top（顶）视图中建立一盏天光，然后设置 Multiplier（倍增）值为 0.5，如图 16-83 所示。

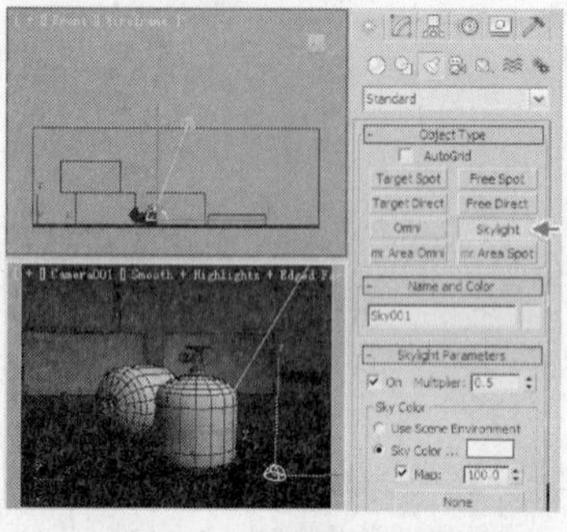

图16-83　设置天光参数

Step05 在主工具栏中单击渲染设置按钮，从弹出的 Render Setup（渲染设置）对话框中开启高级灯光的 Light Tracer（光追踪器）项目，如图 16-84 所示。

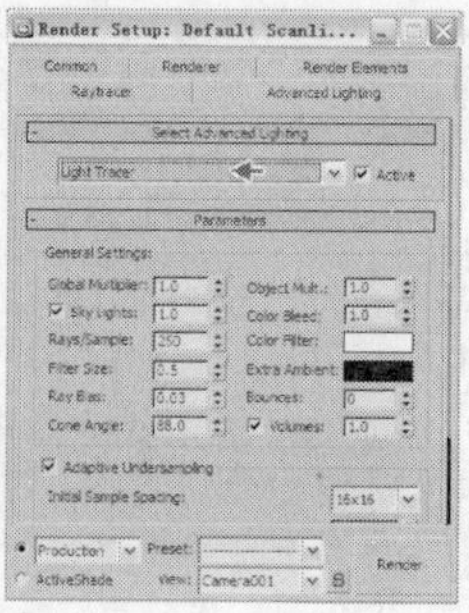

图16-84　开启光追踪器

Step06 在主工具栏单击（渲染）按钮，渲染天光环境的效果，如图 16-85 所示。

图16-85　渲染天光效果

16.4.3　爆炸粒子设置

Step01 在（创建）面板的（几何体）面板中单击 Particle Systems（粒子系统）下的 PArray（粒子阵列）按钮，然后在视图中创建粒子，如图 16-86 所示。

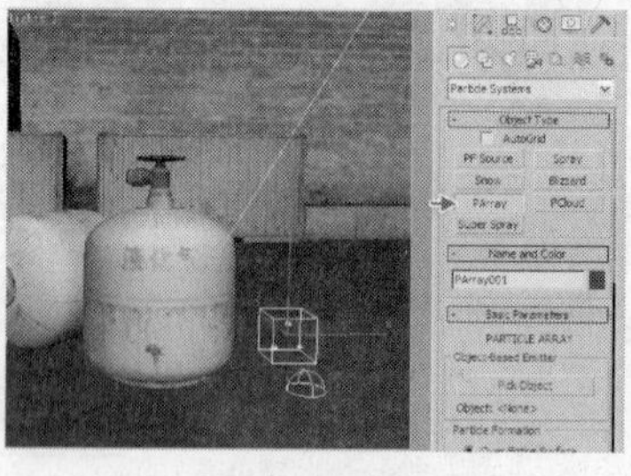

图16-86　创建粒子

Step02 选择粒子阵列发射器，在（修改）面板中单击 Pick Object（拾取路径）按钮，然后拾取煤气罐的模型，如图 16-87 所示。

Step03 选择粒子阵列发射器，在（修改）面板中的 Particle Type（粒子类型）卷展栏下选择 Object Fragments（对象碎片）类型，如图 16-88 所示。

图16-87　拾取物体

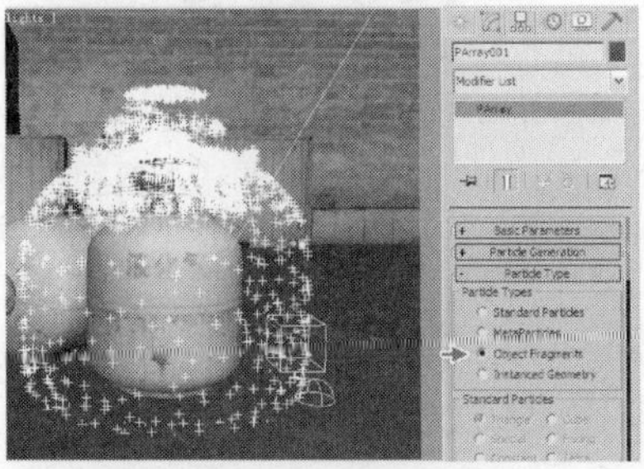

图16-88　设置粒子类型

Step04 在 （修改）面板中 Basic Parameters（基本参数）卷展栏下选择视图显示类型为 Mesh（网格）显示，如图 16-89 所示。

图16-89　设置显示类型

Step05 在 （修改）面板中的 Particle Type（粒子类型）卷展栏下选择对象碎片控制类型为 Number of Chunks（碎片数目），如图 16-90 所示。

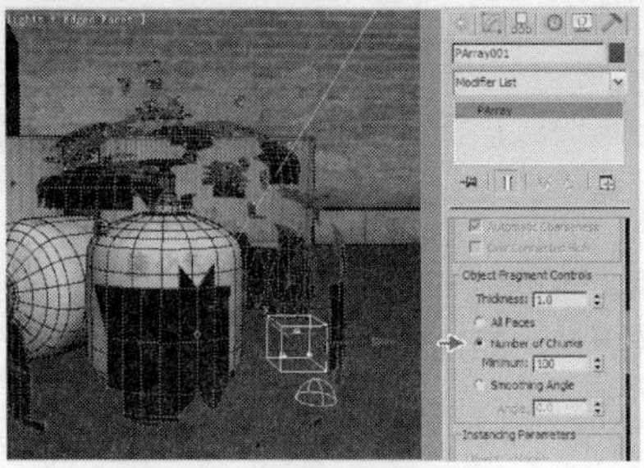

图16-90　设置碎片数目

Step06 在 （修改）面板中的 Particle Generation（粒子生成）卷展栏下设置粒子运动与粒子计时参数，如图 16-91 所示。

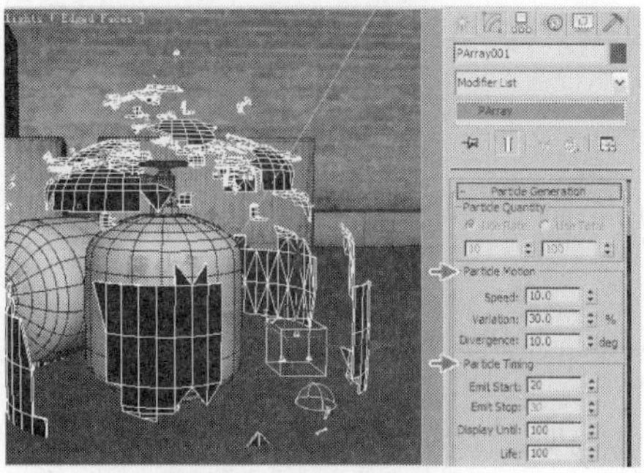

图16-91　设置粒子参数

Step07 在 （修改）面板中观看调节的粒子参数，如图 16-92 所示。

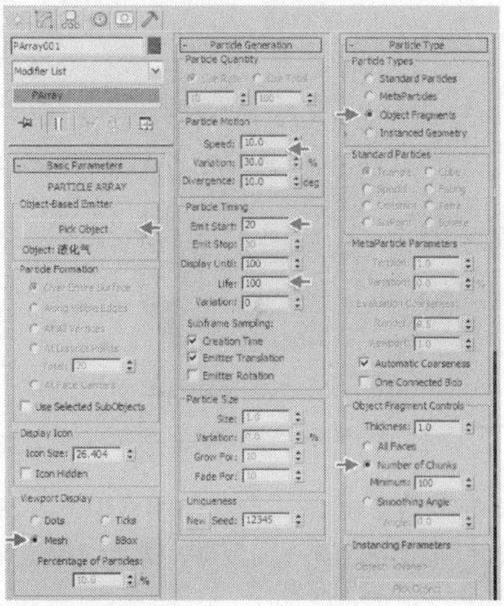

图16-92　参数设置

Step08 拖动时间滑块，观看粒子爆炸的效果，如图 16-93 所示。

图16-93　粒子效果

Step09 在 （显示）面板的 Hide by Category（按类别隐藏）卷展栏下开启 Lights（灯光）和 Cameras（摄影机）项目，如图 16-94 所示。

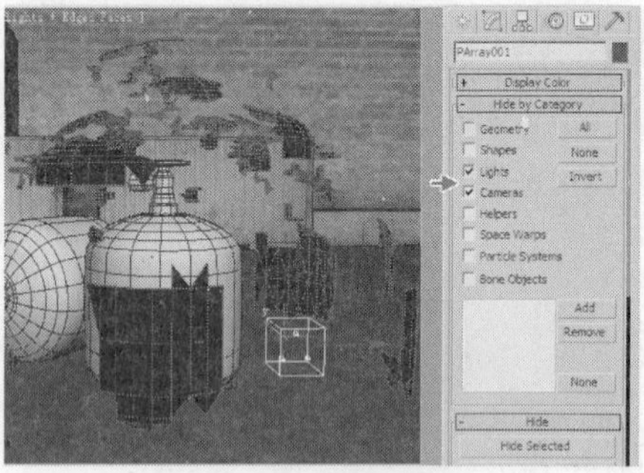

图16-94 开启隐藏项目

Step10 在 （创建）面板的 （空间扭曲）面板中单击 Forces（力）中的 Gravity（重力）按钮，然后在“Top 顶视图”中建立重力，如图 16-95 所示。

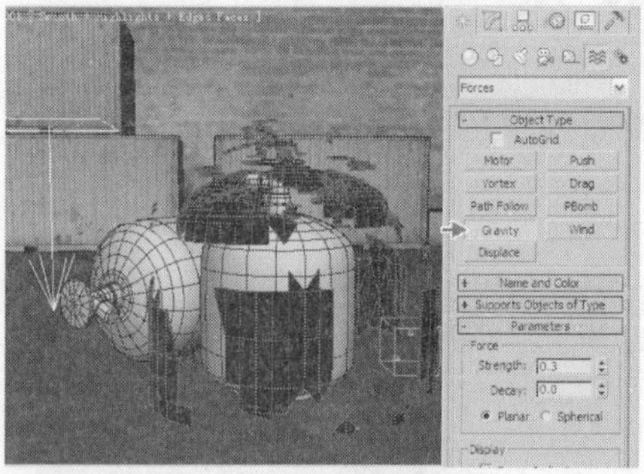

图16-95 创建重力

Step11 单击工具栏中 （空间扭曲）链接按钮，然后将重力绑定给粒子发射器，如图 16-96 所示。

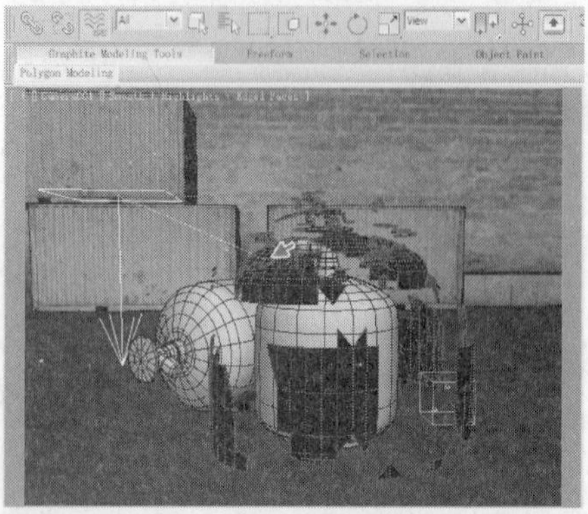

图16-96 空间扭曲链接

Step12 观看绑定重力后的粒子效果，如图 16-97 所示。

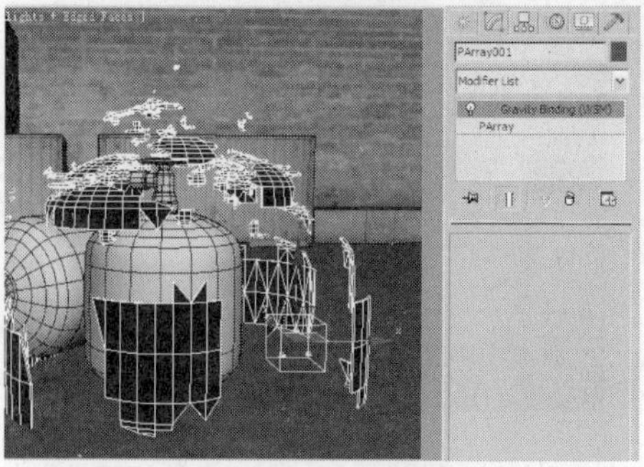

图16-97 重力效果

Step13 为了阻止粒子透过地面，在 （创建）面板的 （空间扭曲）面板中单击 Deflectors（导向器）的 Deflector（导向板）按钮，然后在 Top（顶）视图中建立一块导向板，如图 16-98 所示。

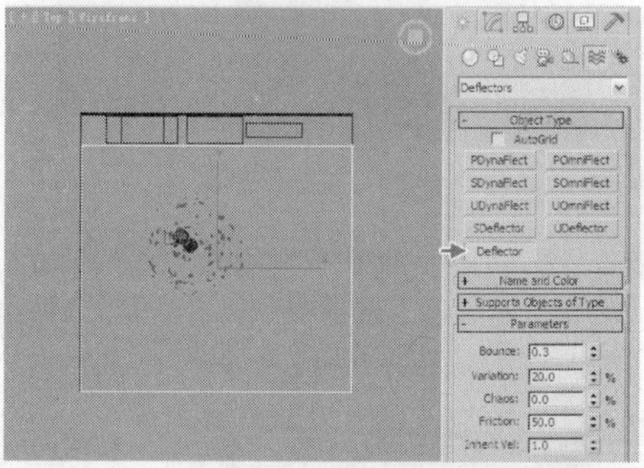

图16-98 创建导向板

Step14 单击工具栏中的 （空间扭曲）链接按钮，然后将导向板绑定给粒子发射器，如图 16-99 所示。

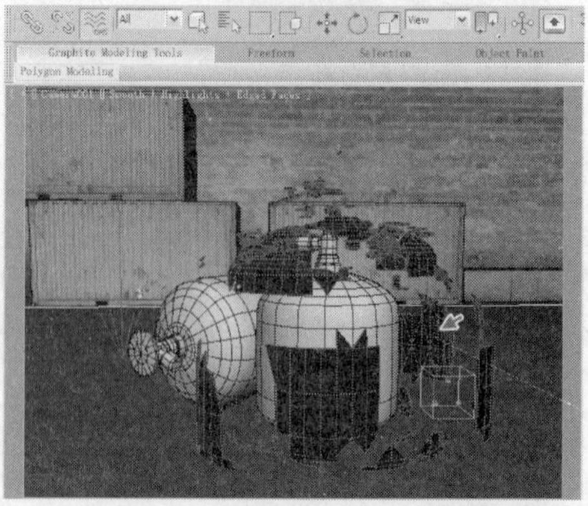

图16-99 空间扭曲链接

Step15 再次拖动时间滑块，观看绑定导向板后的粒子效果，如图 16-100 所示。

图16-100　粒子效果

16.4.4　透明动画设置

Step01 选择粒子发射器并配合键盘的"Shift+ 移动"快捷键复制粒子，如图 16-101 所示。

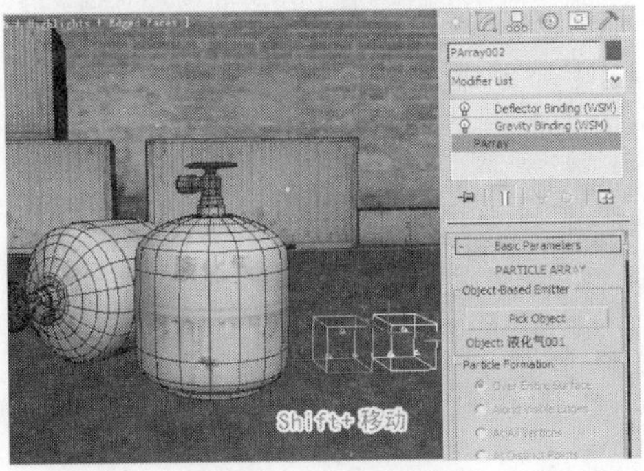

图16-101　复制粒子

Step02 拖动时间滑块，观看粒子产生的效果如图 16-102 所示。

图16-102　粒子效果

Step03 单击时间线下方的 Auto Key（自动关键帧）按钮，然后拖动时间滑块到第 20 帧位置，再选择煤气罐模型并单击鼠标右键，从弹出的四元菜单中选择 Object Properties（对象属性）命令，如图 16-103 所示。

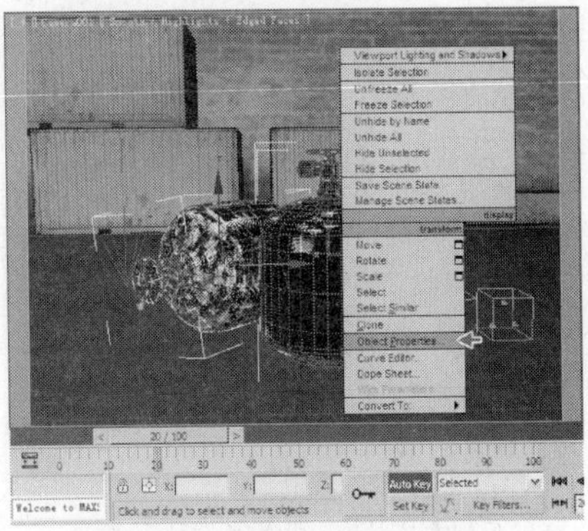

图16-103　选择物体对象

Step04 在弹出的 Object Properties（对象属性）对话框中设置 Visibility（可见性）值为 0，对象将产生透明的效果，如图 16-104 所示。

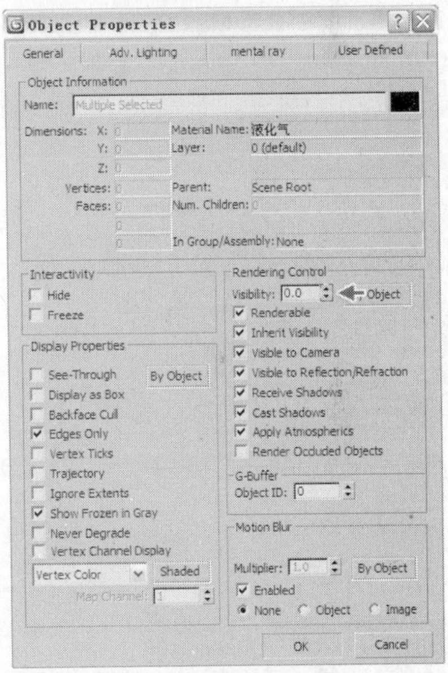

图16-104　设置可见性值

Step05 拖动时间滑块到第 21 帧位置，记录 Visibility（可见性）值为 100，如图 16-105 所示。

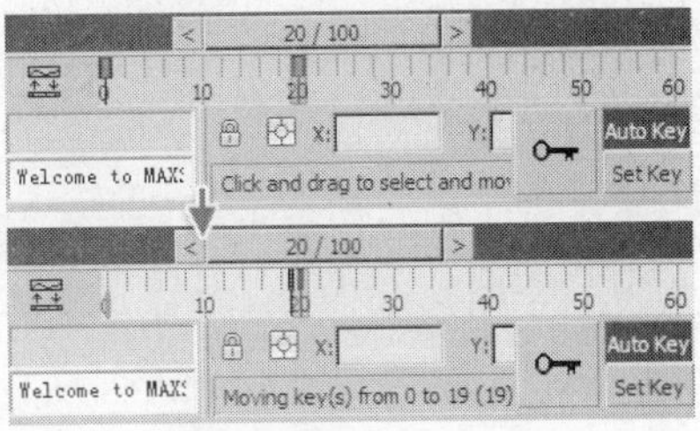

图16-105　记录动画

Step06 拖动时间滑块，观看煤气罐的可见性动画效果，如图 16-106 所示。

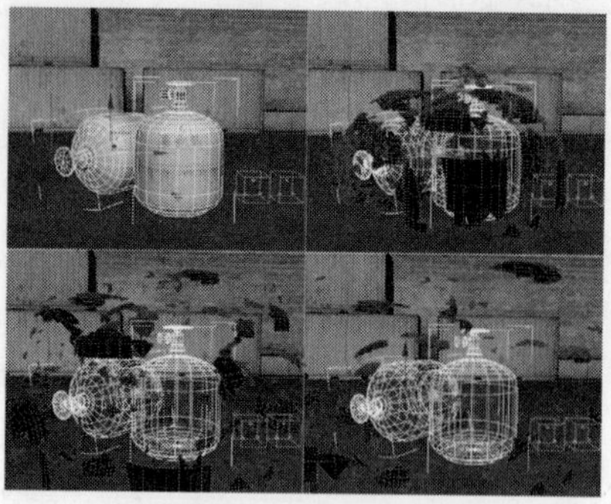

图16-106　观看动画效果

Step07 单击工具栏中的（渲染）按钮，观看动画的最终效果，如图 16-107 所示。

图16-107　最终动画效果

16.5 本章小结

本章主要讲解了 3ds Max 2011 中的空间扭曲和粒子系统。空间扭曲中的内容有力、导向板和几何 / 可变形，粒子系统中的内容有 PF Source、喷射、雪、暴风雪、粒子云、粒子阵列和超级喷射，最后配合范例进行了综合的应用。

第17章 reactor动力学

本章内容

- reactor的位置
- 动力学集合
- 辅助力学对象
- 约束
- reactor工具
- 范例——风吹帆船
- 范例——篮球碰撞

图17-1 reactor系统

reactor系统可以使动画师和美术师能够轻松地控制并模拟复杂物理场景，如图17-1所示。一旦在3ds Max中创建了对象，就可以使用reactor向其指定物理属性。这些属性包括诸如质量、摩擦力和弹力之类的特性。对象可以是固定的、自由的、连在弹簧上，或者使用多种约束连在一起。通过这样给对象指定物理特性，可以快速而简便地进行真实场景的建模。之后可以对这些对象进行模拟以生成在物理效果上非常精确的关键帧动画。

设置好reactor场景后，可以使用实时模拟显示窗口对其进行快速预览。这使您能够交互地测试和播放场景。可以改变场景中所有物理对象的位置，以大幅度减少设计时间。之后，可以通过一次按键操作把该场景传输回3ds Max，同时保留动画所需的全部属性。

reactor使您不必再手动设置耗时的二级动画效果，如爆炸的建筑物和悬垂的窗帘。reactor还支持诸如关键帧和蒙皮之类的所有标准3ds Max功能，因此可以在相同的场景中同时使用常规和物理动画。诸如自动关键帧减少之类的方便工具，使您能够在创建动画之后调整和改变其在物理过程中生成的部分。

17.1 reactor的位置

reactor 的分布位置主要有命令面板、reactor 工具栏、动画菜单、reactor 四元菜单、辅助对象图标。

17.1.1 命令面板

可以使用（创建）面板的（辅助对象）查找大多数 reactor 对象，如图 17-2 所示。

图17-2 辅助对象

可以使用（创建）面板的（空间扭曲）下的 reactor 选项，其中还有一个空间扭曲（用于水），如图 17-3 所示。

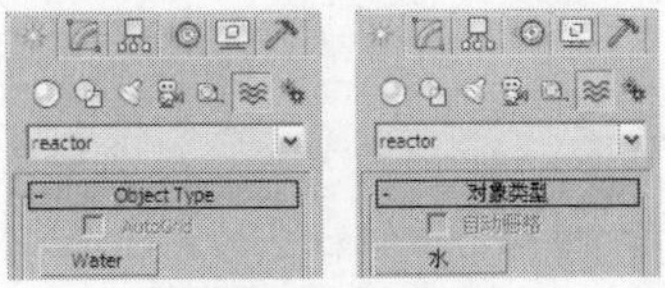

图17-3 空间扭曲

一旦创建了 reactor 对象并选择对象，然后打开（修改）面板就可以对其属性进行设置，如图 17-4 所示。

修改面板中还有 reactor 对应的修改器，用来对可变形对象进行模拟，如图 17-5 所示。

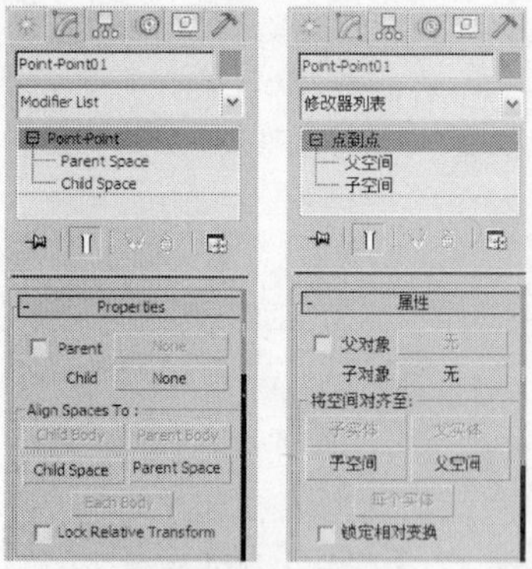

图17-4 修改面板

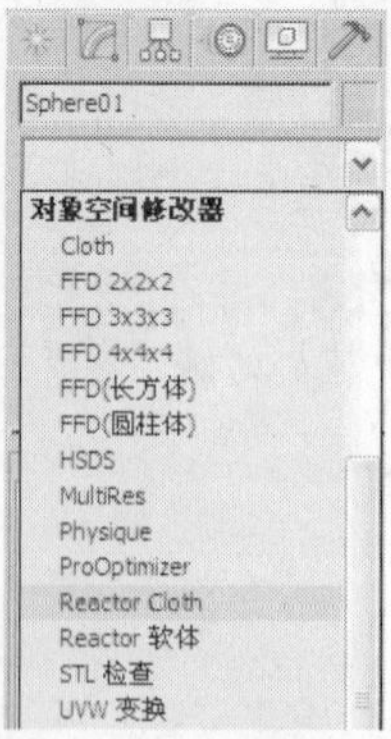

图17-5 reactor修改器

在工具面板中找到其余大多数reactor功能。在这里可以访问诸如预览模拟、更改世界、显示参数和分析对象凸面性之类的功能。使用它还能查看和编辑与场景中的对象相关联的刚体属性，如图17-6所示。

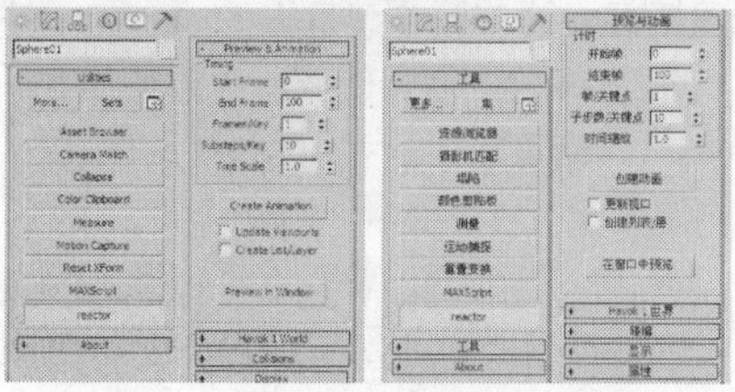

图17-6 工具面板

17.1.2 reactor工具栏

reactor工具栏是访问reactor诸多功能的一种便捷方式。其中的按钮用于快速创建约束和其他辅助对象、显示物理属性、生成动画以及运行实时预览，如图17-7所示。

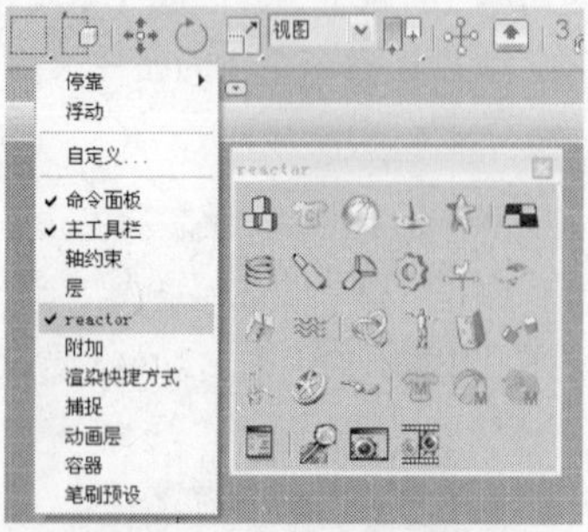

图17-7 reactor工具栏

17.1.3 reactor菜单

在菜单中选择【动画】→【reactor（动力学）】命令是访问reactor功能的另一种方法，如图17-8所示。

图17-8 动力学菜单

17.1.4 reactor四元菜单

访问reactor选项的一种更快捷方法是reactor四元菜单。按住“Shift+Alt”键的同时在任意视图中单击鼠标右键，可以弹出reactor的四元菜单，如图17-9所示。

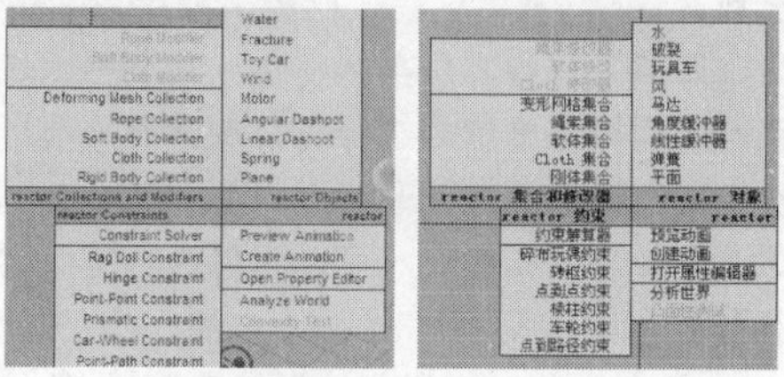

图17-9 reactor 四元菜单

17.1.5 辅助对象图标

正如在开始使用reactor时看到的，很多reactor元素（例如约束和刚体集合）都有其自身的特殊辅助对象图标，当把它们添加到场景中时，这些图标就会出现在视图中，如图17-10所示。

图17-10 辅助对象图标

虽然辅助对象图标不会出现在渲染的场景中，但图标的外观将帮助您正确设置reactor场景。

视图中所有选定的reactor图标都是白色的，选定的图标要比未选定的图标大，而且使用所提供的显示选项可以进一步缩放。未被选定时，有效元素的图标将为蓝色，无效元素的图标为红色。有效性的构成取决于特定的 reactor 元素，如果铰链上附加了正确的对象数目，则它就是有效的。无效元素不会包含在模拟中，并会作为错误加以报告。某些图标会提供有关元素在模拟中行为方式的附加信息。例如，有效铰链的显示会表明铰链的位置、铰链轴（被选定时）以及针对铰链连接体的移动所指定的任何限制。

17.2 动力学集合

动力学集合中包括了刚体、布料、柔体等集合。通过动力学工具条进行创建，如图 17-11 所示。

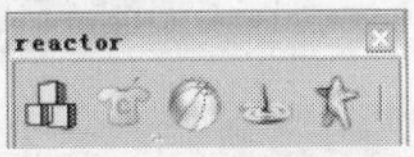

图17-11 动力学工具条

17.2.1 刚体集合

刚体集合是一种作为刚体容器的 reactor 辅助对象。在场景中添加了刚体集合，就可以将场景中的任何有效刚体添加到集合中。当运行模拟时，软件将检查场景中的刚体集合，如果没有禁用集合，会将它们包含的刚体添加到模拟中。在较低级别，集合也允许指定用于解决该集合中实体的刚体行为的数学方法。

刚体是 reactor 模拟的基本构建块，是外形不会改变的任何真实对象，可以使用 3ds Max 场景中的任何几何体创建刚体。reactor 随后会指定该对象将在模拟中所拥有的属性，如质量、摩擦力，或者该实体是否可与其他刚体相碰撞。还可以使用铰链和弹簧之类的约束限制刚体在模拟中可能出现的移动，刚体效果如图 17-12 所示。

图17-12 刚体效果

17.2.2 布料集合

布料集合是一个 reactor 辅助对象，用于充当布料对象的容器。在场景中添加了布料集合，场景中的所有布料对象（带布料修改器的对象）都可添加到该集合中。在运行模拟时，将检查场景中的布料集合，如果这些集合未禁用，则集合中包含的布料对象将被添加到模拟中。

reactor 中的布料对象是二维的可变形体。可以利用布料对象模拟旗帜、窗帘、衣服（裙子、帽子和衬衫）和横幅，也可以模拟一些类似纸张和金属片的材质，布料效果如图 17-13 所示。

图17-13 布料效果

17.2.3 软体集合

软体集合是一个 reactor 辅助对象，用于充当软体的容器。将软体集合添加到场景中后，场景中的所有软体均可以添加到该集合中。在运行模拟时，将检查场景中的软体集合，如果没有禁用集合，集合中包含的软体将被添加到模拟中。

软体是三维的可变形体，软体与布料的主要区别是软体有形状的概念，即软体在某种程度上会尝试保持其最初的形状。可以使用软体来模拟如水皮球、水袋、果冻和水果等软而湿的对象。如果向对象和角色（松软的耳朵、鼻子、尾巴等）添加逼真的二级运动，软体也很有用。

模拟软体有两种方法，基于网格的方法使用网格中的顶点进行操作。FFD 软体则操纵 FFD 栅格中的控制点，根据对象的复杂性以及所需的效果，可以使用任意一种方法，软体效果如图 17-14 所示。

图17-14 软体效果

17.2.4 绳索集合

绳索集合是一个reactor辅助对象，用于充当绳索的容器。将绳索集合添加到场景中后，场景中的所有绳索均可以添加到该集合中。在运行模拟时，将检查场景中的绳索集合，如果没有禁用集合，集合中包含的绳索将被添加到模拟中。

绳索是一维的可变形体，可以使用绳索来模拟粗绳、细绳、头发等，只有形状可以模拟为绳索。绳索效果如图17-15所示。

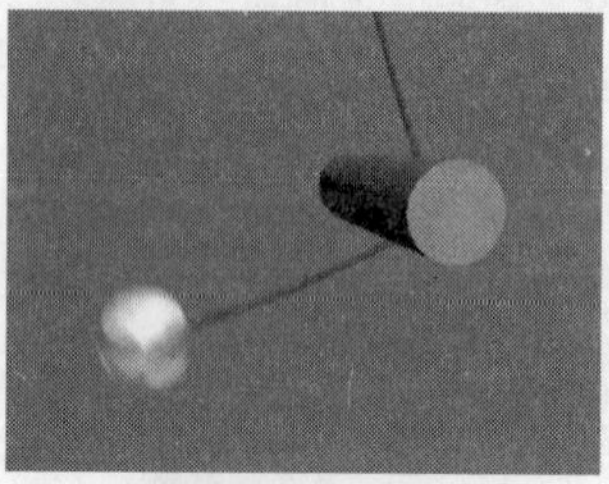

图17-15 绳索效果

17.2.5 变形网格集合

变形网格集合是一个reactor辅助对象，可充当变形网格的容器。将变形网格集合添加到场景中后，场景中的所有变形网格均可以添加到该集合中。在运行模拟时，将检查场景中的变形网格集合，如果没有禁用集合，集合中包含的变形网格将被添加到模拟中。

变形网格是其顶点行为已设置关键帧的网格。带蒙皮设置的角色，蒙皮效果可以作为reactor中的变形网格使用，变形网格效果如图17-16所示。

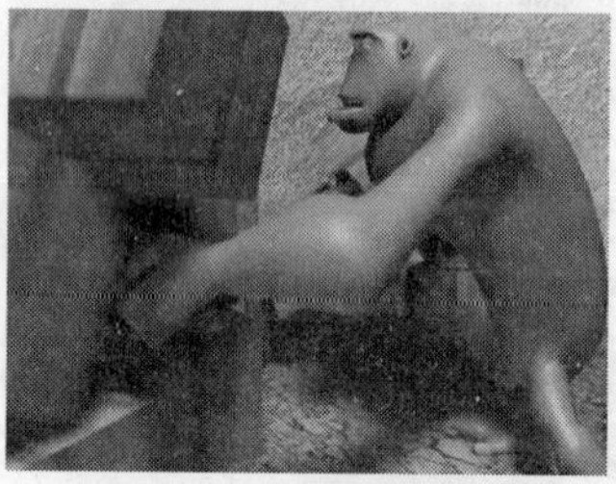

图17-16 变形网格

17.3 辅助力学对象

辅助力学对象中包括了风、水、平面等辅助力学对象。通过动力学工具条进行创建，如图17-17所示。

图17-17 辅助力学对象工具条

17.3.1 平面

reactor平面对象是一种刚体。在模拟操作中，用于固定的无限平面，不应将它与标准的3ds Max平面相混淆，reactor平面只在一个方向发挥作用，这表示从错误方向接近平面的刚体将直接通过此平面。当然，也可以使用两个相反的平面。可以检查平面法线的指向。此方向在图标中显示为箭头，并且指向远离平面的固体表面的方向。此平面本身在图标中显示为平面栅格，创建图标如图17-18所示。

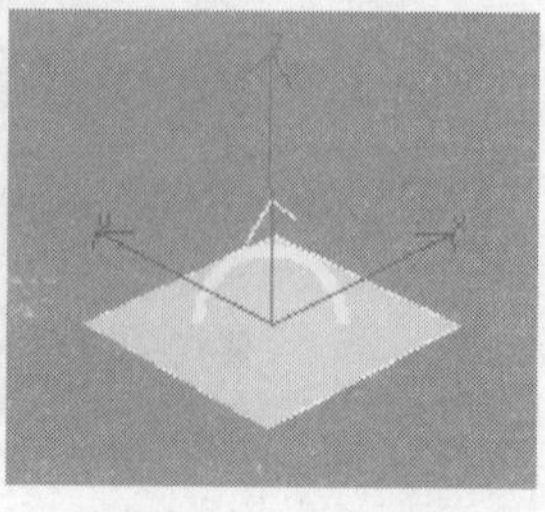

图17-18 平面

17.3.2 弹簧

弹簧辅助对象可用于在模拟中的两个刚体之间创建弹簧，或在刚体和空间中一点之间创建弹簧。在模拟过程中，弹簧会向相连的实体施加作用力，试图保持其静止长度。

通过指定弹簧的刚度、阻尼和静止长度来配置其行为。reactor允许选择弹簧是在受拉力（附着点被拉开）时还是在受压力（附着点被推近）时起作用，或在两种情况下都起作用。在受拉时起作用的弹簧的行为方式就好像将对象与橡皮圈相连一样，创建图标如图17-19所示。

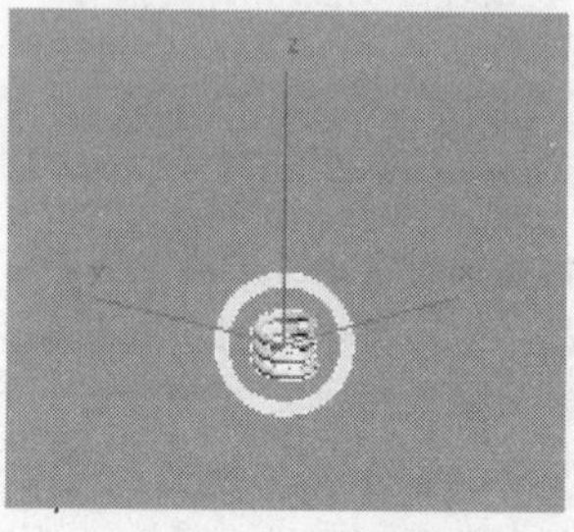

图17-19 弹簧

17.3.3 线性缓冲器

使用线性缓冲器，可以在模拟中将两个刚体约束在一起，或将一个实体约束于世界空间中的一点。其行为方式与静止长度为 0 且阻尼很大的弹簧相似。可以指定缓冲器的强度和阻尼，以及是否禁止附着实体之间发生碰撞。

reactor 可以在每个实体的局部空间中指定缓冲器附着点。在模拟过程中，缓冲器将推力作用于附着实体上，试图让这些点在世界空间中匹配，从而将实体保持在相对于彼此的同一位置。实体仍然可以自由地绕附着点旋转，创建图标如图 17-20 所示。

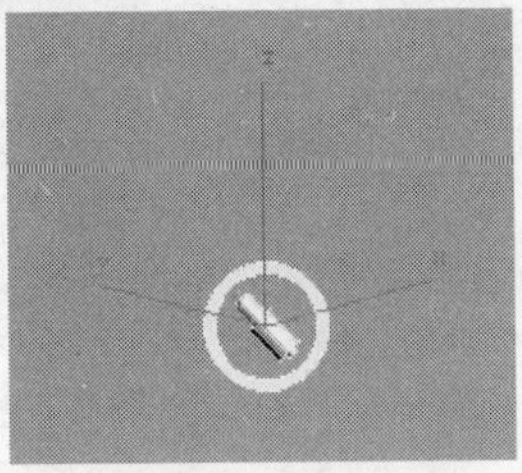

图17-20 线性缓冲器

17.3.4 角度缓冲器

可以使用角度缓冲器来约束两个刚体的相对方向，或约束刚体在世界空间中的绝对方向。当模拟时，缓冲器将角冲量作用于其附着的实体，试图保持对象之间的指定旋转。可以指定缓冲器的强度和阻尼，以及是否禁止系统实体之间发生碰撞。

角度缓冲器有两套轴作为子对象，对于双实体的缓冲器，它们被指定为缓冲器实体的偏移旋转。对于单实体的缓冲器，一个子对象是偏移旋转，另一个是世界旋转。在模拟中，缓冲器设法为这些轴保持公共旋转，创建图标如图 17-21 所示。

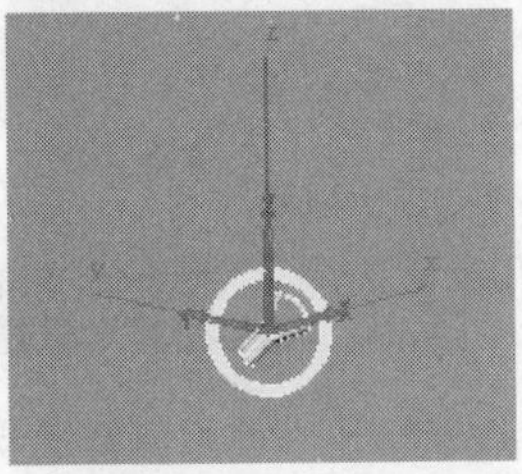

图17-21 角度缓冲器

17.3.5 马达

马达辅助对象允许将旋转力应用于场景中任何非固定刚体。可以指定目标角速度以及马达用于实现此速度的最大角冲量。

默认情况下，场景中所有有效的马达都会添加到模拟，因此不必将马达显式添加到模拟。如果马达的刚体属性已被设置为场景中有效的刚体，则此马达有效。没有选定时，无效的马达在视口中呈现为红色，创建图标如图 17-22 所示。

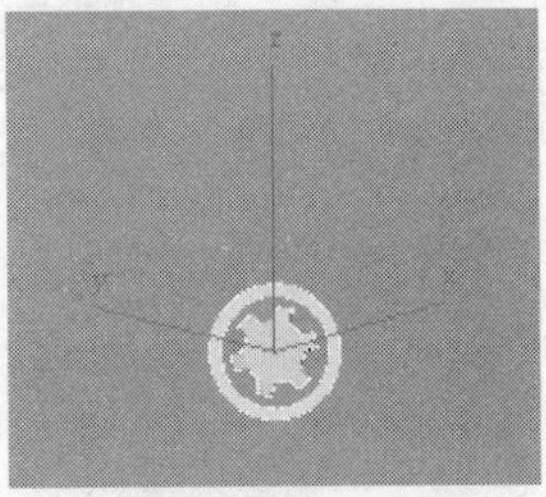

图17-22 马达

17.3.6 风

使用风辅助对象可以向 reactor 场景中添加风效果，将该辅助对象添加到场景中后，可以配置效果的各种属性，可以设置大多数参数的动画。辅助对象图标的方向指示风的方向，即沿着风向标箭头的方向吹。还可以通过设置图标方向的动画，来设置此方向的动画，创建图标如图 17-23 所示。

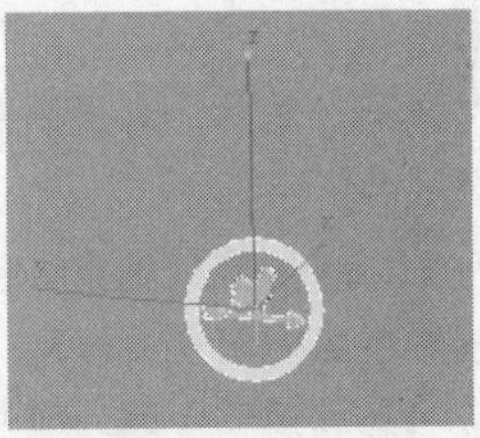

图17-23 风

17.3.7 玩具车

reactor 玩具车是创建和模拟简单车型的快速而有趣的方法，使用此方法不必手动分别设置每个约束。玩具车辅助对象允许选择车的底盘和车轮，调整各种属性（如其悬挂的强度），以及指定模拟期间是否用 reactor 转动车轮。reactor 会设置模拟此车的所有必要约束，创建图标如图 17-24 所示。

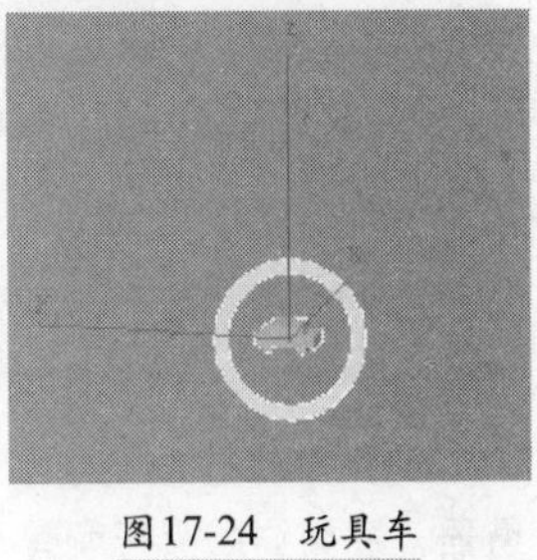

图17-24 玩具车

17.3.8 破裂

破裂辅助对象碰撞后刚体断裂为许多较小碎片的情形。为此，需要提供粘合在一起的碎片以创建整个对象。破裂辅助对象组成部分的多个刚体可聚集为单个实体。

当属于破裂辅助对象的刚体与另一实体发生碰撞时，会对碰撞信息进行分析，如果超过阈值，会将刚体从破裂辅助对象中移除。刚体被移除后，它就可以独立于破裂对象进行移动，并可与仍为破裂对象组成部分的刚体自由碰撞，创建图标如图 17-25 所示。

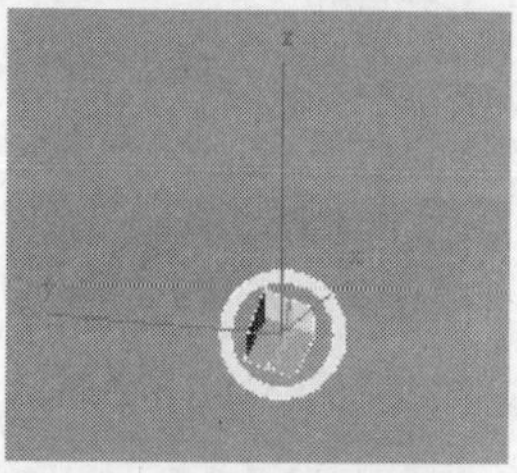

图17-25 破裂

17.3.9 水

可以使用水空间扭曲在 reactor 场景中模拟液面的行为。可以指定水的大小以及密度、波速和黏度等物理属性。无须将水添加到任何种类的集合，它也可以参与模拟。不过，尽管水会出现在预览窗口中，但是除非将扭曲空间绑定到平面或其他几何体上，否则不会出现在渲染的动画中，创建图标如图 17-26 所示。

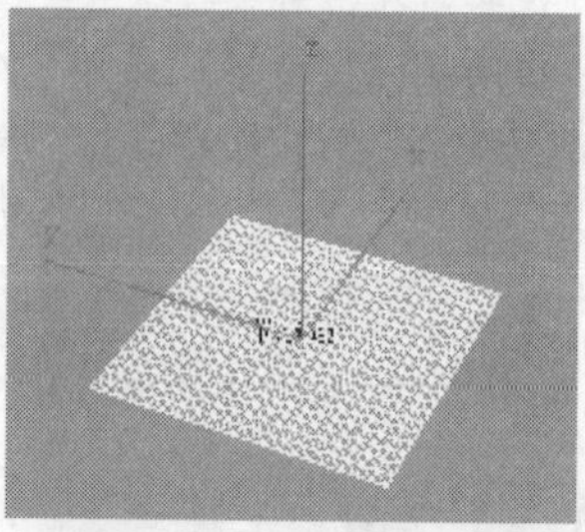

图17-26 水

17.4 约束

使用 reactor 可以简单地将刚体属性指定给对象并将这些对象添加到刚体集合中，从而轻松创建简单物理模拟。当运行模拟时，对象可以从空中降落、互相滑动、相互反弹等。然而，这是以假设要模拟真实世界场景为前提。

要达到此目的，需要使用约束。使用约束可以限制对象在物理模拟中可能出现的移动。根据使用的约束类型，可以将对象铰接在一起，或用弹簧将它们连在一起（如果对象被拉开，弹簧会迅速恢复），甚至可以模拟人体关节的移动。可以使对象彼此约束，或将其约束到空间中的点。

约束用于人为指定对象移动的限制。如果没有约束，对象的移动仅由碰撞和变形限制。

约束中包括了车轮约束、碎布玩偶约束、点到路径约束等约束。通过动力学工具条进行创建，如图 17-27 所示。

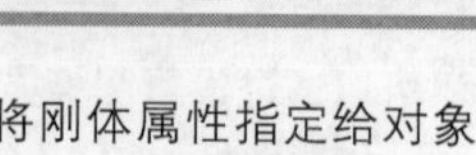

图17-27 约束

17.4.1 约束解算器

约束解算器在特定刚体集合中充当合作式约束的容器，并为约束执行所有必要的计算以协同工作。

若要在场景中对合作式约束进行模拟，必须将这些约束包括在有效约束解算器中，且其包含的任何刚体应在与此解算器关联的刚体集合中。要使约束解算器有效，应将此解算器与有效刚体集合关联，创建图标如图 17-28 所示。

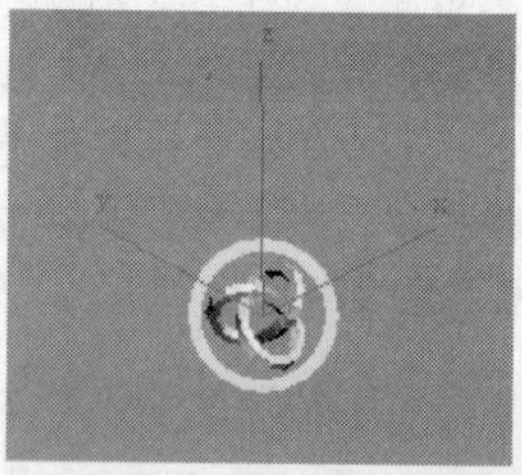

图17-28 约束解算器

17.4.2 碎布玩偶约束

碎布玩偶约束可用于模拟实际的实体关节行为，一旦确定关节应具备的移动程度，就可通过指定碎布玩偶约束的限制值来进行建模，创建图标如图 17-29 所示。

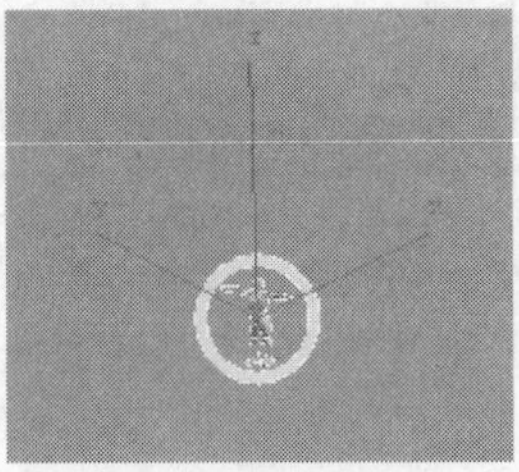

图17-29 碎布玩偶约束

17.4.3 铰链约束

铰链约束可以在两个实体之间模拟类似于铰链的动作。reactor 可在每个实体的局部空间中按位置和方向指定一根轴。模拟时，两根轴会试图匹配位置和方向，创建一根两个实体均可围绕其旋转的轴，创建图标如图 17-30 所示。

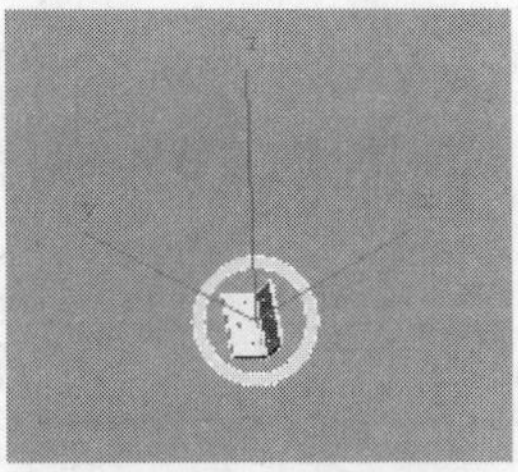

图17-30 铰链约束

17.4.4 点到点约束

点到点约束可将两个对象连在一起，或将一个对象附着至世界空间的某点。强制对象设法共享空间中的一个公共点，对象可相对自由旋转，但始终共用一个附着点。设置点到点约束时，涉及的每个对象的对象空间定义该点。模拟期间，点到点约束会设法为对象施加力，以便由两个对象定义的两个轴点相匹配，创建图标如图 17-31 所示。

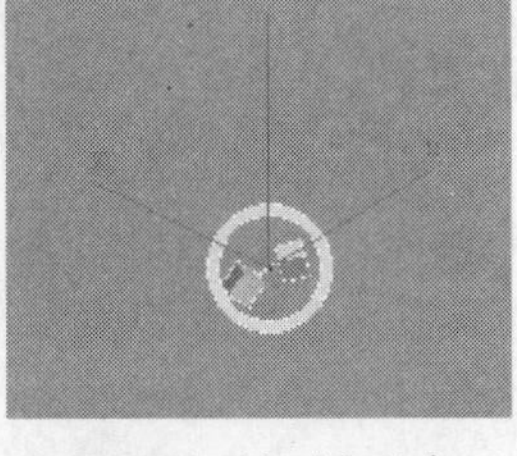

图17-31 点到点约束

17.4.5 棱柱约束

棱柱约束是一种两个刚体之间或刚体和世界之间的约束，它允许其实体相对于彼此仅沿一根轴移动，旋转与其余两根平移轴都被固定，创建图标如图 17-32 所示。

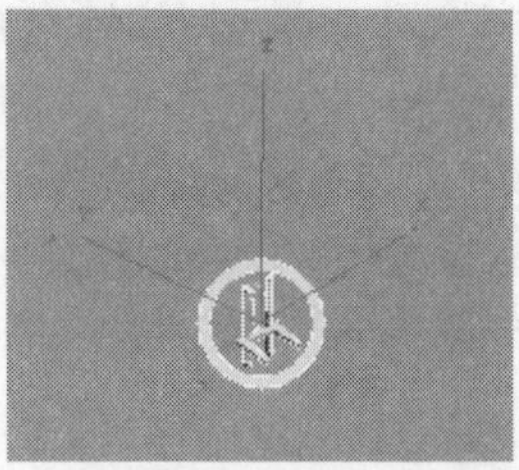

图17-32 棱柱约束

17.4.6 车轮约束

车轮约束将轮子附着至另一个对象，可将轮子约束至世界空间中的某个位置。模拟期间，轮子对象可围绕在每个对象空间中定义的自旋轴自由旋转。同时可将轮子沿悬挂轴进行线性运动，也可将限制添加至轮子沿该轴的移动。约束的子实体始终充当轮子，而父实体充当底盘。

车轮约束也具有自旋参数，如果这些值非零，在模拟期间约束会旋转轮子。若要将车轮约束添加至模拟，需要将其添加至有效的约束解算器，创建图标如图 17-33 所示。

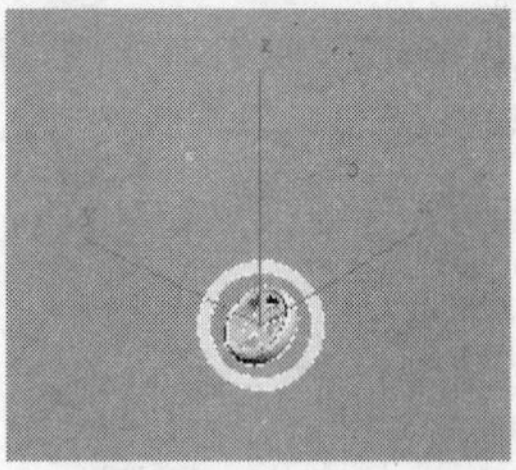

图17-33 车轮约束

17.4.7 点到路径约束

点到路径约束用于约束两个实体，使子实体可以沿相对于父实体的指定路径自由移动。也可创建一个单实体的约束，其中约束的实体可以沿世界空间中的路径移动，子实体的方向不受此约束的限制，创建图标如图 17-34 所示。

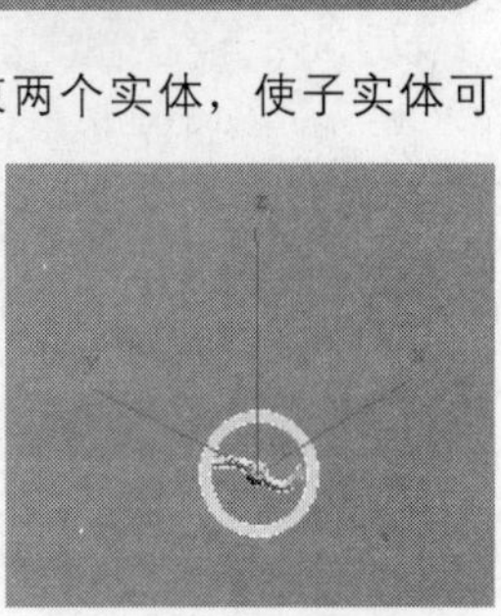

图17-34 点到路径约束

17.5 reactor工具

reactor 的许多功能都可以通过 reactor 工具进行控制。

通过 reactor 工具卷展栏可以调节预览模拟、更改世界参数和显示参数以及分析对象的凸度等，还可以查看和编辑与场景中的对象关联的刚体属性，如图 17-35 所示。

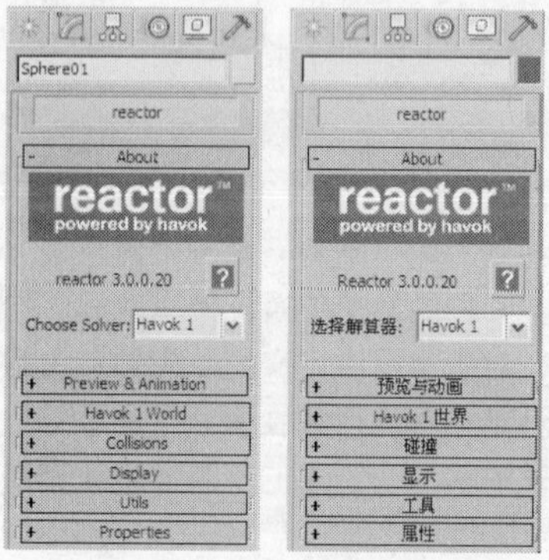

图17-35　reactor工具卷展栏

17.5.1　预览与动画卷展栏

通过 Preview & Animation（预览与动画）卷展栏可以运行和预览 reactor 模拟，并指定模拟的计时参数，如图 17-36 所示。

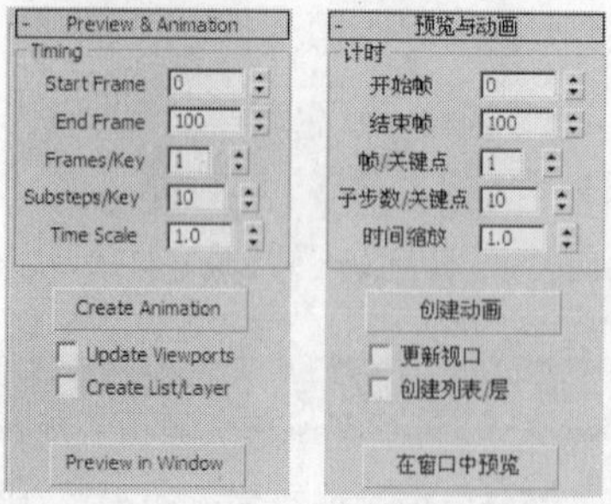

图17-36　预览与动画卷展栏

● 开始帧：创建要模拟或预览的场景开始时间，reactor 需要在固定时间访问 3ds Max 中的对象。

● 结束帧：生成的 reactor 模拟的结束帧。

● 帧 / 关键点：reactor 创建的关键帧所间隔的帧数。

● 子步数 / 关键点：每个关键帧的 reactor 模拟子步长数。值越大，模拟越精确。

● 时间缩放：参数将模拟中的时间与 3ds Max 中的时间相对应。更改数值，可以人为地减慢或加快动画速度。

● 创建动画：单击此按钮可以运行物理模拟，并创建 3ds Max 关键帧。

● 预览动画：在预览窗口中预览模拟的场景。

17.5.2　世界卷展栏

通过世界卷展栏可以为模拟的世界设置强度和方向、世界的比例以及对象相互碰撞等参数，世界卷展栏如图 17-37 所示。

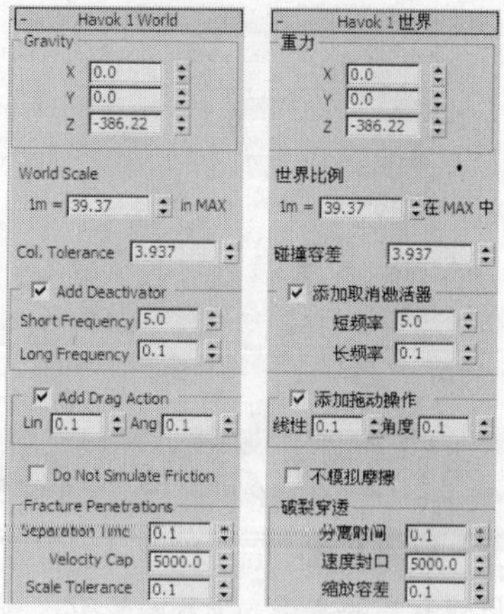

图17-37　世界卷展栏

● 重力：使用世界单位数指定，定义场景中的对象因重力产生的加速度。

● 世界比例：指定表示 reactor 世界中一米的 3ds Max 单位数距离，从而确定模拟中的每个对象大小。

● 碰撞容差：reactor 在每个模拟步骤中执行的任务之一就是检测场景中的对象是否发生碰撞，然后相应地更新场景。

● 添加拖动操作：启用选项后，取消激活器将加入模拟。取消激活器将跟踪模拟中的对象，取消激活认为处于空闲状态的对象。

● 不模拟摩擦：将阻力操作添加到系统可以确保刚体受持续阻力的影响。可降低线速度和角速度，使对象更快地停下来。

● 破裂穿透：用于调整模拟破裂对象的方式。

17.5.3 碰撞卷展栏

碰撞卷展栏可存储场景中的碰撞详细信息，并且可以启用或禁用对指定对象的碰撞检测。模拟时，禁用碰撞的对象只能相互穿越，Couisions（碰撞）卷展栏如图 17-38 所示。

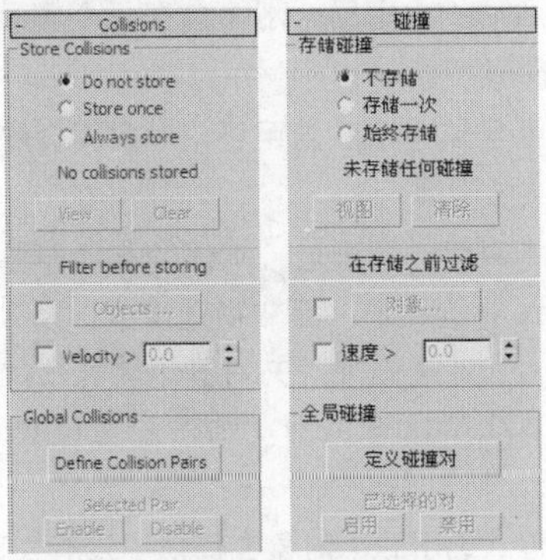

图17-38 碰撞卷展栏

● 存储碰撞：设置是否存储在模拟期间发生的有关所有刚体碰撞的信息。

● 全局碰撞：定义启用或禁用指定对象对之间的碰撞检测。在模拟时，禁用碰撞的对象对只能相互穿越。

17.5.4 显示卷展栏

Display（显示）卷展栏可以指定预览模拟时的显示选项，包括摄影机和照明，如图 17-39 所示。

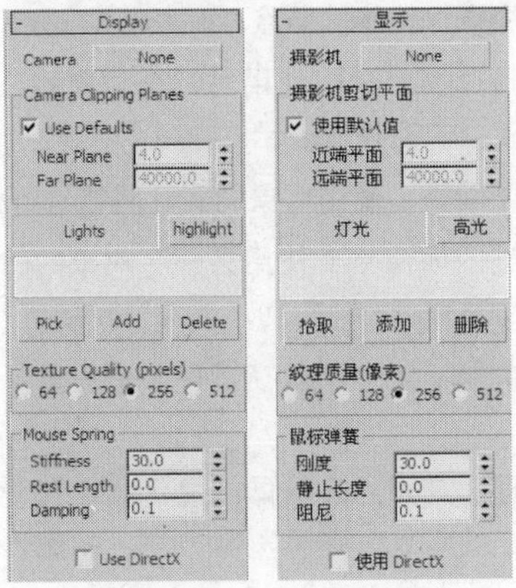

图17-39 显示卷展栏

● 摄影机：单击此按钮，然后从作为显示初始视图的视图中拾取摄影机，所选摄影机的名称将出现在该按钮上。

● 灯光：此列表框包含将加入场景的灯光。如果此列表为空，将使用摄影机的闪光灯，从预览窗口中也可以打开闪光灯。最多可以组合 6 个泛光灯或聚光灯，以创建场景中的照明。使用拾取按钮从场景中拾取灯光，也可使用添加按钮从场景中的可用灯光列表中添加灯光。要将灯光从此列表中移除，在列表中选择相应灯光，然后单击 Delete（删除）按钮。

● 纹理质量：定义为在显示中使用而生成的纹理的大小。

● 鼠标弹簧：设置鼠标弹簧刚度，默认值为 30。如果鼠标弹簧过硬，就可以将一个对象拖到另一个对象中。

17.5.5 工具卷展栏

reactor 提供了许多有用的工具，可以用于分析和优化模拟。通过辅助卷展栏可以激活工具进行使用，辅助卷展栏如图 17-40 所示。

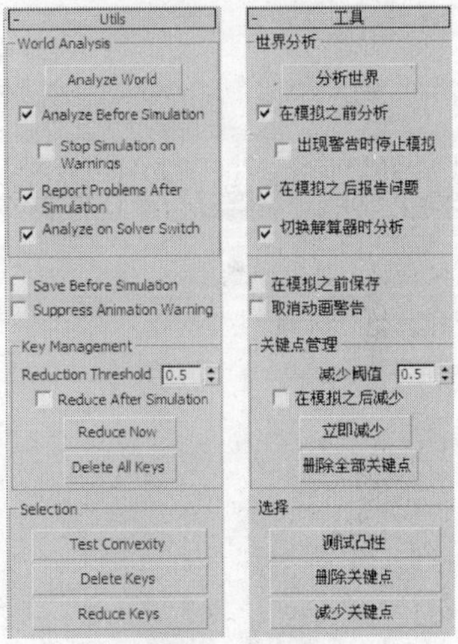

图17-40 工具卷展栏

● 分析世界：从创建模拟开始，如果在建立模拟时发现任何错误，这些错误会在对话框中报告。在创建模拟时，总是会执行这些错误检查，如果其中的任何测试失败，模拟将无法继续。

● 在模拟之前分析：选择此选项后，在预览或运行模拟之前，总是会调用分析世界。

● 出现警告时停止模拟：选定此复选框，在模拟之后将报告模拟期间检测到的问题。

● 在模拟之前保存：选择选项后，场景将总是在模拟之前保存。

● 切换解算器时分析：启用该选项之后，当从关于卷展栏更改解算器时，reactor 会自动调用分析世界。

● 取消动画警告：禁用该选项之后进行创建动画时，reactor 将打开一个警报，警告无法完成动画的创建，并询问您是否进行确认；禁用该选项之后，reactor 仅创建动画而不用警告您。

● 减少阈值：指定减少关键点的程度。

● 在模拟之后减少：每次模拟时自动减少关键帧。

● 立即减少：减少模拟中所有刚体的关键帧。

● 删除全部关键点：删除模拟中所有刚体的所有关键帧。

● 测试凸面：在选择模拟几何体之前，对视图中当前选定对象执行凸面性测试，以检查对象是凸面的还是凹面的。

● 删除关键点：删除视图中当前选定对象的所有关键帧。

● 减少关键点：减少视图中当前选定对象的关键帧。

17.5.6 属性卷展栏

通过 Properties（属性）卷展栏可以指定刚体的物理属性，如图 17-41 所示。

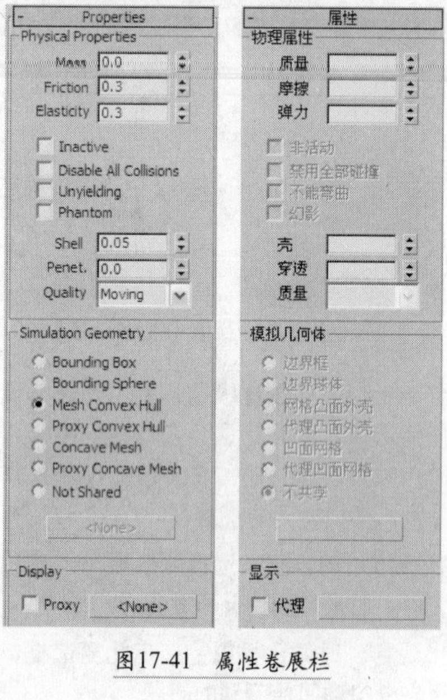

图17-41 属性卷展栏

● 质量：刚体的质量控制该对象与其他对象的交互方式。当将其质量设置为 0（默认值）时，对象将在模拟过程中保持空间上的固定。

● 摩擦：对象表面的摩擦系数，影响刚体相对于与其接触表面的移动平滑程度。

● 弹力：控制碰撞对刚体速度的作用。

● 非活动：启用后，刚体会在一个非活动状态下开始进行模拟。

● 禁用全部碰撞：启用后，对象不会和场景中的其他对象发生碰撞。

● 不能弯曲：启用后，刚体的运动源自已经存在于 3ds Max 中的动画，而非物理模拟。模拟中的其他对象可以和它发生碰撞，并对其运动作出反应，它的运动只受 3ds Max 中当前动画的控制 reactor 不会创建关键帧。

● 幻影：启用后，对象在模拟中没有物理作用。

● 壳：刚体的质量控制该对象与其他对象的交互方式。

● 穿透：会影响刚体相对于与其接触表面的移动平滑程度。

● 质量：控制碰撞对刚体速度的作用。

● 边界框：将对象作为长方体进行模拟。

● 边界球体：将对象作为隐含的球体进行模拟。球体以对象的轴点为中心，然后用最小的体积围住对象的几何体。

● 网格凸面外壳：对象的几何体会使用一种算法，该算法会使用几何体的顶点创建一个凸面几何体，并完全围住原几何体的顶点。

● 代理凸面外壳：使用另一个对象的凸面外壳作为对象在模拟中的物理表示。

● 凹面网格：使用对象的实际网格进行模拟。

● 代理凹面网格：使用另一个对象的凹面网格作为对象的物理表示。

● 不共享：此选项仅在选择多个设置不同的对象时才会显示。

● 代理：启用后，刚体的显示体取自于用代理拾取按钮指定的对象。在预览窗口中，将显示选定的代理几何体，而不是该对象。

17.6 范例——风吹帆船

【重点提要】

本范例主要通过为布料添加布料修改命令，然后为模型进行 Fix Vertex（顶点约束）操作，最后配合 CL Collection（布料集合）与 RB Collection（刚体集合）及 wind（风）模拟来动力学效果，最终效果如图 17-42 所示。

图17-42 风吹帆船范例效果

【制作流程】

风吹帆船范例的制作流程分为 4 部分：①帆船模型制作，②帆船材质设置，③帆船动力学设置，④灯光设置与渲染动画，如图 17-43 所示。

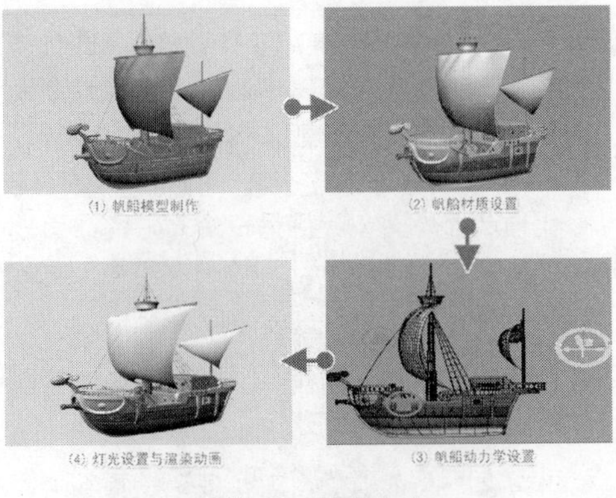

图17-43 制作流程

17.6.1 帆船模型制作

Step01 在场景中使用 Box（长方体）并结合 Edit Poly（可编辑多边形）命令制作半侧船体模型，如图 17-44 所示。

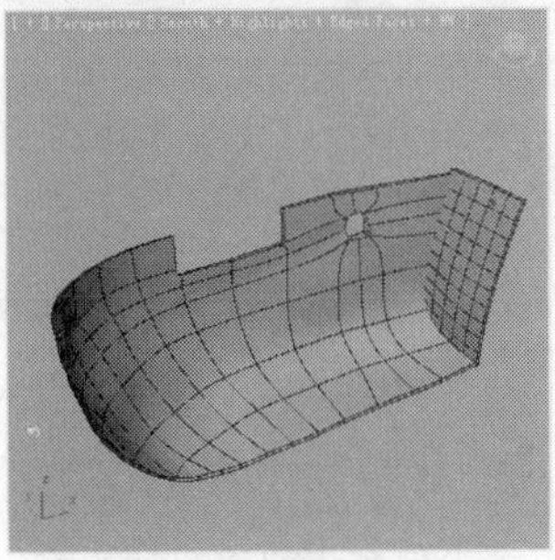

图17-44 制作半侧船体

Step02 选择制作好的半侧船体模型，单击主工具栏中的（镜像）工具按钮，对模型进行镜像操作，如图 17-45 所示。

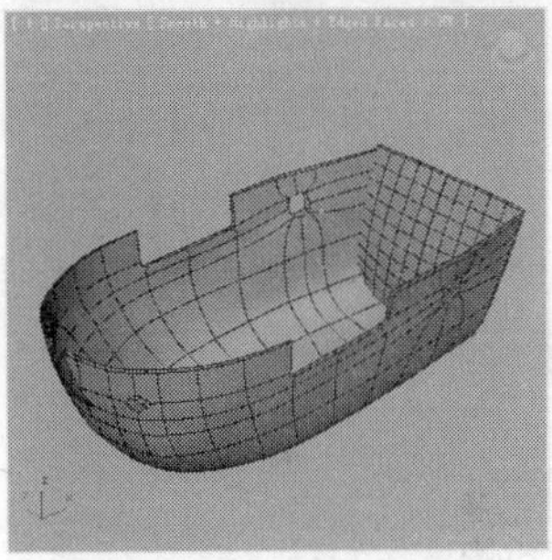

图17-45 镜像半侧船体

Step03 参考帆船船体模型，使用 Line（线）命令绘制出前后甲板图形，在（修改）面板中添加 Extrude（挤出）命令并将其放置到合适的位置，如图 17-46 所示。

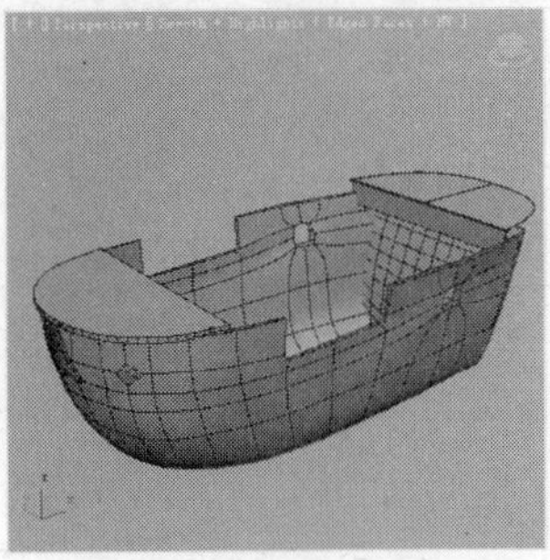

图17-46 制作前后甲板

Step04 继续在场景中使用 Box（长方体）并结合 Edit Poly（编辑多边形）命令制作出船体装饰模型，如图 17-47 所示。

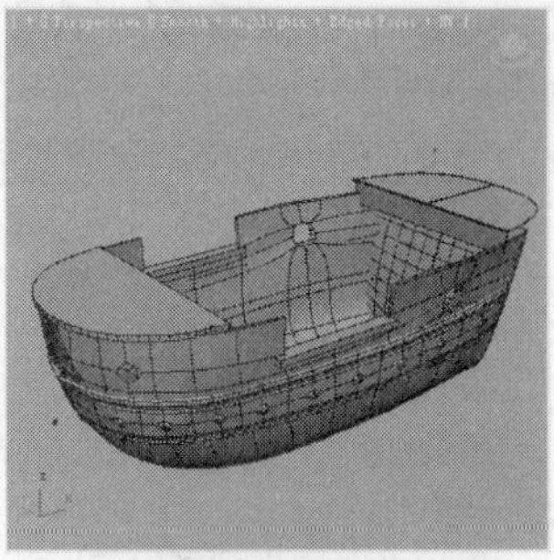

图17-47　添加船体装饰

Step05 使用Plane（平面）并结合Edit Poly（编辑多边形）命令制作出船体中部的甲板模型，然后通过Cylinder（圆柱体）来制作桅杆模型，如图17-48所示。

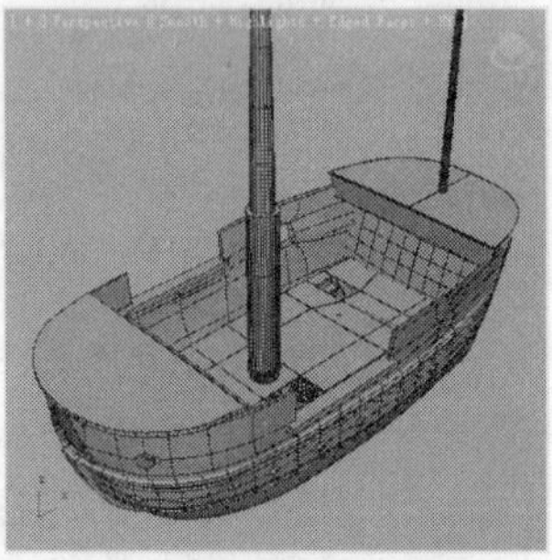

图17-48　制作帆船桅杆

Step06 在场景中使用Line（线）分别绘制出船舱四面的图形，然后在（修改）面板中添加Extrude（挤出）命令并结合Box（长方体）搭建出船舱模型，如图17-49所示。

图17-49　添加船舱模型

Step07 使用Line（线）分别绘制出楼梯图形，然后在（修改）面板中添加Extrude（挤出）命令并结合Box（长方体）搭建楼梯模型，然后放置到合适的位置，如图17-50所示。

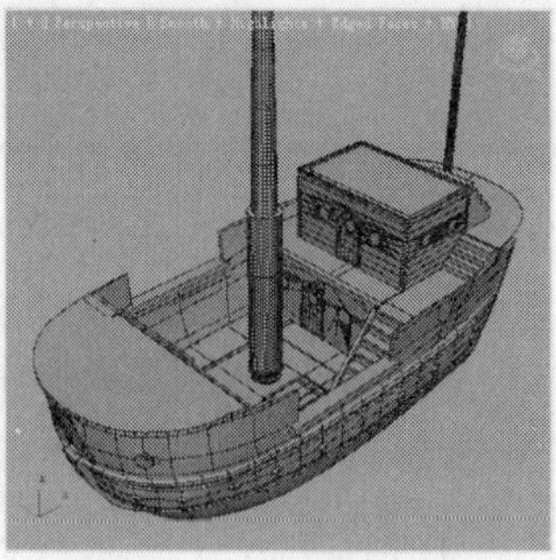

图17-50　添加楼梯与门窗

Step08 继续使用Line（线）分别绘制护栏与甲板装饰图形，开启Enable In Render（在渲染中启用）与Enable In Viewport（在视图中启用）选项来完成模型的制作并放置到合适的位置，如图17-51所示。

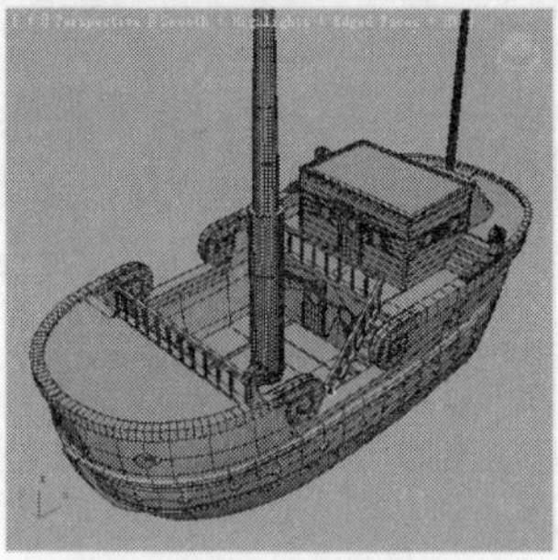

图17-51　制作护栏与甲板装饰

Step09 通过Sphere（球体）与Cylinder（圆柱体）并结合Edit Poly（编辑多边形）修改命令制作出船头和桅杆的装饰模型，如图17-52所示。

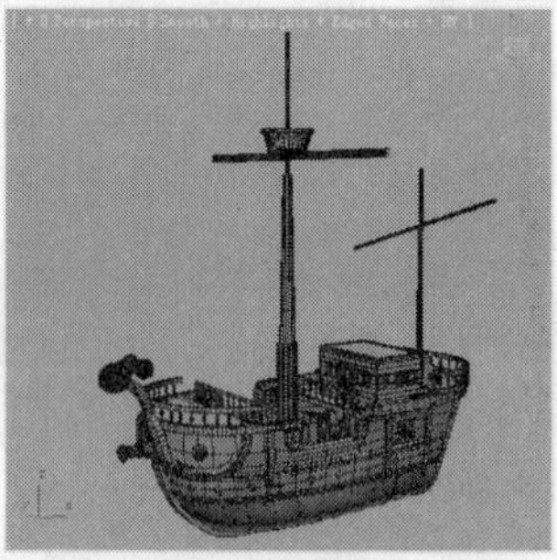

图17-52　添加船头与桅杆装饰

Step10 使用Line（线）并开启Enable In Render（在渲染中启用）与Enable In Viewport（在视图中启用）选项制作出绳锁，Plane（平面）结合Edit Poly（编辑多边形）修改命令制作出风帆模型的其他细节，如图17-53所示。

图17-53 丰富模型细节

Step11 单击主工具栏中的（快速渲染）按钮，渲染帆船模型的效果，如图17-54所示。

图17-54 渲染模型效果

17.6.2 帆船材质设置

Step01 在主工具栏中单击（材质编辑器）按钮，选择一个空白材质球并设置名称为“风帆”，在Blinn Basic Parameters（Blinn基本参数）卷展栏中设置Diffuse（漫反射）颜色为白色、Specular level（高光级别）值为10、Glossiness（光泽度）值为5，如图17-55所示。

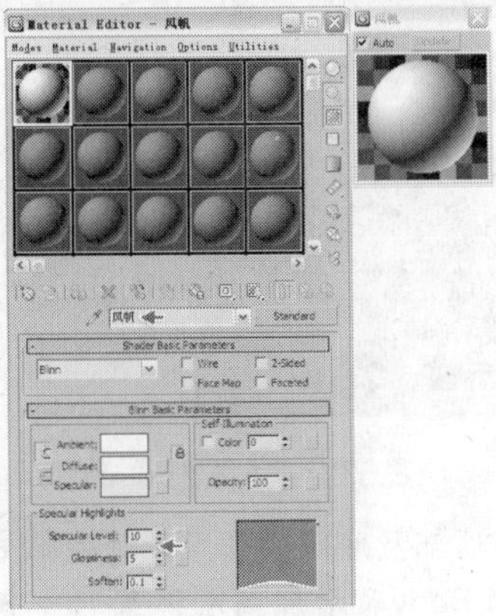

图17-55 风帆材质

Step02 选择一个空白材质球并设置其名称为“铁”，在Blinn Basic Parameters（Blinn基本参数）卷展栏中设置Diffuse（漫反射）颜色为棕色、Specular level（高光级别）值为80、Glossiness（光泽度）值为20，如图17-56所示。

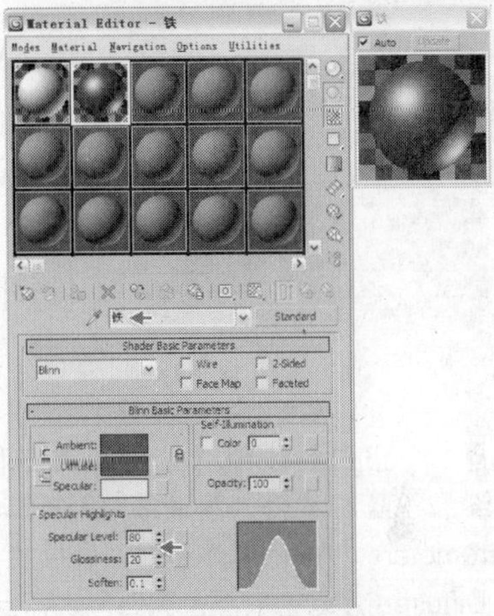

图17-56 铁材质

Step03 选择一个空白材质球并设置其名称为“玻璃”，在Blinn Basic Parameters（Blinn基本参数）卷展栏中设置Diffuse（漫反射）颜色为深蓝色、Specular level（高光级别）值为50、Glossiness（光泽度）值为10，如图17-57所示。

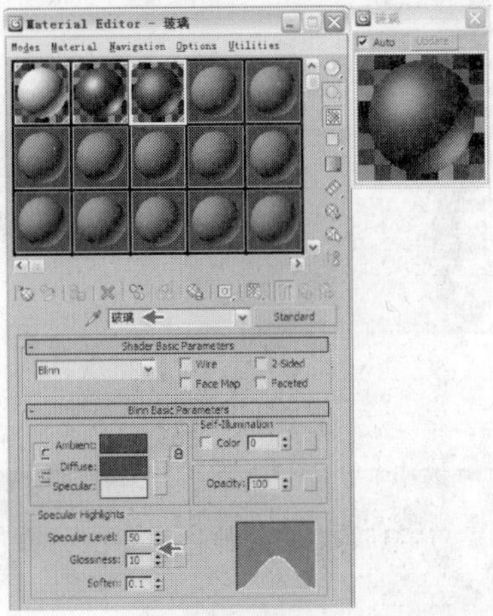

图17-57 玻璃材质

Step04 选择一个空白材质球并设置其名称为“绳子”，在Blinn Basic Parameters（Blinn基本参数）卷展栏中设置Diffuse（漫反射）颜色为土黄色、Specular level（高光级别）值为10、Glossiness（光泽度）值为10，如图17-58所示。

图17-58　绳子材质

Step05 选择3个空白材质球并分别设置名称为“白油漆”、“蓝油漆”、“黄油漆”，在Blinn Basic Parameters（Blinn基本参数）卷展栏中分别设置Diffuse（漫反射）颜色为白色、蓝色、黄色，如图17-59所示。

图17-59　油漆材质

Step06 单击主工具栏中的（快速渲染）按钮，渲染场景材质效果，如图17-60所示。

图17-60　渲染材质效果

17.6.3　帆船动力学设置

Step01 选择主帆模型，在（修改）面板中为其添加Reactor Cloth（布料修改）命令，如图17-61所示。

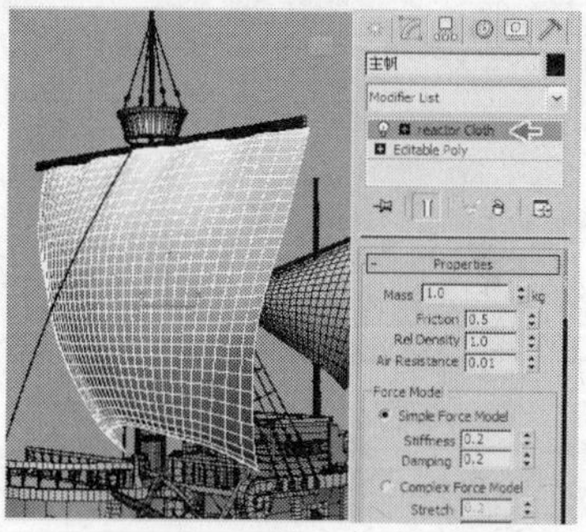

图17-61　添加布料修改命令

Step02 进入主帆模型，在（修改）面板中激活reactor Cloth（reactor布料）命令并切换至Vertex（顶点）模式，选择顶部及底部的顶点并单击Fix Vertex（顶点约束）按钮，如图17-62所示。

图17-62　使用顶点约束

Step03 选择顶部及底部的顶点，然后单击Attach To Rigid Body（附加到刚体集合）按钮，如图17-63所示。

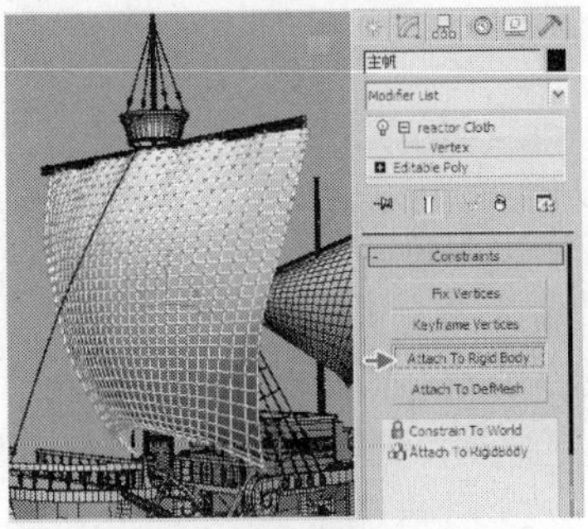

图17-63 使用附加到刚体集合

Step04 在（修改）面板中单击 Attach To Rigid Body（附加到刚体集合）卷展栏中的 None（无）按钮，然后拾取主横梁模型并设置 Stiffness（拉伸）值为 0.7，如图 17-64 所示。

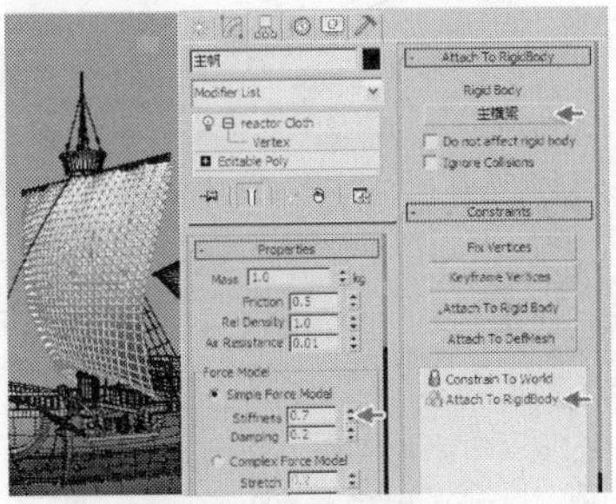

图17-64 拾取主横梁

Step05 选择顶部及底部的顶点，在（修改）面板中开启 Avoid Self-Intersection（避免自身交叉）选项，如图 17-65 所示。

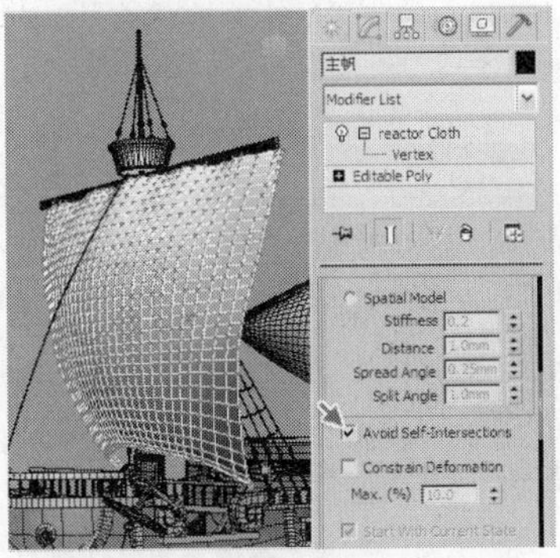

图17-65 开启避免自身交叉

Step06 选择次帆模型，在（修改）面板中添加 reactor Cloth（reactor 布料）修改命令并切换至 Vertex（顶点）模式，选择顶部及底部的顶点并单击 Fix Vertex（顶点约束）按钮，如图 17-66 所示。

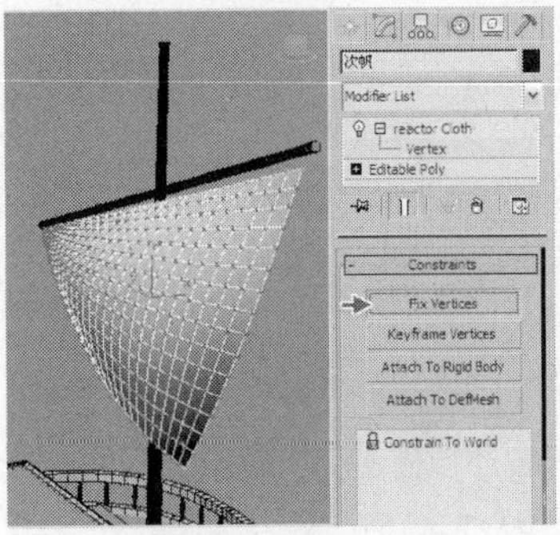

图17-66 使用顶点约束

Step07 选择顶部及底部的顶点并单击 Attach To Rigid Body（附加到刚体集合）按钮，在 Attach To Rigid Body（附加到刚体集合）卷展栏中单击 None（无）按钮，然后拾取“次横梁”模型，再设置 Stiffness（拉伸）值为 0.7 并开启 Avoid Self-Intersection（避免自身交叉）选项，如图 17-67 所示。

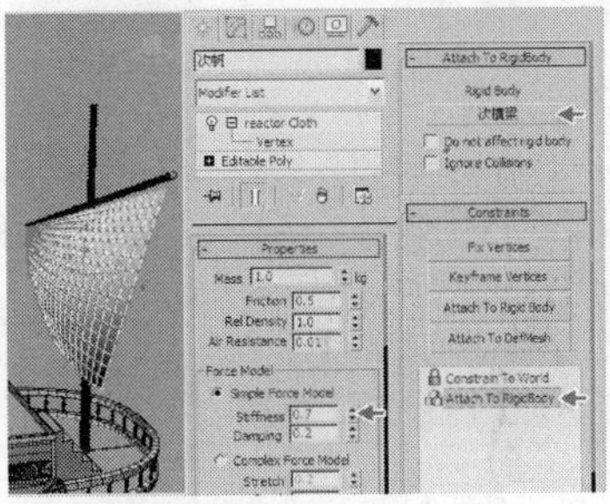

图17-67 设置次帆参数

Step08 进入（创建）面板的“辅助对象”面板并单击 reactor 下的 CL Collection（布料集合）按钮，然后在 Perspective（透）视图中建立布料集合，如图 17-68 所示。

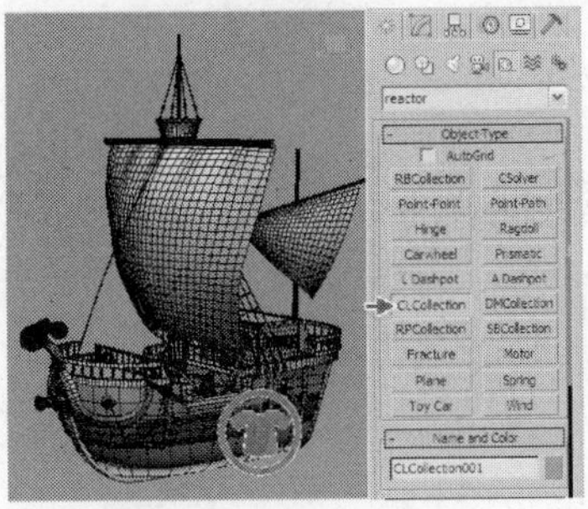

图17-68 建立布料集合

Step09 在 Perspective（透）视图中选择 CL Collection（布料集合）并切换至（修改）面板，然后单击 Pick（拾取）按钮，再分别拾取“主帆”与“次帆”模型，如图 17-69 所示。

图17-69　拾取主帆和次帆

Step10 进入（创建）面板的“辅助对象”面板并单击 reactor 下的 RB Collection（刚体集合）按钮，然后在 Perspective（透）视图中建立刚体集合，如图 17-70 所示。

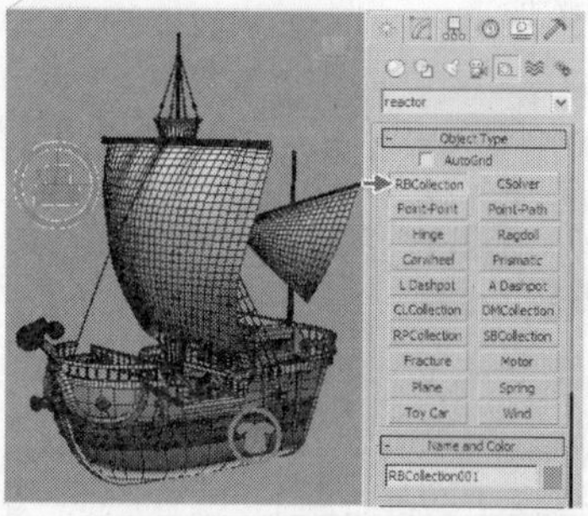

图17-70　建立刚体集合

Step11 在 Perspective 透视图中选择刚集合并切换至（修改）面板，然后单击 Pick（拾取）按钮并分别拾取主横梁与次横梁模型，如图 17-71 所示。

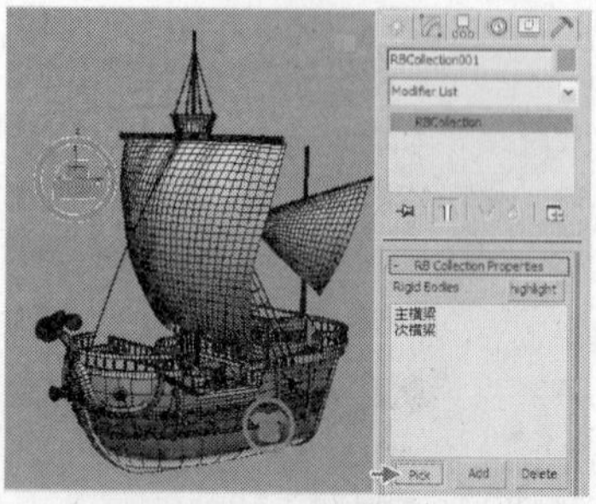

图17-71　拾取主次横梁

Step12 进入（创建）面板的“辅助对象”面板并单击 reactor 下的 Wind（风）按钮，然后在 Perspective（透）视图中建立风，如图 17-72 所示。

图17-72　建立风

Step13 在 Perspective（透）视图中选择风并切换至（修改）面板，然后设置 Wind Speed（风速）值为 80 并开启 Use Range（使用范围），设置 Range（范围）值为 750，再勾选 Inv（反比）选项，如图 17-73 所示。

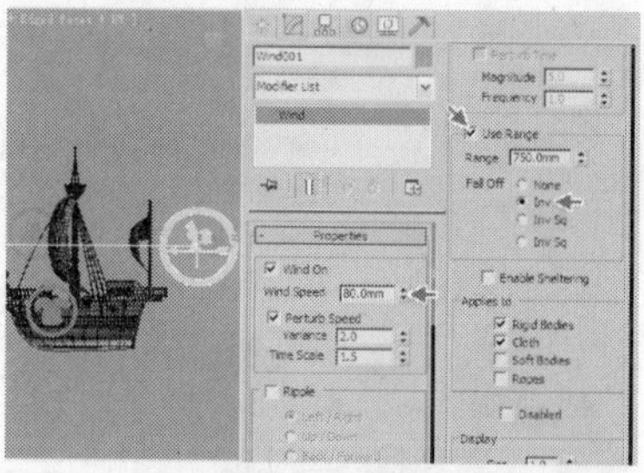

图17-73　设置风的属性

Step14 在（程序）面板中设置 reactor 动画的 Start Frame（起始帧）为 0、End Frame（结束帧）为 100，然后单击 Preview in Window（窗口预览）按钮，如图 17-74 所示。

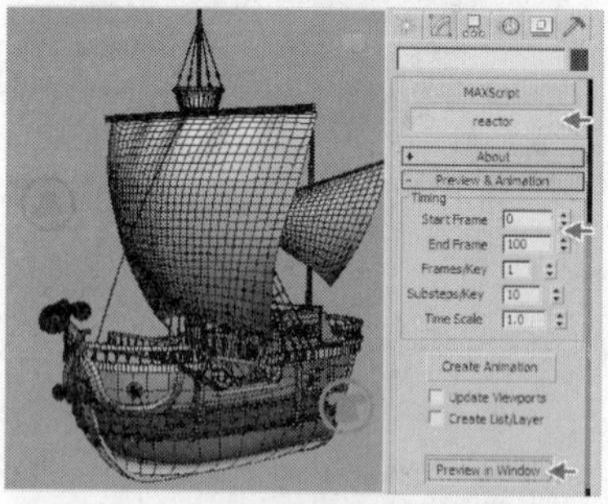

图17-74　设置关键帧与预览动画

Step15 在预览窗口的菜单栏中选择【Simulation（模拟）】→【Play/Pause（播放 / 暂停）】命令来计算动画效果，然后在（程序）面板中单击 Create Animation（创建动画）按钮，如图 17-75 所示。

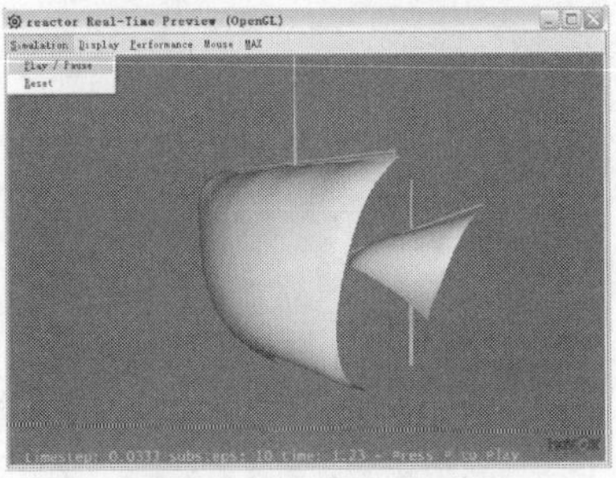

图17-75 使用播放命令

Step16 选择船体模型，在主工具栏中单击（链接）按钮，将船体链接到船头模型，如图 17-76 所示。

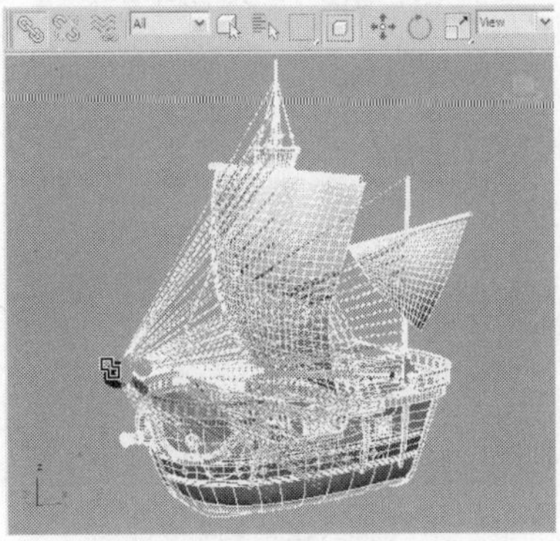

图17-76 链接船体模型

Step17 在时间线下方开启 Auto Key（自动关键帧）按钮，记录帆船的运动动画，如图 17-77 所示。

图17-77 设置运动关键帧

17.6.4 灯光设置与渲染动画

Step01 在（创建）面板的（灯光）中选择 Standard（标准）下的 Target Spot（目标聚光灯）命令，然后在 Front（前）视图建立目标聚光灯并调整到合适的位置，如图 17-78 所示。

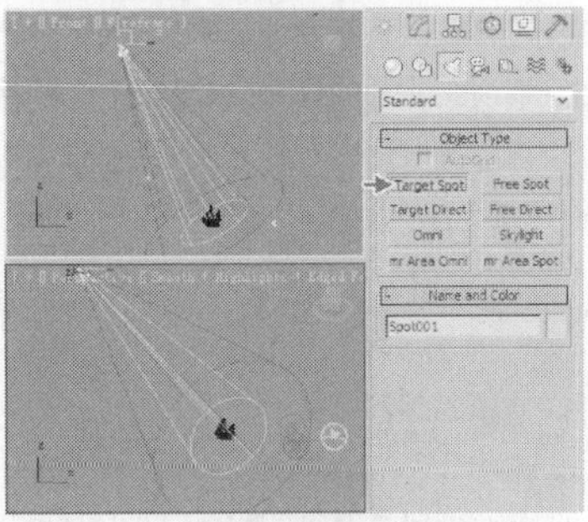

图17-78 建立主光源

Step02 选择建立好的目标聚光灯并切换至（修改）面板，在 General Parameters（全局参数）卷展栏中启用 Shadows（阴影）并设置为 Ray Traced Shadow（光影追踪阴影），在 Intensity/Color/Attenuation（强度 / 颜色 / 衰减）卷展栏中设置 Multiplier（倍增）值为 1、颜色为米黄色，在 Spotlight Parameters（聚光灯参数）卷展栏中设置 Hotspot/Beam（聚光区 / 光束）值为 20、Falloff/Field（衰减区 / 区域）值为 40，如图 17-79 所示。

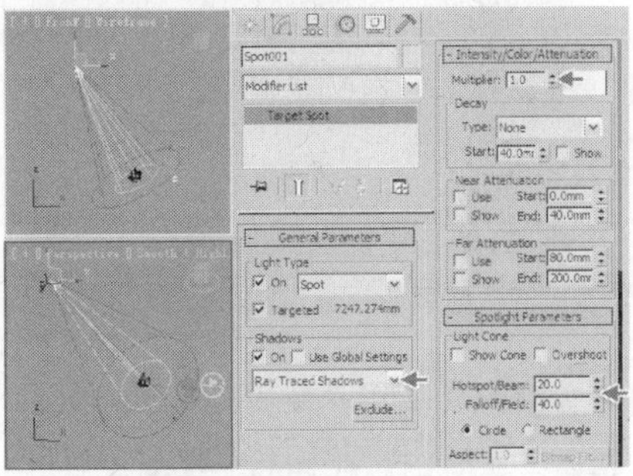

图17-79 设置灯光参数

Step03 单击主工具栏中的（快速渲染）按钮，渲染灯光效果如图 17-80 所示。

图17-80 渲染灯光效果

Step04 在（创建）面板的（灯光）中选择 Standard（标准）下的 Target Spot（目标聚光灯）命令，然后在 Top（顶）视图建立目标聚光灯，如图 17-81 所示。

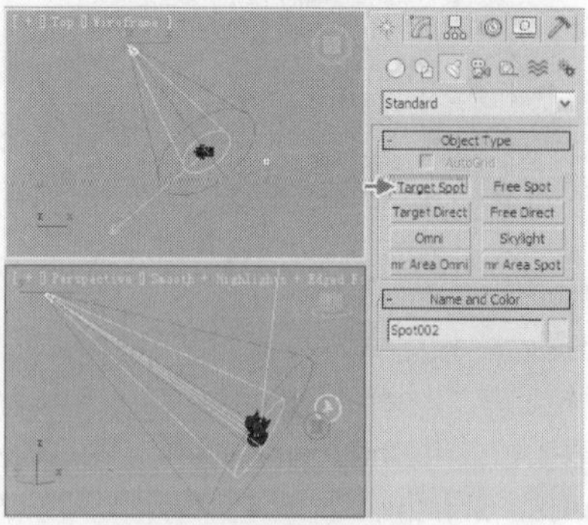

图17-81　建立辅助光源

Step05 选择建立好的目标聚光灯并切换至（修改）面板，在 Intensity/Color/Attenuation（强度/颜色/衰减）卷展栏中设置 Multiplier（倍增）值为 0.5、颜色为米黄色，在 Spotlight Parameters（聚光灯参数）卷展栏中设置 Hotspot/Beam（聚光区/光束）值为 20、Falloff/Field（衰减区/区域）值为 40，如图 17-82 所示。

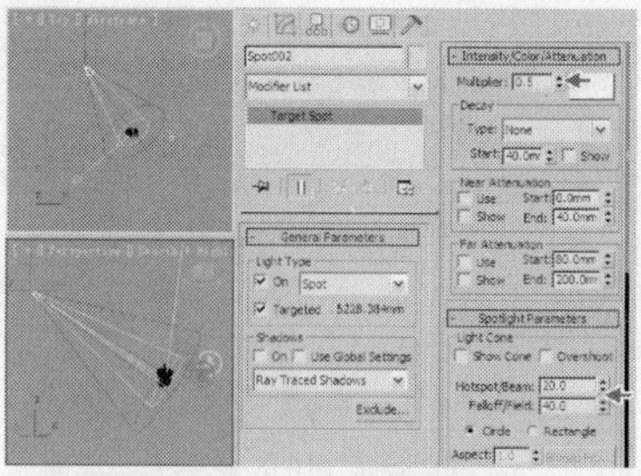

图17-82　设置灯光参数

Step06 单击主工具栏中的（渲染设置）按钮，在 Common Parameters（公共参数）卷展栏中开启 Active Time Segment（活动时间段）选项，渲染最终动画如图 17-83 所示。

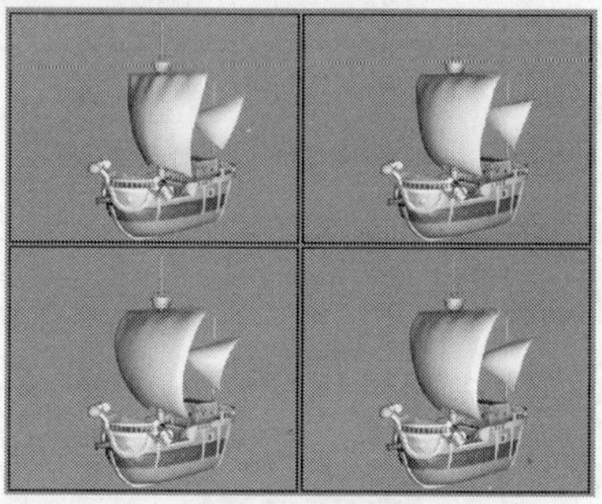

图17-83　渲染最终动画

17.7 范例——篮球碰撞

【重点提要】

本范例主要使用 Edit Poly（可编辑多边形）命令搭建场景模型，通过 Collection（刚体集合）来模拟现实场景中的对象碰撞效果，最终效果如图 17-84 所示。

图17-84　篮球碰撞范例效果

【制作流程】

篮球碰撞范例的制作流程分为 4 部分：①场景模型制作，②场景材质设置，③场景动力学设置，④灯光设置与渲染动画，如图 17-85 所示。

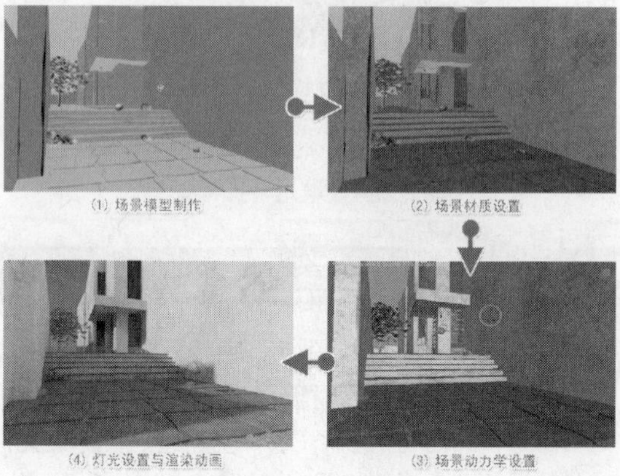

图17-85　制作流程

17.7.1 场景模型制作

Step01 在场景中使用Plane（平面）制作地面，然后通过Box（长方体）并结合Edit Poly（编辑多边形）修改命令制作出右侧的墙模型，如图17-86所示。

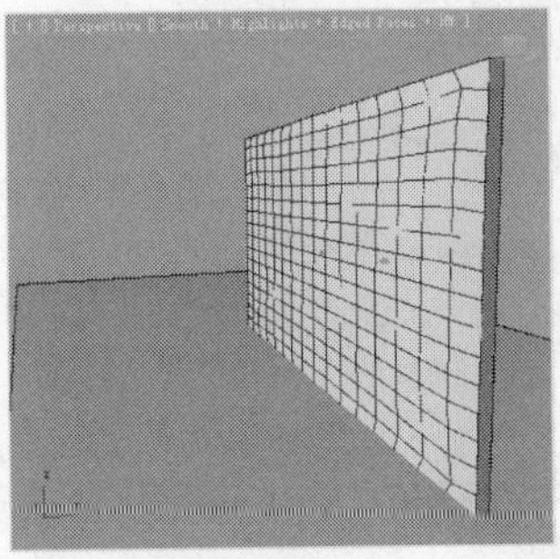

图17-86 制作地面与侧墙

Step02 继续使用Box（长方体）并结合Edit Poly（编辑多边形）修改命令制作出矮墙模型，如图17-87所示。

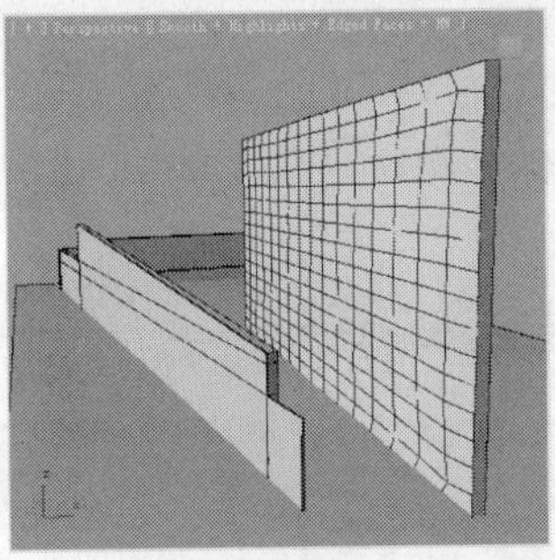

图17-87 制作矮墙模型

Step03 使用Line（线）命令绘制出台阶的图形，在（修改）面板中添加Extrude（挤出）命令，并结合Edit Poly（编辑多边形）修改命令制作台阶模型，如图17-88所示。

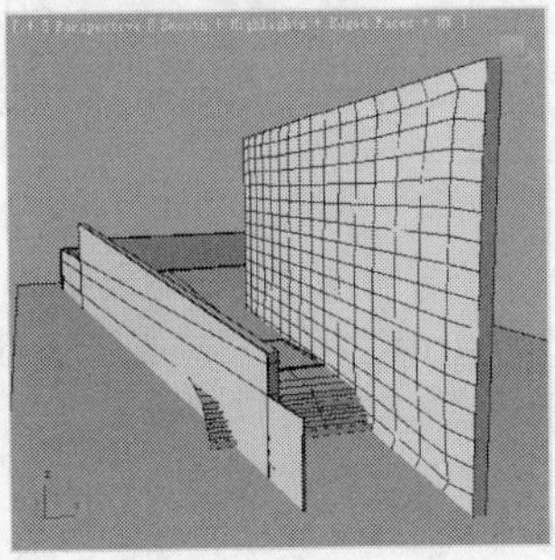

图17-88 制作台阶模型

Step04 在场景中使用Box（长方体）并结合Edit Poly（编辑多边形）修改命令搭建楼体框架模型，如图17-89所示。

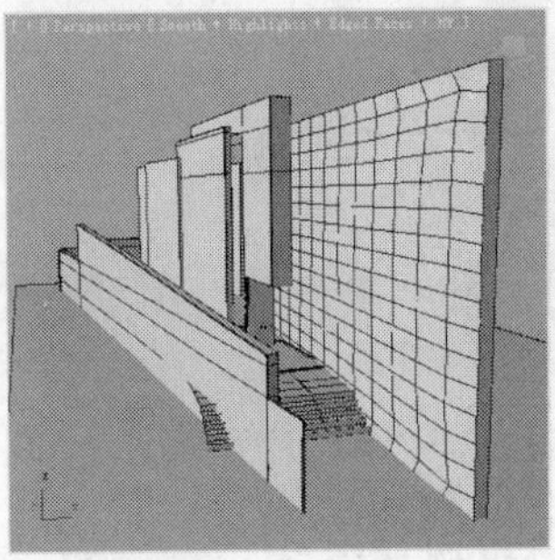

图17-89 制作楼体框架

Step05 继续在场景中使用Box（长方体）结合Edit Poly（编辑多边形）修改命令制作出步道板模型，然后再将其调整到合适的位置，如图17-90所示。

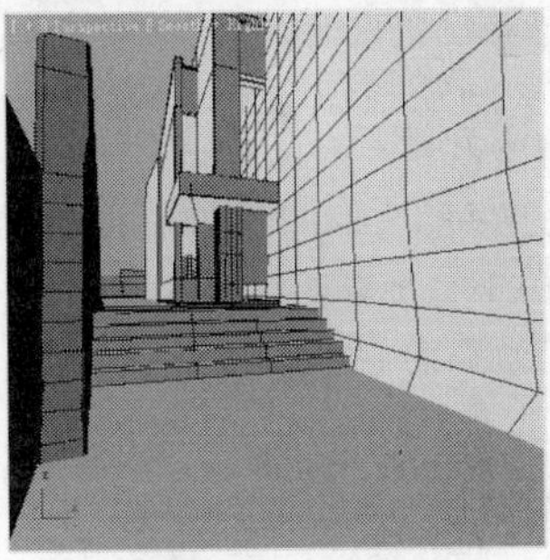

图17-90 添加步道板

Step06 使用（创建）面板中AEC Extended（AEC扩展对象）下的Foliage（植物）命令为场景添加树木与植物模型，如图17-91所示。

图17-91 添加门窗与植物

Step07 单击主工具栏中的（快速渲染）按钮，渲染模型效果如图17-92所示。

图17-92　渲染模型效果

17.7.2　场景材质设置

Step01 单击主工具栏中的（渲染设置）按钮，在弹出的 Render Setup（渲染设置）对话框的 Assign Renderer（指定渲染器）卷展栏中设置渲染器为 V-Ray Adv 1.50.SP4，然后单击主工具栏中的（材质编辑器）按钮，选择一个空白材质球并设置名称为“窗子”。单击 Standard（标准）材质按钮切换至 VR 材质类型，然后在“基本参数”卷展栏中为“漫反射”添加本书配套光盘中的窗子贴图，再为“反射”添加 Falloff（衰减）贴图并设置“反射光泽度”值为 0.65，如图 17-93 所示。

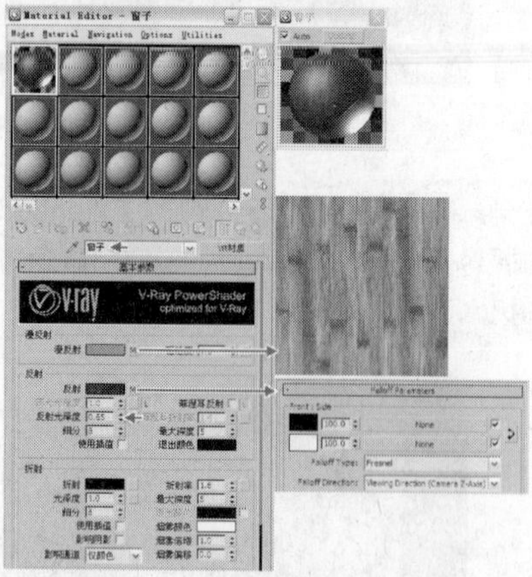

图17-93　窗子材质

Step02 选择一个空白材质球并设置其名称为“墙面”，单击 Standard（标准）材质按钮切换至 VR 材质类型，然后在“基本参数”卷展栏中设置“反射光泽度”值为 0.6，在“贴图”卷展栏中为“漫反射”添加本书配套光盘中的墙面贴图，为“凹凸”添加本书配套光盘中的凹凸贴图，如图 17-94 所示。

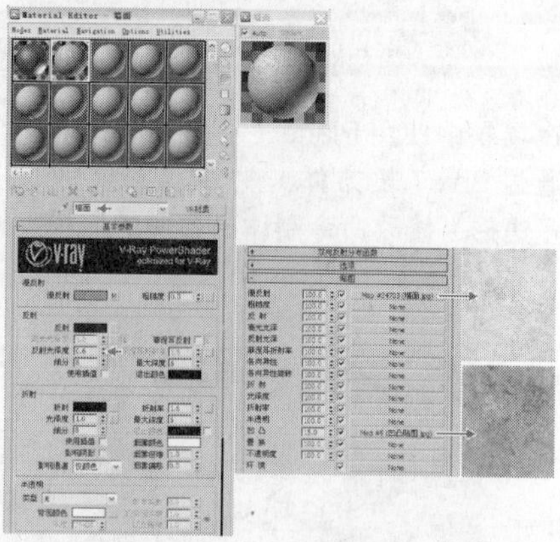

图17-94　墙面材质

Step03 选择一个空白材质球并设置名称为“装饰线”，单击 Standard（标准）材质按钮切换至“VR 材质”类型，然后在“基本参数”卷展栏中设置“漫反射”颜色为灰色，为“反射”添加 Falloff（衰减）贴图并设置“反射光泽度”值为 0.45，如图 17-95 所示。

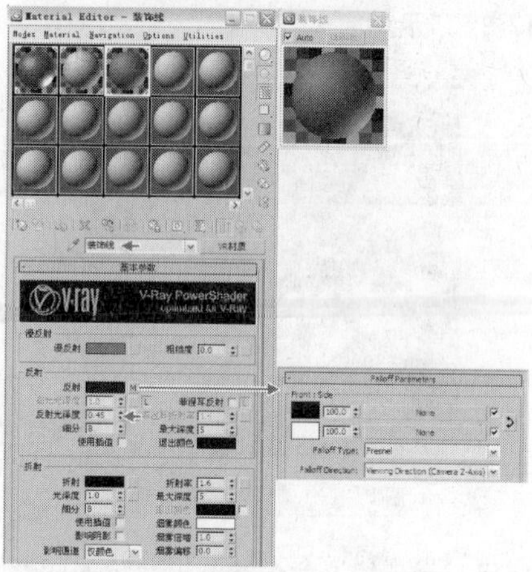

图17-95　设置装饰线材质

Step04 选择一个空白材质球并设置其名称为“玻璃”，单击 Standard（标准）材质按钮切换至 VR 材质类型，然后在“基本参数”卷展栏中设置“漫反射”颜色为蓝灰色、“反射”颜色为白色、“反射光泽度”值为 0.98、“折射”颜色为白色，再开启“影响阴影”项目，如图 17-96 所示。

Step05 选择一个空白材质球并设置其名称为“植物”，单击 Standard（标准）材质按钮切换至 VR 材质类型，然后在“基本参数”卷展栏中为“漫反射”添加本书配套光盘中的植物贴图，再为反射添加 Falloff（衰减）贴图并设置“反射光泽度”值为 0.6，如图 17-97 所示。

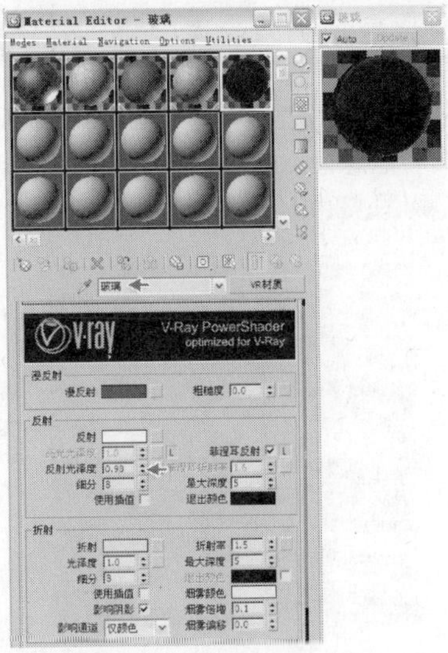

图17-96 玻璃材质

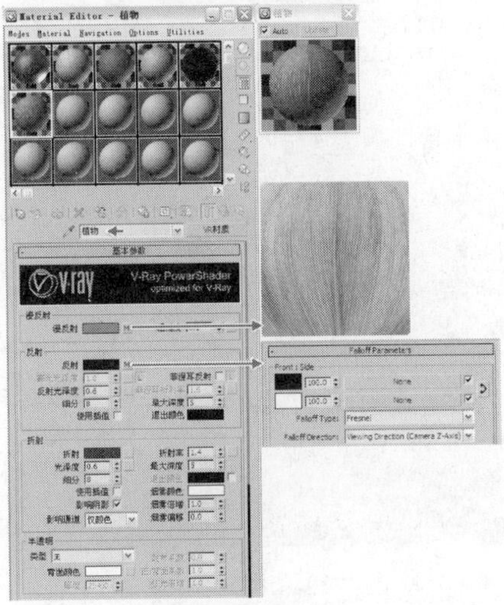

图17-97 植物材质

Step06 单击主工具栏中的（快速渲染）按钮，渲染材质效果如图 17-98 所示。

图17-98 渲染材质效果

Step07 选择一个空白材质球并设置名称为“草坪”，单击 Standard（标准）材质按钮切换至 VR 材质类型，然后在“基本参数”卷展栏中设置“反射光泽度”值为 0.55，在“贴图”卷展栏中为“漫反射”添加本书配套光盘中的草坪贴图，为“凹凸”添加本书配套光盘中的草坪凹凸贴图，如图 17-99 所示。

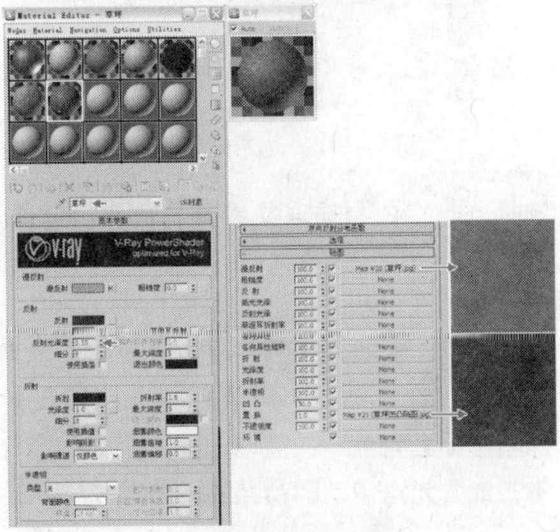

图17-99 草坪材质

Step08 选择一个空白材质球并设置名称为“步道板”，单击 Standard（标准）材质按钮切换至 VR 材质类型，然后在“基本参数”卷展栏中设置“反射光泽度”值为 0.6，在“贴图”卷展栏中为“漫反射”添加本书配套光盘中的步道板贴图，为“凹凸”添加本书配套光盘中的步道板凹凸贴图，如图 17-100 所示。

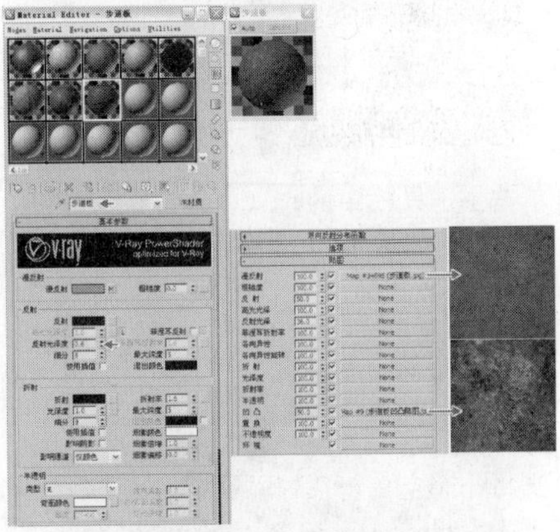

图17-100 步道板材质

Step09 选择一个空白材质球并设置名称为“树”，单击 Standard（标准）材质按钮切换至 Multi/Sub-Object（多维 / 子对象）材质类型，然后分别设置“树干”与“树叶”材质，如图 17-101 所示。

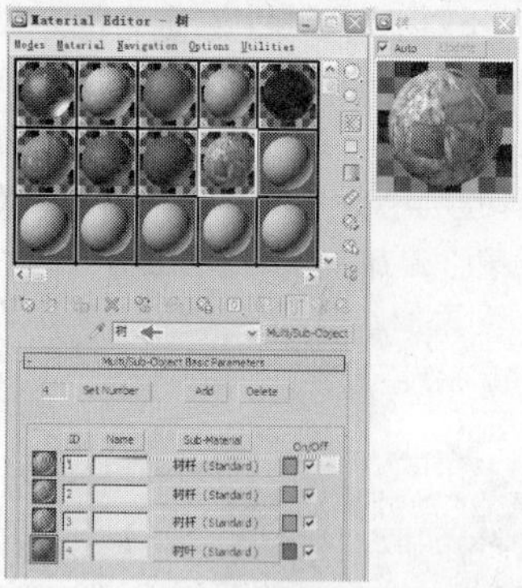

图17-101　设置树材质

Step10 选择一个空白材质球并设置名称为“篮球”，单击 Standard（标准）材质按钮切换至 VR 材质类型，然后在“基本参数”卷展栏中为“反射”添加 Falloff（衰减）贴图并设置“反射光泽度”值为 0.65，在“贴图”卷展栏中为“漫反射”添加本书配套光盘中的篮球贴图，为“凹凸”添加本书配套光盘中的凹凸贴图，如图 17-102 所示。

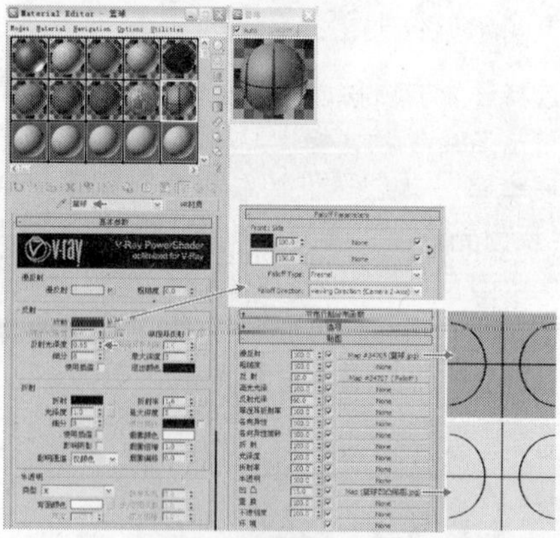

图17-102　篮球材质

Step11 单击主工具栏中的（快速渲染）按钮，渲染材质效果如图 17-103 所示。

图17-103　渲染材质效果

17.7.3　场景动力学设置

Step01 选择篮球模型，结合主工具栏中的（移动）工具将篮球沿 z 轴向上移动，放置到合适的位置，如图 17-104 所示。

图17-104　调整篮球位置

Step02 进入（创建）面板中的（辅助对象）面板，单击 reactor 下的 RB Collection（刚体集合）按钮，然后在 Perspective（透）视图中建立刚体集合，如图 17-105 所示。

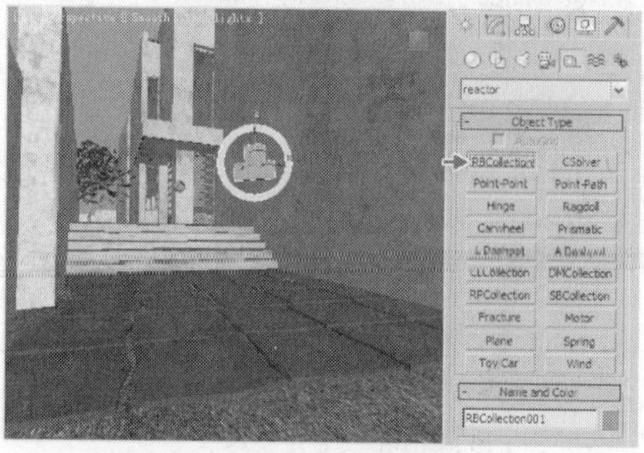

图17-105　添加刚体集合

Step03 在 Perspective（透）视图中选择刚集合并切换至（修改）面板，然后单击 Pick（拾取）按钮，再分别拾取篮球、步道板、踏步板、侧墙，如图 17-106 所示。

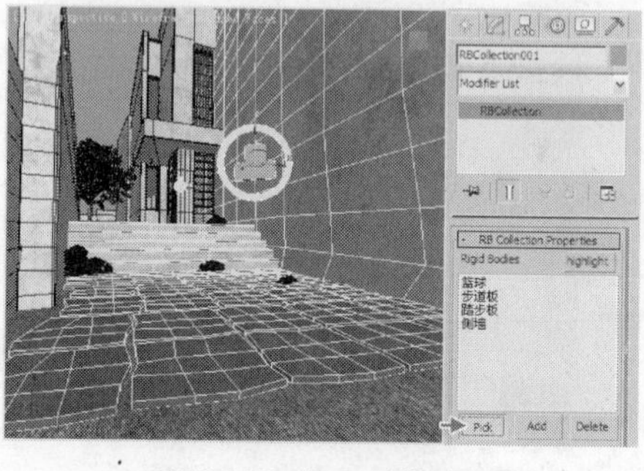

图17-106　拾取碰撞对象

Step04 在（程序）面板中单击 reactor（动力学）按钮，然后设置 Havok 1 World（世界）卷展栏中的 Gravity（重力）中 *z* 轴值为 -3000，如图 17-107 所示。

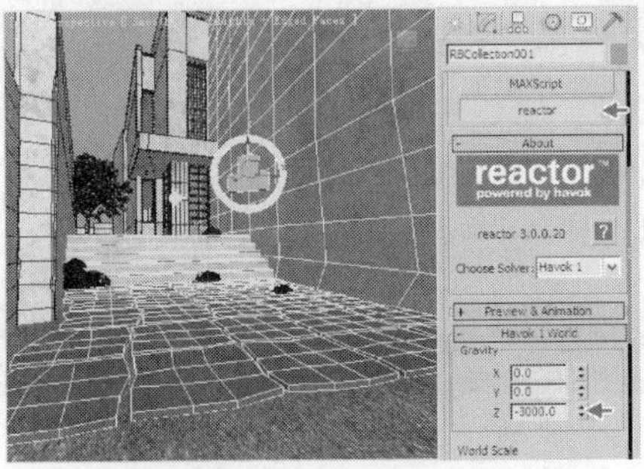

图17-107　设置重力参数

Step05 选择篮球模型，在（修改）面板中设置 Properties（属性）卷展栏中的 Mass（质量）值为 3、Friction（摩擦）值为 0.3、Elasticity（弹力）值为 1.5，然后再开启 Concave Mesh（凹面网格）选项，如图 17-108 所示。

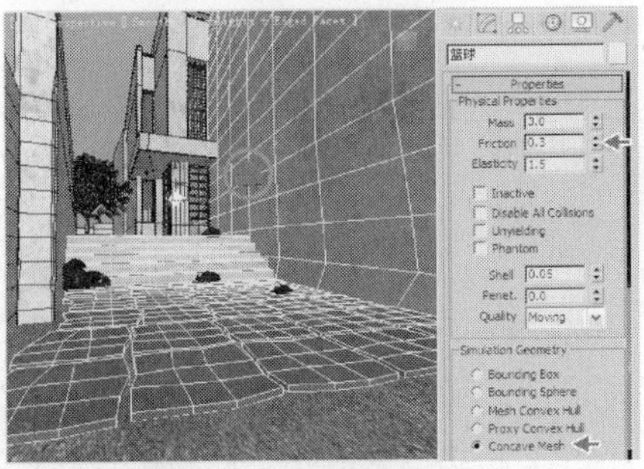

图17-108　设置篮球属性

Step06 选择踏步板模型，在（修改）面板中设置 Properties（属性）卷展栏中的 Friction（摩擦）值为 0.3、Elasticity（弹力）值为 0.4，然后再开启 Concave Mesh（凹面网格）选项，如图 17-109 所示。

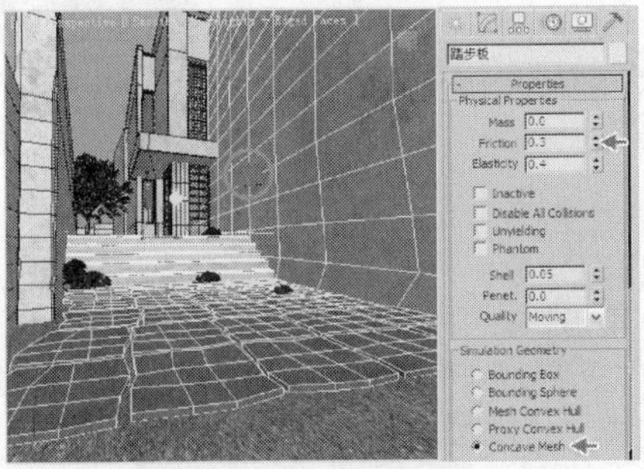

图17-109　设置踏步板属性

Step07 选择步道板模型，在（修改）面板中设置 Properties（属性）卷展栏中的 Friction（摩擦）值为 0.3、Elasticity（弹力）值为 0.5，然后再开启 Concave Mesh（凹面网格）选项，如图 17-110 所示。

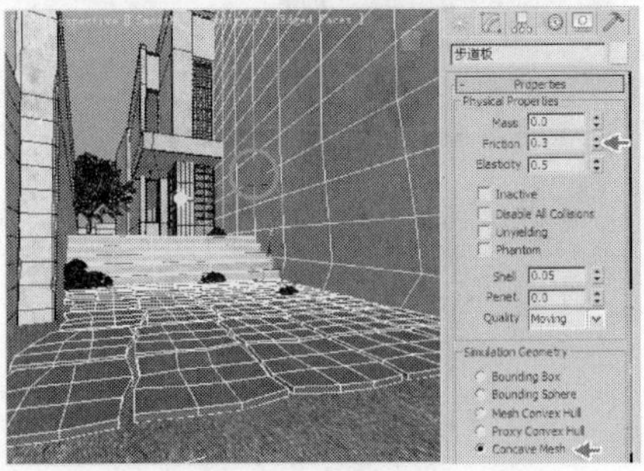

图17-110　设置步道板属性

Step08 选择侧墙模型，在（修改）面板中设置 Properties（属性）卷展栏中的 Friction（摩擦）值为 0.3、Elasticity（弹力）值为 0.3，然后再开启 Mesh Convex Hull（网格凸面外壳）选项，如图 17-111 所示。

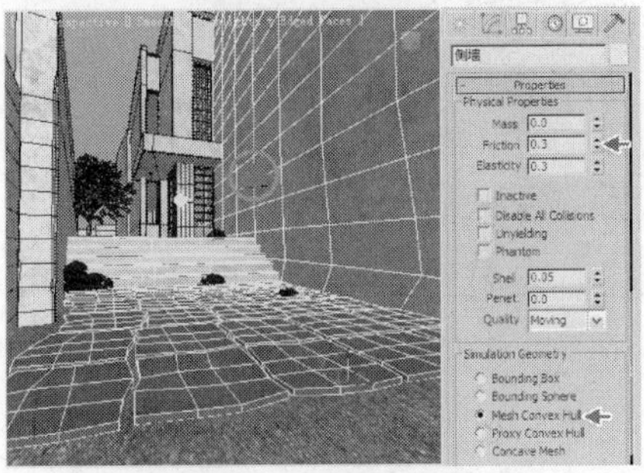

图17-111　设置侧墙属性

Step09 在（程序）面板中 reactor（动力学）下 Preview & Animation（预览与动画）卷展栏中单击 Preview in Window（窗口预览）按钮，如图 17-112 所示。

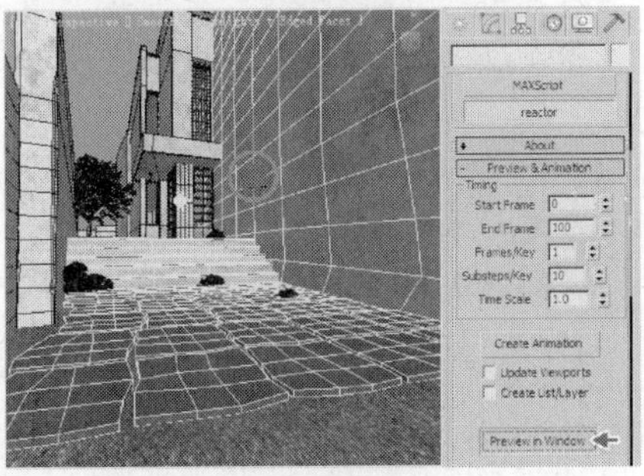

图17-112　预览动画效果

Step10 在预览窗口的菜单栏中选择【Simulation（模拟）】→【Play/Pause（播放/暂停）】命令，计算动画效果如图17-113所示。

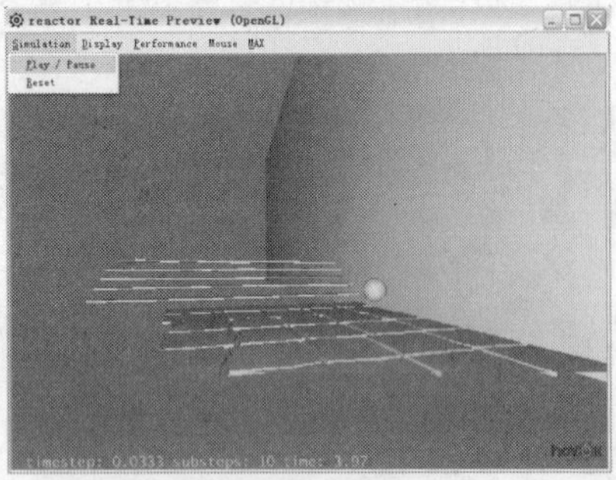

图17-113　使用播放命令

Step11 在 （程序）面板中reactor（动力学）下Preview & Animation（预览与动画）卷展栏中设置Start Frame（起始帧）为0、End Frame（结束帧）为200，然后单击Create Animation（创建动画）按钮，如图17-114所示。

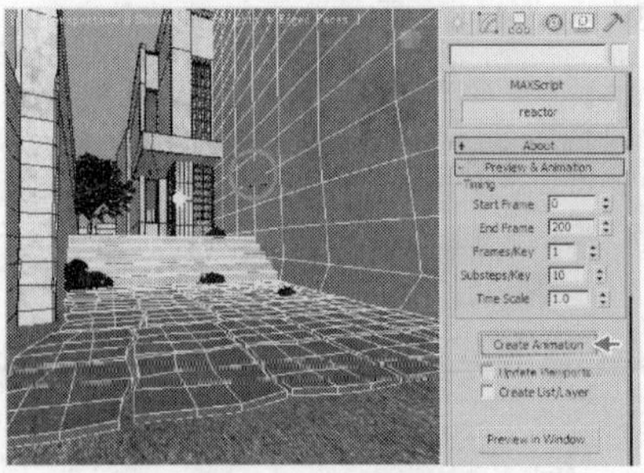

图17-114　创建动画

Step12 选择篮球模型，观看在时间线上生成的关键帧，如图17-115所示。

图17-115　生成关键帧

Step13 在时间线上拖动力时间滑块，预览场景刚体碰撞效果，如图17-116所示。

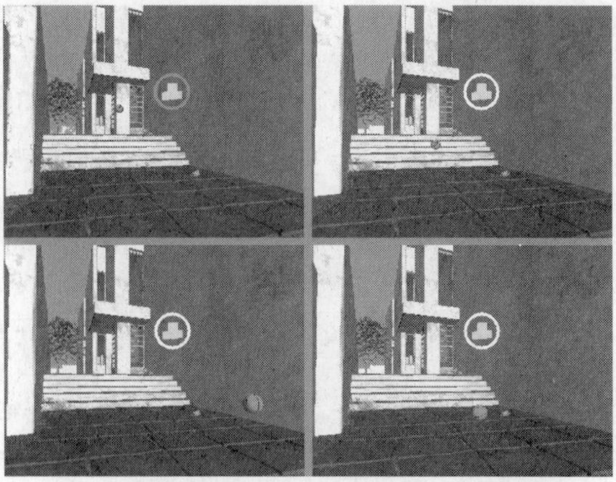

图17-116　预览刚体碰撞效果

17.7.4　灯光设置与渲染动画

Step01 在Perspective（透）视图选择菜单中的【Views（视图）】→【Create Camera From View（从视图创建摄像机）】命令，为视图匹配摄影机，如图17-117所示。

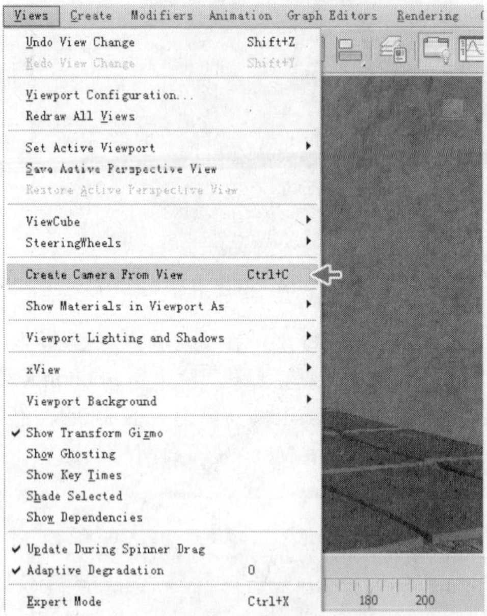

图17-117　匹配摄影机

Step02 在Perspective（透）视图的左上角提示文字处单击鼠标右键，在弹出的菜单中选择【Views（视图）】→【Camera001（摄像机001）】选项，将视图切换至摄影机视图，如图17-118所示。

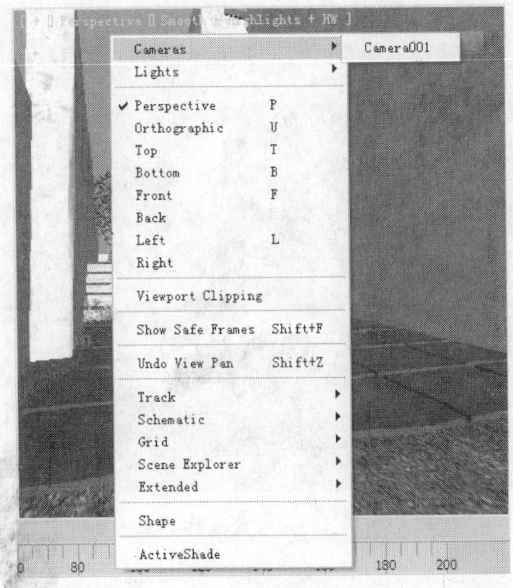

图17-118 切换摄影机视图

在 （创建）面板的 灯光中选择Standard（标准）下的Target Direct（目标平行光）命令按钮，然后在Front（前）视图中建立目标平行光并调整到合适的位置，如图17-119所示。

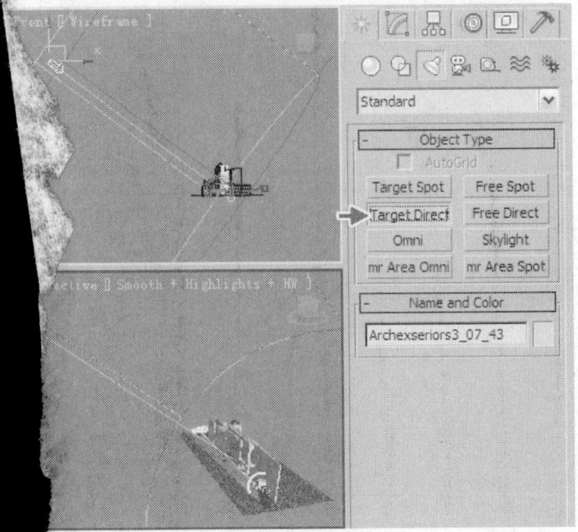

图17-119 建立主光源

选择建立好的目标平行光并切换至 （修改）面板，在General Parameters（全局参数）卷展栏中勾选On（启用）阴影并设置阴影类型为“VR阴影”，在Intensity/Color/Attenuation（强度/颜色/衰减）卷展栏中设置Multipler（倍增）值为1.6、颜色为米黄色，在Directional Parameters（平行光参数）卷展栏中设置Hotspot/Beam（聚光区/光束）值为44000、Falloff/Field（衰减区/区域）值为46000，在VRay阴影参数中启用区域阴影，再设置U大小值为1200、V大小值为1200、W大小值为1200，如图17-120所示。

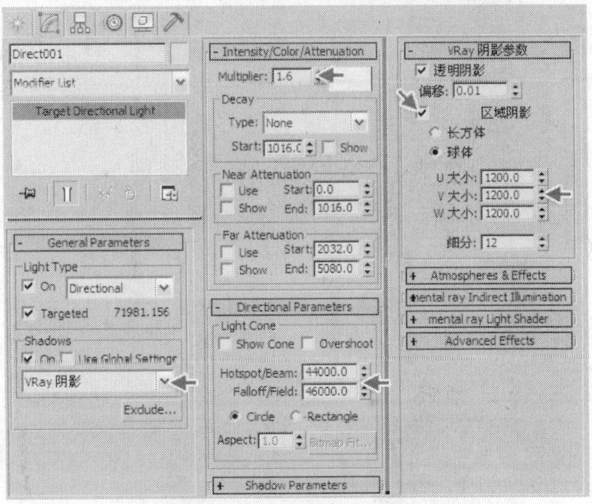

图17-120 设置灯光参数

Step05 在菜单栏中选择【Rendering（渲染）】→【Environment（环境）】选项，在弹出的Environment and Effects（环境与特效）对话框中添加本书配套光盘中的天空贴图，如图17-121所示。

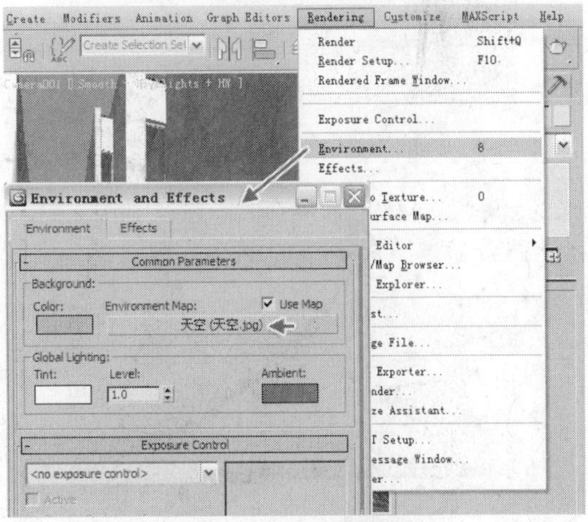

图17-121 添加环境贴图

Step06 单击主工具栏中的 （渲染设置）按钮，在Common Parameters（公共参数）卷展栏中选择Active（范围）选项，设置如图17-122所示。

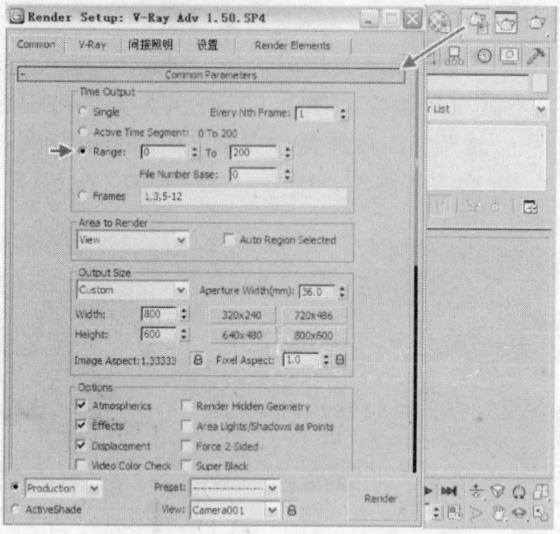

图17-122 渲染输出设置

Step07 在“渲染设置”对话框中单击 render（渲染）按钮，渲染最终动画如图 17-123 所示。

图17-123 渲染最终动画

17.8 本章小结

本章主要讲解了 3ds Max 2011 中的 reactor 动力学。reactor 支持完全整合的刚体和软体动力学、以及流体模拟，使我们能够轻松地控制并模拟复杂物理场景，使动画水平达到新的高度。